AF458027

PRÉCIS DE BOTANIQUE

Manuel à l'usage des élèves de l'enseignement secondaire,
des candidats aux Écoles d'agriculture
et spécialement des candidats au certificat d'études P. C. N.

PAR

L. FAUCHERON
Préparateur à la Faculté des Sciences de Lyon

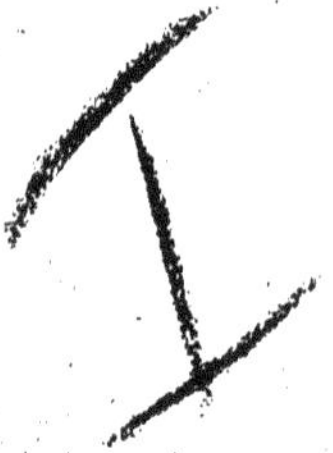

PREMIER FASCICULE

PARIS
LIBRAIRIE POLYTECHNIQUE. CH. BÉRANGER, ÉDITEUR
Successeur de BAUDRY & Cie
15, RUE DES SAINTS-PÈRES
MÊME MAISON A LIÈGE : 21, RUE DE LA RÉGENCE

ANALYSE INFINITÉSIMALE
à l'usage des Ingénieurs

Par **E. Rouché** (de l'Institut) et **Lucien Lévy**

2 volumes (C. différentiel, 560 pages ; C. intégral, 846 pages)
Chaque volume : **15** francs

MÉCANIQUE GÉNÉRALE

Par A. FLAMANT

Gr. in-8° de 544 pages avec 203 fig. . . . . **20** fr.

HYDRAULIQUE

Par le Même

1 vol. (Prix Montyon de Mécanique). . . . . **25** fr.

COURS DE GÉOLOGIE

Par E. NIVOIT

Inspecteur général des Mines

1 vol. avec une carte géologique de la France. . . . . **20** fr.

TRAITÉ DES PONTS MÉTALLIQUES

Par J. RÉSAL

2 vol. gr. in-8° : chaque volume. . . . . **20** fr.

TRAITÉ DE PHYSIQUE

Par **Gariel**

2 vol. gr. in-8°, 448 figures. . . . . **20** fr.

TRAVAUX MARITIMES

Par **F. Laroche**

1 vol. avec un bel atlas. . . . . **40** fr.

COURS D'EXPLOITATION DES MINES

Par **Dorion**

Gr. in-8°, 692 pages ; 1100 figures . . . . **25** fr.

PRÉCIS DE BOTANIQUE

PRÉCIS DE BOTANIQUE

Manuel à l'usage des élèves de l'enseignement secondaire,
des candidats aux Ecoles d'agriculture
et spécialement des candidats au certificat d'études P. C. N.

PAR

L. FAUCHERON
Préparateur à la Faculté des Sciences de Lyon

PREMIER FASCICULE

PARIS
LIBRAIRIE POLYTECHNIQUE. CH. BÉRANGER, ÉDITEUR
Successeur de BAUDRY & Cie
15, RUE DES SAINTS-PÈRES
MÊME MAISON A LIÈGE : 21, RUE DE LA RÉGENCE

BOTANIQUE

Introduction

La Botanique a pour objet l'étude des végétaux. Comme les animaux, les végétaux sont des êtres vivants.

1. Le végétal est un être vivant. — S'il ne nous est pas possible à l'heure actuelle de donner une définition de la *vie*, il nous est cependant facile de distinguer l'être vivant des corps bruts : les êtres vivants sont *organisés*, c'est-à-dire composés d'un assemblage d'éléments comparables, les *éléments anatomiques* ou *cellules*, de forme variable, de dimensions toujours très petites et qui sont les *unités de la vie*.

Leur caractère essentiel est le haut degré de complexité chimique et le mouvement incessant de composition et de décomposition de leur substance, dont la cessation constitue la *mort*.

Les *organismes* présentent des phénomènes vitaux que l'on peut classer en trois groupes fondamentaux : *nutrition, transformation de force* et *évolution*. La matière vivante constitue sa propre substance en puisant dans le milieu extérieur des substances azotées, hydrocarbonées et minérales auxquelles elle fait subir des transformations profondes; ce mouvement continuel d'échanges avec le monde extérieur constitue la *nutrition*. Il résulte de ces phénomènes chimiques une certaine quantité d'énergie que l'organisme restitue au milieu extérieur sous forme de *mouvement*, de *chaleur*, de *lumière*, d'*électricité*, etc. ; il y a transformation de l'énergie potentielle des aliments en énergie actuelle. L'organisme, qui absorbe les aliments, les assimile puis en rejette une partie sous forme de déchets, subit des modifications dans sa forme et sa structure : *né d'un individu semblable à lui*, il est d'abord représenté par une cellule unique, l'*œuf* ; celui-ci se divise et forme une masse cellulaire qui *s'accroît* tant que l'assimilation l'emporte sur la désassimilation. Mais à un moment donné, ces deux phénomènes acquéreront une intensité égale : l'organisme atteindra alors son *état adulte*. Les phénomènes de nutrition se ralentissent ensuite, l'être vivant *dépérit* puis *meurt* ; mais avant sa mort, l'organisme a donné naissance à des individus semblables à lui ; *il s'est reproduit*. L'être vivant subit donc une double évolution : 1° individuelle ou *ontogénique*, 2° générale ou *phylogénique* ; l'évolution d'un individu se termine à sa *mort*, mais la substance vivante qui s'est séparée de lui (*reproduction*) continue à évoluer dans un nouvel être qui prend les formes et les caractères de ses ascendants (*hérédité*), formes et caractères qui se modifieront sous l'action des conditions extérieures (*adaptation*).

La matière vivante a encore un caractère qui lui est bien particulier, c'est de réagir sous l'influence des modifications du milieu extérieur, c'est-à-dire des excitants. La matière vivante est donc excitable ou *irritable*.

2. Comparaison entre le végétal et l'animal. — On ne peut pas davantage donner une définition du végétal par rapport à l'animal ; il n'y a pas de caractère distinctif absolu ; tous les critériums souffrent en effet des exceptions :

a) *Chlorophylle*. Les plantes vertes, sous l'action de la lumière solaire, opèrent le dédoublement de l'acide carbonique de l'atmosphère, fixent le carbone et mettent l'oxygène en liberté. Cette propriété appartient à des pigments verts, imprégnés de *chlorophylle*. La présence de ce corps permet aux végétaux d'édifier la molécule de matière organique au moyen d'éléments minéraux. Les phénomènes ultérieurs de la nutrition sont identiques dans les deux règnes. Ces processus de synthèse très prédominants chez les plantes vertes, font défaut chez les Champignons, les Bactéries et quelques plantes Phanérogames également dépourvues de chlorophylle, se nourrissant par conséquent comme les animaux, aux dépens de matière déjà organisée. Ce corps complexe et mal défini qu'est la chlorophylle, manque dans le règne animal ; cependant on signale son existence dans quelques Protozoaires, Vers, etc.

b) *Motilité et cellulose*. Le végétal a la faculté de trouver sur place les aliments qui lui sont nécessaires et cette faculté crée en quelque sorte l'*immobilité* que l'on observe communément dans les végétaux supérieurs, comme les arbres et les herbes. L'immobilité entraîne des modifications profondes dans la structure du végétal, dont la plus importante, au point de vue qui nous occupe, est l'*apparition* de la *membrane celluloso-pectique* qui protège les cellules végétales et qui manque chez les animaux, bien que l'on puisse considérer comme analogue la chitine des Arthropodes, la tunicine des Tuniciers, etc.

Quand la cellulose manque (Myxomycètes qui ont leurs cellules nues pendant la plus grande partie de leur existence, zoospores, anthérozoïdes) la motilité réapparaît et se manifeste comme chez les animaux. Le mouvement s'observe même chez des végétaux à parois cellulosiques : certaines algues se déplacent très rapidement au moyen de cils vibratiles, par exemple; quelques organes des végétaux supérieurs (étamines, fleurs, feuilles) ont des mouvements très marqués, telles les feuilles de la sensitive.

c) *Irritabilité*. La matière vivante, avons-nous dit, est excitable. Cette propriété, très manifeste chez les animaux, où elle atteint une très grande acuité (*sensibilité*), est également très évidente chez beaucoup de végétaux. On sait avec quelle énergie sont attirés les anthérozoïdes de fougères par l'acide malique émis par l'archégone (chimiotaxie).

En résumé, chlorophylle, cellulose, motilité, irritabilité, etc., nous permettent de distinguer facilement un mammifère d'un arbre, mais ces caractères s'effacent à mesure que l'on descend dans l'échelle des deux règnes, et, tout à fait à la base, ils semblent même disparaître.

3. Structure générale de la plante. — Hans et Zaccharias Jansen avaient inventé le microscope au commencement du XVIIe siècle. Robert Hooke le perfectionna en 1660, et au moyen de cet instrument il remarqua qu'une lame de liège était formée de *cavités* juxtaposées les unes aux autres à la façon des alvéoles d'une ruche d'abeilles (fig. 1, A). Il donna à ces cavités le nom de *cellules* que Grew et Malpighi ont remplacé par celui d'*utricules* ou de *vésicules* ; Mirbel rétablit en 1809 le terme de cellule que nous lui avons conservé. Schleiden reconnut dans les parois de ces cavités de simples éléments squelettiques et fit observer que la cellule vivante possédait contre sa paroi une couche de substance granuleuse, l'*utricule primordial*, limitant une cavité centrale pleine de liquide, le *liquide cellulaire* (fig. 1, B). En 1835, Dujardin trouva une substance analogue à l'utricule primordial dans les cellules des animaux inférieurs et lui donna le nom de *sarcode*, auquel Hugo Mohl substitua, en 1848, celui de *protoplasma*.

Max Schultze et de Bary (1860-65) identifièrent l'utricule primordial et le sarcode ; ils montrèrent que la cavité cellulaire et la membrane n'étaient que des différenciations secondaires, et que celles-ci pouvaient manquer (fig. 1, C et D). De Bary définit, en effet, la cellule un amas ou grumeau de protoplasma doué des propriétés de vie, et établit ainsi que certains végétaux sont formés, comme les amibes, d'une simple masse protoplasmique nue (fig. 1, D).

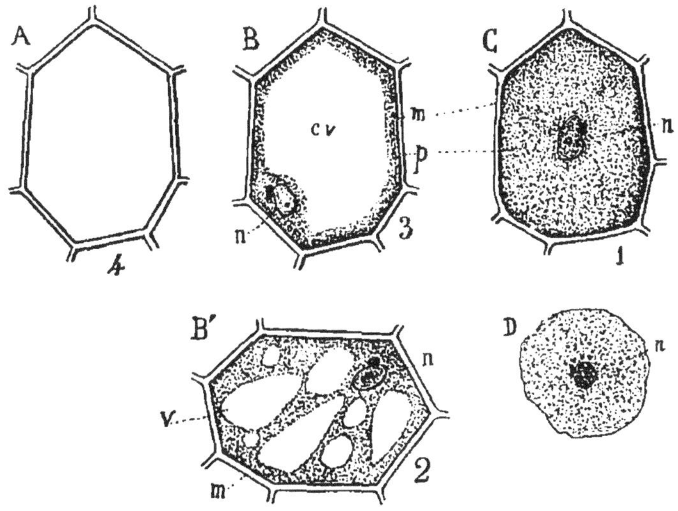

Fig. 1. — A, B, C, D représentent l'histoire de la cellule, C, B', B, A (1, 2, 3, 4) représentant l'évolution d'une cellule végétale ; *p*, protoplasma (utricule primordial) ; *n*, noyau ; *m*, membrane ; *v*, vacuoles et suc cellulaire.

Fontana avait déjà entrevu, dès 1781, une petite masse incluse dans le protoplasma et lui avait donné le nom de *noyau*. Robert Brown, en 1833, puis Schleiden montrèrent sa présence générale dans la cellule. *La cellule est donc une masse protoplasmique avec un noyau*. Nous verrons, ultérieurement, qu'à ces deux éléments essentiels et fondamentaux peuvent s'en ajouter divers autres, que la cellule végétale, par exemple, possède, le plus souvent, une membrane cellulosique (fig. 1, C) ; que son protoplasma se creuse de vacuoles (fig. 1, B'), qui peuvent confluer (fig. 1, B). Les cellules peuvent rester isolées (*végétaux unicellulaires*) ou se grouper de façons diverses (*végétaux pluricellulaires*).

4. Divers degrés d'élévation du végétal ; perfectionnement de l'organisme. Principaux types de végétaux (notions sur la classification générale). — Les végétaux les plus simples sont formés d'une cellule unique, dépourvue de membrane (*cellule nue*) ; le premier perfectionnement est l'apparition d'une membrane de nature celluloso-pectique (*cellule protégée*). Cellules nues et cellules protégées peuvent se grouper de diverses manières.

Les *cellules nues*, en se réunissant, forment une masse protoplasmique plus ou moins volumineuse, avec de nombreux noyaux inclus au sein de cette masse, à laquelle on donne le nom de *symplaste*. L'embranchement le plus inférieur, celui des **Myxomycètes,** renferme des individus composés de cellules nues et mobiles, sans membrane celluloso-pectique, à un moment réunies en *symplaste* (fig. 2) ou *plasmode*. La cellulose n'apparaît là que dans l'appareil de sporulation ; la reproduction sexuée n'est pas connue chez ces végétaux.

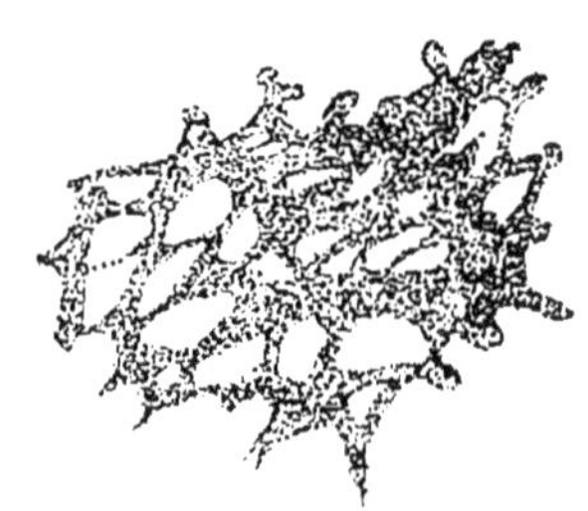

Fig. 2. — Plasmode de Myxomycète.

Les *cellules protégées* peuvent se grouper en chapelets, en files, en lames ou en massifs ; ces éléments peuvent rester tous semblables et servir successivement à la nutrition et à la reproduction ; chaque élément a donc à remplir toutes les fonctions de l'être vivant : mais, généralement, lorsque le corps devient massif, les cellules externes s'adaptent à la protection et possèdent des parois plus épaisses que les cellules internes ; celles-ci ont encore à remplir les autres fonctions de l'être vivant. Ces végétaux, dont l'appareil végétatif, plus ou moins différencié, quant à la forme, mais encore très simple quant à la structure, appartiennent au deuxième embranchement, celui des **Thallophytes,** dont l'appareil végétatif est appelé *thalle*. Ces végétaux ont parfois une *structure continue* comme le symplaste des Myxomycètes, mais le corps est toujours protégé par une enveloppe générale de nature celluloso-pectique. Dans quelques-uns, le corps est divisé çà et là par des cloisons limitant ainsi des compartiments, auxquels on donne quelquefois le nom d'*articles* ; on dit que ces végétaux ont une *structure articulaire*, structure intermédiaire entre la *structure continue* des Myxomycètes et la *structure cellulaire*, dans laquelle chaque noyau, tenant sous sa dépendance une masse protoplasmique, est séparé de son voisin par une membrane cellulosique.

Les Thallophytes possèdent donc ces trois sortes de structures, mais la plus parfaite, la structure cellulaire, ne comporte pas encore ici de bien grandes différenciations.

Les Thallophytes comprennent plusieurs subdivisions ou sous-embranchements : les *Bactériacées*, dépourvues de chlorophylle, ont toujours un thalle minuscule, réduit à quelques cellules et, le plus souvent même, unicellulaire. Les *Champignons* (fig. 3) ont un thalle généralement filamenteux sans chlorophylle. Les *Algues* ont de la chlorophylle ; leur thalle, qui est parfois unicellulaire (fig. 4), est le plus souvent fila-

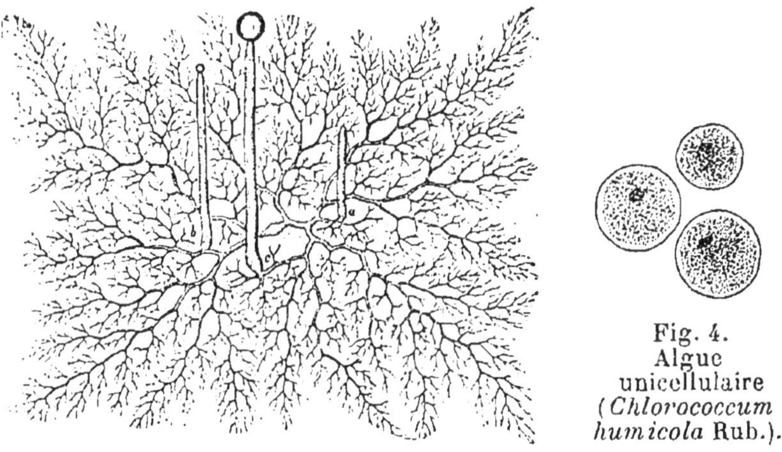

Fig. 3. — Exemple de Champignon.

Fig. 4. Algue unicellulaire (*Chlorococcum humicola* Rub.).

menteux (fig. 5) ou massif (fig. 6) et, dans ce cas, il peut acquérir une différenciation morphologique considérable (fig. 6), mais sa structure est toujours très simple ; tout au plus y voit-on une couche de cellules externes protectrices.

A mesure que l'on s'élève, on remarque que l'appareil protecteur se perfectionne de plus en plus et l'on voit apparaître un *épiderme*. La diversité de situation des cellules augmente à mesure que le corps du végétal devient plus volumineux, ce qui entraîne une division du travail de plus en plus parfaite. Chaque élément prend la configuration qui convient le mieux au rôle qu'il doit remplir ; les éléments de même forme et ayant les mêmes fonctions se groupent pour former les *tissus* ; ceux-ci se réunissent en *appareils*. En même temps, la forme du végétal se complique et les divers appareils se localisent dans les parties du corps où ils pourront le plus facilement remplir leur rôle. Le nombre des appareils sera d'autant plus grand que le végétal sera plus parfait.

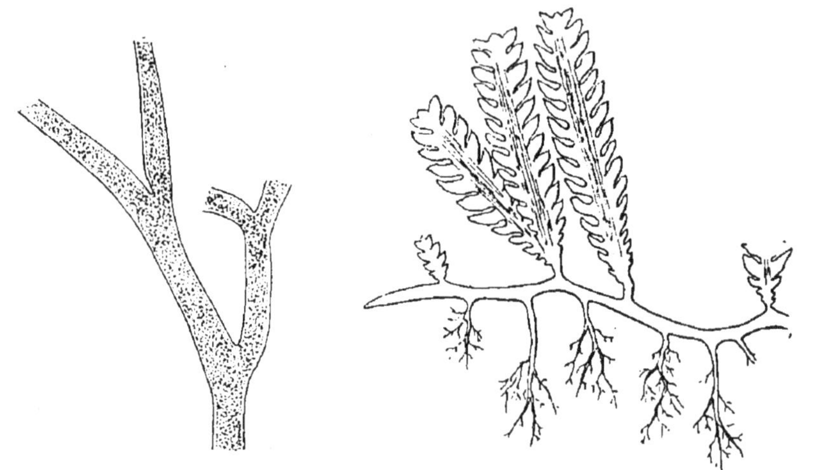

Fig. 5. — Algue filamenteuse à structure continue (Vaucheria).

Fig. 6. — Thalle de *Caulerpa crassifolia* (d'après Sachs).

Les végétaux supérieurs ont, en effet, un corps végétatif dont la masse comprend trois régions ou *membres*, la *racine*, la *tige* et les *feuilles*. Ces organes caractérisent l'embranchement des **Phanérogames** et celui des **Cryptogames vasculaires**, Certains rameaux se différencient profondément chez les Phanérogames, en vue de la reproduction (*fleurs*).Les Cryptogames vasculaires n'ont pas de fleurs, mais de nombreux intermédiaires existent entre ce groupe et le précédent.

L'embranchement des **Muscinées**, que l'on place entre ceux des Thallophytes et des Cryptogames vasculaires, renferme des plantes à tige et à feuilles, mais sans racine. Or, la racine, ayant pour fonction principale d'absorber les liquides nutritifs dans le sol, sa présence implique l'existence de conduits ou *vaisseaux* destinés à transporter ces liquides dans les diverses régions du corps, il n'y a donc pas de vaisseaux dans ces plantes Il existe des Muscinées (*Hépatiques*) dont le corps végétatif n'a ni tige ni feuilles et ressemble à un thalle, caractère qui rapproche ces végétaux des Thallophytes.

Le tableau ci-contre, résume les caractères des cinq embranchements du règne végétal et de leurs principales subdivisions.

5. Classification des végétaux en cinq embranchements (1). — *La portion végétative du corps de la plante :*

1° Est homogène, composée de cellules nues et mobiles, non protégées par une membrane celluloso-pectique (comme chez les animaux). La cellulose apparait dans l'appareil de sporulation (fruit). Appareil reproducteur sexuel nul ou totalement inconnu ; pas de chlorophylle :

I. **Mycétozoaires ou Myxomycètes.**

2° Est plus ou moins différenciée, mais toujours représentée par un thalle. Végétaux entièrement cellulaires :

II. **Thallophytes**

a) Thalle sans chlorophylle.

α. Toujours de dimensions minuscules. Reproduction sexuée nulle ou totalement inconnue. Conservation par spores ou par division ; cette dernière très active et constituant le principal mode de multiplication :

A. *Schizophytes* ou *Bactériacées.*

β. De dimensions diverses, parfois assez grandes. Appareil sexuel connu chez les plus simples ; mal connu ou inconnu chez les autres qui se conservent surtout par spores :

B. *Champignons.*

b) Thalle avec chlorophylle.

γ. Plus ou moins développé. Appareil sexuel très divers, manquant rarement :

C. *Algues.*

3° Présente tous les états intermédiaires entre la présence d'un thalle et celle d'une tige avec feuilles. Appareil sexuel composé d'archégones et d'anthéridies. L'œuf développe un jeune parasite du corps végétatif (capsule) chargé d'amener la dissémination de la plante au moyen de spores. Un protonéma générateur de la masse végétative. Un rudiment de circulation chez les plus parfaits :

III. **Muscinées** { α. *Hépatiques.* β. *Mousses.*

4° Montre une tige, des feuilles et des racines. Le corps végétatif forme directement les organes de dissémination qui donnent naissance à des végétations indépendantes (prothalles) portant les organes sexuels (archégones et anthéridies), puis la plante feuillée qui sort directement de l'œuf. Des vaisseaux :

IV. **Cryptogames vasculaires** { α. Filicinées. β. Equisétinées. γ. Lycopodinées.

5° Se divise en tige, feuilles et racines. L'appareil sexuel réside dans les fleurs (pollen et ovule). Des vaisseaux :

V. **Phanérogames**

Les carpelles (organes porteurs des ovules)

a) Ne protègent pas ou que très imparfaitement les graines et ne forment pas de stigmates. Archégones (corpuscules) nombreux dans chaque ovule.

A. *Gymnospermes*

b) Protègent efficacement les graines et forment des stigmates :

B) *Angiospermes* { α. Monocotylédones. β. Dicotylédones.

(1) D'après le cours de M. le professeur R. Gérard.

6. Diverses branches de la botanique. — L'étude de la forme, de la structure des organes des plantes et de leurs fonctions est appelée **Botanique physiologique**. Elle comprend : la *Morphologie* ou description des différentes parties du végétal et leur comparaison dans un même individu ou dans des individus différents ; l'*Anatomie* qui étudie la distribution des éléments dans le corps ou les organes ; la *Physiologie* ou étude des organes dans leurs fonctions ; l'*Organogénie* qui traite du développement du végétal. L'étude de ces organes et de leurs fonctions dans un état anormal constitue la *Tératologie* et, dans l'état de maladie, la *Pathologie végétale*.

Quand on décrit les végétaux pour les comparer entre eux et les classer, on fait de la **Botanique systématique**.

La **Botanique topographique** étudie la répartition des végétaux à la surface de la Terre, à l'époque actuelle (*Géographie botanique*) et aux diverses époques géologiques (*Paléophytologie*).

On peut encore étudier les plantes au point de vue de leur utilité directe : c'est faire de la **Botanique appliquée** (*B. médicale, B. agricole, B. industrielle*, etc.)

Livre I. — BOTANIQUE PHYSIOLOGIQUE

§ 1. DE LA CELLULE

7. Définition. — La cellule est l'unité fondamentale de l'être vivant. Son type le plus parfait est l'œuf. Son volume est toujours très petit et sa forme très variable; tantôt sphérique, allongée et alors cylindrique ou tabulaire, tantôt étoilée ou irrégulière (fig. 15, 16 et 17). Sa forme dépend du rôle que

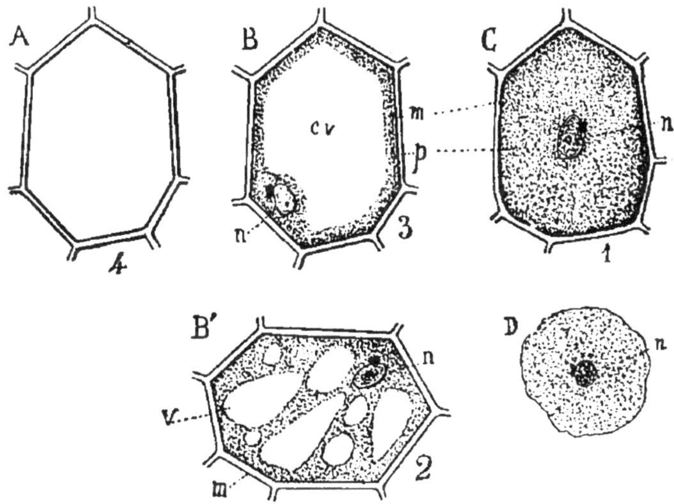

Fig. 7. — Développement de la cellule (1, 2, 3) ; 4, cellule morte ; D, cellule nue ; *p*, protoplasma ; *n*, noyau ; *v* et *cv*, vacuoles ; *m*, membrane.

doit remplir la cellule et de ses conditions de nutrition lorsqu'elle est isolée.

Il y a des cellules *nues* et des cellules *protégées* (fig. 7) ; mais la cellule végétale type et adulte peut être ramenée au type suivant : une *membrane celluloso-pectique* entourant une masse granuleuse, le *protoplasma*, au sein duquel sont plongés un *noyau* et des granulations de dimensions variables, les *plastides* ou *leucites* et les *microsomes*. Au voisinage du noyau on trouve encore une ou deux granulations spécialisées, les *sphères directrices*. Nous allons examiner successivement ces différentes formations.

8. a) **Protoplasma.** — *Propriétés physiques*. — Le protoplasma ou substance fondamentale de la cellule est incolore, transparent et de consistance variable ; il peut être mou, semi-fluide, parfois gélatineux et même cassant (graine mûre) ; il est plastique, extensible et non élastique. Sa consistance augmente du centre à la périphérie de la cellule, où le protoplasma se condense en un pellicule mince et hyaline, la *lame cutanée* ou *couche membraneuse*, dont le rôle est très important dans les phénomènes osmotiques. Très perméable à l'eau, la lame cutanée se laisse très difficilement traverser par certaines solutions de sels ou de matières colorantes, pour lesquelles elle possède un pouvoir électif négatif qui disparaît après la mort de la cellule.

Le protoplasma a une organisation propre, mais variable et mal connue, d'où les nombreuses théories, plus ou moins contradictoires, sur sa constitution intime.

Cette structure est *homogène* pour Strasburger, *fibrillaire* pour Flemming, *réticulaire* pour Heitzmann, Leydig et Schmitz, *alvéolaire* pour Butschli et *granulaire* pour Altmann.

On compare généralement la structure du protoplasma à celle d'une éponge dont les mailles, formées d'une substance appelée *spongioplasma*, renfermeraient une substance plus fluide, l'*hyaloplasma*. Le spongioplasma résulterait de l'entrelacement de filaments ou *mitomes*, formés eux-mêmes par des granulations ou *microsomes* qui seraient placés bout à bout, à la façon des grains d'un chapelet.

Propriétés chimiques. — Le protoplasma étant une substance vivante et, par conséquent, le siège incessant d'assimilations, de désassimilations et d'élaborations diverses, a une composition chimique qui varie constamment : *c'est un mélange d'un certain nombre de substances albuminoïdes, en proportions variables et dans un état de continuelles transformations, auxquelles s'ajoutent d'autres substances provenant de la nutrition du protoplasma*. On ne peut donc donner que la composition du protoplasma mort. L'analyse faite par Reincke sur de grosses masses de protoplasma nu, fournies par les plasmodes des Myxomycètes (*Fuligo septica*), a donné pour 100 de matière sèche :

30 de substances azotées (matières albuminoïdes, diastases, amides, alcaloïdes, etc.).

41 de substances ternaires (glucosides, hydrates de carbone, corps gras, cires, etc.).

29 de cendres, autrement dit de matières minérales.

Ces substances diverses sont unies à une très grande quantité d'eau (75 0/0 environ).

Parmi ces substances albuminoïdes qui sont des composés de carbone, d'hydrogène, d'oxygène et d'azote, avec du soufre et aussi du phosphore, il en est une qui se distingue des autres par la propriété qu'elle a d'être inattaquable par les sucs digestifs, et que Schwartz désigne sous le nom de *plastine*.

Le protoplasma a une réaction alcaline. Il se coagule et durcit par la chaleur, l'alcool absolu, les acides picrique, chromique, etc. Après sa mort, il possède une grande affinité pour les matières colorantes : l'iode le colore en jaune, l'acide sulfurique en présence du sucre (réactif de Raspail), en rose, l'azotate acide de mercure (réactif de Millon), en rouge.

L'eau de javelle, la potasse à 10 0/0, l'acide acétique à chaud dissolvent le protoplasma.

Propriétés vitales. — Le protoplasma est animé de forces qui lui impriment, dans un milieu normal, des *mouvements intérieurs* et des *déplacements extérieurs*. Dans une cellule d'un poil de Chélidoine (fig. 8), le protaplasma, disposé en une couche pariétale et en travées qui sillonnent la cavité cellulaire pleine de liquide, est le siège d'une véritable circulation qui se manifeste par le déplacement de ses granulations ; ses travées se modifient : il en naît de nouvelles ; il en disparaît ; quelques-unes donnent naissance à des prolongements amiboïdes.

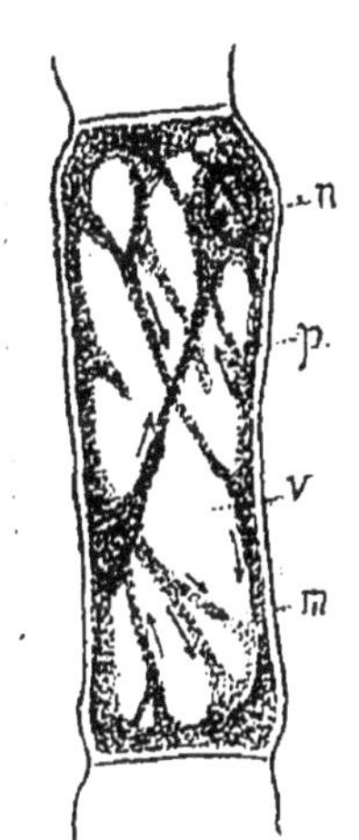

Fig. 8. — Cellule d'un poil de Chélidoine montrant les courants protoplasmiques; *p*. protoplasma; *n*. noyau, *v*. vacuoles ; *m*. membrane.

En outre de ce mouvement interne, on peut observer dans les plasmodes des Myxomycètes, même à l'œil nu, des déplacements de toute la masse, et cela en quelques minutes. Des pseudopodes se forment, se ramifient, s'anastomosent et, peu à peu, attirent à eux tout le reste du corps cellulaire. Si le plasmode rencontre une particule alimentaire, il l'englobe, la digère et l'assimile. Si le corpuscule n'est pas un aliment, on le voit bientôt rejeté à l'extérieur. Ceci montre que le protoplasma est *sensible*, qu'il se *nourrit* et *excrète*. Le mouvement se manifeste encore au moyen de *cils vibratiles*, filaments protoplasmiques très courts qui sont fréquents dans les organes reproducteurs des algues (zoospores) (fig. 9).

9. b) **Sphères directrices.**—Il existe, près du noyau, une ou deux granulations sphériques et hyalines, qu'on appelle les *sphères directrices* ou *attractives* ; elles possèdent en leur centre une ou deux masses granuleuses, les *centrosomes* (fig. 10). Découvertes en 1883 par Van Beneden, leur présence a été principalement signalée dans les cellules sexuelles ; cette présence doit cependant être générale, leur rôle paraissant être, en effet, fort important dans la division de la cellule, où elles semblent déterminer la direction suivant laquelle doit s'effectuer cette division.

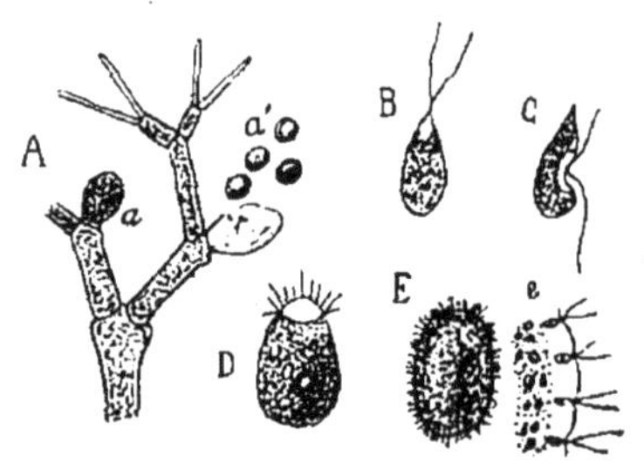

Fig. 9. — Les figures de B à E représentent des zoospores d'algues mobiles au moyen de cils vibratiles.

10. c) **Noyau.** — Le noyau est toujours inclus dans le protoplasma. C'est une masse arrondie ou ovoïde, plus réfringente que le protoplasma. Toutes les cellules possèdent un noyau, cependant il est mal connu chez les Bactériacées et les Nostocacées.

Le noyau est formé d'une enveloppe, la membrane nucléaire, de nature albuminoïde. Le contenu est formé d'un liquide, le *suc nucléaire,* dans lequel sont plongés un filament plus ou moins contourné et anastomosé en réseau, le *filament nucléaire,* et un ou plusieurs petits corps arrondis que Valentin découvrit en 1836 et nomma *nucléoles* (fig. 10). Le filament nucléaire est constitué par une substance hyaline, la *linine* et par des granulations, les *microsomes nucléaires,* formés d'une substance albuminoïde phosphorée, la *nucléine* ou *chromatine.* Microsomes et nucléoles fixent avec énergie les matières colorantes et, plus particulièrement, les matières colorantes d'aniline dites basiques : ils se colorent en rouge par la

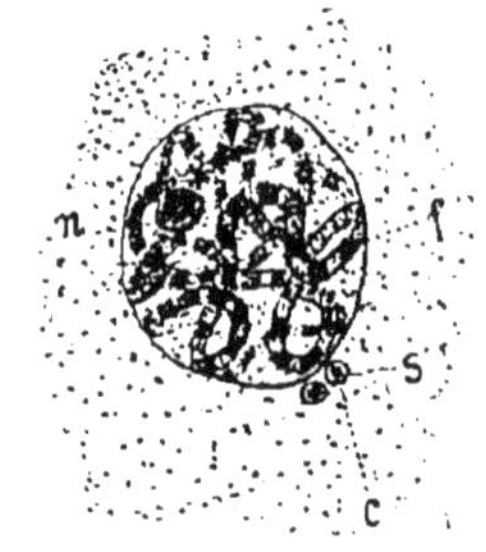

Fig. 10. — Le noyau avec son nucléole *n*, son filament chromatique *f*, et les sphères directrices *s*, et les centrosomes *c*.

fuchsine et le carmin, en vert par le vert de méthyle, en violet par le violet de Paris, en bleu par le bleu d'aniline, en noir par la nigrosine et l'acide osmique.

La substance albuminoïde du nucléole est appelée *pyrénine*.

Le noyau se déplace avec le protoplasma, mais il est doué de mouvements propres. Il s'accroît et se divise ; tout noyau provient d'un autre noyau.

On rencontre toujours le noyau dans les parties de la cellule où l'activité vitale se manifeste avec le plus d'intensité, ce qui permet de croire qu'il joue un rôle important dans les phénomènes de croissance de la cellule. Son rôle non moins important dans la division cellulaire permet de le considérer comme prenant une part très active dans la transmission des propriétés héréditaires.

11. d) **Plastides ou Leucites.** — Les plastides ou leucites, mis en lumière par Schimper en 1881, sont des granulations ordinairement sphériques ou ovoïdes, douées d'une activité propre et capables d'élaborer dans leur masse des substances spéciales, nécessaires à la vie de la plante. Ils naissent par division d'un plastide préexistant et ne se forment jamais de toute pièce, d'après Schimper.

Il y en a de différentes sortes : les uns sont incolores (*leucoplastides*), les autres sont colorés (*chromoplastides*) en rouge, jaune ou vert. Ces derniers ou *chloroplastides*, vulgairement *grains de chlorophylle*, sont chargés d'un pigment vert, la *chlorophylle*, qui a la propriété d'absorber certaines radiations lumineuses et calorifiques du spectre, dont l'action principale est de décomposer l'acide carbonique de l'air. Parmi les plastides incolores, les uns fabriquent de l'amidon (*amyloplastides*), d'autres se creusent d'une cavité remplie d'eau retenant des matières très diverses en dissolution : ce sont les *hydroplastides* ou *vacuoles*, contenant le *suc cellulaire*.

12. e) **Vacuoles et suc cellulaire**. — Les vacuoles ou *hydroleucites* de M. Van Tieghem, sont protégées par une couche d'hyaloplasma appelée *tonoplaste* par de Vries. Le tonoplaste se comporte comme la lame cutanée de la cellule ; imperméable à certaines substances, il est très perméable à l'eau et, grâce au pouvoir osmotique considérable du suc cellulaire, la vacuole absorbe une quantité d'eau plus considérable que celle dont le protoplasma a besoin ; il en résulte une distension du protoplasma et par suite de la paroi. Cette *turgescence* provoque l'accroissement de la cellule et, partant, celui du végétal. La pression peut atteindre dans les cellules plusieurs atmosphères.

Petites dans la cellule jeune, les vacuoles augmentent de volume à mesure que la cellule s'accroît (fig. 7, B'). Elles peuvent devenir confluentes et se fondre en une vacuole centrale unique dans les cellules âgées. Le suc cellulaire refoule alors contre la paroi le protoplasma et le noyau (fig. 7, B).

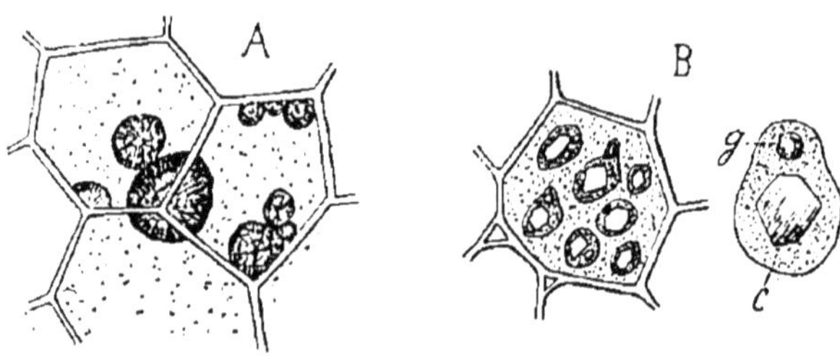

Fig. 11. — A, sphéro-cristaux d'inuline ; B, grains d'aleurone (vacuoles albuminifères) dans une cellule de ricin ; *c*, cristalloïde ; *g*, globoïde, dans un grain d'aleurone isolé.

Le suc cellulaire a une réaction acide. Il renferme les matières les plus diverses en solution ou en suspension ; les unes de réserve, les autres d'excrétion.

1° *Substances dissoutes.* Les unes sont quaternaires (amides, alcaloïdes, diastases) ; d'autres sont ternaires (inuline, glucoses, saccharoses, tanins et acides organiques) ; il y a enfin des sels minéraux.

2° *Substances en suspension.* Les *vacuoles albuminifères* produisent des substances albuminoïdes qui peuvent se concréter en cristalloïdes protéiques (Mucorinées). Dans les graines oléagineuses, les vacuoles albuminifères forment en se desséchant les *grains d'aleurone* (fig. 11).

Les vacuoles cristallifères contiennent des cristaux d'oxalate et de sulfate de calcium.

Nous examinerons ces divers corps soit avec la nutrition, soit avec la dénutrition de la plante.

13. f) **Membrane.** — L'état de cellule nue, avec paroi albuminoïde, est transitoire ; il ne s'observe que chez un petit nombre de plantes et seulement pendant une période de leur existence (Myxomycètes, anthérozoïdes, zoospores). D'ordinaire, la cellule sécrète autour d'elle une *membrane cellulosopectique*, avec parfois de la *callose*. Mince au début et soumise à la turgescence de la cellule, la membrane suit le protoplasma dans son accroissement ; elle se distend et entre ses molécules se déposent des particules nouvelles. On dit que cet accroissement qui s'opère en surface, se fait par *intussusception*. Lorsqu'il est terminé, la membrane s'accroît alors en épaisseur, par l'adjonction de couches successives de cellulose, c'est-à-dire par *apposition*. Plus tard, surviennent des modifications diverses dans cette membrane, par imprégnation d'autres substances ou par modifications chimiques.

L'épaississement de la paroi, uniforme dans certains cas, devient ailleurs très irrégulier, d'où la formation de saillies, de sculptures en creux ou en relief qui impriment aux cellules un cachet particulier, différent suivant les tissus. Mais il existe toujours, dans les membranes, des points où l'épaississement n'a pas lieu ; à ces points ménagés, permettant les échanges entre deux cellules voisines, on donne le nom de *ponctuations*.

Constitution de la membrane. — La membrane des éléments mous est formée de *cellulose*, de *composés pectiques* et, souvent, de *callose*.

Cellulose. C'est un hydrate de carbone, isomère de l'amidon mais plus condensé, répondant à la formule $(C^6H^{10}O^5)^n$, *n* étant supérieur à 5. La cellulose pure est incolore, élastique, perméable aux gaz et à différentes solutions ; insoluble dans l'alcool, l'eau, les acides et les alcalis étendus, elle se dissout dans le réactif de Schweitzer (oxyde de cuivre ammoniacal). Traitée par un acide (acide sulfurique) ou par un chlorure déshydratant (chlorure de zinc), la cellulose se transforme en amidon et se colore en bleu par l'iode. L'action prolongée de l'acide sulfurique donne ensuite de la dextrine, puis du glucose. Les couleurs acides d'aniline sont de bons colorants de la cellulose.

Composés pectiques. La *pectose* imprègne la cellulose dans les tissus mous ; le réactif de Schweitzer la transforme en acide pectique. L'*acide pectique* sous forme de *pectate de calcium* constitue la lamelle mitoyenne des membranes qui séparent deux cellules voisines et revêt les méats intercellulaires. L'acide pectique est insoluble dans l'eau et la liqueur cupro-ammoniacale ; il donne une solution gélatineuse dans les carbonates et une solution fluide dans l'oxalate d'ammonium. Ces réactifs servent à dissocier les tissus. Le *Bacillus amylobacter* possède les mêmes propriétés et on utilise son action dans le *rouissage* pour dissocier les fibres de chanvre et de lin ; ce bacille provoque en même temps la fermentation butyrique.

Les composés pectiques ont une assez grande affinité pour les colorants basiques en solution neutre ou acide (vert d'iode, safranine, etc.); le rouge du ruthénium les colore en rose.

Les mucilages et les gommes ont des caractères analogues à ceux des composés pectiques et en dérivent fréquemment.

Callose. La callose, rencontrée pour la première fois dans le cal des vaisseaux libériens, existe aussi en grande abondance dans les Champignons et dans les grains de pollen. Insoluble dans la liqueur cupro-ammoniacale, elle est soluble dans la potasse et la soude à 1/100. La callose est colorable par le bleu d'aniline, l'acide rosolique, etc.

14. Origine de la cellule. — Les cellules peuvent se former de trois façons : par *rajeunissement,* par *fusion* et par *segmentation*. Les deux premiers modes sont suivis d'une segmentation active.

a) *Rajeunissement* ou *rénovation*. Ici, la masse vivante de la cellule se condense, se repétrit et expulse les matériaux de déchet qu'elle renferme ; elle est mise en liberté par rupture de la membrane, puis elle sécrète une membrane nouvelle d'où il résulte une cellule jeune qui va se cloisonnant. Les zoospores de beaucoup d'Algues naissent de cette façon.

b) Dans la *fusion* ou *conjugation*. deux cellules s'unissent intimement protoplasma à protoplasma, noyau à noyau. Par ce procédé prend naissance la première cellule de la plante, l'*œuf*. La fusion se confond donc avec la *fécondation*. On observe les variations les plus grandes dans la conjugation de deux cellules. Quand les deux cellules sexuées ou gamètes (de γαμος, mariage) sont identiques, on dit qu'il y a *isogamie* ; quand elles sont différentes, il y a *hétérogamie* ; alors une cellule joue le rôle de *gamète mâle*, l'autre celui de *gamète femelle*. Les Thallophytes nous offrirons de nombreux exemples de ce procédé de création de cellules.

c) *Segmentation*. L'accroissement de la cellule est limité ; après avoir atteint une certaine dimension, la cellule se divise en deux cellules filles qui s'isolent par une cloison ; la division du noyau précède toujours la formation de la paroi cellulosique séparatrice des deux nouvelles masses vivantes.

15. Division de la cellule. — Remak, en 1841, avait observé la division du noyau par simple étranglement de sa

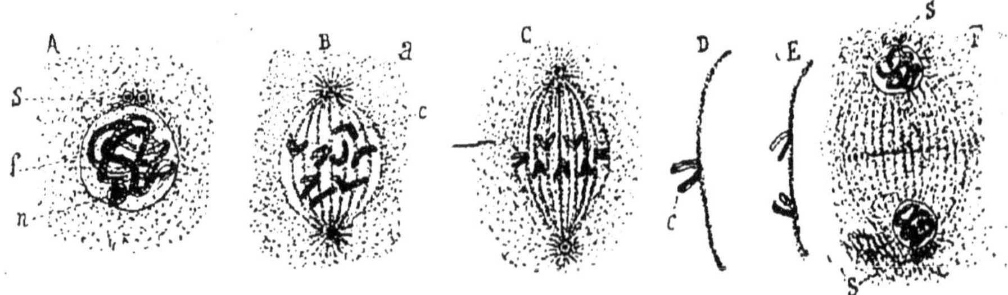

Fig. 12. — Premières phases de la division indirecte.
f, filament chromatique ; *n*, nucléole ; *c*, anses chromatiques ; *s*, sphères directrices.

masse qui conservait le même aspect pendant toute la durée du phénomène. Cette *division de Remak*, appelée aussi *division directe*, est plus rare que la *division indirecte* ou *cytodiérèse*, que l'on appelle aussi *karyokinèse* parce que le noyau subit là des modifications très profondes. Ce dernier terme est impropre puisque le phénomène intéresse la cellule tout entière.

Division indirecte ou cytodiérèse. C'est un phénomène très complexe, dans lequel on peut considérer artificiellement trois phases. Dans la première ou *prophase*, le noyau se désagrège ; la deuxième ou *métaphase*, correspond au partage de la substance du noyau primitif en deux parties exactement semblables. L'*anaphase*, enfin, est caractérisée par la reconstitution de deux noyaux, suivie de la division du protoplasma par la cloison qui sépare la cellule primitive en deux cellules filles (fig. 12 et 13).

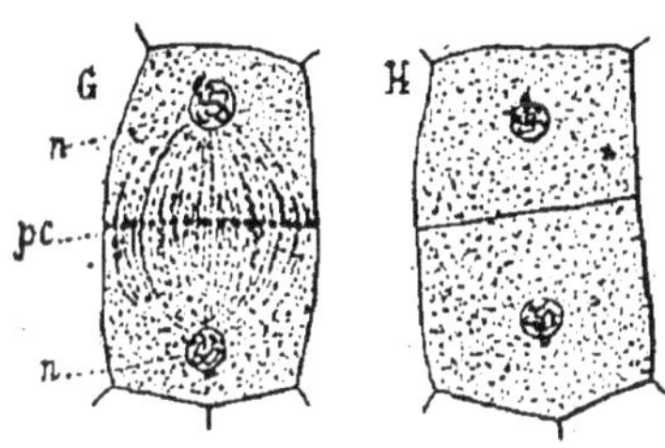

Fig. 13. — Dernières phases de la division indirecte. — *n* noyau ; *pc* formation de la membrane (phragmoplaste).

1° *Prophase.* — *a*) *Phénomènes qui se passent dans le noyau.* Epaississement du filament nucléaire qui se raccourcit et devient très évident (*Phase du peloton chromatique*). Les granules de chromatine s'amplifient et tendent à se diviser longitudinalement pour donner deux rangs de microsomes. Disparition des nucléoles. Fragmentation transversale du filament en segments appelés segments nucléaires dont le nombre est assez constant pour une même plante. Disparition de la membrane nucléaire (fig. 12, A et B).

b) *Phénomènes qui se passent dans le protoplasma.* Les sphères directrices s'écartent l'une de l'autre et se placent en deux points opposés du noyau, indiquant ainsi dans quel sens va se faire la segmentation du noyau ; apparition à leur pourtour de filaments protoplasmiques rayonnants et simulant une étoile (*aster*). Mélange du suc nucléaire au protoplasma, au moment de la disparition de la membrane nucléaire. Apparition de nouvelles stries protoplasmiques ; celles-ci réunissent les deux sphères directrices et traversent le noyau. Leur ensemble constitue le *fuseau* (fig. 12, A et B).

2° *Métaphase.* — Les segments nucléaires viennent s'appuyer sur le milieu de chaque filament du fuseau ; ils se disposent sur un même plan et forment la *plaque équatoriale*. Puis intervient le phénomène essentiel, le *dédoublement des anses chromatiques ou segments nucléaires* (fig. 12, C, D et E).

3° *Anaphase.* — *a*) *Dans le noyau.* Chaque moitié du segment nucléaire emporte une rangée de microsomes et semble glisser vers chaque pôle le long des filaments du fuseau. Arrivés aux pôles, les segments se soudent bout à bout pour former deux pelotons qui s'entourent d'une membrane nucléaire précédant la réapparition du ou des nucléoles (fig. 12, F et fig. 13, G et H).

b) *Dans le protoplasma.* Les sphères directrices se divisent en deux. Au milieu du fuseau se développe la cloison séparatrice des deux cellules nouvelles. Celles-ci sont identiques à la cellule mère et leurs noyaux ont même nombre de segments (fig. 12, F et fig. 13, G, H).

16. Formation de la membrane. — D'ordinaire, à la division du noyau succède l'apparition de la membrane (fig. 13). Les filaments achromatiques du fuseau, au moment de la soudure des anses, deviennent plus nombreux et s'épaississent en leur milieu. Il en résulte une *lame de substance albuminoïde,* la *plaque cellulaire* (*phragmoplaste*) qui va s'étendre jusqu'à la paroi de la cellule mère (fig. 13, *p c*) C'est la jeune membrane qui transforme bientôt sa portion moyenne en pectose et revêt ses faces de cellulose.

17. Continuité du protoplasma. — Si dans un tissu on contracte le protoplasma par un réactif (iode), on constate, après coloration, que les protoplasmas de deux cellules voisines restent unis par de fins trabécules qui ont été considérés comme les restes des filaments du fuseau. Mais de semblables communications existent entre des cellules primitivement libres puis soudées. Des perforations s'établissent donc dans les parties amincies des membranes (*ponctuations*).

Le cloisonnement ne suit pas toujours la division du noyau : nous savons qu'il y a des végétaux à structure continue. D'autre part, dans les végétaux cloisonnés, le protoplasma communiquant d'une cellule à l'autre, par les ponctuations, s'étend donc aussi sans discontinuité dans tout le végétal.

Sachs ne considère pas, pour ces raisons, la cellule comme l'unité morphologique et physiologique de l'être vivant. L'ensemble du noyau et de la masse protoplasmique qu'il tient sous sa dépendance, est, pour lui, une entité à laquelle il a donné le nom d'*énergide*.

18. Nutrition et dénutrition de la cellule. — La cellule, pour s'accroître, doit recevoir de l'extérieur des substances capables de faire corps avec elle, de se transformer par conséquent en matière vivante. Il y a donc d'abord absorption, puis assimilation. Pour traverser la membrane cellulaire, les substances doivent être gazeuses ou liquides, et ces dernières en solutions aqueuses toujours très étendues. Le passage à travers la paroi doit se faire selon les lois de l'osmose, cette paroi se comportant, sans doute, comme le diaphragme d'un dialyseur ; mais il y a lieu de tenir compte, dans la cellule vivante, de l'action élective de la lame cutanée. On peut mesurer le pouvoir osmotique.

L'absorption se produit jusqu'à ce qu'il y ait équilibre entre le milieu extérieur et le milieu intérieur, ce qui a lieu assez vite ; mais quand les substances sont directement assimilables, celles-ci sont constamment transformées et il y a constamment rupture d'équilibre.

Dans les végétaux pluricellulaires, où quelques cellules seulement sont en contact avec l'extérieur, celles-ci devront transmettre aux cellules plus internes les substances absorbées et la transmission se fera en partie par des phénomènes d'osmose, en partie par les ponctuations qui mettent en communication directe les protoplasmas des diverses cellules.

Chez les végétaux qui ont des cellules à chlorophylle et d'autres cellules qui en sont dépourvues, celles-ci doivent recevoir toutes formées les substances azotées et hydrocarbonées. Ces substances elles-mêmes doivent être rendues assimilables ; les cellules de l'organisme sécrètent, à cet effet, des ferments, qui les rendent dialysables et transportables ; c'est ainsi que l'amidon est transformé en glucose par le ferment *amylase*.

Les aliments subissent donc de nombreuses modifications, pour la plupart mal connues ; ils sont répartis dans toute la masse de la cellule par les courants protoplasmiques.

Les corps assimilés, subissant ensuite l'action de phénomènes physico-chimiques, sont altérés : ils sont désassimilés en partie.

Dénutrition. Les produits assimilés, et plus particulièrement les substances hydrocarbonées, fournissent l'énergie nécessaire aux manifestations vitales et subissent des transformations qui en font des produits de rebut. Les substances hydrocarbonées subissent des *oxydations* qui les ramènent finalement à l'état d'acide carbonique et d'eau. Les matières albuminoïdes subissent, en milieu réducteur, des phénomènes d'hydratation et de dédoublements et se transforment en peptones puis en toxalbumines (toxines), en vaccins, en diastases, en alcaloïdes. Ces corps subissant de nouveaux dédoublements par hydratation donnent des amides, puis ceux-ci des composés ternaires acides (acide oxalique) ou neutres (glucose).

Quel que soit le terme ultime de ces transformations, si les substances produites ne sont plus réassimilables, le protoplasma cherche à les éliminer et y parvient de différentes façons : par exosmose quand les cellules sont libres ; par évacuation dans certains plastides (les hydroplastides ou vacuoles, dont la membrane se comporte comme la lame cutanée), quand les cellules sont associées. L'élimination peut encore se faire au moyen d'un appareil glandulaire chez les végétaux supérieurs, appareil que nous apprendrons à connaître plus tard, ou par la chute d'une partie du corps (défeuillaison).

19. Relations de la cellule avec le milieu extérieur. Ses réactions. — La propriété que la cellule a de réagir sous l'action des agents extérieurs est la plus caractéristique de la matière vivante. Attribuée, autrefois, à la *force vitale*, on la rattache aujourd'hui à des réactions physico-chimiques qui se traduisent par le mouvement.

La cellule, *sensible* aux agents extérieurs qui peuvent provoquer des troubles passagers ou permanents, réagit en se défendant : 1° lorsque la cellule est nue, par sa lame cutanée, par son déplacement au moyen de cils ou par des mouvements amiboïdes; 2° quand la cellule est protégée, par sa paroi celluloso-pectique, imprégnée de substances diverses (éthers gras, cire, etc)

Action des agents extérieurs sur la cellule Il y a des excitants:

a) *Mécaniques*: Choc, compression, etc.

b) *Physiques*: Pesanteur, lumière, chaleur, électricité.

c) *Chimiques*: Aliments, poisons, anesthésiques, etc., etc.

Ces excitants provoquent des troubles qui sont, par ordre de gravité : 1° l'arrêt de la circulation du protoplasma, 2° l'élimination d'une partie du liquide cellulaire, 3° la contraction du protoplasma au centre de la cellule protégée par sa paroi, 4° la fragmentation du protoplasma en masses mobiles qui perdent ensuite leur mobilité, se désagrègent et se mêlent au liquide acide de la cavité cellulaire qui tue le protoplasma.

La même excitation produit des effets différents suivant la rapidité de cette excitation et qui sont d'autant plus graves que cette excitation est plus rapide.

Quand l'excitation est suivie de mouvement, quand il y a une réaction, on dit qu'il y a *tactisme*. Le tactisme est positif ou négatif suivant que le transport se fait vers l'excitant ou en sens inverse. Il y a un phototactisme, un trophotactisme, un chimiotactisme, etc.

Il y a *tropisme* quand l'excitation ne produit que des transports sur place. Celui-ci peut être également positif ou négatif (géotropisme, héliotropisme, thermotropisme, hydrotropisme, etc.).

a) *Agents mécaniques.* — Une compression lente et modérée d'un poil de Tradescantia ou de Chélidoine arrête les mouvements protoplasmiques, mais ceux-ci peuvent reprendre. Une compression énergique ou vive désorganise la cellule et la tue.

b) *Agents physiques.* — Certains protoplasmas sont attirés par la *lumière* (expérience de Strasburger qui met des zoospores de Botrydium ou d'Ulothrix sur une lame de verre dans une goutte d'eau. Avec la lumière diffuse, les zoospores sont uniformément répandues dans la goutte d'eau. Si on éclaire un seul côté, les zoospores gagnent le côté éclairé) ; d'autres la fuient (expérience de Stahl qui fait tomber un rayon lumineux sur le bord d'un plasmode de Myxomycète, celui-ci s'éloigne). Ces mouvements d'attraction ou de fuite dépendent de l'intensité de l'éclairage.

La lumière solaire, dans sa totalité, a une action très active sur les protoplasmas contenant de la chlorophylle et sur les protoplasmas incolores. Les rayons les plus réfrangibles (violet, indigo, bleu) agissent avec énergie dans les phénomènes chimiques. Les rayons infrarouges agissent sur la respiration ; les autres (du rouge au vert) provoquent la décomposition de l'acide carbonique.

Une lumière trop intense détruit la chlorophylle.

La *chaleur* favorise l'activité vitale, mais au-delà de 52°, le protoplasma est altéré puis tué. Les températures basses entravent les fonctions vitales ; mais il y a des adaptations nombreuses : ainsi certaines plantes périssent à 0° (plantes des pays chauds), tandis que d'autres ne se développent bien qu'à basse température : les Hydrurus, par exemple, à 0°. La quantité d'eau que renferme le protoplasma fait varier sa résistance dans de très grandes proportions : les graines sèches peuvent sans inconvénient, supporter une température de + 100°, les spores et les Bactériacées de — 180° et plus, jusqu'au zéro absolu.

On connait encore mal l'action de l'électricité. Cependant un courant électrique semble activer la germination. Avec 3 ou 4 éléments de Grove, les courants protoplasmiques se ralentissent et, avec 20 ou 30, le protoplasma se désorganise. L'ouverture et la fermeture d'un courant agissent comme le choc.

c) *Agents chimiques*. Les *matières nutritives* exercent une certaine action sur le protoplasma, comme l'a démontré Pfeffer : les anthérozoïdes de Fougères sont attirés dans le col de l'archégone par l'acide malique que celui-ci émet ; ceux des Mousses par le sucre de lait. Le boyau pollinique suit un chemin qui lui est tracé par les substances nutritives du stigmate et du style. Ce sont là des phénomènes de *chimiotactisme*.

Le protoplasma est très sensible aux poisons ; l'*Aspergillus niger*, par exemple, est tué par des solutions de nitrate d'argent au 1/1.600.000, d'acide chlorhydrique au 1/512.000.

Les anesthésiques suppriment la fonction chlorophyllienne et finissent par tuer la plante si leur action est trop prolongée. Cl. Bernard a montré que la sensitive ne réagissait plus pendant leur action.

20. Vie oscillante et vie latente ; sénescence et mort de la cellule. — La plupart des végétaux dont la vie dure plusieurs années, subissent des repos périodiques, dus aux variations climatériques : le froid dans nos pays, la sécheresse dans les pays chauds. Ces végétaux soumis aux conditions extérieures se réveillent, en général, quand ces conditions redeviennent favorables à la végétation (*vie oscillante*).

Le protoplasma, dans certaines conditions de vie défavorables, subit des modifications (perte d'eau) qui rendent les échanges presque nuls et les phénomènes vitaux insensibles (*vie latente*). Les kystes, les spores et les œufs sont dans ce cas. Les graines elles-mêmes peuvent rester à l'état de vie latente pendant fort longtemps.

Les cellules âgées perdent peu à peu leur activité : leur faculté de nutrition s'amoindrit et leur pouvoir générateur disparaît ; enfin, leur noyau, puis leur protoplasma se désorganisent. La membrane ne renferme plus dès ce moment que le liquide des vacuoles contenant les déchets. Alors, la cellule est morte.

21. Persistance de la vie. — La cellule meurt, mais l'espèce ne disparaît pas. Certains éléments échappent à la mort et conservent les propriétés ancestrales. Nous avons vu que toute cellule provenait d'une autre cellule soit par bipartition, soit par rénovation, soit enfin par fusion de deux cellules en une cellule unique (*œuf*). Nous verrons, à propos de la reproduction, que chez les végétaux les plus simples, la vie se continue par simple bipartition (sans phénomène sexuel, par *agamie*), quelquefois par rajeunissement du protoplasma, par rénovation (*plastogamie*). Le plus souvent, des éléments fortement différenciés s'appliquent uniquement à la continuation de la vie : il y a fusion de deux de ces éléments, union des deux noyaux : c'est de la *karyogamie* ou *fécondation* (voir Reproduction).

§ 2. DES TISSUS ET DES APPAREILS

Les végétaux inférieurs sont réduits à quelques cellules n'ayant pas de fonctions spéciales et chacun de leurs éléments jouit de toutes les propriétés de l'être vivant. Mais dans les végétaux supérieurs, chaque partie de la cellule peut se différencier en vue d'une fonction particulière : ici, ce sera la membrane qui subira des modifications profondes et s'adaptera au soutien, à la protection ; là, ce sera le contenu cellulaire (protoplasma, plastides ou noyau) qui s'organisera pour emmagasiner les réserves, pour la reproduction, pour l'excrétion, etc. *Tout ensemble de cellules douées des mêmes propriétés et de formes à peu près semblables, isolé au milieu de cellules différentes ou autrement associées, constituera un tissu.* Comme tout tissu répond à une fonction, il y aura dans un végétal d'autant plus de tissus que les fonctions seront mieux spécialisées.

22. Morphologie des tissus. — Les tissus sont parfois formés par des cellules rapprochées mais relativement indépendantes (fig. 14), cependant, le plus souvent, elles sont réunies et accolées par leurs parois et cela suivant une, deux ou trois directions de l'espace ; il en résulte des assemblages en *files* (vaisseaux), en *lames* ou *membranes* (épiderme, membrane absorbante) et en *massifs* (parenchymes, sclérenchyme, prosenchyme, collenchyme, etc.)

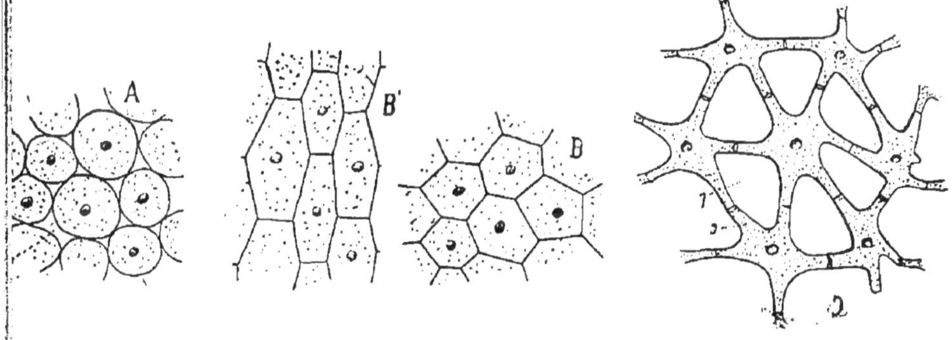

Fig. 14. renchyme arrondi. (Pomme)

Fig. 15. Parenchyme polyédrique. B. Coupe transversale ; B', coupe longitudinale.

Fig. 16. Parenchyme lacuneux. Moelle de Juncus

Les *parenchymes* sont des massifs cellulaires dont les éléments ont des parois minces et sont à peu près isodiamétriques ; on en connait de nombreuses variétés, tenant à la forme de la cellule : tels sont les parenchymes polyédrique, arrondi, étoilé, tabulaire, lacuneux, etc. (fig. 14 à 16).

Les éléments d'un tissu tout en restant à peu près isodiamétriques peuvent épaissir très fortement leurs parois et leur faire subir des modifications chimiques plus ou moins importantes (lignification). Les massifs formés par des éléments de cette sorte constituent du *sclérenchyme* (fig. 17, A) formé par des *cellules scléreuses*. La cavité des cellules scléreuses est souvent fort réduite et la paroi, très épaissie, conserve des parties minces formant de fins canalicules (*ponctuations*). Les

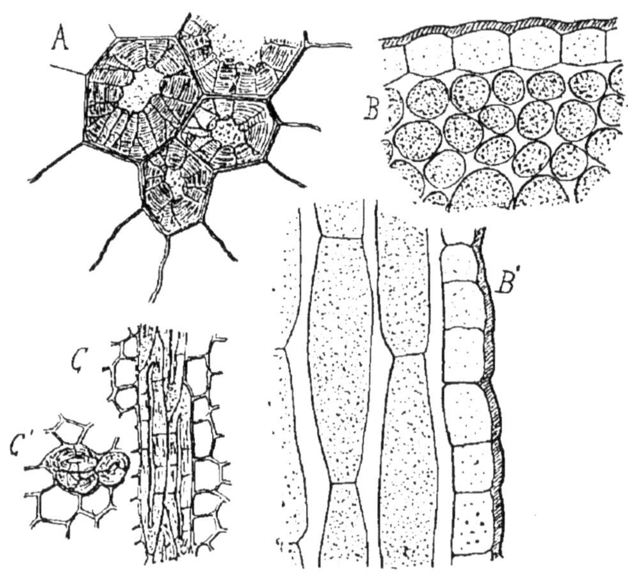

Fig. 17. — A, cellules scléreuses ; B et B', cellules de collenchyme vues en coupe transversale et en coupe longitudinale ; C et C', fibres en coupe longitudinale et en coupe transversale.

canalicules d'une cellule correspondant à des canalicules des cellules voisines, les protoplasmas voisins sont tenus en relations par leur intermédiaire et peuvent effectuer des échanges.

Le *prosenchyme* forme des massifs dont les éléments, appelés *fibres*, sont très épais, allongés en fuseaux et terminés en pointe à leurs deux extrémités. La cavité de la fibre, très réduite, est de bonne heure dépourvue de protoplasma ; les ponctuations y sont, par suite, moins nombreuses que précédemment (fig. 17 C et C').

Le *collenchyme* (fig. 17, B et B') forme une autre variété de tissu massif. Les cellules collenchymateuses, de forme variable, à paroi d'aspect très réfringent, épaississent plus ou moins ces parois. Les épaississements restent cellulosiques ; ils peuvent intéresser la paroi d'une façon uniforme ou se localiser dans les angles, mais ils présentent toujours une grande extensibilité qui facilite les phénomènes de turgescence dans leur intérieur.

Quel que soit le mode d'agencement des cellules en tissus, leur adaptation à un rôle déterminé est donc rendue évidente par les modifications des qualités physiques et chimiques des diverses parties de la cellule, paroi et contenu :

a) Modification de la membrane. La membrane joue, dans les tissus, un rôle important par sa forme, par ses épaississements et par les modifications qu'elle subit. Elle peut transformer complètement sa composition chimique (cutinisation, subérification, gélification, liquéfaction), ou bien, sans modification de sa nature chimique, s'imprégner de principes organiques ou minéraux qui en modifient les qualités (lignification, cérification, minéralisation, coloration).

b) Modification du contenu cellulaire. Le protoplasma plus ou moins abondant, les plastides (chlorophylliens, amylifères, etc.) et le suc cellulaire en se modifiant quant à la qualité et à la quantité donnent à la cellule des caractères aussi importants que la paroi. Nous examinerons toutes ces modifications lorsque nous envisagerons les divers tissus pris en particulier.

23. Classification des tissus. — Les végétaux supérieurs, hautement différenciés, présentent autant de tissus que de fonctions ; il y aura donc des tissus s'appliquant à la *nutrition*, à l'*excrétion*, à la *relation*, et à la *reproduction*. Le tableau suivant énumère les principaux tissus s'appliquant à ces diverses fonctions :

Nutrition.....	*Tissu d'absorption des matières minérales* (Membrane absorbante). *Tissu d'absorption du carbone* ou T. chlorophyllien. *Tissu conducteur des aliments minéraux* (T. vasculaire ligneux). *Tissu conducteur des aliments azotés* (T. vasculaire libérien). *Tissus parenchymateux* servant au transport *des aliments hydrocarbonés*, ainsi qu'aux *réserves hydrocarbonées et azotées*
Excrétion....	*Tissu* spécialisé pour la *transpiration*. *Tissu glandulaire*. Tous les tissus respirent ; il n'y a pas de tissu spécial correspondant à la respiration.

Relation ..... { *Tissus protecteurs* (Epiderme, liège, etc.) *Tissus de soutien* (Prosenchyme, sclérenchyme, etc.) *Tissu conjonctif* (Parenchymes conjonctifs).
Reproduction : *Tissus reproducteurs*.

Nous étudierons chaque tissu avec les fonctions auxquelles il se rattache.

24. Origine des tissus. — Les tissus peuvent se former de plusieurs façons :

1° Par association de cellules primitivement libres, cas rare que l'on observe chez les Myxomycètes (par association de cellules nues formant les *plasmodes*) et chez les Algues du genre Pediastrum et celles du genre Hydrodictyon.

L'association de filaments cloisonnés (*hyphes*) constituant l'appareil sporifère des champignons à chapeau, est un faux tissu ou *pseudo-parenchyme*.

2° Par bipartition. Les tissus résultent, le plus souvent, de la bipartition successive d'une ou de plusieurs cellules. L'œuf, par exemple, qui est une cellule unique donne naissance, par cloisonnement, au végétal le plus complexe. Il existe, à l'extrémité des organes en voie de croissance, tels que le thalle, la racine, la tige, les feuilles, etc., des massifs cellulaires dont les éléments ont des parois très minces et un contenu granuleux et dense. Ces massifs, appelés *points végétatifs* ou *méristèmes*, produisent par bipartitions successives et différenciation progressive de leurs cellules, les tissus définitifs dits d'*origine primaire*. Les points végétatifs sont eux-mêmes régénérés par le cloisonnement d'une (Cryptogames vasculaires) ou de plusieurs (Phanérogames) cellules dites *cellules-mères*.

On réserve le nom de *cambium* à des lames de cellules qui deviennent génératrices à un moment donné, plus ou moins reculé, et qui tirent leur origine des tissus sortis des méristèmes dont il vient d'être parlé. Les cambiums produisent des tissus sur leurs deux faces (*cambiums bifaciaux*) ou sur une seule (*cambiums unifaciaux*).

Les tissus émanés d'un cambium formé dans un tissu primaire sont des *tissus secondaires*. Un cambium né dans un tissu secondaire donne des tissus *tertiaires*, etc.

25. Destruction des tissus. — En s'éloignant du point végétatif, on voit les cellules commencer à se dissocier. Cette dissociation, normale, est due à plusieurs causes :

1° les cellules en s'accroissant ont une tendance à arrondir leurs arêtes par suite de la turgescence et de l'action localisée du protoplasma ; 2° les parois cellulaires subissent différentes modifications chimiques : les pectates se transforment en corps gélatineux et peu résistants au niveau des arêtes cellulaires et, en ces points faibles, se produisent des vides ou *méats* (fig. 14, *l*) qui, en devenant de plus en plus volumineux,

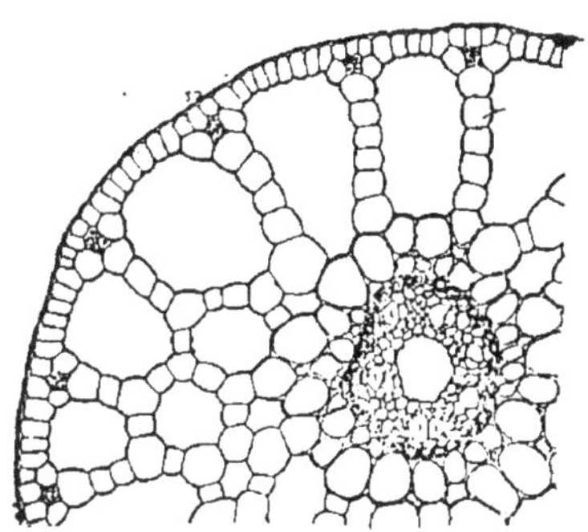

Fig. 18.— Coupe transversale d'une tige de Potamogeton, avec des canaux aérifères dans le parenchyme cortical et une lacune dans le cylindre central (d'après C. Sauvageau).

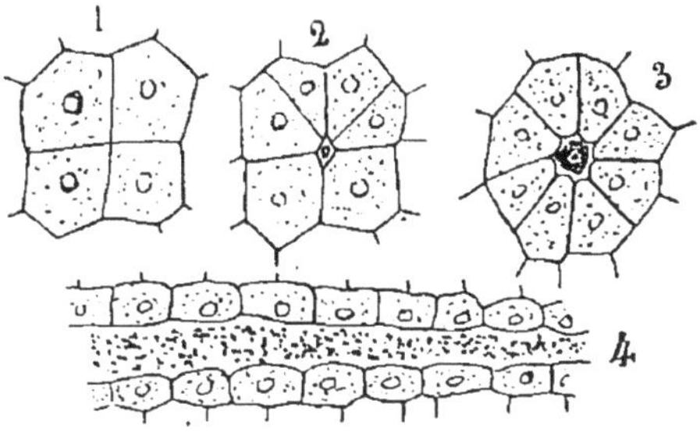

Fig. 19. — Origine d'un canal secréteur. 1, 2, 3, en coupe transversale ; 4, en coupe longitudinale.

finissent par constituer des *chambres aérifères* (fig. 16, *l*). Le décollement se faisant sur une certaine longueur donne naissance à des *canaux aérifères* (fig. 18), que l'on rencontre dans les végétaux aquatiques ; à des canaux sécréteurs (fig. 19). La lamelle mitoyenne peut même se résorber totalement, alors les cellules deviennent libres d'adhérence, comme dans la maturation des fruits. La paroi elle-même peut se résorber, comme dans les plantes aquatiques où, à la place des vaisseaux du bois, on rencontre des *lacunes* (fig. 18).

La disparition du protoplasma, qui entraîne la mort de la cellule, n'amène pas forcément la disparition de l'élément squelettique de la cellule, de sa paroi, qui peut encore jouer un rôle mécanique (vaisseaux, etc.) et servir au soutien du végétal.

26. Groupement des tissus en appareils. — On donne le nom d'*appareil* à un ensemble de tissus qui concourent à l'accomplissement d'une même fonction. L'un d'eux, en qui réside la fonction de l'appareil, est le *tissu essentiel*, les autres sont des *tissus accessoires*. C'est ainsi que le *bois*, appareil conducteur de la sève aqueuse, est formé d'un tissu essentiel, le *tissu vasculaire* et de tissus accessoires, les tissus squelettiques, parenchymateux et même excréteur.

Comme les tissus dont ils sont formés, les appareils s'appliquent à la nutrition, à l'excrétion, à la relation, etc.

Nous allons maintenant examiner les principales fonctions des plantes et nous étudierons en même temps les tissus et les appareils qui servent à chacune de ces fonctions.

§ 3. FONCTIONS DES PLANTES

Les phénomènes de nutrition, d'excrétion et de relation sont d'une constance très grande dans le règne végétal tout entier et sont plus particulièrement localisés dans le thalle, la racine, la tige et les feuilles ; la reproduction, au contraire, se fait de façons très diverses dans les différents groupes de végétaux et parfois dans un même groupe (Thallophytes).

Nous allons passer en revue les principales fonctions des plantes et nous étudierons en même temps les appareils qui s'y rattachent.

A. NUTRITION

La nutrition comprend toute une série de phénomènes dont le premier terme est l'absorption des aliments indispensables à l'entretien de la vie et dont le dernier est l'assimilation de ces matières.

Les végétaux utilisent trois catégories d'aliments :

Des *substances azotées* (albumine et fibrine végétales, légumine, etc).

Des *substances hydrocarbonées* (sucres, amidon, graisses, etc).

Des *substances minérales* (eau, acide carbonique, sels divers).

Les substances azotées et hydrocarbonées doivent parvenir tout édifiées aux végétaux dépourvus de chlorophylle, les végétaux *parasites* et *saprophytes*. Les premiers, qui vivent sur d'autres plantes ou sur des animaux, et les seconds qui végètent sur des matières organiques en voie de décomposition, doivent, pour les absorber, faire subir à ces aliments des fermentations particulières (*digestions*) qui leur donnent une forme soluble dialysable. C'est en somme un mode de nutrition analogue à celui des animaux que présentent ces plantes.

Les substances minérales forment l'aliment essentiel des végétaux chlorophylliens. Absorbées directement, elles sont ensuite dissociées, puis leurs éléments se recombinent sous forme d'hydrates de carbone et de matières azotées ; enfin, ces substances nouvelles sont employées immédiatement ou mises en réserve. Dans ce dernier cas, elles devront subir, pour être assimilées, une nouvelle digestion analogue en tout à l'élaboration que subissent les mêmes substances organiques avant leur absorption par les végétaux sans chlorophylle et les animaux.

Certains végétaux chlorophylliens utilisent d'une façon transitoire ou permanente ces deux sortes d'alimentation : l'embryon des Phanérogames, se développant à l'abri de la lumière, se nourrit en une sorte de parasitisme aux dépens des réserves de la graine renfermées dans l'albumen ; le grain de pollen ayant donné le boyau pollinique sur le stigmate, se comporte de la même façon, aux frais des carpelles, jusqu'au moment de la fécondation ; les Mélampyres et les Rhinanthes de nos prairies, plantes chlorophylliennes, semi-parasites, absorbent bien les substances minérales du sol, mais puisent, en même temps, des aliments organiques dans les végétaux voisins, au moyen de racines suçoirs qu'elles enfoncent dans leur intérieur.

Nous allons examiner : les *aliments*, leur *absorption*, leur *circulation*, leur *élaboration* dans certains cas, leur *mise en réserve* et leur *digestion* qui précède leur *assimilation*.

a) *Aliments*

27. Recherche des matières minérales indispensables à la vie de la plante. — Théorie de l'humus et sa réfutation. — On a longtemps prétendu que l'*humus*, c'est-à-dire le résidu de la décomposition plus ou moins avancée des substances animales et végétales, était indispensable à la nutrition des plantes chlorophylliennes et constituait leur aliment essentiel. Cet humus entre en quantité considérable dans la composition du terreau des jardiniers, et en proportions plus ou moins grandes dans toutes les terres végétales.

Dans l'humus, de couleur noirâtre et de composition très complexe, on trouve un grand nombre de corps organiques, les uns acides (acides humique, ulmique, géique, etc.), les autres neutres (ulmine, humine, etc.), tous insolubles dans l'eau, mais les substances acides sont susceptibles de se combiner à diverses bases contenues dans le sol (chaux, potasse, magnésie, etc.) pour donner des ulmates, des humates, etc., qui, eux, sont solubles dans l'eau, bien qu'en de très petites proportions. L'humus renferme encore, mais en petite quantité, des sucres, des amines, des sels ammoniacaux et autres qui sont facilement absorbés par la plante.

C'étaient ces substances qui pour les anciens pénétraient dans le corps de la plante ; c'était l'opinion d'Olivier de Serres (1539-1619), de Thaer (1752-1828), de Mathieu Dombale, de Payen. Celui-ci croyait cependant à l'efficacité de certains sels, mais comme *stimulants*.

Bernard Palissy (1499-1590), pensait déjà cependant que la vertu du fumier résidait dans sa richesse en sels. Théodore de Saussure admettait, en 1804, que les matières minérales sont absorbées par les racines lorsqu'elles sont en solution ; il avait encore remarqué que le poids d'une plante sèche est plus grand que le poids d'aliments qu'elle a pu tirer du sol, d'où la nécessité d'une autre source d'alimentation. Pour Lavoisier, les plantes élaborent des matières organiques. Le Blanc (an XII) conclut que l'azote est fourni aux plantes par l'ammoniaque, matière inorganique. Enfin, Brongniart (1828) suit la même voie que Lavoisier et dit que les plantes tirent leur carbone de l'atmosphère. Hartig, vers 1840, faisant des cultures dans des solutions d'humates, montrait qu'avant et après l'expérience, le poids des matières organiques mises en présence des racines n'avait pas varié et que ces substances étaient par conséquent inassimilables.

Liebig, vers 1840, achève de détruire la théorie de l'humus en démontrant qu'une plante verte pouvait vivre et vivait en ne recevant de l'extérieur que des matières salines.

Il tombe annuellement, dit-il, 350.000 kg. d'eau à Erfurt sur un espace de 2.500 mètres carrés. En supposant les conditions les plus favorables, ces 350.000 kg. d'eau ne pourraient dissoudre que 175 kg. d'humate de chaux, qui est le sel le plus soluble de l'humus, et ces 175 kg. renferment seulement 108 kg. de carbone. Or, la récolte de blé sur cet espace de terrain renferme 550 kg. de carbone et la récolte de betterave 440 kg. Le sol n'est donc pas l'unique source de carbone pour les plantes. Il en est une autre, c'est l'atmosphère, et les expériences d'Hartig ont montré que c'était même la principale origine du carbone. Liebig ajoute que l'hydrogène et l'oxygène sont fournis par l'eau, l'azote par l'ammoniaque et que la plante doit recevoir d'autres matières minérales qu'on retrouve dans leurs cendres et qui doivent être indispensables à la végétation.

Les fumiers et les engrais organiques n'agissent que par leur combustion totale qui met en liberté des produits inorganiques, des aliments minéraux ; on peut donc remplacer l'humus par des matières minérales. Ce n'est donc pas l'humus proprement dit qui sert d'aliment, cependant il agit sur la végétation par les matières minérales qu'il contient et par ses propriétés physiques, en absorbant de la chaleur, en retenant l'humidité, en conservant au sol arable sa perméabilité et en lui donnant de la légèreté.

Quelles sont les substances minérales indispensables à la vie de la plante ? Quels sont les corps simples utiles, et sous quelle forme sont-ils utilisables ?

28. Recherche des corps simples. — On a utilisé dans ce but trois procédés plus ou moins parfaits : 1° le procédé des chimistes ; 2° le procédé des agriculteurs ; 3° le procédé des physiologistes.

1° *Procédé des chimistes ou méthode analytique.* — Les corps utiles aux plantes sont évidemment contenus dans celles-ci et on doit les retrouver dans leurs cendres. L'analyse chimique d'une plante entière et adulte nous indiquera donc la qualité et la proportion relative des éléments minéraux simples qui entrent dans la composition du corps de cette plante.

On pèse une plante verte ; on la pèse de nouveau mais desséchée à 105° : la différence de poids donne déjà la quantité d'eau qui entre environ pour les trois quarts dans la constitution de la plante ; on brûle la plante sèche et l'on trouve que 100 parties de cette matière sèche donnent de 4 à 6 parties de cendres. La différence de poids entre celui de la matière sèche et celui des cendres indique le poids des matières organiques qui se sont dégagées sous forme de gaz pendant l'incinération. On analyse les cendres qualitativement et quantitativement.

Parmi les 28 corps que décèle l'analyse des cendres, 12 semblent se rencontrer dans toutes les plantes, ce sont : de l'*hydrogène*, de l'*oxygène*. de l'*azote*, du *phosphore*, du *chlore*, du *silicium*, du *potassium*, du *calcium*, du *magnésium*, du *fer*, du *carbone* et du *soufre* ; quelques-uns s'y trouvent fréquemment : *sodium, lithium, manganèse, iode, brome* ; d'autres ne se montrent qu'accidentellement : *zinc, cuivre*, etc.

2° *La méthode des agriculteurs* consiste à rechercher l'action d'un composé donné, employé comme amendement ou comme engrais, sur la végétation. On prend deux parcelles identiques d'un même terrain et à l'une d'elles on ajoute le corps dont on veut déterminer la valeur alimentaire. Celle-ci est donnée par la différence entre les poids des récoltes obtenues avec et sans le concours du composé mis en expérience. Par ce procédé, on a constaté l'importance des engrais azotés, phosphatés, potassiques, du soufre et du fer.

Ce procédé employé seul peut conduire à des résultats erronés, car l'on peut agir sur un terrain qui regorge déjà de la substance sur laquelle on expérimente, si bien que l'addition d'une nouvelle quantité de matière nutritive ne donnera dans ce cas aucun résultat.

La plante absorbe par osmose, c'est-à-dire selon des lois physiques, toutes les solutions salines qu'elle rencontre dans le sol ; elle peut donc s'emparer, et elle le fait en réalité, de matières qui ne lui sont pas nécessaires et, pour cette raison, le procédé des chimistes n'est pas plus précis que celui des agriculteurs.

3° La *méthode des physiologistes* va nous renseigner exactement quant aux éléments minéraux indispensables aux plantes, ainsi que sur la valeur alimentaire relative de chaque élément minéral. Pour élucider ces diverses questions on a recours à des cultures en milieux artificiels et stériles (eau distillée ou sable quartzeux) auxquels on ajoute les 28 éléments minéraux trouvés par les chimistes et dans les mêmes proportions. Une plantule intacte, cultivée dans cette solution, y atteindra un développement maximum ; on la pèsera. On agit ensuite d'une façon identique avec autant de solutions salines différentes qu'il entre de corps distincts avec la solution type précédente mais, dans chacune d'elles, on supprime l'un des 28 corps. Les récoltes étant pesées, la comparaison des poids obtenus nous renseigne sur l'utilité de certains corps et sur leur valeur nutritive : les *corps supprimés ne sont pas utiles au développement de la plante* si les poids des récoltes sont, en leur absence, identiques au poids de la plante qui a servi de base. La récolte ayant été affaiblie par le manque d'une substance dans le substratum, c'est que *cette substance est utile.* La valeur nutritive des diverses substances peut être mesurée par les diminutions de poids entre la récolte la plus riche, fournie par un aliment complet, et celles obtenues à la suite d'une nutrition imparfaite, en dehors de ces substances.

L'expérience démontre, en outre, que la végétation est la même avec un liquide ne renfermant que les substances qui influent sur le développement et le liquide primitif en renfermant 28 Finalement, la méthode conduit à ce résultat intéressant que 12 corps sont seulement nécessaires à la vie de la plante verte : le *carbone*, l'*oxygène*, l'*hydrogène*, l'*azote*, le *phosphore*, le *potassium*, le *calcium*, le *magnésium*, le *soufre*, le *fer*, le *manganèse* et le *silicium*.

Cette méthode, rectifiant les résultats fournis par le procédé des chimistes, montre l'utilité du manganèse; elle prouve aussi que le chlore n'est pas nécessaire.

Le développement du végétal est plus ou moins entravé par l'absence de l'un de ces corps (en l'absence de phosphore, par exemple, la récolte du froment tombe de 40 à 1) mais il n'est complètement arrêté que si le carbone, fourni par l'atmosphère, ou l'hydrogène et l'oxygène, ces derniers sous forme d'eau, viennent à lui manquer. Le fer, le manganèse et le silicium ont un rôle assez effacé et peuvent dans certains cas se trouver en quantité suffisante dans la graine pour permettre le développement normal d'une génération.

Les résultats obtenus avec des Phanérogames cultivées dans la solution suivante :

Azotate d'ammoniaque.	40	Sulfate de fer.	5
Biphosphate d'ammoniaque. . .	20	— de magnésie. . .	1
Azotate de potasse.	25	— manganèse. . . .	1
Sulfate de potasse.	5	Silicate de potasse. . . .	5

qui produit les meilleurs effets sur la végétation ou dans toute autre solution, laissent toujours place à la critique, par suite de la quantité relativement considérable des diverses substances que renferme la graine. Raulin, pour éviter ces causes d'erreur, s'est adressé à un champignon, l'*Aspergillus niger*, dont les spores ne contiennent qu'une quantité de substances véritablement négligeable et il a employé le liquide suivant :

Eau distillée	1.500	Carbonate de potasse . .	0.60
Sucre candi.	70	— de magnésie. .	0.40
Acide tartrique.	4	Sulfate d'ammoniaque . .	0.25
Nitrate d'ammoniaque. . .	4	— de fer	0.07
Phosphate — . . .	0.60	— de zinc.	0.07
Carbonate de manganèse.	0.07	Silicate de potasse	0.07

L'acide tartrique n'a qu'un rôle physique et sert à empêcher le développement des bactéries. Le zinc semble nécessaire à cet organisme et à une dizaine d'autres plantes. Par contre, la chaux qui manque ici, a une importance considérable pour les Phanérogames, même pour des silicicoles exclusives.

L'alimentation varie avec les différentes périodes de végétation, mais les plantes ont des préférences pour certains aliments ; Boussingault a dressé des tableaux nous renseignant sur les *appétences* des plantes fourragères et cultivées.

29. De la répartition des aliments dans le sol et de leurs formes naturelles. — Les aliments minéraux des plantes existent dans la nature. combinés de façons diverses et répartis dans le sol, dans l'air ou dans l'eau.

Le sol, ou couche superficielle de l'écorce terrestre, résulte de la désagrégation des roches sous l'action des agents atmosphériques ; la *silice*, le *calcaire* et l'*argile* en sont les éléments fondamentaux ; un quatrième élément, celui-ci d'origine organique, est l'*humus*. Ces éléments sont mélangés, mais il arrive le plus souvent qu'un ou deux éléments prédominent dans l'ensemble, d'où les sols désignés par les qualificatifs d'*argilo-calcaires*, de *silico-argileux*, etc.

Les aliments minéraux sont inégalement répartis dans le sol sous forme de sels. On y rencontre du *carbonate de magnésie* fréquemment mélangé au calcaire (Dolomie) ; la magnésie peut être aussi combinée à la silice et à des oxydes métalliques. Le *manganèse* et le *fer* sont fréquents dans le sol à l'état de sesquioxydes et de carbonates ; le *soufre* à l'état de sulfate de chaux. La *potasse* est très répandue sous forme de silicate qui se transforme dans le sol en carbonate et celui-ci en d'autres sels de potasse solubles (nitrates, chlorures, sulfates). Les sols calcaires et sableux sont pauvres en potasse. Le *phosphore* et l'*azote* sont aussi utiles que la potasse et on les rencontre aussi en certaine quantité dans le sol. Les sols riches en phosphore sont ceux qui proviennent de la désagrégation des roches volcaniques. Les terrains granitiques en sont pauvres ; les terrains calcaires en contiennent davantage. Le phosphore est à l'état de phosphate tribasique de chaux, de phosphate d'alumine et de fer, de phosphate d'alumine et de magnésie. C'est la première forme qui est la plus répandue Ces sels ne sont utilisables qu'à la condition d'être dissous par les acides organiques du sol (acide acétique, carbonique, nitrique, etc.). Le sol renferme encore des azotates et des sels ammoniacaux qui fournissent l'*azote*. L'azote à l'*état organique* se rencontre dans les sols riches en *humus*; par sa combustion et, grâce aux phénomènes de nitrification, l'humus restitue au sol l'azote sous forme minérale (nitrates).

Quand un sol manque de ces éléments, on peut les lui restituer par des fumures copieuses, soit sous forme minérale, soit sous forme organique. Certains corps les contiennent à peu près tous, tels la *poudrette* et le *fumier de ferme*. L'humus agit donc sur les plantes de deux façons différentes : par ses propriétés physiques et aussi par sa combustion qui met en liberté des éléments minéraux. Le terreau, les composts, la terre de bruyère (terre siliceuse riche en humus) agissent aussi comme aliments par la combustion de leur humus.

L'*azote* a une importance extrême et le manque d'azote fait tomber la récolte dans des proportions considérables. Il a des origines fort différentes : il provient : 1° des débris organiques qui se comburent; 2° de l'air où il est puisé à l'état libre ou à l'état combiné.

L'azote des composés organiques ne pénètre pas dans le corps de la plante ou il n'y pénètre qu'en très petite quantité sous cet état : l'asparagine et la glutamine sont en effet de véritables aliments, ainsi que quelques autres amides ; mais il est des corps azotés, comme la tyrosine, qui sont de véritables poisons. Pour être absorbé, l'azote doit généralement être dégagé de la matière organique et ramené à l'état minéral, soit sous forme de nitrates, soit sous forme de composés ammoniacaux ; les composés intermédiaires, les nitrites, sont des poisons pour les plantes, mais ils sont facilement transformés en azotates ou en sels ammoniacaux.

Nitratation. — Nitrosation. — Ammonisation — Dénitrification.

La formation des nitrates ou nitratation résulte de l'oxydation des produits ammoniacaux ou des nitrites par une bactérie, le *ferment nitrique*. Les matières organiques sont d'abord transformées en ammoniaque par certaines bactéries (*ferment ammoniacal. — Ammonisation*). L'oxydation de l'ammoniaque commence sous l'action du microcoque nitreux (*ferment nitreux, Nitrosation*) :

$$2AzH^3 + O^6 = Az^2O^3 + 3H^2O.$$

L'acide nitreux se combine aux alcalis renfermés dans le sol.

Les nitrites ainsi formés, sont nuisibles à la plante ; on les rencontre dans les sols trop riches en produits ammoniacaux. Pour que le ferment nitrique les transforme en nitrates :

$$Az^2O^3 + O^2 = Az^2O^5$$

il faut un sol aéré, humide et légèrement alcalin. La bactérie nitrifiante manifeste son activité entre + 5° et + 55° ; elle atteint son optimum vers + 37°.

Quand les matières azotées se décomposent en profondeur à l'abri de l'oxygène et même à l'air libre quand les nitrates sont en trop grande abondance, ces corps deviennent une source d'oxygène pour certaines bactéries anaérobies : les nitrates sont réduits à l'état de nitrites, puis ceux-ci à l'état d'oxyde d'azote, d'azote libre et d'ammoniaque (*Dénitrification*).

Fixation de l'azote atmosphérique. — L'azote du sol peut provenir encore de l'azote atmosphérique soit par l'action des effluves électriques (Berthelot), soit surtout par l'intermédiaire de microorganismes que l'on rencontre chez diverses plantes, notamment dans la racine de la plupart des Légumineuses où ils provoquent la formation de nodosités. On donne à ces organismes le nom de *Rhizobium* (*R. leguminosarum*) ou *de Bactéroïdes*.

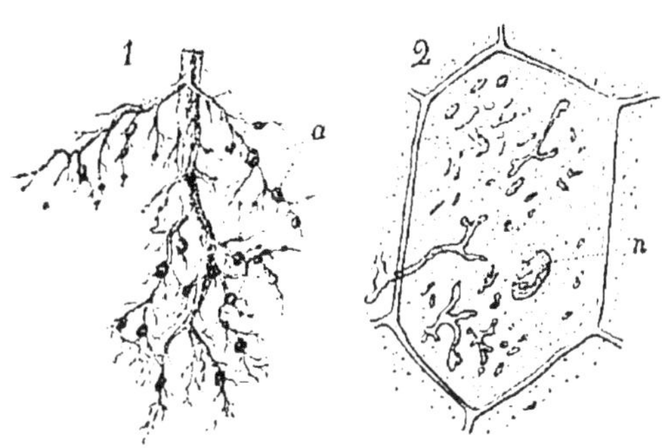

Fig. 20. — 1. Racine de Légumineuse avec nodosités renfermant les microorganismes fixateurs de l'azote atmosphérique. — 2. Une cellule de ces nodosités contenant des Bactéroïdes ; *n*, noyau.

Les Bactéroïdes, cultivés dans un bouillon de haricot additionné de saccharose, fixent l'azote de l'atmosphère, en même temps qu'ils détruisent le sucre ; dans la nature, il y a échange d'éléments nutritifs entre la plante qui fournit les hydrates de carbone et son hôte qui les utilise, mais qui lui restitue en échange une matière azotée.

Les racines des Légumineuses avec leurs nodosités, restées dans le sol après la récolte, y pourrissent et enrichissent celui-ci en substances azotées qui subiront la nitratation.

L'*hydrogène* provient surtout de l'eau absorbée par la plante ; une très faible partie est fournie par les matières organiques.

L'*oxygène* provient également de l'eau, aussi et en grande partie de l'atmosphère (*respiration*) et des combinaisons salines oxygénées absorbées.

Le *carbone* peut être puisé dans le sol sous forme de bicarbonates et, pour une petite partie, sous forme organique ; mais c'est l'atmosphère qui fournit la presque totalité du carbone sous forme d'acide carbonique.

30. Facteurs physiques du sol. — Les aliments minéraux se rencontrent dans presque tous les terrains. Ils sont d'autant mieux utilisés que le sol qui les contient remplit mieux les conditions physiques indispensables à la nutrition. Celles-ci dépendent du mélange plus ou moins heureux des quatre éléments dont nous avons parlé : silice, calcaire, argile et humus, appelés à cause de cela les *facteurs physiques du sol*. A ces éléments qui constituent la plus grande masse d'un terrain, il y a lieu d'ajouter l'eau qui joue aussi un rôle physique important. La plupart de ces substances ne sont pas alimentaires ou le sont très peu, à l'exception de l'eau et de l'humus qui, nous l'avons vu, est susceptible, à la suite de combustions et de fermentions, de fournir des substances alimentaires.

La *Silice* à l'état de sable rend les terres perméables ; selon sa ténuité, elle retient l'eau avec plus ou moins de force. Est qualifié de siliceux un sol qui renferme 70 0/0 de silice. Un excès de silice rend les sols trop facilement perméables à l'eau et très mobiles ; les nitrates en sont entraînés rapidement par les pluies.

L'*argile* retient l'eau avec facilité. Les terres qui renferment 70 0/0 d'argile et qui sont humides sont des *terres froides*; si elles sont sèches, elles sont dites *fortes*. Elles fixent l'ammoniaque de l'atmosphère, l'eau et les matières nutritives, à l'exception du nitre.

Le *calcaire* retient la chaleur. Pulvérulent, il hâte les fermentations. Il donne de la consistance aux terrains siliceux et de la perméabilité aux terrains argileux. Certains végétaux recherchent le calcaire (*végétaux calcicoles*) alors que d'autres le craignent (*végétaux silicoles* et mieux *calcifuges*). Les sols calcaires se prêtent mieux à la culture des Légumineuses : les sols siliceux à celle des Graminées.

Humus — Une bonne terre végétale ne doit pas contenir plus de 8 à 10 0/0 d'humus. L'humus favorise l'absorption des *rayons calorifiques*, retient les carbonates de potasse et d'ammoniaque, rend les phosphates assimilables et met en liberté, en se comburant, des matières minérales, qui peuvent être alimentaires. Il rend la terre perméable à l'eau et aux gaz. Privée d'humus, la terre devient compacte mais, quand elle en renferme plus de 20 0/0, elle devient trop poreuse et perd trop facilement son humidité ; elle entraîne alors le déchirement des *racines lorsqu'elle se dessèche et ne reprend* l'humidité qu'avec une lenteur extrême.

Les terrains humifères (tourbières, etc.), contiennent beaucoup d'humus et d'azote organique, de la chaux, de la potasse, mais ils sont pauvres en acide phosphorique.

La *terre de bruyère* est une terre silico-humifère, très perméable et très légère.

Lorsque la proportion d'humus dépasse 15 à 20 0/0, les terres deviennent acides, c'est-à-dire que la nitrification ne s'y fait plus parce qu'elles ne contiennent pas de composés alcalins capables de saturer l'acide nitrique au fur et à mesure de sa formation, condition *sine qua non* de la nitrification.

L'*eau* permet l'absorption des matières minérales solubles, mais son rôle devient nuisible lorsqu'elle est en trop grande quantité en privant d'air les racines ; l'eau peut aussi entraîner les matières nutritives loin des racines en des points où elles sont inutilisables (*eaux des drainages*).

L'eau a une importance très grande sur la distribution des végétaux : certaines plantes vivent dans les endroits secs (*plantes xérophiles*), d'autres dans l'eau (*plantes aquatiques* des eaux profondes, des marais, des rivages) ; telle plante vivra dans l'eau courante, telle autre dans l'eau stagnante.

Une bonne terre végétale (terre franche) doit avoir une constitution qui se rapproche de la suivante :

Facteurs physiques	
Silice sableuse........	47
Calcaire (CaO, CO^2)...	9
Argile..............	24
Humus..............	8
Eau................	8
	96
sur 100 parties.	

Matières nutritives	
Oxyde de fer et de manganèse.	1.00
Magnésie..................	0.50
Sulfate de calcium............	1.00
Potasse....................	0.99
Acide phosphorique...........	0.20
Azote......................	0.40
	4.00
sur 100 parties.	

31. Amendements et engrais. — Bien qu'on rencontre les aliments minéraux dans presque tous les sols, ils y sont parfois en quantité insuffisante ; d'autre part la constitution physique du sol peut être mauvaise par suite de la prédominance ou du manque de l'un des facteurs. On remédie à ces mauvaises qualités, déterminées par l'analyse de la terre, en ajoutant au sol des *amendements* (silice, calcaire, argile, humus) ou en opérant des irrigations ou des drainages lorsqu'il faut changer la nature physique du sol ou des *engrais* lorsque ce sont les aliments qui manquent. Ceux-ci peuvent être fournis sous forme organique ou minérale (*fumures organiques* : fumier, etc., et *fumures minérales* : *engrais chimiques*).

Un engrais renfermant tous les éléments de la fertilité en quantité pondérée est dit *complet*, tel celui qui répond à la formule suivante :

Azotate d'ammoniaque	400
Biphosphate »	200
Azotate de potasse	250
Sulfate de chaux	50
» de fer	50
» de magnésie	30
» de manganèse	20
Silicate de potasse	20

en usage dans les cultures expérimentales faites dans les laboratoires, employé à la dose de 1 gr. par litre d'eau ou à celle de 5 gr. par kilo de substance inerte.

32. Transformation des aliments ajoutés au sol. — Les différentes matières nutritives solubles, qui sont en présence, subissent dans le sol des réactions fort complexes conformément aux lois de Bertholet et aux phénomènes de masse.

Quelles sont ces réactions et à quel état se trouvent les substances nutritives au moment de l'absorption ?

Le *phosphore* se rencontre dans le sol à l'état de phosphate de chaux, de phosphate de fer et d'alumine et en combinaison humique. Le phosphore est presque toujours fixé au sol, le peu de phosphate de chaux qui entre en dissolution dans le sol n'y demeure pas sous cette forme et se combine pour former du phosphate de fer et d'alumine. Ces phosphates doivent être attaqués par les racines pour être solubilisés. Les phosphates qui contractent union avec les matières organiques du sol, particulièrement l'acide humique, sont solubles dans les alcalis et facilement dialysés par les racines avec séparation des phosphates qui sont absorbés.

Les phosphates véritablement cristallisés (apatite) sont peu utiles ; et constituent les réserves des agronomes ; ils ne sont, en effet, absorbables que lentement, avec le temps

Les phosphates que l'on ajoute au sol se comportent comme les autres.

Les superphosphates qui sont des mélanges de phosphates et de sulfates de chaux et d'acide sulfurique ne sont pas non plus directement utilisables par le végétal et doivent subir des réactions fort complexes avant d'être absorbés.

L'azote est, dans le sol, à l'état *organique, nitrique ou ammoniacal.* Les nitrates sont très solubles et directement absorbables, mais ils sont facilement entraînés par les eaux. Les sels ammoniacaux sont retenus en assez grande quantité par l'humus et l'argile Au contact du carbonate de chaux, ils sont le plus souvent décomposés et il se forme du carbonate d'ammoniaque, du sulfate de chaux et du chlorure de calcium. Le sulfate de chaux est très soluble. Dans les sols aérés, les sels ammoniacaux subissent la nitrification. L'azote organique n'est guère assimilable que sous forme d'amides. En général, il n'est pas soluble s'il ne subit des fermentations.

La *potasse* est combinée à divers acides. Certains des sels de potasse sont mal retenus par le sol ; tels le sulfate de potasse et le chlorure de potassium. Le carbonate de potasse est fixé avec intensité par l'argile et l'humus ; ce sel est vénéneux pour les plantes, comme tous les carbonates alcalins, mais il perd probablement sa causticité en présence des éléments humiques et de l'acide carbonique. Il doit être transformé en bicarbonate pour être absorbé par les racines.

La potasse fait souvent partie de silicates altérés (silicates doubles d'alumine et de potasse, etc.), qui sont insolubles. Le calcaire agit sur les sels de potasse et les transforme en sels de chaux et en carbonate de potasse.

L'action et les réactions des autres corps ne sont pas assez bien établies pour que nous insistions ici sur elles.

En somme, les corps qui entrent dans la constitution des plantes peuvent se rencontrer dans le sol sous deux formes, l'une plus ou moins directement absorbable, l'autre insoluble dans les conditions ordinaires. Le cultivateur en faisant analyser son sol doit se faire éclairer surtout sur les composés vraiment utiles de son terrain.

Nous allons maintenant examiner de quelle façon ces éléments pénètrent dans la plante.

b) *Absorption des matières minérales*

L'absorption des solutions salines se fait par toute la surface du corps chez les végétaux inférieurs et chez les végétaux aquatiques submergés : par certaines parties du corps seulement chez les végétaux terrestres plus différenciés : par les poils rhizoïdes chez les Mousses, par les parties jeunes de la racine chez les Cryptogames vasculaires et les Phanérogames.

33. Appareil d'absorption. — Chez les végétaux supérieurs l'absorption est nettement localisée au voisinage de l'extrémité des jeunes racines, dans cette partie blanche située entre la coiffe et la partie jaunâtre recouverte par la membrane subéreuse. Le fait est démontré amplement par l'expérience d'Ohlert (fig. 21) qui fait voir qu'une plantule ne peut végéter qu'à la condition de faire plonger cette région dans l'eau, la seule susceptible de rendre à la plante le liquide

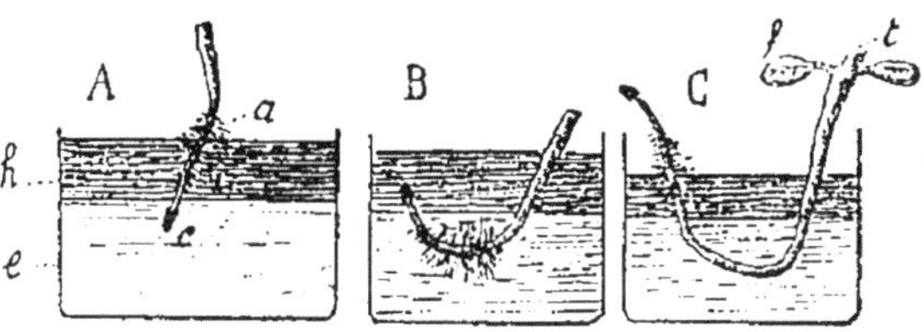

Fig. 21. — Expérience d'Ohlert. — En A et C la plante se flétrit ; en B elle se maintient fraîche parce que la région absorbante *a* plonge dans l'eau *e*. — *h*, huile. — *c*, coiffe.

qu'elle perd par la transpiration de ses parties librement exposées à l'air.

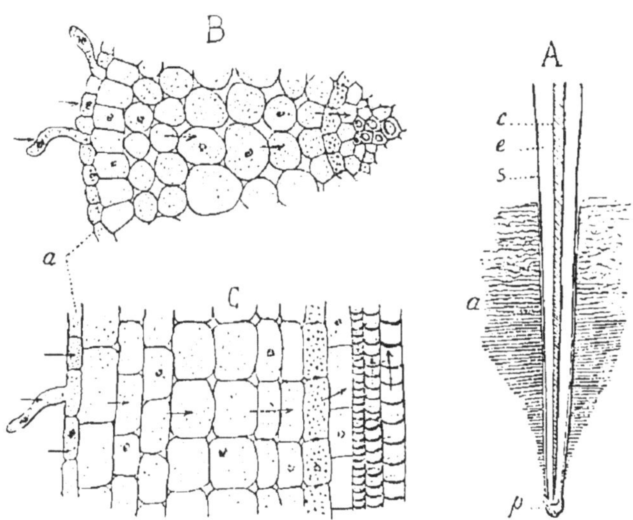

Fig. 22. — *Absorption par les racines.* A, extrémité d'une jeune racine, vue en coupe longitudinale (schématique) ; *p*, coiffe ; *a*, région absorbante ; *s*, membrane subéreuse ; *e*, cylindre cortical ; *c*, cylindre central. — C, portion grossie de la précédente ; *a*, assise pilifère ou membrane absorbante. — B, vue en coupe transversale. Les flèches indiquent la direction que suit la sève aqueuse.

L'appareil d'absorption est formé d'un seul tissu et se trouve représenté par la *membrane absorbante* qui recouvre les parties les plus jeunes de la racine (fig. 22). L'absorption étant surtout un phénomène d'osmose, la pénétration du liquide dans le corps de la plante se fera d'autant mieux que les parois des cellules de la membrane absorbante seront plus minces, plus perméables et plus étendues. Ces parois sont, en effet, cellulosiques, très minces et leur surface est le plus souvent augmentée par le développement vers l'extérieur de leur paroi libre, poussant leur partie moyenne en des papilles ou en des poils (*poils radicaux, assise pilifère*). L'osmose est favorisée par la consistance du protoplasma des cellules de la membrane absorbante riche en matières albuminoïdes.

La membrane absorbante tombe assez rapidement faisant place vers l'extérieur à la membrane sous-jacente (*membrane subéreuse*) qui, en subérifiant les parois de ses cellules, s'oppose à l'absorption, mais s'adapte au rôle protecteur qu'elle doit remplir.

34. Causes de l'absorption. — L'absorption se fait en vertu des lois physiques de l'osmose ou lois de la diffusion. La diffusion à travers les membranes ne se fait bien qu'avec les cristalloïdes et très mal avec les matières colloïdales dont l'albumine de l'œuf est le meilleur exemple. Par contre, ces substances qui dialysent mal (gommes, matières azotées, protoplasma), sont fortement osmotiques. La pénétration dans la plante de l'eau du sol chargée de sels (quelques centigrammes par litre) s'explique donc déjà par la force osmotique du protoplasma. L'équilibre diffusif qui tend à s'établir est constamment rompu soit par l'utilisation plus ou moins immédiate des aliments, soit par les combinaisons des sels avec les substances protéiques. On peut poser en règle générale que c'est *la consommation des matières qui règle leur absorption*.

L'absorption varie donc avec la consommation et celle-ci se modifie avec l'âge de la plante; l'absorption varie aussi avec l'étendue de la surface absorbante ; son intensité, liée à la richesse des cellules absorbantes en matières protéiques, décroît depuis la coiffe jusqu'au point où disparaît la membrane pilifère. Certaines causes extérieures agissent encore sur l'absorption : la pauvreté du sol en matières nutritives est un obstacle à l'absorption par suite de nutrition incomplète. Les solutions trop concentrées sont nuisibles et vont jusqu'à provoquer des phénomènes d'exosmose (*plasmolyse*). La température, la pression et la transpiration jouent un rôle plus ou moins considérable selon leur intensité. La transpiration, en faisant le vide dans la plante, force l'entrée du liquide.

Certains aliments sont fixés au sol (carbonate de potasse, phosphates, ammoniaque, etc.) et se trouvent toujours en quantité insuffisante dans les liquides du sol, mais la racine s'en empare par *action chimique*. Les parois cellulaires de la membrane absorbante ont, en effet, une *réaction acide* et, sans émettre quoi que ce soit à l'extérieur, elles peuvent, par contact, agir sur les éléments du sol, les séparer de leurs combinaisons et les rendre ainsi absorbables.

35. Formes assimilables des aliments minéraux. — La chaux pénètre dans la plante sous forme de bicarbonates, de sulfates, de nitrates et de phosphates. Le soufre principalement sous forme de sulfate de chaux, la silice à l'état de silicate de chaux, la potasse à l'état de chlorure ou de sulfate, la magnésie sous forme de bicarbonate, le fer de phosphate, le manganèse de bicarbonate. L'hydrogène et l'oxygène sont fournis par l'eau et aussi par les sels. Le carbone est puisé dans l'atmosphère à l'état d'acide carbonique et dans le sol à l'état de bicarbonates. L'azote à l'état d'azotates de potasse et de chaux ou de sels ammoniacaux, rarement à l'état organique.

L'azote organique ne pénètre dans la plante qu'en très petite quantité sous forme d'asparagine et de glutamine. Pour être absorbé, il doit généralement être dégagé de la matière organique et amené à l'état minéral sous forme de composés ammoniacaux et surtout sous forme de nitrates. Ces transformations sont produites, avons-nous dit (p. 35) par diverses Bactéries (*ferments ammoniacal, nitreux* et *nitrique*).

Nous savons également que l'azote est encore emprunté à l'atmosphère par l'intermédiaire de certains microorganismes (p. 36).

c) *Circulation des matières minérales*

Certains végétaux, entre autres beaucoup de Thallophytes, vivent plongés au sein du milieu nutritif, absorbant les aliments par toute la surface de leur corps ; alors ceux-ci cheminent dans la masse de cellule en cellule, en vertu des lois de l'osmose. Chez les végétaux plus élevés en organisation le transport des aliments doit se faire plus rapidement, aussi voit-on apparaître là un appareil spécial le *bois* ou *xylème* qui s'applique à la conduite des solutions salines puisées dans le sol.

36. Appareil conducteur des matières minérales. Bois. — Le bois est caractérisé par des éléments prismatiques ou cylindriques placés bout à bout et formant des tubes continus ou interrompus par des cloisons transversales : ce sont les *vaisseaux du bois* ou *vaisseaux ligneux*. De la présence ou de l'absence de ces cloisons résultent deux sortes de vaisseaux, les *vaisseaux imparfaits* dont la cavité est sectionnée par des cloisons transversales qui forment autant d'entraves à une circulation rapide et les *vaisseaux parfaits*, véritables tubes dans lesquels, par conséquent, la circulation est facile.

Vers le moment de leur naissance, les deux variétés de vaisseaux se confondent ; ceux-ci sont formés alors, nous venons de le dire, par des files de cellules prismatiques ou cylindriques (*cellules vasculaires*), superposées par leurs bases droites ou inclinées ; mais, tandis que les cavités de ces cellules demeurent indépendantes les unes des autres dans les vaisseaux imparfaits par la persistance des parois par lesquelles elles sont unies, dans les vaisseaux parfaits, toutes les cavités se résolvent bientôt en une seule, conséquemment allongée dans le sens de la file, formant un conduit ininterrompu, à la suite de la résorption de toutes les membranes qui les séparaient à l'origine.

Les vaisseaux imparfaits se rencontrent chez les plantes vasculaires inférieures (Cryptogames vasculaires et Gymnospermes) ainsi que dans les premières formations ligneuses (*bois primaire*) des Angiospermes ; les vaisseaux parfaits se présentent, souvent mêlés aux premiers, dans les productions ligneuses ultérieures (*métaxylème, bois secondaire*) des Angiospermes.

La cellule vasculaire perd de bonne heure son protoplasma et son noyau ; sa membrane s'imprègne de *lignine ou vasculose*, substance remarquable par sa perméabilité fort grande et aussi par sa résistance Son dépôt dans la membrane lui communique une rigidité indispensable pour empêcher l'occlusion du vaisseau sous les poussées latérales.

La lignine est un hydrate de carbone pauvre en oxygène,

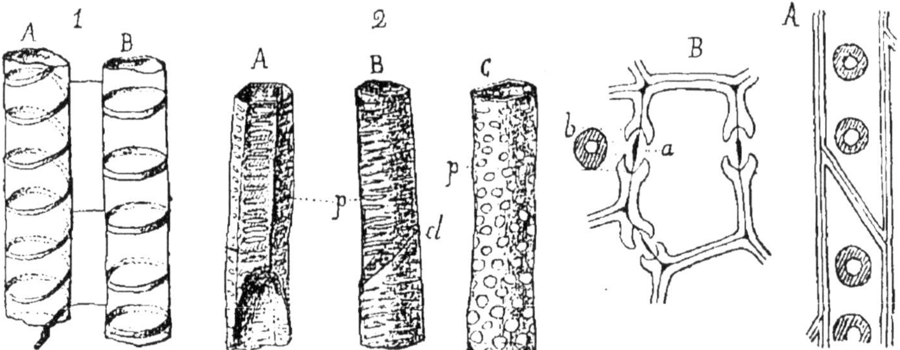

Fig. 23. — Vaisseaux annelé (B) et spiralé (A).

Fig. 24. — Vaisseaux scalariforme (A), rayé (B) et ponctué (C).

Fig. 25. — Trachéide vue en coupes transversale (B) et longitudinale (A) avec ponctuations aréolées vues de face (*b*) et en coupe (*a*).

insoluble dans le réactif de Schweitzer, soluble sous pression et à chaud dans l'acide azotique et dans la potasse à 130°. La lignine est colorable en rose par la phloroglucine additionnée d'acide chlorhydrique ; en vert, par le vert d'iode.

La membrane des éléments vasculaires ligneux présente des épaississements divers mais assez semblables pour sel éléments d'une même file. Suivant la forme de ces sculptures en creux ou en relief, on distingue des *vaisseaux spiralés, annelés, spiro-annelés, réticulés, rayés, ponctués*, etc. (fig. 23 et 24). Les épaississements, sorte de squelette, augmentent encore la rigidité du vaisseau et, par conséquent, sa résistance aux pressions latérales.

On distingue donc plusieurs sortes de vaisseaux :

1° des *trachées* ou vaisseaux formés d'éléments étroits et allongés, terminés en biseau à leurs extrémités. Les trachées sont toujours des vaisseaux imparfaits à cavité interrompue par des cloisons fortement obliques. Les parois sont ornées d'un squelette *spiralé, annelé* ou *spiro-annelé* (fig. 23 et 27) ;

2° des *trachéïdes*, dont un exemple classique est fourni par les prétendues fibres du bois des Conifères. Ce sont là des cellules prismatiques, terminées en biseau, à parois épaissies portant des *ponctuations aréolées*. On donne ce nom à des ponctuations dont les bords constituent des bourrelets saillant dans les cavités cellulaires, formant cloche au-dessus de la partie de la paroi qui est restée mince et qui représente, lorsque deux ponctuations semblables s'opposent, la base commune de deux troncs de cône adossés (fig. 25, *a*). Vue de face, cette ponctuation se projette suivant deux cercles concentriques (fig. 25, *b*) ;

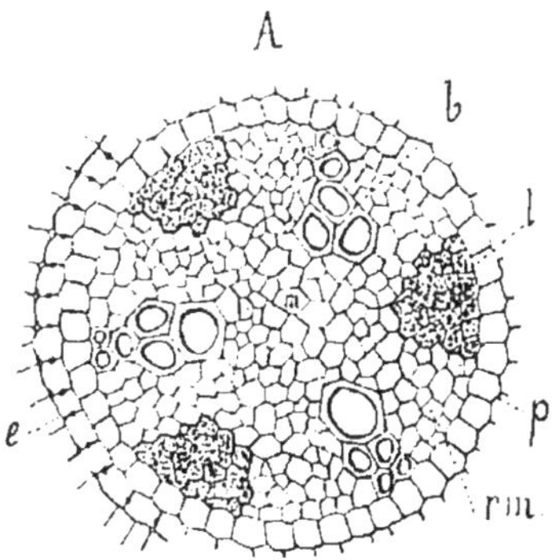

Fig. 26. — Cylindre central d'une racine jeune : *e*, endoderme ; *p*, péricycle ; *m*, moelle ; *b*, faisceau ligneux ; *l*, faisceau libérien ; *rm*, rayon médullaire.

3° des *vaisseaux rayés, réticulés scalariformes, ponctués*. Ici, la paroi des vaisseaux s'épaissit, le plus souvent, sur presque toute la surface et, suivant la forme et l'étendue des parties ménagées, les vaisseaux sont dits scalariformes, rayés, réticulés ou ponctués (fig 24 et 27). Le vaisseau ponctué représente l'élément conducteur par excellence parce que, plus souvent que tout autre, il est dépourvu de cloisons transversales et se présente comme vaisseau parfait. Les vaisseaux scalariformes, qui sont le plus souvent imparfaits, appartiennent surtout au bois des Cryptogames vasculaires.

Dans les parties jeunes de la racine, les éléments qui constituent le tissu vasculaire ligneux, ou bois, sont réunis côte à côte en cordons ou *faisceaux*, sans interposition d'aucun autre tissu : l'appareil circulatoire est réduit dans ce cas à son maximum de simplicité (fig. 26). Mais le plus souvent, à ce tissu essentiel ou fondamental, auquel est impartie la fonction de l'appareil, s'ajoutent d'autres tissus accessoires perfectionnant le jeu du tissu principal, surtout dans les parties âgées du végétal et dans les tissus appelés secondaires que l'on rencontre

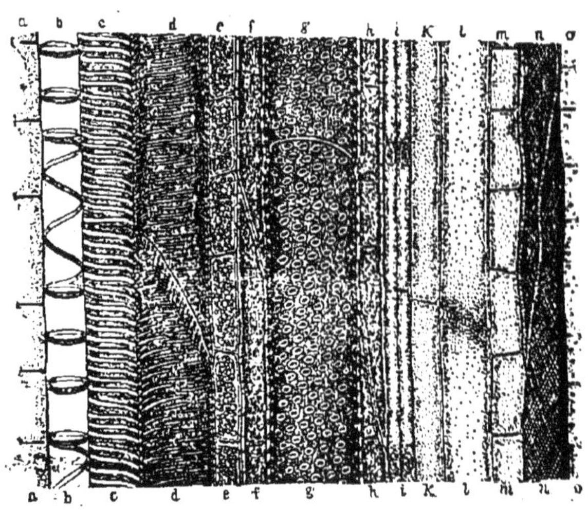

Fig. 27. — Coupe longitudinale et radiale d'un faisceau libéro-ligneux d'une tige de Dicotylédone. De *b* à *h*, faisceau ligneux ; de *k* à *m*, faisceau libérien ; *a*, moelle déchirée ; *b*, vaisseau spiro-annelé ; *c*, v. spiralé ; *d*, v. rayé ; *e*, parenchyme ligneux avec grains d'amidon ; *f* et *h*, fibres ligneuses ; *g*, vaisseau ponctué ; *i*, zone génératrice libéro-ligneuse (cambium) ; *l*, tube criblé ; *m*, parenchyme libérien ; *n*, péricycle formé de fibres ; *o*, endoderme déchiré.

chez les Dicotylédones (fig. 27). Ces tissus, nous les distinguerons par leurs rôles. Finalement, *l'appareil conducteur de la sève aqueuse* ou *bois* peut présenter dans son plus grand état de complexité :

1° un *tissu fondamental* (*le tissu vasculaire ligneux*) composé de { *vaisseaux imparfaits* (trachées, trachéïdes, etc.) / *vaisseaux parfaits* (v. rayés, v. réticulés, v. ponctués, etc.).

2° de *tissus accessoires*
- de soutien
  - *prosenchyme ligneux*, composé de fibres lignifiées
  - *sclérenchyme ligneux*, composé de cellules scléreuses lignifiées.
- de réserve
  - *parenchyme ligneux*.
- d'excrétion
  - *canaux sécréteurs*.
  - *laticifères*.

Le bois est réparti dans la racine, la tige, la feuille et les organes qui en dérivent (fleurs, etc.), des Cryptogames vasculaires et des Phanérogames. Quelques Muscinées possèdent déjà, dans leur tige et leurs feuilles, quelques cellules allongées, non encore nettement différenciées en vaisseaux, mais qui en jouent le rôle.

Les éléments ligneux sont généralement associés en cordons ou *faisceaux ligneux*, formant un tout continu (fig. 26 et 27). Les faisceaux ligneux sont plus ou moins complexes suivant le degré d'élévation du végétal, suivant son âge et aussi suivant le milieu dans lequel il vit : les végétaux aquatiques, par exemple, ont un bois très dégradé (fig. 19). Le bois des végétaux herbacés est surtout formé de vaisseaux et de parenchyme ; c'est au contraire le squelette (prosenchyme et sclérenchyme) qui domine dans celui des arbres et lui communique sa consistance bien connue.

37. Origine du bois ; ses modifications ; continuité de l'appareil circulatoire dans le végétal. — Le bois apparaît toujours à une très petite distance des points végétatifs de la tige et de la racine. Là où le faisceau ligneux doit se produire, la segmentation des cellules est plus prolongée et donne naissance à des masses cellulaires qui, s'étendant d'ordinaire parallèlement à la direction de l'organe constituent les *cordons procambiaux*. Les cellules de ce *procambium* se différencient peu à peu et se transforment complètement en vaisseaux (racine des Dicotylédones, fig. 26) ou bien en vaisseaux et en parenchyme de réserve. Le bois qui tire son origine du procambium est appelé *bois primaire*.

Les cordons procambiaux sont en nombre variable dans le cylindre central de la racine et de la tige. Dans la racine, la différenciation des vaisseaux se fait dans chaque cordon de la périphérie vers le centre : le développement du bois y est *centripète* ; dans la tige où les massifs procambiaux donnent à la fois naissance à du bois et à du liber, le développement du premier n'est pas le même chez les Cryptogames vasculaires que chez les Phanérogames. Chez les Fougères, par exemple, le bois se forme dans chaque cordon procambial de la périphérie au centre, comme dans la racine ; chez les Phanérogames, le bois se développe dans la moitié des cordons procambiaux qui regarde le centre de la tige et, dans chacune de ces moitiés, les vaisseaux du bois se montrent un à un, en partant du point le plus profond et en s'avançant vers l'extérieur dans un ordre *centrifuge*.

Chez les Gymnospermes et chez les Dicotylédones où le volume et par conséquent la surface externe de l'axe de la plante (racine et tige) s'accroissent d'une façon considérable, le bois primaire devient insuffisant pour le transport de la sève, aussi voit-on chez eux se développer de nouveaux vaisseaux par le jeu de certains cambiums ou méristèmes prenant origine dans les tissus primaires ; ce nouveau bois, *d'origine secondaire*, est en relation directe avec le bois primaire. Quand ce premier cambium perd son activité, ce qui se voit parfois, et que l'axe continue à s'accroître, il s'en forme un troisième aux dépens des tissus secondaires différenciés qui donnent du *bois tertiaire*, etc. Nous avons supposé, pour la clarté de l'exposition, que l'accroissement en volume de l'axe amenait le développement de bois nouveau ; en réalité, c'est la formation de feuilles en nombre toujours croissant, chez les végétaux cités, qui exige un appareil irrigatoire de plus en plus développé, correspondant aux besoins de ces appendices ; de là, le développement de plus en plus considérable du bois et l'accroissement en volume et en surface de l'axe.

38. Vie du vaisseau. — Le vaisseau ligneux dérive de cellules possédant chacune un noyau et du protoplasma (*phase protoplasmique*), mais le protoplasma et le noyau en disparaissent de bonne heure et le vaisseau passe à la *phase mécanique* ; c'est alors qu'il joue son rôle essentiel. Lorsque, dans le vaisseau âgé, la paroi se dessèche, celle-ci ne se laisse plus traverser par l'eau et alors le tissu vasculaire perd son pouvoir conducteur et se transforme en un réservoir de gaz. Cependant, si le parenchyme voisin jouit d'une grande vitalité, celui-ci envoie dans la cavité du vaisseau des prolongements qui y pénètrent par les ponctuations et s'y cloisonnent pour constituer des tissus parenchymateux, les *thylles*. Le vaisseau ainsi obstrué et les tissus qui le remplissent servent à la réserve. Quand la cavité du vaisseau se remplit de gaz, elle sert de réservoir pour l'air et les produits de la respiration et de l'action chlorophyllienne. Dans les plantes aquatiques, le bois des parties submergées disparaît de bonne heure par résorption ; il fait place à des lacunes dans lesquelles circule l'eau chargée des aliments minéraux.

39. Circulation de la sève aqueuse. — Le liquide puisé dans le sol, *la sève aqueuse*, renferme des substances alimentaires solubles, en proportions très variables suivant la richesse du terrain, mais dépassant rarement 0,3 pour 1.000. Des solutions plus concentrées seraient, du reste, nuisibles au végétal.

Dans la racine, la sève aqueuse traverse de dehors en dedans, par osmose et diffusion, d'abord la membrane absorbante, puis les cellules du cylindre cortical et du péricycle pour pénétrer enfin dans les vaisseaux. L'*ascension* de cette sève se fait par la cavité des vaisseaux et le liquide se rend dans le parenchyme des feuilles, en traversant la racine, la tige et les rameaux. Certains physiologistes ayant élevé des doutes à ce sujet, on démontre de différentes façons que c'est bien le bois qui est l'élément conducteur par excellence de la sève aqueuse; par exemple, en plongeant une branche feuillée dans une solution colorée : au bout de quelques heures, on constate sur des coupes pratiquées à des hauteurs de plus en plus grandes, que les vaisseaux du bois sont seuls imprégnés de matière colorante : c'est donc par eux que se fait l'ascension du liquide.

40, Causes de l'ascension de la sève. — La *pression osmotique* des racines est une des causes de cette ascension et l'on peut en mesurer la force de la façon suivante : après avoir sectionné la tige d'une plante à quelques centimètres au-dessus du sol, on y fixe l'extrémité d'un tube manométrique. La sève s'élève dans le tube jusqu'à ce que la pression osmotique fasse équilibre à la pression indiquée par le manomètre : elle ne peut dépasser 13 mètres. Cette force serait donc incapable à elle seule d'élever la sève à 100 ou 150 mètres, hauteurs qu'atteignent certains arbres. Mais la *transpiration* qui s'exerce dans les feuilles exerce aussi une action très importante sur l'ascension de la sève aqueuse par le vide qu'elle produit dans les vaisseaux, vide qui oblige la sève à s'élever. Cette deuxième force ne peut dépasser une atmosphère ; elle est donc encore insuffisante pour nous expliquer dans tous les cas le phénomène de l'ascension de la sève aqueuse.

Le poids de la colonne liquide est diminué pendant les heures chaudes de la journée par une transpiration très intense qui provoque le développement de bulles gazeuses dans le vaisseau par suite de l'insuffisance de l'eau absorbée. Des bulles gazeuses divisent ainsi la colonne liquide du vaisseau en une foule d'index de sève. Les bulles d'air, séparées de la paroi vasculaire par une lame liquide très mince, lui adhèrent fortement par *action capillaire* et maintiennent les index en place (fig. 28). Le mouvement d'ascension se propage d'index en index, par attraction capillaire, sous l'action de la transpiration faisant le vide aux extrémités supérieures des vaisseaux.

Toute élévation de température favorise encore le mouvement d'ascension, en provoquant la dilatation des bulles gazeuses.

En résumé, l'ascension de la sève aqueuse est donc due à la *pression osmotique* des racines, à des *phénomènes de capillarité* et enfin à la *transpiration* des feuilles ; mais l'action de la capillarité est prépondérante, car c'est grâce à elle que la colonne liquide, ayant perdu tout poids ou la majeure partie de son poids, peut s'élever sous l'action des deux autres forces : la tension osmotique et le vide produit par la transpiration étant impuissants à eux seuls à porter les aliments minéraux dans la partie supérieure des arbres, même de taille moyenne.

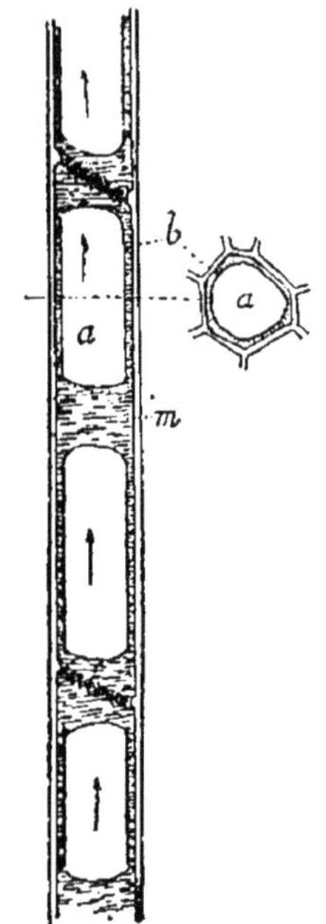

Fig. 28. Schéma de l'ascension de la sève aqueuse dans un vaisseau. *a*, bulle gazeuse séparant des index de liquide *m*; *b*, lame de liquide.

d) Absorption du carbone.

Le carbone, un des composants des aliments hydrocarbonés et albuminoïdes, ne pénètre dans la plante qu'en très petite quantité par la racine sous formes organiques (amides et sucres) et minérales (bicarbonates, surtout); la presque totalité en est fournie par l'acide carbonique de l'air qui est décomposé et dont les éléments sont partiellement fixés grâce à des phénomènes complexes, qui ont comme point de départ la matière verte des plantes : la *chlorophylle*. Les végétaux qui sont dépourvus de cette matière (Champignons, Bactéries, etc.) empruntent le carbone, déjà organisé, à des substances ternaires ou protéiques, comme le font les animaux, desquels ils se rapprochent, plus que des autres plantes, par leur mode de nutrition.

41. Appareil chlorophyllien. — L'appareil chlorophyllien est constitué par l'ensemble de toutes les cellules renfermant de la chlorophylle. Le plus souvent, la chlorophylle se trouve localisée dans des cellules de formes variables, à parois minces et réunies en parenchyme (*parenchyme chlorophyllien*). Ce qui caractérise ce tissu, c'est la présence dans ses cellules, en quantité plus ou moins grande, de *chloroplastides* ou *chloroleucites*, appelés vulgairement *grains de chlorophylle* (fig. 29 et 30).

On rencontre la chlorophylle dans toutes les parties de la plante exposées à la lumière et pouvant en recevoir une quantité suffisante pour permettre la décomposition de l'acide carbonique : thalle, feuilles, tige, racines aériennes, etc. Cette substance existe dans tout le mésophylle de la feuille

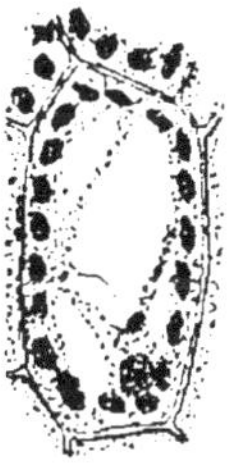

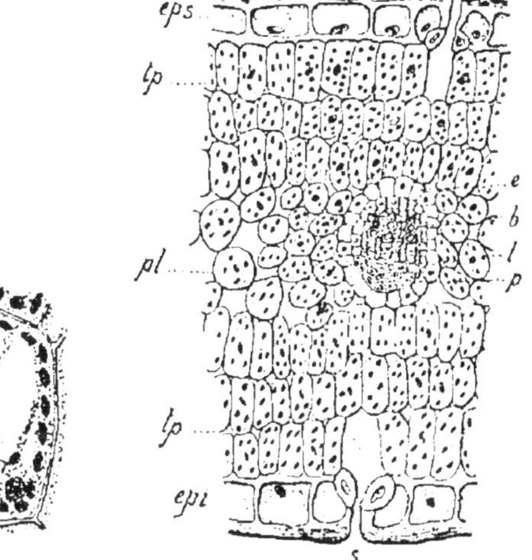

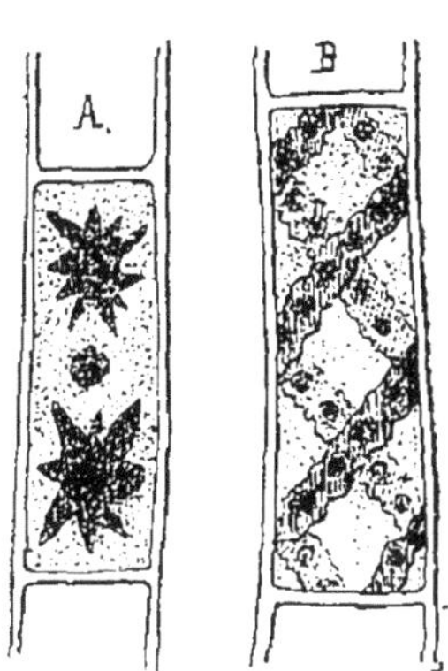

Fig. 29. Cellule d'une feuille de Mousse renfermant des chloro plastides.

Fig. 30. Coupe de feuille montrant le parenchyme chlorophyllien: *tp*, parenchyme palissadique ; *pl* parenchyme spongieux ; *eps* épiderme supérieur ; *epi*, épiderme inférieur ; *s*, stomates ; *e,b,l,p*, nervure.

Fig. 31. A, Cellule de Zygnema avec deux chromatophores étoilés et un noyau. B, cellule de Spirogyra avec deux chromatophores en rubans spiralés.

(parenchyme en palissade, spongieux, lacuneux, etc.), à la périphérie des organes volumineux (tige, etc.). Mais comme une lumière trop intense détruit ce pigment, l'épiderme en est dépourvu chaque fois que l'organe qu'il recouvre est exposé à un éclairage intense (fig. 30, *eps*).

Chloroplastides. — La chlorophylle, parfois diffuse dans le protoplasma (Nostocacées), est le plus souvent fixée sur des granules de substance azotée auxquels elle donne la coloration verte : les leucites ou plastides chlorophylliens, ou chloroplastides.

Ces corps sont le plus souvent de très petite dimension (5 à 20 µ.), ovoïdes et nombreux (fig. 30). Cependant, quelques Algues vertes possèdent des corps chlorophylliens énormes, presque aussi développés que la cellule dans laquelle ils forment des rubans spiralés (fig. 31, B), des étoiles (fig. 31, A), des lames, etc. ; ils sont alors peu nombreux dans chaque cellule. On donne à ces corps chlorophylliens volumineux le nom de *chromatophores*.

Les chloroplastides sont formés d'un substratum (le plastide) imprégné de plusieurs substances colorées.

Ces matières sont au moins au nombre de quatre : la *Xanthophyllidrine*, soluble dans l'eau et la *Xanthophylle* insoluble, jaunes l'une et l'autre (on rencontre ces deux corps non azotés, séparés des suivants, dans les feuilles étiolées) ; la *cyanophylle* ou *chlorophylle pure*, de nature albuminoïde et de couleur vert-bleuâtre ; le quatrième pigment appelé *érythrophylle* ou *carotine* se voit à l'état isolé dans les organes mâles des Characées et dans la racine de la carotte cultivée.

Dans les grains de chlorophylle, on peut isoler la cyanophylle de la xanthophylle en traitant des feuilles pilées par un mélange à volumes égaux d'alcool et de benzine : la liqueur se sépare en deux couches, l'alcool qui se rassemble à la partie inférieure est coloré de jaune et contient la xanthophylle ; la benzine, qui surnage, est d'un beau vert-bleuâtre par la cyanophylle dont elle s'est emparée.

La chlorophylle pure cristallise en aiguilles vertes, dichroïques (vertes par réflexion, rouge-brun par transparence), insolubles dans l'eau, solubles dans l'alcool. Elle se combine aux bases à la façon d'un acide et forme avec le carbonate de sodium un corps stable de couleur verte, le chlorophyllate de sodium, réaction que l'on utilise pour la conservation des légumes verts. La chlorophylle s'oxyde à la lumière au contact de l'air et se transforme en chlorophyllane.

Les corps chlorophylliens procéderaient toujours d'autres corps chlorophylliens. Généralement incolores dans l'embryon, ils n'apparaissent colorés en vert qu'au moment de la germination. Ils sont susceptibles de s'accroître en volume et, lorsqu'ils ont atteint une certaine taille, ils se divisent soit par étranglement, soit à la suite du développement dans leur masse d'une membrane translucide qui devient le siège de la séparation en deux masses.

42. Production du pigment vert. — La production du pigment vert est liée à deux groupes de conditions : elle dépend de *conditions extrinsèques* (chaleur et lumière) et de *conditions intrinsèques* (présence à l'intérieur de la plante de principes générateurs de chlorophylle).

A l'obscurité, les plantes demeurent incolores ou jaunes, parce que les plastides s'y développent encore et se chargent de xanthophylle. La chlorophylle proprement dite exige, pour se former, l'intervention de la lumière : elle apparaît avec la lumière diffuse la plus faible ; la rapidité de sa production augmente avec l'intensité lumineuse jusqu'à un optimum au delà duquel la production décroît ; une lumière trop intense non seulement empêche le développement de la chlorophylle, mais elle détruit la chlorophylle déjà formée.

Toutes les radiations lumineuses contribuent au développement de la chlorophylle, mais le verdissement atteint son maximum avec les radiations jaunes.

A égalité d'intensité lumineuse, la température agit sur le verdissement des plantes et le fait passer par un minimum et un optimum. Les températures critiques varient du reste avec chaque plante.

Les conditions intrinsèques de l'apparition et du développement de la chlorophylle se résument dans la présence à l'intérieur de la plante de principes générateurs de la chlorophylle, c'est-à-dire : 1° d'un principe incolore contenu dans les xantholeucites, la *protochlorophylle* dont l'oxydation à la lumière donne la chlorophylle pure ; 2° d'oxygène libre ; 3° d'un hydrate de carbone (amidon, saccharose, maltose, etc.).

43. Action de la chlorophylle sur la lumière. — La chlorophylle semble agir comme une substance sensibilisatrice : elle condense une partie des rayons lumineux qu'elle transforme en énergie chimique et laisse passer l'autre. On s'en assure en examinant au spectroscope une solution alcoolique de chlorophylle : les rayons absorbés sont remplacés, dans le spectre, par des bandes plus ou moins sombres ; on en trouve sept (fig. 32). La plus sombre et la

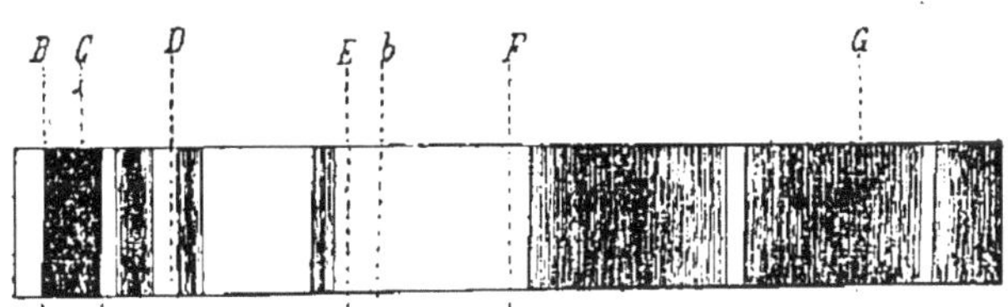

Fig. 32. — Spectre d'absorption de la chlorophylle. De B à E bandes d'absorption de la cyanophylle ; de F à G bandes d'absorption de la xanthophylle.

plus importante, se trouve dans le rouge, entre B et C ; il y en a trois plus larges, mais moins foncées et moins nettement délimitées dans le bleu et le violet ; celles-ci sont confluentes lorsqu'on opère avec une solution concentrée. Les trois autres, très faibles et peu importantes sont situées dans l'orangé, le jaune et le vert. L'expérience a appris qu'une partie seulement de ces radiations absorbées (les rouges, orangées, jaunes et vertes) sont actives dans l'assimilation chlorophyllienne et que les radiations rouges l'emportent sur les autres et de beaucoup. Ces rayons sont du reste ceux qui sont absorbés par la chlorophylle proprement dite, les autres rayons sont retenus par les autres matières colorantes qu'on rencontre dans la chlorophylle, notamment les substances jaunes.

Les radiations absorbées par la chlorophylle sont utilisées pour la décomposition de l'acide carbonique de l'air avec mise en liberté d'oxygène ; c'est là le fait fondamental de l'assimilation chlorophyllienne.

En exposant, en effet, à la lumière une plante verte introduite dans une éprouvette remplie d'eau chargée d'acide carbonique et renversée sur un cristallisoir (fig. 33), on peut observer un dégagement gazeux au bout de peu de temps. Le gaz recueilli est de l'oxygène et l'eau ne retient plus d'acide après quelques heures.

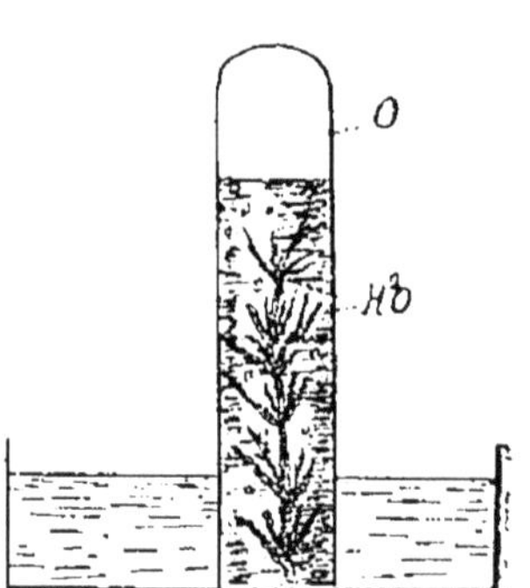

Fig 33. — Une plante verte exposée à la lumière dégage de l'oxygène.

Pour comparer le pouvoir assimilateur des différentes radiations, on a employé plusieurs méthodes :

Expérience de Timiriazeff. — Timiriazeff dispose dans les diverses régions d'un spectre solaire pur des éprouvettes très étroites, contenant une solution d'acide carbonique et une portion de feuille. Après quelques heures d'exposition il mesure l'oxygène dégagé et constate que c'est l'éprouvette située entre B et C, dans le rouge, qui en renferme le plus ; c'est donc la région où les radiations lumineuses ont le plus d'action. Le phénomène décroît rapidement vers le rouge extrême et, plus doucement, de l'autre côté ; il s'annule, enfin, dans le vert.

Expérience d'Engelmann. — Engelmann projette un spectre sur le porte-objet d'un microscope et lui superpose un filament d'une algue placée dans de l'eau chargée d'acide carbonique et dans laquelle pullulent des bactéries avides d'oxygène. Après quelques temps, les bactéries s'amassent le long du filament mais plus particulièrement en deux points dont le plus important correspond au rouge (fig. 34, 1), entre B et C, et l'autre (fig. 34, 2) au bleu et au violet ; vis-à-vis du rouge, l'amas est plus élevé ; le second groupe, correspondant à la partie la plus réfrangible du spectre est plus étalé.

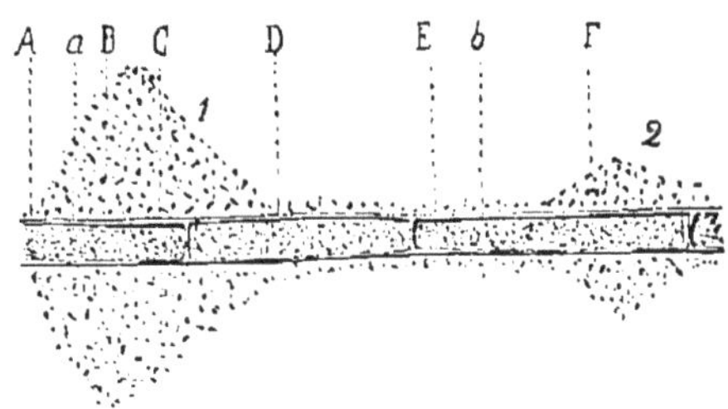

Fig. 34. — Expérience d'Engelmann

Les bactéries mises en jeu étant avides d'oxygène, la disposition qu'elles prennent indiquerait, d'après Engelmann, que les rayons bleus et violets, aussi bien que les rayons rouges, seraient susceptibles de prendre part à la décomposition de l'acide carbonique, ce que nie formellement Timiriazeff et d'autres observateurs par leurs travaux plus récents.

L'expérience d'Engelmann est trompeuse, parce que les bactéries ne sont pas entraînées vers les parties bleues du spectre par une production d'oxygène (qui n'a pas lieu en ces points comme le démontrent les expériences de Timiriazeff), mais par un phénomène de sensibilité, de réaction, du protoplasma attiré par les rayons bleus. Quoi qu'il en soit, par la méthode d'Engelmann on constate ce fait que le dégagement d'oxygène et les autres phénomènes chlorophylliens ont bien leur origine dans les chloroplastides et non dans le protoplasma comme certains le prétendent (1) car, si l'on emploie dans l'expérimentation une algue possédant de grands chromoplastides rubanées (Spirogyra), on verra les bactéries aérobies s'accumuler uniquement le long de ces rubans.

L'assimilation du carbone est encore liée à *l'intensité de la lumière* : il faut une lumière plus intense pour amener la décomposition de l'acide carbonique que pour la production de la chlorophylle ; mais il ne faut pas qu'une certaine limite soit dépassée : quand la lumière est trop intense, les grains de chlorophylle lésés se défendent en se déplaçant dans la

(1) Des expériences toutes récentes font intervenir un ferment comme agent provocateur de la fixation du carbone.

cellule ; au lieu de se présenter largement aux rayons lumineux, ils les fuient, s'efforçant de leur échapper totalement ou de ne leur exposer que la plus petite surface possible ; *à la température* : au-dessous d'un certain degré, le phénomène s'arrête ; une température trop élevée produit le même effet ; *à la quantité d'acide carbonique contenu dans l'atmosphère* : l'assimilation augmente jusqu'à ce que le milieu contienne 1/10 de ce gaz ; elle décroît ensuite et cesse lorsque la proportion de CO^2 s'approche de 50/100.

Cette proportion maximum d'acide carbonique, de même que l'intensité lumineuse et la température les plus favorables varient avec les plantes.

44. Rapports de la fonction chlorophyllienne et de la fonction respiratoire. — La plante respire constamment tandis que la fonction chlorophyllienne n'est qu'intermittente. Quand celle-ci atteint son maximum, la quantité d'oxygène produite dépasse de beaucoup (seize fois environ) la quantité d'oxygène consommée par la respiration, l'acide carbonique produit par la respiration trouvant un réemploi dans la fonction chlorophyllienne ; il en résulte que le dégagement d'oxygène est seul apparent. Si l'intensité lumineuse diminue, le phénomène inverse se produit : pendant la nuit, par exemple, alors que la fonction chlorophyllienne cesse et que la respiration continue, le dégagement d'acide carbonique est sensible. L'assimilation du carbone peut être suffisamment énergique pour que la plante récupère en une heure ou deux, dans des conditions favorables, tout le carbone qu'elle pourrait émettre en vingt-quatre heures sous forme d'acide carbonique.

Par l'anesthésie, on supprime la fonction chlorophyllienne sans pour cela modifier la respiration. Si l'on cherche à se rendre compte du rapport entre l'oxygène dégagé et l'acide carbonique émis $\frac{O}{CO^2}$, on voit que celui-ci est très variable, souvent inférieur à l'unité, car une partie de l'oxygène dégagé est souvent immédiatement utilisée par la plante dans des phénomènes de combustion divers, se confondant plus ou moins avec les phénomènes respiratoires.

45. Chlorovaporisation. — L'assimilation du carbone est accompagnée d'une émission considérable de vapeur d'eau. Cette action toute spéciale, due à l'absorption de rayons calorifiques par les chloroplastides, constitue la *chlorovapori-*

sation ; elle s'ajoute à la transpiration véritable qui a d'autres causes. Ce phénomène qui peut acquérir une très grande intensité, oblige la plante à puiser dans le sol une très grande quantité d'eau qui, heureusement pour elle, se trouve toujours renfermer une certaine quantité d'aliments minéraux. En somme, la chlorovaporisation est destinée à modérer l'action des rayons calorifiques qui, non transformés en énergie chimique, amèneraient bientôt la coagulation du protoplasma et conséquemment la perte du végétal.

46. Assimilation du carbone. — On pense actuellement que, dans la fonction chlorophyllienne, non seulement l'acide carbonique est attaqué, mais qu'il en est de même d'une certaine quantité d'eau. Cette eau perdrait une molécule d'oxygène; il en serait de même de l'acide carbonique et les deux résidus, en s'unissant, engendreraient de l'aldéhyde formique, composé organique duquel les autres produits organisés par la plante tireraient leur origine par polymérisation des molécules (*hydrates de carbone*) et aussi par addition de composés nouveaux inorganiques (*albuminoïdes*) :

$$CO^2 + H^2O = COH^2 + O^2$$

acide carbonique + eau = aldéhyde formique + oxygène

L'aldéhyde formique se condense immédiatement sur lui-même pour former du glucose

$$(COH^2)^6 = C^6H^{12}O^6$$

(aldéhyde) = glucose

premier résultat tangible de la fonction chlorophyllienne. Le glucose qui ne trouve pas une utilisation immédiate se condense à son tour et donne naissance à de l'amidon qui est mis en réserve. Quand on élève une plante à l'obscurité et qu'on lui fournit du glucose à satiété, on voit apparaître de l'amidon, comme si la fonction chlorophyllienne avait produit des hydrates de carbone en quantité supérieure au besoin immédiat du végétal.

47. Circulation des matières hydrocarbonées. — Ces substances n'ont pas d'appareil conducteur spécial. On admet assez généralement que les hydrates de carbone circulent, sous une forme soluble (glucoses, saccharoses), par osmose de cellule à cellule, dans les divers parenchymes où ils seront utilisés, ou mis en réserve sous forme d'amidon, d'inuline, etc.

48. Destruction de la chlorophylle. — Les chloroplastides vivent plusieurs années chez les Conifères et les végétaux à feuilles persistantes, bien qu'ils subissent une altération partielle pendant l'hiver. Chez les végétaux annuels ou vivaces et ceux à feuilles caduques, les chloroplastides se désorganisent soit après la maturation des fruits, soit à l'arrivée de la mauvaise saison : la substance bleu-verdâtre disparaissant la première, la feuille prend alors ces colorations si diverses dites teintes automnales dues à la persistance, pendant quelque temps au moins, de pigments jaunes et rouges ; mais il faut faire remarquer que ces derniers sont rarement dus à de la carotine, mais à un produit d'altération de la cyanophylle.

c) *Synthèse des albuminoïdes et circulation de ces matières.* —*Liber.*

La sève aqueuse, parvenue aux feuilles, transfuse de l'extrémité des vaisseaux dans les cellules voisines; puis elle se concentre par la transpiration et la chlorovaporisation. Elle reçoit alors en dissolution les produits de l'assimilation chlorophyllienne. Le glucose, dont nous connaissons l'origine, se combine, au sein du protoplasma, aux éléments minéraux de la sève aqueuse et ces opérations s'effectuent aussi bien à l'obscurité qu'à la lumière; on sait que beaucoup de Cryptogames (levûres, etc.) fabriquent, en effet, des matières albuminoïdes à l'obscurité, quand on leur fournit du sucre.

49. Assimilation de l'azote. — Les nitrates apportés jusqu'aux feuilles par les vaisseaux du bois, disparaissent rapidement pendant l'assimilation chlorophyllienne ; c'est que le glucose s'unit à l'acide azotique des nitrates pour donner d'abord un amide ; l'apport d'une nouvelle quantité de glucose transforme celui-ci en une substance albumiminoïde ; chaque réaction amène en outre la production d'acide oxalique.

1) $$C^6H^{12}O^6 + 2KNO^3 = C^4H^8N^2O^3 + K^2C^2O^4 + 2H^2O + 3O.$$
(glucose) + (azotate de potassium) = (asparagine) + (oxalate de potasse) + eau + oxygène.

2) $$9C^4H^8N^2O^3 + 9C^6H^{12}O^6 = C^{72}H^{112}N^{18}O^{22} + 9C^2H^2O^4 + 23H^2O + H^2$$
(asparagine) + glucose = albuminoïde + acide oxalique + eau + hydrogène.

On admet que les matières albuminoïdes peuvent avoir une autre origine. La désassimilation de ces substances donne naissance à un certain nombre de produits azotés (asparagine, glutamine, leucine, tyrosine, etc.) dont les premiers pourraient se recombiner à du glucose et régénérer les matières albuminoïdes. Cette régénération des substances protéiques par des matières de rebut nous expliquerait pourquoi l'appareil d'excrétion est aussi limité chez les plantes. Si, en effet, on cultive une plante verte à l'obscurité et qu'on lui donne du glucose, l'amidon qui avait disparu réapparait; cette substance de réserve diminue si on ajoute de l'asparagine, mais les matières albuminoïdes augmentent si on fournit à la plante les mêmes quantités d'asparagine et d'amidon : celui-ci est totalement utilisé et ne forme plus que des matières albuminoïdes; si l'asparagine est en excès, elle se dépose dans les cellules, en réserve. La glutamine se comporte de même.

A la constitution des albuminoïdes participent encore l'acide phosphorique, l'acide sulfurique, etc., provenant des sels puisés dans le sol par la racine.

50. Assimilation du phosphore. — Le phosphore, avons-nous dit, pénètre dans la plante à l'état de phosphates. Ces phosphates s'unissent à l'aldéhyde formique pour former des oxyméthylphosphates (notamment celui de potasse) et c'est sous forme d'acide oxyméthylphosphorique que le phosphore entre en combinaison avec les albuminoïdes pour constituer les corps protéiques phosphorés (nucléines).

L'assimilation des autres corps est mal connue.

51. Circulation des matières albuminoïdes. — Les albuminoïdes se forment principalement dans la feuille; ils doivent être répartis de là dans tout le corps du végétal. Or, ce sont des substances fort impropres à l'osmose : il leur faudrait donc prendre une forme cristalloïde (amides ou amines) pour traverser facilement les membranes cellulaires. En serait-il ainsi que cette circulation serait encore lente et insuffisante à la nutrition des végétaux supérieurs; aussi, se développe-t-il chez eux un appareil spécial pour la circulation de ces matières, le *liber*.

52. Appareil de la circulation des albuminoïdes : Liber. — Cet appareil est comparable presque en tous points au bois : son tissu fondamental est encore formé d'éléments disposés en file pour constituer des vaisseaux (*vaisseaux libériens*). Ceux-ci, fréquemment groupés en masses plus ou moins considérables, sont souvent unis entre eux par un parenchyme (*parenchyme libérien*) ; ils forment des cordons (*faisceaux libériens*) dans l'intérieur de la plante où ils sont reconnaissables, sur une coupe, à l'aspect réfringent des parois de leurs éléments, qui conservent le plus souvent une constitution celluloso-pectique.

Le liber est plus constant que le bois ; c'est ainsi que certains végétaux aquatiques perdent leur bois et conservent leur liber.

On trouve du liber dans tous les végétaux à racine Il commence à l'extrémité de cet organe par deux ou plusieurs cordons vasculaires, isolés entre eux et du bois, au moins dans le premier âge; il le parcourt, traverse le collet et se répartit ensuite par la tige dans tous les autres organes de la plante, où il accompagne le bois. Les faisceaux libériens appliqués constamment contre le péricycle, dans la tige comme dans la racine, alternent avec les faisceaux ligneux dans la racine jeune (fig. 26, *l*) et dans les racines qui ne présentent que des formations primaires, tandis qu'ils sont accolés à ceux-ci dans la racine âgée ayant des formations secondaires (Gymnospermes et Dicotylédones) et à tous moments dans la tige, dans la feuille et dans la fleur. Dans cette dernière situation, les faisceaux libériens et ligneux accolés (*faisc. libéro-ligneux*) sont généralement *collatéraux* (fig. 35), les deux masses simplement appliquées par une face l'une contre l'autre, le liber

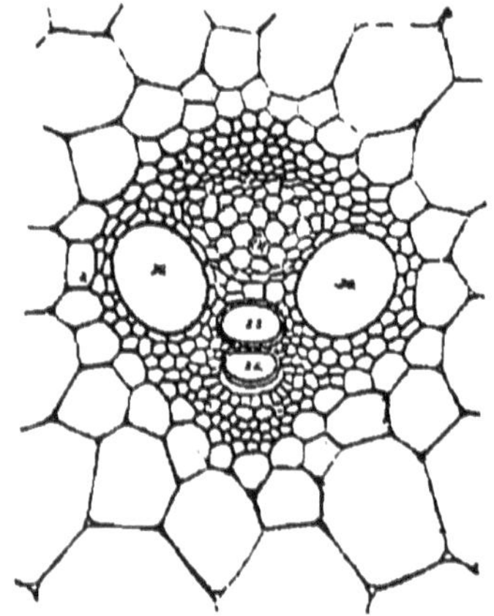

Fig. 35. — Coupe transversale d'un faisceau libéro ligneux d'une Monocotylédone (*Saccharum officinarum*) cbf, liber; R G, vaisseaux spiralés; P G, v. ponctués (Kny).

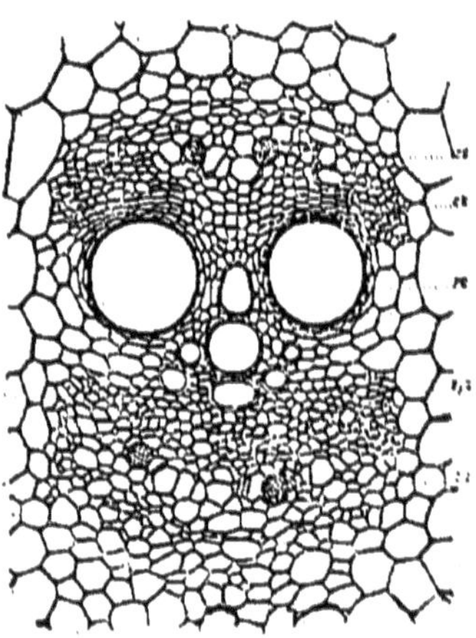

Fig. 36. — Coupe transversale d'un faisceau libéro-ligneux avec liber, S G, sur les deux faces du bois, P G, (*Cucurbito pepo*) (Kny).

tourné vers l'extérieur et le bois vers l'intérieur; mais parfois le liber occupe les deux faces interne et externe du faisceau ligneux (*faisc. bicollatéraux*, fig. 36) ou l'entoure complètement (*faisc. concentriques*); l'inverse se voit aussi, mais rarement.

53. Composition histologique du liber. — Le vaisseau libérien, comme le vaisseau ligneux, est formé d'éléments allongés, prismatiques ou cylindriques, superposés en file, mais à cloisons transversales persistantes. La paroi longitudinale reste mince et celluloso-pectique et le vaisseau résiste à la compression grâce à l'épaississement de ses parois transversales qui présentent, néanmoins, des ponctuations larges et épaissies, disposées en réseau. Le fond

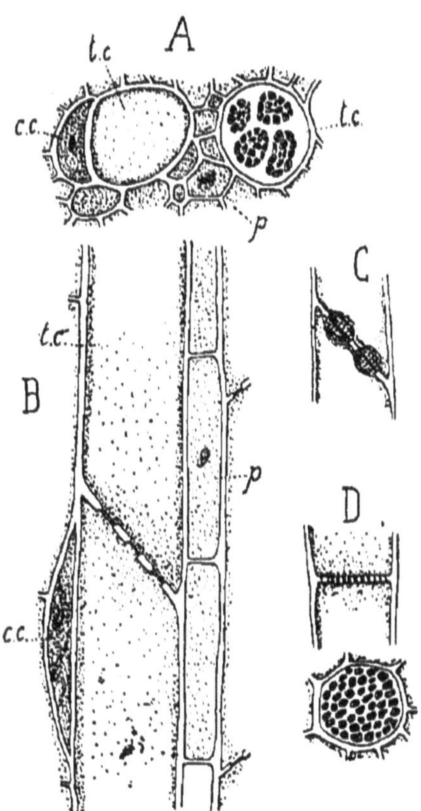

Fig. 37. — *Liber*. A. Coupe transversale de tubes criblés *tc* avec plusieurs cribles sur la même membrane; *cc*, cellules compagnes ; *p*, parenchyme libérien. — B. Mêmes éléments en coupe longitudinale. — C. Tube criblé pourvu d'un cal sur les deux ponctuations criblées de la cloison transversale. — D. Crible isolé vu sur coupe longitudinale (en haut), et de face (en bas).

lamelleux qui ferme les ponctuations persiste dans les *vaisseaux imparfaits* ; il se perce, au contraire, d'un orifice dans les *vaisseaux parfaits*.

L'ensemble des ponctuations d'une même paroi prend l'aspect d'un crible ou celui d'un grillage, qui peut se diviser en plusieurs parties distinctes. De cette apparence découlent les noms de *cellules et de vaisseaux criblés ou grillagés* par lesquels on désigne les éléments fondamentaux du liber (fig. 37).

Ces ponctuations se trouvent aussi parfois sur les parois longitudinales de ces vaisseaux ; elles ont pour but, lorsqu'elles affectent cette position, de mettre latéralement en relation les vaisseaux voisins, ou les vaisseaux libériens, avec les *cellules-compagnes*. On donne ce nom à des éléments qui se développent aux dépens des cellules vasculaires, pendant leur développement, à la suite d'un cloisonnement longitudinal (fig. 37, *cc*). Ces éléments, qui n'existent que chez les végétaux supérieurs, sont très riches en matières albuminoïdes et, à cause de cela, ils ont été décrits tantôt comme des lieux de réserve, tantôt comme les éléments formateurs de ces substances. Les Cryptogames vasculaires et les Gymnospermes n'en possèdent jamais.

Les vaisseaux libériens renferment des substances albuminoïdes dans leur grande vacuole centrale et du protoplasma avec ou sans noyau formant utricule primordial. Le protoplasma ne forme qu'un mince revêtement pariétal dans le vaisseau adulte ; la vacuole, très large, sert à la conduite et au dépôt des matières transportables. Les cavités des cellules vasculaires sont toujours en communication directe, par les perforations des membranes communes, relativement larges dans les vaisseaux parfaits, fort étroites tout au contraire dans les vaisseaux imparfaits.

A ce tissu fondamental s'associent fréquemment des tissus accessoires : les vaisseaux libériens sont entourés, le plus souvent par un parenchyme dans lequel s'amassent des réserves hydrocarbonées (*parenchyme libérien*). Les éléments de soutien (*fibres libériennes* et *sclérenchyme libérien*) et excréteurs ne sont pas rares non plus dans le liber ; les cellules excrétrices, les laticifères, les canaux excréteurs y sont plus fréquents et plus abondants que dans le bois. Quant aux fibres libériennes, elles ne se lignifient que très rarement ; elles conservent des parois cellulosiques, ce qui en fait des éléments très élastiques pouvant être employés comme textiles (Tiliacées, Malvacées).

L'*appareil libérien* peut donc, d'une façon générale, être formé par les tissus suivants :

1° **Tissu fondamental** (*Tissu vasculaire libérien*) pouvant se décomposer en	*Vaisseaux libériens* parfaits ou imparfaits et formés de cellules grillagées ou de vaisseaux cribleux. *Cellules compagnes* (éléments annexes des vaisseaux).

<table>
<tr><td rowspan="4">2° Tissus accessoires
s'appliquant</td><td rowspan="2">au soutien</td><td>fibres libériennes</td><td>isolées ou soudées en cordons de prosenchyme.</td></tr>
<tr><td colspan="2">sclérenchyme libérien.</td></tr>
<tr><td>à la réserve :</td><td colspan="2">parenchyme libérien.</td></tr>
<tr><td>à l'excrétion :</td><td colspan="2">cellules et canaux excréteurs ; laticifères.</td></tr>
</table>

Le liber, chez les Gymnospermes et chez les Dicotylédones, acquiert avec le temps une puissance considérable due au développement de liber secondaire ; il se présente alors avec des aspects très divers, tant sont variables les combinaisons des éléments cités plus haut. Vaisseaux et fibres y sont parfois disposés en couches superposées, alternativement molles et dures, empilées à la façon des feuillets d'un livre, d'où vient le nom de *liber* (*livre*), qui est loin de s'appliquer à la majorité des cas, par lequel on désigne l'appareil conducteur des albuminoïdes.

54. Origine et développement du liber. — Le liber se différencie, comme le bois, au sein de massifs de procambium et sa différenciation a toujours lieu de l'extérieur vers le centre ; elle est donc centripète, aussi bien dans la racine que dans la tige. Comme pour le bois, on rencontre, selon leur origine plus ou moins tardive et celle de leurs générateurs, des libers primaires, secondaires, tertiaires, etc. provenant toujours du jeu de cambiums.

Dans les végétaux à cambium, les vaisseaux libériens morts s'applatissent le plus souvent sous la pression des éléments plus jeunes qui cherchent à se développer ; ils forment à la suite, dans le liber âgé, des lames cornées qui se perdent au milieu des tissus.

55. Physiologie de la circulation des matières albuminoïdes. — Les matières albuminoïdes circulent par les tubes criblés dans les sens les plus divers, mais elles se dirigent plus particulièrement de leurs lieux de formation, ou de dépôt, vers les parties du végétal où la croissance se fait avec le plus d'activité. C'est la consommation qui règle ici le sens et la rapidité du mouvement qui s'établit donc en tous sens et non pas seulement de haut en bas comme on l'a cru pendant longtemps. Les matières azotées passent d'une cellule vasculaire dans la suivante par l'intermédiaire des fils protoplasmiques plus ou moins fins qui traversent les perforations des cribles et des grillages.

Les ponctuations grillagées restent souvent ouvertes pendant toute la vie du vaisseau, mais, dans quelques cas, pendant les périodes de repos, il se forme sur leurs deux faces un dépôt épais de callose (vigne), qui supprime momentanément les communications entre cellules vasculaires superposées. Cette sorte de bouchon ou *cal* (fig. 37, C.) disparaît au printemps, au moment où la vie active se rétablit.

f) *Réserves nutritives*

Les matières azotées, hydrocarbonées et minérales, servent à l'entretien et à l'accroissement du végétal, mais ces aliments peuvent à certains moments se trouver en excès sur la consommation immédiate ; le végétal les met alors en réserve sous des formes spéciales qui, pour être réassimilées, devront subir des transformations nouvelles par des digestions véritables, semblables à celles qui s'observent dans le tube digestif d'un animal.

56. Tissus servant aux réserves. — Tous les tissus vivants de la plante sont susceptibles d'emmagasiner les aliments en excès, cependant les parenchymes sont plus spécialement adaptés à ce rôle et ils en tirent un cachet particulier. Les tissus parenchymateux des rhizomes, des tubercules, des bulbes, de l'albumen, des cotylédons et parfois de l'axe dans les graines servent surtout à l'emmagasinement des réserves et se présentent souvent comme gorgés d'amidon, d'inuline, d'aleurone, etc.

Ces tissus parenchymateux sont formés de cellules vivantes à parois minces avec protoplasma se prêtant facilement aux échanges avec les cellules voisines. La réserve se dépose bien souvent dans les vacuoles ou les plastides, mais elle se fait aussi parfois dans la paroi cellulaire (cellulose de réserve du noyau de la Datte et plus généralement, des albumens cornés) sous forme de matières sucrées fermentescibles.

La plante peut mettre en réserve les trois formes d'aliments indispensables à la conservation de la vie, soit :

des matières albuminoïdes,
des matières hydrocarbonées,
des matières minérales,

57. Réserves albuminoïdes. — Quelques substances albuminoïdes sont dissoutes dans le suc cellulaire (albumine végétale), les autres se déposent dans les *plastides albumini-*

gènes qu'on rencontre surtout dans les graines. Au moment de la formation de celles-ci, certains des plastides qu'elles contiennent se creusent d'une vacuole dont le liquide s'enrichit peu à peu en substances albuminoïdes. A la maturité de la graine, à mesure que celle-ci se dessèche, la matière protéique ainsi rassemblée se concrète et la vacuole albuminigène devient un *grain d'aleurone*. La substance des grains d'aleurone est parfois homogène, entièrement amorphe; parfois aussi, elle renferme des inclusions minérales (oxalate de chaux cristallisé) ou organisées (fig. 11 B), souvent cristallisées comme les *cristalloïdes protéiques* et les *globoïdes*, petites sphérules formées par du glycéro- ou du saccharo-phosphate de chaux et de magnésie.

L'aleurone est insoluble dans l'eau et constitue le *gluten* des céréales, la conglutine des Légumineuses. Elle peut gonfler dans l'eau au point de s'y dissoudre, mais elle doit subir une digestion pour être utilisée

Parmi les substances azotées qui peuvent servir comme matières de réserve, il y a certains amides qu'on rencontre dans les vacuoles et qui résultent de la décomposition des matières albuminoïdes en suite de leur désassimilation ; ces amides (l'asparagine surtout) sont quelquefois réassimilés en se combinant avec du glucose, ce qui engendre de nouveaux albuminoïdes.

58. Réserves hydrocarbonées. — Il en est de plusieurs sortes : les unes se présentent en solution dans le suc cellulaire (*saccharoses*, *inuline*) ; d'autres à l'état solide dans les leucites (*amidon*); d'autres, enfin, disposées dans la paroi (*celluloses de réserve*). A côté de ces hydrates de carbone, proprement dits, on rencontre d'autres matières hydrocarbonées, comme les *corps gras* qui sont logés dans le protoplasma et peut-être dans des plastides spéciaux (*oléoleucites* de quelques auteurs).

a) *Saccharose*. — On rencontre du saccharose dans presque tous les végétaux. On cultive pour son extraction les racines de Carotte et de Betterave, les tiges de Canne à sucre et d'Erable à sucre et certains fruits. Beaucoup de fruits renferment d'abord du saccharose ou sucre de Canne qui est pendant la maturation transformé sous l'action des ferments en sucre interverti, formé de glucose et de lévulose. Le glucose étant plus vite assimilé que le lévulose, il n'est pas rare de trouver celui-ci isolé dans les fruits mûrs (sucre de raisin), mais beaucoup de fruits renferment à la fois, lors de leur maturité, du saccharose, du lévulose et du glucose.

b) L'*inuline* est un hydrate de carbone qui est l'équivalent physiologique de l'amidon ; on rencontre, en effet, rarement ces deux corps associés (Leucoium) et l'un semble exclure l'autre. Ce corps, dérivé par condensation du glucose ou mieux du lévulose avec perte d'eau $[(C^6H^{12}O^6)^2-2H^2O]$, a, du reste, la même composition centésimale que l'amidon; il dévie à gauche le plan de polarisation et cristallise en sphéro-cristaux dans l'alcool plus ou moins concentré (fig 11, A); ceux-ci sont très solubles dans l'eau. On trouve ce corps en abondance et à l'état dissous dans les tubercules d'Inula, de Topinambour, de Dahlia, chez les Composées et dans quelques familles voisines.

Par fermentation, l'inuline ne forme pas un mélange de glucose et de lévulose, comme le saccharose, mais du lévulose seulement.

c) *Amidon* $(C^6H^{10}O^5)^{10}$. On rencontre l'amidon chez presque tous les végétaux, à l'exception des Floridées et de la plupart des Champignons; nous venons d'apprendre qu'il est parfois remplacé par l'inuline, notamment dans les Composées et quelques familles voisines.

Fig. 38. — Grains d'amidon : 1-5, développement d'un grain d'amidon simple de Pomme de terre; 6-7, grain semi-composé de la même plante; 8, amidon composé de *Smilax medica*; 9, amidon composé d'*Arum maculatum*; *a*, hile.

Fig. 39. — Grains d'amidon simples : A, de Haricot; B, de Maïs. C, grains d'amidon composé d'Avoine.

Cet hydrate de carbone se présente sous forme de grains de dimensions variables (de 1 à 200 μ), arrondis, ovoïdes, claviformes, polyédriques, tantôt isolés (Haricot), tantôt plus ou moins groupés (*grains composés* de l'Avoine, du Riz, du Sarrasin).

Formés de couches alternativement claires et sombres, dues à une répartition inégale de l'eau dans leur masse, disposées plus ou moins régulièrement autour de leur centre de formation, souvent fort visible et désigné par le nom de *hile*, ils laissent voir, parfois directement, une striation radiaire : ils sont véritablement formés, comme le démontre l'action de la lumière polarisée, par des aiguilles groupées en sphéro-cristaux et s'irradiant autour du hile.

L'amidon, insoluble dans l'eau froide, se gonfle dans l'eau chaude (empois) et se dissout dans l'eau bouillante acidulée, par hydratation et transformation en glucose. L'iode colore l'amidon en bleu violacé.

d) *Les celluloses de réserve* sont fixées, avons-nous dit, dans les parois des cellules des albumens cornés (Datte) et les cotylédons de certains embryons (Lupin, etc.). Ces matières de réserve sont constituées par de la paragalactane et de la paramannane. Au moment de la germination, sous l'influence des ferments, elles prennent des formes solubles assimilables.

e) Les *corps gras* sont des mélanges d'éthers de la glycérine en proportions variables, d'où leur consistance également variable (beurres, huiles, etc). Ils proviennent, soit de la désassimilation des matières albuminoïdes, soit d'une transformation des matières sucrées. Ils sont particuliers aux graines et aux fruits (embryon du Colza, albumen du Ricin, péricarpe de l'Olive), mais, dans les fruits, ils constituent des substances de rebut, produits de désassimilation.

59. Réserves minérales. — Les réserves minérales sont principalement constituées par des nitrates, des phosphates, des sulfates, des sels de potasse qui sont retenus avec plus ou moins de force par les matières albuminoïdes.

g) *Utilisation des réserves. Ferments.*

Les matières de réserve sont inassimilables directement ; pour les employer, le végétal les rend solubles et dialysables par l'action de *ferments solubles* ou *diastases*, dus eux-mêmes à la destruction des matières albuminoïdes en voie de désassimilation.

60. Diastases. — Les diastases qui nous intéressent ici, sont des corps azotés neutres voisins des albuminoïdes, dont ils dérivent, capables de transformer, par des hydratations, souvent accompagnées de dédoublements, les réserves pour les rendre assimilables.

Une température supérieure à 70° détruit les diastases ; les rayons violets du spectre produisent la même action ; ces corps résistent mieux aux basses températures et les rayons les moins réfrangibles paraissent favoriser leur action. L'alcool concentré les précipite de leurs dissolutions et c'est par ce moyen qu'on les isole sous forme de poudre, mêlés à d'autres principes inertes. Les diastases sont essentiellement caractérisées par ce fait qu'une quantité très faible de ferment peut transformer une quantité relativement considérable de matière de réserve.

Le nombre des diastases connues augmente de jour en jour et, parmi celles que nous connaissons, il en est qui agissent plus spécialement sur les matières albuminoïdes et d'autres sur les matières hydrocarbonées.

61. Ferments des matières albuminoïdes. — Les principaux sont : la *pepsine*, la *trypsine* ou *papaïne* et la *présure*.

La *pepsine* n'agit qu'en milieu acide et, par des hydratations successives, elle transforme les albuminoïdes d'abord en syntonines, puis en propeptones, enfin en peptones assimilables.

La *trypsine* demande un milieu alcalin pour transformer, par des hydratations toujours plus prononcées, les albuminoïdes en globulines, puis en propeptones, peptones et enfin en amides (asparagine, leucine, etc.), suivant des réactions mal connues. La *papaïne*, extraite du latex du *Carica papaya* et de celui du Figuier, agit comme la trypsine et se confond avec elle.

La *présure*, qu'on rencontre dans l'estomac des jeunes Mammifères, comme on le sait, coagule la caséine du lait et la digère ; elle se trouve aussi dans de nombreux végétaux, notamment dans l'Artichaut et le *Galium verum* ou caille-lait. Certaines Bactéries, qui amènent la maturation des fromages (Tyrothrix, etc.), en sécrètent en grande quantité.

62. Ferments des matières hydrocarbonées. — Parmi les plus importantes, on peut citer : l'*amylase*, connue sous le nom de *ptyaline* chez les animaux, l'*inulase*, l'*invertine* ou *sucrase*, la *seminase*, la *saponase*, etc.

a) L'*amylase* est connue depuis fort longtemps ; elle existe en grande abondance dans les tubercules et les graines amylacés en germination. On l'extrait facilement du *malt*, qui est, comme on le sait, de la poudre obtenue avec des grains d'orge en voie de germination.

L'amylase hydrate et dédouble, à plusieurs reprises, l'*ami-*

don pour le transformer finalement en *dextrine* et *maltose*, qui sont assimilables par la plante :

$$(C^6H^{10}O^5)^{10} + H^2O = (C^6H^{10}O^5)^8 + C^{12}H^{22}O^{11}$$
amidon + eau = amylodextrine + maltose

$$(C^6H^{10}O^5)^8 + H^2O = (C^6H^{10}O^5)^6 + C^{12}H^{22}O^{11}$$
amylodextrine + eau = érythrodextrine + maltose

$$(C^6H^{10}O^5)^6 + H^2O = (C^6H^{10}O^5)^4 + C^{12}H^{22}O^{11}$$
érythrodextrine + eau = achroodextrine + maltose

$$(C^6H^{10}O^5)^4 + H^2O = (C^6H^{10}O^5)^2 + C^{12}H^{22}O^{11}$$
achroodextrine + eau = dextrine + maltose

b) L'*inulase*, que l'on rencontre partout où l'on trouve de l'*inuline*, transforme cette matière en *lévulose* assimilable.

c) L'*invertine* ou *sucrase* hydrate et dédouble le *sucre de canne* en *glucose* et *lévulose* dont le mélange constitue le *sucre interverti* :

$$C^{12}H^{22}O^{11} + H^2O = C^6H^{12}O^6 + C^6H^{12}O^6$$
(saccharose) + eau = glucose + lévulose

La levure de bière (*Saccharomyces cerevisiæ*) sécrète de l'invertine lorsqu'on la cultive dans une solution nutritive qui renferme du sucre de canne ; son action doit précéder celle du ferment alcoolique qui ne s'exerce que sur les glucoses pour les transformer en alcool. Ce dernier corps se produit dans toutes les cellules de la plante et est brûlé dans les phénomènes d'oxydation, sous l'influence de ce ferment nouvellement découvert, appelé *oxydase* ou *laccase*. Mais c'est là un phénomène de dénutrition et l'étude de l'oxydase n'est pas ici à sa place ; nous y reviendrons.

d) Les celluloses de réserve (paragalactane, paramannane) subissent l'action d'un ferment, la *séminase* qui, agissant par hydratation, donne naissance, par dédoublement, à du galactose et à de la mannose, aliments diffusibles.

e) La *saponase* hydrate et dédouble les corps gras en acides gras et en glycérine. Le *Saccharomyces olei*, le *Penicillium glaucum*, le *Mucor spinosus*, etc., mis en présence des matières grasses, secrètent de la saponase qui cause le rancissement de ces corps. Mais ce ferment qui agit à l'extérieur du corps pour l'absorption des aliments gras, ne paraît pas jouer de rôle dans le réemploi des matières nutritives mises en réserve dans le corps de la plante : en effet, on s'est convaincu récemment que les réserves grasses qui provenaient, le plus souvent, de la transformation de sucres, repassaient à l'état de sucres pour être absorbées (graines en germination).

B. FONCTIONS DE DÉNUTRITION

Les matières assimilées jouant un rôle dans la conservation de la vie, après avoir pendant un certain temps fait partie intégrante de l'organisme, sont transformées par ce jeu en d'autres corps inutiles ou même nuisibles qui doivent être éliminés. Cette *désassimilation*, cette *dénutrition*, intimement liée au fonctionnement des organes et au dégagement de force vive, est l'origine des phénomènes vitaux; les corps nouveaux, engendrés par la dénutrition sont de nature excrémentielle.

Les produits de désassimilation des hydrates de carbone et des matières albuminoïdes sont très nombreux : les uns prennent l'état gazeux comme l'acide carbonique exhalé dans la respiration et la vapeur d'eau qui s'échappe dans la transpiration diffuse, d'autres prennent la forme liquide ou l'état solide. Généralement, ces derniers sont séparés de la masse vivante du corps de la plante par des organismes spéciaux, les vacuoles et les appareils excréteurs. Ceux-ci se rencontrent dans les végétaux supérieurs : tels sont les glandes et les canaux excréteurs qui recueillent les essences, résines, oléo-résines, etc. Ces mêmes végétaux supérieurs, par la chute normale des feuilles, des rameaux non aoûtés, des tiges herbacées, éliminent encore des matières de rebut, organiques et minérales.

La dénutrition se fait à la suite de deux phénomènes bien distincts, soit à l'abri de l'oxygène : elle résulte alors de phénomènes d'hydratation, accompagnés parfois de dédoublements, soit en présence de l'oxygène qui brûle de plus en plus les matières désassimilées et les transforme finalement en acide carbonique et en eau.

La transformation des matières azotées a lieu surtout en milieu réducteur et par hydratation. C'est ainsi que sont détruites les matières albuminoïdes qui donnent successivement naissance à des *peptones*, à des *toxines*, à des *vaccins* et à des *diastases*. Ces produits peuvent subir une nouvelle hydratation : les peptones sont dédoublés alors en *amides* (*asparagine, leucine, tyrosine*, etc.). Les odeurs nauséabondes de certaines fleurs d'Aristolochiacées, d'Aroïdées, etc., sont dues à des amides voisines du scatol et de l'indol. L'indol est en effet voisin de l'indigo, autre amide très répandue. Le dédoublement des amides par hydratation produit des composés ternaires non azotés, les uns acides (*acides aspartique, tartrique, oxalique*, etc.), les autres neutres (*glucose, glycogène, inosite, cellulose*) ainsi qu'un grand nombre d'autres substances qui entraînent l'azote (*acide cyanhydrique, ammoniaque*). L'inosite donne naissance, en milieu réducteur, à des composés de la série aromatique d'où dériveront facilement les *résines*.

C'est aussi par hydratation des albuminoïdes que se forment les *alcaloïdes végétaux* (*morphine, quinine, atropine*, etc.) et les alcalis à odeur désagréable que dégagent les fleurs de certaines Rosacées (Aubépine), du Châtaignier, etc.

On connaît mal encore les derniers termes de la destruction des albuminoïdes chez les végétaux ; cependant, la *caféine*, la *théobromine*, etc., se rapprochent de l'urée.

Certains produits, en l'absence d'oxygène, se transforment en *alcool* et *acide carbonique*. Cette production d'alcool n'est pas l'apanage des êtres dits anaérobies, car on rencontre ce corps dans la profondeur de tous les tissus, où l'accès de l'oxygène est difficile.

La désassimilation par oxydation intéresse plus particulièrement les matières hydrocarbonées. La combustion de ces matières n'est peut-être pas directe : elle aurait pour cause l'action de certains ferments, les *oxydases*. La fixation de l'oxygène est lente et progressive et, entre la matière oxydée et la formation finale d'acide carbonique et d'eau, on rencontre une série de corps intermédiaires. Les sucres donneraient naissance aux *acides acétique, formique* et *oxalique*. L'inosite, sucre de rebut provenant de la désassimilation des albuminoïdes, en s'oxydant, produirait de la *phloroglucine*, très répandue dans le règne végétal, combinée à du glucose ou entrant dans la constitution des *gommes-résines*. L'*acide gallique* et les *tanins* résulteraient de l'oxydation de la phloroglucine et seraient eux-mêmes oxydés totalement. On sait en effet que les fruits astringents, à l'état vert, perdent cette propriété par la maturation.

Certaines combinaisons ou fermentations amènent la formation de corps nouveaux. Ainsi naîtrait l'*acide citrique* par la combinaison de deux molécules d'acide acétique à une molécule d'acide oxalique. La fermentation des matières sucrées peut produire des *corps gras*. Les corps gras, qui proviennent de la destruction des matières albuminoïdes ou des matières sucrées, se détruisent par hydratation en se dédoublant en acides gras et glycérine ; les acides gras oxydés prennent des formes acides plus simples (essences de fruits) et se réduisent finalement en acide carbonique et eau.

Certains corps de rebut peuvent être utilisés par la plante dans des combinaisons nouvelles. Nous savons que certaines amides peuvent se recombiner au glucose pour donner des albuminoïdes ; les corps gras eux-mêmes, en fixant de l'eau et de l'oxygène, pourraient retourner à l'état d'hydrates de carbone ; ainsi s'expliquerait leur disparition dans la graine au moment de la germination et l'apparition simultanée de sucre, d'amidon, etc.

La dénutrition, comme la nutrition, comprend plusieurs fonctions que nous allons étudier : la *respiration*, la *transpiration* et l'*excrétion par les glandes*. La respiration et la transpiration empruntent un même appareil, commun aussi à la fonction chlorophyllienne, celle-ci d'un ordre opposé, nutritif : l'*appareil de la circulation des gaz et des vapeurs*, que nous allons d'abord examiner.

63. Appareil de la circulation des gaz et des vapeurs. — Cet appareil a pour rôle l'introduction dans le corps de l'oxygène et de l'acide carbonique atmosphériques et le rejet à l'extérieur de l'acide carbonique provenant des combustions internes (acide carbonique respiratoire), de l'oxygène mis en liberté lors de la fixation du carbone, enfin, de la vapeur d'eau transpirée. Il est constitué par un ensemble d'espaces intercellulaires et de cellules réduites à leur paroi, aussi par des vaisseaux ligneux ayant perdu leur rôle conducteur, éléments qui communiquent tous entre eux d'une part et avec l'extérieur d'autre part, par l'intermédiaire d'organismes spéciaux, les *stomates* et les *lenticelles*.

Cet appareil comprend donc :

a) Dans la masse du végétal..........	*des méats, des chambres et des canaux aérifères,* *des lacunes aérifères,* *des vaisseaux ligneux* ayant perdu leur qualité conductrice. *des cellules mortes.*
b) à la surface du végétal..........	*des stomates*, sur l'épiderme ; *des lenticelles*, sur le liège.

64. Les espaces intercellulaires résultent de la dissociation partielle des tissus par une destruction localisée des lamelles mitoyennes, qui se rompent sous l'influence de tractions dues au développement inégal des cellules voisines et à la turgescence qui tend à rendre sphériques les éléments d'abord polyédriques ; on leur donne selon leur volume le nom de *méats* (fig. 14, *l*) ou celui de *chambres* (fig. 16, *l*). Dans les plantes aquatiques, ces espaces se développent considérablement en longueur et constituent les *canaux aérifères*, larges conduits pour la circulation rapide des gaz. Ces canaux peuvent s'étendre d'une extrémité à l'autre du végétal sans aucune interruption (Dicotylédones) ; ils peuvent, au contraire, présenter çà et là des planchers de cellules, du reste lâchement unies, laissant entre elles des méats et prenant à la suite la forme de cribles appelés *diaphragmes* (Monocotylédones, fig. 40). Les canaux aérifères mettent en prompte relation les parties profondément submergées avec les portions émergées dans lesquelles se localisent les échanges de gaz avec l'extérieur.

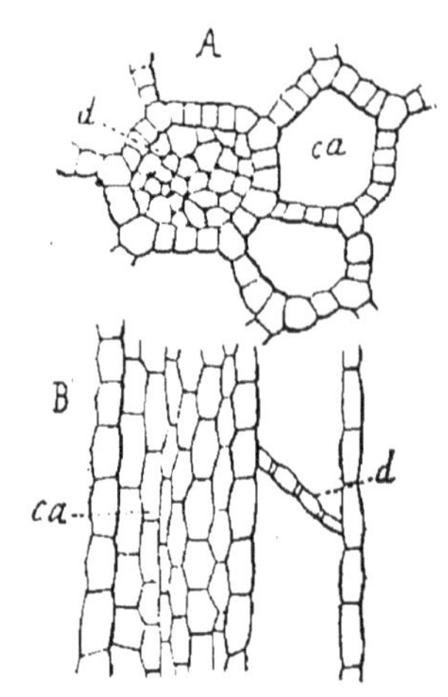

Fig. 40. — Tige de *Butomus umbellatus*. Coupes transversale (A) et longitudinale (B). *ca*, canal aérifère ; *d*, diaphragme : *m*, méats (d'après R. Gérard).

On rencontre les espaces intercellulaires dans toutes les parties de la plante : c'est là une condition indispensable à la respiration de toutes les cellules.

Parfois, certains tissus se désorganisent complètement et se résorbent, laissant à leur place des vides : les *lacunes par résorption*, ou se déchirent simplement sous l'effort de tractions opérées par les tissus voisins, formant encore des cavités, que l'on distingue des précédentes en les appelant *lacunes par dilacération*. Le premier cas s'observe, par la disparition des éléments ligneux, chez les végétaux aquatiques (fig. 18, p. 28) ; le chaume des Graminées et la tige fistuleuse des Ombellifères présentent en leur centre des lacunes à la suite de déchirure des éléments de la moelle, sous l'effort des tissus voisins beaucoup plus vivaces et dont ils ne peuvent suivre le développement.

Les espaces intercellulaires se mettent en relation avec l'extérieur par l'intermédiaire des stomates dans les organes revêtus d'un épiderme, par celui des lenticelles dans les parties où l'épiderme a fait place à du liège.

65. Stomates. Ce sont, nous venons de le dire, des orifices, percés dans l'épiderme, qui mettent en relation les espa-

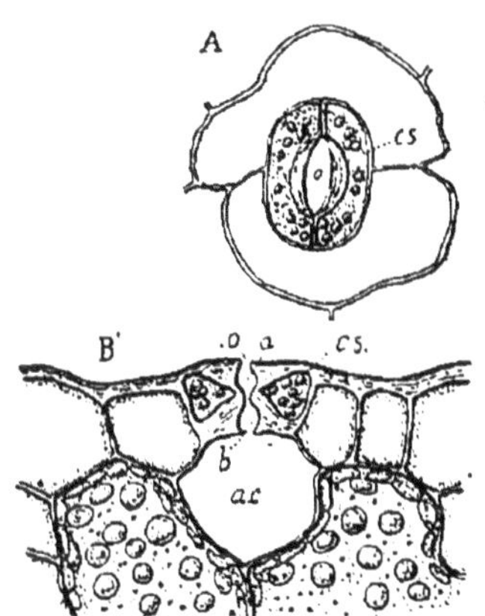

Fig. 41. — Un stomate vu de face (A) et en coupe (B). *o*, ostiole ; *a* antichambre ; *b*, arrière-chambre ; *ac*, chambre sous-stomatique ; *cs*, cellules stomatiques.

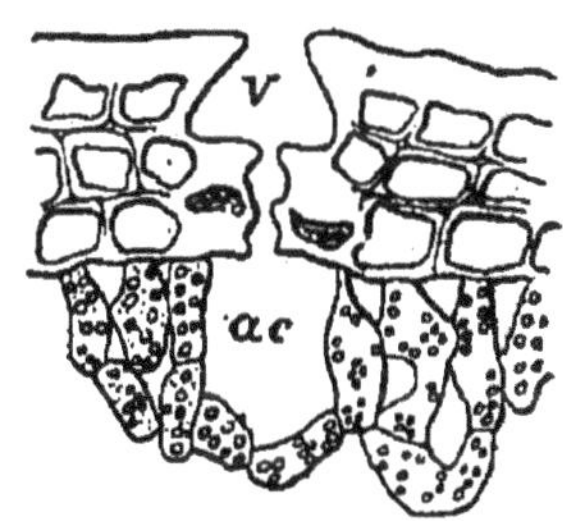

Fig. 42. — Coupe transversale d'une feuille de *Ficus elastica* passant par un stomate. V, vestibule ; *ac*, chambre sous-stomatique.

ces intercellulaires avec le milieu extérieur et qui ont pour origine la même cause que la formation des méats : la dissociation de cellules voisines par rupture de leur paroi mitoyenne.

Un stomate est formé de deux cellules épidermiques, appelées *cellules stomatiques*, riches en protoplasma et contenant souvent de la chlorophylle (fig. 41, *cs*), contrairement à ce qui se voit dans beaucoup de cellules épidermiques. Vues de face, ces cellules sont réniformes et leur bord concave délimite un méat oblong (*o*) qui est l'*ostiole*. Cette bouche met en communication le milieu ambiant avec une chambre aérifère située immédiatement au-dessous, la *chambre sous-stomatique*, dans laquelle aboutissent également un certain nombre de méats qui se jettent d'autre part dans des méats plus profondément situés. Les faces des cellules stomatiques qui bordent l'ostiole sont épaisses et sinueuses ; elles délimitent deux parties élargies, l'*antichambre* et l'*arrière-chambre*, que l'on peut voir sur une coupe transversale (fig. 41. *a* et *b*).

Les cellules stomatiques se trouvent fréquemment sur le même plan que l'épiderme ; parfois aussi, elles font saillie au-dessus de lui et, plus souvent encore, elles s'enfoncent assez profondément au-dessous de sa surface pour laisser au-dessus d'elles une cavité appelée *vestibule* (fig. 42, V).

Formation des stomates. — Ils dérivent des cellules épidermiques. Une cellule de l'épiderme donne d'abord naissance, à la suite d'une ou de plusieurs bipartitions successives, à la cellule mère du stomate.

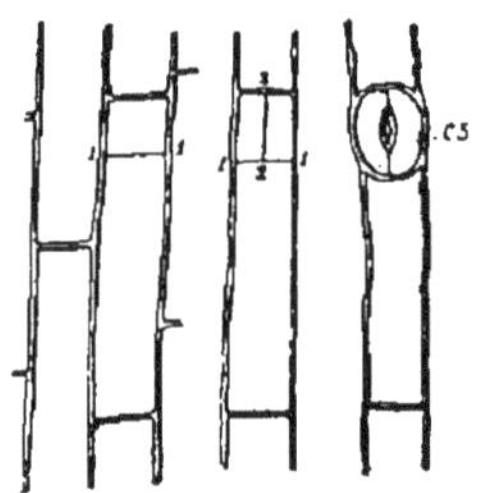

Fig. 43. — Développement d'un stomate de Monocotylédone (de gauche à droite); 1-1 première cloison; 2-2 deuxième cloison séparant les cellules stomatiques; *cs*, stomate définitivement établi.

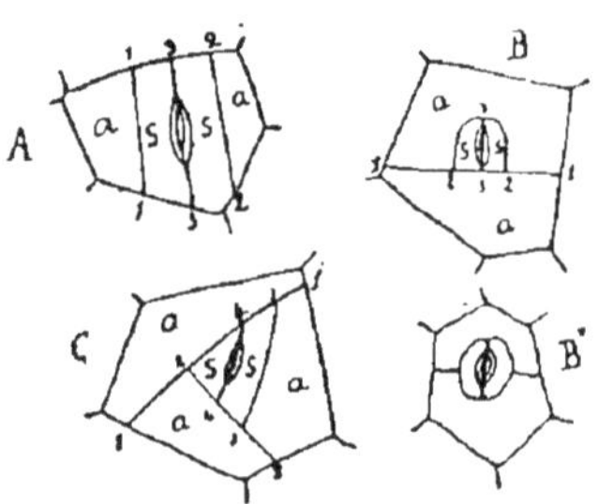

Fig. 44. — Stomates schématiques avec cellules annexes (*a*). A, type des Rubiacées ; BB', type des Lamiacées ; C, type des Crucifères.

Celle-ci se divise pour former les deux cellules stomatiques dont la cloison commune s'épaissit puis déchire, sous l'influence de la turgescence, sa lamelle mitoyenne, ouvrant ainsi l'ostiole.

Dans l'épiderme de Jacinthe, de Lis, etc., les cellules sont toutes assez semblables au début ; mais, au moment de la formation des stomates, certaines se divisent en deux cellules fort inégales dont la plus petite devient la cellule-mère du stomate. Pour cela, celle-ci se divise par une cloison perpendiculaire à la cloison précédemment formée, en deux cellules-filles, les deux cellules stomatiques (fig. 43).

Ailleurs, la cellule génératrice, avant de former la cellule-mère du stomate se divise plusieurs fois. La cellule-mère du stomate, toujours la dernière formée, occupe le centre du massif et se trouve finalement entourée de plusieurs cellules, dites *cellules annexes*. Dans une famille déterminée, le mode de développement du stomate est toujours le même, ainsi que la disposition des annexes autour des cellules stomatiques : Renonculacées, Lamiacées, etc (fig. 44).

66. Nombre et répartition des stomates. — Les stomates existent sur toutes les parties aériennes du végétal pourvues d'épiderme (tiges herbacées, feuilles, etc.), mais ils sont plutôt localisés sur les parties vertes et particulièrement à la face inférieure des feuilles où on peut en rencontrer parfois plusieurs centaines par centimètre carré. La feuille possède quelquefois des stomates sur ses deux faces (fig. 30, p. 50); leur position se trouve dans ces organes sous la dépendance de la quantité de lumière que reçoit chacune des faces, c'est-à-dire de l'inclinaison de la feuille sur l'horizon et aussi de la position plus ou moins abritée de l'organe. Tous les végétaux supérieurs possèdent des stomates, y compris les Mousses, mais celles-ci n'en présentent que sur leurs capsules. Dans les plantes aquatiques, les feuilles nageantes possèdent seulement des stomates et encore uniquement sur leur face supérieure, seule en relation avec l'air extérieur ; les feuilles submergées en sont dépourvues, ou bien si elles en présentent, ce ne sont que des organes rudimentaires dont le développement a été interrompu par la station, et non des organes fonctionnels. Les plantes marines n'en possèdent jamais.

67. Physiologie du stomate. — Les stomates peuvent, pendant quelque temps, tout au moins, s'ouvrir et se fermer suivant l'état hygrométrique de l'air et l'intensité lumineuse. Ces mouvements sont provoqués par la turgescence des cellules stomatiques, facilités par la richesse en chlorophylle et par la différence d'épaisseur des parois ventrales et dorsales de ces cellules (fig. 41, A) amenant un effet différent de la turgescence sur les diverses parties de la cellule.

68. Lenticelles.. — Les parties subérifiées des racines et celles des tiges qui, en prenant de l'âge, ont perdu leur épiderme auquel s'est substitué du liège, comme nous le verrons plus tard, sont le siège des lenticelles. Le liège ou suber, appareil protecteur, est constitué normalement par des cellules plates disposées en file et ne laissant entre elles aucun vide; mais il présente çà et là de petits massifs, saillants au dehors, de cellules arrondies, ménageant donc entre elles des méats; c'est à ces agglomérations d'aspect grisâtre qu'on donne le nom de *lenticelles*. Les lenticelles sont par leur constitution des organismes perméables aux gaz et destinés à remplacer les stomates. Sur les tiges du Cerisier, du Sureau et du Coudrier, les lenticelles sont nettement visibles à l'œil nu. Dans les tiges, lorsque le cambium subéreux est superficiel, elles se développent ordinairement dans le liège, au-dessous des stomates, dont les chambres sous-stomatiques sont bientôt envahies par leurs cellules spéciales (fig. 45); quand l'organe générateur du liège est profond, les lenticelles n'ont plus aucune relation de position avec les stomates.

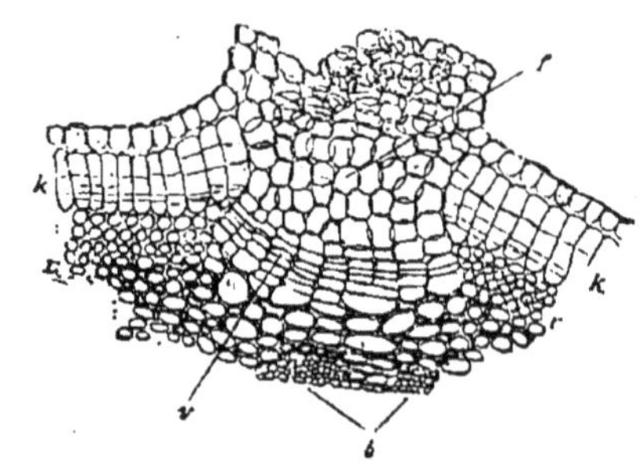

Fig. 45. — Coupe transversale à travers une lenticelle de *Sambucus nigra*. — *f*, cellules de la lenticelle ; *k*, suber ; *r*, écorce primaire ; *v*, couche génératrice des cellules de la lenticelle ; *b* éléments libériens.

a) *De la respiration.*

La plante absorbe, d'une façon continue et par toutes les parties de son corps, l'oxygène du milieu ambiant et rejette simultanément de l'acide carbonique : c'est à ce phénomène, à cet échange de gaz, que l'on donne vulgairement le nom de *respiration*. Mais, vraiment, l'oxygène absorbé est employé à des travaux de combustion dont l'acide carbonique émis représente le dernier terme, combustion qui dégage une partie de l'énergie nécessaire à l'entretien de la vie et dont les éléments combustibles sont fournis par les matières assimilées ou mises en réserve.

69. Preuves de la respiration. — Le fait le plus frappant au premier abord, mais non le plus intéressant de la respiration, l'échange des gaz, oxygène et acide carbonique, peut être mis en évidence en plaçant une plante dans un espace clos dont on analyse les gaz au début de l'expérience, puis quelques heures plus tard. La deuxième analyse indique une diminution d'oxygène et un gain d'acide carbonique. L'expérience devra, naturellement, être faite à l'obscurité, s'il s'agit d'une plante verte, afin de supprimer les effets de la fonction chlorophyllienne dont l'action se traduit par un échange de gaz qui se produit à l'inverse, nous le savons déjà, de celui qu'on observe dans la respiration. On peut opérer à la lumière avec des Champignons et même avec une plante verte, à cette condition de supprimer au préalable la fonction chlorophyllienne par des anesthésiques, convenablement employés pour laisser subsister la seule fonction respiratoire moins sensible à l'action de ces corps.

Ces expériences montrent encore que la fonction respiratoire est permanente, car on peut les répéter à tout moment de la journée, alors que la fonction chlorophyllienne ne s'exerce que dans certaines conditions d'éclairage, comme nous l'avons vu plus haut ; cependant, celle-ci l'emporte assez sur celle-là pour la voiler totalement pendant les heures éclairées de la journée.

70. Mécanisme de la respiration. — L'oxygène arrive directement au contact des éléments anatomiques dans les végétaux inférieurs et l'acide carbonique est rejeté sans intermédiaire dans le milieu liquide ou gazeux où vivent ces êtres. Ces échanges se font à travers les parois cellulaires, en vertu des lois physiques qui président à l'osmose et à la diffusion, par suite des différences de tension qui existent entre les gaz enfermés dans les cellules et ceux qui sont en liberté dans le milieu extérieur. Dans les végétaux supérieurs, l'oxygène est amené au contact des tissus par l'intermédiaire de l'appareil de la circulation des gaz et des vapeurs, et l'acide carbonique retourne dans le milieu ambiant par la même voie. Le double courant est encore engendré là par les forces osmotiques et de diffusion.

71. Phénomènes chimiques de la respiration. — L'oxygène est consommé surtout par les parties périphériques du protoplasma, aux éléments duquel il se combine en les oxydant. L'acide carbonique, produit par la désassimilation des matières albuminoïdes et ternaires, est constamment rejeté, mais l'oxygène ne se fixe pas violemment sur le carbone organique pour lui donner du premier effort la forme d'acide carbonique, comme sembleraient l'indiquer les échanges de gaz entre le corps de la plante et l'extérieur, ni même selon le rapport théorique $\frac{CO^2}{O} = 1$ de l'acide carbonique éliminé à l'oxygène absorbé, qui devrait s'observer si la combinaison entre C et O était directe, car ce rapport est souvent inférieur à 1. La combustion est lente, en effet, et donne lieu à des séries d'oxydations de plus en plus profondes, se traduisant par l'apparition dans la plante de matériaux de rebut de plus en plus riches en oxygène et dont l'acide carbonique avec l'eau sont les termes extrêmes ; l'alcool est un des produits moyens. Nous ne reviendrons pas sur ce sujet dont nous avons parlé tout récemment en traitant de la dénutrition en général.

La fixation de l'oxygène sur le protoplasma amène donc sa décomposition. Or, ces oxydations qui ne peuvent se faire en dehors de l'être vivant qu'à l'aide d'agents chimiques énergiques et avec le secours de la chaleur, s'effectuent, ici, à la température ordinaire : c'est que, dans ce cas, interviennent des sécrétions des cellules vivantes, qui se comportent comme le font les ferments et qui, du reste, appartiennent vraiment à cette catégorie d'agents. Les corps produits, dont les extraits aqueux possèdent également le pouvoir oxydant, ont été appelés *oxydases*. Ce sont de véritables ferments qui perdent comme les diastases, dont nous avons déjà parlé à propos des réserves, leurs propriétés quand on les porte à une température relativement peu élevée, celle qui agit du reste sur les corps protéiques en les coagulant : soixante degrés centigrades environ.

Ainsi la coloration brune que revêt bientôt la surface de section d'une pomme, d'un fond d'artichaut ou d'une pomme de terre, est le résultat de l'action d'une oxydase. Parmi ces diastases, citons la *laccase*, extraite du latex du Figuier à laque, qui solidifie à l'air le latex de cet arbre, et la *tyrosinase*, des Russules et de la Betterave.

72. Résultats de la respiration. — Les uns sont très apparents : telle l'absorption d'oxygène suivie du dégagement d'acide carbonique qui entraîne une perte de poids qu'il est facile de constater sur des graines mises en germination à l'abri de la lumière ; mais il en est d'autres que l'on peut encore apprécier, au moins dans certains cas, par exemple, l'émission de *chaleur* (dans quelques inflorescences, d'Aroïdées surtout, au moment de la fécondation), la production de *lumière* (phosphorescence) et peut-être d'*électricité*.

La plus grande partie de l'énergie que met en liberté la respiration est assurément utilisée dans les réactions physiques, origines du *mouvement*, mais il y a de l'énergie résiduelle, l'émission de chaleur par exemple. La température de la plante est en effet supérieure à la température ambiante, ce qui lui permet de résister aux froids marqués qui dépassent de beaucoup la température de la congélation de l'eau, liquide qui entre, en poids, pour 75 0/0 dans la constitution de la plante.

73. Variations de l'intensité respiratoire. — La respiration varie d'intensité avec les diverses plantes et dans une même plante avec ses divers organes et avec l'âge de ces organes; elle est d'autant plus active que l'organe considéré a une croissance plus rapide ou un jeu plus actif (fécondation).

La respiration augmente d'intensité avec la température et atteint son maximum vers 45°. Elle se ralentit à la lumière ; les radiations lumineuses les plus réfrangibles (violettes) sont plus actives que les radiations les moins réfrangibles (rouges) ; mais les rayons les plus actifs sur la respiration sont situés dans l'infra-rouge, en dehors de la partie lumineuse La respiration augmente avec l'état hygrométrique. La pression variable de l'oxygène, partie de la pression atmosphérique, agit aussi sur la respiration ; mais une pression supérieure à la pression normale de l'oxygène dans l'atmosphère, n'est favorable que dans les expériences de courte durée. On a vu, enfin, la respiration doubler d'intensité sous l'influence des anesthésiques.

74. Variations du quotient respiratoire. — Le rapport $\frac{CO^2}{O}$ est voisin de l'unité, mais généralement inférieur à 1. Tout l'oxygène absorbé n'est donc pas utilisé à oxyder le carbone : une partie doit être employée à d'autres oxydations, telle la combustion de l'hydrogène pour former de l'eau.

Ce rapport n'est pas identique dans les différentes plantes et varie avec les époques du développement de l'individu : il variera suivant la plus ou moins grande quantité d'oxygène nécessaire à la combustion de l'hydrogène ; c'est ainsi qu'il s'abaissera considérablement si le végétal utilise ses graisses, ou oxyde des résines et d'autres corps pauvres en oxygène.

Mais le quotient respiratoire $\frac{CO^2}{O}$ est parfaitement indépendant des conditions extérieures de *température*, de *pression* et de *lumière*. Chacun des termes du rapport peut varier avec ces différentes conditions, comme nous l'avons vu, mais ils varient dans les mêmes proportions et le rapport ne change pas.

75. Végétaux aérobies et végétaux anaérobies. Fermentations. — La respiration est une fonction essentielle de la vie et la plupart des végétaux puisent directement dans l'air l'oxygène qui leur est nécessaire, ils sont *aérobies*. Dans une atmosphère confinée, une telle plante ne tarde pas à succomber par asphyxie; cependant, en l'absence d'oxygène, de l'acide carbonique continue à se dégager de la plante pendant quelque temps, par suite de combustions internes se continuant grâce à une certaine quantité d'oxygène emmagasinée; mais, bientôt, on voit apparaître dans la cellule de l'alcool en même temps qu'une nouvelle quantité d'acide carbonique. Ces deux corps tirent leur origine des matières sucrées renfermées dans l'élément en voie d'asphyxie. Le fait se produit régulièrement dans toute cellule ou partie de cellule qui ne reçoit pas d'oxygène. La levure de bière présente ces phénomènes d'une façon frappante, mais dans des conditions spéciales qui paraissent au premier abord devoir faire écarter tout rapprochement entre la production d'alcool par la cellule en voie d'asphyxie et la fermentation alcoolique, bien qu'en réalité les deux phénomènes se superposent exactement. Ce champignon cultivé en solution sucrée et en présence d'oxygène (en petite épaisseur, dans un large cristallisoir) présente une respiration normale et augmente de poids aux dépens du sucre. Si on lui supprime l'accès de l'air, ce qui est le cas dans la fermentation vinaire (où l'on agit sur de grandes quantités de liquide, contenues dans des vases profonds), le sucre (glucose) est décomposé en alcool et acide carbonique, avec émission de chaleur. L'énergie que la plante, à l'état aérobie, trouve dans la fixation d'oxygène sur les divers composants de la cellule, elle la tire dans la vie anaérobie, chez la levure du vin, du dédoublement du glucose en alcool et acide carbonique, amenant le dégagement de 71.000 calories, sur les 713.000 que le sucre peut émettre en brûlant, d'après Berthelot. Levure et cellule à l'abri de l'oxygène agissent de la même façon pour se procurer l'énergie qu'elles ne peuvent plus trouver dans des combustions devenues impossibles : elles dédoublent des sucres, mais tandis que la cellule plongée au milieu des tissus conserve l'alcool formé dans sa cavité, la cellule de levure, entourée de liquide, verse dans ce liquide l'alcool, corps vénéneux au premier chef, et s'en débarrasse, ce qui lui permet une plus longue résistance à l'asphyxie.

En réalité, toutes les cellules luttent contre l'asphyxie en sécrétant une *diastase* et c'est cette diastase qui provoque la fermentation, source d'énergie.

Mais il est des organismes qui tirent de la fermentation toute l'énergie dont ils ont besoin et ils sont si bien adaptés à ce mode de vie, qu'ils cessent de se développer en présence de l'oxygène : ces végétaux sont dits *anaérobies*. Ils vivent plongés au sein de substances susceptibles de leur fournir par leur décomposition l'énergie qu'ils ne peuvent trouver dans la fonction respiratoire. Ainsi se comporte le *Bacillus amylobacter* qui se développe à l'abri de l'air et décompose les substances pectiques en divers produits, dont l'acide butyrique est le principal : il provoque la *fermentation butyrique.*

76. Autre mode de respiration. — Certaines Bactéries vivant dans les eaux séléniteuses, telles que les Beggiota, utilisent l'oxygène des sulfates qu'elles réduisent à l'état d'hydrogène sulfuré. Celui-ci est déversé dans le liquide ambiant : c'est là l'origine de certaines variétés d'eaux sulfureuses. En raison de leur présence dans de nombreuses eaux chargées de sulfates, ces Beggiota ont pris encore le nom de *Sulfuraires* ou de *Barégines*, de Barèges, station thermale sulfureuse des Pyrénées, où on les observe.

b) *De la transpiration.*

Le végétal émet de l'eau dans l'atmosphère, soit sous forme de vapeur (*transpiration* proprement dite) soit à l'état liquide (*sudation*).

77. Preuves de la transpiration. — On met facilement ce phénomène en évidence : il suffit, pour cela, d'exposer un rameau non détaché de la plante dans un espace limité, par exemple dans un ballon, à une lumière faible : on constate quelque temps après que de l'eau se condense à la surface du ballon ; celle-ci peut même perler à la surface des feuilles, si l'expérience se prolonge.

78. Siège de la transpiration. — La vapeur d'eau s'échappe par toutes les surfaces cellulaires en contact avec les espaces aérifères et le corps de la plante ainsi saturé d'humidité tend à se mettre en équilibre avec le milieu extérieur.

Pour cela, la vapeur d'eau s'échappe par toute la surface de la plante, mais c'est surtout par la voie des stomates que se fait cette émission. Merget a bien mis en évidence ce rôle important des stomates par l'expérience suivante : en plaçant au contact des deux faces d'une feuille, ne portant de stomates que sur la face inférieure, du papier hygrométrique, très sensible, au chlorure de palladium et au protochlorure de fer, on constate, après quelques instants, que sur la face dépourvue de stomates le papier reste intact, alors que sur l'autre face le papier présente des taches correspondant aux emplacements des stomates. La vapeur d'eau chemine donc de l'intérieur vers l'extérieur en empruntant l'appareil de la circulation des gaz et des vapeurs que nous avons décrit plus haut : c'est même sa voie principale d'émission.

79. Tissu aquifère. Sudation. — La transpiration peut encore se faire sous forme d'eau liquide ou de vapeur au moyen d'un appareil spécial localisé dans les feuilles et principalement aux extrémités des nervures par l'intermédiaire des *stomates aquifères*. Les nervures, en effet, peuvent s'anastomoser entre elles ou se terminer librement dans le milieu du limbe ou encore au pourtour de ce limbe, particulièrement à l'extrémité des dents. Dans ces deux derniers cas, les faisceaux libéro-ligneux qui en constituent la partie essentielle perdent d'abord leur liber, puis le bois se poursuivant quelque peu, les trachées se raccourcissent, deviennent globuleuses et se groupent en des *boutons vasculaires* qui terminent l'appareil. Ceux de ces boutons périphériques, logés dans les dents des feuilles, sont situés généralement au-dessous de stomates particuliers chez lesquels la chambre sous-stomatique est remplacée par un tissu de petites cellules gorgées d'eau, le *tissu aquifère* (fig. 46), intermédiaire entre le bois et l'extérieur. L'ostiole des stomates aquifères est toujours béante, prête à l'élimination. Les cellules stomatiques se résorbent assez souvent ici et, même, le stomate peut faire défaut à tout moment, l'eau s'éli-

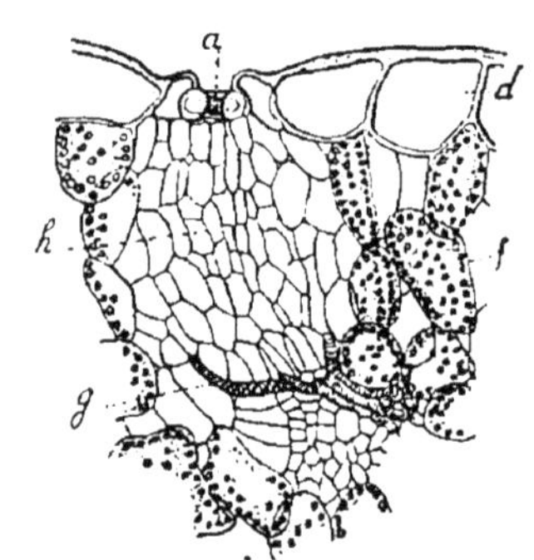

Fig. 46. — Coupe transversale d'une feuille passant par un stomate aquifère. *a*, ostiole ; *g*, terminaison d'une nervure à la base du tissu aquifère *h*; *d*, épiderme ; *f*, tissu chlorophyllien (de Bary).

minant alors par de simples *déchirures* (Graminées) qui traversent l'épiderme, y compris la cuticule.

80. Causes de la transpiration. — Ce phénomène a pour cause essentielle la turgescence des cellules et la réplétion de l'appareil circulatoire; mais, dans certains cas, la transpiration est provoquée par le dépôt, dans les *nectaires* par exemple, de certaines substances fortement osmotiques (glucoses et saccharoses, constituant le *nectar*).

81. Importance de la transpiration. — L'eau rejetée par la plante a une influence énorme sur diverses fonctions. Nous savons que la transpiration fait le vide dans la plante et favorise ainsi l'ascension de la sève aqueuse et qu'elle permet par contre-coup l'introduction dans le corps, avec de nouvelle eau, de nouvelles quantités d'aliments minéraux. Elle empêche aussi l'altération du protoplasma qui pourrait être dilué par la trop grande abondance d'eau dans la cellule (*hydrolyse*). La transpiration régularise la température, car la plante absorbe une très grande quantité de rayons calorifiques dont l'excès sur la consommation deviendrait désastreux pour la vie du protoplasma, si cet excès n'était utilisé à la production de vapeur d'eau. L'activité considérable que revêt la transpiration (*chlorovaporisation*) pendant que s'opère la fonction chlorophyllienne, dont le jeu veut un éclairage solaire assez intense, n'a pas d'autre cause. L'eau émise par les glandes transpiratoires entraîne avec elle presque toujours de petites quantités de matières salines, particulièrement des carbonates (Saxifrages) ou des acides (Drosera).

82. Intensité de la transpiration. — La transpiration peut s'évaluer en mesurant soit la quantité d'eau transpirée, soit la quantité d'eau absorbée, ou les deux simultanément.

L'appareil de Vesque convient dans ce dernier cas: c'est un tube en U rempli d'eau; dans l'une des branches qui est plus large que l'autre, on fixe une plante au moyen d'un bouchon, comme l'indique la figure ci-contre. Le tout est placé sur une balance qui permet de vérifier le poids de l'eau transpirée au bout d'un temps déterminé. La différence de niveau ($a - b$) de l'eau dans le tube étroit, entre le commencement et la fin de l'expérience, indique le volume d'eau absorbée qui correspond au volume transpiré.

On peut aussi se rendre compte du poids d'eau transpirée de la façon suivante : on commence par se procurer une plante en pot assez volumineuse (Maïs, Soleil). Pour éviter les déperditions d'eau par le pot, on enferme celui-ci dans un vase métallique surmonté de deux lames de plomb bien juxtaposées et seulement échancrées pour laisser passer la tige. On porte le tout sur une balance qu'on met en équilibre; mais, au bout de quelque temps, cet équilibre est rompu ; pour le rétablir, il faut ajouter des poids sur le plateau contenant le pot : la perte constatée correspond à l'eau évaporée.

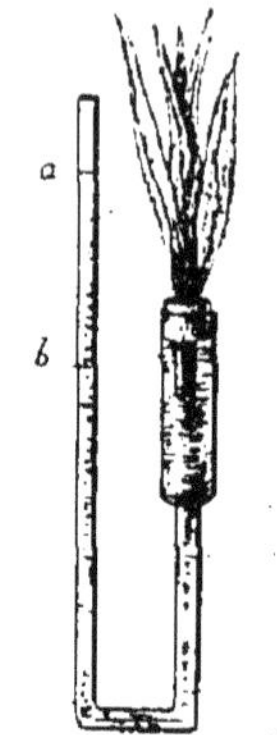

Fig. 47

On a observé ainsi qu'un pied de Soleil perd, selon sa force et les conditions extérieures, de 500 à 1.000 grammes d'eau par jour ; qu'un hectare de Maïs, renfermant 30 pieds par mètre carré, peut émettre, en 10 heures, 36 mètres cubes d'eau ; etc., etc.

L'eau servant de véhicule aux matières minérales puisées dans le sol, son renouvellement dans le corps du végétal est donc indispensable à la vie de la plante. Se plaçant à ce point de vue, on a recherché quelle était la quantité d'eau nécessaire pour fournir au développement d'un gramme de substance sèche : Woodward a constaté que l'élaboration d'un gramme de Menthe (matière sèche) réclamait le passage dans la plante de 214 grammes d'eau distillée ; de son côté Marié-Davy a établi que la formation d'un gramme de grain de blé, voulait 1.796 grammes d'eau ordinaire.

83. Influence des conditions extérieures sur la transpiration. — La transpiration varie d'intensité avec l'*éclairage*, la *température*, la *sécheresse* et l'*agitation de l'air*, enfin, la *nature du sol*.

Influence de la lumière ; chlorovaporisation. — La lumière a un rôle très actif : avec une plante étiolée, la transpiration est déjà deux ou trois fois plus grande à la lumière qu'à l'obscurité ; avec une plante verte cette différence devient considérable, ainsi que le montrent les chiffres suivants tirés d'observations faites sur un plant de blé qui transpirait :

1,1 à l'obscurité ;
13,6 à lumière diffuse ;
87,1 au soleil.

Nous avons vu, en effet, à propos de la fonction chlorophyllienne que les radiations lumineuses et calorifiques absorbées par la chlorophylle, mais non utilisées pour la fixation du carbone, servaient à vaporiser une certaine quantité d'eau (chlorovaporisation) ; ce sont les rayons qu'absorbe la chlorophylle qui ont le plus d'action sur la chlorovaporisation, c'est-à-dire les rayons bleus, puis les rayons rouges.

La *température*, jusqu'à une certaine limite, la *sécheresse* et l'*agitation de l'air* favorisent la transpiration.

Les *propriétés physiques et chimiques* du sol ont aussi une influence très grande sur la transpiration. Le Tabac, par exemple, meurt dans des terrains argileux qui contiennent 8 0/0 d'eau et dans des sols riches en humus (terreaux) qui en renferment encore 12 0/0, tandis qu'il se conserve dans des sols sableux qui ne présentent plus que 1,5 0/0 de liquide. Plus le sol est riche en matières minérales assimilables, moins la transpiration est active : conséquemment, les cultures fumées aux engrais chimiques résistent mieux à la sécheresse que les végétaux croissant sur des parties maigres.

84. Influence des conditions internes sur la transpiration. — En outre des variations qu'elle présente sous l'action des causes externes, l'activité de la transpiration se modifie encore avec l'âge de la plante ; elle subit aussi l'influence de causes internes dépendant de l'organisation propre du végétal *qui s'adapte* si bien aux conditions extérieures qu'il est possible, à l'heure actuelle, de diagnostiquer, à l'inspection d'une simple coupe de feuille, la constitution du milieu dans lequel vivait le végétal qui portait cette feuille et, par suite, de l'activité de la transpiration de cet organe. Entrons dans quelques détails pour rendre plus évidentes ces relations.

85. Défense du végétal contre la transpiration. — Le végétal lutte contre une transpiration trop active de deux façons : 1° en usant le moins d'eau possible, par *épargne* ; 2° en emmagasinant ce liquide, quand il lui est fourni en excès, pour en faire emploi dans les temps de disette, en quoi il agit par *prévoyance*.

1° Par épargne. — La plante peut dans ce cas ou bien réduire ses surfaces d'évaporation, ou bien les protéger contre les actions qui accélèrent la transpiration par une organisation appropriée :

a) **Epargne par réduction de surface**. — Il existe plusieurs types de ce mode de défense que Vesque a caractérisés de mots rappelant des plantes spécialement adaptées à l'habitat dans les régions sèches (*végétaux xérophiles*), ayant donc intérêt à économiser le liquide :

Type spartioïde : dans le *Spartium junceum*, le Genêt à balais, les feuilles sont très réduites ou même supprimées ; elles sont remplacées dans l'action chlorophyllienne par la tige qui est riche en matière verte.

Type éricoïde : dans les Bruyères (g. Erica), les feuilles s'enroulent sur elles-mêmes et protègent ainsi contre le renouvellement de l'air les stomates qui sont localisés sur leur face inférieure.

Type pinoïde : les feuilles du Pin sont aciculaires et par conséquent à surface réduite.

Type asparagoïde : dans l'Asperge, les feuilles sont réduites à des écailles.

Type acacioïde : dont les Acacias vrais donnent le type. Les feuilles composées, dépourvues de folioles, se réduisent au pétiole élargi en *phyllode*.

(*b* **Epargne par organisation spéciale.** — La plante se couvre de poils ou d'écailles ; ou bien elle épaissit sa cuticule et revêt sa surface de cire. La plante peut encore réduire le nombre de ses méats et celui de ses stomates, modifier la position de ceux-ci par rapport à l'épiderme, les enfonçant d'autant plus profondément au-dessous du tissu protecteur que le besoin de défense contre la perte d'eau est plus impérieux.

2° **Par prévoyance.** — La plante résiste à la sécheresse en se créant des réservoirs d'eau : tels sont les boutons de trachéïdes (*réservoirs vasiformes*) qui terminent les nervures au milieu du parenchyme de la feuille ; elle utilise encore dans ce but les anciens vaisseaux du bois. Ailleurs ce sont des épidermes composés de plusieurs rangs de cellules qui jouent ce rôle en atténuant l'action des rayons solaires ; ce sont dans d'autres cas des masses de cellules collenchymateuses sous-épidermiques qui se gorgent d'eau.

Parfois ce sont les parois cellulaires qui se gélifient pour retenir l'eau (Malvacées) ; c'est au contraire le produit cellulaire qui subit la gélification pour s'adapter à cette fonction dans les plantes grasses. Les Cactées perdent en outre complètement leurs feuilles et la réserve d'eau se fait chez elles dans la tige (*type cactoïde*). La réserve se fait dans les feuilles chez les Sedum, Sempervivum, etc. (*type sédoïde*).

Certaines feuilles présentent une différenciation remarquable qui leur permet de conserver les liquides qu'elles transpirent : leurs feuilles se terminent dans ce but par une urne ou cornet, d'où le nom de feuilles à *ascidies* qu'on leur donne (Nepenthes, Sarracenia).

86. Effets de la transpiration. — Quand la transpiration est très active, les colonnes liquides contenues dans les vaisseaux sont interrompues par des bulles gazeuses qui sont rejetées la nuit, alors que la transpiration diminue considérablement d'intensité. Si la quantité d'eau absorbée ne peut satisfaire à la transpiration, la plante ne tarde pas à se flétrir, puis elle meurt plus ou moins rapidement.

Lorsque le manque d'eau n'est que relatif, les plantes deviennent trapues ; un excès d'eau amène au contraire un développement considérable des feuilles et retarde la floraison. Si l'excès d'eau est considérable et prolongé, le végétal devient grêle, il jaunit, puis il perd ses feuilles ; enfin, les racines pourrissent, entraînant la mort du sujet.

Des arrosages. — Les arrosages ont pour but de fournir à la plante l'eau qui lui est nécessaire; certains sont naturels (pluie, rosées, cours d'eau, etc.), d'autres artificiels. En traversant l'atmosphère, la pluie fournit au sol de 2 à 10 kg. d'acide nitrique, de 0,5 à 3 kg. d'ammoniaque par hectare.

L'eau pénètre à une profondeur six fois plus grande que la hauteur du liquide qui est tombé : ainsi, quand il tombe 1 centimètre d'eau, il y a 6 centimètres de terre mouillée.

Les eaux d'arrosages doivent être aérées et contenir 13 à 17 0/0 d'azote, 7 à 8 d'oxygène et 8 à 10 d'acide carbonique, des matières minérales et des matières organiques en solution ; nous savons que ces solutions doivent être peu concentrées (0,2 à 1 gr. p. 1.000). Elles ne doivent pas être trop froides, sous peine d'arrêter momentanément les fonctions des racines qui s'exaltent toutes par l'élévation de la température.

Les arrosages artificiels doivent se faire dans certaines conditions et varier avec les époques de l'année. Il faut arroser les feuilles le matin et les racines le soir ; l'eau empêchant la floraison et la fructification, il faut arroser de moins en moins à l'approche de la floraison et surtout de la fructification.

Si les plantes grasses doivent être arrosées rarement, mais abondamment, les jeunes plantes, par contre, et celles à feuillage abondant et mou doivent recevoir de l'eau fréquemment.

Les conditions d'arrosage dépendent, du reste, des conditions qui influent sur la transpiration : chaleur, éclairage, humidité, vent, nature du sol et de la plante.

On remédie à l'excès d'eau par le chauffage et l'aération dans les serres ; par le drainage en plein air, celui-ci peut se faire de diverses façons.

c) *De l'excrétion.*

L'entretien de la vie amène dans la cellule la formation de diverses substances dont les unes, demeurant sujettes du protoplasma, sont utiles à la plante, comme les ferments, alors que les autres, qui lui sont nuisibles, doivent être expulsées de la cellule ou, tout au moins, isolées du protoplasma ; les premières étant des produits de *sécrétion*, les secondes sont des matières *d'excrétion*. L'excrétion est générale, mais il existe des cellules spécialisées qui ont la propriété d'élaborer ou de recueillir certaines substances de déchet, puis de les isoler dans leurs vacuoles ou de les expulser au dehors : ces organismes sont des *glandes*. L'appareil glandulaire que nous allons décrire ici est uniquement excréteur.

Les produits d'excrétion sont normalement nuisibles au végétal d'abord par leur masse, mais bien souvent aussi par leur action directe sur le protoplasma, ce qui en fait des poisons pour leur créateur qui doit les éliminer. Pour cela, il use de procédés très divers : c'est par exosmose qu'il opère quand les cellules présentent des surfaces libres utilisables, comme nous l'avons vu pour l'évacuation de l'acide carbonique provenant de la respiration et celle de l'eau dans la transpiration ;

comme cela a encore lieu pour les matières colorées et les toxines que sécrètent les Bactériacées ; c'est par la répartition de ces substances entre ses vacuoles et, chez les végétaux supérieurs, par la création de réservoirs plus ou moins isolés du corps vivant, tels que les poches et les canaux excréteurs où l'on voit se localiser les essences, les résines, les oléo-résines, etc., qu'il arrive au but. La chute, à un moment donné, de certaines parties du corps du végétal, telles que les feuilles, les tiges herbacées, etc., est encore, comme nous l'avons déjà dit, un procédé d'excrétion usuel chez les végétaux.

87. Appareil excréteur. — La cellule excrétrice est caractérisée par son protoplasma granuleux, dont la teinte grisâtre tranche franchement sur celle des éléments voisins. Elle renferme fréquemment des gouttelettes huileuses, des sortes d'émulsions et son noyau est plus volumineux que celui des cellules voisines. Les parois de cette cellule sont généralement minces, cependant on en rencontre parfois de fort épaisses dans des laticifères allongés, simulant des fibres, chez les Euphorbiacées et chez les Apocynées.

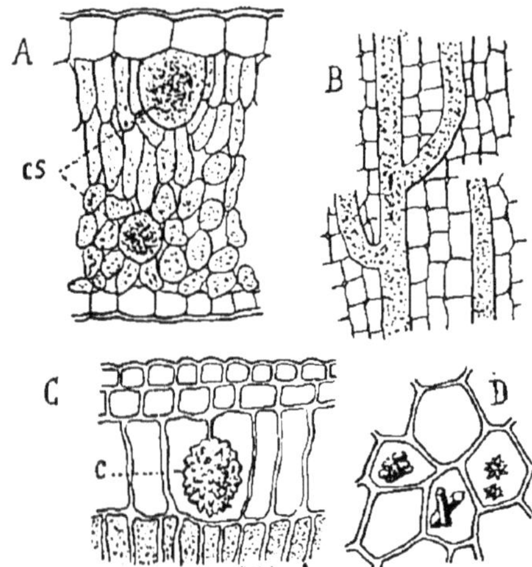

Fig. 48. — A, coupe transversale de la feuille de Camphrier, avec glandes monocellulaires *cs* (R. Gérard). — B, Laticifères d'Euphorbe. — C, coupe transversale dans une feuille de *Ficus elastica*, avec cystolithe *c*, constitué en partie par du carbonate de chaux, et épiderme composé (R. Gérard). — D, cellules avec cristaux d'oxalate de chaux.

L'élément excréteur est tantôt placé à l'extérieur de la

plante, à l'extrémité libre de poils,ou bien en relation directe avec l'épiderme dont il dérive ; souvent aussi, il se loge dans la profondeur des tissus. Cette situation, très variable dans les différents végétaux, est cependant toujours la même dans une même famille.

Les cellules glandulaires peuvent être isolées ou groupées quelle que soit leur situation : on trouve des poils terminés par une seule cellule excrétrice (*Cistus creticus*) ; on observe des glandes monocellulairesl ogées, au sein des parenchymes, dans les feuilles et l'écorce du Camphrier (fig. 48, A).

Les éléments excréteurs, lorsqu'ils s'assemblent, peuvent se grouper en files, en lames ou en massifs et se rencontrer encore, soit à la surface du végétal, soit dans la profondeur des tissus.

88. Produits excrétés. — Les produits principaux sont des essences, des résines, des gommes, des corps gras, des cires, des alcaloïdes, des sels (fig. 48 et 49), des acides organiques libres ou combinés, des glucosides, etc.

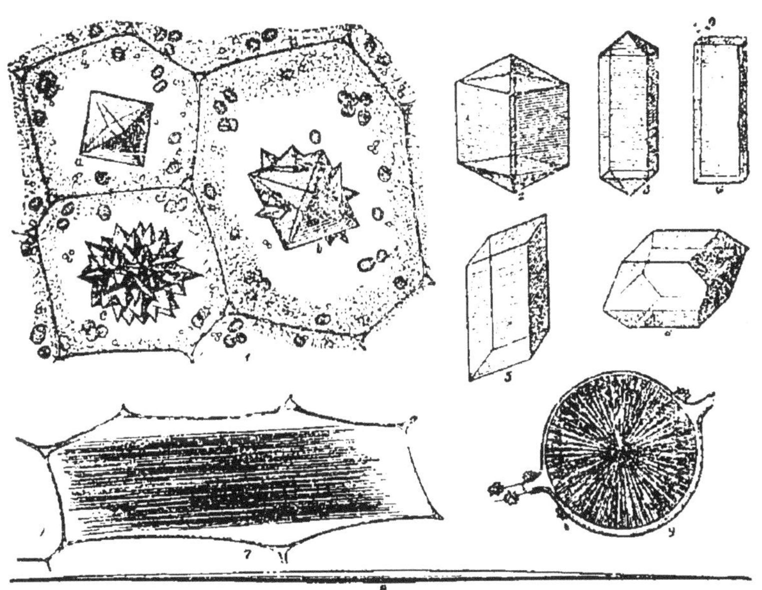

Fig 49. — Formes principales de l'oxalate de chaux

Les *essences* sont des produits odorants et volatiles, se présentant sous forme de gouttelettes oléagineuses, d'où le nom d'*huiles essentielles* qu'on leur donne encore. Elles sont abondantes dans les Lamiacées (Menthe, Lavande, etc.), les Composées (Absinthe, etc.) où on les trouve toutes formées.

Les *résines*, qui proviennent vraisemblablement des matières sucrées par réduction, se rencontrent dans le *Pistacia lentiscus* (Mastic), dans les Hymenea (résine Copal); dans les Thuya (Sandaraque), etc.

Les essences et les résines sont fréquemment mélangées dans des proportions variables et forment des *oléorésines* (térébenthines des Conifères que la distillation sépare en essence de térébenthine et colophane; baume de Copahu; etc.).

Les produits oléorésineux associés à l'acide cinnamique (Baume de Tolu) ou à l'acide benzoïque (Benjoin) forment les *baumes*, dont le parfum est souvent fort agréable.

Des *gommes* sont parfois associées aux résines (*gommes-résines*) : l'encens, la myrrhe, l'asa-fœtida, etc., en sont les plus connues; elles existent dans la plante à l'état d'émulsion dans l'eau (laticifères et canaux excréteurs).

89. Localisation des produits excrétés. — La cellule conserve rarement dans son intérieur les produits d'excrétion ; lorsqu'elle le fait, elle les isole dans ses vacuoles. Cette excrétion intracellulaire est le cas des glandes monocellulaires (Camphrier, fig. 48, A) et des laticifères.

Laticifères. — Les Mûriers, les Figuiers, etc. possèdent d'immenses éléments tubulaires et ramifiés, sans aucune cloison dans leur intérieur, qui s'étendent d'une extrémité à l'autre du végétal. Les *symplastes primitifs* qui forment ces laticifères ont pour origine une cellule unique qui s'allonge et se ramifie sans se cloisonner (fig. 48, B).

Les laticifères des racines de Chélidoine sont formés de cellules disposées en files (*laticifères imparfaits*); ceux des autres Papavéracées, ceux des Chicoracées, au début de leur formation sont disposés en réseau. Dans les Chicoracées, les cloisons se résorbent et il en résulte la formation d'un conduit sinueux avec fusion de tous les protoplasmas, formant encore de véritables symplastes (fig. 50).

Fig. 50. — Laticifères en réseau, dans la racine de *Taraxacum dens-leonis*.

Le latex que renferment ces vaisseaux laticifères est constitué par des émulsions diversement colorées, de blanc dans le Pavot, de rouge dans la Sanguinaire, de jaune dans la Chélidoine, etc. Le latex est riche tantôt en résine, tantôt en caoutchouc, tantôt, enfin, en grains d'amidon de forme particulière, que le végétal n'utilisera pas.

L'excrétion se loge le plus souvent dans des réservoirs de nature diverse : dans les *poils glandulifères*, les produits sont ordinairement déversés dans l'épaisseur de la paroi, entre les deux lamelles de cellulose et de cutine (Houblon, fig. 51); cette excrétion est dite *intrapariétale*. Il est des glandes, d'abord massives, qui se creusent bientôt d'une cavité centrale par écartement des cellules, se dissociant par le procédé qui donne naissance aux méats et aux canaux aérifères; les cavités qui en résultent, véritables réservoirs, reçoivent les produits d'excrétion. Les *poches excrétrices* et les *canaux excréteurs*, improprement appelés *canaux sécréteurs* (fig. 19), n'ont pas d'autre origine. Ces réservoirs *interpariétaux* rentrent dans la catégorie des glandes *schizogènes*, qu'on oppose à celle des poches excrétrices appelées *glandes lysigènes*, parce que celles-ci résultent de la destruction, plus ou moins complète, de massifs excréteurs, dont les cellules, en disparaissant, laissent à leur place un vide dans lequel on retrouve et les produits d'excrétion et les débris cellulaires. Ces glandes lysigènes sont généralement productrices de gommes (Malvacées et Tiliacées).

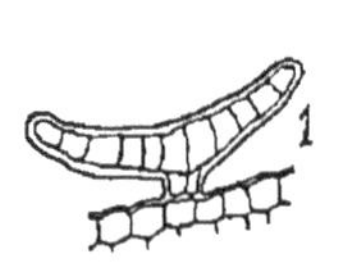

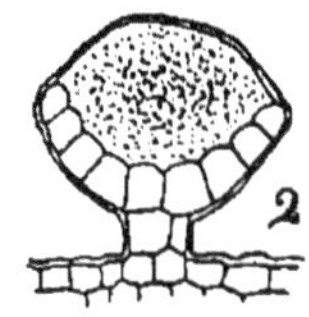

Fig. 51. — Poils glandulifères de Houblon; 1, à l'état jeune ; 2, glande avec produit d'excrétion soulevant la cuticule.

Poils glandulifères. — On nomme ainsi des poils qui sont en relation intime avec une glande excrétrice qui, tantôt se trouve portée par le sommet du poil (*poils glandulifères au sommet*), c'est-à-dire par l'extrémité libre de cet organisme (*ps*, fig. 52), tantôt au contraire est placée sous la base du poil, à la hauteur et même au-dessous de l'épiderme (*poils glandulifères à la base*).

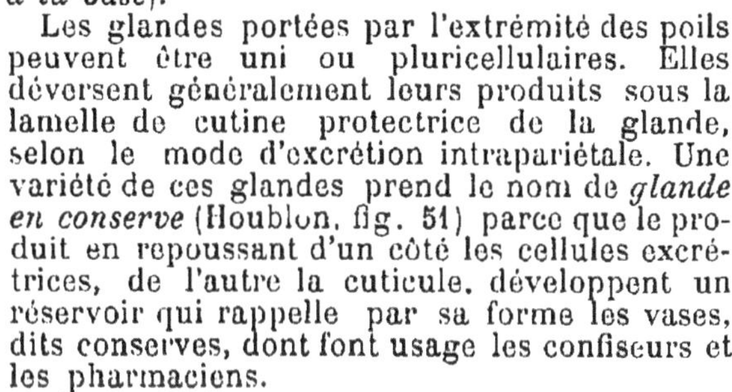

Les glandes portées par l'extrémité des poils peuvent être uni ou pluricellulaires. Elles déversent généralement leurs produits sous la lamelle de cutine protectrice de la glande, selon le mode d'excrétion intrapariétale. Une variété de ces glandes prend le nom de *glande en conserve* (Houblon, fig. 51) parce que le produit en repoussant d'un côté les cellules excrétrices, de l'autre la cuticule, développent un réservoir qui rappelle par sa forme les vases, dits conserves, dont font usage les confiseurs et les pharmaciens.

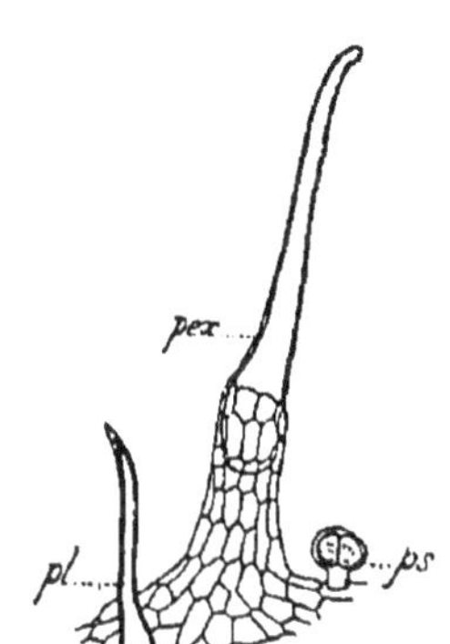

Fig. 52. — Lambeau d'épiderme pris sur la feuille d'*Urtica urens*. Poil glandulifère à la base, *pex*. Poil glandulaire au sommet, *ps*.

L'Ortie brûlante nous montre des exemples de poils de la seconde sorte. Sur la tige et les feuilles de cette plante s'observent çà et là des saillies recouvertes par l'épiderme et terminées par un long poil recourbé en crochet à son extrémité. L'intérieur de la saillie est rempli par une glande, dont les produits vont se loger dans le poil placé au-dessus et qui leur sert de réservoir, jusqu'à ce qu'ils s'écoulent au dehors par rupture de l'extrémité de l'organisme. Pour cette action, les poils des Orties sont encore désignés par le nom de *poils excrétoires*. Parmi les produits éliminés se trouve ici un alcaloïde qui est l'agent possédant le pouvoir urticant.

C. FONCTIONS DE RELATION

La relation comprend la meilleure utilisation du milieu extérieur par l'être et la protection de cet être contre ce même milieu. Le mouvement et la sensibilité sont les phénomènes de relation les plus directement observables que présente l'organisme et ceux qui occupent le premier rang chez les animaux. Les végétaux, malgré les apparences, sont aussi doués de *motilité* et de *sensibilité*, car nous avons vu que ces propriétés appartenaient à la matière vivante : nous savons, par exemple, que la sensitive réagit par des mouvements très nets et spontanément à toute excitation ; cependant, ce sont ici des fonctions très rudimentaires et le système nerveux, qui sert d'intermédiaire entre l'action venant de l'extérieur recueillie par les organes des sens et la réaction motrice, semble faire complètement défaut chez le végétal.

La plante donne à ses organes la situation la plus favorable à leur bon fonctionnement dans le milieu extérieur et, pour cela, développe un appareil de *soutien*, squelettique ; la plante, enfin, se *protège* contre le milieu extérieur.

Nous allons examiner comment elle accomplit ces diverses fonctions de protection, de soutien, de mouvement et de sensibilité.

a) *Protection*

Les végétaux se protègent de différentes façons contre le milieu extérieur.

90. Protection contre les animaux. — Contre les animaux herbivores, ils développent à leur surface des saillies vulnérantes (épines, aiguillons, émergences, poils ordinaires et poils urticants) ; ils déposent de la silice dans leur épiderme, ou bien présentent, tantôt à l'extérieur, tantôt à l'intérieur, des poisons plus ou moins violents (alcaloïdes, glucosides, essences, etc.) ou des substances amères, produits d'excrétion qui, on le voit, ont un double rôle, servant ici à éloigner les ennemis de la plante.

Certains ferments agissant sur les glucosides mettent en liberté des essences dont le rôle doit être essentiellement protecteur. Glucosides et ferments sont en effet localisés dans des cellules distinctes, souvent assez éloignées les uns des autres, et l'action du ferment sur le glucoside ne peut s'exercer que si le broiement des tissus de la plante les met en contact ; ainsi se comportent les ferments bien connus, appelés *émulsine* et *myrosine*, agissant sur divers glucosides.

L'émulsine existe dans les amandes des Amygdalées, dans les feuilles du Laurier-cerise, etc. ; elle transforme le glucoside appelé *amygdaline*, en *essence d'amandes amères* (hydrure de benzoïle), glucose et *acide cyanhydrique* ; ce dernier, poison fort actif, violent.

La *myrosine* est propre aux Crucifères, aux Tropéolées, etc. ; elle dédouble les divers glucosides que renferment ces plantes : lorsqu'elle est mise au contact de la *sinigrine*, glucoside de la Moutarde noire, elle le transforme en *essence de moutarde* (isosulfocyanate d'allyle), glucose et sulfate de potassium.

Certains végétaux peuvent encore échapper à leurs ennemis par la faculté qu'ils possèdent de pouvoir se déplacer assez rapidement : ce cas, assez rare, est propre à quelques végétaux inférieurs (Bactériacées, Diatomées).

Les Droseras et les Dionées, *végétaux dits carnivores*, ont, celles-ci des feuilles, ceux-là des émergences qui se replient sur les insectes qui les approchent et, les ayant ainsi capturés, les détruisent au moyen d'une excrétion acide.

Le *mimétisme* et le *polymorphisme* sont encore des moyens de défense utilisés par les végétaux. On sait que le Lamier blanc, dit Ortie blanche, qui est dépourvu de poils urticants, est très semblable à l'Ortie dioïque, la plante urticante que chacun connaît. Les fruits des *Scorpiurus vermiculata* et *subvillosa*, des Légumineuses, simulent une chenille. Mais l'appareil protecteur le plus constant, le plus important contre les causes physiques extérieures et l'envahissement des parasites de petite taille, est celui qui revêt la surface du végétal, nous voulons parler de l'*appareil tégumentaire*.

91. Défense contre les causes physiques. — Appareil tégumentaire. Cet appareil recouvre toute la surface du corps des Phanérogames et des Cryptogames vasculaires, sauf au niveau des parties absorbantes de la racine ; chez les Muscinées, il n'existe que sur la capsule. Ailleurs, sa présence serait un obstacle à l'absorption ; on sait, en effet, que chez les végétaux inférieurs, très peu différenciés, l'absorption se fait ordinairement par toute la surface du corps.

L'appareil tégumentaire se présente sous deux formes principales bien distinctes : la forme primaire ou *épidermique*, se développant à la surface du corps de la plante, aux dépens des points végétatifs, et la forme secondaire, ou d'un ordre plus élevé, la *modification subéreuse*, tardive, provenant de cambiums et destinée à remplacer l'appareil primaire, désorganisé par suite de la croissance en volume des organes ou détruit par traumatisme.

α) **Epiderme et cutinisation.** — L'appareil tégumentaire primaire est constitué par un tissu qui porte le nom d'*épiderme*. Celui-ci est formé de cellules tabulaires, à contour plus ou moins régulier, fortement accolées et à paroi externe toujours plus épaissie que les autres. La partie de cette paroi qui est en rapport avec l'extérieur est constituée par une couche de substance spéciale, foncée, produite parfois relativement en grande abondance. La matière de cette couche est de la *cutine* et la lamelle qu'elle forme est appelée *cuticule* (fig. 53).

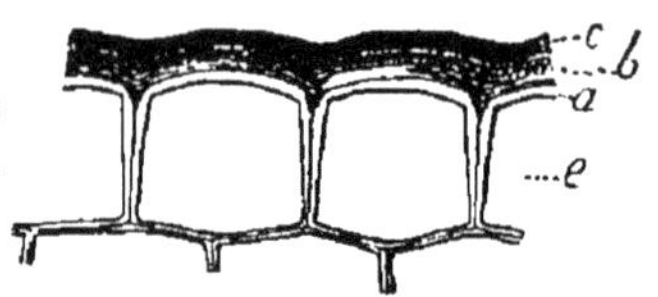

Fig. 53. — Parois de deux cellules épidermiques montrant la cuticule *c*, les couches cuticulaires *b* et la cellulose *a*.

La *cutine* est imperméable à l'eau, très élastique, insoluble dans les liqueurs neutres et dans la plupart des réactifs, notamment dans le réactif de Schweitzer, l'acide sulfurique concentré et les acides étendus ; elle se dissout cependant dans la glycérine à 250°, les corps oxydants, l'acide azotique à chaud et la solution alcoolique de potasse à chaud. Elle constitue, par excellence, le corps protecteur des végétaux. Grâce à la cuticule, renforcée encore par un enduit cireux plus ou moins abondant, l'eau et les bactéries qu'elle renferme, glissent à la surface du végétal, sans l'altérer; la cuticule résiste même au *Bacillus amylobacter* qui, nous l'avons vu, décompose les composés pectiques, liens des cellules entre elles

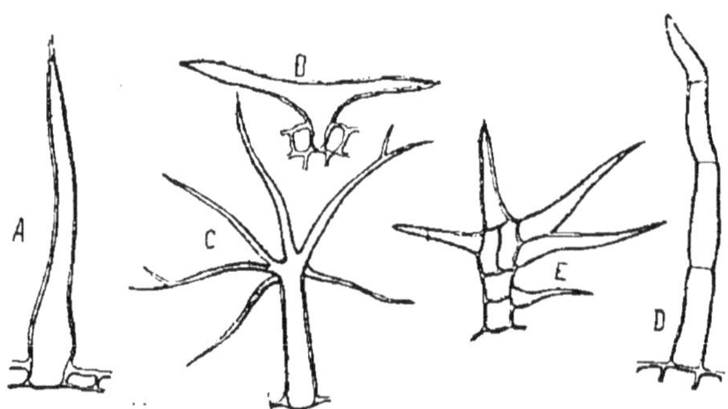

Fig. 54. — *Poil* monocellulaire droit de la Bourrache (A), en navette de la feuille de *Cheiranthus Cheiri* (B), ramifié de la feuille d'*Arabis alpina* (C), pluricellulaire unisérié de la feuille de Digitale (D), pluricellulaire ramifié de la feuille de Romarin (E) (R. Gérard).

La cutine se colore en rouge noirâtre par la fuchsine et

cette coloration persiste après lavage à l'acide acétique, qui décolore la lignine, traitée par le même colorant.

Certaines cellules de l'épiderme peuvent se modifier et augmenter ainsi le rôle protecteur de cette membrane. Les unes se soulèvent légèrement au-dessus de la surface pour y former des *papilles* ; d'autres donnent naissance à des saillies plus considérables et il en résulte des *poils*, les uns unicellulaires, simples ou ramifiés, les autres pluricellulaires, unisériés ou massifs (fig. 51, *pl*, et 54). Les uns pleins d'air (*poils laineux*) protègent les plantes contre les températures extrêmes, les autres résistants agissent mécaniquement comme vulnérants. A l'épiderme viennent encore se joindre d'autres formations accessoires : des éléments de renforcement qu'on voit se développer par sa segmentation pour assurer la protection contre un éclairage trop intense (*épiderme composé*, fig. 55) ; ou bien des éléments de soutien : des cellules scléreuses et des fibres sous-hypodermiques ; enfin, du parenchyme hypodermique où s'accumule la réserve d'eau. L'épiderme peut encore porter des glandes (*poils glandulaires et surfaces épidermiques sécrétantes*) dont le rôle protecteur, manifeste, est dévolu aux produits excrétés : des huiles essentielles, la plupart du temps.

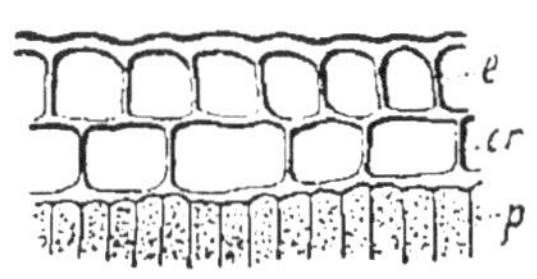

Fig. 55. — Epiderme composé.

β) **Liège et subérification**. — La subérification est une modification de la paroi de certaines cellules caractérisée par le dépôt, dans cette paroi, d'une substance appelée *subérine*, dont les propriétés physiques et chimiques sont à peu de choses près identiques à celles de la cutine. Cependant, ces deux corps se colorent différemment dans un mélange de phloroglucine et d'acide chlorhydrique : la cutine y prend une teinte bleue et la subérine une teinte rose. Quoiqu'il en soit, ces deux substances jouent le même rôle, celui de substance protectrice par leur imperméabilité et leur résistance à la plupart des agents extérieurs.

Les modifications subéreuses apparaissent parfois normalement dans des éléments primaires qui s'organisent en vue de la protection du végétal C'est ainsi que l'*assise subéreuse*, qui est propre à la jeune racine, se développe directement aux dépens de cellules immédiatement sous-jacentes à la membrane absorbante, et amène la chute de cette membrane. Les parties jeunes de la racine qui, par épuisement de leur pouvoir osmotique, n'ont plus de rôle absorbant à jouer se protègent efficacement par ce dépôt de subérine en attendant le développement d'un liège véritable.

L'*endoderme*, qui s'épaissit fréquemment dans les Monocotylédones et chaque fois que le cylindre central sous-jacent cesse de bonne heure de se développer en épaisseur, a aussi, dans ces cas, ses parois fortement imprégnées de subérine; il en est de même parfois des assises qui le confinent. Chez les Dicotylédones et les Gymnospermes, dont l'axe s'accroît en diamètre, l'endoderme ne montre que rarement des dépôts notables de subérine.

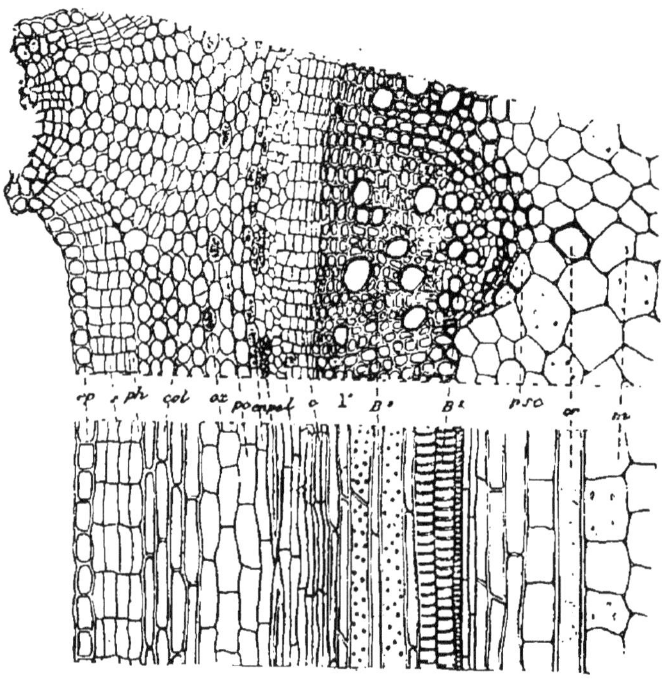

Fig. 56. — Tige de Sureau noir, au début de l'âge secondaire. Portions de coupes transversale (en haut) et longitudinale (en bas) : *s*, liège; *ph*, cambium phellogène ; *ep*, épiderme ; *col*, collenchyme ; *pc*, parenchyme cortical ; *m*, endoderme ; *pe*, péricycle ; *c*, cambium libéroligneux ; *l*, liber ; B^2, bois secondaire et B^1, bois primaire ; *psc*, sclérenchyme ; *cr*, cellule résineuse ; *ox*, oxalate de chaux ; *m*, moelle. La figure d'en haut montre, à droite, une lenticelle (R. Gérard).

Mais la subérification intéresse bien plus souvent un tissu d'origine secondaire, *le liège* ou *suber*, qui succède, le plus souvent, à l'appareil tégumentaire primaire, inextensible et doué de très peu de vitalité, désorganisé après quelque temps sous l'effort des parties sous-jacentes s'accroissant en volume et distendant l'épiderme jusqu'à le faire éclater.

Le liège naît d'un cambium (*c. subéreux ou phellogène*) situé, soit dans les parties extérieures du végétal, soit plus ou moins profondément dans l'intérieur de la plante : ainsi l'épiderme, l'assise sous-jacente à l'épiderme (fig. 56, *s*), une zône quelconque de l'écorce, même le péricycle (comme cela est fréquent dans la racine des Dicotylédones) et aussi le liber (dans la tige âgée de la vigne), peuvent former l'assise génératrice du liège.

Le liège, par son imperméabilité qui s'oppose aux échanges nutritifs, amenant la mort de tout ce qui lui est extérieur, lorsque son assise génératrice est profonde, celle-ci sépare des parties importantes de l'écorce, de parenchyme surtout, mais, par une segmentation particulière, elle répare, en partie du moins, la perte que le végétal a subie ; pour cela, elle s'organisera en un méristème à jeu double (*cambium phellodermique*) qui donne du liège par sa face externe et du parenchyme cortical secondaire par sa face interne.

Les cellules de liège, rectangulaires et étroitement unies, se superposent en séries régulières dirigées suivant le rayon. Elles forment, par leur imprégnation de *subérine* et par l'absence de méats, un revêtement imperméable qui supprime les échanges avec les éléments qui lui sont extérieurs ; c'est pour cela que ceux-ci perdent vie, demeurant ensuite en couverture à l'extérieur (Orme) ou tombant tôt ou tard (Platane).

Le liège, devenu superficiel, sécrète fréquemment des résines qui donnent à l'écorce des arbres des colorations caractéristiques des essences forestières. Les cellules du liège peuvent avoir des parois minces et élastiques (Chêne-liège) ou, tout au contraire, scléreuses et cassantes.

Nous avons vu, à propos de l'appareil de la circulation des gaz et des vapeurs, que le liège présentait cependant des places perméables aux gaz et aux vapeurs, *les lenticelles* (fig. 45 et 56), qui mettent le corps de la plante en communication avec l'extérieur. C'est du liège qui, dans le cas de traumatisme, en se développant autour de la partie blessée, la met à l'abri et permet la cicatrisation.

92. Desquamation de l'écorce. — Le liège de première formation est rarement permanent ; il perd, du reste, très rapidement son protoplasma, se dessèche et ne peut désormais résister aux pressions de dedans en dehors dues au développement des tissus nouveaux dans la profondeur du végétal : il se fend. Sous ce liège transitoire et, plus ou moins profondément selon les plantes, il se développera une deuxième couche de liège qui amènera, lui aussi, la mortification de tout ce qui est encore vivant en dehors de lui. Les éléments sacrifiés se détachent le plus souvent et tombent ; bon nombre de végétaux sont pour cette cause sujets à une *desquamation* périodique : les productions de liège se remplacent ainsi tous les ans dans la Vigne, tous les deux ans dans le Platane, le Bouleau, etc. C'est sous forme de lanières (Bouleau), de plaques plus ou moins grandes (Platane) ou de petites écailles (Poirier, Pommier), que se fait cette desquamation.

Dans certains cas, il se forme toujours de nouvelles couches de liège, mais les lames superposées de tissus morts ne tombent pas ; tout en persistant à la surface, elles se fendillent toujours davantage pour permettre l'accroissement des parties sous-jacentes : l'*écorce crevassée* qui, à la suite, recouvre l'arbre, est souvent désignée par le nom de *rhytidome*.

Résumant, l'appareil tégumentaire des végétaux est donc formé :

1° *d'un appareil tégumentaire primaire* (*modification épidermique*) comprenant	un *tissu fondamental*, montrant :	l'*épiderme et ses dérivés*	*papilles, poils, émergences, aiguillons.*
	des *tissus accessoires*	*de renforcement.*	*épiderme composé.*
		de soutien.	*sclérenchyme hypodermique, prosenchyme hypodermique.*
		glandulaire.	*surfaces épidermiques sécrétantes, poils glanduleux.*
2° *d'un appareil tégumentaire d'origine primaire ou secondaire* (*modification subéreuse*) composé de :	*liège* ou *suber.*		

93. Protection artificielle des végétaux. — L'abri le plus simple s'appelle un *ados* ; c'est une plate-bande inclinée et orientée de façon à ce que les végétaux qui y sont plantés soient à l'abri du nord. Les *murs* constituent une protection plus efficace ; certains sont construits spécialement pour la culture des raisins Chasselas, des pêches ; ces végétaux appliqués sur les murs sont cultivés en *espalier*. Le *contre-espalier* est formé de fils de fer ou de treillages établis en plein vent et soutenus par des piquets. On oppose aux vents des rideaux d'arbres verts (Ifs, Cyprès, etc.). On protège les végétaux contre le soleil avec des *claies* ; contre le froid par des *litières* de feuilles, ou au moyen de paillassons pour les végétaux ligneux et ceux qui sont enfermés dans les coffres de culture.

Le *paillis*, constitué par le fumier assez consommé, empêche le desséchement de la terre, quand on l'applique en couverture pendant l'été. Les verrines, les cloches, les entonnoirs, etc., protègent également le végétal contre le froid. On utilise les coffres, recouverts de châssis pour protéger les végétaux pendant l'hiver et pour obtenir des semis au printemps ainsi que la prise des boutures. On se sert aussi de *couches* Celles-ci sont formées par du fumier de cheval qui donne par fermentation beaucoup de chaleur (*couches chaudes*), ou par un mélange à volume égal de fumier et de feuilles (*couches tièdes*). Quand on retourne une vieille couche, on lui donne un regain de fermentation et l'on obtient une *couche sourde*.

Les *serres* sont encore un moyen de conserver les végétaux dans certaines conditions de température, de lumière, d'humidité et d'aération. Les *orangeries* sont des serres très aérées, bien éclairées, exposées au midi et abritées du nord par un mur de fond. La température en hiver ne doit pas s'y abaisser au-dessous de 0°. Les *serres froides* sont éclairées ou non de tous côtés. Dans celles-ci la température ne doit jamais être inférieure à 5° C. On y cultive les Bruyères, les Camélias, les végétaux du Cap, d'Australie et de Californie. Dans les *serres tempérées*, la température ne doit pas être inférieure à 12°. Les *serres chaudes*, enfin, ont une température qui oscille entre + 18° et + 25°. Il y a des serres chaudes *sèches* et des serres chaudes *humides*. Dans celles-ci l'atmosphère est presque saturée d'humidité par des arrosages, des bassinages ou des pulvérisations : elles conviennent bien aux Fougères. La température d'une serre doit être surveillée au moyen de thermomètres enregistreurs et de thermomètres avertisseurs pour assurer aux végétaux la chaleur qui leur est nécessaire sans écarts qui leur sont toujours nuisibles.

b) *Soutien.*

Le squelette permet aux végétaux de disposer leurs organes dans les meilleures conditions pour profiter de tous les avantages du milieu extérieur.

Certains végétaux ont un squelette peu développé et doivent, pour s'élever, emprunter un support aux objets environnants : tels sont les végétaux grimpants et les végétaux volubiles. Les plantes aquatiques sont supportées par l'eau et développent fréquemment des réservoirs d'air qui leur permettent de flotter.

94. Squelette interne. — Les végétaux peuvent tous occuper une position plus ou moins dressée, mais la station verticale n'est que momentanée lorsqu'elle est due à un phénomène de *turgescence*, comme cela a lieu chez les végétaux inférieurs dépourvus de squelette et chez les Myxomycètes, les végétaux mous par excellence, comme l'indique leur nom. Les *éléments collenchymateux*, si fréquents dans les tiges des plantes herbacées et dans beaucoup de feuilles et qui sont, nous le savons, des réservoirs d'eau, jouent encore par leur turgescence un rôle très important dans le soutien de ces plantes à squelette toujours très réduit, s'il ne leur fait pas même défaut. Le collenchyme manque-t-il de liquide, le végétal herbacé (ou la feuille) auquel il appartient s'avachit et se flétrit; un arrosage qui rétablit la turgescence rend au végétal altéré son air de santé.

Mais les éléments de soutien les plus parfaits sont les éléments durs, scléreux, le plus souvent incrustés de lignine; cependant, certains éléments cellulosiques servent aussi au soutien : telles sont les *fibres libériennes* de quelques végétaux. Il en est de même des *fibres péricycliques* en quelques cas, entre autres des fibres péricycliques du Chanvre et du Lin employées comme textiles.

Les éléments lignifiés sont durs, résistants mais cassants. Parmi ces éléments, les principaux sont le *sclérenchyme* et le *prosenchyme ligneux* très développés surtout dans les végétaux ligneux. Les fibres du prosenchyme présentent fréquemment des cloisons transversales qui augmentent leur solidité.

Tout élément à paroi lignifiée contribue aussi au soutien : les *vaisseaux du bois*, qui ont leurs parois lignifiées, contribuent à maintenir dressés les végétaux herbacés.

Le squelette ligneux est rendu encore plus résistant par la minéralisation des parois de ses éléments, par leur imprégnation de résines, etc. (bois de cœur des arbres).

Le squelette cellulosique ne manque pas non plus de résistance, mais il se distingue du précédent par l'élasticité de ses éléments. Les textiles, chanvre et lin, sont constitués, avons-nous dit, par des faisceaux de prosenchyme cellulosique.

95. Disposition des éléments de soutien. — Le squelette, étant presque entièrement sous la dépendance du milieu extérieur, est, par suite, très variable quant à sa disposition : on le rencontre tantôt ici, tantôt là, localisé dans un ou plusieurs appareils comme tissu accessoire, rarement il est constitué par un tissu tout à fait indépendant.

a) *Dans les organes cylindriques* (tige et racine), il sera externe ou interne, ou encore il occupera la région moyenne. Il forme, dans la région externe, un revêtement continu dans la tige des Mousses et se divise en colonettes indépendantes les unes des autres dans les carènes des Equisetum.

Quand il occupe la région moyenne de l'organe, l'appareil de soutien se localise dans le parenchyme cortical, dans l'endoderme et plus souvent encore dans le péricycle où il constitue encore un tout continu, ou discontinu, localisé surtout en face des seuls faisceaux libéro-ligneux.

Au centre du végétal, la moelle peut se sclérifier et contribuer au soutien ; ce cas s'observe particulièrement dans les tiges de Monocotylédones. Chez les Dicotylédones, c'est dans le bois que le soutien se localise surtout.

Le squelette occupe dans certains végétaux l'une de ces trois régions, mais, fréquemment, il se développe à la fois, avec des variations de puissance très nombreuses dans ces trois parties ou dans deux seulement. Les massifs squelettiques peuvent alors être totalement indépendants ou solidaires les uns des autres.

Dans les organes aplatis, comme les feuilles, le squelette est souvent lié aux faisceaux libéro-ligneux ; il est parfois aussi, périphérique. Quand les deux manières d'être existent, les deux squelettes peuvent être réunis ou indépendants. La partie du squelette, indépendante des faisceaux libéro-ligneux, localisée dans le parenchyme foliaire, est constituée par des *sclérites*, cellules scléreuses de forme très irrégulière et assez grandes souvent pour s'appuyer à la fois sur les deux épidermes. Dans les nervures, le squelette est constitué surtout par des fibres localisées dans le péricycle, mais on peut aussi le voir envahir tout l'espace compris entre les faisceaux et l'épiderme (beaucoup de Monocotylédones).

La charpente, ayant pour éléments les tissus de soutien, constitue le *stéréome*.

c) *Sensibilité et mouvement*.

Nous avons vu que le protoplasma est sensible et réagit aux excitations par des mouvements. La sensibilité et la motilité sont aussi des manifestations vitales de la plante entière ; ces propriétés, si hautement différenciées chez la plupart des animaux, semblent à l'état diffus chez les êtres dont nous nous occupons et n'apparaissent nettement que dans des cas déterminés peu nombreux.

La plante réagit aux excitations mécaniques, physiques et chimiques, et les réactions se manifestent à nous par des déplacements de l'individu tout entier, lorsque celui-ci est libre, ou bien par des mouvements partiels quand l'individu est fixé.

96. Mouvements par déplacement total. — Le plasmode des Myxomycètes, masse de substance vivante *nue,* se déplace à la surface du substratum par un *mouvement amiboïde.* La progression assez rapide, se fait dans une direction donnée pour fuir, par exemple, certaines conditions défavorables (lumière trop intense, appauvrissement du milieu en matériaux nutritifs) ou, autrement, pour la recherche de conditions plus favorables.

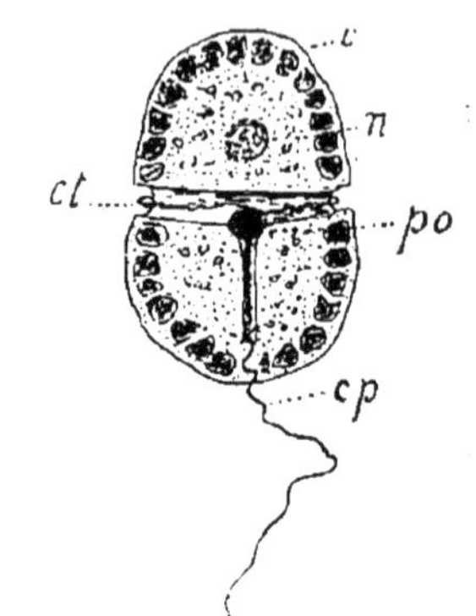

Fig 57. — Algue mobile au moyen de deux cils *cp* et *ct* (Glenodinium).

Les *zoospores et les anthérozoïdes,* cellules également nues, et certaines Algues à parois cellulosiques, se meuvent au moyen de prolongements protoplasmiques, appelés *cils vibratiles.* Les Volvox, dont le thalle sphérique, formé de cellules primitivement libres, et entouré de cils vibratiles, les Péridiniacées qui ont deux cils (*ct* et *cp*, fig. 57) ont un *mouvement ciliaire.*

Les Desmidiées, les Diatomées, les Bactériacées (quelques-unes ont des cils vibratiles) sont généralement dépourvues d'organes locomoteurs et progressent par une *contractilité générale* qui les lance en une suite de véritables sauts.

97. Mouvements partiels. — Lorsque le végétal est fixé, et c'est le cas le plus fréquent, ses mouvements sont limités à quelques-unes de ses parties, tandis que les autres restent fixes. Ces mouvements intéressent plus particulièrement les feuilles et les fleurs.

Il en est de plusieurs sortes; les uns dus à des causes externes, sont provoqués par une excitation mécanique, par exemple, les *mouvements provoqués* de la Sensitive, ou par des variations d'éclairage (*mouvements nyctitropiques* de la même Sensitive); les autres, qui dépendent de variations internes dues aux phénomènes de nutrition, sont dits *mouvements spontanés* (*Desmodium gyrans*, Trèfle oscillant).

En réalité donc. tous les mouvements sont *provoqués* par des causes extérieures, plus ou moins apparentes; la réaction seule, est directe ou lointaine.

a) *Mouvements spontanés.* — Le Sainfoin de l'Inde ou encore Trèfle oscillant (*Desmodium gyrans*) a des feuilles trifoliolées, comprenant une foliole terminale, impaire, longue de 8 à 10 centimètres, et deux folioles latérales très réduites, de 1 à 2 centimètres. Chaque foliole est munie à sa base d'un renflement, qu'on appelle *renflement moteur,* dans lequel on suppose résider la faculté motrice.

Les petites folioles exécutent jour et nuit des mouvements oscillatoires : l'une d'elles s'élève, tord son pétiole et présente sa face supérieure aux diverses directions de l'espace, puis revient à sa position première, pendant que l'autre commence à exécuter le même mouvement. Le mouvement peut s'arrêter, ou devenir saccadé sans cause appréciable (fig. 58).

b) *Mouvements nyctitropiques.* — La foliole terminale de la même feuille reste dressée et étalée pendant tout le jour, alors qu'elle s'abaisse pendant la nuit. Ces positions de veille et de sommeil se rencontrent dans beaucoup de plantes, et particulièrement parmi les Légumineuses : la Sensitive, par exemple. Les mouvements nyctitropiques sont donc provoqués par l'alternance du jour et de la nuit, c'est-à-dire par les variations d'éclairage qui amènent des *variations de turgescence* au niveau du renflement moteur. La turgescence est inégale, l'emportant tantôt dans la moitié supérieure, tantôt dans la moitié inférieure de ce renflement, ce qui amène la courbure du pétiole et le déplacement du limbe.

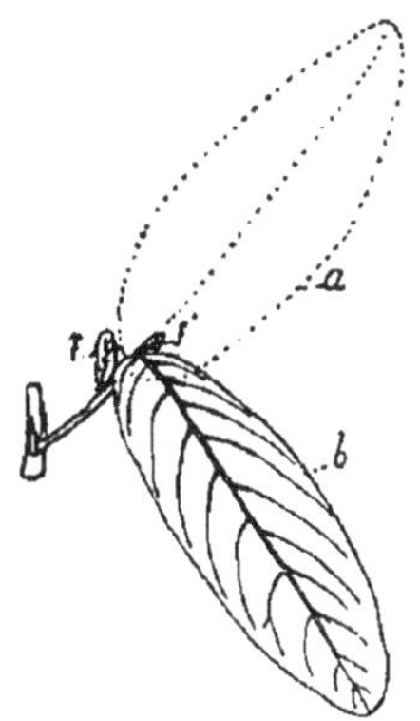

Fig. 58. — Feuille de *Desmodium gyrans*.

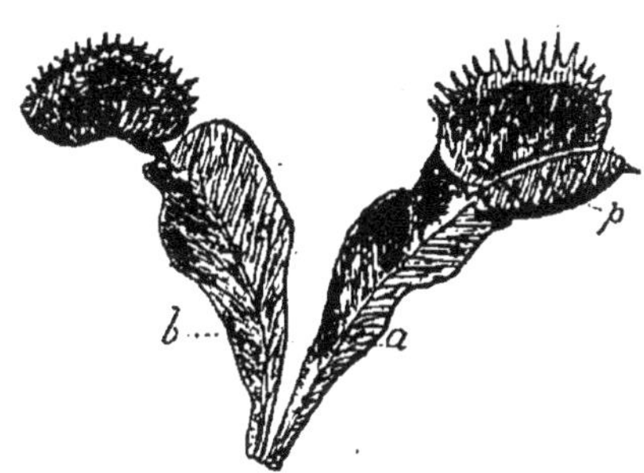

Fig. 59. — Feuille de Dionée, ouverte en *a*, fermée en *b* ; *p*, poils irritables.

c) *Mouvements provoqués.* — Ces mouvements sont le résultat de causes plus apparentes que dans les cas précédents.

La *Sensitive*, qui réagit déjà sous l'action de la lumière (mouvements nyctitropiques) répond aussi au choc : sous son influence, ses feuilles qui étaient dressées et avaient leurs folioles étalées, prennent la position du sommeil pendant quelque temps, puis reviennent à la position diurne. Les anesthésiques paralysent momentanément la Sensitive : autre mode de sensibilité.

Lorsqu'un petit insecte vient frôler les trois poils irritables, véritables papilles tactiles, d'une des deux valves de la feuille de *Dionée*, celle-ci se referme, comme un livre, et l'insecte emprisonné est englobé dans un liquide visqueux, excrété par les poils glanduleux (plantes carnivores), liquide qui le dissout.

Les étamines de l'Epine-vinette, le stigmate des Mimules, etc., sont également doués de mouvements, que provoquent le simple contact d'un insecte. Ce sont là des mouvements particulièrement utiles à la fécondation.

98. Autres mouvements des plantes. — Les organes qui ont achevé leur croissance ne présentent guère d'autres mouvements que ceux que nous venons d'étudier ; ces mouvements, que l'on appelle *périodiques*, sont nécessaires à la plante et provoqués pour la nutrition, pour la protection ou pour la reproduction. Mais les végétaux en voie de croissance présentent des mouvements, appelés mouvements de *nutation*, qui disparaissent lorsque l'organe a cessé de s'accroître. Les uns sont provoqués par les conditions externes, tels sont les phénomènes d'*héliotropisme*, de *géotropisme*, etc. ; les autres dépendent de l'organisation interne de la plante, qui fait qu'une plante est volubile, qu'elle est douée de circumnutation, d'épinastie, d'hyponastie, etc. On appelle *épinastie*, une croissance plus énergique à la face supérieure d'un organe, qui le fait se courber vers le bas, et *hyponastie*, le phénomène inverse. Nous étudierons ces mouvements à propos de la croissance des organes.

DES MEMBRES DE LA PLANTE SUPÉRIEURE

Les plantes possèdent des *fonctions végétatives*, ce sont celles que nous venons d'examiner, et des *fonctions de reproduction* dont il nous reste à nous occuper. Mais, auparavant, il nous faut examiner comment se répartissent les premières dans le corps du végétal.

Les diverses fonctions de la vie végétative sont plus ou moins confondues dans le thalle des végétaux inférieurs. Dans les végétaux plus élevés en organisation, elles se distribuent entre divers membres, les uns *axiles* (*racine* et *tige*), les autres *appendiculaires* (*feuilles*).

I. DE LA RACINE

La racine est, d'une façon générale, la partie souterraine d'une plante ; mais il existe des racines aériennes ou aquatiques et, d'autre part, certaines tiges sont souterraines (*rhizomes*). La racine est le membre de la plante chargé de puiser dans le milieu extérieur les aliments minéraux ; elle ne donne naissance qu'à des racines et l'on ne voit jamais à sa surface ni bourgeons, ni feuilles, à quelques très rares exceptions près.

Les rhizomes, organes que l'on rencontre à l'intérieur du sol et qui ressemblent à des racines, sont des tiges et se distinguent des racines par la présence à leur surface d'écailles foliacées et de bourgeons et aussi par leur structure qui est celle d'une tige, avec une adaptation au milieu souterrain.

a) *Morphologie de la racine.*

99. Présence de la racine. — La racine n'existe que chez les végétaux ayant des vaisseaux ; les Myxomycètes, les Thallophytes et les Muscinées n'en possèdent donc pas ; c'est aussi le cas de quelques rares Cryptogames vasculaires et de quelques Phanérogames parasites ou saprophytes. La présence d'une racine caractérise donc ces deux derniers embranchements.

Les Muscinées ont cependant sur leur tige des productions analogues aux poils absorbants de la racine et qu'on désigne à cause de cela par le nom de *poils rhizoïdes,* et certaines Muscinées ont même un appareil vasculaire rudimentaire.

100. Constitution externe de la racine. — Quand on examine une graine qui a germé librement sur de la mousse humide ou sur une éponge mouillée, on s'aperçoit que la racine, qui en est sortie, présente après quelque temps trois parties : son extrémité libre semble enchâssée dans une sorte de capuchon qu'on appelle *coiffe* ou *pilorhize,* organe protecteur du point végétatif (fig. 22, p. 40); presque immédiatement au-dessus de la coiffe, la racine présente le plus souvent des poils : c'est la *région pilifère* ou *absorbante,* surmontée par une région jaunâtre ou brunâtre produite par la *subérification* de l'assise immédiatement sous-jacente à l'assise pilifère très rapidement caduque. Cette dernière partie de la racine a perdu le pouvoir absorbant ; elle sert surtout à la fixation du végétal, à la genèse des racines latérales et au transport vers la tige des liquides absorbés.

101. Lieux d'insertion de la racine. — La racine est toujours en relation avec la tige et s'insère soit à l'extrémité, soit sur les côtés de ce dernier organe.

Dans les plantules des Dicotylédones et des Gymnospermes, la radicule semble être en prolongement direct de la tige, mais, entre la tige et la racine, existe une région intermédiaire, l'*axe hypocotylé* ou *collet.* La tige véritable ne commence le plus souvent qu'au point d'insertion des cotylédons, les premières feuilles de la plante, à partir desquels elle procède nettement de la gemmule.

Les embryons des Monocotylédones sont d'abord dépourvus de racine, réduits à une tige, un cotylédon et une gemmule; la racine ou les racines qu'ils présentent à un certain moment se forment par le jeu de points végétatifs qui se développent dans la couche la plus externe du cylindre central, de la *couche rhizogène* ou *péricycle* de la partie de la tige située au-dessous du cotylédon. Donc la radicule que l'on rencontre dans l'embryon des Monocotylédones est latérale par rapport à l'axe de la tige, son point d'origine est profond et elle doit, pour se faire jour, traverser le parenchyme cortical de cette tige qui, repoussée vers l'extérieur, l'entoure au point de son émergence d'une sorte d'étui, la *gaine radiculaire*. Cette radicule ou ces radicules se détruisent généralement de bonne heure, mais elles sont remplacées par de nouvelles racines latérales qui naissent toujours de la tige et de plus en plus haut, par le procédé indiqué.

Les racines latérales des Dicotylédones et des Monocotylédones naissent en des points différents, aussi bien sur la tige que sur la racine, mais c'est toujours aux dépens de cette assise rhizogène et elles doivent toujours perforer le cylindre cortical pour se faire jour. On dit, pour ces raisons, que ces racines sont *endogènes* et, par opposition, que la racine terminale des Dicotylédones est *exogène*.

La racine terminale ou racine principale des Dicotylédones et des Gymnospermes se ramifie ordinairement et donne naissance à des racines secondaires, celles-ci à des racines de troisième ordre, etc. Dans les Monocotylédones et les Cryptogames vasculaires, les racines, toutes latérales, ne se ramifient pas ou que très rarement, mais elles sont souvent fort nombreuses, groupées en forme d'un paquet de cordes (*racines fasciculées* et *funiformes*).

Les *racines adventives*, c'est-à-dire les racines qui naissent sur la tige ou les rhizomes, s'insèrent en des points très divers, mais prédestinés pour chaque espèce végétale ; le plus souvent dans le voisinage des feuilles où elles peuvent être sous-foliaires, latéro-foliaires ou axillo-foliaires, ou des bourgeons (R. sus-gemmaires, sous-gemmaires, etc.) ; on en observe cependant qui sont dispersées çà et là sur les entre-nœuds. Les feuilles (Begonia) et les fruits (Opuntia) peuvent donner aussi des racines, mais le fait est rare dans le règne végétal. C'est au moyen de portions isolées de tige ou de feuilles que l'on fait les boutures.

Bouturage et Marcottage. — Le bouturage consiste à prendre une portion de rameau qu'on détache du sujet et à le fixer dans un sol convenablement préparé. Des parties enterrées sortent, plus tôt ou plus tard, des racines qui complètent le tronçon de végétal mis en jeu.

Pour faire une marcotte, on fixe un rameau dans le sol en l'y faisant plonger, mais sans le détacher du sujet qui fournit ce rameau; sur la partie devenue souterraine se développent des racines. La marcotte reçoit donc la nourriture de son générateur et ne peut souffrir en attendant que les racines soient suffisamment développées, comme c'est le cas pour la bouture. Quand ce moment est arrivé, on sépare les deux organismes. Lorsqu'on ne peut recourber la branche d'une plante pour l'amener à terre, on entoure cette branche de pots spéciaux fendus d'un côté pour le passage du rameau et qu'on remplit de terre.

Le marcottage appliqué à la vigne prend le nom de *provignage* et la marcotte celui de *provin*.

102. Direction de la racine. — Nous avons dit que les racines étaient des organes souterrains; la radicule, dès la germination, tend en effet à se diriger vers la terre; aussi dit-on que la racine est la partie géotropique de la plante. Le géotropisme va en s'affaiblissant dans les ramifications de la racine et, même, dans les ramifications d'ordre élevé, le géotropisme ne se fait plus du tout sentir; ainsi s'explique que des radicelles, sollicitées par d'autres forces, la chaleur et l'humidité, par exemple, peuvent prendre facilement une direction inverse de celle de la racine principale.

103. Formes des racines. — La morphologie de la racine est liée à son mode de ramification, à sa durée, à son habitat, etc.

Quand une racine se ramifie, les radicelles naissent suivant des lignes régulières et longitudinales; c'est que les radicelles se développent en face ou de chaque côté des faisceaux ligneux et que ceux-ci ont une marche rectiligne dans la racine. Dans certaines Cryptogames vasculaires seules il y a deux rangs de radicelles; ailleurs, on peut en trouver trois, quatre et plus. Les radicelles de premier ordre peuvent aussi porter des ramifications. L'étude de la disposition des racines porte le nom de *rhizotaxie*.

Chez les Monocotylédones, les racines se ramifient rarement; elles naissent toutes sur le bas ou sur le côté de la tige et sont toutes à peu près de même volume; elles sont dites *fasciculées*. Les racines fasciculées sont *fibreuses*, quand elles sont petites comme le sont celles des Graminéees (fig. 59, B); elles sont *funiformes* dans les Palmiers où elles atteignent le volume d'une corde.

Les Lycopodiacées ont des racines qui se bifurquent régulièrement à leur extrémité et les branches de bifurcation se divisent à leur tour de la même façon. On donne à ce mode de ramification le nom de *ramification dichotomique.*

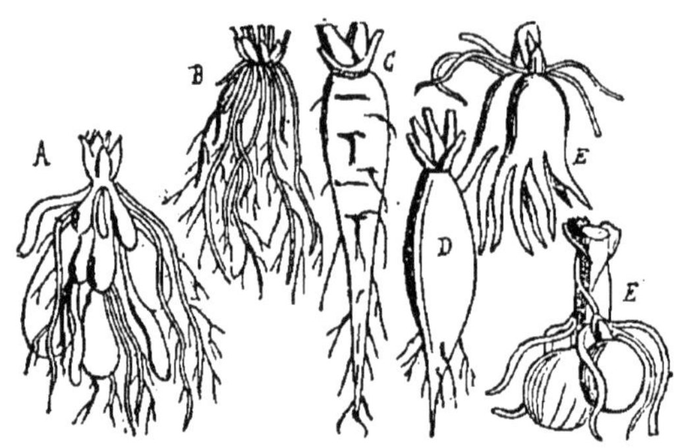

Fig. 60.— Racines : A, fasciculée ; B, fibreuses de l'Orge ; C, conique de la Carotte ; D, fusiforme du Radis ; E et E', tuberculeuses d'Orchis.

Chez les Gymnospermes et les Dicotylédones, la radicule s'accroît plus ou moins, mais elle est toujours plus développée que les racines auxquelles elle donne naissance, là la racine est *pivotante.* Si les ramifications sont faibles par rapport à la partie centrale ou *pivot* et si celui-ci devient comparativement volumineux, la racine est dite *napiforme* lorsqu'elle est courte et renflée, affectant l'apparence d'un navet, *fusiforme* (fig. 60, D) si elle est plus épaisse dans sa partie moyenne, *conique,* telle celle de la carotte cultivée (fig. 60 C) et *noueuse,* comme dans la filipendule où elle présente une alternance de parties renflées et étranglées.

Quand le pivot porte des racines latérales bien développées et que celles-ci se ramifient elles-mêmes à plusieurs degrés, la racine est *rameuse* (arbres) et les dernières ramifications ou *fibrilles* qui portent l'appareil absorbant constituent le *chevelu.*

La coloration peut communiquer un aspect particulier aux racines ; cette coloration est due à un pigment dans la carotte, aux modifications de teintes des résines du suber dans les racines âgées.

La *durée* de la racine modifie aussi son faciès ; la racine est molle dans les végétaux annuels, et sa consistance augmente dans les végétaux bisannuels et plus encore dans les ligneux.

L'*habitat* modifie profondément les caractères de la racine. Les racines aquatiques sont blanchâtres et grêles ; elles conservent longtemps leur membrane absorbante et leur structure primaire. Les racines aériennes des Aroïdées et des Orchidées épiphytes se recouvrent d'un liège particulier, *le voile*, et comme elles sont exposées à la lumière, leur parenchyme cortical possède de la chlorophylle.

Les racines peuvent enfin *s'adapter à des rôles accessoires* qui modifient plus ou moins profondément leur forme : telles sont les racines crampons du Lierre, les racines-vrilles de la Vanille, les racines suçoirs des plantes parasites ou semi-parasites (Cuscutes, etc). Chez les Dahlias, les racines tuberculeuses servent à emmagasiner des réserves ; il en est de même des racines des Orchis de nos pays qui s'accolent et se soudent pour former de pseudo-bulbes (fig 60, E et E'). Quelques plantes aquatiques transforment leurs racines en flotteurs. Enfin, certaines racines aériennes sont spontanément spinescentes et servent à la défense (*Acanthorrhiza aculeata*).

b) *Anatomie de la racine.*

La structure primaire de la racine est uniforme dans tous les végétaux. Cette structure primaire, à part des variations dans l'organisation des cellules.pas assez sensibles pour voiler la disposition primitive, est permanente chez les Cryptogames vasculaires et les Monocotylédones. Chez les Gymnospermes et les Dicotylédones, la racine modifie de très bonne heure et presque incessamment sa structure, surtout par le jeu d'un *cambium* naissant profondément et qui lui ajoute de nouveaux *éléments libériens et ligneux*. A la suite, la partie externe de la racine, de plus en plus distendue sous la pression des éléments nouveaux, se désorganise, ce qui nécessite la production d'un tissu réparateur constitué par un *cambium phellodermique* générateur d'un appareil protecteur (*liège*) et d'un appareil de réserve (*parenchyme cortical secondaire*).

En somme, production de nouveau bois et de nouveau liber, désorganisation suivie de chute des parties externes, régénération de ces parties ou d'organismes équivalents, voilà plus qu'il n'en faut pour faire disparaître le faciès primaire et communiquer un nouvel aspect, caractéristique de la racine des Gymnospermes et des Dicotylédones.

α. *Structure primaire de la racine.*

104. Point végétatif. — Le point végétatif, situé au-dessous de la coiffe, est formé chez les Cryptogames vasculaires d'une seule cellule tétraédrique qui se divise parallèlement à ses quatre faces pour engendrer les tissus nouveaux (fig. 61); de trois cellules ou de trois plans de quatre cellules superposés chez les Phanérogames (fig. 62). Chez ces derniers, la

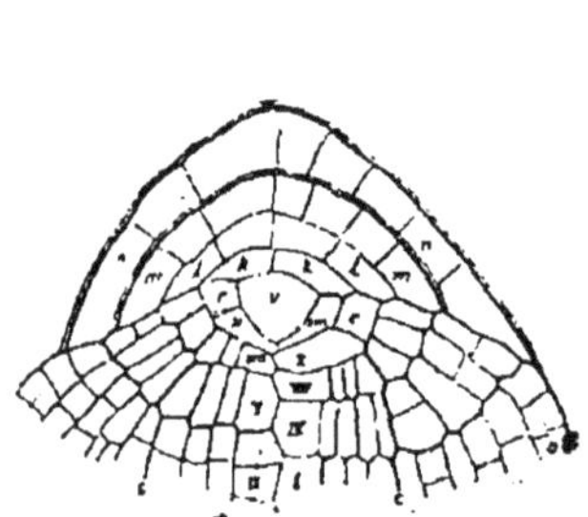

Fig. 61. — Point végétatif d'une racine de *Pteris hastata*. — *v* est la cellule génératrice ; *k*, *l*, *m*, *n*, sont les segments qui forment la coiffe.

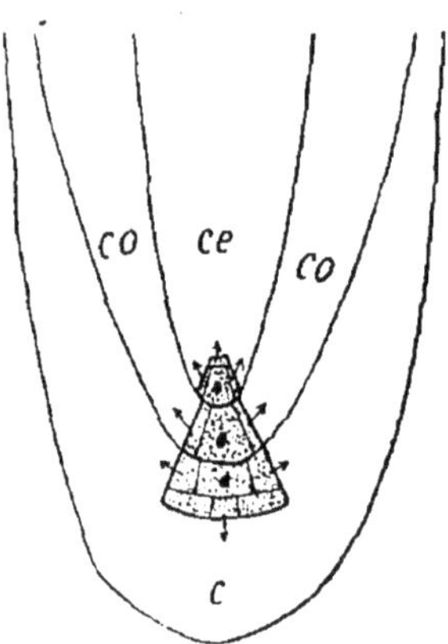

Fig. 62. — Schéma d'un point végétatif de racine de Phanérogame. (Les trois cellules génératrices sont indiquées par leur noyau et les flèches montrent dans quel sens chacune d'elles détache des segments).

cellule inférieure, en se cloisonnant et ses produits en se cloisonnant à leur tour, donne naissance à la coiffe *c* ; la, cellule moyenne fournit les éléments du cylindre cortical, *co*, tandis que la cellule génératrice supérieure, la plus interne, donne naissance au cylindre central, *ce*. En se cloisonnant parallèlement à ses faces, la cellule tétraédrique des Cryptogames vasculaires donne, par division des premiers segments formés, les mêmes tissus, avec les mêmes dispositions.

On rencontre successivement de dehors en dedans, dans une racine à l'âge primaire : la *coiffe*, la *membrane absorbante*, le *cylindre cortical*, divisé en plusieurs parties superposées, puis le *cylindre central* également constitué de tissus différents, mais agencés selon un plan toujours le même.

105. Coiffe. — C'est l'organe protecteur du point végétatif (fig. 62, *c*). La coiffe est formée de cellules toutes semblables qui se desquament à la périphérie, au contact des éléments du sol ; mais ses pertes sont constamment réparées par le jeu du point végétatif. Les Monocotylédones et les Cryptogames vasculaires perdent complètement, dans ce jeu, les éléments anciens de leur coiffe et leur chute laisse à nu les parties âgées et plus profondes de la racine dont la surface devient ainsi lisse : d'où le nom de plantes *liorhizes* qu'on donne à ces végétaux, à l'encontre des Dicotylédones et des Gymnospermes où l'assise la plus profonde de cette coiffe persiste et ses couches successives superposées donnent à la surface un aspect en gradins, d'où le nom de plantes *climacorhizes* (*racine, escalier*) qui sert à distinguer ces végétaux.

106. Membrane absorbante. — Elle est formée aux dépens de l'assise la plus externe du cylindre cortical lorsque la coiffe tombe totalement (Monocotylédones et Cryptogames vasculaires), par la dernière assise persistante de la coiffe chez les Dicotylédones et les Gymnospermes. Cette membrane s'étend souvent au dehors en produisant des *poils radicaux*, d'où le nom d'*assise pilifère* par laquelle plusieurs botanistes la distinguent; mais, quel que soit son degré de complication, elle constitue l'*appareil absorbant des sels minéraux* (fig. 63 *a*). Nous l'avons étudiée en parlant de l'absorption (p. 39).

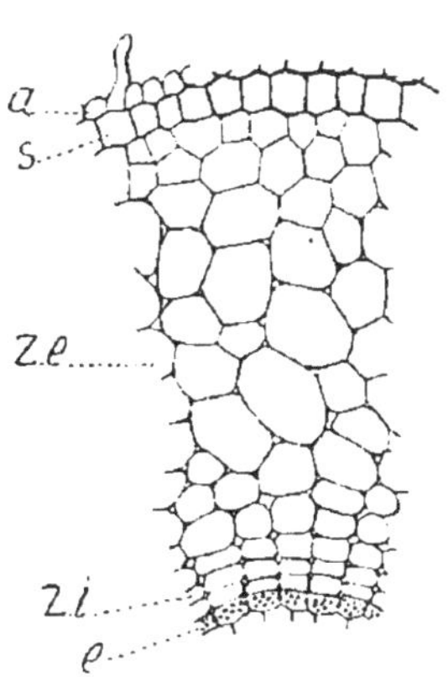

Fig. 63. — Membrane absorbante et cylindre cortical d'une racine jeune. Portion d'une coupe transversale. *a*, membrane absorbante ; *s*, membrane subéreuse; *ze*, zône externe et *zi*, zône interne du parenchyme cortical ; *e*, endoderme.

107. Cylindre cortical. — C'est au-dessous de la membrane absorbante que commence une région externe assez large, le *parenchyme cortical*, dont l'assise la plus extérieure, selon que l'on a affaire à une climacorhize ou à une liorhize, est formée soit par la première, soit par la seconde assise du cylindre cortical.

Le parenchyme cortical comprend lui-même deux zones superposées dont l'une est externe et l'autre interne, mais l'une et l'autre donnent encore naissance sur leurs faces non communes à deux tissus d'une importance majeure : l'*assise subéreuse* vers le dehors, l'*endoderme* du côté interne. Pour cela, les cellules immédiatement sous-jacentes à la membrane absorbante se différencient de bonne heure : plus grandes que les cellules de cette membrane, plus allongées dans le sens radial que suivant la circonférence, largement unies entre elles, ces cellules subérifient leurs parois et forment l'*assise subéreuse*, protectrice du corps de la racine à l'âge primaire et qui vient occuper la périphérie de la racine après la chute de la membrane absorbante (fig. 63, *s*).

Au-dessous de l'assise subéreuse vient la *zone corticale externe* proprement dite, dont les cellules en séries concentriques et d'autant plus volumineuses qu'elles sont plus rapprochées du centre de l'écorce, à développement centrifuge, sont arrondies ou polyédriques et disposées sans ordre bien apparent (fig. 63, *ze*).

La *zone corticale interne* est formée de cellules disposées en files radiales et dont le diamètre est d'autant plus petit qu'elles sont plus rapprochées du centre, à développement centripète, laissant entre elles, le plus souvent, des méats fort visibles et parfois même des lacunes (fig. 63, *zi*).

Le cylindre cortical est limité en dedans, avons-nous dit, par l'*endoderme*, membrane dont les cellules sont exactement superposées aux derniers éléments de la zone cortical interne (fig. 63, *e*). Les cellules de l'endoderme sont intimement unies entre elles et leur paroi est souvent subérifiée tout au moins partiellement chez les liorhizes. Ses cellules s'engrènent parfois les unes dans les autres par des plis ou des sinuosités développées sur les parois radiales ; ces plissements, toujours subérifiés, forment à la cellule une sorte de cadre (fig. 64). Quand un endoderme conserve des parois minces, ses cellules contiennent le plus souvent de l'amidon en grande quantité (*couche amylifère*, de quelques auteurs). L'endoderme contient fréquemment aussi des matières résiduelles, tanins, alcaloïdes, etc. On le voit même développer dans son intérieur des canaux sécréteurs (Composées-Radiées). L'endoderme peut acquérir par sa subérification et en épaississant ses parois une grande résistance. Le fait est surtout patent chez les liorhizes qui ne développent point de productions secondaires ; là, cette membrane mérite bien par l'opposition qu'elle fait à l'accroissement des parties plus internes le nom d'*assise contentive* du cylindre central que certains lui ont donné. Chez les climacorhizes, l'endoderme conserve des parois minces peu ou pas subérifiées, incapables de mettre obstacle à l'accroissement en volume du cylindre central sous-jacent.

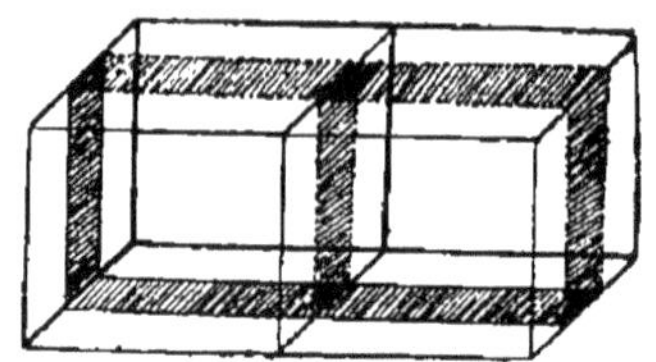

Fig. 64

Il faut encore faire remarquer que chez certains végétaux (Crucifères, etc.) les cadres subéreux endodermiques se retrouvent sur des assises profondes du parenchyme cortical avoisinant l'endoderme (*réseau susendodermique*).

108. Cylindre central. — Le cylindre central est formé de faisceaux libériens et de faisceaux ligneux plongés dans un tissu conjonctif qui forme la *moelle* au centre et les *rayons médullaires* entre les faisceaux. Il est limité extérieurement par le *péricycle* ou *couche rhizogène*, encore appelé *péricambium*, organisme de constitution variable appliqué directement contre l'endoderme (fig. 26. p. 44, et 65). Par adaptation au milieu terrestre, le cylindre central de la racine est toujours moins puissant que le cylindre cortical; l'inverse s'observe dans la tige aérienne par accommodation au milieu aérien.

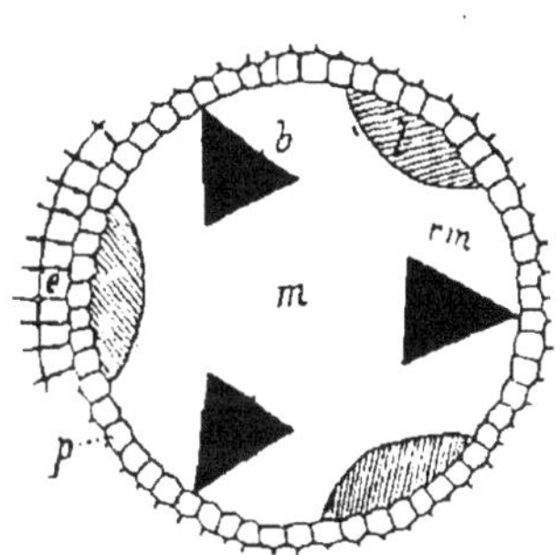

Fig. 65. — Schéma du cylindre central d'une racine à l'âge primaire. — *e*, endoderme ; *p*, péricycle ; *b*, bois ; *l*, liber ; *m*, moelle ; *rm*, rayons médullaires.

Le *péricycle* est généralement formé par une seule assise de cellules qui alternent assez exactement avec les cellules de l'endoderme. Il manque chez quelques plantes; ainsi, dans les racines jeunes de Prêles, c'est l'assise interne de l'endoderme qui se dédouble et qui joue le rôle de péricycle. Ailleurs, il manque seulement en face des faisceaux du bois (Graminées), ou bien, s'il persiste là, il y est moins développé ; il peut manquer en face du liber (Potamogeton, Zostera).

Si, le plus souvent, lorsque le péricycle existe, il est complet, simple et membraneux, on le voit parfois se compliquer et, tout en restant simple et formé d'un seul plan d'éléments en certains points, se composer de plusieurs assises en d'autres points : chez certaines Orchidées, chez le Haricot, etc., par exemple, le péricycle est simple devant le bois et comprend plusieurs assises de cellules devant le liber.

Les cellules du péricycle, qui ont une très grande vitalité, conservent le plus souvent des parois minces, aussi se divisent-elles facilement et dans des intentions différentes. Ce sont elles qui donnent naissance par leur segmentation aux radicelles, en face des faisceaux de bois, d'où le nom d'*assise rhizogène* par lequel beaucoup désignent le péricycle. Elles jouent aussi un rôle dans la fermeture de l'anneau cambial libéro-ligneux et, enfin, elles constituent dans la plupart des cas la première assise phellodermique chez les climacorhizes.

Faisceaux libériens et faisceaux ligneux. — Les faisceaux du bois sont immédiatement appliqués contre le péricycle et y alternent avec les faisceaux du liber. Leur nombre est très variable, mais rarement inférieur à deux (radicelles des Lycopodiacées et de quelques aquatiques), mais on peut en observer une quantité assez grande, jusqu'à vingt et plus, dans la même racine (racines aériennes d'Orchidées, racines des Smilax, etc.). On en observe davantage, d'une façon générale, chez les Liorhizes que chez les Climacorhizes. Du reste, dans le système radical d'une même plante, leur quantité varie suivant le diamètre de l'organe.

Les faisceaux ligneux, en forme de cordons prismatiques, s'appliquent par leur arête contre le péricycle. Ils sont entièrement vasculaires et à développement centripète. Les premiers vaisseaux sont très étroits (trachées) et appliqués contre le péricycle ; ceux qui se développent ensuite sont plus larges et leur diamètre est d'autant plus grand qu'ils se sont formés à une époque plus reculée, conséquemment, qu'ils sont plus

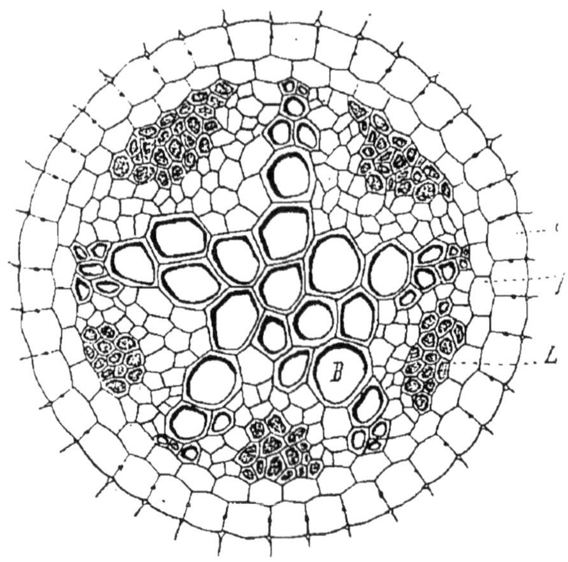

Fig. 66. — Cylindre central de racine, dépourvu de moelle. — *e*, endoderme ; *p*, péricycle ; L, liber ; B, bois (schéma).

rapprochés du centre. Aux trachées s'ajoutent des vaisseaux annelés, puis rayés, mais toujours imparfaits dans les racines jeunes. Si la différenciation se poursuit longtemps, chez les Climacorhizes surtout, les vaisseaux finissent par se rencontrer au centre (fig. 66), ne laissant pas de place pour une moelle qui se présente chaque fois que cette rencontre n'a pas lieu (fig. 26).

Les rayons médullaires, eux, ne manquent jamais ; ils s'étendent entre les faisceaux libériens et les faisceaux ligneux qu'ils isolent les uns des autres.

Les *faisceaux libériens*, en cordons semi-cylindriques, sont appliqués par leur surface diamétrale contre le péricycle. Les premiers vaisseaux grillagés qui apparaissent sont petits et dans le voisinage du péricycle ; ceux qui se différencient ensuite sont de plus en plus larges et situés de plus en plus profondément ; leur développement est donc aussi *centripète* comme celui des vaisseaux du bois

Alternant avec les faisceaux ligneux, les faisceaux libériens sont toujours en même nombre qu'eux dans la racine, sauf dans des cas très rares, singuliers, observés dans des racines fort réduites où les faisceaux vasculaires étant forcément très grêles, ne se présentaient qu'au nombre de trois : un ligneux, deux libériens (Lycopodiacées et certaines aquatiques).

Protoxylème et **Métaxylème**. — Le bois dont nous venons de parler prend naissance aux dépens de cordons procambiaux et il a une différenciation centripète. A ce bois primaire ou *xylème*, de première formation ou *protoxylème*, s'ajoute parfois un autre bois primaire, en ce qu'il ne résulte pas d'un cloisonnement d'éléments primaires, mais de différenciation plus tardive, le *métaxylème*, dû à la simple transformation en vaisseaux de certains des éléments confondus jusque-là avec la moelle. Ceux-ci apparaissent d'abord plus près du centre ; leur formation gagne ensuite vers la périphérie, en direction centrifuge. Dans cette marche, ils peuvent aller jusqu'au contact du protoxylème, s'y accoler et s'y confondre. Le métaxylème se forme d'abord vis-à-vis des faisceaux libériens : cette situation intra-libérienne permet de le distinguer du protoxylème.

Protophloème et **Métaphloème**. — Le liber primaire ou *phloème* comprend également du *protophloème* et du *métaphloème* qui se distinguent entre eux comme le protoxylème se différencie du métaxylème ; ils sont d'âges différents. Métaxylème et métaphloème, qui ne sont déjà pas très fréquents, se rencontrent beaucoup plus souvent chez les Monocotylédones que chez les autres végétaux.

Moelle et rayons médullaires. — Nous avons vu que les faisceaux ligneux en s'unissant au centre de l'organe pouvaient supprimer la moelle, ce cas est fréquent chez les Dicotylédones et les Gymnospermes (fig. 66). Là, les faisceaux ligneux, le plus souvent, sont réunis en une masse étoilée, qui est regardée par certains botanistes comme un faisceau unique ayant autant de *pôles* de formation que l'étoile présente de branches. Pour eux, la moelle n'existerait pas dans la racine ; le tissu que l'on désigne ainsi ne serait que du procambium ligneux qui, selon les cas, se différencierait totalement en bois du premier coup (racines dites sans moelle) ou ne se différencierait jamais vers le centre (racines dites à moelle). Le métaxylème ne serait qu'une différenciation tardive de ce tissu.

Dans cette hypothèse, le tissu conjonctif vrai se réduirait aux rayons médullaires qui séparent le bois du liber, s'étendant jusqu'au péricycle. Ordinairement, ces rayons sont formés d'éléments parenchymateux, c'est-à-dire à parois minces. Mais dans les Monocotylédones et dans les Cryptogames vasculaires, il n'est pas rare de voir, avec l'âge, ces éléments devenir scléreux (*sc*, fig. 67).

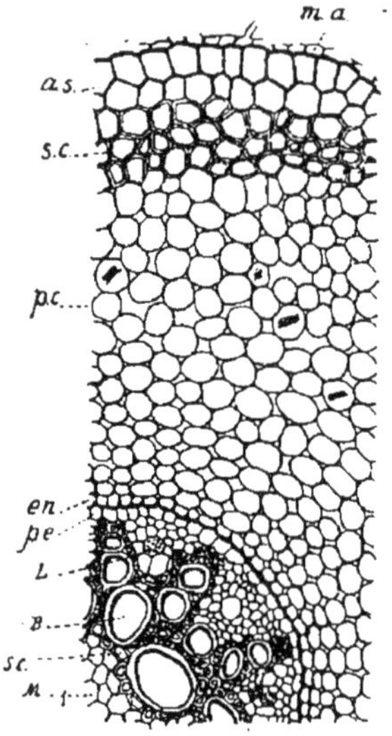

Fig. 67. — Racine âgée d'Asperge, portion d'une coupe transversale. — *ma*, membrane absorbante ; *as*, assise subéreuse ; *sc*, sclérenchyme ; *pc*, parenchyme cortical ; *en*, endoderme ; *pe*, péricycle ; L, liber ; B, bois ; M, moelle (d'après R. Gérard).

β. *Modifications de la racine. Racines à structure secondaire*

109. Modifications primaires. — On n'observe guère d'autres modifications, en dehors de la chute de la membrane absorbante, dans la racine des Cryptogames vasculaires et dans celle des Monocotylédones, que le développement d'épaississements dans les parois de quelques cellules des parenchyme cortical, endoderme, péricycle et de la moelle (fig. 67). Les racines de ces végétaux conservent donc pendant toute leur existence le faciès primaire.

110. Modifications secondaires. — Il n'en est pas de même des racines des Dicotylédones et des Gymnospermes qui s'accroissent plus ou moins en épaisseur, quelquefois d'une façon considérable, et cela par le jeu de deux cambiums l'un *phellodermique*, né du parenchyme cortical ou du péricycle et producteur de *liège* en dehors et de *parenchyme* en dedans ; l'autre *libéro-ligneux*, né dans le cylindre central et formateur de *bois secondaire* en dedans, de *liber secondaire* en dehors, ainsi que de rayons *médullaires secondaires*.

Le *cambium libéro-ligneux* naît dans les cellules conjonctives situées au-dessous et au contact des faisceaux libériens ; de là, il s'étend à droite et à gauche contournant les faisceaux libériens, puis empruntant les rayons médullaires pour gagner les cellules du péricycle appliquées contre les faisceaux ligneux, rejoignant ainsi les parties cambiales similaires nées vis-à-vis des faisceaux libériens voisins (fig. 68). L'anneau cambial ainsi constitué laisse donc le liber primaire en dehors de lui et le bois primaire en dedans. Il est à jeu double : les produits de sa face externe se différencient en liber, ceux de sa face interne en bois, avec cette exception que certaines cellules de ce cambium donnent naissance à la fois sur l'une et l'autre face à des lames radiales de tissu parenchymateux formant les rayons médullaires secondaires. Ceux-ci se développent plus constamment vis-à-vis de faisceaux de bois primaire.

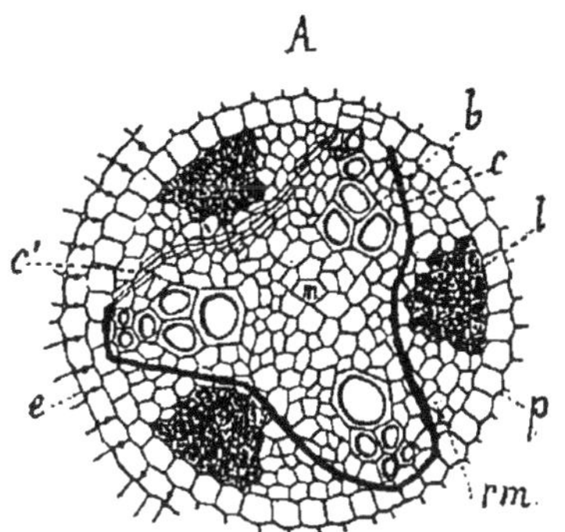

Fig. 68. — Figure demi-schématique de cylindre central de racine, au début des formations secondaires. Le trajet du cambium libéro-ligneux est indiqué par un trait plein *c*, et par des cellules en voie de division *c'*.

Ces formations peuvent être plus ou moins puissantes et, à la suite, influer d'une façon différente sur la structure primitive. Quatre exemples fixeront nos idées :

1° Certaines racines de Dicotylédones, à station aquatique surtout (Myriophyllum, etc.), ne développent pas de formations secondaires et la racine conserve chez elles sa structure primaire ;

2° Le cambium libéro-ligneux apparaît tardivement et son action est fort réduite, conséquemment, les éléments libéro-ligneux secondaires sont peu nombreux. La racine conserve encore dans ce cas son faciès primaire (Primevère, etc.), à peine altéré par des formations secondaires qui se perdent pour ainsi dire dans les formations primaires ;

3° Le cambium apparaît tôt, mais il agit très lentement et quelle que soit la puissance de ses productions, le temps qu'elles mettent à se former permet aux parties extérieures de la racine de se prêter à l'accroissement en volume du cylindre central par multiplication de leurs éléments. Dans ce cas, le parenchyme cortical développe à sa périphérie une lame de liège, afin de suppléer à la désorganisation de l'assise subéreuse qui, elle, est déchirée, ne pouvant se cloisonner. Le péricycle devient lui aussi générateur, mais il ne produit

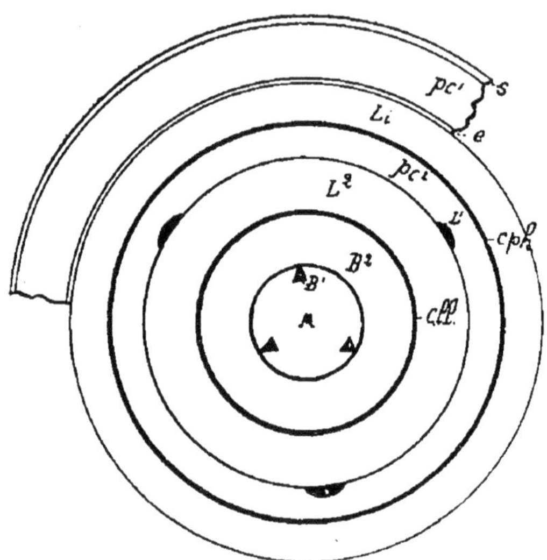

Fig. 69. — Schéma indiquant le jeu des deux cambiums libéro-ligneux et phellodermique (celui-ci d'origine péricyclique), dans une racine de Dicotylédone. *s*, suber d'origine primaire ; *pc'*, parenchyme cortical primaire; *e*, endoderme ; *Li*, liège ; *cph*, cambium phellodermique ; *pc²*, parenchyme cortical secondaire ; *L'*, liber primaire ; *L²*, liber secondaire ; *cll*, cambium libéro-ligneux ; *B²*, bois secondaire ; *B'*, bois primaire ; *M*, moelle.

qu'un peu de parenchyme secondaire qui s'interpose entre lui et le liber (Bardane, etc.) ;

4° Les formations libéro-ligneuses sont puissantes et hâtives, ce qui est le cas le plus fréquent chez les Climacorhizes ; l'écorce ne peut suivre cet accroissement, elle se désorganise et se déchire ; mais le péricycle devient générateur et se constitue en un *cambium phellodermique* qui, par un jeu double, produit sur sa face externe du *liège*, lequel amène la chute de tout ce qui lui est extérieur, et sur sa face interne, du parenchyme secondaire

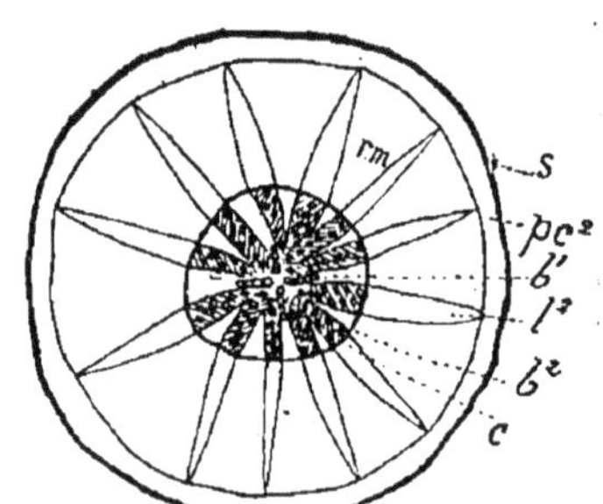

Fig. 70. — Coupe transversale dans la racine d'Oseille. (Vue d'ensemble) *s*, suber ; *pc²*, parenchyme cortical secondaire ; *rm*, rayon médullaire ; *l²*, liber secondaire ; *b²*, bois secondaire ; *c*, cambium ; *b'*, bois primaire (R. Gérard).

(Oseille, etc., fig. 69, 70 et 71). Ainsi se trouve réparée la perte faite par la chute du cylindre cortical d'origine primaire. Tous les éléments de la racine âgée de ces Dicotylédones et Gymnospermes proviennent donc du cylindre central, tous les éléments du cylindre cortical ayant disparu.

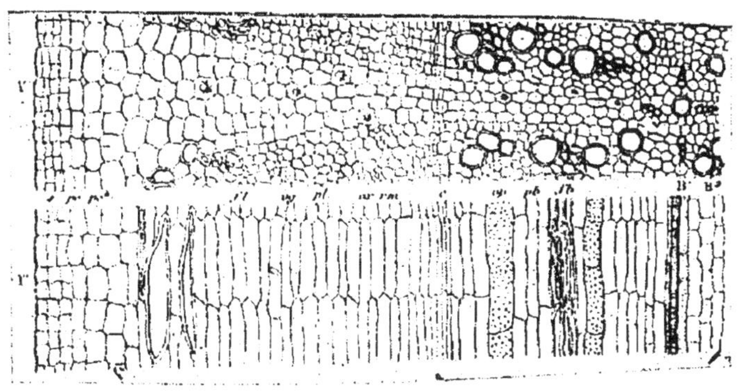

Fig. 71. — Portion grossie de la coupe précédente, en haut (1') ; en bas (1''), la même, vue en coupe longitudinale (R. Gérard).

La racine présente aussi, dans certains cas, des éléments tertiaires, produits par des cambiums nés de tissus secondaires : cambiums phellodermiques ou libéro-ligneux ou parenchymateux (racine de Betterave, etc.), mais nous n'insisterons pas sur ces cas.

111. Autres modifications. — La *membrane absorbante* subit plusieurs cloisonnements dans les racines aériennes des Orchidées et dans celles des Aroïdées : les cellules formées meurent de bonne heure et se remplissent d'air, donnant ainsi à la racine un aspect particulier, blanc d'argent. Ce tissu spécial, chargé d'un rôle important dans la nutrition de ces végétaux épiphytes, a reçu le nom de *voile*.

L'*assise subéreuse* se cloisonne dans la racine de Monocotylédones (Asperge) pour donner naissance à un liège dont les cellules sont inclinées les unes sur les autres, ce qui l'a fait distinguer par le nom de *subéroïde*.

Le *parenchyme cortical* donne souvent du liège ou subérifie quelques assises de cellules. Ce dernier tissu est fréquent chez les Monocotylédones et les Cryptogames vasculaires, où le fait s'observe le plus souvent dans l'assise sous-jacente à l'assise subéreuse.

La racine offre, enfin, de nombreuses anomalies soit dans sa structure primaire, soit dans ses formations secondaires ; nous nous bornons à signaler le fait.

c) *Physiologie de la racine*

112. Origine de la racine. — Toutes les racines

n'ont pas la même origine et les racines de même ordre naissent différemment suivant les groupes.

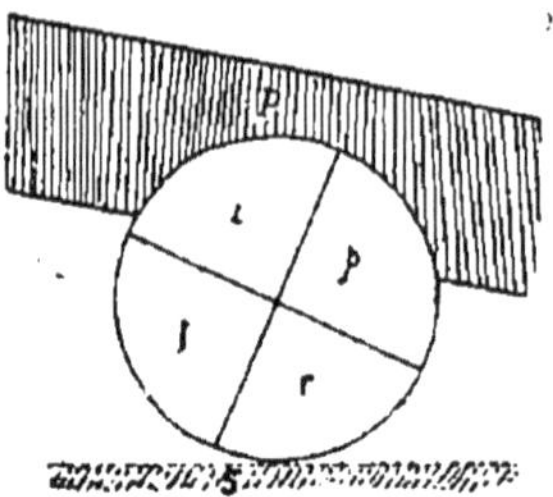

Fig. 72. – Premiers cloisonnements de l'œuf chez les Cryptogames vasculaires (Schéma). *P*, prothalle; *p*, cellule du pied; *t*, initiale de la tige; *f*, initiale de la feuille; *r*, initiale de la racine.

1° **Origine de la racine principale.** — α) *Dans les Cryptogames vasculaires* l'œuf se divise d'abord en quatre segments dont l'un donne naissance au *pied* qui sert à la nutrition de l'embryon aux dépens du prothalle, et les trois autres, à la première feuille, à la tige et à la racine (fig. 72). Chacun d'eux développe de bonne heure un point végétatif, générateur de l'organe qu'il représente. Le point végétatif de la racine, comme celui de la tige du reste, est constitué là par une cellule unique, cellule en forme de tétraèdre dont la base convexe est tournée vers la pointe du membre. L'initiale de la racine se cloisonne parallèlement à ses quatre faces et donne ainsi naissance aux diverses parties de la racine; les cloisons parallèles à la base séparant ce qui sera la coiffe. On donne le nom de *monacrorhizes* à ces racines qui se développent aux dépens d'une *cellule initiale unique*. Les racines des Isoètes et des Lycopodes font exception à cette règle et se comportent comme celles des Phanérogames.

β) *Phanérogames.* — Nous savons que les Monocotylédones n'ont pas de racine terminale et que toutes leurs racines sont d'origine caulinaire. Nous reviendrons plus loin sur leur mode d'origine qui ne trouve pas ici sa place.

Chez les Gymnospermes et les Dicotylédones, la radicule s'accroît par *trois cellules initiales* ou par *trois assises de cellules initiales*, d'où son nom de *racine triacrorhize*. Chaque cellule, quand il y a trois initiales, ou chaque groupe quand il y a trois assises de cellules, donnent respectivement origine à la *coiffe*, au *cylindre cortical* et au *cylindre central* (fig. 62, p. 109).

Origine de la radicule d'une Dicotylédone. — Dans les Dicotylédones, l'œuf se divise d'abord en deux par une cloison et c'est généralement la cellule inférieure qui donne seule l'embryon, alors que la cellule supérieure forme le ***suspenseur***, organe qui maintient l'embryon au contact des réserves logées dans l'albumen et lui sert même d'organe d'absorption chaque fois que cet embryon se recouvre d'une cuticule pendant son développement.

La cellule-mère de l'embryon se divise par une cloison médiane, LL, en deux segments dont le supérieur R, qui avoisine le suspenseur S donnera origine à la racine, tandis que de l'opposé T sortira la tige (fig. 73). Par un procédé identique les deux cellules R et T vont, à la suite des cloisonnements successifs : $\alpha\alpha\alpha$, $\beta\beta\beta$, $\gamma\gamma\gamma$ et $\delta\delta\delta$, former les génératrices *c*, de la coiffe, *cor*, du cylindre cortical de la racine, *cer*, du cylindre central de la racine, *cel*, du cylindre central de la tige, *col*, du cylindre cortical de la tige et, enfin, *ep*, de l'épiderme de la tige ; puis, à partir de ce moment, le jeu de chacune de ces initiales se fera selon le type connu (voir les figures schématiques, ci-contre).

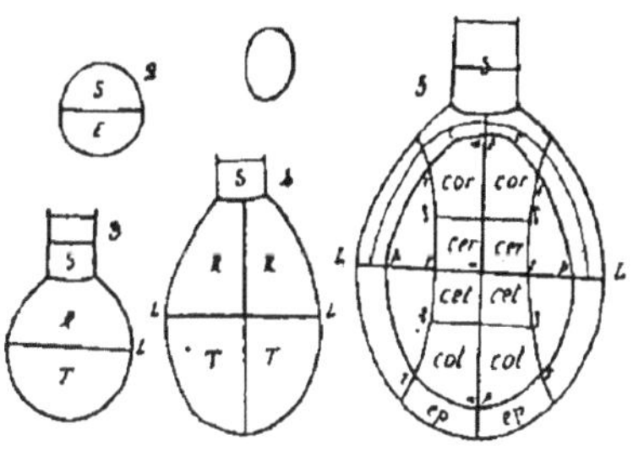

Fig. 73. — Premiers cloisonnements de l'œuf d'une Dicotylédone (schéma). *s*, suspenseur ; *R.R*, initiales de la racine ; *TT*, initiales de la tige.

2° Origine des radicelles et des racines latérales. — Les ramifications de la racine principale et les rameaux de divers ordres nés sur des racines se forment dans l'endoderme chez les Cryptogames vasculaires et toujours en face des faisceaux ligneux.

La production des radicelles a une origine plus profonde chez les Phanérogames. Ce sont les cellules du péricycle ou *couche rhizogène* qui entrent en jeu en certains points où elles forment : 1° les *plages* ; 2° les *files* et 3° les *arcs rhizogènes* suivant la façon dont on les examine en coupe longitudinale tangentielle (1) ou radiale (2), ou bien en coupe transversale (3). La cellule centrale de la plage rhizogène, ou les cellules centrales, si le nombre de cellules de la plage rhizogène est pair, produisent par deux cloisonnements tangentiels successifs les initiales de la radicelle (fig. 74 A, B, C et fig. 75), initiales analogues à celles de la racine principale et se comportant comme elles. Les autres cellules de la plage rhizogène ont un rôle accessoire et se cloisonnent dans diverses directions pour produire les tissus de raccordement entre la racine mère et sa radicelle (fig. 74, D).

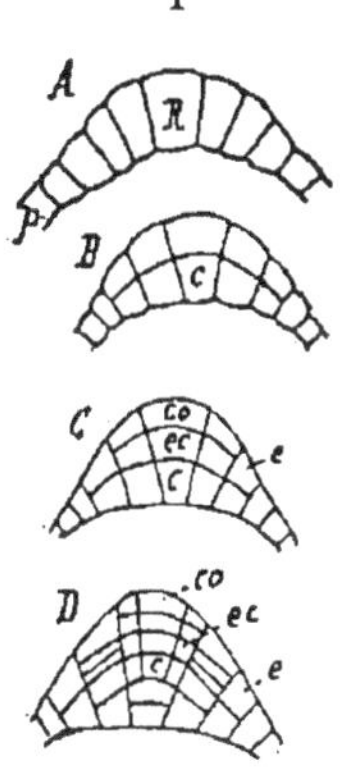

Fig. 74. — Formation d'une radicelle. A, *Arc rhizogène*; *p*, péricycle ; *co*, initiale de la coiffe ; *ec*, initiale du cylindre cortical ; *e*, initiale du cylindre central.

La radicelle pour sortir doit traverser toute l'écorce ; elle le fait en digérant tous les tissus qui lui font obstacle et sa coiffe sécrète à cet effet certains ferments. C'est parfois l'endoderme ou les cellules internes de l'écorce qui remplissent ce rôle et constituent alors une *poche digestive*. Celle-ci, au moment où la radicelle se fait jour au dehors, se détache de la racine même et forme à la radicelle une sorte de bonnet qui tombera bientôt pour laisser à nu la coiffe.

Les racines qui naissent sur la tige et sur les feuilles ont même origine, à moins que le péricyle n'ait été détruit. Dans ce cas, la racine prend naissance dans le liber.

Lesracines gemmaires font exception; elles se forment, en effet, à la périphérie de l'écorce où se développent des points végétatifs par un jeu de cellules semblable à celui qui a été décrit comme se passant dans l'endoderme ou le péricycle. En raison du lieu de leur formation, ces racines sont dites *exogènes*, par opposition aux précédentes qui sont *endogènes*.

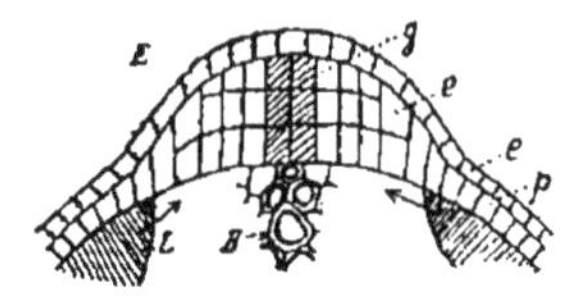

Fig. 75. — Origine d'une radicelle en face d'un faisceau ligneux *B. g*, génératrices de la radicelle ; *p*, péricycle ; *e*, endoderme; *L*, faisceau libérien.

113. Disposition des radicelles sur la racine et des racines latérales sur la tige. Rhizotaxie. — Quand les racines ne possèdent que deux faisceaux de bois en alternance avec deux faisceaux de liber, les radicelles apparaissent suivant quatre lignes parallèles à l'axe de la racine. C'est que dans ce cas, les radicelles se développent régulièrement et de chaque côté des deux faisceaux ligneux ; ils sont par conséquent en nombre double de ceux-ci (*racines diplostiques*). Mais si les faisceaux ligneux sont plus nombreux, les radicelles naissent en face de chaque faisceau du bois et sont disposés à leur sortie sur autant de rangées qu'il entre de faisceaux ligneux primaires dans la constitution de l'organe (*racines isostiques*).

Chez les Cryptogames vasculaires, on ne rencontre fréquemment sur les racines que deux rangées de radicelles, parce que celles-là ne présentent généralement que deux faisceaux de bois et nous savons que chez ces végétaux les radicelles naissent toujours en face des faisceaux ligneux ; les racines sont donc ici toujours isostiques.

Dans les tiges et dans les feuilles, l'insertion des racines est plus irrégulière, mais elle se fait le plus souvent entre les faisceaux libéro-ligneux, vis-à-vis des rayons médullaires.

114. Accroissement des racines. — La racine peut s'accroître en longueur et en épaisseur et son accroissement passe successivement par trois phases. Un fort accroissement en épaisseur est l'apanage des Climacorhizes.

a) *Dans la phase initiale ou stade embryonnaire*, la cellule initiale ou les cellules initiales se cloisonnent abondamment et forment le méristème, duquel sortiront tous les éléments de la racine primaire : quand, par exemple, la racine possède trois initiales, la cellule-mère de la coiffe se cloisonne parallèlement à sa face externe et à ses faces latérales, mais jamais elle ne détache de segment du côté de la face profonde (fig. 62) qui reste toujours au contact de l'initiale du cylindre cortical. Celle-ci ne se cloisonne que parallèlement à ses faces latérales, tandis que l'initiale du cylindre central se comporte comme l'initiale de la coiffe, mais avec cette variante qu'elle se divise vers l'intérieur et ne se cloisonne pas suivant sa face en contact avec l'initiale du cylindre cortical.

Toutes les cellules ainsi produites forment le méristème dont les éléments se multiplient activement et l'observation démontre que c'est au niveau du point végétatif que l'élongation de la racine se fait avec le plus d'activité ; si on coupe, en effet, la pointe de la racine, celle-ci cesse presque complètement de s'allonger. Si, d'autre part, on mesure après quelque temps l'élongation des diverses parties de la radicule que l'on aura, au préalable, divisée par des traits équidistants (fig. 76, A), on constate que l'allongement ne se manifeste guère qu'au niveau du dernier centimètre, et que les subdivisions de ce centimètre sont d'autant plus écartées que l'on se rapproche davantage de l'extrémité, l'épaisseur de la coiffe étant mise à part (fig. 76, B).

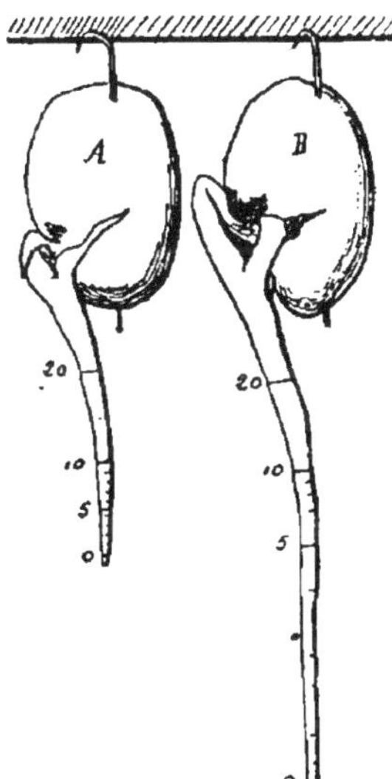

Fig. 76. — Allongement de la radicule.

b) *Phase d'allongement.* — Au-dessus des premiers millimètres occupés par le méristème, les éléments qui en sont issus subissent une distension, un allongement, qui leur fait acquérir leurs dimensions définitives. C'est l'allongement qui correspond aux dernières divisions du premier centimètre et, parfois, aux quelques centimètres suivants.

c) Dans la dernière phase, phase de *différenciation* ou de *maturation*, les éléments issus du méristème modifient plus ou moins leurs constitution (mutation dans la forme, l'épaisseur des parois, etc.) pour donner à la racine sa structure primaire définitive. La racine ne subit plus d'allongement bien appréciable, celui-ci étant, comme nous venons de le voir, terminal ou plutôt *subterminal*, puisque la pointe de la racine est occupée par la coiffe.

Dans quelques racines aériennes et aquatiques, on observe un *allongement intercalaire* consistant en une élongation tardive et prononcée des cellules déjà formées ; nous verrons que ce mode de croissance est normal dans la tige.

La racine primaire des Liorhizes, une fois que ses tissus sont caractérisés, ne s'accroît pas en épaisseur. La différence de volume qu'on observe entre les diverses racines d'un même sujet chez ces végétaux est due à ce fait qu'avec le développement, le point végétatif. mieux nourri, produit des éléments nouveaux en plus grande quantité que les méristèmes des sujets encore malingres en raison de leur jeune âge ou de leur nutrition insuffisante.

Chez les Gymnospermes et les Dicotylédones, l'accroissement en épaisseur de la racine tient surtout à la formation du cambium libéro-ligneux auquel se joint parfois le cambium phellodermique, comme nous l'avons déjà vu. Les formations secondaires ici modestes (aquatiques), donnent là des dimentions parfois énormes aux racines (arbres).

115. Influence des conditions externes sur l'accroissement de la racine. — a) *Géotropisme.* — Normalement, la racine principale doit s'allonger perpendiculairement à la surface du sol : quelle que soit la direction qu'on lui donne ou dans n'importe quelle position qu'on place la graine, cette racine s'incurve toujours pour diriger son extrémité vers le centre de la terre. On donne à cette action, que l'on attribue à la pesanteur, le nom de *géotropisme.*

La courbure géotropique, comme toutes les courbures de la racine, du reste, ne se produit que dans les régions en voie de croissance, c'est-à-dire vers l'extrémité de l'organe. La force géotropique va en s'affaiblissant de plus en plus dans les divisions d'ordre de plus en plus élevé de la racine primitive, les premières ont une direction plus ou moins oblique sur la perpendiculaire, les dernières s'allongent dans toutes les directions et peuvent même, si elles sont sollicitées par d'autres forces, croître momentanément de bas en haut.

b) *Action de la température.* — La température favorise la croissance de la racine, mais entre certaines limites seulement. Nulle, au-dessous d'un minimum de chaleur, la croissance augmente avec la température pour atteindre un optimum, au-dessus duquel elle va en diminuant pour cesser à une température plus élevée, température maxima. Les températures critiques varient avec chaque plante et produisent sur la racine des courbures *thermotropiques*, les racines recherchant les sources des températures favorables, fuyant les autres, et n'ayant à leur service, pour atteindre ce but, que les inflexions dont le siège se trouve dans leur point végétatif.

c) *Action de la lumière.* — La lumière retarde la croissance de la racine, comme celle de tous les organes ; la racine fuit la lumière, elle est donc douée d'un *phototropisme négatif.*

d) *Action de l'eau.* — L'humidité accélère la croissance de la racine en augmentant la turgescence des cellules ; la racine est attirée par l'eau et l'*hydrotropisme* de cet organe peut facilement être mis en évidence en faisant germer des grains dans un tamis rempli de sciure de bois, suspendu et incliné de 45°

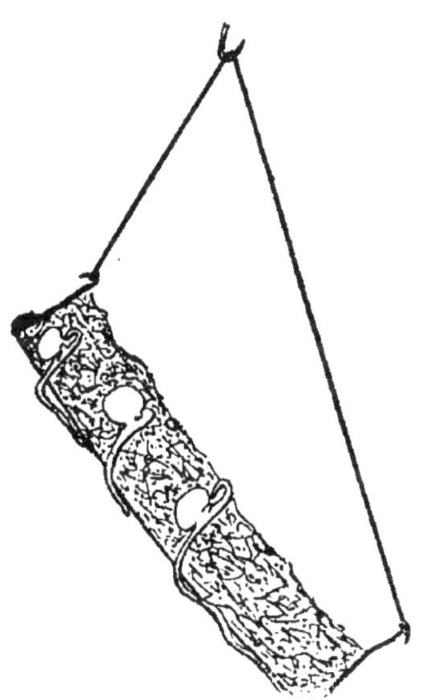

Fig. 77. — Courbures de la racine causées par l'hydrotropisme.

environ : les radicules poussées par le géotropisme sortiront à travers les mailles du tamis, puis se recourberont et suivront la direction de la toile métallique contre laquelle elles resteront appliquées ou bien, même, elles se relèveront et pénétreront à nouveau dans la sciure pour en sortir de nouveau et ainsi de suite. Les radicules décrivent ainsi une suite de courbes montrant la lutte entre le géotropisme et l'hydrotropisme et la prédominance successive de l'une de ces forces sur l'autre (fig. 77).

e) *Action des aliments.* — La racine a un *trophotropisme* positif : elle se dirige vers les régions du sol qui sont riches en matières nutritives et y séjourne jusqu'à leur épuisement (*racines coralloides* des végétaux croissant dans l'humus).

f) *L'électricité* provoque un tropisme toujours négatif et plus prononcé pour l'électricité statique positive que pour l'électricité négative.

La *durée de la croissance* est très variable.

116. Fonctions de la racine. — En dehors des fonctions de la vie générale, tout organe a des fonctions qui lui sont propres, ce sont ses fonctions spéciales ; passons en revue les travaux de la racine.

a) *Fonctions spéciales de la racine.* — La racine est d'abord et avant tout *l'organe d'absorption des matières minérales.* Nous avons vu que cette opération se fait par la *membrane absorbante* qui revêt les jeunes parties de la racine ; c'est elle qui fait pénétrer dans le corps de la plante les matières minérales tenues en dissolution dans l'eau du sol et son pouvoir va même, par une sécrétion acide, jusqu'à donner la forme absorbable à certains produits solides du terrain qui les touche. Nous ne reviendrons pas sur les causes de l'absorption que nous avons examinées ailleurs (p. 41).

Certaines racines, se trouvant dans des conditions spéciales, en tirent des propriétés particulières : les racines aériennes, par exemple, qui ont un *voile* et de la *chlorophylle*, peuvent assimiler le carbone de l'acide carbonique atmosphérique et, par leur voile doué d'un pouvoir absorbant considérable, retenir les particules alimentaires des poussières atmosphériques qui se dissolvent à leur surface, au contact des eaux de pluie ou de condensation. Les parasites ont des racines qui s'organisent en *suçoirs,* organes susceptibles d'absorber non seulement les matières minérales, mais encore les substances hydrocarbonées et azotées, toutes formées, qu'elles empruntent à leur hôte (Gui, Rhinanthe, Mélampyre, etc.).

Les racines ordinaires ont encore pour rôle de *fixer les végétaux au sol,* en exerçant une véritable traction sur la base de la tige, traction due au raccourcissement que subissent, en vieillissant, les cellules du cylindre cortical de la racine et qui a sa répercussion sur les dimensions de l'organe tout entier. Le système radical étant fortement fixé au sol par ses radicelles formant point fixe, tout l'effort de traction se porte sur la base de la tige qui, tirée également en tous sens, est vigoureusement maintenue dans la situation verticale.

. b) *Fonctions de la vie générale.* — La racine qui renferme, avons-nous dit, du liber, du bois et du parenchyme, permet donc la *circulation des matières minérales et organiques.* Comme les autres organes des plantes, la racine est le *siège d'élaboration de substances albuminoïdes*; elle peut aussi *mettre en réserve des matières nutritives* et cela, selon les végétaux, dans les parenchymes corticaux, libériens, ligneux ou médullaires. Ces matières de réserve sont surtout constituées par des matières hydrocarbonées, *amidon* (manioc), *inuline* (aunée), *sucres* (carotte), qui seront rendues solubles au moment de leur utilisation par les ferments, afin de cheminer à travers les parenchymes pour se rendre dans les lieux où elles seront assimilées.

La racine *excrète* aussi, mais son excrétion se borne principalement à l'élimination de l'acide carbonique de la respiration, rejet très faible du reste; elle n'expulse pas de substances qui pourraient être nuisibles à sa propre végétation comme on l'a prétendu. Le système glandulaire y est moins développé que dans les autres parties du végétal, mais les plantes à racines, renfermant soit des laticifères, soit des canaux sécréteurs, sont encore nombreuses.

Nous savons déjà que la racine est *sensible aux agents extérieurs*: chaleur, lumière, humidité, etc.; il y a trop peu de temps que nous venons de parler des thermotropisme, hydrotropisme, etc., pour y revenir maintenant.

117. Symbiose des racines avec divers organismes. — Certaines racines vivent en association ou symbiose; le fait caractéristique de cet assemblage est que chaque associé tire profit de la situation particulière dans laquelle il se trouve. Nous ne ferons que rappeler ici le mutuel concours que se prêtent les racines des Légumineuses et les organismes appelés Bactéroïdes ou Rhizobium, fixateurs de l'azote atmosphérique dont ils font profiter la racine qui, par contre, leur donne un abri, l'humidité et les matières minérales et organiques qui leur sont indispensables.

Les arbres de nos forêts, qui vivent dans un sol riche en humus, ont leurs racines fréquemment entourées d'une sorte de feutrage de filaments mycéliens, dont quelques-uns pénètrent, dit-on, dans l'intérieur des cellules, y faisant échange de substances utiles. On appelle *Mycorhizes* ces sortes de champignons. Quelques botanistes vont jusqu'à prétendre que cette relation intime des deux êtres est absolument indispensable, notamment pour certaines Orchidées, qui ne pourraient se développer qu'avec leur concours; les champignons seraient là les intermédiaires nécessaires entre l'humus du sol et la plante verte.

118. Durée de la racine.— La racine ne vit que quelques mois chez les végétaux dits annuels, dont la durée se réduit parfois à quelques semaines. Elle se conserve fort longtemps dans les végétaux ligneux, ordinairement aussi longtemps que le végétal lui-même qui peut dans quelques cas vivre un siècle et plus (pivot des Dicotydédones et des Gymnospermes). Chez les plantes vivaces, la durée de la racine est souvent limitée par suite de la destruction des parties anciennes du végétal (rhizome et racines qu'il porte) mais celles-ci se renouvellent constamment pour la conservation de l'individu. Les Monocotylédones, qui n'ont que des racines adventives, se comportent comme les plantes vivaces.

Tous les arboriculteurs savent que la suppression d'une partie des racines fait périr chez les arbres les branches correspondantes et que de même, lorsqu'on supprime une partie des rameaux, les racines qui les nourrissaient dépérissent. Cette observation montre la relation étroite qui existe entre les systèmes aérien et radical et la dépendance dans laquelle ils se trouvent l'un vis-à-vis de l'autre.

LAVAL. — IMPRIMERIE PARISIENNE, L. BARNÉOUD & Cie.

II. DE LA TIGE

119. Définition. — La tige, qui sert d'intermédiaire pour les échanges nutritifs entre la racine et les feuilles, a un rôle beaucoup plus effacé, dans la conservation du végétal, que ces derniers organes : la tige a surtout pour but de supporter les feuilles et de les placer dans la position la plus favorable pour leur permettre la fixation du carbone et l'élimination d'eau par la transpiration. Ses fonctions spéciales sont peu sensibles, ce qui rend sa définition difficile ; on se trouve réduit à dire, si l'on veut généraliser, que *c'est la partie héliotropique du végétal* ; il est cependant des tiges entièrement souterraines.

La tige est, morphologiquement, caractérisée par la présence, à sa surface, de renflements ou *nœuds* sur lesquels s'attachent les feuilles. Celles-ci, plus ou moins distantes les unes des autres, sont séparées par les *entre-nœuds*. Dans certains végétaux les entre-nœuds sont très courts et les feuilles, qui s'insèrent sur les nœuds, forcément pressées les unes contre les autres, semblent naître directement de la base de la racine ; on caractérise ces végétaux, fort improprement du reste, par le qualificatif d'*acaules* (de *a* privatif et *caula*, tige).

La tige se distingue de la racine par l'absence de coiffe et de membrane absorbante, aussi par sa surface, totalement recouverte par un *épiderme* muni de stomates que remplace un liège muni de lenticelles, après la chute de l'appareil protecteur d'origine primaire. La structure interne est également différente, comme nous le verrons plus loin ; c'est même cette structure qui fournit les meilleurs caractères distinctifs, car il est des tiges souterraines, les rhizomes, qui se distinguent mal, à un examen superficiel, de la racine.

La tige se ramifie comme le fait la racine, mais ses ramifications prennent naissance à la surface du cylindre cortical, elles sont *exogènes*.

120. Présence de la tige. — La tige manque chez les Myxomycètes et les Thallophytes ; elle n'apparaît que chez les Muscinées (Mousses et Jungermanniacées) où elle est très simple ; elle acquiert une structure de plus en plus parfaite d'abord avec les Cryptogames vasculaires, puis avec les Phanérogames. Parmi les Muscinées, certaines Hépatiques n'ont encore pour appareil végétatif qu'un véritable thalle (Marchantiacées, etc.).

121. Origine et insertion de la tige. — Les tiges s'insèrent de façons diverses. Chez les Dicotylédones, l'embryon a sa jeune tige enfermée dans la gemmule et celle-ci ne commence en réalité qu'à la hauteur de l'insertion des cotylédons, les premières feuilles du végétal ; là, elle fait suite à l'axe hypocotylé qui, lui-même, est en continuité directe avec la radicule. L'axe hypocotylé qui répond, le plus souvent, assez exactement au collet, a une structure intermédiaire entre celle de la tige et celle de la racine : c'est une région de passage dans laquelle se fait le raccord entre les deux organes.

La tige constitue l'organe principal de l'embryon des Monocotylédones ; elle est, d'un côté, le point de départ des racines latérales, les seules que présente jamais l'embryon ; elle porte du côté opposé au précédent la gemmule, au-dessus du cotylédon unique, contourné ici sur lui-même (*engainant*) pour protéger le point végétatif de la tige.

Nous avons vu que, chez les Cryptogames vasculaires, la tige naissait par le développement d'un point végétatif de tige dans l'un des quatre segments qui procèdent des premiers cloisonnements de l'œuf (fig. 72, p. 119).

Chez les Muscinées, les spores sorties de la capsule donnent naissance, en germant, à un appareil filamenteux, confervoïde, le *protonéma*, dont certaines cellules produisent çà et là, par des divisions convenables, des points végétatifs générateurs des bourgeons d'où sortiront les tiges. D'un même protonéma peuvent donc provenir plusieurs tiges (fig 129).

Les tiges s'insèrent très rarement sur les racines, cependant ce fait s'observe exceptionnellement dans certaines Orchidées, dans la Ronce, le Framboisier, etc. Ces ramifications de la Ronce et du Framboisier, appelées *drageons*, naissent dans le péricycle de la racine ; elles sont *exogènes* dans la Linaire vulgaire.

Les tiges prennent aussi parfois naissance sur les feuilles : la variété *bulbifera*, du *Nymphæa stellata*, est bien connue par ses feuilles flottantes qui portent des bourgeons ; il en est de même de certaines Fougères (*Asplenium proliferum*, etc.). On sait aussi avec quelle facilité on multiplie les Bégonias hybrides à feuilles ornementales par le moyen de fragments de feuilles, tenus au chaud et à l'humidité, dont les nervures produisent rapidement des bourgeons.

Mais, d'une façon générale, les tiges sortent de bourgeons produits par la tige à l'aisselle des feuilles (*bourgeons axillaires*). Il en existe un ou plusieurs à l'aisselle de chaque feuille dont le développement, plus ou moins hâtif, produit la ramification du végétal. Aux bourgeons axillaires, on oppose les *bourgeons terminaux* qui occupent le sommet de l'axe principal et de ses rameaux et qui sont la source de leur accroissement en longueur.

122. Développement de la tige. — Un bourgeon est formé d'un rudiment de tige portant de jeunes feuilles superposées et dressées (fig. 93) ; celles-ci s'étalent une à une, au fur et à mesure qu'elles voient le jour, par suite de l'arrêt de développement que subit leur face inférieure sous l'action de la lumière, ce qui amène le rejet de cette face vers l'horizontale ; les entre-nœuds de la tige rudimentaire, support de ces feuilles, s'allongent ensuite plus ou moins : l'élongation des entre-nœuds ne se produisant pas, la tige est ramassée sur elle-même et le faciès que prend la plante est celui des végétaux acaules. Cette absence de croissance des entre-nœuds ne porte, le plus souvent, que sur la tige principale, cependant on l'observe aussi parfois sur les rameaux (Joubarbes). Lorsque les entre-nœuds s'allongent (*végétaux caulescents*), les feuilles s'écartent plus ou moins les unes des autres (certaines feuilles s'espacent ainsi de 5, 10 et même 20 centimètres : Sureau noir), et les rameaux nés à l'aisselle de ces feuilles espacées sont eux-mêmes écartés les uns des autres, au lieu d'être rapprochés comme dans le cas précédent.

En même temps que la tige s'allonge, son diamètre s'accroît et sa consistance se modifie par le développement d'un squelette qui consolide sa structure. L'accroissement en épaisseur peut se faire par le développement plus considérable des éléments primaires sortis des points végétatifs, à la suite d'une nutrition plus active (Cryptogames vasculaires, Monocotylédones), ou bien par le développement progressif de formations secondaires, à la suite du jeu d'un cambium libéro-ligneux dont la puissance et la durée peuvent faire acquérir à la tige plusieurs mètres de diamètre (Gymnospermes, Dicotylédones).

Lorsque la croissance de la gemmule se continue longtemps, la tige est dite à *croissance indéfinie* ; lorsqu'il en est autrement, le bourgeon primitif, désorganisé avec une portion du rameau sous-jacent, est suppléé par des bourgeons latéraux, nés à l'aisselle des feuilles conservées : alors, la tige est *définie*. Les faits de cet ordre qui se produisent sur la tige principale se répètent ensuite sur les rameaux ; à la suite, tous les axes caulinaires d'un tel végétal sont définis. Dans les axes définis, l'extrémité des rameaux peut, au lieu de se désorganiser, s'appliquer à une fonction spéciale, le plus souvent la reproduction : les fleurs représentent, en effet, des axes feuillés spécialisés, mais, en règle générale, dans ce cas, la croissance de l'axe s'arrête après la production de l'organisme particulier. Les fleurs dites prolifères, véritables monstruosités, et les tiges mâles de certaines Mousses (Polytrics) se présentent comme des exceptions.

a) *Morphologie de la tige*

Sous l'influence de causes très diverses, d'ordre atavique ou tenant au milieu extérieur, les tiges prennent des formes très variées.

123. — La **taille** varie beaucoup sans être en relation avec le degré de perfectionnement organique du végétal : les tiges de Mousses sont toujours minuscules, mais c'est aussi le cas de celles d'un certain nombre de Phanérogames qui ne dépassent pas quelques centimètres de hauteur. Il y a des Cryptogames vasculaires très volumineuses et arborescentes ; il en a existé dans les temps géologiques de véritablement énormes (végétaux de la Houille). Certaines Phanérogames atteignent des tailles gigantesques : le Palmier à cire des Andes s'élève à 150 mètres de hauteur et l'on prétend que certains *Sequoia gigantea*, qui dépassent 100 mètres de hauteur, peuvent supporter sur leur base sectionnée vingt-quatre hommes à cheval. Le Baobab (*Adansonia digitata*) peut acquérir près de trente mètres de circonférence.

124. — La **consistance** varie aussi beaucoup : certaines tiges sont molles (tiges *charnues* et *herbacées*), d'autres sont au contraire très résistantes (*tiges ligneuses*). Quand la moelle disparaît, amenant la formation d'une longue cavité tubulaire ininterrompue, la tige est dite *fistuleuse*. Le *chaume* des Graminées est une tige fistuleuse dont la cavité est interrompue, à la hauteur des nœuds, par des planchers résistants.

125. Forme. — La tige peut être cylindrique (Palmiers) ou conique (Dicotylédones et Gymnospermes) ; elle est parfois aplatie (Raquettes), angulaire (Composées), triangulaire (Cypéracées), sillonnée, striée, fusiforme, etc.

On donne à la tige des Palmiers, qui est assez exactement cylindrique et dépourvue de ramifications, le nom de *stipe*; dans ce cas, les feuilles sont toutes réunies en bouquet au sommet de la tige (Dattier). Chez les Dycotylédones, où la tige est conique, on donne le nom de *sous-arbrisseaux* ou *arbustes* aux végétaux ligneux, ramifiés dès la base et ne dépassant pas 1 m. 50 (Groseillier). Les *arbrisseaux* ont de 2 à 4 mètres et la base de leur tige peut être dénudée sur un espace de 0 m. 50 à 1 mètre au plus (Lilas). Les *arbres*, enfin, ont une partie inférieure dénudée, le *tronc*, qui dépasse un mètre, et une ramure très développée, appelée *cime*.

126. Symétrie de la tige. — La tige est généralement symétrique par rapport à l'axe du cylindre ou du cône qui la constitue : mais dans quelques cas, elle s'aplatit : dans les rhizomes, dans les rameaux à feuilles distiques, ou encore lorsqu'elle s'appuie fortement sur un support contre lequel elle semble s'écraser ; sa struture est alors *dorsiventrale* et symétrique par rapport au plan vertical abaissé sur la face déprimée et passant par le point le plus développé de la face courbe.

127. — Les **nœuds** peuvent se développer plus ou moins dans les tiges herbacées ; les tiges à nœuds très développés sont dites *noueuses*. Ordinairement, c'est dans les nœuds qu'on observe le maximum de résistance ; cependant chez quelques végétaux, c'est là que se localisent les points faibles (*tiges articulées* du Gui et des Œillets). La tige change parfois normalement de direction au niveau de certains nœuds : les tiges de cette sorte sont *géniculées*.

128. — Direction de la tige. — La tige principale est souvent *dressée*, elle peut aussi être *ascendante* (d'abord couchée puis redressée), *nutante* (d'abord dressée puis recourbée vers le bas), *couchée*, *rampante*, *grimpante*, alors soit au moyen de vrilles (Vigne), soit par l'intermédiaire de crampons (Lierre), enfin *volubile*, en s'enroulant autour de supports (Haricot).

129. — Etat de la surface. — La surface de la tige peut être lisse ou crevassée, poilue ou glabre, épineuse, subéreuse, ailée, foliacée ou aphylle. La coloration, verte à l'origine, peut devenir blanche (Bouleau), rougeâtre (Pin), grise, brune, etc, etc., à la suite de formation de lièges colorés.

130. — L'habitat peut modifier considérablement l'aspect des tiges. Les tiges souterraines ressemblent à des racines (rhizomes) ; les tiges aquatiques sont minces ; dans les lieux secs, les tiges deviennent parfois charnues et vont jusqu'à perdre presque totalement leurs feuilles qui ne sont plus représentées que par des épines (Cactées).

131. — Ramification et orientation des branches. — La disposition de la ramure suffit à caractériser les différents arbres : dans certains, les rameaux, de taille différente, font avec l'axe principal un angle d'autant plus petit qu'elles sont plus jeunes et plus rapprochées du sommet (Peuplier pyramidal, etc.) ; dans d'autres cas, au contraire, les ramifications s'étalent immédiatement (*Araucaria excelsa*).

Il y a des tiges simples, comme le stipe des Palmiers ; il y en a de plus ou moins rameuses : quelques-unes peuvent montrer à la fois des ramifications à l'aisselle de presque toutes les feuilles (Composées, Labiées). Il en est qui se bifurquent régulièrement à chaque extrémité : cette *dichotomie* caractérise la tige des Lycopodiacées. Quand la tige se termine par une fleur, sa croissance étant par là arrêtée (*définie*), l'accroissement en longueur ne peut plus se produire que par l'intermédiaire de rameaux qui prennent plus ou moins la place de l'axe florifère au sommet.

D'autres causes peuvent produire le même effet, ainsi, dans le Lilas, le Marronnier d'Inde, le dernier entre-nœud, qui n'aoûte jamais son bois, est détruit pendant l'hiver, ce qui entraîne l'arrêt du développement terminal de l'axe ; mais, au printemps suivant, on voit se substituer au bourgeon terminal les deux bourgeons conservés, les plus haut placés sur l'axe, qui développent chacun une branche produisant une bifurcation différente, quant à l'origine, de la dichotomie dont nous avons parlé et qu'on désigne, du reste, sous le nom de *fausse dichotomie*.

Les tiges *sympodiques* (Vigne) paraissent simples, mais elles sont en réalité formées de rameaux superposés : ce sont en effet des tiges définies dont les parties terminales sont constamment déjetées de côté, parce qu'elles avortent ou se transforment en fleurs ou en vrilles et sont remplacées, quant à la direction, par des rameaux axillaires qui prennent un développement égal à celui de leurs générateurs, ce qui leur permet de se confondre avec eux. Le même phénomène peut encore se produire par l'apport plus considérable de la sève dans un bourgeon latéral qui évolue avec plus de vigueur que le bourgeon terminal ; celui-ci est alors déjeté sur le côté, supplanté par le rameau qui prend la direction qu'occupait le rameau primitif.

132. Diversité dans les rameaux. — Dans le Petit-Houx (*Ruscus aculeatus*), certains rameaux arrondis portent des écailles avec des bourgeons à leur aisselle; ceux-ci se développent en un rameau ne produisant qu'une seule feuille bien développée à laquelle ils se soudent sur une certaine longueur. Au delà du point de soudure, il ne produit plus que quelques petites feuilles écailleuses, pressées les unes contre les autres, et souvent aussi une ou deux fleurs qui semblent les unes et les autres naître de la nervure médiane de la grande feuille. Celle-ci avait été prise pendant longtemps, à cause de cela, pour un rameau aplati et avait été rangée, à tort, parmi les *cladodes*, ou tiges aplaties. Les Pins ont aussi des rameaux différents: certains rameaux sont arrondis et ne portent que des écailles à l'aisselle desquelles naissent des rameaux courts portant de deux à cinq feuilles en aiguilles et pressées en pinceau.

133. Adaptation à des rôles déterminés. — Quelques tiges s'adaptent à la fonction chlorophyllienne pour suppléer aux feuilles plus ou moins absentes et cette adaptation amène des modifications morphologiques diverses. Le fait s'observe chez les Cereus, Opuntia, etc., en un mot chez les Cactées, où les feuilles sont, en effet, réduites à des épines. Il en est de même de beaucoup de plantes des régions arides où la nécessité d'économiser l'eau amène la disparition des feuilles; la tige est alors gorgée de chlorophylle et quelquefois jusque dans ses parties les plus profondes. La tige prend aussi, dans ces cas, le plus souvent une forme particulière: elle s'aplatit par exemple et prend l'aspect foliacé: on donne à ces tiges le nom de *cladodes* (Epiphyllum, Mühlenbeckia); ou bien, elle devient sphérique (Mammillaires) etc., etc.

La tige peut se modifier en certains points pour y accumuler des *réserves hydrocarbonées* (saccharose, amidon, inuline); alors, bien souvent, elle se renfle en ces points et les tubercules qui en résultent se produisent aux dépens tantôt de la tige principale, tantôt, et le plus souvent, des rameaux. Ces tubercules, presque toujours souterrains, se développent sur des rhizomes: tels sont les tubercules formant les Pommes de terre et les Topinambours. Les réserves peuvent se localiser dans les formations primaires (dans la moelle et l'écorce des Crosnes du Japon, produites par le *Stachys tubifera*, ou dans les formations secondaires (*Helianthus tuberosus*, etc.).

La Carotte, la Betterave, etc., ont des tubercules d'origine mixte, dus à la fois au renflement de la tige et à celui de la racine. Les réserves se localisent chez les Betteraves dans les formations libéro-ligneuses de troisième ordre, disposées en zones concentriques, facilement visibles dans les Betteraves cuites où elles se séparent aisément les unes des autres.

La tige se modifie *pour la réserve d'eau* dans les plantes grasses (Cactacées) où la moelle énorme est formée par un tissu à contenu mucilagineux avide d'eau et ne la cédant qu'à bon escient.

La tige s'organise *pour le soutien* et alors se transforme en vrilles (Vigne) ou développe des épines par avortement de sa partie terminale, ou bien encore devient voluble (Haricot, Glycine de Chine).

La tige des plantes herbacées vivaces résiste au froid et à la sécheresse en s'enfonçant dans le sol, passant à l'état de rhizome (végétation des plantes alpines, de l'*Iris germanica*, etc.).

Les tiges épineuses servent à la protection des végétaux qui en possèdent (Prunellier).

La tige s'adapte enfin aux fonctions de reproduction en constituant des supports (pédoncules et pédicelles floraux) aux organes générateurs.

134. Anomalies de la tige. — Certaines tiges présentent des *exostoses* ou *loupes*, dues à des microorganismes parasites. D'autres ont leurs rameaux soudés en une lame : ce phénomène de *fasciation* est fréquent dans les inflorescences de Composées.

b) *Anatomie de la tige.*

La tige provient toujours d'un point végétatif, mais celui-ci agit différemment chez les diverses plantes et donne naissance à des tissus dont la disposition variable est caractéristique des grands groupes de plantes vasculaires. Il y a lieu, en effet, d'examiner la structure de la tige dans les Dicotylédones, les Monocotylédones, les divers groupes des Cryptogames vasculaires : Filicinées, Equisétinées et Lycopodinées, et enfin dans les Muscinées à tige.

Les Gymnospermes et les Dicotylédones produisent tôt ou tard des formations secondaires dans leur tige ; ce fait, qui leur est propre, les sépare nettement du reste des autres végétaux.

α) Tige des Muscinées.

135. Anatomie de la tige des Muscinées. — La tige des Muscinées naît sur le protonéma où l'on voit apparaître, çà et là, des bourgeons. Sa structure est toujours très simple, mais elle présente cependant des variations portant sur la présence ou l'absence de faisceaux conducteurs dans sa masse. Les tiges des plus simples montrent en coupe une *zone périphérique* de cellules résistantes, servant au soutien et une *zone interne* de cellules parenchymateuses sans trace de cellules conductrices (Barbula, Leucobryum, etc.).

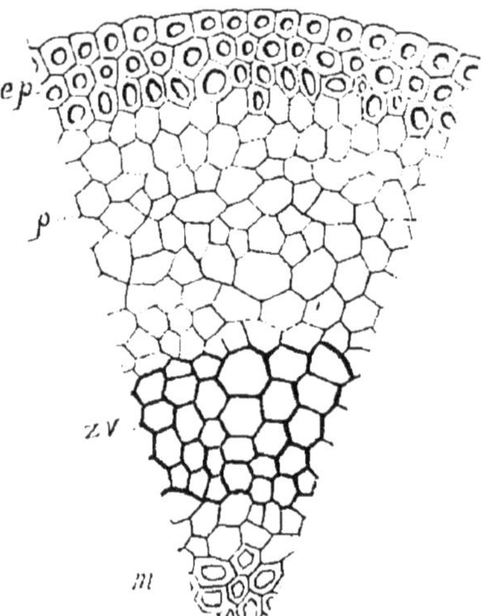

Fig. 78. — Tige de Polytrichum, en coupe transversale. *ep*, sclérenchyme ; *p*, parenchyme cortical ; *zv*, zone vasculaire ; *m*, moelle.

Ailleurs (tige aérienne des Polytrichum), au-dessus de la zone protectrice, on rencontre un parenchyme limité en dedans par un anneau d'*éléments vasculaires* d'où se détachent, çà et là, des cordons qui se rendent à la nervure médiane des feuilles. Le centre est occupé par une *moelle* (fig. 78). Dans les tiges souterraines de ces mêmes plantes, par suite d'adaptation au milieu terrestre, le tissu médullaire disparaît et les faisceaux conducteurs occupent le centre de l'organe. L'épiderme manque à la surface de toutes les tiges de Mousses.

Dans tous les cas, chez ces végétaux, le point végétatif est formé par une cellule unique se segmentant tantôt selon deux plans, tantôt selon trois plans, inclinés les uns sur les autres et sur l'axe de la tige.

β. Tige des Cryptogames vasculaires.

136. Anatomie de la tige des Cryptogames vasculaires. — Nous ne saurions l'étudier en détail, tant elle est variable. Différente chez les Filicinées, les Equisétinées et les Lycopodinées, la structure de la tige n'est même pas toujours la même dans les subdivisions de ces groupes.

Nous savons que chez ces végétaux l'œuf se divise en quatre segments et que de l'un d'eux dérive le point végétatif de la tige (fig. 72). Celui-ci est formé d'une cellule unique, tétraédrique, c'est-à-dire en forme de pyramide triangulaire à base convexe et externe, qui se divise parallèlement à ses faces latérales. Le méristème qui en résulte se différencie bientôt en *épiderme*, *cylindre cortical* et *cylindre central*.

On peut rencontrer typiquement, de dehors en dedans, dans

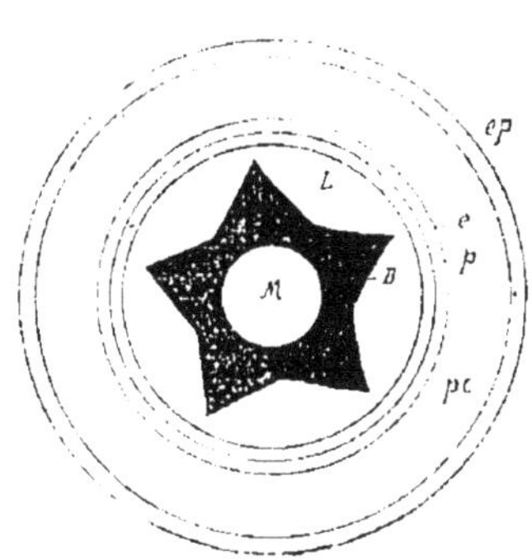

Fig. 79. — Schéma d'une tige de Botrychium. *ep*, épiderme ; *pc*, parenchyme cortical ; *e*, endoderme ; *p*, péricycle ; *L*, liber ; *B*, bois ; M, moelle. (*Tige monostélique*).

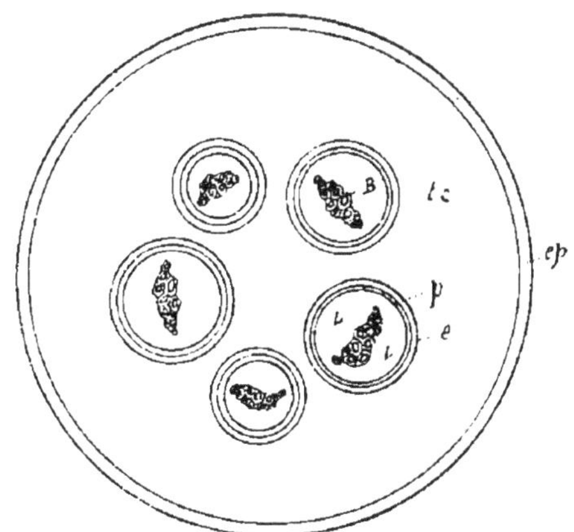

Fig. 80. — Schéma d'une tige de Fougère. *ep*, épiderme ; *tc*, tissu conjonctif ; *e*, endoderme ; *p*, péricycle ; *L*, liber ; *B*, bois (*Tige polystélique* à cinq stèles).

une tige de Cryptogame vasculaire : l'*épiderme*, puis un cylindre cortical composé d'un *parenchyme cortical*, limité en dedans par l'*endoderme* dont les cellules ont des parois plissées ; enfin, un *cylindre central* limité par un *péricycle* circonscrivant un anneau de *liber*, puis des faisceaux *ligneux* prismatiques à développement centripète, à la façon de ceux de la racine, et disposés en étoile autour d'une *moelle*, indépendants (Ophioglosse) ou réunis en une seule masse (Botrychium, fig. 79).

Mais fréquemment, le cylindre central est comme disloqué en plusieurs parties, formant autant de cylindres centraux. L'épiderme entoure alors un tissu conjonctif, ordinairement parenchymateux, au sein duquel sont plongés les faisceaux libéro-ligneux entourés chacun d'un endoderme et d'un péricycle ; chaque masse constitue par conséquent une sorte de cylindre central : cette tige à plusieurs cylindres centraux ou *stèles* est dite *polystélique* (Fougères, Sélaginelles, fig. 80), par opposition à la première qui est dite *monostélique* (Lycopodium, Equisetum, etc.).

Les stèles peuvent être placées sur un ou plusieurs cercles (Fougères) ou disposées en plusieurs groupes parallèles (Sélaginelles) ; les unes sont propres à la tige qu'elles ne quittent pas ; d'autres, qui se rattachent aux premières, se rendent aux feuilles et les mettent ainsi en relation avec la partie axile (tige et racine) du végétal.

γ. *Tige des Monocotylédones.*

137. Anatomie de la tige des Monocotylédones. — La tige des Monocotylédones est, à de rares exceptions près, dépourvue de formations secondaires et encore celles-ci ont-elles une origine différente de celles des Dicotylédones : mais le jeu du point végétatif est ici très actif et produit par le cloisonnement de ses trois initiales superposées des formations primaires puissantes Ces initiales donnent : l'externe l'épiderme, la moyenne le cylindre cortical et la troisième le cylindre central. Les plantes aquatiques n'ont cependant que deux cellules à leur méristème dont l'une donne spécialement l'épiderme, l'autre les cylindres cortical et central.

L'*épiderme* a le faciès habituel, celui que nous avons décrit à propos de l'appareil protecteur.

Le *cylindre cortical* situé au-dessous de l'épiderme comprend le parenchyme cortical et l'endoderme ; on peut trouver un *exoderme*, rarement du collenchyme, plus souvent des éléments prosenchymateux ou sclérenchymateux, délimitant le *parenchyme cortical* à l'extérieur. Dans celui-ci, on peut distinguer une *zone externe* et une *zone interne* ; mais il est très souvent réduit à quelques assises de cellules et la zone interne manque la plupart du temps ; on voit cependant cette zone se gorger de matières de réserve et devenir plus puissante dans les tiges souterraines. L'*endoderme*, assez bien caractérisé, forme la limite interne du cylindre cortical ; ses parois présentent le plus souvent des épaississements divers, subérifiés.

Le *cylindre central*, limité en dehors par un péricycle fréquemment sclérifié en partie ou en totalité, se rapproche rarement comme structure du cylindre central des Dicotylédones dont il se distingue ordinairement par le nombre et la disposition, par la structure et la course des faisceaux libéroligneux et aussi par l'étendue et la disposition de la moelle, assez fréquemment sclérifiée. Les *faisceaux libéro-ligneux* sont rarement disposés sur un seul cercle ; le plus souvent, ils sont fort nombreux et de tailles différentes, épars : les plus petits à la périphérie, contre le péricycle, les autres plus profondément situés et d'autant plus volumineux qu'ils sont plus rapprochés du centre. La masse des faisceaux s'étend plus ou moins loin vers l'intérieur ; la *moelle* en est plus ou moins réduite ; elle disparaît de fait lorsque les faisceaux envahissent le centre de la tige (fig. 81) ; mais dans tous les cas, les faisceaux sont plongés dans un *tissu conjonctif* qui peut être assimilé aux rayons médullaires. Les faisceaux sont le plus souvent collatéraux dans la tige aérienne et concentriques, le liber étant interne, dans les rhizomes. Ils sont formés de vaisseaux et de parenchyme. Le tissu conjonctif s'épaissit souvent soit sur l'une, soit sur l'autre face, soit sur toute la périphérie du faisceau auquel il forme alors une *gaine* (fig. 35). Dans certaines espèces, la sclérification gagne le tissu conjonctif tout entier et envahit aussi le péricycle et même l'endoderme qu'on ne peut plus discerner alors du tissu conjonctif central.

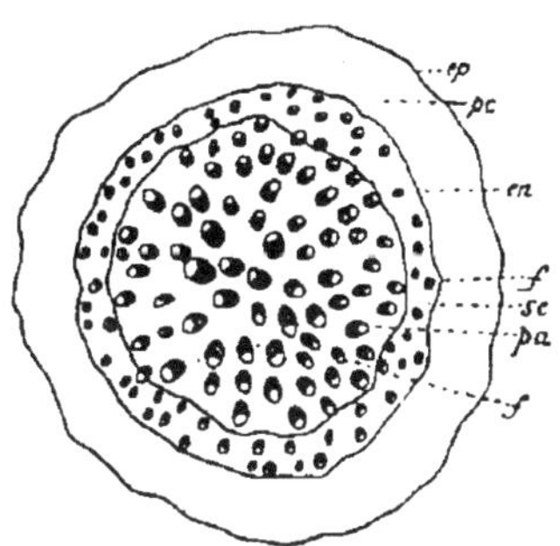

Fig. 81. — Schéma d'une tige de Monocotylédone (*Ruscus aculeatus*). *ep*, épiderme ; *pc*, parenchyme cortical ; *en*, endoderme et péricycle ; *f*, faisceaux libéro-ligneux ; *pa*, parenchyme conjonctif, sclérifié à l'extérieur, *sc* (D'après R. Gérard).

La disposition particulière des faisceaux libéro-ligneux de la tige des Monocotylédones est due à la façon dont ils se raccordent avec les faisceaux foliaires et le nombre considérable de ceux-ci (feuilles à nervures parallèles) explique le grand nombre de ceux-là.

138. Course des faisceaux libéro-ligneux. — Chez les Dicotylédones, les faisceaux, au sortir de la feuille (*faisceaux foliaires*) traversent le parenchyme cortical, l'endoderme et le péricycle, puis ils descendent dans la tige, appliqués contre ce dernier, pour s'unir plus bas avec d'autres faisceaux qui eux, ordinairement, ne quittent jamais le cylindre central de la tige (*faisceaux caulinaires*). Chez les Monocotylédones, les feuilles sont embrassantes et leurs faisceaux (*nervures*) sont parallèles, les plus gros occupant le milieu de la gaine et du limbe, les plus petits la périphérie de ces organes. Ceux-ci se comportent seuls comme les faisceaux des Dicotylédones et descendent accolés au péricycle ; les autres s'avancent plus ou moins vers le centre suivant leurs dimensions, les plus gros allant le plus profondément, mais, plus tôt ou plus tard, ceux-ci dans leur marche descendante s'incurvent vers le dehors et parcourent dans ce trajet sinueux plusieurs entre-nœuds avant de s'anastomoser à des faisceaux semblables pour assurer la continuité de la circulation. Les faisceaux des feuilles successives se soudent donc entre eux et se mettent en relation par ordre de grosseur (fig. 82). Mais, comme les feuilles successives ne s'insèrent pas sur une ligne verticale, comme elles ne sont pas exactement superposées, leur divergence entraîne une deuxième courbure des faisceaux, soit de gauche à droite, soit inversement de droite à gauche, qui leur permet de rejoindre les faisceaux similaires d'une feuille inférieure. Cette double courbure dans un plan courbe incliné par rapport à l'axe est caractéristique des Monocotylédones.

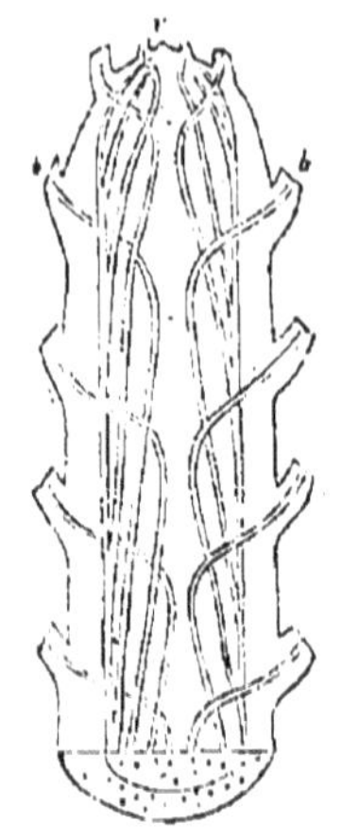

Fig. 82. — Course des faisceaux dans la tige d'*Aspidistra elatior*.

Chez les Graminées, où la tige est fistuleuse, les faisceaux descendent, dans les entre-nœuds, parallèlement au péricycle et ne s'incurvent qu'au niveau des nœuds où ils constituent en s'entre-croisant entre eux et avec les faisceaux partant aux feuilles une sorte de plancher résistant (*chaume*).

139. Réseau radicifère. — Près du point végétatif, le péricycle forme quelquefois à la périphérie du cylindre central, par prolifération de ses éléments, un tissu dans lequel se différencient de nombreux petits faisceaux libéro-ligneux, sinueux et entre-croisés, servant à l'insertion des racines adventives qui sont fort nombreuses chez certaines Monocotylédones. L'ensemble de ces faisceaux constitue le *réseau radicifère*. Celui-ci manque chez quelques Monocotylédones ; ailleurs (rhizomes de *Tamus communis*, de Vératre), il occupe toute la périphérie du cylindre central ; on le voit, dans le Muguet, se localiser au niveau des nœuds, et, chez l'*Iris germanica*, s'étendre sur la seule face inférieure des rhizomes, etc.

140. Formations secondaires. — Les massifs procambiaux qui donnent naissance aux faisceaux libéro-ligneux des Monocotylédones se différencient toujours complètement en bois et en liber et ces deux appareils arrivent au contact l'un de l'autre, ne laissant pas entre eux de méristème cambial, comme chez les Dicotylédones et les Gymnospermes : à cause de cela, ces *faisceaux* sont dits *fermés à l'accroissement*, par opposition à ce qu'on observe chez les derniers végétaux qui présentent des *faisceaux libéro-ligneux ouverts à l'accroissement*.

Les formations secondaires, que l'on observe le plus souvent et presque uniquement ici, consistent en *liège*. Celui-ci se développe à la périphérie de l'écorce par le jeu d'un cambium phellodermique. Cependant, on trouve des formations libéro-ligneuses secondaires chez les Yucca, les Dracæna, les Aloe ; elles se développent là dans un parenchyme secondaire issu du jeu du péricycle qui se comporte, chez ces plantes, comme un véritable cambium, produisant d'abord un parenchyme dans lequel se différencient des faisceaux libéro-ligneux.

δ. *Tiges des Dicotylédones et des Gymnospermes.*

1° *Formations primaires.*

141. Anatomie de ces tiges. — Les tiges de ces végétaux présentent des points communs, notamment des formations secondaires libéro-ligneuses plus ou moins importantes.

La tige primaire, formée ici encore d'un *épiderme*, d'un *cylindre cortical* et d'un *cylindre central*, procède du jeu d'un point végétatif constitué par *une cellule initiale* unique chez les Gymnospermes, par *trois initiales* ou *trois groupes de quatre initiales* superposés chez les Dicotylédones (exceptionnellement par deux).

La tige jeune d'une Dicotylédone ou d'une Gymnosperme, vue en coupe transversale, nous présente les trois parties énoncées, susceptibles elles-mêmes de se diviser en plusieurs parties distinctes, comme l'indique le tableau suivant et les figures 83 et 84.

a) *Epiderme* ou appareil tégumentaire.

b) *Cylindre cortical* avec {
quelquefois un *exoderme*,
» » *hypoderme*,
» du *collenchyme*,
un *parenchyme cortical externe*,
» » » *interne*,
» *endoderme*.
}

c) *Cylindre central* avec { un *péricycle*, des *faisceaux libéro-ligneux*, des *rayons médullaires* et *une moelle* (en un mot, un *appareil conjonctif*).

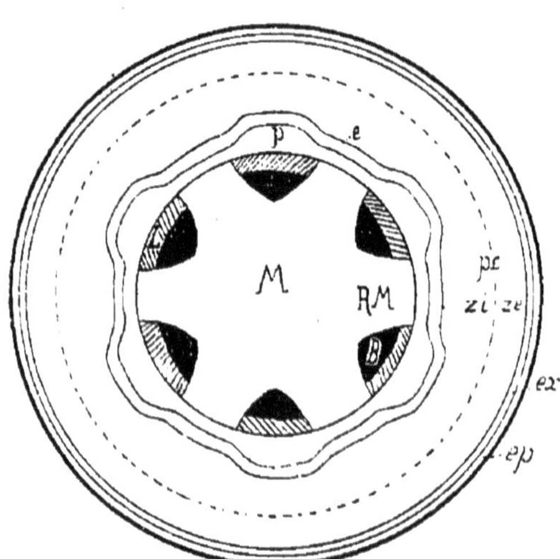

Fig. 83. — Coupe transversale, schématique, d'une tige de Dicotylédone à l'âge primaire. *ep*, épiderme ; *ex*, exoderme ; *pc*, parenchyme cortical : zone externe (*ze*) et zone interne (*zi*) ; *e*, endoderme ; *p*, péricycle ; *B*, bois ; *L*, liber ; *M*, moelle ; *RM*, rayons médullaires.

142. Epiderme et cylindre cortical. — L'épiderme présente les caractères que nous savons lui appartenir, depuis que nous connaissons l'appareil protecteur. Cet épiderme est fréquemment renforcé par une assise de cellules plus volumineuses, sans chlorophylle et parfois subérifiée, rappelant ainsi les éléments de la membrane subéreuse, qui forme l'*exoderme*. L'épiderme est parfois appuyé en certains points sur des cellules allongées, assez semblables à des fibres, mais non terminées en pointe. Ces éléments hypodermiques, assez rares, sont fréquemment remplacés par des éléments collenchymateux. Le collenchyme forme rarement un revêtement continu ; il se localise plutôt en certains points, sous forme de colonnettes, origine de ces côtes saillantes si visibles, entre autres, sur les tiges des Ombellifères, des Composées, des Labiées, etc. Ce tissu, nous le savons, donne de la résistance aux tiges herbacées par la propriété qu'il a d'être avide d'eau et de devenir facilement turgescent.

Le *parenchyme cortical* proprement dit, plus profondément

situé, contient fréquemment de la chlorophylle dans les tiges aériennes, ce qui lui avait valu des anciens le nom de *parenchyme herbacé*. Il est bien moins développé ici, à part les tiges souterraines, que dans la racine. Il se divise encore en deux zones : l'une externe à croissance centrifuge, l'autre interne à croissance centripète ; celle-ci, souvent très réduite, peut même n'être représentée que par son assise la plus interne qui constitue alors l'endoderme.

L'*endoderme*, bien que constant, est mal caractérisé chez les Dicotylédones et les Gymnospermes ; cependant, on le reconnaît assez facilement dans les tiges jeunes et dans celles qui n'acquièrent pas de formations libéro-ligneuses puissantes, à la présence, dans son intérieur, de petits grains brillants d'amidon ; il renferme fréquemment aussi des matières albuminoïdes altérées, des tanins et des alcaloïdes, produits qu'on met en évidence par les réactifs microchimiques caractéristiques de ces corps (persels de fer et iodure-ioduré de potassium).

142 *bis*. Cylindre central ou **stèle**. — On rencontre dans le cylindre central, appelé aussi stèle, les mêmes éléments que dans la racine, mais différemment agencés.

Le *péricycle* qui donne naissance à des formations secondaires, d'où le nom de *péricambium*, et aux racines adventives, ce qui le fait encore dénommer *couche rhizogène*, a une constitution très variable, mais il est, le plus fréquemment, formé par plusieurs assises de cellules. Le plus souvent, il est inégal et plus développé en face des faisceaux libéro-ligneux que dans les parties intermédiaires occupées par des rayons médullaires. Le péricycle est tantôt homogène et formé entièrement d'éléments mous ou scléreux, tantôt hétérogène ; il montre alors les deux sortes d'éléments mous et durs : c'est ainsi que devant les faisceaux il est bien souvent constitué par des masses de fibres (fig. 84).

Les *faisceaux libéro-ligneux* sont en nombre très variable. Comme l'indique leur nom, ils sont formés ici par l'accolement des faisceaux du bois aux faisceaux du liber, faisceaux qui sont indépendants dans la racine. Normalement, le faisceau libérien est appliqué contre le péricycle, le faisceau ligneux est accolé à la face interne du précédent et tourné vers le centre, leurs masses forment donc des *faisceaux collatéraux* (fig. 84 et 27). Exceptionnellement, on rencontre, dans ces faisceaux, du liber aux deux faces du bois (*faisceaux bicollatéraux : Cucurbita pepo*, fig. 36). On rencontre aussi des *fais-*

ceaux concentriques à liber interne (faisceaux anormaux médullaires des *Phytolacca dioica*, etc., etc.).

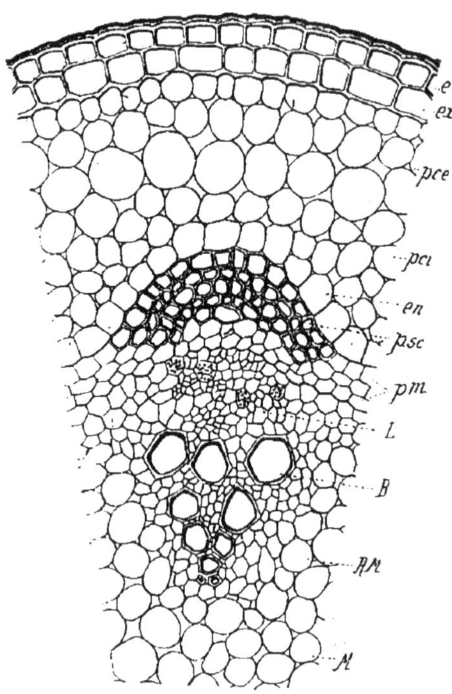

Fig. 84. — Portion grossie et semi-schématique de la figure précédente. *e*, épiderme ; *ex*, exoderme ; *pce*, parenchyme cortical externe ; *pci*, parenchyme cortical interne ; *en*, endoderme ; *psc*, péricycle scléreux ; *pm*, péricycle mou ; *L*, liber ; *B*, bois ; *RM*, rayons médullaires ; *M*, moelle.

Les faisceaux libéro-ligneux sont séparés les uns des autres par les *rayons médullaires* et la *moelle*. Les rayons médullaires sont de puissance variable, tantôt étroits, tantôt larges, constitués ordinairement par du parenchyme, comme la moelle, du reste ; cependant, si celle-ci peut être entièrement parenchymateuse, elle est parfois entièrement scléreuse. On observe tous les intermédiaires entre ces deux états extrêmes, avec des mélanges, en proportions diverses, des deux variétés d'éléments, scléreux et parenchymateux.

143. Origine du bois et du liber dans la tige. — Au voisinage du point végétatif, là où doivent se différencier les faisceaux, on rencontre des colonnettes ou cordons d'éléments fort petits dus à la segmentation abondante des cellules à ce niveau. Ces colonnettes sont formées de *procambium* et c'est dans ce dernier que l'on voit se différencier, contre le péricycle, les vaisseaux libériens et, plus en dedans, sur la face médullaire, les vaisseaux du bois.

Partant du péricycle, le développement du liber se fait de dehors en dedans : il est donc centripète, comme dans la racine. Ce liber primaire est presque toujours dépourvu de fibres, il est mou et, par conséquent, les éléments fibreux que l'on rencontre immédiatement au-dessus de ces faisceaux appartiennent au péricycle.

Le bois apparaît d'abord vers la partie la plus interne du procambium sous forme de vaisseaux imparfaits ou trachéides ; puis la différenciation se poursuit de l'intérieur vers l'extérieur, dans l'ordre centrifuge (nous avons vu qu'elle était centripète dans la racine). Pendant le développement, on voit se former successivement des vaisseaux spiralés, spiro-annelés, puis réticulés, toujours imparfaits mais à diamètre de plus en plus grand.

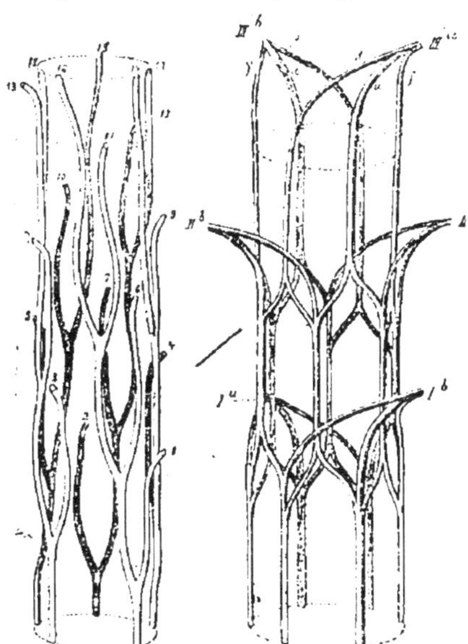

Fig. 85. — Course des faisceaux libéro-ligneux dans la tige d'*Iberis amara*.

Fig. 86. — Course des faisceaux libéro-ligneux dans la tige de *Clematis integrifolia*.

Si ce mode de différenciation se poursuivait indéfiniment, le bois et le liber arriveraient au contact l'un de l'autre, comme c'est le cas pour les Monocotylédones. Le fait est rare chez les Dicotylédones, car dans la grande majorité de ces plantes et des Gymnospermes, il subsiste, entre les deux appareils, une ou deux assises du procambium dont les cellules constituent, de très bonne heure, un *cambium libéro ligneux* : les faisceaux libéro-ligneux sont dès lors *ouverts à l'accroissement*. Entre le liber et le bois, les cellules cambiales, par segmentation sur leurs deux faces, donneront du liber sur leur face externe appliquée contre le liber primaire et du bois sur l'autre face. En raison de leur naissance, ce *bois et ce liber sont d'origine secondaire*.

144. Course des faisceaux libéro-ligneux dans la tige. — Les faisceaux descendent ici appliqués contre le péricycle, les uns parallèlement à l'axe de la tige, les autres obliquement suivant une spire généralement étirée ; d'autres, enfin, sont ondulés ou sinusoïdes et peuvent s'anastomoser entre eux.

Il y a deux variétés de faisceaux primaires, les uns, dits *caulinaires* ou *réparateurs*, ne sortent pas de la tige ; ils donnent origine aux seconds, les *faisceaux foliaires* qui, eux, se rendent dans les feuilles. Dans certaines tiges, les faisceaux montant tous parallèlement au péricycle, les nervures des feuilles se mettent en relation avec eux vis-à-vis de leur point d'intersection, à la hauteur des nœuds ; dans ce cas, tous les faisceaux sont caulinaires.

2° *Formations secondaires de la tige des Dicotylédones et des Gymnospermes.*

La tige âgée des Dicotylédones et celle des Gymnospermes ne conservent que rarement le faciès interne caractéristique du jeune âge. Ce cas ne s'observe guère que dans quelques plantes aquatiques et chez quelques végétaux herbacés très grêles : on voit alors s'opérer seulement, avec l'âge, une sclérification plus ou moins profonde des tissus primaires. Le plus souvent, apparaissent de bonne heure, chez ces végétaux, des formations secondaires phellodermiques et libéro-ligneuses.

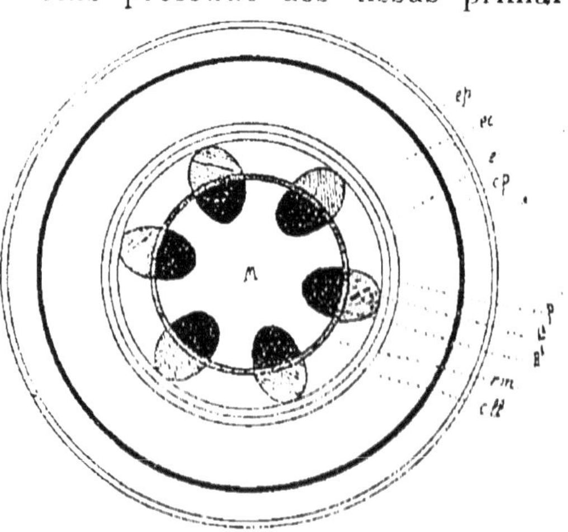

Fig. 87. — Les cambiums libéro-ligneux, *cll*, et phellodermique, *cp*, dans une tige de Dicotylédone. *ep*, épiderme ; *ec*, parenchyme cortical ; *e*, endoderme ; *p*, péricycle ; L^1, liber ; B^1, bois ; *rm*, rayons médullaires ; *M*, moelle.

145. Cambium libéro-ligneux. — Les faisceaux libéro-ligneux de la tige des Dicotylédones et des Gymnospermes sont, avons-nous dit, *ouverts à l'accroissement* ; là, se forment du bois et du liber secondaires, mais bientôt ces arcs cambiaux intrafasciculaires se réunissent en un anneau continu par leur prolongation dans les espaces interfasciculaires : le péricycle en ces points, ou bien quelques cellules des rayons médullaires interposés s'organisent pour cela en cambium. Dans les tiges herbacées, il ne se forme quelquefois, par ce procédé, qu'un très petit nombre d'assises seulement d'éléments secondaires libéro-ligneux, ce qui modifie fort peu le faciès de l'organe. Mais le plus souvent, le cambium agit avec plus d'activité et ce sont des anneaux de liber et de bois secondaires, de beaucoup plus puissants que les éléments primaires, qu'il engendre. Ce n'est que lorsque les faisceaux primaires sont très écartés et que le liber est peu puissant, que les arcs cambiaux interfasciculaires se développent dans le péricycle (fig. 89) ; dans les autres cas, ils apparaissent dans les rayons médullaires (fig. 88).

L'*anneau cambial* développe, en dehors, du *liber secondaire* qui refoule vers l'extérieur le liber primaire, et du *bois secondaire* vers l'intérieur. Le méristème libérien se différencie en

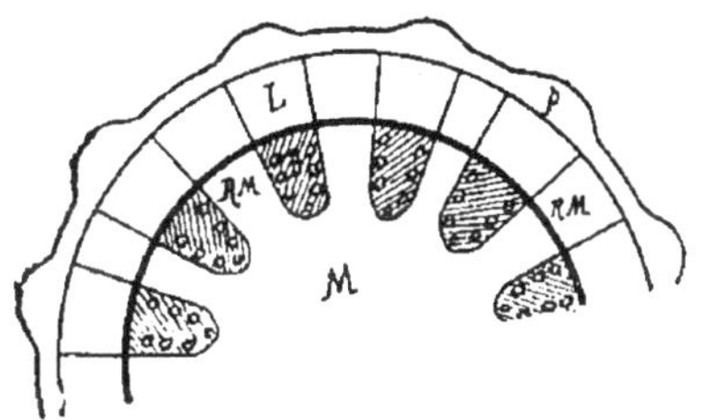

Fig. 88. — Cambium libéro-ligneux avec arcs interfasciculaires dans les rayons médullaires *RM*. *p*, péricycle ; *L*, liber ; *B*, bois ; *M*, moelle (schéma).

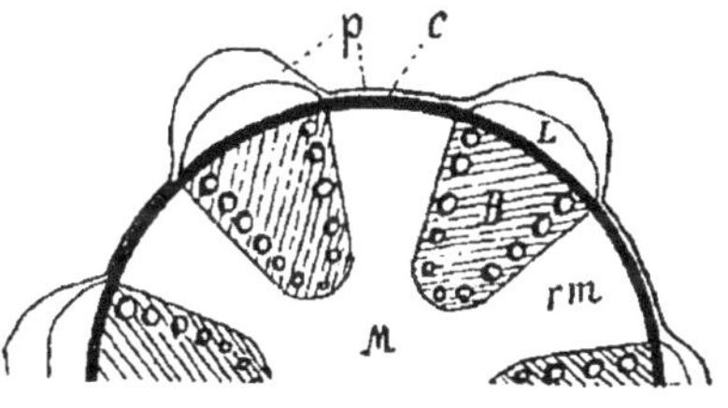

Fig. 89. — Cambium libéro-ligneux, *c*, avec arcs interfasciculaires dans le péricycle, *p* ; *rm*, rayons médullaires ; *M*, moelle ; *L*, liber ; *B*, bois (schéma).

tubes criblés plus ou moins entremêlés de cellules de parenchyme, de sclérenchyme et de prosenchyme (fibres libériennes). Le méristème ligneux développe également des vaisseaux ligneux, du parenchyme, du sclérenchyme et du prosenchyme ligneux. Mais certaines séries radiales de cellules provenant des deux méristèmes restent parenchymateuses, coupant radialement le bois et le liber, formant des rayons *médullaires secondaires* plus ou moins larges et plus ou moins longs, selon le moment de leur apparition, les uns allant de la moelle au péricycle, les autres logés entièrement dans le bois et le liber qu'ils ne traversent pas (fig. 90).

Par le développement souvent très considérable de ces tissus, la tige acquiert transversalement de grandes dimensions;

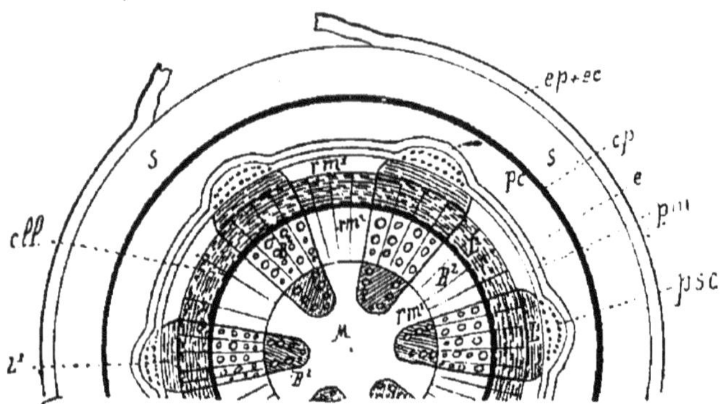

Fig. 90. — Schéma d'une coupe transversale de tige après le jeu des cambiums phellodermique, *cp* et libéro-ligneux, *cll*. — *ep* + *ec*, épiderme et parenchyme cortical s'exfoliant; *S*, suber; *pc*, parenchyme cortical; *e*, endoderme; *pm*, péricycle mou et *psc*, péricycle scléreux; *L*, liber primaire; L^2, liber secondaire; B^1, bois primaire; B^2, bois secondaire; rm^1, rayons médullaires primaires; rm^2, rayons médullaires secondaires; *M*, moelle.

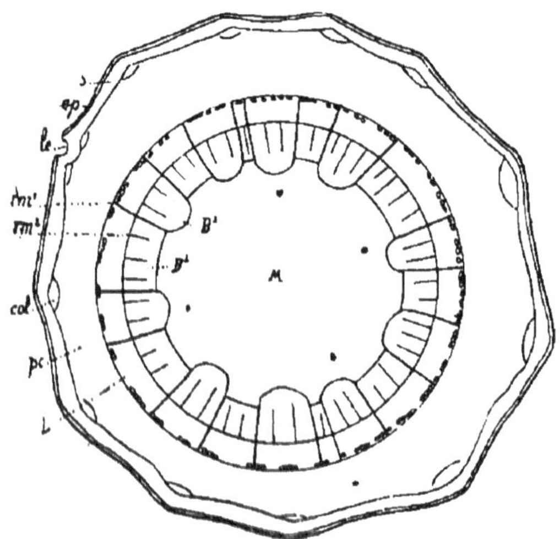

Fig. 91. — Vue d'ensemble d'une tige de Sureau noir au début de l'âge secondaire. *ep*, épiderme; *s*, suber; *le*, lenticelle; rm^1, rayons médullaires primaires et rm^2, rayons médullaires secondaires; *col*, collenchyme; *pc*, parenchyme cortical; *L*, liber; B^1, bois primaire et B^2, bois secondaire; *M*, moelle (voir le détail de cette coupe fig. 56, p. 95) (R. Gérard).

aussi donne-t-on le nom de *pachyte* à l'ensemble de ces tissus secondaires et de leur assise génératrice. Ce pachyte forme une masse continue lorsque le cambium se comporte comme nous l'avons dit, mais, parfois, les arcs interfasciculaires ne produisent que du parenchyme ; les formations libéro-ligneuses formées uniquement par les arcs intrafasciculaires sont écartées les unes des autres, séparées par de larges rayons secondaires, prolongeant les rayons médullaires primaires.

Le bois secondaire apparaît de bonne heure. Chez les Dicotylédones, il peut être formé de vaisseaux ouverts ou de vaisseaux fermés ; ce ne sont plus des vaisseaux annelés ou spiralés, mais des vaisseaux ponctués et quelquefois réticulés. Il est entremêlé, comme nous l'avons dit, de fibres lignifiées ou non, de sclérenchyme et de parenchyme ligneux avec, parfois, mais rarement, des éléments excréteurs.

Ces phénomènes d'accroissement sont peu marqués dans les végétaux herbacés et, chez eux, ils cessent relativement d'assez bonne heure dans l'année. Il n'en est pas de même dans les végétaux ligneux où l'assise génératrice fonctionne pendant toute la belle saison et suspend son action pendant l'hiver, pour la reprendre au printemps suivant.

Fig. 92. — Portion d'une coupe transversale d'une tige de Tilleul, âgée de trois ans, comme l'indiquent les trois couches de bois secondaire qu'elle présente. On voit, en haut de la figure, l'épiderme s'exfoliant sous la pression du liège.

Le végétal, pendant sa première année, développe donc du bois primaire et une couche plus ou moins épaisse de bois secondaire. A la suite, il ne se forme plus, naturellement, pendant les années suivantes, que du bois secondaire. Mais la nature des éléments issus du cambium libéro-ligneux varie avec l'intensité de la végétation : au printemps, la sève aqueuse étant abondante, son transport étant urgent, le cambium produit surtout de larges vaisseaux ; d'autres vaisseaux, mais plus étroits, apparaissent encore entremêlés de fibres, pendant l'été ; en automne, ce sont les fibres et le sclérenchyme qui dominent dans la production, au point de s'y présenter seuls le plus souvent. A chaque fin d'année une couche nouvelle d'éléments étroits et résistants est ajoutée aux éléments déjà existants, tandis que dès le début de l'année suivante des éléments à grand diamètre se superposent à ceux-ci ; il en résulte une alternance régulière de tissus différents qui rend facile la distinction, sur une section transversale, de l'âge d'une tige ou d'un rameau de Dicotylédone par le nombre des couches alternantes qu'ils présentent (fig. 92). Mais si, dans la même année, se succèdent plusieurs périodes humides alternant avec des périodes sèches, cette suite d'influences opposées amènera l'apparition d'autant de zones alternativement poreuses (formées par des vaisseaux) et scléreuses. Le fait s'observe normalement dans certaines parties des régions équatoriales où, dans chaque mois, on voit une période sèche succéder à une période pluvieuse : là, les végétaux ligneux forment douze couches superposées, disposées en tout comme les couches annuelles des arbres de nos régions.

L'activité du bois est surtout localisée dans les parties les plus jeunes. Le vieux bois se dessèche, perd son pouvoir conducteur et, chez beaucoup de végétaux, il s'infiltre de matières colorantes, de résines et de matières minérales qui le rendent plus résistant : ce bois devient à la suite ce qu'on désigne sous le nom de *bois de cœur* ; le bois jeune, actif, qui l'entoure est l'*aubier*. Dans les *bois blancs*, comme celui des Pins, des Sapins, des Peupliers, la différenciation en bois de cœur et en aubier ne se fait pas : tout est aubier. Le bois de cœur n'ayant plus qu'un rôle de soutien peut disparaître sans grand dommage pour le végétal : cette connaissance explique pourquoi les végétaux à tronc creux persistent à végéter, comme si leur tronc était parfaitement sain.

Le bois secondaire des Gymnospermes se distingue de celui des Dicotylédones parce qu'il n'est formé, entre les rayons médullaires, que d'une seule catégorie d'éléments tous semblables, vaisseaux imparfaits ou trachéides, à ponctuations aréolées et terminées en biseau, ce qui leur a valu le nom de *fibres aréolées*. Nous avons parlé ailleurs de ces éléments (fig. 25).

Le liber secondaire, refoulé vers la périphérie par le développement plus puissant du bois secondaire, se présente dans certains végétaux (Tilleul, etc., fig. 92), où l'on a pris à tort le type du liber, sous forme de feuillets de fibres alternant avec des lames d'éléments mous, vaisseaux et parenchyme, progressivement écrasés, oblitérés par la pression et ne se présentant plus que sous l'apparence de feuillets anhistes, d'apparence plus ou moins cornée.

La rapidité de formation et la puissance que prennent les tissus secondaires dans le cylindre central, amènent forcément des modifications dans le cylindre cortical. L'épiderme, tissu dépourvu de vitalité, qui a une organisation se prêtant mal à la distension, se rompt et se désorganise ; mais, pour se protéger contre ses ennemis, le végétal produit, dès avant sa chute et pour le remplacer physiologiquement, des formations péridermiques, subéreuses pour le moins lorsqu'elles sont superficielles, subéreuses et parenchymateuses lorsqu'une portion notable du parenchyme cortical primaire participe au sort de l'épiderme.

146. Cambium générateur du périderme. — On donne le nom de *périderme* à l'ensemble des formations secondaires (*liège* et *parenchyme cortical secondaire*) nées d'une assise génératrice qui se développe soit dans l'écorce (fig. 90), soit plus profondément : dans le cylindre central, le péricycle ou le liber, comme nous l'avons constaté déjà pour la racine des Dicotylédones.

Quand cette assise génératrice se développe dans les couches superficielles de l'écorce, la production de liège l'emporte sur la production de parenchyme cortical secondaire ou *phelloderme* et, même, quand c'est l'épiderme ou une des assises immédiatement sous-jacentes qui en est le générateur, il ne se forme que du liège. Plus le cambium phellodermique est profond, plus le parenchyme cortical secondaire qu'il produit est puissant. Le développement du liège amène comme toujours la mortification de ce qui lui est extérieur (fig. 90, *ep* + *ec*).

Le pouvoir générateur de cette assise est très variable comme durée ; il se conserve parfois très longtemps ; ailleurs il cesse de fonctionner tous les ans ; le cambium éteint est alors remplacé par un nouveau cambium situé plus profondément. Avec les années, l'assise génératrice pourra même, de proche en proche, gagner le liber secondaire et, dès lors, se former à ses dépens toujours de plus en plus profondément, sans toutefois jamais atteindre l'anneau cambial libéro-ligneux : quelques assises de liber étant absolument nécessaires à la vie du végétal (Vigne).

Les tissus morts, isolés par les lames de liège superposées, peuvent chuter peu à peu en écailles (Pomacées) ou en lames

(Platane) (la tige reste alors plus ou moins lisse à la surface), ou bien persister sous forme d'écorce crevassée (*rhytidome*). Nous avons déjà étudié ces choses avec détail plus haut en parlant de l'appareil protecteur, nous n'y reviendrons pas ici.

c) *Physiologie de la tige.*

147. Origine de la tige. — La tige se développe chez les Mousses, sur le protonéma, aux dépens des points végétatifs monocellulaires que produit celui-ci. Nous savons que l'œuf des Cryptogames vasculaires donne par sa divison quatre secteurs et que l'un d'eux devient le point végétatif de la tige. Nous avons dit (page 119) comment l'œuf d'une Phanérogame se transforme en embryon ayant points végétatifs de tige et de racine et rudiments de feuilles. Dans cet organisme la tige en miniature est renfermée dans la gemmule et cette gemmule des Phanérogames est un véritable bourgeon. Les bourgeons sont tous terminés par un point végétatif de tige, composé par une cellule unique chez les Muscinés, les Cryptogames vasculaires et les Gymnospermes, qui sont dites pour cela *monacrocaules*, par trois cellules ou trois assises de quatre cellules superposées chez les Angiospermes (Mono- et Dicotylédones), qui sont dès lors *triacrocaules*.

148. Croissance de la tige. — La tige s'accroît d'abord en longueur comme le fait la racine, par le jeu de son point végétatif, puis, selon un mode qui lui est propre, par croissance intercalaire : les éléments des entre-nœuds déjà issus du méristème terminal s'allongent et se distendent au sortir du bourgeon pour acquérir leurs dimensions définitives avant de se différencier pour jouer le rôle auquel ils sont destinés. Ainsi s'organisent les tissus définitifs de la tige à l'âge primaire.

La tige s'accroît en longueur et en épaisseur. Entrons dans quelques détails à ce sujet.

a) *Croissance en longueur.* — A l'examen de la gemmule ou d'un bourgeon (fig. 93), on voit, à partir du sommet qui est conique et caché au milieu des feuilles rudimentaires et dressées, des émergences de plus en plus larges et de plus en plus volumineuses au fur et à mesure qu'on s'éloigne du sommet en descendant le long de ce cône; ces éminences d'abord en forme de mamelon s'étalent peu à peu et prennent finalement l'apparence de membranes : ce sont les feuilles nouvelles. Ces feuilles rudimentaires sont séparées entre elles par des entre-nœuds extrêmement courts; d'abord relevées et appliquées les unes contre les autres, elles finissent par s'épanouir en s'écartant de l'axe, pendant que le point végétatif forme en son extrémité de nouveaux mamelons foliaires qui se développeront peu à peu à leur tour. Quand les cellules du point végétatif acquièrent rapidement leurs dimensions définitives, les entre-nœuds restent très courts, les feuilles sont très rapprochées les unes des autres et la tige est dite *acaule* (Primevère).

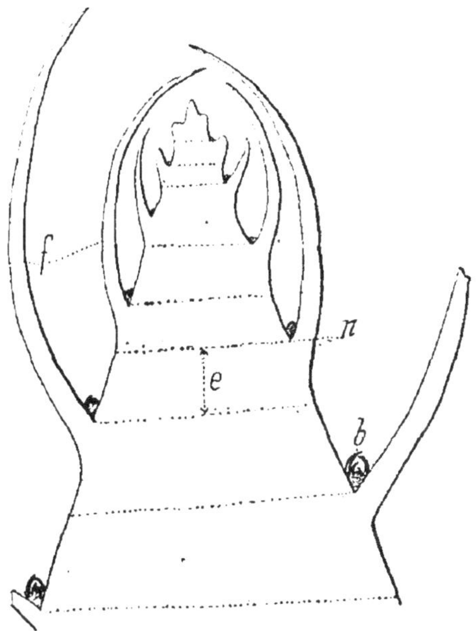

Fig. 93. — Bourgeon.

Mais, le plus souvent, les cellules des entre-nœuds inférieurs, lorsque ceux-ci cessent de faire partie du bourgeon, se reprennent à s'allonger pendant plus ou moins longtemps sans se segmenter ; à la suite, les feuilles fixées sur les nœuds, après s'être étalées, s'écartent les unes des autres, leurs bases étant séparées par l'accroissement en longueur des entre-nœuds (Sureau, Lilas). C'est ce mode d'accroissement, bien distinct de celui qui se produit par le jeu du point végétatif ou *accroissement terminal*, qu'on distingue par le nom *d'accroissement intercalaire.*

b) *L'accroissement en diamètre* peut se faire par le jeu seul du point végétatif qui, devenant plus actif au fur et à mesure qu'avec l'accroissement du végétal la nutrition se fait mieux, produit des tissus primaires de plus en plus puissants : c'est le cas pour les Muscinées, les Cryptogames vasculaires et les Monocotylédones chez lesquelles le point végétatif acquiert, dans des conditions favorables, un maximum d'énergie qui, tant qu'il se conserve, assure à la tige une croissance égale et, conséquemment, une forme cylindrique ; mais, à mesure que le végétal vieillit, ou bien encore si le point végétatif perd, pour une cause quelconque, de sa vitalité, l'activité de ce point végétatif décroît et le diamètre de l'axe caulinaire va diminuant d'autant.

Les bourgeons des Gymnospermes et des Dicotylédones n'atteignent jamais des dimensions considérables et la nutrition n'a pas sur eux une influence aussi sensible que sur les végétaux dont nous venons de parler ; mais chez eux, l'accroissement en diamètre est assuré par un procédé tout différent et bien autrement puissant : à quelque distance du point végétatif, un cambium libéro-ligneux dont nous avons examiné récemment le mécanisme, produit des tissus nouveaux qui, en s'adjoignent aux tissus primaires, amènent le développement en diamètre du tronc. A ces formations s'ajoutent, nous le savons aussi, les productions péridermiques qui réparent au delà, comme volume, les pertes que subit le cylindre cortical sous l'influence de la desquamation.

149. Influence des agents extérieurs : 1° sur la croissance de la tige, 2° sur sa direction. — Nous savons déjà que la *tension interne* ou turgescence favorise la croissance des organes et, par conséquent, celle de la tige. C'est pendant la nuit que la turgescence atteint son maximum, parce qu'alors la transpiration est moins active ; c'est donc à ce moment que la croissance est le plus énergique. C'est pour la même raison que la *lumière*, qui active la transpiration, retarde l'accroissement de la tige. La *chaleur*, entre certaines limites, et la nutrition activent cette croissance. Mais, si les entre-nœuds des plantes vivant à l'ombre sont plus longs que ceux des plantes bien éclairées, le squelette de celles-ci est bien mieux développé que le squelette de celles-là.

La racine, avons-nous dit, obéit à la pesanteur et à un géotropisme positif ; la tige principale tout au moins s'élève, au contraire, verticalement dans l'atmosphère et semble rechercher la lumière : elle possède un géotropisme négatif, elle est *héliotropique*.

Si la tige principale obéit nettement à ces forces, les rameaux secondaires et ceux d'un ordre plus élevé échappent de plus en plus à leur influence et se comportent comme les radicelles de même ordre.

Certains rhizomes qui n'obéissent pas à l'héliotropisme, subissent cependant son action, à certains moments, pour devenir supports de feuilles vertes ou de fleurs. Ce déplacement dans la direction normale s'observe encore pour certains des rameaux qui avoisinent le sommet d'un végétal dont on a supprimé la *flèche* ou partie terminale. Si la gelée vient, par exemple, à détruire le bourgeon terminal d'une tige de Sapin, on voit, l'année suivante, l'un des rameaux rapprochés de la partie endommagée se relever et se mettre en continuité directe avec la partie conservée de la tige principale. C'est un remplacement du même ordre, mais avec simple rejet sur le côté de l'axe terminal, qu'on observe dans le cas des tiges sympodiques, formées par la superposition et la mise en enfilade de portions de rameaux d'ordre de plus en plus élevé.

150. Productions latérales des tiges. — La tige a pour rôle principal d'assurer le bon fonctionnement des membres nourriciers, la racine et la feuille, auxquels elle sert de support. Elle doit faire en sorte que la quantité de racines soit en harmonie avec la quantité de feuilles, puisqu'elle transporte à celle-ci les matières minérales absorbées par celles-là. Comment arrive-t-elle à ce résultat?

a) *Production de feuilles et de bourgeons.* — Le volume de la tige est forcément en relation avec la quantité de feuilles et de racines qu'elle supporte; elle doit placer les unes et les autres, mais surtout les premières, dans les conditions les plus favorables à l'accomplissement de leurs fonctions : elle restera courte chez les végétaux des sous-bois, qui recherchent l'ombre; elle s'allongera, au contraire, pour placer les feuilles au-dessus des corps opaques, lorsque les feuilles appartiendront à des végétaux avides de lumière. Le nombre des feuilles augmentera par le jeu du point végétatif du bourgon principal et celui des bourgeons secondaires, nés à l'aisselle des feuilles et créateurs des rameaux.

Tous les points végétatifs terminaux ou latéraux ont la même structure et se comportent de la même façon que le bourgeon principal que nous avons décrit. Ils naissent normalement à l'aisselle des feuilles, et rarement en des points quelconques de la tige (*bourgeons adventifs*). Il y a généralement un bourgeon à l'aisselle de chaque feuille, mais on peut en rencontrer plusieurs, disposés parallèlement ou perpendiculairement à la direction de l'axe de la tige. Généralement, un seul de ces bourgeons se développe et les autres n'entrent en jeu que successivement, à la suite de la suppression successive des bourgeons les plus rapprochés du milieu de la surface d'insertion de la feuille.

Tous ces bourgeons se développent aux dépens des cellules les plus externes de la tige (épiderme ou parenchyme cortical) : ils sont exogènes, sauf sur l'entre-nœud inférieur de la tige, où ils se développent aux dépens du péricycle et sont, par conséquent, endogènes.

b). *Production de racines.* — Si les racines viennent à manquer, totalement ou partiellement, par la destruction de la racine principale et de ses ramifications ou par disparition des racines latérales, la tige en donne de nouvelles.

A part les racines latérales gemmaires et la racine principale des Dicotylédones et celles des Gymnospermes, qui sont exogènes et naissent, par conséquent, aux dépens des assises les plus externes de l'écorce, les racines issues de la tige naissent profondément, comme les radicelles sur la racine, aux dépens de l'endoderme (Cryptogames vasculaires) ou du péricycle (Phanérogames) : elles sont *endogènes*.

La plage rhizogène, chez les Phanérogames, se localise, le plus souvent, dans le péricycle, vis-à-vis d'un rayon médullaire, entre deux faisceaux libéro-ligneux. Si le rayon est très large, la plage rhizogène se différencie dans le voisinage des faisceaux et il peut ainsi se former deux racines par rayon, une de chaque côté du rayon épais. Parfois la plage apparaît vis-à-vis du liber et, dans ce cas, les parties profondes du péricycle qui possède plusieurs assises, se différencient en *réseau radicifère* ou tissu de raccordement *cribro-vasculaire*, surtout bien développé dans les parties souterraines des tiges de Monocotylédones.

151. Raccordement de la racine principale avec la tige. Collet et axe hypocotylé. — La radicule de l'embryon des Dicotylédones et de celui des Gymnospermes est en continuité directe avec l'axe hypocotylé. Celui-ci est limité, en haut, par le point où s'attachent les premières feuilles du végétal ou cotylédons ; en bas, il se raccorde avec la racine par l'intermédiaire d'une région plus ou moins étendue, *le collet*, ne présentant pas davantage la structure de la racine que celle de la tige, mais bien une suite de faciès qui démontrent qu'elle constitue une région de passage entre les deux organes. Cette région est propre aux végétaux à racine terminale, comme les Dicotylédones.

L'axe hypocotylé se comporte comme un entre-nœud aérien et subit un accroissement intercalaire dont la longueur est souvent liée à la position de la graine dans le sol. Selon les végétaux, selon la partie de l'axe hypocotylé qui subit cet allongement intercalaire, la région de transition ou collet est plus ou moins allongée. Le collet répond rarement à la portion basilaire de la radicule; il correspond plus souvent à la portion inférieure de l'axe hypocotylé; il s'étend, dans la plupart des cas, jusqu'aux cotylédons: ce n'est qu'au-dessus de ce niveau qu'on trouve habituellement la structure de la tige; cependant, dans quelques cas, le collet s'étend plus loin encore et occupe un ou plusieurs entre-nœuds (certaines Viciées).

La surface externe offre des limites qui, théoriquement, sont assez nettes: celle de la racine sera terne et villeuse, par la présence des poils radicaux, alors que celle de l'axe hypocotylé, recouverte par l'épiderme cuticularisé sera lisse et brillante. Après la chute de la membrane absorbante, le développement de l'assise subéreuse donnera à la racine une coloration brune qui tranchera encore mieux, comme apparence, sur l'épiderme de la tige, blanc et cireux. Anatomiquement, on distinguera les cellules de l'assise subéreuse, allongées radialement et subérifiées en totalité, des cellules épidermiques, aplaties et cuticularisées sur leur face externe seulement.

C'est insensiblement que l'on voit, en montant le long de l'axe, le parenchyme cortical perdre de son importance, tandis que le cylindre central s'élargit. Si la tige doit avoir un exo-

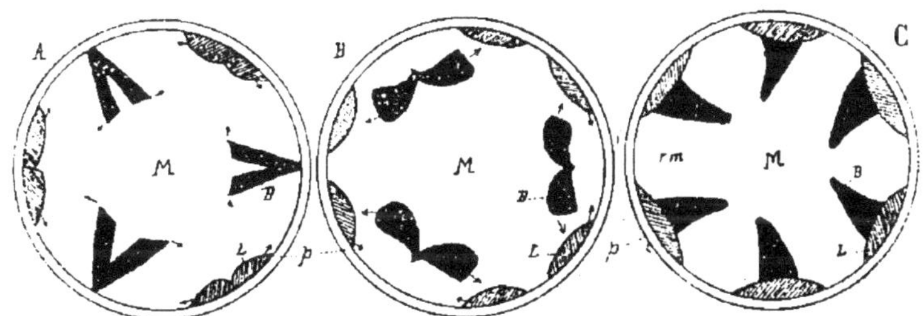

Fig. 94. — Passage de la racine à la tige Coupes transversales schématiques montrant les déplacements du bois et du liber dans l'axe hypocotylé. A est plus rapproché de la racine, C de la tige. *B* bois; *L*, liber; *M* moelle; *rm* rayons médullaires.

derme, on le voit apparaître au-dessous de l'épiderme cutinisé dès la suppression de l'assise subéreuse.

Les modifications dont le cylindre central est le siège sont plus intéressantes à étudier. Le cylindre central de la racine est étroit par rapport au cylindre cortical du même organe; c'est le contraire qu'on observe pour la tige. Dans le collet, à ce bois et à ce liber formant des faisceaux isolés et appliqués en alternance contre le péricycle, qui sont caractéristiques de la racine, vont succéder les faisceaux libéro-ligneux collatéraux, caractéristiques de la tige (fig. 95). En même temps, on voit la moelle apparaître, si elle manquait dans la racine, et se développer davantage, si elle existait déjà.

En s'élevant dans le collet, les faisceaux ligneux, partis de la racine, deviennent d'abord plus volumineux et leurs vaisseaux plus étroits; en même temps, les faisceaux libériens s'étranglent en leur milieu et se séparent en deux parties qui se rapprochent des faisceaux ligneux. Ceux-ci s'ouvrent du côté du centre en deux lames divergentes, formant une sorte de V, mais bientôt séparées l'une de l'autre par la pénétration du parenchyme médullaire entre les éléments qui occupent la pointe de ce V (fig 94, A).

L'écartement des lames de bois ainsi formées s'étant encore accentué, leurs parties les plus profondes, contenant les plus gros vaisseaux, vont s'appliquer contre la face interne des demi-faisceaux libériens adjacents, tandis que, par une sorte de mouvement de bascule, les vaisseaux les plus petits, perdant contact avec le péricycle, vont se placer à l'extrémité de la lame ligneuse la plus rapprochée du centre (fig. 94, B, C). Ainsi se constituent les faisceaux libéro-ligneux caulinaires collatéraux dans lesquels les éléments libériens ont conservé la disposition qu'ils présentaient dans la racine, alors que les éléments ligneux ont subi une inversion totale Dans ces déplacements, les faisceaux libériens et ligneux s'étant dédoublés comme nous l'avons vu, le nombre des faisceaux libéro-ligneux, dans l'axe hypocotylé, est tout d'abord égal au nombre total des faisceaux libériens et ligneux isolés de la racine; mais, parfois, ces faisceaux collatéraux se soudent deux à deux et gagnent ainsi les cotylédons dans lesquels ils se perdent totalement, le plus souvent. Ces faits ne s'observent, avec netteté, qu'avant l'apparition des formations

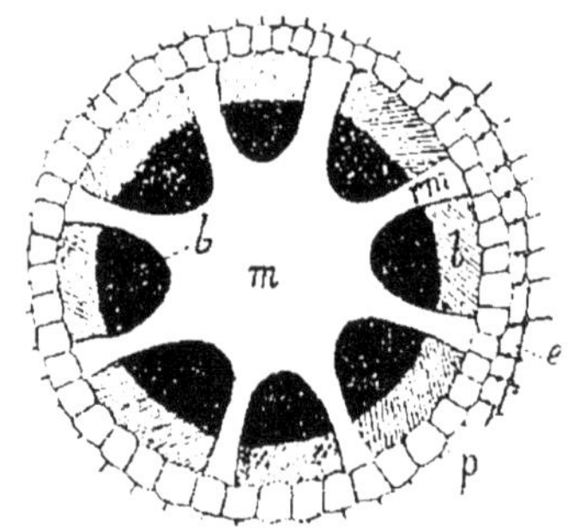

Fig. 95. — Schéma d'un cylindre central de tige de Dicotylédone.

secondaires qui sont en relation directe avec les feuilles placées au-dessus des cotylédons.

Cette marche peut subir diverses modifications de détail sur lesquelles nous ne pouvons insister ici.

Les Monocotylédones sont presque toujours dépourvues de racine terminale; lorsqu'il paraît en être autrement, c'est qu'une racine latérale, sortie du péricycle de la tige, s'est mise dans son prolongement, ce qui prête à une fausse interprétation. Chez elles, donc point de collet.

Chez les Cryptogames vasculaires, les tissus de la racine et de la tige se font suite immédiatement par suite de la structure presque identique de la tige et de la racine en leur point de contact au sortir de l'œuf; le collet, chez eux, est une simple ligne marquée par un ressaut de la tige sur la racine, dû à la desquamation de ce dernier organe.

152. Fonctions principales de la tige. — La tige, organe intermédiaire à la racine et aux feuilles, est le siège d'une circulation active des matières salines en solution, des matières azotées et enfin des sucres et des diverses matières hydrocarbonées. Nous savons que les premières circulent dans le bois, les secondes dans le liber et que les derniers empruntent les parenchymes : ici, les rayons médullaires jouent un rôle très actif dans le transport de ceux-ci. Nous avons vu que ces tissus conducteurs pouvaient devenir très puissants.

La tige développe parfois considérablement son squelette pour soutenir un puissant appareil assimilateur du carbone, c'est-à-dire des feuilles nombreuses, particulièrement chez les végétaux ligneux.

153. Fonctions secondaires de la tige. — La tige possède toutes les propriétés de l'être vivant; elle *respire*, *transpire*, *assimile le carbone* par ses parties vertes et possède des canaux excréteurs, des laticifères, des glandes et *excrète* ainsi des amides, des alcaloïdes, des résines, etc. La tige se gorge assez fréquemment de matières nutritives et place ces *réserves* dans ses divers parenchymes d'origine primaire ou secondaire: pour cela, elle devient tuberculeuse parfois. Les *tubercules caulinaires,* toujours souterrains, sont formés par des portions de rameaux entiers ou par des rameaux entiers et placés, selon les espèces, à une profondeur déterminée dans la masse du sol (Pomme de terre, Topinambour, *Stachys bulbifera*, *Arum vulgare*).

154. Durée de la tige. — Les tiges ont une durée très variable; il en est d'annuelles, de bisannuelles et de persistantes. Parmi celles-ci, les unes (végétaux vivaces) perdent chaque année leur partie aérienne, ne conservant que leur partie souterraine. Habituellement, la tige des végétaux ligneux est totalement persistante, sauf chez celles de ces plantes qui ne mûrissent (n'aoûtent) qu'incomplètement une partie de leur bois avant la mauvaise saison ; cette dernière, désorganisée par les intempéries, tombe comme si elle appartenait à un végétal vivace (Lilas, Marronnier d'Inde, etc.).

III. DE LA FEUILLE.

a). *Nature et morphologie de la feuille.*

155. Sa définition. — Les feuilles sont des organes appendiculaires de la tige. Tandis que les tissus sont disposés dans la tige et dans la racine symétriquement par rapport à un axe longitudinal passant par leur centre, les tissus de la feuille se répètent symétriquement sur les deux faces d'un plan qui partage en deux parties semblables le pétiole et le limbe en passant par l'axe de la tige; en même temps que la symétrie de cet organe est bilatérale, elle est aussi dorsiventrale.

156. Sa présence. — Les Myxomycètes et les Champignons n'ont pas de feuilles et, bien que les Algues supérieures présentent parfois des expansions d'apparence foliacée, les feuilles véritables n'apparaissent que chez quelques Hépatiques (Jungermanniacées). Elles sont constantes chez les Mousses, les Cryptogames vasculaires et les Phanérogames. Dans ces groupes, elles existent toujours, bien que parfois sous une forme assez éloignée du type général pour qu'avec cette figure elles deviennent méconnaissables aux personnes non prévenues.

157. Ses parties constitutives. — Une feuille idéale, à laquelle peuvent se rattacher tous les autres types, présente à sa base une partie plus ou moins élargie, la *gaine* qui entoure plus ou moins la tige et la fixe à cet organe. La gaine se prolonge par une partie généralement demi-cylindrique, le *pétiole*, à laquelle fait suite le *limbe*, organisme membraneux dans lequel le pétiole paraît s'épanouir pour y former des saillies, des côtes, scientifiquement les *nervures* de la feuille. Celles-ci, plus ou moins anastomosées, constituent une sorte de réseau dont les mailles sont remplies par le *parenchyme de la feuille* La base de la feuille (gaine et pétiole) porte fréquemment des appendices étalés latéralement, les *stipules*. Celles-ci manquent généralement chez les Monocotylédones, les Cryptogames vasculaires et les Mousses, sans cependant être constantes dans les autres groupes (fig. 96).

Fig. 96. — Feuille schématique. *g*, gaine : *p*, pétiole ; *l*, limbe ; *pa*, parenchyme ; *n*, nervures ; *st*, stipules.

Il y a des *feuilles simples*, constituées comme nous venons de l'indiquer et des *feuilles composées*. Dans celles-ci, le pétiole principal ou *rachis* ne porte pas directement le limbe, mais des sortes de petites feuilles, des *folioles*, munies de *pétiolules* et parfois de *stipelles*. Chacune de ces folioles se comporte comme une feuille indépendante, notamment au point de vue du rachis dont la durée excède généralement celle des folioles qui chutent une à une, abandonnant le rachis qui se conserve quelque temps après leur disparition (*Robinia Pseudacacia*). Quelques-unes des parties de la feuille qui viennent d'être signalées, peuvent manquer, alors que d'autres prennent un développement exagéré ; la forme de chacune d'elles est très variable, de telle sorte que la diversité des feuilles est immense : c'est la feuille qui fournit les caractères principaux distinctifs des espèces végétales.

158. Sa morphologie. — La feuille est de tous les membres de la plante celui qui s'adapte le plus facilement au milieu extérieur ou à des fonctions diverses ; ainsi s'expliquent les grandes variations de forme qu'elle présente.

L'étude de la forme des feuilles est fort importante car, avons-nous dit, bien souvent, la distinction des espèces repose presque uniquement sur des caractères tirés de la feuille : sur sa forme générale, ses dimensions et sa disposition sur la tige. Il faut cependant savoir que les feuilles n'ont pas toujours une forme constante dans la même espèce : ainsi on trouve des formes de feuilles très diverses sur le même rameau chez le Mûrier à papier et la Symphorine ; même la première feuille ou *préfeuille* d'un rameau est souvent différente des autres, se rapprochant en cela des *cotylédons* ou premières feuilles du végétal, qui sont rarement semblables aux autres feuilles Dans les végétaux bisannuels, les feuilles de la première année (f. *radicales*) et celles de la seconde année (f. *caulinaires*) sont le plus souvent dissemblables. Il faut savoir également que le voisinage de la fleur influe aussi beaucoup sur le développement et par suite sur la taille et la forme des feuilles : on a distingué par le nom de *bractées* les feuilles modifiées profondément sous l'influence du voisinage des organes reproducteurs

La *gaine* de certaines feuilles est réduite à tel point qu'elle semble être absente, ce que l'on observe dans certains de nos arbres ; ailleurs, par contre, elle est fort développée, entoure la tige sur presque toute sa circonférence et même sur une certaine longueur : ainsi se comportent les *feuilles engainantes* des Ombellifères, des Graminées (fig. 97), etc.

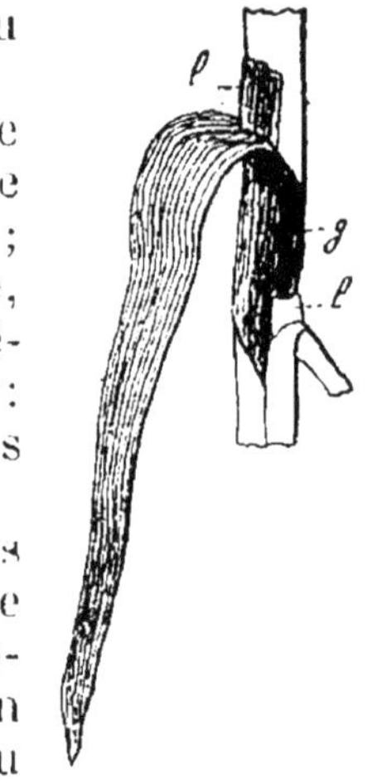

Fig. 97. — Feuille engainante d'une Graminée ; *g*, gaine ; *l*, ligule.

Les *stipules* manquent parfois ; quand elles existent, elles peuvent être très développées, ce qui se voit dans le *Lathyrus aphaca* où les folioles des feuilles composées se transforment en vrilles ; il ne reste plus, pour l'absorption du carbone, chez ce végétal, que les stipules qui prennent l'aspect de véritables feuilles pour suppléer au limbe dépourvu de parenchyme.

Les stipules sont ordinairement placées à droite et à gauche de la feuille ; elles sont simples ou ramifiées et insérées tantôt sur le pétiole, tantôt sur la gaine et même directement sur la tige. Les stipules peuvent encore se rapprocher et s'unir en un organe unique. Cette soudure peut donner naissance à une sorte de tube embrassant la tige (*Ochréa* des Polygonacées), ou former une lame dressée perpendiculairement sur la gaine et qui semble prolonger cet organe (*Ligule* des Graminées, fig. 97), ou bien la lame stipulaire forme un appendice entre la tige et la gaine (stipules intra-axillaires du *Melianthus major*).

Les stipules deviennent épineuses dans les Acacia ; elles se transforment en vrilles dans les Smilax, qui sont des Monocotylédones, d'où exception double à la règle générale, puisque ces derniers végétaux sont habituellement privés de stipules.

Le *pétiole*, ordinairement hémi-cylindrique, convexe vers le bas, plan ou concave vers le haut, est cependant parfois cylindrique. Ses dimensions varient beaucoup : à peu près nul dans certaines feuilles, il est très long déjà dans les feuilles de Palmiers et on le voit atteindre 1 m. 50 et plus dans les feuilles flottantes des Nymphæa. Lorsque le limbe s'insère directement sur la gaine, on dit que la feuille est *sessile*. Si les feuilles, ainsi dépourvues de pétiole, entourent complètement la tige de leur limbe, elles sont dites *perfoliées* (fig. 98) et,

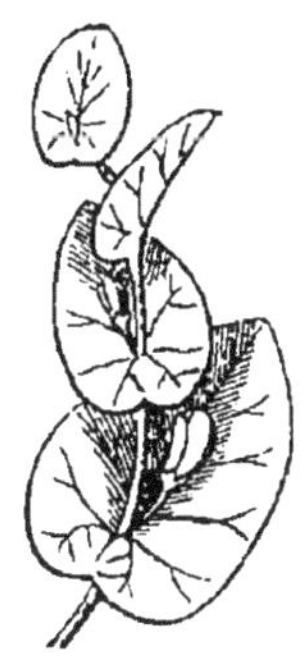

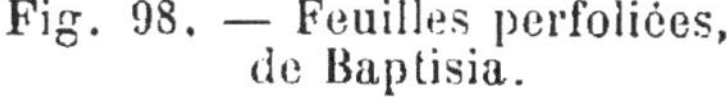

Fig. 98. — Feuilles perfoliées, de Baptisia.

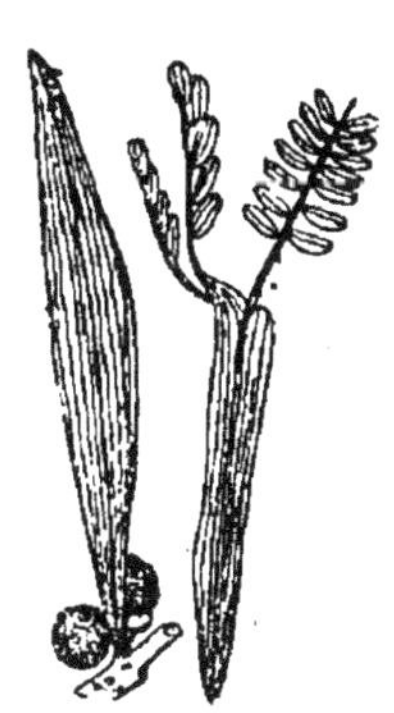

Fig. 99. — Phyllodes d'Acacia.

si ces feuilles perfoliées sont opposées et se soudent par leurs bords de façon à former une véritable collerette autour de la tige, comme cela existe dans certains chèvrefeuilles, elles deviennent *connées*.

Le pétiole peut, dans certains cas, s'élargir, le limbe, par un *balancement organique*, s'atrophiant proportionnellement; le pétiole prend alors une forme aplatie, constituant un organe nouveau appelé *phyllode* (fig. 99). Les phyllodes se distinguent du limbe par le sens de leur aplatissement: leur lame est verticale et non plus horizontale (certains Acacia vrais).

Le limbe a également des dimensions très variables: il peut manquer et être suppléé par le pétiole qui s'étale en phyllode; il peut s'atrophier totalement avec une partie ou tout le reste de la feuille qui se réduit alors à une écaille, constituée par le reste de la gaine (Orobanches), ou à une épine (Cactées), ou disparaît totalement (inflorescence des Crucifères). C'est souvent à la tige, toujours verte et souvent étalée, que revient alors la fonction chlorophyllienne (Cactées).

La *forme* du limbe peut être ronde, ovale, elliptique, lancéolée, etc.; sa *pointe*, acuminée, mucronée, cuspide, obtuse, tronquée, etc.; sa *base*, cunéiforme, tronquée, arrondie, ou bien cordiforme, sagittée, hastée, etc. Chez certaines plantes (quelques Composées, etc.), la base de la feuille envoie des prolongements, sortes d'ailes, qui s'accolent d'abord aux côtés du pétiole, puis à la tige et descendent le long de l'entre-nœud, engendrant ce qu'on appelle des *feuilles décurrentes*.

Les *nervures* sont disposées très diversement : il n'y en a qu'une dans le limbe de certaines Mousses, dans la feuille du Pin, etc. ; quand elles sont plus nombreuses, elles peuvent être toutes parallèles (feuilles *parallèlinerves*), ou former entre elles des angles (*feuilles angulinerves*). Les feuilles parallèlinerves sont *rectinerves*, lorsque leurs nervures suivent les deux bords du limbe rubanné parallèles entre eux (Graminées) ; elles sont *curvinerves*, quand le contour de la feuille étant courbe leurs nervures progressent parallèlement à la *marge* (Smilax). Quand le limbe est partagé longitudinalement en deux parties par une *nervure principale* émettant sur ses côtés des nervures plus petites et disposées par rapport à elle comme les barbes sur le rachis d'une plume, la feuille est *penninerve* (Lilas). Les feuilles dont les nervures partent toutes d'un même point, en s'irradiant du sommet du pétiole, sont dites *digitinerves* ou *palminerves* (Mauve). Si les nervures, partant toutes en rayonnant du sommet du pétiole, s'insèrent, non sur le bord du limbe, mais à une certaine distance de ce bord (Capucine), les feuilles sont *peltinerves*. Dans les feuilles *pédalinerves*, on trouve d'abord deux ou trois grosses nervures digitées, dans ce dernier cas, une médiane et deux latérales ; la première reste indivise, tandis que les deux latérales fournissent toutes les autres nervures du limbe, par une sorte de dichotomie répétée dont les branches se rejettent toutes, et de plus en plus, du côté du pétiole (*Arum Dracunculus*).

La *nervation* d'une feuille comprend d'ordinaire une ou plusieurs nervures principales dont les ramifications plus ou moins nombreuses aboutissent à des nervures très fines, les *veines*, qui donnent elles-mêmes naissance aux dernières ramifications ou *veinules*. Celles-ci, selon les cas, s'anastomosent entre elles ou se terminent librement dans les mailles du réseau formé par les veinules, ou encore dans les appareils transpiratoires.

159. Ramification de la feuille. — La feuille peut se ramifier dans un même plan (Lierre) ou dans deux plans perpendiculaires (Houx). Dans les feuilles simples, le limbe seul peut se ramifier ; alors son contour est plus ou moins découpé, tandis que, dans les feuilles composées, le pétiole se ramifie également. Les premières sont en outre caractérisées par ce fait que, leur rôle terminé, elles se désorganisent progressivement du sommet vers la base (Fougères, Palmiers) ou, plus souvent, se séparent d'un seul coup du végétal par une rupture s'opérant dans la gaine (Platane, Hêtre, etc.). Dans les feuilles composées, les ramifications ou folioles tombent successivement et le rachis ne chute qu'en dernier lieu, le tout se comportant comme si ses éléments constituaient autant d'organismes distincts et indépendants les uns des autres (Robinia).

α) *Feuilles simples.* — Lorsque le limbe de la feuille simple a son bord uni, sans découpure aucune, la feuille est *entière* (fig. 96); mais à la suite de ramification dans le plan du limbe ce bord se découpe plus ou moins profondément (fig. 100) et la feuille devient *dentée* ou *serrée* quand les dents sont très régu-

Fig. 100. — Feuilles: *A*, dentée (serrée), du Châtaigner; *B*, lobée, de l'*Erodium malacoides*; *C*, pinnatifide, de *Cichorium Intybus*; *D*. pinnatipartite, de *Sisymbrium vimineum*; *E*, pinnatiséquée, de *Tagetes erecta*.

lières et disposées comme les dents d'une scie (Châtaignier). La feuille est *crénelée* lorsque les dents sont arrondies. Quand les découpures sont larges et assez profondes, la feuille est *lobée*; elle devient *bi-tri -- quadrilobée*, etc., selon le nombre des lobes qu'elle présente. Les découpures sont plus profondes dans les feuilles *fendues*, qui peuvent être *bifides*, *trifides*, etc.; elles atteignent presque la nervure médiane dans les feuilles *partagées* (f. *bipartites*, f. *tripartites*, etc.). Si les feuille simples ont des divisions encore plus marquées, de telle sorte que le limbe soit divisé en plusieurs parties distinctes n'ayant de commun que la nervure sur laquelle elles s'insèrent, les feuilles sont dites *découpées* et peuvent être, selon les cas, *biséquées*, *triséquées*, etc. Certaines feuilles, ayant un bord plus ou moins entier, montrent des solutions de continuité dans leur limbe: ces feuilles sont appelées *perforées* (*Philodendron pertusum*).

β) *Feuilles composées.* — Là, le pétiole ou rachis se ramifie et le limbe se partage entre ces divisions, formant autant de segments appelés *folioles*. La ramification du pétiole chez les feuilles composées affectent toutes les formes connues de la ramification des nervures dans le limbe d'une feuille simple. Les termes qui servent à distinguer les feuilles composées, à cause de cela, se rapprochent beaucoup de ceux qui sont en usage dans la morphologie des feuilles simples ; ils sont spéciaux néanmoins et ne doivent pas être confondus avec ceux-ci. La ramification du pétiole étant simple, la feuille est *composée*; si la ramification se répète, la feuille est *décomposée* ; se produisant trois fois. la feuille est *surdécomposée*.

Nous aurons des feuilles *composés-pennées*, lorsque les folioles seront insérées sur les divisions du rachis, disposées comme les barbes d'une plume. Ces feuilles se distinguent en *imparipennées* (Haricot, Rosier, etc.) et *paripennées* (Fève), suivant que le rachis se termine, ou non, par une foliole forcément isolée en raison de sa situation extrême, les autres étant disposées latéralement et plus ou moins régulièrement par paires. Les pétioles secondaires peuvent se ramifier à leur tour et porter des folioles disposées de la même façon que les précédentes. Ces sortes de feuilles sont des feuilles *bipennées*,

Fig. 101. — Feuilles composées : *A*, pennée (Rosier) ; *B*, bipennée ; *C*. digitée.

(*Gleditschia triacanthos*). Il y a aussi des feuilles *tripennées*. mais, contrairement aux précédentes, elles se rencontrent très rarement.

Quand les folioles s'articulent toutes sur le sommet même du pétiole, comme les doigts à la paume de la main, la feuille est *digitée* ou *palmée* (Marronnier d'Inde). La feuille est *pédalée* quand le rachis commun porte des ramifications supportant des folioles toujours déjetées du même côté. Il y a enfin des feuilles *peltées* : chez elles les folioles se disposent en cercle autour de l'extrémité du pétiole (certaines Araliacées et *Sterculia fœtida*).

160. Variations dues à l'état de la surface, à la

consistance, à l'habitat et à la direction de la feuille. — Les feuilles se distinguent encore les unes des autres par l'état de leur surface qui peut être *plane* ou *bombée*, *lisse* ou *glabre*, *pubescente*, *velue*, *tomenteuse*, *laineuse*, etc., suivant la nature, pour ces derniers cas, des poils qui la recouvrent.

Les feuilles vertes sont regardées comme non colorées, le vert étant la coloration naturelle des végétaux; mais il existe des feuilles qui présentent d'autres *colorations*; chez celles-ci, la coloration peut être répartie uniformément ou localisée, ce qu'on observe fréquemment dans les variétés ornementales, cultivées souvent pour leurs feuilles panachées, striées, maculées. etc. Il est des feuilles discolores, tricolores, présentant plusieurs colorations, en plus du vert, sur la même face (Crotons des horticulteurs) ; d'autres, présentent des faces différemment colorées (*Begonia discolor*). Dans les feuilles souterraines et dans les feuilles étiolées, le vert manque complètement. Au printemps et à l'automne, certains végétaux prennent des colorations particulières dues à la présence, dans les cellules, de matières colorantes qui, au printemps, voilent la chlorophylle (Chênes), et à l'automne, proviennent de l'altération de cette dernière (Vigne-vierge).

Il est des feuilles à *consistance* herbacée, coriace, scarieuse, charnue, succulente. Les feuilles des végétaux croissant dans les endroits secs ou en plein soleil sont généralement rigides; elles sont molles, au contraire, chez les végétaux qui vivent dans les endroits humides et peu éclairés (Fougères).

L'*habitat* a une influence très marquée sur le faciès de la feuille : les feuilles submergées des plantes aquatiques sont, le plus souvent rubanées, réduites à l'état de phyllodes (Sagittaires, etc.), ou dépourvues de parenchyme, ne montrant que leurs nervures (*Ranunculus aquatilis*) alors que les feuilles flottantes ou émergées sont normales. Les feuilles souterraines sont écailleuses et réduites à leur gaine (écailles recouvrant les turions de l'Asperge).

Direction. Les feuilles se distinguent aussi entre elles par la situation qu'elles occupent sur la tige : les unes sont dressées, d'autres apprimées, c'est-à-dire appliquées sur la tige ; il en est d'étalées, de pendantes, d'incurvées, etc.

161. Adaptations spéciales de la feuille. — La feuille doit aussi, parfois, sa forme aux rôles spéciaux et extraordinaires auxquels elle s'adapte. Ce polymorphisme physiologique s'observe dans les feuilles protectrices du bourgeon (écaille de la pérule), réduites parfois à la gaine, mais dures et résistantes, souvent couvertes de cire, de résine ou de gomme et n'ayant rien des feuilles chlorophylliennes qu'elles mettront en évidence, par leur chute.

Les premières feuilles du végétal, appelées cotylédons, dans les graines riches en albumen, restent au contact de celui-ci jusqu'à l'absorption complète des matières nutritives qu'elles font passer dans le corps de la plantule; elles servent ainsi d'*intermédiaire* entre la réserve déposée par la mère et le corps du jeune (Palmiers).

Les cotylédons tuberculeux (noix, amande, etc.,) *servent de réserve* à l'embryon dépourvu d'albumen lors de la maturité de la graine.

Les feuilles submergées des plantes aquatiques servent autant à l'*absorption* de l'eau plus ou moins chargée de matières minérales qu'à la fixation du carbone.

D'autres feuilles plus ou moins épaissies, tuberculeuses même, servent à la *réserve d'aliments* (écailles des bulbes, cotylédons déjà cités) ou *d'eau* (Sedum, Crassulacées).

Certaines feuilles sont fistuleuses et dans leur intérieur s'amasse de l'eau (*feuilles en urnes* ou *ascidies* des Sarracenia et des Népenthes (fig. 102) ; les feuilles fistuleuses de l'Ail, renferment des gaz; chez les aquatiques, ces feuilles fistuleuses, pleines d'air, servent de flotteurs (*Pontederia crassipes*).

Fig. 102. — Feuilles modifiées de Heliamphora (A), de Sarracenia (B) et de Népenthes (C).

Les feuilles peuvent se transformer en *épines*; elles servent alors à la défense (Cactées, Berberis, etc.). D'autres s'appliquent au soutien et se transforment plus ou moins complètement en vrilles (Vesce, Clématite des montagnes, Gloriosa, etc.).

Les feuilles modifiées en vue de la reproduction portent le nom de *frondes* chez les Fougères; elles forment l'ensemble des pièces qui constituent la fleur chez les Phanérogames.

162. Disposition des feuilles sur la tige ou phyllotaxie. — Les feuilles sont réparties sur la tige et ses ramifications de façons différentes suivant les végétaux auxquels on s'adresse. Cette situation, étant causée pour la meilleure utilisation de l'organe, est sous la dépendance des conditions habituelles d'existence des plantes. L'étude de ces dispositions acquiert une grande importance pour la classification des végétaux, pour cette raison que les êtres les plus voisins appartenant à la même famille, à la même tribu, recherchent les mêmes conditions de vie et, par suite, présentent le maximum de points communs dans leur organisation.

Les feuilles s'attachent sur les nœuds. Ou bien l'on ne rencontre qu'une seule feuille sur chaque nœud (f. *alternes*,), ou bien on en rencontre deux ou davantage; dans la première alternative elles sont généralement disposées vis à-vis l'une de l'autre, aux deux extrémités d'un même diamètre (f. *opposées*). Lorsqu'un même nœud porte plus de deux feuilles, celles-ci sont dites *verticillées* ; habituellement, ces organes sont disposés symétriquement sur la tige, laissant entre eux des intervalles égaux.

Les feuilles sont isolées-alternes chez les Monocotylédones. Chez les Dicotylédones, les deux premières feuilles, ou cotylédons, sont, en règle générale, toujours opposées; il faut, cependant, faire exception pour l'Oranger, la Rue, etc., qui ont des cotylédons alternes. Les feuilles qui suivent les cotylédons peuvent encore être opposées et toutes les feuilles du végétal avoir cette disposition, ou bien être toutes alternes. Il existe des cas intermédiaires dans lesquels les feuilles verticillées ou alternes n'apparaissent que tardivement, après développement d'un certain nombre de feuilles opposées.

Alternes, opposées ou verticillées, les feuilles sont toujours disposées suivant un certain nombre de lignes régulièrement espacées, montant parallèlement à l'axe de la tige, en un mot, selon les génératrices d'un cylindre, en admettant que la tige ait cette figure géométrique.

Quand les feuilles alternes sont disposées sur deux rangs, elles sont appelées *distiques* (Graminées). Dans ce cas, deux feuilles successives, rapprochées par la pensée, font entre elles un angle de 180°. Lorsqu'elles sont disposées sur trois rangs, si on les projette sur un plan perpendiculaire à l'axe de la tige, elles se montrent séparées l'une de l'autre par un angle de 120°; celles-ci sont *tristiques*. D'autres végétaux ont des feuilles disposées sur quatre, cinq (*en quinconce*), huit, treize, vingt et un rangs, etc.

Les feuilles alternes se disposent non seulement suivant des lignes génératrices du cylindre caulinaire, mais elles s'attachent encore selon une *ligne spirale* qui, partant de la base du rameau, intéresse dans sa course toutes les feuilles de ce rameau, en les touchant successivement dans l'ordre de leur apparition. Mais on observera qu'en partant d'une feuille placée sur une certaine génératrice, si on réunit successivement par une spirale passant par leurs points d'insertion toutes les feuilles immédiatement supérieures, il faudra décrire un ou plusieurs tours de spire autour de la tige, avant de rencontrer la feuille située sur la même génératrice que la première de laquelle on est parti.

Si, dans ce trajet de spire, qu'on a nommé *cycle*, et qui réunit deux feuilles superposées, on ne décrit qu'un tour, on remarquera que les feuilles successives s'attachent successivement sur les diverses génératrices que rencontre la spire dans son parcours. La distance entre deux feuilles successives sera alors représentée par l'angle que forment entre eux les deux plans passant par ces génératrices et l'axe de la tige; c'est ce qui s'observe lorsque les feuilles sont disposées sur 2, 3, 4 files; leur distance est alors de $\frac{1}{2}, \frac{1}{3}, \frac{1}{4}$ de circonférence. Mais si l'on doit faire deux ou plusieurs fois le tour de la tige avant de rencontrer la première feuille placée sur la génératrice qui portait la feuille dont on est parti, les feuilles successives sautent deux ou plusieurs génératrices (autant qu'il faut faire de fois le tour de la tige pour retrouver la première feuille superposée à celle qui marque le départ) et la distance entre deux feuilles successives est donnée par le nombre de feuilles que présente le cycle, divisé par le nombre de tours exécutés pour revenir à la génératrice portant la feuille initiale. Les fonctions $\frac{2}{5}$, $\frac{3}{8}$ indiquent que, dans ces cas, la distance angulaire de deux feuilles successives est de $\frac{2 \times 360}{5}$ et $\frac{3 \times 360}{8}$, soit 144° et 135°. Ces fractions sont d'un usage courant pour indiquer la distribution des feuilles sur les rameaux.

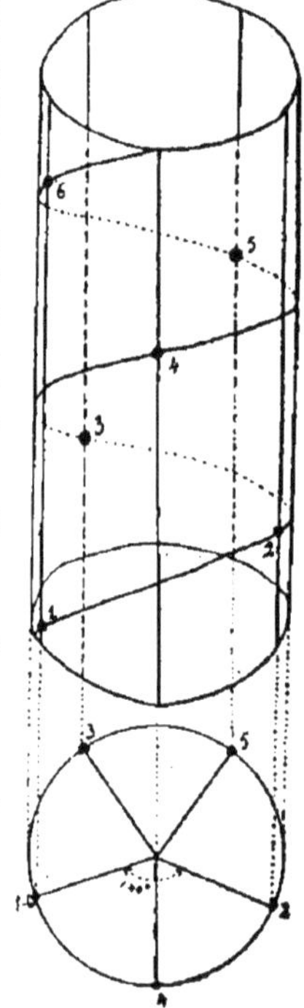

Fig. 103. — Disposition des feuilles en quinconce.

La fraction $\frac{1}{2}$ représente le cycle des feuilles distiques : celle de $\frac{1}{3}$, le cycle des feuilles tristiques, etc. On dit qu'il y a *quinconce* quand, pour trouver la feuille superposée à celle d'où l'on part, il faut décrire deux tours de spire en rencontrant cinq feuilles sur le parcours. Cette disposition, représentée par la figure ci-contre, s'inscrit $\frac{2}{5}$. On observe encore fréquemment les dispositions $\frac{3}{8}, \frac{5}{13}, \frac{8}{21}$.

Les expressions $\frac{1}{2}$ et $\frac{1}{3}$ étant connues, on peut remarquer que toutes les autres s'obtiennent par l'addition, terme à terme, des deux fractions qui les précèdent: ainsi $\frac{1}{2} + \frac{1}{3} = \frac{2}{5}$ et $\frac{1}{3} + \frac{2}{5} = \frac{3}{8}$, etc. Il existe cependant d'autres séries commençant par $\frac{1}{3}$ et $\frac{1}{4}$, par $\frac{1}{4}$ et $\frac{1}{5}$, etc., mais leurs représentants sont moins fréquents que ceux de la série que nous avons prise comme type.

L'écart angulaire entre deux feuilles successives est appelé *angle de divergence* de ces feuilles.

Dans les organes où les feuilles sont très rapprochées, comme c'est le cas dans les cônes de Pins, à cette spire génératrice s'ajoutent des *spires secondaires* ou *parastiques*, parallèles entre elles, et ne comprenant chacune qu'un petit nombre de feuilles, tandis que la *spire génératrice* les comprend toutes.

Les *feuilles opposées* de deux nœuds successifs peuvent être exactement superposées, mais le plus souvent elles forment entre elles un angle de 90°: on dit alors qu'elles sont *décussées* ou en croix; elles sont disposées sur quatre génératrices qui occupent les extrémités de deux diamètres perpendiculaires l'un à l'autre. Il existe donc ici deux spirales courant parallèlement, avec le cycle $\frac{1}{4}$. Les mêmes phénomènes s'observent sur les verticilles successifs de trois feuilles. Celles-ci sont alors disposées sur six génératrices coupées par trois spires parallèles comprenant des feuilles disposées dans l'ordre $\frac{1}{6}$.

La spire qui englobe les feuilles d'un axe tourne soit de droite à gauche, soit de gauche à droite. Chez certains végétaux, toutes les feuilles tournent dans le même sens, qu'elles appartiennent à la tige principale ou aux branches et il y a alors *homodromie* ; chez d'autres, l'enroulement de la spire, par suite l'apparition des feuilles, se fait dans chaque ramification dans le sens opposé à celui qui s'observe sur l'axe qui lui a donné naissance : il y a dans ce cas *antidromie* ou *hétérodromie* (les feuilles tournent successivement, de rameau en rameau, en sens inverse ou différent).

b) *Anatomie de la feuille*

On peut considérer la feuille, au point de vue anatomique, comme un lambeau de tige obtenu par une section oblique s'avançant jusqu'à la moelle et qui serait déjeté vers l'extérieur (figure 104). Mais si l'on rencontre dans la feuille tous les éléments de la tige, ceux-ci ont cependant une disposition caractéristique et en relation avec la forme aplatie des parties constituantes de cet organe : ils sont symétriques par

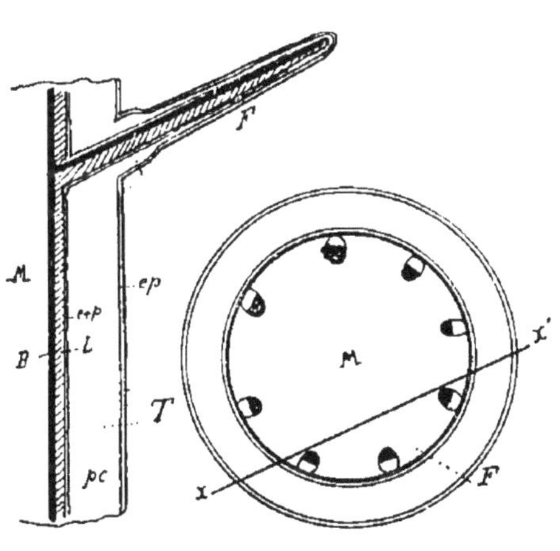

Fig. 104.

rapport à un plan ; leur *symétrie est bilatérale*, tandis que dans la tige, les tissus sont symétriques par rapport à l'axe de cet organe (*symétrie axiale*).

163. Gaine et pétiole. — La gaine et le pétiole des plantes herbacées n'ont pas de ligne de démarcation bien nette ; ces organes ont une structure à peu près identique : ils présentent un épiderme, un parenchyme sous-jacent à cet épiderme et des faisceaux libéro-ligneux disposés en un arc plus ou moins fermé, les plus volumineux étant les plus rapprochés du plan de symétrie et accompagnés chacun d'un endoderme et d'un péricycle. En s'écartant de la gaine, les faisceaux peuvent rester écartés ou se rapprocher ; dans ce dernier cas, les péricycles et les endodermes se confondent généralement pour former des organismes continus communs aux différents faisceaux, comme dans la tige.

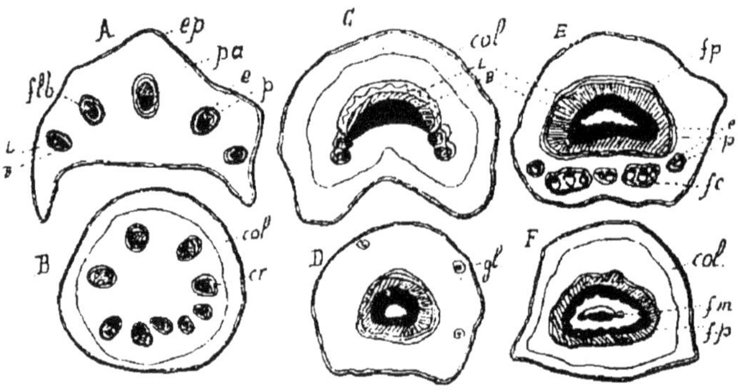

Fig. 105. — Structures diverses du pétiole. A, *Cichorium Intybus* ; B, *Hedera Helix* ; C, *Cerasus Laurocerasus* ; D, *Citrus Bigaradia* ; E, *Juglans regia* ; F, *Castanea vesca*. — *ep*, épiderme ; *pa*, parenchyme ; *flb*, faisc. libéro-ligneux ; L, liber ; B, bois ; *e*, endoderme ; *p*, péricycle ; *fp*, faisceau principal ; *fc*, faisceau intracortical ; *fm*, faisceau intramédullaire ; *col*, collenchyme (d'après R. Gérard).

Le pétiole tire sa caractéristique anatomique non seulement de la disposition qu'affectent les faisceaux libéro-ligneux, mais aussi de la puissance du collenchyme qui prend souvent une importance notable dans cet organe. Le collenchyme est, en effet, le *tissu érectile* par excellence et il tient sous sa dépendance le limbe dont la position par rapport aux rayons solaires varie selon que ce tissu est gorgé d'eau et turgescent, ou au contraire flasque et dépourvu plus ou moins de ce liquide. Il occupe une portion plus ou moins importante du pétiole, envahit parfois tout le tissu parenchymateux externe et, dans les cas extrêmes, on voit les éléments du péricycle présenter eux-mêmes des parois collenchymateuses.

Les faisceaux libéro-ligneux ont des dispositions très variables (fig. 105) : ils peuvent rester en arc, comme dans la gaine, ou se disposer en cercle et même, lorsqu'ils sont fort nombreux, se placer selon des lignes très contournées (en Ω dans les Cycas). Ils sont parfois isolés et entourés chacun d'un endoderme et d'un péricycle, ou bien ils sont groupés en une ou plusieurs masses libéro-ligneuses. Si les faisceaux sont unis en arc, le péricycle et l'endoderme les entourent partiellement ; ils les entourent complètement s'ils sont disposés en cercle. On rencontre parfois deux groupes de faisceaux dans le pétiole, l'un principal et l'autre accessoire. Ce dernier peut être entouré par le groupe principal fermé en cercle, il est alors *intramédullaire* ; ou bien, il est en dehors de celui-ci, ce qui le fait qualifier d'*intracortical* (fig. 105 E et F).

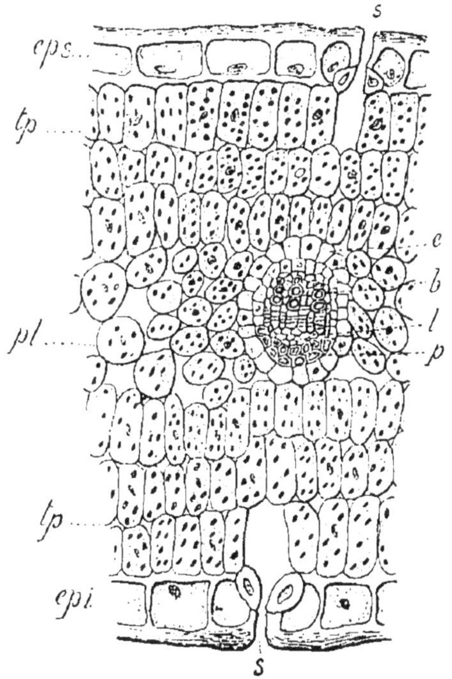

Fig. 106. — Coupe de feuille d'Œillet passant par une nervure : *e*, endoderme ; *p*, péricycle ; *b*, bois ; *l*, liber ; *eps*, épiderme supérieur : *epi*, épiderme inférieur ; *tp*, tissu palissadique ; *pl*, parenchyme caverneux ; *s*, stomate.

164. Limbe. — Le limbe se décompose en *nervures* et *parenchyme*.

α) Les *nervures* ne sont que la continuation du pétiole s'épanouissant dans le limbe ; ces parties ont donc une structure très semblable à celle du pétiole ; c'est tout au moins le cas pour la nervure médiane des feuilles penninerves et des feuilles uninerves. Quand la feuille est digitinerve, le pétiole divise ses faisceaux en autant de massifs qu'il se détache de nervures principales de son extrémité. Celles-ci, en se divisant dans le limbe, perdent peu à peu leur faciès primitif, mais en même temps, la masse des éléments des faisceaux conducteurs augmente afin de favoriser leur ramification entre les nervures et la stagnation des liquides dans la feuille.

Le bois est toujours tourné du côté de la face supérieure de la feuille, comme dans le pétiole du reste, et le liber du côté inférieur.

Dans les grosses nervures, on peut voir fréquemment du *sclérenchyme*, élément squelettique, remplacer l'élément collenchymateux du pétiole. On voit également le péricycle se sclérifier en face du liber et souvent aussi en face du bois (fig. 106)

A mesure que les nervures se ramifient, leurs faisceaux diminuent peu à peu de volume et se réduisent facilement à quelques trachées et à quelques vaisseaux cribleux ; elles se terminent soit par anastomose au milieu du parenchyme de la feuille, soit librement dans le parenchyme après avoir perdu leur liber, mais en développant, par contre, leur bois qui prend l'apparence d'un bouton de trachéides très courtes. On observe donc ces boutons, comme nous l'avons vu à propos de la transpiration, sous les stomates aquifères et au sein du parenchyme, dans les mailles du réseau formé par les nervures, où ils servent à l'emmagasinement de l'eau ; ils forment là ce qu'on appelle les *réservoirs vasiformes*.

β) Le *parenchyme*, ou *mésophylle*, a une structure variable qui subit l'influence directe de l'habitat de la plante et, plus encore, de son exposition aux rayons solaires. Ainsi, dans une feuille épanouie dont le limbe est à peu près horizontal et à une certaine distance du sol, telles les feuilles de nos arbres, qui se trouvent de la sorte exposées à un éclairage assez intense, mais par leur face supérieure seulement, on rencontre, en allant de cette face vers l'autre, un *épiderme*, puis un tissu de *cellules en palissade* d'autant plus longues et plus serrées, en couches d'autant plus répétées et plus riches en chlorophylle que cette face supérieure est exposée à un éclairage plus intense. Au-dessous de ces éléments, on observe des cellules plus ou moins arrondies ou de forme irrégulière, laissant entre elles des méats et des chambres aérifères ; ce *tissu caverneux* ou *lacuneux* repose sur l'*épiderme* inférieur dont la cuticule est moins développée que celle de l'épiderme supérieur, conséquemment, il est moins résistant. Ici la partie supérieure s'emploie surtout à la fonction chlorophyllienne, la partie inférieure à l'échange des gaz; c'est en effet sur l'épiderme inférieur que sont localisés les stomates. Le parenchyme ainsi constitué est dit *hétérogène asymétrique* ou *bifacial* (fig. 107, B).

Lorsque les feuilles sont plus ou moins inclinées sur l'horizon et suffisamment rapprochées du sol (végétaux herbacés) pour recevoir, par réflexion, un complément notable de

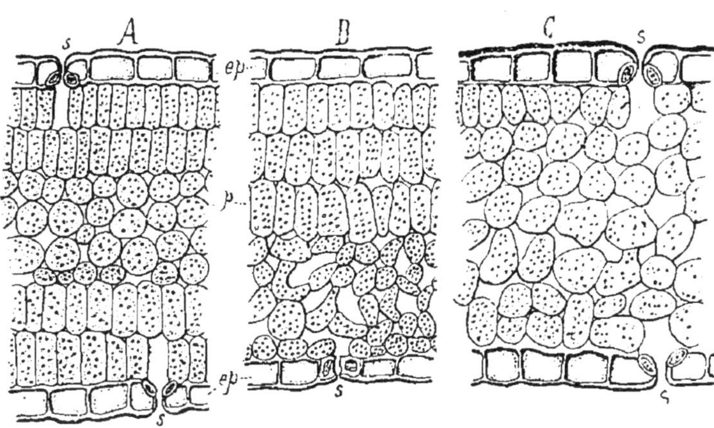

Fig. 107. — Coupes transversales de feuilles. A, avec parenchyme hétérogène symétrique ; B, avec parenchyme bifacial ; C, avec parenchyme homogène (schémas).

lumière sur leur face inférieure, de telle sorte que les cellules sur leurs deux faces soient suffisamment éclairées pour permettre à l'action chlorophyllienne de se produire, on trouve chez elles deux épidermes semblables et munis de stomates ; le tissu intermédiaire ou mésophylle sera *homogène*, en tous points caverneux et s'appliquera par toute son épaisseur à la fonction chlorophyllienne et à l'échange des gaz, ou bien il sera *hétérogène symétrique*, présentant contre ses deux épidermes du tissu en palissade et en son milieu du tissu caverneux.

La structure du limbe varie avec l'habitat. Parmi les végétaux qui habitent les lieux secs, certains font des réserves d'eau dans leurs feuilles et utilisent, dans ce but, diverses parties de cet organe. Le réservoir de liquide peut tirer son origine des cellules sous-épidermiques (*hypoderme aquifère* des Begonia), ou de l'épiderme lui-même qui se divise de bonne heure (épiderme composé des Ficus, fig. 55), ou bien encore de la partie médiane du mésophylle (feuilles grasses : Sedum, Aloès). Dans tous les cas, les cellules-réservoirs perdent leur chlorophylle, deviennent incolores et présentent dans leur intérieur un produit qui retient l'eau avec force.

Dans les feuilles aquatiques nageantes, le parenchyme est souvent homogène et les stomates se localisent sur la face supérieure de la feuille, seule en contact avec l'atmosphère. Les feuilles submergées ont un parenchyme creusé de canaux aérifères, s'il est épais ; il renferme de la chlorophylle, mais le bois des nervures toujours peu puissant se résorbe fréquemment, laissant à sa place une lacune qui joue le rôle des vaisseaux disparus ; les épidermes, dépourvus de stomates, le sont aussi de cuticule. Le parenchyme de la feuille se réduit aux deux épidermes dans l'*Elodea canadensis*. Il est même des végétaux dont les feuilles, dépourvues de parenchyme, sont réduites aux nervures.

Feuille des Muscinées. — Dans les Muscinées, la feuille est parfois dépourvue de nervures et, presque toujours, le parenchyme est réduit à un plan de cellules ; cependant, on peut rencontrer plusieurs plans de cellules dans le limbe, trois, par exemple, dans *Leucobryum glaucum* (figure 108, A), mais, ici, les deux couches périphériques, larges et incolores, servent à l'emmagasinement de l'eau, tandis que la couche moyenne, formée de petites cellules, est seule pourvue de chlorophylle.

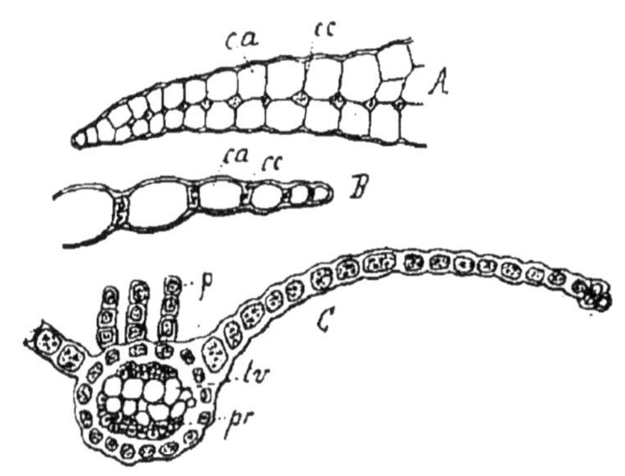

Fig. 108. — Feuilles de Mousses.
A, *Leucobryum glaucum* ; B, *Sphagnum cymbifolium* ; C, *Mnium undulatum* (d'après R. Gérard).

Chez d'autres Mousses (Polytrichum, Mnium), on rencontre sur la nervure médiane des poils verts, unisériés (fig. 108, C, *p*), très serrés les uns contre les autres, formant de véritables lames.

Dans les Sphaignes, il n'y a qu'une épaisseur de cellules, mais celles-ci sont de deux sortes : les unes petites et disposées en réseau, contiennent de la chlorophylle, les autres incolores, plus volumineuses et isolées, servent encore à la réserve d'eau (fig. 108, B).

c). *Physiologie de la feuille*

165. Origine de la feuille ; bourgeons. — A l'extrémité de la tige, un peu au-dessous du point végétatif, on voit se développer des mamelons qui s'allongent et s'étalent de plus en plus pour former des lames ; celles-ci dressées et incurvées vers l'intérieur ne tardent pas à recouvrir le point végétatif : ce sont les jeunes feuilles, dont l'ensemble constitue un *bourgeon* (fig. 93). Le premier bourgeon des Phanérogames est la gemmule, partie intégrante de l'embryon.

Tôt ou tard, on voit à l'aisselle des feuilles ainsi formées, se développer des points végétatifs entourés de feuilles constituant des bourgeons semblables à celui qui termine la tige principale et ceux-ci seront l'origine des rameaux feuillés. On oppose ces bourgeons qui sont *latéraux* ou *axillaires* au *bourgeon terminal*, déjà représenté dans l'embryon. Il existe encore d'autres sortes de bourgeons, dits *adventifs*, qui naissent sur le végétal sans présenter de relations immédiates avec l'aisselle des feuilles jeunes ou âgées, particulièrement sur les vieilles tiges et, parfois, sur les racines (Ronce). Certains Nymphæa, Begonia et Asplenium développent des bourgeons adventifs sur le limbe même de leurs feuilles, au-dessus des nervures (fig. 118).

Les bourgeons naissent le plus souvent à l'aisselle des feuilles et sur le plan de symétrie de celles-ci; mais, parfois, ils se développent par côté: ils sont alors *extra-axillaires* (*latéro-* ou *sous-foliaires*). On ne rencontre souvent qu'un seul bourgeon à l'aisselle de chaque feuille, cependant certaines espèces en présentent plusieurs symétriquement disposés soit des deux côtés, soit au-dessus d'un bourgeon principal situé dans le plan de la feuille; dans ce cas, le bourgeon principal évolue avant tous les autres. Ceux-ci ne se développent du reste que lorsque ce bourgeon principal fait défaut pour une cause quelconque (reprise de la végétation dans la vigne, après une gelée qui a détruit les pousses normales).

Les bourgeons évoluent quelquefois immédiatement après leur formation (végétaux herbacés) ou bien ils restent à l'état de vie latente pendant un temps plus ou moins long, plusieurs mois; c'est ainsi que les bourgeons latéraux des arbres n'évoluent pas ordinairement dans l'année où ils se sont formés, mais seulement au printemps suivant. Il est probable que la plupart des bourgeons dits adventifs, croissant sur les tiges âgées, ne sont que des bourgeons latéraux restés à l'état de vie latente et à évolution tardive.

Les bourgeons peuvent ne présenter que des feuilles d'une seule sorte qui deviendront les feuilles ordinaires du végétal (*bourgeons nus*); mais, fréquemment, pour mieux résister aux influences extérieures, notamment au froid, les feuilles extérieures du bourgeon se modifient et se transforment en écailles; elles constituent, en se superposant, un revêtement continu, protecteur des organes plus internes qui s'épanouiront au printemps ou au retour des conditions favorables à la végétation: cet ensemble de feuilles spécialisées est la *pérule*. La résistance de cet organisme est encore augmentée par la production à sa surface de sécrétions cireuses, gommeuses ou résineuses auxquelles il donne naissance et qui unissent intimement entre elles les différentes écailles (Marronnier), protégeant ainsi l'intérieur contre l'humidité. La protection contre le froid se fait par des poils qui revêtent les feuilles rudimentaires et qui chutent, le plus souvent, peu après l'éclosion du bourgeon, pendant la période de développement de la feuille à l'air libre.

Une partie des feuilles se développe seule ordinairement pour former les écailles de la pérule. Selon la partie qui entre en jeu, on distingue des bourgeons *pétiolacés* (Platane), *stipulaire* (Ficus) ou *fulcracés* (Rosier). Dans ces derniers, les écailles proviennent du développement concomitant du pétiole et des stipules. Parfois, cependant, toutes les parties de la feuille sont représentées dans la pérule comme cela s'observe dans les bourgeons *foliacés* du Lilas et du Myrtille.

166. Bulbes ou oignons. — Certains bourgeons voient leurs feuilles se gorger de matières nutritives, principalement de matières sucrées ; ils présentent alors à l'extérieur des feuilles protectrices sèches et membraneuses, souvent colorées (Oignon comestible), et à l'intérieur des écailles incolores, remplies de substances alimentaires de réserve. Ces feuilles ne doivent pas voir le jour ; en temps utile, elles cèdent leur contenu et se flétrissent, mais plus intérieurement, au milieu d'elles, se trouvent des feuilles membraneuses (et souvent aussi des inflorescences) qui se feront jour au dehors et deviendront des feuilles ordinaires, contenant de la chlorophylle, et des groupes de fleurs productrices de graines. Ces bourgeons, de taille le plus souvent monstrueuse, sont appelés *bulbes* ou *oignons*. Leurs écailles-réservoirs sont constituées par les gaines des feuilles qui se développent seules.

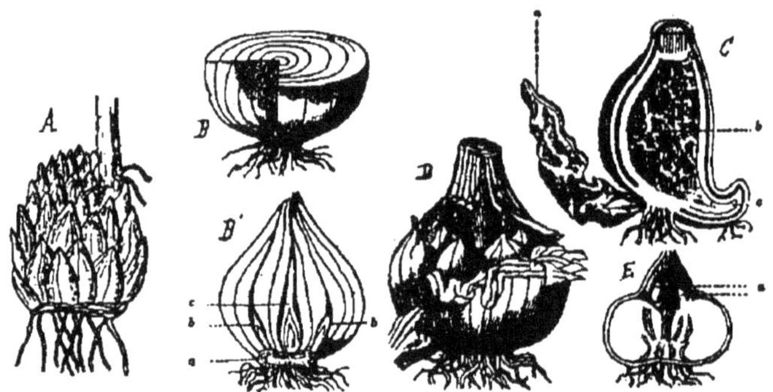

Fig. 109. — A, Bulbe écailleuse de Lis ; B et B' sections transversale et longitudinale d'une bulbe tuniquée d'Oignon ; *a* plateau ; *b et c,* bourgeons ; D, Bulbe d'Ail, avec des caïeux ; C, tubercule de Colchique ; E, tubercule de Safran.

Il y a différentes sortes de bulbes. Séparée du pied-mère et mise en terre, la bulbe développe à sa base de nombreuses racines: dans cet état elle peut être comparée à une plante entière provenant de bouture, puisqu'on y rencontre des racines, une partie centrale axile, caulinaire (le *plateau*, fig. 109: B', *a*), sur laquelle ces racines prennent insertion et des feuilles plus ou moins modifiées. Tantôt les gaines des feuilles du bulbe embrassent toute la circonférence de l'organe, se recouvrant totalement les unes les autres, comme autant d'enveloppes superposées (*bulbes dites tuniquées* de l'Oignon cultivé, figure 109, B et B'; des Jacinthes, etc.); tantôt ces gaînes, étroites, ne s'étendent que sur une partie de la bulbe, n'entourant que partiellement l'axe, mais elles se recouvrent néanmoins comme les tuiles d'un toit (*bulbes écailleuses*, du Lis, fig. 109, A. etc.). On a donné le nom de *bulbes solides* à de véritables tubercules qui résultent du dépôt de matières nutritives dans certains entre-nœuds de la tige (Safran, Glaïeuls, Colchiques, etc., fig. 109, C et E). L'emploi du mot bulbe devrait être banni pour désigner ces productions d'une nature toute différente de celle des bulbes véritables dont nous venons de parler.

Dans certaines bulbes (Oignon), l'axe évolue en fleur et ainsi se termine le développement de l'organisme: ces bulbes sont *déterminées;* ailleurs (Jacinthe), le bourgeon terminal ne produit pas de fleur et se borne à former tous les ans de nouvelles feuilles, vertes ou non, à l'aisselle desquelles se développent les branches florifères: ces bulbes sont dites *indéterminées*, parce que la croissance de leur axe principal n'a, théoriquement, pas de limite.

Les plantes bulbeuses donnent souvent naissance, à l'aisselle de leurs écailles, à des bourgeons qui se comportent bientôt comme de petites bulbes: ces productions sont des *caïeux*. En s'accroissant, ils finissent par se détacher de l'axe et constituent alors d'excellentes boutures qui, avec le temps, prennent l'ampleur et le volume des bulbes: ce sont des agglomérations de caïeux produites par des bulbes qui constituent ce que les ménagères nomment une *tête d'ail*; pour elles, chaque caïeu est une gousse d'ail, terme impropre pour le botaniste.

Certains bourgeons spéciaux se développent parfois sur la tige, principalement à la place des fleurs, et prennent l'apparence de petites bulbes; ce sont des *bulbilles* (*Poa vivipara*, *Allium vineale*, etc.); celles-ci, dans des conditions favorables, se comportent comme les caïeux et constituent de bonnes boutures.

167. Préfoliaison. — La disposition des feuilles dans le bourgeon, ou *préfoliaison*, présente quelque intérêt soit que l'on considère les feuilles isolément, soit qu'on les examine dans leurs rapports réciproques.

Dans le bourgeon, les jeunes feuilles peuvent avoir leur limbe étalé: on les dit alors *planes* (Lilas), ou plié et cela de façons fort différentes: il peut être plié en deux transversalement (*f. réclinées*, de l'Aconit), ou longitudinalement (*f. condupliquées*, du Hêtre) ou, enfin, en éventail (*f. plissées*, du Groseillier). Les feuilles peuvent être encore *roulées* et c'est alors une moitié qui s'enroule autour de l'autre (*f. convolutées*, de l'Abricotier et des Canna), ou bien les deux moitiés qui s'enroulent isolément soit en dehors (*f. révolutées* de l'Oseille) soit en dedans (*f. involutées*, de la Violette). Dans les Fougères, les feuilles sont enroulées de haut en bas, le long de leur nervure médiane, en forme de crosse, ce sont des *feuilles circinées*.

Considérées dans leurs rapports, les feuilles planes peuvent se toucher seulement par leurs bords (*préfoliaison valvaire*), ou se recouvrir comme les tuiles d'un toit (*p. imbriquée*, du Lilas). En s'appuyant l'une sur l'autre par leurs bords, ces bords peuvent se replier plus ou moins en dehors (*p. rédupliquée*), ou en dedans (*p. indupliquée* du Pommier). Les feuilles pliées peuvent être soit à cheval les unes sur les autres, les extérieures recouvrant entièrement les internes *p. équitante* de l'Iris) ou n'embrassant qu'à moitié celles-ci (*p. semi-équitante*, de la Sauge et de l'Œillet).

168. Croissance de la feuille. — Les feuilles se développent d'abord davantage sur leur face inférieure que sur leur face supérieure de sorte que, dans le bourgeon, elles se recourbent vers l'intérieur, se superposant au-dessus du point végétatif mais, dès que l'étalement des feuilles extérieures permet l'arrivée de la lumière sur la face inférieure dressée des feuilles, le développement sur cette face se ralentit et l'accroissement se produisant dès lors plus rapidement sur la face supérieure abritée, le limbe se recourbe vers l'extérieur et la feuille s'épanouit : en glossologie botanique, elle passe de la position *hyponastique* à la position *épinastique*.

La feuille ne développe pas en même temps toutes ses parties. Toute jeune, elle figure un mamelon dans lequel toutes ses parties sont confondues; lorsqu'elle s'étale en lame, elle se sépare en gaine et limbe; ce n'est que plus tard, qu'entre ces deux parties, se différencie le pétiole.

Le limbe peut se développer d'une façon uniforme ou bien par le moyen d'une lame génératrice localisée tantôt vers le sommet de la feuille, tantôt vers sa base et quelquefois dans sa portion moyenne. La croissance sera *basifuge* dans le premier cas, *basipète* dans le second et *mixte* dans le troisième : les parties les plus jeunes étant, selon la position du tissu générateur, plus rapprochées du sommet, de la base ou du milieu du limbe. Le contour général et la forme des différentes parties de la feuille dépendent de son mode de développement et la simple inspection de l'organe, complètement développé, nous permet de reconnaître le processus de sa formation: dans une feuille simple, par exemple de formation basifuge, ce seront les parties voisines du pétiole, les plus âgés, qui seront le plus larges, le plus étendues. Dans une feuille composée, à croissance basifuge, les folioles rapprochées de la gaine seront les plus amples de toutes.

Pendant la croissance de la feuille peuvent se produire chez elle différents phénomènes de *concrescence*: les bords d'une feuille simple peuvent se réunir en arrière de la tige (*feuilles perfoliées*); des feuilles opposées peuvent se souder par leur base, entourant la tige (feuilles connées du *Dipsacus sylvestris* ou Cabaret des oiseaux). Les feuilles se soudent parfois à la tige et alors leur limbe semble se continuer avec celle-ci sous forme d'ailes (*feuilles décurrentes*). La fusion est plus complète encore dans les Epiphyllum où les dents des feuilles restent seules libres, le limbe de la feuille se confondant totalement avec la tige.

169. Fonctions de la feuille. — La feuille naît et s'accroît comme nous venons de le voir; pendant sa formation et aussi longtemps qu'elle vit elle est le siège des diverses fonctions de l'être vivant, mais quelques-unes de ces fonctions y sont plus saillantes qu'ailleurs, notamment la transpiration et la fonction chlorophyllienne, et cela à un tel degré que pour les esprits superficiels tous les phénomènes dont la feuille se trouve être le siège s'effacent complètement devant ceux-ci.

La circulation des matières minérales et des matières azotées s'y fait par le bois et le liber, localisés dans les nervures; la circulation des matières hydrocarbonées y emprunte les parenchymes

La feuille est la partie de la plante qui contient le plus de chlorophylle; elle est donc le siège le plus important de la *fonction chlorophyllienne,* en tant que fixation du carbone. Nous savons aussi que la chlorophylle contribue indirectement à la formation des matières albuminoïdes azotées et phosphorées.

Lorsque la fonction chlorophyllienne est très active, le glucose peut être mis en *réserve* dans la feuille sous forme d'amidon ou de saccharose, mais ces corps, tôt ou tard, retournent à l'état de glucose sous l'influence des diastases et repassent, sous cette forme, dans la circulation qui les amènera là où le besoin s'en fera sentir, pour être assimilés.

La feuille n'est pas le siège exclusif de la *respiration,* mais c'est là que l'échange des gaz s'opère avec le plus d'intensité, en raison du nombre considérable de stomates disséminés à la surface des feuilles, et de méats qui viennent y déboucher.

La *transpiration* y est fort active; nous savons, en effet, que le bois se termine dans la feuille et y apporte de l'eau en très grande quantité; celle-ci se déverse dans le milieu extérieur sous forme de vapeur par les stomates ordinaires et aussi sous forme de liquide par ces appareils spéciaux à la transpiration que nous avons appris à connaître sous le nom de stomates aquifères

La feuille montre fréquemment des *organes excréteurs* : des poids glandulifères à sa surface, des cellules excrétrices, des canaux excréteurs et des laticifères dans son intérieur.

La feuille donne souvent des exemples de sensibilité et de mouvement. Les mouvements spontanés sont dus à des phénomènes de turgescence : une feuille gorgée d'eau se redresse ; elle se flétrit et s'abaisse lorsqu'elle en est privée. Nous avons parlé ailleurs (p. 102) de la sensibilité et des mouvements provoqués qu'on observe plus facilement sur les feuilles que sur les autres organes de la plante.

Le *squelette* des feuilles est principalement localisé autour des nervures où le péricycle devient souvent scléreux ; parfois aussi de grandes cellules scléreuses situées dans le parenchyme viennent renforcer ce squelette.

Les feuilles peuvent donner naissance à des racines et à des tiges. La racine se produit dans le péricycle, sans qu'on observe alors de poche digestive. Les tiges y sont d'origine exogène.

170. Durée de la feuille. — Elle est très variable. Les cotylédons sont ordinairement très fugaces, cependant on voit ceux de certains Palmiers (*Cocos nucifera*) persister pendant plusieurs années ; il en est de même des premières feuilles de la base. Les feuilles ordinaires durent, en règle générale, autant que le végétal dans les plantes annuelles ; dans les végétaux bisannuels, les feuilles produites la première année persistent plus longtemps, elles passent l'hiver et une partie de l'année suivante ; dans les végétaux vivaces, les feuilles nées au printemps et dans le courant de la belle saison tombent à l'automne, mais il s'en reforme de nouvelles au printemps suivant. Parmi les plantes ligneuses, il en est dont les feuilles chutent dès que vient la mauvaise saison ; celles-ci sont dites à feuilles *caduques*, car d'autres conservent leurs feuilles pendant l'hiver et aussi plus ou moins longtemps encore pendant l'été suivant, même pendant deux ans et davantage : les Conifères, dits arbres verts pour cette cause, conservent leurs feuilles pendant deux années en moyenne.

Avant de tomber, les feuilles subissent des modifications internes importantes ; beaucoup changent de couleur (teintes automnales) et se dessèchent plus ou moins après avoir fait rentrer dans la partie conservée du végétal les substances encore utiles qu'elles contenaient.

Certains arbres possèdent des feuilles qui ne tombent qu'assez longtemps après leur mort : ainsi se comportent les feuilles du Chêne, qui ne chutent qu'au printemps ; les feuilles de cette sorte sont dites *marcescentes*

Dans les Palmiers et les Fougères, la feuille se désorganise peu à peu, de la périphérie vers le point d'insertion. Certaines parties de ces feuilles, les pétioles, peuvent demeurer très longtemps à la surface des tiges qui en sont hérissées Chez les végétaux à feuilles caduques, la chute de la feuille est due à la production, à une petite distance du point d'attache, d'une lame de tissu qui s'étend d'un épiderme à l'autre et dont la vitalité est très courte Par sa désorganisation, cette lame amène la séparation de la feuille, séparation hâtée encore par l'action des vents. Une lame de liège de production hâtive ferme, pour ainsi dire par anticipation, la blessure que causera sur la tige la chute de la feuille. Chez les végétaux à feuilles composées, il y a chute successive des folioles, puis du rachis (*Robinia Pseudacacia*).

Les feuilles qui ont parfois des teintes particulières, dites *teintes vernales*, au moment de leur développement, prennent, avons-nous dit, des colorations nouvelles (*teintes automnales*), avant leur chute ; c'est qu'à ce moment, la matière colorante bleue se détruit, laissant en évidence la xanthophylle (teintes dorées) et que, fréquemment aussi, la cyanophylle produit par altération une matière liquide rouge qui bientôt prédomine (Vigne vierge), ou en s'alliant, en proportions variables, à la matière colorante jaune produit des tons mixtes.

D. FONCTION DE REPRODUCTION

171. Reproduction et multiplication. — Les fonctions dont nous nous sommes occupés ont pour rôle la conservation de l'individu ; dans le cycle biologique, elles s'exercent toujours avant la fonction fort importante de la *reproduction*, qui a pour but la conservation de l'espèce; elles la préparent.

Toutes les plantes, en effet, peuvent, à un moment donné, détacher de leur corps certaines portions qui, placées dans des conditions favorables, sont susceptibles de se développer, directement ou indirectement, chacune en un autre individu, semblable à celui qui a fourni le segment. Il y a *reproduction* proprement dite lorsque, dans ces portions détachées d'un individu, le protoplasma, la matière vivante, subit une modification plus ou moins profonde qui lui procure une vitalité nouvelle, un rajeunissement. On voit donc certains individus se multiplier sans phénomènes de rajeunissement : les êtres ainsi produits continuent véritablement la végétation de leurs générateurs ; ils débutent dans la vie avec l'âge, comme usure, que présentaient ceux-ci au moment où on les en a séparés. Ni l'espèce, ni même la vie ne peuvent se perpétuer par ce procédé entaché de sénilité croissante, contrairement à ce qu'on observe dans la reproduction avec rajeunissement. Ce mode ne conduit donc qu'à l'augmentation du nombre des individus, aussi lui réserve-t-on le nom de *multiplication végétative*.

I. MULTIPLICATION VÉGÉTATIVE OU AGAMIE

On connaît plusieurs modes de multiplication végétative. Celle-ci peut, en effet, se faire par *bouture* et par *marcotte*, soit artificiellement, c'est-à-dire avec le concours de l'homme, soit, au contraire, naturellement. Un troisième procédé, celui-ci entièrement artificiel, la *greffe*, consiste à transporter une portion d'un végétal sur un autre végétal, sur lequel elle continue son évolution. La greffe modifie, plus ou moins, par influence réciproque, les propriétés des deux végétaux réunis, tandis que la bouture et la marcotte perpétuent sans modifications l'être qui a fourni les segments.

172. Bouture et ses variétés. — Un végétal qui se bouture sépare complètement de son corps une partie de lui-même et celle-ci est capable de se compléter pour former un végétal nouveau. Le fait se produit artificiellement si l'on divise, par exemple, une feuille de Bégonia en plusieurs fragments comprenant chacun une portion de nervure et qu'on les place à 25-30° C., sur du sable humide : l'on aura bientôt autant de plantes nouvelles, produites par bouture, que de fragments traités. Les exemples du bouturage naturel ne manquent pas ; on va en juger.

La levure de bière, formée de cellules ellipsoïdales, vit en milieu liquide sucré ; quand une de ses cellules a atteint une taille déterminée, elle développe à l'une de ses extrémités une tubérosité qui grossit et finit par atteindre les dimensions de la cellule mère ; elle s'en détache alors. Cette tubérosité qui a reçu le nom impropre de *bourgeon*, car sa structure est aussi simple que possible, peut elle-même, avant d'acquérir sa taille définitive bourgeonner à son tour. Tous les bourgeons ainsi développés deviendront, tôt ou tard, indépendants et constitueront autant d'individus nouveaux. Ainsi se multiplient normalement, par *bourgeonnement*, la plupart des levures et beaucoup de Champignons filamenteux placés dans un milieu liquide (Mucor, etc.). Bourgeon est ici synonyme de bouture.

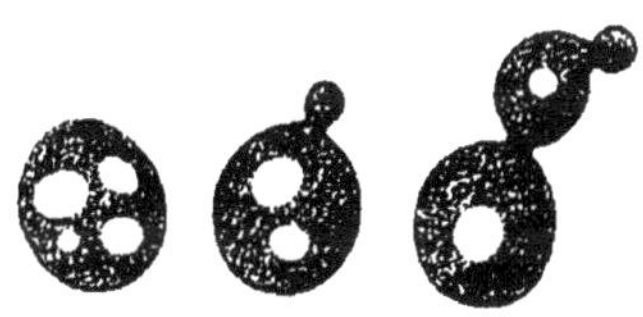

Fig. 110. — Levure de bière, en voie de bourgeonnement.

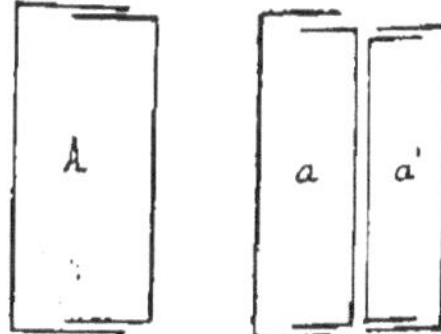

Fig. 111.—Schéma montrant la division d'une Diatomée.

Chez les Bactériacées, la multiplication se fait par *segmentation* : après que l'individu a acquis ses dimensions définitives, il se divise en deux parties par une cloison médiane ; une lamelle de substance particulière se différencie au milieu de cette cloison, qui, par gélification et diffusion dans le milieu ambiant, cause l'isolement des deux segments, dont l'un peut être considéré comme une bouture empruntée à l'autre.

Dans nombre d'Algues, la multiplication par segmentation est normale (Desmidiées, Chroococcacées, Diatomées, etc.). Les Diatomées sont des Algues brunes unicellulaires dont la membrane est incrustée de silice. La paroi de chaque individu est formée de deux parties qui s'emboîtent l'une dans l'autre, comme le fait une boîte avec son couvercle. Lors de la multiplication, les deux parties s'écartent l'une de l'autre pendant que le protoplasma se coupe en son milieu par la formation de deux nouvelles cloisons destinées à compléter les deux cellules filles. Le schéma ci-contre (fig. 111) montre le processus suivi : *A*, représente la Diatiomée originelle ; *a*, *a'*, les deux segments qui en dérivent pour constituer deux nouvelles Diatomées.

Les Cyanophycées, ou Algues bleues, se multiplient toutes par fragmentation de leur thalle : les Oscillatoria, les Hydrocoleum (fig. 112), par exemple, qui sont des Algues filamenteuses, gélifient, à un moment donné, certaines cloisons et isolent ainsi des fragments, appelés *hormogonies*, qui sont de véritables boutures. On peut observer les mêmes phénomènes dans les Nostocs. Ces Algues sont formées de cellules arrondies, disposées bout à bout, en un chapelet plongé dans une masse gélatineuse. Les filaments se fragmentent au niveau de cellules particulières, les *hétérocystes* (fig. 113, *h*), plus volumineuses que les autres éléments et dépourvues de matières colorantes.

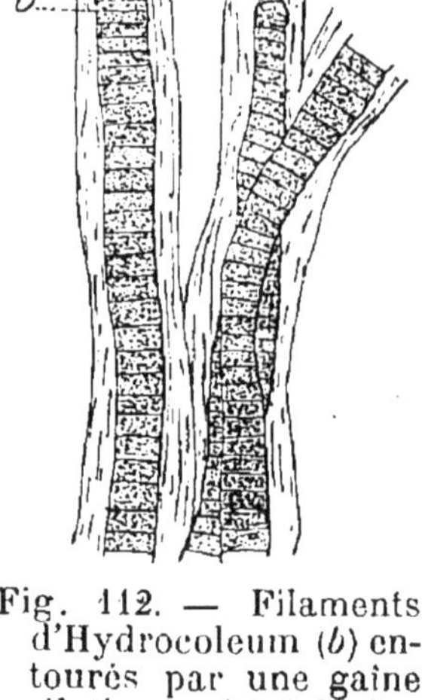

Fig. 112. — Filaments d'Hydrocoleum (*b*) entourés par une gaîne gélatineuse (*a*). A droite, plusieurs filaments, ou *hormogonies*, dans la même gaine.

Certaines Hépatiques (Marchantia, etc.) développent des conceptacles ouverts, en forme de *corbeilles*, au fond desquels sont de véritables boutures pluricellulaires, appelées *propagules* (fig. 114). Quelques Mousses (*Tetraphis pellucida*, etc.) forment ces propagules au sommet de tiges spéciales et ces propagules pédicellées sont groupées et protégées par une sorte d'involucre.

Certaines Algues brunes, les Sphacelaria, produisent également des propagules. On voit à cet effet certains rameaux cesser de s'accroître, leur cellule terminale bourgeonner et donner trois protubérances. Ces organismes, en forme de trépied, tombent et germent.

La multiplication par bouture naturelle se fait par des procédés assez divers chez les végétaux supérieurs : les bulbes, qui se séparent naturellement des pieds mères (Oignon, Ail, Lis, Jacinthe, etc.) sont de véritables boutures nées à l'aisselle des écailles de bulbes analogues (fig. 109).

Quelques Liliacées et Graminées (*Poa bulbosa*, var. *vivipara*) possèdent des inflorescences qui sont formées par un mélange de fleurs et de *bulbilles*, bourgeons pourvus d'une réserve

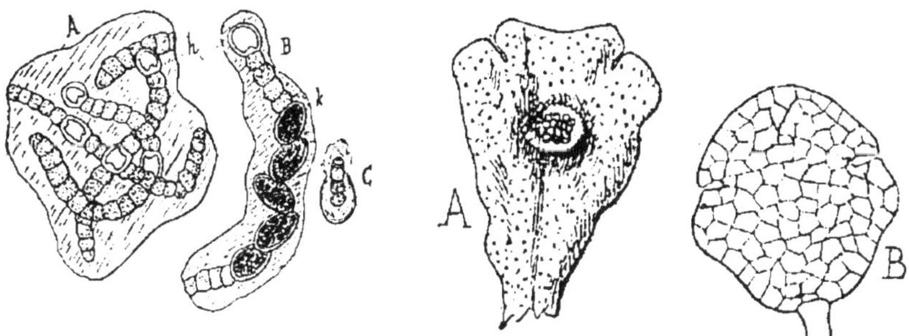

Fig. 113. - Nostoc. A, filaments plongés au sein d'une masse gélatineuse, avec hétérocystes, *h* ; B, filament avec kystes, K, et hétérocystes ; C, germination d'un kyste.

Fig. 114. — A, fragment d'un thalle de Marchantia, avec une corbeille à propagules ; B, une propagule.

nutritive, qui se détachent et reproduisent facilement une autre plante. La présence des bulbilles tend à supprimer les fleurs ; dans ces végétaux, la multiplication végétative fait équilibre à la reproduction sexuée disparue.

Les *pommes de terre* sont des bourgeons terminaux qui se renflent en tubercules ; ceux-ci portent des écailles (feuilles avortées) à l'aisselle desquelles se développeront des bourgeons pour la multiplication du végétal. La plantation de la pomme de terre équivaut à la formation d'une bouture. La Ficaire se comporte comme la pomme de terre, par la production de bulbilles à l'aisselle des feuilles radicales ; ici encore, les pieds à bulbilles ne produisent pas de graines.

Quelques végétaux aquatiques produisent, quand vient la mauvaise saison, des bourgeons qui se gorgent de matières nutritives, puis tombent dans la vase où ils germent au printemps suivant. Ces *boutures hibernantes* ou *hibernacles* se rencontrent dans quelques Potamogeton, dans les Chara, etc.

Les kystes et les sclérotes des Thallophytes sont encore de véritables boutures caractérisées par une résistance toute spéciale aux mauvaises conditions de végétation.

173. Marcottes naturelles. — Le nouveau végétal, dans la marcotte, se développe tout en restant en relation avec le pied-mère dont il tire sa nourriture et la séparation ne se fait que lorsqu'il peut, sans courir aucun risque, vivre indépendant. Ainsi les Fraisiers présentent des rameaux ou *coulants* qui rampent à la surface du sol : à l'aisselle de chacune des feuilles rudimentaires que portent ces coulants se développe une tige nouvelle et des racines qui mettent cette tige en relation directe avec le sol et lui assureront la nourriture lorsque le coulant, en se détruisant, amènera l'isolement de ces nouvelles formations.

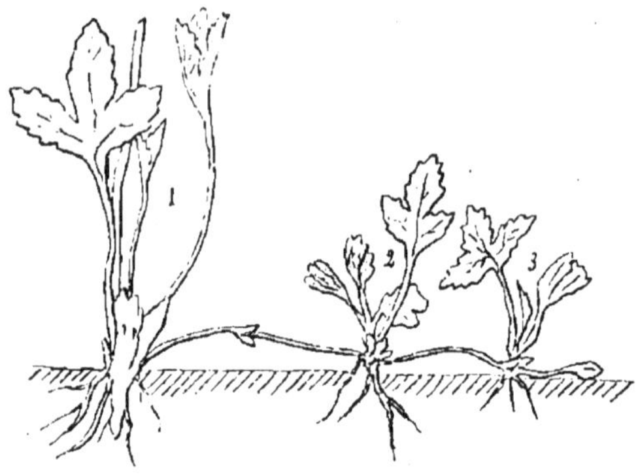

Fig. 115. — Marcotte naturelle (Fraisier).

Les marcottes peuvent se faire aux dépens des tiges, des feuilles et des racines.

Les *stolons* et les *coulants*, rameaux couchés sur le sol, sont destinés à former des marcottes. Ils se distinguent les uns des autres par la présence de feuilles bien développées dans les premiers (Piloselles), tandis que les autres sont nus ou ne portent que des feuilles rudimentaires (Fraisiers). Les *drageons* sont des pousses qui, partant des racines, s'enracinent elles-mêmes à la base et s'isolent du pied mère (Agaves).

On peut considérer comme marcottage naturel la production des tiges des Mousses, aux dépens du protonéma.

Fig. 116. — Feuille d'*Asplenium bulbiferum* avec marcottes naturelles.

Les feuilles des Fougères produisent de fréquentes marcottes ; celles-ci se développent à la base du pétiole dans la Fougère mâle et dans la Fougère aigle ; sur le limbe chez les *Asplenium decussatum* et *furcatum*. Chez ces derniers végétaux, les bourgeons nés sur la nervure médiane augmentent le poids du limbe qui, à la suite, vient au contact du sol, puis des racines se développent sous le bourgeon, en son point de contact.

On observe le même phénomène dans Bryophyllum, *Cardamine pratensis*, etc., parmi les Phanérogames.

Sur les racines se développent parfois des bourgeons donnant de nouvelles plantes (Ophioglosse, *Neottia nidus-avis*, *Populus tremula*, *Pyrus malus*, certaines Linaires, etc). La Ronce donne des marcottes en quantité considérable en enterrant l'extrémité de ses rameaux courbés en arc.

174. Multiplication artificielle. — Par boutures on multiplie le Néflier du Japon et les Paulownia, au moyen des *racines* ; les Peupliers, les Saules, avec des *rameaux* pris, soit sur le bois dur, soit sur le bois tendre, etc., etc. La plupart des végétaux ligneux peuvent, du reste, se bouturer de tige comme la grande majorité des végétaux herbacés. L'horticulteur tire le meilleur de son profit de cette connaissance et les bons ouvriers multiplicateurs (fabricants de boutures) sont fort estimés.

Les boutures avec tige peuvent être simples : on ne prend alors, pour les obtenir, qu'une extrémité ou qu'une portion d : rameau ; mais on prend parfois, avec lui, une portion du rameau qui lui a donné naissance (*boutures à crossettes*). Quand, au lieu de rameaux nettement sectionnés à leur base, avec ou sans crossette, on fait emploi de rameaux arrachés, entraînant toujours avec eux l'empatement de la base, on obtient des boutures *avec talon*. On peut multiplier la Vigne par le bouturage dans le sable humide, au moyen de bourgeons auxquels on a laissé un lambeau d'écorce, un *talon réduit* (semis par œil des viticulteurs).

Les Begonia, Gloxinia, Peperomia se multiplient couramment au moyen de fragments de feuilles présentant une parcelle de nervure, que l'on maintient à la surface de sable chaud et humide.

Le marcottage artificiel est obtenu avec des tiges rigides aussi bien qu'avec des tiges flexibles. Ces dernières se laissent recourber jusqu'à toucher le sol où l'on enfouit et maintient un ou plusieurs nœuds du rameau. Après quelque temps, des racines se développeront sur la partie intéressée et le rameau, ainsi pourvu, pourra vivre indépendamment du pied mère, dont on le séparera, du reste, par une série de sections successives, de plus en plus profondes, ou d'un coup net, selon les cas.

Quand la tige est rigide, on entoure une portion du rameau que l'on veut marcotter d'un cornet de plomb, ou d'un pot fendu sur le côté, qu'on remplit de terre. On attend ensuite la formation des racines pour sectionner la branche au-dessous du pot.

Lorsqu'on ne sépare que peu à peu la plante mère du jeune, on fait du *sevrage*.

Certains marcottages portent des noms spéciaux : nous avons déjà parlé de celui de la Vigne ou *provignage*; dans le *marcottage chinois*, on enterre les branches presque complètement pour amener le développement, sur la même branche, de plusieurs pousses racinées que l'on sépare ensuite.

175. Greffe. — Le greffage consiste à porter la bouture sur une autre plante, en prenant des précautions spéciales pour qu'elle y continue à végéter. La bouture s'appelle le *greffon* et la plante destinée à la recevoir, le *sujet* ou le *porte-greffe*. Les échanges qui se font entre le porte-greffe et le greffon peuvent modifier à la fois le greffon et le porte-greffe et, dans la plupart des cas, la greffe réveille la vitalité du greffon. Il y a là une sorte de rajeunissement qui rapproche le greffage de la reproduction proprement dite et le distingue nettement du bouturage et du marcottage.

D'une manière générale, le greffon et le porte-greffe devront être pris dans des espèces voisines, bien qu'il y ait de nombreuses exceptions et qu'on puisse enter les uns sur les autres des végétaux de parenté très éloignée ou n'ayant même aucun lien entre eux (Pomme de terre et Tomate; Pomme de terre et Dahlia, etc., etc.). Mais il importe dans le greffage que les tissus similaires du greffon et du sujet soient mis en contact direct pour assurer la continuité des phénomènes vitaux ; aussi la greffe ne réussit-elle que pour les Dicotylédones et les Gymnospermes chez lesquelles les appareils sont nettement localisés. Ce n'est qu'exceptionnellement qu'elles peuvent réussir chez les Monocotylédones, où plusieurs appareils essentiels sont épars dans les organes.

II. REPRODUCTION PROPREMENT DITE

176. Reproduction par spores et reproduction par œufs. — Tous les procédés de multiplication dont nous venons de parler, à part la greffe et seulement dans une faible mesure, sont incapables de rajeunir l'espèce. Le végétal qui est issu de bouture ou de marcotte a pour origine des éléments relativement âgés et par conséquent plus ou moins usés. La sénilité affaiblit la vitalité des descendants, si bien que les *variations* qui ne peuvent se conserver que par la multiplication artificielle ont toujours une durée limitée et ne peuvent se reproduire indéfiniment, comme le font les espèces et les variétés qui se perpétuent par la *sexualité*, phénomène par lequel l'être nouveau procède de la fusion de deux cellules spécialisées et en reçoit un regain de vitalité. Les éléments sexuels appelés *gamètes* (1), jouant l'un le rôle de mâle, l'autre celui de femelle. et qui peuvent utilement s'unir entre eux, proviennent tantôt d'un même individu, tantôt de deux individus différents.

Entre la multiplication végétative dont nous nous sommes occupés et les phénomènes hautement différenciés qui caractérisent la reproduction sexuée, se place toute une série de cas intermédiaires : dans nombre de végétaux inférieurs, la sexualité n'apparaît pas, mais il se produit chez eux des éléments unicellulaires, appelés *spores*, qui, placés dans des conditions favorables, reproduisent une plante semblable à celle dont ils dérivent. On pourrait considérer cette reproduction *asexuée* ou *agame* comme une multiplication par boutures unicellulaires ; il n'en est pas tout à fait ainsi, car l'*agamie* est accompagnée ordinairement de phénomènes de rajeunissement : les spores de Bactériacées, par exemple, n'utilisent, pour se développer, qu'une portion de la masse totale du protoplasma de leurs cellules génératrices, dont le rajeunissement est marqué par une orientation nouvelle des éléments de la matière vivante, l'autre partie (*périplasma*), formée de

(1) De γαμος, mariage.

substances usées, étant éliminée. On a employé, pour rapprocher ce cas de la sexualité vraie, le mot de *Plastogamie*, exprimant ainsi que cette reproduction s'opère à la suite d'une simple rénovation de la matière protoplasmique. Mais la plastogamie est insuffisante pour les végétaux supérieurs; chez eux, la reproduction sexuée ou *Karyogamie* devient la règle.

a) *Reproduction asexuée* ou *Plastogamie*

Dans la reproduction asexuée, ou agame, la portion qui se détache de la plante est généralement unicellulaire et constitue une *spore*. Tantôt les spores se forment à la surface du corps, elles sont alors *exogènes* : telles sont celles des Champignons désignées notamment sous le nom de *conidies* ; tantôt elles naissent, au contraire, à l'intérieur du corps de la plante ou dans des organes particuliers : elles sont alors *endogènes* et les conceptacles qui les renferment sont appelés des *sporanges*. Les spores peuvent être immobiles, comme les conidies, ou mobiles au moyen de cils vibratiles : elles constituent alors des *zoospores*.

177. Reproduction par spores. — Nous l'observons parmi les Champignons chez les Aspergillus et les Penicillium, qui sont des moisissures fort répandues, ayant un thalle filamenteux et cloisonné, rampant à la surface du milieu nutritif ; certaines ramifications de ces filaments se redressent et se terminent par un renflement (fig. 117) ; celui-ci produit des prolongements isolant à leur sommet des cellules (*c*) qui, en s'arrondissant, deviennent des *conidies*. Sur chaque filament, au-dessous de la première conidie formée, s'en développe une seconde, puis une troisième, et les choses se continuent ainsi pendant un certain temps. Les premières conidies formées étant arrivées à maturité se détachent, mais elles sont remplacées dans la file par des conidies nouvelles.

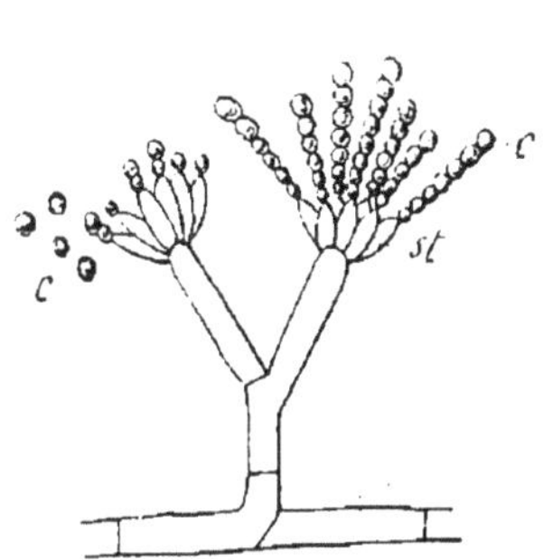

Fig. 117. — Penicillium avec *conidies*, *c*, portées par des stérigmates, *st*.

Ces conidies, organismes reproducteurs d'origine asexuée et de formation exogène, sont de simples cellules rajeunies avec protoplasma, noyau et membrane. Mises dans des conditions favorables, ces spores germent et s'allongent en filaments, origines de nouveaux individus.

Dans les Mucor, qui appartiennent encore aux Champignons et forment aussi des moisissures, les spores sont endogènes. On rencontre ces Champignons sur une foule de substances où s'enchevêtrent leurs filaments non cloisonnés et rampants (fig. 3). Pour produire des spores, certaines branches se redressent et se renflent à leur extrémité. Ce renflement, origine d'un sporange, commence par isoler sa cavité de celle du pédicelle par une cloison ; puis il divise

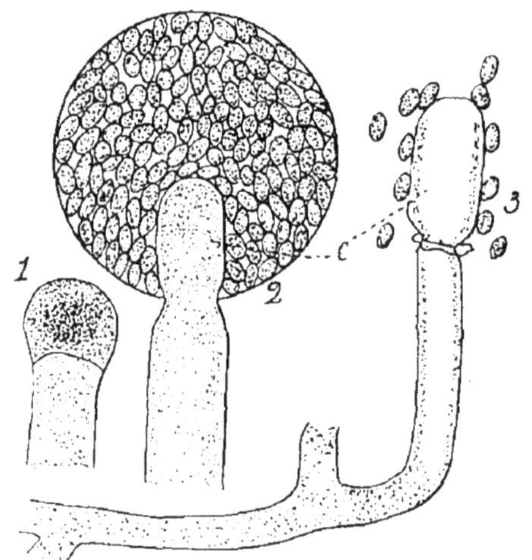

Fig. 118. — 1 et 2, développement d'un sporange de Mucor ; 3, sporange après sa déhiscence ; c, columelle.

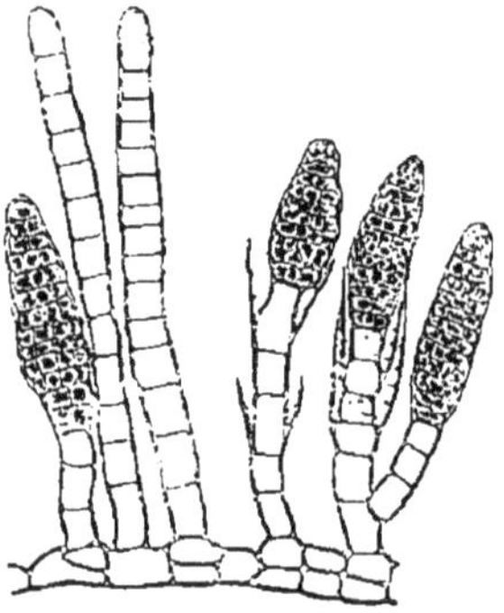

Fig 119. — Sporanges pluriloculaires d'une Algue, le *Chilionema Nathaliae* (C. Sauvageau).

ses noyaux un très grand nombre de fois pour constituer autant de centres de formation de cellules qui deviennent autant de spores (fig. 118, *1* et *2*). Les spores seront mises en liberté après leur maturité par la rupture de la paroi du sporange (fig. 118, *3*).

Les sporanges sont très fréquents aussi chez les Algues, mais ils se présentent, dans ce groupe, avec une très grande diversité de formes (fig. 119 et 120). Spores exogènes et endogènes peuvent s'observer chez le même végétal. Un grand nombre d'êtres inférieurs présentent même successivement, pendant leur évolution, plusieurs sortes de spores, auxquelles on donne alors des noms particuliers : c'est ainsi qu'on peut en compter trois, quatre, cinq et même six formes chez certaines Urédinées, le *Puccinia graminis*, etc.

178. Reproduction par zoospores. — Les spores sont parfois dépourvues de membrane ; mises en liberté, elles sont alors mobiles et progressent soit au moyen d'un mouvement amiboïde, soit au moyen de cils vibratiles : on donne à ces organismes le nom de *zoospores*. Celles-ci ont encore des formes variables ; le nombre et l'insertion des cils qu'elles portent varient aussi. Dans les Oedogonium, par exemple, Algues filamenteuses et cloisonnées, on voit s'échapper de certaines cellules des zoospores munies, vers leur extrémité antérieure, d'une couronne de cils vibratiles (fig. 120, D). D'autres zoospores (Conferva, fig. 120, B) n'ont que deux cils fixés sur l'extrémité pointue de leur corps pyriforme ; celles des Vaucheria sont elliptiques et revêtues de cils sur toute leur surface (fig. 120, E et *e*), etc., etc.

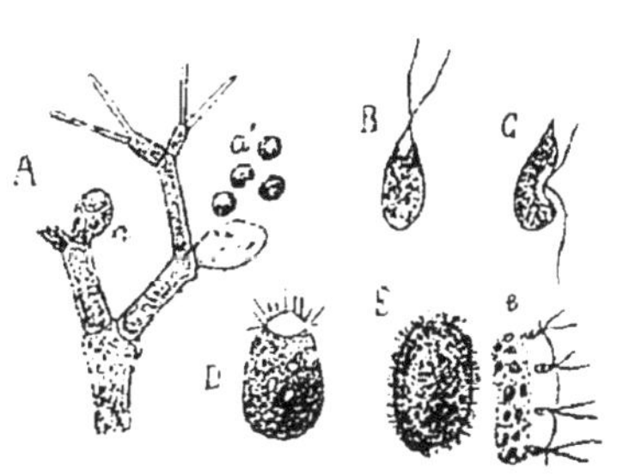

Fig. 120. — Spores d'Algues. A, sporanges (*a*) et spores (*a'*) de Callithamnion ; B, zoospore de Conferva ; C, zoospore d'Ectocarpus ; D, zoospore d'Oedogonium ; E, zoospore de Vaucheria ; *e*, portion grossie de la précédente.

b) *Reproduction sexuée ou karyogamie.*

La présence des spores, dans une plante, n'exclut pas toujours, dans celle-ci, la génération sexuée. Quand il y a *sexualité*, l'être nouveau procède d'un *œuf* qui résulte lui-même de l'union intime, protoplasma à protoplasma, noyau à noyau, de deux cellules spécialisées. Celles-ci, provenant d'un même individu ou de deux générateurs différents, ont subi d'abord, avant de se réunir, une modification, une rénovation profonde, mais dans deux sens différents, communiquant à l'une les qualités du mâle, à l'autre les qualités de la femelle : entre autres faits caractéristiques, le noyau de chacune de ces cellules sexuelles, ou *gamètes*, a réduit de moitié le nombre de ses segments chromatiques ; mais l'œuf qui résulte de la fusion de deux gamètes, présente le même nombre de chromosomes qu'on rencontre dans les cellules végétatives de la plante. Il résulte de la fécondation que l'être nouveau, l'œuf, est formé, au moins en théorie, par moitié d'éléments ayant les propriétés du mâle et par moitié de matière tirant ses qualités du gamète femelle.

179. Divers modes de reproduction sexuée. — Les gamètes affectent des caractères morphologiques extrêmement variables ; ils sont différents suivant les groupes de végétaux auxquels on s'adresse. Par leur aspect, les gamètes mâles et les gamètes femelles peuvent être exactement identiques, bien qu'ils soient très probablement, malgré les apparences, profondément différents dans leur constitution ; à telle preuve que leurs noyaux se colorent différemment par les réactifs : le noyau femelle est *érythrophile*, le noyau mâle *cyanophile* ; on dit alors qu'il y a *isogamie* (de ἴσος, semblable et γάμος, mariage ; mariage employé pour mariés). Dans ce cas, le produit de la fécondation, l'œuf, est appelé *zygote* ou *zygospore* et le phénomène même de la fécondation, *conjugation*.

Le plus souvent, les gamètes se distinguent morphologiquement l'un de l'autre d'une façon assez tranchée pour qu'il y ait *hétérogamie* (de ἕτερος, différent et γάμος, mariage). On réserve alors le nom de *gamète femelle* à l'élément qui renferme les réserves nutritives dont aura besoin l'embryon, ou qui les tient à sa portée pour le moment utile, c'est-à-dire au plus volumineux et aussi au moins mobile. Le *gamète mâle*, ordinairement beaucoup plus petit, est en revanche mobile le plus souvent et fait tout ou la plus grande partie du trajet nécessaire pour amener la rencontre, puis l'union, des gamètes. Un bon exemple nous est donné par les Fucus dont la cellule femelle libre et nue, mais dépourvue de moyens propres de locomotion, atteint un volume 60.000 fois plus grand que celui de la cellule mâle, mobile, au moyen de deux cils vibratiles (fig. 121).

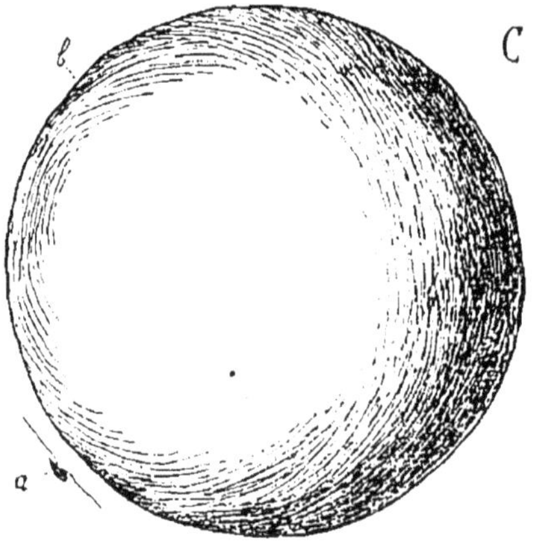

Fig. 121. — *a*, gamète mâle (anthérozoïde) et *b*, gamète femelle (oosphère) de Fucus.

Les gamètes mâles analogues aux spermatozoïdes des animaux, portent souvent des cils ; on leur réserve, dans ce cas, le nom d'*anthérozoïdes*. On désigne le gamète femelle par le nom d'*oosphère* et le produit de la fécondation sous le nom d'*oospore* et plus généralement, et mieux, par celui d'*œuf*. L'organe qui renferme les anthérozoïdes constitue l'*anthéridie* ; celui qui produit les oosphères est l'*oogone* ; mais ce dernier terme n'est guère employé que pour désigner les conceptacles femelles des végétaux inférieurs. Nous verrons la nomenclature s'enrichir de termes nouveaux chez les végétaux de plus en plus élevés en organisation, au fur et à mesure que la complexité des phénomènes de la reproduction ira s'accroissant.

α. *Isogamie.*

Il peut y avoir conjugation entre deux cellules sexuées, en apparence semblables, provenant du même végétal (*isogamie avec hermaphrodisme*) ou de deux individus différents (*exogamie*). Selon les espèces, toutes deux seront, au moment de l'union, fixes, rattachées à leurs générateurs, ou mobiles, indépendantes d'eux, mais, dans l'un et l'autre cas, elles progresseront l'une vers l'autre.

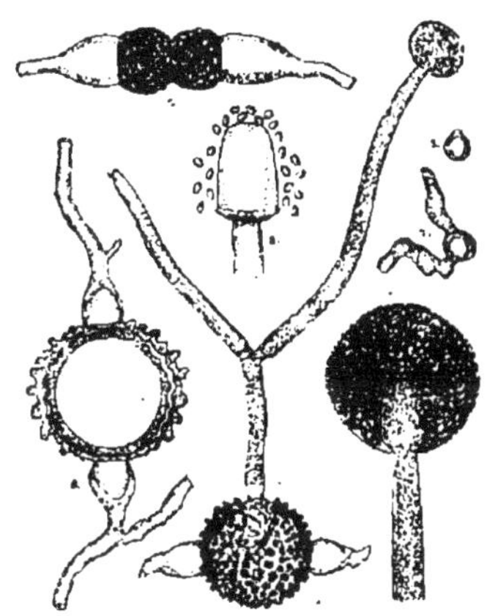

Fig. 122. — *Mucor mucedo.* 1, Sporange ; 2, le sporange vide laisse voir la columelle ; 3 et 4, germination de la spore ; 5, accollement des deux gamètes ; 6, œuf ; 7, germination de l'œuf et formation d'un sporange.

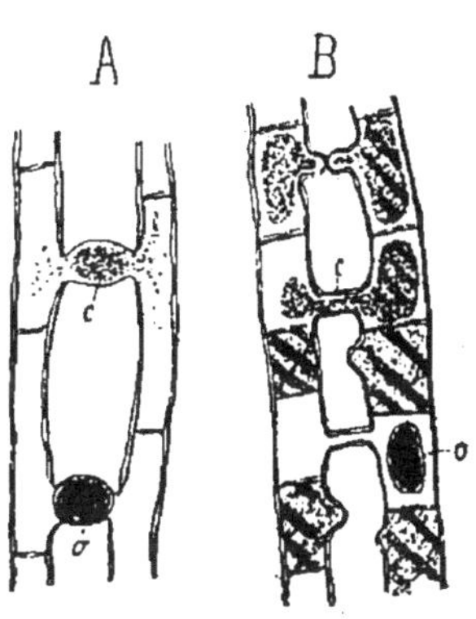

Fig. 123. — Conjugations : A, de Mesocarpus ; B, de Spirogyra. *c*, canal de communication ; *o*, œuf.

180. Isogamie vraie. — Dans le genre Mucor, formé de champignons filamenteux et non cloisonnés, lors de la conjugation, deux filaments se renflent à leur extrémité et isolent, chacun par une cloison, le protoplasma des filaments non modifiés de celui des parties renflées (fig. 122). Ces dernières se rapprochent et arrivent au contact ; leurs parois se résorbent au point d'accollement et, grâce à l'orifice formé, les deux masses sexuées se fusionnent. L'œuf ainsi constitué s'entoure d'une membrane épaisse et munie de saillies, puis passe à l'état de vie latente. C'est là un exemple d'isogamie parfaite avec gamètes fixés. Le même phénomène s'observe dans les Levures, où deux cellules identiques, mais libres, se mettent en relation pour se fusionner comme précédemment. C'est encore une conjugation vraie qu'on voit dans certaines Algues vertes filamenteuses appartenant aux genres Mougeotia et Mesocarpus : deux filaments se rapprochent et deux cellules qui se font vis-à-vis poussent, l'une vers l'autre, chacune une protubérance ; les malmelons se rencontrent, résorbent la portion accolée de leurs parois et établissent ainsi un canal de communication entre les deux cellules. C'est au milieu de ce canal que les gamètes se fusionnent et que l'œuf se développe (fig 123, A). Il n'y a pas encore là de différence morphologique entre ces deux gamètes fixés. Il en est encore de même dans la formation de l'œuf par la fusion de deux gamètes mobiles et ciliés, comme on l'observe dans l'*Ectocarpus siliculosus*, les *Ulothrix*, etc.

181. Isogamie différenciée. — Une différenciation se manifeste déjà dans la fécondation des Spirogyra, Algues vertes filamenteuses du groupe des Conjuguées. Ici, deux filaments se placent vis-à-vis l'un de l'autre et se comportent d'abord comme ceux des Mesocarpus, mais les gamètes, au lieu de se réunir au milieu du canal de communication et de s'y fixer, se fusionnent dans l'une des cellules. On peut constater que tous les œufs se forment dans le même filament (fig. 123, B) ; celui-ci joue donc le rôle de filament femelle. Il y a réellement, ici, un commencement de différenciation entre les gamètes, et les Spirogyra nous offrent un exemple du passage de l'isogamie à l'hétérogamie.

β. *Hétérogamie.*

182. Divers modes d'hétérogamie. — Les gamètes dissemblables des Hétérogames peuvent encore provenir soit de la même plante, soit de plantes différentes : il y a *monoecie* dans le premier cas, *dioecie* ou *exogamie*, dans le second. On dit qu'il y a *autofécondation* chez les végétaux supérieurs, lorsque les organes mâles d'une fleur fécondent les organes femelles de la même fleur ; mais l'autofécondation est plutôt rare chez eux, car elle est, bien souvent, rendue impossible par la maturation, à des époques différentes, des parties sexuelles de la même fleur. Cette *dichogamie* (de δίχα, séparément) peut être *protandre* ou *protogyne*, selon que la maturation des gamètes mâles est plus précoce que celle des gamètes femelles, ou inversement.

183. Parthénogenèse et apogamie. — Les organes sexuels, dans des conditions spéciales, perdent partiellement ou totalement leur sexualité et produisent cependant des jeunes. L'absence de mâles, par exemple, rendant la fécondation impossible, le gamète femelle peut, malgré cela, se développer en une plante nouvelle ; ce cas particulier constitue ce qu'on appelle la *parthénogenèse*.

C'est fréquemment que l'on voit chez les Isogames des gamètes qui, ne trouvant pas à conjuguer, se développent directement en un individu nouveau (Mucorinées). Il en est de même chez les Hétérogames, où l'on voit, par exemple chez des Fougères (*Pteris cretica*) qui développent normalement des anthérozoïdes, certaines cellules du prothalle se cloisonner et produire *directement* un embryon à la place des archégones. Les mêmes phénomènes s'observent dans certains Funckia, Citrus, Evonymus, etc., où le pollen fait défaut, et chez lesquels, après quelques divisions, on voit le sac embryonnaire cesser de s'accroître et les cellules du nucelle se cloisonner pour produire plusieurs embryons dont un seul évolue complètement. Dans certaines espèces d'Allium, de Dioscorea, etc., les deux sexes manquent et ces plantes produisent cependant des embryons. On réserve à cette production d'embryons adventifs le nom d'*apogamie*.

185. Générations alternantes. — Les gamètes présentent, dans la reproduction sexuée hérétogame, des faciès fort différents ; nous allons les examiner dans quelques exemples. De plus, si l'œuf des végétaux inférieurs donne directement naissance à un individu semblable à celui dont il est issu, il n'en est plus de même dans les végétaux supérieurs où le cycle biologique se trouve divisé en deux tronçons, l'un sexué, l'autre asexué.

Déjà, chez certaines Thallophytes (Floridées), l'œuf développe un organisme producteur de spores et ce sont celles-ci qui, en germant, reproduisent des plantes sexuées. Ces phénomènes de *générations* dites *alternantes* caractérisent les végétaux supérieurs : on les observe néanmoins chez quelques Algues ; ils sont la règle chez les Muscinées, les Cryptogames vasculaires et les Phanérogames. M. Van Tieghem réserve le nom de *diodes* (de δίοδος, passage) aux éléments (confondus, avant lui, avec les spores agames) dont le rôle est de fermer le cycle entre les deux tronçons d'une plante à générations alternantes (diodes des Cryptogames vasculaires, produisant les prothalles), avec cette réserve que les mêmes corps, pris chez les Floridées et les Muscinées, sont simplement des *tomies* (de τομη, coupure), en raison de leur production directe par l'œuf et de leur développement en individus typiques sexués.

1° *Reproduction sexuée hétérogame, chez les Thallophytes, sans alternance de générations.*

186. Hétérogamie avec oosphère et anthéridie fixées. — Le Champignon qui constitue la *Rouille blanche* des Crucifères, l'*Albugo candida*, vit en parasite dans les parenchymes des feuilles et des tiges de ces végétaux ; son mycélium y chemine entre les cellules et envoie dans leur intérieur des suçoirs et des ramifications Certains filaments, portant des conidies en chapelet, déchirent l'épiderme pour les mettre en liberté. A l'intérieur de l'hôte, quelques filaments se renflent et forment des oogones, renfermant chacun une oosphère entourée d'un protoplasma particulier, le *périplasma*. Contre l'oogone vient s'appliquer l'extrémité spécialisée d'un autre filament (*pollinide*) qui représente l'*anthéridie*. Celui-ci pousse un tube à travers la paroi de l'oogone et y déverse son contenu qui se fusionne avec l'oosphère. L'œuf, ainsi constitué, revêt une membrane hérissée de saillies, puis subit un temps de repos avant sa germination. On observe le même phénomène dans le *Plasmopara viticola*, agent de la maladie de la vigne appelée *Mildew*, et dans la plupart des Péronosporacées (fig. 124).

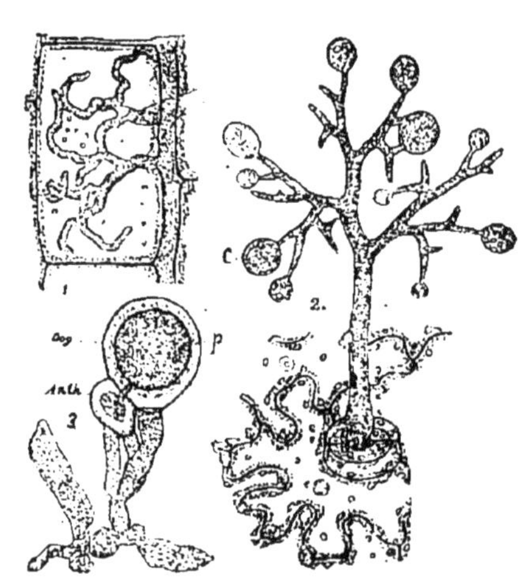

Fig. 124. — *Peronospora calotheca.* 1, une cellule envahie par les filaments du Champignon parasite ; 2, filament extérieur à l'hôte portant les conidies, *c* ; 3, fécondation de l'oosphère contenue dans l'oogone, *Og*, par le pollinide, *Anth.*

187. Hétérogamie avec oosphère libre, mais dépourvue d'organes locomoteurs, et anthérozoïde cilié. — Dans certaines Algues brunes, les Fucus par exemple, le thalle, plus ou moins ramifié, possède aux extrémités de ses digitations des conceptacles (fig. 125) renfermant les organes mâles et les organes femelles, tantôt dans le même conceptacle (*Fucus platycarpus*), tantôt dans des conceptacles distincts (*Fucus vesiculosus*). Les conceptacles mâles sont tapissés de poils très ramifiés, dont quelques-uns à contenu très dense se renflent à leur extrémité et forment les anthéridies (fig. 126, A), donnant des anthérozoïdes réniformes à deux cils (fig. 121, *a*). Les oogones (fig. 126, B) produisent huit oosphères volumineuses et non ciliées (fig. 121,*b*); celles-ci mises en liberté flottent dans l'eau ou bien sont dépo-

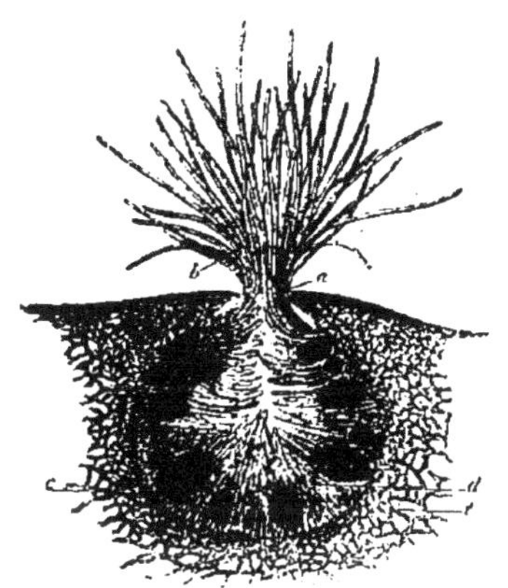

Fig. 125. — Conceptacle d'un Fucus avec oogones et filaments stériles ou paraphyses.

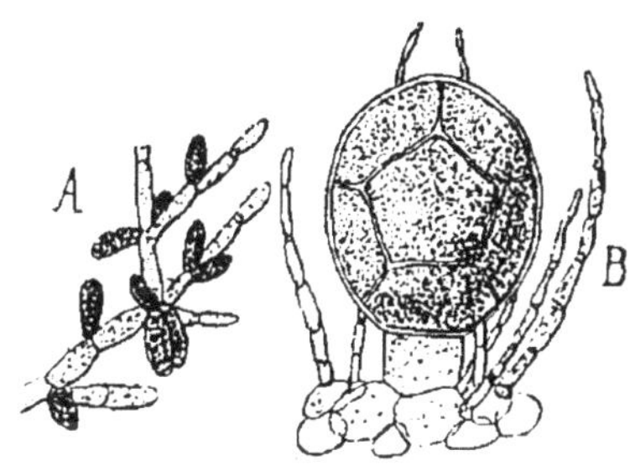

Fig. 126. — Fucus. A, un filament portant des anthéridies ; B, un oogone contenant huit oosphères.

sées sur les varechs où elles sont entourées par les anthérozoïdes qui s'appliquent à leur surface ; finalement, elles sont fécondées par l'un d'entre eux. Immobiles par elles-mêmes, ces oosphères, transformées en œufs, tombent sur le sol et germent immédiatement.

188. Hétérogamie avec oosphère et anthérozoïde libres et ciliés. — Ce cas s'observe chez quelques Algues (*Zanardinia collaris*, *Ectocarpus secundus*, etc.) L'*Ectocarpus secundus* a deux sortes de sporanges, les uns pluriloculaires, ou oogones, produisent des oosphères, sortes de zoospores pyriformes à deux cils dirigés l'un en avant, l'autre en arrière, à plusieurs chromatophores; les autres, uniloculaires, mettent en liberté des anthérozoïdes biciliés n'ayant qu'un point rouge. Les oosphères se fixent par un de leurs cils et sont fécondées chacune par un anthérozoïde qui se soude d'abord avec elles. Leur fusion produit un œuf.

2º *Reproduction avec alternance de générations sexuées et asexuées.*

A. *Hétérogamie avec oosphère fixée et pollinide.*

189. Cas des Floridées. — Ces Algues, comme les précédentes du reste, possèdent encore un mode de reproduction asexuée par spores immobiles, indépendante de la reproduction sexuée découverte par Thuret et Bornet en 1866. Les organes mâles de ces végétaux se développent à l'extrémité de ramuscules abondants et serrés sous forme de cellules arrondies, les anthéridies, renfermant chacune un anthérozoïde sphérique rappelant un grain de pollen et appelé pour cette raison *pollinide* (fig. 127). L'organe femelle occupe l'extrémité d'un filament et la cellule renflée, l'oogone, qui renferme l'oosphère, se prolonge par une sorte de poil appelé *trichogyne*. Les pollinides, mises en liberté, flottent dans le liquide et se fixent au trichogyne lorsque le hasard les met en contact avec cet organe ; plus tard, ils se vident dans son intérieur pour assurer la fécondation. Sans période de repos, l'œuf bourgeonne et produit une masse de spores que l'on désigne sous le nom de *cystocarpe*. Les spores ou *carpospores* (de l'ordre des tomies), mises en liberté, produiront chacune une plante nouvelle. Ainsi donc, l'œuf ne donne pas naissance directement à une plante nouvelle, mais à un organisme producteur de spores : il y a générations alternantes et ce caractère qu'on retrouve mieux marqué encore chez les Muscinées nous permet de rapprocher ces deux groupes de végétaux. Nous verrons que, chez les Muscinées, ce mode de reproduction existe ordinairement seul, alors que,

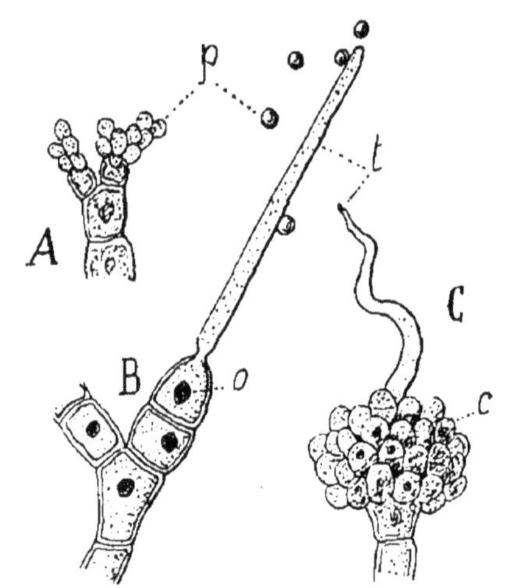

Fig. 127.— Une Algue rouge (Nemalion). A, extrémité d'un filament avec pollinides, *p'*. B, extrémité d'un filament avec oosphère, *o*, et trichogyne, *t*. C, développement de l'œuf en cystocarpe, *c*.

chez les Algues, il est doublé d'une génération asexuée indépendante et fort active.

B. *Hétérogamie avec oosphère fixée et anthérozoïde mobile.*

190. Cas des Oedogonium. — Dans les Oedogonium, Algues vertes et filamenteuses, les cellules des filaments qui sont destinées à former des oogones se renflent et leur contenu devient une oosphère (fig. 128, *o*). Les cellules du même filament, qui sont situées au-dessus ou au-dessous, se cloisonnent transversalement, formant des éléments surbaissés. Ces petites cellules, ou anthéridies, mettent en liberté, par déboîtement, deux anthérozoïdes (*a*) ressemblant aux zoospores ordinaires de cette plante (C) ; ils sont, en effet, munis comme elles d'une couronne de cils, mais sans matière colorante verte, et de plus petite taille. Ces anthérozoïdes vont à la recherche de l'oosphère, vers laquelle ils sont attirés par l'émission d'une matière spéciale, nutritive sans doute. Après la fécondation, l'œuf divise son contenu en quatre zoospores qui sont mises en liberté par rupture de la paroi. Il y a là un premier pas vers l'alternance de générations.

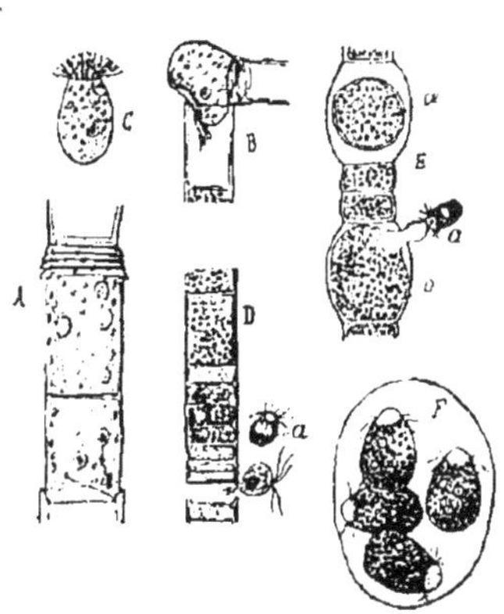

Fig. 128. — Oedogonium. A, portion d'un filament ; B, mise en liberté d'une zoospore, C, par déboitement du filament ; D, filament avec cellules à anthérozoïdes, *a* ; E, fécondation de l'oosphère, *o*, par un anthérozoïde, *a* ; F, développement de l'œuf en quatre zoospores.

Dans certains cas, les phénomènes sont encore plus compliqués : les cellules courtes ne donnent pas directement des anthérozoïdes, mais des corps analogues, appelés *androspores* (spores mâles), qui vont se fixer sur la paroi de l'oogone, puis se segmentent en plusieurs cellules dont quelques-unes donnent les véritables anthérozoïdes.

191. Cas des Muscinées. — La reproduction des Muscinées est assez uniforme dans tout le groupe. Elle est caractérisée par ce fait que l'œuf donne naissance à un appareil sporifère (*capsule*), dont les spores, en germant, produisent un appareil filamenteux appelé *protonéma* (fig. 129) ;

celui-ci est l'origine de la plante feuillée. Ce ne sont donc pas là des spores ordinaires, si fréquentes chez les Thallophytes, mais bien des spores analogues aux carpospores des Floridées, ce sont, comme celles-ci, des tomies.

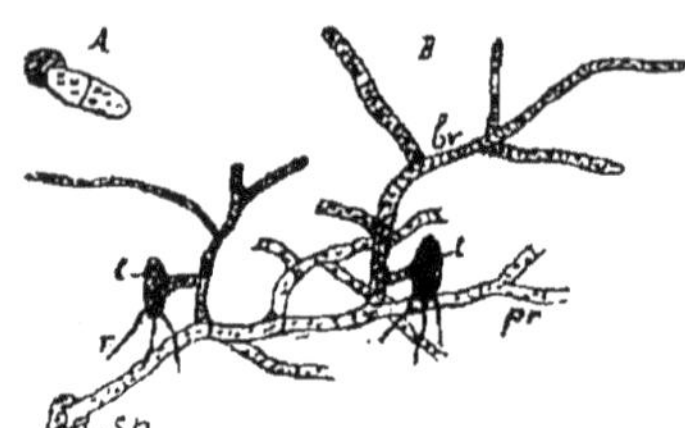

Fig. 129. — A, germination d'une spore de Mousse ; B, protonéma avec branches verticales, *br*, portant des bourgeons de tige, *t*.

La spore germe en un tube coloré en vert par la chlorophylle, cloisonné, ramifié et rampant à la surface du sol (fig. 129, *pr*) En divers points de ce protonéma, certaines cellules produisent des branches dressées dont la cellule inférieure pousse un tube court qui se cloisonne deux ou trois fois transversalement ; puis la cellule terminale de ce tube se transforme en point végétatif de tige et les cellules inférieures émettent des poils rhizoïdes. La tige s'allonge et portera des feuilles.

Ces plantes, ainsi formées, développeront, en certains points, à l'extrémité de la tige principale ou des ramifications (Mousses acrocarpes et pleurocarpes), des organes sexués entourés d'un involucre de feuilles modifiées (périgone, périchèze) et entremêlés de poils stériles ou *paraphyses*.

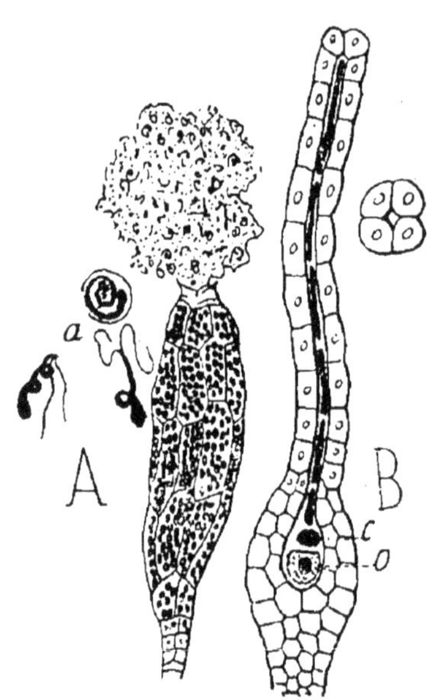

Fig. 130.—Mousses : A, anthéridie déhiscente ; *a*, anthérozoïde ; B, archégones, avec *o*, oosphère et *c*, cellule de canal ; à droite, le col vu en coupe transversale.

Pour former l'appareil mâle, dans les lieux prédisposés, une papille se forme, se cloisonne en deux cellules dont la supérieure donne l'anthéridie et l'inférieure un pédicelle. Pour cela, la cellule supérieure s'accroît et se cloisonne de façon à former une enveloppe de cellules qui entourent une masse centrale, formée de petites cellules cubiques, cellules mères des anthérozoïdes. Le noyau de ces cellules s'allonge et prend une forme spiralée. Le protoplasma se réduit de plus en plus et n'est bientôt plus représenté, ou à peu près, que par deux filaments qui contistueront les cils de l'anthérozoïde, dont le corps est formé par le noyau. L'anthérozoïde a donc la forme d'un tire-bouchon avec deux cils antérieurs et une extrémité postérieure renflée (fig. 130, A). L'appareil femelle, appelé *archégone*, naît aussi au sommet des tiges, de la même façon que l'anthéridie, et a, comme elle, la valeur morphologique d'un poil. L'appareil, vers le moment de la fécondation, a la forme d'une bouteille à long col, renfermant une rangée axile de cellules dont l'inférieure, celle contenue dans le ventre, constitue l'oosphère ; les supérieures se transforment en un mucilage présentant du sucre de lait, par lequel sont attirés les anthérozoïdes : leur gélification provoque l'ouverture du col de l'archégone, par lequel se glisseront les organes mâles (fig 130, B). L'un d'eux féconde l'oosphère et l'*œuf*, sans subir de période de repos, se cloisonne. L'embryon se développe à l'intérieur de la paroi de l'archégone, enfonçant son extrémité inférieure dans les tissus de la tige où il puise ses aliments. L'archégone, chez les Mousses, ne pouvant se développer pour suivre l'accroissement de l'embryon, se déchire ; il continue cependant à le protéger partiellement en lui formant une *coiffe* (fig. 131, *cf*). Le corps de l'embryon s'élargit, en haut, pour former une partie renflée, la *capsule* (fig. 131, *c*,), recouverte par la coiffe tandis qu'il allonge considérablement sa partie inférieure qui reste grêle et devient un pédicelle, la *soie*. La capsule dont nous étudierons plus tard la constitution produit des spores qui, mises en liberté par sa déhiscence, germeront et produiront un protonéma.

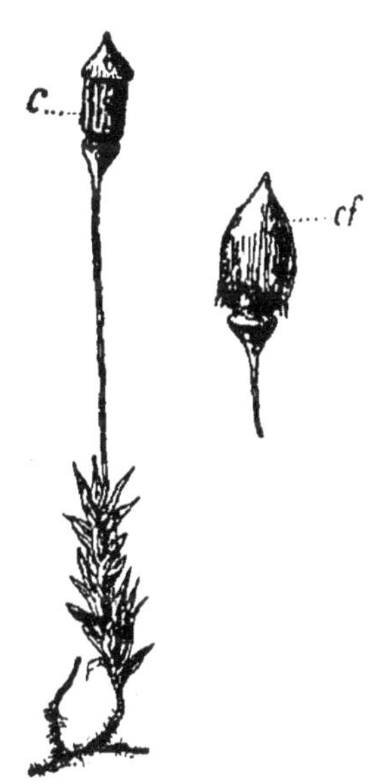

Fig. 131. — Une Mousse (Polytric), portant un sporogone, *c* ; *cf*, sporogone avec sa coiffe, *cf*.

En résumé, la plante feuillée est sexuée, puisqu'elle porte des archégones et des anthéridies. L'œuf se développe en embryon qui se fixe sur la plante mère et y vit en une sorte de parasitisme : cet organisme devient un individu *asexué*, le *sporogone* ou *capsule*, organe producteur des tomies, génératrices des plantes feuillées. L'évolution d'une Muscinée peut donc se représenter par le cycle schématique ci-contre, dans lequel on peut constater que les durées des deux tronçons, sexué et asexué, sont différentes : la phase asexuée étant bien plus courte que la phase sexuée.

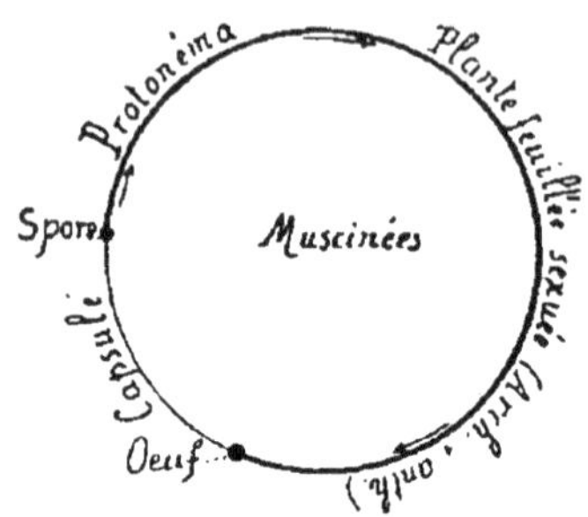

Fig 132. — Evolution d'une Muscinée. (Spore=tomie).

192. Cas des Cryptogames vasculaires. — Il y a encore alternance de générations dans ce groupe comme dans le précédent : on y remarque dans le cycle biologique une phase végétative se terminant par la formation de spores spéciales (diodes) génératrices d'individualités sexuées (*prothalles*). A

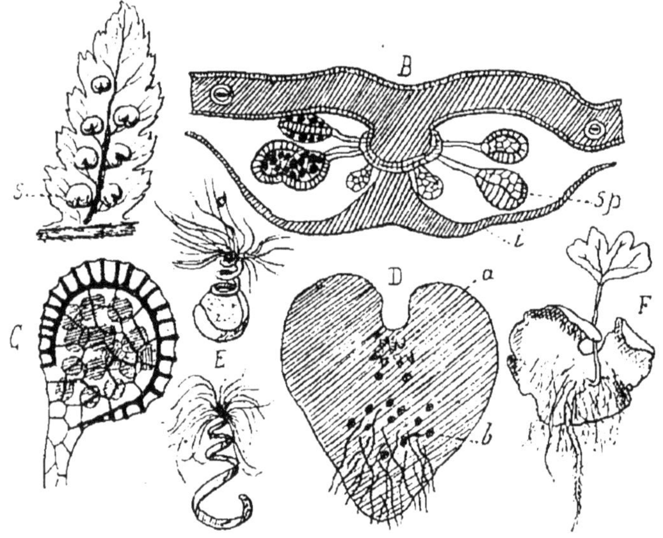

Fig. 133. — A, portion d'une feuille de Fougère avec des sores protégés par une indusie ; B, coupe de cette feuille passant par un sore : *sp*, sporanges ; *i*, indusie. C, un sporange avec son anneau ; D, prothalle avec archégones, *a*, et anthéridies, *b* ; E, deux anthérozoïdes ; F, germination d'une Fougère.

l'encontre de ce que l'on voit chez les Muscinées, ici, la phase asexuée est très longue par rapport à la durée de la phase sexuée (1).

(1) Pour habituer le lecteur aux termes nouvellement introduits de *diodes, diodanges, macrodiodes, macrodiodanges*, etc., synonymes de *spores, sporanges, macrospores, macrosporanges*, des Cryptogames

La diode, organe unicellaire entouré de deux enveloppes, dont l'une externe, est cutinisée, tandis que l'autre, interne, est cellulosique, produit, en germant, un organisme membraneux plus ou moins cordiforme chez les Fougères, de dimensions toujours très petites, atteignant là au plus quelques centimètres : c'est le *prothalle* (fig. 133, D). La face du prothalle qui est appliquée sur le sol porte des poils rhizoïdes au milieu desquels se trouvent les organes sexuels. Les anthéridies apparaissent dans la région postérieure et latérale (fig. 133); les anthérozoïdes qui en sortent présentent plusieurs tours de spire avec une touffe de cils à l'une de leurs extrémités. Les archégones se forment près de l'échancrure, dans une région plus épaisse, appelée *coussinet*. Ils sont analogues, bien que de formes un peu différentes, aux archégones des Muscinées et renferment chacun une *oosphère* qui, après fécondation, se partage d'abord en quatre segments dont nous avons vu la destination (page 119). L'embryon se développe immédiatement en une plante feuillée (fig. 133, F) et celle ci porte à la face inférieure de certaines de ses feuilles plus ou moins modifiées à cet effet (*frondes*), les *diodanges* ou *sporanges* (fig. 133, A, *s*). Quelle que soit la disposition de ceux-ci, on peut toujours leur considérer trois parties (fig. 134) : au centre, un massif cellulaire, l'*archéspore*, composé des cellules mères des spores, provenant du cloisonnement d'une cellule ou d'un massif de cellules primitives ; chaque cellule mère donne naissance à quatre spores. Autour d'elles, une assise de cellules, riches en protoplasma et à parois minces, se dissolvant rapidement, constitue l'*assise nourricière* ou *tapis* : par sa substance, absorbée par les spores, elle sert à leur développement ; par sa destruction, elle prépare la déhiscence du sporange. Plus extérieurement encore, s'observe la paroi, formée de cellules aplaties et disposées sur un seul plan, quand le sporange est mûr.

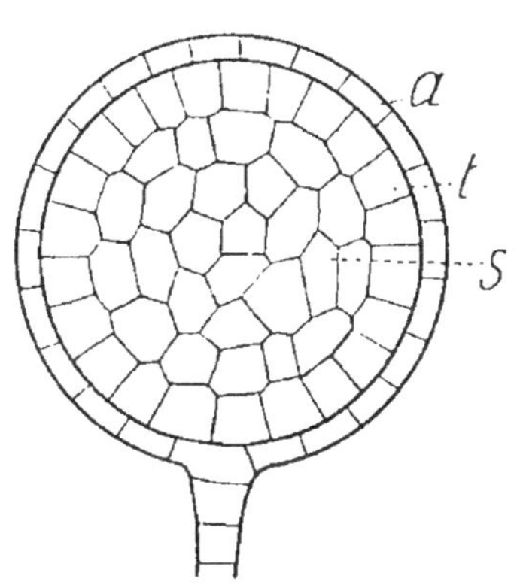

Fig. 134.— *a*, anneau ; *t*, assise nourricière ; *s*, archéspore d'un sporange de Fougère avant sa maturation (schéma).

vasculaires, nous ferons usage indifféremment, dans les pages qui vont suivre, des deux technologies ; ceci dit pour la clarté de l'exposition.

Certaines cellules de cette paroi, plus petites que les autres, disposées en une série, présentent une paroi lignifiée et colorée, plus épaisse d'un côté que de l'autre : leur ensemble constitue l'*anneau*, appareil mécanique qui provoque l'ouverture du diodange, lors de la maturité, et favorise la dissémination des diodes (fig. 133, C), organismes qui ont servi de point de départ à notre description.

La plante feuillée représente donc, ici, le *tronçon asexué* et le prothalle, le *tronçon sexué*. Le premier a une durée beaucoup plus longue que le second, tout à l'inverse de ce qui se produit chez les Muscinées. Le schéma ci-contre (fig. 135), comparé au précédent (fig. 132), rend sensible cette différence, différence tranchée, qui sépare ces deux groupes de végétaux. De plus, la plante feuillée représente ici le tronçon asexué, tandis que, chez les Muscinées, elle porte les organes sexuels.

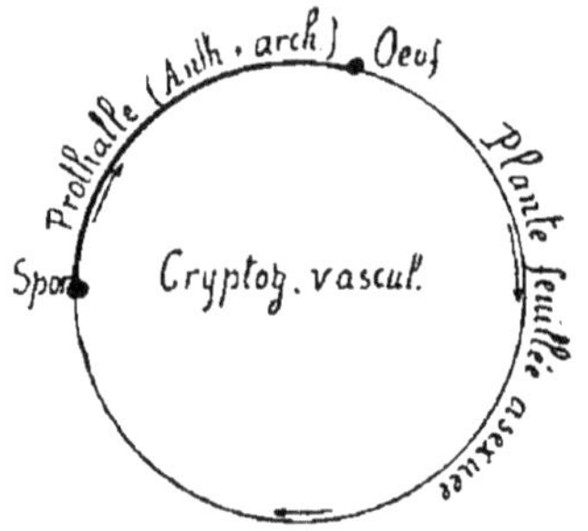

Fig. 135. — Evolution d'une Cryptogame vasculaire. (Spore = diode).

Les cellules mères des spores peuvent toutes développer des tétrades et les spores qu'elles produisent sont alors toutes semblables (*Cryptogames vasculaires isosporées ou isodiodées*), mais à la germination elles peuvent se comporter de deux façons différentes : chez les Fougères, elles développent des prothalles monoïques, tandis que chez les Prêles, les unes forment des prothalles mâles, les autres des prothalles femelles ; il y a donc, chez ces dernières, malgré un aspect semblable, des différences individuelles qui nous conduisent au cas suivant. Ailleurs, en effet, on trouve deux sortes de sporanges : dans les uns, une partie des tétrades avorte et celles des spores qui acquièrent leur complet développement, mieux nourries, prennent des dimensions relativement considérables qui les ont fait appeler *macrospores* (macrodiodes) et les sporanges des *macrosporanges* (macrodiodanges) (fig. 136, *ma*). Dans les autres sporanges, où le développement de toutes les spores suit un cours normal, les spores nombreuses demeurent toujours plus petites

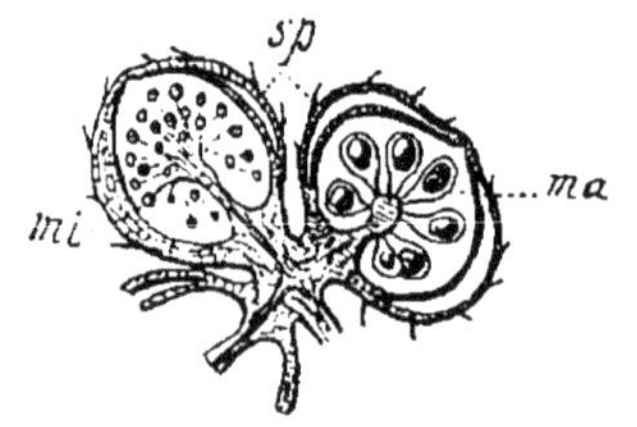

Fig. 136. — Sporocarpes à microsporanges, *mi*, et à macrosporanges, *ma*, de Salvinia.

(*microspores = microdiodes*) que les précédentes et les sporanges qui les produisent sont, à cause de cela, appelés *microsporanges* ou *microdiodanges*. Ces Cryptogames vasculaires qui présentent ces deux variétés de spores sont dites *hétérosporées* ou *hétérodiodées*. Les microspores donnent constamment des prothalles mâles, les macrospores des prothalles femelles (*hetéroprothallie*).

Dans tous les cas, la fécondation se fait par l'intermédiaire de l'eau retenue entre les poils qui hérissent la face inférieure des prothalles appliquée sur le sol : les anthérozoïdes progressent dans le liquide avec un mouvement de rotation sur eux-mêmes et se dirigent vers l'ouverture de l'archégone qui les attire par un phénomène de trophotactisme, dû à l'émission d'acide malique par le col.

193. Réduction progressive des prothalles. — Les spores arrondies et toutes semblables des Fougères donnent généralement naissance à des prothalles semblables (*isoprothallie*), habituellement monoïques, membraneux et relativement d'assez grande dimension (1 à 3 centimètres).

Les diodes tétraédriques des Lycopodes produisent des prothalles de petite dimension, massifs et monoïques. Les anthérozoïdes n'ont que deux cils vibratiles et ressemblent en cela à ceux des Mousses. L'œuf se cloisonne différemment de celui des Fougères (fig. 138) : il n'apparaît pas d'abord quatre quartiers ; la première cloison transversale divise d'abord l'œuf en deux segments dont le supérieur s'allonge sans se diviser et constitue un organe analogue au suspenseur des Phanérogames; du segment inférieur sort l'embryon.

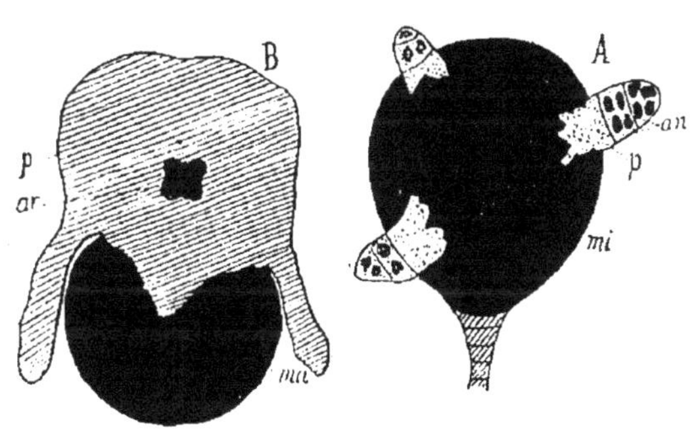

Fig. 137. — Salvinia. A, germination dans le microsporange, *mi*, des microspores ; *p*, prothalle mâle ; *an*, anthéridie. B, germination de la macrospore, *ma* ; *p*, prothalle femelle ; *ar*, archégone (schéma).

Dans les Equisetum (Prêles), les spores donnent, malgré leur ressemblance extérieure, les unes des prothalles mâles très petits, les autres des prothalles femelles plus grands. L'embryon est analogue à celui des Fougères.

Parmi les Cryptogames vasculaires nettement hétérosporées, nous prendrons pour exemple le genre Salvinia qui appartient à la famille des Hydroptérides. Il est constitué par des plantes flottant à la surface de l'eau, qui portent, groupés dans des sporocarpes, des macrosporanges avec une seule macrospore et, dans d'autres sporocarpes, des microsporanges, producteurs de soixante-quatre microspores (fig. 136).

Les microsporanges étant indéhiscents, les microspores germent dans leur intérieur et poussent chacune un tube qui déchire la paroi du sporange (fig. 137, A). Ce tube constitue le *prothalle mâle*. En se cloisonnant vers son extrémité libre, il isole une cellule terminale qui devient l'anthéridie. Par trois bipartitions successives celle-ci produira huit anthérozoïdes spiralés. La réduction du prothalle mâle est, ici, poussée assez loin.

Les macrosporanges ne renferment, avons-nous dit, qu'une macrodiode ; celle-ci germe et rompt sa membrane ainsi que la paroi du sporange. Une cloison en forme de ménisque sépare une sorte de calotte, d'où sortira le *prothalle femelle*, du reste de la macrodiode qui retient les substances de réserve. Le prothalle a une forme triangulaire et porte en son milieu un archégone (fig. 137), B. L'œuf se cloisonne, ici, comme il le fait dans les Fougères ; mais, dans ce genre privé de racines, deux cellules contribuent à la formation du pied.

Le prothalle mâle est encore fort réduit dans le genre Marsilia ; là, la microspore se divise en deux cellules fort inégales, dont l'une très petite représente la partie végétative du prothalle et l'autre, relativement volumineuse, se partage en deux et constitue l'anthéridie. Chacune de ces deux cellules produit seize anthérozoïdes. La macrospore développe un prothalle femelle, de la même façon que dans le genre Salvinia.

Les Isoetes, végétaux appartenant au groupe des Lycopodiacées hétérosporées, ont des microdiodanges et des macrodiodanges. La macrodiode sépare, dès le début, une petite cellule, partie végétative du prothalle, d'une grande cellule qui se cloisonne pour en former quatre autres ; deux seulement sont fertiles et produisent chacune deux anthérozoïdes. La macrodiode, en se cloisonnant intérieurement, développe un prothalle qui finit par rompre la partie supérieure de la paroi de la macrodiode, selon les trois arêtes que présente cet organisme presque tétraédrique. Au sommet de la partie qui voit ainsi le jour, se développe d'abord un unique archégone qui, plus tard, sera suppléé successivement par d'autres archégones, si la fécondation du premier n'a pas lieu.

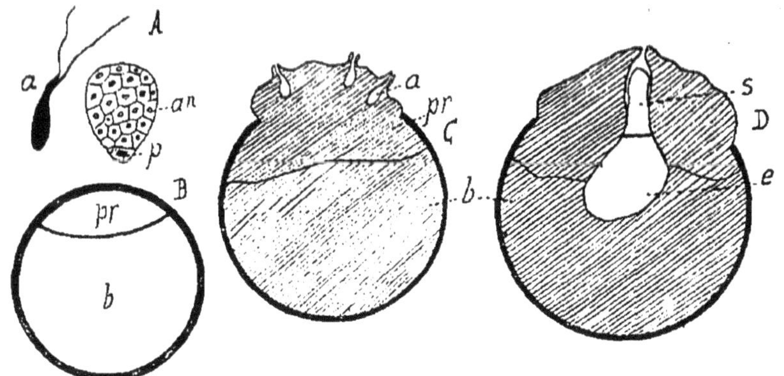

Fig. 138. — Sélaginelle A, développement de la microspore en prothalle, *p*, et cellules mères des anthérozoïdes, *an*. *a*, anthérozoïde. B, C, D, germination de la macrospore : *pr*, prothalle ; *a*, archégone ; *e*, embryon ; *s*, suspenseur ; *b*, réserves.

Dans les Sélaginelles (fig. 138), les prothalles mâles fort réduits se développent comme précédemment. Les anthérozoïdes formés sont courts et ne possèdent que deux cils. Le prothalle femelle se constitue à l'intérieur de la macrospore ; une cloison transversale isole une cellule inférieure, qui deviendra un réservoir de matières nutritives, d'une partie supérieure qui donnera le vrai prothalle femelle, portant plusieurs archégones. L'œuf subit un premier cloisonnement comparable à celui des Lycopodes ; mais, ici, le suspenseur acquiert un développement plus considérable et refoule l'embryon dans la masse de réserve, qui est alors formée par de nombreuses cellules et dont l'ensemble est comparable, comme action physiologique, à l'albumen des Angiospermes.

On voit donc par cette série d'exemples que les prothalles, mâles et femelles, diminuent de plus en plus d'importance, au fur et à mesure que l'on s'adresse à des végétaux plus élevés en organisation. On arrive ainsi, peu à peu, à des plantes dont le tronçon asexué prend une importance de plus en plus grande, tandis que le tronçon sexué se réduit toujours davantage. On est ainsi conduit, peu à peu, jusqu'aux Phanérogames, dont les liens de parenté avec les Cryptogames vasculaires sont des plus certains ; elles s'en distinguent surtout, quant à la reproduction, par une réduction plus accentuée encore des prothalles et, par-dessus tout, par la germination des diodes des deux sortes, non sur le sol, mais sur le tronçon asexué qui les a produites. Il en résulte une certaine confusion dans les phénomènes, confusion qui n'a pas empêché cependant de reconnaître la véritable filiation des Phanérogames.

C. *Reproduction sexuée hétérogame avec oosphère fixée et pollen.*

194. Cas des Phanérogames. — Les sporanges (micro- et macrodiodanges) sont, ici, localisés dans les *fleurs*, où, fort distincts, ils constituent par leur ensemble, avec leurs parties accessoires, ce qu'on appelle l'*androcée* et le *gynécée*. Les *etamines*, éléments de l'androcée, ne sont en effet que des feuilles portant des microsporanges dans lesquels les *microspores*, avant d'être mises en liberté, subissent des cloisonnements qui en font des prothalles très rudimentaires, connus vulgairement sous le nom de grains de *pollen*. Les *feuilles carpellaires*, qui par leur ensemble constituent le gynécée, portent des *macrosporanges* ou *ovules* et chaque ovule renferme une *macrospore* (*sac embryonnaire*). Les macrospores restent fixées sur la plante feuillée ; les grains de pollen s'échappent des *sacs polliniques* (microsporanges) pour être transportés par des moyens divers, mais toujours passivement, sur l'appareil femelle où ils développeront les gamètes mâles.

La fécondation se faisant en dehors de l'eau, les anthérozoïdes ciliés deviennent sans emploi (on en trouve cependant des exemples, reste d'atavisme, chez les Gymnospermes inférieures) et disparaissent ; les gamètes mâles arrivent au contact des oosphères par une reptation s'opérant dans des conditions spéciales, grâce à l'intermédiaire d'un tube (d'où le nom de *Siphonogames*, donné aux Phanérogames, par opposition à celui de *Zoïdogames*, par lequel on distingue les Cryptogames vasculaires et les Muscinées), le *tube* ou *boyau pollinique*, à l'intérieur duquel se trouvent les gamètes mâles, et qui, en s'allongeant, leur permet de s'avancer de la surface de l'appareil femelle jusqu'à la

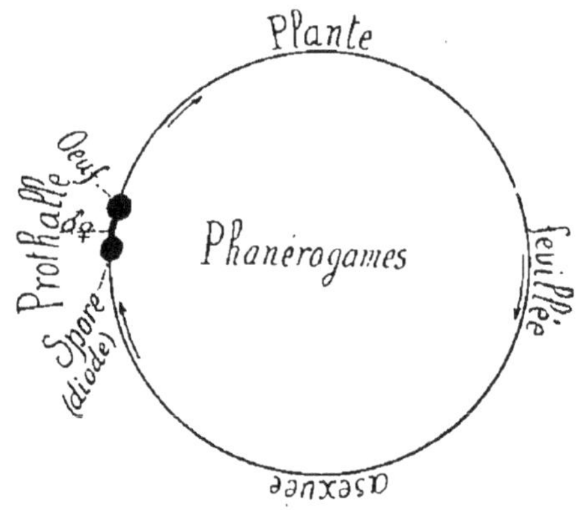

Fig. 139. — Evolution d'une Phanérogame.

partie de l'ovule où la macrospore a développé, dans un prothalle fort réduit, souvent presque nul, des archégones également fort réduits, puisque chacun d'eux est constitué, tout au moins chez les Angiospermes, par trois cellules seulement. L'œuf se développe immédiatement en une plante feuillée.

L'évolution de ces végétaux serait donc absolument semblable à celle des Cryptogames vasculaires, mais avec un tronçon sexué extrêmement réduit, comme l'indique la figure ci-contre, si ce n'était le développement, ici, d'une *graine*, organisme dans lequel séjourne l'embryon pendant quelque temps, dans une position de repos, de vie latente, ce qui interrompt sont développement.

Les fleurs sont des organismes fort complexes : chaque fleur représente un rameau complet avec tige et feuilles, mais ces dernières y sont profondément modifiées. C'est donc, tant en raison de cette complexité que des travaux dont elle a été l'objet, que nous en ferons une description détaillée ; mais, comme l'on ne connaît que depuis peu de temps les affinités des Phanérogames avec les Cryptogames vasculaires, il existe une terminologie spéciale à la fleur, qui est d'un usage courant. Nous avons déjà, cependant, homologué quelques termes ; nous achèverons autant que possible ce travail, en étudiant la fleur.

DE LA FLEUR.

195. Constitution de la fleur. — La reproduction se fait, chez les Phanérogames, dans des organes spéciaux, les *fleurs*, que l'on doit considérer comme des rameaux à feuilles différenciées en vue de la reproduction (fig. 140).

La fleur naît à l'aisselle d'une feuille appelée *bractée-mère*. Son axe, le *pédoncule de la fleur*, porte des feuilles modifiées d'une façon plus ou moins profonde formant ainsi des groupes distincts appelés *verticilles*. Il entre quatre verticilles dans une fleur complète (fig. 140).

Le *calice*, tout à fait à l'extérieur, est formé par un nombre variable de feuilles, ordinairement vertes, appelées *sépales*.

La *corolle*, deuxième verticille, est formée de feuilles le plus souvent colorées autrement que de vert et appelées *pétales*.

Calice et corolle n'ont que des rôles secondaires dans la reproduction ; leur ensemble qui constitue le *périanthe* (de περί, autour et ἄνθος, fleur) ou *périgone* (de γόνος, reproduction) forme une enveloppe destinée à protéger les verticilles suivants, organes essentiels de la reproduction.

Le troisième verticille, l'*androcée*, est représenté par des feuilles plus profondément modifiées, les *étamines*. Une étamine est constituée par deux sacs, deux sporanges (microdiodanges) qui renferment des sortes de spores, des diodes, distinguées ici par le nom de *grains de pollen*. Les deux sacs polliniques, supportés par une sorte de pédoncule, le *filet*, sont unis entre eux par un prolongement du filet appelé *connectif*. L'ensemble des sacs polliniques et du connectif forme l'*anthère*.

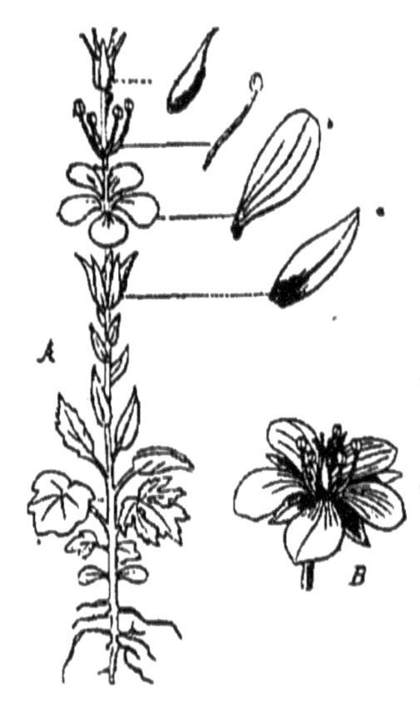

Fig. 140. — Constitution de la fleur, théorique en A, réelle en B.

Le dernier verticille, enfin, occupe le centre de la fleur : c'est le *gynécée* (de γυνή, femelle et de οἶκος, demeure) ou *pistil* et chacune des feuilles qui le composent est un *carpelle*. Le gynécée, celui qu'on rencontre le plus souvent et qui est propre aux Angiospermes, présente inférieurement une sorte de chambre, l'*ovaire*, surmontée par une partie tubuleuse plus ou moins allongée, le *style*, terminée par un organisme visqueux ou poilu, le *stigmate*, destiné à recevoir et à maintenir les grains de pollen. L'ovaire est ainsi dénommé parce qu'il protège les *ovules* (diminutif de *ovum*, œuf), les macrodiodanges, parties essentielles de l'appareil femelle, de même que le pollen représente la partie mâle par excellence.

Par cette organisation de la fleur, les Angiospermes semblent s'éloigner considérablement des Cryptogames vasculaires dont elles procèdent cependant. On trouve un terme de passage entre les deux groupes chez les Gymnospermes qui n'ont point de périanthe et des fleurs très simples, unisexuées, par conséquent réduites aux parties indispensables à la reproduction. Par leur intermédiaire, on arrive à se convaincre que les sacs polliniques sont bien des microsporanges et les grains de pollen des microspores qui, par germination, donnent des prothalles, fort réduits par exemple, et que les ovules sont assimilables à des macrosporanges qui produisent dans leur intérieur une seule macrospore. De la macrospore qui reçoit ici le nom de *sac embryonnaire*, procédera, selon

Tableau résumant la constitution générale de la fleur

Verticilles	Nom des membres	Disposition des membres	Nombre des membres: un	Nombre des membres: plus d'un	Nombre des membres: adhérence des membres d'un même verticille
1° calice ...	sépales	Verticillés ou spiralés	cal. monosépale	cal. polysépale	membres libres. — calice dialysépale. membres soudés. — calice gamosépale.
2° corolle...	pétales		cor. monopétale	cor. polypétale	membres libres. — corolle dialypétale. membres soudés.— corolle gamopétale.
3° androcée.	étamines		and. monandre, mieux monostémone	and. polyandre ou polystémone	membres libres. — and. dialystémone. m. soudés. — and. gamostémone. La soudure se fait par { la base (filets) : adelphie. / le haut (anthères): synanthérie. }
4° gynécée..	carpelles		gyn. monocarpellé	gyn. polycarpellé	membres libres. — gyn. dialycarpellé. membres soudés. — gyn. gamocarpellé.

le processus habituel, un prothalle portant un ou plusieurs archégones, dénommés, chez les Gymnospermes, *corpuscules* et, chez les Angiospermes, les *vésicules germinatives* et *antipodes*.

La fleur comprenant ces quatre verticilles est dite *hermaphrodite* et *complète*. Quand elle est dépourvue d'un ou de plusieurs verticilles, elle est incomplète : la fleur incomplète est apétale, *monopérianthée* ou *monochlamydée* (de μονός un seul et χλαμύς, vêtement) quand la corolle manque ; *nue* ou *apérianthée* quand le périanthe fait défaut. La fleur peut être privée d'androcée (*fleur femelle*) ou de gynécée (*fleur mâle*) : elle est alors *unisexuée*. La fleur est dite *stérile* quand elle ne possède ni androcée, ni gynécée.

La fleur la plus dégradée est celle qui est réduite à un seul verticille : telles sont les fleurs mâles et les fleurs femelles des Saules, Cycas, Pins, etc.

Un individu est *hermaphrodite* lorsque toutes les fleurs qu'il porte présentent les deux sexes ; il est *monoïque* lorsqu'il ne montre que des fleurs unisexuées, mais à la fois des fleurs mâles et des fleurs femelles ; on le nomme *dioïque* lorsqu'il ne possède que des fleurs de l'un ou de l'autre sexe, la fécondation ne pouvant certainement s'opérer qu'entre fleurs portées par des individus différents. Il y a *polygamie*, lorsqu'on rencontre sur un même individu des fleurs hermaphrodites mêlées soit à des fleurs mâles, soit à des fleurs femelles.

196. Origine de la fleur. — Gœthe a émis, il y a plus de cent ans, une théorie scientifique de la constitution de la fleur : c'est la *théorie de la métamorphose*, d'après laquelle une fleur n'est qu'un bourgeon modifié. On peut s'assurer aisément de l'exactitude de cette façon de voir, soit par l'inspection des boutons floraux qui sont semblables aux bourgeons végétatifs, soit encore par l'examen d'exemples appropriés : ainsi les Pivoines herbacées montrent, en partant du sol et en remontant la tige, une différenciation graduelle des feuilles ordinaires en feuilles florales. On passe également d'une façon insensible du *calice à la corolle* en suivant la transformation progressive des sépales en pétales, dans les Camélias et les Magnolias ; des *pétales*

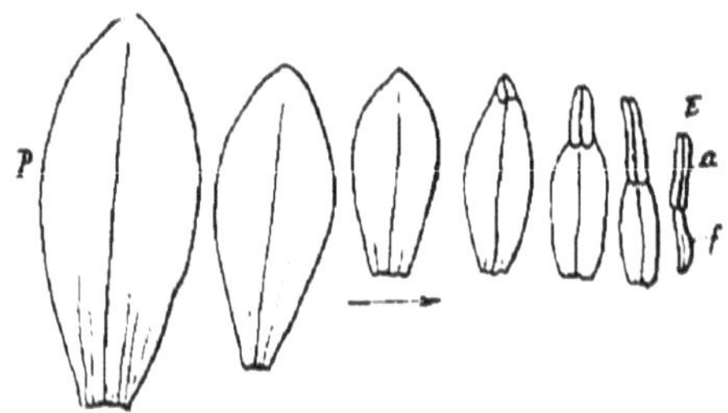

Fig. 141. — Passage des pétales aux étamines dans les Nymphaea.

aux étamines, dans les Nymphaea (fig. 141). Enfin, les carpelles stériles des fleurs doubles des Cerisiers, en se présentant comme de véritables petites feuilles, indiquent suffisamment leur origine première.

Ces transformations d'un organe plus simple en un organe plus différencié, ayant un rôle plus noble, se produisent par une suite de *métamorphoses ascendantes* ; cet adjectif peint bien le sens dans lequel se fait la différenciation de plus en plus prononcée de la feuille dans un but de plus en plus élevé. Dans certains végétaux trop bien nourris, on voit, tout au contraire, les étamines perdre leurs anthères et leur filet s'étaler jusqu'à reprendre l'aspect des sépales (*staminodes*) : c'est là une *métamorphose régressive* ou *descendante* (roses à fleurs doubles). La régression peut porter sur tous les verticilles ; elle porte, le plus souvent, sur les deux internes, dont les membres peuvent s'abaisser de plusieurs degrés : ainsi, on voit fréquemment, dans les fleurs doubles, les carpelles retourner à l'état de pétales en même temps que les étamines. Les fleurs deviennent alors *stériles* par *régression*.

197. Bractées. — Il arrive encore assez souvent qu'en suivant un rameau feuillé terminé par une fleur, on passe sans transition de la feuille normale aux feuilles reproductrices, mais assez fréquemment aussi on rencontre entre les deux toute une série de formes intermédiaires (Groseiller rouge). Il arrive même qu'au voisinage de la fleur s'observent des organes appendiculaires qui ne rappellent par leur forme ni la feuille ordinaire, ni aucun des membres de la fleur : ces productions sont des *bractées* qui, vertes le plus souvent, peuvent se parer de si vives couleurs que certaines plantes sont cultivées spécialement en raison de la forme, de l'amplitude et du coloris de leurs bractées (*Richardia æthiopica, Anthurium Scherzerianum, Salvia splendens*).

Fig. 142. — Bractée du Tilleul.

Les bractées peuvent être isolées ou groupées diversement ; elles reçoivent des noms spéciaux selon leur disposition et leur mode de groupement : on donne le nom de *bractée* proprement dite à la feuille située à la base d'une inflorescence et le nom de *bractéoles* aux bractées qui sont particulières aux diverses fleurs d'une même inflorescence. On réserve le nom de *spathe* aux bractées isolées, mais très volumineuses, qui entourent plus ou moins complètement les inflorescences des Palmiers et des Aracées. Les bractées rassemblées en grand nombre à la base d'une inflorescence lui constituent un *involucre*; dans les inflorescences composées, les bractées qui se groupent à la base des divisions de l'inflorescence en des involucres plus petits sont appelés *involucelles* (Carotte).

Les pièces de l'involucre se disposent parfois en nombre quelconque sur un même rang au-dessous et à quelque distance de la fleur, formant là une sorte de verticille supplémentaire ressemblant à un deuxième calice, ce qui a valu à l'ensemble le nom d'*involucre caliculé* (*Anemone coronaria*). Le *calicule* est un involucre disposé immédiatement sous le calice et comprenant autant de pièces que ce calice compte de sépales, et en alternance régulière avec ceux-ci.

Les bractées qui présentent une fleur ou un groupe de fleurs à leur aisselle sont dites fertiles; les autres sont stériles.

198 Réceptacle. Symétrie florale. — L'axe de la fleur plus ou moins allongé, ou plus ou moins court et alors étalé vers son extrémité, constitue le *réceptacle* sur lequel s'insèrent les diverses pièces florales. L'insertion se fait suivant une ligne spiralée à la façon de ce que l'on voit pour les feuilles alternes dans les *fleurs spiralées* ou *acycliques* (Renoncule), ou en verticilles successifs, dans les *fleurs verticillées ou cycliques* (Primevère), ou bien, enfin, suivant ces deux modes à la fois, certains verticilles étant spiralés, les autres cycliques, dans les *fleurs mixtes* ou *hémicycliques* (Nymphaca).

Le réceptacle a une forme extrêmement variable; il peut être conique, convexe, plan, concave et même creusé en coupe : il en résulte une variation très grande dans les rapports de situation des pièces florales.

On devrait rencontrer, d'une façon générale, que l'on ait affaire à une fleur verticillée ou spiralée, le même nombre de pièces au calice, à la corolle, à l'androcée et au gynécée; lorsqu'il en est bien ainsi, il y a *symétrie de nombre*. On rencontre le plus souvent, selon les espèces, soit deux (*fleurs dimères*), soit trois (*fl. trimères*), soit quatre (*fl. tétramères*) ou cinq (*fleurs pentamères*) pièces à chaque verticille. Il est de règle que les pièces des différents verticilles successifs alternent régulièrement entre elles (*symétrie de position*).

Si dans une fleur toutes les pièces de même nature sont

identiques entre elles, présentant en même temps les deux symétries de nombre et de position, toutes les parties de la fleur sont alors disposées symétriquement et en rayonnant autour d'un axe médian, lequel se confond, ou mieux se continue, avec l'axe de symétrie du pédoncule. Toute fleur ainsi constituée est dite *régulière* ou, avec plus de précision, *actinomorphe* : elle peut être divisée en deux parties identiques par plusieurs plans comprenant l'axe de symétrie et s'entre-croisant en étoile (*Sedum rubens*). Mais, dans la nature, cette régularité est fréquemment altérée par suite du développement inégal des pièces d'un même verticille ou de plusieurs verticilles, par suite encore de l'avortement ou du dédoublement de certaines pièces de ces verticilles; la fleur ne présente plus alors de symétrie rayonnante, mais, dans bien des cas, on peut encore la couper en deux parties symétriques par un plan convenablement orienté, et par celui-là seul (*fleurs zygomorphes : Lamium album*, *Phaseolus vulgaris*, etc.).

Lorsque les causes que nous venons de signaler donnent à la fleur une structure telle qu'elle ne puisse, en aucun cas, être divisée en deux parties identiques, la fleur devient *irrégulière* ou *asymétrique*. Les fleurs véritablement irrégulières sont relativement assez rares (Valériane, Balisier).

199. Préfloraison. — Les feuilles florales, pressées dans le bouton avant son épanouissement, s'y disposent de façons différentes afin de ne pas se gêner mutuellement. On donne le nom d'*estivation* ou de *préfloraison* à la disposition qu'affectent, dans le bouton, les verticilles floraux. Dans une même fleur, les verticilles peuvent avoir des préfloraisons différentes. Les mêmes modes de préfloraison se rencontrant

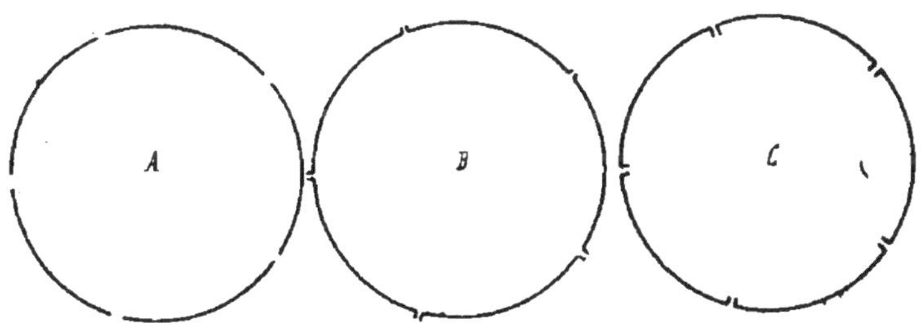

Fig. 143. — Préfloraisons valvaires.

dans les divers verticilles, il est permis de traiter du sujet en faisant abstraction des divers membres de la fleur.

La préfloraison est dite *valvaire* quand les feuilles florales ont leurs bords simplement rapprochés sans anticiper les uns sur les autres (corolle de la Vigne, calice des Cornus ; fig. 143 A). La préfloraison est encore valvaire, mais avec des variantes, quand les bords des membres arrivant au contact, et toujours sans se recouvrir, se replient soit en dedans (*préfloraison valvaire induplicative*, fig. 143, C), soit en dehors (*p. valvaire réduplicative*, fig. 143, B).

La préfloraison *tordue* ou *contournée* est celle dans laquelle on voit les pièces, déjà recouvertes d'un côté partiellement

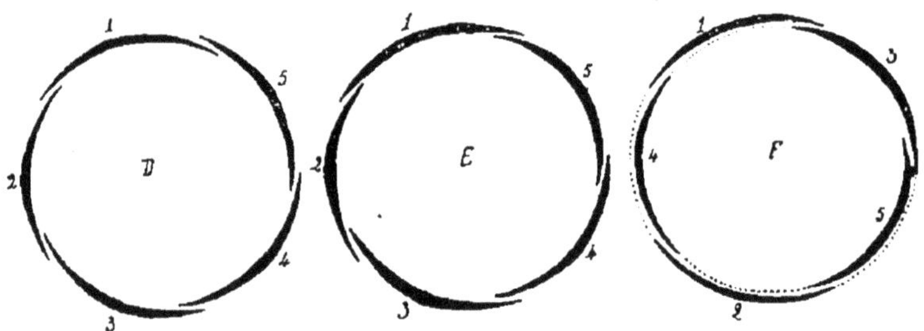

Fig. 144. — D, préfloraison contournée ; E, p. imbriquée ; F, p. quinconciale.

par une de leurs voisines, recouvrir elles-mêmes partiellement leur seconde voisine, située de l'autre côté (fig. 144, D) ; elle est *imbriquée* quand les pièces sont disposées comme les tuiles d'un toit : l'une d'elles, correspondant à la tuile supérieure, totalement indépendante, a ses deux bords libres et est superposée à toutes les autres, tandis qu'à partir de celle-ci, les autres se présentent toutes mutuellement recouvertes par l'un de leurs bords (fig. 144, E) ; elle est *quinconciale* lorsque, comp-

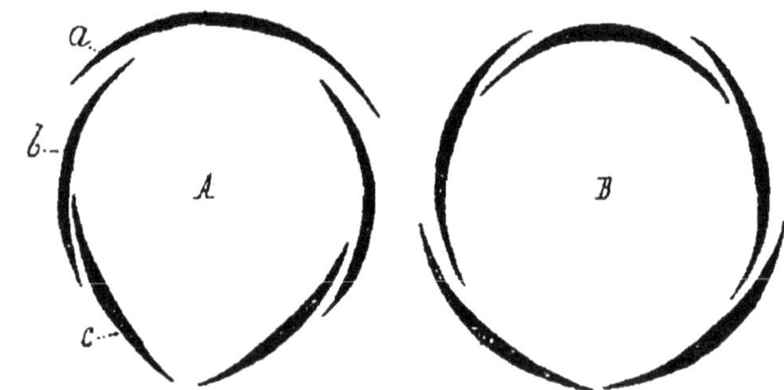

Fig. 145. — Préfloraisons papilionacée (A) et cochléaire (B). *a*, étendard ; *b*, ailes ; *c* carène.

tant cinq pièces, deux de celles-ci sont totalement recouvrantes; deux tout à fait recouvertes et une à la fois recouvrante et recouverte, chacune de ses moitiés se trouvant dans une situation différente ; cette disposition est manifestement sous la dépendance du mode d'insertion des feuilles qui se fait suivant une ligne spirale et dans l'ordre 2/5 (fig. 144, F : calice de la rose. Voir page 69, Phyllotaxie).

La préfloraison est enfin *vexillaire* ou *papilionacée* quand une pièce d'un verticille à cinq membres recouvre ses deux voisines qui, à leur tour, recouvrent les deux autres (fig. 145, A. Pois, Robinia, etc.).

La préfloraison *cochléaire* présente la disposition inverse de la précédente (fig. 145, B : Lamier blanc, Césalpiniacées).

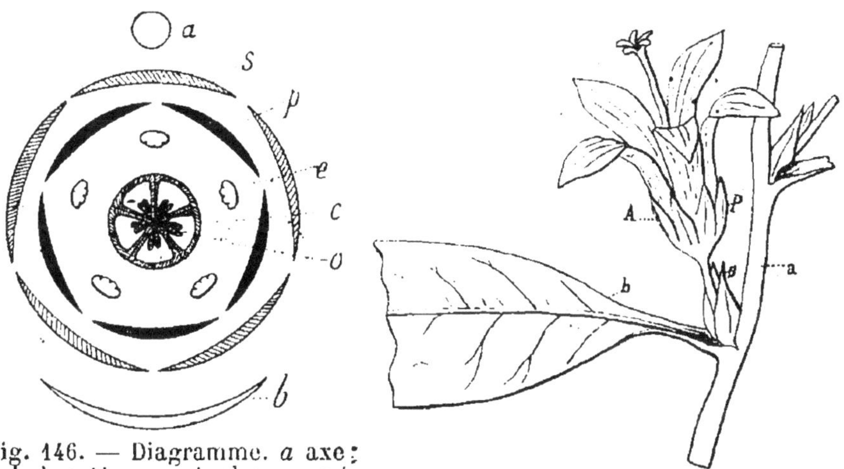

Fig. 146. — Diagramme. *a* axe ; *b*, bractée ; *s*, sépales ; *p*, pétales ; *e*, étamines ; *c*, carpelles ; *o*, ovules.

Fig. 147. — Orientation de la fleur.

200. Diagramme et orientation de la fleur. — Quand on projette une fleur sur un plan horizontal, on obtient sur des cercles concentriques ou sur une spirale, suivant la disposition des membres, une figure des diverses pièces florales, vues d'en haut, et dont l'ensemble, représenté par des traits conventionnels, constitue un *diagramme* (fig. 146). On oriente celui-ci en représentant l'axe (*a*), sur lequel naît la fleur, et la bractée mère (*b*) entre lesquels se trouve forcément cette fleur. Par définition, le côté supérieur ou postérieur (P, fig. 147) de la fleur est celui qui est tourné du côté de l'axe, *a*, le côté inférieur ou antérieur (A) étant tourné vers la bractée, *b*. Le plan passant par l'axe et le milieu de la bractée divise la fleur en deux moitiés que l'on distingue en moitiés latérales droite et gauche, l'observateur étant supposé placé vis-à-vis de la bractée, regardant le côté antérieur de la fleur. Grâce à ces conventions admises par tous les botanistes, les descriptions des fleurs sont rendues comparables, ce qui facilite considérablement leur étude.

201. Inflorescences. — On donne le nom d'*inflorescence* au mode de disposition des fleurs sur la plante. Ces dispositions sont très diverses et comme elles tiennent au mode et à l'ordre d'apparition des fleurs, de la connaissance de l'inflorescence d'une plante découle celle de l'ordre d'épanouissement des fleurs qui la composent.

Les fleurs se forment à l'extrémité de la tige principale ou à l'extrémité des rameaux (*inflorescences terminales*), ou bien elles naissent, de part et d'autre, sur les côtés de la tige ou de ses ramifications, à l'aisselle de feuilles ou de bractées (*inflorescences axillaires* ou *latérales*).

L'inflorescence peut se composer d'une fleur unique, comme dans la Tulipe (*inflorescence solitaire*), ou bien en comprendre plusieurs, par ramifications du pédoncule en *pédicelles* portant chacun une fleur (*inflorescences groupées*).

Selon le mode d'apparition ou de disposition des fleurs, on reconnaît trois grandes catégories d'inflorescences : les *inflorescences indéfinies* ou *centripètes*, les *inflorescences définies* ou *centrifuges*, enfin, les *inflorescences mixtes* qui participent des deux précédentes.

202. Inflorescences indéfinies. — Elles sont toutes latérales. Le type de ces inflorescences est fourni par la *grappe feuillée*, constituée par l'extrémité d'un rameau ordinaire qui développe à l'aisselle de ses feuilles les plus jeunes, et dans l'ordre de leur apparition, des boutons floraux pédicellés qui s'épanouissent successivement en commençant par les plus bas, qui sont les plus éloignés du bourgeon, c'est-à-dire par les premiers formés. Le rameau floral portera, ici, autant de fleurs que le bourgeon formera de feuilles, mais, comme le nombre de celles-ci est fort variable, l'évolution du bourgeon se trouvant sous la dépendance de causes multiples, le nombre des fleurs que présente le rameau n'est jamais fixe, d'où la qualification d'*indéfinies* qu'on donne aux inflorescences de cette sorte.

Le fait que les nouvelles fleurs sont toujours, ici, plus rapprochées du bourgeon qui occupe l'extrémité (le centre ?) de l'axe, explique le second nom d'*inflorescences centripètes* qu'on donne encore aux inflorescences indéfinies.

Il est plusieurs variétés d'inflorescences indéfinies qu'on fait découler facilement du type par une suite de transformations de plus en plus accentuées : la *grappe simple* diffère de la grappe feuillée (fig. 149, A) en ce que les feuilles ordinaires y sont remplacées par des bractées plus ou moins développées, qui peuvent même devenir rudimentaires (Groseillier rouge).

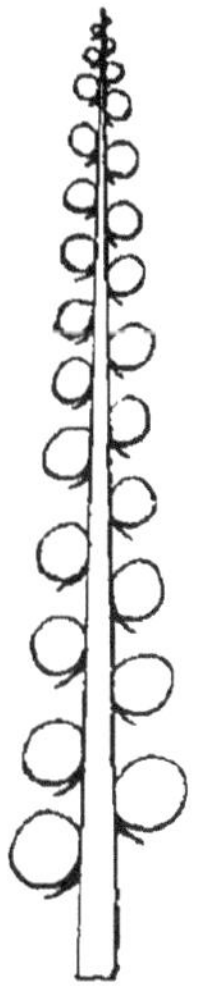

L'*épi* (fig. 148) n'est qu'une grappe dans laquelle les pédicelles manquent ; par suite, les fleurs y sont sessiles (Plantain).

Si, tout en conservant la disposition qu'elles ont dans l'épi, les fleurs qui sont, là, hermaphrodites, deviennent unisexuées et toutes mâles dans la même inflorescence, il se produit un *châton*, en latin *amentum* (Noisetier, Pin, etc.).

Le *spadice* est un épi pouvant comprendre des fleurs hermaphrodites ou des fleurs unisexuées, seules ou mêlées de fleurs stériles, mais qui sont toujours enchâssées dans l'axe florifère devenu charnu (Arum-Gouet ou Pied de veau).

Fig. 148. Épi.

On donne le nom de *capitule* à une inflorescence indéfinie formée de fleurs sessiles, portées à l'extrémité fortement élargie du pédoncule (Marguerite). L'épanouissement des fleurs du capitule se fait peu à peu de la phériphérie au milieu du *disque*, dans un ordre nettement centripète (fig. 150).

Si on suppose que dans la grappe, les pédicelles s'allongent

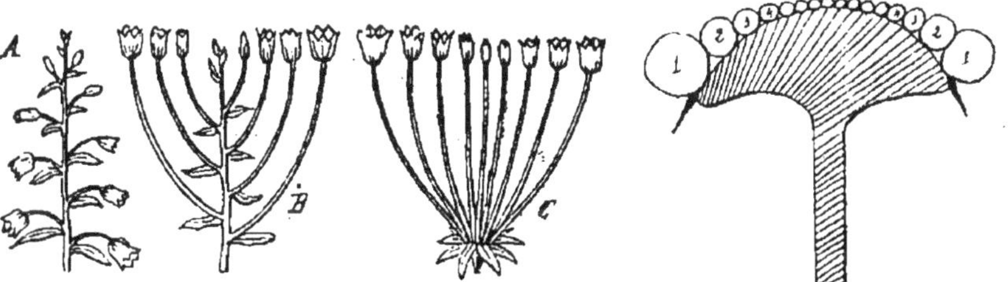

Fig. 149. — A, grappe ; B, corymbe ; C, ombelle.

Fig. 150. — Capitule.

suffisamment pour que les fleurs viennent se placer toutes à la même hauteur, on obtient un *corymbe* (fig. 149, B. — Poirier).

L'*ombelle* (fig. 149, C.) est un corymbe dans lequel les pédicelles *semblent* partir tous d'un même point, l'extrémité de l'axe florifère ; en réalité, les pédicelles partent tous de nœuds différents qui, ici, se confondent.

Ces diverses inflorescences se compliquent assez souvent par ramification du pédoncule, ce qui fournit, selon la façon dont se comportent les ramifications et les inflorescences qu'elles portent, des *grappes composées* : grappes de grappes, grappes d'épis (*panicule* d'Avoine), grappes de capitules ; des *épis composés* : épis d'*épillets* (Blé) ; des *ombelles composées* : ombelles d'*ombellules* (Ombellifères), etc.

203. Inflorescences définies. Cymes. — Ici, le bourgeon terminal du rameau florifère, après avoir fourni quelques feuilles ou bractées, se transforme en fleur, puis, à moins qu'on ait affaire à une inflorescence terminale simple, les bourgeons latéraux, placés à l'aisselle de la ou des feuilles situées au-dessous de la première fleur formée, évoluent comme le bourgeon terminal et constituent un axe feuillé se terminant aussi par une fleur. A l'aisselle des feuilles de ces rameaux de second ordre peuvent se développer d'autres bourgeons qui, se comportant comme les précédents, donneront plus d'ampleur à l'inflorescence. Ce processus peut se répéter un grand nombre de fois, mais comme, ici, chaque axe ne porte qu'une fleur, le nombre de ces organes, sur chaque pousse est nettement limité, *défini*, et de plus, comme les rameaux florifères s'éloignent d'autant plus de l'axe de l'inflorescence, occupé par la première fleur formée, qu'ils font partie d'une ramification poussée plus loin, on s'explique les deux

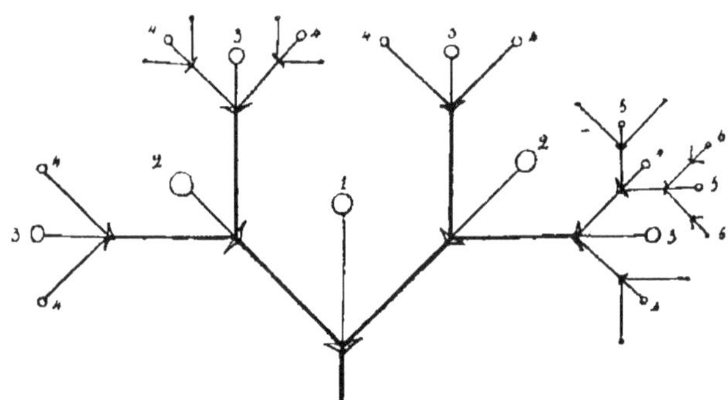

Fig. 151. — Cyme bipare (schéma).

synonymes d'*inflorescences définies* et d'*inflorescences centrifuges* employés pour désigner toutes les dispositions florales dérivant du type décrit ci-dessus. On donne encore le nom de *cymes* à ces inflorescences.

Lorsque, par suite de ramification unilatérale en raison de

la position alterne des bractées, les fleurs qui se développent successivement se trouvent déjetées sur l'un des côtés de leur axe générateur, la *cyme est unipare* (fig. 152) ; lorsqu'elles se disposent symétriquement sur deux ou trois côtés des axes dont elles procèdent, ou en cercle autour d'eux, par suite de la position opposée ou verticillée des bractées fertiles, la *cyme*, selon les cas, est *bi-tri-multipare* (fig. 151).

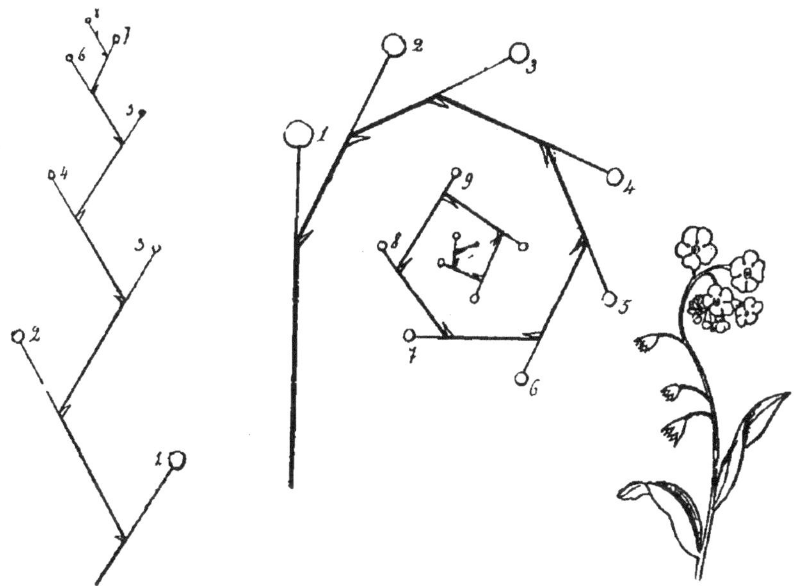

Fig. 152. — Cyme unipare hélicoïde (schéma destiné à montrer sa formation).

Fig. 153. — Cymes unipares scorpioïdes dont l'une est schématisée pour montrer son origine.

Il y a deux grandes variétés de cymes unipares qui peuvent être *hélicoïdes* ou *scorpioïdes*. La cyme unipare est scorpioïde (fig. 153) quand les axes successifs paraissent former un axe unique, qui est véritablement un sympode, lequel se contourne en queue de scorpion. Cette disposition est due à l'hétérodromie des bractées qui se disposent suivant deux lignes parallèles sur le côté convexe de la courbe, ce qui entraîne la fixation des fleurs sur deux lignes, du même côté que les bractées (Myosotis, fig. 153).

Dans la cyme hélicoïde, bractées et fleurs, portées encore par un sympode, sont insérées suivant une ligne spiralée, causée par l'homodromie des feuilles de la plante (Hemerocallis, Ornithogalum, fig. 152).

204. Inflorescences mixtes — Ces inflorescences sont toujours composées ; elles résultent de ce fait que les premières ramifications se produisant selon un des modes défini ou indéfini, les ramifications de deuxième ordre, portant les fleurs, se font selon le mode opposé au précédent. C'est ainsi que nous observons une *grappe de cymes unipares hélicoïdes* dans le Millepertuis, une *grappe de cymes unipares scorpioïdes* dans la Vipérine et le Marronnier, une *ombelle composée de cymes bipares* dans le Laurier-Tin, etc., etc.

ÉTUDE PARTICULIÈRE DES VERTICILLES FLORAUX

a) *Périanthe.*

Le *périanthe* (de *περι*, autour et *ανθος*, fleur) est constitué par les deux verticilles externes de la fleur, le calice et la corolle. Il ne joue qu'un rôle secondaire dans la reproduction.

205. Calice. — Le *calice,* formé de *sépales*, est le plus extérieur des verticilles floraux et aussi celui qui ressemble le plus aux feuilles ordinaires par sa coloration généralement verte. Lorsqu'un verticille manque au périanthe, on admet généralement que c'est la corolle et la fleur est dite *apétale*; cependant, le calice peut également faire défaut, en même temps que la corolle, quand la fleur est *nue* (Saules, Gymnospermes, etc.).

Le calice peut ne présenter qu'un sépale (*calice monosépale*) ; plus souvent il en présente plusieurs (c. *polysépale*), mais alors les sépales peuvent demeurer indépendants les uns des autres (c. *dialysépale*) ou, tout au contraire, se souder par leurs bords (c. *gamosépale*), formant ordinairement une sorte de coupe plus ou moins profonde, et à bords plus ou moins échancrés, que les botanistes ont divisée en trois parties : le *tube*, correspondant à la portion soudée, le *limbe*, formé des extrémités libres, enfin la *gorge*, placée entre ces deux premières parties. Nous verrons plus loin que les sépales peuvent aussi contracter adhérence, devenir concrescents, avec les organes voisins (*fleurs périgynes* et *épigynes*, ces dernières à *ovaire infère*).

Le calice ordinairement vert se colore parfois : il devient alors *pétaloïde* ; ce cas se rencontre chez les Monocotylédones corolliflores (Liliacées, Iridacées, Amaryllidacées, etc.), et certaines Dicotylédones apétales (Aristolochiacées, Bégoniacées).

La durée du calice est extrêmement variable ; on dit qu'il est *fugace* quand il tombe au moment de l'épanouissement de la fleur (Papavéracées), *décidu*, quand il persiste jusqu'au moment de la fécondation. On rencontre, assez fréquemment encore, le calice autour du fruit : on distingue, parmi ces calices appelés *persistants*, des *calices marcescents*, qui se flétrissent après la fleuraison (certaines Papilionacées) et des *calices accrescents* qui, au contraire, s'accroissent plus ou moins pendant le développement du fruit (Mûrier, Coqueret, etc.).

La structure d'un sépale est la même que celle de la feuille, avec un parenchyme homogène symétrique. Ces organes ont les mêmes propriétés physiologiques, mais le rôle essentiel du calice consiste à protéger les organes sexuels pendant leur développement.

206. Corolle. — La *corolle* est formée de *pétales*. Ceux-ci se distinguent des sépales par leur coloration et c'est en raison de cette coloration plus ou moins vive, qui donne aux fleurs une partie de leur valeur esthétique, que beaucoup de plantes sont cultivées; cependant, les pétales sont parfois verts (*pétales sépaloïdes*) et ceux-ci caractérisent quelques familles importantes de Monocotylédones (Joncacées, etc.).

La corolle existe dans la plupart des Angiospermes ; elle subsiste parfois, bien développée, là où le calice est rudimentaire (Composées) ; elle manque pourtant dans quelques groupes (Apétales) et, en règle générale, chaque fois qu'il n'existe qu'un verticille au périanthe.

La corolle peut être, suivant le nombre de ses composants et leur dépendance, *monopétale* ou *polypétale*, et dans ce dernier cas *gamopétale* ou *dialypétale*. La gamopétalie, plus ou moins accentuée, donne naissance aux variétés de corolles dites *partagées*, *fendues* et *dentées* (fig. 154, A, B, C).

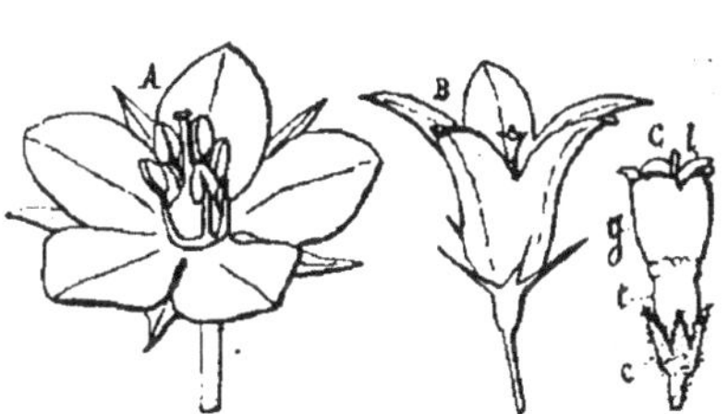

Fig. 154. — Formes de corolles gamopétales ; A, *partagée* (Anagallis) ; B, *fendue* (Campanula) ; C, *dentée* (Symphytum) ; *c*, calice ; *t*, tube ; *g*, gorge ; *l*, limbe ou lame.

Un pétale isolé comprend une portion inférieure, étroite, l'*onglet*, par laquelle il s'attache au réceptacle, et une portion supérieure, élargie, la *lame*. Dans les corolles gamopétales, on distingue une portion tubuleuse, le *tube* de la corolle, comprenant toutes les parties coalescentes, une portion supérieure, formée des parties libres, plus ou moins étalées, le *limbe* ou *lame*, et enfin une région intermédiaire aux deux précédentes, la *gorge* de la corolle. La gorge, qui ne se signale le plus souvent par rien de particulier, est mise parfois en évidence par les productions particulières qui la revêtent (poils, écailles, etc.).

La corolle se soude fréquemment aux organes voisins ; lorsqu'elle est gamopétale, en particulier, elle est presque toujours concrescente avec les étamines, sur une étendue très variable ; elle est dite alors *staminifère*.

La corolle dialypétale actinomorphe prend des formes très différentes : elle est dite *rosacée*, quand elle est formée de cinq pétales égaux, libres et à onglet court (Poirier) ; *caryophyllée*, avec cinq pétales semblables, à long onglet (Œillet) ; *cruciforme*, avec quatre pétales opposés deux à deux, en croix, et aussi avec long onglet (Chou, etc.).

Les corolles gamopétales actinomorphes peuvent être *globuleuses*, *ovoïdes*, *tubuleuses*, *campanulées*, *rotacées*, etc., etc. (fig. 154).

Qu'elle soit gamopétale ou dialypétale, la corolle, comme le calice du reste, peut être *actinomorphe*, *zygomorphe*, *irrégulière*. Certaines corolles zygomorphes ont reçu des noms particuliers ; citons la corolle *papilionacée*, en forme de Papillon, (des Haricots et des Pois ; fig. 155), qui a donné son nom à la famille des Papilionacées ; cette corolle est dialypétale et

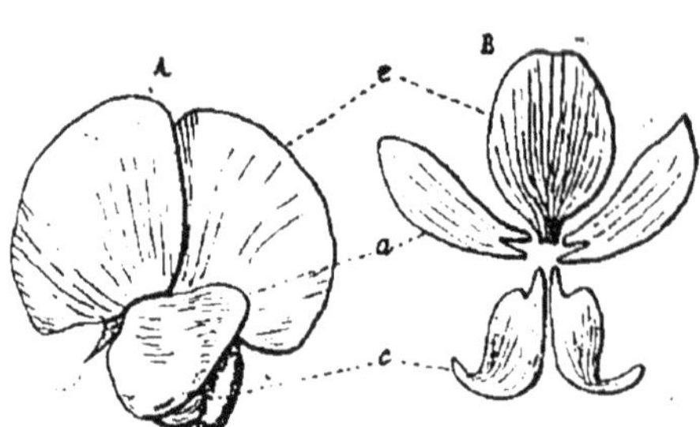

Fig. 155. — Corolle papilionacée du Pois.

Fig. 156. — Corolle personnée du Muflier.

présente cinq pièces : l'une médiane, supérieure, plus étendue que les autres, c'est l'*étendard (e)* qui recouvre deux pétales latéraux, les *ailes (a)* ; ceux-ci cachent presque totalement les deux pièces inférieures, souvent coalescentes, formant la *carène* ou corps du papillon *(c)*; la corolle *personnée* ou en masque (*personata*) du Muflier (fig. 156) ; les corolles *labiées*, présentant soit deux lèvres (C. *bilabiée*, de l'Ortie blanche), soit une seule lèvre pendante (C. *unilabiée*, des Ajuga), qu'on rencontre, les unes et les autres, dans la famille des Labiées ou Lamiacées ; la corolle *ligulée*, dont les pétales soudés se déjettent sur un côté en une languette étroite, est très répandue dans les familles des Liguliflores et des Radiées, de la classe des Composées. Ces trois dernières formes sont toutes gamopétales.

La durée de la corolle, variable comme celle du calice, est cependant plus courte ; ordinairement, cet organe disparaît dès que la fécondation s'est opérée : c'est que la corolle, bien que jouant un rôle protecteur pour les organes générateurs, mais à un degré moins prononcé que le calice, a pour but principal, par sa coloration vive, par les odeurs plus ou moins suaves qu'elle dégage, par ses glandes fréquentes et riches en sucres (nectaires), d'attirer les insectes (*plantes entomophiles*), auxiliaires précieux de la fécondation de beaucoup de végétaux à fleurs

La structure d'un pétale est celle d'une feuille à parenchyme homogène. Les matières colorantes et odorantes sont ordinairement localisées dans l'épiderme.

b. *Organes sexuels.*

Les deux derniers verticilles, l'androcée et le gynécée, constituent les organes reproducteurs proprement dits ; le premier fournit les microdiodes ou grains de pollen, générateurs des prothalles mâles, le second les macrodiodanges ou ovules, générateurs des prothalles femelles.

α. *Androcée.*

L'androcée (de ανηρ, homme et οἶκος, demeure) est formé par l'ensemble d'un certain nombre de feuilles très différenciées, les *étamines*.

207. Etamines. — Chaque étamine comprend une portion renflée, l'*anthère*, supportée par une sorte de pétiole, portion mince et allongée qu'on appelle *filet* (fig. 157, A). L'anthère est divisée, dans la majorité des cas, en deux moitiés symétriques réunies par un organisme placé ordinairement dans le prolongement du filet, le *connectif*, et chacune de ses moitiés est creusée de deux cavités, les *logettes* ou *sacs polli-*

niques (*microsporanges* ou *microdiodanges*). Elles renferment, dans leur intérieur, les *grains de pollen* (*microspores* ou *microdiodes*) qui donneront naissance à des prothalles mâles, producteurs de gamètes mâles.

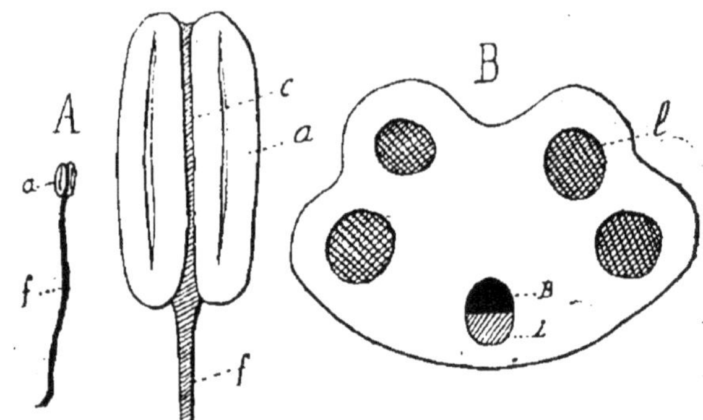

Fig. 157. — A, étamine avec son filet, *f*, et son anthère, *a* ; B, anthère grossie, avec connectif, *c*, et coupe transversale de l'anthère montrant les quatre sacs polliniques, *l*, ou microsporanges ; *B*, *L*, nervure avec bois, *B*, et liber, *L*.

Au moment de la maturité du pollen, les étamines ne présentent plus que deux cavités, les *loges*, qui proviennent chacune de la confluence des deux sporanges (logettes) développés dans la même moitié de l'anthère. Elles montrent, à leur surface, un sillon qui correspond à la ligne de séparation des deux logettes avant leur union en une seule loge. C'est selon cette ligne que se produit généralement la déchirure de la loge, déchirure qui amènera la mise en liberté du pollen.

Le filet, très variable par sa forme, par sa longueur, par sa coloration, a un rôle accessoire : il est destiné à mettre l'anthère dans les meilleures conditions pour la dissémination du pollen.

Le connectif est assez fréquemment en continuité avec le filet ; cependant, celui-ci s'insère parfois latéralement sur cet organe : à son sommet (*anthère apifixe*), en son milieu (*a. médifixe*) ou à sa base (*a. basifixe*). Le connectif est quelquefois très court et ne réunit qu'en partie les deux loges qui peuvent alors diverger en haut et en bas au lieu de rester parallèles (Graminées).

Les loges restent fermées jusqu'à la maturité du pollen. Leur déhiscence se fait généralement par une déchirure longitudinale qui s'opère tantôt sur la face interne de l'étamine (*déhiscence introrse*), tantôt sur sa face externe (*déhiscence extrorse*) La déchirure, au lieu d'intéresser toute la longueur de la loge, comme on l'observe le plus fréquemment, peut se limiter de façon à ne produire qu'une sorte de pore, au sommet de la loge dans les étamines à *déhiscence poricide apici-*

laire, vers la base dans les étamines à *déhiscence poricide basilaire*. Dans les Berbéridacées et les Lauracées, la déhiscence se fait par le soulèvement d'une sorte de clapet qui se découpe dans la paroi de la loge (*déhiscence valvulaire*) ; dans quelques cas, la *déhiscence est transversale* (Pyxidanthera).

Le nombre des loges d'une étamine est très variable : on n'en rencontre qu'une dans les Mauves, mais on peut en trouver huit dans certaines Orchidées et un nombre indéfini dans le Gui, les Cycadacées, etc.

La couleur des anthères et celle du pollen sont habituellement le jaune, mais il est de ces organes qui sont colorés de rouge (Pêcher), de violet (Aubépine), de noir (Pavot), etc.

L'androcée peut être formé d'un nombre variable d'étamines (*androcées monandre* ou *monostémone* et *polystémone*) ; dans ce dernier cas, les étamines sont ou libres (*a. dialystémone*) ou soudées (*a. gamostémone*). La soudure se fait soit uniquement par les filets (*étamines adelphes*, de ἀδελφος, frère) en un (*monadelphie* : Mauves, Genêt, etc., fig. 158, B) ou deux (*diadelphie* : beaucoup de Papilionacées, fig. 158, A) ou plusieurs faisceaux d'étamines (*polyadelphie* : Hypericum), soit seulement par les anthères (*synanthérie* ou *syngénésie* : de συν, *avec* et γενεσίς, *naissance*. Ex. Composées, fig. C. et D), soit enfin par toute l'étendue de l'étamine, comme cela s'observe dans les Cucurbitacées, les Lobelia, etc.

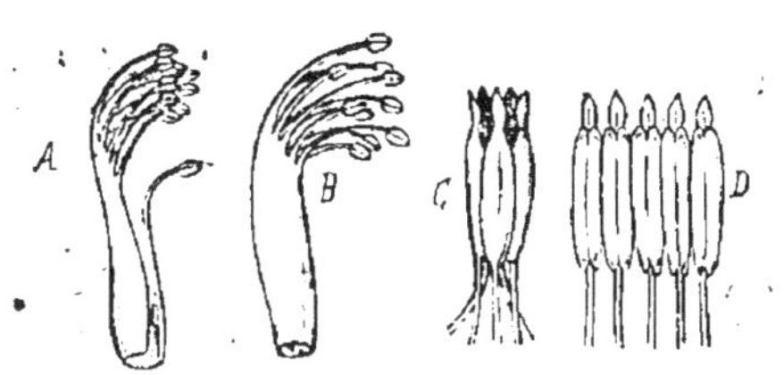

Fig. 158. — Soudure des étamines.

L'androcée peut aussi être actinomorphe, zygomorphe ou irrégulier. Parmi les androcées zygomorphes il en est, appelés *didynames*, dans lesquels on trouve quatre étamines, dont deux courtes et deux longues, symétriquement placées des deux côtés du plan de symétrie de la fleur (Labiées) ; d'autres, dits *tétradynames*, ont six étamines, dont quatre dépassent les autres en longueur (Crucifères).

Les étamines se ramifient fréquemment et portent alors des anthères tantôt stériles, tantôt fertiles. Qu'elles soient simples ou ramifiées, les étamines devenues stériles, mais encore représentées par un organisme quelconque, portent le nom de *staminodes*.

208. Pollen. — Le pollen est mis en liberté par la

déhiscence des sacs polliniques. C'est ordinairement une poussière de coloration diverse, mais jaune le plus souvent. Le nombre des grains formés dans chaque logette varie depuis quelques-uns (seize, trente-deux, chez certains Mimosa) jusqu'à plus de trois millions (Pivoine). Son émission est tellement considérable chez les Conifères qu'elle produit, avec le concours du vent, le phénomène qui a été souvent décrit sous le nom de *pluie de soufre*.

La dimension des grains de pollen varie depuis 3 μ (*Myosotis alpestris*) jusqu'à 200 μ (Courge).

La surface du grain de pollen est tantôt sèche, tantôt visqueuse ; dans le premier cas, le pollen forme une poussière très mobile, dont les éléments sont facilement dissociés et transportés par le vent (*plantes anémophiles*) ; quand leur surface est visqueuse, les grains de pollen restent plus ou moins agglutinés et cette viscosité est favorable à leur dissémination par les Insectes au corps desquels ils se fixent (*plantes entomophiles*).

La surface du grain de pollen présente parfois de nombreux accidents, soit en relief, soit en creux : ce sont tantôt des saillies vers l'extérieur, des pointes, des crêtes simples ou anastomosées en réseau, productions externes de leur paroi, tantôt, au contraire, des retraits de deux sortes, les *pores* et les *plis*, les premiers véritables sculptures creusées dans l'épaisseur de la paroi de dehors en dedans ; les seconds, dus au reploiement de la paroi vers l'intérieur de la cavité du pollen sous l'influence de la sécheresse et selon certains points faibles de cette paroi, s'étendent longitudinalement d'une extrémité à l'autre du grain.

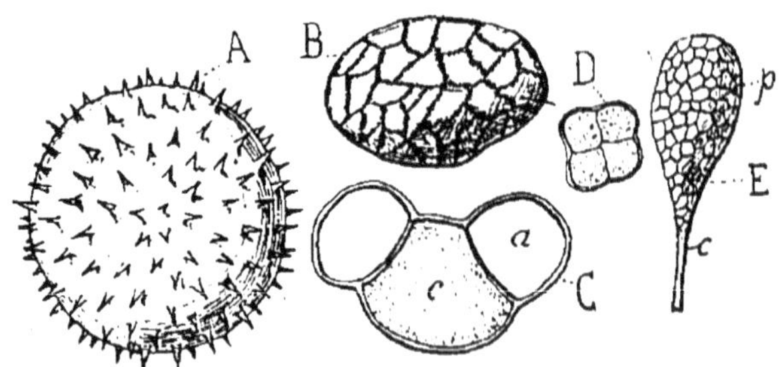

Fig. 159. — Grains de pollen avec pointes (A), réseau (B) et expansions membraneuses (C, Abiétacées) ; D, tétrade ; E, pollinie.

Parfois, au lieu d'être isolés, les grains de pollen sont unis, formant ce qu'on appelle des grains composés ; ils sont soudés par quatre, en *tétrades*, dans la Bruyère, par 4, 8, 32 ou 64 dans certaines Légumineuses. Dans certaines Orchidées (Vandées et Epidendrées), le contenu de chaque logette forme une masse unique appelée *pollinie* Ici, la pollinie se prolonge fréquemment par une sorte d'appendice appelé *caudicule*, formé par du pollen arrêté dans son développement ; en s'adjoignant de petites masses visqueuses (*rétinacles*) sécrétées par des glandes dépendant du gynécée, ces pollinies des Orchidées peuvent se fixer au corps des Insectes qui butinent et être transportées par eux d'une fleur à l'autre; ces animaux assurent ainsi la fécondation.

209. Organogénie et anatomie de l'étamine. — L'étamine apparaît sous forme d'un petit mamelon dans lequel l'anthère se différencie bientôt et se développe sans discontinuité, tandis que le filet ne prend ses dimensions définitives qu'à l'épanouissement de la fleur.

Le filet a la structure d'un pétiole fort étroit.

L'anthère, qui correspond au limbe de la feuille, présente une nervure médiane (le connectif) parcourue par un ou plusieurs faisceaux libéro-ligneux très peu puissants et, de chaque côté de celle-ci, deux massifs cellulaires, protégés par un épiderme, d'abord homogènes mais dans chacun desquels apparaissent bientôt, chez la majorité des Phanérogames, deux foyers de production de *cellules mères primordiales des grains de pollen*. Celles-ci sont caractérisées par leur prolifération rapide, par leur volume plus grand que celui des éléments voisins et par leur protoplasma très dense et fortement granuleux.

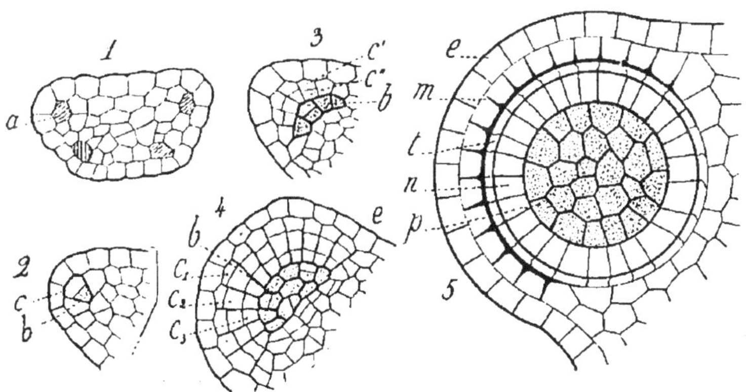

Fig. 160. — Formation du pollen (schéma).

Ces cellules mères primordiales proviennent de l'assise

sous-épidermique (fig. 160, 1, *a*) dont les cellules se cloisonnent tangentiellement au niveau des quatre foyers cités, pour former par leur dédoublement deux rangs superposés de cellules (2, *b* et *c*). Le rang interne devient l'origine des cellules mères primordiales du pollen. Les cellules du rang externe se cloisonnent tangentiellement et produisent, avec l'épiderme, la paroi des sacs polliniques qui peut comprendre un nombre plus ou moins grand d'assises cellulaires, quatre au moins, en comptant l'épiderme qui porte ici le nom d'*épithèque* (*e*, 4 et 5). La couche d'éléments touchant les cellules mères primordiales du pollen, occupant donc la face interne de la paroi, se différencie de très bonne heure : pour cela, le protoplasma des cellules qui la composent devient granuleux et se teint de matières colorantes diverses qui, en se portant plus tard sur les grains de pollen, leur communiqueront ces colorations jaunes, roses, bleues, noirâtres que nous avons signalées. Or, les cellules du connectif qui touchent aux cellules mères, se comportant comme ces éléments, il en résulte une sorte de manchon qui entoure totalement la masse des cellules mères. La membrane ainsi développée est l'*endothèque* (*n*, 5) ; ses éléments sont désignés par le nom de *cellules nourrices*, parce qu'ils se désorganisent de bonne heure ainsi que, tout au moins, la rangée de cellules qui les touche immédiatement du côté externe, et que leur matière sert d'aliment aux grains de pollen en voie de formation. Les cellules de la paroi plus extérieures, mais placées sous l'épithèque (*cellules du mésothèque*) prennent des grains d'amidon qu'elles utilisent pour le développement, dans leur membrane, d'épaississements en anneaux, en fer à cheval ou encore en réseau, qui se lignifient et amènent en temps voulu, par leur raccourcissement, sous l'influence du dessèchement, la déchirure de la paroi et la mise en liberté du pollen. En raison de cette structure, les cellules du mésothèque sont désignées parfois sous le nom de *cellules fibreuses* : envisagées par rapport à leur rôle, elles constituent la *couche mécanique* (*m*, 5). La déhiscence de l'anthère est du reste facilitée par la résorption des cellules nourrices et par celle des éléments à paroi molle sus-jacents, notamment vis-à-vis des lignes de déhiscence où la couche mécanique fait défaut ; en ce lieu, la désorganisation gagne jusqu'à l'épiderme en créant un point faible par lequel s'opérera la déhiscence.

Il nous reste à suivre le jeu des cellules mères primordiales du pollen.

210. Formation des grains de pollen. — Les cellules mères définitives, résultant du cloisonnement des cellules mères primordiales, constituent quatre massifs qui occupent la place des logettes. Pour donner les grains de pollen, les cellules mères définitives se comportent, chez les Dicotylédones et chez les Orchidées, de la façon suivante : leur noyau subit deux bipartitions successives et entre les quatre nouveaux noyaux apparaissent simultanément des cloisons séparatrices. Des quatre cellules filles ainsi apparues vont sortir, par rajeunissement, quatre grains de pollen : pour cela chacune d'elles contracte légèrement sa masse vivante et autour de celle-ci apparaît une paroi nouvelle indépendante de celle de la cellule génératrice (1) ; aussitôt après, les parois des cellules primordiales, ainsi que celles des cellules mères et des cellules filles se gélifient et se résorbent : les grains de pollen deviennent indépendants. Ceux-ci baignent alors dans une masse nutritive provenant non seulement des débris de leurs cellules génératrices mais aussi des éléments de l'endothèque et des cellules moyennes de la paroi n'entrant pas dans l'appareil mécanique ; ils s'accroissent et prennent généralement une paroi épaisse, dans laquelle on distingue le plus souvent une lamelle externe cutinisée, l'*exine*, et une lamelle interne cellulosique, l'*intine*. Les pores sont creusés dans l'exine, supprimée dans leur emplacement ; là où sont les plis, l'exine est moins épaisse qu'ailleurs.

Chez la plupart des Monocotylédones, les cellules mères définitives gélifient tout d'abord leurs lamelles mitoyennes et s'isolent au sein du liquide nutritif : elles produisent les cellules filles non par division simultanée comme chez les Dicotylédones, mais par deux bipartitions successives. Les phénomènes ultérieurs sont les mêmes que ceux que nous avons décrits ci-dessus.

Dans les pollinies, la gélification des parois des cellules génératrices du pollen ne se produit pas ou elle n'est point suivie de résorption, au moins pour certains éléments ; la gelée persistante tient les grains de pollen unis en masses plus ou moins volumineuses. Ainsi s'explique la formation des polli-

(1) Des observations récentes tendraient à faire rejeter ce mode de formation des grains de pollen. Il n'y aurait pas de rajeunissement de la cellule fille ; celle-ci deviendrait directement le grain de pollen dont la paroi serait constituée par la lamelle interne cellulosique de cette cellule fille, devenant indépendante et s'individualisant après la gélification et la résorption des autres parties plus extérieures de la membrane.

nies des Vandées, Epidendrées et Asclépiadacées, des masses polliniques en coin des Ophrydées, des tétrades des Ericacacées, etc., etc.

211. Constitution du grain de pollen. — Le grain de pollen, une fois constitué sous l'effet de la nutrition, acquiert bientôt ses dimensions et sa structure définitives : c'est ainsi que l'exine se différencie par cutinisation de la partie externe de la paroi en même temps que celle-ci revêt ces ornements variés dont nous avons parlé. La partie interne de la membrane, l'intine, reste cellulosique, mais elle forme des dépôts de cellulose au niveau des pores ou des plis.

Nous avons dit que le grain de pollen était une *microspore* ; celle-ci donne naissance à un prothalle mâle très rudimentaire. Chez les Gymnospermes, en effet, la microspore divise son contenu en deux cellules filles qui deviennent fort inégales et qui sont séparées l'une de l'autre par une cloison en forme de verre de montre. La plus grande représente le pro-

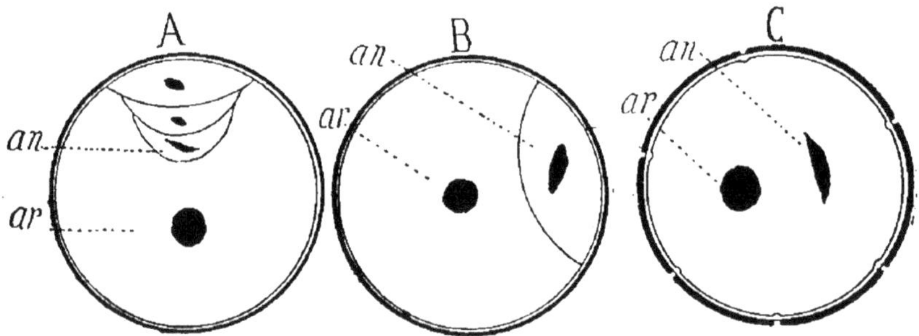

Fig. 161. — A et B, grains de pollen de Gymnospermes ; C, grain de pollen d'Angiospermes.

thalle mâle, elle est également appelée *cellule végétative* (fig. 161, A et B, *ar*) ; la petite cellule subit parfois encore une ou plusieurs segmentations et parmi ces cellules. la plus interne représente l'anthéridie ou cellule mère des gamètes, c'est la *cellule génératrice* (fig. 161, A et B, *an*).

Chez les Angiospermes, il y a division du noyau de la microspore sans formation de cloison séparatrice : s'il s'en forme une, elle est de nature albuminoïde et ne tarde pas à se résorber. Finalement, la cellule génératrice et la cellule végétative sont entourées par une membrane commune et ces deux énergides se distinguent par leur noyau, sphérique dans la cellule prothallienne, lenticulaire dans l'anthéridie, et par les protoplasmas dont l'aspect est différent.

Le cloisonnement de la microspore a lieu pendant les dernières phases de son développement chez les Dicotylédones; il se fait plus tard chez les Monocotylédones : lorsque les grains de pollen sont devenus indépendants les uns des autres.

212. Mise en liberté du pollen. Déhiscence de l'anthère. — Pendant le développement et la maturation du pollen, la paroi des sacs polliniques formée, comme nous l'avons vu, par plusieurs assises de cellules, se réduit, vers l'extérieur, à l'épiderme et à l'appareil mécanique par suite de la résorption des cellules transitoires à parois molles et des cellules de l'assise nourricière.

L'assise mécanique, qui n'occupe souvent que la partie externe et latérale des sacs, a développé dans ses parois des bandes lignifiées aux dépens de l'amidon qu'elle contenait. Ces bandes, réparties inégalement sur les parois cellulaires, prédominent tantôt sur la face interne, tantôt sur la face externe. Il en résulte que lors de la maturité de l'anthère, celle-ci se desséchant, les parois cellulaires de l'assise mécanique subissent un raccourcissement plus considérable sur leur face cellulosique que sur leur face lignifiée ; ce mouvement provoque une traction qui entraîne la rupture des sacs polliniques au niveau des points faibles : par exemple, au voisinage des sillons longitudinaux. Il y aura d'abord rupture de la cloison qui sépare les deux logettes, si celle-ci n'a pas été résorbée préalablement, ce qui amènera la formation d'une seule loge de chaque côté de l'anthère; c'est ensuite, dans le cas le plus répandu, la paroi de cette loge qui se fend au fond de la dépression séparatrice des logettes; enfin, les valves repliées en dedans s'écarteront l'une de l'autre et se déjetteront même en dehors pour permettre la mise en liberté du pollen.

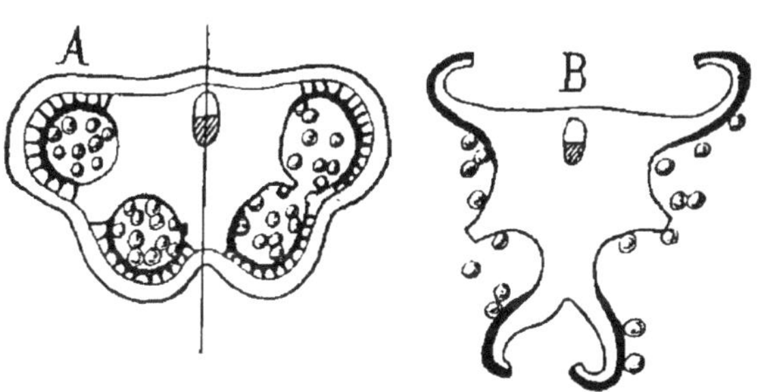

Fig. 162. — Coupes transversales d'anthères, A, avant et B, après la déhiscence.

β. *Gynécée ou pistil.*

213. Définition. — Le quatrième et dernier verticille d'une fleur complète, le plus central, est le gynécée (de γυναικεῖον, appartenant des femmes). Il est constitué par les feuilles carpellaires, plus simplement par les *carpelles*, supports des *ovules* ou macrodiodanges des Phanérogames, qui s'insèrent, en règle générale, sur les bords de ces feuilles, dans une région modifiée (*placenta*) pour permettre la nutrition des ovules et aussi, bien souvent, pour guider le boyau pollinique vers l'oosphère (*tissu conducteur*).

On observe le gynécée, à l'exclusion d'étamines, dans les fleurs femelles mono- et bipérianthées. Il constitue à lui seul une fleur femelle chez les espèces à fleurs unisexuées dépourvues de périanthe (Gymnospermes, Saules, etc.).

Sa partie essentielle et caractéristique est l'ovule.

214. Constitution et symétrie. — Le gycénée le plus simple se rencontre chez les Gymnospermes où il est réduit à une feuille plus ou moins modifiée (Cycas, fig. 163, A), le plus souvent écailleuse (Conifères, etc., fig 163, B), toujours étalée, portant les ovules sur les bords. Ceux-ci, nullement (Cycas) ou très imparfaitement protégés (Pinus) par le carpelle, peuvent recevoir et reçoivent en effet directement le pollen ; les graines qui en proviendront. n'étant guère mieux protégées, le nom de Gymnosperme (de γυμνός, nu et σπέρμα, graine) s'imposait en quelque sorte pour désigner ces végétaux. Chez les autres Phanérogames, le gynécée mono- ou pluricarpellé s'organise toujours de façon à produire une chambre close, l'*ovaire*, dans l'intérieur de laquelle se développent d'abord les ovules, ensuite les graines. Ces organismes sont ainsi efficacement protégés contre les agents extérieurs et le fait se trouve exprimé dans le mot *Angiosperme* (αγγεῖον, vase et σπέρμα, graine) qui sert à distinguer les Phanérogames à ovaire. Mais chez celles-ci la pollinisation ne peut se faire directement sur l'ovule, d'où la nécessité d'appareils nouveaux, entremetteurs : d'un *stigmate* chargé de la réception du pollen et d'un *style*, organe d'importance secondaire, dont le rôle est simplement de placer le stigmate dans la situation qui lui permet d'assurer pour le mieux ses fonctions. Ovaire, style et stigmate, placés en enfilade (fig. 165), parties intégrantes d'un même carpelle, présentent un exemple de la division du travail entre les diverses portions d'un même organe. Le style, sorte de tube, surmonte la chambre ovarienne ; le stigmate occupe l'extrémité libre du style et se présente le plus souvent comme le rejet vers l'extérieur de la partie terminale de celui-ci : comme un évasement du *canal stylaire*.

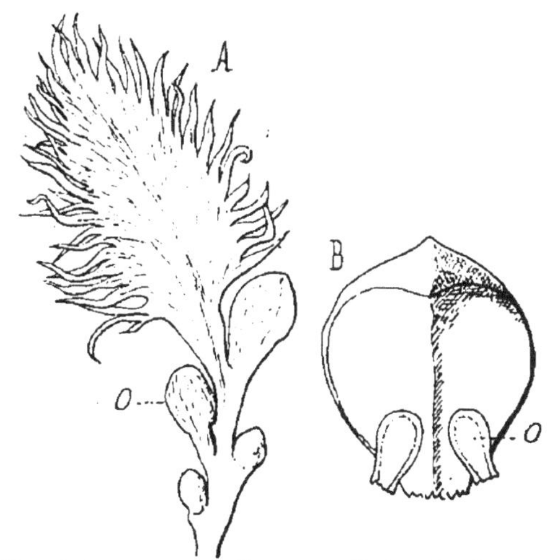

Fig. 163. — A, feuille carpellaire de Cycas ; *o*, ovule ; B, feuille carpellaire de Conifère ; *o*, ovule.

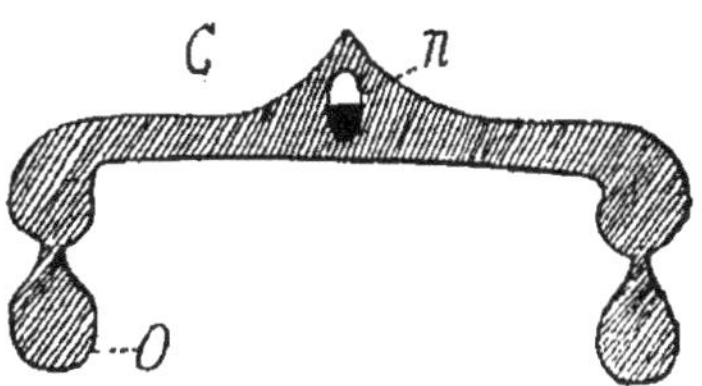

Fig. 164. — Coupe transversale schématique d'une feuille carpellaire de Gymnosperme : *o*, ovule ; *n*, nervure.

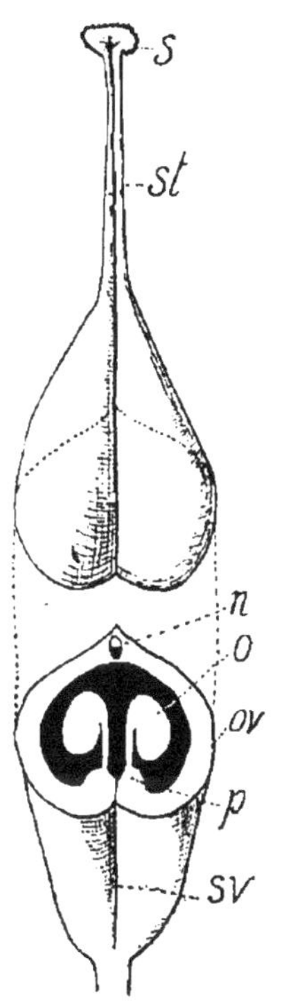

Fig. 165. — Schéma d'un gynécée d'Angiosperme : *ov*, ovaire ; *o*, ovules ; *p*, placenta ; *n*, nervure ; *st*, style ; *s*, stigmate.

Comme les verticilles plus extérieurs, le gynécée peut être actinomorphe ou zygomorphe. Il est à remarquer que chez les Dicotylédones le nombre de ses membres est souvent inférieur à celui des membres des autres verticilles et que ce fait entraîne forcément la zygomorphie de la fleur de ces plantes.

215. Gynécées mono- et pluricarpellés. Placentation. — Le gynécée peut être constitué par un seul carpelle (*G. monocarpellé*) ou par plusieurs, indépendants les uns des autres (*G. dialycarpellé*) ou, tout au contraire, adhérents entre eux sur une étendue plus ou moins grande (*G. gamocarpellé*).

La feuille carpellaire unique des gynécées monocarpellés reste étalée, ouverte chez les Gymnospermes-Cycadacées ; chez les Angiospermes, elle se contourne sur elle-même de façon à circonscrire une cavité qui se clôt par la soudure des limbes à une petite distance des bords. Les bords eux-mêmes font une légère saillie, tout au moins, dans la cavité ovarienne ; là, ils s'hypertrophient, logent un ou plusieurs faisceaux libéro-ligneux dans leur intérieur et se constituent en *placentas* porteurs des ovules (fig. 165). La surface par laquelle se fait l'union des bords est la *suture ventrale*. On désigne improprement par le nom de *suture dorsale* la ligne saillante au dehors, constituée par la nervure médiane du carpelle ; celle-ci fait vis-à-vis à la suture ventrale. Dans ce cas, les ovules sont placés sur la paroi extérieure de la cavité unique et le *placenta est pariétal* (Pois). Selon la longueur de l'ovaire et selon le nombre des ovules que cet organe renferme, le placenta peut s'étendre sur toute la longueur de la suture ventrale ou bien se borner à occuper une partie de celle-ci ; à la limite, lorsque l'ovaire ne contient qu'un ou deux ovules, le placenta ne se développe que dans les points extrêmes de la cavité ovarienne : *placentations basilaire* (Statice) *et apicilaire* (Amygdalées).

Les gynécées pluricarpellés dialycarpellés ne se rencontrent que chez les Angiospermes ; ils se composent d'un nombre variable de feuilles femelles qui se comportent abso-

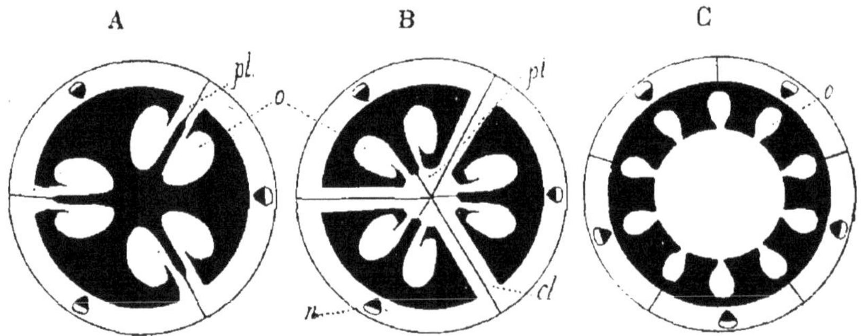

Fig. 166. — Placentations ; A, *pariétale* ; B, *axile* ; C, *central libre*.

lument comme les carpelles isolés et fermés que nous venons de décrire (Renoncule, Trolle).

Pour former les gynécées gamocarpellés les feuilles femelles coalescentes peuvent s'unir sur une étendue variable. La soudure se fait le plus souvent de bas en haut et l'on peut observer chez les Angiospermes la fusion seule des ovaires (Nigelle, Carotte), les styles et les stigmates restant indépendants, ou l'union des ovaires et des styles, les stigmates n'étant pas coalescents (Iris, Campanules). Les Pavots et la Vigne nous offrent de bons exemples de la fusion des feuilles carpellaires sur toute leur étendue. La soudure en sens inverse, s'opérant de haut en bas, avec arrêt plus ou moins hâtif, est assez rare ; on l'observe cependant chez les Simarubacées.

Les feuilles femelles qui s'unissent entre elles pour former des gynécées gamocarpellés, peuvent rester étalées et se confondre simplement par leurs bords rapprochés, ou bien se contourner en sacs. à la façon des gynécées monocarpellés des Angiospermes, avant de se confondre par une partie plus ou moins étendue de leur surface. Il y a là plusieurs cas fort intéressants à étudier ; voyons d'abord les différents modes d'union des feuilles carpellaires étalées.

Chez les Gymnospermes-Conifères, le gynécée est formé de deux feuilles écailleuses disposées côte à côte et confondues en un seul organe étalé, squamiforme ; c'est le cas le plus simple : un seul des bords de chaque feuille s'unit au bord rapproché de la feuille voisine. Chez les Angiospermes, lorsque les feuilles femelles restent étalées, elles s'incurvent toujours cependant de façon à s'accoler à leurs voisines et à limiter une cavité parfaitement close : un *ovaire monoloculaire* (Réséda). Les feuilles qui s'unissent ainsi peuvent être plus ou moins nombreuses : deux (Gentiane), trois (Orchis), etc. ; leurs bords font toujours saillie dans la cavité et y constituent autant de *placentas pariétaux*, plus ou moins bifides, qu'il entre de feuilles dans la formation de l'ovaire (fig. 166, A). Lorsque, avec cette disposition des carpelles, les placentas se bornent à emprunter la partie inférieure des feuilles carpellaires, les ovules s'insèrent tous dans le fond de la loge sur un mamelon dû à la coalescence de tous les placentas réduits ; là encore, nous avons une *placentation basilaire* (Alocasia). Chez les Primula, ce placenta basilaire, en s'hypertrophiant, se dresse dans la cavité en un tubercule, en forme de champignon, qui porte les ovules sur la face supérieure de son chapeau ; les placentas de cette sorte sont dits *centraux libres* (fig. 166, C et 167, B).

Lorsque le gynécée gamocarpellé se constitue par l'union de feuilles carpellaires contournées pour former chacune une cavité ovarienne close, la soudure s'opère à partir des sutures ventrales, rapprochées dans le prolongement de l'axe de la fleur, par la face externe des carpelles et selon une étendue variable de ceux-ci, suivant les espèces. Il en résulte finalement un organisme qui paraît simple à l'extérieur, mais qui est divisé à l'intérieur en autant de chambres, ou de *loges*, qu'il entre de carpelles clos dans sa constitution (*ovaires bi, tri, multi* ou *pluriloculaires*). Les placentas, soudés ici au centre, y forment une sorte de colonne ailée dans le prolongement de l'axe de la fleur, donnant lieu à une *placentation axile*. Les lames tissulaires s'étendant des placentas à la paroi externe et qui séparent les loges les unes des autres ont reçu le nom de *cloisons* (fig. 166, B et 167, A).

Les Caryophyllées, en règle générale, au moment de la fécondation, présentent une placentation qui rappelle celle des Primevères mais dont l'origine est bien différente, l'isolement des placentas au centre de l'ovaire résultant ici d'une résorption hâtive des cloisons. Tout à l'opposé, on voit parfois la cavité ovarienne, ou les loges, se diviser par la production de lames ayant pour origine une prolifération soit de la paroi (Lin), soit des placentas (Crucifères, Datura, etc) ; ces formations subséquentes sont des *fausses cloisons*.

216. Rapport du gynécée avec les organes voisins. — Par définition, les quatre verticilles ne paraissent avoir entre eux que des rapports physiologiques, concourant vers un but commun, la perpétuation de l'espèce. Ils sont bien souvent en effet indépendants les uns des autres, s'étageant sur le pédoncule comme les verticilles successifs des feuilles sur la tige ; alors le gynécée et, conséquemment, l'ovaire se montrent au sommet du pédoncule, au-dessus de tous les autres membres de la fleur : on exprime ce fait en disant que l'ovaire est *supère* ou, dans un autre langage, qu'il y a *hypogynie* (Dicotylédones thalamiflores ; fig. 167, B). On voit fréquemment aussi les trois verticilles extérieurs contracter adhérence entre eux de façon à former une sorte de coupe, dont la substance est composée de la partie inférieure d'un calice gamosépale, d'une corolle gamopétale et d'un androcée gamostaminé concrescents entre eux ; dans ce cas, le gynécée, toujours parfaitement indépendant, s'insère dans le fond de cette coupe, des bords de laquelle s'échappent en rayonnant les parties libres des sépales, des pétales et des étamines : ce cas a été baptisé *périgynie* ; on l'observe chez les Rosacées, les

Myrtacées et dans les familles voisines. Dans une troisième disposition, on constate la soudure de la base des éléments des quatre verticilles, comme si la coupe précédemment décrite s'était accolée à l'ovaire, ne formant plus qu'un avec lui ; alors, sépales, pétales, étamines et styles semblent tous partir du sommet de l'ovaire, qui *paraît* placé au-dessous de ces organes, ce qui a fait dire qu'il était *infère* et qu'on se trouvait devant un cas d'*épigynie* (Composées, Ombellifères, Rubiacées, etc. ; fig. 167, A), parce que tous les organes semblent prendre insertion sur et au-dessus de l'ovaire. Chez les Orchidées et les Aristolochiacées, nous allons plus loin : l'épigynie se complique en effet de la soudure des filets des étamines avec les styles ; il y a formation d'un *gynostème* superposé à un ovaire infère.

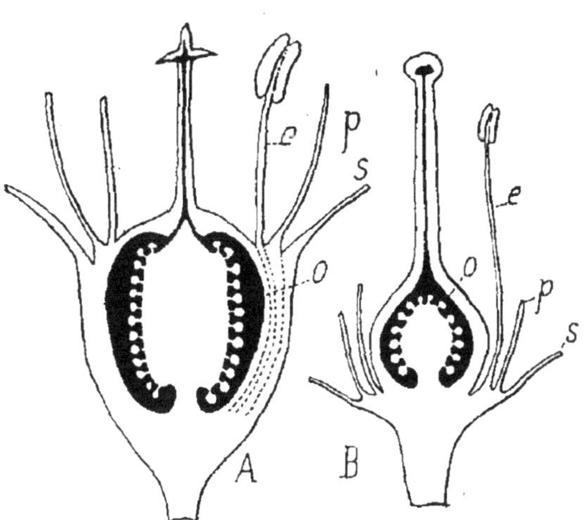

Fig. 167. — A, épigynie et ovaire infère ; B, hypogynie et ovaire supère.

217. Style et stigmate. — Ces organes manquent chez les Gymnospermes d'où le nom d'*Astigmatées* par lequel on désigne parfois ces plantes. Chez les Angiospermes le stigmate ne manque jamais. Le style membre d'une importance moindre, y est plus ou moins développé ; par son absence, le stigmate devient sessile et s'insère directement sur l'ovaire (Pavot, Nymphæa). Le style est parfois, mais rarement, conformé en gouttière ; il a le plus souvent l'apparence d'un tube et le conduit qui le parcourt est le *canal stylaire* ; celui-ci met en relation directe la surface du stigmate avec la cavité de l'ovaire. Lorsque plusieurs styles sont coalescents, l'organe résultant de cette confluence peut, selon le mode d'union des pièces, présenter un seul ou plusieurs canaux stylaires. Vers l'époque de la fécondation, le canal stylaire s'oblitère parfois par suite du développement, dans son intérieur, du tissu conducteur du boyau pollinique. Le style s'insère généralement sur le sommet de l'ovaire, mais il arrive parfois qu'à la suite du développement inégal des diverses parties de cet organe son point d'attache semble déplacé ; le style paraît alors prendre son origine soit sur le côté (Fraisier), soit au pied de l'ovaire (*style gynobasique* des Labiées et des Borraginacées).

Le stigmate peut avoir les formes les plus diverses : être hémisphérique, fourchu, lobé, lacinié, plumeux, en godet, etc., etc ; sa surface revêt deux aspects principaux : ou bien elle est lisse et enduite d'une matière visqueuse (c'est le cas lorsqu'il doit enlever aux insectes le pollen qu'ils transportent : *plantes entomophiles*), ou bien il est papilleux et même couvert de poils véritables (papilles et poils stigmatiques) lorsqu'il doit arrêter au passage le pollen charrié par le vent (*plantes anémophiles*). Chez les Composées, Campanulacées, Lobéliacées etc.,etc., le stigmate porte sur son dos, donc à l'opposite de la face destinée à recueillir le pollen, des poils rigides agissant sur les étamines voisines, comme un écouvillon, pour les vider du pollen et assurer la fécondation croisée, ou mieux la geitonogamie Ces poils, que l'on a regardé à tort comme des organismes collecteurs du pollen, doivent, tout au contraire, être appelés *poils disséminateurs* en raison de leur rôle, bien différent de celui qu'on leur prêtait.

A la suite de phénomènes de soudure ou d'avortement, le nombre des styles et des stigmates ne correspond pas toujours, ou ne semble pas correspondre, à celui des pièces de l'ovaire. Nous consignons simplement ces faits ; insister nous conduirait trop loin.

218. Morphologie de l'ovaire. — Supère ou infère, l'ovaire peut se présenter avec les formes les plus diverses que l'on distingue dans le langage par des adjectifs d'un emploi usuel dans la vie ordinaire (ovaires sphériques, prismatiques, etc.) ; cette constatation nous permet de passer immédiatement à un autre sujet.

219. Structure anatomique du gynécée. — L'ovaire présente la structure des feuilles ordinaires. Son parenchyme peut être homogène ou hétérogène bifacial, mais alors le parenchyme en palissade s'observe sur la face extérieure seule éclairée du carpelle, qui correspond à la face inférieure de la feuille. Chaque carpelle possède au moins trois nervures : une médiane, qui n'est autre que la nervure principale de la feuille, et deux marginales, logées dans les placentas et d'où se détachent les faisceaux nourriciers des ovules.

Le style n'est pas simplement formé, comme on le croit trop souvent, par la seule nervure médiane du carpelle ; celle-ci est toujours accompagnée de parenchyme, parcouru parfois lui-même par des faisceaux surnuméraires.

Le stigmate présente dans sa masse la structure du style, mais sa surface ainsi que celle des canaux stylaires et des placentas (celle-ci jusqu'au-dessous du point d'insertion des ovules les plus profondément situés) subissent, vers le moment de la fécondation, des modifications histologiques très intéressantes. L'épiderme qui recouvre ces parties, tantôt seul, tantôt accompagné des cellules sous-jacentes, s'adapte pour la nutrition du boyau pollinique en se gorgeant de matières alimentaires et en subissant un commencement de désagrégation par gélification des parois. Dans son accroissement, le boyau pollinique ne quitte point ce tissu ; il passe avec lui du stigmate dans le style et du style sur les placentas où il se met en relation avec l'ovule. Ce fait, qu'il sert en quelque sorte de guide aux gamètes mâles, a fait appliquer à cet organisme le nom de *tissu conducteur* ; le rôle de ce tissu est vraiment capital. Lorsque ses éléments prolifient, ils peuvent obstruer de leur masse le canal stylaire, mais ils n'empêchent pas pour cela la progression du boyau pollinique qui se crée alors un passage entre ces cellules.

220. Ovule ou macrodiodange. — Les ovules sont attachés sur les placentas. Selon les espèces, les placentas peuvent porter un nombre très différent d'ovules : tantôt un seul, tantôt un petit nombre, tantôt enfin une quantité considérable, plusieurs centaines. Dans un gynécée gamocarpellé on peut rencontrer un mélange de feuilles stériles et de carpelles fertiles, ceux-ci portant seuls des ovules (Composées, qui n'ont qu'un seul ovule pour deux feuilles carpellaires, etc.). Lorsque, dans une espèce, les placentas ne portent qu'un ou deux ovules, le nombre de ceux-ci est en règle générale toujours le même, mais, pourvu que ce nombre augmente un peu, on observe des variations qui sont d'autant plus prononcées que le nombre des ovules est plus grand.

Les ovules occupent des positions variables dans l'ovaire ; on les voit isolés ou disposés en files sur les placentas, ou même sans ordre apparent. Ils sont *dressés* (Urtica) lorsque, insérés sur le fond de la loge, ils s'élèvent dans la cavité ; *ascendants* (Cardiospermum), lorsqu'ils se comportent de même mais en prenant attache latéralement sur la paroi ; *renversés* (Viburnum Tinus) quand, fixés au sommet de la loge, ils se dirigent vers le bas ; s'ils s'attachent à la partie supérieure de la paroi latérale et s'allongent vers le bas, ils sont *suspendus* (Krameria).

221. Constitution de l'ovule. – L'ovule le plus complexe présente (fig. 168 et 169) : 1° un corps central, partie fondamentale de l'organe, le *nucelle*, dans lequel nous verrons se former la macrospore, appelée *sac embryonnaire* chez les Phanérogames ; 2° les *téguments* formés par deux membranes superposées : la *primine*, à l'extérieur, et la *secondine*, appliquée contre le nucelle. Ces deux membranes, en forme de coupe à orifice étroit, présentent chacune une solution de continuité vers le sommet du nucelle et ces deux orifices *exo-* et *endostome*, placés en continuité, forment un conduit, le *micropyle*, par où se glissera le boyau pollinique portant les gamètes mâles vers l'oosphère renfermée dans le nucelle. Un petit support, le *funicule*, unit l'ovule au placenta ; le point d'attache du funicule sur le placenta est le *hile*. Un faisceau libéro-ligneux, émanant du faisceau placentaire, parcourt le funicule et va se diviser à la base du nucelle en plusieurs branches en un lieu nommé *chalaze*, d'où il envoie parfois des rameaux dans les téguments. Il est des ovules plus simples ne possédant qu'un seul tégument (Conifères, Dicotylédones-Gamopétales) ou même n'en présentant pas du tout (*ovules nus* : Santalacées).

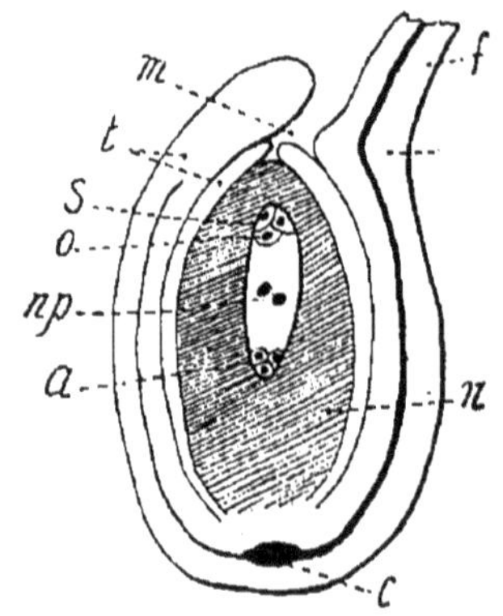

Fig. 168. — Ovule : *f*, funicule ; *n*, nucelle ; *c*, chalaze ; *m*, micropyle ; *t*, téguments ; *o*, oosphère ; *s*, synergides ; *np*, noyaux polaires ; *a*, antipodes.

222. Quatre formes principales d'ovules. — A son origine l'ovule n'est représenté sur le placenta que par un simple mamelon ; celui-ci va d'abord s'allongeant, puis il développe vers son millieu un bourrelet circulaire, origine de la secondine, qui en s'accroissant vers le haut va tendre à recouvrir la partie médiane et supérieure du mamelon qui devient le nucelle. La primine se montre plus tard en un second bourrelet inséré au-dessous du précédent. La partie réservée comprise entre la primine et le placenta, devient le funicule. Si le développement se produit d'une façon symétrique autour d'une droite formant l'axe du mamelon primitif

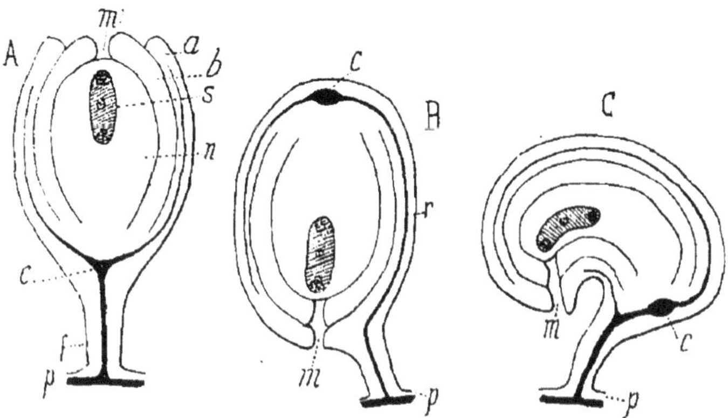

Fig. 169. — Formes d'ovules : A, orthotrope ; B, anatrope ; C, campylotrope ; *m*, micropyle ; *f*, funicule ; *c*, chalaze ; *n*, nucelle ; *s*, sac embryonnaire ; *a*, *b*, téguments ; *p*, placenta.

(fig. 169, A), l'ovule définitivement formé est *droit* ou *orthotrope* (de ορθοσ, droit et τροπος forme). ; son micropyle est à l'opposite du hile (Sarrazin, Noyer). Mais, bien souvent aussi, pendant le développement, l'ovule se renverse ou se contourne sur lui-même de façon à rapprocher le micropyle du hile. Tantôt le funicule est entraîné dans le mouvement et le corps de l'ovule ayant achevé son développement semble avoir basculé sur l'extrémité chalazienne de ce funicule. Les ovules de cette sorte sont dits *anatropes* (de ανατροπη, renversement ; fig. 169, B) ; les Hellébores, les Lis, les Iris, nous en fournissent de bons exemples. Ces ovules ne sont plus symétriques par rapport à une droite, mais bilatéraux car, ici, le funicule se fixe latéralement au corps de l'ovule où il forme un bourrelet saillant, parcouru par le faisceau nourricier, appelé *raphé* (de ραφη, ligne semblable à une suture). Tantôt le mouvement du micropyle vers le hile est dû au reploiement en arc du corps de l'ovule, ce qui rend courbe le nucelle ; comme ici le funicule n'est pas en jeu, la chalaze se trouve dans le voisinage du hile et du micropyle. Ces ovules courbes sont dits *campylotropes* (de καμπυλος, recourbé et τροπος) ; on les observe chez les Solanacées, les Chénopodiacées et les Caryophyllées. On rencontre chez les Papilionacées un type intermédiaire entre les ovules anatrope et campylotrope, c'est l'ovule *amphitrope*, qui possède un commencement de raphé.

La courbure des ovules a pour but de faciliter la fécondation en rapprochant le micropyle du tissu conducteur tapissant le placenta. Les ovules orthotropes sont souvent dressés et leur micropyle est placé près, ou au contact, du débouché du canal stylaire dans l'ovaire, disposition encore favorable à la rencontre des gamètes.

223. Développement du prothalle femelle (*endosperme*) **et des archégones** (*corpuscules*) **chez les Gymnospermes.** — Les ovules des Gymnospermes sont toujours orthotropes et, à de rares exceptions près, recouverts d'un seul tégument. Le nucelle est légèrement déprimé vis-à-vis du micropyle de façon à limiter une cavité (*chambre pollinique*) remplie d'un liquide visqueux qui retient les grains de pollen apportés par le vent et facilite le développement du boyau pollinique.

La macrodiode (*sac embryonnaire*) est située profondément dans l'intérieur du nucelle : c'est une cellule de cet organisme beaucoup plus volumineuse que les autres et qui, par une

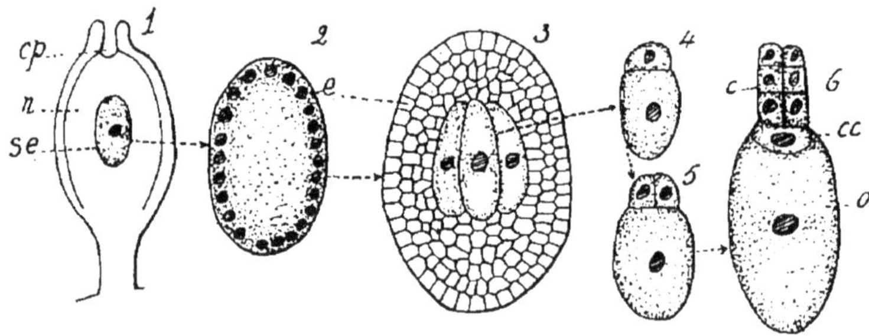

Fig. 170. — Développement du prothalle et des archégones, chez les Gymnospermes. *cp*, chambre pollinique ; *n*, nucelle ; *se*, sac embryonnaire; *e*, endosperme ; *o*, oosphère ; *cc*, cellule de canal ; *c*, col.

division répétée, a bientôt tapissé sa paroi d'une couche continue d'éléments. Sa cavité s'aggrandit beaucoup pendant cette prolifération, mais elle est néanmoins comblée bien vite par des éléments nouveaux provenant de l'activité des cellules tapissantes, premières formées. Finalement, le nucelle présente en son intérieur un corps cellulaire assez gros pour occuper la moitié de sa masse et qui n'est autre qu'un prothalle femelle, dit *endosperme*, dans lequel vont se différencier des archégones (*corpuscules*), en nombre variable suivant les espèces. Ceux-ci proviennent de cellules prédisposées, placées dans la partie du prothalle voisine de la chambre pollinique et généralement à la même hauteur. Chacune de ces cellules se divise d'abord en deux éléments fort inégaux dont l'un beaucoup plus petit que l'autre, supérieur, va, en se divisant par deux cloisons cruciales, devenir l'origine du col de l'archégone (*rosette*). Dans quelques Gymnospermes, les quatre cellules primitives de cette rosette, en se découpant une ou deux fois par des cloisons perpendiculaires à la direction des premières cloisons développées, produisent des cols composés de deux ou trois rangs de quatre cellules superposées (Pin); quoiqu'il en soit, cet appareil est toujours beaucoup moins volumineux que ses similaires que nous avons décrits chez les Cryptogames vasculaires. La grosse cellule sous-jacente au col va de nouveau séparer une cellule de sa partie supérieure (*cellule du col*). En se développant vers le haut, celle-ci se glisse entre les éléments de la rosette, les écarte et, en fin de compte, en se désorganisant, produit le canal du col de l'archégone par lequel le boyau pollinique se glissera jusqu'à l'*oosphère*. L'oosphère est formée par la partie restante et de beaucoup la plus considérable de la cellule de l'endosperme qui a produit successivement la rosette et la cellule du col. Cette oosphère est constituée par une masse protoplasmique renfermant un seul noyau.

224. Formation de la macrodiode, du prothalle femelle et de l'oosphère chez les Angiospermes. Sac embryonnaire. — Le nucelle est formé d'une masse parenchymateuse plus ou moins développée, protégée par un épiderme. La macrodiode se développe directement parfois, mais le plus souvent indirectement, aux dépens de la cellule sous-épidermique du nucelle placée en regard du milieu du canal du micropyle (fig. 171 *a*, *1*). Cette cellule, lorsqu'elle devient directement la macrodiode (*la cellule mère du sac embryonnaire, ou mieux du prothalle*), comme cela se produit chez le Lis et la Tulipe, prend immédiatement un volume considérable par rapport à celui des cellules voisines, puis elle divise son noyau, et chaque segment, par suite du développement de la cavité, s'éloigne de son congénère, l'un demeurant dans la partie qui avoisine le micropyle, l'autre se fixant dans la partie diamétralement opposée. Ces noyaux, plongés dans un riche protoplasma, se comportent ensuite de la même façon : l'un et l'autre, par une bipartition répétée, produisent quatre noyaux, mieux quatre cellules (fig. 171, 7), dont trois de chaque groupe se fixent dans leur lieu de formation, tandis que les quatrièmes (*cellules polaires*) marchent à la rencontre l'une de l'autre, s'accolent et, plus tôt ou plus tard, finissent par se fusionner (fig. 171, 8 et 9, *n*) pour former un élément qui est la *cellule*

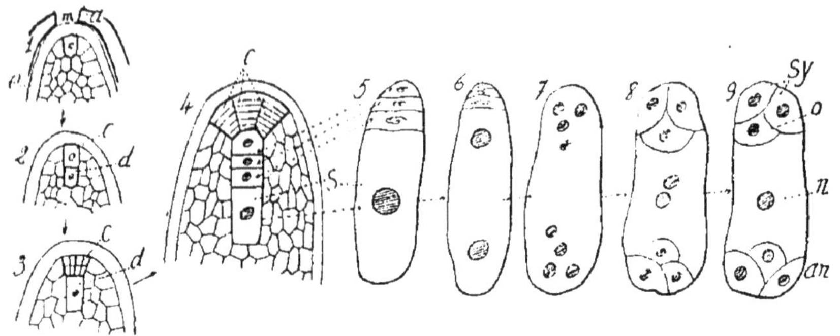

Fig 171. — Formation de la macrodiode, du prothalle femelle et de l'oosphère, chez les Angiospermes (schéma).

secondaire du sac embryonnaire. Les trois cellules rapprochées du micropyle sont les *vésicules embryonnaires* ; elles sont disposées sur deux plans superposés : les deux qui occupent le plan supérieur ont reçu le nom de *synergides* ; elles peuvent être assimilées aux cellules de la rosette des Gymnospermes ; la troisième, placée au-dessous des précédentes, est l'*oosphère*. Les trois cellules diamétralement opposées se disposent d'une façon identique, mais en direction inverse ; elles forment les *antipodes* ; celles-ci acquièrent parfois une véritable membrane, tandis que les premières ne montrent jamais qu'un revêtement de nature albuminoïde.

En réalité, les deux triades sont deux archégones très simplifiés dont un seul est fertile ; c'est ordinairement le supérieur (*acrogamie*), mais ce peut être aussi l'inférieur (*basigamie*) ; ce dernier cas est déjà très rare. Seules, les Balanophora présentent l'*homéogamie*, caractérisée par la similitude complète des deux archégones. Tous ces faits peuvent être résumés en peu de mots : chez les Angiospermes, le prothalle se forme directement dans la cavité de la macrodiode et il y développe deux archégones réduits à trois cellules, dont l'un est stérile ; la partie végétative du prothalle n'étant représentée d'abord que par les deux cellules polaires, elle l'est plus tard par le résultat de la copulation de ces éléments : la cellule secondaire du sac embryonnaire (fig. 171, 9).

Le mode de production très simple de la macrodiode du Lis est peu répandu ; les faits se compliquent généralement parce que la cellule mère ne provient pas directement de la cellule sous-épidermique ; celle-ci en est toujours néanmoins le point de départ. Elle se divise en deux cellules superposées : la supérieure, cellule *apicale*, tantôt reste indivise, tantôt se cloisonne pour former un tissu transitoire, la *calotte* (*c*, fig. 171, 2 et 3) ; l'inférieure (*cellule mère*) peut donner immédiatement le prothalle (*d*, fig 171, *2* et *3*). mais le fait est rare : ordinairement, elle commence par constituer, à la suite de cloisonnements perpendiculaires à l'axe du nucelle et parallèles entre eux, une rangée de 2-6 *cellules filles*, et la cellule la plus profondément située de la file (*s*, fig. 171, *4*, *5*, *6*) devient la cellule mère du prothalle ; elle écrase les autres dans son développement. Mais la macrodiode provient parfois d'une des cellules plus élevées dans la file : celle ci laisse au-dessous d'elle une ou plusieurs des cellules filles qui finissent par se confondre avec les cellules du nucelle : ces éléments sont les *anticlines*. Quelle que soit l'origine de la macrodiode, la formation du prothalle et des archégones reste la même chez toutes les Angiospermes. En se développant cet organisme amène bien souvent la résorption de la plus grande partie du nucelle ; en tout cas, il détruit habituellement toutes les cellules qui le séparent du micropyle, y compris l'épiderme ; lorsque les choses sont poussées à l'extrême, il se glisse dans le micropyle et même au delà (*Torenia asiatica*). L'archégone non utilisé disparaît de bonne heure ; il se résorbe même parfois avant la fécondation de son congénère.

Dans quelques végétaux, plusieurs cellules sous-épidermiques voisines du micropyle commencent à évoluer comme précédemment, mais elles parviennent rarement à former plusieurs sacs embryonnaires (*Eriobotrya japonica*) ; presque toujours, l'une des macrodiodes l'emporte sur les autres qui s'atrophient : finalement, l'ovule ne présente qu'un seul sac embryonnaire fertile (Rosacées).

γ. *Fécondation.*

L'oosphère étant prête à la fécondation, c'est-à-dire à s'unir au gamète mâle encore contenu dans le grain de pollen, il nous reste à voir comment s'opère cette fusion, mais celle-ci est précédée, chez les Phanérogames, de phénomènes importants et compliqués, destinés à amener le rapprochement des cellules mâles et femelles et qui consistent : 1° dans le transport du pollen sur le gynécée (*Pollinisation*) et 2° dans la germination des grains de pollen et le cheminement des boyaux polliniques porteurs des gamètes mâles à travers l'organe femelle, jusqu'à proximité de l'oosphère.

1° *Pollinisation.*

225. Principaux modes de pollinisation. — Le rapprochement des éléments reproducteurs se fait, le plus souvent, chez les végétaux inférieurs, directement, parce que ces éléments se développent d'ordinaire sur le même individu et à proximité l'un de l'autre ; il n'en est pas de même chez la plupart des Phanérogames

La pollinisation est dite *directe* lorsqu'elle se produit comme chez certaines Angiospermes à fleurs hermaphrodites, où le pollen peut arriver facilement sur le stigmate de la même fleur : on dit aussi qu'il y a dans ce cas **autogamie** et **autopollinisation** et, si le fait est suivi du développement d'un œuf, ce qui n'arrive pas toujours (*autostérilité* : Coquelicot, Lis blanc, *Pelargonium zonale*, Seigle), il y a *autofécondation* (Nymphæa, Choux, Navets, Radis, Lin, Blé). L'autogamie est *directe*, lorsque la pollinisation est spontanée et qu'elle résulte de la position réciproque des étamines et du stigmate; elle est *indirecte*, quand une cause extérieure est nécessaire pour provoquer le transport du pollen.

Le plus souvent, les conditions de l'organisation de la fleur s'opposent à cette fécondation directe et font que le pollen d'une fleur doit être transporté sur le gynécée d'une autre fleur : cette fécondation par un pollen étranger constitue l'**allogamie** (de ἄλλος, différent, étranger). L'allogamie semble être, malgré les apparences, le mode de fécondation le plus répandu, car les observations démontrent que les descendants des végétaux qui peuvent subir indistinctement l'autopollinisation ou la pollinisation étrangère donnent des produits de beaucoup plus aptes à la conservation de l'espèce par le second procédé que par le premier.

Dans l'allogamie, la pollinisation peut s'effectuer entre deux fleurs de la même plante (*Geitonogamie*, mariage entre voisins ; végétaux à inflorescences serrées : Composées, Ombellifères), ou entre deux fleurs situées sur des pieds différents (*Xénogamie*, de ξένος, étranger : Orchidées, Iridées, Labiées, Asclépiadées). Quelques auteurs font de l'allogamie l'équivalent de la *fécondation croisée*, mais le *croisement* correspond plus exactement à la xénogamie. Le croisement entre végétaux de variétés ou de races différentes, mais appartenant à la même espèce, donne des *métis*.

Il y a enfin **hybridation**, lorsque la fécondation s'opère entre deux organes générateurs appartenant à des espèces ou à des genres différents ; les produits, selon les cas, sont alors des hybrides mono- ou bigénériques.

Ces divers modes de pollinisation tiennent à la disposition des organes sexuels. Nous allons voir que, dans la majorité des cas, l'autofécondation est rendue difficile ou impossible et cette constatation viendra à l'appui de ce que nous avancions plus haut : que l'allogamie est la forme naturelle de fécondation qui semble préférable et qu'elle se trouve être la plus répandue chez les Phanérogames.

226. Disposition des organes sexuels. — Quand une espèce ne présente que des fleurs toutes unisexuées, il y a **diclinie** (de δις, *en deux* et κλινη, *lit*) ; si elles sont toutes bisexuées, c'est la **monoclinie** (de μονος, *unique* et κλινη, *lit*) ; mais la diclinie présente deux variantes : la *monoecie* (de μονος, *un seul* et οἰκος, *maison*), lorsque les fleurs des deux sexes se rencontrent sur le même pied, et la *dioecie* quand les fleurs de l'un et l'autre sexe ne s'observent jamais que sur des pieds distincts et séparés.

Dans la **polygamie**, on observe dans la même espèce et sur le même pied, ou sur des pieds différents, à la fois la monoclinie et la diclinie. Dans le premier cas, le même pied peut porter soit des fleurs hermaphrodites et des fleurs mâles (*Andromonoecie* : *Acer pseudoplatanus*, Acacia, Mimosa), soit des fleurs hermaphrodites et des fleurs femelles (*Gynomonoecie* : Kochia), soit enfin tout à la fois des fleurs hermaphrodites, des fleurs mâles et des fleurs femelles (*Coenomonoecie*, de κοίνος, *commun* : Parietaria, *Aesculus hippocastanum*).

Lorsque la monoclinie et la diclinie s'observent sur des pieds différents, il est des espèces avec pieds hermaphrodites et pieds mâles (*Androdioecie*. Ex. : Diospyros, Panax), d'autres avec pieds hermaphrodites et pieds femelles (*Gynodioecie*. Ex. : Scabiosa, Origanum, Salvia), d'autres, enfin, avec pieds hermaphrodites, pieds mâles et pieds femelles (*Trioecie* ou *Polygamie trioïque*. Ex. : Fraxinus, Thymus).

Dans un quatrième cas, enfin, dans la **pléogamie** (de πλεος, *abondant*), on voit : 1° des plantes andromonoïques présenter des cas d'androdioecie (avec trois sortes de pieds par conséquent : hermaphrodites, mâles et hermaphrodites-mâles, c'est alors de la *pléogamie mâle*, qui s'observe dans le *Dryas octopetala*, les *Geum urbanum* et *rivale* et dans beaucoup de Rubus) ; 2° des plantes gynomonoïques montrer de la gynodioecie (avec pieds hermaphrodites, pieds femelles et pieds hermaphrodites-femelles). Cette *pléogamie femelle* existe dans nombre de Ranunculus, Dianthus, Lychnis, Geranium, Dipsacées, Lamiacées, etc., et enfin, 3° des formes régressives diverses où les formes hermaphrodites, par exemple, l'emportent considérablement et chez lesquelles la Pléogamie tend à disparaître (*Evonymus europæus*, *Fragaria vesca* et *collina*, etc., etc.), ou chez lesquelles des formes hermaphrodites et pléogames s'effacent, présentant une tendance à la diclinie (*Valeriana dioica*, etc.) ; etc., etc.

La pollinisation dans la diclinie et la monoclinie présente de nombreuses variations :

Dans la diclinie, où les fleurs sont toujours unisexuées, l'allogamie est seule possible, mais lorsque ces fleurs unisexuées sont portées par le même pied, quand il y a *diclinie monoïque* (*Zea Mays*, *Buxus sempervirens*, *Urtica urens*, Carex), il peut y avoir alors geitonogamie ou xénogamie ; quand les fleurs mâles et les fleurs femelles sont portées par des pieds différents, s'il y a *diclinie dioïque* (Populus, Salix, Phœnix, Humulus, Cannabis, Mercurialis), la xénogamie est seule possible.

Dans les fleurs bisexuées ou hermaphrodites, dans la monoclinie en un mot, les organes sexuels de la même fleur n'arrivent pas toujours à maturité au même moment ; il y a, alors, **dichogamie** (de δίχα, séparément) et la fécondation croisée est seule possible ; quand il n'en est pas ainsi, c'est l'**homogamie**, mais alors certaines conditions de l'organisation florale peuvent faire que la fécondation directe soit encore impossible.

La dichogamie s'observe dans la grande majorité des Angiospermes à fleurs hermaphrodites, dans le prothalle de beaucoup de Fougères et dans nombre de végétaux inférieurs. Les plantes dichogames se divisent, naturellement, en deux groupes : l'un comprend les végétaux chez lesquels les organes mâles arrivent à maturité avant les organes femelles (*Protandrie* : Campanulacées, Composées, Labiées, etc.) ; chez les autres, c'est le contraire qui a lieu (*Protogynie* : *Anthoxanthum odoratum*, *Plantago media*, *Scrophularia nodosa*, etc., etc.).

Quand il y a homogamie, la fleur s'ouvre généralement au moment de la maturité des organes sexuels et il y a *chasmogamie* (de χάσμα, *ouverture, bouche béante*) : on observe alors parfois l'autopollinisation, mais il peut s'opérer aussi des échanges entre des fleurs séparées, selon la geitonogamie et la xénogamie. Quelquefois la fleur reste toujours fermée (*Cleistogamie*, de κλειστός, *fermé*) ; dans ce cas les relations entre fleurs sont impossibles et la fécondation directe est de rigueur (*Euryale ferox, Juncus bufonius*, etc.).

La chasmogamie présente plusieurs variations : tantôt l'autopollinisation spontanée n'est pas possible en raison de la disposition respective du stigmate et des étamines séparées par un obstacle (*Herkogamie*, de ἕρκος, barrière : Orchidées, Aristoloches, Violettes) ; tantôt il en est autrement, mais alors des dispositions particulières viennent parfois encore s'opposer à l'autopollinisation. Examinons, avant tout, ces dispositions : 1° si les rapports de longueur entre les styles et les étamines sont les mêmes dans toutes les fleurs il y a *homomorphie* ou *homostylie*. et le pollen peut facilement passer des anthères sur le stigmate de la même fleur, l'autogamie est donc possible ; si, au contraire, ces rapports varient lorsqu'on considère des fleurs appartenant à des pieds différents, il y a *hétéromorphie*. L'hétéromorphie peut tenir à plusieurs causes : parfois les styles et les étamines sont tous à la fois de longueurs différentes (*Hétérostylie*) ou bien les étamines seules sont de longueurs inégales, il y a alors *hétéranthérie*.

Quand il y a hétérostylie, on peut rencontrer deux (*Dimorphisme* ou *hétérodistylie*) ou trois formes de fleurs (*Trimorphisme* ou *hétérotristylie*). Ainsi se comportent la *Primula acaulis* et quelques autres Primulacées, le *Linum perenne*, etc., qui ont des fleurs dimorphes, les unes *brévistyles*, c'est-à-dire à style plus court que les étamines, et les autres *longistyles*, à style plus long que les étamines. Ces modifications semblent peu importantes au premier abord et permettre néanmoins l'autofécondation, car, dira-t-on. si le style est plus court que les étamines, le pollen peut, la fleur étant dressée, tomber facilement sur le stigmate ; le même fait pourra s'observer avec une fleur longistyle, mais renversée lors de la maturité des organes sexuels. Les expériences de Darwin ont démontré qu'il n'en est pas toujours ainsi, car dans bien des cas le pollen des anthères d'une fleur à style court, sous-jacent, est incapable de féconder cette fleur, ou tout au moins, si la fécondation se produit, elle donne moins que l'allogamie. Il doit y avoir ici échange entre les deux sortes de fleurs, de façon à ce que le pollen des hautes anthères arrive aux stigmates des grands styles, que celui des anthères courtes soit porté sur les gynécées brévistyles : les Primevères fournissent l'exemple classique de ce fait.

Dans les Pontederia, *Oxalis speciosa*, *Lythrum Salicaria*, etc., on observe trois formes de fleurs (trimorphisme). La fleur du

Lythrum Salicaria, par exemple, renferme douze étamines, dont six longues et six courtes ; dans certaines fleurs, le style qui est simple est plus long que toutes les étamines (fleurs longistyles) ; dans d'autres fleurs, le style est plus court que les étamines les plus courtes (fleurs brévistyles) ; dans le troisième type de fleurs, enfin, le stigmate occupe une situation intermédiaire aux six petites et aux six grandes étamines (fleurs mésostyles). Et, toujours d'après Darwin, la fécondation ne serait efficace qu'entre étamines et pistils de même longueur ; par exemple, entre les grandes étamines des fleurs méso et brévistyles et le stigmate d'une fleur longistyle (fig. 172). Il a du reste constaté que le pollen et les papilles stigmatiques ont des caractères morphologiques différents dans les différents types de fleurs et que les grains de pollen tombés sur le stigmate d'une fleur qui ne leur convient pas s'y développent mal.

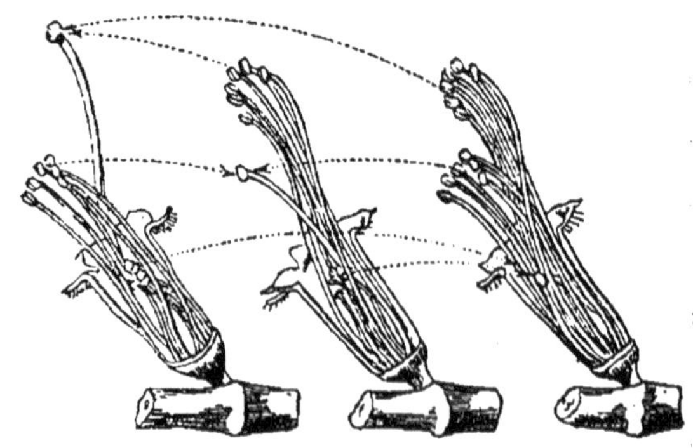

Fig. 172. — Fécondation dans les fleurs trimorphes du *Lythrum Salicaria* (d'après Darwin).

La *cleistogamie* est plus fréquente qu'on ne le croit, car il est des plantes qui selon la saison sont chasmogames ou cleistogames : au temps de la maturité des organes sexuels, les fleurs peuvent demeurer toutes constamment fermées, alors l'autogamie est obligatoire ; mais fréquemment aussi on rencontre des fleurs cleistogames mêlées à des fleurs chasmogames : ainsi se comportent de nombreuses espèces de Viola, l'*Oxalis acetosella*, etc. La Violette odorante, par exemple, donne deux sortes de fleurs, les unes à corolle très développée, étalée, très odorantes, les autres petites et verdâtres sans odeur, cleistogames ; les premières ne donnent pas de graines, tandis que les dernières en fournissent de nombreuses.

La cleistogamie peut être accidentelle et due à une cause externe : à l'absence de lumière, à la submersion des fleurs, au défaut de chaleur, etc... On observe, enfin, de l'*hémicleistogamie*, dans des plantes où les fleurs s'entrouvrent pour faire saillir, ou non, les étamines.

227. Transport du pollen sur le stigmate. — Chez les végétaux inférieurs, où la fécondation se fait par l'intermédiaire de l'eau, les gamètes mâles sont le plus souvent mobiles au moyen de cils vibratiles (anthérozoïdes) : c'est le cas de beaucoup de Thallophytes, de Muscinées, de Cryptogames vasculaires. Dans tous ces végétaux, les anthérozoïdes se déplacent dans le liquide et vont à la recherche de l'oosphère. S'ils sont dépourvus de cils (Floridées, etc.), les gamètes sont transportés par les divers mouvements de l'eau. A tous ces végétaux on a donné, pour ces raisons, le nom de *Zoïdogames*.

Chez les Phanérogames qui sont, au contraire, des plantes à organes générateurs essentiellement aériens, les gamètes mâles, qui ne sont munis de cils que dans quelques espèces seulement de Gymnospermes, par un reste d'atavisme, sont toujours immobiles et ne parviennent au contact de l'oosphère après que le pollen s'est déposé sur l'ovule (Gymnospermes) ou sur le stigmate (Angiosperme) que par l'intermédiaire d'un tube, le *boyau pollinique* qui, partant du grain de pollen, se développe dans l'organe femelle de façon à atteindre l'oosphère. Cette conduite a fait désigner ces plantes du nom de *Siphonogames* (de Σιφων, *tube*). Mais ce tube ne peut se développer que dans certaines conditions que nous étudierons plus loin.

228. Pollinisation directe. — La pollinisation directe ne peut avoir lieu que lorsque les organes sexuels de la même fleur mûrissent à la même époque et dans certaines conditions de rapport : si les étamines sont appliquées sur le stigmate (Helianthemum, Solanum, Phaseolus, etc.), ou bien, si les étamines frottent, en s'allongeant, le stigmate (Ipomœa, etc.) ; ou bien encore, si en s'allongeant le stigmate brosse les anthères. Le pollen peut enfin arriver sur le stigmate soit tout simplement en tombant, au moment de l'anthèse, et cela lorsque le stigmate se trouve occuper une situation inférieure par rapport aux anthères, soit qu'il y soit projeté, dans d'autres cas, par des mouvements spontanés des étamines (Berberis, etc.) ; ou bien encore, par le rapprochement des stigmates et des anthères, à la suite d'un mouvement de déplacement des branches stigmatiques (Nigelles, Passiflores).

229. Pollinisation allogame. — Chaque fois que l'allogamie est de règle, le transport du pollen d'une fleur à l'autre se fait avec le concours d'agents extérieurs : de l'*eau*, du *vent*, et de *divers animaux* (des Insectes surtout, et, dans quelques cas assez peu fréquents, des oiseaux, des mollusques, etc.), enfin, de l'homme, dans cette opération qui constitue la fécondation artificielle.

230. Transport du pollen par le vent : plantes anémophiles. — Le vent est un agent des plus actifs de la fécondation indirecte. Les plantes fécondées par l'action du vent (*plantes anémophiles*, qui aiment le vent), appartiennent plus spécialement aux groupes inférieurs des Phanérogames, aux classes les premières apparues (si bien que l'anémophilie constitue presque un caractère d'archaïsme) et qui sont les Gymnospermes, beaucoup de Dicotylédones apétales et quelques autres Angiospermes, végétaux monoïques ou dioïques et aussi plusieurs dichogames.

Les plantes anémophiles ont des caractères remarquables d'adaptation à ce mode de pollinisation : c'est ainsi qu'elles fleurissent au printemps, au moment des grands vents et avant le développement des feuilles (les Amentacées, de février à avril) ; que le pollen est produit en quantité prodigieuse ; que les grains de pollen sont secs et non visqueux, avec réserves nutritives surtout amylacées, ce qui leur permet de résister à l'eau, l'amidon n'ayant pas de pouvoir osmotique. Dans ces plantes, les inflorescences (chatons des Amentacées, panicules des Graminées) ou les fleurs (Polygonacées), ou bien encore les étamines (Graminées) sont suspendues et très mobiles, par conséquent facilement secouées par le vent ; de plus, le stigmate est large (Graminées), ou bien les fleurs sont groupées en grand nombre (Maïs, Plantain) de façon à former écran pour retenir le pollen ; ailleurs, le stigmate est plumeux, proéminent. Les enveloppes florales sont habituellement dépourvues de coloris brillants et toujours insuffisantes pour cacher les organes sexuels.

Les plantes anémophiles sont plus nombreuses dans les régions boréales que les plantes entomophiles ; elles sont moins nombreuses dans les régions tempérées et se font rares dans les pays chauds où pullulent les Insectes.

231. Pollinisation par les Insectes (plantes entomophiles) et par les autres animaux. — Les animaux les plus divers contribuent à la pollinisation : tels les Mollusques, les Cheiroptères, les Oiseaux et les Insectes. Ce sont ces derniers êtres qui jouent le rôle le plus actif, et de beaucoup, dans la fécondation entre fleurs différentes.

Tous les naturalistes citent des exemples d'oiseaux-mouches pollinisateurs, dont le bec, effilé chez les uns. court chez les autres, est adapté aux différentes espèces de fleurs qu'ils visitent : ce sont des Colibris qui assurent la fécondation des Abutilon et des Inga, en Amérique ; ce sont des Nectaridés qui fécondent les Strelitzia. en Afrique ; les Oiseaux melliphages d'Australie jouent un rôle important dans la pollinisation de beaucoup de plantes de cette contrée. Parmi les Insectes, les Hyménoptères, Diptères et Lépidoptères, plus souvent que les Coléoptères et que les Hémiptères, jouent un rôle essentiel dans la fécondation. Attirés dans les fleurs, d'où ils retirent du nectar ou du pollen, ils y provoquent, par leurs mouvements. la chute du pollen qui tombe quelquefois directement sur le stigmate (*Autogamie indirecte*) ; mais, plus souvent, le pollen s'attache à l'insecte lui-même qui le transporte inconsciemment sur d'autres fleurs, au contact de stigmates arrivés à maturité. Pour les partisans des causes finales, les Insectes et les fleurs se seraient, dans la suite des temps, adaptés les uns aux autres ; il se serait établi entre eux des affinités d'organisation telles qu'une espèce de fleur ne pourrait recevoir la visite que d'un nombre limité d'Insectes d'espèces différentes, et ceux-ci assureraient, à eux-seuls, la multiplication de celles-là.

232. Caractères des plantes entomophiles. — Chez elles, les fleurs attirent les Insectes par les brillants coloris de la corolle, à laquelle se substituent ou s'associent, dans certains cas, le calice (Liliacées, Anémones), les étamines (Myrtacées), les bractées (certaines Sauges), les spathes (Aracées), etc. ; par les odeurs, bonnes ou mauvaises pour l'homme, qu'elles dégagent : le cas est frappant pour les fleurs qui s'épanouissent la nuit ; celles-ci répandent des odeurs violentes qui attirent les Insectes nocturnes dont l'appareil olfactif est, du reste, très développé et supplée à la vision entravée par l'absence de lumière ; ces fleurs ont, du reste, des couleurs plutôt ternes. L'appel des Insectes vers les fleurs est encore dû aux matières nutritives sucrées (nectar) qu'elles secrétent et au pollen que certains d'entre eux utilisent. Dans ces fleurs, le pollen est visqueux pour s'attacher au corps des Insectes. Enfin, la fécondation est facilitée par l'état du stigmate mûr, toujours recouvert alors de matières visqueuses qui enlèvent le pollen au corps de l'Insecte et par la situation des glandes nectarifères par rapport à celle du stigmate. Il n'est pas jusqu'à la forme des fleurs qui ne joue un rôle dans la pollinisation par les insectes : dans quelques plantes entomophiles, le périanthe est étroit ou étranglé en certains points pour obliger, pour ainsi dire, les Insectes à venir au contact des organes générateurs

Dans l'Aristoloche clématite, par exemple (fig. 173), la fleur a la forme d'une bouteille à long col étroit, tout hérissé de longs poils dirigés vers le fond, qui permettent bien à l'insecte d'y pénétrer, mais l'empêchent d'en sortir. Les organes sexuels sont placés dans le fond élargi de cette bouteille et la surface stigmatique, recourbée vers le bas, arrive à maturité alors que les anthères sont encore fermées (fig. 173, A). L'insecte qui a pénétré dans la dilatation du périanthe, s'agite et dépose le pollen dont il est chargé sur les lobes stigmatiques qu'il effleure : ceux-ci se relèvent alors et découvrent les anthères qui s'ouvrent (fig. 173, B). Les Insectes peuvent à la suite se charger à nouveau de pollen qu'ils transporteront sans difficulté dans une autre fleur, car à la suite de la pollinisation les poils de la gorge du périanthe se flétrissent et se dessèchent laissant le passage libre pour la sortie des insectes. A partir de ce moment, le pédicelle de la fleur se recourbe brusquement vers le bas et la bouche du périanthe jusque-là béante, se ferme par le reploiement du lobe en forme d'étentard qui termine ce périanthe.

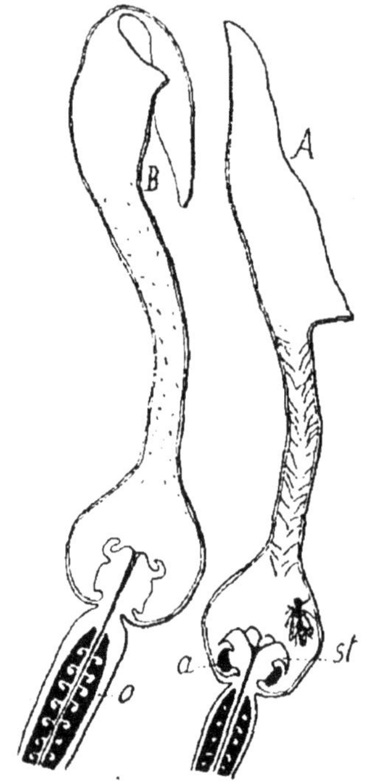

C'est par des dispositions analogues, mais diverses, que se fait la fécondation dans les Orchidées, les Sauges, etc., etc.

Fig. 173. — Aristoloche. Fleurs vues en coupe longitudinale avant (A) et après (B) la pollinisation : *a*, anthères ; *st*, stigmates ; *o*, ovaire (d'après Sachs).

Tous les Insectes ne sont pas utiles à la plante ; il en est même de forts nuisibles à la fécondation : ceux-là visitent les fleurs pour en faire directement leur nourriture. Certaines fleurs s'adapteraient à la défense contre ces Insectes, qui ne sont point ailés ou sont des broyeurs, par l'émission d'odeurs piquantes, par leurs couleurs sombres qui ne les signalent pas au loin, par des obstacles mécaniques (poils, etc.), par des glandes, par la forme des pièces du périanthe et celle des appendices de ce périanthe, etc.

233. Rapports entre la forme des Insectes et celle des fleurs visitées par eux. — Les nectaires affectent des formes variées : saillants ici, ils constituent là de simples fossettes, de longs éperons dans d'autres cas (Orchis), et de plus, comme ils occupent des positions très diverses dans des fleurs elles-mêmes très diversement conformées, certains insectes seront seuls constitués de façon à profiter du nectar ; il leur faudra, par exemple, une trompe fort allongée pour s'approprier le nectar d'une fleur longue et étroite, cachant le liquide sucré dans sa profondeur : les fleurs longuement tubuleuses sont ainsi l'apanage des Lépidotères ; les Diptères se posent sur les fleurs à tube de longueur moyenne. Parmi les Hyménoptères, les Osmia et les Mégachiles, chez lesquels l'appareil collecteur du pollen, dont ils se nourrissent, est porté par le dernier segment de l'abdomen, butinent les fleurs à corolle aplatie ; les Abeilles et les Bourdons, dont le tarse et le tibia des pattes postérieures portent les poils collecteurs du pollen, peuvent visiter des fleurs à corolle dont le tube est plus allongé que celui des précédentes. Les Coléoptères et les Hémiptères ont un rôle moins actif; cependant les Longicornes et les autres Coléoptères qui ont la partie antérieure du corps effilée, sont assez fréquemment les auxiliaires de la fécondation des fleurs.

234. Pollinisation par l'eau. — Nous avons dit que les courants, l'agitation des eaux par le vent ou les animaux aquatiques jouaient un rôle important dans la fécondation croisée des végétaux inférieurs à gamètes dépourvus d'organes locomoteurs (Floridées). Il en est de même pour la pollinisation de quelques Phanérogames aquatiques dont les fleurs se développent sous l'eau et dont le pollen peut flotter sans danger dans ce liquide (Naias, Zostera); mais la plupart de ces Phanérogames aquatiques ou bien ont des fleurs cléistogames (*Euryale ferox*), ou bien portent leurs fleurs au-dessus de l'eau, et là, les Insectes ou le vent interviennent comme précédemment. Il doit en être ainsi pour la Vallisnérie, bien

Fig 174. — Vallisnérie. Pied femelle à gauche; pied mâle à droite.

que les fleurs mâles, détachées lors de la maturité, flottent à la surface de l'eau et soient rapprochées par les courants des fleurs femelles, élevées à la surface de l'eau par le pédoncule étendu primitivement, mais qui s'enroule sur lui-même aussitôt après la pollinisation pour faire rentrer le gynécée au sein du liquide (fig. 174).

235. Pollinisation artificielle. — L'homme, pour obtenir de meilleures variétés, des métis ou des hybrides, féconde artificiellement certaines plantes : les arbres fruitiers, les plantes alimentaires et d'ornement : Orchidées, Palmiers, etc. Les Arabes transportent des inflorescences mâles de Dattier au-dessus des pieds femelles de la même plante pour obtenir plus de fruits ; les raisins *coulards* sont rendus productifs par la fécondation artificielle, en agitant des grappes de variétés riches en pollen au-dessus des grappes de fleurs qui se fécondent mal par leur propre pollen, etc., etc.

2° *Germination et développement du grain de pollen*

236. Germination du grain de pollen. — Arrivé sur le stigmate d'une fleur d'Angiosperme, ou dans la chambre pollinique d'une fleur femelle de Gymnosperme, le grain de pollen germe s'il rencontre là les conditions de chaleur, d'humidité et d'aération nécessaires à toute germination, et de plus, condition *sine qua non,* si la nature des secrétions stigmatiques ou ovulaires lui conviennent, ce qui ne se réalise que quand le grain de pollen tombe sur l'organe femelle d'une fleur appartenant à la même espèce, plus rarement sur celui d'une fleur appartenant à une espèce différente, mais du même genre, et tout à fait exceptionnellement sur celui d'une fleur d'un autre genre.

Dans ces conditions, le grain de pollen se gonfle, sa membrane interne cellulosique se distend, elle fait saillie au dehors sous forme de mamelons qui passent par les pores, ou bien s'échappent du fond des plis, lieux de moindre résistance où manque la membrane externe cutinisée et partant inextensible. Mais de ces mamelons, un seul, dans lequel s'engage la cellule végétative, s'allonge en utilisant pour sa croissance d'abord les réserves contenues dans le grain de pollen, puis les éléments que lui fournit le tissu conducteur, qu'il suit pour arriver au voisinage de l'oosphère.

Au fur et à mesure que la cellule végétative du grain de

pollen organise ce *tube pollinique* ou *boyau pollinique*, elle s'épuise peu à peu et son noyau s'atrophie, si bien qu'on n'en retrouve plus trace au moment où les gamètes mâles, engagés à sa suite dans le boyau pollinique, sont arrivés à la portée de l'oosphère.

237. Développement du tube pollinique et formation des gamètes mâles chez les Gymnospermes. — Chez ces végétaux, c'est toujours dans la sécrétion gélatineuse émise par la chambre pollinique que se fait au début le développement du tube pollinique, mais les phénomènes subséquents ne sont pas constants. Nous allons passer rapidement en revue les principaux cas qui se présentent.

a) *Formation d'anthérozoïdes vrais.* — Chez le *Cycas revoluta* et le *Zamia integrifolia* (Cycadacées), la cellule végétative du grain de pollen s'allonge en un tube qui s'enfonce latéralement dans le nucelle, à seule fin, semble-t-il, de s'y fixer et d'y puiser les matières nutritives destinées à la formation des gamètes

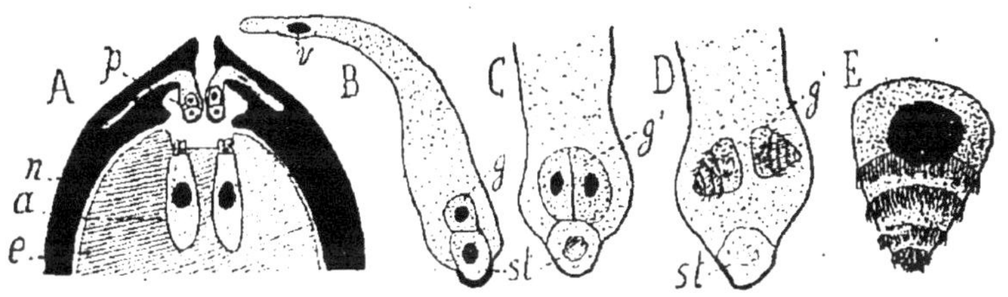

Fig. 175. — *Zamia integrifolia.* A, partie supérieure de l'ovule vu en coupe longitudinale axile ; *n*, nucelle ; *e*, endosperme ; *a*, archégones ; *p*, grain de pollen avec tube pollinique ; *st*, cellule prothallienne stérile. — B, C, D, germination du grain de pollen ; *g*, cellule génératrice des gamètes *g'*, ou anthérozoïdes ; E, un anthérozoïde.

mâles (fig. 175, A*p*). Bientôt, en effet, il cesse de s'accroître et sa base, qui renferme les cellules anthéridiennes, s'incurve vers les archégones et s'élargit : la plus interne des deux petites cellules, la cellule génératrice, se divise en deux autres d'égal volume ; celles-ci se séparent l'une de l'autre et constituent deux cellules volumineuses de forme conique, entourées d'une bande spiralée de cils vibratiles, qui sont les gamètes mâles, de véritables anthérozoïdes, absolument analogues aux anthérozoïdes des Cryptogames vasculaires. Ils s'échappent, en effet, du tube qui se rompt au niveau de sa partie basilaire et nagent dans le liquide de la chambre pollinique ; celle-ci s'est du reste agrandie du côté de l'endosperme jusqu'à découvrir le col des archégones dans lequel se glissent les anthérozoïdes pour aller trouver l'oosphère.

Dans le *Ginkgo biloba* (Conifères), les phénomènes sont à peu près identiques, si ce n'est qu'ici le grain de pollen est d'abord quadricellulaire, puis que les deux cellules issues de la bipartition de la cellule génératrice se comportent différemment : l'une reste stérile et se résorbe, tandis que l'autre subit une nouvelle bipartition, donnant naissance également à deux gamètes ciliés et volumineux qui iront d'eux-mêmes se fusionner à l'oosphère.

b) *Pas d'anthérozoïdes ciliés ; des gamètes à reptation amiboïde seulement.* — Chez les autres Gymnospermes, la cellule végétative du grain de pollen s'allonge en un tube pollinique dans l'intérieur du nucelle et se dirige vers les archégones. La germination du pollen, ordinairement fort lente chez ces plantes, subit même un temps d'arrêt de plusieurs mois et se produit en deux temps chez ceux de ces végétaux où le fruit ne mûrit qu'au bout de deux ans (Pin), car ce n'est qu'au printemps qui suit la pollinisation que la germinatian se continue et porte les gamètes au contact de la rosette des archégones. Le noyau de cette cellule végétative se désagrège plus ou moins tôt, parfois avant la formation du tube, parfois dans l'intérieur de celui-ci.

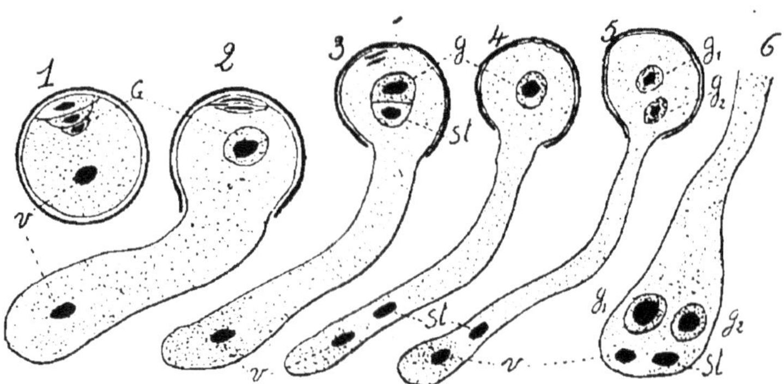

Fig. 176. — Schéma de la germination du grain de pollen de Pin, *v*, cellule végétative ; G, cellule génératrice ; *g*, cellule mère des gamètes ; *st*, cellule stérile ; g_1 et g_2, les deux gamètes mâles.

La petite cellule (Genévrier), ou la plus interne des petites cellules (Pin, etc.), devient la cellule génératrice : pour cela, elle se divise en deux autres dont l'une demeure stérile (fig. 176, *st*), mais, réduite à son noyau, elle pénètre dans le tube, à la suite du noyau végétatif; l'autre (g) est la cellule-mère des gamètes; elle gagne l'extrémité du tube pollinique avant ou après s'être partagée en deux éléments (g_1 et g_2) qui sont les deux gamètes mâles. Ces organismes sont, ici, dépourvus de cils vibratiles, tout organe locomoteur étant devenu inutile, puisque le tube pollinique, dans lequel ils s'avancent au fur et à mesure de son développement, amène les gamètes au contact immédiat des archégones; ils sont néanmoins désignés parfois sous le nom d'anthérozoïdes, par analogie.

238. Développement du boyau pollinique et formation des gamètes mâles chez les Angiospermes. — Chez les Gymnospermes, le tube pollinique, lorsque le nucelle ne s'est pas résorbé au-dessus des archégones (corpuscules), n'a que quelques épaisseurs de cellules à traverser pour arriver au voisinage de l'oosphère. Il n'en est plus de même chez les Angiospermes où le chemin à parcourir est parfois considérable, pouvant atteindre 25 et 30 centimètres, mais nous savons que le tissu conducteur du style et des placentas lui sert à la fois d'aliment et de guide.

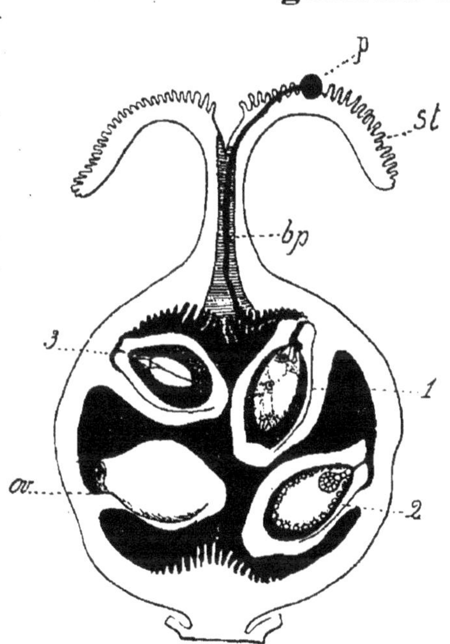

Fig. 177. — Germination du grain de pollen, *p*, sur le stigmate, *st*, d'un ovaire d'Angiosperme; *bp*, boyau pollinique; *ov*, un ovule entier; 1, l'ovule au moment de la fécondation; 2, après les premiers cloisonnements de l'œuf et du noyau du sac; 3, l'ovule transformé en graine (schéma imité de Sachs).

Sur le stigmate le grain de pollen se gonfle et l'intine fait hernie par les pores ou les plis de l'exine. Une de ces proéminences devient l'origine du tube pollinique : elle s'allonge et prend contact avec le tissu conducteur (fig. 177). Dès lors, le boyau pollinique se comporte à la façon d'un commensal de l'appareil femelle, et, guidé par un phénomène de trophotropisme, il arrive jusqu'aux ovules dont le micropyle est toujours rapproché du tissu conducteur. Parfois, cependant, c'est par la chalaze que pénètre le tube pollinique (*chalazogamie*) chez quelques végétaux où le micropyle s'oblitère de bonne heure (Casuarina, Alnus, Betula, etc.) et parfois même par un point quelconque des téguments de l'ovule qu'il perfore.

Dès que le grain de pollen germe, le noyau végétatif pénètre dans le tube où il est bientôt rejoint par le noyau généra-

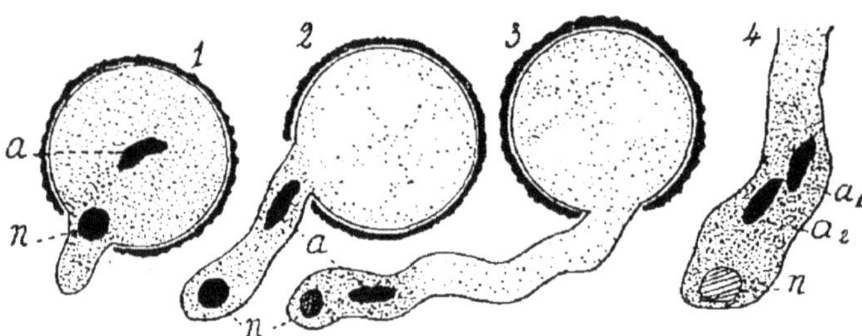

Fig. 178. — Germination du grain de pollen d'une Angiosperme (schéma) n, noyau végétatif ; a, noyau générateur ; a_1 et a_2, les deux gamètes mâles.

teur. Le premier se désorganise plus ou moins tôt et il est généralement disparu quand le tube pollinique arrive au voisinage de l'oosphère. A ce moment, la cellule génératrice a toujours subi une bipartition qui a donné naissance à deux gamètes mâles, à deux pseudo-anthérozoïdes plus ou moins contournés, mais dépourvus de cils (fig. 178).

3°. *Fusion du gamète mâle et du gamète femelle. Formation de l'œuf.*

239. Fusion des gamètes chez les Gymnospermes. — Les anthérozoïdes des Cycas, Ginkgo, etc., mis en liberté dans le liquide qui entoure l'endosperme, s'y meuvent, puis, gagnant la rosette des archégones, ils s'engagent entre les cellules du col et arrivent au contact de l'oosphère ; la fusion de ces deux gamètes produit un œuf.

Dans les autres Gymnospermes, le tube pollinique, arrivé au contact de la rosette d'un archégone, laisse échapper ses gamètes, et le plus rapproché de l'archégone pénètre dans celui-ci ; l'autre, sans doute inutilisé, semble se détruire (Pinus) ; cependant, quand les archégones sont très rapprochés les uns des autres (Genévrier), un seul tube pollinique peut, en s'évasant, recouvrir deux archégones, et alors les deux gamètes mâles trouvent leur emploi sur les oosphères correspondant à ces deux archégones.

On sait que chaque ovule renferme un nombre variable d'archégones chez les diverses Gymnospermes ; comme tout archégone peut être fécondé, il pourra se développer autant d'œufs que de corpuscules (Epicea). On sait de plus que chez certaines Gymnospermes (Pin, Genévrier) chaque œuf donne naissance à quatre embryons, mais, quel que soit le cas, un seul de ces êtres atteint son développement complet : il y a donc ici *polyembryonie*, mais sans utilité, puisqu'un seul embryon arrive à maturité.

240. Formation de l'œuf chez les Angiospermes. — Arrivé dans le micropyle, le tube pollinique, après avoir traversé les assises cellulaires du nucelle qui le séparent du sac embryonnaire, assises en nombre assez variable, mais souvent fort réduit à la suite du développement de ce sac embryonnaire, s'insinue entre les synergides, en les détruisant au besoin, puis s'ouvre et laisse échapper les deux cellules génératrices dont l'une féconde l'oosphère pour constituer l'*œuf*, tandis que l'autre s'unit à la cellule secondaire du sac embryonnaire pour former la *cellule mère de l'albumen*. Quand les deux noyaux polaires ne sont pas encore fusionnés au moment de la fécondation (fig. 179, A), le deuxième noyau générateur s'accole au noyau polaire supérieur et ce n'est qu'ultérieurement que s'opère la fusion des trois noyaux (fig. 179, B).

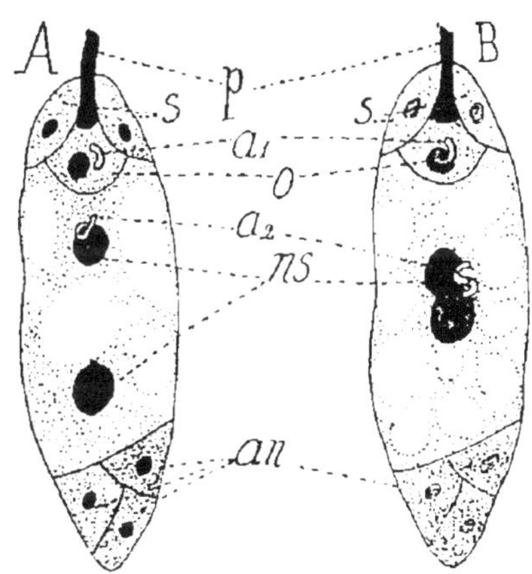

Fig. 179. — Formation de l'œuf chez les Angiospermes : *p*, tube pollinique ; *s*, synergides ; *o*, oosphère ; a_1 gamète mâle s'unissant à l'oosphère, *o* ; *ns*, cellule secondaire du sac ; a_2, deuxième gamète mâle s'unissant à la cellule secondaire du sac ; *an*, antipodes (D'après Guignard).

Au moment où les cellules mères définitives du grain de de pollen sont constituées, le *nombre des segments chromatiques des noyaux de ces cellules se trouve réduit de moitié ; une réduction chromatique identique s'étant opérée dans les cellules mères définitives du sac embryonnaire*, il s'ensuit que les cellules mères définitives du pollen et du sac embryonnaire ne représentent plus que des *demi-cellules* et la *fusion qui s'opère entre l'oosphère et le gamète mâle équivaut à la reconstitution d'une cellule entière ayant le nombre de chromosomes qu'on trouve normalement dans les cellules végétatives de l'espèce.* Ainsi, dans le Lis Martagon, les cellules ordinaires ayant 24 chromosomes, le gamète mâle et l'oosphère n'en possèdent que 12 chacun, mais l'œuf en renferme de nouveau 24.

La cellule-œuf possède donc moitié du substratum des propriétés mâles et moitié du substratum des propriétés femelles.

La fusion des trois noyaux qui donnent naissance à la cellule mère de l'albumen n'est complète qu'au moment de la première segmentation, et il est à remarquer que les cellules qui se fusionnent ici paraissent renfermer le nombre normal de chromosomes.

DÉVELOPPEMENT DE L'ŒUF EN EMBRYON. FORMATION DE LA GRAINE ET DU FRUIT.

241. Résultats de la fécondation. — L'œuf se cloisonne toujours immédiatement après sa naissance pour produire un *embryon*, véritable plante en miniature avec radicule, tigelle, cotylédons et gemmule, mais cet organisme passe, peu après sa formation, à l'état de vie latente

Pendant son développement, des modifications s'opèrent simultanément : 1° dans l'ovule qui le renferme et qui deviendra une graine ; 2° dans l'ovaire, et parfois dans les parties voisines, pour former le fruit ; 3° dans le végétal tout entier qui se comporte différemment, selon qu'il est annuel, bisannuel, vivace ou ligneux. Analysons ces phénomènes.

1° *Formation de la graine.*

242. Développement de l'œuf en embryon et formation de la graine chez les Gymnospermes. — L'oosphère, fécondée et devenue œuf, subit plusieurs bipartitions successives qui aboutissent à la formation de quatre étages superposés de quatre cellules chacun : la tétrade supérieure ne joue aucun rôle ; les trois étages inférieurs constituent un organisme appelé *proembryon* : la tétrade inférieure de celui-ci se cloisonne et produit un seul embryon dans l'Epicea, alors que chacune de ses quatre cellules se différencie en un embryon dans le Genévrier ; il se produit donc quatre embryons par œuf, dans ce dernier végétal et dans un certain nombre d'autres Conifères.

Les cellules de l'étage moyen ou de l'étage supérieur du proembryon s'allongent et se cloisonnent pour produire un organisme le *suspenseur* (fig. 180, *s*), dont le rôle est de refouler les embryons au milieu de l'endosperme, c'est-à-dire dans la réserve nutritive (fig. 180, *e*). Mais tous ces embryons, sauf un, s'atrophient bientôt et la graine mûre n'en renferme jamais qu'un seul qui soit bien conformé, entouré par l'endosperme, reste du prothalle qui se conserve en partie jusqu'après la maturité de la graine et n'est totalement consommé qu'au moment de la germination.

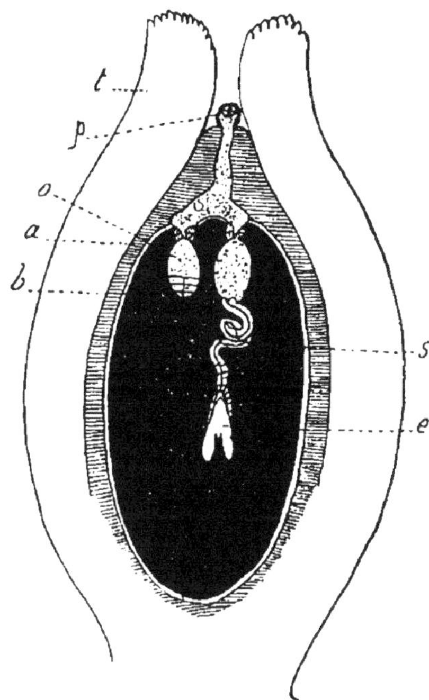

Fig. 180. — *Gymnospermes*. Germination du grain de pollen (*p*) et premiers cloisonnements de l'œuf (*o*) en embryon (*e*) ; *s*, suspenseur ; *b*, endosperme ; *a*, nucelle ; *t*, tégument de l'ovule (schéma, imité de Sachs).

Le tégument de l'ovule devient le tégument de la graine ; celle-ci comprend donc, ici, lors de sa maturité, un tégument enveloppant une amande, constituée par un embryon entouré d'une réserve nutritive, reste de l'endosperme.

243. Développement de l'œuf en embryon et formation de la graine aux dépens de l'ovule chez les Angiospermes. — Le plus souvent, aussitôt après sa fécondation, l'oosphère, devenue œuf, se recouvre d'une membrane et se segmente en deux cellules par une cloison perpendiculaire à la direction du micropyle ; habituellement, celle de ces cellules qui est le plus rapprochée de cet organisme se segmente pour constituer une file de cellules, le *suspenseur*, véritable appareil d'absorption pour l'embryon en voie de formation, qui, se trouvant recouvert dès son plus jeune âge d'une cuticule, ne peut emprunter directement ses aliments au milieu qui l'entoure. La nutrition s'opère forcément par toute la périphérie de l'embryon lorsque le suspenseur vient à manquer (Mimosées, *Corydalis cava*, etc.), parce que les deux premières cellules issues de l'œuf s'appliquent, l'une et l'autre, à la formation de l'embryon ; dans ce cas, le corps de l'embryon ne se revêt d'une cuticule qu'après son complet développement. C'est aux réserves nutritives renfermées dans l'ovule que le suspenseur et l'embryon empruntent d'ordinaire les aliments ; mais, lorsque celles-ci manquent, on voit le suspenseur rechercher ces matières hors de l'ovule, généralement dans le placenta où il s'enfonce, après s'être échappé par l'orifice micropylaire (Serapias, Herminium).

Nous avons décrit et reproduit plus haut (page 119 et fig. 73 et 181) les premières phases du développement de l'œuf *chez les Dicotylédones* ; nous renvoyons à cette page. L'embryon arrivé au terme de sa croissance, chez ces plantes, sera plus ou moins volumineux selon les espèces et surtout selon qu'il aura pu absorber la totalité ou une partie seulement des réserves nutritives mises à sa disposition ; mais, dans la généralité des cas, il présentera toujours une *radicule*, un *axe hypocotylé* et un *bourgeon* montrant à l'extérieur les deux premières feuilles (les *cotylédons*) opposées, relevées et appliquées l'une sur l'autre pour protéger entre elles la *gemmule*, plus ou moins développée : celle-ci, parfois réduite au cône végétatif, présente ailleurs des rudiments de feuilles.

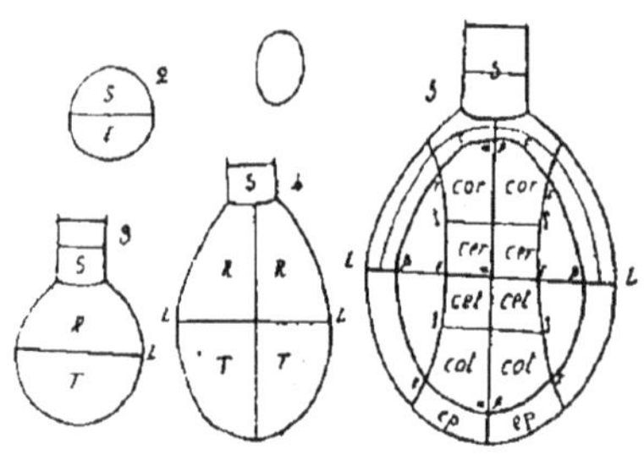

Fig. 181. — Premiers cloisonnements de l'œuf d'une Dicotylédone (schéma).

Cette structure générale peut être voilée soit par la concrescence des cotylédons entre eux (Phyllocactus), soit par la production d'un seul cotylédon (Cyclamen, Bunium, Ficaire), soit encore par l'adjonction aux deux cotylédons d'une troisième feuille bien développée (Persoonia). Quel que soit le végétal, le sommet de la radicule est toujours tourné vers le micropyle et dans le voisinage de ce conduit.

Chez les Monocotylédones, l'œuf produit d'abord une partie axile hypocotylée, sur laquelle se différencie d'un côté un bourgeon composé d'une première feuille totalement engaînante et à bords soudés, le *cotylédon unique*, recouvrant de toutes parts la *gemmule* proprement dite, comme un bonnet; elle laisse cependant, latéralement, un orifice linéaire, la *fente gemmulaire*, par laquelle se fera la sortie de la tigelle lors de la germination. De l'autre côté de l'axe, se produisent, dans la masse des tissus, une ou plusieurs radicelles; ces radicelles restent cachées dans les tissus qui leur forment

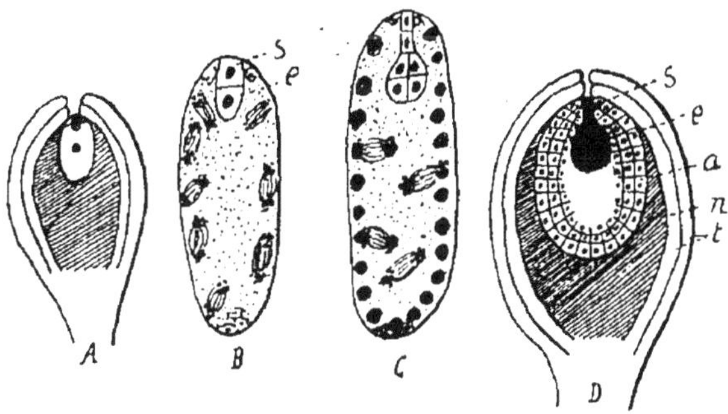

Fig. 182. — Formation de l'albumen : *s*, suspenseur; *e*, embryon; *a*, albumen; *n*, nucelle; *t*, téguments.

une enveloppe (*gaine radiculaire*) jusqu'au moment de la germination; elles s'échappent alors en déchirant ces tissus qui forment à leur base une sorte d'étui perforé en son centre, la *coléorhize*.

Simultanément, la cellule mère de l'albumen se segmente rapidement et ses produits forment d'abord un vaste symplaste qui tapisse la paroi du sac embryonnaire (fig. 182). Plus tard des cloisons apparaissent, qui isolent les éléments du symplaste et ceux-ci, se comportant ensuite comme un méristème, comblent bientôt la cavité du sac d'un tissu, l'*albumen*, qui se gorge de matières nutritives au milieu desquelles croît l'embryon. L'embryon les utilise soit immédiatement et complètement avant la maturité de la graine, soit en partie seulement, avant son

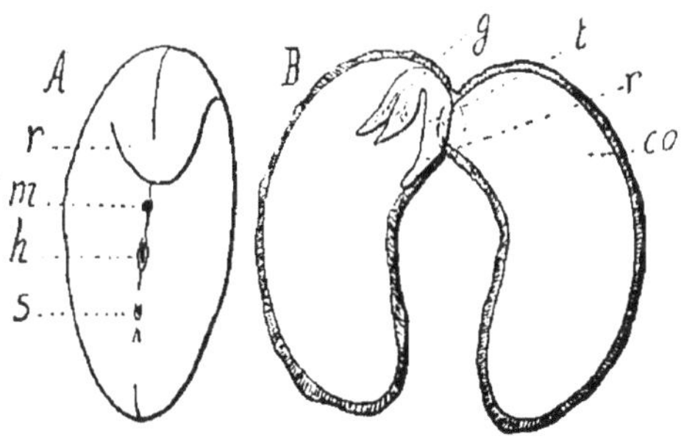

Fig. 183. — Graine sans albumen de Haricot. En B, les deux cotylédons, *co*, sont écartés et laissent voir la gemmule, *g*, la tigelle, *t* et la radicule, *r*. A, graine entière avec *m*, micropyle; *h*, hile; *s*, strophiole.

entrée en repos ; dans cette dernière alternative, l'embryon ne consomme le reste de l'albumen qu'au moment de la germination. Ces deux façons de procéder conduisent à deux variétés de graines mûres qui se distinguent par la présence (*graines à albumen* ou *albuminées* fig. 184) ou l'absence (*graines sans albumen* ou *exalbuminées* fig. 183) d'une réserve nutritive autour de l'embryon. Mais il faut ajouter que, lors d'une absorption hâtive de l'albumen, l'embryon n'arrive jamais à organiser la totalité des substances alimentaires qui lui sont fournies avant la maturité de la graine, l'excédent, qui est souvent considérable, demeure à l'état de réserve soit dans les cotylédons (Dicotylédones : graines du Haricot, du Chêne, du Châtaignier, de l'Amande, de la Noisette, à cotylédons tubéreux), soit dans l'axe de l'embryon (Monocotylédones à embryon macropode : Hélobiées).

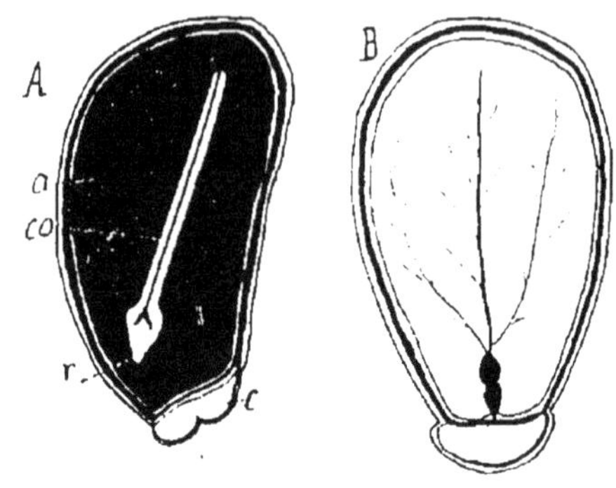

Fig. 184. Graine albuminée de Ricin, *a*, albumen ; *r*, radicule ; *co*, cotylédons foliacés, vus de face en B, vus en coupe en A ; *c*, caroncule.

Habituellement, le nucelle est résorbé pendant le développement de l'albumen et celui-ci occupe la place de celui-là.

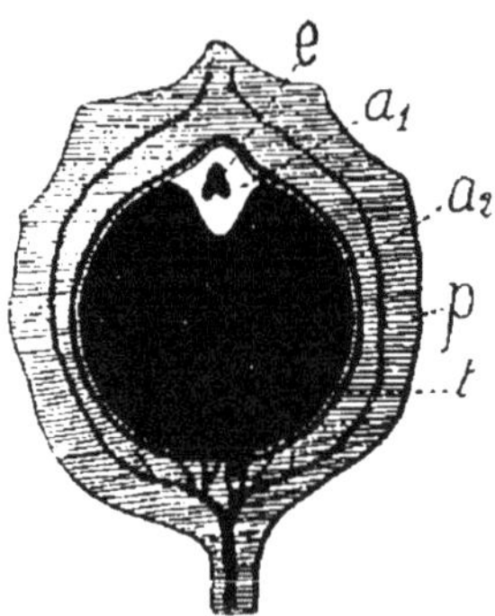

Fig. 185. — Fruit du Poivrier, vu en coupe. *p*, péricarpe ; *t*, tégument de la graine ; *e*, embryon ; a_1 albumen ; a_2, périsperme.

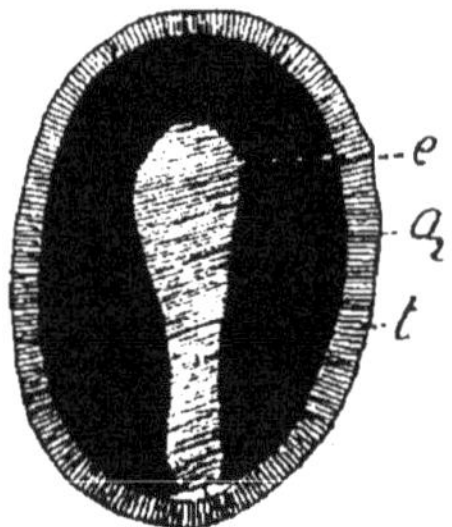

Fig. 186. — Graine de Balisier (Canna), vue en coupe. *e*, embryon ; a_2, périsperme ; *t*, tégument séminal.

Cependant, chez quelques rares végétaux (Poivrier, Nymphaea) où l'albumen ne se développe pas suffisamment pour satisfaire aux besoins de l'embryon, non seulement le nucelle persiste, mais on le voit encore prendre plus d'importance et devenir le siège principal de la réserve nutritive ; il forme un *albumen nucellaire* que l'on distingue, pour plus de précision, par le nom de *périsperme*. Chez le Poivrier et le Nymphaea, l'albumen et le périsperme se retrouvent dans la graine mûre (fig. 185) ; chez le Canna, le périsperme y figure seul (fig. 186).

L'appareil protecteur de l'ovule, en se transformant plus ou moins profondément, deviendra l'appareil protecteur de la graine. Lorsque l'ovule présente deux enveloppes, toutes les deux peuvent être utilisées, et l'une d'elle peut même se subdiviser (Ricin) ; souvent aussi, la membrane interne (secondine) est résorbée, ou aplatie sous les efforts des tissus voisins en voie d'accroissement, au point de former une lame anhiste. Alors le tégument externe entre seul en jeu et se comporte comme le tégument unique des ovules unitégumentés des Dicotylédones gamopétales qui, selon les espèces, forme tantôt un organisme homogène qui demeure simple à la maturité de la graine, ou bien se divise au contraire en une partie résistante appuyée à une partie molle ; ces deux formations se séparent lors de la dessication de la graine, par suite de leur résistance différente, en deux lames superposées. Quelle que soit l'origine du double tégument de la graine, on nomme *testa* le revêtement externe et *tegmen* la membrane qui touche à l'albumen.

244. La graine mûre. — Le développement de toutes ces parties étant achevé, la graine cesse de recevoir des liquides de l'extérieur et, par suite de la consommation de l'eau qu'elle renferme, les phénomènes vitaux perdent, chez elle, toute activité ; le jeune embryon, interrompant son évolution, tombe à l'*état de vie latente*. Alors, la graine est mûre.

La maturité des graines coïncide avec celle du fruit qui les entoure et à ce moment celui-ci s'ouvre ou se détruit : les graines rompent leur attache avec le placenta, se séparent de la plante et les jeunes, emportant une réserve alimentaire, deviennent indépendants de leur générateur.

La graine mûre se décompose : 1° en une *amande*, comprenant l'embryon accompagné ou non d'un albumen et d'un périsperme ; 2° du *spermoderme* formé des téguments, appareil protecteur de l'amande.

Ses dimensions varient avec les espèces : il est des graines qui mesurent moins d'un millimètre (Petunia, Lobelia) ; quelques-unes atteignent, par contre, facilement quarante centimètres (*Lodoicea Sechellarum*). Ses formes sont aussi très différentes, de même que l'état de sa surface qui peut être lisse, ridée, striée, tuberculeuse, velue, etc. Il est des graines de toutes couleurs et de consistances très diverses.

Nous connaissons déjà suffisamment les embryons des Mono- et des Dicotylédones que nous avons décrits dans le paragraphe précédent ; ajoutons cependant quelques détails complémentaires. L'*embryon*, en règle générale, est *droit* chaque fois qu'il provient d'un ovule orthotrope (Polygonacées) ou anatrope (Composées), plus ou moins *courbe*, lorsqu'il s'est développé dans des ovules campylotropes (Crucifères, Chénopodiacées), ou amphitropes (Papilionacées). La radicule, étant toujours tournée vers le micropyle de l'ovule, est *infère* lorsqu'elle est tournée vers l'attache du fruit ; *supère* lorsqu'elle est tournée vers le sommet de cet organe ; enfin, *centripète* ou *centrifuge*, lorsqu'elle regarde soit l'intérieur, soit l'extérieur du fruit. Quand l'embryon est entouré par l'albumen, il est *intraire* (cas général, fig. 187) ; on le dit *extraire* lorsqu'il est placé sur le côté de la graine, simplement appuyé par un côté sur l'albumen (Graminées, fig. 188).

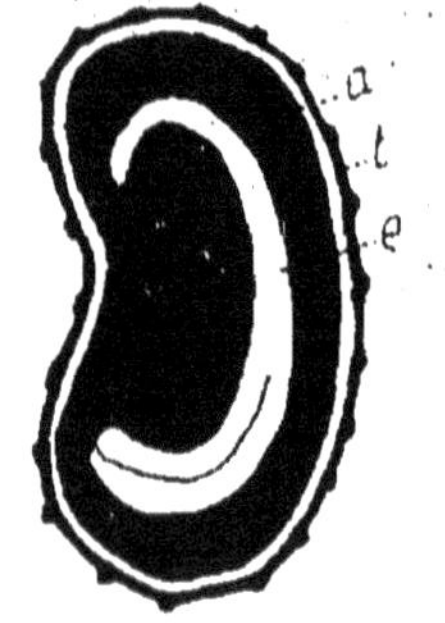

Fig. 187. — Graine de Pavot, à embryon courbe : *a*, albumen ; *e*, embryon ; *t*, tégument.

Chez les Orchidées, l'embryon est simplement constitué par quelques cellules groupées en une masse arrondie et il n'est entouré à aucun moment d'une réserve nutritive. L'albumen et le périsperme font complètement défaut chez ces plantes. Toutes les graines des autres Monocotylédones, à l'exception de celles de la plupart des végétaux aquatiques, ont un albumen à leur maturité. Chez les Dicotylédones, on observe sur ce sujet de grandes variations, mais cependant la présence (Polygonacées, Renonculacées), ou l'absence d'un albumen (Composées, Cucurbitacées, Crucifères) fournissent un des criteriums de la famille.

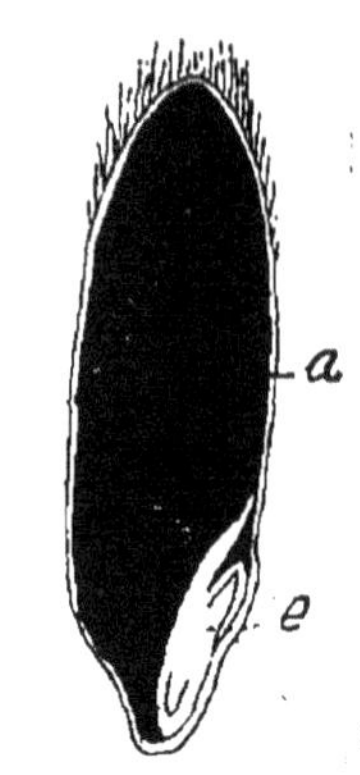

Fig. 188. Fruit de Graminée, en coupe : *e*, embryon extraire ; *a*, albumen.

L'embryon ayant besoin des trois catégories d'aliments azotés, hydrocarbonés et minéraux, on rencontrera ces trois variétés de substances en réserve dans l'embryon et l'albumen, mais elles y sont très diversement combinées et on distingue les albumens entre eux par la nature du corps prédominant, bien qu'on éprouve parfois une certaine difficulté à distinguer quelques sortes d'albumens : tels sont les albumens *charnus* et *huileux* qui contiennent, en outre de l'aleurone, des matières grasses, mais dans les premiers (Lierre) les parois des cellules ont pris une certaine consistance et l'aleurone domine, tandis que c'est la graisse dans les seconds où les parois restent toujours minces (Ricin). Dans les *albumens farineux*, l'amidon représente à lui seul la réserve hydrocarbonée. Les albumens *mucilagineux* (Caroubier) et *cornés* (Dattier, Caféier), ces derniers parfois extrêmement résistants, renferment dans leurs parois les réserves hydrocarbonées, sous formes de corps sucrés : galactane et mannane. L'albumen corné du *Phytelephas macrocarpa* constitue le corozo, ou ivoire végétal, dont on se sert pour fabriquer de prétendus boutons de corne et des pipes. Dans la noix de Coco, l'albumen, charnu-corné à la périphérie, est liquide au centre et constitue le lait de Coco (fig. 189). Les trois catégories d'aliments se retrouvent toujours dans l'amande, l'embryon et l'albumen se complètant l'un l'autre, ce qui est indispensable.

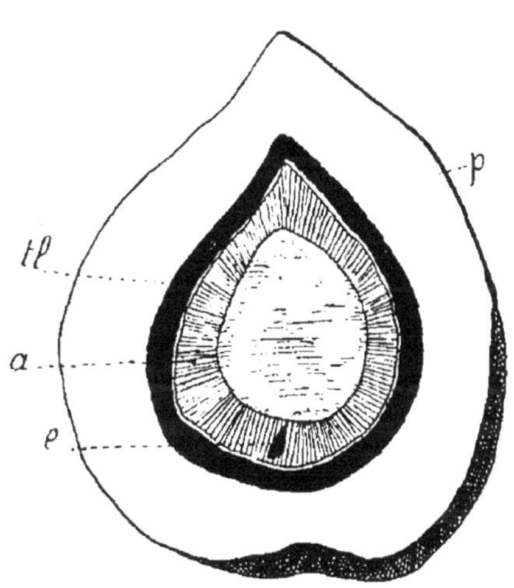

Fig. 189. — Fruit du Cocotier, vu en coupe : *p*, mésocarpe fibreux ; *tl*, endocarpe ligneux ; *a*, albumen, laiteux au centre ; *e*, embryon.

La surface de l'albumen est généralement lisse, unie ; dans les albumens *ruminés*, cette surface présente de nombreuses dépressions, plus ou moins sinueuses, tapissées par les téguments qui découpent, pour ainsi dire, la périphérie de l'albumen (Muscade (fig. 192), graine de Lierre, etc.).

Le *spermoderme* des graines, qui fait corps avec le fruit dans le caryopse des Graminées et l'achaine des Ombellifères, comprimé entre le péricarpe et l'amande, est réduit là à sa plus simple expression, formant une lame anhiste. Il est mou et homogène dans les graines renfermées dans des fruits indéhiscents qui procurent à l'amande la protection qui lui est nécessaire (Amandier, Noyer, Noisetier, etc.). Chaque fois que la graine doit passer un certain temps à l'état de liberté, le spermoderme devient résistant, au moins dans certaines de ses parties, car le spermoderme peut se diviser en plusieurs couches ou lames superposées (jusqu'à 5 et 6) ayant chacune un rôle distinct à jouer; la lame résistante se localise aussi bien à l'extérieur (Haricot) qu'à l'intérieur (Fusain) ou qu'au milieu (Ricin) du spermoderme. Le testa s'adapte, en effet, souvent à d'autres rôles que la protection : en se couvrant de poils qui donnent prise à l'air (Saule, fig. 191, Cotonnier, Eriosperme), il facilite leur dissémination par le vent; ailleurs, la gélification de son épiderme, sous l'influence de l'humidité, permet la fixation de la graine en des lieux propices à la germination ou son transport par les animaux. Il y a sous ce rapport des variations très grandes : les graines à testa charnu, comme celles de la Grenade, sont recherchées par les animaux comme aliment; le tegmen et l'amande échappent à la digestion et traversent le tube digestif; mais l'embryon, plus ou moins touché par les ferments, trouve à leur contact une excitation qui hâte la germination lorsque la graine est déposée à terre.

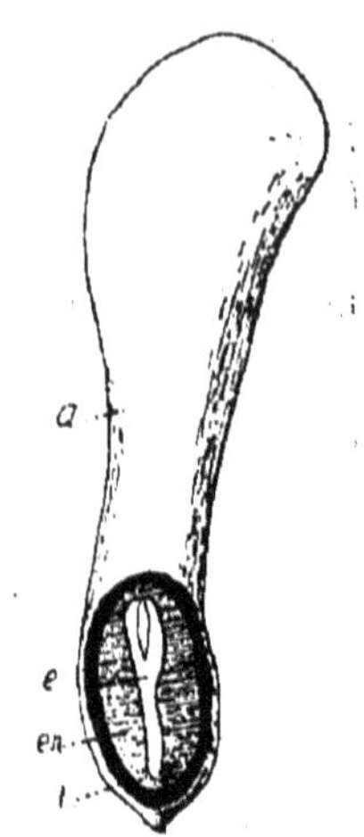

Fig. 190.— Graine de Sapin, à tégument ailé : *e*, embryon ; *en*, endosperme ; *t*, tégument ; *a*, aile du tégument.

A la surface des graines on observe toujours facilement la cicatrice (*hile* ou *ombilic*) laissée par la séparation de cet organisme du fruit. Le hile de la graine ne doit pas être confondu avec celui de l'ovule : le premier correspond au point d'insertion de la graine sur le funicule, le second à l'autre extrémité du funicule, à son point d'attache sur le placenta. Le raphé des ovules anatropes se retrouve aussi facilement sur les graines qui

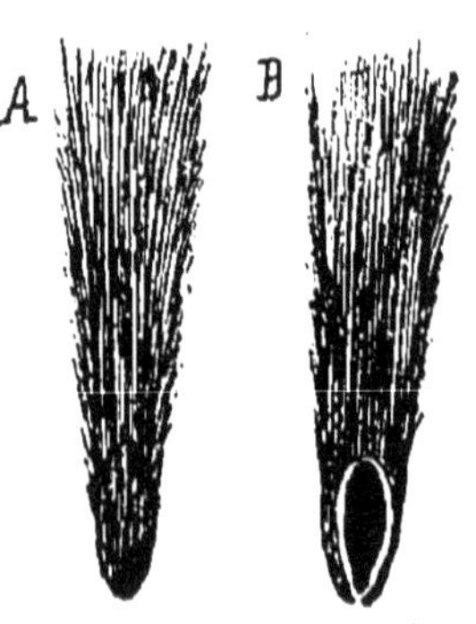

Fig. 191. — Graine de Saule.

dérivent de ces ovules ; le micropyle est moins apparent en général, car il s'oblitère le plus souvent lors de la fécondation ; cependant, quelques graines le laissent voir facilement (Haricot, Corydalis).

Certaines formations, d'importance secondaire, viennent s'ajouter, à la suite de la fécondation, au spermoderme ; tels sont :

1° L'*arille*, production en coupe, à bords droits ou découpés qui, partant du funicule (de l'ombilic), recouvre plus ou moins le spermoderme (Populage, Passiflore, Nymphæa) ;

2° L'*arillode* ou *faux-arille* qui, avec les mêmes caractères extérieurs, se distingue de l'arille en ce qu'il prend naissance du bord du micropyle (Fusain, Muscadier, fig. 192, Polygala) ;

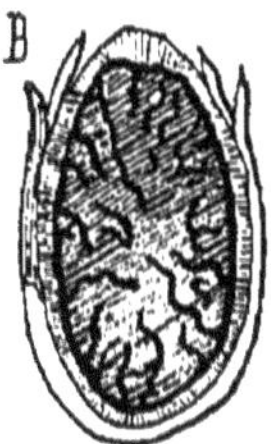

Fig. 192. — Graine de Muscadier : A, entière, avec son arillode ; B, vue en coupe (l'albumen est ruminé).

3° Les *caroncules*, simples excroissances des bords du micropyle (Ricin, fig. 184) ;

4° Les *strophioles*, qui sont également des excroissances, mais qui prennent naissance sur le trajet du raphé (Chélidoines).

5° Enfin, des *aigrettes*, des *poils* (Epilobes, Asclepiadées) qui jouent un rôle très actif dans la dissémination des graines.

2° *Formation du fruit*

L'action de la fécondation se fait sentir au-delà de l'ovule et particulièrement sur le gynécée qui, seul ou avec le concours de parties diverses de la fleur ou de l'inflorescence, constitue un fruit.

Dans le gynécée, l'ovaire est surtout influencé ; il persiste toujours et forme la partie principale du fruit. Le style et, particulièrement, le stigmate se flétrissent et tombent presque toujours ; rarement (Clématites, certaines Anémones, Geum), voit-on le style persister, s'accroître même pour constituer un appareil servant à la dissémination du fruit.

Les étamines se flétrissent et tombent le plus souvent, bien qu'on les retrouve parfois autour ou sur le fruit mûr, mais en mauvais état. La corolle se comporte comme les étamines, bien qu'elle soit plus souvent marcescente ; elle est même accrescente chez certains Bassia, où elle devient charnue et acquiert assez de sucre pour permettre l'obtention d'une liqueur fermentée.

Le calice chute, lui aussi, le plus souvent après la fécondation ; cependant, on le voit persister plus fréquemment que les organes précédents soit à l'état flétri (dans l'œil de la Pomme), soit à l'état vert, sans s'accroître beaucoup (Fraisier, Belladone, fig. 193), ou, au contraire, en s'accroissant considérablement, tout en restant membraneux (*induvie* des Coquerets), ou bien en devenant charnu (Blite, Mûrier, etc.), ou bien encore en formant une enveloppe dure au fruit véritable (Epinard).

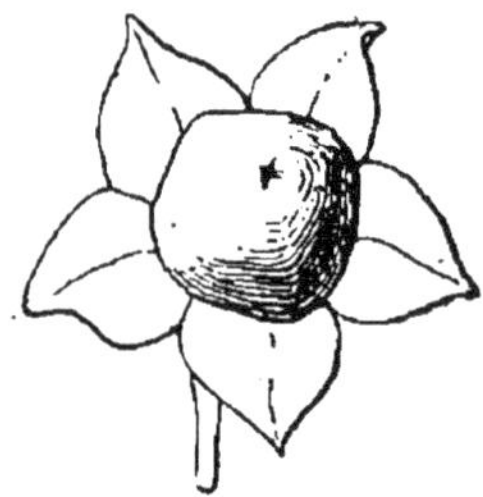

Fig. 193. — Fruit de Belladone. Baie avec calice persistant.

Fig. 194. — Cynorrhodon (fruit du Rosier).

La coupe, qui entoure les carpelles des Pomacées et des Rosiers, s'accroît après la fécondation, devient charnue et recouvre les fruits véritables, formant des organismes appelés *mélonide* et *cynorrhodon* (fig. 194).

La base des quatre parties de la fleur, intimement unies entre elles dans les fleurs dites à ovaire infère, entrent dans la constitution du fruit qui succède à la fécondation des gynécées de ces fleurs.

Le réceptacle en s'accroissant et devenant charnu forme un support aux fruits véritables du Fraisier, de petits achaines jaunâtres qui se logent dans des dépressions creusées dans la masse colorée et gorgée de sucs (fig. 195).

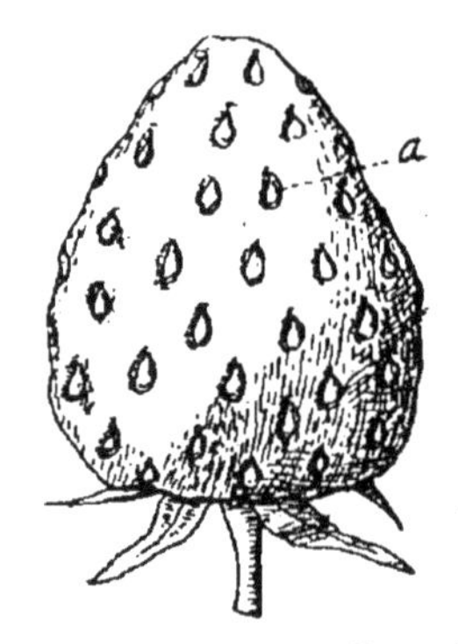

Fig. 195. — Fraise. *a*, achaine.

Les pommes d'Acajou, mangées dans l'Amérique du Sud, sont formées par les pédoncules accrus et devenus charnus après la fécondation des fleurs de l'*Anacardium occidentale*.

Chez le Figuier, l'axe de l'inflorescence, fort large mais en forme de bourse, s'amplifie et se gorge de sucre après la fécondation, cachant dans son intérieur les fruits véritables qui sont de petits achaines jaunes, partiellement recouverts par les calices devenus également charnus.

Ce sont des bractées accrues qui, considérablement amplifiées, défendent longtemps les fruits vrais du Châtaignier.

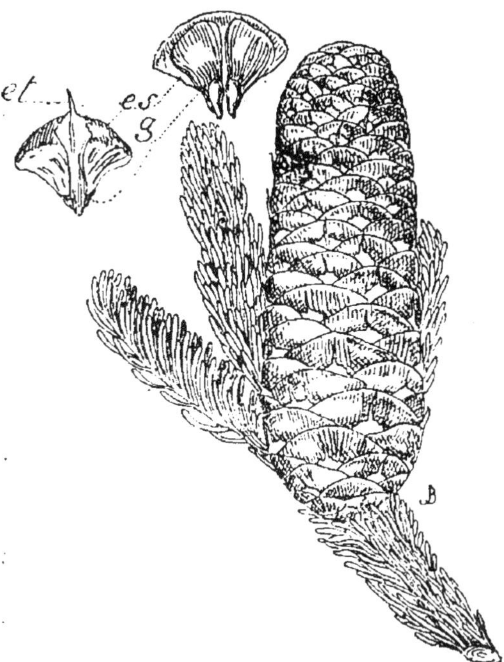

Fig. 196. — Cône d'*Abies excelsa*. Deux écailles femelles sont détachées (voir en haut et à gauche de la figure) : *et*, écaille tectrice ; *es*, écaille séminale : *g*, graine.

Le *cône* des Conifères (fig. 196). fruit composé, est formé, pour la plus grande part, par l'axe et les bractées développés sous l'influence de l'acte sexuel.

Le fruit de l'Ananas, également composé, est recherché pour la succulence qu'ont pris l'axe, les bractées et les sépales de toute une inflorescence, considérablement accrus et soudés entre eux.

245. Transformation de l'ovaire en fruit. — Les fruits que nous venons de signaler constituent des cas particuliers au milieu du règne végétal. Ordinairement, l'ovaire entre seul dans la constitution du fruit à l'abri duquel s'opère le développement de la graine. Dans tous les cas, il s'amplifie toujours assez en volume pour se prêter à la transformation des ovules et même, le plus souvent, il s'étend de façon à leur laisser toute liberté.

Dimensions à part, le fruit reproduit ordinairement l'organisation de l'ovaire auquel il succède ; il montrera notamment toutes les parties constituantes de cet ovaire : un seul fruit succédera aux gynécées mono- et gamocarpellés ; plusieurs fruits, aux gynécées dialycarpellés. La cavité des fruits provenant des gynécées gamocarpellés pourra, selon le mode d'assemblage des feuilles carpellaires, être indivise ou montrer autant de loges qu'en présentait l'ovaire. Cependant, on observe parfois des différences profondes entre la constitution des deux organismes. C'est ainsi que par suite d'avortements, on voit les fruits uniloculaires des Palmiers, du Chêne, des Valérianacées, dériver d'ovaires triloculaires et que, tout au contraire, soit par prolifération et formation de fausses cloisons, soit par le reploiement des parois existantes, à des ovaires uniloculaires succèdent des fruits pluriloculaires (Crucifères, Glaucium, Casse, etc.). Des carpelles, unis avant la fécondation, se séparent au moment de la maturation du fruit (formation du diachaine des Ombellifères) ; enfin, il peut dériver d'une fleur plus de fruits qu'elle ne contenait de carpelles : le fait est patent pour les Lamiacées et les Borraginacées dont les fleurs, à deux carpelles soudés, produisent quatre achaines distincts et séparés.

246. Du péricarpe. Développement du fruit. — La substance du fruit est désignée sous le nom de *péricarpe*. On la divise, avec plus ou moins de raison selon les cas, en *épicarpe*, *mésocarpe* et *endocarpe*.

Tout en se développant en volume, le péricarpe peut rester plus ou moins mince ; il présente alors peu de résistance, étant membraneux, foliacé, comme cela s'observe dans les fruits capsulaires, ou bien devenir consistant et se lignifier, ce que l'on voit notamment dans les fruits indéhiscents, les achaines ; il peut, tout au contraire, s'épaissir fortement en se gorgeant de liquide qui retient ordinairement une certaine quantité de sucres (glucoses ou saccharoses : Pêche, Pomme, Groseille), d'amidon ou d'huile (Olive). De là deux catégories de fruits : les *fruits secs* et les *fruits charnus*. Dans le développement des fruits secs les éléments de l'ovaire n'augmentent point en nombre, ils s'étendent seulement en tous sens. En outre du dépôt de matières diverses dans les éléments, la formation des fruits charnus est accompagnée, le plus souvent, d'une multiplication par cloisonnement des cellules qui constituaient l'ovaire.

247. Maturation du fruit. — Les cellules se vident et se dessèchent dans les fruits secs ; dans les fruits charnus des modifications chimiques s'opèrent : l'amidon disparaît ; le tanin diminue ; le saccharose augmente chez quelques-uns ; ce sucre se dédouble totalement chez d'autres en sucre interverti (dans le Raisin et la Groseille), ou partiellement seulement dans la Pêche, l'Abricot, la Prune, etc. ; les acides organiques augmentent (acide citrique dans le Citron) ou, tout au contraire, se résorbent : comme dans le cas le plus général.

248. Le fruit mûr. Principales sortes de fruits. — Le fruit provenant d'un seul carpelle est dit *apocarpé* ; il est appelé *syncarpé* s'il résulte d'un ovaire gamocarpellé ; le fruit est *multiple* ou *agrégé* quand il a pour origine un gynécée dialycarpellé ; enfin, quand le fruit est produit par la réunion de péricarpes qui proviennent de plusieurs fleurs, comme cela s'observe dans la Mûre, la Figue, les Cônes, il est dit *anthocarpé* ou *composé*. Si le fruit est sec et s'il contient plusieurs graines, il s'ouvre généralement pour permettre la dissémination de celles-ci (*fruits déhiscents*). Les *fruits indéhiscents* sont monospermes ou bien charnus.

249. Fruits unicarpellés ou apocarpés. — Ils sont déhiscents ou indéhiscents. Dans ces derniers, on ne

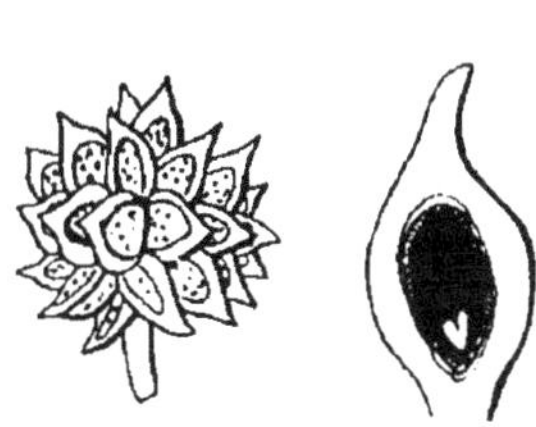

Fig. 197. — Fruit multiple de Renoncule et achaine grossi (en coupe à droite).

Fig. 198. — Achaine à aigrette plumeuse (Composées).

rencontre, le plus souvent, qu'une seule graine (*fruits monospermes*) qui n'est mise en liberté que par la désorganisation du

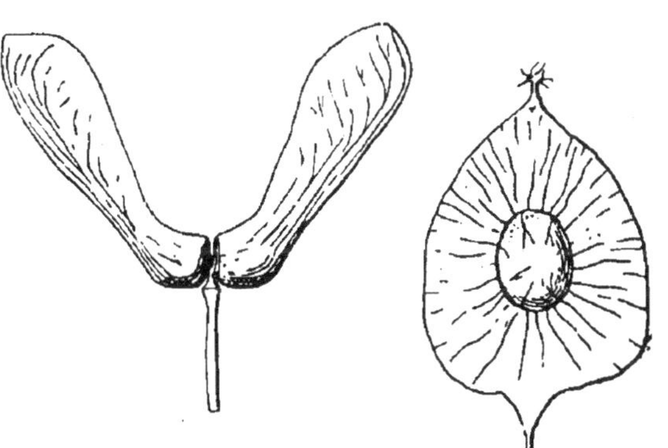

Fig. 199. — Disamare d'Erable.

Fig. 200. — Samare d'Orme.

péricarpe, lors de la germination. Les fruits apocarpés indéhiscents peuvent être secs ou charnus : les premiers sont appelés *achaines*, quand le péricarpe est indépendant du spermoderme (Renoncule, Composées, fig. 197-8); *caryopses*, quand le péricarpe se soude au tégument de la graine (Graminées) et *samare* lorsque le péricarpe s'étale sous forme d'aile circulaire (Orme, fig. 200) ou unilatérale (Frêne).

Si le fruit apocarpé monosperme et indéhiscent est charnu, tel que cela s'observe dans la cerise et la pêche (fig. 201), on a affaire à une *drupe*. Dans ces fruits, le péricarpe se divise nettement en trois parties : un épicarpe qui est, ici, la peau; un mésocarpe qui est la partie comestible; enfin, un endocarpe, la substance ligneuse ou noyau, qui protège la graine.

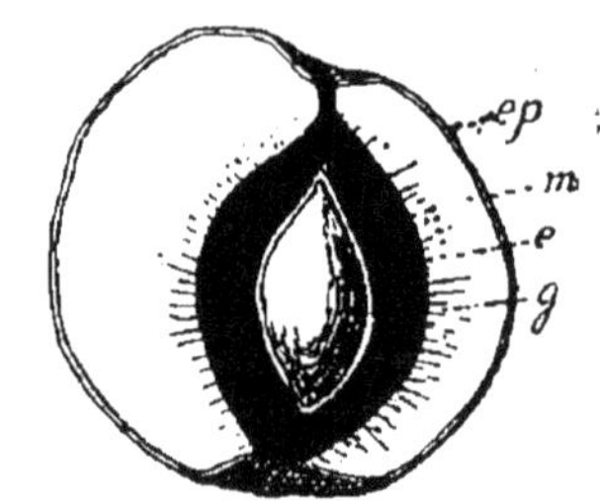

Fig. 201. — Pêche, vue en coupe : *ep*, épicarpe ; *m*, mésocarpe ; *e*, endocarpe ; *g*, graine.

Les fruits apocarpés déhiscents comprennent le *follicule* et le *légume* ou *gousse*. Ils s'ouvrent longitudinalement à leur maturité en séparant leur péricarpe en *valves*. Dans le *follicule* (fig. 202), la fente

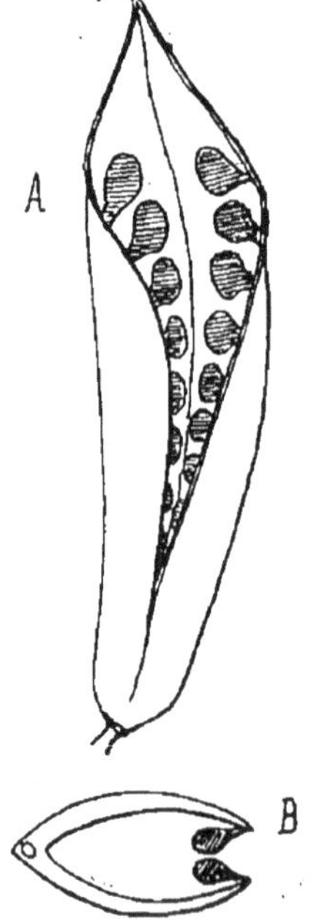

Fig. 202. — A, un follicule ; B, le même vu en coupe transversale.

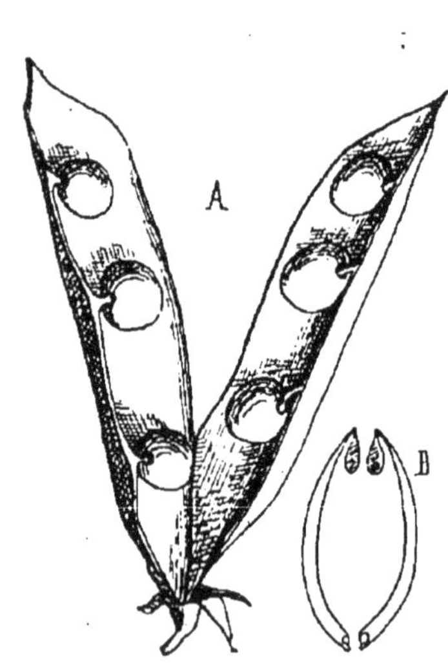

Fig. 203. — A, un légume ; B, le même en coupe transversale (Pois).

unique s'étend tout le long de la suture ventrale, comme si les bords de la feuille carpellaire, primitivement unis dans l'ovaire, se séparaient dans le fruit (Gymnocladus). Dans le *légume* (fig. 203), la déhiscence se fait à la fois suivant la suture ventrale et la suture dorsale, de telle sorte que le fruit se partage en deux valves (la plupart des Légumineuses).

250. Fruits pluricarpellés ou syncarpés : ceux-ci sont encore, suivant les cas, *déhiscents* ou *indéhiscents*. Les

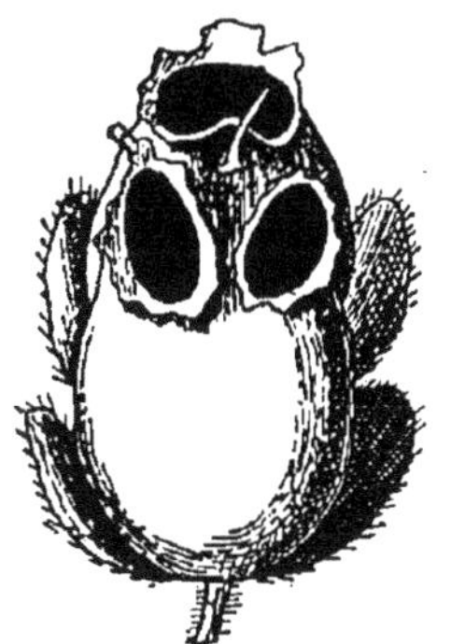

Fig. 204. — Capsule poricide de Muflier.

Fig. 205. — Pyxide de Mouron rouge.

premiers sont des *capsules* et leur déhiscence se fait de façons diverses : soit par des pores (*capsule poricide*, Muflier, fig. 204), soit transversalement (*pyxide*, Mouron rouge, fig. 205), soit,

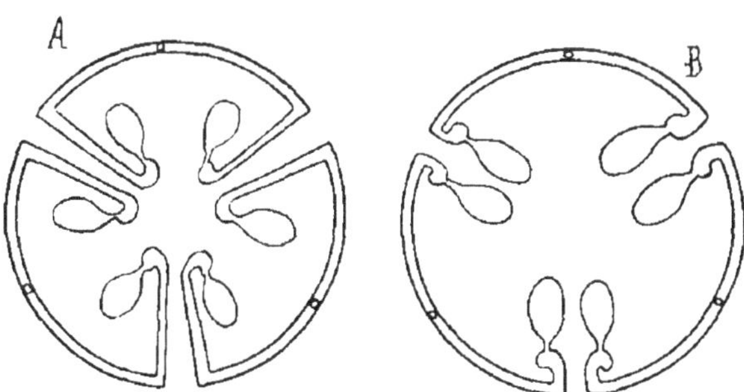

Fig. 206. — Déhiscences septicides ; A, dans un ovaire à placentation axile ; B, dans un ovaire à placentation pariétale ; (coupes transversales schématiques de fruits).

enfin, longitudinalement, comme pour le follicule ou le légume ; cette déhiscence *valvaire* offre les trois principales variétés suivantes :

1° La *déhiscence* est *septicide* quand chaque valve du fruit appartient à un seul carpelle ; les carpelles se séparent par dédoublement des cloisons, quand la placentation est axile (Colchicacées, fig. 206, A), puis s'ouvrent ensuite à la façon des

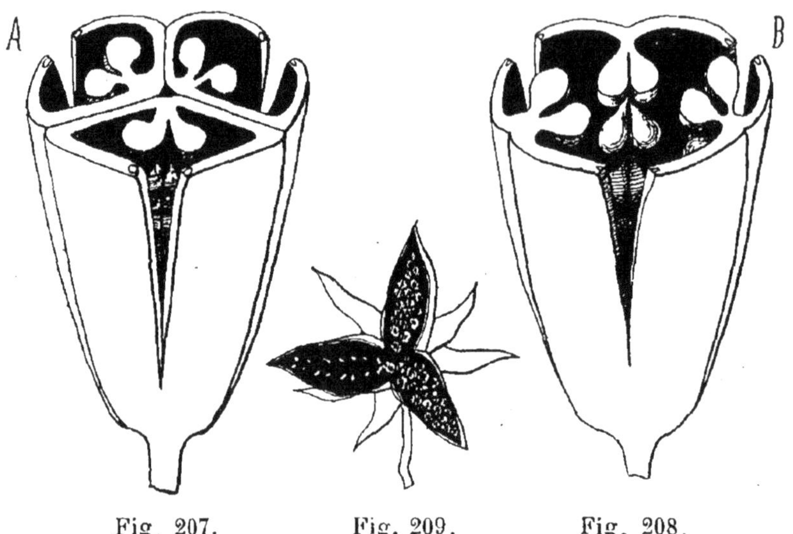

Fig. 207. Fig. 209. Fig. 208.

Fig. 207. — Déhiscence loculicide, dans un ovaire à placentation axile. — Fig. 209. — Déhiscence loculicide, dans un ovaire à placentation pariétale. — Fig. 208. — Fruit de Violette ouvert par déhiscence loculicide.

follicules, par séparation des placentas. Quand la placentation est pariétale (Gentiane, fig. 206, B), ce second phénomène se produit seul ;

2° La *déhiscence* est *loculicide* lorsque les lignes de déhiscence passent par les nervures médianes des feuilles carpellaires, que la placentation soit pariétale (Violettes, fig. 208 et 209) ou axile (Liliacées, fig. 207) ;

3° La déhiscence est, enfin, *septifrage*, quand des fentes longitudinales sont pratiquées de chaque côté des cloisons (Volubilis) ou des placentas (Orchidées, fig. 210 et 211).

De ce dernier mode de déhiscence se rapproche la déhiscence de la *silique*. La silique provient de deux carpelles soudés par leurs bords, formant, par conséquent, un ovaire uniloculaire à placentation pariétale, mais qui devient biloculaire par la formation d'une fausse cloison réunissant les placentas (fig. 212). Le péricarpe se détache en deux valves, de bas en haut, par quatre fentes situées de part et d'autre de la cloison qui reste à nu et porte les graines. Ce fruit est caractéristique de la famille des Crucifères ; cependant, on

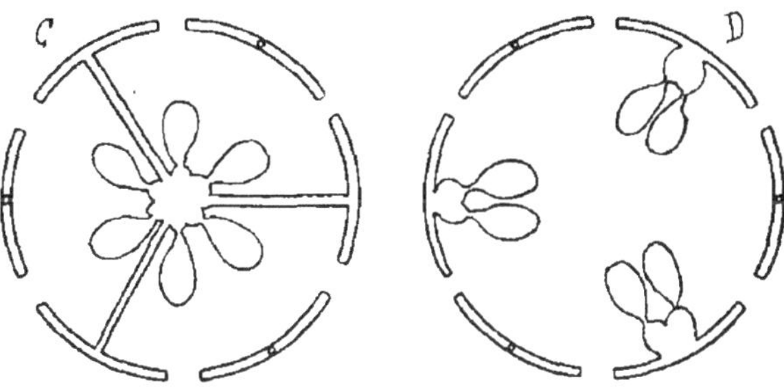

Fig. 210. — Déhiscences septifrages : C, dans un ovaire à placentation axile; D, dans un ovaire à placentation pariétale ; (Coupes transversales schématiques de fruits).

trouve des capsules en forme de silique dans les Chélidoines, mais, ici, au lieu d'une cloison, qui n'existe pas, on voit les

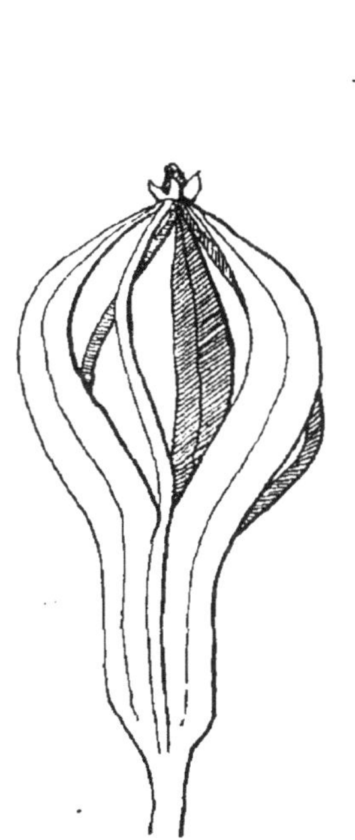

Fig. 211. — Fruit d'Orchidée (déhiscence septifrage).

Fig. 212. — Silique, vue entière et en coupe transversale.

placentas s'isoler des valves sous forme d'un cadre porteur des graines.

Les Crucifères présentent des *siliques* et des *silicules* : ces fruits ne se distinguent l'un de l'autre que par leurs dimensions : une silique doit être quatre fois plus longue que large ; la *silicule*, plus courte, ne réalise pas cette condition.

Les *coques* sont des capsules s'ouvrant avec élasticité (*Hura crepitans*, Dictamnus, Fraxinelle).

Les fruits syncarpés indéhiscents sont charnus pour la plupart : l'un des plus répandus est la *baie* (fig. 213) chez laquelle l'endocarpe charnu ne se distingue pas du mésocarpe égale-

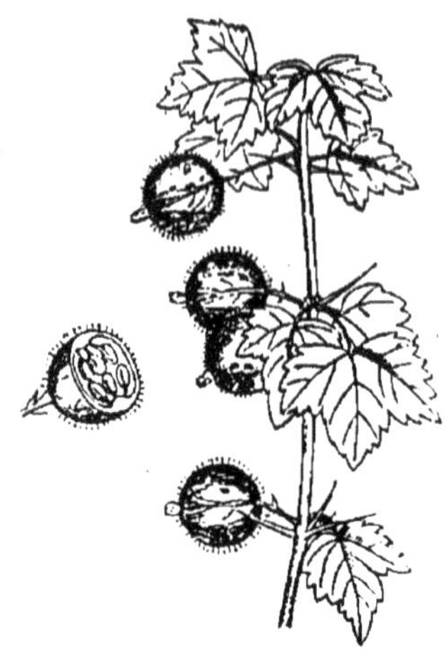

Fig. 213.— Baie (Groseille).

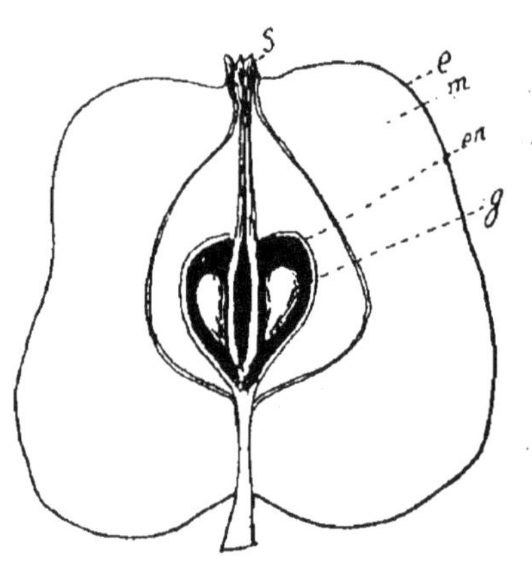

Fig. 214. — Pomme : S, sépales persistants ; *e*, épicarpe ; *m*, mésocarpe ; *en*, endocarpe ; *g*, graine.

ment charnu. Ce fruit est généralement polysperme (Raisin, Groseille). L'*Orange* a un épicarpe gorgé de glandes à essence, un mésocarpe charnu qui constitue la partie blanche de la peau et un endocarpe membraneux formant plusieurs loges séparables (tranches d'Orange) et remplies d'une pulpe. Cette pulpe est formée par des poils fusiformes gorgés de suc ; ils remplissent les loges après la fécondation. La *Pomme*, ou fruit des Pomacées (fig. 214) est formée par les cinq loges de l'ovaire, qui renferment chacune deux (Poire, Pomme) ou plusieurs graines (Coing) ; chaque loge est limitée par un endocarpe cartilagineux, quelquefois même transformé en noyau (Nèfle). Les cinq loges sont enveloppées par un mésocarpe charnu (chair) et un épicarpe mince (peau).

Le *Pépon* ou *Péponide*, fruit des Cucurbitacées, a une consistance qui diminue de la périphérie au centre. L'ovaire est pluriloculaire, mais le fruit ne présente plus qu'une cavité par suite du développement énorme que prend la paroi qui entraîne avec elle les placentas, en les séparant les uns des autres.

Le *Gland*, enfin, est un fruit (achaine) provenant d'un ovaire à trois carpelles biovulés, mais qui ne renferme qu'une graine par avortement complet de deux carpelles et du deuxième ovule du troisième carpelle.

251. Fruits agrégés ou multiples. — Ils proviennent d'un gynécée dialycarpellé dont chaque carpelle forme un fruit rapproché mais indépendant de ses congénères. Ces fruits peuvent être secs ou charnus et chaque carpelle se comporte comme un fruit apocarpé : le fruit est formé d'achaines groupés (*polachaine*) dans la Renoncule (fig. 197), de drupes groupés dans le Framboisier et la Ronce, de follicules dans la Pivoine et l'Hellébore.

Le fruit peut devenir charnu tout en étant formé d'achaines : c'est le cas du Fraisier où le réceptacle charnu et succulent supporte de petits fruits secs (fig. 195).

252. Fruits anthocarpés. — Ces fruits résultent de l'accollement en un seul organisme des produits de toute une inflorescence. Autant de fruits de cette sorte, autant de noms

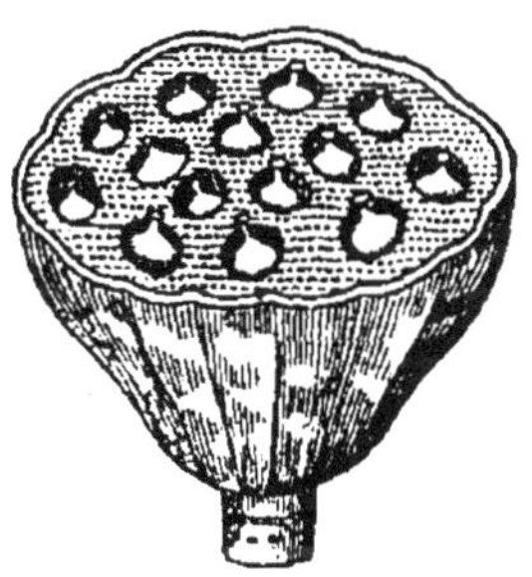

Fig. 215. — Fruit de Nelumbium. Les achaines sont indépendants et plongés dans le réceptacle charnu.

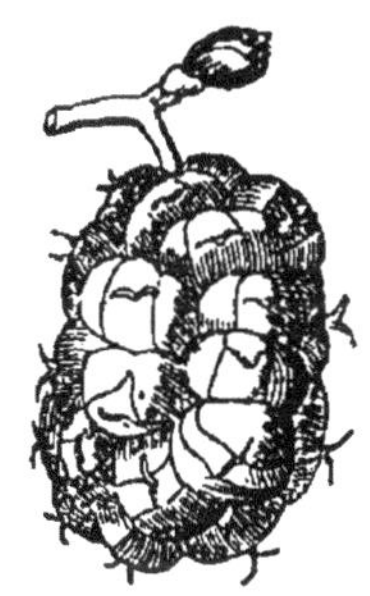

Fig. 216. — Mûre.

particuliers : la *mûre*, multiple d'achaines entourés des calices devenus charnus, est un fruit qui correspond à une inflorescence de Mûrier (fig. 216) ; dans la *figue*, tous les produits rassemblés d'une inflorescence se transforment en un fruit composé et charnu ; le *cône* des Conifères est formé par l'ensemble des graines, des feuilles carpellaires et de leurs brac-

- **Fruits simples**
  - **apocarpés** ou *unicarpellés*
    - *indéhiscents* (uni- ou dispermes)
      - *secs* : *achaine* (Composées), *caryopse* (Graminées), *samare* (Frêne).
      - *charnus* : *drupe* (Cerise, Pêche, Amande, Noix).
    - *déhiscents* (polyspermes) : *follicule*, *légume* ou *gousse* (Légumineuses, en général), *silique* et *silicule* (Crucifères).
  - **syncarpés** ou *pluricarpellés*
    - *déhiscents* : capsules à déhiscence
      - *poricide* (Antirrhinum, Réséda).
      - *transversale*, *pyxide* (Mouron rouge).
      - *valvaire* : *loculicide* (Tulipe, Iris, etc.), *septicide* (Colchique, Digitale), *septifrage* (Orchidées, Saxifrage), *coque* (Hura).
    - *indéhiscents* : *baie* (Raisin, Groseille, etc.), *mélonide* ou *pomme* (Pomme, Poire, Coing, Nèfle), *hespéridie* (Orange, Citron, etc.), *péponide* (Courge, Melon, etc.), *gland* (Chêne).
- **Fruits multiples ou agrégés**
  - *secs* : *polachaine* (Renoncule), *multiple de follicules* (Hellébore).
  - *charnus* : *multiple de drupes* (Ronce).
- **Fruits anthocarpés**
  - *secs* : *cône* (Pin), *galbule* (Cyprès).
  - *charnus* : *sycone* (Figue), *syncarpe* (Mûre), *sorose* (Ananas).

tées mères devenues ligneuses (fig. 196) ; le cône des Cyprès, réduit à quelques écailles fructifères élargies porte le nom de *galbule*.

253. Dissémination de la graine et du fruit. — Lorsque des graines s'amassent au même point, elles y germent toutes, mais elles se gênent bientôt mutuellement et ne peuvent toutes se développer. Il y a donc avantage à ce que les graines soit dispersées et nous savons déjà que la dehiscence des fruits a pour but principal la dispersion des graines qui, ne chutant pas au même moment, ont des chances pour être entraînées dans des directions différentes. On rencontre aussi des dispositions spéciales du fruit et de la graine qui sont destinées à assurer cette dispersion des semences.

Les annexes de la graine s'adaptent donc à la dissémination en développant sur le spermoderme des expansions foliacées (Lilas, Sapin, etc.), des productions laineuses ou pileuses (Saule fig. 191, Asclépiadacées, Cotonnier), ou encore des formations mucilagineuses (Lin, Coing). Dans les fruits indéhiscents, c'est le péricarpe qui est organisé en vue de cette dissémination : les samares donnent prise au vent par leurs expansions membraneuses (fig. 199 et 200). Les Linaigrettes ont un fruit muni d'appendices soyeux qui aident à les convoyer. Ailleurs, ce sont des crochets qui ornent le péricarpe et fixent le fruit au pelage des animaux (Grateron); ou bien le péricarpe, devenant charnu, sert d'appât aux animaux tandis que les graines bien protégées par leurs téguments résistent à l'action des sucs digestifs, et même y trouvent un excitant qui leur permet de germer plus facilement lorsqu'elles sont rejetées hors du tube digestif (Cerise, Raisin, Gui, etc.).

Ailleurs, ce sont les annexes du fruit qui contribuent à sa dispersion : c'est le style plumeux des Geum ; ce sont les soies calicinales des Composées ; c'est la succulence du réceptacle dans le Fraisier ; etc., etc.

Enfin, certains fruits ont le pouvoir d'expulser leurs graines avec violence : par déhiscence rapide du fruit dont les valves se replient brusquement dans la Balsamine et la Cardamine impatiente ; le fruit d'Ecballium, distendu par un liquide aqueux, se détache de son pédoncule et expulse par la contraction de ses parois la matière visqueuse chargée de graines, qu'il contient.

Dans les Géraniacées, le style persistant joue le rôle d'un

ressort dans la déhiscence des cinq loges et dans l'expulsion de la graine que contient chaque loge.

3° *Action de la fécondation sur le végétal.*

Dès que la fécondation s'est opérée, l'ovule, copieusement nourri, s'accroît et se transforme en graine ; la feuille carpellaire qui protégeait l'ovule suit l'accroissement de celui-ci, devient le fruit et protège la graine jusqu'au moment de sa maturité, quelquefois même jusqu'à sa germination (fruits indéhiscents et monospermes). La graine mûre assure le maintien de l'espèce et l'individu qui lui a donné naissance peut disparaître : c'est ce qui arrive rapidement dans les plantes annuelles et bisannuelles qui meurent dès que le fruit est mûr (*végétaux monocarpiques*). Chez les végétaux vivaces l'individu ne meurt pas des suites de la fécondation, mais toutes ses parties aériennes se flétrissent, disparaissent; les végétaux gras à tige herbacée font cependant exception; ils ne périssent pas après la floraison. Les végétaux ligneux conservent aussi leurs parties aériennes. Dans ces derniers cas où l'individu peut fleurir plusieurs fois, nous avons affaire à des *plantes polycarpiques*.

Il existe des végétaux herbacés des pays chauds qui vivent un grand nombre d'années et s'accroissent aussi longtemps qu'ils n'ont pas produit de fleurs, mais ils dépérissent aussitôt après : ainsi se comportent les Agaves ; cependant ceux-ci ne forment qu'un cas particulier parmi les plantes vivaces, car après la fructification la plupart drageonnent et ainsi se continue l'individu qui peut fructifier plusieurs fois, non pas annuellement, mais à des intervalles plus ou moins espacés : ce sont encore là des végétaux polycarpiques.

GERMINATION.

254. Généralités. — Chaque fois qu'un organisme végétal quelconque (spore, sclérote ou kyste, bulbe, tubercule, bourgeon, œuf ou embryon), sort de la vie latente ou ralentie pour passer à une période d'activité physiologique, on dit qu'il entre en *germination*.

Selon les organes considérés, selon l'état de leur protoplasma, les conditions premières de la germination peuvent paraître différentes, mais en somme sont essentiellement les mêmes. Supposant que l'organe se trouve dans des conditions normales, qu'il soit complet et que ses tissus soient en bon état, il lui faudra, pour sortir de la situation spéciale au repos : 1° d'abord récupérer l'eau qu'il a perdue lors de son entrée en état de vie latente afin de lui permettre d'effectuer à nouveau les échanges nécessaires à la vie et qui ont ce liquide comme principal agent ; 2° rencontrer dans le milieu extérieur la somme de chaleur tout au moins suffisante à l'exécution des principales fonctions vitales ; 3° recevoir l'oxygène indispensable aux combustions internes, sources de forces pour le protoplasma.

L'organe qui se présente le plus souvent comme un individu incomplet (bulbes, tubercules dépourvus de racines) ou imparfait (embryon des Phanérogames), devra trouver à sa portée des réserves nutritives en quantité suffisante pour lui permettre l'édification des parties qui lui font défaut ou bien, dans la seconde alternative, le développement de ses membres, jusqu'à ce qu'ils soient à même de suffire par leur seul jeu aux besoins du végétal. La germination commençant au réveil de l'organisme a comme terme ultime le moment où l'individu, s'étant complété, peut, par ses propres moyens, faire face aux exigences de la vie.

Les points qu'il faut donc examiner successivement ici sont : 1° l'état de santé du germe ; 2° les conditions du réveil ; 3° la mise en jeu et l'utilisation des réserves ; 4° l'édification des parties nouvelles.

255. Etat de santé du germe. Durée de la faculté germinative. — Il arrive, encore assez souvent, qu'un organisme, dont le développement semble parfait à l'œil, tombe, pour des raisons diverses, en état de vie latente avant que son protoplasma ne se soit accommodé à ce genre de vie, ou bien encore que les parties extérieures, protectrices du germe, s'étant développées hâtivement, n'aient point été suivies dans leur progression par le germe demeuré imparfait, atrophié. Dans l'un et l'autre cas, le réveil pourra ne pas se produire, ou s'il a lieu, on ne verra apparaître, à la suite de la germination, que des individus chétifs, voués bien souvent à une mort prochaine. Si cet état d'imperfection peut avoir une cause naturelle, à la suite d'un développement anormal, on le voit aussi parfois provoqué par l'homme trop pressé de jouir de ses récoltes.

Avec le temps, la vitalité diminue peu à peu dans les germes ; plus tôt ou plus tard, selon les espèces, selon la constitution de la partie principale de la réserve nutritive (amylacée, azotée ou grasse), le réveil ne se produit plus. On ne sait à quoi attribuer cette fin, car la consommation des germes en état de vie latente est véritablement si minime que la mort survient avant que les réserves semblent même être entamées : l'altération des ferments indispensables aux échanges serait, croit-on, la principale cause de la perte de la vie. Le rancissement des réserves grasses passant de l'état neutre à l'état acide expliquerait le peu de durée de la conservation de la faculté germinative des graines et des germes renfermant des huiles et des beurres. L'asphyxie fait aussi des ravages, malgré leur peu de vitalité, parmi les organismes en état de vie latente, maintenus dans des vases clos où l'air devient vicié par la consommation qui est faite de son oxygène. La conservation du pouvoir germinatif des graines est encore liée à l'abaissement de la température, à la siccité de l'air et à l'obscurité, qui concourent à modérer l'usure pendant la période de repos.

Il est difficile de se rendre compte, à première vue, si une spore possède les qualités nécessaires pour germer. Les kystes, bulbes et tubercules qui se présentent avec un aspect ridé, flétri, ont été détachés trop tôt des pieds mères : ou bien ils ne germent pas, ou bien ils pourrissent pendant la germination ; le fait est bien connu des jardiniers. Quant aux graines, ayant remarqué qu'elles sont plus pesantes que l'eau lorsqu'elles sont bien mûres, on les éprouve généralement en les jetant dans ce liquide : celles qui surnagent sont imparfaites ; cependant, il est des graines assez nombreuses qui ne se prêtent pas à cet essai étant naturellement plus légères que l'eau, soit que leurs réserves, surtout formées de corps gras, diminuent la densité de la masse, soit que des poches gazeuses se rencontrent dans leurs tissus. Comme les graines ne changent pas de densité en perdant leur faculté germinative, ce qui peut arriver après quelques mois (certains Palmiers), ou seulement après plus d'un siècle (céréales), il y a là encore une source d'erreurs. Il n'existe véritablement qu'un seul procédé pour se rendre compte de l'état des graines : c'est leur essai, c'est-à-dire la mise en germination d'un nombre déterminé.

Cette épreuve se fait journellement aujourd'hui dans le commerce : une graine y est cotée d'après sa *pureté* (c'est-à-dire d'après le poids véritable de semences de l'espèce achetée, contenu dans un gramme par exemple, de la matière livrée) multipliée par la *faculté germinative*, c'est-à-dire par le tant pour cent de ces graines, séparées des impuretés, ayant germé dans un espace de temps qui, dans la pratique, ne doit pas être supérieur à un mois. Le produit, appelé *valeur culturale*, donne la valeur marchande de la matière vendue comme semence.

Mais il est des graines, comme celles des Ombellifères, qui, germant facilement aussitôt après leur maturité, ou même un peu avant celle-ci, présentent ensuite une résistance si longue au réveil que celui-ci ne se produit parfois qu'un an ou deux après le semis. Il existe même des graines qui ne germent jamais que plusieurs années après s'être détachées du pied mère : on admet pour celles-ci une élaboration d'abord imparfaite des éléments du germe, qui n'arrivent au point voulu qu'après un travail d'autant plus lent que les phénomènes sont pour ainsi dire anihilés par le manque d'eau dans les graines mûres.

On facilite la germination de ces graines, et notamment de celles des arbres fruitiers à noyau, en les stratifiant, c'est-à-dire en les plaçant plusieurs mois avant leur semis dans des pots, en lits séparés les uns des autres par de petites couches de terre ou de sable de trois à six centimètres d'épaisseur. On ferme les vases, on les porte à la cave et on les enterre à 0 m. 30 de profondeur. On n'arrose qu'une fois et légèrement, un mois avant le semis, généralement en février-mars, pour mettre les graines en place en mars-avril. Sans qu'on ait encore expliqué ce qui se produit exactement dans la *stratification*, cette opération, qui prépare sans doute la mise en jeu des diatases, rend des services incontestables à la culture.

On active encore la germination des graines par l'action, pendant quelques jours au plus, de certaines substances, notamment des matières alcalines, en solution très étendues : les carbonates de potasse, d'ammoniaque, de soude ; l'eau de chaux ; le purin étendu (qui agit surtout par le carbonate de potasse qu'il renferme) ; l'eau chlorée (une ou deux gouttes par décilitre d'eau) ; les diastases. Tout au contraire, les liqueurs acides, ou contenant des sels ou des anesthésiques, entravent ou empêchent la germination. On connaît l'emploi, par les agriculteurs, des sels de cuivre pour empêcher la germination des spores des Cryptogames parasites. En général, les sols riches en produits solubles, même nutritifs, forment obstacle à la germination ; l'organisme, dans les premiers temps de son réveil, ne supporte pas d'autre nourriture que celle dont il est déjà pourvu en surabondance, tout au moins pendant les premiers moments de la reprise de la végétation.

Les spores et les graines bien mûres, c'est-à-dire ayant perdu le maximum d'eau, peuvent supporter, sans perdre leur pouvoir germinatif, la température de $+ 100^\circ$ et un froid extrême dépassant $- 200^\circ$, à condition toutefois de les ramener avec précaution et progressivement à la température normale du milieu ambiant.

256. Les conditions du réveil. Influence de l'eau, de la chaleur, de l'oxygène et de l'hérédité. — L'absorption d'eau préalable à toute germination n'est indispensable qu'aux organismes (spore, graine) dont le repos a été amené par la perte de la plus grande partie du liquide qui baignait la masse vivante et permettait les échanges ; pour les autres (bulbes et tubercules), dont l'arrêt de végétation a des causes toutes différentes : l'abaissement de la température et la destruction de la partie aérienne assimilatrice après la fécondation, etc., etc., pas n'est besoin du concours de l'eau, pendant les premiers temps au moins de leur réveil : ils en sont suffisamment pourvus ; elle ne peut même leur faire défaut (à l'encontre des graines), car ils perdent leur vitalité, dès qu'ils se flétrissent.

Spores et graines absorbent d'abord une quantité d'eau beaucoup plus considérable que celle qu'elles ont perdue pendant leur maturation ; la preuve en est dans la tension énorme qui se développe dans ces corps peu après qu'ils ont été mis en présence de ce liquide : l'exospore est fendue ; les téguments de la graine, inextensibles, sont déchirés et l'amande fait saillie au dehors. La pression ainsi acquise, engendrée par des phénomènes d'endosmose, a été mesurée dans quelques graines et il a été constaté qu'elle dépasse plusieurs atmosphères. Ajoutons que la quantité d'eau indispensable varie avec les espèces : les graines à réserve grasse en exigent moins que les graines à réserve amylacée, qui en demandent moins elles-mêmes que celles à réserve aleurique ou à réserve cellulosique.

Un excès d'humidité n'est pas nuisible par lui-même à la germination, dans certains cas, au moins dans les premiers temps : les spores et les graines peuvent germer dans l'eau, à condition que le liquide reste toujours chargé d'oxygène. En l'absence de ce gaz, l'asphyxie apparaît vite avec les produits de la situation anaérobie (alcool, etc.) ; la mort survient rapidement. Mais l'excès de liquide, même aéré, n'est pas cependant sans causer quelques pertes à la graine dont les réserves immédiatement dialysables sont entraînées par l'eau, et cela jusqu'au moment où la radicule se fait jour au dehors.

On sait l'influence heureuse que présente l'élévation de la *température*, dans certaines limites, sur toutes les fonctions de la plante ; cette même influence se fait sentir utilement sur la germination. Comme dans beaucoup d'autres cas, celle-ci ne se produit, pour chaque espèce, qu'entre des limites données : une limite inférieure, variant entre 0° et + 15°, au-dessous de laquelle le phénomène ne se produit pas ; une limite supérieure, comprise entre + 28° et + 45° C, au-dessus de laquelle la germination s'arrête, si elle a commencé, ou ne se fait pas. Entre les deux extrêmes, on observe un optimum (entre + 21° et + 33° C.), en deçà et au delà duquel la germination est d'autant moins active qu'on se rapproche davantage des deux températures limites. Ces températures sont certainement liées à l'habitat de l'espèce : elles sont d'autant plus élevées que celle-ci est localisée dans une région à température plus élevée.

C'est afin de fournir à leurs semis la température la plus favorable que les horticulteurs ont recours aux serres, aux couches et aux cloches lorsqu'ils ne peuvent pas attendre que l'atmosphère leur fournisse la chaleur convenable pour une bonne réussite, car les graines gonflées par l'eau, en l'absence de la quantité de calorique indispensable, non seulement ne germent pas, mais elles sont envahies par des parasites et pourrissent.

Une alternance régulière de température, comme celle qui se produit dans une révolution diurne, amenant une succession de périodes de repos et d'activité, est beaucoup plus favorable à la germination qu'une température constante, même la plus propice, qui pousse à un travail sans relâche.

Nous avons peu de choses à ajouter à ce que nous avons dit plus haut de la nécessité de l'*oxygène* pour les organismes en voie de germination. A la consommation réduite au minimum qu'ils faisaient de ce gaz pendant leur repos, succède un besoin d'autant plus grand que les phénomènes vitaux sont portés, pour ainsi dire, à leur mesure extrême, par l'édification rapide de parties nouvelles : toutes les graines en germant absorbent l'oxygène avec tant d'avidité qu'elles peuvent en dépouiller presque totalement une atmosphère limitée. L'émission d'acide carbonique marche de pair avec l'absorption de l'oxygène ; cependant, les rapports entre l'oxygène absorbé et l'acide carbonique émis sont variables : voisins de l'unité pour les graines amylacées, ils sont, pour les graines oléagineuses, très inférieurs à l'unité, à certaines périodes de la germination.

L'oxygène sous pression nuit à la germination, bien que son action semble d'abord favorable ; la mort apparaît vite avec les hautes pressions.

Les bourgeons germent dès que la température extérieure permet la reprise de l'absorption de l'eau par la racine et la montée de la sève aqueuse jusqu'à leur hauteur. Pour certains tubercules et bulbes, il suffit d'une élévation de température pour provoquer leur germination, surtout si le milieu est légèrement humide : les jardiniers connaissent les désagréments que leur valent les lieux clos dans lesquels ils font hiverner certains tubercules (Dahlia, Pomme de terre, Canna, etc.), lorsqu'ils sont trop chauds : la végétation s'établit en plein hiver et, lorsque vient le printemps, ils ne trouvent plus que des végétaux ayant épuisé leurs réserves à la production de pousses étiolées. Certains tubercules (Crocus) et certaines bulbes conservés dans les plus mauvaises conditions quant à la mise en végétation (dans un sac de papier, sur les planches d'une armoire) se réveillent néanmoins presque à jour fixe donnant des pousses qui iront s'accroissant jusqu'à l'épuisement total des réserves qu'ils renferment. Peut-on trouver en dehors de l'hérédité l'explication de cette germination singulière ?

Le *sol* n'a d'influence sur la germination que quand il peut paralyser les actions dont nous venons de parler ou lorsque, tout au contraire, il contient quelques substances excitantes. Il est toujours nuisible par sa trop grande richesse en produits solubles, fussent-ils même assimilables. On a intérêt à semer les graines dans des sols pauvres et à repiquer ensuite les plantules dans des terrains ou des compots plus riches ; c'est, du reste, une pratique courante dans l'horticulture que d'agir ainsi. Les graines, la plupart des spores et les œufs germent très bien dans l'eau distillée, sur des éponges humides, du papier mouillé, du sable quartzeux imbibé d'eau et s'y développent jusqu'à épuisement des réserves qu'ils renferment. La lumière ne devient utile aux individus non parasites et non saprophytes, qui ne peuvent s'en passer, qu'au moment de l'apparition des organes habituellement munis de chlorophylle, les cotylédons par exemple, en tout cas un peu avant l'épuisement total des réserves, afin de permettre la continuation du développement sans interruption.

Cependant les spores des parasites et des saprophytes trouvent parfois un excitant dans la présence des aliments qui sont habituels à l'espèce dont elles proviennent : par exemple, le bouillon de viande, le jus de pruneaux, l'eau de levure, etc., pour les spores des Bactériacées et des Champignons.

257. Mise en jeu et utilisation des réserves. Phénomènes chimiques de la germination. — A part le cas de spores minuscules, telles que les spermaties, dépourvues de réserves et qui ne peuvent germer qu'en présence de matières nutritives, partout ailleurs, le germe est lié à une réserve alimentaire qui permet les premiers temps de son développement, sans faire appel à l'extérieur. Cette réserve est, le plus souvent, emmagasinée dans le corps même de l'organe en état de vie latente (spores, œufs et kystes des Thallophytes ; tubercules, bulbes, graines à amande réduite à l'embryon), ou bien elle est placée à côté de l'individu (graines possédant un albumen, un périsperme ou un endosperme, bourgeons).

Dans tous les cas, les réserves, à part une portion très minime représentée surtout par du glucose, sont ici, afin d'éviter les pertes, fixées dans une situation qui ne permet leur mise en œuvre qu'après l'action de l'eau et celle de ferments qui leur font prendre d'abord une forme soluble indispensable à leur transport, puis une forme dialysable, c'est-à-dire absorbable.

C'est toujours un aliment complet, comprenant des substances azotées, hydrocarbonées et minérales, qui est à la disposition des germes, mais la prédominance sur les autres, dans beaucoup de cas, de matières appartenant à l'une des deux premières catégories d'aliments fait trop souvent perdre de vue le fait capital de l'alimentation complète pour faire reporter toute l'attention sur l'aliment qui prédomine : la fécule dans les graines amylacées, l'aleurone dans les graines dites charnues, etc., etc.

Que la réserve soit interne ou externe, quel que soit le germe considéré, les phénomènes de mobilisation et de mise en œuvre sont toujours les mêmes : ils nous sont déjà connus, étant identiques à ceux que nous avons fait connaître plus haut (pages 66 et suivantes) : *la réserve azotée* se présente sous forme d'aleurone ; ce corps se gonfle sous l'action de l'eau, puis sous l'action de la *pepsine* il est transformé en peptones, substances absorbables mais trop peu mobiles, aussi ces corps sont-ils attaqués à leur tour et transformés en corps amidés, en asparagine, glutamine, leucine et tyrosine. Ces corps sont très solubles dans l'eau et les deux premiers régénèrent facilement des albuminoïdes en se recombinant immédiatement aux glucoses tirés des réserves, ou plus tardivement à ceux qu'engendrera la fonction chlorophyllienne.

Les *réserves hydrocarbonées* revêtent des formes diverses : celles d'amidon, de saccharose, de corps gras, d'inuline, de mucilage et, enfin, de celluloses de réserve.

L'*amidon*, gonflé par l'eau, est tranformé pai l'amylase, à la suite d'hydratations successives, en dextrine et en maltose, corps solubles et déjà assimilables, mais, sous l'influence d'un ferment spécial, le maltose se transforme en dextrose. Grâce à l'invertine qui l'hydrate et le dédouble, le *saccharose* soluble, mais non assimilable, passe à l'état de dextrose et de lévulose, formes éminemment alimentaires. Les *corps gras* peuvent se diviser en deux groupes : 1°, ceux dont l'acide est saturé (répondant à la formule générale $C^nH^{2n}O^2$, tels que les acides margarique et palmitique), qui sont d'abord dédoublés, saponifiés, par la saponase. puis leur acide, mis en liberté, est brûlé sous l'action d'une oxydase, tandis que leur glycérine est transformée en glucose; 2° ceux dont l'acide est incomplet (acides ricinoléique, oléique, linoléique) qui, par oxydation, sont susceptibles de fournir 40 0/0 de leur poids de glucose, en même temps que de l'eau et de l'acide carbonique :

$$\underset{\textit{Oléine}}{(C^{18}H^{33}O^{2})^{3}C^{3}H^{5}} + O^{136} = 2\underset{\textit{Glucose}}{(C^{6}H^{12}O^{6})} + 40(H^{2}O) + 45(CO^{2})$$

Les *mucilages* appartenant à la série des corps pectiques donnent du lévulose par fermentation ; ceux qui dérivent de la cellulose, du glucose dextrogyre (dextrose). Les prétendues *celluloses de réserve*, véritablement composées par des galactanes et des mannanes, sous l'influence de ferments encore mal connus que l'on appelle *cellulase, cytase* et *séminase*, donnent finalement : les galactanes du galactose, les mannanes de la mannose ou séminose. sucres absorbables.

L'*inulase* transforme l'*inuline* en lévulose. Tandis que les hydrates de carbone précédemment cités peuvent se rencontrer dans les divers germes que nous avons cités et particulièrement dans les graines, l'inuline est propre aux tubercules des végétaux de la famille des Composées et à ceux de quelques familles affines. Le *saccharose* constitue surtout la réserve hydrocarbonée des bulbes des Liliacées.

Les ferments sont sécrétés par le germe lui-même ; cependant, lorsque la réserve placée à côté des germes (graines à albumen), est localisée dans des tissus encore susceptibles d'activité (albumens à parenchyme amylifère, aleurique et gras; endosperme des Gymnospermes), ces tissus fournissent, eux aussi, des ferments digestifs. Les celluloses de réserve, même comprises dans un albumen, sont toujours sous l'influence directe des sécrétions de l'embryon.

Les matières minérales sont indispensables pour l'édification des parties nouvelles ; la chaux est surtout nécessaire pour amener la neutralisation des produits acides de la désassimilation qui ne tarderaient à tuer le protoplasma s'ils venaient à s'accumuler dans la plante. Ces matières, qu'on peut mettre en évidence en réduisant les germes en cendres, sont, en tant que réserves, retenues, le plus souvent, par les matières albuminoïdes, formant avec elles des combinaisons peu stables. On trouve dans les graines des sels (à acide phosphoré-organique répondant à la formule $C^2H^8Ph^2O^9$) qui renferment à eux seuls une partie des réserves minérales de ces organismes, puisque, à côté du phosphore, on y rencontre de la chaux, de la magnésie, du fer et du manganèse. La destruction des albuminoïdes de réserve et la production consécutive de corps amidés (asparagine, etc.) met du soufre en liberté. Ce corps s'oxyde aussitôt et passe à l'état de sulfate.

Les bourgeons ne renferment qu'une petite quantité de réserves ; les aliments leur sont d'abord portés par la sève aqueuse qui renferme, dans les premiers temps du retour de la végétation, outre des matières salines, divers corps organiques, notamment des hydrates de carbone. Du reste, les bourgeons sont trop directement réunis à la tige pour que nous ayons besoin d'insister sur les conditions de leur nutrition ; rappelons, cependant, qu'on peut amener le développement de certains bourgeons (Vigne) après les avoir séparés de la tige en leur laissant un léger talon à la base et en les plaçant, à l'étouffé, sur du sable humide (semis de bourgeons des cultivateurs).

258. Développement des germes. Phénomènes morphologiques de la germination. — Les spores dont la paroi se divise ordinairement en une lamelle protectrice externe et continue, l'épispore, et en une lamelle de cellulose, celle-ci en contact direct avec la matière vivante, gonflées par l'eau, rompent l'épispore ; par la déchirure, la lamelle interne s'étend au dehors, sous forme d'un tube ou d'un filament qui devient l'origine d'un individu nouveau. Chez les spores dont l'appareil protecteur présente des solutions de continuité semblables à celles qui produisent les pores des grains de pollen (téleutospores des Rouilles des céréales), l'éclatement de l'épispore ne se fait point et les filaments s'étendent au dehors par les points ménagés, vis-à-vis desquels ils n'éprouvent pas de résistance. La germination des œufs des Thallophytes, qui passent par une période de vie latente, se fait par un processus qui rappelle celui des spores ; il en est de même de la germination de ces kystes monocellulaires désignés par le nom de chlamydospores en raison de l'épaisseur de leur revêtement protecteur.

Les kystes et les sclérotes représentent des portions de Thallophytes organisées pour la résistance aux mauvaises conditions extérieures ; sous cette forme, ils attendent, en état de vie latente, le retour d'un milieu favorable à leur végétation ; celui-ci étant rencontré, ils germent par un processus très simple : certaines cellules situées à leur périphérie s'allongent vers l'extérieur en filaments qui ont bientôt organisé un individu nouveau.

Les bulbes ne sont en somme que des bourgeons qui se sont isolés. Lors de leur germination (ou de leur mise en végétation, en terme de cultivateur), on voit d'abord la partie inférieure de l'axe caulinaire, le *plateau*, produire des racines adventives en très grand nombre ; puis, tandis que les feuilles externes écailleuses se vident des réserves alimentaires qu'elles renferment, les feuilles plus internes, absorbant ces réserves, s'allongent et font saillie d'abord hors du bulbe, puis au-dessus du sol de façon à placer leur limbe en situation de développer de la chlorophylle et de concourir, avec les racines, à la nutrition et au développement de l'individu revenu à la vie active.

Les tubercules en état de vie latente sont parfois de simples portions de tiges plus ou moins chargées de substances de réserve et présentant un nombre variable de nœuds (Colchique, Crocus, Glaïeul, Pomme de terre, Topinambour) sur chacun desquels sont insérés, selon la loi naturelle, un ou plusieurs bourgeons. Ceux-ci, au moment de la germination, se développent à la façon ordinaire des bourgeons, mais en empruntant leurs aliments au tubercule. Ils donnent naissance à des tiges qui s'échappent de terre et, de la base de ces tiges, sortent bientôt des racines adventives. Chaque pousse peut, dès lors, constituer un individu nouveau qui tantôt restera indépendant, tantôt, et le plus souvent, demeurera associé à ses congénères. Un des modes de multiplication des plantes, par les horticulteurs, est fondé sur cette connaissance : chaque rameau enraciné devient, entre leurs mains, une marcotte.

Les tubercules peuvent se présenter aussi avec des racines et bien souvent alors (Renoncule, Anémone, Dahlia), la réserve nutritive est logée dans les racines qui sont toutes attachées à une portion de tige très courte, commune à l'ensemble Cette tige porte des bourgeons qui, au départ de la germination, évoluent comme précédemment et donnent des rameaux aériens ; ceux-ci forment des racines adventives à leur base. Ce cas nous amène au réveil printanier des parties souterraines conservées des végétaux vivaces, qui présentent la même constitution que les tubercules précédents avec des réserves nutritives moins importantes et une partie caulinaire (souche) plus développée que dans les exemples cités (Iris, Succise, Polygonatum, fig 218, etc.).

Nous avons décrit ailleurs l'évolution des bourgeons ; examinons immédiatement la **germination de la graine**, organisme propre aux Phanérogames.

L'eau pénètre d'abord dans la graine par le hile, seul point dépourvu de cuticule que présentent les téguments, seul point perméable, par conséquent, à ce liquide ; la graine gonfle et les téguments éclatent ; ils se déchirent au moins suffisamment pour laisser sortir la radicule qui s'allonge rapidement, et se recourbe, s'il y a lieu, pour s'enfoncer verticalement dans le sol. Mais, dès ce moment, la suite des phénomènes sera différente selon que les embryons présenteront, ou non, à côté d'eux, une réserve nutritive quelconque (albumen, périsperme ou endosperme) et selon qu'ils appartiendront à l'une ou à l'autre des divisions des Phanérogames.

Chez les Dicotylédones (fig. 217) dépourvues d'albumen, la radicule s'étant allongée en terre, suivant la verticale, l'axe hypocotylé s'accroît plus ou moins dans une direction diamétralement opposée, de façon à porter les cotylédons au-dessus du sol. Ceux-ci, qui étaient restés coiffés jusque-là par les téguments déchirés, s'accroissent et se libèrent peu à peu de ces organes protecteurs qu'ils rejettent. Ils s'étalent ensuite et commencent à fixer du carbone ; ce n'est que quelques jours après ces phénomènes que la gemmule donne des signes de réveil et produit la tige principale par un processus que nous connaissons (voir pages 131 et 154). L'embryon passe alors à l'état de plantule et la période de germination est achevée. Cependant, quand les cotylédons sont tuberculeux (Chêne, Haricot) ils ne deviennent jamais des feuilles assimilatrices ; au fur et à mesure qu'ils cèdent leurs réserves, ils se ramollissent, se vident et, quand les aliments qu'ils emmagasinaient sont épuisés, ils chutent ; mais, alors, la gemmule a déjà pris un fort développement et a produit des feuilles vertes qui jouent le rôle des cotylédons foliacés des autres végétaux (fig. 217, E, Amandier).

Comme la croissance de l'axe hypocotylé a des limites, on voit l'intérêt qu'il y a à ne pas trop enterrer les graines ; en règle générale, en bonne pratique, les plus fines sont simplement déposées à la surface du sol et les plus grosses ne doivent

LÉGENDE DE LA FIGURE 217.

A-E, chez l'Amandier : A, embryon entier ; B, le même à cotylédons écartés pour montrer la gemmule ; C, la radicule et la gemmule ; D, les mêmes en coupe, la gemmule étant recouverte par les cotylédons ; E, jeune plantule à radicule tronquée, montrant les cotylédons encore enfermés dans la graine et l'évolution de la gemmule. — 1-8, chez le Ricin : 1, graine entière ; 2, graine sectionnée perpendiculairement aux cotylédons pour montrer à la fois les téguments, l'albumen et l'embryon ; 3, section parallèle aux cotylédons ; 4, embryon isolé ; 5, 6, 7, 8, phases successives du développement de l'embryon : en 7, les cotylédons sont encore en relation avec l'albumen ; en 8, ils se sont libérés et de la gemmule sont déjà sorties deux feuilles.

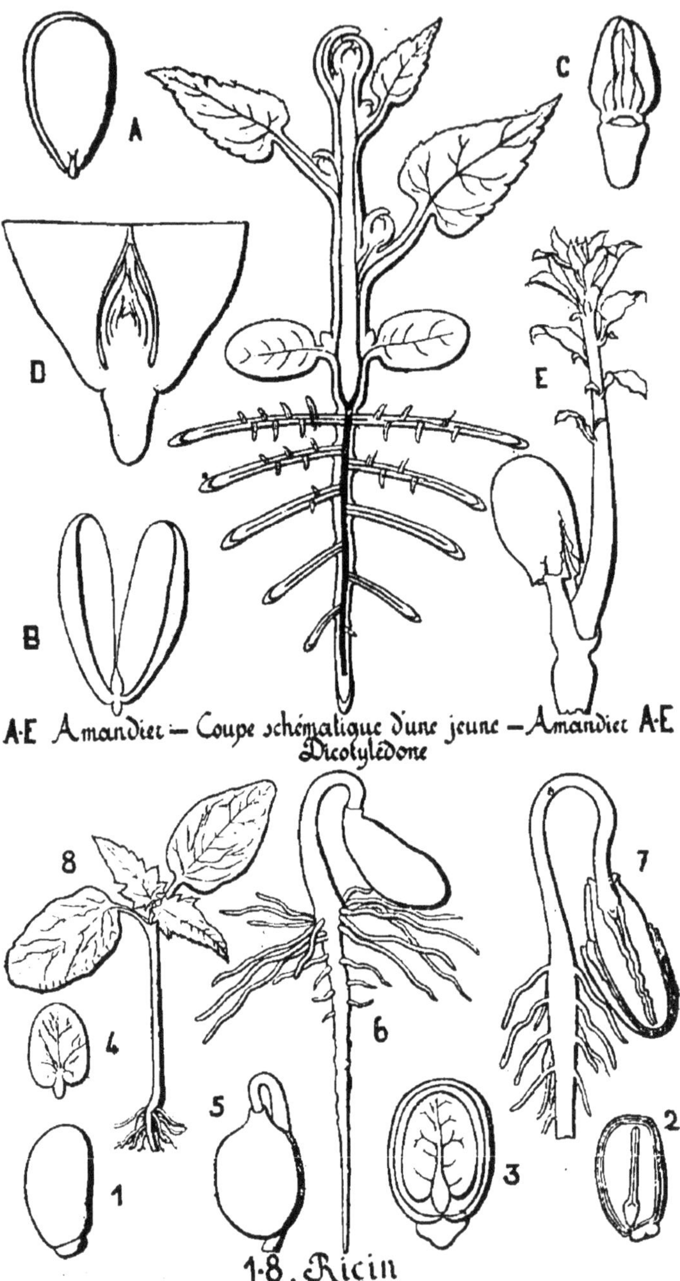

Fig. 217. — Germination de la graine des Dicotylédones.

pas être enterrées à plus de trois ou quatre centimètres.

Cependant, il est des espèces chez lesquelles l'axe hypocotylé ne prend pas d'accroissement ou bien ne se développe pas assez pour amener au jour les cotylédons; ceux-ci restent alors toujours sous terre où ils s'écartent cependant assez pour laisser échapper la gemmule, dont le premier entre-nœud s'allonge pour amener au-dessus de terre le premier nœud épicotylé et, par conséquent, la ou les feuilles qu'il porte. Dans le premier cas décrit, les cotylédons sont dits *épigés* ; ils sont *hypogés*, dans le second.

Lorsque l'embryon se trouve en présence d'une réserve externe, les choses se passent d'abord comme précédemment, mais comme, ici, les cotylédons servent d'intermédiaires entre le corps de l'embryon et l'albumen (ou les corps homologues) ces organes restent enfermés sous les téguments jusqu'à la complète absorption des réserves (fig. 217, 6 et 7. Ricin). Les graines des Gymnospermes, qui possèdent un endosperme, se comportent, à ce point de vue. comme celles des Dicotylédones albuminées.

Il est des graines de Monocotylédones de trois sortes. Celles des Orchidées sont très imparfaites, réduites à un embryon composé d'un très petit nombre de cellules, sans aucune réserve nutritive ; leur germination est toujours très longue et demande souvent plusieurs mois car, ici, la germination proprement dite comprend, en même temps. le développement de l'embryon ; et même celui-ci ne pourrait s'achever sans le secours de microbes vivant en commensaux dans l'intérieur de l'embryon et excitant sa vitalité. En second lieu, il est quelques Monocotylédones (Fluviales) dont les graines sont dépourvues d'albumen mais qui n'en possèdent pas moins une réserve qu'ils placent dans leur axe (*embryons macropodes*). A part ce fait et celui que les racines qui sortent des embryons

LÉGENDE DE LA FIGURE 218.

A-H. — Phases successives du développement de l'embryon du Blé : A, graine entière. En B et en C, la partie inférieure du caryopse a été seule représentée, afin de donner plus d'importance à l'embryon qui, là, est vu en coupe. En D, E, F, G, on assiste au développement de la gemmule vers le haut, à celui des racines adventives vers le bas. — Maïs : structure de la gemmule ; le point végétatif est entouré par les jeunes feuilles. — 1-6. Phases successives de la germination de l'embryon du Balisier (Canna) : 3 correspond à 2 et 5 correspond à 4 ; ces figures sont destinées à montrer les relations du cotylédon avec l'albumen. En 6, la jeune tige est tournée vers le haut, les racines adventives vers le bas. — I-IV. Germination de l'embryon du Dattier (voir l'explication des figures dans le texte). — Polygonatum. Germination d'un jeune rhizome au printemps.

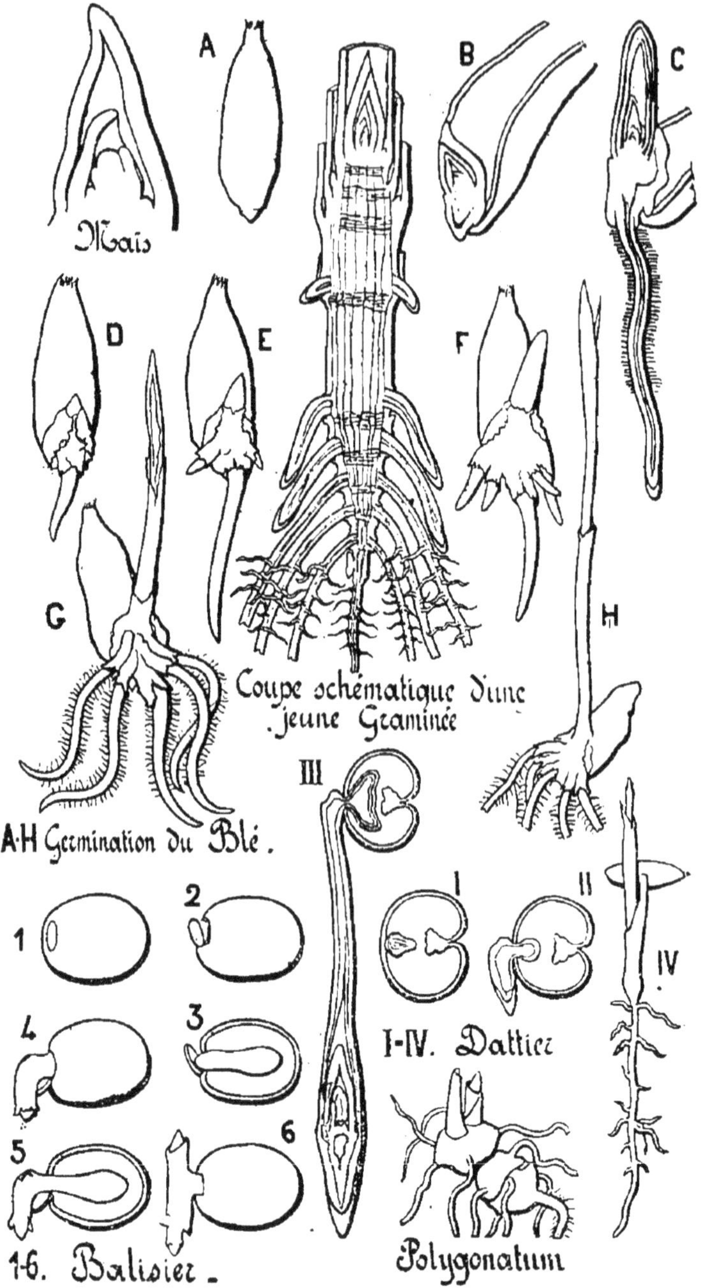

Fig. 218. — Germination de la graine des Monocotylédones.

sont toutes adventives et doivent percer l'écorce de la tige (gaine radiculaire ou coléorhize) pour se faire jour au dehors, le développement de ces embryons ne présente rien de bien saillant. Chez les Monocotylédones qui possèdent un albumen, et c'est le cas le plus fréquent, la germination est toute particulière : la partie extrême du cotylédon, correspondant au limbe, restant toujours dans la graine, au contact de l'albumen, de façon à assurer l'absorption des réserves, la partie inférieure, la gaine, s'allonge et chasse, pour ainsi dire, le reste de l'embryon hors de la graine, puis, en s'accroissant de haut en bas selon la verticale, il l'enfonce dans le sol. Ce n'est qu'ensuite que les racines adventives s'échappent de l'axe (fig. 218, I-IV. Dattier). Plus tard encore, la gemmule, évoluant, écarte la gaine du cotylédon et amène au jour, par son accroissement, les premières feuilles de la plante. La masse de la graine reste, ici, toujours sous terre L'albumen étant épuisé, le cotylédon termine son rôle d'intermédiaire entre l'embryon et la réserve ; il se flétrit et pourrit sous le sol.

Chez les Graminées (fig. 218, A-H), le cotylédon relativement volumineux et de forme spéciale, ce qui l'a fait désigner du nom de *scutellum,* ne présente plus aucun phénomène d'accroissement ; son rôle se borne à l'absorption des réserves. Les radicelles adventives, très nombreuses et très hâtives, forment bientôt, chez ces végétaux, une masse fibreuse qui s'étale à la surface du sol.

Dans l'embryon. la structure est cellulaire et les organes sont simplement ébauchés ; dans la plantule, la germination terminée, ceux-ci se présentent déjà avec leur faciès caractéristique et leur structure propre. Les cotylédons épanouis ont presque toujours un faciès qui leur est spécial. bien différent de celui des autres feuilles de la plante (fig. 217).

En résumé, pour les graines, la germination consiste dans l'évolution du point végétatif de la tige, enfermé dans la gemmule, et de celui de la radicule (Dicotylédones et Gymnospermes) ou de ceux des racines adventives (Monocotylédones) que nous savons déjà exister les uns et les autres dans l'embryon, lorsque la graine est mûre. Cette évolution est facilitée par la présence de matière nutritives, placées dans le corps de l'embryon, ou à côté de lui, en quantité suffisante pour lui permettre de placer racines, tiges et feuilles en situation de satisfaire au développement du végétal. Débutant au réveil de l'embryon, la germination s'étend, ici, jusqu'au moment où la plantule peut tirer, par elle-même. du milieu extérieur les éléments de sa vie.

LAVAL. — IMPRIMERIE PARISIENNE. L. BARNÉOUD & Cie.

Livre II. — BOTANIQUE SYSTÉMATIQUE

I. APERÇU HISTORIQUE

259. Aperçu général sur la systématique. — Les naturalistes classificateurs n'ont plus aujourd'hui d'autre objectif que la disposition des êtres en des groupes naturels, composés des individus dont la parenté et les affinités sont affirmées tant par la plus grande ressemblance au point de vue de la forme extérieure que par une organisation identique conduisant aux mêmes opérations physiologiques par des procédés semblables.

L'étude a conduit à la formation de groupes naturels d'importances diverses, et subordonnés les uns aux autres dans l'ordre de l'énumération suivante, et qui sont : les *espèces*, les *genres*, les *familles*, les *classes* et les *embranchements* ; les espèces étant constituées par tous les êtres qui ne se distinguent entre eux que par des caractères individuels ou d'importance très secondaire, les genres résultant du groupement des espèces présentant le plus de points communs, etc... Les embranchements par leur réunion constituent les *Règnes* végétal et animal, comprenant l'universalité des êtres vivants (1).

Les espèces se présentent-elles comme des variations, plus ou moins profondes et en nombre très élevé, s'étant produites dans le temps et dans les directions les plus diverses sous l'influence des causes physiques, d'une unique souche vivante primitive formée elle-même de toutes pièces par une combinaison de matières inorganiques, ou apportée d'une autre planète sur notre sol ; ou bien dérivent-elles de plusieurs organismes ayant l'une ou l'autre des origines supposées ? Ces points fort intéressants de l'origine de la vie et des espèces sur notre globe sont encore débattus. La filiation des Phanérogames, qui procèdent certainement des Cryptogames vasculaires, aujourd'hui démontrée, plaide pour la première hypothèse. Le défaut de documents permettant d'établir une transition semblable entre d'autres embranchements ne laisse pas le moyen de rejeter la seconde hypo-

(1) Il n'est pas inutile d'insister sur ce fait que les familles naturelles, assemblages de genres ayant des affinités certaines, ne sont en rien comparables aux familles humaines telles que les entendent les peuples civilisés, constituées simplement par des fractions infimes de l'*espèce humaine* (*Homo sapiens*), liées par une parenté étroite.

thèse. Quoi qu'il en soit, ce que l'on sait de l'évolution des Cryptogames vasculaires vers les Phanérogames (voir p. 210) et de l'influence qu'exerce le milieu extérieur sur les végétaux (*adaptation au milieu*), nous oblige à admettre des mutations dans les êtres vivants assez prononcées avec le concours du temps pour expliquer la richesse en espèces et l'état présent de la flore et de la faune terrestres.

Ce n'est pas du premier jet qu'on est arrivé à cette conception des rapports des êtres vivants entre eux ; longtemps méconnue, ce n'est que peu à peu, et à une époque relativement récente, qu'elle s'est imposée. Il nous paraît intéressant d'exposer l'évolution des idées sur ce sujet, nous tenant, il est vrai, dans une sphère moins élevée et plus restreinte, limitée à l'histoire des progrès de la botanique systématique.

260. Développement de la botanique descriptive et systématique. — Si, jetant d'abord un coup d'œil d'ensemble sur la marche de la Botanique, on cherche à se rendre compte des progrès, dans le temps, de la Botanique descriptive et systématique, on est frappé par ce fait qui domine toute l'histoire de cette branche de la science des plantes : c'est qu'après une longue période, s'étendant depuis l'origine de la civilisation jusqu'au commencement de l'ère chrétienne, pendant laquelle le nombre des végétaux décrits ne dépasse pas huit cents, les progrès de la Botanique s'arrêtent, pour ainsi dire, pendant près de quinze siècles, pour reprendre ensuite avec une force jusque-là inconnue et se poursuivre sans lassitude jusqu'à nos jours où le nombre des plantes décrites s'élève à près de 150.000. Ce mouvement heureux pourra se continuer encore pendant de nombreuses années, s'il faut en croire le calcul d'Alphonse de Candolle d'après lequel le nombre des plantes encore inconnues est presque aussi élevé que celui des végétaux aujourd'hui décrits.

En nous en tenant aux auteurs principaux, nous comptons en effet dans les livres des Hébreux 70 espèces décrites se rapportant à des espèces aujourd'hui connues ; l'école d'Hippocrate (du Ve au IVe siècle av. J.-C.) en décrit 234 ; Théophraste (310-225 av. J.-C.) 500 ; Dioscoride, vers l'an 50 de notre ère, 600 ; Pline l'Ancien (+ en l'an 79) 800, mais sans critique dans ses descriptions. Beaucoup plus tard, Conrad Gesner (+ 1565) en décrit 800 et donne 400 figures de végétaux ; de l'Ecluse (1576) 1.400 ; Daléchamp (1587) 2.731 dans son *Histoire générale* ; Jean et Gaspard Bauhin (1596) 6.000 dans leur *Phyto-Pinax* ; Tournefort (1694) 10.146 ; John Ray (1704) 18.655. Au XVIIIe siècle, Linné décrit, après révision, 8.551 plantes, dont 7.728 Phanérogames ; Persoon (1805-1807) en décrit 26.000, dont 20.000 Phanérogames. En 1819, A. P. de Candolle estime à 30.000 le nombre des végétaux connus ; Lindley, en 1846, compte 81.000 Phanérogames ; Bentham et

Hooker, en 1888, recensent 100.200 Phanérogames. Il resterait, malgré ces chiffres, beaucoup d'espèces inconnues, ce qui peut s'expliquer par les surfaces énormes de notre globe encore inexplorées par les botanistes, puisque Alphonse de Candolle estime que la Terre porte plus de 150.000 Phanérogames et un peu moins de Cryptogames.

Jusque dans ces derniers temps, la Systématique a été l'apanage des botanistes descripteurs, des morphologistes, qui, au fur et à mesure que le nombre des plantes connues allait s'accroissant, éprouvaient toujours davantage le besoin de présenter les végétaux selon des dispositions permettant de faire un meilleur profit des connaissances acquises. Ce besoin semble, néanmoins, n'avoir pas frappé suffisamment quelques-uns, puisqu'on retrouve, jusqu'au milieu du XVIIIe siècle, des descripteurs qui, à l'instar des premiers botanistes, présentent les sujets dont ils parlent **sans aucune suite méthodique**, et sans tenir compte des liens qui peuvent servir à rapprocher les individus ayant quelque affinité pour en former des groupes représentant, chacun, tout au moins une idée déterminée. En toutes choses il est des retardataires, et les meilleures idées éprouvent elles-mêmes de la difficulté à s'imposer. Passe encore pour les botanistes antérieurs à notre ère [Zoroastre (6500 ?), Hippocrate (459 ?), Hérodote (450), Aristote (322), etc], mais on pourrait citer plus de quarante descripteurs dont les noms sont passés à la postérité, qui n'ont pas su mettre de l'ordre dans leurs travaux [Pline l'Ancien (79), Brünfels (1530), Prosper Alpin (1592), Parkinson (1629), etc], et cela jusqu'à Russell (*The natural history of Alepo*, 1756).

Une seconde série de descripteurs d'origine beaucoup plus récente, puisqu'elle semble avoir comme initiateur Siméon Séthus, qui vivait au XIe siècle de notre ère, comprend des botanistes qui ont adopté, dans leurs ouvrages, **l'ordre alphabétique**, procédé qui ne repose sur aucune considération scientifique (Fuchs en 1531, Dodonœus en 1536. Conrad Gesner en 1541, Tillands en 1673, Vaillant en 1718, Burmann en 1731, etc.).

D'autres, surtout les plus anciens, guidés par l'**utilisation des plantes**, se fondèrent sur l'emploi des végétaux par l'homme pour les diviser en plantes *alimentaires*, *médicinales*, *aromatiques*, etc., etc., classifications simples conduisant plutôt vers la botanique appliquée que vers la taxinomie telle que nous la concevons aujourd'hui. Dioscoride et Pline, qui vivaient pendant le premier siècle de notre ère, sont bien connus pour avoir suivi cette méthode.

Mais les affinités tirées de la **durée et du port** des végétaux semblent avoir frappé bien davantage quelques-uns des premiers descripteurs, puisque l'on voit Aristote (384-322 av. J.-C.) diviser les végétaux en *annuels* et *vivaces*, et Théophraste (310-225 av. J.-C.) les classer en *arbres*, *arbrisseaux*, *arbustes*, *plantes herbacées*, *terrestres*, *aquatiques*, *à feuillage caduc* ou *persistant*. Cette méthode, certainement préférable à la précédente, laissait encore bien à désirer, car nous savons aujourd'hui que des plantes, ayant entre elles les affinités les plus certaines, des plantes d'une parenté si proche qu'elles font partie d'un même genre, telles les Véroniques, peuvent avoir un port et une durée très différents ; elle s'imposa néanmoins à plusieurs botanistes célèbres (Césalpin, Ray, Magnol, Tournefort), et jusqu'en 1759 où nous voyons Fabricius en faire encore usage malgré les efforts de Yung, vers le milieu du xviie siècle, et de Sébastien Vaillant, dans les premières années du xviiie siècle.

Quelle que fût son imperfection, ce procédé fut la première mise en pratique de ces moyens de classification que nous appelons les **Méthodes artificielles**, et qui « consistent à choisir arbitrairement un organe, à en observer les diverses manières d'être, et à grouper les plantes selon qu'elles présentent l'une ou l'autre de ces manières d'être ou caractères (Adanson) »

Primitivement, ces classifications ne s'appuyaient que sur l'observation des variations d'un seul organe ou d'un très petit nombre d'organes, considérés d'une façon très superficielle, du reste. Plus tard, non seulement on multiplia les observations et, par conséquent, les points de comparaison, ce qui amena les premiers perfectionnements, mais encore, en répétant le procédé, on parvint à subdiviser les premiers groupes, comme nous le constatons dans les méthodes artificielles de Césalpin et de Tournefort : celles-ci prennent, en effet, pour premier point d'appui la distinction des végétaux en arbres et herbes, et pour second des considérations tirées du fruit et de la graine (Césalpin, 1583), ou de la corolle (Tournefort, 1694). La *méthode sexuelle* de Linné (1), postérieure aux précédentes (1737), s'adresse successivement au plus ou moins d'apparence des organes générateurs, à leurs modes de groupement, aux variations de l'appareil mâle, et, en dernier lieu, surtout à celles de l'appareil femelle.

(1) Système sexuel de Linné (Clef des classes) : voir page suivante.

La base de ces groupements étant arbitraire, les classifications qui en ressortent sont *artificielles*, car ce genre de classification peut rapprocher les uns des autres des végétaux qui n'ont qu'un seul point commun, celui qu'on a pris pour base du classement, et qui diffèrent totalement par tous les autres, c'est-à-dire n'ont pas de parenté entre eux, et éloigner des végétaux à affinités certaines, ne se distinguant les uns des autres que par le défaut du caractère choisi comme élément de comparaison.

Le hasard seul peut faire qu'on trouve, dans les classes ainsi formées, des groupements d'individus ayant une analogie marquée, c'est-à-dire ayant un air naturel. Cependant, le fait se présente quelquefois, quand, par exemple, la base choisie prend une valeur de premier ordre dans certains groupes naturels (Didynamie, Tétradynamie, de Linné).

Les philosophes de l'antiquité avaient déjà compris la faiblesse de cette façon de procéder qui accorde à un caractère, sans raison plausible, une importance prépondérante,

SYSTÈME SEXUEL DE LINNÉ (CLEF DES CLASSES) :

Les actes de la génération des membres du Règne végétal sont

- évidents et se passent dans des fleurs visibles, présentant la
  - **Monoclinie** (Fleurs toutes hermaphrodites : étamines et pistil dans la même fleur).
    - Les étamines ne sont unies entre elles par aucune partie.
      - Étamines sans rapports de longueur entre elles, et de taille indéterminée.
        - 1 étamine par fleur . . . 1. Monandrie.
        - 2 étamines par fleur . . . 2. Diandrie.
        - 3 étamines par fleur . . . 3. Triandrie.
        - 4 étamines par fleur . . . 4. Tétrandrie.
        - 5 étamines par fleur . . . 5. Pentandrie.
        - 6 étamines par fleur . . . 6. Hexandrie.
        - 7 étamines par fleur . . . 7. Heptandrie.
        - 8 étamines par fleur . . . 8. Octandrie.
        - 9 étamines par fleur . . . 9. Ennandrie.
        - 10 étamines par fleur . . . 10. Décandrie.
        - 12 étamines par fleur . . . 11. Dodécandrie.
        - Étamines nombreuses insérées sur
          - le calice (Caliciflores) . . . 12. Icosandrie.
          - le réceptacle (Thalamiflores) 13. Polyandrie.
      - Toujours deux étamines plus petites que les autres.
        - 4 étamines didynames . . . . 14. Didynamie.
        - 6 étamines tétradynames . . . 15. Tétradynamie.
    - Les étamines sont soudées
      - entre elles
        - par les filets
          - en un seul faisceau 16. Monadelphie.
          - en deux faisceaux . 17. Diadelphie.
          - en plusieurs faisc.. 18. Polyadelphie.
        - par les anthères . . . . 19. Syngénésie.
      - avec le gynécée. . . . . 20. Gynandrie.
  - **Diclinie** (Les fleurs sont uni-sexuées).
    - Les fleurs mâles et les fleurs femelles sur le même pied . . . . . 21. Monœcie.
    - Les fleurs mâles et les fleurs femelles sur des pieds distincts . . . 22. Diœcie.
    - Les fleurs unisexuées sont mêlées à des fleurs hermaphrodites . . . 23. Polygamie.
- cachés. Les fleurs sont à peine visibles . . . . . 24. Cryptogamie.

aux dépens de tous les autres, systématiquement négligés : c'est ainsi que Théophraste, disciple d'Aristote (IIIe siècle avant J.-C), voulait que l'histoire des plantes présentât non seulement la description fidèle de toutes les parties extérieures, mais encore celle de leurs organes internes et l'exposé des phénomènes physiologiques qu'ils montrent.

Cette idée, issue d'Aristote ou de son Ecole, fut très longue à s'implanter ; elle ne commença à se développer qu'à la fin du XVIe siècle, alors que l'*espèce* et le *genre*, premiers groupements des végétaux ne différant entre eux que par des caractères individuels ou des caractères qui ne peuvent faire répudier la parenté directe, furent créés par Gesner (1577), Gaspard Bauhin (1594), Yung (1657) et Tournefort (1700). Ce furent les débuts de la **méthode naturelle**, méthode qui n'admet dans sa distribution que des classes naturelles : là, les espèces, les genres, les familles et même les groupes plus élevés sont d'autant plus rapprochés qu'ils se ressemblent davantage, d'autant plus éloignés qu'ils ont moins de points communs. Ce mode d'arrangement, de groupement, est donc l'image de la nature : c'est la nature qui guide le botaniste en quête de la méthode naturelle ; celui-ci recherche ses caractères dans l'organisation entière, et, comme la nature est une, il ne peut y avoir plusieurs méthodes naturelles.

Une méthode artificielle est toujours facile à créer, parce que l'auteur prescrit aux plantes la règle et l'ordre qu'il veut suivre dans leur distribution, et, par suite, le nombre des méthodes artificielles est indéfini. Dans la recherche de la méthode naturelle, si plusieurs voies peuvent être suivies, on doit, en rectifiant au besoin les erreurs, arriver aux mêmes conclusions.

Avec Adanson, nous répéterons : « La méthode naturelle doit être unique, universelle ou générale, c'est-à-dire ne souffrir aucune exception et être indépendante de notre volonté, se réglant sur la nature des êtres, qui consiste dans l'ensemble de leurs parties et de leurs qualités ; il ne peut être douteux, à la suite, qu'il n'existe, en botanique, d'autre méthode naturelle que celle qui considère l'ensemble de toutes les parties ».

C'est d'abord l'**intuition seule**, le sentiment des affinités, qui a conduit, comme pour les groupements en espèces et en genres dont nous venons de parler, Lobel (1570), Frédéric Cési (1628) et Magnol (1689) à la création de la *famille*, ou Charles de l'Ecluse (1576) et Linné, dans ses *Classes plantarum*, à la formation de groupes naturels plus ou moins vastes, supérieurs à la famille. Adanson, en novembre 1759, parvenait par un véritable *procédé mécanique*, en réunissant dans un même groupe les végétaux qui avaient numériquement le plus de points communs (il avait pour cela édifié 63 méthodes artificielles, dont quelques-unes sans valeur au point de vue botanique, il est vrai), à donner lui aussi une série de groupes vraiment naturels. Il revient aux de Jussieu (Bernard et Antoine-Laurent) la gloire d'être arrivés aux mêmes résultats en procédant avec *philosophie*, en instituant la **subordination des caractères,** qui repose sur cette constatation que tous n'ont pas la même valeur : il en est de prépondérants, et ceux-ci entraînent derrière eux une suite de conséquences qui se retrouvent dans des séries entières de végétaux tirant leur parenté de ce point commun.

Une classification artificielle peut atteindre du premier jet la perfection ; la classification naturelle, au contraire, est en voie de modification continuelle, et elle le sera aussi longtemps que l'on aura quelque chose à apprendre sur les végétaux. Elle a fait, depuis un siècle, des progrès incessants ; son perfectionnement a procédé souvent par véritables bonds : chaque fois, par exemple, qu'on a fait entrer en ligne de compte un élément tout nouveau de comparaison.

C'est ainsi qu'après sa fondation sur des bases raisonnées, la méthode naturelle a d'abord progressé sous l'influence des botanistes descripteurs, s'appuyant, ou peu s'en faut, sur la **seule observation des formes extérieures :** nous citerons, dans l'ordre chronologique, depuis Bernard de Jussieu (1759) jusqu'à Eichler (1875), les noms d'Antoine-Laurent de Jussieu (1789) (1), Robert Brown (1810), Agardh (1825), Bart-

(1) Classification d'ANTOINE-LAURENT DE JUSSIEU (1789).

				Classes	
ACOTYLÉDONES				I	**Acotylédonie.**
MONOCOTYLÉDONES à		étamines hypogynes		II	**Monohypogynie.**
		étamines périgynes		III	**Monopérigynie.**
		étamines épigynes		IV	**Monoépigynie.**
DICOTYLÉDONES	**Apétales** à	étamines épigynes		V	**Epistaminie.**
		étamines périgynes		VI	**Péristaminie.**
		étamines hypogynes		VII	**Hypostaminie.**
	Monopétales à	corolle hypogyne		VIII	**Hypocorollie.**
		corolle périgyne		IX	**Péricorollie.**
		cor. épigyne	anthères soudées	X	**Synanthérie.**
			anthères libres	XI	**Chorisanthérie.**
	Polypétales à	étamines épigynes		XII	**Epipétalie.**
		étamines périgynes		XIII	**Péripétalie.**
		étamines hypogynes		XIV	**Hypopétalie.**
	Diclines irrégulières			XV	**Diclinie.**

ling (1830), Fries et Martins (1835), A. Brongniart (1843-1850), Achille Richard (1852), M. Willkomm (1854), Bentham et Hooker (1862, avec suite jusqu'en 1884). C'est à ces botanistes que nous devons l'établissement, sur des bases scientifiques, des familles (A.-L. de Jussieu) et des classes (Robert Brown).

Parallèlement marche une autre série de classificateurs qui prennent encore pour base la **morphologie**, mais en faisant intervenir de plus l'**anatomie** et la **physiologie de la tige.** Parmi ceux-ci, il convient de citer particulièrement Augustin-Pyrame de Candolle (1813) (1), Endlicher (1836-1840) et Lindley (1847).

Plus récemment, nous constatons de nouveaux progrès dus à l'emploi judicieux des *caractères morphologiques* joints à ceux que fournissent la **génération** et l'**embryogénie** des plantes, progrès qui nous conduisent aux cinq embranchements aujourd'hui admis (voir page 314). Les noms de Sachs (1872), de Van Tieghem (1884-1898) et d'Engler et Prantl (1889-1902) sont attachés à l'utilisation de ces caractères nouveaux.

Si l'on néglige quelques tentatives non poursuivies, datant du commencement du XIXe siècle (Mirbel, 1810) ou des travaux dont l'esprit s'éloigne totalement de celui qui guide le mou-

(1) *Esquisse d'une série linéaire et par conséquent artificielle pour la disposition des familles naturelles du règne végétal par* Augustin-Pyrame de Candolle (*1813*) :

- **Végétaux vasculaires ou cotylédonés.** (Du tissu cellulaire, des vaisseaux. Embryon à un ou plusieurs cotylédons).
  - **Exogènes ou Dicotylédonés** à périgone
    - double et à corolle
      - polypétale . .
        - à pétales hypogynes, non adhérents au calice. . . . . . (*Thalamiflores*, 1819[1]).
        - à pétales périgynes, insérés sur le calice. } (*Caliciflores*, 1819).
      - monopétale .
        - périgyne, attachée au calice . . . . . } (*Caliciflores*, 1819).
        - hypogyne, non attachée au calice . . (*Corolliflores*, 1819).
    - simple, ou dont le calice et la cor. ne form. qu'une seule enveloppe (*Monochlamydées*, 1819).
  - **Endogènes ou Monocotylédonés** dont la fructification est
    - visible et régulière. . *Endogènes phanérogames.*
    - cachée, inconnue ou irrégulière *Endog. cryptogames.*
- **Végétaux cellulaires ou acotylédonés** (Du tissu cellulaire, pas de vaisseaux, embryon sans cotylédons)
  - ayant des expansions foliacées et des sexes connus. *Foliacés.*
  - pas d'expansions vraiment foliacées, point de sexes connus . . . . *Aphylles.*

[1] Les groupes, dont les noms sont entre parenthèses, n'avaient pas reçu de dénominations dans la classification de 1813 ; ils n'y furent introduits qu'en 1819.

vement actuel (Chatin, 1840-1858), enfin, les quelques observations incomplètes ou mal interprétées sur lesquelles se sont fondés de Candolle et ses continuateurs, Endlicher et Lindley, la classification naturelle trouve depuis quelques années une nouvelle force dans l'**anatomie comparée** qui ajoute aux caractères déjà connus ceux tirés de la structure des plantes, analysées au microscope, et de l'étude microchimique des organes végétatifs ou servant à la reproduction.

Les recherches dans cette direction vont se multipliant chaque jour, et, déjà, elles ont contribué à la consolidation des embranchements, des familles et des espèces : les trois groupes les plus naturels qui existent. Duval Jouve, en France, avait déjà écrit un travail remarqué sur l'anatomie comparée des Equisetum de France en 1864, mais c'est le traité d'Anatomie comparée de de Bary, publié en 1877, qui a surtout guidé les premières recherches dans la voie actuelle ; ce dernier fut suivi par Vesque (1881-1893), Raldkofer (1883), Gérard (1884), Engler (1884), Richter (1885), Schwendener (1887), Valeton (1888), Vuillemin (1889), Bertrand (1891), Parmentier (1896) et Van Tieghem.

On peut donc, en résumé, diviser l'histoire des classifications en *périodes* ou *époques* correspondant à l'évolution des idées, époques mal définies, car, avant que toute idée s'impose, il lui faut subir l'épreuve du temps et de la controverse, dont la durée, fort variable, correspond à la transition de l'idée ancienne à l'idée nouvelle, marquant la décadence de la théorie régnante et l'avènement de la théorie nouvelle.

On peut ainsi distinguer quatre époques, empiétant plus ou moins les unes sur les autres :

1° *Epoque de la description des plantes d'Orient*, depuis les temps les plus reculés jusqu'au XVIe siècle [de Zoroastre (6500 avant J.-C.) à Mathioli (1548 de notre ère)];

2° *Epoque de la connaissance des plantes d'Occident et du Nouveau Monde, de la fondation des jardins botaniques (Venise,* 1533) *et de la création des herbiers, ayant pour couronnement la distinction de l'espèce et du genre* (1530-1623) ;

3° *Epoque correspondant au règne des méthodes artificielles et à l'établissement des classes artificielles* (1583-1779) ;

4° *Epoque de la fondation de la méthode naturelle et de ses perfectionnements. Constitution de la famille d'abord, puis des classes naturelles et enfin des embranchements et sous-embranchements.*

261. Classification du règne végétal en cinq embranchements (1). — *La portion végétative du corps de la plante*

1° Est homogène, composée de cellules nues et mobiles, non protégées par une membrane celluloso-pectique (comme chez les animaux). La cellulose apparait dans l'appareil de sporulation (fruit). Appareil reproducteur sexuel nul ou totalement inconnu. Pas de chlorophylle :

1er embr. : MYCÉTOZOAIRES ou MYXOMYCÈTES.

2° Est plus ou moins différenciée, mais toujours représentée par un thalle. Végétaux entièrement cellulaires :

2e embr. : THALLOPHYTES.

a) Thalle sans chlorophylle :

α. toujours de dimensions minuscules. Reproduction sexuée nulle ou totalement inconnue. Conservation par spores ou par division ; cette dernière très active et constituant le principal mode de multiplication : **Schizophytes** ou **Bactériacées** (sous-embr.).

β. de dimensions diverses, parfois assez grandes. Appareil sexuel connu chez les plus simples ; mal connu ou inconnu chez les autres qui se conservent surtout par spores : **Champignons** (sous-embr.).

b) Thalle avec chlorophylle :

γ. plus ou moins développé. Appareil sexuel très divers, manquant rarement : **Algues** (sous-embr.).

3° Présente tous les états intermédiaires entre la présence d'un thalle et celle d'une tige avec feuilles. Appareil sexuel composé d'archégones et d'anthéridies. L'œuf développe un jeune parasite du corps végétatif (capsule) chargé d'amener la dissémination de la plante au moyen de spores. Un protonéma générateur de la masse végétative. Un rudiment de circulation chez les plus parfaits :

3e embr. : MUSCINÉES { α. **Hépatiques** (sous-embr.).
β. **Mousses** (sous-embr.).

4° Montre une tige, des feuilles et des racines. Le corps végétatif forme directement les organes de dissémination qui donnent naissance à des végétations indépendantes (prothalles) portant les organes sexuels (archégones et anthéridies), puis la plante feuillée qui sort directement de l'œuf. Des vaisseaux :

4e embr. : CRYPTOGAMES VASCULAIRES { α. **Filicinées** (sous-emb.).
β. **Equisétinées** (id.).
γ. **Lycopodinées** (id.).

(1) D'après le cours de M. le professeur R. Gérard.

5° Se divise en tige, feuilles et racines. L'appareil sexuel réside dans des fleurs (pollen et ovule). Des vaisseaux :

5e embr. : PHANÉROGAMES

Les carpelles (organes porteurs des ovules)

a) Ne protègent pas ou que très imparfaitement les graines et ne forment pas de stigmates. Archégones (corpuscules) nombreux dans chaque ovule : **Gymnospermes** (sous-embr.).

b) Protègent efficacement les graines et forment des stigmates ; deux archégones, dont un stérile, dans chaque ovule :

Angiospermes (sous-embr.). { α. *Monocotylédones*. β. *Dicotylédones*.

II. DE LA NOMENCLATURE BOTANIQUE

262. Nécessité d'une nomenclature. — Au fur et à mesure que le nombre des plantes connues allait grandissant, la nécessité de désigner chacune d'elles d'une façon précise, concise et claire se faisait sentir toujours davantage ; néanmoins, ce n'est qu'au XVIe siècle, chez Pierre Belon, et au XVIIe, chez Bachmann, dit Rivinus, qu'on trouve les premières applications d'une nomenclature raisonnée, la *nomenclature binaire*, à laquelle s'est attaché le nom de Linné (*nomenclature Linnéenne*), bien que le savant suédois ne paraisse avoir eu d'autre mérite, en cette occasion, que d'imposer par son autorité les idées déjà émises par ses devanciers Belon et Rivinus.

D'après cette nomenclature, toute plante se trouve suffisamment désignée par deux mots, désignant l'un le genre, l'autre l'espèce, auxquels elle se rattache, mots placés dans un ordre convenu, dont le premier qui s'énonce, le *nom générique*, est un substantif qui s'écrit toujours avec une majuscule (Ex. : Rosa), tandis que le second, le *nom spécifique*, est pris adjectivement, soit qu'il consiste en un adjectif vrai (*Ulex nanus*), soit en un substantif pris adjectivement (*Quercus Suber*), soit enfin par un nom énoncé au génitif (*Cedrus Libani*).

Le nom de genre est emprunté à un dialecte quelconque, mais les noms génériques tirés du grec sont les plus nombreux. Le nom spécifique doit revêtir une forme latine, et, autant que possible, mettre en lumière le caractère le plus saillant de l'espèce (*Herniaria glabra* L. ; *Adonis vernalis* L., par opposition à *Adonis autumnalis* L., ces espèces se distinguant par l'époque de leur floraison). Les noms de plantes s'écrivent toujours en italique, et, pour éviter les erreurs imputables à l'homonymie, on les fait suivre du nom de l'auteur qui les a dénommées. Ex. : *Rosa cinnamomea* L. (pour Linné); *Rosa Hookeriana* Wall. (pour Wallich). Ce qui veut dire que la première plante est celle que Linné a décrite sous le nom de *Rosa cinnamomea* et n'est pas le *R. cinnamomea* Roth, plante décrite par Linné sous le nom de *R. Eglanteria*, etc. Ce n'est qu'exceptionnellement, à tort certainement, que l'on tient compte d'un parrainage antérieur à Linné, plus exactement à l'année 1753, pendant laquelle parut la première édition du *Species plantarum* de ce savant.

263. Des groupes naturels. — Tout individu végétal appartient, avons-nous dit, à une espèce, toute espèce à un genre, tout genre à une famille, toute famille à une classe, toute classe à un embranchement. Mais l'ampleur, en quelques cas, de certains de ces groupes a obligé les naturalistes à les subdiviser en se fondant sur des affinités plus profondes et reposant sur des faits spéciaux que présentaient entre eux certains des membres de ces groupes. A la suite, les degrés de la subordination se sont élevés beaucoup ; ils peuvent se présenter de la façon suivante :

- Règne végétal
  - Embranchements
    - Sous-embranchements
      - Classes
        - Sous-classes
          - Familles ou Ordres naturels
            - Sous-familles ou Tribus
              - Genres
                - Sous-genres ou Sections
                  - Espèces
                    - Sous-espèces (Variétés et Races)
                      - Individus.

Malgré cette richesse, on a encore éprouvé la nécessité de créer des subdivisions dans les sous-embranchements pour mettre en lumière des groupes supérieurs aux classes, mais il faut avouer que les botanistes ne se sont jamais mis d'accord pour désigner de la même façon ces groupements, dont l'importance et les limites varient du reste beaucoup avec les divers classificateurs. Ceci n'est pas étonnant, parce que ces groupes sont, bien souvent, plus artificiels que naturels. Constatons le fait, et occupons-nous des sous-espèces, dites *variétés* et *races*, qui ont besoin d'être définies.

Les *sous-espèces* sont constituées par des masses d'individus ayant subi sous des influences diverses des modifications secondaires, sensibles mais insuffisantes cependant pour voiler les caractères principaux des espèces. Si ces modifications se sont produites dans la nature et se conservent naturellement, les végétaux qui les présentent constituent des *variétés* ; si elles sont le produit de l'industrie de l'homme et ne se conservent que par ses soins, leurs ensembles forment des *races*.

Il est rare que les cultivateurs soignent des espèces types ; le plus souvent, leurs efforts tendent à la propagation de races dans lesquelles se trouvent exagérées celles des propriétés utiles de l'espèce type qui font rechercher ces races.

Les *variations* ne peuvent figurer dans les groupements précédents; ce ne sont, en effet, que des modifications individuelles, le plus souvent nettement localisées, que présentent les plantes : tels sont la panachure d'un rameau, le port tombant d'une branche, la laciniation des feuilles d'une pousse. Les variations ne se propagent pas par le semis, comme les variétés et les races ; on est obligé de recourir à la greffe ou à la marcotte pour les conserver et les multiplier.

264. Nomenclature générale. — Les efforts des botanistes ne se sont pas bornés à la nomenclature binaire qui se limite au genre et à l'espèce (p. 316); ils ont étendu leurs travaux à la dénomination des groupes plus élevés et ils y sont parvenus, au moins pour les principaux, d'une façon fort simple, en les désignant par le nom d'un des genres les plus saillants du groupe pris au génitif, et en remplaçant la désinence de ce génitif par des suffixes variant avec le degré d'élévation du groupe : ainsi les noms de classes sont distingués par la terminaison *ales*; ex. : Malva, au génitif Malv*æ*, d'où Malv*ales*; ceux des familles par *aceæ*, d'où Malv*aceæ*, en français Malvacées. Pour les tribus, on fait usage de la terminaison *eæ*; ex. : Malv*eæ*, Malvées. Les variétés et races se désignent par le nom d'espèce suivi d'un adjectif se rapportant ordinairement à la mutation survenue en légitimant un groupement spécial; cet adjectif est séparé, pour empêcher toute confusion, de l'adjectif spécifique par l'abréviation *var.*, abrégé de *varietas* ; ex. : *Saxifraga longiflora* Lapeyr. var. *nutans*.

Les noms des embranchements (Phanérogames, Cryptogames vasculaires, Muscinées, etc.) et de quelques grandes subdivisions (Monocotylédones, Dicotylédones, etc.) sont formés arbitrairement.

Les hybrides monogénériques (dont nous allons parler) d'origine certaine sont désignés par le nom de genre auquel on ajoute une combinaison des noms spécifiques des deux espèces dont ils proviennent : le nom de l'espèce femelle étant mis le premier, avec la terminaison *i* ou *o*, et celui de l'espèce qui a fourni le pollen le second, le signe × étant placé entre les deux (*Amaryllis vittato* × *reginæ*) (1). Les hybrides d'origine douteuse se nomment comme des espèces, mais on les désigne par le signe × précédant le nom de genre (× *Salix capreola*, Kern).

265. Hybrides et métis. — En dehors de la filiation normale se produisant par le fait d'êtres de la même espèce, ne différant entre eux que par des caractères individuels et conservant l'espèce pure, typique, la génération entre sujets rendus distincts par la possession de caractères différents de plus haute valeur donne naissance à des produits nouveaux, ayant des qualités empruntées à leurs deux parents et qu'on désigne selon les cas par les noms de *Métis* et d'*Hybrides*. Les métis proviennent de l'union de deux variétés appartenant à la même espèce. Les *hybrides d'espèces* sont le résultat de la fécondation entre deux espèces appartenant au même genre. L'union de gamètes produits par des plantes de genres différents donne des *hybrides de genres* ou *bigénériques*.

Le métissage est très fréquent dans la nature. Des hybridations entre espèces congénères, sans être nombreuses, sont souvent signalées et peuvent se produire soit naturellement, soit sous l'action de l'homme. Les hybrides bigénériques sont fort rares, et dus pour la plupart à un effet de l'art des praticiens.

266. Descendance des hybrides. Hérédité mendélienne. — Les expériences de Mendel (1866-70) sur l'hybridation, vérifiées depuis par plusieurs biologistes sur les animaux et les plantes, ont résolu quelques-uns des problèmes de l'hérédité, et établi, entr'autres, le point suivant : *dans l'hybride de première génération, qui contient en puissance des couples de caractères antagonistes du père et de la mère, ceux-ci se disjoignent dans les gamètes, de telle sorte qu'un gamète pris en particulier ne contient en puissance que la moitié des couples.* En d'autres termes, si l'on croise deux plantes *A* et *B* appartenant à des espèces qui diffèrent par un certain nombre de caractères antagonistes, par exemple par la forme différente du fruit, par l'état lisse ou rugueux de sa surface, par la couleur de la fleur, etc., si *a* est l'un des caractères de l'espèce *A*, *b* le caractère antagoniste de l'espèce *B*,

(1) On peut aussi, avec plus d'avantage, faire intervenir les signes de la sexualité dont on fait suivre les noms des producteurs des hybrides. Ex. : *Digitalis luteo* ♀ × *purpurea* ♂.

tous les hybrides de première génération présentent le caractère *a* à l'exclusion du caractère *b*; le caractère *a* est dit *dominant* par rapport au caractère *b* qui est *dominé* ou *récessif*. Cependant l'œuf qui leur a donné naissance contenait en puissance les caractères *a* et *b*. Nous ignorons ce qu'est devenu le caractère récessif *b*. Mais, si on croise les hybrides entre eux, on s'aperçoit que leur descendance n'est plus uniforme, et que les trois quarts des individus présentent encore le caractère dominant *a*, tandis que le caractère dominé *b*, qui, en apparence, avait disparu chez les hybrides de première génération, réapparait dans l'autre quart.

Mendel et Naudin admettent, pour expliquer la réapparition du caractère dominé chez les descendants des hybrides et le dimorphisme de ceux-ci, que les caractères antagonistes *a* et *b* des deux espèces *A* et *B* sont simplement juxtaposés dans l'œuf qui a donné naissance à l'hybride et dans les cellules végétatives (somatiques) de celui-ci, et qu'ils se disjoignent dans leurs gamètes; certains gamètes ne renfermeraient donc que le caractère *a*, les autres que le caractère *b*, de telle sorte que, dans la fécondation croisée entre deux hybrides identiques, les gamètes du père et les gamètes de la mère pourraient se combiner de quatre façons différentes :

$$a + a \quad a + b \quad b + a \quad b + b.$$

Le caractère dominant *a* se manifesterait donc dans les trois premières combinaisons, dans les trois quarts par conséquent des individus, et le caractère *b*, le caractère récessif, réapparaîtrait seul dans le dernier quart.

L'expérience semble être d'accord avec la théorie et démontre que dans la première combinaison $(a + a)$ les individus ne renferment plus trace du caractère dominé, et tous leurs descendants, si on les croise entre eux, ne renferment jamais que le caractère *a*; ils sont de race pure *A*. Dans la quatrième combinaison $(b + b)$, le caractère *a* a disparu : les individus issus de cette combinaison seront également de race pure *B*; tous leurs descendants directs ne posséderont jamais que le caractère récessif *b*. Seules, les deuxième et troisième combinaisons $(a + b)$ et $(b + a)$ qui ont le caractère dominant *a*, se comporteront, chacune en particulier, comme les hybrides de première génération.

Exemple : il existe deux variétés de Maïs, l'un à albumen amylacé, l'autre à albumen sucré. La fécondation d'une fleur femelle de Maïs sucré par le pollen du Maïs amylacé produit uniquement des fruits à albumen amylacé : l'albumen amylacé est donc ici le caractère dominant. Dans les hybrides issus de ces graines, les cellules somatiques renfermeront les caractères amylacé *a* et sucré *s* juxtaposés $(a + s)$. Si on laisse l'autofécondation s'opérer, les gamètes mâles et femelles, chez lesquels les caractères $a + s$ seront dissociés, pourront s'unir de quatre façons :

$$a + a \quad a + s \quad s + a \quad s + s$$

Le caractère dominant amylacé *a* se fera donc sentir dans les trois premières combinaisons, et le caractère sucré *s* n'apparaîtra que dans la quatrième : l'épi de ce Maïs présente, en effet, un mélange de trois parties de fruits amylacés et d'une partie de fruits sucrés. Si on sème des fruits sucrés $(s + s)$, on n'obtiendra que du Maïs à graines sucrées, sans aucun mélange de graines amylacées. On obtiendra des résultats inverses avec des graines amylacées $(a + a)$. Si on féconde des fleurs femelles de Maïs hybride $(a + s)$ par du pollen de Maïs sucré (s), on obtient des épis renfermant autant de grains amylacés que de grains sucrés.

Quand il y a plusieurs caractères antagonistes chez les parents d'un hybride (polyhybride), ces caractères ne restent pas liés ensemble dans l'hybride ; il se fait, dans ses cellules génitales, un mélange de tous les caractères paternels et maternels, mélange tel que chaque gamète ne reçoit qu'un échantillon complet de caractères sans qu'aucun d'eux soit représenté deux fois dans la même cellule ; cet échantillon sera soit d'origine paternelle, soit d'origine maternelle, soit enfin d'origine variée, et les combinaisons seront d'autant plus nombreuses que le nombre des caractères antagonistes sera plus grand.

Supposons, par exemple, que l'on croise deux espèces ayant deux caractères antagonistes a et α pour la première, b et β pour la seconde, et supposons a et α les caractères dominants tandis que b et β seront les caractères dominés. Les hybrides de première génération auront en puissance ces couples de caractères juxtaposés $(a\alpha + b\beta)$, mais ils seront tous semblables au parent $a\alpha$, puisque $b\beta$ sont les caractères récessifs.

Dans les gamètes de ces hybrides, il y aura disjonction des caractères, et chaque gamète répondra forcément à l'un des quatre types

$$a\alpha, \quad a\beta, \quad b\alpha, \quad b\beta,$$

qui pourront se combiner de façons diverses :

$$(a\alpha + a\alpha), \quad (a\alpha + a\beta), \quad (a\alpha + b\alpha), \quad (a\alpha + b\beta),$$
$$(a\beta + a\beta), \quad (a\beta + b\alpha), \text{ etc.}$$

Parmi ces combinaisons, les unes $(a\alpha + a\alpha)$, $(a\beta + a\beta)$, $(b\alpha + b\alpha)$, $(b\beta + b\beta)$ sont des formes constantes qui ne varieront plus : la première et la quatrième sont identiques, l'une à l'ancêtre paternel, l'autre à l'ancêtre maternel ; la deuxième et la troisième créent des formes nouvelles. Les autres combinaisons renferment des couples qui prêtent encore à la disjonction, et par conséquent à de nouvelles combinaisons.

Les caractères paternels ne sont donc pas liés ensemble, pas plus que les caractères maternels, et *ces caractères peuvent s'hériter indépendamment les uns des autres*. Cependant, il existe des *caractères corrélatifs*, c'est-à-dire formant au point de vue héréditaire, bien que séparables théoriquement, un groupe inséparable, qui se transmet tout entier ; ainsi, dans les croisements du *Pisum arvense*, il y a quatre caractères qui s'héritent du même coup : fleurs rouges, taches rouge-violet à la base des feuilles, tégument de la graine jaune-verdâtre, avec ponctuation violette et écusson brun brillant.

267. Exemples de caractères mendéliens.— La prédominance d'un caractère, puis la disjonction des gamètes des hybrides s'observent fréquemment : l'hybride de l'*Hyoscyamus niger* (bisannuel) et de l'*Hyoscyamus niger annuus* (annuel) est bisannuel. L'hybride de *Bryonia dioica* et de *Bryonia alba* est dioïque. L'hybridation entre *Chelidonium majus* et *Chelidonium laciniatum* donne des produits à feuilles lobées.

On a pu, au point de vue anatomique, déterminer l'influence respective de chaque parent dans les hybrides binaires de vigne, et cette détermination montre que les hybrides inverses $A \times B$ et $B \times A$ ne sont pas identiques au point de vue anatomique : la plante qui fournit l'élément mâle est prépondérante dans l'ensemble des trois organes végétatifs ; dans la tige notamment, les caractères des formations essentielles du liber et du bois secondaires sont transmis par lui. Si on hybride, par exemple, une espèce dont la reprise au bouturage est facile avec une autre espèce plus ou moins réfractaire à ce mode de multiplication, le produit présente à cet égard des propriétés voisines de celles du père. Deux hybrides inverses $A \times B$ et $B \times A$ présenteront donc des divergences assez grandes.

On a remarqué que l'hybride entre une vigne américaine et une vigne européenne est plus résistant au phylloxéra quand celle-là fournit le pollen, ce qui s'explique par l'influence qu'a le père sur les tissus persistants de la racine (bois et liber).

III. BASES ET CARACTÈRES DES GROUPES NATURELS

La méthode naturelle, avons-nous dit, est en voie de formation. Toutes les branches de la botanique doivent contribuer à son établissement. Nous avons vu les classificateurs faire successivement appel à la morphologie, à la physiologie et à l'anatomie comparées pour l'asseoir sur des bases plus solides. Il s'en faut que le travail soit achevé, et même l'application des connaissances acquises n'a pas été portée aussi loin pour les différents groupes : la classification des Phanérogames, végétaux qui avaient, les premiers, attiré l'attention des naturalistes, est beaucoup plus avancée que celle des végétaux appartenant aux autres embranchements. La constitution de certains groupes, les embranchements, les sous-embranchements et leurs grandes subdivisions, les familles et les espèces tout au moins, repose sur des bases véritablement raisonnées, dues à une application judicieuse de la subordination des caractères, de telle sorte que nous savons parfaitement aujourd'hui que, chez les végétaux, les variations de tel organe n'ont d'influence que sur la limitation des espèces, que celles que nous présente tel appareil s'étendent sur une aire plus vaste et sont caractéristiques ou bien du genre, ou bien de la famille, etc., selon leur degré d'importance ; cependant, il n'est pas rare de voir une variation, lorsqu'elle porte sur un nombre de plantes considérable et ayant déjà d'autres affinités, prendre une valeur exceptionnelle : nous en verrons bientôt des exemples en passant en revue les bases de la constitution de la famille.

Les points parfaitement établis pour la classification des Phanérogames n'ont pas d'application pour la classification des végétaux appartenant aux autres embranchements; quelques-uns à peine trouveraient leur emploi dans les Cryptogames vasculaires, proches parents des Phanérogames.

Cela s'explique par la différence de constitution des sujets. Etant données les limites de cet ouvrage, nous ne pouvons entrer dans les critiques nécessaires pour légitimer les groupes naturels (?) créés dans les embranchements qui renferment les végétaux *inférieurs* ; ce chapitre se bornera donc presque entièrement à ce qui a trait aux Phanérogames.

268. Caractères des embranchements, des sous-embranchements et de leurs grandes subdivisions. — Cependant la division du règne végétal en embranchements et sous-embranchements naturels repose sur des bases scientifiques qui donnent à ces groupes des limites assez nettes pour nous faire croire qu'elles sont immuables et touchent à la perfection. Nous avons vu, en effet, les classificateurs s'appuyer, pour leur constitution, sur les principales branches de la science des plantes : la morphologie, la physiologie et l'anatomie comparées Nous avons résumé, dans le tableau placé à la page 314, les résultats obtenus par le groupement judicieux de caractères communs aux végétaux fort nombreux compris dans chacune de ces divisions. Un coup d'œil sur ce tableau suffira pour les rappeler ; le lecteur trouvera plus loin, lorsque nous nous étendrons sur ces divisions, le complément des caractères qui n'ont pu y prendre place.

269. Caractères de classe. — Les classes, de l'avis unanime des botanistes, même celles entre lesquelles se partagent les Phanérogames, sont les groupes les moins étudiés, pour lesquels on a le moins usé de cette subordination des caractères, principe essentiel de la méthode naturelle. Beaucoup de classes sont dues plutôt à l'intuition qu'à une comparaison méthodique ; aussi, les faits sur lesquels reposent les groupements en classes varient-ils considérablement.

270. Caractères de famille. — A partir de ce groupe, nous nous bornerons à exposer ce qui intéresse seulement les Phanérogames.

Les caractères de la famille, dans l'état actuel de la science, sont surtout tirés de la morphologie et de l'anatomie comparées. L'habitat des plantes, lorsqu'il est nettement localisé, comme cela s'observe pour certaines familles, ajoute encore un nouveau lien entre les membres de ces groupes à ceux que nous allons énumérer.

Tous les organes de la plante sont appelés à fournir des éléments à la distinction de la famille; ce fait est très naturel, mais il n'est pas inutile de le faire remarquer, car les esprits superficiels voudraient que les familles fussent nettement caractérisées par un point spécial; il n'en est ainsi, malheureusement, pour aucun groupe, quel que soit son degré d'élévation : une division naturelle n'est légitime que quand ses membres possèdent un ensemble de caractères les rapprochant au plus grand nombre de points de vue.

Ceci dit, nous passerons successivement en revue les différents organes des Phanérogames, en faisant remarquer les points qui, dans chacun d'eux, peuvent contribuer, par leur importance, à caractériser la famille. Il faut aussi faire observer que quelques faits revêtent, dans certains groupes, et, pour ainsi dire, d'une façon insolite, une importance de premier ordre (pollinies, structure spéciale de la tige, etc.). Ces caractères ont été distingués par le qualificatif de *taxognomiques*.

On tire des caractères de famille :

1° *Du port de la plante.* Dans de nombreuses familles, le port de la plante est le même chez tous les végétaux qui la composent, à très peu d'exceptions près. Ainsi, les Renonculacées, les Composées et les Lamiacées ne comprennent, en règle générale, que des plantes herbacées. Ce fait permet de distinguer entre autres les Renonculacées des Dilléniacées, végétaux qui ont entre eux les plus grandes affinités, mais qu'on sépare, parce que ces derniers sont des plantes ligneuses. Des raisons semblables font séparer les Lamiacées, plantes herbacées, des Verbénacées qui sont ligneuses. Mais les qualités tirées du port n'ont aucune valeur pour les familles où l'on trouve à la fois des espèces ligneuses et herbacées (Fabacées ou Papilionacées) ;

2° *De la racine et de la tige*, qui peuvent présenter, en outre des caractères taxognomiques, des caractères morphologiques : tige carrée des Lamiacées; tige grasse des Cactacées, etc. ;

3° Les *feuilles* sont, ordinairement, toujours *disposées* de la même façon dans la même famille : elles sont ou constamment opposées, ou constamment alternes. Les Lamiacées ont des feuilles opposées ; les feuilles sont alternes dans la famille voisine des Boraginacées ;

4° La *morphologie de la feuille* ne fournit ordinairement que des caractères d'espèce ; cependant, des caractères taxognomiques familiaux sont donnés par la réduction des feuilles à l'état d'épines chez les Cactacées. Toutes les Malvacées ont des feuilles palminerves ; les Tiliacées se distinguent de ces dernières par la nervation pennée de leurs feuilles ;

5° L'*absence ou la présence de stipules* est constante dans la famille. La chute hâtive des stipules peut quelquefois induire en erreur ; on ne doit donc jamais négliger l'observation des jeunes feuilles à leur sortie du bourgeon, lorsqu'on veut arriver à la détermination d'une famille ;

6° Le *port de l'inflorescence*, qui fournit plutôt des caractères de genre, revêt une importance plus grande dans les familles où il est toujours le même (Ombellifères, Composées, etc.) ;

7° La *monoclinie et la diclinie* sont caractéristiques de certaines familles : les Tiliacées ont des fleurs hermaphrodites ; les Castanéacées sont monoïques ; les Salicacées dioïques ;

8° La *présence et l'absence de bractées* donnent des caractères de famille : les Crucifères n'ont pas de bractées ; leurs voisines, les Capparidacées, en présentent. Les spathes fournissent un caractère taxognomique aux Aracées ;

9° La *présence et l'absence d'un périanthe, ou d'un verticille au périanthe*, conduisent à la distinction de groupes supérieurs à la famille et même à la classe (Apétales, parmi les Dicotylédones) ; mais l'absence de corolle permet cependant de séparer les Chénopodiacées des Dianthacées (Caryophyllées), que certains classificateurs rapprochent dans une même classe, celle des Cyclospermées ;

10° Dans une même classe, des *préfloraisons* différentes peuvent contribuer à la séparation des familles de cette classe ; ainsi, parmi les Légumineuses, la préfloraison de la corolle des Fabacées est papilionacée ; celle des Césalpiniacées est cochléaire ; celle, enfin, des Mimosacées, valvaire ;

11° La *symétrie de la fleur*, notamment l'actinomorphie et la zygomorphie de la corolle, est fréquemment invoquée pour distinguer des familles voisines : les Solanacées et les Campanulacées sont actinomorphes ; les Scrophulariacées et les Lobéliacées zygomorphes ;

12° La *durée plus ou moins longue du périanthe*, et mieux de l'un ou de l'autre des verticilles de ce périanthe, fournit aussi, dans quelques cas, un caractère familial : le calice est fugace chez les Brassicacées (Crucifères) et les Papavéracées ; il est persistant chez les Lamiacées ; la corolle est fugace chez les Cistacées et les Linacées, etc.

Les caractères de la famille, les plus nombreux et les meilleurs sans aucun doute, sont donnés par les *organes générateurs, androcée et gynécée*, qui se présentent, en règle générale, avec une constance de forme et de disposition véritablement remarquable dans les groupes naturels, parce que la fleur est, de tous les organes de la plante phanérogame, celui qui échappe le mieux à l'adaptation au milieu physique. Dans les fleurs se retrouvent les caractères héréditaires de la famille, car elles doivent leur forme actuelle à une longue adaptation qui a créé les végétaux anémophiles et les plantes entomophiles ;

13° Certains botanistes se sont appuyés sur les variations de l'*insertion de l'androcée*, hypogyne, périgyne, épigyne, pour diviser les Phanérogames en classes (de Jussieu), ou en sous-classes (de Candolle). Par conséquent, les caractères de cet ordre s'appliquent aux subdivisions de ces groupes, notamment aux familles : les Renonculacées ont des étamines hypogynes ; les étamines des Rosacées sont périgynes ;

14° Le *nombre des étamines* ne varie pas, ou varie très peu habituellement, dans une famille donnée : les Lamiacées n'ont que quatre étamines, tandis que leurs voisines, les Boraginacées, en possèdent cinq ;

15° Les étamines étant en nombre déterminé, les *rapports constants de longueur entre elles* créent des caractères taxognomiques précieux : les Brassicacées (Crucifères) se reconnaissent à la tétradynamie de leur androcée ; les Lamiacées présentent la didynamie, etc. ;

16° L'*insertion des étamines sur le réceptacle ou sur la corolle* conduit à des groupements bien supérieurs à la famille : chez les Dicotylédones gamopétales, les étamines sont généralement coalescentes par leur base avec la corolle (ce que les anciens botanistes traduisaient en disant que la corolle porte alors les étamines), ce qui est exceptionnel chez les Dialypétales ;

17° Dans une famille donnée, l'androcée suit ou non la *règle d'alternance* des verticilles. Le fait peut servir à distinguer deux groupes voisins : les Rhamnacées et les Vitacées ont des étamines oppositipétales ; les étamines sont alternipétales chez les Célastracées et les Pittosporacées ;

18° *La morphologie de l'anthère* est souvent invoquée : la forme des loges en *S* est caractéristique des Cucurbitacées. Un des points distinctifs des Festucacées (Graminées) et des Cypéracées se trouve dans ce fait que les anthères sont médifixes dans les premières, basifixes dans les secondes ; l'insertion est donc là bien distincte. Le *nombre des loges de l'anthère*, généralement de deux, fournit un caractère de famille là où la règle n'est pas observée : les Malvacées ont des anthères uniloculaires : les anthères sont biloculaires dans la famille voisine des Tiliacées. La *déhiscence de l'anthère* étant longitudinale dans la plupart des cas, les exceptions peuvent fournir des caractères de famille : des anthères operculaires s'observent chez toutes les Berbéridacées et les Lauracées. Il n'est pas jusqu'à la *direction introrse ou extrorse* de la ligne de déhiscence qui ne devienne caractéristique de certaines familles : les Liliacées ont des anthères introrses; dans la famille voisine des Colchicacées, les anthères sont extrorses ;

19° Il en est de même pour le *pollen :* la *forme des grains* permet de distinguer les Abiétacées des autres familles composant le groupe des Conifères. La *cohérence des grains* (*pollinies*) est caractéristique des Orchéacées et des Asclépiadacées ;

20° La *situation infère ou supère du gynécée* ayant été utilisée par quelques botanistes pour asseoir des groupes supérieurs à la famille, la position de l'ovaire au-dessus ou au-dessous du périanthe sera la même chez tous les membres des familles rentrant dans ces groupes. Le *nombre des carpelles*, la *placentation*, et conséquemment le *nombre des loges* fournissent des caractères de famille. Il en est de même du nombre et de la coalescence des *styles* et des *stigmates*. On invoque encore la *forme des ovules* (anatrope, orthotrope, campylotrope), leur *nombre par loge* (un, deux..., nombre indéfini) ; enfin, *leur mode d'attache* (sur un ou plusieurs rangs) et *leur direction :* pendante (Valérianacées et Dipsacacées), dressée (Composées) ;

21° Le *fruit* permet mieux la distinction des genres que celle des familles, mais par la constance de sa forme dans tous les genres d'une même famille, il donne un nouveau lien à ses membres : ainsi les deux séries parallèles de familles affines, comprenant l'une des végétaux à fleurs actinomorphes (Boraginacées, Solanacées, Cordiacées), l'autre des plantes à fleurs zygomorphes (Lamiacées, Scrophulariacées, Verbénacées), sont classiques. Boraginacées et Lamiacées ont pour fruits des tétrachaines ; les Solanacées et les Scrophulariacées des capsules, à peu d'exceptions près, mais jamais des achaines ; les fruits des Cordiacées et des Verbénacées sont des baies ;

22° La *graine* offre de très bons caractères de famille par la *présence ou l'absence d'un albumen ou d'un périsperme*, aussi par la *nature des réserves nutritives qu'elle présente*, et, enfin, par la *forme de son embryon*. Ainsi les Acanthacées, dépourvues d'albumen, se distinguent par là des Scrophulariacées qui en possèdent un. Pas d'albumen chez les Malvacées ; il en existe un chez les Tiliacées. L'albumen des Liliacées est charnu ;

celui des Pontédériacées est amylacé. L'embryon est droit ou courbe, extraire ou intraire. En règle générale, il est droit lorsqu'il s'est développé à l'intérieur d'un ovule anatrope ou orthotrope (Polygonacées), courbe lorsqu'il provient d'un ovule campylotrope (Chénopodiacées). Les *cotylédons* sont tubéreux ou foliacés, et alors plans ou plissés, etc. ;

23° *L'habitat* fournit dans quelques cas des caractères précieux ; par exemple, lorsque la famille est localisée dans une zone déterminée du globe (Palmiers, qu'on ne rencontre que dans les régions chaudes et tempérées),ou qu'elle réclame une station spéciale : les Nymphéacées, hygrophiles, sont toutes aquatiques ; les Cactacées, éminemment xérophiles, n'habitent que les terrains secs ; etc. La station, dans ces cas particuliers, donne un faciès caractéristique aux végétaux de ces familles. Les Cactacées ont une tige grasse, hérissée d'épines, et pas de feuilles à limbe étalé ; les Nymphéacées sont herbacées et présentent des feuilles flottantes, etc.

271. Caractères anatomiques de la famille. — Les caractères anatomiques de la famille sont tirés d'organes échappant à l'adaptation, à savoir :

1° Du mode de développement des stomates ;

2° De la constitution du stomate adulte (il y a quatre types de stomates : renonculacé, crucifère, rubiacé, lamiacé ; voir p. 73) ;

3° De la composition des poils : simples (Crucifères, Boraginacées) ou unisériés (Solanacées, Composées) ;

4° De la présence et de la forme des cristaux d'oxalate de chaux ;

5° De la présence, de la forme et de la localisation des organes sécréteurs ;

6° De la disposition et de la course des faisceaux libéro-ligneux dans la tige et le pétiole ;

7° De la disposition du bois et du liber dans les faisceaux ;

8° De la constitution et de la morphologie des grains de pollen ;

9° De la structure de l'ovule ;

10° De la présence de caractères taxognomiques (tiges anomales, cystolithes).

Des caractères tirés de la structure des téguments de la graine, du péricarpe des fruits secs, de l'embryon, de la racine et de la tige pourront fournir sans doute de nouveaux caractères constants.

272. Familles monotypes et familles polytypes. — Il existe deux sortes de familles : les unes, dites *monotypes* (Lamiacées, Apiacées ou Ombellifères), qui forment des groupes très naturels, dans lesquels les membres sont très semblables et difficiles à distinguer les uns des autres ; les autres, appelées *polytypes* ou *familles par enchaînement*, dans lesquelles on trouve des végétaux très distincts au premier abord et ne semblant pas avoir entre eux d'affinités, bien qu'ils soient en réalité reliés par des formes intermédiaires (Renonculacées, Rosacées, etc) : on trouve une foule de transitions entre la Clématite à étamines hypogynes et les Pivoines à étamines périgynes ; entre le Fraisier à étamines nettement périgynes et le Pommier dont les étamines, bien que toujours périgynes, sont placées si haut autour du gynécée qu'elles paraissent épigynes.

273. Caractères de tribu. — Les caractères de la tribu sont très variables, parce que la tribu est un groupe ayant encore quelque chose d'artificiel. On s'appuie ici, en effet, sur quelques faits particuliers et on ne peut citer aucune règle générale. C'est ainsi qu'on divise les Crucifères en plusieurs groupes d'après la *situation de la radicule par rapport aux cotylédons* ; les Lamiacées, d'après la *forme de la corolle* qui est uni- ou bilabiée, et la *position respective des étamines courtes et longues* ; les Solanacées, d'après la *nature du fruit*, qui est une baie dans les Atropées, une pyxide dans les Hyoscyamées, une capsule septifrage dans les Daturées, une capsule septicide dans les Nicotianées ; les Gentianacées, suivant l'*insertion des feuilles* qui sont opposées (Gentianées) ou alternes (Menyanthées), etc.

274. Caractères de genre. — Le genre est encore un groupe quelque peu artificiel, dans l'état actuel de nos connaissances ; ses caractères sont donc aussi variables et limités. Ils sont le plus souvent tirés du fruit, mais aussi :

1° Dans quelques cas, de *la durée des végétaux* qui le composent : les Melampyrum sont annuels, les Tozzia vivaces ;

2° *De l'inflorescence*. Les fleurs sont isolées dans le genre Papaver ; elles sont en ombelle dans le g. Chelidonium ; en grappe dans le g. Bocconia, parmi les Papavéracées ;

3° *De la morphologie de la fleur*. La fleur est tétramère dans le g. Cissus, pentamère dans le g. Vitis, parmi les Vitacées. Elle est zygomorphe dans le g. Pelargonium, actinomorphe dans le g. Géranium, parmi les Geraniacées. Les Géraniacées renferment quatre genres qui se distinguent par le nombre de leurs étamines fertiles :

G. Erodium : 5 étamines fertiles, 5 étamines stériles ;

G. Pelargonium : 7 étamines fertiles, 3 étamines absentes ;

G. Geranium : 10 étamines fertiles libres ;

G. Monsonia : 15 étamines ordinairement mono- ou pentadelphes.

4° *Le nombre des loges de l'ovaire.* Les Caryophyllées renferment les Alsinées et les Dianthées. Parmi les Alsinées, il y a 5 loges à l'ovaire dans le g. Cerastium, 3 dans le g. Alsine. Parmi les Dianthées, le g. Dianthus a 2 loges, le g. Lychnis, 3, etc.

5° *La nature du fruit et son mode de déhiscence* donnent habituellement les meilleurs caractères du genre. On trouve une capsule monosperme indéhiscente dans le g. Fumaria, et une capsule bivalve polysperme dans le g. Corydalis.

La configuration des poils et la structure du fruit pourraient, peut-être, fournir des caractères anatomiques au genre.

275. Caractères de l'espèce. — Adoptant la définition de Vesque, nous dirons que : l'*espèce* est l'ensemble des végétaux appartenant à la même division phylétique (la même souche), présentant les mêmes organes épharmoniques (1), et ne différant entre eux que par le plus ou moins grand développement que présente ces organes.

L'espèce et la famille sont les deux groupements les plus naturels qui existent aujourd'hui.

On peut caractériser l'espèce à la fois par l'inspection des formes extérieures (caractères morphologiques) et par la structure des organes (caractères anatomiques). C'est la feuille qui a fourni presque tous les caractères anatomiques ; cela se comprend, car c'est dans la feuille que les caractères d'adaptation se font le mieux sentir.

276. Caractères morphologiques de l'espèce. — Ils sont tirés :

1° *De la durée du végétal.* Il est des plantes annuelles, bisannuelles, vivaces et ligneuses dans le même genre : *Veronica agrestis* est annuelle, *V. beccabunga* est vivace, *V. salicifolia* est ligneuse ;

2° *Du port de la racine* qui peut, dans les diverses espèces d'un même genre, être simple, ramifiée, tubéreuse, etc.: *Beta*

(1) L'épharmonie est l'accommodation de la plante au milieu extérieur.

vulgaris a une racine simple tubéreuse; *Beta maritima* a une racine rameuse ;

3° *Du port de la tige :* hauteur, consistance, adaptation spéciale (volubilisme, tubérisation, etc.) ;

4° *C'est la morphologie de la feuille* qui fournit peut-être les meilleurs caractères de l'espèce ; ainsi, on peut invoquer :

α. *La présence ou l'absence d'un pétiole* : les feuilles du *Lamium amplexicaule* sont sessiles; celles du *L. purpureum* pétiolées ;

β. *Le plus ou moins de découpure du limbe : Acer Negundo* a des feuilles pennées ; les feuilles sont lobées chez *A. campestre* et les autres érables de notre région ;

γ. *La villosité* plus ou moins prononcée sur les deux faces. Le limbe des feuilles de *Stachys germanica* est cotonneux-soyeux ; celui des feuilles de *S. sylvatica* ne porte que des poils épars, comme le sont ceux de l'Ortie dioïque ;

5° *Le port de l'inflorescence*, particulièrement la longueur des pédoncules et des pédicelles : *Primula grandiflora* se distingue nettement de *P. officinalis* par le défaut d'un pédoncule dans celle-là, très apparent au contraire dans celle-ci ;

6° *L'époque de la floraison.* C'est l'époque différente de leur floraison qui fait distinguer *Bulbocodium vernum* (le Bulbocode du printemps) du *B. autumnale* ; l'*Anemone hortensis*, à fleuraison printanière, de l'*A. japonica* qui épanouit ses fleurs en août-septembre ;

7° *Le développement plus ou moins grand des bractées et leur coloration. Salvia splendens* a des bractées rouges ; elles sont roses chez *S. Horminum* et vertes dans *S. pratensis. Cirsium oleraceum* présente des bractées larges et décolorées qu'on ne trouve pas chez les autres espèces du g. Cirsium.

8° *La coloration du calice et de la corolle.* Ici les exemples, surtout ceux tirés de la variation de couleur de la corolle, dans les espèces d'un même genre, sont extrêmement nombreux : *Lupinus albus* et *luteus* doivent leurs noms à la couleur blanche ou jaune de leur corolle; la corolle de *L. hirsutus* est bleu d'azur ;

9° *La grosseur et l'état de la surface* (lisse, villeuse, etc.), ainsi que la *coloration du fruit.* Le fruit de la Douce-amère (*Solanum Dulcamara*) est rouge et allongé, et aussi relativement petit à côté de celui de la Pomme de terre (*S. tuberosum*), qui est verdâtre et sphérique.

277. Caractères anatomiques de l'espèce. — Ils sont fournis par :

1° *L'épiderme de la feuille* ; la forme de ses cellules (hauteur, largeur, contour) et l'épaisseur de sa cuticule, ainsi que les accidents (saillies, réticulations) que la cuticule forme à sa surface ;

2° *La présence ou l'absence de couches de renforcement à l'épiderme* et par celle d'un *hypoderme* (défense contre l'insolation et la transpiration) ;

3° *La présence ou l'absence de poils* ;

4° *La situation des cellules stomatiques* au-dessus ou au-dessous des cellules épidermiques, ou à la même hauteur que ces cellules (défense contre la transpiration trop active) ;

5° *La structure du parenchyme foliaire* comprenant :

α, *le développement relatif du tissu palissadique* (accommodation à l'éclairage) et *du tissu caverneux-spongieux* (accommodation à l'hygrophilie) ;

β, *la présence et la localisation des cristaux* (d'oxalate de chaux, notamment) ;

γ, *la présence de cellules aquifères* (lutte contre la sécheresse) ;

δ, *la présence de cellules scléreuses* (préservation contre les effets de la sécheresse) ;

6° *La structure du pétiole* : distribution des faisceaux et constitution de ces faisceaux (collatéraux, etc.) ;

7° *La structure des nervures*, en envisageant plus spécialement la présence des fibres péricycliques et leur distribution dans les nervures de différents ordres.

278. Caractères des variétés et des races. — Les variétés et les races se distinguent des espèces types par des points très variables : par la taille des plantes, par la configuration des feuilles, par la couleur des fleurs, par le développement du fruit et de la graine, quelquefois aussi par l'adaptation de certaines parties à un rôle déterminé. Les variétés du chou potager (*Brassica oleracea*) nous en fournissent de bons exemples : 1° *B. oleracea acephala,* chou cavalier ; 2° *B. o. bullata,* chou frisé de Milan ; 3° *B. o. capitata,* chou cabus ou pommé ; 4° *B. o. caulorapa,* chou rave, 5° *B. o. botrytis,* chou-fleur, etc.

La variété peut s'éloigner de l'espèce par plusieurs côtés : ainsi, près de l'œillet d'Inde type, *Tagetes patula,* on trouve dans les jardins une variété dite *T. p. bicolor nana* dont le nom suffit à indiquer les modifications de couleur de la fleur et de taille, qu'elle présente, par rapport au type.

Les *variations* ne sont que des accidents localisés.

Les membres d'une même espèce présentent des *variations individuelles* qui permettent de distinguer ces membres les uns des autres.

IV. — PREMIER EMBRANCHEMENT

MYXOMYCÈTES OU MYCÉTOZOAIRES

279. Caractères généraux. — Les Myxomycètes sont classés parmi les Champignons par quelques botanistes. Leur appareil végétatif est dépourvu de chlorophylle, composé de cellules non protégées par une membrane celluloso-pectique, *nu et mou* par conséquent, d'où leur nom de Myxomycètes ou *Champignons mous*. Cette absence de membrane rigide pendant la plus grande partie de leur existence, et la mobilité qui en résulte, les ont fait considérer comme intermédiaires aux animaux et aux végétaux, ce qui leur a valu de Cienkowski le nom de Mycétozoaires ou Champignons-animaux. Beaucoup de zoologistes décrivent, en effet, un certain nombre de Myxomycètes avec les Protozoaires et les placent dans le groupe des Rhizopodes. Les limites de ce groupe sont du reste fort confuses ; il se rattache d'une part aux Rhizopodes, d'autre part aux Champignons Oomycètes. C'est bien par l'étude de ces groupes inférieurs des êtres vivants que l'on acquiert la certitude que tous les caractères que l'on cherche à invoquer comme critérium distinctif entre les animaux et les végétaux se montrent en défaut ici ou là.

Les Myxomycètes se multiplient par scissiparité, quand ils sont à l'état de cellules nues, et par spores ; on ne leur connaît pas de reproduction sexuée.

Ces végétaux, étant dépourvus de chlorophylle, sont forcément obligés de vivre en parasites ou en saprophytes. On les rencontre, en effet, le plus souvent sur les matières organiques en voie de décomposition : excréments, bois pourri, feuilles mortes, humus, etc., sous forme de petites masses diversement colorées, en jaune, rouge, violet, etc. ; mais ils s'attaquent parfois aussi aux plantes et aux animaux aquatiques, plus rarement aux végétaux terrestres (Hernie du Chou).

280. Appareil végétatif. — La spore (fig. 219, 1), qui est le plus souvent un organisme arrondi, de couleur variable, à membrane lisse ou épinulée, placée dans des conditions de température et d'humidité convenables, rompt sa membrane cellulosique et laisse échapper une masse protoplasmique ; celle-ci, d'abord arrondie (fig. 219, 3) et immobile, munie d'un noyau et souvent d'une vacuole contractile (v), s'allonge bientôt et développe à l'une de ses extrémités un cil

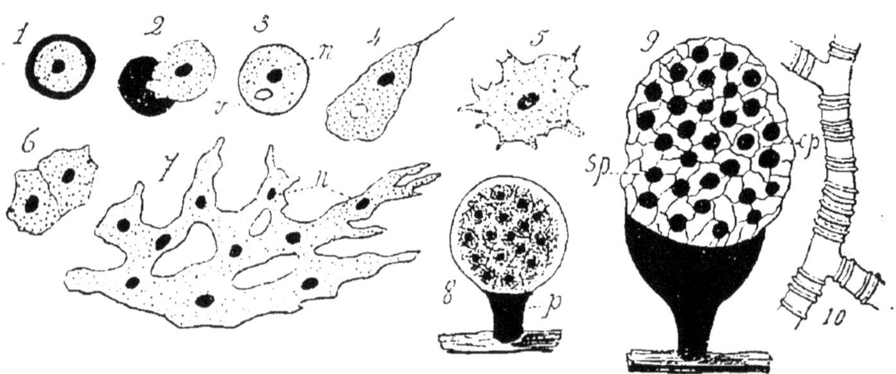

Fig. 219. — Schéma de l'évolution d'un Myxomycète. 1, spore ; 2, 3, spore en voie de germination ; 4, zoospore ; 5, myxamibe ; 6, deux myxamibes en voie de fusion ; 7, plasmode : *n*, noyaux ; 8, sporange en voie de formation : *p*, pédicelle ; 9, déhiscence du sporange avec spores, *sp*, et capillitium, *cp* ; 10, fragment du capillitium grossi.

vibratile. C'est le stade de *zoospore*, qui n'existe pas toujours dans l'évolution de ces végétaux. La zoospore se meut pendant quelque temps dans le milieu ambiant, soit au moyen de son cil et par contraction de sa masse, soit en rampant par des mouvements amiboïdes ; puis elle résorbe son cil. La zoospore devient ainsi une masse protoplasmique qui se meut à la façon d'une amibe, d'où le nom de *myxamibe* que l'on donne à ce stade (5). Le myxamibe émet des expansions protoplasmiques, des *pseudopodes*, aux formes les plus diverses, qui peuvent rentrer à chaque instant dans le corps sans laisser de traces, tandis qu'il s'en forme d'autres ailleurs, pour disparaître à leur tour ; ou bien le myxamibe émet quelques-uns de ces prolongements vers le point où il veut aller, puis fait fluer sa substance vers leurs extrémités : il se trouve ainsi transporté peu à peu d'un point à un autre.

Le myxamibe se déplace donc dans le milieu nutritif ; là, il s'accroît, et, après avoir acquis une certaine taille, on le voit s'étrangler en son milieu et donner naissance par scissiparité à deux individus nouveaux, à deux myxamibes qui se comporteront à leur tour comme le premier. La division se poursuivant, le nombre des myxamibes augmente sans cesse jusqu'à épuisement du milieu nutritif. A ce moment, les conditions de végétation devenant mauvaises, les myxamibes perdent la propriété de se segmenter : ils se rapprochent les uns des autres et constituent des amas plus ou moins considérables, appelés *plasmodes* (fig. 219, 7).

La réunion des individus se réduit à une simple juxtaposition dans quelques cas (*plasmodes agrégés* des Acrasacées), mais ailleurs il y a fusion complète des protoplasmas, et ce *plasmode fusionné*, dans lequel les noyaux conservent leur individualité, constitue un véritable *symplaste*.

Les plasmodes sont le plus souvent de très petite taille, microscopiques, mais il en est qui atteignent plusieurs décimètres de surface et quelques centimètres d'épaisseur (*Æthalium septicum* ou fleur du tan). Ce sont ces énormes plasmodes qui ont été utilisés pour les premières analyses chimiques du protoplasma.

Le plasmode n'est revêtu que d'une mince membrane albuminoïde ; il possède donc, comme le myxamibe, la propriété d'émettre des pseudopodes et de se mouvoir à la surface du substratum dans certaines directions, attiré par la lumière faible, l'humidité modérée et l'aliment.

281. Reproduction. — Quand les conditions du milieu deviennent tout à fait défavorables, le plasmode gagne la surface du substratum et s'élève dans l'air sous l'action d'un géotropisme négatif : il prend alors une forme déterminée et donne naissance à des *spores*. La sporulation se fait de façons diverses : parfois le plasmode prend une forme régulière, s'entoure d'une membrane cellulosique, souvent incrustée de calcaire, et se soude solidement au support, soit directement, soit par l'intermédiaire d'un pédicelle (fig. 219, 8, *p*). Le contenu se découpe en autant de masses qu'il y a de noyaux ; le protoplasma condensé autour de chaque noyau sécrète à sa surface une membrane cellulosique : les cellules ainsi formées, les spores, remplissent la cavité de l'enveloppe qui constitue le sporange (fig. 219, 8).

Généralement tout le protoplasma du sporange n'est pas utilisé à la formation des spores ; entre celles-ci se constituent des filaments cellulosiques ramifiés, formant un vaste réseau, qui prennent appui, comme des ressorts, sur la paroi interne du sporange, et, lors de la maturité de celui-ci, sous l'influence de la sécheresse, ces filaments rompent sa paroi. On donne à ce feutrage de filaments, destiné à produire encore après la rupture du sporange la dissémination des spores, le nom de *capillitium* (fig. 219, 9 et 10, *cp*). Les filaments du capillitium sont souvent formés de tubes avec ornements divers : épaississements annelés, spiralés, etc. (fig. 219, 10).

Ailleurs (Ceratiomyxa), les spores se forment à la surface de l'appareil sporifère, elles sont externes, tandis que les précédentes étaient internes. Le plasmode sécrète ici une sorte de gâteau gélatineux sur lequel s'élèvent soit des lamelles, soit des colonnettes : cet appareil squelettique est recouvert par une couche protoplasmique parsemée de noyaux. Le protoplasma se condense autour des noyaux et chaque masse s'entoure d'une membrane cellulosique. Un petit pédoncule gélatineux soulève la spore ainsi formée.

Les spores se disséminent ensuite ; elles germent quand elles trouvent des conditions favorables pour donner de nouveaux myxamibes.

La cellulose n'apparaît, comme on vient de le voir, qu'au moment de la fructification ; le végétal en est donc dépourvu pendant toute sa période végétative. La cellulose apparaît également autour des kystes.

282. Enkystement. — La plupart des Myxomycètes sont susceptibles de s'enkyster lorsque les conditions biologiques deviennent subitement mauvaises. Les myxamibes s'entourent alors d'un revêtement cellulosique plus ou moins épais et passent à l'état de vie latente. Le plasmode, sous l'influence de la sécheresse ou du froid, s'arrête, se condense, se découpe en autant de fragments qu'il renferme de noyaux et forme autant de petits kystes.

283. Classification. — On divise les Myxomycètes en 3 classes de la façon suivante :

Le fruit mûr	consiste en une agglomération de spores libres.	parasites, vivant dans les cellules des organismes végétaux. Plasmode nul ou se confondant avec la forme amiboïde.	**Plasmodiophorales.**
	Plantes	saprophytes. Plasmode agrégé.	**Acrasales.**
	forme un appareil sporifère à spores externes ou internes. Plasmode vrai		**Eumyxomycètes.**

284. Plasmodiophorales. — Cette classe ne renferme qu'une seule famille, avec un très petit nombre d'espèces, dont le *Plasmo-*

diophora Brassicæ, parasite du Chou, et le *Phytomyxa Leguminosarum*, vivant sur les racines des Légumineuses.

Le *Plasmodiophora Brassicæ* occasionne la maladie appelée *hernie du chou*. La spore donne naissance à une zoospore munie d'un cil vibratile. Celle-ci, arrivée au contact d'une jeune racine de chou, se transforme en myxamibe (fig. 220) et pénètre dans les tissus de la racine ; elle absorbe le contenu d'une cellule, puis passe dans une cellule voisine. Arrivé à une taille volumineuse, celle d'une cellule du chou, le myxamibe se fragmente en un nombre considérable de spores, qui seront mises en liberté par destruction des racines du chou parasité. L'irritation que détermine le parasite amène une prolifération des tissus de l'hôte et la production de ces nodosités appelées *hernies*.

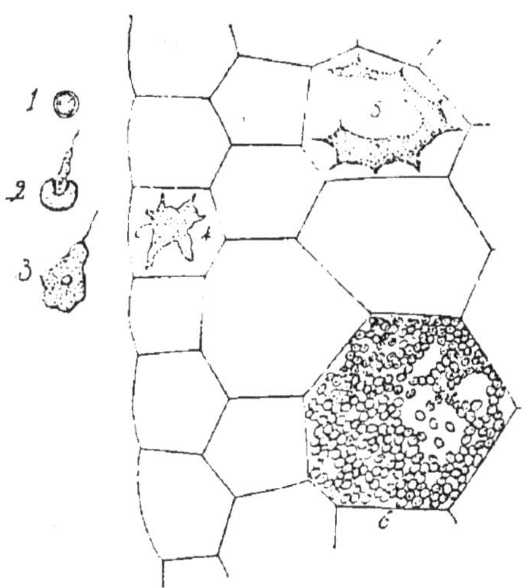

Fig. 220. — Evolution du *Plasmodiophora Brassicæ*. 1, spore ; 2, germination de la spore ; 3, zoospore ; 4, 5, myxamibes ; 6, une cellule de chou remplie de spores.

Le parasite fait périr la plante, si la pénétration se fait tôt ; mais, si l'attaque est plus tardive, il n'amène que la déformation des racines et un amoindrissement de la récolte.

L'agriculture se protège contre cette maladie en brûlant les racines des végétaux parasités, et en évitant de cultiver, pendant plusieurs années, des choux dans le sol contaminé ; en mettant, enfin, un peu de chaux autour des plançons, lors de leur mise en place.

285. Classe des Acrasales. — Deux familles constituent cette classe, les *Guttulinacées*, à masse fructifère sessile ou presque sessile et à amibes sans pseudopodes, et les *Dictyostéliacées*, à fruit pédonculé et à amibes avec pseudopodes.

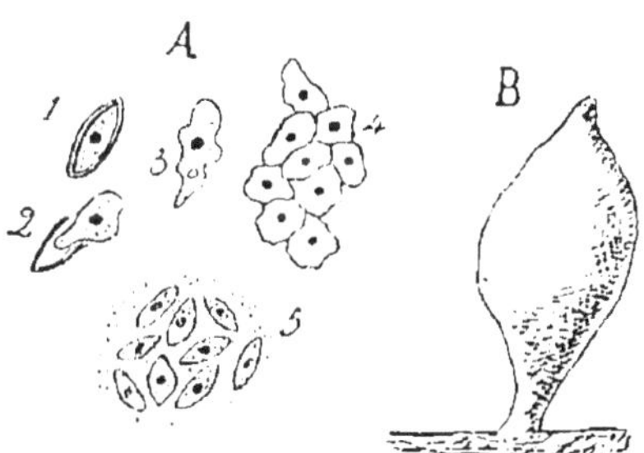

Fig. 221. — A. Schéma de l'évolution d'une Acrasale. 1, spore ; 2, sa germination ; 3, myxamibe ; 4, plasmode agrégé ; 5, formation des spores. — B. Sporange de Copromyxa.

Ces végétaux vivent sur les excréments des herbivores et sur diverses substances organiques en voie de putréfaction (Levure de bière, etc.).

De la spore sort un myxamibe tantôt à forme assez régulière, tantôt avec de gros, mais rares, pseudopodes. Il n'y a pas de stade zoospore. Le myxamibe se meut, se nourrit et se divise un grand nombre de fois jusqu'à appauvrissement du milieu nutritif. A ce moment, les individus se rapprochent les uns des autres et s'unissent en petits amas, mais sans se fusionner : ces plasmodes agrégés se dressent aussitôt perpendiculairement au support et se transforment en appareils fructifères ayant la forme de chapelets ou de sphères. Ils sécrètent une masse gélatineuse qui les enveloppe. Tantôt, au sein de cette masse, chaque myxamibe s'entoure d'une enveloppe cellulosique pour former une spore (fig. 221. A, 5) ; tantôt, les pseudoplasmodes se différencient en deux parties, dont l'une constitue un support formé d'éléments en files, tandis que l'autre est utilisée à la fabrication de spores, groupées ordinairement en masses globuleuses (Dictyostelium).

286. Eumyxomycètes. — Les Eumyxomycètes, qui répondent le mieux aux caractères généraux que nous avons donnés des Myxomycètes, sont aériens et saprophytes. Ils ont toujours un plasmode bien caractérisé et un appareil fructifère assez bien et quelquefois même très bien développé.

Selon que les spores se forment à l'intérieur d'un sporange ou à la surface de l'appareil fructifère, on distingue deux sous-classes, les **Exosporées ou Cératiales,** à spores externes, et les **Endosporées** ou **Endomyxées**, ou encore **Trichiales**, qui présentent des spores internes.

287. Cératiales. — Les Exosporées ne comprennent qu'une seule famille, celle des *Cératiomyxacées*, ne renfermant elle-même que le seul genre Ceratiomyxa. Les Ceratiomyxa vivent sur le bois mort des Conifères. De la spore sort une amibe qui se divise successivement trois fois et donne 8 zoospores (fig. 222) qui perdent leurs cils et deviennent de bonne heure des myxamibes. Ceux-ci vont en quête de leur nourriture et subissent de simples divisions jusqu'au moment de la formation du plasmode. Celui-ci, une fois constitué, sécrète un support de gélatine, formant une sorte de gâteau (fig. 222, 1) sur lequel se dres-

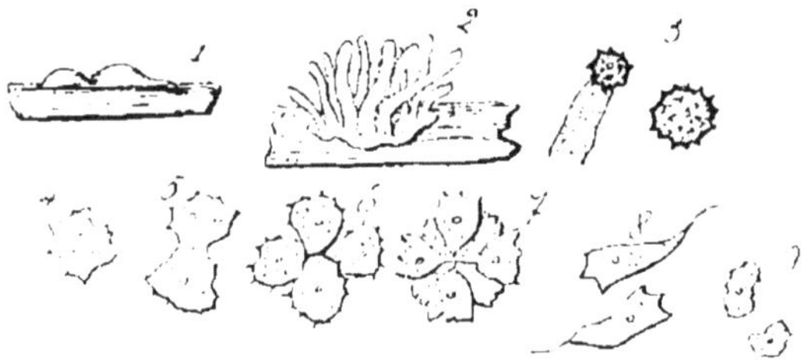

Fig. 222. — Evolution du genre Ceratiomyxa. De 1 à 3, formation des spores ; 4, amibe sortie de la spore, donnant 8 zoospores (5, 6, 7, 8) ; 9, myxamibes.

sent de petites tiges (2), le tout étant recouvert d'une couche de protoplasma parsemée de noyaux. Puis ce protoplasma se condense autour de chaque noyau, sécrète une membrane de cellulose et un pédoncule gélatineux (3). Il en résulte donc un fruit gélatineux, hérissé de pédicelles transparents. Ces derniers se renflent dans leur extrémité libre et y développent une spore sphérique qui ne tarde pas à s'isoler (3).

288. Les Endomyxées ont été divisées en une dizaine de familles dont les plus connues sont les **Physaracées**, les **Didymiacées**, les

Stémonitacées, les **Cribrariacées**, les **Trichiacées**, les **Lycogalacées**, etc., etc.

Les plantes de ce groupe vivent en saprophytes sur les feuilles, les tiges et tous les corps végétaux en voie de décomposition.

De la spore (fig. 219), sort une masse protoplasmique arrondie qui se transforme rapidement en zoospore et celle-ci en myxamibe : c'est l'individu adulte qui se développe et se multiplie abondamment par simple division tant que les conditions du milieu lui sont favorables ; mais celui-ci vient-il à s'épuiser, les myxamibes commencent à se rapprocher et à se fusionner ; les plasmodes qui en résultent continuent à vivre, comme le faisaient les myxamibes, pendant un certain temps, puis, au moment de la fructification, ils progressent en recherchant un endroit où ils pourront s'établir et former des spores le plus favorablement possible ; c'est ainsi qu'on les voit grimper sur des branches et s'élever parfois à plusieurs mètres de hauteur.

Le plasmode est souvent incolore, mais parfois il est jaune, rouge, violet, etc., et s'imprègne dans quelques cas de cristaux de carbonate de chaux. Ses dimensions sont extrêmement variables, et, dans le *Fuligo septica*, par exemple, il atteint jusqu'à deux ou trois décimètres de diamètre et deux ou trois centimètres d'épaisseur.

Quand les conditions de végétation deviennent subitement défavorables, les myxamibes et les plasmodes s'enkystent. Les myxamibes s'entourent pour cela d'une épaisse enveloppe sous laquelle ils ont contracté leur protoplasma ; les plasmodes se fragmentent d'abord en autant de masses qu'il y a de noyaux, puis chaque fragment sécrète une membrane et devient un kyste.

Arrivé en un endroit propice, le plasmode, qui va former des spores, se ramasse sur lui-même et se différencie en un appareil sporifère, un fruit, dans lequel on peut distinguer des parties protectrice et squelettique, et des spores.

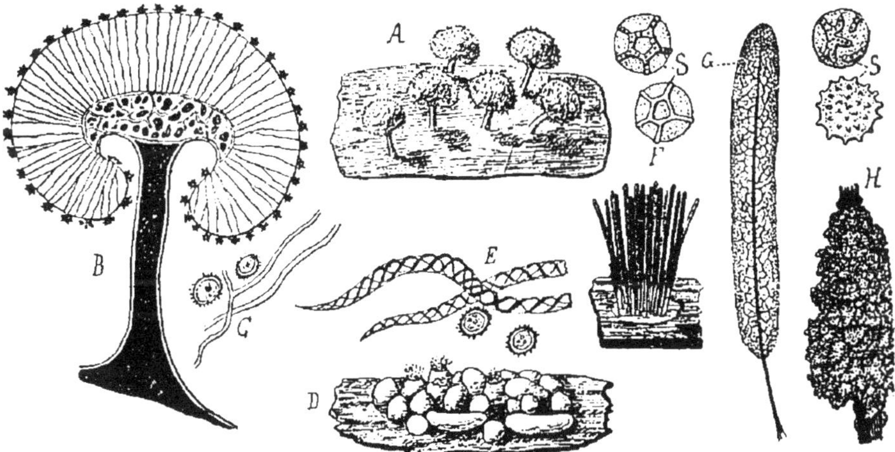

Fig. 223. — Sporanges d'Endomyxées. *A*, sporanges de *Didymium farinaceum* ; *B*, un de ces sporanges vu en coupe transversale, montrant les cristaux de $CaOCO^2$, la columelle et le capillitium à filaments rayonnants ; *C*, capillitium et spores ; *D*, sporanges de Trichia ; *E*, capillitium et spores ; *F*, sporange de Stemonitis ; *G*, capillitium ; *H*, Spumaria ; *S*, *S*, spores appartenant à quatre espèces du g. Trichia.

L'appareil sporifère a les formes les plus diverses : tantôt il est globuleux et sessile (fig. 223, *D*) ou pédonculé (*A*, *B*), tantôt en lames, en baguettes (*F*), ou en cordons de formes variables. Leur membrane offre les colorations les plus diverses, jaune, rouge, brune, etc., et sur elle se rassemblent fréquemment des résidus, particulièrement des cristaux de carbonate de calcium (fig. 223, *B*). La membrane entoure une masse formée parfois uniquement de spores ; mais, le plus fréquemment, le squelette se complique : c'est le pédicelle qui pénètre dans le sporange et y constitue une columelle (*B*) ; ce sont des filaments qui apparaissent, creux ou pleins, avec épaississements divers, simples ou anastomosés, libres ou fixés d'une part à la face interne de la membrane du sporange et d'autre part à la columelle, quand il y en a une. Ces filaments, dont l'ensemble constitue le *capillitium* (fig. 223, *C*, *E*, *G*), amènent la rupture du sporange, lors de sa maturité, et la projection des spores au dehors par des mouvements d'extension et de retraction dus aux variations de l'humidité de l'air.

Les spores sont de forme et de couleur variables ; elles sont tantôt lisses, tantôt ornées de saillies diverses (fig. 223, *S*, *S*).

V. — DEUXIÈME EMBRANCHEMENT

THALLOPHYTES

289. Caractères généraux. — Les Thallophytes ou *végétaux à thalle* ont un corps végétatif, dont les cellules sont toujours protégées par une membrane, mais dans lequel on ne rencontre jamais, quelle que soit la complexité de sa forme externe, ni fleurs, ni racine, ni tige, ni feuilles : on donne le nom de *thalle* à ce corps végétatif.

Beaucoup de Thallophytes sont dépourvues de chlorophylle et obligées à se pourvoir d'aliments hydrocarbonés et azotés tout formés : elles vivent en saprophytes ou en parasites ; les autres possèdent des pigments assimilateurs du carbone et ne demandent que des aliments minéraux, pouvant, avec eux, créer de toutes pièces les matières organiques nécessaires à leur alimentation. Quelques Thallophytes vivent à l'état symbiotique, associées entre elles ou avec des végétaux supérieurs.

Le thalle est parfois unicellulaire et microscopique ; parfois au contraire, il acquiert des dimensions considérables allant jusqu'à 300 et 400 mètres de longueur (chez les Algues marines du genre Macrocystis). La différenciation du corps en diverses parties, nulle chez les espèces les plus simples, est poussée si loin chez leurs représentants les plus parfaits qu'on pourrait croire à la présence chez eux de racines, de tiges, de feuilles et de fruits. Entre les termes extrêmes se place toute une série de formes intermédiaires à thalles filamenteux, simples ou ramifiés, membraneux ou massifs.

La structure du thalle est continue, articulaire ou cellulaire ; mais le cloisonnement n'est jamais en rapport avec la différenciation morphologique. D'une façon générale, la structure est toujours très simple : à peine voit-on, dans les thalles à structure cellulaire, une tendance des cellules les plus externes à se spécialiser en vue de la protection ou du soutien ; mais tous les éléments de la plante ont à remplir ici toutes les fonctions de l'être vivant, à l'exception de quelques végétaux dont certaines cellules s'adaptent plus spécialement à l'excrétion et, surtout, à la reproduction.

Les Thallophytes sont remarquables par la diversité des moyens qu'elles emploient pour se multiplier et se conserver. Si la reproduction sexuée, qui peut être isogame ou hétérogame avec toutes les modalités signalées plus haut (p. 195), n'est pas connue chez quelques-unes, toutes ou presque toutes produisent en abondance des spores et utilisent couramment, pour la conservation de l'espèce, la multiplication végétative (p. 184).

Si, par certains de leurs membres, ces végétaux ont des affinités marquées avec les Myxomycètes, par certains autres ils sont proches parents des Muscinées, sinon par la complexité de leur appareil végétatif, du moins par leur mode de reproduction sexuée avec générations alternantes (p. 201).

290. Division des Thallophytes en trois sous-embranchements. — On peut subdiviser les Thallophytes en trois groupes, de la façon suivante :

THALLOPHYTES	sans chlorophylle (parasites ou saprophytes). Thalle	de dimensions minuscules et de forme simple. Reproduction sexuée nulle ou totalement inconnue. Multiplication par spores et surtout par scissiparité . . . . I ou	**Bactériacées Schizophytes.**
		de dimensions diverses, le plus souvent formé de filaments indépendants, ou réunis en cordons, ou en lames. Sexualité bien marquée dans quelques groupes, nulle ou inconnue ailleurs. Polymorphisme de l'appareil sporifère II	**Champignons.**
	pourvues de chlorophylle. Thalle plus ou moins développé, de forme très variable depuis les formes les plus simples jusqu'aux plus différenciées. Appareil sexué fréquent et très divers ; appareil sporifère également très répandu. . III		**Algues.**

Le seul caractère précis qui sépare les Algues des Champignons est fourni par la présence ou l'absence de chlorophylle. C'est là un caractère physiologique dont on ne tient pas compte, et avec juste raison, chez les Phanérogames, par exemple ; guidés par les mêmes principes, certains botanistes (Cohn, Sachs) refusent de lui accorder plus de valeur chez les Thallophytes et réunissent les Champignons aux Algues, en formant deux séries parallèles. Ils placent, par exemple, dans une même subdivision de ce groupe, les Mucorinées et les

Conjuguées dont ils font la famille des Zygosporées; dans une autre, les Saprolégniées à côté des Siphonées, en s'appuyant soit sur les caractères des organes reproducteurs, soit sur des caractères morphologiques. Bien que ces classifications soient abandonnées, on en retrouve cependant parfois les principes, notamment lorsqu'on voit classer parmi les Algues des individus parasites dépourvus de chlorophylle, tel le *Choreocholax albus* que l'on place parmi les Floridées.

Une distinction entre les Algues et les Champignons est peut-être plus théorique que naturelle: ces végétaux forment, en tout cas, deux groupes à évolution parallèle, présentant de grandes affinités, mais adaptés à des genres de vie différents.

VI. — PREMIER SOUS-EMBRANCHEMENT

BACTÉRIACÉES OU SCHIZOPHYTES

291. Caractères généraux et position dans le règne végétal. — Les Bactériacées, qui tirent leur nom du genre Bacterium, ont un thalle pluricellulaire dont les cellules, sous trois formes fondamentales (arrondies, rectilignes et courbées), peuvent se disposer, d'après le milieu, suivant trois états morphologiques distincts : 1° filamenteux, 2° dissocié, 3° zoogléique. Elles se multiplient habituellement par une segmentation extrêmement active qui leur a valu le nom de *Schizophytes* (de σχιζω, je divise et φυτον, plante), et Nägeli, qui les plaçait parmi les champignons, les appelait *Schizomycètes* (de μυκης, champignon).

Ces végétaux se conservent par spores endogènes ou par kystes. Ils sont généralement, sinon constamment, dépourvus de chlorophylle.

Les Bactériacées forment un groupe de végétaux qui se rapprochent des Champignons par l'absence de chlorophylle, ce qui les éloigne des Algues. Par leur taille et leur structure, par leur mode de segmentation, par la formation fréquente de gaines gélatineuses, elles s'éloignent des Champignons et se rapprochent de certaines Algues Nostocacées inférieures ; mais elles se distinguent de celles-ci par la propriété qu'elles ont de former des spores endogènes et par la présence fréquente de cils vibratiles.

Les Bactéries, étant généralement dépourvues de pigment vert, vivent aux dépens de matières organiques, déterminant, si elles sont saprophytes, des fermentations et des putréfactions (ce sont les agents principaux du retour des matières organiques à l'état minéral), et, chez les individus dont elles sont les parasites, des maladies. Quelques rares Bactériacées, cependant, ont leur protoplasma imprégné d'un pigment vert (qu'on a assimilé sans preuves suffisantes à de la chlorophylle), et semblent pouvoir effectuer la synthèse des hydrates de carbone, en partant de l'eau et de l'anhydride carbonique. D'autres possèderaient la même propriété grâce à un pigment rouge, la *bactériopurpurine*, qui colore uniformément le protoplasma. La bactériopurpurine est insoluble dans l'eau, l'alcool, le chloroforme, etc. ; elle absorbe trois groupes de radiations : d'abord et surtout les rayons correspondant au vert bleuâtre ; en second lieu, les rayons jaunes et, enfin, les rayons infra-rouges. Elle les utilise en se comportant comme la chlorophylle.

292. Appareil végétatif. Formes diverses des Bactériacées. — Le thalle des diverses Bactériacées est constitué par des cellules toutes semblables, qu'on peut ramener aux trois formes fondamentales suivantes :

1° Cellules sphériques (forme *Coccus* ou *Micrococcus*) ;

2° Cellules cylindriques, en bâtonnets courts, rigides (*Bacterium*), ou en baguettes longues et flexibles, toujours droites (*Bacillus*) ;

3° Cellules arquées, en virgule (*Vibrio*), ou en spirale, ou bien encore en vrille (*Spirillum*).

Tous ces éléments peuvent donner naissance, selon leur groupement, à des *thalles filamenteux*, à des *thalles dissociés*, ou enfin à des *zooglées*. On les voit aussi, mais beaucoup plus rarement, s'assembler en membranes ou en massifs.

Le mode le plus habituel de multiplication des Bactéries, le seul même que l'on connaisse chez beaucoup d'entre elles (*Micrococcus*), est la scissiparité ; la segmentation a lieu suivant une, deux ou trois directions de l'espace Quand les cellules filles restent unies entre elles, il en résulte soit des thalles filamenteux simples (Diplococcus, Streptococcus, Streptobacillus, Chlamydobacterium, Beggiatoa), soit des thalles membraneux (Merista, Lampropedia), soit enfin des thalles massifs (Sarcina, Lamprocystis, etc.) ; mais, le plus souvent, les lamelles mitoyennes possèdent ici, au plus haut degré, la propriété de se gonfler et de se transformer en une gelée qui se liquéfie ; par suite, les associations dont nous venons de parler sont le plus souvent éphémères, les cellules devenant indépendantes à la suite de cette gélification et se dispersant dans le milieu ambiant pour former un *thalle dissocié*. Si la gélification se produit sur toute la périphérie de la paroi et qu'elle ne soit pas suivie de liquéfaction, les cellules restent groupées, reliées par la matière gélatineuse, en amas plus ou moins réguliers, plus ou moins volumineux, que l'on désigne sous le nom de *zooglées*.

293. Modes de groupement des Bactériacées.

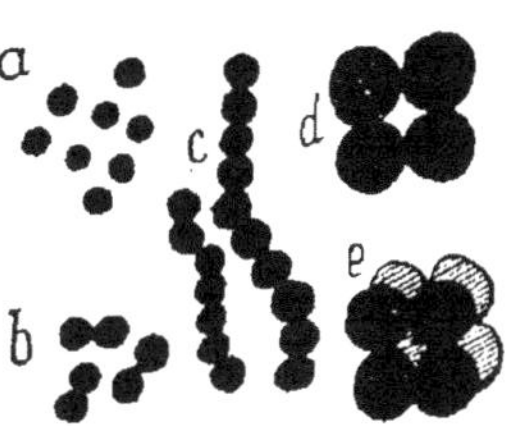

Fig. 224. — Formes diverses de Cocci : *a*, Micrococcus ; *b*, Diplococcus ; *c*, Streptococcus ; *d*, Merista ; *e*, Sarcina.

a) **Formes Coccus**. — A ce groupe appartiennent les espèces à cellules sphériques ou globuleuses. Les éléments de cette sorte sont généralement immobiles; quelques-uns cependant sont animés de mouvements browniens. Dans la nature, on rencontre ces organismes soit isolés, soit groupés de diverses façons. Leurs modes de groupement et les caractères de ces groupements servent à distinguer des formes auxquelles on a attribué à tort une valeur générique. Exemples :

Bactéries dont les cellules ont la forme *Coccus*. Cellules	devenant indépendantes après cloisonnement			*Micrococcus*.
	restant unies après cloisonnement	en files	de deux éléments	*Diplococcus*.
			comprenant un plus grand nombre d'individus	*Streptococcus*.
		en plaques		*Merista*.
		en massifs cubiques		*Sarcina*.
	maintenues dans une gelée	en simulant une grappe		*Staphylococcus*.
		sans ordre		*Ascococcus*.

b) **Formes Bacillus**. — On rattache à ce groupe tous les individus, dont les cellules sont plus longues que larges, et qui affectent la forme de baguettes cylindriques ou fusiformes. Ces éléments, parfois assez longs, prennent alors l'aspect de filaments rigides ou flexibles, droits ou ondulés. Beaucoup d'espèces sont mobiles, et cette mobilité serait due, la plupart du temps, à la présence de cils vibratiles. Suivant leur forme, leur longueur, leur motilité, on a affaire aux formes suivantes :

Bâtonnets rectilignes et isolés,	courts, immobiles. .	*Bacterium.*
	allongés, mobiles . .	*Bacillus.*
Bâtonnets rectilignes et réunis en files.		*Streptobacillus.*
Cellules fusiformes		*Clostridium.*
Filaments droits et immobiles		*Leptothrix.*

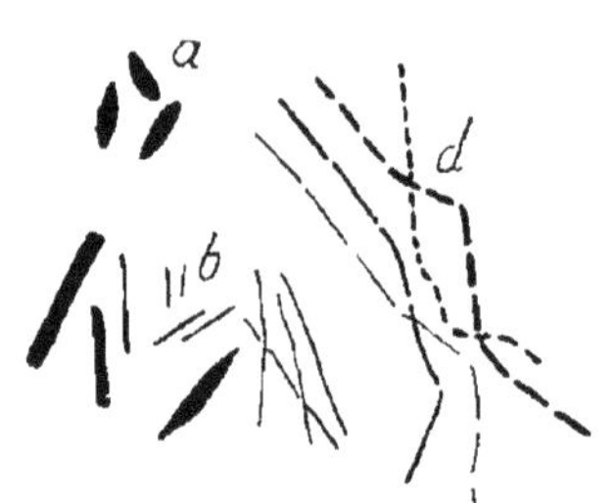

Fig. 225. — *a*, *b*, Formes de Bacilles ; *d*, Streptobacilles.

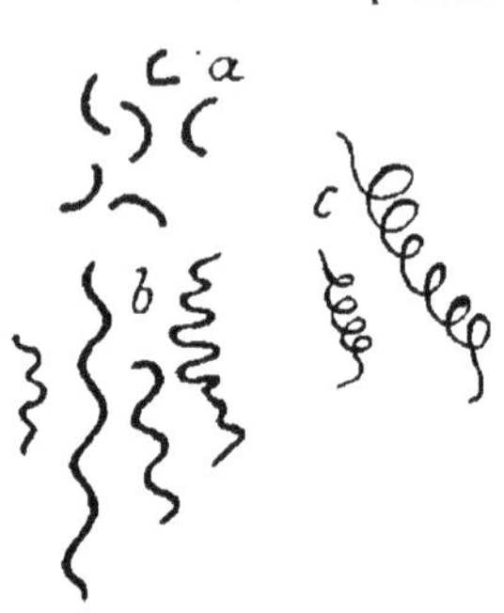

Fig. 226. — Formes Spirillum : *a*, Vibrions dits bacilles en virgule ; *b*, Spirilles ; *c*, Spirochètes.

c) **Formes Spirillum.** — La forme Spirillum est représentée par les individus incurvés ou hélicoïdes, tels les jeunes articles du choléra qui, au moment de leur segmentation, prennent la forme d'une virgule. Trois types appartiennent à cette forme :

Cellules en virgule, arquées, jamais réunies qu'en petit nombre.	*Vibrio.*
Cellules en vrilles mobiles, avec quelques tours de spire seulement, rigides	*Spirillum.*
Cellules en longues spirales, flexibles et mobiles. .	*Spirochœte.*

d) **Chlamydobactériacées et Beggiatoacées.** — A côté des formes précédentes, à éléments toujours minuscules, se placent des végétaux filamenteux et de dimensions relativement grandes, assez semblables aux Oscillaires : les Chlamydobactéries (χλαμύς, *sorte de casaque*) ou bactéries filamenteuses munies d'une gaine propre et souvent fixées à un support par une de leurs extrémités, l'autre étant libre. On distingue dans ce groupe plusieurs formes caractérisées ainsi :

Filaments à gaine (1)	contenant des grains de soufre.		*Thiothrix.*
	sans grains de soufre,	à gaine peu visible ; filaments simples.	*Crenothrix.*
		à fausses ramifications.	*Cladothrix.*

(1) Les Streptothrix, que l'on plaçait dans ce groupe, et que l'on dis

Les Beggiatoa sont des bactéries filamenteuses, sans gaine, mobiles à la façon des Oscillaires ; et contenant des grains de soufre. Elles vivent dans les eaux sulfureuses.

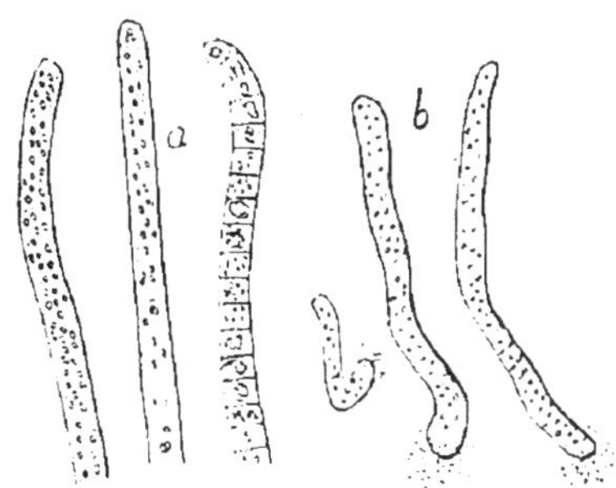

Fig. 227. — *a*, Beggiatoa ; *b*, Thiothrix.

294. Polymorphisme des Bactériacées. — En se basant uniquement sur la forme des Bactéries, on ne peut déterminer à quel genre elles appartiennent ; il faudrait pour cela connaître aussi leurs propriétés biologiques, car ces végétaux subissent, suivant les milieux qu'ils habitent et suivant les conditions physiques qu'ils rencontrent, des variations de forme tellement considérables que Nägeli ne voyait dans toutes ces formes que les variations d'une même espèce. Suivant le milieu dans lequel on cultive le *Bacillus pyocyaneus*, Guignard et Charrin lui ont vu prendre les formes microcoque, bactérium, bacille, vibrion et spirille. On sait que le bacille du charbon est filamenteux dans les milieux de culture, et qu'il affecte la forme de courts bâtonnets dans le sang. Mais, en réalité, lorsque les formes d'une même bactérie varient d'une façon excessive, on peut certainement attribuer ces variations à l'influence d'un milieu anormal (accumulation de substances

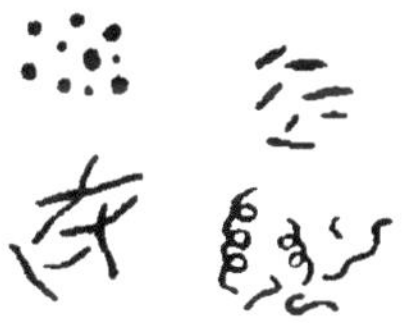

Fig. 228. — Polymorphisme du *Bacillus pyocyaneus*.

tinguait des autres végétations par leur thalle filamenteux *ramifié*, doivent être placés parmi les Champignons, à côté des Oospora. Le thalle des Streptothrix est un mycélium grêle ; celui-ci produit, à l'extrémité de ses filaments, des spores à la façon des Oospora, c'est-à-dire en cloisonnant les extrémités des filaments et en différenciant les éléments ainsi isolés en spores.

bactéricides : toxines, antiseptiques, etc.), qui produit des formes dégénérées, des *formes involutives*. Une bactérie cultivée dans un milieu normal, et dans les mêmes conditions, reproduit toujours la même forme.

295. Structure. — Les bactéries ont de très petites dimensions, ce qui rend fort difficile l'étude de leur structure. Cependant il semble toujours exister une membrane autour de la masse protoplasmique.

a) **Membrane.** — On la met en évidence en contractant le protoplasma par la chaleur ou par les réactifs (teinture d'iode). La nature de la membrane est peu connue : ce serait un produit de condensation du protoplasma pour les uns, et alors une substance analogue à la mycoprotéine de Nencki ; ce serait, pour d'autres, une matière hydrocarbonée voisine de la cellulose ou de la pectose, mais ne se colorant pas par le chloro-iodure de zinc. La membrane propre est parfois entourée d'une couche gélatineuse plus ou moins épaisse et plus ou moins consistante, formant tantôt une gaine à contour ferme, *une capsule,* autour de chaque individu, tantôt une gelée plus ou moins cohérente enveloppant la masse des bactéries et donnant à l'ensemble du thalle gélatineux une forme, une consistance et une couleur (car ces gelées peuvent être colorées, et de teintes diverses) qui servent à caractériser les groupes.

b) **Cils.** — Quelques bactéries sont mobiles, dit-on, à l'aide de cils. Ceux-ci ne sont visibles que difficilement et après coloration par les méthodes spéciales de Löffler ou de Van Ermengen. Ce sont des prolongements, en nombre très variable, formant quelquefois une véritable chevelure autour de chaque cellule. On n'en connaît pas encore la nature : ce sont, pour les uns, des prolongements de la membrane ; pour d'autres, des prolongements protoplasmiques. Van Tieghem, leur refusant tout pouvoir contractile, les considère simplement comme de fins prolongements gélatineux provenant de l'étirement de la lamelle mitoyenne, lors de la dissociation ; il ne leur attribue qu'un rôle passif dans le mouvement : celui-ci ne serait dû qu'à la contraction protoplasmique. En tout cas, l'existence inconstante ou éphémère des cils dans

Fig. 229. — Bactéries avec cils vibratiles.

une même forme végétative ne permet pas d'accorder une valeur aux classifications des Bactériacées basées sur leur présence.

c) **Protoplasma et noyau**. — Le contenu cellulaire semble être homogène. On ne distingue, en effet, ni noyau, ni vacuoles, ni leucites, et, dans les cas exceptionnels où la chlorophylle (?) ou la bactériopurpurine existent, ces substances imprégnent uniformément le protoplasma. On rencontre parfois, cependant, dans le protoplasma incolore, au moment de la formation des spores, des substances amylacées solubles qui sont colorables en bleu par l'iode; ailleurs, le protoplasma renferme des granulations de soufre, soit amorphe, soit en cristaux.

La présence d'un noyau est encore fort discutée. Bütschli considère les Bactériacées comme essentiellement formées d'un noyau, entouré ou non de protoplasma, et d'une membrane : *Achromatium oxaliferum* serait formé d'une couche périphérique alvéolaire et d'un corps central réticulé, contenant dans ses cloisons des grains colorables par le bleu de méthylène et l'hématoxyline. Ces grains, qui seraient formés de chromatine, augmentent de nombre et se multiplient par étranglement au moment de la division de la bactérie. En somme, il semble que la substance nucléaire existe, mais qu'elle est plus ou moins mélangée au protoplasma.

296. Multiplication végétative. — C'est le procédé le plus habituel de reproduction des Bactériacées, et aussi le plus actif. Par scissiparité un seul bacille peut donner 4.000.000 d'individus en 12 heures. La Bactérie se partage en deux, soit par la formation d'une cloison qui s'étend peu à peu de la périphérie au centre et qui gélifie ensuite sa lamelle mitoyenne (Bacille), soit par étranglement (Micrococcus). Les Bactéries filamenteuses se fragmentent en plusieurs tronçons analogues aux *hormogonies* des Oscillaires, et ces boutures continuent à vivre d'une vie indépendante. Quand le filament primitif est entouré d'une gaîne gélatineuse, les tronçons glissent les uns sur les autres et peuvent donner naissance à une fausse ramification lorsqu'ils restent accolés par quelque point (*Cladothrix dichotoma*).

297. Sporulation. — Depuis la découverte des spores par Pasteur, en 1870, on les a rencontrées dans beaucoup de Bactériacées, sauf dans les Micrococcus et les Bacterium. Les spores se forment dans certaines conditions, et particulièrement lorsque le milieu nutritif s'épuise. A l'intérieur d'une cellule, une partie du protoplasma, d'abord assez réduite, devient très réfringente ; elle grossit rapidement, puis s'entoure d'une membrane propre, distincte de la membrane de la bactérie. Cette paroi constitue l'*exospore*. L'exospore protège très efficacement la spore contre les agents physiques et chimiques du milieu extérieur. Le diamètre de la spore acquiert parfois une étendue plus considérable que l'épaisseur de la cellule mère, et le renflement qui en résulte donne à cette bactérie des formes particulières : en têtard, etc. (fig. 230). Il se forme généralement une seule spore par cellule, rarement plusieurs.

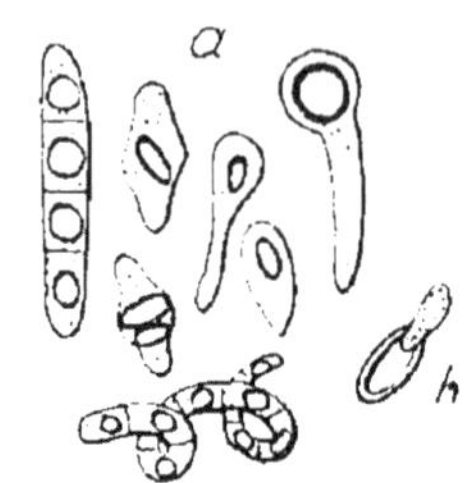

Fig. 230. — *a*, spores de Bactéries ; *b*, germination d'une spore.

Les spores se forment donc à l'intérieur des cellules ; elles sont, pour cette raison, appelées *endospores* ; mais les cellules génératrices ne tardent pas à se détruire et à mettre les spores en liberté. Celles-ci, placées dans des conditions d'humidité et de température convenables, germent. Leur paroi se gonfle, puis se rompt ; la masse protoplasmique, mise en liberté, s'entoure d'une membrane propre, grossit et devient une bactérie adulte qui se segmentera alors jusqu'à la production de nouvelles spores. Il est à remarquer que la sporulation est accompagnée de rajeunissement, rendu sensible par une orientation nouvelle des molécules : théoriquement, la direction de croissance de la nouvelle file est toujours perpendiculaire à celle de la file ancienne.

298. Kystes. — Dans les Bactériacées filamenteuses qui ont la forme Coccus (Leuconostoc), et où l'on n'a pas encore observé de spores endogènes, on voit, lorsqu'elles rencontrent un milieu défavorable, certains éléments, surtout les terminaux, modifier leur contenu et épaissir leur paroi : ils se transforment ainsi en *kystes*, appelés aussi *arthrospores* et *spores exogènes*. Ces kystes présentent une résistance aux conditions défectueuses du milieu aussi prononcée, si ce n'est davantage, que celle que présentent les spores elles-mêmes.

299. Mode de vie des Bactériacées. — A l'exception de quelques Bactériacées qui possèdent un pigment assimilateur (chlorophylle (?), bactériopurpurine), et peuvent ainsi réaliser la synthèse des hydrates de carbone, et de quelques Bactériacées du sol (Nitrobactéries), qui, d'après Miquel et Gambier, prennent leur carbone au carbonate de chaux, en puisant l'énergie nécessaire à cette décomposition dans l'oxydation de l'acide nitreux ou de l'ammoniaque qu'elles transforment en acide nitrique, toutes les autres exigent un milieu nutritif formé de matières organiques, et se comportent, par conséquent, en *saprophytes* ou en *parasites*. Toutes, cependant, peuvent puiser directement de l'azote dans l'atmosphère (p. 36), mais le fait est plus patent dans celles d'entres elles qui vivent en symbiose, comme le *Rhizobium Leguminosarum*.

Beaucoup de Bactéries ont un besoin constant d'oxygène, et vivent à la surface des milieux nutritifs : ce sont des *aérobies*. Mais il en est d'autres qui végètent fort bien soit à l'abri de l'oxygène, soit en présence de ce gaz ; enfin, il en est d'autres pour lesquelles l'oxygène est nuisible : ces dernières sont des *anaérobies exclusives*, les précédentes étant des *anaérobies facultatives* ; et nous savons (p. 79) que ces végétaux, qui ne trouvent plus leur énergie dans les combustions résultant de la fixation directe de l'oxygène atmosphérique sur leurs molécules, la puisent dans des transformations de la matière organique, consistant en dédoublements qui donnent naissance à des produits dont les uns sont de plus en plus riches en oxygène, tandis que les autres se réduisent de plus en plus.

Ces phénomènes biologiques ne peuvent se manifester qu'entre certaines températures : en général, les bactéries se développent bien entre + 18° et + 40°, mais il existe une température optimum pour chaque espèce ; cette température est voisine de 37°, par exemple, pour les espèces pathogènes de l'homme.

300. Produits de la vie cellulaire des Bactéries. — Certaines Bactéries déposent dans leur protoplasma de l'amyloïde, substance voisine de l'amidon soluble (*Bactéries amylogènes*), d'autres des grains de soufre (*B. thiogènes*) ; d'autres émettent une lumière plus ou moins vive, due peut-être à une diastase (*B. photogènes*) ; ce sont celles-ci qui provoquent fréquemment la phosphorescence de la mer. Il en est qui fabriquent et rejettent dans le milieu nutritif des pigments (*B. chromogènes*), des diastases ou ferments solubles (*B. diastasigènes ou zymogènes*), des toxines alcaloïdiques (*ptomaïnes*) et albuminosiques (*toxalbumines*). Quand ces dernières se développent dans le corps d'un animal ou d'une plante, elles provoquent des maladies (*B. pathogènes*). D'autres bactéries provoquent dans le milieu nutritif des décompositions rapides, des fermentations, sans émettre dans ce milieu extérieur aucune substance zymogène, ce qui leur a valu le nom de *ferments figurés*.

301. Bactéries chromogènes. — Les bactéries qui sécrètent des matières colorantes sont nombreuses. Ces pigments restent localisés dans la cellule où ils imprégnent uniformément le protoplasma, ou bien ils se répandent par diffusion dans le milieu extérieur. Ces substances, qui paraissent prendre naissance au contact de l'oxygène atmosphérique, ont une analogie marquée avec les couleurs d'aniline : quelques-unes sont capables de teindre le coton, la laine et la soie. La fonction chromogène varie avec le milieu, la température et l'aération.

Les pigments ont les couleurs les plus diverses : le *Micrococcus prodigiosus*, qui se développe facilement sur les milieux de culture ordinaires, et particulièrement sur les matières farineuses cuites, est rouge : il produisait les hosties sanglantes du moyen-âge ; il colore en rouge le pain humide, le lait, etc. — Le *Bacillus pyocyaneus* produit le pus bleu dont la matière colorante a été isolée, à l'état cristallisé, sous le nom de pyocyanine. Le *Bacillus cyanogenus* donne au lait une coloration bleu de ciel. Le *Micrococcus luteus* sécrète un pigment d'un très beau jaune ; le *Micrococcus fluorescens liquefaciens* liquéfie la gélatine en la rendant verte et fluorescente. Le pigment vert du *Bacillus chlororaphis* a été obtenu cristallisé.

302. Bactéries diastasigènes — Ce sont les Bactéries qui font subir aux substances chimiques, au contact ou aux dépens desquelles elles vivent, des modifications profondes. Ces organismes exercent leurs actions tantôt directement, tantôt, et peut-être toujours, par l'intermédiaire de substances solubles qu'elles secrètent et qu'on appelle *diastases* ou *ferments solubles*. Que ce soit directement ou par l'intermédiaire de ces corps, les Bactéries agissent sur le milieu ambiant, soit en opérant de simples dédoublements (fermentation lactique), soit des hydratations (ferments de l'urée), soit des oxydations (Bactéries acétifiantes et nitrifiantes), soit enfin des réductions (fermentation butyrique, dans le rouissage). Il en est enfin qui se comportent diversement (comme agents d'hydratation, d'oxydation ou de réduction) suivant les conditions du milieu.

Les *ferments solubles* secrétés par les bactéries sont généralement des agents d'hydratation, agissant surtout en milieu alcalin ou neutre. On ne leur a pas encore vu créer de ferments oxydants analogues à la laccase.

Les ferments hydrolysants sécrétés par les bactéries sont très nombreux ; ils ont les propriétés générales des diastases que nous connaissons (p. 66), et se comportent comme elles. Ce sont des substances dont on n'a guère étudié les propriétés qu'à l'état de mélange, et qui nous sont totalement inconnues à l'état de pureté.

303. Fermentations. — Les décompositions des matières organiques ou fermentations sont dues à l'action d'organismes inférieurs, appartenant plus particulièrement aux Bactériacées et à divers Champignons, appelés *ferments figurés*, ou à leurs produits d'excrétion, les *diastases* ou *ferments solubles*. Comme, en réalité, les premiers agissent aussi par des sécrétions, il n'y a donc que des ferments solubles.

Les fermentations dues à des Bactériacées sont nombreuses et importantes, tant au point de vue industriel que naturel : elles sont utilisées pour la fabrication des fromages, pour la préparation de certaines boissons fermentées, pour la production de l'indigo, le rouissage ; ce sont dans la nature les agents les plus actifs de la destruction de la matière organique qu'elles font repasser à l'état minéral. Donnons quelques exemples de fermentation pour fixer les idées.

304. Ferments oxydants. Fermentation acétique. — Les liquides alcooliques (vin, bière, cidre, etc.), abandonnés au contact de l'air en milieu déjà légèrement acide et à une température suffisamment élevée, deviennent fortement acides : c'est que, dans ces conditions, leur alcool fixe l'oxygène de l'air et se transforme en acide acétique.

$$C^2H^6O + O^2 = H^2O + C^2H^4O^2$$

L'oxydation portant sur du vin, le liquide devient du vinaigre. Cette transformation exige, en outre, pour se produire, la présence de certaines bactéries, *ferments du vinaigre*, dont la plus commune est le *Bacterium aceti*, agent véritable de l'acétification. Ce microorganisme, composé de bâtonnets courts et généralement groupés par deux, forme, à la surface des liquides alcooliques, des voiles minces, devenant glaireux, et alors plus ou moins épais et consistants, lorsqu'ils sont submergés ; ces zooglées étaient appelées jadis *mycodermes*, par les savants, et, vulgairement, *mères du vinaigre*.

Parmi les ferments oxydants, on peut encore citer les *Nitrobactéries* dont nous avons parlé ailleurs (p. 35), qui oxydent, en milieu alcalin, les matières organiques azotées pour les transformer en acide azotique ; les Beggiatoa et autres sulfuraires, qui oxydent l'hydrogène sulfuré, provenant de la réduction des sulfates par d'autres Bactéries, tandis qu'il se produit encore du soufre libre qui se dépose dans leur protoplasma. Ces bactéries tirent leur énergie, en cas de besoin, de ce soufre de réserve qu'elles oxydent complètement et font passer à l'état d'acide sulfurique.

305. Ferments réducteurs. Fermentation butyrique. — Beaucoup de Bactéries sont susceptibles de détruire la plupart des matières organiques hydrocarbonées (amidon soluble, cellulose, sucres, etc.) ou azotées (fibrine, caséine, etc.), en produisant en plus ou moins grande quantité de l'acide butyrique et divers autres produits. Le *Bacillus amylobacter*, par exemple, attaque la pectose et les pectates des membranes végétales non lignifiées, et les transforme en acide butyrique, hydrogène et acide carbonique. Cet organisme est essentiellement anaérobie ; la fermentation ne s'observe que si l'on place des débris végétaux sous l'eau, assez profondément pour que l'oxygène de l'air ne puisse atteindre la matière organique Le *Bacillus amylobacter* contribue probablement à la dissociation des parois cellulaires dans la panse des Ruminants. On a longtemps considéré cet organisme comme l'agent du rouissage et de la fermentation du fumier.

Le *rouissage* consiste à faire macérer, dans l'eau, le lin et le chanvre pour en isoler les fibres textiles.

Le *fumier de ferme* subit des transformations complexes : la fermentation de la paille, au contact ou à l'abri de l'air, donnerait naissance à un dégagement de méthane (*fermentation forménique*), si le milieu était fortement alcalin et fréquemment arrosé ; ce fumier subirait, au contraire, la fermentation butyrique, si l'alcalinité était plus faible, et si le fumier, mal arrosé avec le purin, se desséchait.

306. Ferments hydrolysants. Fermentation ammoniacale. — La fermentation ammoniacale réalise le type des fermentations par hydratation : c'est une des plus répandues, puisque c'est par elle que l'urée de l'urine, que déversent chaque jour les animaux dans le milieu extérieur, est transformée en carbonate d'ammonium :

$$COAz^2H^4 + H^2O = CO^2 + 2AzH^3$$

Cette hydratation de l'urée est due à l'action d'une diastase, l'*uréase*, que sécrètent le *Streptococcus ureæ* et nombre d'autres Bactéries, ainsi que quelques Champignons.

La plupart des matières albuminoïdes sont ainsi détruites par des fermentations hydrolysantes. Nous citerons : 1° les Tyrothrix, qui jouent un rôle important dans la maturation des fromages, les uns coagulant la caséine du lait, comme le fait la *présure*, les autres la redissolvant par la sécrétion d'une autre diastase, la *caséase*, qui la peptonise ; 2° le *Bacillus putrifiens*, anaérobie, qui détermine la *putréfaction* de la fibrine ; et bien d'autres, qui par la sécrétion de *trypsine* hydratent, dédoublent et peptonisent la gélatine et l'albumine.

307. Ferments agissant par dédoublement. Fermentation lactique. — Lorsqu'on abandonne du lait dans un vase, il aigrit bientôt, puis se coagule. Ce phénomène du *lait tourné* est dû à une bactérie, au *ferment lactique*, qui transforme le lactose en glucose et galactose, puis, par dédoublement ou transposition moléculaire, ces deux derniers sucres en deux molécules d'acide lactique.

$$C^6H^{12}O^6 = 2C^3H^6O^3$$

C'est l'apparition de cet acide qui amène la coagulation du lait. Les laitiers empêchent le lait de tourner, sans détruire le ferment, en neutralisant l'acide lactique par du bicarbonate de soude.

On connaît actuellement un grand nombre de substances capables de subir la fermentation lactique et un grand nombre de Bactéries capables de provoquer cette fermentation.

308. Bactéries pathogènes. — Les Bactéries pathogènes, qui vivent en parasites dans le corps des animaux et des végétaux, sont généralement des parasites facultatifs. La plupart d'entre elles peuvent, en effet, être cultivées dans des milieux appropriés.

Les maladies qu'elles provoquent résultent de causes diverses, mais *principalement d'une intoxication*. Les Bactéries excrètent, en effet, en plus ou moins grande quantité, des substances chimiques, résidus de l'activité cellulaire, qui sont des poisons extrêmement violents pour les hôtes de la Bactérie. Ces substances comprennent : des *nucléo-albumines* incorporées aux bactéries, *toxines intracellulaires* qui diffusent dans le milieu lors du vieillissement des cultures et de la désagrégation des cellules ; des *toxalbumines*, qui se forment dans le liquide de culture ; celles-ci sont extracellulaires, et dues, les unes à des sécrétions des Bactéries, les autres à la transformation des substances albuminoïdes du milieu nutritif ; enfin, des *ptomaïnes*, produites surtout par des Bactéries anaérobies, corps souvent volatils à odeur nauséabonde, et de constitutions très diverses, analogues aux alcaloïdes de la putréfaction. Bien que très toxiques, ces dernières ne sont pas les agents essentiels des maladies : celles-ci sont dues surtout aux nucléo-albumines et aux toxalbumines, qui constituent les *toxines*. Ces corps sont des agents extrêmement vénéneux, qui agissent à doses impondérables. Leur composition chimique, bien que mal déterminée, les place entre les albuminoïdes et les ptomaïnes qui en dérivent : ils sont très voisins des diastases, et, comme elles, sont facilement altérés par la chaleur et l'oxygène. Ils n'agissent que dans des conditions déterminées d'alcalinité et d'acidité.

La prépondérance des lésions toxiques sur celles qui sont dues aux effets directs des Bactéries n'est pas douteuse : les toxines, extraites des bouillons de culture et injectées à un animal, produisent chez celui-ci les mêmes lésions et symptômes qu'une inoculation de la bactérie. On produit de la paralysie avec la toxine diphtérique ; on tue un animal avec de la toxine tétanique, après avoir amené les contractures caractéristiques de l'affection, etc. Le tétanos et la diphtérie sont deux types de maladies par intoxication : les bacilles de Nicolaïer et de Löffler restent, en effet, localisés au point d'inoculation ; là, ils se multiplient activement, sécrètent leurs toxines qui diffusent ensuite dans tout l'organisme, exerçant une action élective sur tel ou tel organe, à la façon d'une matière colorante ; c'est ainsi que le tétanos et la rage ont une affinité marquée pour les cellules nerveuses.

Quand la bactérie sécrète peu de toxines extra-cellulaires, elle doit se multiplier abondamment dans l'organisme, comme c'est le cas de la bactérie du Charbon, pour amener la mort de l'individu. Car ce n'est pas en enlevant l'oxygène des hématies, comme le pensait Pasteur, que cette Bactérie est nocive, mais bien en inondant l'organisme de produits toxiques, ainsi que l'a démontré Chauveau. Entre ces deux cas extrêmes du tétanos et du charbon, se place toute une série de cas intermédiaires.

309. Virulence. — L'activité d'une bactérie est susceptible de variations très grandes. L'atténuation d'un virus, avec la production, dans cet état atténué, d'affections différant de la maladie première par leur intensité et parfois même par leurs symptômes, peut être poussée jusqu'à l'extinction de toute propriété virulente : jusqu'à cette limite ont été atténuées, par Pasteur, les bactéries du choléra des poules et du charbon. C'est par la chaleur, par l'action de l'oxygène, de la lumière solaire, de la dessiccation, par l'inoculation à une espèce plus réceptive, par la culture prolongée dans des milieux artificiels qu'on arrive à cette atténuation de la virulence.

La virulence peut être augmentée : un virus affaibli recouvre son énergie par inoculation aux jeunes animaux ; l'acclimentation à une espèce très réceptive exalte la virulence d'une bactérie : le virus rabique se renforce par des passages successifs à travers l'organisme du lapin.

La virulence d'une bactérie dépend encore de la quantité inoculée, du point d'inoculation, des associations microbiennes : le chien, réfractaire au charbon, contracte cette maladie si l'on force les doses. Le Streptocoque, selon sa virulence et selon le point d'inoculation, produit un abcès, un érysipèle, un phlegmon, tous les degrés de l'infection puerpérale. Le bacille du tétanos est très abondant dans la nature, et, cependant, la maladie est rare : c'est que des spores tétaniques injectées dans un tissu ne s'y développent pas, elles sont détruites par l'organisme ; tandis qu'une parcelle de terre tétanigène provoque le tétanos, parce que des bactéries étrangères ont été inoculées en même temps, et absorbent l'activité des *phagocytes*. On appelle ainsi certaines cellules de l'organisme qui jouent un rôle de défense contre les bactéries en les détruisant, les absorbant. La *phagocytose* est un procédé général de défense.

310. Résistance de l'organisme aux Bactéries. — Dans toute infection, l'influence du terrain est d'importance dominante. Certains animaux sont réfractaires à certaines infections : c'est de l'*immunité naturelle*, mais celle-ci n'est pas absolue ; le mouton d'Algérie résiste au charbon, qui est funeste au mouton de France ; mais avec des doses très fortes inoculées à un mouton d'Algérie, celui-ci succombe.

Un organisme ordinairement sensible à une bactérie peut lui devenir réfractaire, il est alors en état d'*immunité acquise*. Celle-ci peut être obtenue naturellement, à la suite d'une première atteinte infectieuse qui a guéri : tel est le cas des sujets guéris de ces maladies virulentes qui ne récidivent pas : fièvre typhoïde, variole, diphtérie, etc. On peut aussi créer artificiellement l'immunité ; on fait alors de la *vaccination*.

311. Vaccination. — Les Bactéries agissent sur l'organisme par leurs produits solubles, et l'organisme se défend probablement en sécrétant des substances nouvelles, *bactéricides* et *antitoxiques*, qui, probablement aussi, stimulent la défense phagocytaire. Ces substances, continuant à être sécrétées après une infection, créent une immunité durable. Les produits immunisants se retrouvent dans le sérum sanguin et les humeurs de l'animal mis à l'abri : si donc on injecte du sérum d'animal immunisé dans le sang d'un animal sain, on préservera celui-ci contre les effets de la même bactérie ; on fait ainsi de la *sérothérapie préventive*. Le même sérum, injecté à un individu déjà infecté, l'aide à lutter contre l'infection : mais on fait alors de la *sérothérapie curative*. Ce procédé de vaccination a donné d'heureux résultats en médecine humaine et vétérinaire. Mais ce n'est là qu'une immunisation assez passagère.

On a cherché aussi à rendre l'organisme impropre au développement des bactéries en introduisant dans cet organisme :

1° *Des cultures virulentes* de bactéries, en petite quantité et en dilution (on immunise le cheval contre le Streptocoque en lui inoculant, à doses de plus en plus fortes, des cultures très virulentes de ce Streptocoque. On utilise ensuite le sérum de cet animal comme antistreptococcique) ;

2° *Des cultures atténuées*. On atténue ces virus par le vieillissement, la dessiccation, la lumière, la chaleur, l'électricité, par la culture dans des conditions défavorables de température, d'aération ; par le passage en série sur divers animaux ;

3° *Des produits solubles* ou des cultures stérilisées, c'est-à-dire débarrassées de germes vivants, soit par la chaleur, soit par la filtration, soit par les antiseptiques (tuberculine de Koch) ;

4° *Un autre microbe* convenablement choisi. Ainsi la vaccine jennérienne et la variole sont deux virus voisins, mais distincts ; cependant l'inoculation de la vaccine rend l'homme réfractaire à la variole, et réciproquement.

Toutes ces dernières opérations ne sont pas sans danger et doivent être pratiquées avec la plus grande prudence. A l'exception de la vaccine jennérienne, la vaccination n'a pas reçu de solution pratique chez l'homme ; elle est utilisée pour la préparation des sérums thérapeutiques.

312. Action du milieu extérieur sur les Bactéries. — Les agents physiques et chimiques agissent sur les Bactéries en modifiant leurs caractères morphologiques et leurs propriétés physiologiques ; ils provoquent la mort de ces organismes quand leur dose ou la durée de leur action dépassent les limites supportables. Ils se comportent ici, comme vis-à-vis de toute cellule vivante (p. 21).

a) **Rôle de la température.** — Les Bactéries résistent assez bien aux basses températures, et certaines d'entre elles ont pu supporter — 200° sans perdre le pouvoir de se rajeunir, à condition toutefois que la transition entre les extrêmes puisse s'effectuer d'une façon lente et progressive.

Nous savons que les températures élevées ont une influence beaucoup plus nocive sur la matière vivante, qui est coagulée vers 65° ; les Bactéries seront donc tuées, à peu d'exceptions près dues à une adaptation spéciale, par cette température. Mais la température de coagulation des matières albuminoïdes est modifiée par divers facteurs: par leur état d'hydratation, par les sels, par l'acidité du milieu. L'acidité abaisse la température de coagulation, et, par conséquent, la limite de la température mortelle : on peut ainsi effectuer la pasteurisation des vins entre 55 et 60°.

La coagulation du protoplasma se fait à des températures variables suivant son état d'hydratation, températures d'autant plus élevées qu'il contient moins d'eau : une bactérie à l'état végétatif étant tuée à 65°, sa spore pourra résister à 100°. Par conséquent, la chaleur humide est beaucoup plus active que la chaleur sèche : la chaleur humide, en effet, détruit toutes les Bactéries en 15 minutes à 120° ; il faut chauffer à 170°, pendant deux heures, pour obtenir le même résultat dans l'air sec. On peut ainsi expliquer l'action stérilisante des chauffages successifs à 60°, dans l'intervalle desquels les spores s'imbibent d'eau et germent partiellement.

C'est au delà et en deçà de ces températures extrêmes que végètent les Bactéries, entre un *minimum* de + 5° et un *maximum* de + 50 à 55° ; la végétation acquiert toute son intensité entre + 20° et + 40°, les températures *optima* variant avec les espèces.

La forme et les propriétés des Bactéries sont plus ou moins modifiées par la température : il en est ainsi du *Bacillus pyocyaneus* qui a été soumis à — 80° : il perd sa sécrétion pigmentaire à + 50°. Le *Micrococcus prodigiosus* se transforme en bacille, quand les cultures des générations successives sont chauffées vers + 50°. La virulence du Bacille du Charbon est atténuée, puis détruite, quand on maintient sa culture à 42-43°. Si chaque jour on ensemence une telle culture dans un milieu approprié, à 30°, on obtient une série de Bactéries dont la virulence décroît de plus en plus. Cette atténuation devient héréditaire, quand elle se fait lentement, en présence de l'oxygène.

b) **Rôle de la lumière.** — Les Bactéries munies d'un pigment, telle la bactériopurpurine, et placées dans le champ d'un microspectre, s'animent de mouvements; elles vont se placer au voisinage des raies D, E, F, là où se trouvent localisées les bandes d'absorption du pigment; là, en effet, se dégage de l'oxygène.

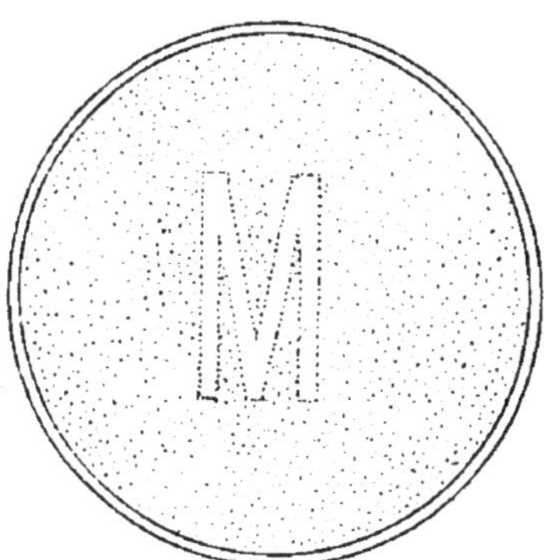

Fig. 231. — Expérience de Büchner.

Sur les Bactéries dépourvues de pigment assimilateur, la lumière a une action nocive, principalement par ses rayons violets et ultra-violets : la lumière exerce, même à l'état diffus, une influence retardatrice sur le développement de l'appareil végétatif; mais elle est favorable à la formation des spores. L'action retardatrice, et même stérilisante, de la lumière a été mise en évidence par l'expérience suivante, due à Büchner : on ensemence uniformément de la gélose coulée dans une boîte de Pétri, et on l'expose à la lumière après en avoir masqué une partie au moyen d'un cache de papier noir dessinant une lettre, par exemple. La plaque étant mise ensuite en incubation, on voit se développer les Bactéries là seulement où la lumière n'a pas agi, et bientôt apparaît le dessin de la lettre (fig. 231).

La lumière agit non seulement sur la bactérie, mais encore sur le milieu de culture qu'elle rend impropre au développement de ces microorganismes.

La virulence des Bactéries diminue de plus en plus quand on prolonge leur exposition au soleil, et Arloing, qui a indiqué ce fait, l'utilise pour transformer certains virus en vaccins.

Le pouvoir chromogène varie également sous l'action des rayons solaires : certaines Bactéries perdent à la lumière la propriété de fabriquer du pigment.

C'est à la lumière que sont dues, sans doute, la purification rapide des eaux circulant à ciel ouvert et la destruction des Bactéries atmosphériques.

c) **Rôle de l'électricité.** — La difficulté de faire agir l'électricité sur les Bactéries, sans provoquer, en même temps, une action chimique ou calorifique dans le milieu de culture, nous laisse sans indications précises sur son action.

Les rayons Rœntgen sont sans action sur le Bacille typhique, le bacille du colon, etc.

d) **Rôle des agents chimiques.** — Certains agents chimiques ne provoquent que des modifications plus ou moins nombreuses dans la forme et les propriétés des Bactéries. D'autres substances, selon la durée de leur action et selon leur dose, amènent soit un arrêt du développement, soit la mort de ces organismes ; ces substances sont dites des *antiseptiques* : il y a donc des *antiseptiques infertilisants*, qui arrêtent seulement la multiplication des Bactéries dans les milieux de culture, et des *antiseptiques stérilisants* ou bactéricides, qui détruisent ces organismes. Les premiers sont utilement employés dans le pansement des plaies, où des agents plus énergiques nuiraient à la vitalité des tissus : ce sont des auxiliaires précieux de la phagocytose. Le sulfate de cuivre et l'acide phénique rendent un milieu imputrescible, sans détruire les spores du *Bacillus subtilis*, tandis que les mercuriaux, l'aldéhyde formique, les hypochlorites alcalins les tuent aisément. L'action des antiseptiques est parfois fort énergique : le nitrate d'argent tue les spores de la Bactérie charbonneuse à la dose de 1/10000, et prévient le développement de cette Bactérie à 1/80000. Le sublimé corrosif à 1/1000 détruit les spores charbonneuses en 10 heures, le Staphylocoque doré en 3 heures, le Bacille de Löffler en 1 heure et demie, le Bacille du Charbon et le Spirille du Choléra en 15 minutes, etc.

313. Cultures pures des Bactéries. — Pour étudier les Bactéries, il faut en faire des *cultures pures*, c'est-à-dire les *isoler*, car un milieu nutritif quelconque est le siège d'une flore très variée, et les formes mélangées, extrêmement nombreuses, influent les unes sur les autres, en modifiant réciproquement leurs caractères morphologiques et leurs propriétés physiologiques.

Pour séparer les bactéries, pour faire des cultures pures, divers procédés spéciaux ont été préconisés, mais il est deux méthodes générales qu'on peut toujours employer : la première consiste à diluer dans de l'eau stérilisée les substances contenant les Bactéries, et à ensemencer, par gouttes, cette dilution, dans de nombreux vases contenant des milieux nutritifs liquides. Le deuxième procédé, plus souvent employé, consiste à ensemencer la dilution dans un milieu nutritif gélatineux, fondu vers 35°, et qu'on laisse ensuite refroidir. Les Bactéries se trouvent immobilisées en divers points où elles forment, quand on les met en germination, des amas distincts, des *colonies* de Bactéries ne renfermant chacune qu'une seule espèce. L'espèce que l'on désire étudier, ainsi isolée, devra être transportée sur des milieux nutritifs préalablement stérilisés.

314. Milieux de culture. — Les Bactéries ont besoin, pour se développer, des mêmes aliments que ceux dont se nourrit tout être vivant dépourvu de chlorophylle, c'est-à-dire de substances organiques azotées et hydrocarbonées et de matières minérales. On peut les leur fournir soit en milieu solide, soit en milieu liquide. Redoutant pour la plupart, à l'encontre des champignons, les milieux acides, on devra leur fournir généralement un milieu neutre ou légèrement alcalin.

a) **Milieux liquides.** — Il en est de *naturels* (sérum du sang, lymphe, lait, etc.) et d'*artificiels* (liqueurs contenant des substances organiques et minérales : décoctions de viandes, décoctions végétales, etc.).

Le *bouillon de viande* constitue un liquide de choix. Il se prépare de diverses façons : par exemple, en faisant digérer, vers 100° pendant 4 ou 5 heures, un kilogramme de chair maigre de bœuf, dans 2 à 3 litres d'eau salée contenant de 5 à 10 p. 1000 de chlorure de sodium. On enlève ensuite la viande cuite et on laisse le bouillon au repos, jusqu'au lendemain, dans un lieu frais. On le filtre alors au travers d'un linge mouillé. Puis, le liquide, étant porté à l'ébullition, est neutralisé avec une solution de soude jusqu'à réaction légèrement alcaline. On le fait encore bouillir pendant 5 minutes, puis on filtre au papier. On ajoute fréquemment à ce bouillon 1 à 2 p. 100 de peptone, pour augmenter sa nutritivité.

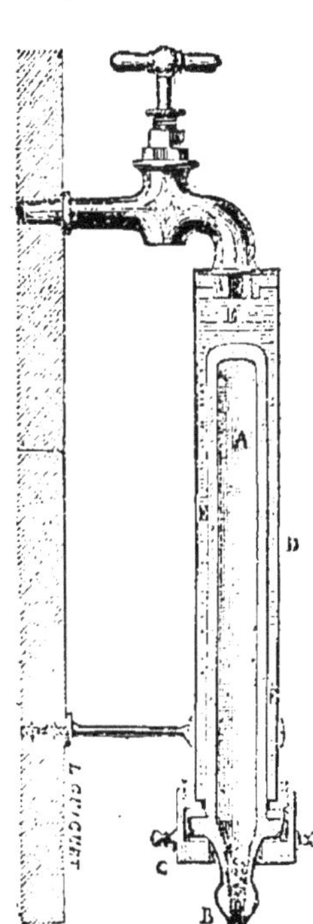

Fig. 232.
Filtre Chamberland.

La préparation longue du bouillon de bœuf est souvent remplacée par celle du *bouillon de peptone*, qui s'obtient en faisant dissoudre, dans un litre d'eau placé sur le feu, 5 grammes de sel marin et 20 grammes de peptone. On ajoute 0 gr. 10 de cendres de bois, et on porte le tout à l'ébullition pendant quelques minutes. Le milieu doit être légèrement alcalin : on ajoute quelques gouttes de soude si cela est nécessaire. On filtre au papier.

b) **Milieux solides ou demi-solides.** — Si, aux bouillons précédents chauds, ou à du sérum tiède, on ajoute de la gélatine ou de la gélose, on obtient par le refroidissement un milieu solide. On emploie encore des tranches de pommes de terre, de carottes, des fruits, des œufs coupés en deux, etc., etc.

Le bouillon à la gélatine se prépare ainsi : on porte du bouillon de viande au voisinage de l'ébullition ; on le retire du feu et on y fait dissoudre 10 0/0 de gélatine en feuilles de bonne qualité. On laisse refroidir à 60°, et, à ce moment, on ajoute, en agitant, 2 blancs d'œufs, par 100 grammes de gélatine, délayés dans un peu d'eau. On porte le récipient dans un autoclave à 105 ou 110° pendant 15 à 20 minutes. L'albumine, en se coagulant, entraîne les impuretés et clarifie le liquide. Celui-ci, encore très chaud, est filtré sur papier Chardin, puis stérilisé à 110° dans la vapeur sous pression pendant une demi-heure.

On remplace parfois la gélatine, dont le point de fusion est trop faible (23 à 24°), par de la gélose, ou Agar-Agar, qui ne fond que vers 70 ou 75°.

315. Stérilisation. — Avant d'ensemencer les Bactéries obtenues à l'état pur, il est nécessaire de débarrasser les milieux de culture de tous germes vivants ; on y parvient en les stérilisant.

La stérilisation s'effectue soit par la *chaleur*, soit par *filtration* (pour les liquides) au travers d'une substance poreuse, capable de retenir les germes les plus ténus (fig. 232).

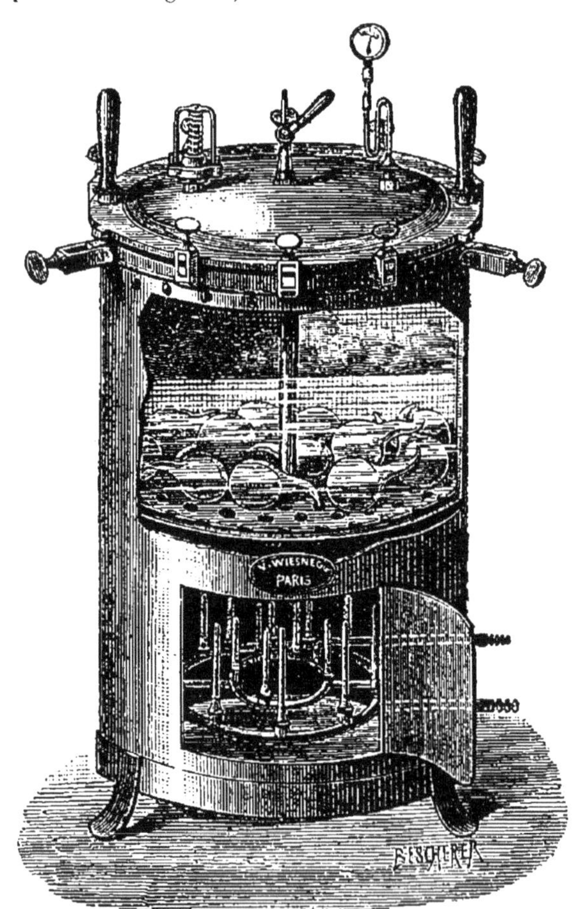

Fig. 233. — Autoclave de Chamberland.

La plupart des Bactéries sont tuées à une température inférieure à + 100° ; quelques espèces cependant résistent par leurs spores, et il faut chauffer au delà de 100°. Mais certains milieux sont altérés par une température supérieure à 100° prolongée (gélatine); le sérum sanguin ne peut être chauffé au delà de + 70° sans se modifier : on a recours dans ces cas au chauffage discontinu : un premier chauffage vers 60° détruit les éléments en état de végétation. Après que le milieu est revenu à la température ordinaire, une partie des spores germe : on détruit leurs produits en répétant l'action de la chaleur. Un troisième chauffage semblerait devoir assurer une stérilisation parfaite, il n'en est rien ; en réalité, ce procédé est peu sûr et peu employé dans la pratique. On chauffe donc ordinairement au delà de 100° soit dans l'air sec, soit dans *la vapeur d'eau sous pression*.

Les stérilisations à sec nécessitent des températures élevées qui altèrent les milieux nutritifs : on stérilise, par ce procédé, la verrerie, les instruments métalliques, etc. Ceux-ci sont portés dans un récipient en tôle à double paroi, tel le four à flamber de Pasteur, dans lequel on maintient 170° pendant, au moins, une heure.

On emploie couramment la chaleur humide, la vapeur d'eau sous pression, pour stériliser les milieux nutritifs : les milieux de culture sont répartis dans les vases où ils doivent être conservés (ballons, tubes de Roux, boites de Pétri, etc., fig. 234), et ceux-ci sont portés dans *l'autoclave de Chamberland* (fig. 233), sorte de marmite de Papin, munie d'un manomètre métallique, d'une soupape de sûreté et d'un robinet permettant l'expulsion de l'air par une chasse préalable de vapeur, et le rétablissement de la pression atmosphérique dans l'intérieur de l'appareil, à la fin de l'opération. La température maintenue entre 110 et 115° pendant une demi-heure ou trois quarts d'heure suffit généralement à détruire tous les germes contenus dans un milieu nutritif.

Les milieux de culture, préparés comme il a été dit, sont répartis dans des récipients dont les formes très diverses varient suivant que l'on veut cultiver des Bactéries anaérobies ou aérobies, suivant que

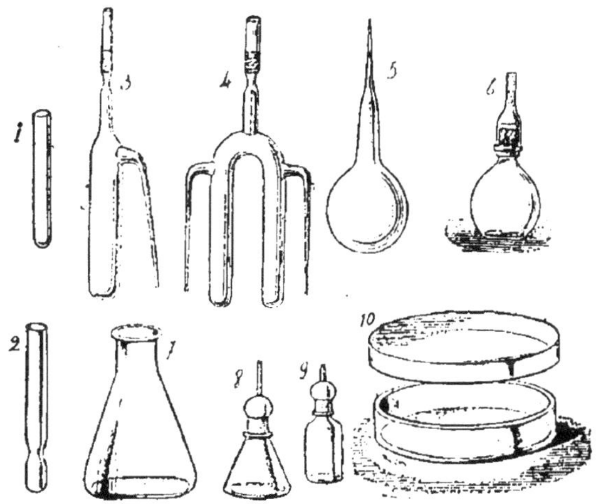

Fig. 234. — Tubes et ballons pour la culture des Bactéries.

les milieux nutritifs sont liquides ou solides (fig. 234). Après stérilisation, on ensemence ces vases et on les porte dans des étuves, sortes de chambres dans lesquelles on maintient une température déterminée, celle qui est la plus favorable à la multiplication des Bactéries que l'on étudie.

316. Examen des Bactéries. — L'examen extemporané des Bactéries vivantes peut se faire en portant une goutte du liquide à examiner sur une lame et en recouvrant d'une lamelle ; cet examen est facilité par la propriété qu'ont beaucoup d'espèces de fixer certaines matières colorantes (Bleu de méthylène) et de continuer à vivre. Mais, plus généralement, on examine ces organismes quand ils sont morts. On les *fixe* par une légère chaleur ; ils ont alors une grande affinité pour les matières colorantes dérivées des hydrocarbures aromatiques (acide picrique, éosine), et particulièrement pour les couleurs basiques, ou couleurs d'aniline proprement dites (Fuchsine, violet de gentiane, bleu lumière, vert à l'iode, vert malachite, etc.). D'autres matières colorantes, la vésuvine, la safranine, la thionine, etc., colorent également bien les Bactéries.

Un procédé de diagnostic bactériologique fort employé, la *méthode de Gram*, consiste à traiter les Bactéries déjà colorées par la liqueur de Lugol (iode, 1 gr. ; iodure de potassium, 2 gr. ; eau distillée, 300 gr.) : les unes se décolorent, tandis que d'autres conservent leur coloration ; on dit alors qu'elles prennent ou ne prennent pas le Gram.

317. Classification. — Il n'existe encore que des classifications provisoires des Bactériacées. Les changements de forme et de propriétés que le milieu imprime à ces organismes sont encore trop mal connus pour qu'on puisse attribuer aux classifications morphologiques ou physiologiques une valeur quelconque : il n'y a donc pour le moment que des *formes* de Bactéries. Nous les avons fait connaître au début de ce chapitre.

VII. DEUXIÈME SOUS-EMBRANCHEMENT

CHAMPIGNONS

Caractères généraux. — Les Champignons sont des végétaux généralement formés de filaments libres ou associés en cordons, en lames ou en massifs, à membrane tantôt celluloso-pectique, tantôt calloso-pectique, dépourvus de plastides et de chlorophylle, par conséquent saprophytes ou parasites. L'appareil sporifère est extrêmement polymorphe : il peut varier dans un même individu, selon les conditions du milieu extérieur. On ignore encore si la sexualité est présente chez tous les individus de ce groupe.

318. Biologie. — Les Champignons, étant dépourvus de pigment assimilateur, sont nécessairement saprophytes ou parasites des végétaux ou des animaux. Ils vivent donc aux dépens des matières organiques qu'ils rendent absorbables et assimilables par la sécrétion de ferments qu'ils émettent facilement à l'extérieur, ce qui, par une erreur de jugement, a amené une confusion entre l'individu, considéré comme ferment, et le ferment lui-même.

Quelques uns sont essentiellement parasites, tandis que d'autres se comportent, suivant les milieux, en parasites ou en saprophytes : ceux-ci sont donc des parasites facultatifs, tandis que les premiers sont des parasites nécessaires.

Les Champignons parasites peuvent vivre soit à la surface de l'hôte (et coparasites : Oïdium), soit dans son intérieur (endoparasites : Mildew). Dans quelques cas, le champignon exige, pour accomplir son cycle biologique, deux hôtes différents : telle la Rouille du blé qui vit en partie sur l'Epinevinette, en partie sur le Blé; ces êtres sont dits hétéroïques, par opposition à ceux qui passent tous les stades de leur évolution sur la même plante, qui sont autoïques. L'hétérœcie peut être nécessaire ou facultative.

Un certain nombre de Champignons vivent en symbiose avec des Algues auxquelles ils empruntent des matières hydrocarbonées ; on connaît ces associations sous le nom de Lichens. Les Mycorhizes sont aussi présentées comme un état symbiotique des Champignons avec les racines de végétaux supérieurs vivant dans l'humus.

Les Champignons sont terrestres ou aériens, très rarement aquatiques. Il en est d'aérobies et d'anaérobies ; ces derniers facultatifs ou nécessaires. Beaucoup d'entre eux sont susceptibles de provoquer des fermentations (Levure de bière, etc.); il en est qui deviennent phosphorescents ; ils se comportent alors comme le font les Bactéries.

La durée des Champignons est très variable : à côté de la plupart des moisissures qui ont une vie *éphémère*, liée aux conditions favorables du milieu extérieur, il en est qui vivent plusieurs mois (*annuels*), ou plus d'un an (*bisannuels*), et même plusieurs années (*vivaces*).

319. Appareil végétatif. — Le thalle, appelé aussi *mycélium*, est généralement constitué par des filaments plus ou moins ramifiés, cloisonnés ou non (Phycomycètes). Parfois cependant (Levure), le thalle est formé de cellules en chaînettes faiblement unies entre elles, se multipliant par bourgeonnement et se dissociant aisément. Le même thalle bourgeonnant et dissocié peut s'observer, quand on les cultive, dans des conditions particulières, chez certaines moisissures (*Mucor racemosus*) qui ont normalement un thalle filamenteux.

Les moisissures, qui se développent si communément sur le pain mouillé, les confitures, etc., donnent une excellente idée d'un mycélium filamenteux : les filaments plus ou moins

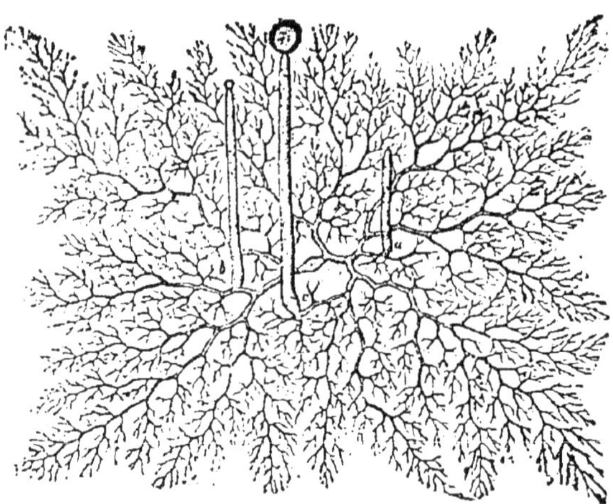

Fig. 235. — Mycélium de Mucor (Kny).

enchevêtrés forment, sur ces substances, un feutrage léger et généralement homogène. Quelquefois cependant (certaines

Mucoracées), le thalle émet dans le milieu nutritif des ramuscules courts et ramifiés, constituant des organes rhizoïdes qui servent à la fixation et à l'absorption (fig. 236.). Chez beaucoup de Champignons parasites de végétaux, le thalle envoie à l'intérieur des cellules de l'hôte des prolongements simples, en forme de bouton, ou ramifiés, qui sont des suçoirs.

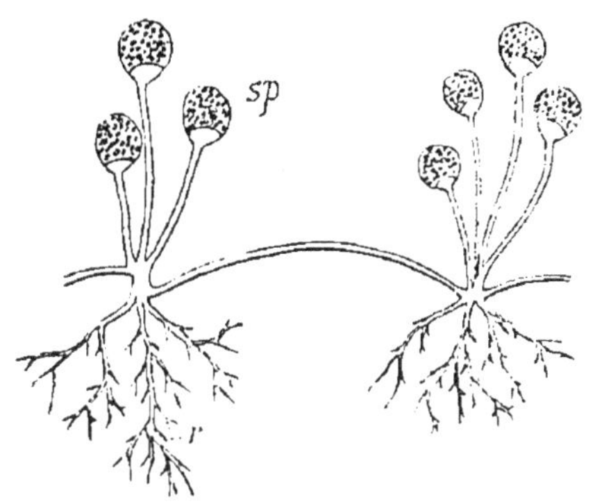

Fig. 236. — *Mucor stolonifer*, avec rhizoïdes, *r*, et sporanges, *sp*.

Ailleurs le thalle subit des modifications plus grandes encore, dues aux variations du milieu ambiant. On voit, par exemple, les filaments, d'abord lâchement unis, se condenser en certains points pour s'accoler en masses de pseudo-parenchyme de formes variables (cordons, lames ou massifs) constituant un *stroma*. Le stroma s'accroît soit par toute sa surface, soit par son extrémité seulement. A un moment donné, sous l'influence de conditions mauvaises, le stroma peut passer à l'état de vie latente : il emmagasine alors toutes les réserves contenues dans le mycélium qui disparait, puis le stroma se dessèche et prend une consistance plus ou moins dure, cornée ; il cutinise les parois de ses cellules superficielles, en leur donnant une coloration plus ou moins foncée : il se transforme en *sclérote* (Ergot de seigle). Dans certains cas, sur le parcours du mycélium, on voit se produire des organes cylindriques de grosseur variable, ayant la forme de cordons rameux et l'aspect de racines : on leur donne le nom de *rhizomorphes*. Les rhizomorphes sont constitués par des filaments, lâchement unis et incolores au centre, très fortement pressés les uns contre les autres à la périphérie, et souvent colorés extérieurement. Ces pseudoracines sont des organes de propagation souterrains; elles relient entre elles les diverses parties du thalle d'un même champignon ayant envahi le corps de plusieurs végétaux voisins, comme on le voit pour l'*Armillaria mellea*, fléau des plantations d'arbres résineux. Ce sont les cordons mycéliens blanchâtres du Champignon de couche qui constituent ce qu'on vend sous le nom de *blanc de champignon*.

Certains thalles de champignons (Trémelles) prennent une consistance molle, cartilagineuse, par gélification de la membrane des filaments. Ce n'est que très rarement que le thalle est extrêmement réduit (Chytridiacées).

320. Structure du thalle. — Le thalle est parfois formé par des filaments ramifiés, sans cloisons : la structure y est continue (Phycomycètes); une membrane celluloso-pectique ou calloso-pectique entoure alors tout le corps du végétal, dont le protoplasma est parsemé de noyaux. Partout ailleurs, le mycélium est cloisonné, et dans chaque élément on trouve un ou deux noyaux.

L'amidon est rare dans ce groupe et ne s'observe que dans certaines conditions (sclérotes en germination) ; mais on y rencontre d'autres matières hydrocarbonées : des huiles, de l'amylodextrine, des sucres, de la mannite, de la tréhalose, etc. Dans le fruit de certaines espèces (Lactaires) se développent des laticifères sécrétant un latex diversement coloré.

321. Reproduction et multiplication. — Le mycélium se fragmente fréquemment, dans la nature, et chaque fragment peut donner naissance à un individu nouveau. Dans les levures, la multiplication se fait par bourgeonnement (p. 186) ; ce procédé s'observe encore chez de nombreux champignons filamenteux, placés dans des conditions spéciales.

La reproduction par spores est générale dans tout le groupe, mais on observe aussi, et en même temps, la reproduction sexuée, isogame (p. 196) ou hétérogame (p. 199). Si la sexualité est mal connue chez les Champignons qu'on appelle supérieurs, elle est très évidente dans le groupe des Phycomycètes.

Les spores se forment tantôt à l'intérieur des filaments, dans des sporanges (spores endogènes, p. 193), tantôt à l'extérieur (spores exogènes, p. 192) : elles peuvent être nues et mobiles au moyen de cils vibratiles (zoospores), ou bien être protégées par une double membrane de cellulose et de cutine, selon qu'elles sont destinées à se développer dans un milieu liquide ou sur un milieu solide.

Les Champignons produisent donc des spores, et certains d'entre eux en donnent plusieurs variétés. Le *polymorphisme* de l'appareil sporifère est caractéristique de ces végétaux. Parmi ces spores de formes, d'origines et de rôles différents, il est une variété qui garde ses caractères dans toute l'étendue d'un groupe ; elle porte alors un nom particulier : telles sont les spores endogènes appelées *ascospores*, et les spores exogènes appelées *basidiospores*, caractéristiques de deux groupes de champignons supérieurs, les Ascomycètes et les Basi-

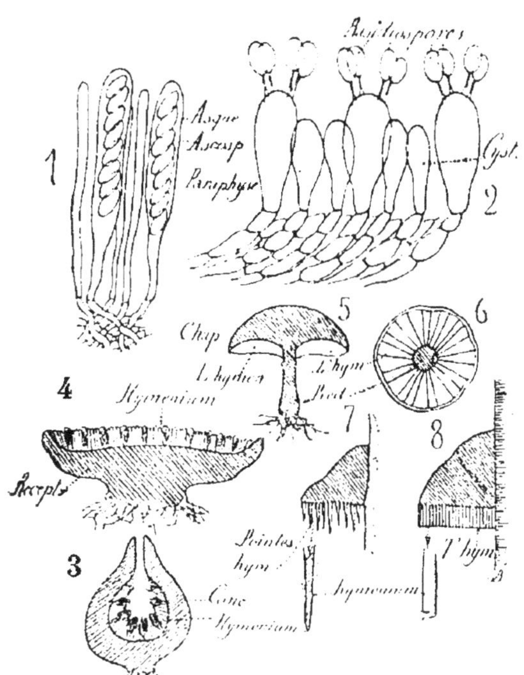

Fig. 237. — Appareils sporifères des Ascomycètes et des Basidiomycètes. 1, asques contenant les ascospores entremêlées de paraphyses; 4 et 3, coupes montrant la disposition des asques dans deu groupes d'Ascomycètes, les Discomycètes (4) et les Pyrénomycètes (3). — 2, basides et basidiospores; 5, 6, 7 et 8, coupes de l'appareil fructifère dans diverses Basidiomycètes (5-6, Agaricacées 7, Hydnacées ; 8, Polyporacées).

diomycètes. On désigne sous le terme assez vague de *conidies*, les spores qui ne se forment que dans des conditions particulières, accidentellement, ou encore celles qui apparaissent comme un moyen de multiplication supplémentaire à côté des spores normales.

Quand les conditions de milieu deviennent défavorables, le protoplasma se concentre en certains points du mycélium en amas qui s'entourent d'une membrane protectrice : il se forme ainsi des kystes appelés *chlamydospores*.

322. Classification des Champignons. — On

divise les Champignons en deux grands groupes, selon que le thalle est continu (*Phycomycètes*) ou cloisonné (*Eumycètes*). Les Phycomycètes, indépendamment des spores, se reproduisent par œufs ; la sexualité, inconnue chez les Eumycètes jusqu'à ces dernières années, a été récemment mise en évidence dans quelques espèces, mais la reproduction par spores joue chez eux un rôle plus important. A côté de ces deux groupes, on en place un troisième, provisoire, celui des *Mucédinées* ou *Hyphomycètes*, qui renferme un grand nombre de champignons filamenteux dont on ne connaît pas les spores caractéristiques.

A. PHYCOMYCÈTES

Le thalle des Phycomycètes est filamenteux, non cloisonné, rappelant celui des Algues Siphonées, d'où leur nom de Phycomycètes, c'est-à-dire de Champignons-Algues. Ils donnent des œufs, soit par isogamie, soit par hétérogamie, ce qui permet de les diviser en deux groupes, les **Zygomycètes** et les **Oomycètes**.

a. **Zygomycètes.** — Dans ce groupe, le thalle est filamenteux, ramifié et non cloisonné. Il y a formation de spores tantôt endogènes, tantôt exogènes. Les œufs naissent par *isogamie*. Les gamètes, qui semblent être identiques, produisent un œuf appelé *zygote* (p. 195 et 196). Deux familles constituent ce groupe : dans l'une, celle des *Mucoracées*, les spores sont endogènes ; dans l'autre, celle des *Entomophthoracées*, elles sont exogènes.

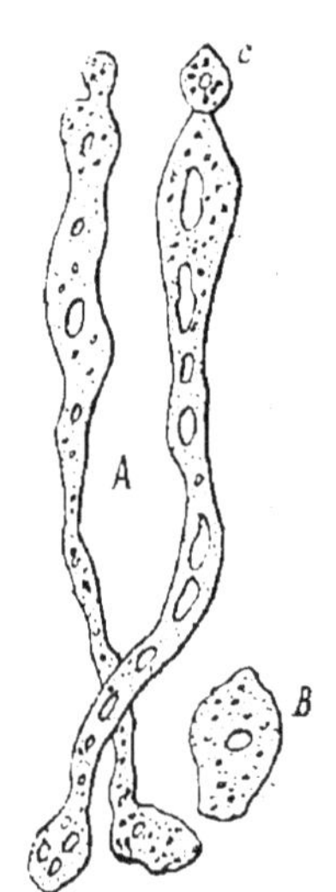

Fig. 238. — *Empusa Muscæ*. A, filaments dont l'un est terminé par une conidie *c*. B, conidie détachée du filament.

323. Famille des Entomophthoracées. — Ces champignons sont parasites sur les Insectes.

L'*Empusa Muscæ*, qui attaque la Mouche commune, a un thalle généralement dissocié, se développant dans le corps de l'insecte. Ses cellules s'allongent en des tubes qui viennent saillir à l'extérieur et se terminer par une spore. Celle-ci est projetée au loin par contraction du pied sporangifère. Quand une de ces conidies rencontre une mouche, elle germe et pénètre dans l'animal (fig. 238).

Les œufs se forment dans le corps de l'insecte, entre deux filaments voisins, par une sorte d'isogamie, avec tendance à l'hétérogamie, le contenu de l'un des filaments restant immobile, tandis que l'autre parcourt tout le chemin.

324. Famille des Mucoracées. — Elle est caractérisée par la formation de spores immobiles, groupées dans des sporanges, et d'œufs résultant de la fusion de deux gamètes semblables (Zygospores). Mais la reproduction par spores joue un rôle plus considérable que celle par œufs.

Les Mucoracées vivent en saprophytes sur les matières organiques les plus diverses. Elles constituent une grande partie des moisissures : on rencontre communément le *Rhizopus nigricans*, qui produit la moisissure noire du pain, le *Mucor mucedo*, etc., à côté d'autres moisissures appartenant au groupe des Ascomycètes, tels les Aspergillus. Quelques Mucoracées vivent en parasites sur d'autres champignons.

Le mycélium est filamenteux, ramifié et non cloisonné, à membrane celluloso-pectique (fig. 235). Des cloisons apparaissent cependant dans certaines conditions : quand le protoplasma, qui occupe toujours les extrémités des filaments, laisse derrière lui des espaces vides, ou lorsqu'il abandonne des produits de déchets dont il s'isole par une lame cellulosique, ou bien encore quand le thalle différencie une portion de son protoplasma en un gamète ou en un sporange. Le champignon tantôt végète à la surface du milieu nutritif, dans l'intérieur duquel il peut envoyer des prolongements en forme de crampons se comportant comme des organes d'absorption (fig. 236) ; tantôt envahit en profondeur toute la masse du milieu nutritif, jusqu'à épuisement de l'oxygène qui y est contenu. A ce moment le mycélium cesse de se développer et meurt, après avoir formé des organes de conservation : les Mucoracées sont en effet des organismes aérobies ; cependant quelques-unes d'entre elles supportent un milieu pauvre en oxygène et peuvent même puiser l'énergie dont elles ont besoin dans des fermentations : c'est ainsi que certains *Mucors* décomposent, à l'abri de l'oxygène, le glucose, et produisent la fermentation alcoolique : le *Mucor circinelloïdes*, par exemple, a été utilisé dans la fabrication de la bière. Ces Mucors n'intervertissent pas le sucre de Canne comme le fait la levure de bière. Lorsque ces organismes sont privés d'oxygène, leur mycélium se cloisonne et se dissocie ; chaque article bourgeonne et se comporte encore comme une cellule de levure.

La reproduction se fait par spores et par œufs. Dans les conditions normales les spores sont endogènes : certains filaments se dressent verticalement à la surface du milieu nutritif et se renflent à leur extrémité en une sphère, origine du sporange, qui s'isole du reste du filament par une cloison. Le sporange s'accroît, et la cloison reste plane ou bien fait hernie dans l'intérieur du sporange, y formant une *columelle* (fig. 118 et 236). Le contenu du sporange se divise ensuite en autant de cellules qu'il contient de noyaux, et chacune d'elles devient une spore ; la gélification des lamelles interposées les rend indépendantes et la rupture ou la liquéfaction de la paroi du sporange les met en liberté.

Les sporanges peuvent être isolés ou groupés diversement, être arrondis ou allongés ; dans ce dernier cas, les spores peuvent être disposées dans leur intérieur sur une seule rangée (Syncephalis), et le sporange ressembler à une asque. Outre les spores endogènes, quelques Mucoracées, placées dans certaines conditions, produisent des spores exogènes ou conidies : ce sont des spores solitaires qui se forment à l'extrémité de petits rameaux dressés, simples ou ramifiés.

Quand les conditions de végétation deviennent défavorables, certaines Mucoracées sont susceptibles de former des kystes ou *chlamydospores*, par condensation du protoplasma sous forme de petites masses qui s'isolent par des cloisons dans l'intérieur du filament et qui s'entourent ensuite d'une membrane résistante.

Les œufs se forment, comme nous l'avons dit (p. 196), par *isogamie.* Ils apparaissent quand les conditions du milieu deviennent mauvaises. Après la fécondation, l'œuf s'entoure d'une membrane épaisse, cutinisée et épinulée ; il s'enveloppe en outre parfois de filaments cutinisés plus ou moins enchevêtrés, et passe à l'état de vie latente. Il germe au retour des conditions favorables en rompant sa paroi et en poussant un tube mycélien qui se termine par un sporange.

Dans quelques espèces de Mucor (*M. erectus*), les deux filaments-gamètes, arrivés au contact l'un de l'autre, ne se fusionnent pas, mais se développent en produisant chacun un œuf appelé *azygospore.* Dans le *M. tenuis,* les azygospores naissent par apogamie à l'extrémité de filaments libres.

b. **Oomycètes.** — Les œufs procèdent, ici, d'organes générateurs différenciés en oosphère et organe mâle. Celui-ci est tantôt, mais rarement, mobile (anthérozoïde, Monoblépharitacées), tantôt immobile (pollinide). La reproduction asexuée se fait, le plus souvent, par zoospores : les Oomycètes sont, en effet, presque toujours des végétaux parasites de plantes ou d'animaux aquatiques : quelques uns cependant vivent en parasites sur des végétaux aériens (Péronosporacées).

Les Oomycètes renferment un certain nombre de familles fort intéressantes au point de vue biologique.

325. Famille des Chytridiacées. — Végétaux très petits à thalle unicellulaire, vivant généralement en parasites à la surface ou à l'intérieur d'Algues, quelquefois sur des animaux aquatiques (Infusoires, etc.), plus rarement sur des végétaux terrestres.

Ces végétaux produisent des zoospores ; celles-ci se fixent sur un hôte, à l'intérieur duquel elles pénètrent en partie (au moyen de suçoirs plus ou moins ramifiés), ou en totalité ; puis elles se revêtent d'une membrane cellulosique pour constituer l'appareil végétatif. Le zoosporange se forme à la surface de la plante hospitalière dans le premier cas ; dans son intérieur dans le second cas.

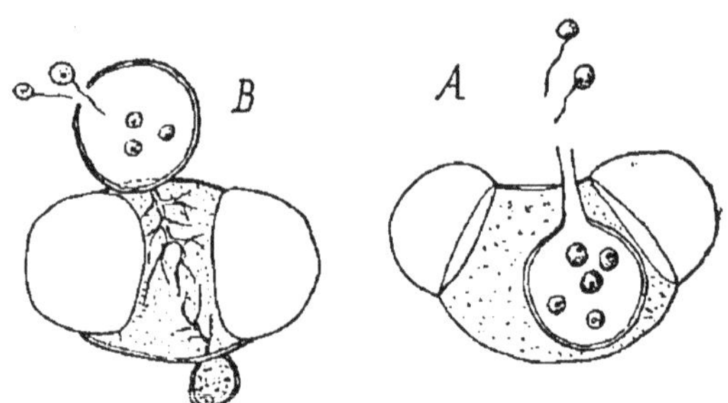

Fig. 239. — A, *Olpidium pendulum.* B, *Rhizophidium pollinis.*

Ex : *Olpidium pendulum.* Si l'on met des grains de pollen dans de l'eau impure, ils sont fréquemment envahis par ce champignon, dont les zoospores sont de petits corps arrondis avec un noyau et un cil vibratile. Ces organismes se fixent sur un grain de pollen, perdent leur cil et deviennent amiboïdes. Ils pénètrent dans l'intérieur de la cellule, s'arrondissent et augmentent de volume aux dépens du protoplasma du grain de pollen. Le champignon, qui s'est entouré d'une membrane cellulosique, divisera ensuite son contenu en masses polyédriques qui seront mises en liberté, sous forme de zoospores, par l'intermédiaire d'un petit tube (fig. 239).

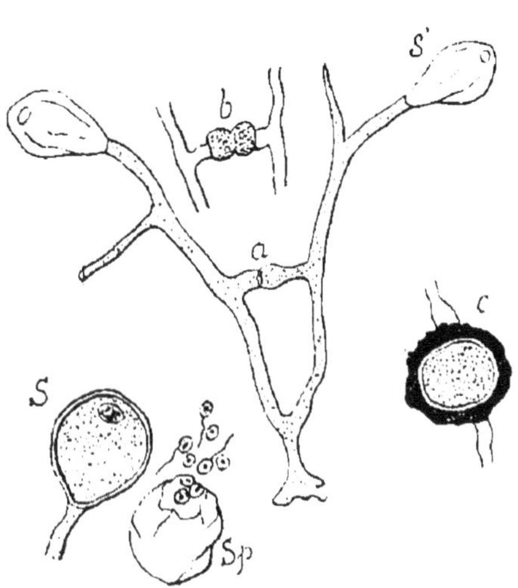

Fig. 240. — Zygochytrium. *a*, *b*, *c*, stades successifs dans la formation de l'œuf. *S*, sporange. *Sp*, masse sortie du sporange et donnant des zoospores à un cil. S', sporange vide.

Dans le *Rhizophidium pollinis* (fig. 239), la zoospore se fixe à la surface du grain de pollen, et envoie dans son intérieur un prolongement ramifié. La partie externe s'entoure de cellulose et cette petite boule grossit, cloisonne au bout de quelque temps son contenu qui est mis en liberté sous forme de zoospores. On ne connaît pas dans ces deux exemples de reproduction sexuée. Mais ailleurs il y a formation d'œufs par fusion de gamètes plus ou moins différenciés. C'est une véritable conjugaison isogame dans le genre *Zygochytrium* (fig. 240) : ici, deux rameaux du mycélium se rencontrant fusionnent leur protoplosma et forment un œuf, appelé aussi zygospore ; il y a tendance marquée à l'hétérogamie dans le *Polyphagus Euglenæ* qui vit sur les Algues vertes des mares.

326. Famille des Ancylistacées. — Végétaux parasites, comme les précédents, des Algues vertes et aussi des Nématodes. Ils pénètrent dans l'intérieur de l'hôte sous forme d'amibe, se recouvrent d'une membrane cellulosique et se ramifient au sein de la substance nutritive, du protoplasma. Les filaments présentent des cloisons çà et là, et chaque compartiment donne naissance à un zoosporange ou à un gamète. Ici, la sexualité est très nettement caractérisée.

327. Famille des Saprolégniacées. — Cette famille renferme des champignons filamenteux vivant dans l'eau et généralement saprophytes. Quelques-uns sont asexués et parasites, tel est le *Pythium de Baryanum* qui tue les jeunes plantules de Légumineuses. Ils possèdent des zoospores à deux cils et une reproduction sexuée bien différenciée avec oogone et anthéridie (fig. 241 et 242). Ex. :

Achlya polyandra : quand un insecte tombe dans l'eau, on le voit fréquemment se recouvrir de filaments blancs rayonnants qui appartiennent souvent à cette espèce. Les filaments présentent çà et là des renflements isolés par une cloison à leur extrémité. Ce sont des sporanges produisant des spores sans cil, qui sortent du sporange, mais lui restent accolées. Là, elles s'entourent d'une membrane qu'elles rompent bientôt pour laisser échapper des zoospores réniformes à deux cils. Quand le filament a produit un sporange, il continue à s'allonger, par une sorte de ramification sympodique, pour en former un autre.

Pour développer des œufs, l'extrémité d'un filament se renfle, se sépare du reste par une cloison, et constitue l'*oogone* dont le contenu se partage en plusieurs *oosphères*. Contre la membrane de l'oogone viennent s'appuyer d'autres filaments en forme de massue, qui constituent des *anthéridies*. Par un tube étroit, celles-ci déversent dans l'oogone leur contenu qui va féconder les oosphères. Les œufs ainsi formés s'entourent d'une membrane épaisse. En germant, ils donneront des zoospores à deux cils.

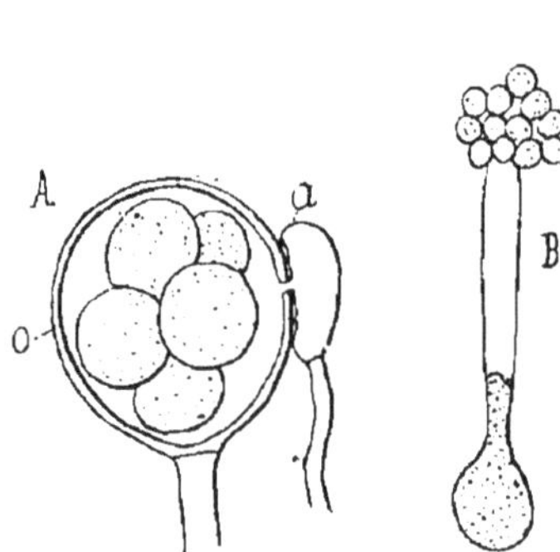

Fig. 241. — *Achlya polyandra* (schématique). *A*, fusion de l'anthéridie, *a*, à l'oogone, *o*. *B*, germination d'une oospore.

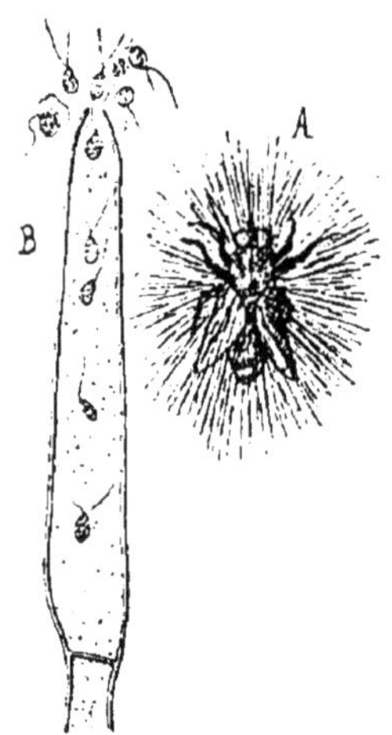

Fig. 242. — Saprolégnia. *A*, Insecte attaqué par ce champignon. *B*, sporanges donnant des zoospores à deux cils.

Dans cet exemple, l'oogone renferme plusieurs oosphères, et le protoplasma est totalement utilisé à leur confection. Fréquemment, il ne se forme qu'une oosphère par oogone, et, souvent aussi, il reste tout autour de l'oosphère une zone de protoplasma non utilisée qui constitue un *périplasma*.

La parthénogenèse est fréquente dans ce groupe, où l'on voit des oosphères germer sans avoir été fécondées.

328. Famille des Monoblépharitacées. — Champignons filamenteux, aquatiques et saprophytes, très voisins des Saprolégniacées, mais possédant de véritables anthérozoïdes.

Le thalle n'offre jamais les réactions de la cellulose.

Les spores, de forme triangu-

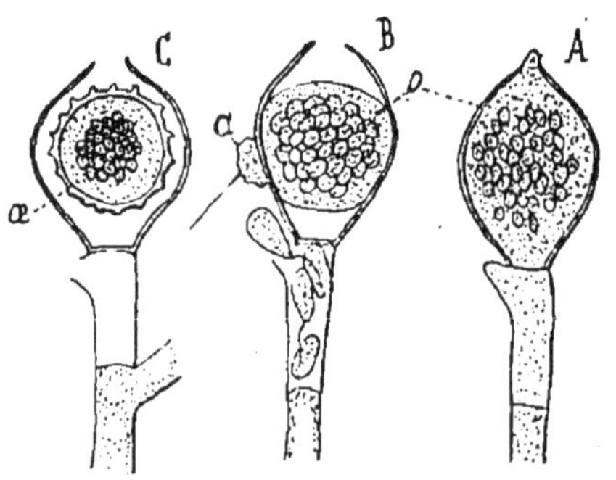

Fig. 243. — Schéma montrant en A, B, C, la formation de l'œuf dans le genre Monoblepharis. *o*, oosphère; *a*, anthérozoïde ; *œ*, œuf.

laire, avec un cil vibratile, se forment dans des sporanges terminaux. La reproduction sexuée est hétérogame avec anthérozoïdes : un filament mycélien se renfle à son extrémité en une cellule sphérique qui devient l'oogone. Son protoplasma se condense en une oosphère; il renferme d'abondantes gouttelettes de graisse. Au-dessous, le filament isole par une cloison l'anthéridie qui donne des anthérozoïdes également triangulaires avec un cil vibratile. Un anthérozoïde mis en liberté pénètre dans l'oogone par une sorte de bec qu'il présente à son sommet, et féconde l'oosphère. Celle-ci s'entoure d'une membrane de cellulose et cutinise sa couche externe.

329. Famille des Péronosporacées. — Nous avons ici des parasites redoutables des Phanérogames, qui attaquent entre autres la pomme de terre, la vigne (*Mildew*), la laitue (*Meunier*), etc.

Le thalle est filamenteux et ramifié, à membrane celluloso-callosique ; il vit dans les méats intercellulaires de l'hôte, et envoie fréquemment, dans l'intérieur des cellules dont il perce la paroi, soit des suçoirs, soit même des filaments mycéliens qui s'y ramifient au point d'envahir toute la cavité de la cellule.

Les spores se forment soit à l'air, à l'extrémité de filaments sortant par les stomates, soit sous la cuticule qui se rompt lors de leur maturité. Ces spores germent en donnant naissance directement à un filament mycélien, ou en produisant d'abord des zoospores réniformes à deux cils, lorsque le milieu est suffisamment humide; celles-ci ne tardent pas à se fixer, perdent leurs cils et s'entourent d'une membrane de cellulose ; puis elles germent en donnant un tube mycélien qui pénètre dans l'hôte, soit en perforant l'épiderme, soit en passant par l'ostiole d'un stomate.

Les œufs se forment par hétérogamie, à l'intérieur de la plante parasitée. Il n'y a qu'une oosphère dans chaque oogone; l'anthéridie, développée à l'extrémité d'un filament, constitue une pollinide (p. 199).

On divise les Péronosporacées en deux tribus, suivant que les spores sont isolées (*Péronosporées*), ou groupées en chapelet (*Cystopées* ou *Albuginées*).

330. *a*) **Cystopées.** — A ce groupe appartient le genre *Cystopus* dont on connaît différentes espèces : le *C. candidus*, qui produit la maladie appelée *Rouille blanche des Crucifères* ; le *C.* du Pourpier, le *C.* des Convolvulacées, le *C.* des Salsifis, le *C.* des Bettes, etc.

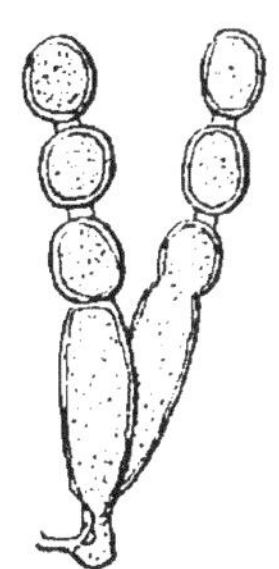

Fig. 244. Conidies du *Cystopus candidus*.

Le *C. candidus* est reconnaissable à la surface des tiges, des feuilles et des fleurs de certaines Crucifères, et particulièrement de la *Bourse à pasteur*, à ce qu'il y forme des taches d'un blanc nacré.

Les filaments du champignon végètent entre les cellules de l'hôte et envoient dans l'intérieur de celles-ci des suçoirs; arrivés sous l'épiderme, ils le soulèvent et forment par des cloisonnements successifs et transversaux des spores en chapelet ou conidies. L'épiderme se rompt et les conidies sont mises en liberté sous forme de poussière blanche. Les conidies, mises dans des conditions favorables, ne tardent pas à cloisonner leur protoplasma et à mettre en liberté un certain nombre de zoospores réniformes à deux cils qui germent ensuite en donnant un tube mycélien, lequel pénètre par les stomates dans les tissus de l'hôte.

La reproduction sexuée se fait de la façon suivante : à l'intérieur de l'hôte, certains filaments se renflent en sphères à leur extrémité, de façon à donner des oogones à l'intérieur desquels se trouve une oosphère. Contre l'oogone vient s'appliquer un autre filament, l'anthéridie, qui déverse dans l'oosphère son contenu. L'œuf qui en résulte s'entoure d'une membrane épinulée et passe par un temps de repos. L'œuf germe ensuite en donnant des zoospores.

331. *b*) **Péronosporées**. — A cette tribu appartiennent un certain nombre de parasites intéressants, tels sont :

α) Le *Phytophthora omnivora*, qui s'attaque surtout aux semis des arbres, du sarrazin, des Cactacées, etc. Son mycélium vit dans les méats intercellulaires et envoie de nombreux suçoirs dans l'intérieur des cellules. Les spores se développent à l'extérieur : un filament se cloisonne à son extrémité pour former une première spore qui est rejetée sur le côté par l'accroissement ultérieur du filament. Une deuxième spore prend naissance, puis une troisième ; il se développe ainsi une sorte de sympode. Les œufs se constituent à l'intérieur du corps de la plantule et germent en donnant des filaments à conidies. La contamination se faisant de mai à juin, il n'y a qu'à changer, l'année suivante, le lieu des semis pour éviter la maladie.

β) Le *Phytophthora infestans*, qui provoque la maladie de la pomme de terre. Il a été importé en 1840, de la Cordillère des Andes en Europe. Le mycélium envahit la plante tout entière (feuilles, tiges et tubercules) ; l'attaque se fait en juin et les parties parasitées brunissent. Le mycélium envoie des prolongements qui se ramifient dans l'intérieur des cellules au point de les remplir. Les spores se forment à l'extrémité de filaments échappés à l'extérieur par l'ouverture des stomates ; chaque filament porte quatre ou cinq ramifications terminées chacune par une conidie (fig. 245, A). Quand une conidie tombe, le filament continue à s'allonger et à produire d'autres spores. Celles-ci germent en donnant directement un mycélium, ou d'abord un certain nombre de zoospores à deux cils (fig. 245, B, C). La contamination se fait par les parties vertes : la zoospore se fixe, s'arrondit et germe : elle émet un filament qui perce l'épiderme de la pomme de terre. Les jeunes tubercules peuvent également être contaminés, mais le parasite n'envahit pas les tubercules âgés qui sont efficacement protégés par une couche de liège. Les conidies perdent leur pouvoir germinatif au bout d'un jour. Le parasite est capable d'hiverner dans les tubercules et de se développer au printemps, en envahissant les nouvelles tiges. Lorsque le parasite continue à se développer dans les tubercules pendant l'hiver, il provoque une pourriture noire qui détruit les récoltes. Les œufs ne sont pas connus.

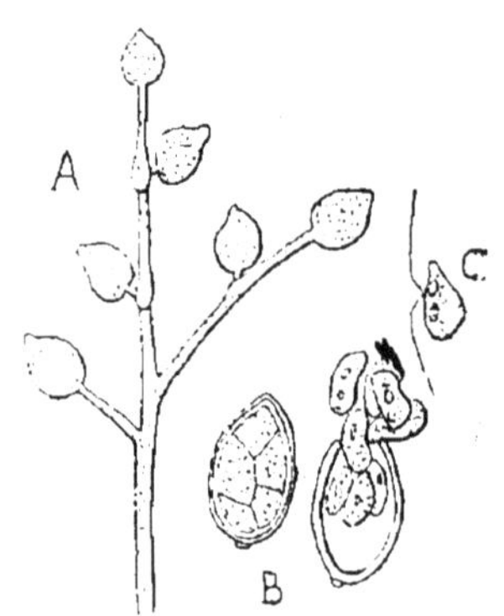

Fig. 245. — *Phytophthora infestans*.

On lutte contre ce parasite, l'hiver, en maintenant les tubercules à 40° pendant 4 heures, ce qui tue le parasite ; l'été, par la bouillie bordelaise qui détruit les conidies et arrête la propagation de la maladie.

γ) Le *Plasmopara viticola*, qui produit la maladie de la vigne appelée

Mildew, d'origine américaine. Le thalle filamenteux occupe les espaces intercellulaires et envoie des suçoirs globuleux dans les cellules. Les filaments conidifères sortent par les stomates à la face inférieure des feuilles où ils forment un duvet. Ce sont des tubes assez raides, ramifiés, et chaque ramification se termine par trois tubercules en pointe (*stérigmates*) aux extrémités de chacun desquels se forme une spore. Les conidies tombent sur la face supérieure des feuilles et s'y développent en moins d'une heure, le matin, à la rosée, en donnant des zoospores. Le filament issu de la zoospore perce l'épiderme et pénètre dans les parenchymes ; et ainsi se propage la maladie.

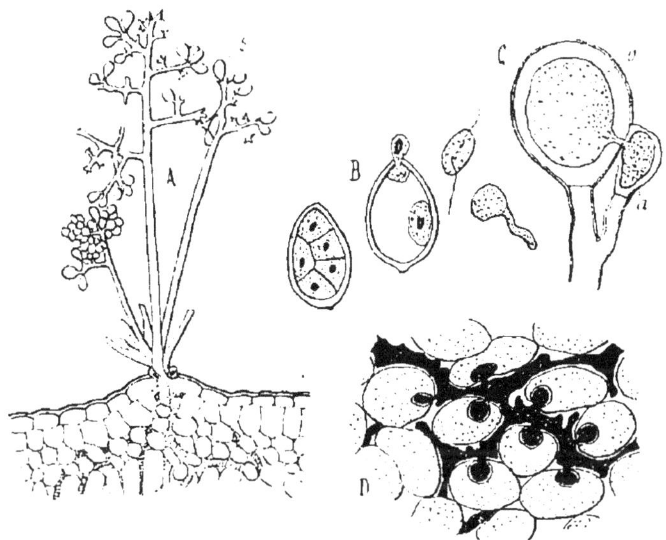

Fig. 246. — *Plasmopara viticola*. *A*, appareil conidien ; *s*, conidies. — *B*, la spore se cloisonne et donne des zoospores à 2 cils. — *C*, fusion de l'oosphère, *o*, et de l'anthéridie, *a*. — *D*, mycélium et suçoirs.

Les œufs se forment dans les feuilles et sont mis en liberté, au printemps, par la désorganisation de celles-ci : ils sont ensuite lancés par les pluies sur la vigne qui vient de *débourrer*. L'œuf germe en un filament ou bien donne des zoospores. La maladie apparaît, sous forme de taches brunes, à la face supérieure des feuilles, et sous forme de duvet à la face inférieure, puis ces organes tombent. Les jeunes rameaux, les fleurs, les grains de raisin sont également envahis.

On combat le Mildew par des solutions cupriques (bouillies bordelaise et bourguignonne, verdet, etc.) et par l'incinération des feuilles qui contiennent les œufs.

δ) Le *Bremia lactucæ*, qui occasionne la maladie du *Meunier* sur les laitues.

D'autres Péronosporacées attaquent la betterave, les épinards, le trèfle, les oignons, les pavots, etc., etc.

En résumé, les familles qui composent le groupe des Phycomycètes se caractérisent de la façon suivante :

Phycomycètes — Organes générateurs	différenciés en oosphère et organe mâle. **Oomycètes.**	manquent. Mycélium	nul ou rudiment.	Chytridiacées.
			développé — pollinide .	Saprolégniacées.
			développé — anthérozoïde.	Monoblépharitacées.
		Conidies existent.		Péronosporacées.
	semblables (zygotes) **Zygomycètes.** Spores	endogènes.		Mucoracées.
		exogènes		Entomophthoracées.

B. EUMYCÈTES

332. Caractères généraux. — Champignons à mycélium cloisonné. Les spores normales se développent généralement en groupes et parfois sur un appareil spécial, un réceptacle, de dimension et de forme extrêmement variables, vulgairement désigné chez les grandes espèces par le nom de *chapeau*.

Les filaments du thalle, les *hyphes*, simples ou ramifiés, tantôt s'accroissent librement dans le milieu nutritif, tantôt s'accolent en un feutrage plus ou moins dense, en un *stroma*, formant des cordons ou des lames. Quand les conditions de vie deviennent difficiles, le stroma devient dur et compact en certains points, et constitue des *sclérotes*.

Les spores naissent tantôt par division, et en nombre déterminé, dans l'intérieur d'une cellule-mère nommée *asque*, tantôt à l'extérieur d'une cellule-mère nommée *baside*. A côté des champignons à basides se placent deux classes de végétaux parasites, filamenteux, les Urédinées et les Ustilaginacées ; leurs spores, en germant, produisent un court filament, un *promycélium*, engendrant des cellules regardées comme homologues des basides et qui portent des *sporidies*, qu'on rapproche des basidiospores : ces végétaux sont des *Hémibasidiées*.

La reproduction sexuée est peu connue dans ce groupe.

THALLE	filamenteux. Champignons parasites. Spores germant en un *promycélium* (**Hémibasidiomycètes**). Les spores se forment	profondément à l'intérieur de l'hôte	**USTILAGINACÉES.**
		superficiellement, vers l'extérieur de l'hôte .	**URÉDINÉES** ou **PUCCINIACÉES**
	généralement massif. (Champignons supérieurs) Spores en nombre déterminé	portées par une baside.	**BASIDIOMYCÈTES.**
		dans une asque	**ASCOMYCÈTES.**

USTILAGINACÉES

333. Caractères généraux. — Champignons parasites des Phanérogames, et particulièrement des Angiospermes : ce sont eux qui occasionnent les maladies appelées *Charbons* et *Caries*. Ils attaquent généralement la plante lors de sa germination, et l'envahissent à mesure qu'elle s'accroît, occupant de préférence les bourgeons. L'hôte ne semble nullement incommodé à ce moment. Le mycélium cloisonné, ramifié, chemine dans les espaces intercellulaires, envoyant çà et là des suçoirs dans l'intérieur des cellules, ou les traversant de part en part. Le champignon développe ses spores dans des endroits déterminés du végétal parasité, tantôt dans la tige ou dans les feuilles, tantôt, et le plus souvent, dans les fleurs, en détruisant ces organes aux points d'élection. Les spores germent en donnant un court filament, nommé *promycélium*, qui, selon les genres, se cloisonne ou non. C'est une sorte de baside, ou une file de basides, qui produit des spores dont le rôle consistera à contaminer un autre végétal.

Parfois, dans un milieu nutritif liquide, le promycélium s'étrangle par places, se fragmente, et les éléments ainsi formés bourgeonnent à la façon des levures.

334. Charbon des céréales. — Cette maladie, caractérisée par la transformation d'une partie de la fleur (ovaire, étamine, etc.), ou de la fleur tout entière, en une poussière noire, formée de spores, est due à des plantes du genre Ustilago. L'*U. carbo* ou *segetum* d'autrefois est réellement constitué par cinq espèces différentes, attaquant l'avoine, les orges, le blé, etc.

Au moment de la floraison de la Graminée parasitée, le mycélium se ramifie dans l'ovaire, puis le protoplasma de chaque cellule s'entoure d'une double membrane et devient une sorte de chlamydospore. Les spores ainsi formées plongent dans une masse molle produite par la gélification des parois du mycélium et s'accroissent aux dépens de cette gelée. Il se forme ainsi une masse qui atteint parfois le volume d'un œuf, dans le maïs, par exemple. Puis la masse se dessèche, et les spores sont emportées par le vent. Après l'hiver, la spore germe : elle pousse un tube, un *promycélium* qui se divise par des cloisons transversales, généralement en quatre cellules. Chacune d'elles produit latéralement une spore. Les cloisons transversales peuvent se réduire à deux et même à une, mais alors chacune des cellules porte plusieurs spores que l'on a assimilées à des basidiospores dépourvues de stérigmates.

Carie. — La carie des Graminées est due à des plantes du genre *Tilletia*. Le mycélium du *Tilletia caries* envahit son hôte comme précédemment et fructifie dans l'ovaire. Le grain de blé paraît être sain, bien qu'il ne soit intérieurement qu'un amas de spores brunes, comme le montre sa cassure. Les épis attaqués sont verts à maturité, et restent dressés.

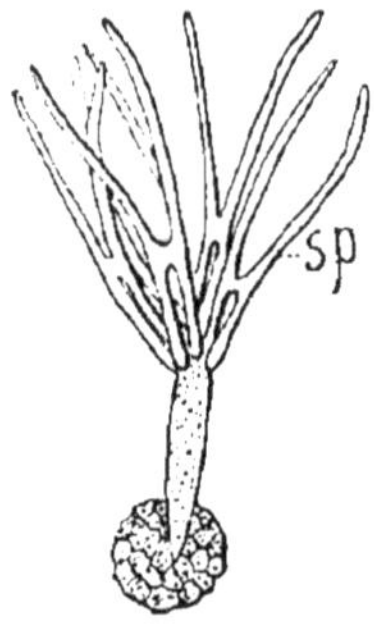

Le mycélium qui s'est substitué à l'ovaire émet de nombreux rameaux courts et grêles, gélifiés à leur sommet et terminés par une spore. Celle-ci germe en un promycélium qui ne se cloisonne pas, mais porte à son extrémité une couronne de spores allongées, en nombre variable, fréquemment soudées deux à deux, en II (fig. 247, *sp.*). Ces organismes germent en produisant soit un mycélium cloisonné, soit un petit tube qui porte des spores secondaires, falciformes, des *sporidies*.

Fig. 247. — *Tilletia caries.*

Les spores conservent leur pouvoir germinatif pendant plusieurs années. On les tue en arrosant les grains à semer avec une solution de sulfate de cuivre à 5 p. 1000 et en les saupoudrant de chaux en poudre que l'on répand uniformément par le pelletage (opération du chaulage).

URÉDINÉES OU PUCCINIACÉES

335. Caractères généraux. — Ce sont des champignons parasites des végétaux terrestres ; ils provoquent ces maladies appelées *rouilles*, à cause des taches rouges ou brunâtres que produisent les agglomérations de spores sur les organes végétatifs.

Certaines Urédinées présentent des migrations analogues à celles de certains vers intestinaux, et exigent, pour accomplir leur cycle biologique, deux hôtes différents : elles sont dites hétéroïques, celles qui évoluent sur un même végétal étant dites autoïques. Les premières sont encore remarquables par la diversité des spores qu'elles produisent : jusqu'à cinq variétés dans le *Puccinia graminis*. On a donné à ces diverses spores des noms différents, car on les attribuait autrefois à autant d'espèces distinctes, voire même à des genres différents : c'est ainsi qu'on attribuait le stade *urédospore* du Puccinia au genre Uredo qui a donné son nom au groupe, bien qu'il soit maintenant supprimé, le nom de genre conservé étant celui qui correspond à l'état où apparaissent les spores durables, les *téleutospores*.

Le thalle de ces végétaux est filamenteux, ramifié et cloisonné. Il parcourt les espaces intercellulaires et envoie parfois des suçoirs très développés dans l'intérieur des cellules.

336. Puccinia graminis ou *Rouille du blé*. — Quand on observe, en été, une feuille de blé parasitée, on y remarque de petites fissures parallèles aux nervures et par lesquelles sort une poussière rougeâtre : c'est ce qu'on appelle la *rouille orangée*. Celle-ci est caractérisée par des spores ovales qui se forment, sous l'épiderme qu'elles déchirent, aux extrémités des filaments partant du mycélium. Ces conidies sont munies, selon leur équateur, de quatre pores germinatifs ; elles sont appelées *urédospores*. Elles sont susceptibles de germer en quelques heures et le filament qui sort par l'un des pores germinatifs pénètre dans le parenchyme des feuilles de blé. Les urédospores disséminent donc la maladie pendant l'été sur le blé. Vers la maturité du blé, d'autres spores de couleur noire se substituent aux urédospores et la maladie devient dès ce moment la *Rouille noire*. Ces nouveaux organismes sont des *téleutospores*. Les téleutospores, de forme ovoïde, allongée, sont entourées par une membrane fort épaisse et divisées en

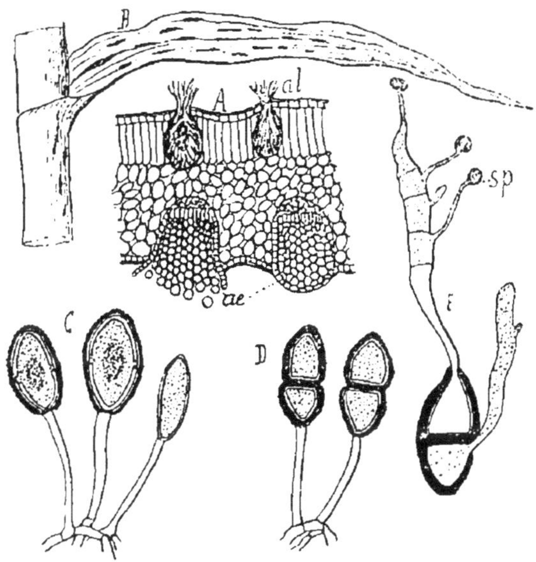

Fig. 248. — A. Coupe transversale dans la feuille de Berberis, avec bouteilles à æcidiolispores *al*, et corbeilles à æcidiospores *ae*. — B, Feuille de blé attaquée par la rouille. — C, Urédospores. — D, Téleutospores. — E, Germination d'une téleutospore ; *sp*, sporidies.

deux cellules par une cloison transversale. Ce sont des spores durables qui passeront l'hiver, pour germer au printemps suivant. A ce moment, par le pore ménagé au sommet de chacune des deux cellules, le protoplasma s'allonge en un tube qui se cloisonne bientôt en quatre cellules jouant le rôle de basides. Chacune d'elles produit en effet un petit prolongement ou stérigmate qui se termine par une sporidie assimilée à une basidiospore (fig. 248).

Ces sporidies, emportées par le vent, ne peuvent germer que sur les feuilles de l'Epine-vinette. Leur mycélium y perfore l'épiderme et envahit le parenchyme : puis se forment deux sortes de spores : les unes, dans de petits conceptacles en forme de bouteilles qui s'ouvrent à la face supérieure des feuilles ; ce sont des *œcidiolispores* ; les autres dans des sortes de corbeilles, d'abord fermées, puis largement ouvertes à la face inférieure des feuilles, ce sont des *œcidiospores*. Les œcidiolispores semblent avoir pour rôle de disséminer la maladie sur l'Epine-Vinette, tandis que les œcidiospores ne germent que sur le blé qu'elles contaminent. Ainsi se trouve fermé le cycle biologique, que l'on peut résumer :

Sur le blé	*Rouille orangée : urédospores.* *Rouille noire : téleutospores.*
à terre	: *sporidies* → **Epine-vinette.**
sur l'Epine-vinette	*œcidiolispores.* *œcidiospores* → **Blé.**

Les Rouilles sont extrêmement répandues. On les groupe en plusieurs tribus selon que les téleutospores sont indépendantes (*Pucciniées*), ou groupées dans une gelée ; dans ce cas, leur germination est tantôt hâtive (*Coléosporiées*), tantôt tardive (*Gymnosporangiées*).

On connaît actuellement une douzaine d'espèces de Puccinia rattachées autrefois aux trois espèces : la Rouille linéaire (*P. graminis*), la Rouille vraie (*P. rubigo-vera*) et la Rouille de l'avoine (*P. coronata*). Ces espèces sont hétéroïques ; celles qui se rattachent au *P. graminis* forment leurs œcidiospores sur le Berberis ; au *P. rubigo-vera*, sur les Boraginacées ; au *P. coronata*, sur les Nerpruns.

Le genre *Uromyces*, qui appartient aussi aux Pucciniées, a des téleutospores unicellulaires. Certaines espèces d'Uromyces sont autoïques et attaquent la Betterave, le Sainfoin, le Trèfle, etc., tandis que d'autres sont hétéroïques : l'*Uromyces Pisi*, par exemple, vit sur le pois et forme ses œcidiospores sur l'*Euphorbia cyparissias*.

Le *Phragmidium Rubi* est une espèce autoïque, parasite des Framboisiers.

Le *Gymnosporangium Sabinæ*, qui cause la Rouille des Pomacées, forme ses œcidiospores sur les feuilles de ces végétaux et ses téleutospores sur le Genévrier.

Les bouillies cupriques sont efficaces pour combattre ces parasites.

BASIDIOMYCÈTES

337. Caractères généraux. — Les Basidiomycètes renferment un nombre considérable d'espèces. Chez la plupart, les basides sont groupées à la surface ou à l'intérieur d'un réceptacle plus ou moins volumineux, souvent de cette forme spéciale qui a fait donner à ces êtres le nom de *champignons à chapeau*.

Ce qui caractérise ces végétaux, ce sont les *basides*, parfois cloisonnées, mais le plus souvent unicellulaires, portant un nombre déterminé de *basidiospores* qui se différencient à l'extrémité de petits prolongements, appelés *stérigmates*, émis par le corps de la baside (fig. 237, 2 et 250, D).

Les espèces de ce groupe sont fréquemment saprophytes, et

vivent dans la terre riche en humus, sur les matières organiques en voie de décomposition. Quelques-unes sont des parasites redoutables : outre les Exobasidiées qui se comportent comme les Rouilles, il en est qui creusent les troncs d'arbres et les évident ; la présence de ces dernières est signalée par des appareils sporifères qui apparaissent sur le tronc du végétal contaminé (*Armillaria mellea*, Polyporus, etc.).

Le thalle des Basidiomycètes est filamenteux. Tantôt les filaments, plus ou moins rameux, plus ou moins anastomosés, sont libres et épars dans le milieu nutritif ; tantôt, et le plus souvent, ils se réunissent en cordons, en lames ou en massifs.

Les filaments mycéliens sont cloisonnés. La membrane des cellules est calloso-pectique. Dans le fruit de quelques espèces (Lactaires) se développent des laticifères sécrétant un latex diversement coloré.

338. Reproduction. — Les Basidiomycètes forment normalement des basidiospores, auxquelles s'ajoutent parfois des conidies. La sexualité est inconnue chez elles.

Chez les Trémallacées et les Auriculariacées, les basides sont cloisonnées (*Protobasidiomycètes*), et ces deux familles servent de terme de passage entre les végétaux précédemment étudiés, les Urédinées surtout, et les autres Basidiomycètes dont les basides sont entières (*Holobasidiomycètes*).

Les basides sont rarement isolées (*Exobasidiacées*) et portées par le mycélium qui ne forme pas alors de réceptacle ; le plus souvent le mycélium produit en certains points des massifs de pseudo-parenchyme, qui prennent des formes très variables et constituent ces organismes vulgairement appelés « chapeaux ». Les basides sont ici groupées en grand nombre, entremêlées de filaments stériles, ou *paraphyses*, le tout formant une membrane sporifère, appelée *hyménium* (fig. 250). L'hyménium tapisse tout ou partie de la surface du fruit (*Hyménomycètes*) ou des cavités creusées dans son intérieur (*Gastromycètes*).

Selon la structure de la baside, selon la situation externe ou interne de la lame hyméniale, on divise les Basidiomycètes de la façon suivante :

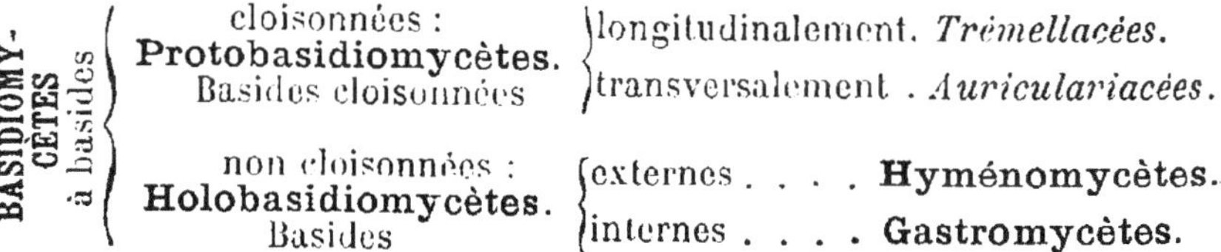

BASIDIOMYCÈTES à basides	cloisonnées : **Protobasidiomycètes.** Basides cloisonnées	longitudinalement.	*Trémellacées.*
		transversalement.	*Auriculariacées.*
	non cloisonnées : **Holobasidiomycètes.** Basides	externes	**Hyménomycètes.**
		internes	**Gastromycètes.**

FAMILLE DES TRÉMELLACÉES

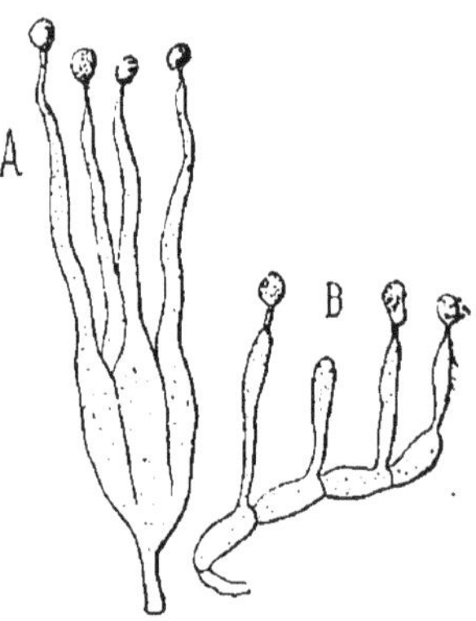

Fig. 249. — Basides et spores dans : *A*. Trémelle ; *B*. Auriculaire.

Les Trémellacées vivent généralement en saprophytes sur le bois mort. Le mycélium, au moment de la sporulation, gélifie la couche externe de sa membrane et constitue des masses de consistance gélatineuse, de forme variable, le plus souvent en lames plissées.

Certaines branches périphériques de cette masse se renflent et se cloisonnent longitudinalement en quatre cellules : c'est la *baside* (fig. 249, *A*). Chacune de ses cellules pousse un long prolongement, un *stérigmate*, qui forme une spore à son sommet émergé de la masse du conceptacle.

FAMILLE DES AURICULARIACÉES

Les végétaux appartenant à cette famille sont encore saprophytes sur les troncs d'arbres (Noyer, etc.). Leur appareil sporifère (fruit) est aussi plus ou moins gélatineux et plissé, comme le sont les oreilles de l'homme Les basides se cloisonnent ici transversalement comme le promycélium des Urédinées ou encore celui des Ustilago (fig. 249, *B*).

On rencontre communément l'Oreille de Judas sur les troncs de sureaux.

HYMÉNOMYCÈTES

339. Caractères généraux. — L'hyménium est nu à maturité. Il occupe une partie plus ou moins grande de la surface du réceptacle, et sa situation sur celui-ci sert à caractériser les diverses familles qui appartiennent à ce groupe : lorsque le fruit a la forme d'une colonne plus ou moins rameuse (Clavaires), sa surface est lisse et totalement recouverte par la lame hyméniale. Les basides ne se rencontrent que sur l'une des faces du réceptacle des Théléphoracées ; celui-ci est

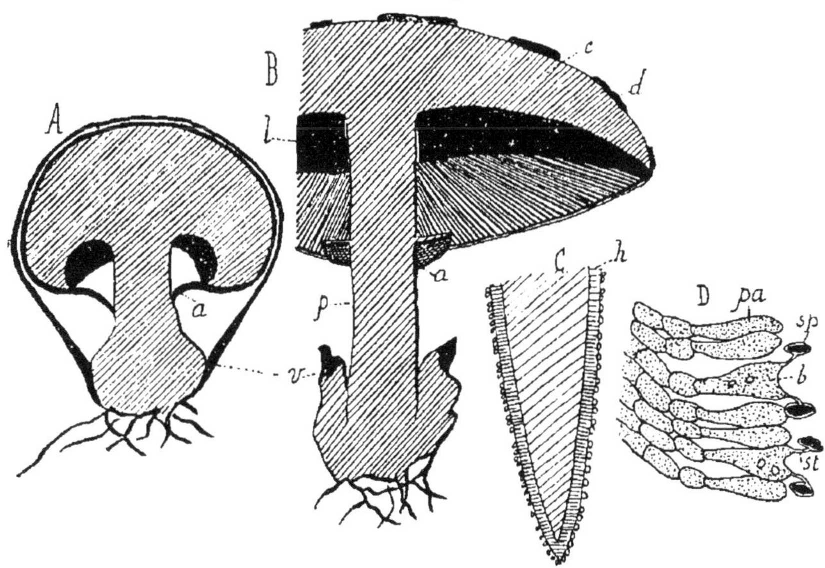

Fig. 250. — Schéma de la constitution d'une Agaricacée. A, coupe dans un jeune fruit. — B, le fruit à maturité : *v*, volve ; *a*, anneau ; *p*, pied ; *c*, chapeau ; *d*, débris de la volve ; *l*, lames hyméniales. — C, coupe transversale d'une lame. — D, portion grossie de la précédente : *sp*, basidiospores ; *b*, basides ; *st*, stérigmates ; *pa*, paraphyses.

ordinairement étalé et lisse. Ailleurs, le fruit forme une sorte de chapeau muni ou non d'un pied ; la face supérieure du chapeau est lisse et stérile ; la face inférieure présente des ornements divers, tapissés par l'hyménium : ce sont des pointes (Hydnacées), des tubes ou des pores (Polyporacées), des lames rayonnantes (Agaricacées).

La lame hyméniale est toujours nue dans quelques-unes de ces familles, mais dans d'autres (Agaricacées, fig. 250), elle est protégée dans le jeune âge, par une enveloppe générale formée de filaments enchevêtrés et appelée *volve*. Lorsque le pied du champignon s'allonge, la volve se déchire et parfois disparaît entièrement, mais, quand elle est suffisamment épaisse, elle laisse persister à la base de ce pied une sorte d'étui, et souvent aussi des traces à la surface du chapeau sous forme d'écailles (*Amanita muscaria*). Avant la maturité du réceptacle, les bords du chapeau sont aussi fréquemment soudés au pied, et, lorsqu'ils s'étalent, ils laissent, en haut du pied, soit une sorte de collerette membraneuse appelée *anneau*, soit un cercle irrégulier de filaments. On donne le nom de *cortine* à la membrane qui unit le pied au chapeau.

Les Hyménomycètes, qui renferment la plupart des champignons comestibles ou vénéneux que l'on récolte à tort ou à raison pour la bouche, sont représentés par plus de 10.000 espèces que l'on répartit en un certain nombre de familles :

340. Exobasidiacées. — Chez elles, *l'appareil sporifère est réduit à l'hyménium*. Ce sont des champignons parasites ; leur mycélium forme un feutrage dans le parenchyme de la plante hospitalière, et, lors de la sporulation, les filaments envoient des prolongements en massue (basides) au travers de la cuticule ; chaque baside porte de 4 à 6 basidiospores.

L'*Exobasidium vitis*, parasite de la vigne, a fait d'importants dégâts il y a quelques années dans les vignobles de la Bourgogne et de la Charente. Les feuilles de la plante parasitée sont grillées et les grains, qui se rident, deviennent bruns : au fond des rides on remarque des groupes de basides dont l'aspect doré a fait désigner ce champignon sous le nom d'*Aureobasidium vitis*.

L'*Hypochnus cucumeris*, qui a des basides à quatre basidiospores, amène la pourriture des Concombres, du Lupin, du Trèfle. L'*H. Solani* attaque la tige de la Pomme de terre dans la région du collet sans produire de graves désordres.

341. Clavariacées. — Chez elles l'*hyménium tapisse toute la surface du réceptacle* qui a le plus souvent la forme d'une massue, d'une colonne simple ou d'un buisson parfois fortement ramifié. Un certain nombre de Clavaires sont comestibles.

342. Théléphoracées. — *L'hyménium recouvre ici l'une des faces du réceptacle* qui est ordinairement étalé, en forme de lame ou de croûte, mais qui parfois aussi simule une coupe plus ou moins haute (Craterellus). La surface du fruit est lisse.

Les Stereum sont des champignons parasites lignicoles. Le *S. frustulosum* attaque particulièrement le bois de chêne qu'il transforme en une masse brune avec taches blanches, caractère qui lui avait valu le nom de *Thelephora Perdix*.

343. Hydnacées. — Les Hydnacées sont caractérisées par la *surface hyméniale du receptacle qui est tapissée de pointes ou d'aiguillons*. Ce fruit a la forme tantôt d'un chapeau porté ou non par un pied, tantôt d'une croûte, ou enfin d'une masse charnue ou branchue. L'hyménium tapisse la face inférieure hérissée de cet organe.

L'*Hydnum diversidens* ou *cirratum*, qui est parasite du Chêne et du Hêtre, amène la pourriture blanche du bois. L'attaque se fait par les blessures, et le bois jeune est décomposé avec une rapidité étonnante ; il devient friable sous les doigts, se colore en brun, puis se décolore.

344. Polyporacées. — *L'hyménium recouvre, à la face inférieure du chapeau, des lames anastomosées en réseau ou en tubes.* A cette famille appartiennent les Bolets, les Polypores, etc. qui sont représentés par un grand nombre d'espèces.

Les Bolets sont des champignons charnus, avec pied et chapeau, poussant à terre ; quelques-uns sont recherchés comme aliments, tel le cèpe de Bordeaux (*Boletus edulis*). Les Polypores sont des champignons charnus, mous ou durs, à chapeau sessile. Ils s'attaquent généralement aux arbres vivants dont ils amènent la décomposition du bois. Le

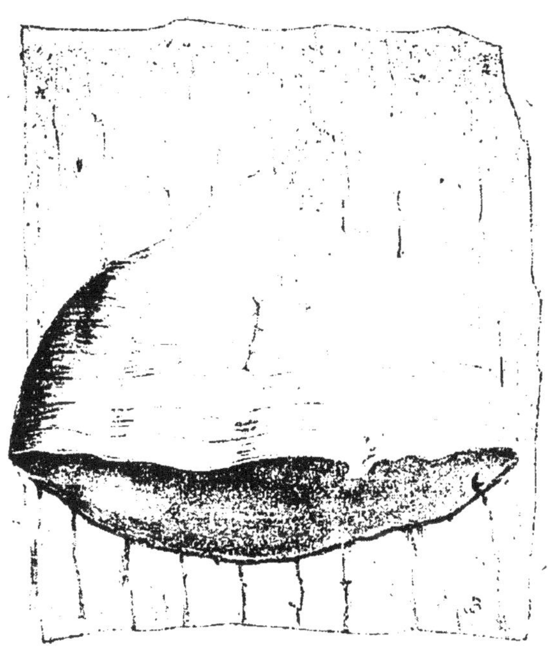

Fig. 251. — *Polyporus fomentarius.*

Polyporus annosus vit sur les arbres résineux ; il pénètre par les plaies des racines et envahit bientôt l'arbre tout entier. Le *P. Pini* (ou *Trametes Pini*) attaque les Pins. Le *P. Hartigii* attaque les Sapins, amenant la pourriture blanche. Le *P. sulfureus* produit la pourriture rouge du Chêne, du Poirier, du Peuplier. Le *P. hispidus* attaque les arbres fruitiers. Le *P. ignarius*, qui donne l'amadou des fumeurs, amène la pourriture blanche du Chêne, du Hêtre, du Charme, etc.; il attaque les arbres âgés et détruit de préférence les aubiers et l'écorce. Le *P. fomentarius* (fig. 251), qui produit la pourriture blanche du Hêtre,du Tilleul, etc., sert à la fabrication de l'amadou des chirurgiens.

Le nombre des Polyporacées parasites est considérable: aussi doit-on éviter la contamination des arbres en affranchissant les cassures, en faisant des coupes inclinées et lisses pour que l'eau puisse s'écouler, en faisant des applications de mastics, des badigeonnages au goudron de bois, etc.

Dans les habitations humides, les poutres sont fréquemment envahies par une Polyporacée, le *Merulius lacrymans*, qui amène leur pourriture et cause souvent de grands dégâts.

345. Agaricacées. — *L'hyménium tapisse les lames rayonnantes situées à la face inférieure du chapeau.*

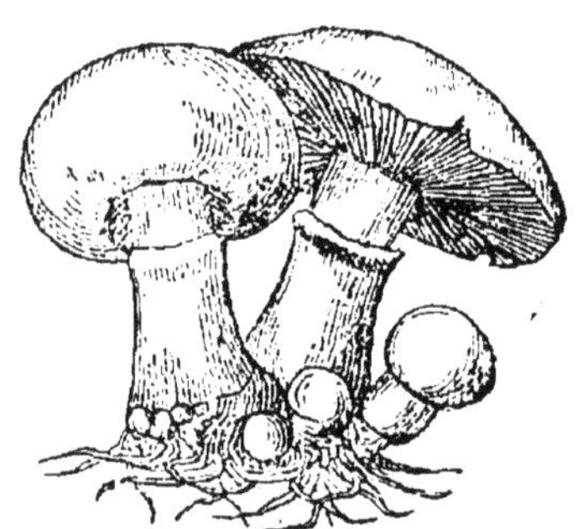

Fig. 252. — Exemple d'Agaricacée : le champignon de couche.

Cette vaste famille renferme de nombreux champignons comestibles ou vénéneux que l'on rencontre dans les prés et sous bois, vivant en saprophytes. Quelques-uns sont des parasites : l'*Armillaria mellea*, par exemple, amène la destruction des arbres (*Pourridié des arbres*). Le mycélium pénètre par les racines et forme ses réceptacles à la base du tronc. Le champignon se propage d'arbre en arbre par ces cordons noirâtres appelés *rhizomorphes*, et peut ainsi ravager tout un bois. On peut arrêter l'invasion de ce parasite en creusant des fossés autour des arbres attaqués. Les cordons mycéliens, qui courent sous l'écorce, offrent la propriété remarquable d'être phosphorescents.

GASTROMYCÈTES

346. Caractères généraux. — L'hyménium tapisse des chambres creusées à l'intérieur du réceptacle qui s'ouvre lors de la maturité des spores pour mettre celles-ci en liberté.

Les Gastromycètes vivent en saprophytes, le plus souvent dans la terre, quelquefois sur le bois mort. Le mycélium produit souvent des cordons rameux et parfois des sclérotes. Le fruit, tantôt souterrain, tantôt aérien, a des formes diverses et peut acquérir un volume considérable : le *Bovista gigantea* atteint jusqu'à un mètre de circonférence. Cet appareil sporifère est entouré par une membrane protectrice simple ou double appelée *péridium*, la masse centrale constituant la *gléba*.

La gléba se creuse de cavités plus ou moins spacieuses, tapissées par l'hyménium, d'où partent les filaments terminés par les basides. Les cloisons qui séparent les cavités sporifères persistent parfois entièrement (Hymenogaster) ou bien se détruisent partiellement : tantôt la couche sous-jacente à l'hyménium et l'hyménium lui-même se détruisent (Scleroderma), tantôt au contraire ils se durcissent en formant une enveloppe résistante aux cavités sporifères, tandis que la portion moyenne des cloisons se résorbe. De petites masses contenant les spores seront ainsi mises en liberté au moment de la rupture du péridium : on donne à ces petits appareils le nom de *péridioles* (Nidulariacées). Chez les Lycoperdacées, la gleba est formée de deux sortes de filaments, les uns très minces qui se détruisent, tandis que les autres, plus épais, persistent encore à la maturité du fruit : ils constituent un capillitium qui sert à la dissémination des spores.

347. Leur classification. — Les Gastromycètes renferment un certain nombre de familles caractérisées ainsi :

Péridium double : cloisons se détruisant complètement à l'exception du capillitium. . . .		**Lycoperdacées.**
Péridium simple	Cavités remplies par les filaments basidiophores	**Sclérodermacées.**
	Cloisons persistantes. Fruit souterrain.	**Hyménogastracées.**
	Des péridioles	**Nidulariacées.**
Tissu sporifère entraîné hors du péridium par la dilatation d'un corps caverneux, réticulé à la surface.		**Phallacées.**

ASCOMYCÈTES

348. Caractères généraux. — *Les Ascomycètes sont caractérisées par la formation de leurs spores, en nombre généralement déterminé, à l'intérieur de cellules-mères appelées asques.*

Ces végétaux vivent en saprophytes ou en parasites : on rencontre les Morilles et les Helvelles sur la terre humide et sur l'humus ; les Penicillium, les Aspergillus et les Sterigmatocystis, qui constituent des moisissures communes, sur des matières organiques diverses ; les Levures, à la surface des fruits sucrés. Les Ascomycètes parasites sont nombreuses : elles attaquent parfois les animaux (Cordyceps), mais plus souvent les végétaux (Claviceps, Erysiphe). Certaines Ascomycètes vivent en symbiose avec les Algues et constituent des Lichens. La plupart de ces végétaux sont aérobies, mais quelques uns peuvent vivre en l'absence d'oxygène ; ils provoquent alors des fermentations : ainsi se comportent diverses levures qui produisent la fermentation alcoolique, et nombre de moisissures (Aspergillus, Penicillium), lorsque, placées dans des liquides sucrés, on les prive d'oxygène.

349. Thalle. — Les Ascomycètes renferment un nombre considérable d'espèces remarquables par la diversité de leurs formes, depuis les plus simples jusqu'aux plus compliquées. Le thalle est parfois unicellulaire (Levure); ailleurs, il est filamenteux, et formé de filaments libres ou différenciés en mycélium et stroma : celui-ci sous forme de cordons ou de membranes. Quand les conditions deviennent mauvaises, on voit également se former des sclérotes.

Les filaments sont cloisonnés et chaque cellule renferme deux demi-noyaux. La membrane est calloso-pectique.

350. Reproduction. — Les Ascomycètes sont remarquables par le polymorphisme de leur appareil reproducteur. A côté des asques que l'on rencontre partout, il se forme, dans des conditions diverses, des conidies, souvent de plusieurs sortes, et parfois aussi des œufs, soit par isogamie, soit par hétérogamie.

Les ascospores se forment à l'intérieur d'une cellule, par bipartitions successives du noyau et par condensation du protoplasma autour de chaque nouveau noyau. Le protoplasma de l'asque non utilisé, auquel on donne le nom d'*épiplasma*, sert à l'accroissement des spores. Il renferme de l'amylodextrine, matière de réserve colorable en rouge par l'iode, ainsi qu'un grand nombre de corpuscules métachromatiques, granulations qui se colorent en rouge par un certain nombre de colorants (hématoxyline, bleu de méthylène), et que l'on rencontre aussi chez les Bactéries, les Cyanophycées et les Protozoaires.

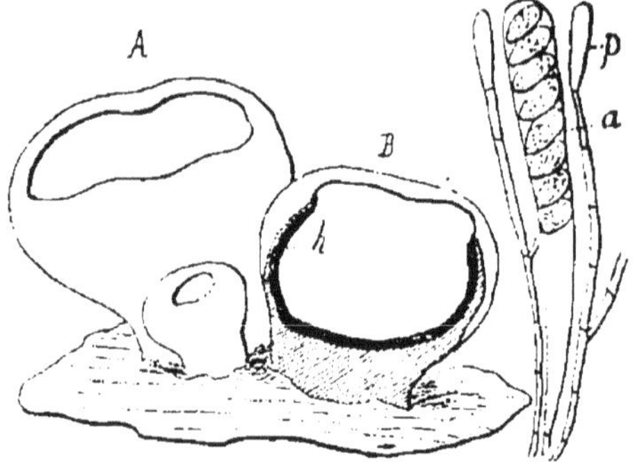

Fig. 253.— Schéma de l'appareil reproducteur d'une Ascomycète. *A*, réceptacle coupé longitudinalement en *B* ; *h*, hyménium formé par l'ensemble des asques, *a*, et des paraphyses, *p*.

Les cellules qui se transforment en asques sont des cellules quelconques du thalle chez les levures où les asques se forment isolément. Ailleurs, les asques peuvent se grouper en une lame hyméniale, portée ou non par un réceptacle appelé *périthèce*. Dans ce cas, l'hyménium, uniquement formé d'asques, ou entremêlé de paraphyses, peut, ou bien être externe et tapisser toute la surface du périthèce (Morille) ou une partie seulement de celui-ci qui prend alors le plus souvent la forme d'une coupe (Pézize, fig. 253), ou bien être interne : le périthèce mûr est alors déhiscent (Sphæriacées) ou indéhiscent (Truffe).

Le périthèce est parfois formé de filaments tous semblables, et ce n'est que tardivement que les cellules terminales des derniers rameaux se différencient en asques. Ailleurs, la première branche qui entre dans la constitution du réceptacle est plus volumineuse et se distingue de toutes celles qui l'entourent : on la nomme *ascogone*, parce que c'est elle seule qui donne naissance aux filaments ascogènes.

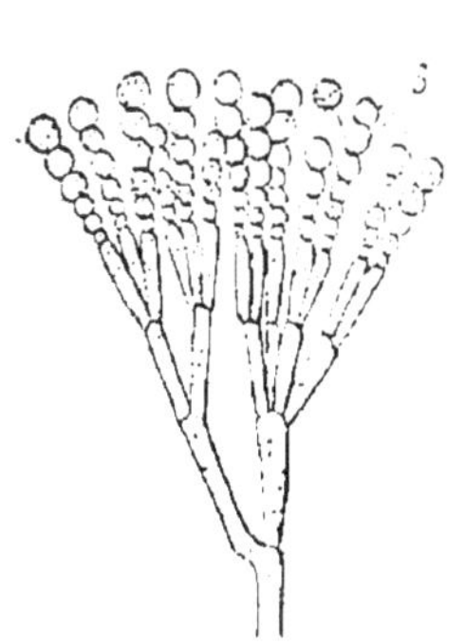

Fig. 254. — Conidies du *Penicillium crustaceum*.

Les *conidies* sont de diverses sortes, mais toujours externes par rapport au filament qui leur a donné naissance. Elles peuvent être isolées, ou bien se grouper en une ou plusieurs files à l'extrémité d'un filament (fig. 254), qui peut se renfler et constituer un appareil conidien assez complexe (*Sterigmatocystis nigra*). Certaines conidies, appelées *spermaties* et *stylospores*, sont logées à l'intérieur de conceptacles en forme de bouteille appelés *pycnides* pour les dernières et *spermogonies* pour les premières.

351. Sexualité. — Elle est encore très discutée. On a cependant observé l'isogamie chez certains Schizosaccharomyces (fig. 255), où deux cellules voisines, souvent sœurs, se réunissent et fusionnent leur noyau. La cellule issue de la conjugation devient la cellule-mère de l'asque ; son noyau ne tarde pas à se diviser pour entrer dans la constitution des ascospores.

Dans les Ascomycètes supérieures, comme dans les Basidiomycètes, on a constaté que les deux noyaux que renferment les cellules végétatives se fusionnent dans l'asque et dans la baside, avant de se diviser, pour donner naissance aux noyaux des ascospores ou des basidiospores. On a considéré cette fusion comme un indice de sexualité rudimentaire.

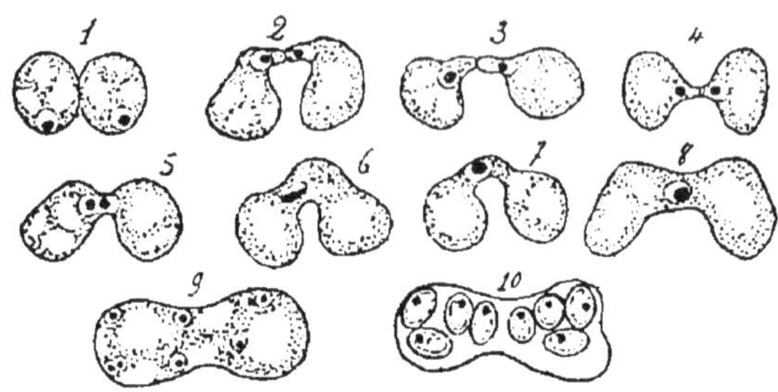

Fig. 255. — Fusion nucléaire et formation des ascospores dans le *Schizosaccharomyces octosporus* (Guilliermond).

Pour d'autres botanistes, en dehors de ces phénomènes de fusion nucléaire, il y aurait chez certaines Périsporiacées une fécondation hétérogame, avec oogone et anthéridie. De l'œuf naîtraient ensuite les filaments ascogènes : ce serait donc là un mode de reproduction avec générations alternantes.

352. Classification. — On divise les Ascomycètes de la façon suivante :

- MYCELIUM
  - dissocié. Forme des asques rappelant celle des cellules végétatives . . . . **Protoascées.**
  - filamenteux. Asques
    - séparées . . . . **Exoascées.**
    - rassemblées en un fruit (**Carpoascées**). Hyménium
      - tapissant la surface externe du fruit . . . . **Discomycètes.**
      - tapissant des conceptacles
        - communiquant avec l'extérieur . . . . **Pyrénomycètes.**
        - fermés . . . . **Périsporiacées.**

353. Famille des Protoascées. — A ce groupe appartiennent les Saccharomyces ou levures, végétaux très répandus dans la nature, qui font fermenter les jus sucrés, le pain, etc. ; on les rencontre à la surface des fruits charnus et sucrés.

Ces organismes se comportent, dans les conditions normales, en présence de l'oxygène, comme tout être vivant, et transforment totalement le sucre en acide carbonique et en eau. Mais, si l'accès de l'air est plus ou moins supprimé, certaines levures peuvent encore vivre, mais elles se comportent alors en anaérobies : elles font fermenter les liquides sucrés et dédoublent les glucoses en acide carbonique et en alcool.

Les unes peuvent dédoubler au préalable le sucre de Canne en dextrose et lévulose en sécrétant de l'invertine (levure de bière), les autres n'agissent que sur le glucose. Les levures ne sont jamais cependant qu'incomplètement anaérobies ; elles ont besoin de subir de temps en temps le contact de l'air.

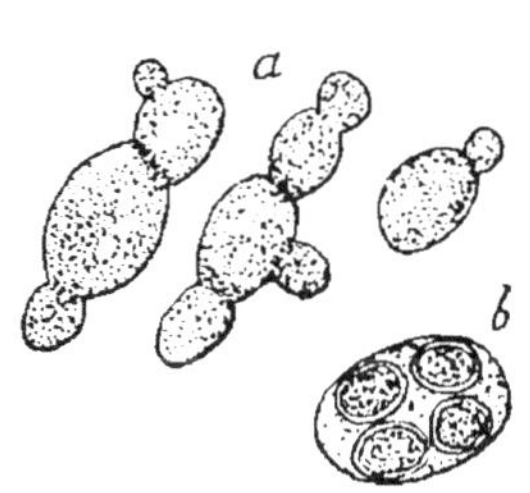

Fig. 256. — *Saccharomyces cerevisiæ*. a, forme végétative : b, formation des spores.

Le thalle de ces végétaux est formé de cellules arrondies, ovoïdes ou étirées, généralement isolées, mais parfois aussi associées en chaînettes rameuses. La formation des chapelets est due à ce que, ces végétaux se multipliant activement par bourgeonnement, les éléments nouveaux restent accolés un certain temps. Parfois les cellules s'allongent et deviennent cylindriques (*Saccharomyces pastorianus*).

Les spores se forment dans l'intérieur des cellules végétatives (asques), en nombre variable, de 1 à 8, et seulement après une sorte de conjugation dans quelques Schizosaccharomyces (fig. 255).

Le *Saccharomyces cerevisiæ*, ou levure de bière, est utilisé pour la fabrication de la bière. Ce champignon produit la fermentation de l'infusion d'orge germée. On en connaît deux variétés : la levure *haute*, utilisée dans la fabrication de la bière anglaise, qui se développe entre 16° et 20°, et se trouve soulevée, pendant la fermentation, jusqu'à la surface du bassin : et la levure *basse*, qui sert à la fabrication de la bière allemande : celle-ci agit entre 6° et 7° ; soulevée par le dégagement de l'acide carbonique, elle retombe au fond, avant d'atteindre la surface, et reste confinée dans la partie inférieure du bassin.

On a obtenu des races de levures de bière qui donnent des aromes spéciaux et des fermentations franches, sans produits secondaires de mauvais goût. On les cultive pour l'usage de la brasserie.

Le moût de raisin qui renferme du sucre de raisin, ou lévulose, lorsqu'il est abandonné à lui-même, ne tarde pas à fermenter sous l'action du *S. ellipsoideus* dont les spores se rencontrent sur les grappes de ce fruit arrivé à maturité.

On trouve en outre sur les grains de raisin des spores des *S. pastorianus*, *S. conglomeratus*, *S. apiculatus*, qui amènent des fermentations secondaires modifiant le goût du vin.

Le *Saccharomyces ellipsoideus* a produit des races qui donnent au vin des aromes particuliers permettant de distinguer les différents crus qui ont tous leur levure spéciale. Avec les cultures de ces races on peut modifier le goût d'un vin, à condition d'en ensemencer le moût, préalablement débarrassé des levures naturelles par la stérilisation, ou de les introduire dans la cuve avec le raisin, avant le développement des levures naturelles, qui, étant à l'état de spores, demandent un certain temps pour agir efficacement, temps mis à profit par la levure cultivée. C'est ainsi que l'on a relevé la valeur des vins du Midi, par l'emploi de levures pures de Bordeaux, Bourgogne, etc.

Le *S. apiculatus* est le ferment de la fabrication du cidre, du poiré et des piquettes obtenues avec divers fruits. Cet organisme ne sécrète pas d'invertine : il n'agit que sur le glucose et le lévulose. Signalons encore le *S. minor* qui fait fermenter le pain, le *S. olei* qui fait rancir les corps gras, le *S. vini*, connu sous le nom de *fleur de vin*, qui détruit l'alcool du vin et n'agit jamais comme ferment.

Le *S. albicans* occasionne la maladie appelée *muguet*.

354. Famille des Exoascées. — Les végétaux qui appartiennent à ce groupe sont généralement parasites des Phanérogames.

Dans l'*Exoascus deformans*, par exemple, qui occasionne une des maladies appelées *cloque* du pêcher, le mycélium envahit le parenchyme des feuilles du pêcher, amenant l'hypertrophie des tissus et la chute des feuilles. Les asques se développent sous la cuticule, qui se déchire bientôt, et forment à la surface de la feuille un tomentum blanchâtre. Le mycélium se conserve d'une année à l'autre dans les bourgeons.

Le prunier est attaqué par l'*Exoascus pruni* qui produit la maladie de la *pochette*. Le mycélium attaque l'ovaire de très bonne heure, au printemps ; les fruits avortent et prennent l'apparence d'une prune mûre, mais ils sont creux : ils deviennent brunâtres et se couvrent d'efflorescences blanchâtres formées par les asques.

355. Famille des Discomycètes ou Pézizacées. — C'est dans cette famille que le périthèce atteint ses plus grandes dimensions et aussi son plus haut degré de perfection ; tels sont les périthèces des Morilles, des Helvelles, des Pézizes, qui sont recueillis comme comestibles.

On rencontre ces végétaux sur la terre humide, le terreau, les troncs d'arbres en décomposition, et parfois sur des végétaux vivants.

Le thalle est formé de filaments cloisonnés, libres ou réunis en cordons. Il présente fréquemment sur son parcours des sclérotes qui, en germant, donnent naissance soit à un mycélium secondaire, soit à un périthèce (Sclerotinia).

Le périthèce est plus ou moins étalé à maturité ; il a la forme, le plus souvent, d'une coupe plus ou moins évasée, portant à sa face supérieure des asques entremêlées de paraphyses (fig. 253).

Indépendamment des asques, certaines espèces produisent des conidies. C'est cette forme conidifère, très polymorphe, que l'on rencontre fréquemment à l'état de moisissures.

Ainsi se comporte le *Sclerotinia Fuckeliana* dont le mycélium filamenteux vit en saprophyte sur les détritus végétaux; sous cette forme qu'on appelait jadis *Botrytis cinerea*, ce champignon émet des branches dressées et ramifiées portant des capitules de conidies de couleur grisâtre. Placé dans de mauvaises conditions, le mycélium développe des sclérotes qui portent les périthèces. Cette moisissure se développe encore dans les serres humides, sous les châssis de couche, et, y vivant en parasite, détruit rapidement les semis et les boutures, causant la maladie appelée *toile*. La toile se développe bien dans les lieux humides et vers 30°; elle ne produit pas alors de spores. C'est ce même champignon qui, vivant sur le raisin mûr, amène la pourriture des grains et produit plus tard *la maladie appelée casse du vin. Il sécrète* une oxydase, la laccase, qui détruit la matière colorante du vin rouge, d'où le nom de casse. Il communique aux raisins blancs un goût particulier et recherché (d'où le nom de *pourriture noble*, par lequel il est désigné dans certains vignobles), qu'on exploite dans la fabrication des vins de Sauterne et du Rhin.

356. Famille des Pyrénomycètes. — Les Pyrénomycètes ou **Sphæriacées** sont caractérisées par des conceptacles ascophores ouverts à leur sommet pour laisser échapper les ascospores.

Ces végétaux vivent en saprophytes sur les matières organiques en voie de décomposition, ou en parasites sur les animaux ou sur les végétaux : beaucoup de maladies des plantes, et non des moins graves, sont, en effet, dues à des Pyrénomycètes.

Le mycélium, qui est filamenteux, peut se différencier en stroma et sclérote.

Les périthèces, rassemblés bien souvent à la surface des fruits, sont arrondis ou en forme de bouteille; ils s'ouvrent à leur sommet par un orifice. Outre les périthèces, le mycélium peut porter des conidies, souvent de plusieurs sortes, les unes libres, les autres dans des conceptacles en forme de bouteilles; on rencontre parfois, sur la même plante, des bouteilles à spores ovoïdes ou stylospores, et des bouteilles à spores linéaires ou spermaties.

Claviceps purpurea. Ce champignon, dont le sclérote constitue l'ergot de seigle, envahit l'ovaire du seigle et le détruit. Le mycélium se substitue à l'ovaire et forme une masse molle creusée de cavités (spermogonies) contenant des conidies propagatrices de la maladie, des spermaties. Cette phase de la maladie a été regardée comme due à un champignon spécial, la *Sphacélie des moissons*. Plus tard, vers la maturité du seigle, le mycélium, au-dessous de la Sphacélie, se transforme en un sclérote qui devient l'ergot (fig. 257). L'ergot est un petit corps cylindrique arqué, portant à son extrémité la Sphacélie; il tombe à terre à la maturité du seigle, ou bien est récolté en même temps que celui-ci. Au printemps suivant, l'ergot (fig. 257, A), déposé *sur le sol humide, germe, en donnant un stroma en cordons rameux* terminés par de petites têtessphériques (B), dans lesquelles se différencient les périthèces, conceptacles en forme de bouteilles (C) tapissés à leur base par l'hyménium ; celui-ci produit des asques entremêlées de paraphyses. Chaque asque (D), fort allongée, renferme 8 spores filifor-

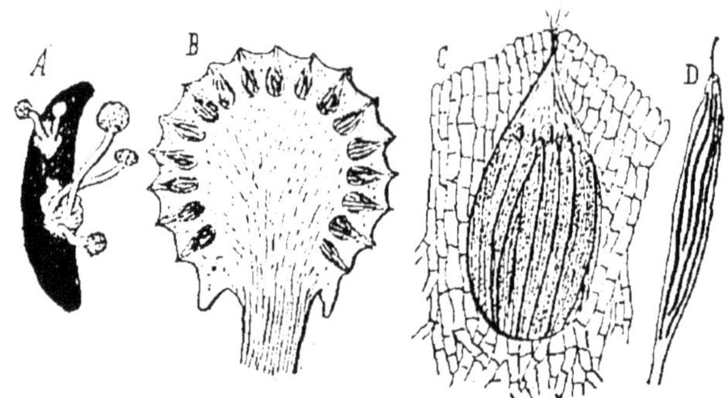

Fig. 257. — *Claviceps purpurea*

A. Ergot de seigle portant plusieurs chapeaux. — B. Coupe d'un chapeau montrant les périthèces. — C. Un périthèce grossi contenant les asques. — D. Une asque laissant échapper les ascospores filiformes.

mes qui, transportées sur l'ovaire des Graminées, y produisent la Sphacélie. L'ergot de seigle est employé en médecine comme vaso-constricteur et excitant des fibres musculaires lisses et comme hémostatique.

Les Hypomyces attaquent les champignons à chapeau, et l'*Hypomyces perniciosus*, en particulier, est redoutable ; il détruit les cultures de champignons de couche, produisant la maladie appelée la *mole*.

Le *chancre* est une maladie due au *Nectria ditissima*. Il amène la destruction complète du bois des arbres.

L'*Anthracnose* de la vigne est due au *Glœosporium ampelophagum*. Le mycélium qui vit à l'intérieur des tissus émet de mai à septembre des conidies, et à l'automne des stylospores.

La maladie de la vigne, appelée Black-rot, est due au *Guignardia Bidwellii*. Une autre maladie de ce végétal, appelée *Pourridié*, est produite par le *Dematophora necatrix*.

Les tavelures sont des maladies dues à des Fusicladium qui attaquent les Poiriers et les Pommiers, dont les fruits contaminés se couvrent de taches grisâtres, puis se fendillent.

357. Famille des Périsporiacées. — Ici, les asques sont renfermées dans des conceptacles, mais le périthèce est indéhiscent et ne laisse échapper les asques et leur contenu que par sa désorganisation.

Beaucoup de ces végétaux sont saprophytes et constituent des moisissures vulgaires (Penicillium, Aspergillus, Sterigmatocystis, etc.) ; d'autres sont parasites et vivent sur divers organes des végétaux supérieurs dans les cellules desquels ils envoient des suçoirs (Uncinula, causant la maladie de l'Oïdium).

Le périthèce consiste en un petit tubercule sphérique, souvent microscopique, contenant des asques à 8 spores. Mais, en outre des asques, et plus fréquemment, ces champignons produisent un appareil conidien très développé et de forme variable.

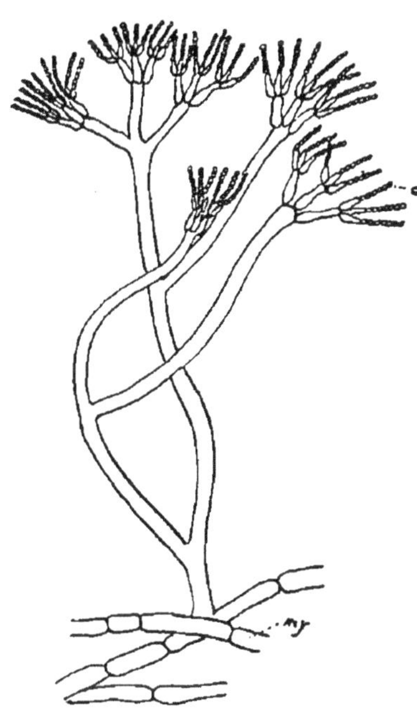

Fig. 258. — *Penicillium glaucum. my*, mycélium ; *c*, conidies.

Le *Penicillium glaucum* (fig. 258), qui recouvre de son thalle filamenteux la surface des conserves alimentaires et des diverses matières organiques, sécrète de l'amylase, de l'invertine et de la caséase ; on utilise ce champignon pour la propriété qu'il a de sécréter cette dernière diastase dans la fabrication des fromages bleus dits de Roquefort ; ce sont ses spores qui forment les marbrures bleues de ces fromages.

Le *Sterigmatocystis nigra* est le ferment de l'acide gallique. La noix de galle, étant pulvérisée et maintenue à l'humidité, est attaquée par ce champignon qui dédouble le tanin en acide gallique et glucose. Les filaments conidifères se dressent au-dessus du substratum et se renflent au sommet ; cette tête donne naissance à des rameaux courts qui se ramifient et se terminent chacun par un chapelet de spores.

L'*Oïdium* de la vigne est une maladie causée par l'*Uncinula americana*. Le parasite attaque les feuilles qu'il recouvre d'un feutrage blanc-grisâtre ; le mycélium vit à la surface de l'épiderme et envoie des suçoirs dans son intérieur. Les conidies, en chapelet, se développent à l'extérieur. Les sarments et les grains peuvent être attaqués, et ces derniers se dessèchent quand ils sont envahis dans leur jeunesse ; ils se fendillent simplement ou pourrissent, quand ils sont attaqués à une époque plus avancée de leur évolution.

La maladie appelée *blanc des rosiers* est causée par le *Sphærotheca pannosa*. La *Fumagine* est due au *Fumago salicina*, etc.

358. Famille des Tubéracées. — Le périthèce souterrain de ces végétaux est une sorte de tubercule dans l'intérieur duquel on trouve des asques à 2 ou à 4 spores noires et épinulées. Le tubercule est entouré par le mycélium, ou rattaché à lui par le stroma qui est en relation, d'autre part, avec les racines de certains arbres. On ne connaît pas l'appareil conidifère de ces végétaux. Les truffes, comestibles ou non, sont les représentants les plus connus de ce groupe.

LICHENS

Les Lichens constituent, comme l'ont démontré les cultures synthétiques réalisant l'union des composants en partant d'individus isolés, une association entre un végétal chlorophyllien, généralement une Algue, parfois un protonéma de Mousse, et un champignon, le plus souvent une Ascomycète, quelquefois une Basidiomycète.

359. Mode de vie. — C'est un mode d'association à bénéfice réciproque, dans lequel le champignon, en échange des hydrates de carbone qu'il emprunte à l'algue, lui fournit les aliments azotés et minéraux, et la défend contre la sécheresse. Ces organismes peuvent vivre sur les substratums les plus divers, tels que les pierres, les murailles, sur des sols absolument stériles ; ils préparent ainsi le terrain à des végétaux plus élevés en organisation.

360. Appareil végétatif. — Le thalle est variable autant par sa forme que par sa consistance : il comprend un appareil filamenteux, formé par le mycélium du champignon, qui plonge dans le substratum, et par un stroma, qui est aérien ; on donne aux filaments fixateurs le nom de *rhizines*. Le port et la forme du stroma dépendent de la prédominance de l'algue ou du champignon. Le thalle est *gélatineux* quand les filaments du champignon se ramifient dans la masse gélatineuse formée par un Nostoc (Collema) ; il est *crustacé* quand il s'étale et s'applique sur le substratum en une sorte de croûte (Graphis) ; il est *foliacé* s'il est membraneux et onduleux, en contact avec le substratum seulement aux points où existent les rhizines (Peltigera, Parmelia) ; parfois il se dresse à la surface du support et se ramifie en forme de buisson : alors, il est dit *fruticuleux* (Usnea, Cenomyce). Le thalle est homéomère lorsque l'algue et le champignon y sont répartis d'une façon homogène (Ephebe, Collema) ; il est hétéromère quand le champignon prédomine et que l'algue est localisée dans certaines zones : c'est ainsi que l'on distingue dans la plupart des Lichens une couche corticale et une couche médullaire formées par les hyphes, et une couche verte où se localisent les cellules de l'algue.

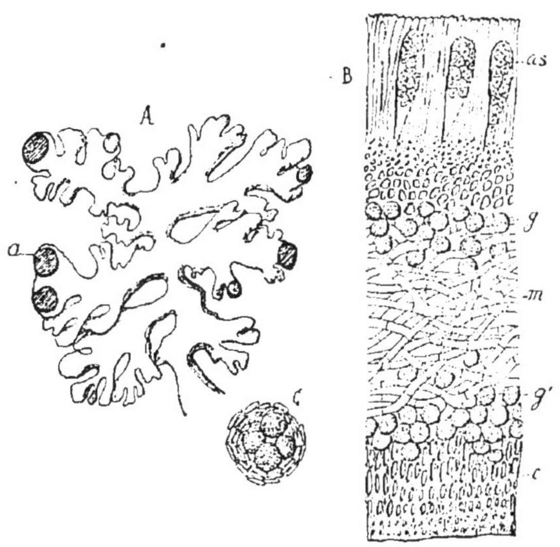

Fig. 259. — A. Portion d'un thalle de Lichen, avec apothécies, *a*. — B. Coupe du thalle passant par une apothécie : *as*, asques ; *g*, *g'*, gonidies ; *m*, couche médullaire ; *c*, couche corticale. — *C*, une sorédie.

Les genres et les espèces de Lichens sont caractérisés par le champignon, la même espèce d'algue se retrouvant dans les Lichens les plus différents. Les Algues appartiennent aux groupes des Chlorophycées ou des Cyanophycées ; leurs éléments, généralement dissociés, sont désignés sous le nom de *gonidies*.

361. Reproduction. — Dans l'association, l'algue perd son pouvoir reproducteur, tandis que le champignon fructifie, mais les Lichens ont une reproduction végétative, qui intéresse l'algue et le champignon, par des *sorédies* : les sorédies se composent de quelques filaments de champignon emprisonnant une ou plusieurs cellules de l'algue ; ces corpuscules s'accumulent dans la couche verte et sont mis en liberté par la rupture de la couche corticale. Chaque sorédie est une bouture qui donnera en germant un thalle nouveau.

Le champignon, qui appartient le plus souvent aux Ascomycètes, se reproduit en formant des périthèces à asques, des conidies ou des basides. Selon la famille à laquelle appartient le champignon (Discomycètes, Pyrénomycètes, Hyménomycètes ou Gastromycètes), le périthèce est largement ouvert (apothécies ou scutelles : Lichens gymnocarpes) ou en forme de bouteille (Lichens angiocarpes). Les périthèces formant des disques à la surface du thalle sont appelés *apothécies*. Les conidies naissent le plus souvent dans des conceptacles en forme de bouteille et ont l'aspect de spermaties et de stylospores.

On utilise les Lichens pour différents usages : les uns sont alimentaires (*Lecanora esculenta*, *Cetraria islandica*) ; d'autres produisent, après fermentation, des matières colorantes et ont reçu le nom d'*orseilles* (*Roccella tinctoria*, *Variolaria orcina*, etc.).

On divise les Lichens en plusieurs groupes d'après la forme du périthèce et d'après la conformation du thalle :

362. Classification des Lichens. — Dans l'association entrent des champignons :

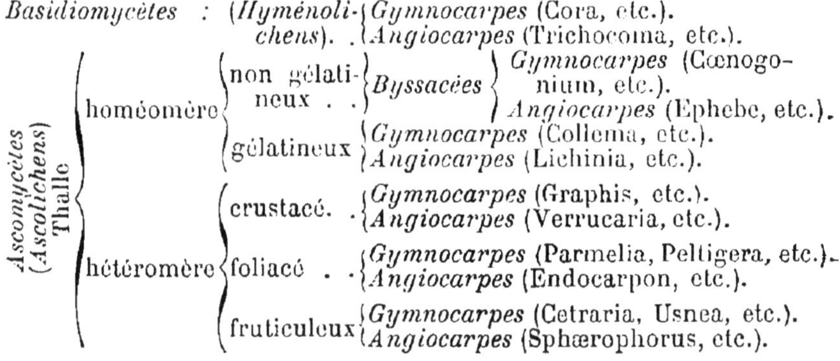

Basidiomycètes : (*Hyménolichens*). . *Gymnocarpes* (Cora, etc.). *Angiocarpes* (Trichocoma, etc.).

Ascomycètes (*Ascolichens*) Thalle
- homéomère
  - non gélatineux . . *Byssacées*
    - *Gymnocarpes* (Cœnogonium, etc.).
    - *Angiocarpes* (Ephebe, etc.).
  - gélatineux
    - *Gymnocarpes* (Collema, etc.).
    - *Angiocarpes* (Lichinia, etc.).
- hétéromère
  - crustacé . .
    - *Gymnocarpes* (Graphis, etc.).
    - *Angiocarpes* (Verrucaria, etc.).
  - foliacé . .
    - *Gymnocarpes* (Parmelia, Peltigera, etc.).
    - *Angiocarpes* (Endocarpon, etc.).
  - fruticuleux
    - *Gymnocarpes* (Cetraria, Usnea, etc.).
    - *Angiocarpes* (Sphærophorus, etc.).

VIII. TROISIÈME SOUS-EMBRANCHEMENT

ALGUES

363. Généralités. — Les Algues habitent principalement dans l'eau et dans les endroits humides ; à l'exception d'une trentaine de Monocotylédones de la famille des Naïadacées, elles constituent à elles seules la végétation marine ; elles sont également fréquentes, mêlées à d'autres végétaux, dans les eaux douces et saumâtres.

Ce sont des végétaux chlorophylliens, ce qui les distingue des Thallophytes précédentes ; leur alimentation est purement minérale, et ce n'est qu'exceptionnellement que, dépourvus de chlorophylle, ils sont parasites (*Choreocolax albus*). Le *Nostoc punctiforme*, qui possède de la chlorophylle, vit dans l'intérieur des racines de Cycas, en commensal ou en parasite, on ne le sait ? Enfin, il est des Algues qui croissent à l'intérieur des coquilles de certains Mollusques qu'elles peuvent dissoudre et percer à l'aide de sécrétions.

On trouve des Algues sous l'eau jusqu'à une assez grande profondeur ; mais, comme l'eau absorbe les radiations lumineuses, l'obscurité va s'accentuant à mesure que l'on descend, si bien que, d'après des sondages faits en Méditerranée, toute trace de végétation cesse au-dessous de 200 mètres. Afin de parer à l'absence de certains rayons, les Algues, par le moyen de pigments nouveaux ajoutés à ceux de la chlorophylle, parviennent à utiliser des radiations sans emploi dans les conditions ordinaires. Les Algues qui vivent à la superficie ne contiennent que de la chlorophylle : c'est le cas pour les Chlorophycées. Le pigment bleu appelé *phycocyanine* permet l'absorption des rayons jaunes, mais les végétaux qui les présentent, les Cyanophycées, ne peuvent s'enfoncer au delà de 5 mètres. Le pigment brun, la *phycophéine*, retient les rayons verts, et des Phéophycées végètent encore par plus de 30 mètres de fond. La *phycoérythrine*, propre aux Rhodophycées ou Floridées, fixe les rayons verts et bleus et permet la végétation jusqu'aux limites extrêmes que nous avons fixées plus haut, ou encore dans les anfractuosités de rochers que n'atteignent pas directement les rayons solaires.

La plupart de ces végétaux vivent sur un substratum, fixés par des crampons le plus souvent, mais il en est qui flottent librement à la surface de l'eau, tandis que d'autres rampent sur le fond (Diatomées, Desmidiées). Certaines algues se développent toujours à la surface d'une autre algue : l'*Ascophyllum nodosum*, par exemple, porte toujours le *Polysiphonia fastigiata*, qui n'est pas parasite mais simplement épiphyte. Ce Polysiphonia supporte à son tour le Choreocolax dont il a été parlé.

364. Appareil végétatif. — Le thalle est très variable; parfois très simple et unicellulaire (Protococcus, Diatomées, Desmidiées), il peut se compliquer beaucoup et acquérir une différenciation externe très grande, allant jusqu'à simuler une plante avec racines, tige, feuilles et même inflorescence (*Anthophycus longifolius*); mais la différenciation interne reste toujours à peu près nulle.

Le thalle est unicellulaire dans le genre Protococcus, petite algue verte qui vit sur la face des troncs d'arbres tournée au N.-W. ; il est parfois filamenteux et simple (Spirogyra), ou ramifié (Cladophora), ou disposé en réseau (Hydrodictyon), ou membraneux, avec une (Porphyra) ou plusieurs (Ulva) assises de cellules. Quand le thalle devient massif, il

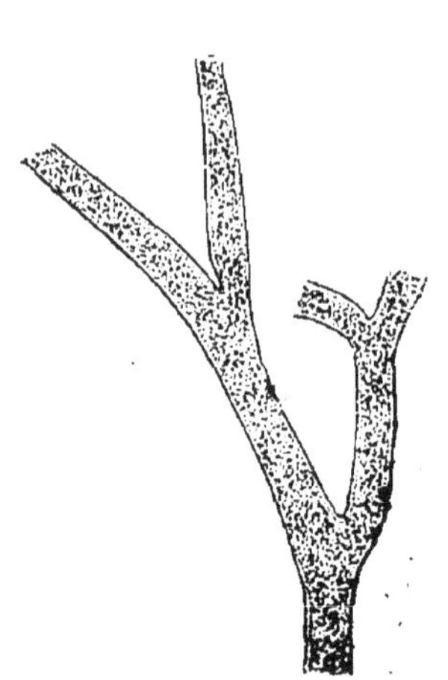

Fig. 260. — Portion d'un filament de Vaucheria.

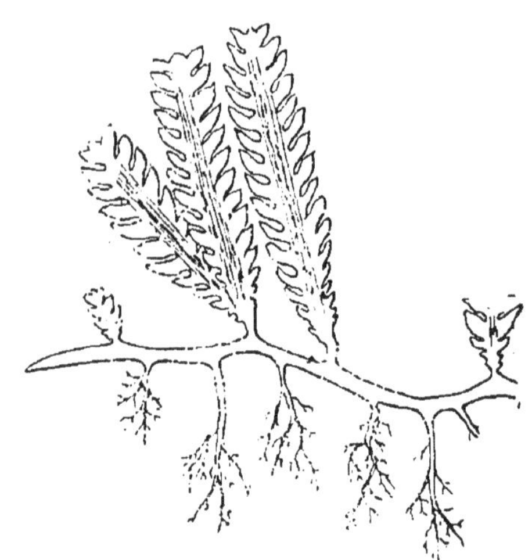

Fig. 261. — Thalle de *Caulerpa crassifolia*.

peut prendre les formes les plus compliquées (fig. 261) : les Sargasses, par exemple, ont des crampons qui simulent des racines, une pseudo-tige et des lanières ressemblant à des feuilles; à l'aisselle de celles-ci se trouvent des organes semblables à des fruits, et qui sont des flotteurs. La taille est également variable, depuis quelques millimètres jusqu'à plusieurs centaines de mètres de longueur (*Macrocystis pyrifera*).

La structure interne est toujours simple : continue dans les Siphonées (fig. 260), cloisonnée çà et là, en articles, dans les Cladophoracées, elle est le plus souvent cellulaire. Mais cette différenciation interne n'est nullement en rapport avec la complexité de la morphologie externe; c'est ainsi qu'il est des Algues filamenteuses et ramifiées dont la structure est continue (Vaucheria), tandis que dans d'autres elle est cloisonnée en articles (Cladophora) ou en cellules (Conferva). Dans les Caulerpa (fig. 261), le thalle est massif et encore dépourvu de cloisons; cependant il est parcouru, dans son intérieur, par des filaments cellulosiques anastomosés qui lui forment une sorte de squelette (fig. 278); ces filaments émanent de la membrane périphérique. Ailleurs, la structure se complique légèrement : le thalle, d'aspect membraneux, d'un Dictyota, par exemple, est formé par trois couches de cellules : l'une centrale à parois isodiamétriques, les deux autres externes à cellules aplaties à la façon de celles de l'épiderme. Dans la plupart des Algues à thalle massif, les parties cylindriques sont constituées par des cellules périphériques isodiamétriques et par des cellules centrales allongées dans le sens de l'axe, présentant des ponctuations; il semble y avoir là une tendance vers une première ébauche de tissu conducteur.

Le protoplasma n'offre rien de particulier; le noyau existe chez la plupart, mais sa présence est encore discutée dans le groupe des Algues bleues ou Cyanophycées.

La membrane est formée de deux couches chez les Cyanophycées : l'interne est constituée par une substance voisine de la cellulose, mais qui ne se colore pas en bleu par le chloroiodure de zinc; l'externe est gélatineuse. Ailleurs la membrane est celluloso-pectique, mais elle se gélifie plus ou moins : c'est en effet du thalle de certaines Algues que l'on extrait la gélose. La membrane s'incruste quelquefois de calcaire (Corallina), ou de silice (Diatomées).

La chlorophylle et la phycocyanine sont uniformément répandues dans le protoplasma des Cyanophycées. Partout ailleurs la matière colorante est localisée sur des chromoplastides, appelés *chromatophores*. Les chromatophores sont de forme et de dimensions extrêmement variables : ce sont tantôt des grains, des disques, des étoiles, tantôt des bandes droites ou spiralées, des rubans ramifiés, etc. (fig. 262 et 272) ; ils deviennent caractéristiques de genres dans certaines familles (Conjuguées). Les pigments bleu, brun et rouge sont solubles dans l'eau douce, après la mort de l'algue ; ils sont insolubles dans l'eau de mer et l'alcool. Cette propriété permet de les isoler de la chlorophylle qui est soluble dans l'alcool et insoluble dans l'eau.

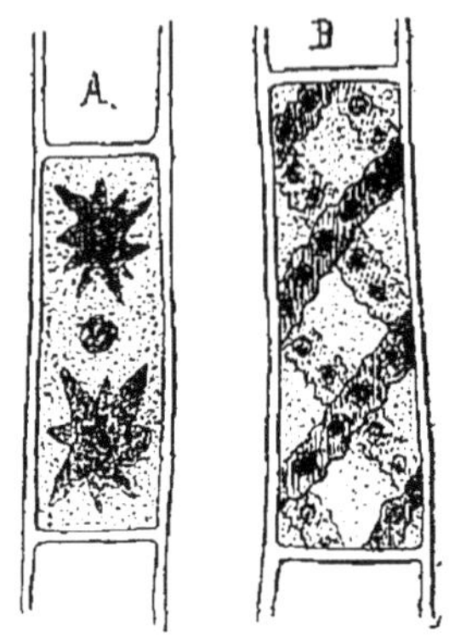

Fig. 262. — Chromatophores de Zygnema, A, et de Spirogyra, B.

Des glandes schizogènes et des canaux excréteurs de matière gommeuse existent dans certains groupes.

365. Reproduction. — On rencontre chez ces végétaux la multiplication végétative, la reproduction asexuée et la reproduction sexuée.

La multiplication est un mode fréquent de reproduction chez ces végétaux : elle consiste en une simple dissociation du thalle chez les Desmidiées ; c'est une division en de véritables boutures dans toute la famille des Nostocacées, où le thalle, généralement filamenteux, se fragmente en tronçons, appelés *hormogonies* (p. 187, fig. 112).

La reproduction asexuée par spores est très répandue chez les Algues. Ces spores sont dépourvues d'organes de locomotion dans tout le groupe des Floridées ; elles naissent alors dans des sporanges, et souvent par groupe de 4 dans chacun d'eux (*tétrasporanges*, fig. 263, *A*). Mais le plus souvent les spores sont mobiles par des cils, ce sont des zoospores. Ces zoospores sont vertes et pyriformes avec deux cils antérieurs insérés sur l'extrémité retrécie et incolore (le bec) chez beaucoup d'algues vertes (*B*) ; elles ont deux cils latéraux dans la plupart des Phéophycées (*C*) ; le genre Œdogonium, qui appartient aux Algues vertes, présente des zoospores ovoïdes et munies d'un bec entouré d'une couronne de cils (*D*) ;

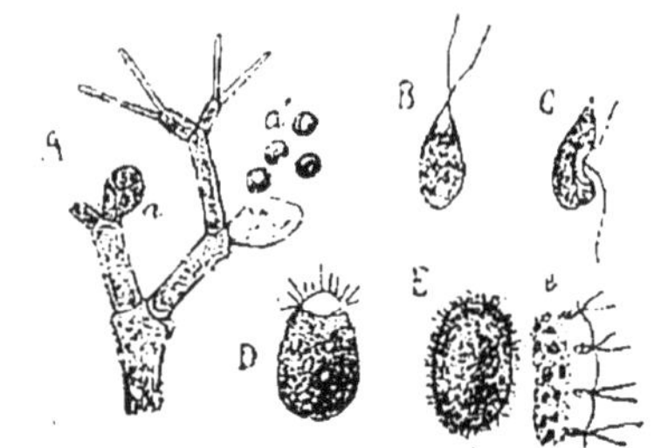

Fig. 263. — Spores et zoospores d'Algues.

dans une autre algue verte, du genre Vaucheria, la zoospore sphérique est complètement entourée de cils groupés deux par deux (*E*). Les spores sont parfois, mais rarement, exogènes ; elles sont endogènes le plus souvent. Une seule sorte de spores s'observe chez une même algue ; il n'y a pas ici ce polymorphisme que l'on a remarqué chez les Champignons.

La reproduction sexuée existe chez tous ces végétaux à l'exception des Cyanophycées. Elle est tantôt isogame (§ 180 et 181), tantôt hétérogame, et tantôt l'œuf germe directement en une plante adulte (§ 187 et 188), tantôt il donne naissance à des spores de passage, à des tomies (Floridées, etc.), et il y a des générations alternantes (§ 189 et 190).

Certaines Algues sont alimentaires (*Laminaria lactuca*, *Dilsea edulis*), et certains Porphyra sont même très appréciés des Chinois. L'*Alsidium helminthocorton* ou *mousse de Corse* est employée comme vermifuge ; le *Gigartina spinosa* et le *Gigartina isiformis* servent à préparer l'agar-agar, etc., etc.

366. Classification. — La nature du pigment a servi de base à Sachs pour diviser les Algues en quatre classes : les **Cyanophycées** ou Algues bleues, les **Chlorophycées** ou Algues vertes, les **Phéophycées** ou Algues brunes, les **Rhodophycées** ou Algues rouges, appelées encore **Floridées**. Cette classification, basée sur un caractère physiologique, éloigne des végétaux qui ont de grandes affinités : les Diatomées, par exemple, et les Conjuguées. Il n'y a pas encore de classification généralement admise. Nous adopterons provisoirement la suivante qui comprend 6 classes :

1° **Cyanophycées** ou **Nostocacées**. — De la chlorophylle et de la phycocyanine, mais pas de chromatophores ; pas de reproduction sexuée ; pas de zoospores, des spores exogènes ou kystes ; noyau mal caractérisé ;

2° **Péridiniens**. — Algues unicellulaires et mobiles au moyen de deux cils vibratiles logés dans deux sillons, l'un transversal, l'autre longitudinal ;

3° **Conjuguées**. — Reproduction sexuée isogame, par gamètes dépourvus de cils. Ni spores. ni zoospores ;

4° **Zoosporées**. — Plantes ayant des zoospores ou au moins l'un des gamètes cilié. Deux sous-classes :

a) *Chlorophycées*, Algues vertes :

b) *Phéophycées*, Algues brunes ;

5° **Rhodophycées** ou **Floridées**. — Algues fréquemment rouges. Pas de zoospores ; spores naissant par quatre (tétraspores) dans un sporange (tétrasporange). Reproduction sexuée par des gamètes mâles sans cils vibratiles (pollinides). Générations alternantes avec tomies.

6° **Characées.** — Algues vertes sans spores, mais à appareil reproducteur sexué spécial, à anthérozoïde spiralé et muni de deux cils.

1. CLASSE DES CYANOPHYCÉES

367. Caractères généraux. — Les Cyanophycées sont caractérisées par la présence d'un pigment surajouté à la chlorophylle, la *phycocyanine*, qui communique au thalle une teinte vert-bleuâtre, d'où le nom d'Algues bleues qu'on leur donne encore. Ces végétaux semblent dépourvus de plastides : les matières colorantes imprégneraient donc uniformément le protoplasma. Les Cyanophycées sont encore remarquables par leur mode de reproduction, toujours asexuée et le plus souvent végétative. La présence du noyau chez elles est encore douteuse.

Fig. 264. — *Synechocystis aquatilis.* Sauv.

On rencontre ces végétaux dans tous les endroits humides (terre, écorces d'arbres) des contrées tempérées, dans l'eau douce et dans la mer ; quelques-uns habitent les lieux secs, mais ils sont alors associés à des champignons, constituant ces consortiums appelés Lichens.

Le thalle, toujours très simple, est tantôt unicellulaire (fig. 264), tantôt pluricellulaire et alors généralement filamenteux. Les individus vivent fréquemment en colonies, souvent agglomérés par une masse gélatineuse.

La membrane est, en effet, formée de deux couches : l'une interne très mince, étroitement appliquée contre le protoplasma, formée d'une substance voisine de la cellulose, mais ne se colorant pas en bleu par le chloroiodure de zinc ; l'autre externe, de nature gélatineuse, qui a la propriété d'absorber l'eau en quantité plus ou moins considérable, et qui constitue au végétal une gaine (fig. 265, 267 et 268) de consistance, d'épaisseur et de coloration variables, donnant au thalle un cachet caractéristique.

Le protoplasma, avons-nous dit, d'aspect homogène, semble dépourvu de plastides et de noyau : il est donc uniformé-

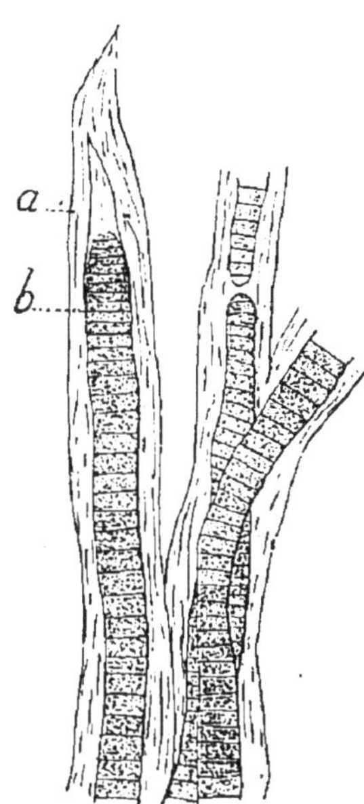

Fig. 265. — Filaments d'un Hydrocoleum avec leur gaine gélatineuse *a*.

ment imprégné par la chlorophylle et la phycocyanine. Cependant des vacuoles apparaissent tardivement, et certaines Oscillaires flottantes, constituant les « fleurs d'eau », possèdent des vacuoles remplies de gaz ; on a récemment mis en évidence un *corps central* que l'on considère comme le noyau (fig. 266).

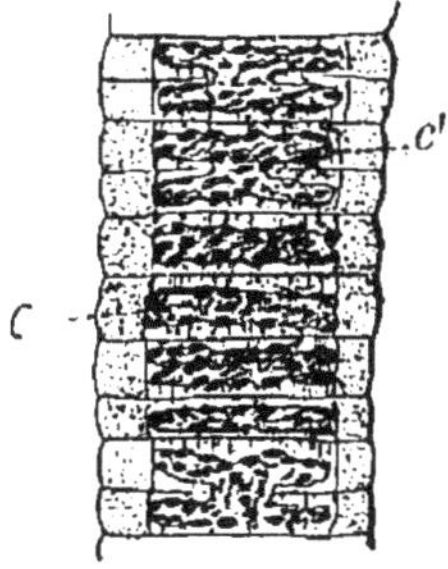

Fig. 266. — Coupe longitudinale d'un filament d'Oscillatoria montrant le corps central ou noyau *c*, en voie de division en *c'* (d'après Olive).

368 Reproduction. — Les Cyanophycées ont une multiplication végétative très active et produisent parfois des kystes que l'on regarde assez communément comme des spores. La reproduction sexuée est inconnue chez elles.

a) *Multiplication*. — Les Chroococcacées, parmi les Cyanophycées, sont des plantes unicellulaires réunies en amas par une gaine gélatineuse commune ; elles se multiplient par la bipartition successive des cellules dans une seule (Synechococcus, Aphanothece), dans deux (Merismopœdia) ou dans trois directions de l'espace (Chroococcus, Glœocapsa). Les cellules issues de ces divisions s'écartent les unes des autres par gélification de la lamelle mitoyenne, et le thalle qui en résulte est dissocié. Mais la gaine gélatineuse maintient fréquemment englobées un certain nombre de générations successives, et, par suite, les individus ne deviennent libres que par déchirure ou liquéfaction du muci-

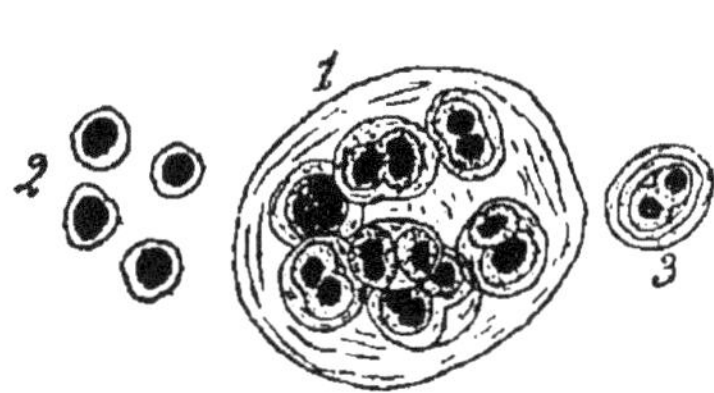

Fig. 267. — *Glœocapsa sanguinea*

lage. Dans les Glœocapsa (fig. 267), les cellules filles ont une gaine propre, mais restent parfois incluses dans la gaine de la cellule mère. Cette gaine est ici colorée en rouge amarante par une substance appelée glœocapsine.

Ailleurs, les cellules se cloisonnent dans une seule direction, sans se dissocier, et le thalle qui en résulte est filamenteux. On donne à ces filaments le nom de *trichomes*. Ils sont généralement entourés par une gaine gélatineuse très mince dans les Oscillatoria, épaisse et lamelleuse dans les Lyngbia, énorme et de consistance ferme, formant une masse à contours arrondis qui englobe toute une colonie de trichomes, dans les Nostoc et les Rivularia. La gaine est diversement colorée ; elle l'est de jaune brun, par exemple, dans les Scytonema. En certains points, les parois transversales de ces trichomes épaississent, puis liquéfient leur lamelle mitoyenne : il en résulte un certain nombre de tronçons mobiles qui glissent hors de la gaine et deviennent libres. Ces boutures naturelles sont appelées *hormogonies*. C'est là un procédé de multiplication commun à toutes les Cyanophycées à thalle filamenteux. Mais parmi celles-ci, il en est dont le thalle est formé de cellules toutes semblables (Oscillatoria, Hydrocoleum, fig. 265) : on les appelle Homocystées. Au contraire, chez les Hétérocystées [Nostoc (fig. 268), Scytonémées (fig. 269), Rivulariées], certaines cellules du trichome deviennent plus volumineuses, perdent leur protoplasma, se remplissent de liquide et se décolorent : ces cellules mortes, appelées *hétérocystes*, adhèrent à la

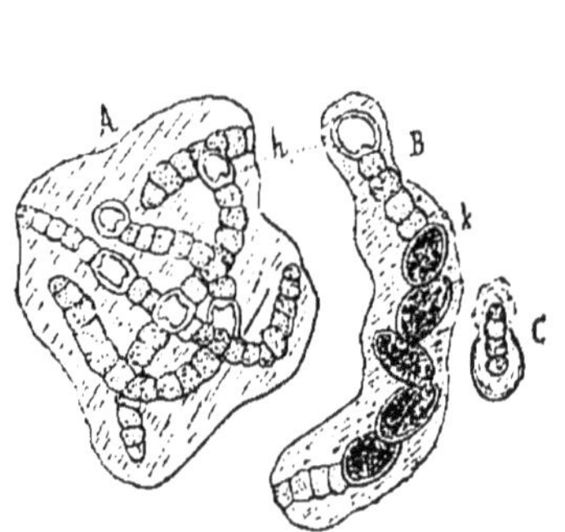

Fig. 268. — Nostoc : A, filaments avec hétérocystes *h* ; B, filaments avec kystes *k* ; C, germination d'un kyste.

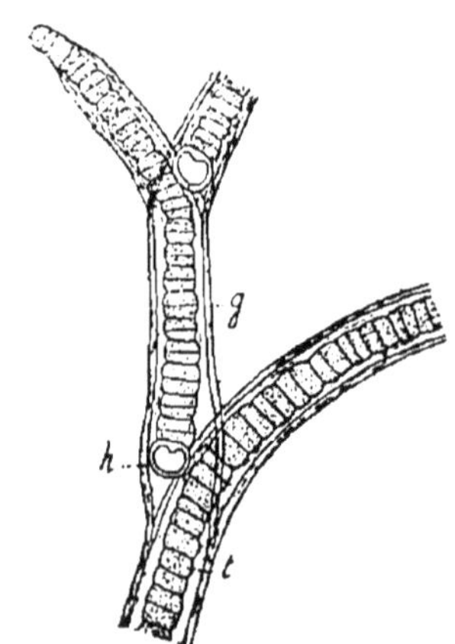

Fig. 269. — *Tolypothrix penicillata* *g*, gaine ; *t*, filament ; *h*, hétérocyste.

gaine et constituent un obstacle à l'allongement du filament ; celui-ci se rompt à leur niveau, puis, continuant à s'allonger, glisse dans la même gaine le long de l'autre tronçon, ou bien déchire la gaine et, continuant sa croissance, simule une ramification (fig 269). Les filaments des Hétérocystées se fragmentent donc en hormogonies au niveau des hétérocystes : ainsi se comportent les Nostocs (fig. 268), dont les filaments, formés de cellules en chapelet, sont plongés dans une masse gélatineuse d'aspect cérébriforme. Quand les circonstances sont favorables à la formation des hormogonies. la gelée se dissout et les tronçons se séparent au niveau des hétérocystes.

b) *Kystes*. — A un moment donné les cellules du thalle augmentent de volume, changent de couleur, épaississent leur membrane et passent à l'état de vie ralentie : ces kystes, appelés aussi spores, s'observent chez les Chroococcacées et chez les Hétérocystées ; les Homocystées n'en produisent pas. Chez les Chamœsiphonées, il y a des organes reproducteurs mieux différenciés et comparables à des spores. Il y a même de véritables sporanges dans le genre Hyella.

Les Cyanophycées renferment donc des plantes :

sans hormogonies	à thalle dissocié ; mais à cellules réunies par une gaine commune. Parfois reproduction par kystes, jamais par spores véritables . .	**Chroococcacées.**
	à organes reproducteurs mieux différenciés, comparables à des spores	**Chamœsiphonacées**
à hormogonies...	sans hétérocystes (**Homocystées**).	**Oscillatoriacées.**
	avec hétérocystes (**Hétérocystées**)	**Nostocacées, Scytonémacées, Rivulariacées,** etc.

2. CLASSE DES PERIDINIENS

369. — Ce sont de petites Algues unicellulaires d'eau douce vivant au fond des bassins, mais surtout marines. Lesespèces marines sont soit pélagiques, soit littorales. Ces organismes marins sont parfois phosphorescents (*Pyrocystis lunula*, etc.).

Les Péridiniens présentent généralement deux cils insérés latéralement au point de rencontre de deux sillons, l'un transversal qui fait le plus souvent le tour du corps, l'autre longitudinal, ne faisant que la moitié du tour. Le cil latéral vibre très vite et donne l'illusion d'une couronne de cils.

La membrane, de nature cellulosique, est tantôt très fine (Gymnodinium), tantôt très épaisse et sculptée (Ceratium). Les chromatophores sont bruns, verts, jaunes ou incolores. Ces organismes possèdent un noyau, une ou deux vacuoles contractiles et un point rouge à la base des cils.

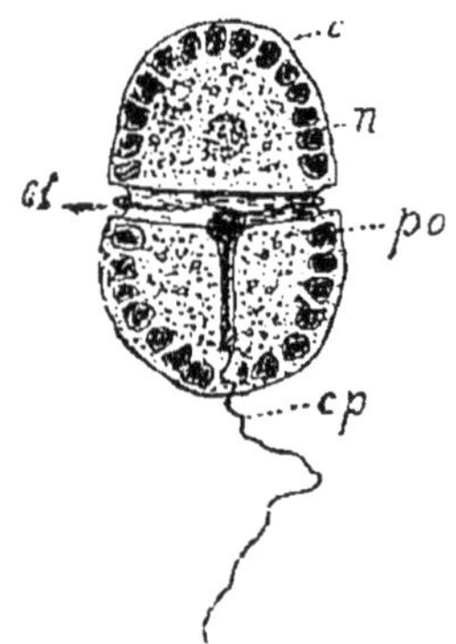

Fig. 270. — Un Péridinien (Glenodinium).

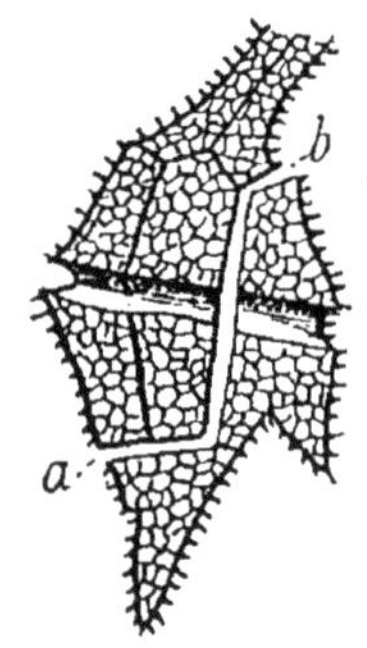

Fig. 271. — Un Péridinien en voie de segmentation suivant *ab*. (Ceratium).

Toutes ces Algues peuvent se reproduire par bipartition. Celle-ci se fait dans une direction variable, et chaque moitié reproduit ensuite la moitié qui lui manque (fig. 271).

On aurait vu la cellule perdre ses cils et diviser son contenu en deux zoospores. On a également décrit une conjugation, ce qui rapprocherait ces végétaux des suivants.

3. CLASSE DES CONJUGUÉES

Ces végétaux sont caractérisés par ce fait que les protoplasmas de deux cellules s'unissent pour former un œuf : les deux gamètes sont dépourvus d'appareil de locomotion et apparemment semblables, d'où les noms de *zygote* et de *zygospore*, donnés encore au résultat de cette fusion. Ces Algues ne développent jamais de spores ni de zoospores.

Les Conjuguées ont un thalle monocellulaire ou filamenteux non ramifié, à noyau et chromatophores bruns ou verts. On les divise en **Euconjuguées**, algues vertes, généralement filamenteuses, et en **Diatomées**, algues brunes, monocellulaires, à parois siliceuses.

370. A) **Euconjuguées**. — Ce sont des Algues d'eau douce, à chloroplastides. Leur thalle est toujours cellulaire, tantôt filamenteux et simple (Zygnémacées), tantôt dissocié (nombreuses Desmidiacées).

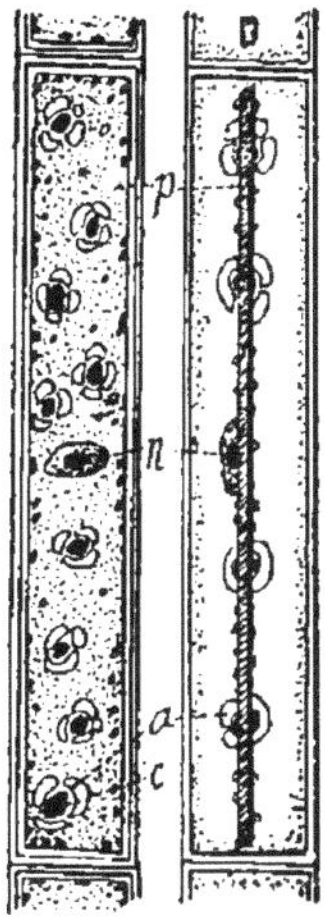

Fig. 272. — Mougeotia, avec chromatophore vu de face (à gauche), et de profil (à droite). *n*, noyau; *a*, amylosphères.

Dans chaque cellule on trouve un noyau bien différencié et un ou plusieurs chromatophores. Ceux-ci acquièrent, dans ce groupe, des dimensions extraordinaires et les formes les plus diverses (fig. 262 et 272). Sur la plupart de ces chromatophores on rencontre des corpuscules réfringents, de nature albuminoïde, appelés *pyrénoïdes*. Ces cristalloïdes sont généralement entourés par des granulations d'amidon, constituant une masse sphérique appelée *amylosphère* (fig. 272 *a*). Dans les Desmidiacées, les cellules montrent souvent une vacuole à chacune de leurs extrémités (fig. 275), et celles-ci contiennent de petits cristaux de sulfate de calcium animés de mouvements browniens.

La reproduction se fait par multiplication végétative et par œufs. Il n'y a pas de formation de spores. Les filaments s'allongent par croissance intercalaire et par bipartition simultanée de leurs cellules ; mais on voit, çà et là, les lamelles mitoyennes se gélifier et le thalle se fragmenter en un certain nombre de tronçons. Chez de nombreuses Desmidiées, la gélification intéresse toutes les lamelles mitoyennes, et cela dès leur formation, de telle sorte que les cellules du thalle se dissocient hâtivement ; celles-ci se déplacent dans l'eau sous l'influence de la contractilité générale.

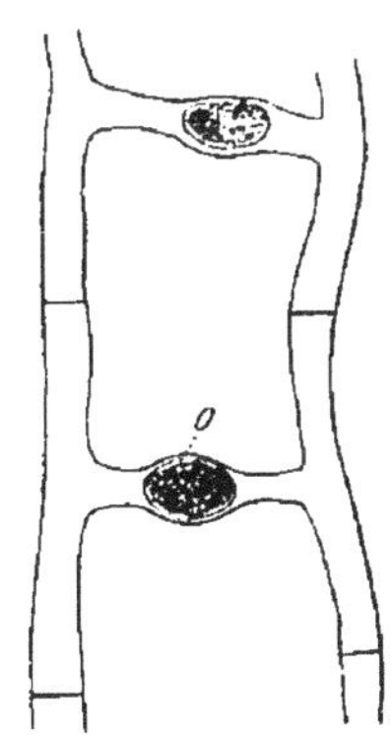

Fig. 273. — Formation de l'œuf dans le genre Debarya.

Les œufs naissent par isogamie (fig. 273), avec, parfois, tendance marquée à l'hétérogamie (fig. 123) :

a) *Dans les Zygnémées*, la conjugation se fait entre la totalité du protoplasma de deux cellules. La conjugation la plus simple est celle du genre

Debarya, où, dans deux filaments juxtaposés, deux cellules, placées vis-à-vis l'une de l'autre, émettent chacune une protubérance en tube. Les tubes arrivent en contact; la paroi se résorbe au point de rencontre, et, au milieu du canal de communication ainsi constitué, viennent se fusionner les protoplasmas, préalablement contractés, des deux cellules. L'œuf, la zygote, se développe donc entre les deux filaments et résulte de la conjugation de deux gamètes progressant l'un vers l'autre par simple contractilité du protoplasma et identiques en apparence. Nous avons vu un commencement de différenciation dans le g. Spirogyra (p. 197, fig. 123, B); celle-ci est encore plus accentuée dans quelques espèces de Spirogyres où deux filaments, qui vont se conjuguer, se rapprochent, se recourbent en forme de genou et arrivent en contact. Avant la fusion il se forme, dans chacune des deux cellules placées vis-à-vis l'une de l'autre, une cloison qui les partage en deux cellules inégales : une grande cellule et une petite cellule. Dans l'un des filaments, la petite cellule est stérile, tandis que la grande joue le rôle de gamète femelle; dans l'autre filament, l'une des cellules représente le gamète mâle, et l'autre demeure stérile. Le protoplasma de la cellule mâle passe tout entier dans la cellule femelle. C'est là un terme de passage aux Mésocarpées.

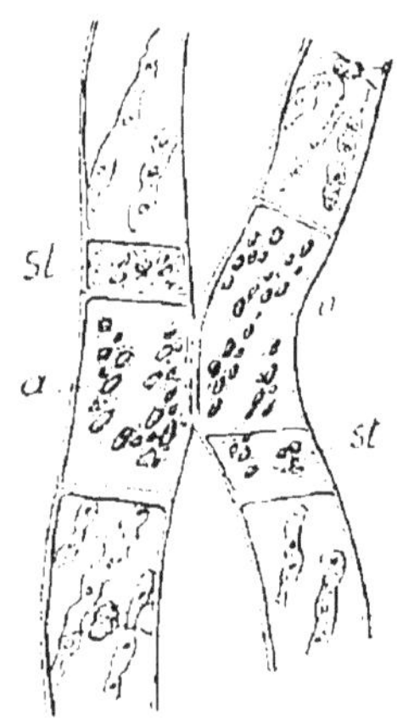

Fig. 274. — Formation de l'œuf dans le genre Sirogonium.

La parthénogenèse s'observe parfois dans ce groupe; par exemple, quand les protubérances qui forment ordinairement le canal de communication ne se rencontrent pas : le protoplasma contracté, destiné à constituer un gamète, peut alors se transformer directement en œuf.

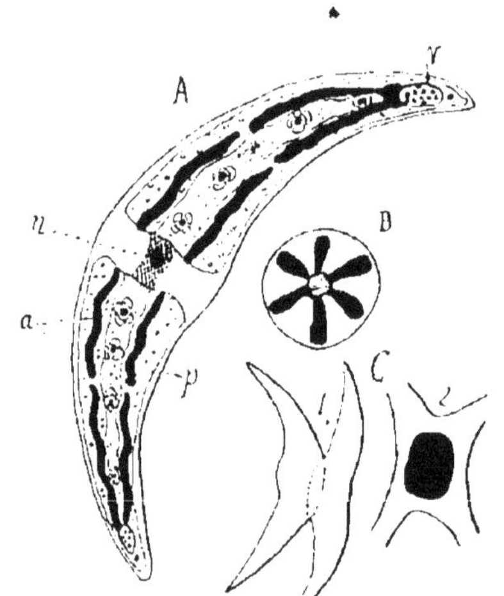

Fig. 275. — A, Closterium ; B, vu en coupe transversale : *n*, noyau ; *a*, amylosphère ; *v*, vacuoles ; *p*, chromatophores ; C, conjugation (1) et œuf (2).

b) *Dans les Mésocarpées*, qui ont des cellules beaucoup plus longues que larges, ce qui les distingue des Zygnémées, et des chromatophores en lames, une partie seulement du contenu cellulaire est utilisée dans la conjugation ; mais il ne se forme pas de cloison pour isoler les parties inutilisées.

c) Les *Desmidiées*, qui renferment une trentaine de genres et plus de 600 espèces, sont des Algues à thalle simple, parfois filamenteux, mais à cellules toujours libres au moment de la conjugation. Dans le genre Closterium, par exemple, deux de ces individus monocellulaires se placent côte à côte, et se comportent comme deux cellules de Mougeotia. Dans le genre Cosmarium, les deux cellules se disposent en croix. L'œuf passe plusieurs mois à l'état de vie ralentie ; en germant, il donne une masse sphérique qui s'entoure d'une membrane. Cette masse se différencie en deux individus qui sont mis en liberté par rupture de la paroi. Les Desmidiées se distinguent donc des végétaux précédents par ce fait que l'œuf donne naissance à deux thalles.

371. B) **Diatomées.** — Végétaux généralement unicellulaires, à chloroplastides en grains ou en plaques, imprégnés de chlorophylle et de *diatomine*, substance brunâtre, voisine de la phycophéine.

Les Diatomées, qui comptent 170 genres et près de 2.000 espèces, habitent les endroits humides, les eaux douces, saumâtres et marines. Parfois elles se fixent sur d'autres Algues marines, ou bien sont flottantes à la surface de la mer. Elles vivent isolées ou en colonies, sous forme de filaments. Dans ce cas, les cellules sont maintenues groupées en chaîne, au fur et à mesure qu'elles se cloisonnent, par une gelée plus ou moins épaisse, due à une différenciation de la partie externe de la membrane. En se limitant à un point, la production de gelée donne naissance à des sortes de pédicelles gélatineux qui, en se ramifiant et en s'étalant, constituent un support pour plusieurs Diatomées (fig. 276).

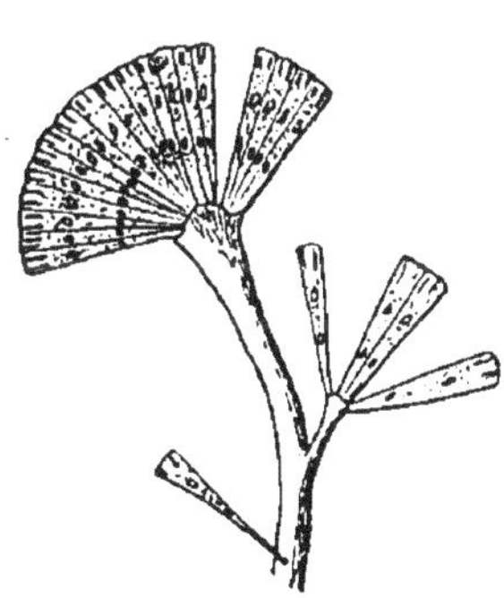
Fig. 276. — Licmophora.

La membrane, d'abord cellulosique, ne tarde pas à s'imprégner de silice, et celle-ci, en se disposant dans la paroi en stries ou en ponctuations saillantes, forme un squelette souvent très gracieux et toujours d'une très grande résistance : ce sont des carapaces de Diatomées qui constituent ces dépôts géologiques qu'on utilise sous le nom de *tripoli*. La membrane est véritablement constituée par deux valves qui s'emboîtent, mais peuvent s'écarter plus ou moins l'une de l'autre, et même se séparer (fig. 111).

Ces végétaux ont une multiplication végétative qui a déjà été décrite à la page 186 (fig. 111). Par ce procédé, la taille des individus issus de divisions successives va toujours en diminuant, mais lorsque les nouveaux sujets sont réduits à une dimension minimum, qui ne peut être dépassée, les deux valves s'écartent, et le corps vivant est mis en liberté ; puis il s'entoure d'abord d'une mince membrane de cellulose, pour constituer une spore qui s'accroît en volume jusqu'à atteindre la taille normale d'une Diatomée, ce qui lui a valu le nom d'*auxospore*; et ensuite cette production silicific sa paroi de façon à former les deux valves caractéristiques des Diatomées ; elle passe alors à l'état de cellule végétative.

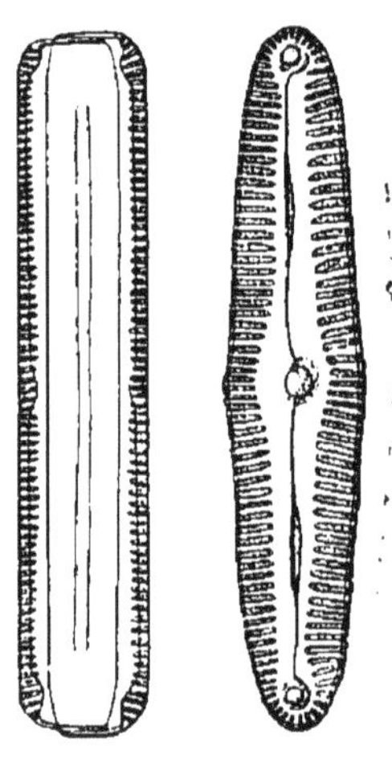

Fig. 277. — Pinnularia.

Parfois, les contenus de deux cellules, après avoir abandonné leurs carapaces siliceuses, s'unissent et constituent un œuf : il y a donc conjugation. Dans quelques genres, la fusion est précédée de la segmentation de chaque masse vivante : il y a double conjugation et, par conséquent, formation de deux œufs.

4. CLASSE DES ZOOSPORÉES

Ces Algues ont généralement des *zoospores*, ou au moins l'un des deux gamètes *cilié*. Les unes ont un pigment vert, constitué par de la chlorophylle pure, ce sont les *Chlorophycées* ; les autres un pigment brun, la phycophéine, surajouté à la chlorophylle, ce sont les *Phéophycées* ou *Fucacées*.

A. CHLOROPHYCÉES

Les Chlorophycées forment un groupe d'Algues extrêmement vaste, dans lequel les appareils végétatif et reproducteur sont très variables.

Ce sont des végétaux à chlorophylle, généralement verts, par conséquent, mais parfois colorés par une huile, qui leur donne une teinte rouge : tel est le *Sphærella nivalis* qui colore en rouge la neige dans les montagnes. Ils vivent principalement dans les eaux douces, mais on en rencontre aussi dans la mer, sur la terre humide, les écorces d'arbre, et ce sont certaines Algues de ce groupe qui entrent dans la constitution des Lichens. Quelques-uns de ces végétaux vivent en parasites sur des animaux (Chlorella) ou des végétaux (*Chlorochytrium Lemnæ*).

372. Appareil végétatif. — Le thalle est cellulaire (uni- ou pluricellulaire), continu ou articulaire, mais. quelle que soit sa structure interne il affecte les formes les plus diverses : le thalle est monocellulaire dans toute la famille des Protococcacées, à laquelle appartient le *Protococcus viridis* qui forme cet enduit vert que l'on observe à la surface des troncs d'arbre. Le thalle est pluricellulaire dans les Confervacées, et les cellules peuvent être là, disposées en filaments, soit simples (Œdogonium), soit le plus souvent ramifiés (Conferva), en membranes (Monostroma) ou en lames contournées formant un sac dont les parois se rapprochent (Ulva). Dans le groupe des Siphonées, le thalle, dont la structure est continue, affecte des formes très diverses : c'est une petite masse ovoïde avec des crampons s'enfonçant dans le sol, dans le genre Botrydium ; des filaments ramifiés, mais toujours sans cloisons, dans le genre Vaucheria ; une sorte de petite ombrelle chez les Acétabulaires (fig. 279). Le même thalle à structure continue, possède une différenciation externe très grande dans le genre Caulerpa, où

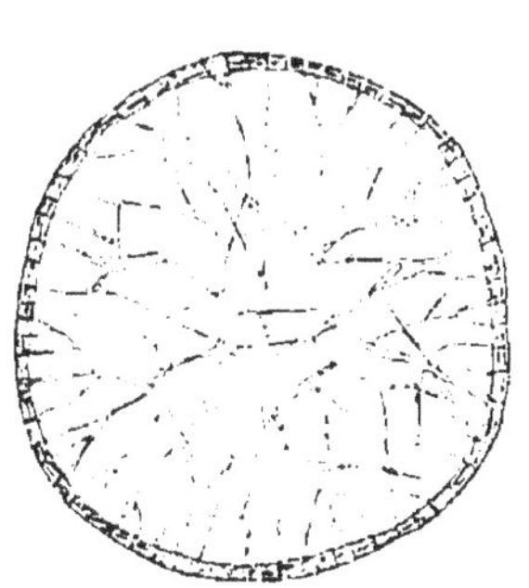

Fig. 278. — Coupe transversale dans une partie cylindrique du thalle de Caulerpa.

l'on peut distinguer des crampons, une pseudo-tige et des expansions foliacées. Ce thalle possède parfois une sorte de squelette : il est consolidé, en effet, dans le Caulerpa, par des trabécules cellulosiques qui s'étendent d'une paroi à l'autre (fig. 278) ; par des incrustations calcaires de la membrane, dans les Acétabulaires. Dans les Cladophoracées, le thalle est toujours filamenteux, simple ou rameux, mais il est cloisonné çà et là en articles. Ailleurs (Palmellacées), le thalle est cellulaire, dissocié par la gélification hâtive des lamelles mitoyennes. Les Volvox, Hydrodictyon, Pediastrum, etc., qui sont parfois réunis dans un même groupe, celui des Cénobiées, doivent cette parenté à la propriété commune de posséder des thalles unicellulaires, mais qui se groupent en masses de formes déterminées constituant une colonie, un *cénobe*. Ce thalle composé a tantôt la forme d'une membrane avec des espaces libres (Pediastrum), tantôt d'une sphère pleine (Pandorine), ou creuse et mobile (Volvox), ou bien encore d'un réseau en forme de sac à mailles penta- ou hexagonales (Hydrodictyon, fig. 280).

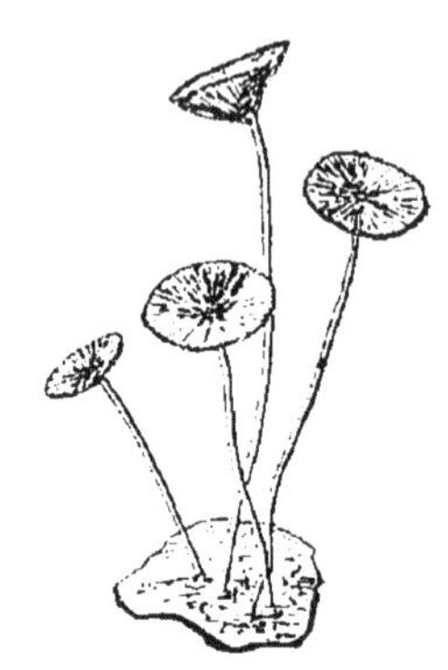

Fig. 279. Acetabularia.

373. Reproduction asexuée. — On observe une multiplication végétative chez ces végétaux ; le genre Chlorella est formé d'individus unicellulaires qui vivent en parasites dans les animaux (Éponges, Hydres, etc.) et se reproduisent par simple segmentation.

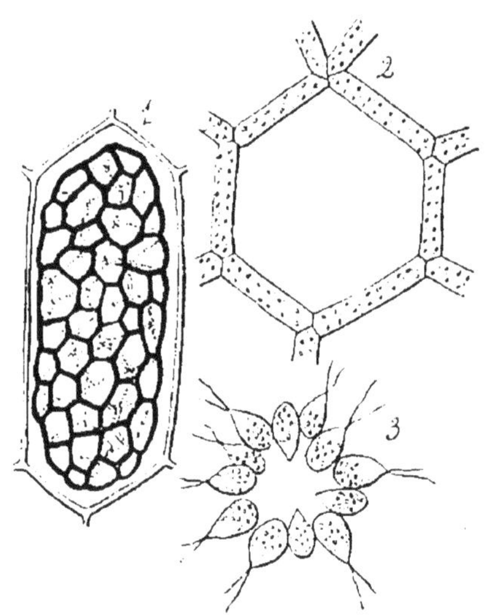

Fig. 280. — Hydrodictyon. 1. Formation d'une jeune colonie. — 2. Portion d'un réseau. — 3. Groupe de zoospores.

La reproduction par zoospores est fréquente. A certains moments, dans le genre Protococcus, le contenu cellulaire se divise et forme soit huit spores, soit huit zoospores, selon que le milieu est sec ou très humide.

Les zoospores à deux cils vibratiles, après avoir trouvé un point favorable à leur développement, se fixent et donnent chacune un thalle nouveau. La durée de la phase zoospore est toujours courte ici, comparée à celle du stade végétatif, tandis que dans le genre Euglena, composé de végétaux monocellulaires que l'on rencontre dans les mares, la vie de la plante au stade zoospore (à un cil dans ce genre) est relativement longue.

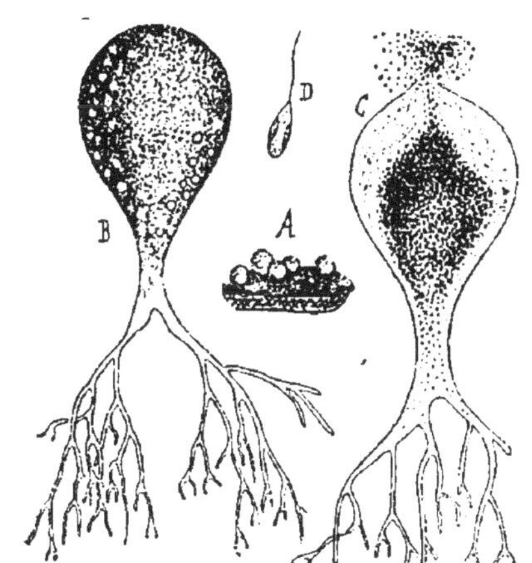

Fig. 281. — A. Botrydium en grandeur naturelle, et grossi en B. — C. Sporange vidant son contenu sous forme de zoospores. D. Zoospore.

Dans les colonies formées par les Pediastrum, à certains moments, certains éléments divisent leur contenu en autant de zoospores qu'il entre d'individus dans la colonie. Les zoospores s'échappent, perdent leurs cils et se réunissent en une nouvelle colonie. Les thalles des Hydrodictyon se comportent de même, et donnent des milliers de zoospores qui restent incluses dans le thalle où elles se fixent côte à côte et produisent des colonies en réseau (fig. 280, 1), qui déchirent la membrane du thalle et deviennent libres.

Les Botrydium, qui forment de petites masses vertes sur le bord des fossés humides, se reproduisent exclusivement par zoospores. Tout l'appareil se transforme en un sporange qui met en liberté des zoospores à un cil, par gélification de sa membrane (fig. 281).

Dans les Vaucheria, qui sont des Algues filamenteuses ramifiées et non cloisonnées, le protoplasma se condense à l'extrémité d'un filament et se sépare du reste par une cloison (fig. 283, A). Le contenu se contracte et sort sous forme d'une grosse zoospore complètement recouverte de cils disposés par paires. Dans les Œdogonium, certaines cellules se différencient de même, mais en une zoospore munie d'une simple couronne de cils (fig. 178) entourant un bec décoloré.

374. La reproduction sexuée se fait tantôt par isogamie, avec gamètes mobiles, tantôt, et le plus souvent, par hétérogamie, avec ou sans générations alternantes.

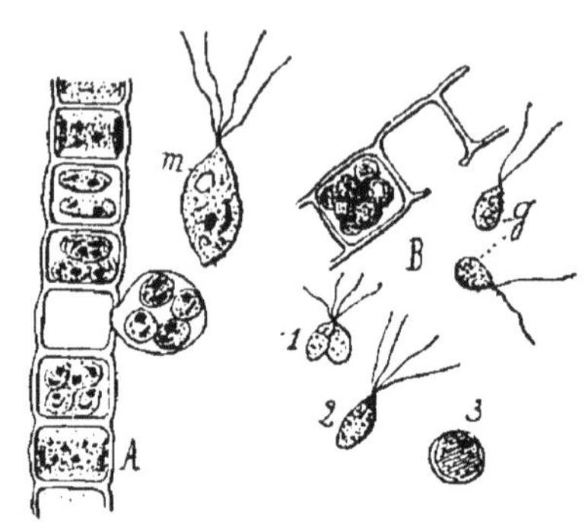

Fig. 282. — Ulothrix. A, filament donnant des macrozoospores *m*. — B, filament donnant des isogamètes *g*, qui se fusionnent en 1 et 2, pour former un œuf (3).

Il y a isogamie chez les Protosiphon, par exemple, qui ont une forme très voisine de celle des Botrydium avec lesquels on les a confondus. La cellule, quand les conditions de vie deviennent mauvaises, se transforme en kystes, de couleur rouge, localisés principalement dans les rhizoïdes. Les kystes, en germant, laissent échapper des gamètes ciliés qui se fusionnent deux à deux et donnent des œufs. Il y a encore isogamie dans le genre Ulothrix (fig. 282), où il peut se produire des éléments mobiles de deux sortes : les uns, gros, naissant en petit nombre dans une cellule, munis de 4 cils, sont de simples spores qu'on distingue par le nom de macrozoospores ; dans d'autres cellules naissent, plus nombreuses, des zoospores plus petites, des microzoospores, qui sont des isogamètes, car elles se fusionnent deux à deux pour constituer des œufs.

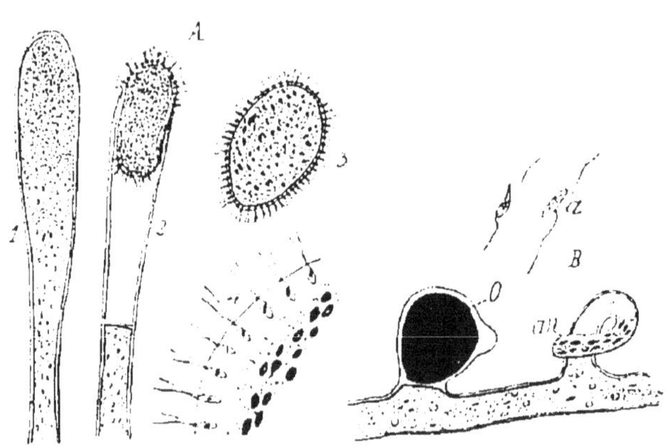

Fig. 283. — Vaucheria. A : 1 et 2, formation de la spore ; 3, spore mise en liberté ; 4, portion grossie de celle-ci. — B, fécondation : *o*, oosphère *an*, anthéridie ; *a*, anthérozoïdes.

Il y a hétérogamie avec oosphère fixe et anthérozoïde dans le g. Vaucheria : une protubérance se produit sur un filament (fig. 283) ; elle est remplie de protoplasma et de noyaux ; mais ces derniers, sauf un, gagnent la périphérie de la protubérance et repassent dans le filament. Une cloison isole alors la cavité de la protubérance, dont l'ensemble est un oogone, et le contenu uninucléé, une oosphère. L'oogone émet par un point de sa surface, au moment de la maturation de l'oosphère, de la substance gélatineuse, destinée à attirer les anthérozoïdes. Ceux-ci naissent en grand nombre dans une anthéridie qui s'est formée dans le voisinage par un processus semblable à celui qui produit l'oogone, mais ici les noyaux ne sont point expulsés et chacun devient le centre de formation d'un anthérozoïde réniforme dont les deux cils s'insèrent latéralement dans la dépression simulant un hile. L'anthéridie (*cornicule* des anciens) affecte le plus souvent l'apparence d'un tube recourbé. L'œuf s'entoure d'une membrane, devient rouge et passe à l'état de vie latente. Lors de la germination, il donne directement naissance à un filament de Vaucheria.

Ailleurs (Œdogonium, etc.), la reproduction sexuée s'accompagne de générations alternantes : de l'œuf sortent des tomies (ou spores de passage, p. 202) qui affectent ici la forme de zoospores et qui régénéreront des individus sexués.

375. Classification. — Les Chlorophycées renferment un grand nombre de familles que l'on peut répartir dans les trois groupes suivants :

1° **Protococcoïdées**, thalle unicellulaire (*Protococcus*, *Chlorochytrium*, *Endosphæra*, etc.) ;

2° **Siphonées**, thalle pluricellulaire, non cloisonné (*Botrydium*, *Caulerpa*, *Codium*, *Vaucheria*, etc.) ;

3° **Confervoïdées**, thalle cloisonné en articles ou en cellules (*Ulothrix*, *Cladophora*, *Ulva*, *Œdogonium*, etc.).

B. PHÉOPHYCÉES

Les Phéophycées, ou *Algues brunes*, ont un pigment, la phycophéine, surajouté à la chlorophylle, en vertu duquel le maximum d'absorption de l'anhydride carbonique a lieu dans le vert.

Ces végétaux habitent généralement la mer.

376. Appareil végétatif. — Le thalle est très variable ; il est tantôt filamenteux et ramifié (Ectocarpus), tantôt massif. Il peut acquérir, dans ce dernier cas, les formes les plus complexes et parfois des dimensions gigantesques (jusqu'à 300 mètres de longueur dans les Macrocystis). Ces végétaux ont fréquemment l'aspect de végétaux supérieurs, aspect dû à la différenciation externe du thalle en un organe de fixation (crampons rhizoïdes) et en une partie cylindrique (pseudo-tige) supportant des expansions foliacées, et même des organes fructifères simulant une inflorescence (Anthophycus).

Le thalle est cellulaire, et chaque cellule renferme un noyau et des phéoleucites inclus dans le protoplasma. La cellule ne renferme pas d'amidon, mais des matières sucrées (mannite). Chez un grand nombre de ces Algues, la paroi se divise en deux parties, l'une externe gélatineuse, l'autre interne membraneuse. Les tissus parenchymateux qui constituent le thalle massif de ces végétaux se divisent en une portion corticale et en une portion centrale. Les tissus formés continuent à s'accroître par la prolifération des éléments, surtout de ceux de la zone corticale. Les cellules les plus internes de la partie corticale se transforment parfois en une zone cambiale (Laminaires). L'accroissement en longueur se fait à l'aide d'un point végétatif constitué tantôt par une seule cellule, tantôt par plusieurs cellules terminales.

On a signalé chez les Laminaires des sortes de tubes criblés et des canaux sécréteurs.

377. Reproduction. — La *reproduction asexuée* manque chez les Fucacées ; ailleurs elle se fait par spores dépourvues d'organes de locomotion (Dictyotacées), ou par zoospores, le plus souvent réniformes, à deux cils latéraux s'insérant dans la dépression.

La *reproduction sexuée* se fait par isogamie avec gamètes mobiles (*Ectocarpus siliculosus*), ou par hétérogamie avec gamètes mobiles (*Ectocarpus secundus*, *Zanardinia collaris*) ou avec gamètes sans cils vibratiles (Dictyotacées), ou enfin avec oosphère non fixée, mais dépourvue d'appareil locomoteur, et anthérozoïde cilié (Fucacées, p. 200).

La germination se fait toujours directement et immédiatement.

378. Classification. — Les Phéophycées renferment

un assez grand nombre de familles que l'on peut réunir dans les trois groupes suivants :

a) **Phéosporées** : végétaux ayant des zoospores et des gamètes mobiles à deux cils placés latéralement (*Ectocarpus, Laminaria, Macrocystis*) ;

b) **Fucacées** : ni spores, ni zoospores. Œuf formé par une oosphère libre, mais sans appareil locomoteur. Anthérozoïdes à deux cils latéraux (*Himanthalia, Fucus, Sargassum, Anthophycus*) ;

c) **Dictyotacées** : des tétrasporanges ; anthérozoïdes et oosphère sans appareil locomoteur (*Padina, Dictyota*).

5. CLASSE DES RHODOPHYCÉES

Les Rhodophycées sont ainsi appelées à cause de la coloration généralement rouge de leur thalle : cette teinte, plus ou moins vive, leur a valu le nom de Floridées, par lequel on les désigne communément. Ces végétaux possèdent, en effet, un pigment rouge surajouté à la chlorophylle, la *phycoérythrine*. Mais la proportion de ce pigment est parfois si faible que l'algue conserve une teinte verdâtre (Batrachospermum, etc.).

Les Algues rouges sont abondantes dans la mer, à des profondeurs diverses; ce sont les seules que l'on rencontre dans les grandes profondeurs. Quelques-unes habitent aussi les eaux douces.

379. Appareil végétatif. — Le thalle affecte les formes les plus diverses : celui des Bangia est formé de filaments simples; celui des Callithamnion est aussi filamenteux, mais ramifié ; les Porphyra ont un thalle membraneux ; quand il est massif (Chondrus, etc.) le thalle présente des formes très variées et souvent complexes, ayant parfois le port d'un végétal supérieur.

La structure de l'appareil végétatif est toujours cellulaire. Chez un grand nombre de ces végétaux, on connaît depuis longtemps de larges ponctuations criblées dans la paroi mettant en relation entre elles les cavités cellulaires. Chaque cellule renferme un noyau, des érythroplastides et des granulations d'amylodextrine. La membrane se gélifie facilement : c'est du thalle de ces Algues que l'on extrait, par l'eau bouillante, la gélose ou agar-agar ; ailleurs, elle s'incruste de calcaire qui donne au thalle une consistance pierreuse, faisant ressembler ces végétaux à du corail (Corallina), ou à une pierre (Lithothamnion).

380. Reproduction. — Certains de ces végétaux produisent des propagules (Monospora, etc.), mais la multiplication végétative est rare chez eux.

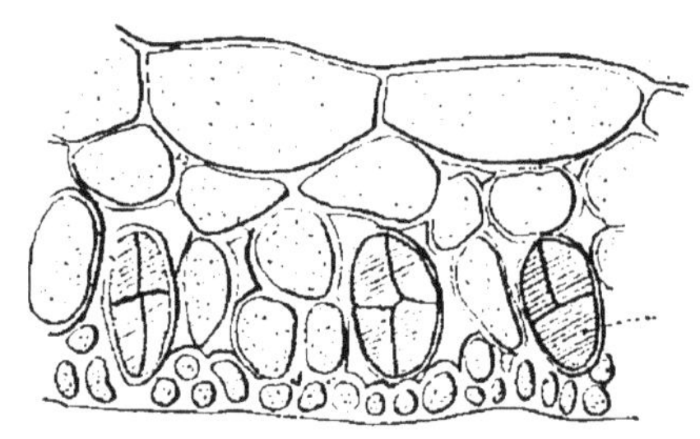

Fig. 284. — Formation des spores à l'intérieur du thalle (Chrysymenia).

Les spores de ces végétaux sont toujours dépourvues d'organes locomoteurs. Elles naissent généralement dans des sporanges (*tétrasporanges*) dont le contenu se divise pour produire quatre spores, soit par trois cloisons parallèles et superposées (Corallina), soit par deux cloisons cruciales en quatre quartiers, soit enfin de façon à ce qu'elles se placent selon les pointes d'une tétraèdre. Les tétrasporanges, qui se forment souvent sur des thalles spéciaux, différents de ceux qui donnent des œufs (*Chondrus polymorphus*), se développent à l'extrémité des courts rameaux latéraux quand le thalle est filamenteux, à l'intérieur du thalle quand celui-ci est massif (fig. 284). Ailleurs, enfin, les tétrasporanges se forment au fond de conceptacles en forme de bouteille (Corallina, fig. 285).

Le reproduction sexuée se fait, comme nous l'avons indiqué (p. 201), par hétérogamie avec oosphère fixe et pollinide. L'œuf donne naissance à des spores de passage (tomies) dont l'ensemble constitue le *cystocarpe.* Il y a donc ici alternance de générations.

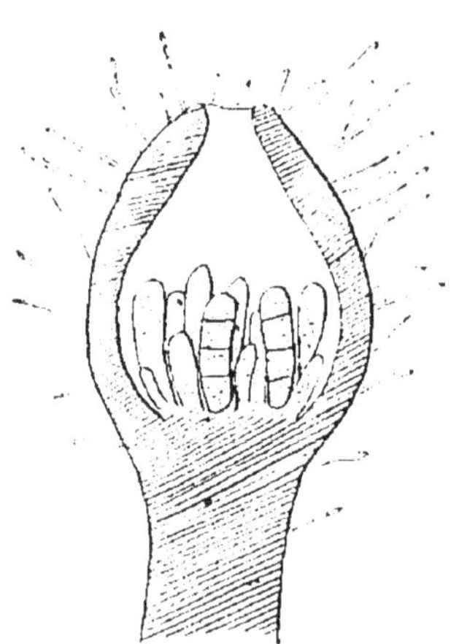

Fig. 285. — Corallina. Conceptacle renfermant les tétrasporanges.

Dans les Batrachospermum et les Némation, l'œuf donne directement naissance au cystocarpe. Mais ailleurs (Cryptonémiacées), le cystocarpe ne procède pas directement de la cellule-œuf ; celle-ci pousse un certain nombre de tubes connecteurs qui se mettent en relation avec d'autres filaments, et au point de contact se développent des touffes de spores, formant un appareil cystocarpique diffus. Plus souvent, l'oosphère fécondée vide son contenu dans une cellule voisine, *cellule auxiliaire* qui donne immédiatement le cystocarpe (Griffithsia), ou bien des filaments connecteurs produisant un cystocarpe diffus.

D'après le mode de formation de l'œuf, on divise les Floridées en cinq ou six familles : *Bangiacées*, *Némaliacées*, *Cryptonémiacées*, *Céramiacées*, *Gigartinacées*, *Rhodyméniacées*.

6. CLASSE DES CHARACÉES

La place de ces végétaux dans la classification est très discutée. Ils constituent un groupe très ancien qui n'est plus représenté que par quatre genres dont les deux principaux, Chara et Nitella, habitent les eaux douces peu courantes.

381. Appareil végétatif. — Les Characées (fig. 286) ont l'aspect de végétaux supérieurs : fixées au sol par un appareil rhizoïde, elles montrent un axe cylindrique, la tige, formée d'entre-nœuds longs alternant avec des nœuds très courts ; sur ces nœuds s'insèrent des appendices disposés en verticilles, que l'on regarde comme des feuilles, parce que certains d'entre eux ont des bourgeons à leur aisselle ; mais ils portent eux-mêmes des appendices semblables et verticillés qu'on nomme folioles.

Dans les Nitella, les entre-nœuds sont formés par une seule cellule qui s'allonge sans se cloisonner, mais elle multiplie ses noyaux. Le nœud y est également formé à l'origine par une seule cellule, mais celle-ci se cloisonne longitudinalement pour former un disque transversal dont les cellules périphériques constituent les initiales des feuilles. Dans les Chara, l'entre-nœud n'est plus nu ; il se revêt d'une sorte de cortication par le procédé suivant : les cellules basilaires des feuilles émettent, en haut et en bas, un tube qui s'applique sur l'entre-nœud et s'accole latéralement avec les voisins. En s'allongeant, ceux qui montent rencontrent ceux qui descendent et ils se soudent entre eux (fig. 286, B). Les parois se calcifient chez les Chara et les Lychnothamnus.

Les cellules externes du nœud inférieur de la tige principale se développent en longs poils hyalins, ramifiés et cloisonnés çà et là, qu'on appelle *rhizoïdes*.

382. Reproduction. — Les Characées se multiplient par des rameaux qui se détachent de la plante mère, ou par des sortes de tubercules formés par des nœuds souterrains. Elles ne produisent pas de spores.

Les œufs naissent par hétérogamie. L'anthéridie est un petit organe sphérique, rouge à maturité (fig. 286, C, *a*).

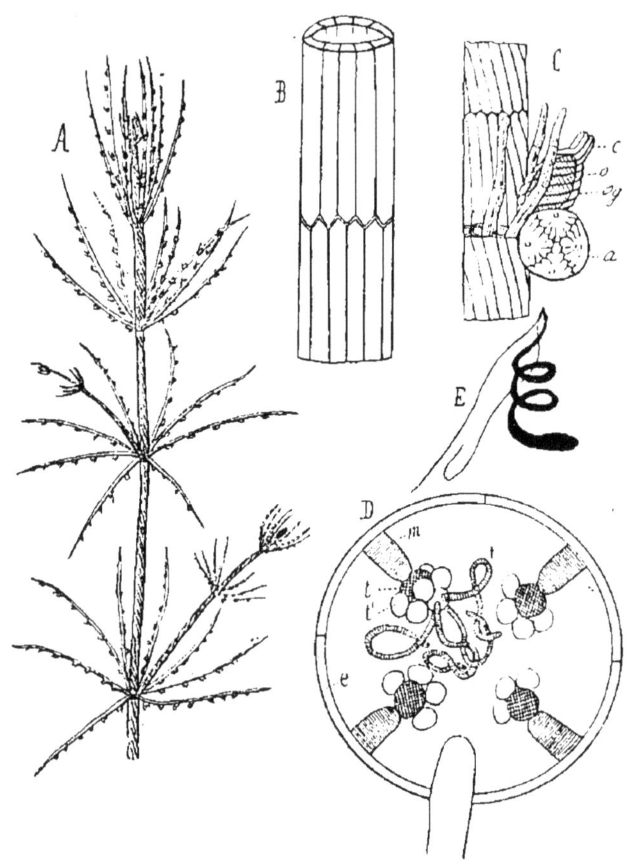

Fig. 286. — A, un rameau de Chara. — B, portion d'une tige montrant la cortication. — C, insertion de l'oogone *o*, et de l'anthéridie *a*. — D, schéma d'une coupe longitudinale de l'anthéridie. — E, anthérozoïdes.

Cet appareil (D), supporté par un pied, a une paroi formée par huit cellules aplaties (*écussons*, *e*) limitant une cavité. Chaque écusson porte sur le milieu de sa face interne une cellule allongée, en forme de manche de fouet, appelée *manubrium* (*m*). Chacun des huit manubriums se termine par une cellule arrondie ou *tête primaire* (*t*) portant à son extrémité six *têtes secondaires* (*t'*), disposées en verticilles. Sur chaque tête secondaire naissent quatre filaments (*f*) cloisonnés en 100 ou 200 cellules, dans chacune desquelles naît un anthérozoïde spiralé, muni de deux cils (E).

L'appareil femelle peut être assimilé à un rameau court et cortiqué (comme ceux des Chara), dont la dernière cellule internodale, considérablement développée, deviendra l'oosphère (C, *o*). Les tubes corticaux dépassent l'oosphère et, en se cloisonnant au-dessus d'elle, y forment un petit appareil, la *coronule* (*c*), entre les cellules de laquelle passeront les anthérozoïdes pour amener la fécondation. Les orifices de pénétration se trouvent non au sommet mais à la base de la coronule, entre celle-ci et les tubes de cortication.

L'œuf s'entoure d'une membrane cellulosique doublée par la paroi interne des tubes corticaux qui s'est lignifiée et a bruni fortement. L'œuf passe par une période de vie latente avant de germer. Il se cloisonne en deux cellules inégales, dont la plus grande contient des matières de réserve, tandis que la petite se divise pour former deux cellules qui donnent l'une un rhizoïde, l'autre un appareil filamenteux, un *proembryon*, sorte de protonéma, sur lequel se développera la plante feuillée.

IX. — TROISIÈME EMBRANCHEMENT

MUSCINÉES

383. Caractères généraux. — Les Muscinées constituent un groupe de végétaux peu homogène : c'est ainsi que, chez les individus les plus élevés en organisation (Mousses), l'appareil végétatif est différencié en une tige dressée portant des feuilles, et rappelle celui des végétaux supérieurs, tout en s'en distinguant par l'exiguité de la taille et surtout par le manque de racines ; tandis que, chez les représentants les moins parfaits de ce groupe (certaines Hépatiques), cet appareil ne consiste qu'en un véritable thalle. Ces derniers servent donc de transition entre les Thallophytes et les Mousses.

La structure du thalle des Muscinées est ordinairement fort simple : c'est parfois même une simple expansion membraneuse réduite à une seule assise de cellules (Anthoceros) ; cependant elle acquiert une différenciation assez grande dans les Marchantia, où le thalle est massif. L'axe feuillé des Mousses a aussi une structure très simple ; elle est cellulaire en général, bien que nous ayons vu déjà (p. 137) qu'il pouvait y exister un rudiment d'appareil circulatoire.

L'évolution de ces végétaux se fait par le moyen de générations alternantes (p. 202), ressemblant à celle de certaines Floridées (p. 201). L'œuf produit un fruit (*une capsule*) générateur de ces spores que nous avons désignées sous le nom de *tomies*, et qui sont chargées de la dissémination de l'espèce.

Les Muscinées se divisent en deux sous-embranchements : 1° celui des **Hépatiques**, plantes qui ont pour appareil végétatif un thalle, plus souvent qu'une tige feuillée, mais en tout cas une structure dorsiventrale et un protonéma rudimentaire ; le sporogone y reste inclus dans l'archégone jusqu'à la maturité des spores ; 2° celui des **Mousses**, où l'on trouve une tige feuillée à symétrie axiale, un protonéma bien développé, un sporogone qui déchire de bonne heure l'archégone pour devenir libre en entraînant la partie supérieure de cet organisme, laquelle persiste et constitue la *coiffe*. Seule, la capsule est recouverte d'un épiderme, porteur de véritables stomates, qu'on ne rencontre que sur cet organe et chez les Muscinées seulement.

1° SOUS-EMBRANCHEMENT DES

HÉPATIQUES

Végétaux vivant dans les lieux humides, appliqués sur les substratums les plus divers par des poils rhizoïdes et entremêlés souvent à des Mousses qui leur procurent un abri frais et ombragé. Quelques-uns sont aquatiques et flottants (*Riccia natans* et *R. fluitans*).

384. Appareil végétatif. — Les Hépatiques ont un appareil végétatif qui présente toutes les transitions entre celui des Thallophytes et celui des végétaux supérieurs munis d'une tige feuillée, mais elles ne possèdent jamais de racines. Le thalle ou *fronde* de certaines Hépatiques est, en effet, une simple lame verte, arrondie, à contours plus ou moins sinueux (Anthoceros, Pellia). Des poils rhizoïdes, épars, insérés sur la face inférieure, maintiennent ce thalle appliqué contre le sol ; ces organes, prolongements incolores des cellules de la face inférieure du thalle, en plus de la fixation, jouent aussi le rôle de poils absorbants. Le thalle de Metzgeria, Aneura, etc., est rubané et dépourvu de feuilles ; il présente une sorte de côte le long de la ligne médiane, sur laquelle se localisent les poils rhizoïdes. On rencontre fréquemment soit une (Diplolæna), soit deux rangées (Marchantia, Lunularia) de petites lames insérées obliquement sur la nervure, dans lesquelles on voit les premiers indices des organes appendiculaires, bien conformés dans les espèces qui possèdent une tige. La différenciation de l'appareil végétatif s'accentue par la découpure plus ou moins profonde (Blasia) des bords du thalle rubané, qui prend, par suite, l'aspect d'une tige rampante supportant deux rangées d'appendices foliacés, disposés parallèlement à l'axe. Dans les Jungermannia, on trouve une véritable tige à feuilles indépendantes, obliquement insérées sur l'axe, et simplement constituées par de petites lames sessiles. Chez ces végétaux, de même que chez les Madotheca, Frullania, etc., on observe une troisième rangée de feuilles sur la face inférieure de la tige, mais celles-ci sont ordinairement différentes des feuilles latérales : on les désigne sous le nom d'*amphigastres*.

La différenciation en tige et feuilles est ici manifeste,

mais cette tige est rampante et a une symétrie bilatérale. On observe très rarement dans ce groupe (Haplomitra) des tiges dressées avec symétrie axiale, alors que ce fait devient caractéristique des Mousses.

La structure du thalle est parfois assez différenciée. Chez les Marchantia, Lunularia, etc., sa face supérieure est divisée en losanges assez réguliers ; en leur centre l'assise périphérique est percée d'un orifice bordé d'un appareil cellulaire tout spécial aux Hépatiques, mettant en communication l'extérieur avec une lacune sous-épidermique, dont l'étendue correspond à celle du losange. Ces chambres à air sont tapissées par des filaments confervoïdes gorgés de chlorophylle. Au-dessous des cryptes aérifères, le thalle est constitué par un parenchyme sans méats et sans chlorophylle, dont les cellules extérieures émettent les poils rhizoïdes. Quand il existe une nervure, les cellules qui la constituent sont allongées dans le sens de cette nervure et c'est à la surface que se localisent les poils rhizoïdes et les lames transversales : il est permis de voir dans cette organisation une première ébauche d'un tissu conducteur.

La tige des Hépatiques est formée d'un parenchyme homogène, sans épiderme nettement différencié. La lame des feuilles est réduite à un seul plan de cellules.

385. Multiplication. — La multiplication se fait au moyen de *propagules* (p. 187). Les propagules sont de petites lames vertes, pluricellulaires et bilobées, fixées par un court pédicelle dans des sortes de conceptacles, en forme de cupule (Marchantia, fig. 114), de croissant (Lunularia) ou de bouteille (Blasia), portés par la face supérieure du thalle. Ces corps placés sur le sol humide y germent, et produisent au niveau des échancrures deux thalles nouveaux. Les propagules sont parfois moins complexes et formés par de simples cellules qui se détachent des bords du thalle (Madotheca).

386. Reproduction sexuée. — Elle se fait comme il est dit § 191. Les anthéridies et les archégones sont diversement disposés, soit sur le même sujet, soit sur des sujets différents. Ils naissent, chez les Marchantia, Lunularia, etc., sur des réceptacles en forme de disque, portés par un pédicelle qui s'insère au niveau des échancrures du thalle (fig. 287 et 288). Dans les Marchantia, le plateau qui porte les anthéridies a un bord presque entier, simplement ondulé. Les anthéridies sont logées dans des cryptes creusées à sa face supérieure ; portées par un court pédicelle, elles constituent à la maturité des sacs dont la paroi n'est formée que par une seule

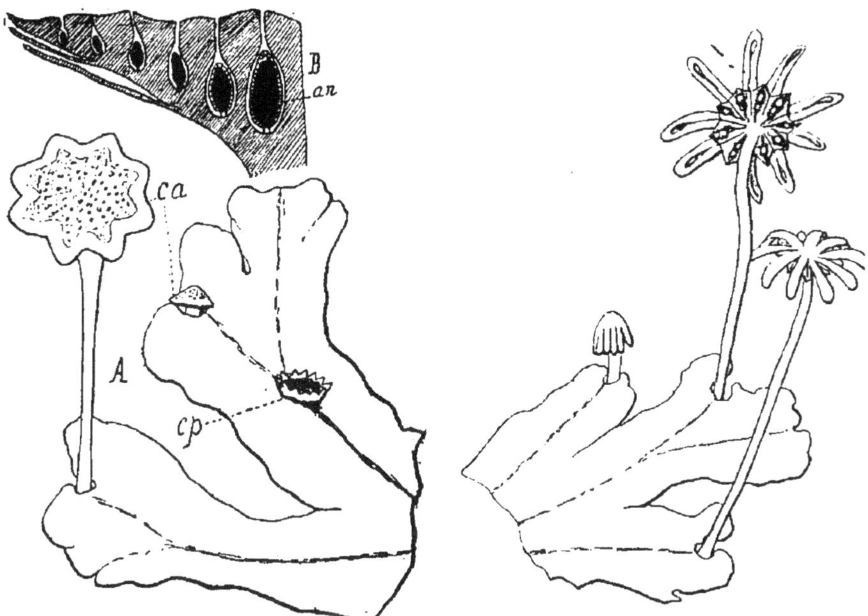

Fig. 287. — Marchantia. — A, portion du thalle avec réceptacles mâles *ca*, et corbeilles à propagules *cp*. — B, coupe verticale de l'appareil mâle : *an*, anthéridies.

Fig. 288.— Portion d'un thalle de Marchantia avec réceptacles à archégones.

assise de cellules; les anthérozoïdes forment alors le contenu du sac. Le disque qui porte les archégones est profondément découpé en 8 à 10 lobes; les archégones naissent à la face supérieure du disque, mais ils sont progressivement refoulés par sa croissance vers la face inférieure, où ils se logent dans les intervalles des lobes, groupés et protégés par un repli du réceptacle appelé *périchèze* ; chaque archégone est lui-même entouré d'un repli circulaire auquel on donne le nom de *périanthe*. Ailleurs, les organes sexués se forment dans des cavités creusées dans le thalle et s'ouvrent à sa face supérieure (Riccia). Les cavités à anthéridies sont closes à l'origine, dans les Anthoceros, mais se déchirent sur le tard pour la mise en liberté des anthérozoïdes. Dans les formes feuillées les anthéridies et les archégones naissent à l'extrémité des tiges ou de certaines ramifications à feuilles étroitement imbriquées et souvent colorées; les anthéridies pédicellées sont placées en petit nombre (1 à 3) à l'aisselle des feuilles ; les archégones, isolés ou groupés en petit nombre, sont terminaux ou latéraux. Les feuilles qui entourent les archégones leur constituent une sorte d'involucre, un *périchèze*, et chaque archégone est lui-même entouré d'un repli membraneux constituant le *périanthe*.

Les anthéridies et les archégones ont la même constitution que chez les Mousses (p. 203), et les anthérozoïdes sont également munis de deux cils vibratiles. L'œuf qui résulte de la fusion de l'oosphère et d'un anthérozoïde se développe immédiatement en un sporogone dans l'intérieur même de l'archégone. Arrivé à maturité, le sporogone des Marchantia (fig. 289) développe un court pédicelle et déchire supérieurement l'archégone pour se faire passage ; l'archégone fendu demeure à la base, formant une petite coupe appelée *coiffe*. Le sporange est une sorte de sac sphérique formé d'une seule assise de cellules entourant la masse des spores. Chez les Marchantia, les spores sont entremêlées de cellules allongées, rayonnant de la base vers le sommet du sporange et munies de quelques bandes d'épaississement spiralées ; ces organismes, appelés *élatères*, servent à la dissémination des spores et jouent le même rôle que les filaments du capillitium des Myxomycètes. Dans les Riccia (fig. 290), la capsule sphérique reste enfermée dans le thalle : elle est sessile et ne renferme que des spores. Le tissu central du sporogone demeure stérile chez les Anthoceros et constitue une columelle (fig 291) ; les spores, sans élatères, sont localisées entre cette columelle et la couche périphérique. Dans les Jungermanniacées, le sporogone contenant des spores et des élatères, après avoir percé la coiffe, est dégagé de son enveloppe de feuilles par la production d'un long pédicelle.

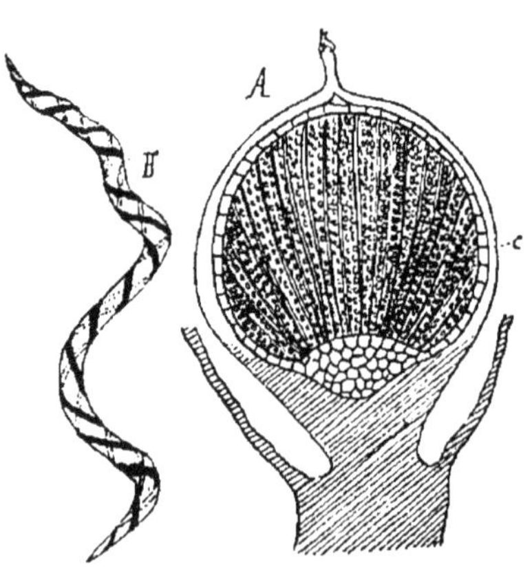

Fig. 289. — A, sporogone de Marchantia, encore protégé par l'archégone. — B, élatère.

Le sporogone s'ouvre de façons diverses : il s'ouvre par déchirure irrégulière ou par fente circulaire chez les Marchantiacées ; il se partage longitudinalement en deux valves dans les Anthoceracées (fig. 291), en quatre valves dans les Jungermanniacées (fig. 292).

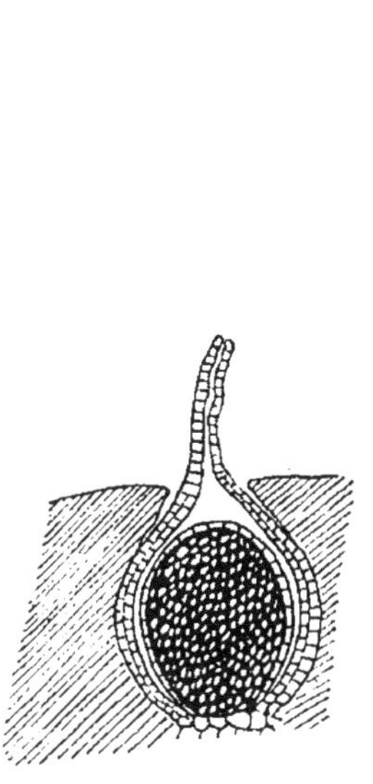
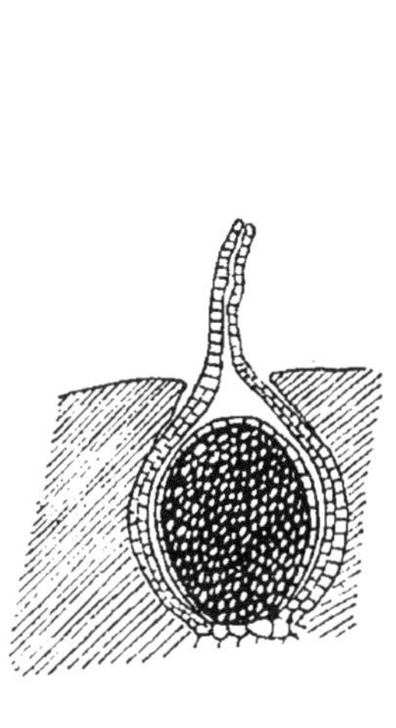

Fig. 290.— Sporogone de Riccia.

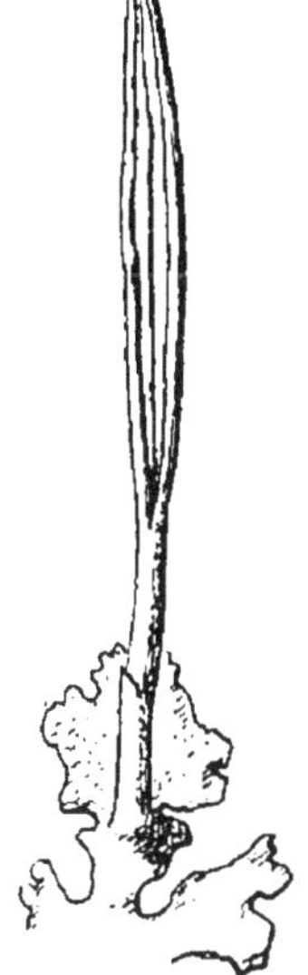

Fig. 291.— Sporogone d'Anthoceros.

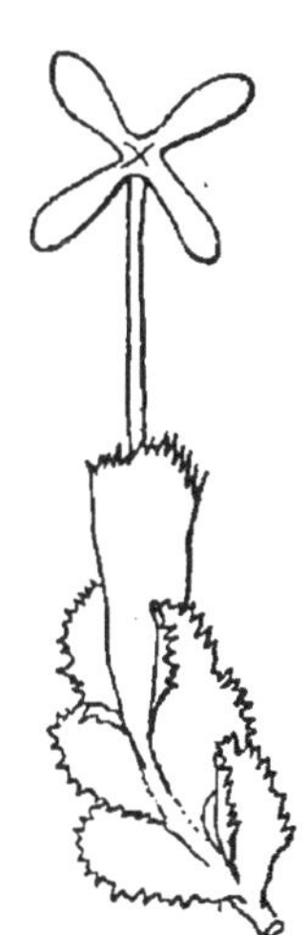

Fig. 292.— Sporogone de Jungermanniacée (Plagiochila).

Les spores, nées par quatre dans leurs cellules-mères, à la façon des grains de pollen, sont munies d'une double paroi : l'externe est cutinisée, l'interne cellulosique. Elles germent sur le sol en donnant un protonéma rudimentaire, réduit à quelques filaments ou à une petite lame pluricellulaire, sur lequel se développe l'appareil végétatif.

387. Classification. — On divise les Hépatiques en deux classes et quatre familles en se fondant sur les caractères suivants :

Capsule à déhiscence	apicale, transversale ou nulle. **Marchantiales :** capsule	sans pédicelle, ni élatères	Ricciacées.
		à pédicelle court et élatères..................	Marchantiacées.
	longitudinale. **Jungermanniales :** capsule s'ouvrant	en 4 valves ; pédicellée, avec élatères.........	Jungermanniacées.
		en 2 valves ; sessile, sans élatères..............	Anthocéracées.

2° SOUS-EMBRANCHEMENT DES

MOUSSES

Végétaux de petite taille en général, variant de un ou deux millimètres (Archidium, Phascum) à quelques décimètres (Fontinalis), et poussant le plus souvent en touffes serrées qui recouvrent des espaces parfois considérables.

388. Habitat. — On rencontre les Mousses dans les lieux les plus divers : eaux courantes (Fontinalis) ; eaux stagnantes (Sphagnum, divers Hypnum) ; les unes préfèrent les endroits secs (Barbula, Grimmia) et recouvrent les murs, les toits, les troncs d'arbres, les rochers, tandis que d'autres s'accommodent mieux des situations ombragées et humides (lieux bas, sol des forêts, etc.). Beaucoup de ces végétaux sont indifférents à la nature du support, mais il en est qu'on ne rencontre qu'en terrain siliceux (*Polytrichum piliferum*), d'autres qu'en terrain calcaire (Gymnostomum). Les uns ne vivent que sur le bois mort, les autres que sur les écorces, etc. Les Mousses succèdent comme végétation aux Lichens et contribuent puissamment à la formation du premier humus.

Fig 293. Atrichum.

389. Appareil végétatif. — L'appareil végétatif, parfois annuel (Phascum, Ephemerum), mais plus souvent vivace, est formé d'une tige feuillée dressée (fig. 293), fixée au sol par des poils rhizoïdes et accompagnée fréquemment de tiges souterraines.

La tige des Mousses se distingue nettement de celle des Hépatiques en ce qu'elle est généralement dressée et devient par ce fait même symétrique par rapport à un axe. La tige des Mousses est tantôt simple, tantôt ramifiée ; dans le premier cas, elle est parfois réduite à un ou deux millimètres de hauteur, mais en général, elle atteint plusieurs centimètres ; quand elle se ramifie, ses dimensions peuvent devenir plus considérables et acquérir plusieurs centimètres de longueur, même jusqu'à un mètre dans les espèces aquatiques (Cinclidotus, Fontinalis). Dans tous les cas, son diamètre dépasse rarement un millimètre.

Dans une espèce donnnée les tiges principales se terminent toujours, soit par des organes reproducteurs, soit par un bourgeon. Les premières de ces espèces sont dites *déterminées*, et, comme le fruit semble tirer son origine de l'extrémité même de la tige, ces Mousses sont dites *acrocarpes* Les autres ont des axes *indéterminés* ; chez elles les organes de la reproduction ne se développent jamais que sur les rameaux latéraux : ce sont des Mousses *pleurocarpes*. C'est dans ces derniers végétaux que la ramification est la plus abondante. Les rameaux ne naissent pas ici à l'aisselle des feuilles, mais au-dessous d'elles. Lorsque la Mousse acrocarpe est annuelle, la tige reste simple, mais, lorsqu'elle est vivace, des ramifications latérales, appelées *innovations*, en continuent la végétation.

Beaucoup de Mousses sont vivaces, principalement les Pleurocarpes, mais, au lieu de s'allonger indéfiniment, la partie inférieure de la tige de ces végétaux se détruit au fur et à mesure que le sommet s'accroît ; il en résulte la formation d'une couche d'humus qui atteint dans certaines conditions une épaisseur considérable : c'est ainsi que se constitue, dans les régions marécageuses où vivent les Sphagnum, une partie de l'humus qu'on appelle *tourbe*.

La structure et l'accroissement de la tige des Mousses ont été examinés p. 137.

Les *feuilles*, de forme très variable, sont entières ou dentées, rarement incisées Elles s'insèrent toujours largement sur la tige et sont toujours très rapprochées les unes des autres, disposées parfois sur deux rangs, mais le plus souvent sur trois, cinq ou huit. Leur structure a été donnée à la page 177.

Les rhizoïdes, ou poils absorbants, naissent principalement à la base de la tige. Ils se ramifient abondamment dans le sol. Ce sont des tubes cloisonnés, parfois très longs, dont les parties anciennes sont colorées et servent au soutien, tandis que les parties jeunes, incolores, très adhérentes aux particules du sol, servent à l'absorption.

390. Multiplication. — La tige, en se désorganisant constamment par sa base, rend les branches latérales indépendantes ; celles-ci, en produisant des rhizoïdes à leur base, deviennent autant d'individus distincts : c'est là un procédé de multiplication végétative très actif. Les Mousses se multiplient encore par formation de bourgeons sur les rhizoïdes ; ces bourgeons peuvent passer un certain temps à l'état de vie latente, donnant naissance ensuite à une nouvelle plante, en développant d'abord des filaments semblables à ceux d'un protonéma. Des filaments semblables peuvent naître aussi d'une partie quelconque de la plante. Enfin, la multiplication se fait encore par des propagules naissant à la surface de la tige ou des feuilles, et même sur le protonéma.

391. Reproduction sexuée. — Les Mousses se comportent comme les Hépatiques. Elles développent des archégones et des anthéridies. Ces organes sont localisés à l'extrémité des tiges principales, chez les Mousses acrocarpes ; on ne les rencontre que sur les terminaisons des ramuscules, chez les Mousses pleurocarpes. Ils sont entourés par une rosette de feuilles modifiées, par un involucre, qui prend le nom de *périchèze* ou de *périgame* quand il protège des archégones et des anthéridies, de *périgyne* lorsqu'il n'entoure que des archégones, et celui de *périgone* quand il est propre aux organes mâles. Il y a donc des involucres hermaphrodites et des involucres unisexués. Les Mousses à involucres unisexués peuvent être monoïques ou dioïques.

On a vu (p. 203) comment se développent l'archégone et l'anthéridie, l'œuf et l'embryon.

Le sporogone rompt de bonne heure, par la formation de la *soie*, la paroi de l'archégone qui le recouvre et lui constitue une sorte de bonnet, la *coiffe*. Les Sphagnum font exception à cette règle et se comportent comme les Hépatiques : chez eux, le sporogone reste inclus jusqu'à sa maturité dans l'archégone qui se déchire alors irrégulièrement.

La capsule, ou sporogone, est soulevée hors du périchèze, puis supportée par un pédicelle grêle, la *soie*, qui est terminé supérieurement, en son point d'union avec la capsule, par un renflement appelé *apophyse*. Cette soie, plus ou moins longue, demeure rudimentaire chez les Sphagnacées, mais elle est suppléée, chez celles-ci et chez les Andréæacées, par un *pseudopode*, produit par le développement tardif du sommet de la tige. A la maturité, le sporogone présente en son intérieur une chambre circulaire au centre de laquelle on observe le plus souvent une colonne cellulaire centrale, la *columelle*. Chez les Bryales, cette capsule est revêtue à l'extérieur par un véritable épiderme, muni de stomates au niveau de l'apophyse. Deux ou trois assises de parenchyme séparent l'épiderme d'une lacune annulaire, traversée de trabécules de cellules chlorophylliennes. Entre la lacune aérifère et la columelle se trouve le *sac sporifère* (fig. 294). Chez les Sphagnales, la columelle n'atteint pas le sommet du sporogone, et le tissu sporifère se développe sous forme de calotte, au-dessus d'elle (fig. 295). Chez les Phascacées, la paroi de la capsule se détruit irrégulièrement pour mettre les spores en liberté. Chez les Andréæacées, elle se fend longitudinalement en quatre valves (fig. 296); mais le plus souvent, elle s'ouvre

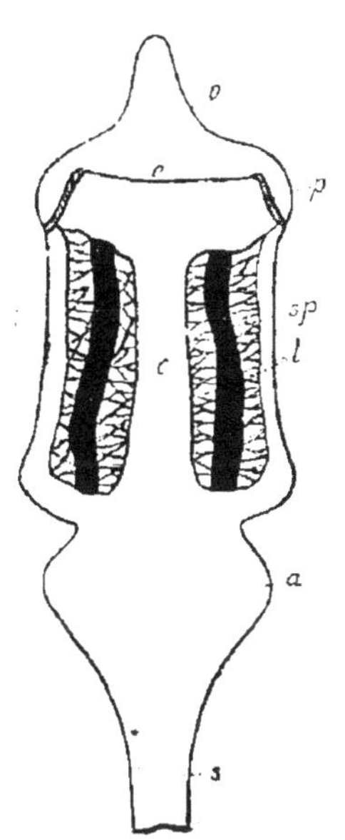

Fig. 294. — Capsule de Polytrichum : *o*, opercule ; *p*, péristome ; *e*, épiphragme ; *sp*, sac sporifère ; *l*, lacune aérifère ; *c*, columelle ; *a*, apophyse.

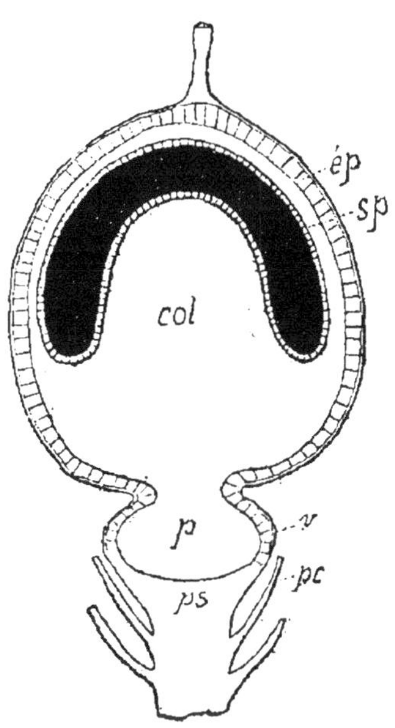

Fig. 295.— Capsule de Sphagnum : *sp.* sac sporifère ; *col.* columelle ; *p.* pédicelle ; *v*, vaginule ; *ps*, pseudopode.

Fig. 296. — Capsule d'Andreæa.

par une fente circulaire qui détache de la partie supérieure une sorte de petit couvercle, l'*opercule*, laissant attachée à la soie la partie inférieure qui renferme les spores et qui constitue l'*urne*. Après la chute de l'opercule, la cavité de l'urne est encore fermée par une assise cellulaire, à parois intégralement épaissies, qui ne tarde pas à se détruire partiellement en produisant un organisme nouveau, le *péristome* (fig. 297) : les portions de ses parois demeurées minces se sont résorbées, tandis que les portions épaissies persistent sous forme de bandelettes rayonnantes disposées sur un cercle unique ou double. Les lamelles du rang externe ou unique sont les *dents*, celles qui sont disposées sur le rang interne, les *cils*. Ces appareils se relèvent, s'entortillent et se déjettent en dehors, sous les influences alternantes de la sécheresse et de l'humidité, dégageant ainsi l'orifice de l'urne, ou bien se rabattent vers l'intérieur, s'opposant ainsi à la dissémination des spores.

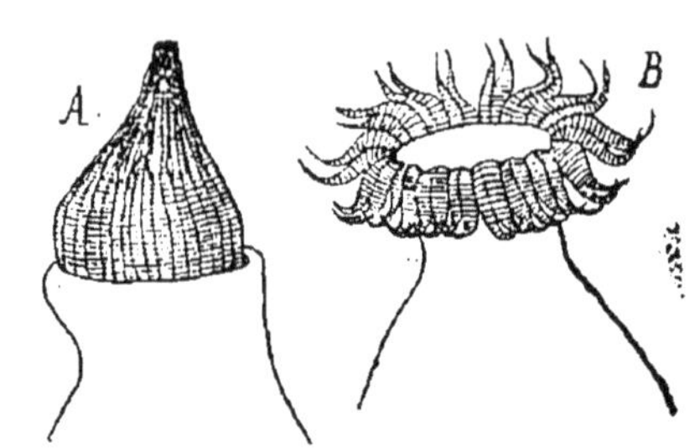

Fig. 297. — Péristome de Fissidens, fermé en A, ouvert en B.

Les spores, arrondies ou tétraédriques, entourées d'une couche cutinisée et munies de chloroleucites, germent après un temps plus ou moins long et donnent naissance au protonéma (p. 202, fig. 129), qui est généralement filamenteux, mais parfois aussi membraneux ou massif, au moins dans certaines conditions de végétation. D'ordinaire, le protonéma vit peu de temps; cependant, dans certaines espèces où la tige est minuscule et de courte durée (Phascum, etc.), il coexiste pendant longtemps avec l'appareil végétatif feuillé. Sur le protonéma naissent çà et là les bourgeons producteurs des axes feuillés.

392. Classification. — On répartit les Mousses en deux classes et quatre familles, en s'appuyant sur les considérations suivantes :

Sporogone	sans soie bien développée, mais avec pseudopode. Sac sporifère en cloche : SPHAGNALES. Sporogone à déhiscence	circulaire . .	**Sphagnacées.**
		valvaire (4 valves) .	**Andréæacées.**
	à soie bien développée, pas de pseudopode. Sac sporifère en tonneau : BRYALES. Sporogone	déhiscent irrégulièrement par destruction de la paroi	**Phascacées.**
		à déhiscence circulaire produisant un péristome	**Bryacées.**

393. Famille des Sphagnacées. — Cette famille est représentée par le seul genre Sphagnum, qui vit dans les marais tourbeux.

Les feuilles, à l'exception des premières, sont formées de deux sortes de cellules, les unes larges et losangiques, incolores, mortes, avec des bandelettes d'épaisissement spiralées, perforées au centre, aquifères : les autres, encadrant les précédentes, tubuleuses, chlorophylliennes. Même différenciation dans la couche externe de la tige. Celle-ci a une croissance indéfinie et porte une ramification très abondante ; elle est dépourvue à l'état adulte de rhizoïdes. Plantes monoïques ou dioïques. Les rameaux mâles portent les anthéridies latéralement et continuent ensuite leur végétation ; les anthéridies sont sphériques et longuement pédicellées. Les archégones se forment au sommet des branches femelles dont elles arrêtent l'accroissement ultérieur. Le sporogone est porté par un *pseudopode*, organisme formé par l'allongement du rameau fructifère lui-même, tandis que le pédicelle reste rudimentaire. Le sporogone demeure inclus dans l'archégone, qui se déchire, à la maturité, d'une façon irrégulière. La cavité sporifère a la forme d'une calotte. La déhiscence du sporogone se fait par un opercule. La spore donne un protonéma filamenteux ou membraneux, selon qu'elle germe dans l'eau ou sur un milieu solide.

394. Famille des Andréæacées. — Les Andreæa sont de petites mousses vivant en société sur les rochers où elles forment de petits îlots bruns ou noirâtres. Tige très ramifiée, à feuilles nombreuses et imbriquées. Anthéridies entremêlées de paraphyses, portées au sommet des branches mâles. Branches femelles terminées par les archégones. Le sporogone, qui sort à peine du milieu des feuilles, est porté par un pseudopode et par un court pédicelle ; il déchire l'archégone et s'en constitue une coiffe. Le tissu sporifère est encore en cloche. Le sporogone déhiscent se divise en quatre valves qui restent unies au sommet et à la base, ressemblant à une petite lanterne (fig. 296). Les spores, mises en liberté, germent en un protonéma membraneux. Genre unique : Andreæa.

395. Famille des Phascacées. — Les plantes de ce groupe sont fréquentes dans les jardins et les terrains cultivés, à sol argilo-calcaire. Tiges réduites à 1-2 millimètres. La structure du sporogone est la même que celle des Bryacées, sauf chez les Archidium, qui n'ont pas de columelle, et dont la capsule se trouve, par là, fort simplifiée.

396. Famille des Bryacées. — Cette famille renferme la plupart des Mousses (350 genres avec 10.600 espèces), et c'est à ces végétaux que s'appliquent la plupart des caractères généraux donnés à propos des Mousses.

Les spores se développent dans une cavité annulaire du sporogone, entourant une columelle centrale et complète. La capsule est portée par un long pédicelle (*soie*) inséré au sommet de l'axe creusé en *vaginule* et souvent terminé par une apophyse sur laquelle sont localisés les stomates. Coiffe en forme d'éteignoir, à bords entiers, ou fendue latéralement. Sporogone de formes très diverses, mais toujours à déhiscence circulaire par la chute d'un opercule, dû à la déchirure d'une zone annulaire de cellules épidermiques et à la différenciation d'un tissu spécial développé entre l'opercule et l'urne et constituant l'*anneau*. Les parois épaissies de ce tissu se gonflent à un moment donné et détachent l'opercule. Le péristome, simple ou double, est très diversement constitué ; il possède un nombre de dents et de cils qui est toujours un multiple de quatre (4, 8, 16, 32, etc.). On donne le nom d'*épiphragme* à un organisme propre à certains genres seulement et formé par une assise cellulaire réunissant les extrémités des dents du péristome après la chute de l'opercule. Protonéma filamenteux.

Les Bryacées se divisent en deux tribus selon la disposition latérale ou terminale des organes reproducteurs.

Sporogones toujours terminaux, portés	à l'extrémité des tiges principales	**Bryées** ou **Mousses acrocarpes** (Bryum, Mnium, Aulacomnium, Bartramia, Polytrichum, Barbula, Dicranum, Orthotrichum, Buxbaumia, Funaria, Grimmia, etc.).
	à l'extrémité des rameaux latéraux.	**Hypnées** ou **Mousses pleurocarpes** (Hypnum, Neckera, Fontinalis, Leskea, etc.).

X. — QUATRIÈME EMBRANCHEMENT

CRYPTOGAMES VASCULAIRES

397. Caractères généraux. — Les plantes que renferme cet embranchement, telles que les Fougères, les Prêles et les Lycopodes, ont un appareil végétatif nettement différencié en *racine*, *tige* et *feuilles*. Ces organes sont pourvus d'un appareil circulatoire libéro-ligneux. La présence d'une racine, de vaisseaux libériens et de vaisseaux ligneux bien caractérisés, rapproche ces plantes des Phanérogames et les sépare des Muscinées, qui sont toujours dépourvues de racines et qui ne possèdent que des rudiments de vaisseaux chez les individus les plus parfaits. La reproduction sexuée se fait avec hétérogamie et alternance de générations : la génération asexuée produit des diodes qui engendrent des prothalles sexués (p. 205). Les phénomènes de la reproduction accentuent encore, comme on l'a vu (p. 202-205), la différence entre les Muscinées et les Cryptogames vasculaires. On a vu également (p. 208 et suiv.) que les Cryptogames vasculaires, bien que *dépourvues de fleurs*, ce qui les distingue nettement des Phanérogames, ont cependant, par leur mode de reproduction sexuée, des affinités très certaines avec ces derniers végétaux.

La racine ne possède généralement que deux faisceaux ligneux à formation centripète, en contact avec le péricycle, et deux faisceaux libériens. Elle est dépourvue de formations libéro-ligneuses secondaires. Elle prend naissance de l'un des quatre segments primitifs de l'œuf. Son point végétatif, sauf chez les Lycopodiacées et les Isoétacées qui sont triacrorhizes, est formé par une cellule unique. Ce caractère de la racine d'être monacrorhize, distingue nettement les Cryptogames vasculaires des Phanérogames qui sont triacrorhizes. La tige a une structure très variable (p. 137). Elle ne renferme pas de formations secondaires, sauf chez les Botrychium, Isoetes et Lépidodendrées-diploxylées. Les vaisseaux sont ordinairement imparfaits, spiralés, annelés ou scalariformes aréolés.

398. Classification. — On divise les Cryptogames vasculaires actuelles en trois sous-embranchements, d'après les caractères suivants :

Ramification	latérale et isolée. Feuilles très développées	**Filicinées.**
	verticillée. Feuilles rudimentaires rassemblées en gaines.	**Equisétinées.**
	dichotomique, au moins en apparence. Feuilles petites.	**Lycopodinées.**

1° SOUS-EMBRANCHEMENT DES

FILICINÉES

399. Caractères généraux. — Les Filicinées sont des végétaux des lieux humides et ombragés, de taille très variable, les uns vivaces à tige souterraine (fig. 298), les autres ligneux, à tronc unique, terminé par une couronne

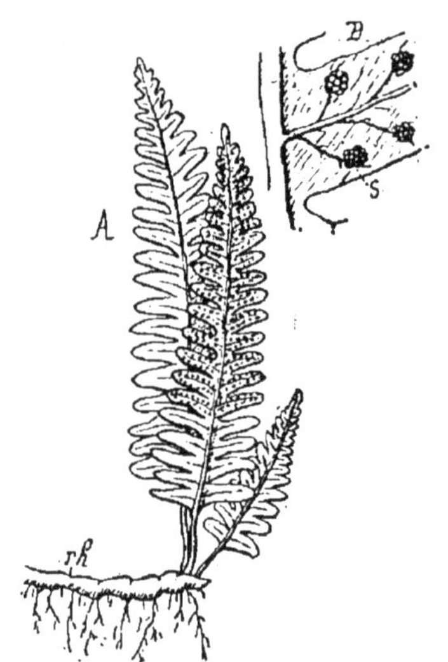

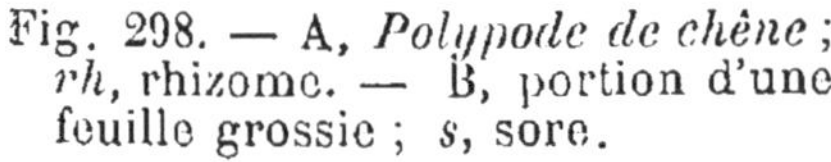
Fig. 298. — A, *Polypode de chêne* ; *rh*, rhizome. — B, portion d'une feuille grossie ; *s*, sore.

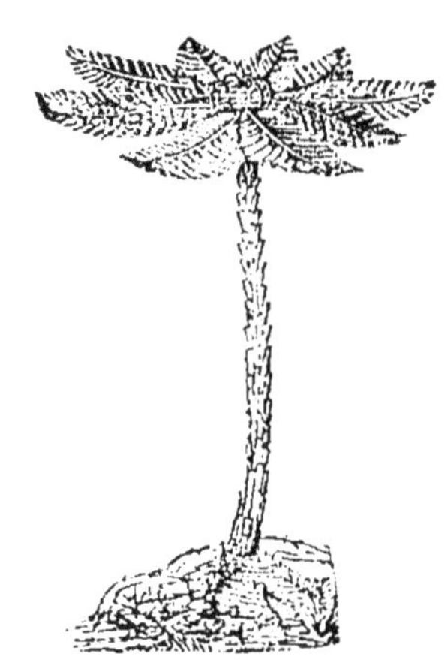
Fig. 299. — *Dicksonia arborescens* (Exemple de fougère en arbre).

de feuilles (fig. 299). Leur tige, munie de feuilles alternes, circino-involutées, parfois très développées, notamment dans les Fougères arborescentes, donne naissance à des racines adventives très abondantes, formant parfois un feutrage épais à sa surface. L'accroissement terminal de tous ces organes se fait par une cellule-mère unique. Les racines, lorsqu'elles portent des radicelles, les développent, quel que soit le nombre des faisceaux vasculaires, vis-à-vis de ces faisceaux et aux dépens d'une cellule endodermique. La ramification de la tige, toujours latérale lorsqu'elle se produit, s'observe rarement, tout au moins dans les espèces ligneuses.

Les sporanges se forment aux dépens d'une, quelquefois de plusieurs cellules épidermiques, le plus souvent sur le bord ou à la face inférieure des feuilles ordinaires (frondes), parfois sur des feuilles plus ou moins ou même complètement modifiées. Ils sont généralement localisés en des lieux bien déterminés, mais différents selon les genres (fig. 300), très nombreux

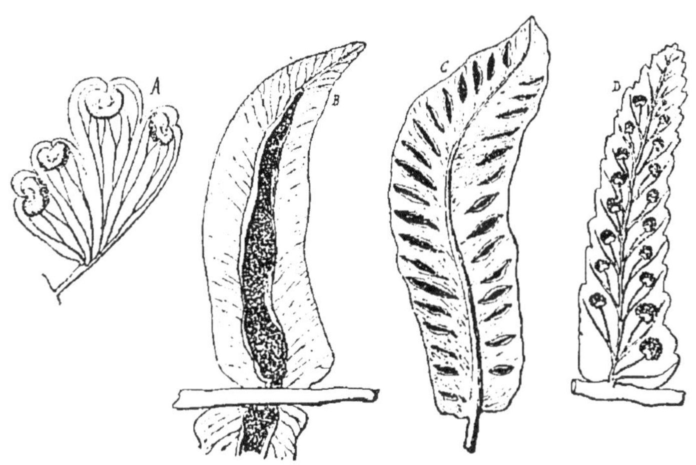

Fig. 300. — Disposition des sores dans les feuilles : A, d'Adiantum ; B, de Blechnum ; C, de Scolopendrium ; D, de Nephrodium.

dans le même point et groupés en petits amas, appelés *sores*, qui sont fréquemment protégés par un repli de l'épiderme appelé *indusie*. La plupart des Filicinées sont *isosporées*, mais il en est qui sont *hétérosporées*. Nous savons déjà quelle est la signification de ces termes (p. 207).

400. Classification. — On divise les Filicinées en trois classes, de la façon suivante :

Filicinées	*isosporées.* Sporanges	naissant d'une seule cellule épidermique	**Fougères** ou **Adiantales.**
		naissant d'un groupe de cellules épidermiques	**Marattiales.**
	hétérosporées		**Hydroptérides** ou **Salviniales.**

a) Classe des FOUGÈRES ou des ADIANTALES

401. Appareil végétatif. — Les Fougères ont des dimensions très variables : tandis que les unes atteignent à peine quelques centimètres, il en est qui s'élèvent à plus de vingt mètres de hauteur et sont arborescentes ; celles-ci sont propres aux contrées chaudes ou tempérées du globe.

Nombre de Fougères ont un rhizome, dirigé tantôt horizontalement (*Polypodium vulgare*, fig. 298, *Osmunda regalis*), tantôt verticalement (*Struthiopteris*), qui, s'accroissant par une extrémité, se détruit par l'autre, conservant ainsi toujours la même longueur. Par suite, quand il est horizontal, il se déplace, il *trace*, de telle sorte qu'après quelques années, on retrouve le sujet à plusieurs mètres de l'endroit où s'était fait le développement de l'œuf. Les tiges aériennes conservent toutes leurs parties, et, avec le temps, elles peuvent acquérir les dimensions d'un arbre (*Alsophila australis*, *Dicksonia antarctica*, et autres Fougères ligneuses) ; elles montrent alors, comme les Palmiers, un stipe couronné par un bouquet de grandes feuilles (fig. 299).

La tige se ramifie par des bourgeons latéraux qui naissent au niveau des feuilles, le plus souvent au-dessous, ou sur les côtés, quelquefois sur la base du pétiole, rarement dans son aisselle. Chez quelques-unes il y a prolifération par des bourgeons adventifs qui se développent sur les nervures mêmes de la feuille (*Asplenium bulbiferum*, fig. 116, et *viviparum*, *Nephrodium prolificum*).

Les tiges produisent des racines adventives qui se développent précocement au voisinage de leur sommet ; ces racines, généralement grêles dans les rhizomes, se détruisent en même temps que la portion de la tige qui les porte ; dans les tiges aériennes, au contraire, elles persistent et forment autour de cet organe une sorte de manchon plus ou moins serré, quelquefois fort épais. Elles naissent souvent sans ordre, mais parfois aussi, elles se développent sous les feuilles, en nombre variable, mais constant pour une même espèce.

Les feuilles ou frondes sont parfois espacées, étant séparées par de grands entre-nœuds, mais le plus souvent elles sont pressées les unes contre les autres ; elles naissent régulièrement autour de la tige quand cet organe est vertical, mais, dans les rhizomes rampants, elles s'insèrent, sur un rang ou deux, sur la face dorsale de cet organe qui prend de ce fait une symétrie bilatérale. Les feuilles sont rétrécies à la base en un pétiole ordinairement assez long. Le limbe, rarement entier (Scolopendre), est généralement découpé ; il présente quelquefois tout simplement des lobes arrondis et alternes (*Ceterach officinarum*), mais le plus souvent il est divisé très profondément en *pinnules*, qui fréquemment, se découpent à leur tour. A part celles des Ophioglosses, les jeunes feuilles des Fougères sont enroulées sur elles-mêmes en crosse dans le jeune âge ; le limbe est lui-même involuté.

402. Structure. — La racine a la structure normale, mais elle est toujours dépourvue de moelle, de telle sorte que les faisceaux ligneux, généralement au nombre de deux, plus rarement de trois, quatre ou cinq, sont confluents au centre, et appuyés par leurs pôles contre le péricycle. Les faisceaux libériens, appliqués contre le péricycle, sont en même nombre que les faisceaux ligneux, et séparés de ceux-ci par quelques cellules conjonctives. Dans l'écorce fort épaisse, qui entoure un cylindre central très grêle, les cellules ont leurs membranes fréquemment imprégnées d'acide filicitanique qui les rend imputrescibles et les colore en brun.

La diversité de structure de la tige est assez considérable et varie dans un même végétal à ses différents âges. Elle peut cependant être ramenée aux deux types monostélique (fig. 79) et polystélique (fig. 80, p. 138).

Toutes les tiges de Fougères possèdent, quelque temps après la sortie de l'œuf, un épiderme, un cylindre cortical limité en dedans par un endoderme, un cylindre central très étroit, limité en dehors par un péricycle et formé par un massif ligneux central, entouré par un anneau de liber. Ce type monostélique se conserve dans les tiges qui restent grêles (Hyménophyllacées, Trichomanes, etc.). La tige est encore monostélique dans les Osmondes, mais avec plusieurs faisceaux libéroligneux, à bois séparés et à libers confluents, avec une moelle centrale. Dans le *Pteris aurita*, il y a confluence du bois et du liber, qui forment deux anneaux concentriques, entourant une moelle centrale.

Quand la tige est polystélique, les stèles sont disposées tantôt sur un seul cercle, tantôt sur plusieurs. Dans le premier cas, elles peuvent être toutes caulinaires (Fougère femelle) ou être les unes caulinaires, les autres foliaires (Polypode de chêne). Quand les stèles sont sur plusieurs cercles, les stèles caulinaires et foliaires sont disposées sans ordre (Fougère mâle) ou sur deux rangs (*Cyathea arborea*), et alors les faisceaux foliaires qui occupent le parenchyme médullaire doivent passer à travers les mailles du réseau que forment les stèles caulinaires, pour gagner les feuilles ; dans le *Pteris aquilina*, les faisceaux foliaires sont régulièrement disposés sur un cercle externe, et séparés des faisceaux caulinaires par un anneau scléreux. Dans le *Saccoloma adiantoides*, enfin, il y a trois rangs de stèles, un rang interne caulinaire et deux rangs externes foliaires. Certains auteurs considèrent la tige de *Pteris aurita* comme polystélique, avec confluence latérale des stèles qui se fusionnent en un manchon entourant non pas une moëlle mais une masse de tissu conjonctif; et ce manchon serait formé, en effet, de dehors en dedans, par un endoderme, un péricycle, un liber, un bois, un deuxième liber, un deuxième péricycle et un deuxième endoderme, ce qui tient à ce que chaque stèle est constituée par un cylindre central de bois, entouré par un manchon de liber, recouvert d'un péricycle et d'un endoderme.

Les vaisseaux du bois sont généralement des vaisseaux imparfaits, étroits, annelés, spiralés, ou plus larges et alors scalariformes aréolés. Les cloisons obliques scalariformes de ces derniers sont perforées dans le *Pteris aquilina*. Le plus souvent chaque stèle contient plus de deux faisceaux ligneux confluents en une bande diamétrale. Le liber est formé de tubes criblés généralement imperforés, entremêlés de parenchyme ; il forme un anneau autour du bois, bien qu'il manque parfois dans les stèles étroites, en dehors des bandes ligneuses. Le péricycle manque rarement, et, dans ce cas, l'endoderme se dédouble.

La tige, rarement dépourvue de tissu de soutien (Polypode vulgaire), présente un squelette développé uniquement dans le tissu conjonctif. Ce sont tantôt les couches sous-épidermiques qui se sclérifient et constituent un anneau plus ou moins complet (*Pteris aquilina*), entourant une partie des faisceaux vasculaires, tantôt des bandes ou des cordons de stéréides, indépendants des stèles ; ailleurs enfin, chaque stèle est entourée d'un anneau de sclérenchyme qui fait corps avec elle.

La feuille, parfois réduite à un seul plan de cellules (Hyménophyllacées), est, en général, constituée par deux épidermes délimitant une masse plus ou moins épaisse de parenchyme chlorophyllien, à méats. L'épiderme est riche en chlorophylle et présente des stomates particuliers provenant d'une cellule épidermique qui se découpe par une cloison courbe demi-cylindrique (Pteris) ou par une cloison en cercle complet libre au centre (Aneimia).

403. Reproduction (voir p. 205). — Les sporanges sessiles ou pédicellés, munis d'un anneau longitudinal ou transversal, complet ou incomplet, rarement isolés (Ceratopteris), sont le plus souvent groupés en *sores*, et mêlés de paraphyses à la face inférieure des feuilles et sur les nervures. Ces sores, nus dans les Polypodes, Osmondes, etc., sont ordinairement protégés par une excroissance de l'épiderme (*indusie vraie*), ou par un repli du limbe tout entier, qu'on appelle *indusie fausse*, qui est de forme très variable. Les sores sont rarement répartis uniformément sur tout le limbe; le plus souvent ils sont localisés, mais diversement. La feuille fertile ou bien conserve la forme des feuilles végétatives, ou bien prend une forme spéciale, perdant même totalement son limbe : elle ressemble alors à un épi ou à une grappe (Osmunda, Aneimia).

La déhiscence des sporanges se fait par le jeu d'un appareil mécanique diversement disposé selon les familles et qu'on désigne sous le nom d'*anneau*.

Les spores donnent naissance à un prothalle généralement bisexué, souvent cordiforme (fig. 133, D), portant des archégones dans sa région antérieure sur le coussinet, et des anthéridies à sa région postérieure (voy. p. 206). La spore des Hyménophyllacées germe d'abord en un filament vert et ramifié, ressemblant à un protonéma. Ses rameaux donnent naissance chacun à un prothalle, constitué par des cellules disposées sur une seule assise.

L'œuf se cloisonne immédiatement en quatre cellules (fig. 72), dont le sort a été décrit à la page 119, et produit directement un végétal feuillé porteur de racines.

404. Classification. — La classe des Fougères renferme 70 genres avec plus de 3.500 espèces, appartenant surtout aux régions tempérées et chaudes, on les répartit en six familles :

405. Polypodiacées. — Sporanges pédicellés, pourvus d'un anneau longitudinal incomplet continuant le pédicelle, à déhiscence transversale, situés à la face inférieure des feuilles, ordinairement non modifiées. 44 genres et plus de 3.000 espèces. g. *Polypodium*, *Adiantum*, *Pteris*, *Allosurus*, *Asplenium*, *Scolopendrium*, *Aspidium*, *Cystopteris*, *Nephrolepis*, etc., etc.

406. Cyathéacées. — Sporanges pédicellés avec un anneau complet oblique ne continuant pas le pédicelle. Fougères ordinairement arborescentes. g. *Cyathea*, *Alsophila*, *Cibotium*, etc.

407. Hyménophyllacées. — Sporanges à anneau transversal complet, équatorial, à déhiscence verticale ; sores portés au delà du bord de la feuille, par le prolongement de la nervure. Tiges ordinairement rampantes et grêles ; feuilles à une seule assise de cellules. Pas de racines. *Hymenophyllum*, *Trichomanes*, etc.

108. Gleichéniacées. — Sporanges à anneau complet transversal et équatorial. Sores nus à la face inférieure de la feuille. Fougères à rhizomes petits, *Gleichenia*, *Platyzoma*, etc.

109. Schizéacées. — Sporanges à anneau transversal, polaire, en calotte. Segments des feuilles fertiles contractés en épi ou en grappe. *Schizea*, *Aneimia*, *Lygodium*.

110. Osmundacées. — Sporanges avec anneau transversal peu développé, incomplet. Tige monostélique à large moëlle et faisceaux bicollatéraux. Segments fertiles de la fronde dépourvus partiellement de limbe (*Osmunda*) ou non modifiés (*Todea*).

b) Classe des MARATTIALES

111. Appareil végétatif. — Végétaux à racines épaisses et charnues, à tige courte et tuberculeuse, sans entre-nœuds allongés, non ramifiée. Les feuilles, palmées (Kaulfussia) ou pennées (Marattia, Angiopteris), sont grandes ; elles atteignent un mètre de longueur dans certains Botrychium et jusqu'à trois mètres dans les Angiopteris. Les feuilles des Ophioglosses, à limbe entier, enfermées, pendant le jeune âge, dans une sorte d'étui ouvert au sommet, ont une croissance extrêmement lente : elles restent cachées pendant quatre ans dans le sol et ne s'épanouissent que la cinquième année. Tous ces organes sont dépourvus de ce sclérenchyme brun si fréquent chez les Fougères.

112. Reproduction. — Les Marattiales se distinguent des Fougères par le mode de formation de leurs sporanges qui dérivent de plusieurs cellules épidermiques. Leur paroi massive, comprenant plusieurs épaisseurs de cellules, ne présente jamais d'anneau.

113. Classification. — Ces végétaux sont répartis en deux familles, d'après la disposition des sporanges, les *Marattiacées* et les *Ophioglossacées*.

La famille des **Marattiacées**, qui n'a pas de représentant chez nous, est caractérisée par ses sporanges groupés à la face inférieure des frondes peu ou pas modifiées, de chaque côté d'une nervure, en une double rangée de sores. Ils sont libres dans les Angiopteris, et soudés ailleurs, dans chaque sore, en un corps pluriloculaire. Leur tige présente des canaux à tanin et à gomme. Leurs racines sont charnues, et leur prothalle membraneux.

Dans la famille des **Ophioglossacées**, dont les seuls genres Botrychium et Ophioglossum ont des représentants en France (fig. 301, A et B), les feuilles n'ont pas la préfoliation circinnée. Les sporanges sont portés par un lobe de feuille, sorte de ligule, qui s'en détache à un niveau variable et se termine par une sorte d'épi de sporanges disposés latéralement et plongés dans un tissu massif. Le prothalle est souterrain, par conséquent incolore, épais et tuberculeux.

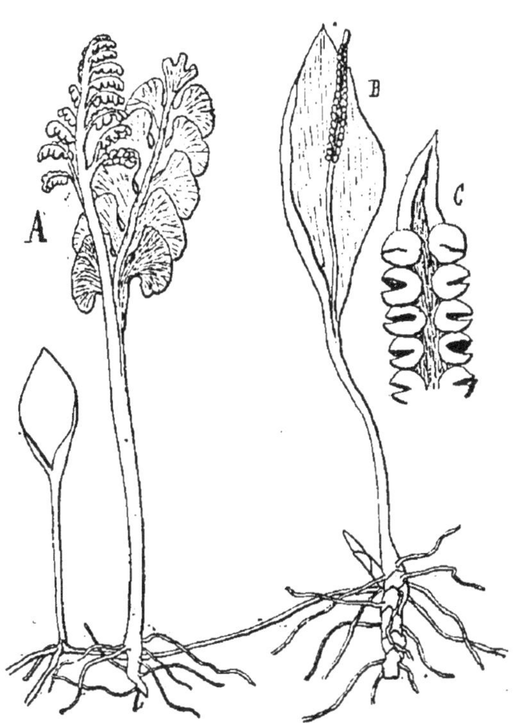

Fig. 301. — A, *Botrychium lunaria.* — B, *Ophioglossum vulgatum.* — C, portion de l'épi sporangifère du même.

La tige des Ophioglosses renferme cinq faisceaux libéro-ligneux collatéraux, entourés d'un péricycle et d'un endoderme particuliers ; celle des Botrychium renferme cinq faisceaux libéro-ligneux, concrescents en un anneau continu (fig. 79) ; entre le liber et le bois existe un cambium à jeu double, donnant du bois et du liber secondaire. Un cambium subéreux se développe également dans l'écorce.

c) Classe des HYDROPTÉRIDES ou SALVINIALES

414. Caractères généraux. — Végétaux aquatiques ou des lieux humides. La tige rampante a une symétrie bilatérale : elle porte des feuilles sur sa face dorsale et des racines sur sa face ventrale. Les Salvinia, qui n'ont pas de racines, possèdent des feuilles modifiées qui en tiennent lieu (fig. 302). Les sporanges sont de deux sortes (p. 207) : ces végétaux sont donc hétérosporés, ce qui les éloigne des Filicinées et des Marattiales. Les microsporanges et les macrosporanges sont réunis en sores qui sont protégés par une enveloppe close, une indusie appelée *sporocarpe* (fig. 136), renfermant tantôt une seule variété de sporanges, tantôt les deux variétés.

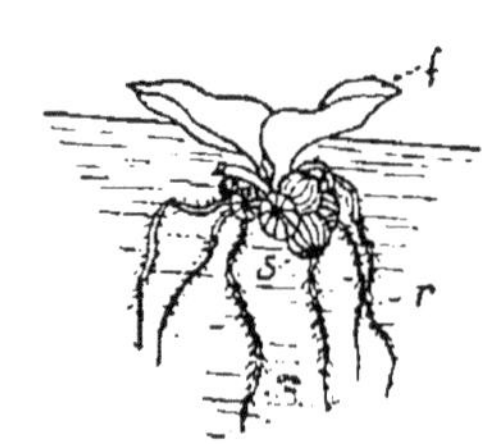

Fig. 302. — *Salvinia natans* : *f*, feuilles ; *r*, pseudoracines ; *s*, sporocarpes.

415. Classification. — Les Salviniales renferment deux familles : les **Salviniacées**, avec les deux genres Salvinia et Azolla, et les **Marsiliacées**, représentées par les deux genres Pilularia et Marsilia. Chez les premières, les sporocarpes sont uniloculaires et ne renferment que des sporanges d'une seule sorte ; ils sont pluriloculaires et contiennent les deux sortes de sporanges, dans la seconde famille.

Le *Salvinia natans*, dont nous connaissons le mode de reproduction (p. 207-209), est une petite plante nageante, portant des feuilles verticillées par trois à chaque nœud : deux de ces feuilles sont ovales et s'étalent dans l'air, tandis que l'autre plonge dans l'eau ; cette dernière n'a pas de parenchyme et affecte la forme d'un faisceau de radicelles ; elle supplée du reste la racine absente (fig. 302).

La tige est monostélique, sans moëlle, le bois étant central, complètement entouré par le liber, et sans péricycle.

Les sporocarpes, qui naissent au nombre de quatre à huit sur le point d'insertion des feuilles submergées, ne renferment chacun qu'un sore ; ils sont par conséquent uniloculaires et ne contiennent que des sporanges d'une même sorte.

Le *Pilularia globulifera*, qui vit dans les lieux humides, a une tige grêle, rampante et rameuse, fixée au sol par des racines adventives. La face supérieure de cette tige porte deux rangées de feuilles subulées jonciformes. Les sporocarpes sphériques naissent à la base des feuilles, ils sont creusés de quatre logettes dans lesquelles on trouve mélangés des micro- et des macrosporanges.

Le *Marsilia quadrifolia* (fig. 303), qui vit dans les mares peu profondes, a un rhizome, fixé au sol par de nombreuses racines, d'où partent, pour faire émerger un limbe divisé en quatre folioles, deux rangs de feuilles assez longuement pétiolées. Les sporocarpes, plus ou moins longuement pédicellés, s'insèrent sur la base du pétiole ; ils renferment deux rangées de huit à neuf logettes contenant chacune un rang de macrosporanges pédicellés entre deux rangées de microsporanges. On a vu que les prothalles sont fort réduits chez les Marsilia (p. 209) ; il en est de même dans les Pilularia.

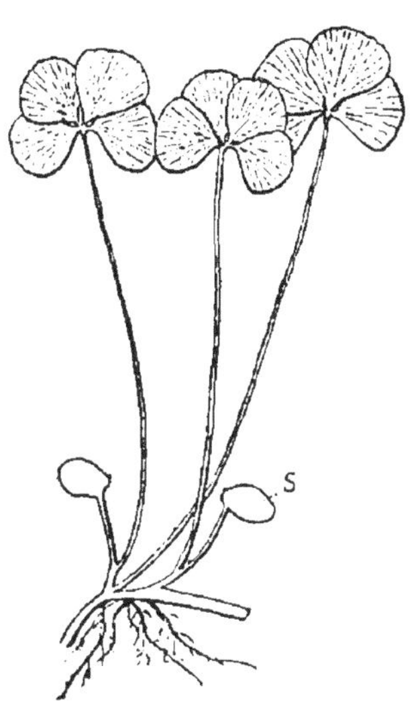

Fig. 303. — *Marsilia quadrifolia*. — S, sporocarpe.

La tige des Pilularia et celle des Marsilia présentent un épiderme, un cylindre cortical avec des canaux aérifères, et, en dedans, un anneau scléreux ; puis l'on rencontre un endoderme, un péricycle, un anneau de liber circonscrivant un anneau de bois, enfin un deuxième anneau de liber, un péricycle et un endoderme limitant une moëlle. La présence de ce liber, de ce péricycle et de cet endoderme internes est considérée comme le résultat de la fusion des stèles d'une tige polystélique.

2° SOUS-EMBRANCHEMENT DES

ÉQUISÉTINÉES

Ce sous-embranchement renferme encore des végétaux isosporés (**Equisétacées**) et des végétaux hétérosporés (**Annulariacées**), mais ces derniers sont tous fossiles ; leurs restes sont abondamment représentés, dans les terrains primaires, depuis le Dévonien jusqu'au Permien, par des débris qu'on rattache à deux formes dites Annularia et Asterophyllites.

416. Famille des Equisétacées. — Cette famille ne renferme plus actuellement que le genre Equisetum ou Prêle, représenté par sept ou huit espèces en France. Ce sont des végétaux herbacés, vivaces, ayant un rhizome très profondément enterré dans les lieux humides. Cette tige souterraine, de couleur brune, est traçante. Elle présente des nœuds sur lesquels sont fixées des sortes de gaines annulaires dont le bord libre est découpé en dents : ce sont là des feuilles rudimentaires soudées ; à leur aisselle, en effet, naissent des bourgeons qui perforent la gaine pour se faire jour. Sous ces bourgeons prennent attache les racines du végétal, une par rameau. Certains entre-nœuds se renflent en tubercules et s'emploient à la propagation du végétal.

Du rhizome, naissent, çà et là, en automne, des branches verticales, qui sont ou bien toutes semblables, ou bien de deux sortes, les unes fertiles, les autres stériles ; dans ce dernier cas, elles sortent simultanément de terre, ou bien les branches fertiles apparaissent d'abord, bien avant les branches stériles (*Equisetum arvense*). Les rameaux qui s'appliquent entièrement à la reproduction sont dépourvus de chlorophylle. Les tiges aériennes atteignent généralement quelques décimètres, mais on en voit qui dépassent deux mètres (*Equisetum Telmateia*), et même 6 et 12 mètres (*E. giganteum*). Elles possèdent également des feuilles verticillées, concrescentes en une gaine. Comme ces feuilles ne peuvent s'employer activement à la fonction chlorophyllienne, celle-ci est l'apanage de l'écorce de la tige et de ses ramifications, très nombreuses ici, car la tige se ramifie, le plus souvent, en verticilles à chaque nœud, chaque feuille produisant un rameau à son aisselle.

417. Structure. — Les racines, qui sont toutes gemmaires, sont dépourvues de péricycle, mais l'endoderme s'y dédouble, et l'assise externe, ainsi formée, présente des plissements, tandis que l'interne est rhizogène, et émet des radicelles de chaque côté de ses faisceaux ligneux (racines diplostiques).

La surface de la tige aérienne présente des côtes (*carènes*), en même nombre que les feuilles ; les sillons, qui séparent les côtes, portent le nom de *vallécules*. Ces côtes sont peu marquées dans les rhizomes et sur la tige aérienne de certaines espèces (*E. Telmateia*). La tige possède un appareil protecteur, un épiderme sans cuticule, mais fortement imprégné de silice et muni de stomates au niveau des vallécules seulement. Le cylindre cortical, limité en dedans par un endoderme, ordinairement bien caractérisé, présente en dehors des massifs de sclérenchyme localisés au niveau des carènes dans les tiges aériennes, formant un anneau presque complet dans quelques cas (*E. Telmateia*), comme dans les rhizomes. Au-dessous du prosenchyme, l'écorce de la tige est constituée par un parenchyme renfermant de la chlorophylle dans les tiges aériennes, parenchyme interrompu, vis-à-vis des vallécules, par d'importantes solutions de continuité, appelées *lacunes valléculaires*. Ces lacunes manquent rarement dans la tige principale (*E. limosum*), et un peu plus souvent dans les rameaux (*E. arvense*, *Telmateia*, *sylvaticum*). A l'endoderme fait suite un tissu dérivant du péricycle, et dans lequel sont logés les faisceaux libéro-ligneux. Ceux-ci se localisent en face des carènes. Des lacunes (*lacunes carénales* ou *essentielles*), dont la présence est constante, sont creusées au milieu du bois, qui n'est plus représenté que par quelques vaisseaux spiralés, placés vers l'extérieur, de part et d'autre du liber. Une dernière lacune occupe le centre de la tige. Celle-ci manque dans le rhizome et les rameaux de divers Equisetum. Parfois il n'existe pas de cylindre central (*E. limosum*, *littorale*) : chaque faisceau est alors entouré par un péricycle et un endoderme particuliers, et la tige devient polystélique.

418. Reproduction. — Les rameaux fertiles sont terminés par une sorte d'épi, composé d'un grand nombre de verticilles superposés de feuilles très différenciées, en forme d'écusson pédicellé, pressées les unes contre les autres, ce qui leur fait prendre une forme hexagonale (fig. 304). Chaque écusson porte, sous sa face inférieure, de cinq à dix sporanges, déhiscents par une fente longitudinale Les spores arrondies possèdent une membrane différenciée en trois assises : la plus externe se découpe, à la maturité, en forme de lanières, appelées élatères. Ceux-ci, en se déroulant ou en s'enroulant autour de la spore, selon l'état hygrométrique du milieu, la font progresser et aident efficacement à sa dissémination. Les spores, bien que toutes semblables en apparence, donnent naissance à des prothalles digités, toujours unisexués, qui atteignent tout au plus un ou deux centimètres et sont même plus petits quand ils sont mâles. Les prothalles mâles portent les anthéridies aux

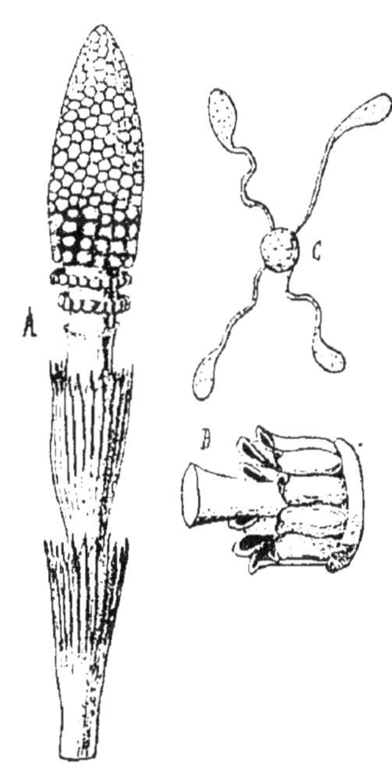

Fig. 304. — A. extrémité d'une tige fertile d'Equisetum.— B, écaille sporifère. — C, spore avec ses élatères.

extrémités libres des digitations ; les archégones sont placés dans le fond des angles qui séparent les lobes. Les archégones naissent tout à fait au bord du prothalle, puis ils sont peu à peu repoussés pendant leur croissance vers la face supérieure. Les autres phénomènes de la reproduction sont analogues à ceux des Filicinées.

On a trouvé d'assez nombreuses Equisétacées fossiles (Calamites, etc.).

3° SOUS-EMBRANCHEMENT DES

LYCOPODINÉES

Végétaux à tige généralement rampante ou dressée, munie de petites feuilles en alènes ou en squames ; à tiges et à racines dichotomes ou le paraissant ; à sporanges ordinairement solitaires naissant à la base de la face supérieure des feuilles, souvent de forme particulière, et tantôt tous semblables (Lycopodinées isosporées), tantôt de deux sortes (Lycopodinées hétérosporées).

Lycopodinées isosporées. — Ces végétaux constituent une seule famille, celle des

419. Lycopodiacées, représentée dans nos pays par le seul genre *Lycopodium*. Les Lycopodes habitent les endroits ombragés ; ce sont, dans nos contrées, des végétaux de taille modeste, présentant une tige grêle et rameuse, rampante ou dressée, couverte de petites feuilles sessiles, étroites et très serrées. Les racines naissent à la face inférieure des tiges rampantes et à la base des tiges dressées ; elles sont longues et grêles et se ramifient dichotomiquement.

La racine s'accroît par un groupe de cellules-mères distinctes pour l'épiderme, le cylindre cortical et le cylindre central. Elle est climacrorhize. La structure du tronc principal de la racine est normale, mais à chaque bifurcation, il y a diminution du nombre des faisceaux libériens et ligneux qui finissent par se réduire à deux, puis, parfois, à un seul faisceau ligneux accompagné de deux faisceaux libériens réunis en arc

La tige, monacrocaule, a un endoderme mou et la zone interne du parenchyme cortical sclérifiée. Les faisceaux de bois sont à développement centripète, et sont séparés du péricycle par une faible couche de liber. Certains faisceaux ligneux sont confluents au centre. Les rameaux fructifères sont dressés. Les sporanges, solitaires, naissent à la base des feuilles des extrémités de ces axes. Ces feuilles, très serrées, forment là des sortes d'épis allongés et cylindriques. Les sporanges renferment un grand nombre de spores, petites et tétraédriques ; ils s'ouvrent transversalement en deux valves. Les spores produisent des prothalles monoïques, tantôt foliacés, tantôt tuberculeux et souterrains. Les anthérozoïdes, spiralés et munis de deux cils seulement, ressemblent à ceux des Mousses. L'œuf fécondé se partage en deux cellules : la supérieure constitue une sorte de *suspenseur* ; de l'autre provient l'embryon.

Lycopodinées hétérosporées. — Ces végétaux, qui se distinguent des précédents, en outre de la possession de deux sortes de spores, par des prothalles qui restent inclus dans la spore (p. 209), sont répartis en trois familles dont une, celle des Lépidodendracées, est complètement éteinte ; elles sont ainsi délimitées :

Tige	simple. Sporanges indéhiscents.		**Isoétacées.**
	dichotome. Sporanges déhiscents. Feuilles	opposées. .	**Sélaginellacées.**
		isolées ou verticillées.	**Lépidodendracées.**

420. — Les **Isoétacées** sont représentées par le seul genre Isoetes, dont les membres, tantôt aquatiques, tantôt à demi-submergés, se rencontrent en abondance dans la région méditerranéenne.

La tige, très courte, presque entièrement souterraine, émet de nombreuses racines latérales, et à son extrémité supérieure un bouquet de longues feuilles linéaires insérées par une large gaîne, et à limbe terminé en pointe. Cette tige s'accroît en épaisseur par un cambium péricyclique à jeu double, donnant des faisceaux libéro-ligneux en dedans, du parenchyme en dehors.

Les sporanges, de deux sortes, naissent isolément dans la gaîne des feuilles, creusée d'une fossette. Le sporange, déjà logé dans cette dépression, est encore plus ou moins protégé par un repli de ses bords qui lui forment une sorte d'indusie ; il est divisé en plusieurs loges incomplètes, superposées et séparées par des trabécules (fig. 305). Les sporanges, de deux sortes, sont indéhiscents, et les spores ne sont mises en liberté que par la destruction de la paroi. Les macrosporanges renferment un nombre assez réduit de macrospores (80 à 100), tandis que les microsporanges renferment des milliers de microspores qui se répandent sous forme d'une fine poussière blanchâtre.

La microspore, convexe d'un côté, creusée d'un sillon de l'autre, germe au printemps en produisant une petite cellule stérile (prothalle mâle rudimentaire) et une anthéridie (p. 209) donnant naissance à quatre anthérozoïdes spiralés et munis d'un bouquet de cils. La macrospore, hémisphérique d'un côté, à trois arêtes de l'autre, produit également un prothalle femelle inclus (p. 209). L'œuf se comporte comme celui des Fougères.

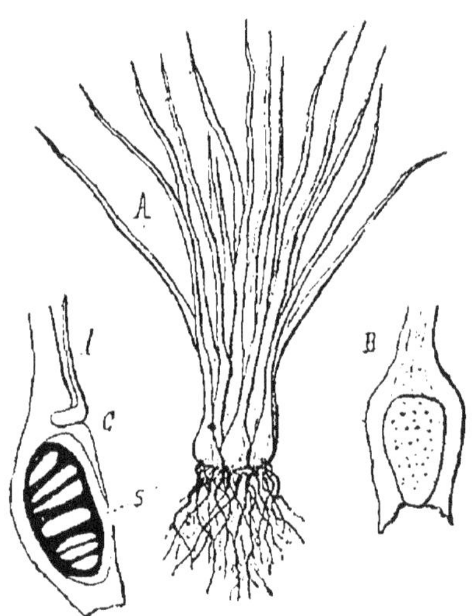

Fig. 305. — A, un pied d'Isoetes. — B, base d'une feuille montrant un sporange vu de face. — C, base de la feuille vue en coupe longitudinale; *s*, sporange; *l*, ligule.

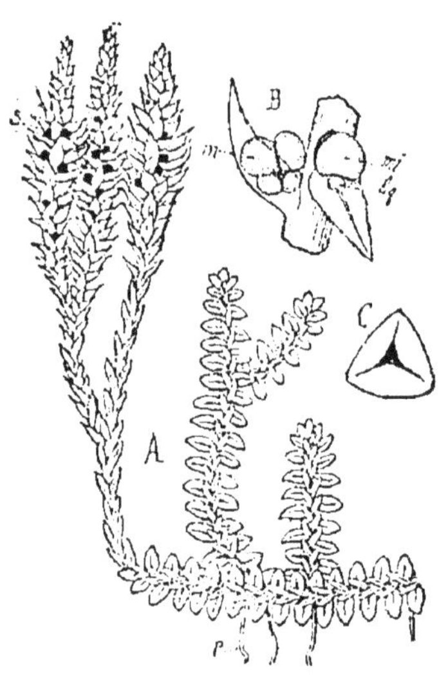

Fig. 306. — A, *Selaginella helvetica*. — B, sporange. — C, spore tétraédrique.

421. — Les **Sélaginellacées** (fig. 306) renferment le seul genre *Selaginella*, dont quelques espèces habitent nos régions, mais la plupart de ces plantes habitent les forêts humides et ombragées des pays tropicaux. La tige, plus ou moins rampante, se ramifie dans le même plan, et porte des feuilles rapprochées par paires et disposées en quatre séries longitudinales ; elles sont petites, largement insérées sur la tige, pointues, semblables ou de deux tailles différentes. Les racines apparaissent de chaque côté du rameau, à chaque nouvelle bifurcation ; elles sont grêles et dichotomes.

La tige est généralement monacrocaule et monostélique ; le cylindre central, sans moëlle, limité par un péricycle, est, dans les espèces grêles, formé de deux faisceaux ligneux concrescents au centre ; la tige est polystélique lorsqu'elle prend un peu d'ampleur. L'écorce, limitée par un épiderme sans stomates, est sclérifiée dans sa zone externe, et présente, dans sa zone interne, autour de chaque stèle, un anneau de lacunes aérifères. La racine, monacrorhize, a une symétrie bilatérale : elle est formée d'un faisceau ligneux et de deux faisceaux libériens réunis en arc.

Les sporanges, de deux sortes, naissent à la base des feuilles fertiles, réunies en épis terminaux. Les macrosporanges, jaunâtres, se développent plus particulièrement sur les feuilles inférieures et contiennent quatre macrospores. Les microsporanges, beaucoup plus nombreux, sont petits et rougeâtres ; ils renferment de nombreuses microspores. La germination de ces spores et les phénomènes consécutifs à leur développement ont été décrits à la page 210.

XI. — CINQUIÈME EMBRANCHEMENT

PHANÉROGAMES

422. Caractères généraux. — Les Phanérogames, qui descendent des Cryptogames vasculaires, tirent leurs caractères distinctifs : 1° de la présence de fleurs (p. 212) ; 2° de leur mode de fécondation, essentiellement aérienne, s'opérant non à terre, mais sur les plantes feuillées, support des gamètes femelles, par le moyen d'un tube pollinique ; 3° de ce que les premiers temps du développement de l'œuf, conduisant à la formation d'un embryon, se poursuivent sur la même plante feuillée jusqu'à l'entier achèvement et à la maturation des graines (p. 267), organismes composés de l'embryon, à l'état de vie latente, et de sa réserve nutritive. Les graines s'isolent et tombent sur le sol où elles attendent, dans un repos qui peut durer un temps plus ou moins long, que l'embryon trouve les conditions indispensables à sa germination, à la suite de laquelle il se développe en une plante feuillée productrice de diodes.

L'appareil végétatif des Phanérogames comprend une racine, une tige et des feuilles. La tige est monopodique ; elle se ramifie par des bourgeons naissant à l'aisselle des feuilles, et avortant rarement (Cycadales). Tous ces organes, à la suite d'adaptations à des rôles secondaires, sont susceptibles de métamorphoses multiples et profondes dont nous avons fait connaître, précédemment, les principales (p. 106, 132-136, 162-169).

La multiplication naturelle asexuée par boutures, bulbes, marcottes, etc., s'observe assez fréquemment, sans être de règle générale.

La reproduction sexuée se fait dans les fleurs (p. 212), souvent accompagnées de bractées (p. 216). Les fleurs sont isolées ou groupées en des inflorescences dont les formes sont relativement nombreuses (p. 221) ; leurs parties essentielles, indispensables, sont l'androcée, formé par les étamines (p. 228) et le gynécée, constitué par les carpelles (p. 237), tandis que le calice et la corolle, dont l'ensemble forme le périanthe, ne sont que des organes accessoires, pouvant par conséquent faire défaut.

Les gamètes mâles prennent naissance dans les grains de pollen (microspores) qui en produisent chacun deux. Ils sont portés jusqu'aux gamètes femelles par les tubes polliniques, issus du pollen, dans lesquels ils se glissent (p. 262). Ce fait tout particulier a porté certains botanistes à substituer l'appellation de *Siphonogames* à celle de Phanérogames.

Les gamètes femelles résident dans les ovules, véritables macrosporanges, attachés aux feuilles carpellaires (p. 237). A la suite de la fécondation, l'ovule se transforme en graine, tandis que le carpelle, auquel viennent parfois se joindre des parties voisines, produit le fruit.

Les Phanérogames, qui sont à notre époque en pleine évolution, forment la grande majorité des végétaux chlorophylliens qui tombent en premier lieu sous nos sens. On les divise en deux sous-embranchements fort inégaux quant au nombre de leurs membres : les *Gymnospermes*, qui se rapprochent des Cryptogames vasculaires, et sont comme elles en voie de régression ; les *Angiospermes*, constituant un groupe considérable, qui sont beaucoup plus parfaites que les précédentes et s'en éloignent surtout par le processus beaucoup plus simple de l'établissement de leurs gamètes femelles (p. 247-248). Mais il existe d'autres caractères distinctifs essentiels : chez les Gymnospermes, les feuilles carpellaires écailleuses restent étalées, de sorte que les ovules sont exposés à l'action des agents externes (γυμνος, nu et σπερμα, graine), et le pollen, entraîné par les vents, vient se fixer directement sur l'ovule, pour y produire le boyau pollinique. Chez les Angiospermes, les feuilles carpellaires, isolées ou associées, se disposent toujours de façon à former une chambre close (ovaire) dans laquelle les ovules sont relativement à l'abri (αγγειον, vase, sac) ; de plus, cette chambre est surmontée d'un stigmate pour la réception et la germination du pollen, organisme qui fait défaut chez les Gymnospermes.

XII. — 1er SOUS-EMBRANCHEMENT

GYMNOSPERMES

423. Caractères généraux. — Les Gymnospermes, avant que l'on connût leur mode de reproduction sexuée, étaient classées parmi les Dicotylédones apétales, qui sont effectivement ceux des végétaux Phanérogames (les Polygonacées, notamment) avec lesquels ils ont le plus d'affinités. Mieux éclairés, les botanistes en font aujourd'hui un des deux sous-embranchements des Phanérogames, divisé lui-même en classes et en familles dans lesquelles on retrouve des états transitoires entre ceux des Cryptogames vasculaires hétérosporées et ceux des Angiospermes, sans qu'on puisse cependant disposer ces groupes en une série linéaire montrant les phases successives du passage, cette série n'existant pas : tel groupe plus avancé sous certains rapports se trouve, en effet, en retard à d'autres points de vue. Néanmoins, des trois classes formant les Gymnospermes, celle des Gnétales se rapproche bien davantage des Angiospermes Dicotylédones que celles des Cycadales et des Conifères dont les affinités avec les Cryptogames vasculaires sont plus marquées.

Cette diversité dans la constitution de ces êtres fait que, malgré la valeur incontestable du groupe, il est difficile de le définir, même par un petit nombre de caractères vraiment généraux. Le terme de Gymnosperme n'échappe pas lui-même à la critique : les Gnétales présentent des ovules bitégumentés protégés par deux feuilles carpellaires rapprochées et soudées par leurs bords pour constituer une chambre, un ovaire, qui ne se prolonge pas, il est vrai, en un style terminé par un stigmate. L'absence de ces derniers organes (qui conduit au dépôt direct du pollen sur l'ovule), la diclinie, et le développement, dans le sac embryonnaire, ou macrospore, d'un véritable prothalle (l'endosperme), producteur d'archégones plus ou moins complexes (p. 247), fournissent les caractère sles plus constants des Gymnospermes. Le nom d'*Astigmatées*, dont font déjà usage plus d'un botaniste, l'emporte en correction, et pour plusieurs autres raisons, sur celui de Gymnospermes dont il est fait usage presque universellement.

Ces végétaux sont ordinairement triacrorhizes, climacrorhizes et monacrocaules. Les formations libéroligneuses deviennent puissantes dans leur axe, mais leur origine est variable. Beaucoup présentent des poches ou des canaux excréteurs. Enfin, terminons en faisant remarquer que leurs ovules ne sont jamais nus, comme on l'entend dire trop souvent à la suite d'une erreur dans l'étymologie du mot Gymnosperme : ils ont au moins un tégument, quand ils n'en ont pas deux(Gnetum).

Première classe : CYCADALES

424. — Végétaux ligneux à tige normalement simple et à port de Palmiers. Feuilles développées et pennatiséquées. Fleurs mâles et femelles réduites à une seule feuille reproductrice, mais généralement groupées en chatons, et portées directement par l'axe de l'inflorescence. Sacs polliniques nombreux sur chaque étamine. Ovules orthotropes à un tégument, portés par des carpelles en forme de feuilles (Cycadacées, fig. 163) ou de clous (Zamiacées). Graines drupiformes.

Première famille : **Cycadacées**

425. — Cette famille ne comprend que le genre Cycas composé de végétaux ligneux des régions tropicales et à port de Palmiers. Le tronc est recouvert par la base persistante des feuilles très grandes et groupées en couronne au sommet de la tige.

Les Cycas sont dioïques. L'inflorescence femelle unique est formée par des feuilles réduites, rassemblées en une couronne au sommet de la tige, comme le sont les feuilles nourricières : le point végétatif, après les avoir formées, produit au-dessus d'elles, d'abord une série d'écailles, puis une série de feuilles vertes, enfin une couronne de carpelles. Chaque fleur ne comprend qu'un carpelle pennatiséqué dont une partie ou la totalité des découpures sont remplacées par deux ou trois ovules orthotropes à tégument unique (fig. 163, A).

Les archégones simplifiés ne montrent, en dehors de l'oosphère, qu'un col composé de deux cellules seulement sans cellule de canal, ce qui rappelle l'oosphère et les synergides des Angiospermes.

Les fleurs mâles sont rassemblées en un chaton de feuilles

écailleuses entières constituant autant d'étamines à connectif fort étalé et portant sur toute l'étendue de leur face inférieure un grand nombre de sacs polliniques. Le pollen cloisonné, bien que s'allongeant en un boyau pollinique, développe des anthérozoïdes dans son intérieur.

Après la fécondation, la graine nue, par la division de son tégument en une masse charnue superposée à une partie résistante, prend l'aspect d'une drupe. L'embryon a deux cotylédons parfois soudés, et il est entouré par les restes de l'endosperme (prothalle) charnu.

La croissance en épaisseur de la tige se fait après cessation du jeu du cambium libéro ligneux ordinaire par l'apparition de zones cambiales successives dans un parenchyme secondaire dérivant du péricycle. Le bois ne comprend que des trachéides, jamais de vaisseaux parfaits. Dans la feuille les nervures présentent un bois primaire centripète et un bois secondaire centrifuge, ce qui rapproche les Cycas des Cryptogames vasculaires diploxylées, aujourd'hui disparues de la surface du globe.

Deuxième famille : **Zamiacées**

426.— Les Zamiacées, dont les principaux représentants

Fig. 307. — *Zamia*.

sont les Zamia, Dioon, Encephalartos, Macrozamia, ont le même habitat et le même port que les Cycas. Dioïques comme ceux-ci, elles s'en distinguent surtout par le faciès de leurs inflorescences mâles et femelles composées de feuilles fertiles serrées les unes contre les autres de façon à simuler un cône. Les fleurs mâles sont réduites à une étamine en forme de clou portant de nombreux sacs polliniques au-dessous et sur les côtés de la partie renflée. Les carpelles ont la même forme ; ils donnent insertion chacun à deux ovules orthotropes sur la face inférieure du carpelle tournée vers l'axe. Le fruit est un syncarpe résultant de la coalescence des carpelles accrus ; il renferme des graines drupiformes constituées comme celles des Cycas.

Deuxième classe : CONIFÈRES ou ABIÉTALES

427. — Végétaux ligneux, arbres ou arbustes, à tige ramifiée d'une façon abondante. Feuilles entières ordinairement peu développées, squameuses ou linéaires, persistantes le plus souvent (végétaux toujours verts). Fleurs diclines, monoïques ou dioïques, apérianthées. Fleurs mâles formées par un nombre variable d'étamines pouvant porter de deux à vingt sacs polliniques insérés sur le dos de la feuille mâle, le tout simulant (ou constituant, selon les façons de voir) un chaton ou un cône dans lequel chaque étamine représenterait une fleur. Pollen cloisonné, renfermant un prothalle rudimentaire et des cellules anthéridiennes (p. 235 et 263). Fleurs femelles réunies le plus souvent en une sorte d'épi formé d'un axe porteur de bractées, à l'aisselle de chacune de ces bractées prend naissance un rameau très court qui avorte dès qu'il a formé deux carpelles squamiformes, concrescents entre eux par un de leurs bords et parfois aussi avec la bractée mère. Ces carpelles portent sur leur dos des ovules orthotropes plus ou moins nombreux, à endosperme volumineux, qui donnent naissance à des archégones présentant une oosphère, et un col bien développé, traversé par une cellule de canal (p. 247). La présence d'un cône (p. 286), fruit qui a donné son nom à la classe, n'est pas générale : les Taxacées en manquent, leurs fleurs femelles étant toujours isolées, et parfois le cône devient un galbule (Cupressus) ou un fruit bacciforme (Juniperus). La graine ne renferme qu'un embryon à deux cotylédons entiers ou plus ou moins lobés, entouré par un reste de l'endosperme.

L'accroissement en diamètre de l'axe se fait par le jeu du cambium libéro-ligneux ordinaire. Le bois secondaire est entièrement constitué par des trachéides, improprement appelées *fibres aréolées*. Le système excréteur, représenté par des canaux et des poches excrétrices schizogènes, producteurs de térébenthines, est fort développé chez ces végétaux.

Nous diviserons les Conifères en trois familles ; les Abiétacées, les Cupressacées, enfin les Taxacées que certains auteurs regardent comme plus distinctes des deux premières que celles-ci ne le sont entre elles.

Les Conifères sont répandues sur une grande partie de la surface du globe. Elles affectionnent les régions froides et tempérées, s'élevant sur les montagnes dans les pays chauds.

Première famille : **Abiétacées**

428. — Arbres résineux dont les plus connus sont les Pins, Sapins, Epicéas, Cèdres, Mélèzes, Araucaria, Sequoia, etc. Leurs feuilles sont raides, linéaires, persistantes, éparses (Abies) ou réunies en pinceaux ceints à la base d'une gaîne scarieuse (Pins, Mélèzes) ; chaque fascicule représente, chez les Pins, la production d'un rameau demeuré très court et ayant avorté après avoir produit 2-3-5 feuilles persistantes. Les feuilles sont, par exception, caduques chez les Mélèzes.

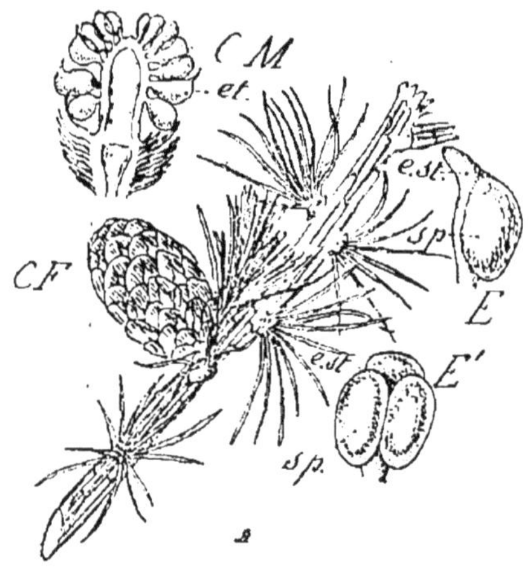

Fig. 308. — *Larix* (Mélèze). — CM, coupe longitudinale du cône mâle ; *ét,* étamine. — E et E', étamines détachées du cône ; *sp,* sacs polliniques ; *e. st,* écaille staminale.

Les fleurs sont monoïques, rarement dioïques. Les fleurs mâles, en forme de chatons, sont composées de nombreuses étamines spiralées, à connectif étalé et prolongé en un appendice squamiforme. Les anthères portent deux ou plusieurs sacs polliniques. Le pollen, dans plusieurs genres, présente latéralement deux expansions de l'exine en forme de ballonnets.

Dans les fleurs femelles, réunies toujours en assez grand nombre sur l'axe de l'inflorescence, les deux feuilles carpellaires accolées, mais restant le plus souvent indépendantes de la bractée-mère, portent sur leur dos un ou plusieurs ovules (fréquemment deux) orthotropes, à un tégument, *toujours renversés*, dont le micropyle, par conséquent, est tourné vers le point d'attache des carpelles et le hile fixé plus ou moins haut vers le milieu de la feuille femelle.

En durcissant et se lignifiant après la fécondation, les bractées et les carpelles forment le fruit, *un cône* ou *strobile*, dans l'intérieur duquel sont cachées les graines. Celles-ci ont un testa coriace ou lignifié, et sont flanquées bien souvent d'une ou de deux ailes membraneuses qui s'en séparent lorsque la graine abandonne le fruit. L'embryon est plongé dans une réserve endospermique charnue-huileuse ; il présente deux cotylédons entiers ou plus ou moins lobés.

On peut diviser les Abiétacées en deux tribus : 1° les *Abiétées* (Pinus, Abies, Larix, Cedrus, etc.), chez lesquelles les carpelles restent indépendants des bractées-mères ; 2° les *Araucariées* (Araucaria, Dammara, Sequoia), qui présentent la concrescence de ces deux organes.

Deuxième famille : **Cupressacées**

429. — Arbres et arbrisseaux résinifères à feuilles éparses, opposées ou verticillées, étroites, linéaires ou squamiformes, alors ordinairement imbriquées, persistantes (sauf chez le Taxodium, dit, à cause de cela, Cyprès chauve, où la partie non aoûtée des rameaux tombe à la mauvaise saison en même temps que les feuilles).

Inflorescences dioïques ou monoïques. Fleurs mâles simulant un chaton légèrement étiré ou sphérique. Les étamines, disposées perpendiculairement sur l'axe, sont dilatées supérieurement en un écusson portant sous la partie élargie de deux à douze sacs polliniques. Pollen globuleux, cloisonné.

Les inflorescences femelles ne comprennent qu'un nombre restreint de fleurs, lorsqu'on les compare à celles des Abiétacées. Chaque fleur présente encore une bractée-mère et deux feuilles carpellaires, mais ces organes sont si intimement unis entre eux qu'on a pris longtemps leur ensemble pour une écaille simple. La masse coalescente prend la forme peltée et porte sous la partie élargie, du côté de l'axe, des *ovules orthotropes dressés*, dont le nombre varie entre un et quinze selon les genres.

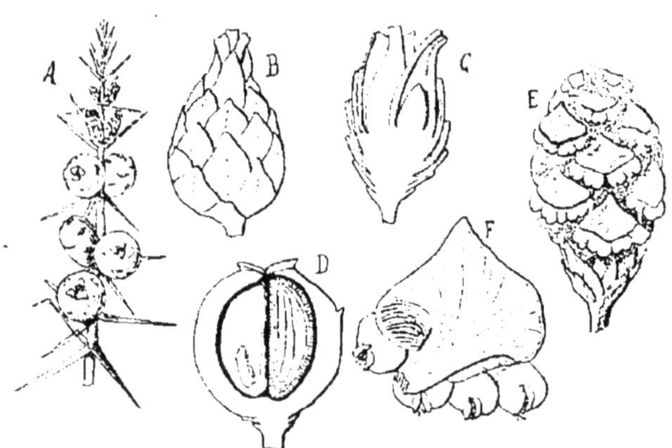

Fig. 309. — *Juniperus communis*. A, branche fructifère. — B, inflorescence femelle, coupée longitudinalement en C. — E, inflorescence mâle. — F, bractée staminale. — D, coupe longitudinale du cône bacciforme,

Le fruit est encore ici un cône, mais transformé, court et à écailles d'abord charnues puis ligneuses et se séparant à la maturité comme dans le *galbule* des Cyprès, ou bien restant toujours charnues et coalescentes pour donner un fruit bacciforme (baies (?) des Genévriers). Les graines à tégument mince ou ligneux, rarement ailées, contiennent un reste peu abondant de l'endosperme charnu et un embryon à deux cotylédons.

La famille se divise en deux tribus : les *Cupressées* (Cupressus, Juniperus, Callitris, Biota, Thuia, etc.), chez lesquelles les bractées-mères verticillées sont concrescentes de bonne heure avec les carpelles, et les *Taxodiées* (Taxodium, Cryptomeria, etc.), à bractées spiralées ne se soudant que tardivement aux carpelles.

Troisième famille : **Taxacées**

430. — Arbres ou arbrisseaux peu ou pas résineux, à feuilles linéaires spiralées ou distiques, étalées et membraneuses chez les Ginkgo, ou réduites à des écailles placées sur les bords de rameaux aplatis en cladodes chez certains Podocarpus. Feuilles persistantes sauf chez les Ginkgo.

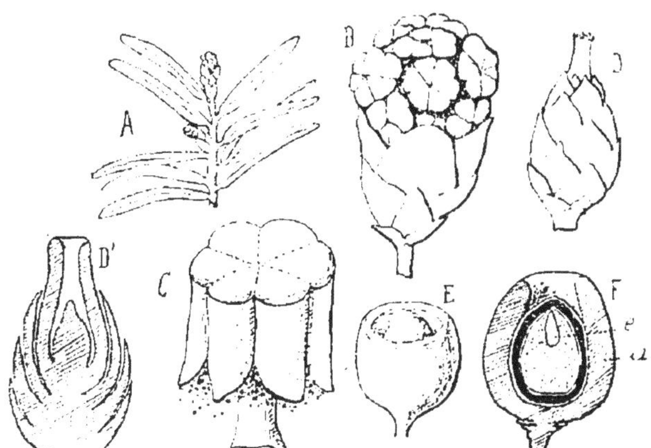

Fig. 310. — Taxus. — A, rameau fructifère. — B, fleur mâle. — C, étamine. — D, fleur femelle, vue en coupe longitudinale en D'. — E, fruit, coupé longitudinalement en F ; *e*, embryon ; *a*, induvie.

Les inflorescences sont dioïques ou monoïques : les fleurs mâles simulant des chatons, les fleurs femelles solitaires. Les fleurs mâles comprennent un nombre variable d'étamines,

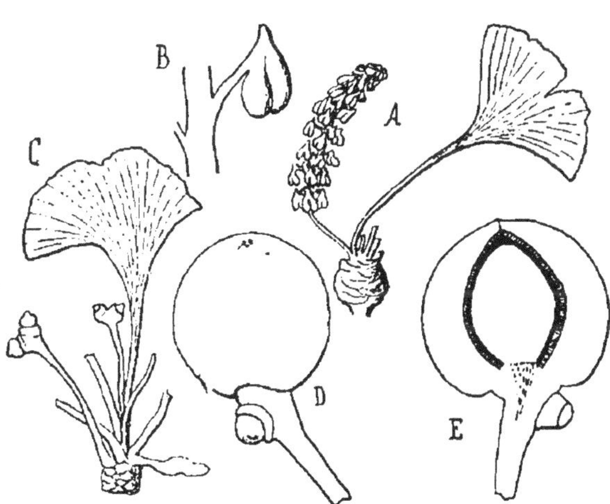

Fig. 311. — *Ginkgo biloba*. A, rameau mâle. — B, une étamine. — C, rameau femelle. — D, fruit, vu en coupe en E.

à filet court prolongé en un connectif lacinié (Ginkgo et Podocarpus) ou pelté (Taxus). Les anthères portent de deux à huit sacs polliniques et le pollen globuleux est cloisonné (fig. 310 et 311).

Les inflorescences femelles sont ordinairement solitaires, mais on les voit parfois rapprochées par deux à l'extrémité d'un même rameau (Ginkgo). Chaque inflorescence femelle présente des bractées imbriquées stériles, et généralement une seule bractée fertile portant un ovule unique, orthotrope et dressé (Taxées) ou renversé (Podocarpées), entouré à sa base par un disque charnu, souvent accrescent après la fécondation et formant par suite autour de la graine une cupule charnue de la nature des arilles (*inducie*) ; il en résulte un fruit drupiforme (Taxées, Podocarpées). Graine à téguments entièrement ligneux (Taxées), ou ligneux intérieurement et charnus extérieurement (Ginkgo), renfermant un embryon à deux cotylédons entouré d'un reste de l'endosperme farineux (Podocarpus, Dacrydium), ou farineux-charnu.

La famille des Taxacées se divise en trois tribus : 1° les *Taxées*, qui se rapprochent des Cupressacées, ont des ovules dressés et un fruit charnu formé par la graine à testa dur, entourée par une arille épaisse et molle, sacciforme (Taxus) ; 2° les *Podocarpées*, voisines des Abiétacées, à ovules pendants, à graine entourée d'une arille charnue cupuliforme, accompagnée d'une bractée qui s'épaissit ainsi que le pédoncule, le tout formant en se soudant une sorte de réceptacle charnu (Podocarpus) ; 3° les *Ginkgées*, à ovule dressé également entouré d'un disque comme dans les tribus précédentes, mais ne s'accroissant pas pour former une cupule charnue. Le fruit drupacé, entièrement constitué ici par la graine, doit sa structure au dédoublement du tégument qui se partage en une couche charnue externe et une couche lignifiée interne (Ginkgo, Cephalotaxus, Torreya).

Troisième classe : GNÉTALES

431. — Végétaux ligneux, dressés ou volubiles, à tige simple ou ramifiée et à feuilles entières, étalées ou squamiformes. Fleurs diclines mono- ou dioïques, avec tendance à la monoclinie chez le Welwitschia. *Fleurs mâles à périanthe diphylle. Fleurs femelles composées de deux carpelles soudés formant une chambre ovarienne.* Embryon à deux cotylédons à l'extrémité d'un long suspenseur contourné en spirale. Des vaisseaux dans le bois secondaire.

Cette classe se divise en trois familles représentées chacune par un seul genre.

Première famille : **Gnétacées**

432. — Les Gnetum sont des arbres ou des arbrisseaux sarmenteux des régions tropicales des deux mondes, à rameaux géniculés, noueux, à feuilles larges, opposées, sans stipules, ovales, penninerves, en un mot rappelant celles des Dicotylédones. Les inflorescences, dioïques ou monoïques, consistent dans le dernier cas en des sortes d'épis dans lesquels les fleurs des deux sexes, disposées en verticilles alternants, sont groupées en masses superposées et plus ou moins distantes. Les fleurs mâles ont un périanthe en forme de sac dû à la concrescence de deux pièces opposées ; par l'orifice du sac fait grandement saillie un filet terminé par deux anthères uniloculaires à déhiscence apicilaire. Le pollen est cloisonné.

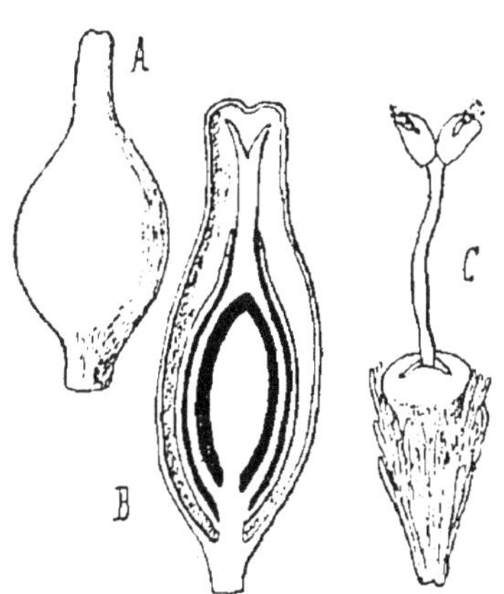

Fig. 312. — Gnetum. A, fleur femelle, coupée longitudinalement en B. — C, fleur mâle.

Les fleurs femelles montrent un gynécée constitué par deux feuilles carpellaires soudées pour former une chambre ovarienne renfermant un unique ovule orthotrope à deux téguments : l'externe ne dépasse pas le sommet du nucelle, tandis que l'interne est allongé en un tube terminé par une partie étalée simulant un style et un stigmate, à tel point que certains botanistes regardent ce tégument avec ses appendices comme le carpelle lui-même, bien qu'ici, comme chez les autres Gymnospermes, le pollen doive arriver jusqu'à la chambre pollinique creusée dans le nucelle pour assurer la fécondation.

Le fruit est drupacé : sa partie charnue provient du péricarpe ; le noyau. des téguments lignifiés de l'ovule. L'embryon a deux cotylédons ; il est plongé dans un reste de l'endosperme.

La tige des Gnétacées sarmenteuses de la section Thoa s'accroît en diamètre, après quelque temps, par la substitution au cambium libéro-ligneux normal, dont la période d'activité est limitée, de nouveaux cambiums générateurs de bois et de liber tertiaires qui apparaissent successivement dans un parenchyme secondaire issu du cloisonnement du péricycle. Les deux bois secondaire et tertiaire présentent, avec des trachéides aréolées, des vaisseaux ponctués.

Deuxième famille : **Ephédracées**

433. — Les Ephedra sont des arbrisseaux dressés ou grimpants, croissant surtout dans les sables maritimes des climats tempérés, à port de Prêles, à branches fasciculées, nombreuses, articulées, portant aux nœuds des feuilles squamiformes, opposées, soudées à leur base en une gaîne.

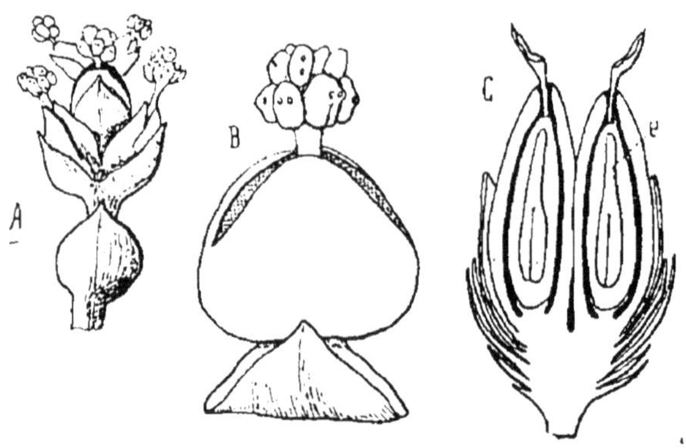

Fig. 313. — Ephedra. A, inflorescence mâle. — B, fleur mâle. — C, coupe longitudinale du fruit.

Ces plantes sont dioïques plus souvent que monoïques. Les inflorescences mâles sont en chatons et constituées par des séries de bractées écailleuses, opposées et décussées, à l'aisselle desquelles s'élèvent les fleurs formées d'un périanthe tubulaire, diphylle, affectant la forme d'un sac comprimé, fendu par le haut, et duquel s'échappe un filet, ou mieux un groupe de filets monadelphes disposés en une colonne centrale supportant de deux à dix anthères biloculaires, à déhiscence poricide apicilaire (fig. 313, A et B). Le pollen est cloisonné.

Les inflorescences femelles globuleuses sont composées de une à trois fleurs enveloppées par un involucre commun. Chaque fleur présente deux feuilles soudées formant ovaire et renfermant entre elles un ovule orthotrope dressé à tégument unique, prolongé en un long canal micropylaire, simulant un style et un stigmate. Il ne se produit qu'un archégone dans l'endosperme.

A la fructification le péricarpe reste sec, mais il est entouré par les bractées sous-jacentes à la fleur, devenues charnues.

La graine est celle des Gnetum. Pas de faisceaux libéro-ligneux tertiaires chez ces végétaux.

Troisième famille : **Welwitschiacées**

434. — Ce groupe ne comprend que le *Welwitschia mirabilis* des plaines arides de l'Afrique austro-occidentale. C'est une plante fort singulière, à tronc ligneux, épais, dilaté dans sa partie supérieure, et dont l'accroissement en longueur s'arrête aussitôt après la production de la première paire de feuilles opposées, qui vient immédiatement au-dessus des cotylédons. Ces feuilles, les seules que possède jamais la plante, rubannées, de la largeur de la main, s'accroissent au point d'acquérir plus d'un mètre de long (fig. 314). L'axe prend en même temps un diamètre de plus en plus considérable par le procédé suivi par les tiges de Gnetum et de Cycas, décrit aux pages précédentes.

Fig. 314. — Welwitschia.

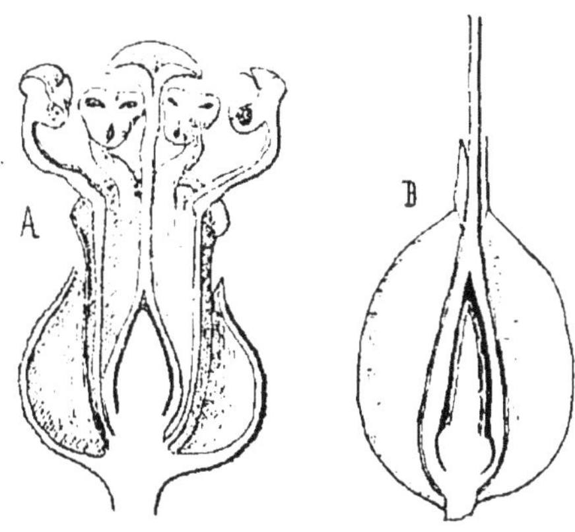

Fig. 315. — A, fleur mâle, et B, fleur femelle, vues en coupes longitudinales, de Welwitschia.

Les inflorescences monoïques ont un pied de haut ; elles sont groupées en cymes dichotomes placées à l'aisselle des feuilles.

Chaque inflorescence, de l'un ou de l'autre sexe, affecte l'aspect d'un cône montrant au dehors des bractées imbriquées sur 2-4 rangs, à l'aisselle desquelles se développent les fleurs. Les fleurs femelles sont constituées d'après le type des Gnétales; elles montrent un ovaire gamophylle, fortement comprimé et ailé sur les bords, renfermant un ovule à un seul tégument surmonté par un tube micropylaire simplement denté au sommet. La fleur mâle est toute spéciale : au delà du périanthe diphylle et comprimé on trouve un androcée monadelphe simulant une coupe sur les bords de laquelle s'insèrent six étamines à anthères triangulaires et triloculaires produisant un pollen non cloisonné. Au fond et au centre de la coupe s'observe un ovule stérile dont l'unique tégument se prolonge en un tube terminé par une partie évasée. Il y a tendance à l'hermaphrodisme, fait unique chez les Gymnospermes. Par ce fait, par leur pollen non cloisonné et par leurs oosphères (20-30) non surmontées d'un col, ces végétaux semblent plus près des Dicotylédones que toutes les autres plantes appartenant au même embranchement.

Le fruit est une samare protégée par la bractée-mère accrue et rouge à la maturité. La graine est semblable à celle des autres Gnétales.

XIII. — SOUS-EMBRANCHEMENT DES

ANGIOSPERMES

435. Caractères généraux. — A l'heure actuelle, on a décrit plus de 100.000 espèces d'Angiospermes ; c'est dire l'importance de ce sous-embranchement qui comprend des végétaux de port très différent et de toutes tailles : certains atteignent à peine quelques centimètres de hauteur et se confondraient avec les Mousses, tandis que d'autres prennent place parmi les géants de nos forêts. Les Angiospermes, représentants les plus parfaits du règne végétal, constituent la partie la plus importante, celle qui tombe le plus facilement sous les yeux, de la flore terrestre actuelle.

Ils ont racine, tige et feuilles. Racine et tige s'accroissent l'une et l'autre par le jeu de points végétatifs formés de trois cellules superposées ou de trois plans de cellules étagés ; les Angiospermes sont donc triacrorhizes et triacrocaules. La structure de la racine primaire répond au type général. Dans la tige et les feuilles les faisceaux libéro-ligneux sont collatéraux. Partout les premiers vaisseaux formés sont imparfaits (trachéides et vaisseaux grillagés), mais ceux qui suivent peuvent être parfaits ou imparfaits, les deux formes étant mélangées.

Les fleurs, parfois solitaires, mais plus fréquemment groupées en inflorescences définies ou indéfinies, sont souvent accompagnées de bractées. Exceptionnellement nues, elles se présentent habituellement avec un périanthe simple ou double. La monoclinie est plus fréquente dans ce groupe que la diclinie, et celle-ci que la polygamie.

L'androcée est composé d'un nombre variable d'étamines (une à cent, et plus). Les grains de pollen (microspores, microdiodes) ne développent qu'un prothalle rudimentaire, à structure continue (non cloisonné, p. 235), réduit à une cellule, dite végétative, qui représente le corps même du prothalle, et à une cellule sexuée, génératrice de deux gamètes mâles dépourvus d'appareil locomoteur cilié (p. 263).

Le gynécée, formé d'un nombre variable de carpelles, par des dispositifs différents (p. 238), produit toujours au moins une chambre close, l'ovaire (1), abri des ovules ou macrodiodanges, surmontée d'un appareil collecteur du pollen, le *stigmate*. Chaque ovule ne produit qu'une seule macrospore, dite sac embryonnaire, productrice d'un prothalle microscopique, dont la partie végétative est réduite à deux cellules (les *cellules polaires* ou *mésodes*, p. 248), et les organes sexuels à deux archégones tricellulaires, dont un fertile, formé de l'*oosphère* surmontée des deux *synergides*, l'autre stérile, constitué par les trois *antipodes*.

Pour opérer la fécondation, le pollen tombe sur le stigmate et y développe un boyau pollinique, qui, par l'intermédiaire du style, lorsqu'il existe, gagne la cavité ovarienne, puis l'ovule et enfin l'archégone fertile. Les gamètes mâles, ayant cheminé dans ce tube, se fusionnent l'un avec l'oosphère, l'autre avec les cellules polaires, qui s'unissent elles-mêmes entre elles, pour former le *mésocyste*, élément générateur de l'*albumen*, réserve nutritive qu'emploiera l'embryon pour son développement. Cet embryon est le produit direct de l'œuf. Albumen, embryon et ce qui demeure de l'ovule primitif, accru pour les besoins de la cause, constituent la graine. Les carpelles, notamment leur partie ovarienne, à laquelle viennent se joindre parfois les organes environnants, produisent la substance du fruit proprement dit.

Les Angiospermes se divisent en deux groupes nullement subordonnés l'un à l'autre, qui sont deux rameaux issus d'une même souche ayant évolué dans des voies différentes : les **Monocotylédones** et les **Dicotylédones**.

Chez les Monocotylédones, dont toutes les feuilles sans exception sont alternes, la protection de la gemmule se fait par le seul moyen de la première feuille du végétal (le cotylédon) engainante et enroulée autour de la gemmule ; chez les Dicotylédones, où les deux premières feuilles (les cotylédons) sont tout au moins opposées, les autres pouvant avoir la même disposition ou se placer en alternance, la protection de la gemmule est due au rapprochement bord à bord de ces cotylédons pour cela dressés contre la gemmule et appliqués l'un contre l'autre par leur face supérieure.

436. — Les **Monocotylédones** se distinguent encore par leur système radical d'origine latérale, endogène, éma-

(1) Disposition visée dans le nom d'*Angiospermes*, tiré des deux mots αγγειον, vase, et σπερμα, graine, et dont la véritable signification est : ovule enfermé dans une cavité ovarienne.

nant, même dans l'embryon, du péricycle de la tige ; par la chute totale de leur coiffe (Liorhizes) ; par l'absence, sauf exceptions peu nombreuses, de formations libéro-ligneuses aussi bien dans la racine que dans la tige; par la distribution des faisceaux libéro-ligneux dans le cylindre central de la tige où, pour la plus grande partie, ils cheminent plus ou moins profondément à l'intérieur du tissu conjonctif, sans relation avec le péricycle. Leurs feuilles, toujours simples et dépourvues de stipules, sont généralement rectinerves ou curvinerves, et leurs veinules ne donnent pas lieu à une réticulation par des anastomoses. Les fleurs, assez rarement nues, sont trimères ordinairement, avec tendance à la répétition des étamines dans beaucoup de familles et à la suppression de deux carpelles dans d'autres familles. L'albumen ne fait défaut dans la graine mûre que chez les végétaux dégradés par la station aquatique ou par un mode de végétation en un consortium tout particulier (Orchéacées).

437. — Les **Dicotylédones** ont dans l'embryon une racine terminale exogène se raccordant à la tige par l'axe hypocotylé. Leur coiffe laisse sa dernière assise appliquée sur le cylindre cortical (Climacrorhizes). Chez elles, tige et racine s'accroissent en diamètre par des formations libéro-ligneuses secondaires. Dans la tige, les faisceaux libéro-ligneux sont rangés sur un cercle et appliqués contre le péricycle. Les feuilles, simples ou composées, stipulées ou non, présentent des nervations divergentes à veinules réticulées. Les fleurs nues, mono- ou bipérianthées, sont très diversement constituées, mais le type pentamère, avec suppression d'une partie des carpelles, est de beaucoup le plus fréquent. La persistance de l'albumen jusqu'à la maturité de la graine est loin d'être générale : on ne peut tirer ici de la présence de cet organisme qu'un caractère propre à certaines familles.

XIV. — MONOCOTYLÉDONES

Bentham et Hooker énuméraient en 1883, dans leur *Genera plantarum*, 19.600 espèces monocotylées qu'ils répartissaient en 1.587 genres et 35 familles. Ces nombres, qui varient légèrement avec les auteurs, nous donnent une idée de l'étendue de ce vaste groupe.

Nous diviserons les Monocotylédones, à l'exemple d'A. Braun, en trois séries primordiales : les *Hélobiées*, les *Micranthées* et les *Corolliflores*. Nous leur subordonnerons onze classes entre lesquelles nous répartirons les familles qui doivent retenir notre attention.

Série I. — HÉLOBIÉES

438. — Ce sont des plantes aquatiques à albumen nul ou exceptionnellement rudimentaire, dont l'embryon est macropode, c'est-à-dire qu'il se compose d'une partie axile tubéreuse dont le volume l'emporte de beaucoup sur celui de la gemmule (Ηλος, tubercule, rappelant un clou, et Βιος, vie, subsistances). Elles se divisent en trois classes : les *Lemnales*, les *Alismales* et les *Hydrocharitales*.

439. — Les LEMNALES tirent leur nom du genre Lemna auquel appartiennent les Lentilles d'eau. Elles se décomposent en deux familles, les **Lemnacées** et les **Naïadacées**, qui comprennent des végétaux ordinairement diclines, à fleurs très simples s'éloignant du type monocotylédone et presque toujours apérianthées, à graines le plus souvent isolées, dressées sur un placenta central (d'où le nom de *Centrospermées* employé parfois pour désigner les Lemnales), ou pendantes du sommet de l'ovaire.

440. — Les **Lemnacées** sont des plantes des eaux douces constituées par de petits disques thalloïdes, de la face inférieure desquels partent, chez les Lemna, des racines droites et pendantes. En raison d'un bouturage naturel fort actif, qui amène une prompte multiplication, la sexualité s'exerce peu fréquemment chez elles. Leurs inflorescences naissent de la marge ou de la face supérieure de la fronde et se composent de groupes de trois fleurs unisexuées, assez rapprochées pour que l'ensemble ait été considéré par quelques botanistes comme une fleur hermaphrodite. Deux de ces fleurs sont mâles ; totalement nues, elles sont réduites à une étamine. La fleur femelle, entourée d'une spathe monophylle, est placée entre les deux précédentes ; elle est monocarpellée, mais renferme plusieurs ovules dressés qui produisont des graines renfermant un petit albumen amylacé, fait qui distingue les Lemnacées des autres Hélobiées, et les rapproche des Aracées.

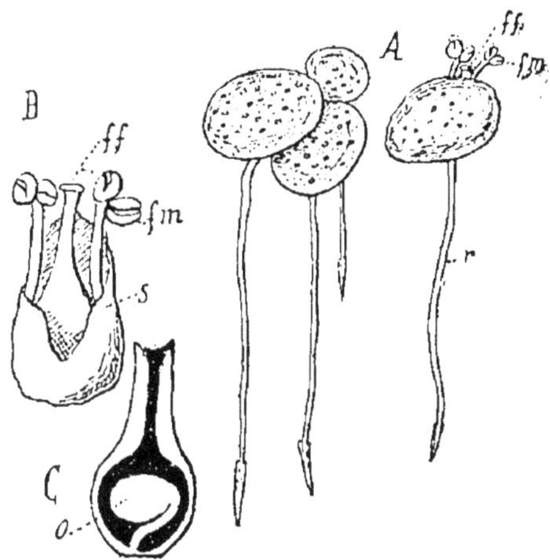

Fig. 316. — A, *Lemna minor* : *ff*, fleurs femelles ; *fm*, fleurs mâles ; *r*, racine. — B, un groupe de deux fleurs mâles, *fm*, et d'une fleur femelle, *ff*. — C, pistil en coupe longitudinale.

441. — Les **Naïadacées** habitent les eaux douces (Naias, Caulinia), saumâtres ou salées (Zostera, Posidonia, Cymodocea), où elles vivent fixées et submergées. De leurs rhizomes partent des feuilles radicales (Posidonia) ou des rameaux foliacés (Naias). Les fleurs sont petites, à peine visibles, le plus souvent monoïques (dioïques chez Naias) : les mâles montrent 1-4 étamines ; les femelles sont ordinairement monocarpellées et leur ovaire uniovulé. La graine dépourvue d'albumen renferme un embryon macropode.

442. — Les ALISMALES se composent des trois familles : **Potamogétonacées, Triglochinacées** et **Alismacées**, ayant comme propriété commune de posséder des carpelles plus nombreux que les autres Monocotylédones, d'où le nom de *Polycarpiques* par lequel on désigne quelquefois les Alismales.

443. — Les **Potamogétonacées** habitent tantôt les eaux douces (Potamogeton, Zanichellia), tantôt les eaux saumâtres ou salées (Ruppia). Les Potamots sont des herbes vivaces à feuilles nageantes ou submergées, communes dans nos eaux dormantes ou courantes. Leurs fleurs verdâtres dépourvues de pétales sont hermaphrodites et dimères avec répétition des trois verticilles présents. Celles des Ruppia se distinguent par l'absence totale du périanthe. Chez le *Zannichellia palustris*, herbe flottante des fossés et des étangs, les fleurs sont unisexuées, monoïques : les mâles, nues, à une seule étamine ; les femelles, entourées d'un périanthe très court, campanulé, sont formées de 2-10 carpelles. Dans ces trois genres, les ovaires sont uniovulés, et les fruits indéhiscents.

444. — Parmi les **Triglochinacées**, nous ne mentionnerons que deux végétaux vivaces de nos marais : le *Triglochin palustris* et le

Scheuchzera palustris, l'un et l'autre à feuilles linéaires jonciformes et à fleurs trimères, dont le périanthe est formé de six pièces toutes sépaloïdes, chez Scheuchzera ; les trois internes sont blanchâtres à l'intérieur, chez Triglochin. L'androcée compte six étamines ; le gynécée des Scheuchzera n'a que trois carpelles biovulés, tandis que celui des Troscarts présente souvent six carpelles uniovulés, dont trois souvent stériles, il est vrai.

445. — Les **Alismacées** sont des plantes annuelles ou vivaces à fleurs trimères, croissant dans les lieux humides et sur les bords des étangs et des cours d'eau. Elles montrent des feuilles ordinairement pétiolées, *flottantes ou immergées, souvent* les *deux* à la fois (Sagittaires). Elles se distinguent des plantes précédentes par leur port, leurs fleurs plus évidentes, à périanthe double, la corolle étant nettement colorée. On les divise en deux tribus :

Fig. 317. — *Sagittaria sagittifolia* L. — C, fruit, en coupe.

1° Les *Alismées*, qui comprennent les Alisma, Sagittaria (fig. 317) et Damasonium, réunis par le fait de posséder des carpelles nombreux contenant un seul ovule basilaire dans les deux premiers genres, deux ovules l'un basilaire, l'autre apicilaire, dans le troisième. Les fleurs sont hermaphrodites avec 6-9 étamines chez les Alisma et Damasonium, mais les carpelles fort nombreux, rangés en cercle ou en tête chez les premiers, ne sont qu'au nombre de six à dix chez les derniers où ils sont disposés en étoile (*D. stellatum*). Les fleurs des Sagittaires sont unisexuées, monoïques ou dioïques, avec des étamines et des carpelles en grand nombre ;

2° les *Butomées* ; ces plantes sont caractérisées par leurs carpelles à ovules indéfinis, fixés, fait très rare dans le règne végétal, sur un réseau qui s'étend sur les parois latérales des loges. Le *Butomus umbellatus*, à fleurs roses, qui présente neuf étamines et six carpelles devenant des follicules, est le seul représentant français de cette tribu.

446. — Les HYDROCHARITALES (de Χαρις, ιτος, agrément, beauté [des eaux], et non de Καρις, ιδος, squille, sorte de Crustacé marin) ne comprennent que la seule famille des **Hydrocharitacées**, constituée par des végétaux aquatiques, vivaces, submergés ou nageants, munis de feuilles verticillées ou spiralées, à fleurs dioïques ou polygames, entourées d'une spathe multiflore pour les mâles, uniflore pour les femelles et les hermaphrodites, trimères, avec calice et corolle. La fleur mâle peut présenter de un à quatre cycles de trois étamines fertiles et aussi plusieurs cycles de staminodes. L'ovaire est toujours infère (il est supère chez les végétaux rentrant dans les deux classes précédentes), à trois ou six carpelles multiovulés formant souvent un ovaire uniloculaire à placentas pariétaux ; les stigmates sont bifides. Le fruit, charnu intérieurement, ne renferme que des graines fort petites (les Hydrocharitacées font partie de la série des *Microspermées*, de Bentham et Hooker), dépourvues d'albumen. On les divise en quatre tribus :

1° Les *Hydrillées*, végétaux à tige allongée, à feuilles opposées ou verticillées assez petites, à spathe peu développée et à ovaire uniloculaire composé de trois carpelles. L'un d'eux, l'*Helodea canadensis*, dont nous n'avons en Europe que des pieds femelles, est devenu malgré cela une peste pour nos pièces d'eau qu'il encombre, chassant les autres végétaux et entravant la reproduction du poisson ; il se multiplie de bouture avec une facilité extrême : tout fragment qui s'enfonce dans la vase y devient l'origine d'un pied nouveau ;

2° Les *Vallisnériées*, plantes acaules, à feuilles rubanées (sans doute des phyllodes) à spathe pédonculée, à gynécée semblable à celui des Hydrillées. Le *Vallisneria spiralis*, dont nous avons décrit précédemment la fécondation curieuse (p. 260) est le représentant français de cette tribu ;

3° Les *Stratiotées*, également acaules, à feuilles tantôt submergées (Stratiotes), tantôt nageantes (Hydrocharis), à spathes pédonculées, mais à

Fig. 318. — Hydrocharis morsus-ranæ.

ovaire à six loges. L'*Hydrocharis morsus-ranæ* (fig. 318) présente une souche émettant des stolons allongés, flottants, munis aux nœuds d'un faisceau de feuilles orbiculaires et cordiformes. Les fleurs ont une corolle blanche, neuf étamines fertiles et trois staminodes. Le *Stratiotes aloides* est une herbe vivace, stolonifère et submergée, à feuilles dentées en scie et groupées en rosettes allongées, et à fleur mâle présentant de douze à quinze étamines fertiles et de nombreux staminodes. Ces deux plantes appartiennent à la flore française.

4° La quatrième tribu, celle des *Thalassiées*, est formée d'herbes marines submergées, à feuilles rubannées très longues, et souvent à fleurs petites et apétales. La fécondation se fait chez les Enhalus, qui relèvent de cette tribu, de la même façon que chez *Vallisneria spiralis.*

Série II. — MICRANTHÉES

447. — Plantes terrestres ou des marais, de port très variable, à fleurs généralement petites ou verdâtres, par conséquent peu visibles prises individuellement, mais agglomérées en nombre élevé dans des inflorescences qui tombent facilement sous les sens ; les plus simples sont apérianthées, les plus parfaites peuvent se ramener au type pentacyclique trimère ou, plus rarement, dimère. L'albumen, amylacé ou charnu, est toujours présent, à peu d'exceptions près. Nous les diviserons en quatre classes : les *Festucales*, les *Arales*, les *Commélinales* et les *Phœnicales.*

FESTUCALES (*Glumacees*).

448. — Cette classe est constituée presque sans exception par des herbes annuelles, bisannuelles ou vivaces, dont les fleurs hermaphrodites ou unisexuées sont groupées en épillets et accompagnées de bractées courtes, imbriquées ou spiralées, appelées selon leur position *glumes* ou *glumelles.* Ces fleurs n'ont point de périanthe, ou bien celui-ci est réduit à des écailles ou à des soies. Le gynécée supère, uniloculaire et uniovulé, produit un fruit indéhiscent et une graine à albumen ordinairement amylacé. Cette classe se divise en deux familles : les Festucacées et les Cypéracées.

Festucacées ou Graminées.

449. — Cette famille, une des plus importantes du règne végétal, comprend environ 3.200 espèces réparties entre 300 genres, dispersées sur toute la terre où elles constituent le quatorzième des Phanérogames dans la zone équatoriale, le douzième de ces plantes dans la zone tempérée, enfin le dixième de la flore dans la zone glaciale. Elles rendent de très grands services pour l'alimentation de l'homme et des herbivores. Leur nom usuel de Graminées vient de *gramen*, gazon ; ces plantes, qu'elles soient annuelles, bisannuelles ou vivaces, tapissent en effet ordinairement le sol. Quelques-unes de ces dernières (Bambou, Canne de Provence) lignifient partiellement leurs tiges aériennes, mais le fait est pour ainsi dire exceptionnel ; les Graminées sont par excellence des herbes.

Leur système radical est fibreux, fasciculé. Les tiges aériennes se dressent le plus souvent en touffes (*talles*) au-dessus du sol. Les Graminées vivaces se présentent tantôt à l'état cespiteux gazonnant, tantôt à l'état stolonifère ou traçant. Les tiges aériennes sont presque toujours arrondies, à nœuds marqués, simples, sauf chez les Bambous où elles portent des rameaux, assez grêles du reste ; elles présentent des entrenœuds évidés séparés les uns des autres par des planchers nodaux dus à l'entrecroisement des faisceaux foliaires avec les faisceaux caulinaires et aussi au changement de situation de ces derniers (p. 141). Lorsque la tige reste pleine (Canne à sucre, Sorgho, Maïs), la moëlle se gorge de matières sucrées.

Les feuilles sont ordinairement distiques et totalement engainantes. Les gaines entourent même la tige sur toute la longueur de l'entre-nœud superposé à leur point d'attache ; leurs bords rapprochés, restant indépendants chez les quatre cinquièmes des végétaux, se soudent chez les autres. Au sommet de la gaine, au point où se détache le limbe, se dresse une lame impaire (*ligule*) appliquée contre la tige. Le limbe est linéaire, parallélinerve, mais parfois tordu à la base ; il est rétréci en une sorte de pétiole chez les Bambous.

Les fleurs, généralement hermaphrodites, sont parfois unisexuées et monoïques (Maïs). La polygamie andro-monoïque s'observe assez fréquemment. Ces fleurs sont toujours groupées en épillets uniflores ou pluriflores ; dans ce dernier cas, on rencontre souvent, à côté de fleurs hermaphrodites, des fleurs mâles et des fleurs rudimentaires asexuées, ou l'une de ces dernières sortes de fleurs seulement. Les bractées, toujours nombreuses et diverses dans tout épillet, sont dénommées, selon leur position, *glumes*, *glumelles* ou *glumellules*.

Les épillets se groupent tantôt en épis distiques (*épis composés* : Blé, Seigle), tantôt en grappes à longs pédoncules simples ou ramifiés, généralement distiques, parfois solitaires, mais parfois fasciculés (Avoine). Ces grappes composées sont appelées *panicules*. L'axe principal de ces inflorescences

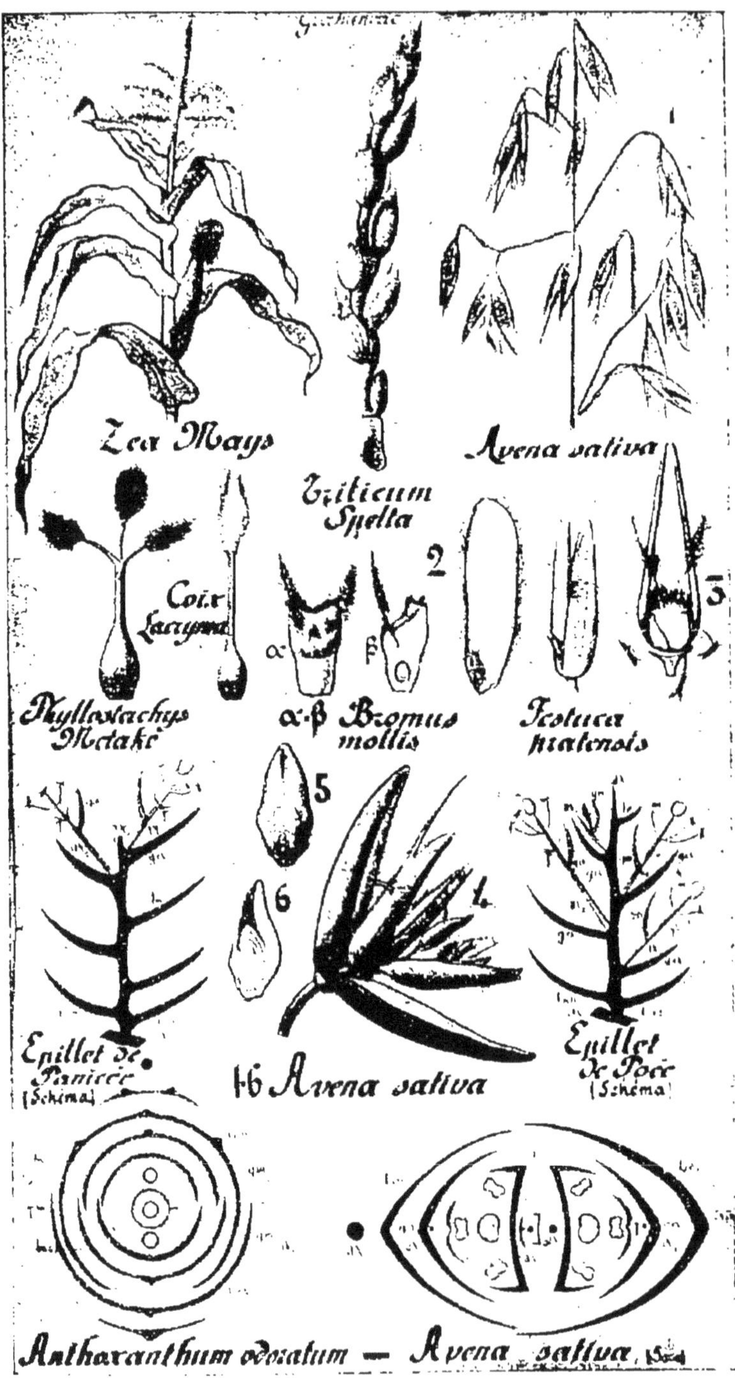

Fig. 319. — Festucacées.

est le *rachis* ; il ne porte qu'exceptionnellement des bractées bien développées, celles-ci étant simplement représentées par des *coussinets* ou *bourrelets* à l'aisselle desquels s'insèrent les épillets dans les épis composés, les pédoncules dans les panicules.

Chaque épillet comprend un axe (*rachéole*) porteur de bractées vertes, distiques ordinairement, et en nombre variable, dont une tout au moins, si ce n'est plusieurs, donne attache à son aisselle à des rameaux floraux, les autres restant stériles. L'épillet débute, en commençant par son point d'insertion, par deux bractées constamment stériles (les *glumes*) qui, lorsqu'elles n'avortent point, l'enveloppent dans son jeune âge ; elles sont insérées l'une au-dessus de l'autre, tantôt dans un plan parallèle à l'axe du rachis (Blé, Seigle), tantôt dans un plan perpendiculaire au précédent : dans ce dernier cas, la première (préfeuille de l'épillet) est postérieure et comprise entre le rachis et la rachéole, et l'autre est antérieure (Fétuque, Poa). Au-dessus des glumes, la rachéole porte d'autres bractées dont quelques-unes seulement sont florifères : les inférieures dans la tribu des Pooïdées, les supérieures ou la supérieure chez les Panicoïdées. Ces bractées (dites *glumelles inférieures* lorsqu'elles sont fertiles) se prolongent ordinairement en une *arête* ou *barbe* qui peut être terminale (Fétuque, Blé) ou subterminale, s'insérant plus ou moins bas sur le milieu du dos de l'organisme (Brome, Avoine). Les glumes peuvent être aussi aristées, mais le fait est moins fréquent.

Chaque rameau floral débute par une préfeuille-bractée (*glumelle supérieure*) qui, en raison de sa position entre la rachéole et l'axe florifère, est souvent comprimée pendant son développement : selon l'effort qu'elle supporte, elle reste simple, présentant une seule nervure médiane saillante, ou bien, tendant à se diviser, montre deux nervures (*carènes*) latérales correspondant chacune à un lobe, ou bien encore se partage totalement en deux, et finit même par avorter complètement. Les glumelles, encore appelées *paillettes*, étant rapprochées, enveloppent le reste du rameau floral, afin de protéger le développement des organes générateurs ; elles ne s'écartent que pour permettre la fécondation, qui s'opère par l'intermédiaire des vents (voir les schémas, fig. 319).

Au-dessus de la glumelle interne, l'axe florifère porte deux autres bractées distiques fort petites, les *glumellules* ou *lodicules*, qui peuvent, se comportant comme la glumelle interne, rester entières ou, l'une d'elles se divisant en deux, former un groupe de trois squamules (ce cas est fréquent), ou, si elles se partagent l'une et l'autre, en constituer quatre. Par l'avortement de l'un de ces organes, on peut ne rencontrer qu'une ou deux squamules, celles-ci disposées, non en alternance, mais côte à côte. Les glumellules sont aussi parfois totalement absentes (Alopecurus), la pression les ayant empêchées de se développer l'une et l'autre.

Au delà des glumellules vient la fleur qui est toujours nue. L'androcée se compose ordinairement de trois étamines, dont une antérieure et deux postérieures, libres, à anthères biloculaires, introrses, médifixes, fort mobiles et à loges divergeant en X à la fécondation. Il est diandre, lorsque l'ordre distique se poursuit au delà des glumellules (Flouve odorante). Il devient monandre par avortement chez Psilurus, etc. ; il a six étamines par répétition du verticille trimère chez le riz et les bambous ; dans quelques cas rares, les étamines sont encore plus nombreuses : on en compte une quarantaine chez Pariana.

Le gynécée est constitué par un seul carpelle supère à suture ventrale postérieure. L'ovaire uniloculaire ne renferme qu'un ovule anatrope ou semi-anatrope, ascendant, bitégumenté. Le style, lorsqu'il existe, est tantôt indivis au sommet, tantôt partagé en deux (Coix) ou trois (Bambusa) lobes stigmatiques, mais il manque le plus souvent, et les stigmates plumeux s'insèrent directement et séparément sur l'ovule, tantôt au nombre de deux (c'est le cas le plus fréquent), tantôt de trois.

Le fruit, sec, indéhiscent, uniséminé, intimement uni à la graine, est un *caryopse* (p. 273, fig. 188). Pendant la maturité de la graine et du fruit, la première perd par résorption son tégument externe, et le péricarpe sa région profonde et sa région moyenne ou l'une de celles ci seulement, mais toujours est-il que ce qui demeure à la maturité des organes protecteurs ne constitue plus qu'une lamelle formée de quelques plans de cellules souvent aplaties ; on peut s'en faire une idée en examinant le son.

Dans la graine un copieux albumen amylacé accompagne un embryon extraire assez petit et fortement différencié, puisqu'il montre, au milieu, une partie axile sur laquelle s'insèrent, inférieurement et latéralement, des racines latérales ; celles-ci, au moment de la maturité de la graine, sont plongées dans le parenchyme cortical de l'axe, qui, quoiqu'en partie résorbé vis à-vis d'elles les enveloppe encore d'une gaine radiculaire (p. 303, fig. 218, B-E). Latéralement toujours, mais du côté de l'albumen et appuyé contre lui, part de l'axe un organe en forme de bouclier, le *scutellum* ou *écusson*, aussi long que l'embryon, et qui est vraisemblablement le cotylédon, car c'est par son intermédiaire que sont absorbées les réserves de l'albumen. A l'opposite du scutellum se détache de l'axe un petit appareil cellulaire en forme de languette, l'*épiblaste*. La gemmule est fixée sur la partie médiane et supérieure de l'axe; elle est recouverte par une gaine membraneuse, incolore, la *piléole*, que certains botanistes regardent comme la ligule du scutellum envisagé comme étant le cotylédon, tandis que d'autres savants en font la deuxième feuille du végétal pour cette raison qu'elle est parfois nettement séparée du scutellum par une sorte d'entre-nœud (fig. 319, 2-5-6).

Les Festucacées se divisent en deux sous-familles : les **Panicoïdées** et les **Pooïdées**.

450. — Les Panicoïdées sont caractérisées par des épillets articulés avec leur pédicelle au-dessous des glumes et ne présentant qu'une seule fleur hermaphrodite subterminale, *au-dessous* de laquelle peut se rencontrer soit une fleur mâle qui, exceptionnellement, peut être remplacée par une deuxième fleur hermaphrodite, soit une fleur rudimentaire. Elles se partagent elles-mêmes en sept tribus : *a, Panicées* (Panicum, Setaria) ; *b, Maïdées* (Zea, Coix, Pariana) ; *c, Oryzées* (Oryza, Zizania) ; *d, Arundinellées* (Arundinella) ; *e, Zoysiées* (Zoysia, Tragus) ; *f, Andropogonées* (Saccharum, Andropogon, Sorghum) ; *g, Phalaridées* (Phalaris, Anthoxanthum, Alopecurus).

451. — Les Pooïdées ou, plus euphoniquement, les Festucoïdées ont des épillets non articulés avec leur pédicelle au-dessous des glumes, et portant une ou plusieurs fleurs hermaphrodites *au-dessus* desquelles on trouve un certain nombre de bractées stériles ou ne présentant à leur aisselle que des rameaux se terminant soit par une fleur mâle, soit par une fleur rudimentaire. Elles se divisent en six tribus : *h, Agrostidées* (Agrostis, Milium, Mibora, Calamagrostis, Phleum, Apera) ; *i, Avénées* (Aira, Holcus, Avena) ; *j, Chloridées* (Cynodon, Chloris) ; *k, Festucées* (Arundo, Sesleria, Cynosurus, Melica, Dactylis, Briza, Poa, Festuca, Bromus) ; *l, Hordées* (Hordeum, Lolium, Triticum, Secale) ; *m, Bambusées* (Bambusa, Arundinaria).

Cypéracées

452. — Les Cypéracées sont des végétaux herbacés vivaces, rarement annuels, à port de Graminées, plus rigides cependant, répandus sur tout le globe, particulièrement dans les endroits humides, quoiqu'on en rencontre aussi sur les parties sèches des plaines et des hautes montagnes (*Carex mucronata*, etc.). On en compte environ 2.200 espèces (dont 800 Carex et 700 Cyperus) réparties entre 60 genres et 2 sous-familles.

Les espèces vivaces sont cespiteuses ou stolonifères. Le rhizome, ordinairement sympodique, renfle parfois en tubercules ses derniers entre-nœuds (Souchets). Les racines sont fasciculées. Les tiges aériennes, pleines, présentent à la base des entre-nœuds rapprochés et finalement un entre-nœud fort long, triquètre ou arrondi (Choin, Marisque, Heleocharis), qui constitue presqu'à lui seul la partie épigée de la tige. Les feuilles, distiques, partent du bas de la tige où sont localisés les nœuds ; leurs gaines entourent l'axe à la façon d'un tube par suite de la soudure de leurs bords ; elles présentent rarement une ligule et il n'est pas rare de les voir privées de limbe. Ce dernier est rubanné ou bien plié longitudinalement, formant un canalicule.

Les fleurs hermaphrodites ou diclines, mais rarement dioïques (*Carex dioica* et *C. Davalliana*), parfois polygames, sont groupées dans des épillets généralement pluriflores, rarement solitaires et terminaux (Heleocharis), donc ordinairement latéraux, naissant à l'aisselle de bractées bien développées pouvant former involucre (certains Eriophorum) et rassemblés en épis composés, panicules, ombelles ou glomérules, la disposition variant entre les espèces d'un même genre.

Chaque épillet comprend un axe supportant un nombre variable de bractées squamiformes, souvent colorées de vert ou de brun (*glumes*), beaucoup plus souvent spiralées que distiques (Cyperus), dont l'inférieure ou les deux inférieures sont souvent stériles, les autres portant à leur aisselle soit directement une fleur, soit un rameau floral à la façon des Graminées. Ces épillets sont tantôt unisexués, tantôt androgynes ; ailleurs, ils ne présentent que des fleurs hermaphrodites, ou bien la polygamie avec gynomonœcie.

Les fleurs mâles sont toujours nues et consistent simplement en trois étamines (deux postérieures, une antérieure) placées directement à l'aisselle de la glume. Les anthères sont basifixes, biloculaires, introrses, à déhiscence longitudinale et à pollen elliptique. Les fleurs femelles sont à l'extrémité de rameaux sympodiques : de l'aisselle de la glume naît un premier rameau qui ne porte qu'une bractée opposée à cette glume. De l'aisselle de cette bractée, tantôt entière et étalée, tantôt divisée, tantôt engainante et soudant ses bords pour former une sorte de sac (*utricule* : Carex), part la fleur femelle, nue et réduite à un gynécée comprenant 2-3 feuilles carpellaires ; ces feuilles sont unies pour former un ovaire supère, uniloculaire et uniovulé, que surmonte un style, souvent renflé à la base, articulé plus ou moins haut, caduc ou non, et, dans ce dernier cas, persistant. 2-3 stigmates divergents. L'ovule est anatrope, dressé et bitégumenté.

Les fleurs hermaphrodites s'insèrent le plus souvent directement à l'aisselle des glumes ; on trouve cependant parfois une bractée interposée comme dans les fleurs femelles précédemment décrites. Tantôt elles sont nues (Cyperus, Cladium), tantôt entourées de soies en nombre variable (Eriophorum), mais quelquefois limité à six (Rhynchospora) ; on trouve un véritable périanthe de six folioles bisériées, verdâtres chez les Oreobolus, dont la fleur se rapproche de celle des Joncs. L'androcée et le gynécée de ces fleurs sont ceux des fleurs unisexuées. Par transformation des étamines en staminodes, certaines deviennent femelles.

Le fruit est un achaine arrondi ou triquètre, parfois recouvert par la glume, et surmonté dans quelques genres soit par le renflement du style persistant seul, soit par le style entier et ses divisions. La graine renferme un petit embryon terminal en forme de toupie et un albumen volumineux ordinairement amylacé ou légèrement charnu.

On divise les Cypéracées en deux sous-familles : les **Cypéroïdées** et les **Caricoïdées**. Les premières ont des fleurs hermaphrodites mêlées parfois de fleurs femelles par dégénérescence des étamines en staminodes ; elles se subdivisent en trois tribus : les *Scirpées* (Cyperus, Heleocharis, Scirpus, Eriophorum), les *Hypolytrées* et les *Rhynchosporées* (Rhynchospora Oreobolus, Schœnus, Cladium). Les **Caricoïdées** n'ont jamais que des fleurs unisexuées ; elles forment trois tribus : les *Cryptangiées*, les *Sclériées* (Kobresia) et les *Caricées* (Carex).

Les Cypéracées ont non seulement été rapprochées des Graminées, dont elles se distinguent par un grand nombre de points, comme nous venons de le voir et des Joncacées, mais aussi des Restiacées, qui ont le même port, mais dont les fleurs unisexuées ont un périanthe de six pièces scarieuses et présentent des gynécées, 1-3loculaires, dont les loges renferment chacune un ovule orthotrope suspendu.

ARALES

453. — Cette classe renferme des végétaux de ports très différents : des arbres, des arbrisseaux, enfin des herbes terrestres ou aquatiques, possédant ces points communs de présenter des fleurs en général apérianthées ou dont le périanthe est écailleux ou sétiforme (*Nudiflores*, de Bentham et Hooker), groupées sur des spadices (*Spadiciflores*, d'Endlicher), le plus souvent accompagnées de spathes. Leur fruit est plus ou moins charnu et leur graine pourvue d'un albumen. On les divise en quatre familles : les *Pandanacées* et les *Cyclanthacées*, qu'on pourrait grouper en une sous-classe en raison de leur albumen charnu-huileux, les *Typhacées* et les *Aracées*, dont l'albumen est amylacé, constituant alors une seconde sous-classe. Les fleurs sont toujours unisexuées dans les trois premières familles et une partie de la quatrième (Aroïdées), hermaphrodites dans l'autre (Calloïdées).

454. — Les **Pandanacées** ne renferment que les deux genres, l'un et l'autre dioïques, Freycinetia, composé d'arbustes sarmenteux, et Pandanus. Les Pandanus sont surtout connus parce qu'ils se rencontrent fréquemment dans les cultures de plantes d'ornement. Ce sont des végétaux arborescents et rameux, parfois sarmenteux, habitant les côtes et les îles des régions chaudes de l'Afrique, de l'Asie et de l'Océanie, remarquables par d'abondantes et volumineuses racines adventives qui, *partant du tronc loin de terre, doivent traverser l'atmosphère* avant de s'enfoncer dans le sol. Leurs feuilles sont indivises, longues, étroites, raides, épineuses sur les bords et pressées les unes au-dessus des autres sur trois spires parallèles. Les fleurs sont toujours nues. Les mâles, portées par des spadices rameux, thyrsoïdes ou en forme de pompons, renferment des étamines rassemblées en bouquet ; les femelles sont réunies sur des spadices simples, où se pressent les uns contre les autres des carpelles épais, uniloculaires et uniovulés. Le fruit, qu'accompagne la spathe, est un syncarpe oblong, drupacé-ligneux, atteignant dans quelques espèces vingt centimètres sur trente.

455. — Les **Cyclanthacées**, *qui habitent l'Amérique tropicale*, ne comprennent que trois genres composés d'herbes ou d'arbrisseaux grimpants au moyen de racines adventives. Leurs feuilles longuement pétiolées ont un limbe flabellé, ample, bi- ou trifide. Leurs inflorescences, qui sont monoïques, sont constituées par des spadices allongés pourvus de spathes polyphylles. Les fleurs des deux sexes, entremêlées sans ordre apparent sur les spadices des Carludovica, sont *disposées régulièrement en cercles alternant* sur ceux des Cyclanthus (κύκλος, cercle et ἄνθος, fleur). Le fruit est encore ici un syncarpe.

456. — Les **Typhacées** sont formées par la réunion des deux genres Typha et Sparganium qui renferment des herbes vivaces et monoïques répandues sur tout le globe, l'Afrique exceptée, et qui ont quelques représentants en France. Elles habitent les eaux peu profondes et les marais. Leur rhizome est traçant. Leurs feuilles sont, selon leur position, ou bien écailleuses, ou bien rubannées ou linéaires, dressées dans l'air ou flottantes. Chez les Typha l'inflorescence, portée au sommet d'une longue hampe, plus complexe qu'on ne peut le supposer *à la première inspection, au moins quant à la partie femelle*, a l'aspect d'un spadice ; elle est dépourvue de spathe et parfois interrompue : elle porte les fleurs femelles dans sa partie inférieure, les mâles dans sa partie supérieure. Chez les Sparganium, les fleurs mâles et femelles sont largement séparées, disposées sur des spadices sphériques, sessiles ou non. Il existe un périanthe formé de soies dans les fleurs des Typha, d'écailles dans celles des Sparganium. Les étamines se rencontrent en nombre très variable. Les gynécées monocarpellés, supères, ne renferment qu'un seul ovule anatrope et pendant. Le fruit, toujours indéhiscent (un achaine), est sec chez Typha, spongieux chez Sparganium. La figure de la tige florifère des Typha (Massettes) a été vulgarisée : c'est le roseau que *les Juifs avaient placé, dit la légende, dans les mains du* Christ en guise de sceptre.

Aracées,

457. — Les Aracées forment une famille de 900 espèces divisées entre 100 genres, habitant les parties humides et ombragées des régions chaudes et tempérées ; elles sont caractérisées, à peu d'exceptions près, par des feuilles pétiolées, à limbe étalé, à nervures divergentes, et par des inflorescences isolées, disposées en spadices que protègent de larges spathes monophylles.

Ce sont des végétaux herbacés vivaces, très cultivés dans les jardins botaniques et par les horticulteurs, tantôt à rhizome traçant ou court, renflé en tubercule (Arum), tantôt épiphytes, grimpants, laissant pendre dans l'air des racines recouvertes d'un voile brunâtre. Le *Pistia Stratioles* est une plante flottante, stolonifère, des régions tropicales, portant çà et là des bouquets de feuilles en rosettes, au-dessous desquels s'échappent des racines submergées. L'appareil excréteur, consistant en canaux excréteurs, glandes lysigènes et, surtout, en laticifères, est très développé chez eux. Ils présentent aussi des canaux aérifères dans la paroi desquels s'implantent des sclérites fort développés, en navette ou en H.

Les feuilles, souvent groupées à l'extrémité du rhizome, sont distiques ou spiralées, engainantes, rarement ensiformes et parallélinerves (Acorus), le plus souvent pétiolées à limbe entier ou perforé (*Monstera pertusa*), cordiforme, hasté ou sagitté, parfois découpé, pennatifide, pennati- ou pedaliséqué, à nervation pennée ou pédalée : toutes dispositions peu ordinaires chez les Monocotylédones.

Les fleurs unisexuées ou hermaphrodites sont groupées en grand nombre (sauf Pistia) sur des spadices accompagnés de spathes monophylles contournées, ou non, autour d'eux, parfois brillamment colorées, manquant rarement (Orontium). Ces spadices sont solitaires et partent directement du rhizome ou bien de l'aisselle des feuilles dans les espèces caulescentes ; ils sont généralement androgynes (les Arisarum sont dioïques), et, lorsqu'ils ne portent que des fleurs unisexuées, celles-ci sont le plus souvent séparées, les femelles étant localisées au bas du spadice ; cependant les deux variétés peuvent être entremêlées (Richardia, Peltandra). On trouve parfois des fleurs stériles alternant avec les fleurs fertiles (Arées) ou mêlées aux fleurs femelles (Caladium). Le spadice, souvent totalement recouvert de fleurs, peut se prolonger en un appendice allongé et nu (*massule* : Arées, Caladiées). Dans plusieurs espèces à feuilles non persistantes, l'inflorescence apparaît avant les feuilles (Arum, Caladium).

Les fleurs, unisexuées et stériles, sont toujours apérianthées, sauf chez les Zamioculcas dont les fleurs ne sont unisexuées, il est vrai, que par suite de l'avortement des étamines dans les fleurs inférieures du spadice et de celui des carpelles dans les fleurs placées supérieurement. Les fleurs mâles présentent généralement un petit nombre d'étamines (1-4), mais on peut en rencontrer davantage ; celles-ci peuvent être libres d'adhérence entre elles (Arées), ou bien être unies par leurs filets et leurs connectifs en un corps central, prismatique, à terminaison aplatie, sur les côtés duquel s'insèrent les anthères (Caladiées). La déhiscence des loges est ou bien longitudinale, et alors le pollen est pulvérulent, ou bien poricide, et, dans ce cas, le pollen est pris dans une masse visqueuse et s'échappe, en se moulant sur l'orifice, comme un fil vermiculaire. Des staminodes s'observent parfois dans les fleurs femelles (Dieffenbachiées).

Dans les fleurs femelles, le gynécée est ordinairement constitué par 1-3 carpelles supères concrescents formant un ovaire uni- ou pluriloculaire ; le stigmate est généralement sessile, pelté, discoïde. Les ovules, en nombre très variable dans les loges (1-∞), présentent, selon les genres, toutes les formes connues ; leur mode d'insertion n'est pas moins divers.

Les fleurs hermaphrodites, di- ou trimères le plus souvent, sont tantôt nues (Callées), tantôt munies d'un périanthe (Orontiées, Acorées) de 4-6 pièces écailleuses ; les étamines y sont libres et le gynécée y reproduit les dispositions qu'on lui voit dans les fleurs femelles.

Le fruit, le plus souvent formé de baies libres ou adhérentes entre elles, est rarement sec et déhiscent (Orontium). La graine, à testa coriace ou crustacé, renferme habituellement un embryon petit, accompagné d'un albumen charnu, parfois amylacé, qui manque cependant chez les Amorphophallus, Monstera et dans d'autres genres où l'on observe un embryon macropode.

On divise les Aracées en trois sous-familles :

1° les **Aroïdées**, qui n'ont que des fleurs unisexuées apérianthées et dont les tribus principales susceptibles de sous-divisions sont : les *Pistiacées*, où le spadice soudé à la spathe ne porte qu'une seule fleur de chaque sexe (Pistia) ; les *Arées*, qui, avec une massule, ont des étamines dont les anthères dépassent le connectif (Arum, Arisarum, Dracunculus, Amorphophallus) ; les *Caladiées*, qui ont aussi une massule, mais dont les anthères sont logées dans la masse des connectifs épaissis (Colocasia, Caladium, Peltandra, Philodendron) ; les *Dieffenbachiées*, sans massule, à androcée peltiforme, comme les précédentes, mais présentant des staminodes dans les fleurs femelles (Dieffenbachia, Aglaonema, Richardia) ;

2° les **Calloïdees**, à fleurs hermaphrodites apérianthées (Calla, Monstera, Scindapsus).

3° les **Orontioïdées**, à fleurs hermaphrodites périanthées, qui se divisent en *Orontiées*, dont les feuilles sont étalées et à nervures divergentes (Pothos, Anthurium, Orontium), et *Acorées*, caractérisées par leurs feuilles en glaive parallélinerves (Acorus).

PHŒNICALES

458. — Cette classe ne se compose que d'une seule famille, celle des **Phœnicacées**, plus connue sous le nom de **Palmiers**. Souvent confondue avec celle des Arales, elle s'en distingue par le port de ses sujets, parfois grandiose, ce qui les a fait appeler *Principes* par Endlicher; par leurs feuilles plissées, flabellées ou penniformes, assez souvent de taille colossale ; par leurs inflorescences en épis ou chatons simples ou rameux, appelées *régimes*, n'ayant rien de commun comme aspect avec celles des Arales ; par leurs fleurs trimères pourvues d'un périanthe double squameux ; par leur graine pourvue d'un abondant albumen charnu ou corné renfermant l'embryon dans une logette latérale.

Phœnicacées (*Palmiers*)

459. — Cette famille, localisée dans les régions chaudes et tempérées du globe, comprises entre les quarante-quatrièmes degrés de latitude Nord et Sud, en Amérique particulièrement, renferme 1.100 espèces toutes ligneuses, réparties entre 130 genres environ. Beaucoup de ces végétaux, par leur port élancé et leurs feuilles groupées en un panache terminal, l'emportent en taille et en élégance sur les autres représentants du règne végétal. Dans leurs pays d'origine, ils fournissent de nombreux matériaux à l'homme ; dans nos régions, on en cultive un certain nombre pour l'ornementation de nos demeures.

A côté du port classique dû à la présence d'un stipe cylindrique indivis, nu dans le bas, hérissé par les restes des feuilles dans le haut, nous observons des tiges renflées à la base (*Livistona olivæformis*), ou en fuseau (*Jubæa spectabilis*), ou divisées au sommet (*Hyphæne*, *Doum*), ou des végétaux cespiteux (Rhapis), ou à rhizomes du sommet desquels partent les feuilles (Sabal), enfin des lianes (Calamus ou rotangs). Des racines nombreuses funiformes s'insèrent plus ou moins haut sur le stipe qu'elles tiennent bien souvent dressé au-dessus du sol, le tronc ne se prolongeant point en terre. Les feuilles, ordinairement rassemblées en masse au sommet de la tige et atteignant quelquefois dix mètres et plus, sont spiralées, rarement isolées (Rhapis), fortement engainantes, pétiolées, à limbe étalé, plissées dans le bourgeon, et après leur développement, penninerves ou palminerves, se déchirant plus ou moins profondément en se développant pour devenir pennatifides (Phœnix) ou palmatifides (Latania). Elles sont parfois munies d'un appendice liguliforme à la base du limbe chez les espèces dont la lame est en éventail.

Les fleurs, petites et régulières, courtement pédonculées, ou sessiles, ou même enfoncées dans l'axe de l'inflorescence, assez rarement hermaphrodites (Corypha, Sabal, Livistona) ou polygames (Chamærops), sont ordinairement unisexuées par avortement partiel ou total de l'androcée ou du gynécée, le plus souvent monoïques (Areca, Cocos), quelquefois dioïques (Phœnix, Latania, Chamædorea).

Les fleurs, disposées parfois en ordre distique (Calamus), sont plus souvent rangées en spirale, isolées ou groupées par 3-4, en inflorescences simples ou ramifiées, parfois énormes, dites *régimes*, qui ne sont autres que des chatons, épis ou grappes composés. Lorsque les fleurs sont groupées, les femelles sont entourées par les mâles ou placées au-dessous d'eux ; pareil fait s'observe pour des épis entiers composés de fleurs isolées où les femelles sont localisées vers le point d'attache. Une spathe générale entoure souvent l'inflorescence entière (*Seaforthia elegans*) ; elle peut être ou non accompagnée de spathes secondaires propres aux ramifications de l'inflorescence, mais ces dernières peuvent aussi se présenter seules en l'absence d'une spathe générale. Les bractées-mères ne se développent pas toujours.

Le périanthe toujours coriace, généralement persistant et parfois accrescent après la fécondation, est composé de six pièces disposées sur deux rangs, et dans chaque verticille elles peuvent être libres ou soudées. Il manque totalement dans les fleurs femelles des Nipa et dans les fleurs mâles des Phytelephas (Corozo). L'androcée présente ordinairement six étamines opposées aux pièces du périanthe, libres ou soudées par leurs filets, introrses, dorsifixes ; leur nombre se réduit à trois chez certains Areca et Phœnix ; par contre, ailleurs, leur nombre s'élève, tout en restant un multiple de trois (Arenga, Caryota, Seaforthia). On trouve des staminodes dans quelques fleurs femelles. Le gynécée, qui se présente bien souvent à l'état rudimentaire dans les fleurs mâles, se compose de trois carpelles supères, dans les fleurs hermaphrodites et femelles. Les carpelles, indépendants dans les Coryphées et les Phœnicées, se soudent le plus souvent et forment un ovaire triloculaire, mais alors, en règle générale, un seul des carpelles est fertile, les deux autres avortant plus tôt ou plus tard. Les styles sont courts et les stigmates, au nombre de trois, indivis. Les loges, dans la grande majorité des cas, ne renferment qu'un seul ovule anatrope ou semi-anatrope, dressé ou ascendant, car, comme nous l'avons dit plus haut, sur trois que renferme le gynécée, deux avortent généralement. La surface de l'ovaire, ordinairement lisse, est recouverte d'écailles imbriquées chez les végétaux réunis, à cause de ce fait, dans la tribu des Lépidocaryées.

Les trois carpelles indépendants donnent parfois naissance chacun à une drupe (Chamærops), mais aussi souvent deux d'entre eux avortent (*Phœnix dactilyfera*, Dattier). Pour les raisons indiquées plus haut, lorsque les carpelles sont concrescents, le fruit est ordinairement encore une drupe (exc. Borassées). Le mésocarpe est tantôt charnu (Datte, Elæis), tantôt fibreux (*Cocos nucifera*, Cocotier). Le noyau est parfois percé d'orifices à la base, correspondant aux loges ovariennes (Cocosées). Les écailles, qui recouvrent l'ovaire des Lépidocaryées, s'accroissent après la fécondation et se soudent même entre elles produisant des fruits quadrillés à la surface (Sagoutiers). La graine, libre ou adhérente au péricarpe, comprend un albumen charnu ou corné, plein ou creux, énorme par rapport à l'embryon qui est logé dans une petite dépression creusée superficiellement dans sa masse (p. 303, Dattier). La surface de l'albumen est lisse ou ruminée (Noix d'Arec). A la germination, le pétiole du cotylédon s'allonge beaucoup, enfonçant l'embryon dans le sol, tandis que le limbe reste enfermé dans l'albumen jusqu'à épuisement complet de celui-ci, ce qui demande ordinairement plusieurs mois et parfois quelques années (Cocotier, Palmier des îles Seychelles).

460. — Les Palmiers se divisent en plusieurs tribus se distinguant entre elles par les caractères suivants :

A. Fruits indépendants provenant de carpelles
a) libres.* Feuilles palmatiséquées, spathes nombreuses, fleurs hermaphrodites : **Coryphées** (Corypha, Chamærops, Acanthorhiza, Livistona).
** Feuilles pennatiséquées. Spathes solitaires, fleurs dioïques : **Phœnicées** (Phœnix).
b) concrescents. Le fruit est
* écailleux ; les fleurs sont hermaphrodites ou unisexuées ;

arbres ou lianes : **Lépidocaryées** (Calamus, Raphia, Sagus, Metroxylon).

** lisses. Les feuilles sont :

• en éventail. Fleurs dioïques ; fruit à 1-3 noyaux : **Borassées** (Lodoicea, Latania, Hyphæne).

•• pennatiséquées. La drupe présente un noyau

△ perforé de trois trous : **Cocosées** (Cocos, Jubæa, Elæis, Bactris).

△△ fermé : **Arécées** (Chamædorea, Caryota, Ceroxylon).

B. Fruits soudés en un syncarpe ; périanthe soit celui des fleurs mâles, soit celui des fleurs femelles, imparfait ou nul : **Nipées** (Nipa, Phytelephas).

COMMÉLINALES (*Enantioblastées* Endl.).

461. — Cette classe comprend les six familles des Centrolépidacées, Restiacées, Eriocaulonacées, Xyridacées, Mayacacées et Commélinacées. Par les trois premières, dépourvues de périanthe ou ne présentant qu'un périanthe scarrieux, elle se rapproche de celle des Festucales ; par les dernières, qui sont munies, avec un périanthe double, d'une véritable corolle, elle tend vers les Liliales. Elle constitue la classe des *Enantioblastées* d'Endlicher, caractérisée par des ovules orthotropes diversement attachés, mais qui produisent toujours des graines dans lesquelles l'embryon (Βλαστη) assez petit, situé à l'extrémité et en dehors de l'albumen, est diamétralement opposé (Εναντιος) au hile. Aucun des végétaux de cette classe n'est européen.

462. Commélinacées. — Nous ne parlerons que des Commélinacées, et encore seulement des deux genres Tradescantia (Ephémérine) et Commelina, dont on trouve des représentants dans nos jardins et nos maisons.

La Comméline tubéreuse est une herbe vivace du Mexique, à racines tubéreuses, fasciculées. Ses tiges charnues, noueuses, s'élèvent à 60 cm. Ses feuilles ovales-lancéolées, aiguës, sont engainantes. Ses fleurs hermaphrodites sont zygomorphes et disposées en petites cymes entourées d'une spathe de laquelle elles sortent successivement ; elles présentent un calice à trois sépales persistants et inégaux, une corolle à trois pétales bleus, inégaux, dont un avorte fréquemment. L'androcée a six étamines, mais toujours 2-4 sont stériles et à l'état de staminodes. Le gynécée supère, à trois carpelles soudés, forme un ovaire triloculaire, mais dont une loge est vide, les deux autres renfermant 1-2 ovules orthotropes horizontaux attachés au placenta axile. Le style est simple ; le stigmate est presque entier. Le fruit, une capsule loculicide, souvent biloculaire, renferme des graines répondant aux caractères de la classe, mais dont le sommet de l'embryon est recouvert par une production en forme de bonnet chinois, un *embryotège,* qui tombe lors de la germination, sous la pression de la radicule.

Les Ephémérines ne diffèrent des Commélines que par l'actinomorphie de leurs fleurs trimères : ici le calice et la corolle sont réguliers ; l'androcée a six étamines fertiles, et les trois loges de l'ovaire biovulées sont également fertiles. L'Ephémérine de Virginie, à fleurs bleues, se cultive facilement en pleine terre dans les régions tempérées.

Série III. — COROLLIFLORES

463. — Cette série est surtout composée de végétaux terrestres et herbacés ayant pour caractères communs de posséder des fleurs grandes ou tout au moins bien évidentes, trimères et pentacycliques, avec deux verticilles au périanthe dont l'interne est toujours coloré, deux verticilles d'étamines dont une partie peut passer à l'état de staminodes ou avorter complètement, et un gynécée à trois carpelles renfermant, à peu d'exceptions près, des ovules anatropes.

On divise cette série en quatre classes parmi lesquelles deux comprennent des végétaux à fleurs actinomorphes : les *Liliales* et les *Broméliales*, les premières se distinguant par leur périanthe dont les deux membres sont l'un et l'autre colorés, des secondes où il se divise nettement en un calice vert et une corolle. Les fleurs sont zygomorphes dans les autres classes, avec avortement d'une partie de l'androcée ; mais l'androcée et le gynécée sont indépendants l'un de l'autre chez les *Cannales*, tandis qu'ils sont soudés en un gynostème chez les *Orchéales*.

Liliales (*Liliiflores*)

464. — Cette classe ne comprend pas moins de onze familles qu'on peut sommairement distinguer les unes des autres d'après les caractères suivants :

Divisions du périanthe
- toutes sépaloïdes, scarieuses, parfois pétaloïdes. **Joncacées.**
- toutes pétaloïdes. L'ovaire est
  - supère. Albumen
    - charnu ou corné. Étamines 6. Capsule ou baie. Végétaux terrestres. . . . . **Liliacées.**
    - amylacé. Étamines 3 ou 6. Capsule loculicide ou fruit indéhiscent aquatique. **Pontédériacées.**
  - infère. Étamines
    - 3,
      - extrorses, oppositisépales. Albumen charnu. . . . . **Iridacées.**
      - introrses oppositipétales
        - +3 staminodes. Albumen farineux. Périanthe tubuleux . **Hæmodoracées.**
        - ou 6. Ovaire 1 3loculaire. . Graines petites sans albumen . . . . **Burmanniacées.**
    - 6. Fleurs
      - hermaphrodites. Feuilles parallélinerves. Plantes bulbeuses, tubéreuses ou fibreuses à fruit capsulaire ou indéhiscent . . . . **Amaryllidacées.**
      - unisexuées, dioïques. Feuilles à nervures réticulées. Plantes
        - volubiles à ovaire triloculaire. . . **Dioscoréacées.**
        - à feuilles radicales et à ovaire uniloculaire . . . . . **Taccacées.**

Joncacées

465. — Si les *Commélinacées* et les familles voisines, abstraction faite de leurs ovules orthotropes, devaient être placées parmi les Corolliflores, les Joncacées, qui n'ont qu'un périanthe squameux, devraient être rattachées aux Micranthées ; tel est du reste l'avis de Bentham et Hooker qui les rapprochent des Palmiers, et de Brongniart qui les met à côté des Restiacées et des Ériocaulonacées. Elles ont quelque chose du port des Cypéracées. A part le manque d'une corolle brillante, elles ont tant d'affinités avec les Liliacées qu'Endlicher et Sachs en font leurs proches voisines, et Baillon, allant plus loin encore, les regarde comme une simple tribu de cette famille. Les limites de cette famille ne sont pas non plus nettement tracées : plusieurs botanistes joignent aux Joncacées proprement dites, au titre de tribu, des groupes que d'autres élèvent à la dignité de familles (Xérotées, etc.).

Nous ne nous arrêterons qu'aux Enjoncées, composées de végétaux herbacés vivaces, rarement annuels, formant six genres : parmi eux, deux seulement, Juncus et Luzula, dont l'aire de dispersion est du reste très vaste, ont des représentants en Europe et en France, où on les rencontre jusque dans les régions froides des montagnes.

Les Joncs sont pour la plupart des herbes vivaces (*Juncus bufonius* et *Tenageia* sont annuels) habitant les lieux humides. Leur souche, gazonnante ou traçante, porte des tiges dressées, arrondies, fistuleuses ou remplies d'une moëlle *constituée par des cellules étoilées*. Ces tiges, parfois nues, portent ailleurs des feuilles alternes cylindriques ou sétacées ; celles de la base sont réduites à la gaine. Les fleurs hermaphrodites, plus ou moins largement espacées, sont disposées en grappes ou en épis passant au capitule, les grappes se terminant parfois en des cymes unipares. Le périanthe, *brunâtre ou verdâtre*, présente six divisions sur deux rangs : l'androcée, six étamines également sur deux rangs, mais réduites parfois à trois par suppression de celles du rang interne. Le gynécée supère, à trois carpelles, forme un ovaire triloculaire à placentas axiles chargés de nombreux ovules anatropes. Le style simple est surmonté de trois stigmates. Le fruit est une capsule loculicide dont les valves entraînent ordinairement avec elles les cloisons et les placentas opposés. Les graines, souvent arillées, renferment un albumen charnu volumineux et *un embryon de petite taille*.

Les Luzules habitent les bois ou les prairies des hautes montagnes. Ce sont des herbes vivaces se distinguant des Joncs par leurs feuilles planes, graminiformes, souvent ciliées sur les bords, par la constance de leurs six étamines et par leur ovaire uniloculaire ne contenant que *trois ovules basilaires dressés (un par carpelle)*. Leurs fleurs sont tantôt brunes, tantôt jaunâtres ou même blanches (*Luzula nivea*).

Liliacées

466. — Les végétaux de cette famille ont souvent été donnés comme réalisant par excellence le type Monocotylédone, mais les déviations à ce type que nous avons mentionnées chez les Hélobiées et les Micranthées sont tellement nombreuses que c'est évidemment par une généralisation fautive que l'on en juge ainsi ; en réalité, les Liliacées ne forment que le centre d'un groupe autour duquel gravitent le reste des Corolliflores et les quelques familles formant le passage entre les deux premières séries et cette troisième. Les divers groupes de Corolliflores sont du reste beaucoup plus étroitement unis entre eux que ne le sont ceux des autres séries ; ainsi s'explique le fait que les botanistes ne sont pas unanimes dans la fixation des limites des Liliacées, les uns y faisant entrer au titre de sous-familles les Colchicinées et les Asparaginées, élevées par d'autres au rang de familles.

Les Liliacées, comprises dans le sens le plus large, sont constituées par environ 2.110 espèces, réparties entre 190 genres divisés eux-mêmes entre un grand nombre de tribus (de 10 à 25 selon les auteurs), que nous réunirons en trois sous-familles : les **Liliinées**, les **Colchicinées** et les **Asparaginées**.

Ces végétaux se rencontrent habituellement dans les lieux secs des régions tempérées et chaudes du globe, principalement en Australie, au Cap et dans la région méditerranéenne. Ce sont généralement des herbes vivaces à bulbes (Liliées, Hyacintnées), ou à rhizomes (Agapanthées, Vératrées, Smilacées, Asparagées), dont certains entre-nœuds peuvent se renfler en un tubercule bulbiforme (Colchicées). Quelques-unes ont une tige aérienne ligneuse dressée : Aloéées (chez ces végétaux elle s'accroît en diamètre par le jeu d'un cambium d'origine péricyclique), Ruscus. La tige est aussi ligneuse, mais grimpante, chez les Smilax, où elle se soutient au moyen de vrilles stipulaires. La tige est volubile chez *Lapageria rosea*, et grimpante par le moyen de vrilles foliaires chez *Gloriosa superba*, deux jolies plantes d'ornement. Les feuilles sont ordinairement allongées, parallélinerves et spiralées, radicales ou caulinaires ; mais les Smilax ont des feuilles distiques, étalées, curvinerves, et, chez les Paris, certains Polygonum (*P. verticillatum*) et Trillium, elles sont verticillées. On en trouve de deux formes chez les Asparaginées : les unes courtes, réduites à la gaine et appliquées contre la tige ; les autres aciculaires chez les Asperges, étalées et soudées dans la plus grande partie de leur longueur avec le rameau qui les a produites chez Ruscus, Danae, Semele, formant alors un organisme complexe, porteur parfois de feuilles écailleuses, de fleurs ou de fruits, que certains botanistes ont décrit à tort comme un cladode.

Les fleurs sont presque toujours hermaphrodites, actinomorphes, trimères et pentacycliques par redoublement de l'androcée. Nos bois renferment le *Maianthemum bifolium* dont les fleurs sont dimères et le *Paris quadrifolia* chez lequel les

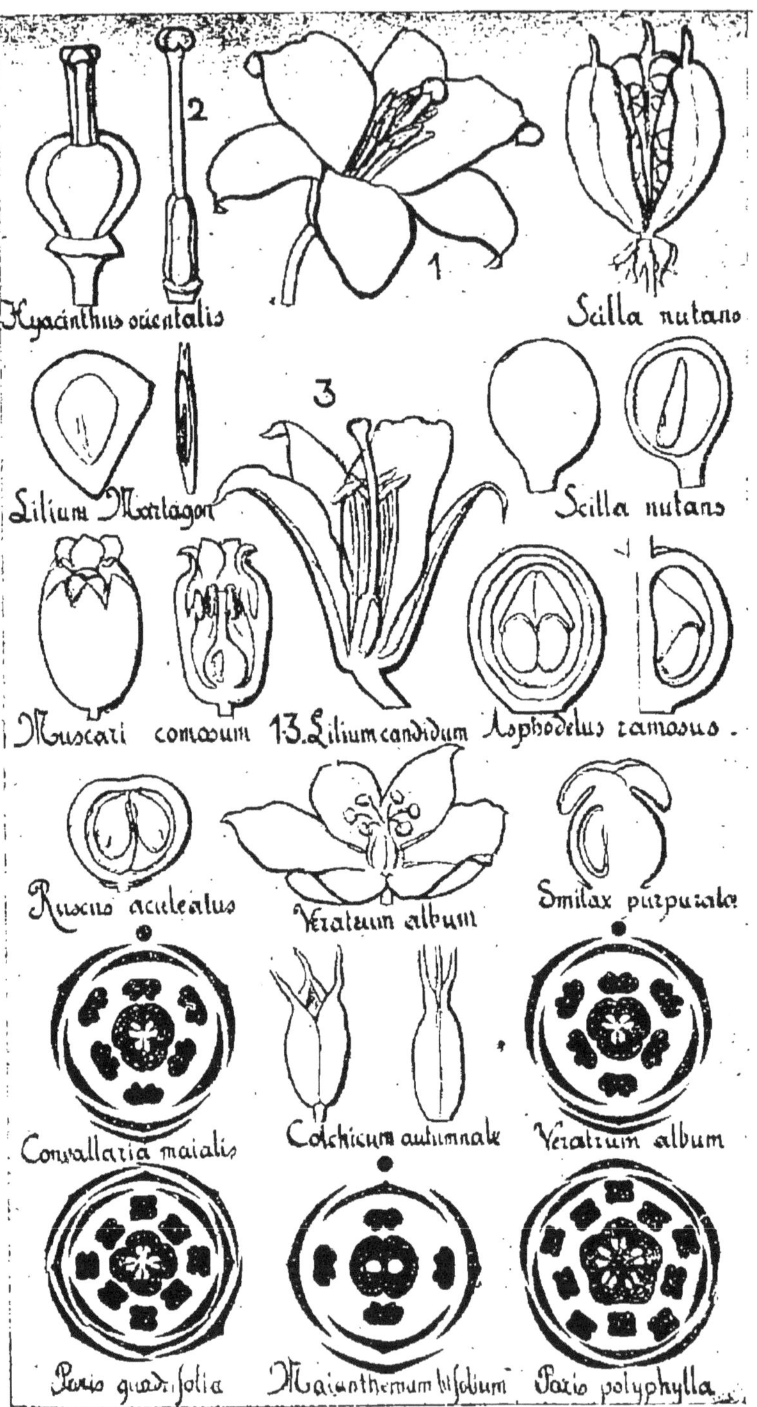

Fig. 320. — Liliacées.

verticilles sont tétramères, mais les exceptions de cette sorte (Aspidistra, Paridées) sont rares. Parfois isolées et terminales (Tulipa, Paris) ou latérales (Gloriosa), les fleurs sont le plus souvent réunies en masses se rattachant aux diverses formes d'inflorescences connues, le capitule excepté. Elles sont parfois entourées d'une spathe bi- (Allium) ou polyphylle, mais celle-ci manque le plus souvent ; on voit même fréquemment les bractées-mères faire défaut.

Le périanthe est formé de six pièces colorées, disposées sur deux rangs, tantôt libres (Liliées, Asphodélées), tantôt soudées (Hyacinthées, Aloéées, Colchicées), et alors portant le plus souvent l'androcée. Celui-ci est généralement formé de six étamines en deux séries opposées aux pièces du périanthe, biloculaires, extrorses chez Colchicinées, introrses partout ailleurs. Chez les Ruscus (Fragons) qui n'ont que trois étamines et les Smilax (Salsepareilles), les uns et les autres dioïques, les étamines sont représentées par des staminodes dans les fleurs femelles. Le gynécée, supère, est formé de trois carpelles concrescents assemblés pour donner un ovaire triloculaire surmonté par un style unique terminé par un stigmate plus ou moins trilobé, sauf chez les Colchicinées et les Paridées où ils sont ordinairement libres. Les placentas axiles portent des ovules nombreux, anatropes, disposés sur deux rangs ; il y a quelques exceptions, notamment pour la plupart des Asparaginées qui présentent des ovules orthotropes ou semi-anatropes, solitaires ou géminés dans chaque loge. Dans l'épaisseur des cloisons séparatrices des loges se trouvent des nectaires, *dits glandes septales.*

Le fruit est une capsule loculicide chez les Liliinées, septicide chez les Colchicinées, une baie chez les Asparaginées. Les graines sont tantôt globuleuses, anguleuses (Hyacinthées, Colchicées, Asparaginées), tantôt aplaties (Liliées, Aloéées), à testa crustacé (Asparagées, Hyacinthées) ou membraneux (Liliées, Agapanthées, Aloéées). L'albumen, ordinairement charnu, est cartilagineux chez les Smilacées ; l'embryon est petit, droit ou contourné (Allium).

467. — Nous résumerons sous forme d'un tableau les caractères distinctifs des principales subdivisions des Liliacées :

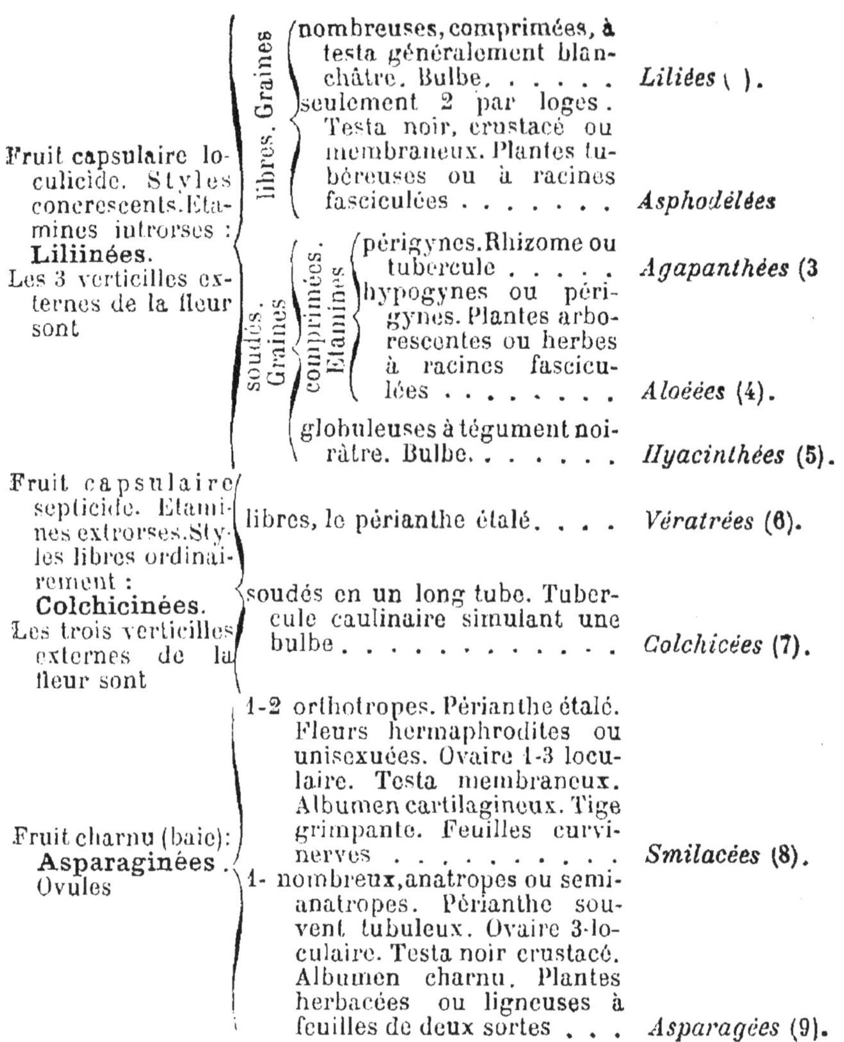

- Fruit capsulaire loculicide. Styles concrescents. Étamines introrses : **Liliinées**. Les 3 verticilles externes de la fleur sont
  - libres. Graines
    - nombreuses, comprimées, à testa généralement blanchâtre. Bulbe. . . . . . *Liliées* ( ).
    - seulement 2 par loges. Testa noir, crustacé ou membraneux. Plantes tubéreuses ou à racines fasciculées . . . . *Asphodélées*
  - soudés. Graines
    - comprimées. Étamines
      - périgynes. Rhizome ou tubercule . . . . . *Agapanthées* (3
      - hypogynes ou périgynes. Plantes arborescentes ou herbes à racines fasciculées . . . . *Aloéées* (4).
    - globuleuses à tégument noirâtre. Bulbe. . . . . . . *Hyacinthées* (5).
- Fruit capsulaire septicide. Étamines extrorses. Styles libres ordinairement : **Colchicinées**. Les trois verticilles externes de la fleur sont
  - libres, le périanthe étalé. . . . *Vératrées* (6).
  - soudés en un long tube. Tubercule caulinaire simulant une bulbe . . . . *Colchicées* (7).
- Fruit charnu (baie) : **Asparaginées**. Ovules
  - 1-2 orthotropes. Périanthe étalé. Fleurs hermaphrodites ou unisexuées. Ovaire 1-3 loculaire. Testa membraneux. Albumen cartilagineux. Tige grimpante. Feuilles curvinerves . . . . *Smilacées* (8).
  - 1- nombreux, anatropes ou semianatropes. Périanthe souvent tubuleux. Ovaire 3-loculaire. Testa noir crustacé. Albumen charnu. Plantes herbacées ou ligneuses à feuilles de deux sortes . . . *Asparagées* (9).

Amaryllidacées

468. — Les Amaryllidacées forment une famille parallèle à celle des Liliacées, mais les membres s'en distinguent par

1. Lilium, Tulipa, Fritillaria, Erythronium, Gagea. — 2. Asphodelus. — 3. Agapanthus, Phormium, Polyanthes. — 4. Aloe, Yucca. — 5. Scilla, Hyacinthus, Muscari, Ornithogalum, Agraphis, Allium. — 6. Veratrum, Melanthium, Zygadenus. — 7. Colchicum, Bulbocodium. — 8. Smilax. — 9. Asparagus, Dracæna, Paris, Ruscus, Convallaria, Polygonatum.

la présence d'un ovaire infère : toutes les variations observées chez les unes se retrouvent chez les autres. Elles habitent comme elles les lieux secs des régions tempérées et chaudes et forment environ 650 espèces réparties entre 65 genres, si on y comprend les Vellozièes et les Hypoxidinées que certains botanistes en séparent pour constituer deux familles distinctes.

La plupart de ses représentants sont des herbes vivaces à bulbes ou à rhizomes quelquefois tuberculeux et à feuilles radicales ; mais quelques-uns ont des tiges ou volubiles (Bomarea), ou dressées, et alors tantôt herbacées, tantôt ligneuses (Vellozièes, Furcræa, *Agave attenuata*, etc.). Les feuilles sont linéaires, engainantes, parallélinerves ; chez les Agavées et les Vellozièes, elles sont pressées au sommet des tiges où elles forment des touffes ou des rosaces, de très vastes dimensions dans certains Agaves (*A. americana*, *Salmiana*, etc.).

Les fleurs sont généralement actinomorphes (excepté chez Alstrœmeria, Hippeastrum, etc.), hermaphrodites, trimères et pentacycliques (sauf chez les Pauridia où l'on ne trouve que le rang d'étamines opposées aux pétales), portées ordinairement par une hampe qui atteint facilement cinq mètres et davantage dans les Agaves de grande taille (1). Les fleurs, parfois isolées, sont le plus souvent groupées en cymes ombelliformes, ou en grappes de cymes (Agave), à la base desquelles on observe souvent une spathe ou un involucre (exc.: Hypoxidées et Agaves), chaque fleur ayant sa bractée-mère. Les six divisions pétaloïdes du périanthe sont tantôt indépendantes au-dessus de l'ovaire (Alstrœmeria), tantôt, et le plus souvent, soudées entre elles, formant un tube plus ou moins long (Narcissus, Clivia, Pancratium) ; elles persistent souvent au-dessus du fruit. Sur la gorge se dressent parfois des ligules isolées (Amaryllis) ou réunies en un large organe pétaloïde : la *coronule* (Narcissus). L'androcée est typiquement composé de six étamines introrses, portées par le périanthe lorsque celui-ci est gamophylle. Dans la tribu des Pancratiées les filets, en s'étalant à la base et en s'unissant latéralement, forment une coupe pétaloïde des bords de laquelle s'échappent les extrémités supérieures et grêles des filets portant les anthères. Les Vellozièes se séparent des autres Amarylli-

(1) L'inflorescence des Agaves est terminale, et sa formation, qui se fait souvent attendre de nombreuses années, entraine la mortification de la tige qui la supporte après la maturation des fruits ; mais, dans un certain nombre d'espèces, le végétal se perpétue par des drageons partant de la base de la tige.

dacées par le dédoublement des verticilles staminaux. Le gynécée, composé de trois feuilles carpellaires, forme un ovaire infère, triloculaire, à placentation axile. Les ovules sont ordinairement nombreux, anatropes, horizontaux, disposés sur deux lignes dans chaque loge, mais leur nombre peut s'abaisser à deux (Hæmanthus, etc.). Les ovules sont semi-anatropes chez les Hypoxidées. Les styles sont ordinairement soudés et les stigmates concrescents ou indépendants. Des glandes septales s'observent dans les cloisons séparatrices des loges de l'ovaire.

Le fruit est ordinairement une capsule loculicide ; les Curculigo, Hæmanthus, Clivia ont des baies ; les Hypoxis, des pixides. Les graines ont des téguments tantôt membraneux et pâles (Galanthus), tantôt crustacés et noirs (Narcissus, Agave, Hypoxis). L'albumen est charnu ; l'embryon petit ne dépasse pas le milieu de cet albumen.

469. — On divise les Amaryllidacées en quatre sous-familles et cinq tribus de la façon suivante :

1° Plantes ayant (sauf exceptions) six étamines.
- • Ovules anatropes.
  - * Bulbes : **Amaryllidinées**.
    - △ une coronule ; étamines libres : *Narcissées* (Narcissus).
    - △△ Pas de coronule :
      - + étamines libres : *Amaryllidées* (Leucoium, Galanthus, Crinum, Hippeastrum).
      - ++ étamines soudées formant une coupe pétaloïde, par la réunion des filets : *Pancratiées* (Pancratium, Eucharis).
  - ** Rhizomes surmontés d'une tige aérienne plus ou moins développée : **Agavinées**.
    - △ Sépales, pétales et étamines indépendants. Feuilles éparses : *Alstrœmériées*.
    - △△ Sépales, pétales et étamines concrescents. Feuilles pressées : *Agavées* (Agave, Fourcrœa, Doryanthes).
- •• Ovules semi-anatropes ; rhizomes ; feuilles radicales ; strophiole : **Hypoxidinées** (Hypoxis, Curculigo).

2° Plus de six étamines. Tige ligneuse, ramifiée ; feuilles pressées ; albumen amylacé : **Vellozinées** (Vellozia, Barbacenia).

Dioscoréacées

470. — Nous passerions cette famille sous silence, si nous n'avions pas à signaler la présence fréquente dans nos bois du *Tamus communis L.*, l'*herbe à la femme battue*, le seul représentant français de ce groupe avec le *Dioscorea pyrenaica* dont l'aire est au contraire fort limitée, réduite à la partie médiane et orientale des Pyrénées. Les Dioscoréacées tiennent près des Amaryllidacées la place qu'occupent les Smilacées près des Liliacées : comme les Smilacées, elles ont le port grimpant, les feuilles cordées à nervation réticulée, l'unisexualité des fleurs et le petit nombre des graines, mais l'ovaire infère et les ovules anatropes des Dioscoréacées permettent de distinguer facilement les membres des deux groupes.

Le *Tamus communis* est un végétal vivace, ordinairement dioïque, mais parfois polygame, pourvu d'un rhizome tubéreux du sommet duquel partent des tiges grêles volubiles de gauche à droite. Les feuilles alternes, longuement pétiolées, cordiformes à la base, acuminées, présentent une nervation digitée, mais réticulée. Cette disposition en réseau des nervures, très rare chez les Monocotylédones, avait induit Lindley à réunir dans une classe spéciale, celle des *Dictyogènes* (de δικτυον, filet de pêche), les végétaux qui la présentaient. Les inflorescences mâles du Tamier sont des grappes grêles et lâches de petites fleurs verdâtres, trimères et pentacycliques, mais avec gynécée rudimentaire. Les inflorescences femelles sont plus courtes et facilement reconnaissables aux ovaires bien conformés situés au-dessous du périanthe ; dans celles-ci le développement des gynécées est, pour ainsi dire, compensé par l'avortement des anthères : les étamines étant réduites à des staminodes. L'ovaire triloculaire présente dans chaque loge deux ovules anatropes superposés. Le fruit est une baie renfermant des graines sphériques dont l'amande est formée d'un très petit embryon et d'un albumen charnu abondant.

Iridacées

471. — Les Iridacées tirent leur nom du genre Iris. Cette famille, qui n'est représentée en France que par quelques espèces des genres Iris, Gladiolus (Glayeul), Ixia, Hermodactylus et Crocus (Safran), comprend environ 55 genres et 750 espèces réparties entre les régions tempérées et chaudes du globe, principalement les bords de la Méditerranée, le Cap, le Mexique et l'Australie ; cependant plusieurs Crocus se rencontrent dans les localités subalpines. Ces plantes se distinguent essentiellement des Amaryllidacées par leur androcée réduit à un seul verticille de trois étamines épisépales.

Les Iridacées sont, à peu d'exceptions près, des herbes vivaces présentant un rhizome persistant (Iris, etc), ou donnant naissance chaque année à des rameaux très courts qui se renflent en des tubercules entourés par des feuilles flétries et que le commerce désigne à tort, lorsqu'ils sont séparés du pied mère, par le nom de bulbes (Crocus, Glayeuls) ; ailleurs, le rhizome, tout en restant court, ne se renfle point, mais il porte alors des racines fasciculées plus ou moins épaisses (Sisyrinchium). Leurs feuilles allongées et parallélinerves sont pour la plupart insérées sur l'extrémité du rhizome ; elles s'y montrent groupées en fascicules et disposées en spirale (Crocus, etc.), ou bien dans l'ordre distique ; elles sont alors équitantes (Iris, Glayeuls) et en forme de glaive, engainantes vers le bas, pliées en deux longitudinalement vers le haut, et les deux moitiés opposées intimement soudées en une lame dont la structure décèle l'origine complexe.

Les inflorescences sont portées par des hampes feuillées pouvant ne présenter qu'un entre-nœud très développé (Iris, etc.) ; elles consistent en épis simples (Glayeuls) ou en grappes d'épis (Iris) ou en corymbes (Freesia), mais les fleurs peuvent être isolées et terminales comme chez les Safrans. Des bractées scarieuses formant spathes pluriflores ou uniflores entourent les fleurs ou les rameaux de l'inflorescence.

Prises individuellement, les fleurs sont trimères, tétracycliques et hermaphrodites ; actinomorphes dans un grand nombre de genres (Iris, Hermodactylus, Crocus), elles sont plus ou moins zygomorphes chez un certain nombre (Gladiolus, Crocosma, Freesia). Le périanthe pétaloïde est formé de six pièces placées sur deux verticilles, tantôt toutes semblables, chez les espèces actinomorphes (Crocus), tantôt dissemblables. les internes plus petites (Iris, Moræa, Tigridia). Les trois étamines oppositisépales ont leurs anthères extrorses ou, pour le moins, à déhiscence latérale ; leurs filets, libres le plus souvent, sont soudés entre eux chez les Tigridia, Galaxia, etc. Le gynécée, à trois carpelles oppositisépales, se compose d'un ovaire triloculaire ordinairement nettement infère et prismatique, à placenta axile portant le plus souvent de nombreux ovules anatropes, horizontaux, disposés sur deux rangs ; par exception, Hermodactylus possède un ovaire uniloculaire à trois placentas pariétaux. Les styles soudés inférieurement en une colonne centrale se libèrent bientôt et forment trois lobes plus ou moins élargis, allant jusqu'à prendre, chez les Iris, l'apparence de trois lames pétaloïdes superposées aux étamines, et, là, les stigmates, au lieu d'être terminaux, se rencontrent vers le tiers supérieur de la face externe de ces lobes ; chez les Sisyrinchiées et les Ixiées les lobes stylaires alternent avec les étamines.

Les fruits sont des capsules loculicides. Les graines possèdent un albumen copieux, charnu-corné, entourant un embryon droit et de petite taille.

Les auteurs ne sont point d'accord quant au critérium permettant de constituer les tribus. Suivant ici Bentham et Hooker, nous diviserons les Iridacées en trois tribus : 1° les *Moræées*, caractérisées par des bractées pluriflores protégeant des fleurs actinomorphes et surtout par l'opposition aux étamines des lobes du style (Iris, Hermodactylus, Tigrisia, Moræa) : 2° les *Sisyrinchiées*, qui se distinguent notamment des précédentes par l'alternance des lobes du style avec les étamines (Crocus, Sisyrinchium) ; enfin, 3° les *Ixiées* (Ixia, Gladiolus, Freesia, Crocosma), dont les spathes uniflores entourent bien souvent des fleurs zygomorphes.

BROMÉLIALES (*Ananasinées* Sachs)

472. — Cette classe ne comprend qu'une seule famille, celle des **Broméliacées**, composée d'environ 350 espèces de végétaux épiphytes ou saxicoles appartenant aux régions chaudes intratropicales de l'Amérique et d'un port bien spécial, mais dont un certain nombre sont cultivées en serres pour leurs qualités ornementales et l'*Ananas sativus* pour son fruit comestible.

Les Broméliacées sont des végétaux vivaces à racines fibreuses surmontées d'une tige courte couronnée par des feuilles linéaires, toujours disposées en rosettes, le plus souvent rigides, épaisses, dressées et à bords dentés et épineux. Ces feuilles sont encore fréquemment couvertes de squamules grisâtres, et, dans certaines espèces, par leurs rayures ou par les colorations vives que présentent les plus intérieures, elles font le charme des amateurs (Karatas, Vriesea, etc.). L'inflorescence (un épi ou une grappe simple ou composée) part du centre de la rosette, au milieu de laquelle elle se cache parfois (Karatas-Nidularium), mais d'où elle s'élance ordinairement, portée par une hampe qui présente d'abord des bractées stériles, puis des bractées fertiles souvent très amples et très agréablement colorées. Les fleurs sont trimères et pentacycliques par répétition de l'androcée. Le périanthe se divise nettement en un calice vert et une corolle; les six étamines sont introrses Le gynécée a trois carpelles réunis pour former un ovaire triloculaire, tantôt nettement infère, ailleurs semi-infère ou même supère. Les ovules sont nombreux et anatropes, les styles soudés et les stigmates libres. Les ovaires infères produisent des baies, les autres des capsules, septicides le plus souvent. Les graines montrent un abondant albumen farineux et un petit embryon droit ou légèrement arqué supérieurement.

Le fruit comestible, appelé vulgairement *ananas*, et *sorose* par les botanistes, provient d'un épi serré surmonté d'une touffe de feuilles, la *couronne*, et résulte de la *soudure*, que font entre elles et avec les bractées interposées et devenues charnues, les baies nées dans une même inflorescence et privées de graines dans les variétés cultivées.

Les Broméliacées se divisent en trois tribus : 1° les *Broméliées* (Bromelia, Karatas, Cryptanthus, Ananas, Æchmea, Billbergia), qui ont des ovaires infères, des baies et des feuilles à marge épineuse ; 2° les *Pitcairniées* (Pitcairnia, Puya, etc.), chez lesquelles l'ovaire est plus ou moins libre supérieurement, le fruit capsulaire et la feuille épineuse ; 3° les *Tillandsiées*, qui ont l'ovaire et le fruit des Pitcairniées, mais s'en distinguent par des feuilles à bords entiers et par la présence d'un appareil en forme d'aigrette autour de la graine (Tillandsia, Caraguata, Guzmania).

CANNALES (*Scitaminées* Endl.)

473. — Cette classe ne se compose que d'herbes, presque toutes vivaces, localisées dans les régions chaudes du globe et atteignant parfois plusieurs mètres de haut (Musa, Ravenala, Strelitzia). Elle est caractérisée : 1° par des feuilles pétiolées présentant une grosse nervure médiane d'où s'échappent, en disposition pennée, de très nombreuses nervures toutes parallèles, à gaines bien développées et même si vastes dans quelques végétaux (Musa, etc.), qu'en s'enroulant les unes autour des autres elles constituent une masse résistante simulant une tige; 2° par des fleurs hermaphrodites trimères, tétracycliques, zygomorphes, avec androcée plus ou moins réduit, les étamines avortées remplacées le plus souvent par des staminodes pétaloïdes ; 3° par un ovaire infère triloculaire renfermant des ovules généralement anatropes. Le fruit, charnu dans quelques genres, est le plus fréquemment une capsule loculicide. La constitution de la graine, très variable, va nous fournir un des éléments distinctifs des trois familles : les Musacées, les Zingibéracées et les Cannacées, qui constituent cette classe.

474. — Les **Musacées** (Musa, Ravenala, Strelitzia, Heliconia) ont des fleurs légèrement zygomorphes, à périanthe pétaloïde et ne présentant que cinq étamines biloculaires fertiles (parfois moins), la sixième (ou mieux, les absentes) étant remplacées par des staminodes ou faisant totalement défaut. Leur graine contient un volumineux albumen farineux. Les fruits charnus et allongés de divers Bananiers (*Musa sapientum, paradisiaca, Ensete*), connus sous le nom de Bananes (qu'on doit préférer lorsqu'ils tournent du jaune au brun) entrent pour une large part dans l'alimentation des habitants des pays chauds.

475. — Les **Zingibéracées** (Zingiber, Curcuma, Amomum, Alpinia, Costus, etc.), diffèrent des Musacées par leurs fleurs nettement zygomorphes, la division du périanthe en un calice vert et une corolle, leur androcée réduit à une unique étamine fertile (la supérieure du rang interne) qui est biloculaire et à filet normal. Les cinq étamines stériles sont plus ou moins développées, souvent inégales lorsqu'elles sont toutes représentées par des staminodes, et alors on voit souvent les trois extérieures s'unir en une large lame pétaloïde appelée *labelle*. Les graines présentent une double réserve nutritive : un albumen farineux peu développé qui entoure l'embryon et un abondant périsperme charnu. Des glandes unicellulaires productrices d'huiles essentielles stimulantes se rencontrent dans toutes leurs parties.

476. — Les **Cannacées** ont une fleur zygomorphe qui s'éloigne encore plus du type normal que celle des Zingibéracées : leur périanthe est encore divisé en calice et corolle, mais l'androcée ne conserve qu'une demi-étamine fertile, représentée par une lame pétaloïde ne supportant qu'une loge pollinique placée parfois sur l'un des côtés et à une certaine distance de l'extrémité de la lame (Canna, Thalia). Les étamines stériles forment des staminodes dont le nombre varie même entre les fleurs de la même espèce ; l'antérieure forme un *labelle*. Les phénomènes de régression gagnent parfois le gynécée lui-même dont le style se pétalise (Canna). L'ovaire est toujours triloculaire, mais, tandis que les trois loges sont multiovulées dans la tribu des *Cannées* (qui ne renferme que le genre Canna), et qu'elles sont uniovulées chez Calathea, Phrynium, etc., il en est deux rudimentaires et dépourvues d'ovules chez les Maranta, Thalia, etc., c'est-à-dire chez les végétaux qui forment la tribu des *Marantées*. Ces plantes n'ont point de glandes à essence. Leurs graines mûres ne renferment, en outre de l'embryon, qu'un périsperme charnu-corné : l'albumen est résorbé pendant le développement intraovulaire du jeune qui, droit chez les Cannées, est incurvé chez les Marantées, jusqu'à prendre l'aspect d'un point d'interrogation (Thalia) ou d'un fer à cheval.

ORCHÉALES (*Gynandrées* Endl.)

477. — Cette classe est nettement caractérisée par un périanthe pétaloïde, zygomorphe, à six pièces, dont l'une, *le labelle*, appartenant à la corolle, l'emporte habituellement en volume sur les autres; par un androcée réduit dans la presque unanimité des cas à une étamine ; par la soudure du ou des filets des étamines avec les styles (Gynandrie); par un ovaire infère qui, en se tordant sur lui-même et décrivant un demi-cercle, entraîne dans son mouvement le reste de la fleur dont toutes les parties changent ainsi d'orientation, le côté supérieur devenant inférieur et *vice versa*, les pièces de gauche passant à droite (*résupination*). Cette classe se distingue encore par des graines fort petites, imparfaites, ne renfermant qu'un embryon homogène composé seulement de quelques cellules, protégé par un tégument lâche, et dont le développement, fort lent dans tous les cas, ne pourrait s'achever sans la pénétration dans son intérieur d'un champignon inférieur avec lequel il continuerait à vivre en symbiose.

Orchéacées (1) (*Orchidées* R. Br.)

478. — Les Orchéales ne comprennent qu'une seule famille, celle des Orchéacées, mais qui est la plus vaste parmi les familles monocotylédones, puisqu'elle compte près de 5.000 espèces réparties entre 330 genres environ.

On rencontre ces végétaux dans les régions tempérées (Ophrydées et Aréthusées), ou chaudes (Vandées, Epidendrées) ou dans les deux à la fois (Néottiées, Malaxidées et Cypripédiées); très peu habitent les régions froides : on cite le *Calypso borealis* qui remonte jusqu'au 68e degré, mais on en rencontre aussi plusieurs dans les hautes prairies du Jura et des Alpes (*Nigritella suaveolens*, *Orchis globosus* et *sambucinus*, etc.). Toutes sont curieuses par la constitution de leur fleur, mais beaucoup d'entre elles, qui appartiennent surtout aux régions chaudes et tempérées, ont des qualités ornementales si prononcées qu'on les importe en grande quantité dans nos régions où elles sont cultivées en serres, et y acquièrent un prix élevé.

(1) De Ορχις, εως, nom grec des Orchis, et non de Ορχις, ιδος, espèce d olive.

Les Orchéacées sont des plantes vivaces de port très varié : les unes sont terrestres et se conservent par un rhizome plus ou moins développé portant des racines fibreuses (Epipactis, Neottia, etc.) ; d'autres produisent chaque année une pousse courte d'où partent des racines dont une partie se confond en un tubercule ovoïde ou palmé, les autres restant libres (fig. 60, p. 107, E). Dans ce dernier cas, les productions des années précédentes se détruisant au fur et à mesure que de nouvelles apparaissent, on ne rencontre habituellement sur chaque plante que deux tubercules, l'un, ridé, en voie de régression et qui s'est épuisé dans la confection de la tige florifère de l'année, l'autre, replet, en voie de développement, et dont les réserves ne seront mises en œuvre qu'au printemps de l'année suivante (Ophrys, Orchis, etc.). Certaines Orchéacées sont humicoles, habitant les sous-bois de nos forêts : celles-ci ne présentent point de chlorophylle, et quelques-unes d'entre elles manquent aussi de racines, leur partie souterraine consistant en un rhizome coralloïde porteur de poils absorbants (Corallorhiza, Epipogum); d'autres, privées également de matière verte, sont des parasites (*Limodorum abortivum*, *Neottia Nidus-avis*). Beaucoup sont épiphytes, ayant des racines aériennes qui flottent dans l'atmosphère ou qui sont fixées avec force sur les solides environnants, présentant alors une structure dorsi-ventrale ; ces racines sont toujours recouvertes d'un voile (p. 118) dont les éléments s'accommodent les uns aux échanges des gaz, les autres à la condensation de l'eau. Il en est de saxicoles; enfin, quelques-unes sont sarmenteuses (Vanilla). Les tiges aériennes sont ordinairement cylindriques; mais, dans des espèces assez nombreuses, de la tribu des Vandées notamment, on voit se dresser sur des rhizomes souterrains ou épigés, des tiges dont tous les entre-nœuds (Dendrobium) ou les entre-nœuds inférieurs seu-

Fig. 321. — Orchéacées éphiphytes (Oncidium et Comparettia).

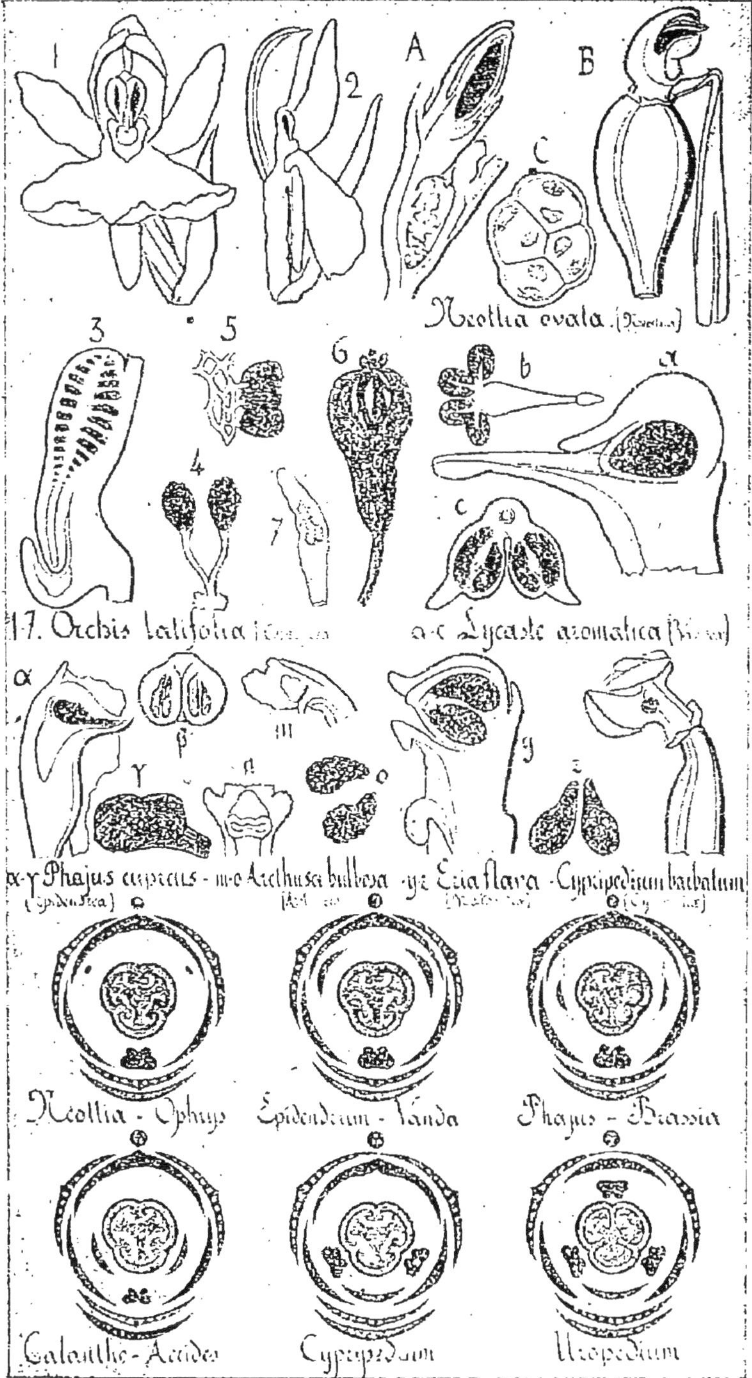

Fig. 322. — Orchéacées.

lement (cas le plus fréquent) se renflent en des tubercules verts fusiformes, appelés *pseudobulbes*, au-dessus desquels s'insèrent quelques feuilles.

Les feuilles sont simples, engainantes et, suivant les cas, radicales (Ophrys) ou caulinaires (Vanda, Vanilla, etc.), alternes et alors spiralées ou distiques (Vanda), rubanées et parallélinerves le plus souvent, mais aussi parfois rétrécies en pétiole à la base (Vanilla), membraneuses, vertes ou plus ou moins vivement colorées dans les espèces terrestres, coriaces ou charnues dans les épiphytes. Elles se réduisent souvent à des écailles chez les humicoles, les parasites et le long de la hampe chez les espèces à feuilles radicales.

Les fleurs rarement solitaires (la plupart des Cypripédiées) sont le plus souvent groupées en épis ou en grappes simples ou rameuses. Ces inflorescences sont axillaires ou terminales et alors fréquemment portées par une hampe. Les fleurs sont généralement hermaphrodites, rarement diclines ou polygames et, dans ce cas, les fleurs de l'un et de l'autre sexe sont nettement dissemblables, di- trimorphes (Catasetum). Elles sont accompagnées de bractées plus ou moins développées, rudimentaires ordinairement dans les inflorescences en grappes rameuses (Vanda, etc.). Ces fleurs sont nettement zygomorphes (les exceptions : Uropedium, Paxtonia, etc., pouvant être regardées comme formant autant de cas tératologiques fixés), résupinées en règle générale, trimères, tétra- ou pentacycliques, selon qu'il y a ou non un double verticille staminal, avec avortement d'une partie des pièces de l'androcée et du gynécée, ayant pour cause le développement du labelle.

Le périanthe est supère et pétaloïde. Le calice montre (en raison de la résupination) une pièce supérieure de forme spéciale, le *casque*, et deux pièces latérales se ressemblant, les *ailes* ; ces organes peuvent demeurer libres ou bien devenir coalescents entre eux ou avec les pétales. La corolle comprend deux pièces latérales supérieures semblables, constituant le *manteau*, et une pièce inférieure ordinairement beaucoup plus développée que les précédentes, généralement pendante, étalée ou contournée sur elle-même jusqu'à prendre la configuration d'un sac ou d'une pantoufle (Cypripedium), entière ou diversement découpée, parfois aussi d'une coloration particulière et qu'on nomme *labelle* ou *tablier* (fig. 322, 1). Ce labelle présente à sa base des nectaires qui se prolongent en sacs ou en éperons dans plusieurs genres (Orchis, Vanda, Aerides, etc.), et dont le rôle est d'attirer les insectes, agents de la fécondation chez ces végétaux.

Dans la grande majorité des cas, l'androcée ne développe totalement qu'une étamine, et encore bien souvent le pollen que celle-ci renferme est en partie imparfait, cette partie consistant finalement en une masse de substance anhiste formant l'organisme appelé *caudicule*. On trouve deux étamines parfaites avec un staminode très développé chez les Cypripédiées, mais cette tribu renferme aussi des végétaux à trois étamines parfaites (Neuwiedia). L'anatomie démontre que, suivant les cas, l'androcée comprend à l'origine tantôt un seul verticille d'étamines, tantôt deux, et que les parties des organes sexuels les plus rapprochées du labelle sont frappées d'une déchéance plus ou moins grande : on ne peut retrouver les traces de l'étamine opposée au labelle ; les deux styles latéraux inférieurs et les stigmates correspondants sont toujours touchés. Quant aux autres étamines, leur sort est variable (voir les diagrammes placés au bas du tableau des Orchéacées) : 1° lorsque la fleur ne présente qu'un seul verticille de trois étamines épisépales, ou bien, α) les deux étamines latérales sont réduites à leur filet soudé aux styles, leurs anthères étant encore représentées par de petits mamelons (Epidendrum, Dendrobium, Vanda) ; ou bien, β) ces mêmes étamines sont atrophiées au point de ne former que de légères saillies, dites *auricules* (Ophrydées, Néottiées, Cephalanthera). 2° Quand on trouve l'indication de deux verticilles de trois étamines, l'étamine inférieure opposée au labelle faisant toujours défaut, plusieurs cas peuvent se présenter : γ) l'étamine supérieure étant fertile, les quatre latérales s'unissent deux à deux pour former des staminodes coalescents avec les styles (Phajus, Brassia) ; δ) les trois étamines proches du labelle n'ont pas laissé de traces dans la fleur ouverte, et, des trois autres, la supérieure est fertile, et les deux latérales soudées aux styles ne possèdent que des anthères en forme de mamelons (Aerides, Calanthe) ; ε) il y a inversion dans la disposition précédente ; l'étamine du rang externe ordinairement fertile devient un staminode volumineux, tandis que les latérales, appartenant au verticille interne, sont fertiles (la plupart des Cypripédiées) ; ζ) chez les Neuwiedia, ces trois étamines sont fertiles.

Les anthères sont le plus souvent biloculaires ; les loges, plus ou moins parallèles, sont réunies par un large connectif prolongé en un appendice au sommet, qui, chaque fois que l'anthère est operculaire, est uni au *gynostème*, c'est-à-dire à l'organe résultant de la soudure du filet et des styles, par une attache extrêmement rétrécie. La déhiscence est généralement longitudinale, mais on trouve des exemples de déhiscence par valvules (Aerides). On trouve aussi fréquemment, chez les Epidendrées et les Vandées, des anthères quadriloculaires ou mieux octoloculaires, ce qui explique les huit pollinies qu'on rencontre chez plusieurs membres de ces tribus.

Le pollen se présente très diversement. Les grains sont fort rarement indépendants les uns des autres, et tous également développés (Cypripedium) ; le plus souvent, ils sont cohérents, donnant lieu à des *pollinies* : chez les Néottiées, ils sont groupés par quatre (*tétrades*) et légèrement visqueux (*pollen granuleux*) (fig. 322, C); chez les Ophrydées, il se produit dans chaque logette un grand nombre de pollinies cunéiformes renfermant chacune une grande quantité de grains de pollen (*pollen en coin*), et, de plus, les pollinies des deux logettes voisines s'unissent entre elles par une masse visqueuse qui provient de la désorganisation de la cloison séparatrice des loges et qui s'étire en fils (*fils arachnoïdes*) lorsqu'on vient à opérer une traction sur les pollinies (3, 4 et 5). Chez les Malaxidées, les Vandées et les Epidendrées, les grains de pollen d'une même logette se réunissent en une pollinie unique de consistance et d'apparence céreuses (*pollen solide*, *b*, γ, *y*, *z*). Non seulement le pollen n'arrive pas partout à son complet développement (la formation des pollinies résulte en effet d'une résorption incomplète des parois des cellules-mères), mais on en voit même une partie (celle qui occupe le bas des loges chez les Ophrydées (3 et 4), ou, tout au contraire, le sommet (α et γ) chez les Epidendrées, ne produire qu'une matière solide anhiste, dans laquelle, ou à la surface de laquelle, on observe exceptionnellement quelques grains de pollen ayant normalement évolué : c'est cette masse anhiste, qui fait corps avec les pollinies, qu'on nomme *caudicule*.

La résorption incomplète de la cloison des logettes produit de la matière visqueuse qui joue un rôle utile, notamment chez les Vandées et les Malaxidées, pour la fixation des pollinies et leur transport consécutif par les insectes (fig. *b* et *y*).

Le gynécée comprend trois carpelles oppositisépales, formant un ovaire infère, contourné en spirale le plus souvent, uniloculaire (sauf chez Uropedium, Apostasia et Neuwiedia où il est triloculaire), à trois placentas pariétaux bicornes, chargés de très nombreux ovules anatropes, dépourvus de chalaze pour cette raison que les faisceaux placentaires n'envoient pas de dérivations dans leur funicule.

Des trois styles, les deux qui avoisinent le labelle avortent plus ou moins ainsi que les stigmates correspondants ; le troisième style, superposé à l'étamine fertile, se développe seul normalement, mais, au lieu de se déjeter vers l'extérieur, il se replie du côté du labelle en une sorte de bec (*le rostelle*, *a*, *α*, *γ*) qui recouvre la surface stigmatique, tournée vers le labelle et rendue visible par la masse visqueuse et brillante qui la revêt.

Le filet de l'étamine fertile fait corps avec ce style jusqu'à la naissance de l'anthère : celle-ci se dresse parfois au-dessus du filet (Orchis, fig. 322, 1), mais, le plus souvent, elle s'incline vers le rostelle et s'appuie par sa face antérieure sur le dos de cet organe qui se creuse même dans la plupart des espèces d'une cavité (le *clinandre*, *a*, *α*, *γ*) pour la loger. Dans ce cas, surtout lorsque l'anthère n'est que faiblement rattachée au gynostème, quand l'étamine entre en déhiscence, le pollen tombe sur le plancher du clinandre et y demeure caché par le corps de l'anthère qui continue à recouvrir la cavité du clinandre (*anthère operculaire*, fig. *a* et *α*).

Les Orchéacées sont les plantes les mieux adaptées peut-être à la fécondation par les insectes, car on ne rencontre nulle part ailleurs dans le règne végétal une organisation poussée aussi loin en vue de la pollinisation allogame. En effet, le plus souvent (à part les Cypripédiées et les Néottiées qui possèdent un pollen visqueux), il se développe sur le rostelle des organes producteurs de masses gluantes (*rétinacles*) sur lesquelles se fixent d'abord les pollinies lors de la déhiscence des anthères; plus tard, quand un insecte, en butinant, vient à toucher cette masse, celle-ci se colle à lui, et l'animal l'entraîne en même temps que les pollinies qui font corps avec elle et les transporte inconsciemment dans une autre fleur où elles sont retenues par le liquide stigmatique dont le pouvoir d'adhérence est considérable.

Les rétinacles se forment, tantôt sur le dos du rostelle (Ophrydées), où, chez les Orchis, entre autres, ils sont recouverts par un repli en forme de sac, la *bursicule* (fig. 1, 2, 3), tantôt sur la face inférieure du rostelle contiguë au stigmate (Vandées) : on voit alors se détacher du dos du rostelle une languette (le *pédicelle*, fig. *a*, *b*, *Lycaste aromatica*) formant une fausse caudicule sur laquelle se collent, à l'une de ses extrémités, les pollinies enduites d'une matière visqueuse provenant des cloisons des loges, et, à l'autre, le rétinacle.

Pendant sa transformation en fruit, l'ovaire se détord, et il est rare qu'à la maturité ses pièces n'aient point repris leur orientation normale (6). Le fruit est une capsule qui devient charnue dans quelques cas (Vanilla) ; la déhiscence est variable. Chez les Ophrydées elle est septifrage : la paroi se découpe longitudinalement en six valves, dont trois, les plus larges, portent les placentas chargés des graines, les trois autres correspondant aux nervures médianes des feuilles carpellaires. Ailleurs, la déhiscence est loculicide, mais parfois le fruit, au lieu de s'ouvrir par trois lignes de déhiscence, n'en montre que deux (Vanilla) ou même une seule (Angræcum).

Nous avons déjà parlé des graines des Orchéacées, scobiformes, à tégument lâche, privées d'albumen et ne renfermant qu'un embryon demeuré aux premiers temps de son développement (7), et qui ne peut ensuite le mener à bien que sous l'excitation d'un champignon commensal : à la germination, de sphérique il prend la forme d'une toupie, verdit et acquiert des stomates supérieurement, tandis que des poils absorbants partent de sa base; ce n'est que plus tard, souvent après plusieurs mois, un an et davantage, que cet organisme développe d'une part un bourgeon, d'autre part une première racine adventive, et qu'il revêt un aspect permettant de reconnaître en lui un rejeton de Phanérogame.

On divise les Orchéacées en sept tribus en s'appuyant sur les considérations suivantes :

479. — A. La fleur présente 2-3 étamines fertiles : **Diandrées.** Tribu unique : *Cypripédiées* (Cypripedium, Apostasia, Neuwiedia).

B. La fleur ne présente qu'une étamine fertile : **Monandrées.**

1. Les pollinies, dressées, se mettent en relation avec les rétinacles par leur base transformée en caudicule : **Basitonées.** Tribu unique : *Ophrydées* (Orchis, Ophrys, Aceras, etc., 1 à 7).

2. Les pollinies n'ont point de caudicules, ou bien celles-ci se forment vers le sommet de l'anthère (alors couchée dans un clinandre, fig. *a*) : **Acrotonées.**

α. Les anthères demeurent en place après la déhiscence en se desséchant. Le pollen est granuleux. Pas de caudicule : *Néottiées* (Neottia, Listera, Spiranthes, Goodyera, etc., fig. A-C).

β. Les anthères operculaires tombent lors de la prise du pollen par les insectes.

* Les pollinies sont molles, granuleuses. Le caudicule manque : *Aréthusées* (Arethusa, Limodorum, Cephalanthera, fig. *m*, *o*).

** Les pollinies sont de consistance céreuse.

. Caudicule manque ; il est remplacé par un pédicelle : *Vandées* (Vanda, Lycaste, Angræcum, Oncidium, fig. *a*, *c*).

.. Caudicule manque, mais on trouve une masse visqueuse à la base des pollinies : *Malaxidées* (Malaxis, Liparis, Corallorhiza, Dendrobium, Eria, fig. *y*-*z*).

... Caudicule existe ; pas de rétinacle : *Epidendrées* (Epidendrum, Cattleya, Lælia, Phajus, fig. *α*-*γ*).

XV. — DICOTYLÉDONES

480. — On a donné à la page 472 les caractères particuliers des Dicotylédones. Ce groupe est beaucoup plus vaste que celui des Monocotylédones, puisqu'il comprenait déjà en 1887, d'après l'*Index Phanerogamarum* de Durand, 172 familles, 6.784 genres et 78.200 espèces, et le nombre de ces végétaux décrits augmente chaque jour, par suite de la pénétration des naturalistes dans des contrées encore inexplorées.

On s'inspirera, en partie, pour la classification de ce groupe, de la méthode de Bentham et Hooker. On établira, avec eux, trois divisions primordiales : 1° les **Monochlamydées** ou **Apétales**, 2° les **Dialypétales**, 3° les **Gamopétales**, énumérées dans l'ordre de perfectionnement de leurs membres. Elles sont caractérisées : les Monochlamydées, par l'absence de la corolle (et parfois aussi par celle du calice); les Dialypétales (*Polypétales* des anciens botanistes), par la présence d'une corolle à pétales distincts et séparés ; les Gamopétales, par la soudure, la concrescence, sur une étendue plus ou moins longue, des pétales produisant un organisme en apparence simple (ce qui a valu pendant longtemps à ce groupe le nom de *Monopétales*), mais en réalité complexe.

XVI. — DICOTYLÉDONES MONOCHLAMYDÉES ou APÉTALES

481. — Ces végétaux sont caractérisés par leur périanthe simple dont les parties, placées sur un rang ou deux, sont semblables entre elles. L'absence apparente de corolle ne tient souvent qu'à la similitude des deux verticilles lorsqu'ils existent, quelquefois à l'avortement congénital d'un second cycle périanthique, dont on imagine l'existence à cause de l'opposition des étamines aux segments du périanthe. Celui-ci est tantôt herbacé ou membraneux, tantôt corolliforme ; quelquefois, il est rudimentaire ou absolument nul.

Nous répartirons ces plantes en huit classes auxquelles nous ajouterons un groupe renfermant quelques familles qui n'ont d'affinités ni entre elles, ni avec les autres familles végétales. Nos classes sont : les Urticales, les Loranthales, les Daphnales, les Pipérales, les Aristolochiales, les Podostémales, les Chénopodiales et les Polygonales.

Salicacées

482. — Nous débuterons par l'une de ces familles sans affinité apparente avec les autres Dicotylédones, formant donc un type à part, pour cette raison que la simplicité de la fleur, réduite à ses organes essentiels, la fait placer tout à fait au bas de l'échelle des végétaux qui nous occupent maintenant.

Cette famille ne comprend que deux genres : Salix, avec 160 espèces, et Populus, avec une vingtaine seulement, habitant presque toutes l'hémisphère boréal, les exceptions étant fournies par deux Salix qu'on trouve, l'un dans l'Afrique australe, l'autre dans l'Amérique du Sud jusqu'au Chili.

Les Salicacées sont des plantes ligneuses, arbres ou arbustes, dont quelques-unes (Salix des hautes montagnes) sont de taille fort humble et couchées sur le sol. Leurs feuilles simples, alternes, penninerves, à stipules caduques ou non, n'apparaissent souvent qu'après les fleurs ; étroites chez les saules, elles sont larges chez les peupliers. Fleurs dioïques, disposées en chatons dressés (Salix) ou pendants (Populus), naissant à l'aisselle de bractées membraneuses ou pileuses. Le périanthe manque ou n'est représenté (?), dans les fleurs de l'un et de l'autre sexe, que par un disque formé de deux glandes opposées chez les Salix, d'une sorte de coupe à bords obliques (parfois donnée comme un calice) chez les Populus. Les fleurs mâles des Salix ne présentent ordinairement que deux étamines, mais certaines espèces en possèdent 3, 5, 8, 12 ; ces étamines peuvent être indépendantes les unes des autres, ou monadelphes, ce qui a fait décrire faussement quelques-uns de ces végétaux comme monostaminés. Chez les Populus, les étamines sont toujours plus nombreuses (4-40). Le gynécée est ordinairement bicarpellé, uniloculaire, à placentas pariétaux, pauciovulés chez les Salix, multiovulés chez les Populus. Ovules anatropes et ascendants. Styles et stigmates en même nombre que les carpelles. Capsule loculicide. Graines petites, munies, près du hile, d'une longue houppe de poils rigides (Salix) où cotonneux (Populus), à embryon droit, sans albumen.

URTICALES

483. — Les Urticales, appelées *Unisexuales* par Bentham et Hooker, ont comme traits particuliers l'unisexualité de leurs fleurs (rarement en défaut : quelques Urticacées sont polygames) et des carpelles ne contenant que deux ovules au plus. Le nombre des familles qu'on peut ranger dans cette classe est très variable, parce que plusieurs d'entre elles sont elles-mêmes regardées par certains botanistes comme de véritables classes, notamment les Cupulifères et les Urticacées des auteurs du *Genera plantarum* ; celles-ci forment en effet des groupes tellement vastes, présentant si peu de cohésion entre leurs membres, que nous nous croyons autorisé à les subdiviser en plusieurs familles. Négligeant quelques familles, d'importance secondaire pour nous, nous nous bornerons à signaler, comme prenant place dans cette classe : les Bétulacées, les Corylacées, les Castanéacées, les Myricacées, les Juglandacées, les Platanacées, les Urticacées, les Cannabinacées, les Moracées, les Artocarpacées, les Celtidacées et les Euphorbiacées.

Bétulacées (fig. 323)

484. — Les Bétulacées sont des arbres et des arbrisseaux presque entièrement localisés dans les régions tempérées et froides de l'hémisphère boréal. Elles ne comptent que deux

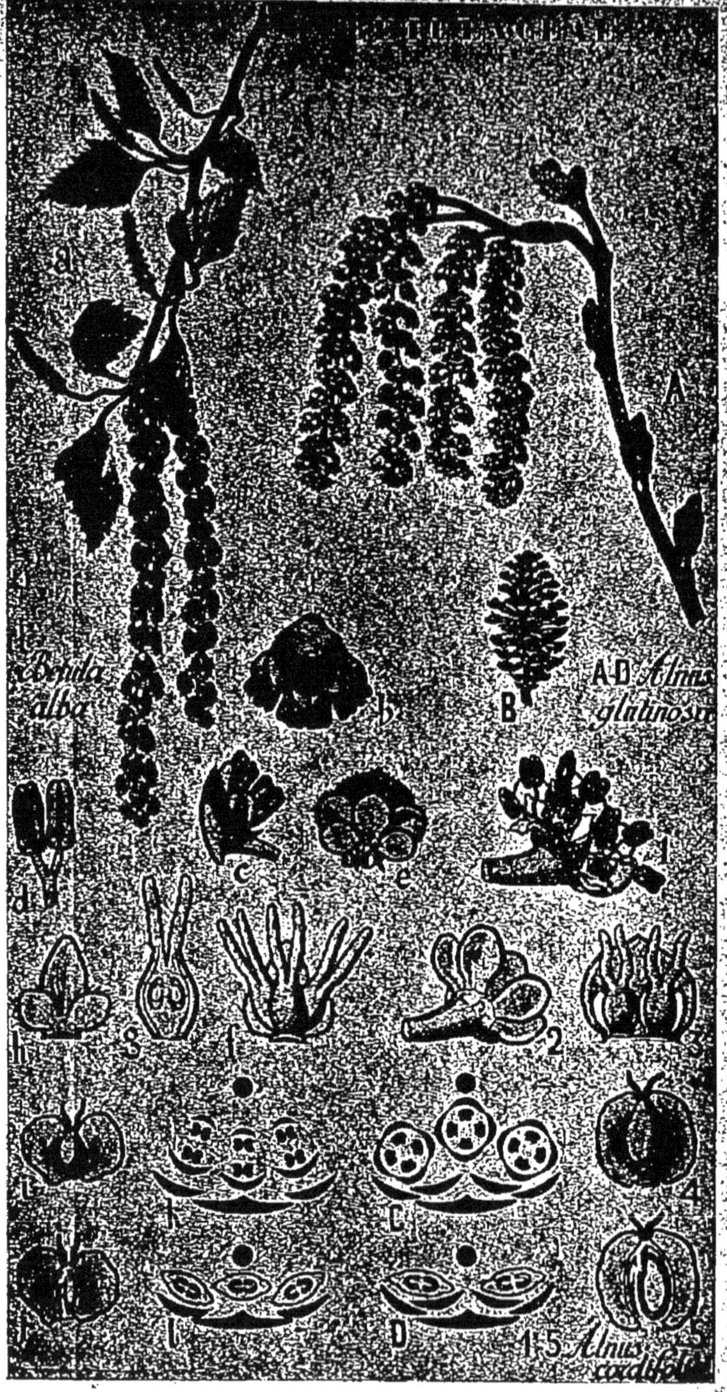

Fig. 323. — Bétulacées.

genres : Betula (Bouleau), avec 23 espèces, et Alnus (Aulne), avec 14 environ. Ces végétaux ont des feuilles simples, alternes, à stipules ordinairement caduques. Leurs fleurs unisexuées et monoïques sont disposées en chatons, les mâles fort allongés et pendants, les femelles plus courts et dressés : elles sont groupées en cymes pauciflores à l'aisselle d'un assemblage de trois bractées chez les Bouleaux, de cinq chez les Aulnes. Les fleurs mâles, groupées par trois, présentent généralement un calice vert à quatre sépales, plus quatre étamines biloculaires oppositisépales chez les Aulnes, ou deux étamines seulement, aussi biloculaires, mais dont les loges sont écartées et placées aux extrémités des branches d'un connectif en Y, chez les Bouleaux. Les cymes femelles comprennent trois fleurs chez les Bouleaux et deux seulement chez les Aulnes ; ces fleurs sont nues, réduites au gynécée qui, de ce fait, est totalement libre et supère. L'ovaire bicarpellé, surmonté de deux styles libres, est biloculaire, avec un seul ovule anatrope pendant, unitégumenté, dans chaque loge. Les fruits, toujours bordés de deux ailes, tombent à leur maturité, chez les Bouleaux, avec les bractées axillaires demeurées membraneuses, tandis que ces dernières persistent chez les Aulnes (fig. 323, B), où elles se lignifient pendant le développement du fruit.

Corylacées

485. — Cette famille, voisine de la précédente, mais en différant par ses ovaires infères et ses fruits munis d'une cupule, renferme quatre genres, dont les membres sont localisés dans l'hémisphère boréal ; elle est abondamment représentée dans notre pays par le noisetier (*Corylus Avellana*) et le Charme (*Carpinus Betulus*). Les Corylacées sont des arbres ou des arbrisseaux à feuilles simples, alternes, et à stipules caduques. Leurs fleurs unisexuées et monoïques sont disposées en chatons. Les chatons mâles allongés et pendants portent à l'aisselle de chaque bractée une seule fleur nue, munie de deux bractées latérales. On compte de 2 à 8 étamines dans ces fleurs chez les Corylus et Ostryopsis et de 12 à 20 chez les Charmes et les Ostrya, mais encore ici les loges de l'anthère sont souvent écartées, portées aux extrémités des branches d'un connectif conformé en Y. Les chatons femelles sont allongés chez le Charme, très courts et gemmiformes chez le Noisetier ; ils présentent souvent, après quelques bractées stériles, des bractées fertiles à l'aisselle desquelles on trouve deux bractées plus ou moins découpées et contournées sur elles-mêmes pour entourer chacune une fleur femelle. Celle-ci montre un calice à quatre pièces, recouvrant un ovaire infère bicarpellé, primitivement uniloculaire et à placentas pariétaux, chaque placenta portant un ovule anatrope pendant ; mais bientôt, les deux placentas, en s'accroissant, se rencontrent et forment un ovaire biloculaire à loges uniovulées. Un des deux ovules est toujours stérile. Deux styles ou simplement un stigmate divisé. Le fruit est un achaine accompagné tout au moins de la bractée aisselière de la fleur formant une *cupule*, fermée chez Corylus, Ostrya et Ostryopsis, ou incomplète, fendue de haut en bas et déjetée sur un des côtés de l'achaine (Carpinus). Graines sans albumen, à cotylédons charnus, particulièrement développés dans les noisettes, dont ils constituent la partie comestible.

Castanéacées

486. — Cette famille ne compte que quatre genres : Quercus (Chêne), Castanea (Châtaignier), Fagus (Hêtre) et Castanopsis, dont les membres, à part un petit nombre de Fagus habitant l'hémisphère boréal, constituent une portion notable du fonds des forêts de l'Europe centrale et méridionale, ainsi que de l'Amérique du Nord. La plupart sont des végétaux ligneux de très haute taille, bien que quelques-uns demeurent à l'état d'arbustes. Leurs feuilles sont simples, entières ou plus ou moins découpées sur les bords (Quercus, Castanea), alternes et à stipules caduques.

Les fleurs unisexuées et monoïques sont groupées en chatons de forme et de composition très différentes selon qu'il s'agit des inflorescences mâles ou femelles appartenant au même genre, ou, à plus forte raison, à des genres différents. Cette constatation nous oblige à étudier successivement les appareils générateurs des principaux genres de cette famille.

Chez le Chêne, l'inflorescence mâle est une sorte d'épi de cymes pendant, dans lequel chaque fleur naissant à l'aisselle d'une bractée est munie d'un calice à 5-6 pièces, parfois davantage ou moins. Les étamines, presque toujours en même nombre que les sépales, leur sont opposées, mais on en rencontre parfois un plus grand nombre et aussi, au centre de la fleur, un rudiment de gynécée. Les inflorescences femelles consistent en de minuscules glomérules, fixés en petit nombre sur un axe grêle et dressé. Chaque glomérule présente à sa base une bractée-mère surmontée d'un involucre polyphylle dont les membres concrescents, en s'accroissant après la fécondation, formeront la *cupule* qui ceint la base du fruit Cet involucre protège une seule fleur à périanthe généralement à six divisions, et dont le gynécée tricarpellé se compose d'un ovaire infère surmonté d'un style se divisant en trois stigmates. L'ovaire est triloculaire, et chaque loge contient deux ovules anatropes suspendus. La fécondation ne portant son action que sur une seule loge et sur un seul ovule, il en résulte un fruit sec, indéhiscent, monosperme, un pseudo-achaine, appelé *gland*, entouré partiellement par la cupule plus ou moins écailleuse à la surface. La graine, dépourvue d'albumen, renferme un embryon à cotylédons charnus fort volumineux. On compte près de 300 espèces de Chênes.

Chez le Châtaignier, l'inflorescence mâle est dressée, rigide. A l'aisselle de chacune des bractées du chaton, se trouvent des fleurs mâles présentant un périanthe à six divisions et un androcée diplo-ou triplostémone avec un rudiment de gynécée au centre. Les fleurs femelles naissent généralement à la base d'inflorescences dressées, rappelant les précédentes ; mais, ici, les bractées inférieures, toujours en petit nombre (1-5), portent à leur aisselle des cymes courtes renfermant trois fleurs femelles, tandis que plus haut, l'axe de l'inflorescence ne présente plus que des fleurs mâles qui, du reste, avortent généralement. Chaque cyme femelle est entourée par un involucre commun qui, plus tard, formera la *cupule* quadrivalve et épineuse dans laquelle sont totalement dissimulés les fruits en formation. Les fleurs sont hexamères avec un ovaire infère dont les six loges renferment chacune deux ovules collatéraux, anatropes, descendants. Dans chaque fleur, une seule loge et un seul ovule sont touchés par la fécondation et le fruit est encore un pseudo-achaine ; mais les choses vont souvent plus loin, et l'on voit une ou deux des trois fleurs de la cyme ne point donner de fruit. L'involucre, lorsqu'il se fend, montre donc tantôt deux ou trois fruits polyédriques (des châtaignes), tantôt un seul à contours arrondis et replet (un marron). L'embryon fort volumineux, à cotylédons énormes et contournés, comestible, n'est pas accompagné d'un albumen.

Chez le Hêtre, les inflorescences mâles sont globuleuses et pendantes, tandis que les femelles, de même forme, sont dressées, Les fleurs mâles, renversées, montrent un calice à 4-9 divisions et 8-20 étamines. Chaque inflorescence femelle est réduite à une unique cyme 1-4 flore, plus généralement biflore ; elle débute par quelques bractées foliacées, puis se poursuit par d'autres formant involucre et donnant naissance plus tard à une cupule du genre de celle des châtaigniers, mais à épines moins résistantes. Le périanthe a six divisions, mais le gynécée ne présente que trois carpelles formant un ovaire infère, triloculaire, à loges biovulées. Chaque fleur ne produit jamais, comme dans les végétaux dont nous venons de parler, qu'un pseudo-achaine, une *faîne*. L'involucre se fend en quatre à la maturité. Les graines, sans albumen, renferment un embryon à cotylédons foliacés et repliés.

On réunit souvent les trois familles précédentes dans un même groupe celui des *Cupulifères* ou *Amentacées* : Amentacées, en raison de leurs inflorescences mâles en chaton (*Amentum*, en latin) ; Cupulifères, à cause de la présence d'une cupule ; mais les Bétulacées n'ont point de cupule, et les Juglandacées, qu'on éloigne parfois considérablement de ces végétaux, en les rapprochant des Térébinthacées, présentent des chatons. Quoi qu'il en soit, le tableau suivant résume les points qui séparent ces familles :

Fleur femelle	apérianthée. Ovaire supère biloculaire, à loges uniovulées. Fleurs mâles apérianthées. Pas de cupule		*Bétulacées.*
	périanthée. Ovaire infère. Une cupule. Fleurs mâles	apérianthées. Cupule herbacée, propre à chaque fleur	*Corylacées.*
		périanthées. Cupule résistante, commune aux fleurs de la même cyme. .	*Castanéacées.*

Les Juglandacées se distinguent de ces végétaux par leurs feuilles composées présentant des glandes excrétrices, l'absence de stipules, l'ovaire uniloculaire contenant un seul ovule orthotrope. Les Myricacées ont également un ovaire uniloculaire renfermant un seul ovule orthotrope. Les Urticacées s'en éloignent bien davantage : il y a parmi elles des végétaux herbacés ; elles ont un gynécée 1-2 mère avec un ovaire supère. Les affinités des Amentacées avec les Pomacées, que certains ont voulu établir, sont plus que douteuses.

Juglandacées

487. — Cette famille ne renferme que cinq genres, tous composés par des espèces arborescentes, dont une seule, le *Juglans regia* (noyer), est commune dans notre région. Nous prendrons pour exemple ce végétal.

Le noyer peut atteindre trente mètres de haut, un mètre de diamètre, et vivre deux ou trois siècles. Ses feuilles alternes, sans stipules, sont pennées, à 5-7 folioles. Les fleurs mâles sont disposées en longs chatons, cylindriques et pendants, qui naissent sur le vieux bois ; elles sont isolées à l'aisselle des bractées-mères, et leurs différentes pièces s'insèrent sur un axe étiré portant, en plus de la première bractée, deux autres bractées secondaires, puis 3-4 sépales entourant des étamines nombreuses (6 à 20), massées devant les pièces calicinales.

Les fleurs femelles, ovoïdes, sont solitaires ou agglomérées en petit nombre (2 à 5) au sommet des rameaux de l'année courante. Chacune naît à l'aisselle d'une bractée-mère, suivie de deux autres bractées, concrescentes toutes les trois avec l'ovaire infère ; la première se libère vers le milieu de l'organe, les deux autres au sommet, immédiatement au-dessous du point de séparation des quatre lobes calicinaux. Gynécée bicarpellé, à ovaire uniloculaire ne contenant qu'un seul ovule orthotrope dressé.

Deux stigmates, très gros. Fruit drupiforme à *brou* charnu se fendillant irrégulièrement à la maturité, et à *noix* ligneuse, bivalve. Graine volumineuse à spermoderme mince, à embryon huileux sans albumen et à cotylédons bilobés, cérébriformes.

Les Juglandacées, qui sont odorantes, ont été rapprochées des Térébinthacées ; mais celles-ci sont des dialypétales, à ovaire supère et à ovule courbe.

Urticacées

488. — On a successivement réuni aux Urticacées vraies, pour constituer des tribus dans cette famille, six familles autrefois distinctes. Avec cette façon de procéder, on ne trouve pour ainsi dire plus de caractères communs à tous les végétaux du groupe et il est difficile de s'en faire une idée précise ; pour cette raison, nous préférons traiter d'abord des Urticacées vraies et montrer ensuite en quoi les groupes, qui ont avec elles quelque parenté, leur ressemblent ou s'ens éparent.

Les Urticacées sont des plantes herbacées annuelles ou vivaces (Orties, Pariétaires) ou suffrutescentes, parfois radicantes, avec feuilles simples, alternes et stipulées. Tiges et feuilles sont couvertes chez les Urérées (Urtica, Laportea, Girardinia) de poils urticants. Les fleurs, diclines ordinairement (polygames chez les Parietaria), sont monoïques ou dioïques, actinomorphes le plus souvent, munies de bractées pouvant former involucre. Les inflorescences, d'abord centripètes, deviennent centrifuges et prennent les aspects les plus divers : épi, panicule, glomérule ; chez les Pariétaires, elles consistent en petites cymes polygames de cinq fleurs dans lesquelles la fleur médiane est femelle, les latérales, mâles ou hermaphrodites. Les fleurs mâles ont généralement 4-5 sépales et sont isostémones avec des étamines épisépales, parfois contournées en arc dans le bouton et lançant le pollen en se redressant lors de l'anthèse (Urtica, Parietaria); au centre, s'observe le plus souvent un rudiment de gynécée. Les fleurs femelles ne présentent pas ordinairement de traces de l'androcée ; elles ont de 3 à 5 sépales, un gynécée monocarpellé à ovaire supère, surmonté d'un style unique, uniloculaire, à un seul ovule ascendant et orthotrope. Le fruit est généralement un achaine, renfermant une graine à embryon droit, accompagné d'un albumen plus ou moins volumineux.

Les végétaux de cette famille préfèrent les régions intertropicales ou subtropicales, aussi sont-ils assez rares en France où ils ne sont représentés que par quelques Orties (les *Urtica urens* et *dioica* sont surtout très répandues) et la Pariétaire. Sans nous arrêter aux divisions de cette famille : les Urérées, Procridées, Boehmériées, Pariétariées, Forskohlées, nous passerons aux caractères distinctifs des groupes voisins :

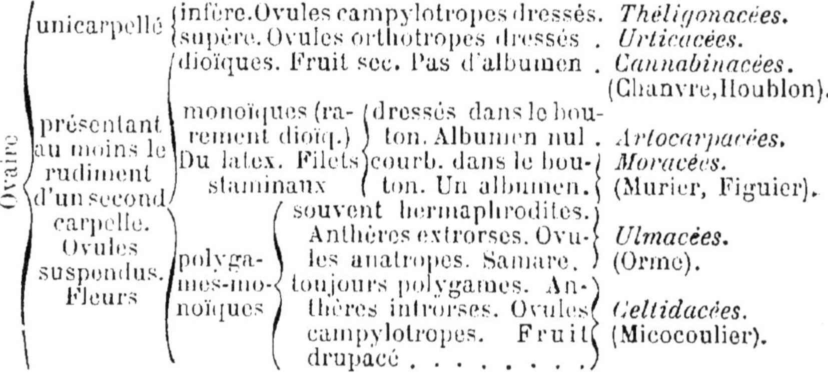
Ovaire
- unicarpellé
  - infère. Ovules campylotropes dressés. *Théligonacées.*
  - supère. Ovules orthotropes dressés . *Urticacées.*
- présentant au moins le rudiment d'un second carpelle. Ovules suspendus. Fleurs
  - dioïques. Fruit sec. Pas d'albumen . *Cannabinacées.* (Chanvre, Houblon).
  - monoïques (rarement dioïq.) Du latex. Filets staminaux
    - dressés dans le bouton. Albumen nul . *Artocarpacées.*
    - courb. dans le bouton. Un albumen. *Moracées.* (Murier, Figuier).
  - polygames-monoïques
    - souvent hermaphrodites. Anthères extrorses. Ovules anatropes. Samare. *Ulmacées.* (Orme).
    - toujours polygames. Anthères introrses. Ovules campylotropes. Fruit drupacé . . . . *Celtidacées.* (Micocoulier).

Euphorbiacées

489. — Les Euphorbiacées, encore appelées *Tricoccées*, en raison de leur fruit spécial, formé de trois coques accolées (fruits secs, déhiscents avec élasticité), constituent un groupe très naturel, dont les affinités sont difficiles à établir. En considérant surtout leurs fleurs, tantôt nues, tantôt mono- ou bipérianthées, on peut les rapprocher des Urticacées d'une part, des Sterculiacées et des Célastracées (qui sont des dialypétales), d'autre part. Quoi qu'il en soit, par cette diversité dans la structure de la fleur, cette famille a fourni le meilleur argument, pour la suppression des Monochlamydées, aux botanistes qui ne voulaient voir dans ces plantes que des représentants moins parfaits des végétaux à double périanthe, dont il n'y avait pas lieu de les séparer.

Cette famille renferme près de 200 genres comprenant 3.500 espèces réparties dans toutes les régions du globe, surtout abondantes entre les tropiques, manquant dans les contrées froides et sur les hautes montagnes. Ce sont des végétaux herbacés (Euphorbes de nos pays, Mercuriales), annuels ou vivaces, parfois à port de Cactées (*Euphorbia resinifera*), ou ligneux : sous-arbrisseaux (Buis), arbrisseaux (*Croton tiglium*) ou arbres (Mancenillier), renfermant un latex blanc (sauf les Buxées) produit par des laticifères rameux non cloisonnés, s'étendant d'une extrémité à l'autre du végétal et riches, soit en caoutchouc (Hevea), soit en gomme-résine (Euphorbia).

Feuilles généralement alternes, plus rarement opposées (Mercurialis) ou verticillées, réduites, toutes ou en partie, à l'état d'épines chez les Euphorbiacées cactiformes, sessiles ou pétiolées, généralement simples, entières ou découpées, parfois parées de brillantes couleurs (Codiæum ou Crotons des fleuristes), stipulées ou non.

Inflorescence généralement axillaire (Mercurialis), parfois terminale (Ricin), indéfinie (Mercurialis) ou définie, en cymes (Euphorbia, Ricinus). Fleurs diclines avec mono- (Ricinus) ou diœcie (Mercurialis). Dans certaines espèces monoïques (Euphorbia), les fleurs des deux sexes sont tellement rapprochées que plusieurs botanistes regardent leur groupement comme une fleur hermaphrodite. Chez quelques végétaux (Jatropha, Buxus, etc.) il y a vraiment tendance à l'hermaphrodisme, car on trouve des représentants des deux sexes dans les fleurs, mais les uns ou les autres sont toujours stériles, demeurés à l'état rudimentaire. On rencontre fréquemment des involucres polyphylles ; chez les Euphorbia, les bractées forment des sortes de coupes, mais en laissant place entre elles à des glandes de figure différente.

Calice rarement nul (Euphorbia), tantôt dialy- (Ricin, Mercuriale), tantôt gamosépale. La corolle est présente chez un nombre encore assez notable de membres de cette famille, particulièrement chez les Crotonées et les Phyllanthées. On trouve fréquemment un disque bien développé, surtout à la base de l'ovaire. Androcée iso-, diplo- ou pléiostémoné, alterni- ou oppositisépale, parfois réduit à une étamine à filet articulé (Euphorbia, où cette étamine constitue à elle seule une fleur mâle). Les étamines sont réunies en une sorte d'arbuscule chez le Ricin.

L'ovaire supère, rarement unicarpellé et uniloculaire (Crotonopsis) ou bicarpellé et biloculaire (Mercurialis), est généralement tricarpellé et triloculaire, à loges uni- ou biovulées (Buxées, Phyllanthées), à ovules anatropes ou semi-anatropes, descendants, fixés à l'angle supérieur de la loge et dont le micropyle est recouvert par une production charnue (*obturateur*) émanant du placenta. Style ordinairement simple terminé par un stigmate trifide, ou trois styles indépendants (Buxées).

Fruit exceptionnellement charnu, ordinairement capsulaire et à déhiscence élastique (coque), à la fois septifrage et loculicide, avec dédoublement de la paroi selon l'épaisseur (fait très visible dans le Ricin). Graines généralement pourvues d'un albumen puissant (excepté Hevea, etc.), souvent accompagnées d'une caroncule ou d'un arillode. Embryon à cotylédons étroits semi-cylindriques (Sténolobées) ou étalés, de la largeur de la graine (Platylobées). Deux téguments à la graine, mais chez le Ricin on en trouve trois, parce qu'à la primine persistante se joint la secondine qui se dédouble pendant la maturation.

Les auteurs n'étant pas d'accord sur les subdivisions à opérer dans les Euphorbiacées, il nous est permis de nous limiter aux divisions principales, les plus généralement admises.

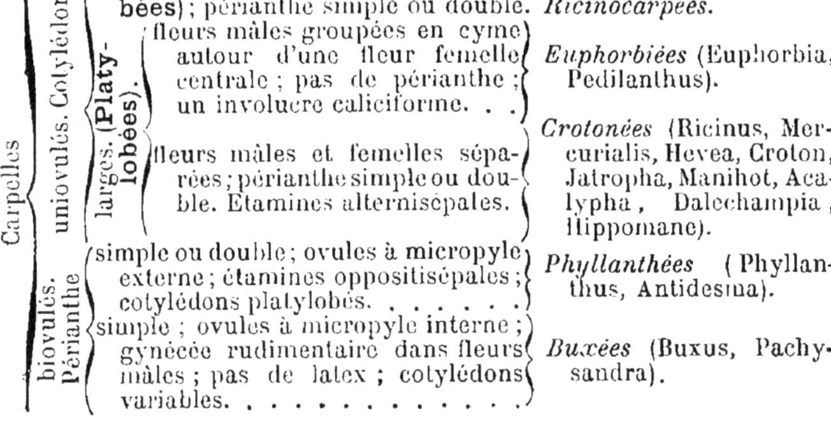

Carpelles uniovulés. Cotylédons	étroits, demi-cylindriques (**Sténolobées**); périanthe simple ou double.			*Ricinocarpées.*
	larges. (**Platylobées**).	fleurs mâles groupées en cyme autour d'une fleur femelle centrale ; pas de périanthe ; un involucre caliciforme. . .		*Euphorbiées* (Euphorbia, Pedilanthus).
		fleurs mâles et femelles séparées ; périanthe simple ou double. Étamines alternisépales.		*Crotonées* (Ricinus, Mercurialis, Hevea, Croton, Jatropha, Manihot, Acalypha, Dalechampia, Hippomane).
Carpelles biovulés. Périanthe	simple ou double ; ovules à micropyle externe ; étamines oppositisépales ; cotylédons platylobés.			*Phyllanthées* (Phyllanthus, Antidesma).
	simple ; ovules à micropyle interne ; gynécée rudimentaire dans fleurs mâles ; pas de latex ; cotylédons variables.			*Buxées* (Buxus, Pachysandra).

LORANTHALES

490. — Ces végétaux, encore dénommés *Achlamydosporées*, sont essentiellement caractérisés par leurs ovules nus, réduits au nucelle, simplement protégés par la feuille carpellaire. Le périanthe, toujours représenté, est simple ou double. Beaucoup de végétaux de cette classe sont des parasites. Les Loranthales se divisent en *Loranthacées, Santalacées* et *Balanophoracées*.

Loranthacées

491. — Nous nous bornerons à décrire dans cette famille le Gui (*Viscum album*), végétal parasite, ou mieux semi-parasite, car il contient de la chlorophylle, fréquent dans notre région sur les pommiers, poiriers, peupliers, et qu'on rencontre aussi sur d'autres arbres, mais rarement sur les chênes. Il buissonne sur les branches et il est très ramifié. Sa tige verte, articulée, se brise facilement dans les nœuds. Ses racines, transformées en suçoirs, se glissent dans le cambium et dans les rayons médullaires. Feuilles opposées, simples, coriaces, sans stipules. Fleurs unisexuées et dioïques, disposées en petites cymes triflores, sessiles sur les nœuds ou à l'extrémité des rameaux.

Dans les fleurs mâles, on rencontre d'abord une sorte de bourrelet dans lequel on ne veut voir qu'un disque et non un calice rudimentaire. Au-dessous s'observent quatre organismes disposés en croix, et qui seraient formés par la concrescence de quatre sépales avec autant d'étamines opposées de nature spéciale, présentant de très nombreux sacs polliniques arrondis qui font corps avec le parenchyme de l'organe ; le tout ressemble à une étamine de Zamia (Cycadales). La fleur femelle est bicarpellée, à ovaire infère et à stigmate sessile ; elle présente au-dessus de l'ovaire d'abord un disque annulaire, puis quatre sépales en croix. L'ovaire, uniloculaire, ne renferme pas d'ovules proprement dits : certaines cellules (2 ou 3) de l'assise sous-épidermique de la face ventrale des carpelles produisent chacune un sac embryonnaire, qui peut être fécondé. La fleur femelle apparaissant en juin, n'est fécondée qu'à la fin du mois de mars suivant. Le fruit est une baie blanche, sphérique, à sarcocarpe visqueux, gélatineux, renfermant une graine composée d'un gros albumen dans lequel on trouve souvent deux, et parfois trois embryons.

DAPHNALES

492. — Végétaux habituellement ligneux à fleurs hermaphrodites, à périanthe vert, simple ou double, à androcée périgyne iso- ou diplostémone. Gynécée généralement monocarpellé, rarement syncarpellé, bi-quadriloculaire, à loges uniovulées ou à ovules géminés collatéraux. Cette classe se divise en cinq familles : les *Lauracées*, *Protéacées*, *Daphnacées*, *Penæacées* et *Eléagnacées*.

Lauracées

493. — Arbres, parfois arbustes, des régions chaudes, principalement de l'Asie et de l'Amérique, à feuilles simples, coriaces, ordinairement persistantes, alternes et sans stipules, contenant dans toutes leurs parties aériennes des glandes monocellulaires productrices de résines ou d'huiles essentielles (Camphre, Benjoin, Cannelle, Laurier-sauce). Fleurs actinomorphes, ordinairement hermaphrodites, devenant polygames ou diclines par avortement, groupées en petites cymes disposées elles-mêmes en grappes, ombelles, etc. Périanthe sépaloïde généralement double et à 4-6 membres. Androcée périgyne iso- ou diplostémone, à étamines oppositisépales souvent en partie à l'état de staminodes ; les étamines fertiles extrorses bi-quadriloculaires à déhiscence valvulaire. Gynécée ordinairement monocarpellé, libre, à ovaire uniloculaire ne contenant qu'un ovule anatrope pendant. Style court ; stigmate simple. Fruit baccien, monosperme, ne présentant qu'un embryon à cotylédons volumineux et charnus-huileux.

Principaux genres : Laurus (Laurier), Cinnamomum (Cannelier), Sassafras, Persea, Camphora (Camphrier). Le *Laurus nobilis* (Laurier noble, L. d'Apollon, encore Laurier-sauce), croît en France dans les parties des jardins bien exposées au midi et abritées par un mur des vents du Nord.

Protéacées

494. — Végétaux ligneux de l'hémisphère austral, au delà des tropiques, à feuilles alternes, coriaces, persistantes, parfois fort divisées (*Grevillea robusta*), sans stipules. Fleurs hermaphrodites, tétramères, régulières ou non, ordinairement groupées en grappes, épis, ombelles ou capitules. Périanthe simple formé de quatre pétales libres ou soudés. Androcée à quatre étamines oppositisépales, concrescentes sur toute leur longueur avec les pièces du calice, les anthères libres semblant prolonger les sépales. Loges polliniques à déhiscence longitudinale. Gynécée monocarpellé, à ovaire uniloculaire avec un (Protea), deux (Banksia), quatre (Darlingia) ou un grand nombre d'ovules sur deux rangées (Stenocarpus). Ovules suspendus et orthotropes, ou ascendants et alors anatropes ou campylotropes. Style long ; stigmate généralement simple. Fruit tantôt indéhiscent et nucamentacé (Protéées : Leucadendron, Protea), tantôt en forme de follicule (Grévillées : Grevillea, Hakea, Rhopala, Banksia). Graine ovoïde ou aplatie et ailée, renfermant un embryon droit sans albumen. On trouve souvent cultivés, parmi les plantes ornementales de serre, des représentants des quatre derniers genres cités.

Les *Eléagnacées* sont proches parentes des Protéacées : elles en diffèrent surtout par leurs fleurs toujours régulières, parfois colorées et d'odeur suave, leurs étamines alternisépales, leur ovule ascendant, et leur fruit inclus dans le tube du périanthe devenu charnu extérieurement et osseux intérieurement.

Daphnacées ou Thyméléacées

495. — Arbres ou arbrisseaux, rarement herbes (Passerina), des régions chaudes et tempérées, à liber très tenace, et riches en produits âcres et caustiques. Feuilles simples, entières, sans stipules, isolées (Daphne), rarement opposées (Passerina). Fleurs régulières, hermaphrodites ou polygames, 4-5 mères et monopérianthées. Calice gamosépale, tubuleux, staminifère, souvent coloré (Daphne). Androcée isostémone, à étamines oppositisépales, ou diplostémone sur deux rangs, le deuxième alternant avec le premier. Gynécée supère : il est uniloculaire et uniovulé, à ovule anatrope et pendant dans la tribu des Daphnées (Daphne, Thymelea, Passerina, Gnidia, etc.) ; il est biloculaire à loges uniovulées, ou uniloculaire, mais présentant deux placentas pariétaux portant chacun un ovule, chez les Aquilariées (Aquilaria, Gyrinops). Style simple à insertion souvent latérale. Fruit indéhiscent, nucamentacé, chez les Daphnées, capsulaire chez les Aquilariées. Graine à embryon droit accompagné d'un albumen peu développé (Daphnées) ou en étant dépourvu (Aquilariées).

PIPÉRALES

496. — Les Pipérales sont caractérisées par la possession de réserves nutritives considérables contenues dans un albumen simple ou double et par des embryons forts petits, ce qui les a fait désigner parfois par le nom de *Micrembryées*. Le périanthe manque souvent. Le gynécée est variable chez elles : il est mono- gamo- ou dialycarpellé, mais les loges sont toujours 1-2- ou pauciovulées. On divise les Pipérales en *Pipéracées*, qui ont un gynécée syncarpellé, un albumen farineux et un périsperme charnu, et en *Chloranthacées*, *Myristicacées* et *Monimiacées*, dont le gynécée est monocarpellé et la graine pourvue d'un seul albumen. Tous ces végétaux sont producteurs d'huiles essentielles qui les font rechercher soit par la médecine, soit comme condiments (Poivres, Boldo, Muscade, etc).

Pipéracées

497. — Herbes annuelles ou vivaces, ou arbrisseaux grimpants à l'aide de racines aériennes développées aux nœuds, presque exclusivement tropicales (Pipérées), ou encore herbes aquatiques, vivaces, à rhizome écailleux ou tubéreux, des régions tempérées et subtropicales de l'Amérique et de l'Asie orientale (Saururées). Feuilles ordinairement alternes, entières et parfois grasses, engainantes, avec ou sans stipules intrapétiolaires et concrescentes, rarement opposées ou toutes radicales (certaines Saururées). Inflorescences en épis ou en grappes, axillaires ou terminales, souvent oppositifoliées, parfois en chatons à la suite d'avortement. Fleurs plus ou moins sessiles, hermaphrodites, mais devenant parfois unisexuées par avortement, nues (exc. : Lactoris), placées à l'aisselle de bractées ordinairement toutes semblables, parfois dissemblables : celles de la base de l'inflorescence prenant de l'ampleur forment un involucre corolliforme (Houttuynia, Anemiopsis). Androcée à 2-3-4-6 étamines sur un ou deux rangs. Gynécée à 1-3-4-5 feuilles carpellaires ordinairement soudées entre elles et formant un ovaire uniloculaire chez les Pipérées, pluriloculaire chez les Houttuynia, ou bien demeurant distinctes (Saururus, Lactoris). La loge unique des Pipérées ne renferme qu'un seul ovule orthotrope dressé ; les carpelles des Saururées montrent de 2 à 8 ovules orthotropes ascendants. Le fruit est tantôt baccien, indéhiscent (Pipérées), tantôt capsulaire (Saururées). Graines contenant un périsperme farineux volumineux, qui loge dans sa partie supérieure un petit albumen charnu ; celui-ci renferme lui-même un embryon minuscule dans lequel les cotylédons sont souvent peu distincts. Cette famille ne renferme que huit à dix genres, parmi lesquels deux fort importants (Piper, avec 600 espèces ; Peperomia, avec 400) : les autres sont réduits à une seule espèce ou à un très petit nombre d'espèces. On la divise en deux tribus : 1° les *Pipérées*, végétaux terrestres, à ovaire uniloculaire, uniovulé et à fruit indéhiscent (Piper, Peperomia, Zippelia, etc.) ; 2° les *Saururées*, aquatiques, à gynécée gamo- ou dialycarpellé, à loges pluriovulées et à fruit capsulaire (Saururus, Houttuynia, Lactoris).

ARISTOLOCHIALES et PODOSTÉMALES

498. — Ces deux classes ne se distinguent essentiellement l'une de l'autre que par leur habitat : la première est constituée par des herbes et des arbrisseaux terrestres, la seconde par des herbes immergées. Dans les deux groupes, le gynécée gamocarpellé, pluriloculaire, présente toujours dans ses loges de très nombreux ovules. Bentham et Hooker appellent la première, classe des *Multiovulées terrestres*, la seconde, classe des *Multiovulées aquatiques*.

Les Aristolochiales se divisent en : 1° *Aristolochiacées* (hermaphrodites, à ovaire infère, possédant un albumen et des feuilles ordinaires) ; 2° *Cytinacées* (parasites à feuilles squameuses, hermaphrodites ou non, à ovaire infère ou semi-infère, dépourvues d'albumen) ; 3° *Népenthacées* (végétaux grimpants au moyen de feuilles terminées par une vrille, dioïques, ovaire supère, un albumen).

Les Podostémales ne comprennent que la famille des *Podostémacées*, formée de végétaux à axe thalliforme ou rhizomateux, attaché aux rochers inondés et portant des feuilles qui rappellent les frondes des Algues ou les feuilles des Mousses. Elles vivent surtout dans les cours d'eau rapides des régions chaudes de l'Asie, de l'Afrique et de l'Amérique.

Aristolochiacées

499. — Cette famille ne se compose que des trois genres (Asarum, Apama et Aristolochia), divisés chacun en plusieurs sections regardées comme de véritables genres par plusieurs botanistes (Asarum-Heterotropa, Apama-Bragantia, Apama-Thottea, etc.). Elle renferme 200 espèces environ, dont 180 Aristolochia, réparties dans les régions tempérées-chaudes de presque tout le globe, mais principalement dans les régions tempérées de l'hémisphère boréal. Elle est surtout formée d'herbes vivaces à rhizome rampant ou tuberculeux, ou, plus rarement, d'arbrisseaux dressés ou volubiles à droite. Feuilles alternes, souvent distiques, simples et ordinairement cordiformes à la base, sans stipules. Fleurs hermaphrodites, actinomorphes ou à périanthe zygomorphe, répandant parfois une odeur fétide, de viande corrompue, attirant les insectes carnivores qui en assurent la fécondation. Le périanthe est triphylle, et les organes générateurs, par groupes de six, peuvent se répéter, ou tombent à 4-5 par avortement. Fleurs souvent colorées, isolées, naissant sur le vieux bois et atteignant parfois (*Aristolochia gigas*) jusqu'à 60 centimètres et plus, ou groupées en cymes, grappes ou épis axillaires. Elles sont rarement pourvues de bractées et terminales (Asarum). Le périanthe est triphylle, rarement à six pièces disposées sur deux rangs (*Asarum canadense* et *europeum*), ou bien régulier à trois lobes profonds (Asarum en général), ou bien irrégulier tubuleux, recourbé en S, ligulé, bilabié ou trilobé chez les Aristoloches. Androcée épigyne, formé de 6 (la plupart des Aristoloches), 12 (Asarum), 18-36 (Apama) étamines : parfois moins : (5 Aristolochia-Einomenia). Les étamines sont totalement libres chez les Asarum ; ailleurs, elles sont soudées sur toute leur longueur, filet et anthère, avec la colonne stylaire et forment un *gynostème*. Anthères généralement extrorses ; six extrorses, six introrses dans les fleurs d'Asarum de la section Heterotropa. Gynécée à ovaire infère ou semi-infère (Asarum), qui a ordinairement six feuilles carpellaires, parfois quatre (Apama-Bragantia), et est 4-6 loculaire, à placentation axile, ou uniloculaire à placentation pariétale. Ovules anatropes très nombreux sur chaque placenta, sur deux rangs dans les ovaires hexaloculaires, sur un seul dans les ovaires tétraloculaires des Bragantia. Styles en même nombre que les carpelles, parfois libres, mais le plus souvent soudés entre eux en une colonnette centrale concrescente avec les étamines. Stigmates libres (Asarum), ou le plus souvent partiellement soudés, mais bifides à leur extrémité, et alors les divisions voisines de deux stigmates contigus se rapprochent et se soudent en des masses superposées aux anthères. Le fruit est une capsule septicide (Aristolochia), ou s'ouvrant irrégulièrement (Asarum), habituellement accompagnée du périanthe persistant. Graine munie d'une caroncule, à embryon minime logé au sommet d'un albumen volumineux, charnu ou corné. Les Asarum et les Apama ont des étamines libres et un périanthe régulier, qui est articulé chez les derniers. Les Aristoloches ont un périanthe irrégulier en S, et un gynostème dans lequel les anthères sont surmontées par les lobes stigmatiques.

CHÉNOPODIALES

500. — Les Chénopodiales, autrement dites *Curvembryées*, sont caractérisées tout d'abord par leur ovaire uniloculaire uniovulé, ou pluriloculaire à loges uniovulées (exc. : quelques Amarantacées), et par leurs ovules campylotropes donnant naissance à des embryons courbes, placés excentriquement ou à la périphérie d'un albumen, farineux le plus souvent. Leurs fleurs sont ordinairement hermaphrodites, à périanthe simple et à androcée isostémone.

On place dans ce groupe les *Chénopodiacées*, *Amarantacées*, *Illécébracées*, *Phytolaccacées*, *Batidacées* et *Nyctaginacées*. En réunissant à ces végétaux les Caryophyllées et les Portulacacées, qui sont des Dicotylédones dialypétales, Brongniart a formé une classe des Caryophyllinées dans laquelle se trouvaient groupées toutes les Dicotylédones à albumen farineux et à embryon courbe, ne différant essentiellement entre elles, d'après lui, que par la présence ou l'absence d'une corolle ; mais les Portulacacées et les Caryophyllées s'éloignent encore des Chénopodiales par la présence de nombreux ovules dans les loges ovariennes et par leur androcée diplostémone.

Chénopodiacées

501. — Cette famille comprend 80 genres et environ 520 espèces spéciales, à peu d'exceptions près, aux régions tempérées. Les unes se localisent dans les terrains salés des bords de la mer (Salsola, Suæda, Salicornia), et de certains lacs, ainsi que dans les déserts dont le sol est imprégné de chlorure de sodium ; d'autres préfèrent les lieux rocailleux ; certaines, enfin, affectionnent les décombres et les alentours des maisons pauvres, toujours riches en produits nitrés.

Ce sont des végétaux ordinairement herbacés, annuels (beaucoup de Chenopodium), ou bisannuels (Betterave), ou vivaces, parfois des arbustes (*Camphorosma Monspeliaca*) ou de petits arbres (Haloxylon) ; les Salicornia n'ont que des tiges charnues, articulées, dépourvues de feuilles. La tige des Basella et Boussingaultia est volubile à droite et celle des Hablitzia, grimpante.

Feuilles ordinairement alternes, entières, parfois charnues (Suæda, Basella), rudimentaires et opposées chez les Salicornia, sans stipules, lisses ou couvertes de poils allongés et vésiculeux. Fleurs petites, ordinairement verdâtres (exc. : Basellées), hermaphrodites et pentamères, parfois trimères, polygames (Salicornia) ou unisexués par avortement et alors monoïques (Atriplex) ou dioïques (*Spinacia oleracea*, Epinard). Deux ou quatre (Basellées) bractées accompagnent souvent la fleur. Inflorescence rarement axillaire et formée de fleurs solitaires (Polycnemum), quelquefois centripète et en forme d'épis simples ou groupés en grappe, plus souvent centrifuge en grappes de cymes bipares ou unipares contractées, ou en cymes unipares scorpioïdes (Beta) ou hélicoïdes (Chenopodium). Le calice, toujours seul représentant du périanthe, est ordinairement formé de cinq sépales ; on n'en trouve cependant que 4 dans la fleur mâle des Spinacia, que 2-3 chez

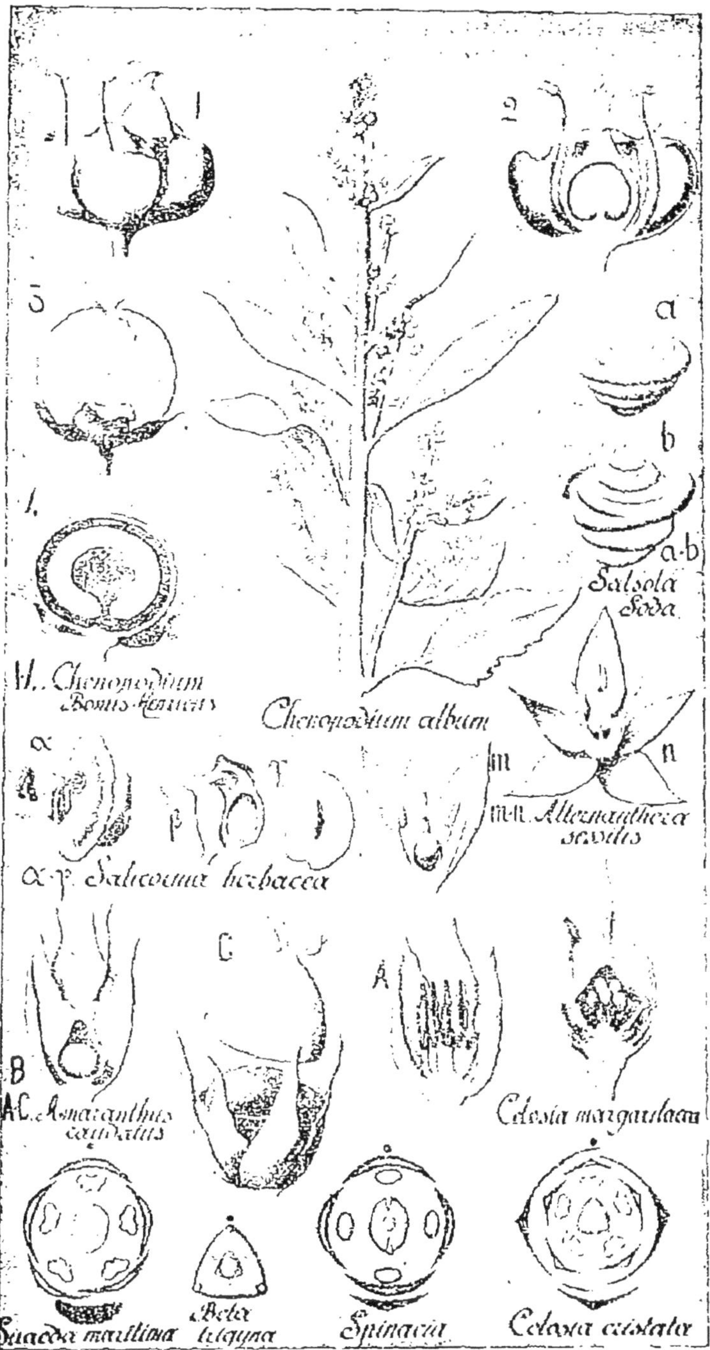

Fig. 324. — Chénopodiacées et Amarantacées.

Salicornia herbacea (où le calice est gamophylle et utriculaire, percé d'un orifice par lequel le stigmate et les étamines font saillie au dehors) et chez *Corispermum hyssopifolium* ; il manque totalement dans certaines fleurs femelles. Un disque réunit parfois les étamines à la base (Teloxys, Beta). Les étamines ordinairement au nombre de cinq, sont oppositisépales et recourbées vers l'intérieur (exc. : Basellées où elles se renversent vers l'extérieur). Les Salicornia n'ont que deux étamines. Anthères biloculaires. Gynécée supère (exc. : Beta, où il est demi-infère), formé de trois feuilles carpellaires dont une seule est fertile et porte, sur un placenta basilaire, un unique ovule campulitrope. fixé à l'extrémité d'un funicule plus ou moins long. Les styles sont distincts. Le fruit est généralement un achaine entouré par le calice persistant (Betterave, *Beta vulgaris* var. *rapa*) ; parfois ce dernier devient charnu et le fruit prend l'aspect d'une petite drupe (Blitum). La graine renferme ordinairement un albumen amylacé-charnu bien développé (qui manque cependant aux Salicornia et à certains Suæda) et un embryon plus ou moins courbe, en fer à cheval ou en anneau chez les *Cyclolobées*, contourné en spirale chez les *Spirolobées*.

On divise les Chénopodiacées en deux sous-familles et cinq tribus, susceptibles elles-mêmes de subdivisions :

Tige dressée. Bractées indépendantes du périanthe : **Chénopodioïdées** Embryon	spiralé (*Spirolobées*). Albumen nul ou peu abondant			*Salsolées*.
	annulaire ou en fer à cheval (*Cyclolobées*.) Androcée	isosténone. Fleurs	groupées .	*Chénopodiées*.
			isolées. . .	*Polycnémées*.
		anisosténone. Tiges grasses articulées. Albumen manque . . .		*Salicorniées*.
Tige volubile. 4 bractées dont 2 adhérentes au calice, qui est coloré. Etamines versatiles : **Baselloïdées** . .				*Basellées*.

Les **Amarantacées** sont très voisines des Chénopodiacées auxquelles elles ont même été jointes par plusieurs botanistes ; elles ne s'en distinguent guère que par leur calice souvent pétaloïde, leurs styles soudés, leurs anthères parfois uniloculaires (Alternanthérées), l'ovaire en certains cas pluriovulé (Célosiées) et le fruit déhiscent.

Les **Phytolaccacées** diffèrent des Chénopodiacées par des fleurs quelquefois pétalées, des étamines alternisépales, parfois diplostémones, des carpelles nombreux, des styles latéraux et un fruit baccien ou en forme de coque.

Les **Nyctaginacées** s'éloignent assez des familles précédentes par un périanthe simple ayant sa portion supérieure pétaloïde et l'inférieure plus épaisse, plus ferme, renflée, persistante autour de l'ovaire libre et formant ensuite au fruit une enveloppe dure ; par leur androcée parfois diplo-multistémone et leur embryon, quelquefois droit, et généralement à cotylédons très larges enveloppant l'albumen.

POLYGONALES

502. — Cette classe ne renferme qu'une seule famille, celle des Polygonacées, qui ne présente, de l'avis unanime des botanistes, que des affinités très obscures avec les autres Monochlamydées. Malgré cet avis, qu'ils partagent, Bentham et Hooker, Endlicher et de Jussieu ont réuni les Polygonacées aux Chénopodiales parce qu'elles sont apétales et possèdent les unes et les autres, avec un albumen farineux, un embryon courbe. Ces caractères communs sont discutables : en effet, l'embryon est droit ou presque droit chez les Polygonacées, et, en tout cas, il n'affecte jamais les formes d'un fer à cheval, d'un anneau ou d'un tire-bouchon qu'on lui voit revêtir chez les Chénopodiales, ce qui est dû à la substitution d'un ovule orthotrope, chez les Polygonacées, à l'ovule campylotrope des Chénopodiales. D'autres faits importants accentuent la séparation : les feuilles des Polygonacées sont pourvues de stipules engainantes, soudées, vraiment spéciales, formant un *ocréa* ; leurs étamines, quoiqu'en nombre défini, sont en général plus nombreuses que les sépales ; leur ovaire uniloculaire ne renferme qu'un seul ovule orthotrope dressé, donnant naissance à un embryon droit ou très légèrement incurvé, à radicule supère et *antitrope*, c'est-à-dire opposée au point d'attache de la graine sur le fruit. Ces faits nous conduisent à suivre Brongniart, Baillon, Kirschleger et d'autres, et à former une classe spéciale pour la famille des Polygonacées.

Polygonacées (fig. 325)

503. — Les Polygonacées renferment 30 genres et 600 espèces environ, dont 130 Rumex et 150 Polygonum. Ce sont des herbes annuelles (Sarrasin) ou vivaces (Oseille), des arbustes (Atraphaxis) ou des arbres (Coccoloba, Triplaris) ; quelques-unes sont aquatiques (*Polygonum amphibium*, *Rumex Hydrolapathum*). La tige est parfois rampante (Renouée traînasse), ou grimpante à l'aide de vrilles raméales (Antigonon, Brunnichia), ou volubile (*Polygonum Convolvulus*). Les espèces arborescentes sont presque toutes de l'Amérique tropicale ; les arbrisseaux sont confinés pour la plupart à l'ouest de l'Asie, dans la partie orientale des régions méditerranéennes ; enfin, les espèces herbacées sont fréquentes dans les régions

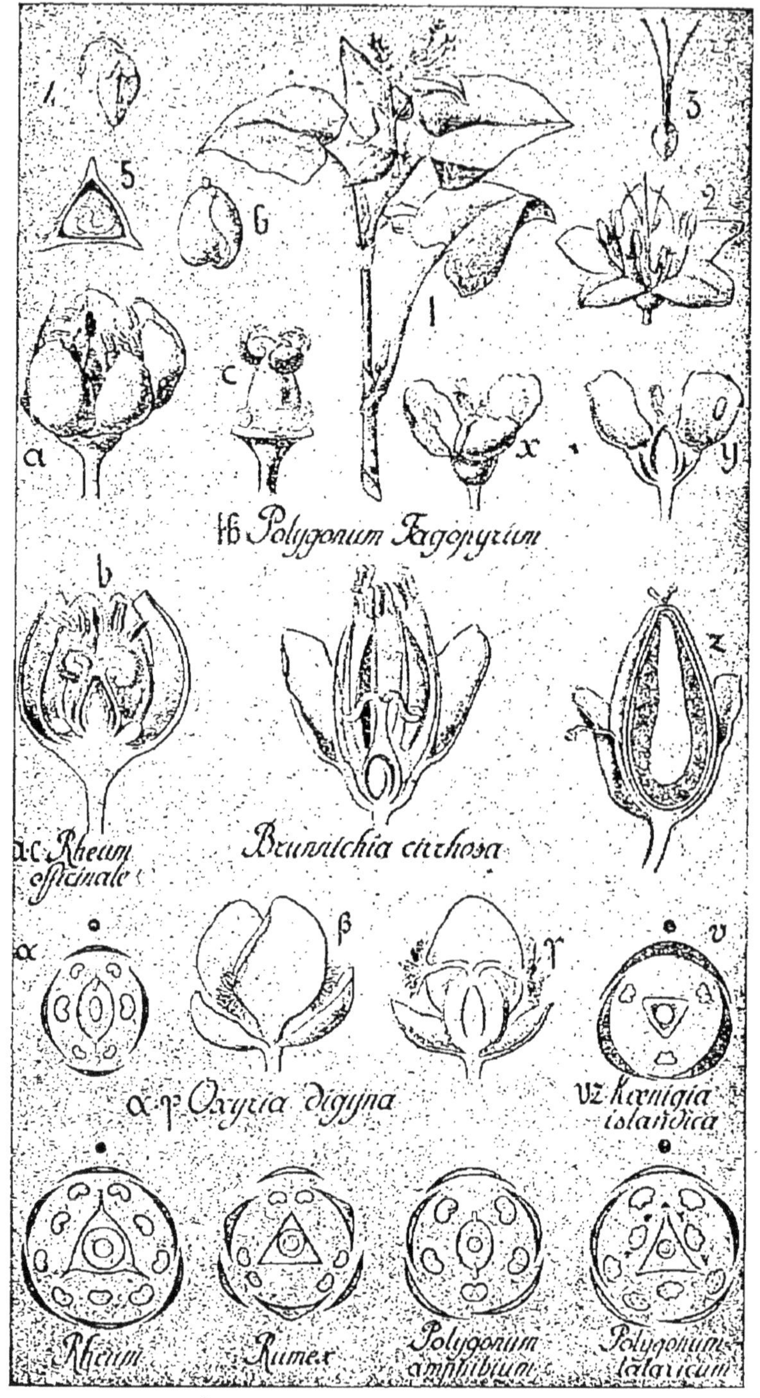

Fig. 325. — Polygonacées.

tempérées et montagneuses. L'*Oxyria digyna* et le *Polygonum viviparum* abondent dans les parties élevées des Alpes. Les feuilles, généralement alternes, sont munies de deux stipules intimement unies entre elles en une sorte d'étui, appelé *ocréa* (de *ocrea*, guêtre), qui, partant d'un nœud, s'élève plus ou moins haut le long de l'entre-nœud supérieur : cet organisme est rudimentaire chez les Kœnigiées et manque chez les Eriogonum. Les fleurs, ordinairement hermaphrodites, deviennent parfois diclines par avortement : elles sont monoïques chez les Emex, dioïques chez Symmeria et Triplaris, polygames, enfin, chez Oxygonum et Muehlenbeckia Elles sont habituellement munies de deux bractées qu'on voit disparaître totalement ou partiellement dans quelques genres (Emex, Pterostegia). Les inflorescences sont tantôt des grappes, des épis ou des ombelles de cymes uni ou bipares, tantôt de simples grappes, épis ou ombelles par réduction des cymes à une seule fleur. Le périanthe, simple ou double, est parfois formé de cinq sépales disposés en ordre quinconcial (Polygonum), parfois de six (Rumex, Rheum) ou de quatre (Oxyria, Atraphaxis) disposés sur deux rangs. Les Kœnigia n'ont que trois sépales Le calice, qui est ordinairement vert, se colore parfois (divers Polygonum et, notamment, le *Polygonum Fagopyrum* ou Sarrasin) ; il est gamosépale chez les Polygonum et les Coccoloba, dialysépale chez les Rumex L'androcée, hypogyne, a une constitution très variable comme le montre le tableau suivant :

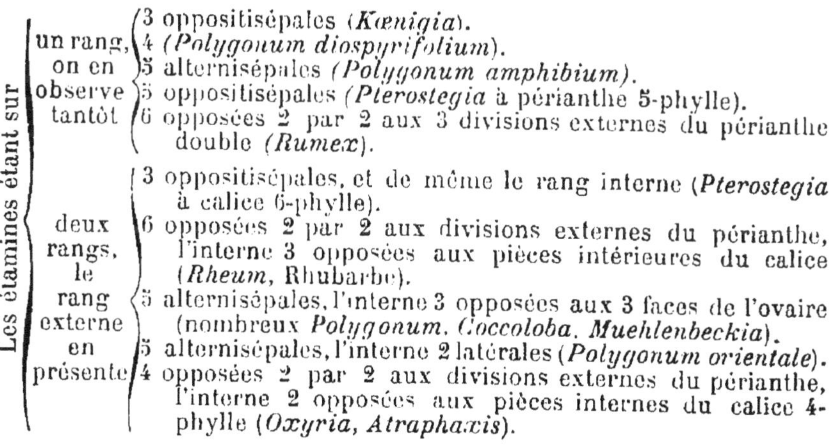
Les étamines étant sur
un rang, on en observe tantôt
3 oppositisépales (*Kœnigia*).
4 (*Polygonum diospyrifolium*).
5 alternisépales (*Polygonum amphibium*).
5 oppositisépales (*Pterostegia* à périanthe 5-phylle).
6 opposées 2 par 2 aux 3 divisions externes du périanthe double (*Rumex*).
deux rangs, le rang externe en présente
3 oppositisépales, et de même le rang interne (*Pterostegia* à calice 6-phylle).
6 opposées 2 par 2 aux divisions externes du périanthe, l'interne 3 opposées aux pièces intérieures du calice (*Rheum*, Rhubarbe).
5 alternisépales, l'interne 3 opposées aux 3 faces de l'ovaire (nombreux *Polygonum*, *Coccoloba*, *Muehlenbeckia*).
5 alternisépales, l'interne 2 latérales (*Polygonum orientale*).
4 opposées 2 par 2 aux divisions externes du périanthe, l'interne 2 opposées aux pièces internes du calice 4-phylle (*Oxyria*, *Atraphaxis*).

Les étamines sont nombreuses chez les Calligonon (12-18) et les Symmeria (20-50). Anthères biloculaires, généralement introrses ; chez les Polygonum ayant huit étamines, les trois du rang interne sont extrorses. Les filets, généralement indépendants se soudent parfois sur une certaine longueur (Coccoloba, Antigonon). On trouve des nectaires dans les fleurs des Rheum et des Polygonum. Le gynécée présente typiquement trois carpelles donnant naissance à un ovaire supère uniloculaire et uniovulé, surmonté de trois styles libres, mais à la suite d'avortement, on ne trouve plus que deux carpelles dans certaines plantes (divers Polygonum) ; chez les fleurs véritablement dimères (*Oxyria digyna*), le gynécée est normalement dimère. L'ovule unique est orthotrope et se dresse sur le fond de la loge de façon à porter son micropyle vers l'insertion des styles, mais, chez quelques végétaux (Brunnichia), le funicule s'allongeant beaucoup, l'ovule culbute et se renverse de façon à rapprocher son micropyle du hile. Le fruit est un achaine entouré par le périanthe marcescent ou légèrement accrescent, devenant même charnu parfois (*Coccoloba uvifera*), ou passant à l'état de samare (*Oxyria digyna*). La graine présente un embryon tantôt droit et axile, tantôt latéral et légèrement incurvé, accompagné d'un albumen farineux à surface lisse ou ruminée (Coccoloba, Triplaris).

Payer divise les Polygonacées de la façon suivante :

Périanthe à
- 4-6 pièces sur deux verticilles. Étamines du rang externe, quand il en existe deux, du verticille unique, lorsqu'il n'y en a qu'un, opposées par paires aux sépales externes : *Rumicées* (Rumex, Rheum, Oxyria).
- 5-6 pièces ; étamines 5-6 oppositisépales : *Ptérostégiées*.
- 5 pièces. 5 étamines alternisépales et introrses sur un rang externe, constantes ; 2-3 intérieures, extrorses, opposées aux carpelles, souvent représentées : *Polygonées* (Polygonum, Brunnichia).
- 3 pièces. Fleurs nettement trimères : *Kœnigiées*.

On rapproche quelquefois les Polygonacées des Urticacées et des Pipéracées. Les Urticacées sont diclines et leur gynécée est bicarpellé ; les Pipéracées manquent de périanthe et leur fruit baccien renferme une graine à embryon minuscule, accompagné d'un périsperme et d'un albumen.

XVII. DICOTYLÉDONES DIALYPÉTALES

(*D. polypétales*, Auct.)

504. — Chez ces végétaux, où l'on observe les trois manières d'être de l'androcée : hypogyne, périgyne et épigyne, le calice est toujours accompagné d'une corolle dont les pétales, totalement distincts et séparés sur toute leur étendue, s'insèrent directement sur le réceptacle (premier cas), ou bien, plus ou moins concrescents par leur base avec les membres des autres verticilles de la fleur, paraissent prendre attache, en se libérant totalement, sur les bords de la coupe qui entoure le gynécée (second cas), sur le sommet et sur la périphérie de l'ovaire (troisième cas). Bentham et Hooker les divisent en trois séries : les *Thalamiflores*, les *Disciflores* et les *Caliciflores*.

Série I. — THALAMIFLORES

505. — En règle générale, les Thalamiflores sont des hypogynes, dont toutes les parties de la fleur s'insèrent directement sur l'axe ou *thalamus*, non, ou très rarement renflé en un disque. Le calice est dialysépale, et ses membres sont verts ou pétaloïdes. Les pétales complètement indépendants sont, ou bien 1-2 sériés et alors bien différents des sépales, ou bien 2-multisériés ou spiralés, ne se distinguant que progressivement des sépales et cela d'autant plus que, par leur insertion, ils sont plus éloignés du calice. Etamines définies 1-plurisériées, ou indéfinies et spiralées. Gynécée très divers, dialy- ou gamocarpellé, à membres unisériés et en nombre défini, ou spiralés et alors indéfinis. On les divise en six classes : les *Ranunculales*, les *Papavérales*, les *Polygalales*, les *Dianthales*, les *Clusiales* et les *Malvales*.

RANUNCULALES

506. — Les végétaux de cette classe ont pour traits communs : des étamines indéfinies, ou, si elles sont définies, opposées aux pièces intérieures du périanthe 3-multisérié ;

un gynécée dialycarpellé (exc. : notamment, les Nymphæées) ; enfin, des graines présentant un albumen charnu (exc. : Calycanthacées, certaines Ménispermacées et les Nelumbium qui en sont dépourvus). On les divise en huit familles : *Ranunculacées, Dilléniacées, Calycanthacées, Magnoliacées, Anonacées, Ménispermacées, Berbéridacées* et *Nymphæacées*, la dernière s'éloignant des précédentes, qui forment un groupe assez distinct, par son adaptation à un milieu aquatique. Le périanthe est le plus souvent pentamère dans les deux premières familles et trimère dans les cinq suivantes.

Ranunculacées

507. — Les Ranunculacées (en francisant, les Renonculacées) forment le passage entre les Dicotylédones monochlamydées et les Dicotylédones dialypétales. En effet, la plupart d'entre elles n'ont point de corolle : le fait est reconnu par tous pour les Thalictrum et les Clematis ; quant au reste des Renonculacées, on a décrit comme pétales des staminodes, le plus souvent nectarifères, parfois surmontés d'une lame pétaloïde (Ranunculus, Aquilegia), parfois réduits à la glande productrice de sucre (Helleborus) ; en réalité, la corolle n'existe que chez les Pæonia, qui s'écartent du reste des autres Renonculacées par divers côtés. Les prétendus pétales sont toujours disposés dans le même ordre que les étamines et ils occupent exactement la place des plus externes de ces organes lorsque les nectaires se disposent symétriquement autour de l'axe (Renoncule, Hellébore, Nigelle, etc.) ; dans les fleurs à périanthe zygomorphe (Aconit, Delphinium), les seules étamines externes rapprochées du côté supérieur, là où le périanthe est le plus développé, peuvent se transformer en nectaires. Les Renonculacées forment une famille par enchaînement dont les membres extrêmes (les Clematis et Thalictrum, monopérianthés, d'une part, et les Pæonia, bipérianthés, d'autre part), ne paraissent pas avoir entre eux de parenté, mais ils sont cependant rattachés par une suite d'intermédiaires que montre le tableau suivant :

Androcée
- hypogyne. Pas de corolle, mais souvent des staminodes corolliformes. Verticilles ordinairement tous spiralés. Carpelles
  - uniovulés. Achaines nombreux. Périanthe simple, accompagné, ou non, de staminodes nectarifères et pétaloïdes : **Ranunculées**. — Thalictrum, Ficaria, Ranunculus, Myosurus, Ceratocephalus.
  - pluriovulés. Ovules fécondés
    - un seul. Achaines nombreux, rarement drupes. Feuilles
      - alternes. Calice accompagné ou non de staminodes corolliformes : **Anémonées**. — Anemone, Adonis, Callianthemum.
      - opposées. Pas de corolle, mais parfois des staminodes de forme intermédiaire entre les sépales et les étamines : **Clématidées**. — Clematis, Atragene, Naravelia.
    - plusieurs. Follicules en petit nombre ou baie. Staminodes nectarifères. Membres de la fleur tous
      - spiralés : **Helléborées**. Calice
        - actinomorphe. — Helleborus, Caltha, Trollius, Isopyrum, Actæa, Eranthis, Garidella, Nigella.
        - zygomorphe. — Aconitum, Delphinium.
      - verticillés : **Aquilégiées**. — Aquilegia, Xanthorhiza.
- périgyne. Carpelles pluriovulés. Follicules. Une véritable corolle accompagnée souvent de staminodes pétaloïdes : **Pæoniées**. — Pæonia.

Les Renonculacées, qui comprennent une trentaine de genres se partageant en 550 espèces environ, sont des végétaux herbacés qu'on rencontre sur presque toute la surface du globe, tout en étant plus rares dans les régions tropicales. Quelques-unes affectionnent les lieux humides ou les eaux peu profondes. Certaines ne se trouvent que sur les hautes montagnes et, parfois, seulement à la limite des glaces fondantes (*Ranunculus glacialis*). Il est quelques végétaux ligneux dressés et sous-frutescents (*Pæonia Moutan*, Xanthorhiza), ou grimpants (certains Clematis), mais pas d'arbres. Parmi les végétaux vivaces, certains font des réserves nutritives dans leurs racines (*Ranunculus asiaticus* ou Renoncule des jardins, *Ficaria ranunculoides*, etc.), d'autres dans leur rhizome (Hellébores), d'autres dans des bulbes dont la masse est constituée par la gaîne des feuilles (*Ranunculus bulbosus*).

Les feuilles sont parfois toutes radicales ; les caulinaires sont alternes, sauf chez les Clématidées, où elles sont opposées ; souvent engaînantes, elles sont en règle générale dépourvues de stipules. L'inflorescence est ordinairement terminale, uniflore ou pluriflore, alors en grappe ou en panicule, définie ou indéfinie.

Les fleurs sont le plus souvent hermaphrodites et régulières avec un périanthe simple formé de 3-4-5 pièces (double chez Pæonia seulement), valvaire ou imbriqué lorsqu'il ne présente que 3-4 sépales, quinconcial quand il en possède 5, séparé ou non des étamines fertiles par des staminodes plus ou moins nombreux, se multipliant facilement par l'effet de la culture (Renoncules, Pivoines, Hellébores, etc., à fleurs doubles), généralement nectarifères à la base. Au périanthe vient s'adjoindre un involucre triphylle chez les Anémones. Les étamines, toujours libres, sont rarement en nombre défini (Myosurus, Xanthorhiza) ; généralement fort nombreuses et spiralées, comme les autres parties de la fleur du reste, elles ne se présentent en verticilles distincts que chez les Aquilégiées où tous les membres de la fleur ont leurs parties verticillées. Les lignes de déhiscence des anthères sont extrorses ou latérales. Le gynécée est tantôt formé par un petit nombre de carpelles (1-3-5, Helléborées, Aquilégiées, Pæoniées) disposés en spirale, mais placés à la même hauteur, tantôt par un grand nombre aussi toujours placés en spirale, mais étagés sur un réceptacle globuleux (Anémones) ou plus ou moins allongé (Renoncules, Myosurus). Les carpelles en nombre indéfini sont toujours indépendants les uns des autres ; il en est souvent de même lorsqu'ils sont peu nombreux ; en tout cas, ils s'isolent toujours au moment de la maturité du fruit. Ovules toujours anatropes ; solitaires dans les carpelles chez les Renonculées ; réunis, tantôt en petit nombre comme chez les Anémonées et les Clématidées, où l'un d'entre eux, l'inférieur, est seul fertile, tantôt en plus grand nombre et tous fertiles, ce qu'on voit chez les Helléborées, Aquilégiées et Pæoniées. Dans les deux premières alternatives, le fruit monosperme est un multiple d'achaines (surmontés du stigmate persistant chez les Clématites et les Anémones de la section des Pulsatilles) ou des drupes ; dans la troisième, c'est un multiple de follicules ou une baie (Actæa). L'embryon, droit et petit, est toujours accompagné d'un albumen charnu-corné.

Ainsi présentée, la famille des Renonculacées paraît constituée par un tout assez homogène : mais, en réalité, la constitution de la fleur y est fort variable, polytype. Contrairement à notre façon ordinaire de procéder, nous allons entrer ici, comme exemple, dans quelques détails afin de rendre sensibles les divergences et les points de rapprochement qu'on observe entre les membres de cette famille et préciser ce qu'on entend par une *famille par enchaînement*.

Les *Thalictrum* ou Pigamon sont des herbes à feuilles alternes dont les fleurs présentent habituellement un périanthe à 4 divisions en deux groupes alternes, des étamines indéfinies, disposées dans l'ordre 5/13e ainsi que les carpelles, qui sont isolés et en petit nombre : leurs ovaires ne renferment chacun qu'un seul ovule suspendu. Les *Renoncules* diffèrent des Thalictrum par leur périanthe à 5 pièces en ordre quinconcial, par leurs étamines indéfinies disposées, ainsi que les carpelles (également très nombreux dans la majorité des espèces), selon l'ordre 8/21e; de plus, les cinq étamines externes se transforment en staminodes pétaloïdes et nectarifères à la base ; enfin, leurs ovules sont ascendants. Les *Ficaires* sont des Renoncules dont le périanthe ne présente que trois pièces, mais où le nombre des staminodes pétaloïdes varie de cinq à onze. Les *Ceratocephalus* sont des Renoncules pour beaucoup d'auteurs : elles n'ont comme trait particulier que leurs carpelles portant deux gibbosités à leur base. Les fleurs des *Myosurus* ont encore la constitution de celles des Renoncules, mais les sépales sont ici éperonnés : les staminodes, étroits, montrent en leur milieu l'orifice du nectaire ; les étamines sont peu nombreuses (5 à 20), et les carpelles, très nombreux, sont attachés sur un réceptacle fort allongé, l'ensemble donnant au gynécée l'apparence d'une queue de souris. Ici les ovules sont suspendus comme chez les Thalictrum.

Les *Clématidées* présentent trois genres : Clematis, Atragene et Naravelia caractérisés d'abord par des feuilles opposées. Les *Clematis* ont typiquement un périanthe composé de quatre pièces dont la préfloraison est valvaire ; viennent ensuite des étamines, puis des carpelles isolés, placés dans l'ordre 8/21e. Mais dans plusieurs espèces et, notamment, dans les espèces cultivées, les étamines externes se pétalisent, parfois même en très grand nombre, et alors leur forme varie et passe peu à peu de celle des sépales à celle des étamines. L'ovaire renferme 4 à 5 ovules suspendus, dont un seul fertile. Chez les Atragene, qu'on réunit souvent aux Clématites, les staminodes pétaloïdes sont constants. Le lobe médian des feuilles des Naravelia est transformé en vrille, et chez eux les staminodes linéaires tranchent nettement par leur forme sur les 4-5 sépales pétaloïdes et sur les étamines. Pour le reste, les Naravelia se confondent avec les Clematis.

Chez les *Anémonées*, même structure du gynécée que chez les Clématidées et, à peu de choses près, même structure florale, mais, chez elles, les feuilles sont alternes. Les *Anémones* ont typiquement cinq sépales corolliformes, des étamines et des carpelles dans l'ordre 8/21e, mais fréquemment les étamines externes et même une partie notable de l'androcée se transforment en staminodes pétaloïdes. Il y a des anémones à périanthe trimère (*A. nemorosa*), et les *Hépatiques* pourraient être fondues avec ces dernières, dont elles ne se distinguent que par le rapprochement de l'involucre placé immédiatement sous le calice. Les *Adonis* répètent les Renoncules dans cette série : ils ont un calice vert et des staminodes colorés, en nombre variable, mais non glanduleux à la base, auxquels succèdent des étamines et des carpelles rangés dans l'ordre 5/13e. Les *Callianthemum* forment le trait d'union entre les Adonis et les Renoncules : ils ont les fleurs des Adonis, mais leurs staminodes portent un nectaire à la base comme ceux des Renoncules ; leurs carpelles, contenant deux ovules pendants, dont un seul fertile, obligent à les placer parmi les Anémonées.

Toutes les plantes qu'il nous reste à passer en revue ont des carpelles pluriovulés, et les fruits qui leur succèdent, ordinairement peu nombreux (1-3-5), contiennent plusieurs graines fertiles et s'ouvrent en follicules ; quelques-unes ont cependant des baies pluriseminées (Actæa).

Les Helléborées ont des fleurs à membres tous spiralés. Les *Hellébores* ont un calice à cinq divisions, des étamines en nombre indéfini, rangées dans l'ordre 8/21e et 3 à 10 carpelles qui leur font suite avec la même disposition. Selon les genres, les 3-8-13-21 étamines externes se transformant en de petits sacs producteurs de sucre, non surmontés d'une lame pétaloïde. Les *Eranthis* sont des Hellébores avec périanthe trimère. La constitution de la fleur des *Isopyrum* est en somme celle de la fleur des Hellébores : on n'y trouve cependant que cinq staminodes en petits cornets. Les *Trolles* ne diffèrent essentiellement des précédents que par l'adjonction de lames pétaloïdes aux glandes nectarifères : leurs staminodes rappellent en tous points ceux des Renoncules ; leurs follicules sont fort nombreux. Les *Caltha*, avec un calice coloré, n'ont de staminodes d'aucune sorte. Les *Actæa* ont le périanthe des Thalictrum, mais aux 4 sépales pétaloïdes succèdent des staminodes étroits : leur gynécée, monocarpellé, produit une baie. Les *Nigelles* ont un calice coloré à cinq pièces, auquel font suite des étamines nombreuses et des carpelles (5) dans l'ordre 5/8e ; les huit étamines externes se transforment en des nectaires sacciformes non surmontés d'une lame pétaloïde. La fleur des *Garidelles* est celle des Nigelles, avec un moins grand nombre de pièces : les staminodes sont réduits à 5, mais les sacs nectarifères se prolongent du côté extérieur en une petite lame bifurquée ; on ne trouve chez elle que deux carpelles.

Le périanthe est zygomorphe chez les *Aconits* et les *Dauphinelles* qui se relient intimement aux végétaux précédents. Chez les Delphinium, on trouve cinq sépales pétaloïdes inégaux, le supérieur prolongé en éperon, puis des étamines nombreuses et des carpelles (3) dans l'ordre 3/8e ; les étamines externes qui avoisinent le sépale éperonné, se transforment en plus ou moins grand nombre (2 à 4) en staminodes nectarifères dissemblables : les postérieurs (parfois concrescents entre eux) conformés en longs cornets engagés dans l'éperon du périanthe, les latéraux, sans prolongements, et moins constants que les précédents. Chez les Aconits, le périanthe, à cinq pièces pétaloïdes, présente la forme d'un char romain ; les organes reproducteurs sont disposés comme chez les Delphinium, mais ici on trouve 5 à 8 staminodes, dissemblables : les supérieurs formés d'un long onglet, portant à son extrémité libre un nectaire sacciforme dont l'ouverture est tournée vers le bas ; les autres staminodes sont réduits à des languettes courtes et inégales ne portant pas de nectaires.

Les *Ancolies* (Aquilegia) ont des fleurs verticillées, se composant d'un calice coloré à cinq sépales, puis de nombreuses étamines disposées sur dix rangées rayonnantes, enfin de cinq carpelles. Les cinq étamines les plus externes se transforment en staminodes pétaloïdes, prolongés inférieurement en un éperon dont la terminaison est occupée par un nectaire ; les dix étamines les plus profondes se transforment aussi en des staminodes très petits, lamelliformes et dépourvus de nectaires. Les *Xanthorhiza* pourraient être décrits comme des Aquilegia appauvris ; ils n'ont que 5 ou 10 étamines, mais le nombre de leurs carpelles peut s'élever à dix ; de plus, leurs staminodes, non éperonnés, sont courts et réduits à la partie nectarifère.

Les *Pivoines* (Pæonia) ont généralement un calice à 5 divisions alternant avec des pétales en même nombre, disposés, les uns et les autres, en ordre quinconcial. Les étamines nombreuses et spiralées (8/21e) sont périgynes et séparées des carpelles (2-5) par un disque annulaire ; on voit fréquemment les plus extérieures devenir pétaloïdes et, par suite, les fleurs *doubler* plus ou moins. Quelques Pæonia ont un périanthe trimère (*P. Wittmanniana*).

Par les Pæonia, les Renonculacées se rapprochent des Rosacées ; par les Myosurus, des Magnoliacées ; par les Ranunculus aquatiques, des Alismacées. Elles ont les plus grandes affinités avec les Dilléniacées : ces dernières en diffèrent parce qu'elles sont toujours ligneuses, ont des sépales persistants et des graines pourvues d'un arille, ce qui ne s'observe pas chez les Renonculacées.

Magnoliacées

508. — Cette famille ne renferme que 9 genres et 70 espèces toutes ligneuses, ordinairement dressées, parfois grimpantes (Schizandrées), de l'Amérique boréale et de l'Asie tropicale et orientale, ayant des propriétés aromatiques et excitantes dues, à des huiles essentielles sécrétées par des glandes internes monocellulaires. Leurs feuilles sont alternes, entières, avec (Magnoliées) ou sans stipules (Illiciées et Schizandrées). Les fleurs, hermaphrodites (Magnoliées), polygames (certaines Illiciées) ou diclines (Schizandrées), sont ordinairement solitaires, rarement en cymes unipares contractées en glomérules, parfois très odorantes (Magnolia). Le réceptacle plus ou moins convexe, parfois fort allongé (Magnoliées), supporte un périanthe double, plus souvent trimère que pentamère, dont les verticilles se répètent deux ou plusieurs fois, particulièrement les verticilles de la corolle dont les membres changent de forme au fur et à mesure qu'ils s'éloignent du calice. Etamines spiralées, indéfinies. Carpelles indépendants, tantôt en petit nombre et verticillés (Illiciées), tantôt nombreux et spiralés (Magnoliées et Schizandrées), renfermant tantôt un seul ovule anatrope (Illicium), tantôt deux (Magnolia, etc.), tantôt plusieurs. Le fruit est rarement charnu (baie : Drymis et Schizandrées), le plus souvent sec, presque ligneux et s'ouvrant en follicules (Illicium, Magnoliées). Les graines présentent fréquemment un testa charnu et un tegmen coriace, recouvrant un albumen huileux et volumineux, et un embryon minime. Chez certains Magnolias, la graine reste pendant quelque temps suspendue au placenta par les trachées du funicule qui déroulent peu à peu leur épaississement spiralé en un fil extensible.

On divise les Magnoliacées en trois tribus :

Fleurs
- hermaphrodites, parfois polygames dioïques. Carpelles verticillés. Végétaux dressés. Stipules nulles : *Illiciées* (Drimys et Illicium).
- hermaphrodites. Carpelles en têtes ou en épis. Des stipules. Végétaux dressés : *Magnoliées* (Magnolia, Liriodendron, Michelia, etc.)
- diclines. Carpelles en têtes ou en épis. Stipules nulles. Végétaux grimpants : *Schizandrées* (Schizandra, Kadsura).

Les Magnoliacées sont voisines des Anonacées, qui s'en distinguent par leur albumen ruminé, et des Dilléniacées dont elles n'ont point les graines arillées.

Berbéridacées

509. — Les Berbéridacées, qui comprennent une centaine d'espèces réparties entre seize genres, sont des herbes (Podophyllum, Epimedium), ou des arbrisseaux dressés (Berberis, Mahonia) ou grimpants (Lardizabalées), habitant les régions tempérées de l'hémisphère boréal et de l'Amérique australe. Leurs feuilles sont souvent composées et sans stipules. Les fleurs hermaphrodites (Berbéridées), ou diclines et encore polygames (Lardizabalées), ont le plus souvent 2-3 sépales pétaloïdes, 4-6 pétales sur deux rangs et autant d'étamines opposées aux sépales et aux pétales. Anthères à déhiscence longitudinale ou s'ouvrant par deux valvules latérales (Berberis, Mahonia). Trois carpelles dans les genres polygames, un seul dans les hermaphrodites. Ovules souvent nombreux et anatropes. Fruit baccien ordinairement, rarement capsulaire (Epimedium). Albumen corné. Embryon petit.

Deux tribus: *Lardizabalées* et *Berbéridées*, dont nous avons donné les traits distinctifs.

Le seul représentant indigène de cette famille est le *Berberis vulgaris* (Epine-vinette), arbuste de 1-2 m., à feuilles simples, alternes et fasciculées, dont quelques-unes se transforment en épines. Fleurs jaunes, hermaphrodites, en grappes pendantes. Deux bractées sous chaque fleur, composée d'un périanthe à 4 verticilles ternaires alternants. Deux séries de 3 étamines à filets irritables et mobiles. Anthères s'ouvrant par deux valvules qui se soulèvent de bas en haut. Le gynécée monocarpellé présente un placenta basilaire sur lequel se dressent 2-3 ovules anatropes. Le fruit est une baie rouge, très acide.

Nymphæacées

510. — Végétaux herbacés aquatiques des eaux douces, ordinairement vivaces, parfois annuels (*Victoria regia*), fixés dans la vase par un rhizome rampant ou tubéreux, parfois très volumineux et gorgé de fécule, d'où partent, d'un côté de nombreuses racines, de l'autre, des feuilles alternes, qui peuvent être en partie nageantes et en partie submergées, ou toutes flottantes, ou en partie émergées (Nelumbium). Ils se partagent entre huit genres, comprenant une trentaine d'espèces, qu'on trouve dans toutes les régions du globe, mais on rencontre peu d'espèces différentes dans le même point.

Ils ont des laticifères. Leurs feuilles, ordinairement simples et peltées ou cordiformes à la base, perdent, chez les Cabomba, leur parenchyme, lorsqu'elles sont immergées. Le pétiole, plus ou moins cylindrique, s'allonge démesurément chez les sujets vivant en eau profonde lorsqu'il lui faut amener le limbe à la surface. Il est hérissé, ainsi que le limbe, d'aiguillons vulnérants chez l'*Euryale ferox* et la *Victoria regia*. Les fleurs, hermaphrodites et actinomorphes, sont assez diversement constituées, mais généralement solitaires à l'aisselle des feuilles : elles sont le plus souvent remarquables par leur ampleur (celles de la *Victoria regia* peuvent atteindre 30 cm.), le nombre et la coloration vive des pétales (Nymphæa, Nelumbium). Les fleurs les plus simples s'observent chez les Cabombées : là, elles sont trimères avec, parfois, division latérale en deux des étamines ; elles présentent donc 3 sépales, 3 pétales, 3-6 étamines nettement hypogynes et sur un cercle, enfin 3 carpelles indépendants portant quelques ovules sur leurs parois ovariennes. Les fruits sont coriaces, indéhiscents. Les graines renferment un embryon petit entouré d'un albumen charnu minime, accompagné lui-même d'un périsperme farineux puissant.

Chez les Nélumbiées, on trouve dans les fleurs, hautement émergées, 4-5 sépales, des pétales et des étamines en nombre indéfini et hypogynes, puis le réceptacle se termine par une masse charnue en cône renversé, creusée, dans sa partie supérieure élargie, d'alvéoles, dans lesquelles se logent des carpelles isolés, biovulés, mais produisant des achaines qui ne renferment qu'un embryon à gemmule considérable, sans trace d'albumen ou de périsperme.

Enfin, chez les Nymphæées, on observe tantôt l'épi-, tantôt la péri- ou l'hypogynie. Chez toutes le calice ne présente que 4 ou 5 sépales, mais les pétales et les étamines sont nombreux, indéfinis, placés sur une même spire, avec des mutations de forme qui amènent insensiblement le passage d'un verticille à l'autre. Les carpelles, nombreux, sont soudés intimement entre eux, formant un ovaire unique, charnu, pluriloculaire, portant sur les cloisons de nombreux ovules anatropes. Les styles se contournent au-dessus de l'ovaire en se déjetant vers l'intérieur; ils portent les stigmates à leur face inférieure. Le fruit est une grosse baie mûrissant ordinairement sous l'eau et contenant de nombreuses graines à embryon minime, accompagné d'un albumen et d'un périsperme. Cet ovaire est nettement supère chez les Nuphar; chez les Nymphæa, le périanthe et les étamines font corps avec l'ovaire jusqu'aux trois quarts supérieurs de sa hauteur; chez Euryale et Victoria, ceux-ci ne se détachent que du sommet de l'ovaire, qui est là franchement infère. Barclaya présenterait un cas particulier: ses pétales hypogynes seraient libres; en se soudant par leurs parties inférieures, la corolle et l'androcée formeraient un tube qui cacherait l'ovaire en son intérieur; ce serait donc de la périgynie.

On divise cette famille en trois tribus: les *Cabombées* (Cabomba et Brasenia), les *Nelumbiées* (Nelumbium) et les *Nymphæées* (Nuphar, Nymphæa, Barclaya, Euryale, Victoria), que nous avons suffisamment définies pour n'avoir point besoin d'y revenir.

Par les Cabombées, ces végétaux se rapprochent des Berbéridacées (Podophyllum) et des Renonculacées; par les Nuphar, des Papaver et des Sarracéniacées. Ces dernières ont même été parfois réunies aux Nymphæacées; elles en diffèrent par leurs pétales définis au nombre de cinq; par leur ovaire libre, 3-5-loculaire, à placentation axile; enfin, par le manque d'un périsperme.

PAPAVÉRALES (*Pariétales*)

511. — Étamines définies ou indéfinies. Gynécée le plus souvent à deux carpelles, mais pouvant en présenter 1-4-5 ou un nombre indéterminé; ces carpelles étalés, réunis par leurs bords, produisent un ovaire uniloculaire à placentas nerviformes ou proéminents plus ou moins dans la loge (*placentation pariétale*); mais, parfois, la cavité est divisée par de fausses cloisons passant par le centre et s'appuyant par leurs bords sur les placentas, ou bien encore par la rencontre, au centre, des placentas lorsque la cavité est étroite. Ovules en nombre indéfini ordinairement, horizontaux ou pendants, rarement solitaires. On les divise en *Sarracéniacées* et *Papavéracées*, qui possèdent un embryon menu à la base d'un albumen charnu, *Brassicacées* (Crucifères), *Capparidacées* et *Résédacées* chez lesquelles l'embryon, courbe et volumineux, n'est point joint à un albumen, enfin les *Cistacées*, *Violacées*, *Canellacées* et *Bixacées* qui ont, en même temps qu'un embryon volumineux, un albumen charnu.

Papavéracées

512. — Ces végétaux sont ordinairement des herbes annuelles ou vivaces, rarement des sous-arbrisseaux (Bocconia), dont quelques membres sont remarquables par l'abondance d'un latex vivement coloré de blanc (Papaver), de jaune (Chelidonium) ou de rouge (Sanguinaria). Ils forment deux sous-familles : les *Papavérées* et les *Fumariées*, renfermant 160 espèces, groupées en 24 genres, et, à peu d'exceptions près, habitant les régions tempérées et subtropicales de l'hémisphère boréal.

Leurs feuilles sont alternes, parfois opposées soit à la base, soit au sommet, au voisinage des inflorescences, entières ou découpées, sans stipules. Les fleurs sont hermaphrodites et actinomorphes chez les Papavérées, zygomorphes chez les Fumariées, parfois solitaires, parfois groupées en cymes ombelliformes ou allongées, latérales ou terminales. Calice à 2, rarement 3 (Platystemon, Argemone) sépales fugaces, libres ou concrescents (Escholtzia). Corolle à 4-6 pétales sur deux rangs, qui sont ou bien conformes, imbriqués, chiffonnés chez les Papavérées, ou bien dissemblables chez les Fumariées ; elle manque chez les Bocconia. Etamines extrorses en nombre indéfini et libres chez les Papavérées, définies chez les Fumariées et alors tantôt 6, diadelphes, chaque masse formée d'une étamine médiane biloculaire et de deux étamines latérales uniloculaires, tantôt 4 étamines seulement oppositipétales (Hypecoum). Gynécée ordinairement bicarpellé, rarement 3-multicarpellé (Papaver), à carpelles concrescents, sauf chez les Platystemon. Ovaire uniloculaire à placentation pariétale, mais avec des placentas longuement proéminents dans la cavité chez les Papaver ; ils peuvent même, en se rejoignant au centre, diviser la cavité en plusieurs loges ; le même résultat peut être obtenu par la production de fausses cloisons. Ovules anatropes généralement nombreux (Exc. : Fumaria, Bocconia). Stigmates sessiles ou presque, en même nombre que les placentas, tantôt distincts et divergents, alternant avec les placentas, tantôt bifides, mais confluents entre eux en un organisme pelté surmontant l'ovaire et formant par l'union, deux à deux, des lobes voisins, des stigmates contigus, des lames stigmatiques superposées aux placentas. Fruit sec, ordinairement siliquiforme, ou à déhiscence poricide (Papaver), indéhiscent dans les espèces à ovaire uniovulé (Fumaria, Boccônia), lomentacé chez Hypecoum. Graines à embryon minime et à albumen charnu-huileux.

Résumant : les *Papavérées* sont caractérisées par des étamines nombreuses, des pétales semblables et la présence de laticifères (Exc. : Escholtzia) : Papaver, Platystemon, Argemone, Meconopsis, Bocconia, Glaucium, Rœmeria, Chelidonium ; les *Fumariées*, par des étamines en nombre défini, diadelphes le plus souvent, des pétales dissemblables et l'absence de latex (Fumaria, Corydalis, Hypecoum, Dielytra).

Les Papavéracées ont surtout des affinités avec les Crucifères, mais celles-ci se distinguent nettement par leur androcée tétradyname et leurs embryons fortement contournés et dépourvus d'albumen.

Brassicacées (*Crucifères*)

513. — Famille monotype, renfermant 175 genres et 1.200 espèces, répandues dans les régions tempérées (particulièrement dans le midi de l'Europe et l'Asie mineure) et froides, remontant jusqu'à la limite des neiges (*Thlaspi rotundifolium*). Les Capparidacées la remplacent dans les pays chauds.

Les Crucifères sont des végétaux herbacés annuels, bisannuels ou vivaces, exceptionnellement sous-frutescents (quelques Vella), produisant par le mélange et la réaction du contenu de cellules distinctes, à la suite d'écrasement, des essences sulfurées du genre de celles de Moutarde, de Raifort et de Radis, etc. Par la culture, le *Brassica sylvestris*, bisannuel, a été amené à donner des variétés se distinguant par le siège du dépôt des réserves nécessaires à l'édification de la tige florale, et qui est tantôt la base de la tige (Chou rave), tantôt le bourgeon terminal (Chou cabus ou pommé), tantôt les bourgeons latéraux (Chou de Bruxelles), tantôt enfin l'inflorescence (Chou fleur ou Brocoli). Les Dentaria les placent dans leur rhizome.

Feuilles ordinairement alternes, simples, entières ou plus ou moins découpées, se modifiant souvent profondément sur le parcours du végétal. Stipules rudimentaires dans le bourgeon, mais ne se développant pas. Inflorescence centripète, ordinairement en grappe, en épi ou en corymbe, ayant souvent à l'origine l'apparence d'une ombelle, mais se modifiant toujours pendant le développement des fleurs. Les fleurs, toujours dépourvues de bractées, sont ordinairement hermaphrodites et à verticilles actinomorphes, mais la corolle devient parfois zygomorphe, ayant deux pétales plus amples (Iberis, Teesdelia). D'après certains auteurs, cette fleur serait tétramère avec répétition des verticilles staminaux, mais, l'un de ceux-ci perdant deux de ses membres, l'androcée se trouve réduit à six étamines ; le gynécée, également en partie avorté, aurait deux carpelles fertiles et deux stériles. Fleurs dimères, disent les autres, avec répétition des trois premiers verticilles et division en deux des étamines du rang interne. Des faits plaident pour les deux hypothèses, sur lesquelles nous n'insisterons pas, nous contentant d'exposer la structure de la fleur telle que chacun peut l'observer.

Calice vert à quatre sépales, à préfloraison alternative, disposés sur deux rangs, assez souvent dissemblables, caducs (exc. : *Alyssum calicinum* et *Vesicaria vestita*, où ils sont persistants). Corolle (*cruciforme*) à quatre pétales longuement onguiculés, disposés en croix, alternant avec les pièces du calice, ordinairement semblables. Androcée à six étamines dont quatre grandes internes, opposées aux placentas, rapprochées deux à deux, et deux petites latérales, insérées plus bas (*Tétradynamie*, de Linné). Chez *Lunaria biennis* et les Vella, les grandes étamines sont soudées par leurs filets jusqu'à proximité des anthères ; elles sont remplacées par une étamine unique chez quelques Lepidium et Senebiera : c'est surtout sur l'interprétation de ces faits que sont fondées les hypothèses sur la constitution de la fleur des Crucifères, que nous avons relatées. On attribue les 16 étamines des Megacarpæa au dédoublement des étamines apparues en nombre typique. Le gynécée supère, d'abord uniloculaire, à deux placentas pariétaux, devient biloculaire par production d'une fausse cloison allant d'un placenta à l'autre. Le gynécée montre manifestement quatre carpelles fertiles chez certains Draba et le *Tetrapoma barbareæfolia*. Les ovules sont toujours campulitropes, plus ou moins nombreux sur chaque placenta, parfois réduits à l'unité pour le gynécée complet (Isatis, Bunias, etc.). Le style est court; le stigmate bilobé et les lobes voisins, s'accolant deux à deux, se superposent aux placentas. Un disque glanduleux, formé de nectaires isolés et en nombre variable ou réunis en un bourrelet, et très diversement disposé, s'observe souvent entre le périanthe et le gynécée. Le fruit est tantôt déhiscent, tantôt indéhiscent. Dans le second cas, le fruit monosperme est une sorte d'achaine (*Crucifères nucamentacées*). Lorsque le fruit laisse échapper ses graines, c'est tantôt une silique ou une silicule (p. 283-5), tantôt un fruit ruptile transversalement ou lomentacé. On distingue deux variétés de silicules selon que les placentas sont réunis par une large cloison (silicules latiseptées) ou par une cloison étroite (silicules angustiseptées). Dans les fruits lomentacés, non seulement on observe un étranglement entre les graines, mais encore celles-ci sont séparées intérieurement par un tissu spongieux (Radis) Il est aussi une variété de

Crucifères ou Brassicacées	Cotylédons accombants O = *Pleurorhizées*	Cotylédons incombants. plans O || *Notorhizées*	condupliqués O » *Orthoplocées*	spiralés O || || *Spirolobées*	2 fois pliés O || || || *Diplécolobées*
Siliqueuses	**Arabidées** g. Arabis, Mathiola, Cheiranthus, Nasturtium, Cardamine, etc., etc.	**Sisymbriées** Hesperis, Sisymbrium, Alliaria, etc.	**Brassicées** Brassica, Sinapis, Diplotaxis, Eruca.	×	**Héliophilées** Chamira, Heliophila.
Siliculeuses latiseptées	**Alyssinées** g. Lunaria, Alyssum, Draba, etc.	**Camélinées** Camelina, etc.	**Vellées** Vella, etc.	×	**Subulariées** Subularia, etc.
Siliculeuses angustiseptées	**Thlaspidées** g. Thlaspi, Capsella, Iberis, Biscutella, etc., etc.	**Lépidiées** Lepidium, Aethionema, Senebiera.	**Psychinées** Psychine.	×	**Brachycarpées** Brachycarpæa.
Nucamentacées	**Euclidiées** g. Euclidium, etc.	**Isatidées** Isatis, Myagrum, etc.	**Zillées** Zilla, Calepina, etc.	**Buniadées** Bunias.	×
Septulatées	**Anastaticées** g. Anastatica.	×	×	×	×
Lomentacées	**Cakilinées** g. Rapistrum, Cakile.	**Anchoniées** Anchonium.	**Raphanées** Crambe, Raphanus.	**Erucariées** Erucaria.	×

silicules à cavité partagée (Crucifères septulatées) dans laquelle les graines sont séparées les unes des autres par des cloisons minces s'attachant aux valves (*Anastatica hierochontica*, Rose de Jéricho).

La graine est réduite à un embryon courbe, huileux, à cotylédons plus ou moins larges entre lesquels se replie la radicule (cotylédons accombants, **o** =, embryon *pleurorhizé*), ou sur le dos de l'un desquels elle se place (cotylédons incombants) ; dans la seconde alternative, plusieurs cas se présentent : ou bien les cotylédons sont plans (**o** ||) et l'embryon est *notorhizé*, ou bien ils sont repliés en gouttières, condupliqués, (**o** »), ou bien encore pliés deux fois transversalement sur eux-mêmes (**o** || || ||), ou bien, enfin, roulés en spirale comme un ressort de montre (**o** || ||).

De Candolle, en se fondant tout à la fois sur la forme du fruit et sur celle de l'embryon, a donné la classification suivante des Brassicacées, classification qu'on a voulu simplifier, mais qui sert de base à toutes les divisions que l'on a tentées plus récemment (voir page 548).

Nous avons signalé la parenté des Crucifères avec les Papavéracées-Fumariées. On regarde les Capparidacées comme beaucoup plus proches encore, mais si celles-ci sont parfois herbacées et à fruit siliquiforme (Cléomées), elles sont le plus souvent ligneuses, n'ont jamais d'étamines tétradynames et leur fruit est fréquemment charnu.

Violacées

514. — Cette famille se compose de 18 genres renfermant 250 espèces (dont 100 Viola, 40 Ionidium et autant d'Alsodeia) tantôt herbacées et alors plutôt réparties dans les régions tempérées, tantôt ligneuses arborescentes ou suffrutescentes, et habitant les parties chaudes du globe. Leurs feuilles sont ordinairement alternes, rarement opposées, simples, presqu'entières, munies de stipules membraneuses et persistantes dans les herbes, souvent écailleuses et caduques dans les arbres. Les fleurs sont ordinairement hermaphrodites, pentamères avec un gynécée réduit à trois carpelles, actinomorphes chez les Sauvagésiées, plus ou moins zygomorphes chez les autres, accompagnées de bractées. Inflorescence tantôt solitaire (Viola), tantôt en cymes ou en grappes ou épis axillaires ou terminaux. Sépales persistants, parfois appendiculés (Viola), plus ou moins semblables. Pétales semblables ou non, libres ou cohérents en tube à la base (Paypayrolées), l'inférieur éperonné chez Viola. Étamines oppositisépales, hypogynes ou périgynes, à filets courts et à anthères introrses, conniventes ou soudées (Viola), à connectif souvent appendiculé et même de diverses façons (Viola, où, en plus d'appendices terminaux qui se trouvent chez toutes, les deux étamines opposées à l'éperon portent un appendice qui s'engage dans celui-ci). Chez les Sauvagésiées, on observe entre le périanthe et les étamines fertiles de nombreux staminodes, tous semblables ou dimorphes, en cinq ou dix groupes, libres ou coalescents. Gynécée à trois carpelles concrescents en un ovaire uniloculaire, à trois placentas pariétaux portant des ovules anatropes, ordinairement nombreux. Style unique et stigmate unique (contourné dans les Viola), rarement trilobé. Fruit, capsule loculicide parfois élastique (Violées, Paypayrolées), ou septicide (Sauvagésiées) : baie chez la plupart des Alsodeiées (les Alsodeia, qui ont des capsules loculicides, forment l'exception). Graine à albumen charnu, copieux, et à embryon droit.

On divise cette famille en deux sous-familles : les Sauvagésiées et les Violées ; cette dernière est susceptible de subdivision en trois tribus :

Des staminodes	filiformes ou pétaloïdes, libres ou soudés en tube ; fl. régul.: capsule septicide :		**Sauvagésiées.**
Point de staminodes: **Violées.** Fleurs	presque régulières. Pétales	soudés par leur onglet. Capsules coriaces loculicides. . .	*Paypayrolées.*
		libres. Baie, rarement fruit capsulaire	*Alsodéiées.*
	nettement zygomorphes. Capsule loculicide.		*Ionidiées* (Ionidium, Viola).

Les Violacées ont des affinités avec les Cistacées, les Bixacées, les Frankéniacées et les Droséracées. Les Cistacées ont des fleurs régulières, un ovaire à cavité souvent divisée, des ovules orthotropes, des étamines nombreuses et des feuilles opposées. Les Bixacées ont un androcée multistaminé et des fleurs actinomorphes. Les Frankéniacées se distinguent par des feuilles opposées, sans stipules, un calice longuement tubuleux, des anthères extrorses et des ovules ascendants. Les Droséracées (auxquelles appartiennent les genres Drosera et Parnassia, qui ont des représentants dans notre région) s'en éloignent par leurs anthères extrorses, non appendiculées, par leurs styles distincts, leurs feuilles non stipulées et leur embryon minime et basilaire.

POLYGALALES

515. — Végétaux à fleurs régulières (*Pittosporacées* et *Trémandracées*) ou irrégulières (*Polygalacées* et *Vochysiacées*), présentant cinq sépales, rarement 4 ou 3 ; cinq pétales, rarement 4 ou 3 ; un androcée iso-diplo-polystémone, *un gynécée bi-tricarpellé avec un ovaire pluriloculaire*, à loges parfois en partie confondues, renfermant des ovules nombreux horizontaux ou solitaires et pendants. Albumen charnu. La classe ne comprend que les quatre familles citées.

Polygalacées

516. — Les Polygalacées sont des herbes ou des arbrisseaux, à feuilles le plus souvent alternes et indivises, sans stipules. Leurs fleurs irrégulières, rappelant parfois à première vue et quant à l'aspect général seulement, celles des Papilionacées, présentent 5 sépales dont deux plus développés que les autres, 3 à 5 pétales, des étamines généralement indéfinies, monadelphes, rarement au nombre de 4 ou 5, un ovaire biloculaire à ovules généralement solitaires, anatropes et pendants. Fruit capsulaire ou indéhiscent, renfermant des graines à embryon droit, accompagné, ou non, d'un albumen charnu.

Cette famille, qui renferme 15 genres et environ 400 espèces réparties entre les régions chaudes et tempérées du globe, n'est cependant représentée en France que par une douzaine de Polygala, la plupart relativement rares, un seul étant très fréquent, le *Polygala vulgaris*.

Le Polygala vulgaire est une plante polymorphe, ordinairement gazonnante, vivace, à feuilles inférieures elliptiques-oblongues, les supérieures étant lancéolées linéaires. Ses fleurs bleues ou roses, plus rarement blanc-verdâtre, sont fort irrégulières, disposées en grappes, et à l'aisselle de trois bractées caduques. Le calice, persistant, a cinq pétales inégaux : les deux antérieurs et le postérieur petits, ordinairement herbacés, les latéraux (*ailes*) très grands, pétaloïdes. Corolle à cinq pétales, réduits souvent à trois par avortement des deux latéraux; l'antérieur (*carène*) plus grand, creusé en casque, renfermant les organes reproducteurs, est orné au sommet d'une crête ordinairement frangée ou dentelée. L'androcée, plus ou moins uni à la corolle, ne comprend que huit étamines (par avortement de deux membres) soudées par leurs filets en un tube fendu du côté postérieur. Les anthères sont uniloculaires et s'ouvrent au sommet par un pore. Ovaire bicarpellé, comprimé, à angle droit avec les ailes, biloculaire ; les loges uniovulées. Capsule loculicide renfermant deux graines présentant au hile une caroncule bi-trilobée, un embryon droit et un albumen charnu peu abondant.

DIANTHALES (*Caryophyllinées*, Benth. et Hook.)

517. — Les Dianthales se composent de quatre familles: les *Dianthacées ou Caryophyllées*, les *Frankéniacées*, les *Portulacées* et les *Tamaricacées*, ayant comme trait d'union un *placenta central libre*, qui peut cependant faire défaut à certains membres du groupe ; ceux-ci tirent alors leurs affinités de l'ensemble des autres caractères communs. C'est ainsi que les Frankéniacées, qui ne comprennent que le seul genre Frankenia, peuvent être définies des Caryophyllées à placentation pariétale ; quelques Tamaricacées ont des placentas subpariétaux et un ovaire presque pluriloculaire. D'après plusieurs auteurs, les Dianthacées auraient à l'origine un ovaire pluriloculaire et une placentation axile ; leur placenta central serait consécutif à la résorption hâtive des cloisons des loges. Ces réserves faites, les Dianthales peuvent être décrites comme des plantes à fleurs 5-4 mères, iso-diplostémones ou à étamines indéfinies (Portulacées), à ovaire uniloculaire et à placentation centrale, ou imparfaitement divisé par des cloisons incomplètes et alors à placentation pariétale (Frankeniacées, quelques Tamaricacées), à ovules courbes (anatropes, chez les Tamaricacées), à embryon également courbe (à part quelques exceptions) accompagnant un albumen farineux. On ne trouve généralement que deux sépales chez les Portulacées. Les Dianthacées réalisent, plus que les autres familles, le type Dianthale.

Dianthacées (*Caryophyllées*, Auct.)

518. — Cette famille est très naturelle. Elle est formée de 35 genres environ et de 800 à 1.000 espèces, disséminées surtout dans les régions tempérées et froides de l'hémisphère boréal, où elles remontent très haut ; quelques-unes sont alpines. Ce sont des herbes annuelles ou vivaces, très rarement des arbrisseaux (Sphærocoma), à tige articulée, à feuilles opposées, entières, rarement stipulées (Polycarpæa et Spergularia). Inflorescence ordinairement centrifuge, en cyme bipare, mais fréquemment altérée et devenant unipare par l'avortement assez rapide de l'une des branches opposées de l'inflorescence, bipare à son origine. Cette inflorescence raccourcie prend la forme d'une ombelle chez l'*Holosteum umbellatum*, végétal commun au printemps dans nos campagnes.

Fleurs actinomorphes, parfois entourées d'un involucre calyculé (Dianthus), ordinairement hermaphrodites (Ex. : *Lychnis dioica*), pentamères, rarement tétramères (Mœhrengia, Buffonia, certains Sagina), diplostémones ou isostémones (Polycarpæées). Calice à 4-5 pièces, gamosépale (Silénées) ou dialysépale (Alsinées et Polycarpæées). Corolle à 4-5 pétales libres, staminifères, munis d'un long onglet chez les Silénées (*corolle caryophyllée*), ou n'ayant qu'un onglet court (Alsinées), ou enfin scarrieux ou manquant (certaines Polycarpæées). Chez plusieurs Silénées (Lychnis, Saponaria, Dianthus, Silene), les pétales portent des appendices squamiformes à la gorge (*coronule*). Androcée généralement diplostémone, sauf chez les Polycarpæées où il est isostémone. Gynécée supère à 5 (Lychnis, Cerastium), 3 (Silene, Stellaria) ou 2 carpelles (Dianthus, Saponaria), fermés, concrescents en un ovaire primitivement pluriloculaire à placentation axile, devenant uniloculaire et à placentation centrale par destruction hâtive des cloisons. Ovules ordinairement nombreux et campulitropes. Styles distincts, concrescents chez les Polycarpæées. Fruit capsulaire en général, s'ouvrant au sommet par des fentes longitudinales plus ou moins profondes (déhiscence denticide) correspondant soit aux nervures, soit aux sutures seules des carpelles, soit aux deux à la fois ; fruit rarement bacciforme (Cucubalus). L'embryon est plus ou moins arqué, périphérique, entourant un albumen farineux, quelquefois charnu.

Les Dianthacées seraient étroitement unies aux Chénopodiales (notamment aux Chénopodiacées et aux Paronychiacées) par l'intermédiaire des Polycarpæées, qui sont parfois apétales (voir p. 528). Les Paronychiacées (Herniaria, Scleranthus, Illecebrum, Paronychia) se distinguent surtout de ces dernières par leur ovaire uniloculaire et uniovulé et leur fruit monosperme, enfermé dans le tube du calice endurci et fermé.

On divise les Dianthacées en trois tribus, d'après les caractères suivants :

Calice
- gamosépale, tubuleux. Corolle caryophyllée : *Silénées* (Silene, Lychnis, Saponaria, Cucubalus, Tunica, Gypsophila).
- dialysépale. Pétales à onglet court. Styles
  - libres. Androcée diplostémone : *Alsinées* (Cerastium, Sagina, Stellaria, Holosteum, Arenaria, Spergula, Spergularia, etc.).
  - concrescents. Androcée isostémone : *Polycarpæées* (Polycarpæa, Polycarpon, etc.).

CLUSIALES (*Guttiférales*)

519. — Végétaux à fleurs régulières, hermaphrodites le plus souvent (sauf les Clusiacées et quelques Camelliacées). Sépales 4-5, *imbriqués*, plus rarement 2-6-indéfinis. Pétales ordinairement isomères et *contournés*. Etamines *indéfinies*, polyadelphes bien souvent. Ovaire 3-multiloculaire à placentation axile. Embryon droit. Sept familles : *Elatinacées, Hypéricacées, Clusiacées, Camelliacées, Diptérocarpacées* et *Leptolænacées* (pour *Chlænacées*, le genre Chlæn... n'existant pas).

520. Hypéricacées. — Plantes des régions chaudes et tempérées du globe, comprenant 8 genres et 210 espèces dont 160 Hypericum. Elles affectent tous les ports : ce sont des végétaux ligneux, ou des herbes vivaces et alors quelquefois très petites, à rameaux parfois tétragones, à feuilles entières, sans stipules, opposées, plus rarement verticillées, ponctuées de glandes schizogènes productrices d'oléo-résines. Fleurs hermaphrodites en cymes trichotomes ou en panicules et à périanthe généralement pentamère. Etamines indéfinies, 3-5 adelphes, alternant parfois avec des écailles hypogynes nectarifères. Gynécée à 3-5 carpelles ; pluriloculaire à placentation axile, ou uniloculaire et à placentation pariétale par insuffisance des cloisons ; ovules anatropes nombreux. Styles filiformes. Fruit capsulaire loculicide ou septicide, rarement baccien. Graine à embryon ordinairement droit, sans albumen.

Nous trouvons en France des Hypericacées appartenant aux trois genres Hyperium, Androsæmum et Elodes, dont la constitution répond à la description précédente avec ces points particuliers : que les

Androsæmum sont des arbustes à étamines pentadelphes et ayant un fruit baccien ou capsulaire, tandis que les Hypericum sont des herbes à étamines triadelphes et à fruit capsulaire. Quant aux Elodes, herbes aquatiques dont les fleurs rappellent celles des Hypericum, elles s'en distinguent à ce qu'elles présentent, en alternance avec les faisceaux des étamines, trois nectaires pétaloïdes.

521.—Les **Clusiacées** sont des arbres pourvus de canaux sécréteurs à rameaux articulés, à feuilles coriaces, à fleurs unisexuées ou polygames, à stigmates peltés et à graines arillées, ce qui les éloigne des Hypéricacées dont elles ont les autres caractères. Les **Camelliacées** en sont proches parentes aussi, mais elles manquent d'appareil producteur de résine; elles ont des feuilles alternes et des inflorescences centripètes en épis ou en panicules, parfois uniflores, qu'on ne trouve pas dans les Hypéricacées. Le thé de la Chine est formé par les feuilles de certains Camellias que l'on a parfois distraits de ce genre pour en faire, sans raison suffisante, le genre Thea.

MALVALES

522. — Calice ordinairement à cinq sépales *valvaires*. Pétales en même nombre ou manquantes. Étamines *indéfinies*, libres (Tiliacées), monadelphes (Malvacées, une partie des Sterculiacées) ou polyadelphes (les autres Sterculiacées). Anthères uniloculaires (Malvacées) ou biloculaires (Sterculiacées, Tiliacées). Ovaire 3-multiloculaire, rarement 1-2 loculaire. Placentation axile.

Trois familles : *Malvacées*, *Sterculiacées*, *Tiliacées*.

Malvacées

523. — Les Malvacées forment le centre d'un groupe de végétaux à feuilles palmatinerves, simples ou composées. Elles comprennent 60 genres et 700 espèces environ qu'on rencontre dans toutes les parties du globe, les terres arctiques exceptées, et plus particulièrement dans les régions chaudes. Les deux Mauves sylvestre et à feuilles rondes se rencontrent fréquemment autour des habitations de nos cultivateurs.

On trouve parmi elles des herbes annuelles (Cotonnier herbacé, Malope), ou bisannuelles (Rose-trémière *Althæa rosea*), ou vivaces (Malva), des arbrisseaux (Hibiscus, Malvaviscus, Cotonnier en arbre), enfin des arbres (Bombacées, parmi lesquels figure l'*Adansonia digitata*, le Baobab, un des princes de la végétation). Leurs feuilles sont alternes, simples, entières ou palmatilobées, ou composées palmées (Adansoniées), stipulées. Les inflorescences, très diverses, parfois solitaires ou en grappes, en fascicules ou en panicules, sont formées par des fleurs ordinairement hermaphrodites, actinomorphes, accompagnées souvent d'un involucre caliculé, persistant, composé de 1-3 (Malva) 4-6-9 (Althæa) 10-∞ bractées. Calice à 5 sépales valvaires, coalescents et persistants. Corolle rotacée à cinq pétales contournés, chiffonnés, faisant corps entre eux par les onglets et avec la base de l'androcée. Androcée polystémone monadelphe, dont le tube formé par les filets se termine tantôt directement par les anthères (Malvées) qui se disposent parfois en faisceaux (Bombacées), tantôt par une lame, tronquée ou quinquedentée au sommet, portant extérieurement les anthères (Urénées et Hibiscées). D'après Duchartre, cet androcée résulterait du dédoublement répété dans les deux directions tangentielle et radiale de cinq étamines oppositipétales. Les anthères, uniloculaires, sont réniformes ordinairement et à déhiscence longitudinale. Le gynécée, formé typiquement de cinq carpelles, peut n'en posséder que 3 ou 2 et même qu'un seul, mais, chez les Malvées, ces cinq carpelles se multiplient par division, comme le font les étamines, et leur nombre peut s'élever à 20 et même à 30 ; ils se disposent alors, tantôt, pressés les uns contre les autres, en roue autour d'un axe central, dit *carpophore* ou *columelle*, tantôt indépendamment les uns des autres, sans ordre, en une masse globuleuse (Malopées). Peu nombreux, ils forment un ovaire pluriloculaire à loges pluriovulées (Hibiscées, Urenées) ; multipliés, ils ne contiennent plus qu'un ovule ou deux (Abutilées), rarement davantage. Les ovules sont ordinairement courbes, rarement anatropes. Les styles, soudés à la base en une colonne, se libèrent dans leur partie terminale. Le fruit est généralement sec ; il consiste en achaines chez les Malopées ; en coques à déhiscence septicide, les fruits se séparant de la columelle, chez les Eumalvées, Sidées, Abutilées et Urénées; en capsules loculicides dans les Hibiscées et les Bombacées. Graines réniformes, subglobuleuses, parfois couvertes de longs poils unicellulaires (Cotonniers, certaines Hibiscées), renfermant un embryon courbe, à cotylédons foliacés et plissés, enveloppant la radicule, plus rarement plans et charnus (certaines Bombacées). Albumen nul ou peu abondant, mucilagineux.

Cette famille est très voisine de celles des Sterculiacées et des Tiliacées, dont nous avons indiqué plus haut les caractères distinctifs essentiels.

On divise les Malvacées de la façon suivante :

- Colonne staminale portant les anthères
  - directement à son extrémité. Carpelles
    - en nombre indéfini. Loges pauciovulées. Achaines ou coques : **Malvées.** Ovules
      - solitaires. Carpelles
        - en tête . . . . . *Malopées* (1).
        - en roue. Ovule
          - pendant. Pas d'involucre . *Sidées* (2).
          - ascendant. Un involucre. *Eumalvées* (3).
      - 2 ou plusieurs. Carpelles en roue . . . . *Abutilées* (4).
    - 2-3-5 pluriovulés. Capsules loculicides ordinairement . . . . **Bombacées** (5).
  - latéralement, du côté extérieur. Styles
    - en nombre double des carpelles. Carpelles 5, se détachant de l'axe à la maturité . . . . **Urénées** (6).
    - en même nombre que les carpelles. Carpelles 3-5-10. Capsules loculicides. **Hibiscées** (7).

Tiliacées

524. — Les Tiliacées sont le plus souvent des végétaux ligneux comprenant 330 espèces, distribuées en 40 genres, vivant pour la plupart entre les Tropiques, manquant dans les contrées froides. Quelques unes habitent les régions tempérées des deux hémisphères. Parmi celles-ci sont les Tilleuls qui sont particuliers à l'hémisphère boréal et qui nous intéressent surtout par le Tilleul d'Europe et ses variétés à petites et à grandes feuilles, ainsi que par leur hybride, le Tilleul intermédiaire, tous habitants de nos forêts, et aussi par le Tilleul à feuilles argentées, originaire de la Hongrie, très répandu aujourd'hui dans nos parcs et sur nos places publiques.

Les Tilleuls sont des arbres de haute taille, à écorce tenace par ses fibres qui peuvent être filées, à bois blanc, mou et léger. Leurs feuilles simples, cordiformes, inéquilatérales, sont disposées en ordre distique et présentent deux stipules caduques. Leurs fleurs régulières, hermaphrodites, sont disposées en cymes 2-pluriflores, extra-axillaires, dont l'axe est soudé à une bractée oblongue-papyracée, membraneuse et réticulée. Calice à 5 sépales caducs, blanchâtres, comme les pétales, du reste, en même nombre que les sépales. Etamines indéfinies à filets libres ou plus ou moins soudés à la base et à anthères biloculaires. Gynécée à cinq carpelles soudés, formant un ovaire à 5 loges biovulées. Ovules anatropes fixés sur un placenta axile. Style simple. Stigmates en disque. Fruit indéhiscent (carcérule), nuciforme, à 5-10 cotes, uniloculaire, ne renfermant, par avortement, qu'une ou deux graines à embryon droit et à albumen charnu.

Le Tilleul argenté diffère du Tilleul d'Europe par la présence de cinq écailles pétaloïdes opposées aux pétales, placées devant les étamines, et qui, vraisemblablement, ne sont autre chose que des staminodes.

Série II. — DISCIFLORES

525. — Les végétaux de cette série sont caractérisés par un *réceptacle renflé en un disque charnu*, cupuliforme ou divisé

(1) Malope, Kitaibelia, Palava. (2) Sida et Anoda. (3) Althaea, Lavatera, Malva. (4) Abutilon, Modiola. (5) Adansonia, Bombax, Eriodendron. (6) Pavonia, Malvaviscus. (7) Hibiscus, Thespesia, Gossypium (Cotonnier).

en glandes distinctes, tantôt indépendant des membres de la fleur, tantôt reliant l'ovaire au calice, ou confluant avec l'ovaire seul, ou, plus rarement, avec le calice seul dont il recouvre la base. Sépales distincts ou soudés et formant alors un tube denté, parfois soudé à la base de l'ovaire. Pétales généralement en même nombre que les sépales, insérés sur le réceptacle ou sur la base du calice, autour du disque. Androcée iso- ou diplostémone le plus souvent, rarement meiostémone par avortement ; inséré autour, à l'intérieur ou au-dessus du disque. *Gynécée* syncarpellé, pluriloculaire et à placentation axile, ou apocarpé, *supère le plus souvent*, parfois plongé par la base dans le disque.

Quatre classes : Géraniales, Olacales, Célastrales et Sapindales, à la suite desquelles on place les deux familles anomales des Coriariacées et des Moringacées.

GÉRANIALES

526. — Le disque, presque toujours présent chez ces végétaux, est annulaire ou formé par des glandes alternant avec les pétales et en relation avec les étamines. Gynécée gamocarpellé, entier ou lobé, parfois presqu'apocarpé. Loges de l'ovaire ne renfermant le plus souvent que 1-2 ovules *pendants à raphé ventral*. Onze familles : *Linacées*, *Humiriacées*, *Malpighiacées*, *Zygophyllacées*, *Géraniacées*, *Rutacées*, *Simarubacées*, *Ochnacées*, *Burséracées*, *Méliacées*, *Chaillétiacées*.

Linacées

527. — Famille composée de 14 genres et de 150 espèces, dont 80 Linum et 50 Erythroxylon ; formée d'herbes, habitant les régions tempérées de l'hémisphère boréal, et d'arbrisseaux et d'arbres propres aux régions tropicales. Feuilles entières, alternes, rarement opposées, à stipules parfois fort réduites, pouvant manquer. Fleurs régulières, hermaphrodites, 5-mères ordinairement, rarement 4-mères, dans toutes leurs parties, avec répétition du verticille staminal dans quelques cas, le gynécée présentant seulement parfois une réduction dans le nombre de ses membres. Ovaire entier, contenant 2 ovules anatropes dans chaque loge, ovules parfois séparés par une fausse cloison (Linum). Le fruit est tantôt déhiscent, en coques le plus souvent, tantôt charnu. La graine renferme un embryon droit et un albumen charnu, qui manque rarement.

Cette famille n'est représentée en France que par les genres Linum (Lin) et Radiola, que certains botanistes confondent. Les Lins ont des fleurs pentamères dans toutes leurs parties ; chez le *Radiola linoides*, elles sont tétramères. Ce sont des herbes, quelquefois ligneuses à la base, à pétales contournés et fugaces, à androcée isomère dont les étamines sont soudées entre elles à la base et avec cinq glandes alternes, représentant le disque. Le fruit est une capsule globuleuse, déhiscente d'abord en autant de valves qu'il y a de carpelles ; plus tard, ces valves se fendent encore en deux, formant ainsi des coques monospermes. La graine a trois téguments dont l'externe produit du mucilage. L'embryon est huileux. L'albumen est ici très peu développé. Ce sont les fibres péricycliques du *Linum usitatissimum* qui fournissent le textile connu sous le nom de *Lin*.

On a rapproché ces végétaux des Malvacées et des Géraniacées, dont ils se distinguent à première vue par leurs feuilles entières, et des Caryophyllées dont ils n'ont pas, en règle générale, les feuilles opposées. Ils ont beaucoup d'affinités avec les Malpighiacées, mais celles-ci ont des feuilles opposées, des sépales portant le plus souvent deux glandes à l'extérieur, enfin des carpelles uniovulés.

Géraniacées

528. — Cette famille, telle qu'elle est comprise ici, renferme 20 genres et 750 espèces, dont 100 Geranium, 50 Erodium, 170 Pelargonium, 35 Tropæolum, 220 Oxalis et 135 Balsamina, répartis en huit tribus que beaucoup de botanistes regardent comme des familles ; c'est dire qu'elle est peu homogène et que les caractères communs à l'ensemble sont peu nombreux. Ce sont des herbes parfois volubiles ou des arbrisseaux, à feuilles opposées ou alternes, ordinairement stipulées, simples et à limbe découpé ou composées (Oxalidées), habitant les régions tempérées et subtropicales du globe, mais plus nombreuses dans l'Afrique du Sud ; dans les parties chaudes, elles sont toutes montagnardes. Les fleurs, hermaphrodites, actinomorphes ou zygomorphes, solitaires ou en cymes ou en grappes souvent ombelliformes, sont pentamères, avec redoublement de l'androcée dans quelques cas et réduction parfois du gynécée à 2 ou 3 carpelles. Dans les fleurs irrégulières, une partie de la corolle ou de l'androcée, ou des deux organes à la fois, avorte totalement ou subit un arrêt dans son développement (Pelargonium, Tropæolum, Balsamina). Le disque n'est représenté que par cinq glandes alternes avec les pétales ; il manque même dans plusieurs tribus. Les carpelles sont toujours bien distincts dans leur partie ovarienne, qui est surmontée tantôt par des styles libres, tantôt par un long rostre rigide, formé par l'union de ces organes et terminé par les stigmates indépendants (Géraniées, Pélargoniées, Rhyncotheca). Les loges sont 1-2 ou ∞-ovulées : uniovulées et ovule à micropyle infère chez les Limnanthées ; 2 ovules superposés (Geranium, Erodium, Pelargonium, etc.) ; 2-∞ (Oxalidées et Balsamina). Fruits divers : Coques (Tropæolées, Limnanthées) ; capsule septifrage, les carpelles demeurant attachés au rostre (Géraniées, Pélargoniées) ; capsule loculicide type (Vivianiées, Oxalis) ou dont les valves sont élastiques (Balsamina) ; enfin, baie (Averrhoa, etc.). L'albumen est peu puissant ou nul ; l'embryon ordinairement droit.

Le tableau suivant nous apprendra à distinguer les tribus admises, ou bien il nous fera connaître les affinités des Eugéraniacées avec les familles voisines, si nous voulons considérer les tribus décrites comme formant des familles distinctes.

- Fleurs irrégulières : sépale postérieur éperonné. Pas de glandes (Disque nul). Androcée
  - isostémone. Sépales colorés, les antérieurs petits ou nuls. Capsule loculicide à valves élastiques (Impatiens) ou baie . . . *Balsaminées* (Balsamina ou Impatiens).
  - diplostémone, mais en partie avorté. Etamines
    - 10, dont 3 sans anthères. Fruit rostré des Géraniées, mais à loges biovulées . *Pélargoniées.*
    - 8. Coques monospermes. Volubiles ou non. . . . *Tropæolées* (Tropæolum, Capucine).
- Fleurs régulières. Sépales
  - valvaires. Disque formé de 5 glandes alternipétales. Androcée diplostémone. Ovules
    - solitaires à micropyle infère. Coques monospermes. . . . . *Limnanthées.*
    - géminés. Capsule loculicide . . . . . . *Vivianiées.*
  - imbriqués. Glandes du disque
    - alternant avec les pétales. Androcée di- ou triplostémone. Fruits rostrés, à loges unispermes, se déjetant au dehors de l'axe avec élasticité . . . . . *Géraniées* (Geranium, Erodium).
    - absentes. Ovules 2-∞. Stigmates
      - ligulés. Feuilles simples. Capsules ordinairement loculicides. . . . . . . *Wendtiées.*
      - capités. Feuilles composées. Capsule loculicide ou baie (Averrhoa) . . . . *Oxalidées.*

Parmi les Géraniées, les Geranium et les Erodium ont seuls des représentants indigènes : les Geranium ont dix étamines fertiles, les Erodium cinq seulement, auxquelles s'ajoutent cinq filets dépourvus d'anthères. Les prolongements des carpelles en rostres ont fait appeler par quelques auteurs les Géraniées et les Pélargoniées, réunies en une famille, les *Gruinales,* les becs de grues : Geranium vient de γερανιος, grue ; Erodium, de ερωδιος, héron ; Pelargonium, de πελαργος, cigogne. Nous pouvons rencontrer aussi dans nos herborisations divers Oxalis et l'*Impatiens nolitangere.*

Rutacées

529. — Il en est de la famille des Rutacées, telle que la comprennent Bentham et Hooker, comme de la famille des Géraniacées : elle ne renferme pas moins de sept tribus qui sont regardées pour la plupart, par plusieurs auteurs, comme autant de familles; de ce nombre sont notamment les Rutées, Diosmées, Zanthoxylées et Aurantiées. Nous nous limiterons aux traits caractéristiques de ce vaste groupe.

Les Rutacées comprennent 83 genres dont trois seulement

ont des représentants en France et, encore, dans le midi presque exclusivement ; deux, Ruta et Dictamnus, s'y rencontrent à l'état spontané, le troisième, Citrus, n'y est qu'à l'état cultivé. Presque toutes sont des arbrisseaux ou des arbres, rarement des herbes ligneuses à la base, renfermant des glandes schizogènes. productrices d'huiles essentielles. Elles habitent les régions tempérées et chaudes du globe, particulièrement de l'Australie et de l'Afrique tropicale. Feuilles très rarement stipulées, simples ou composées-pennées. Fleurs hermaphrodites et régulières le plus souvent, disposées en cymes, tétra- ou pentamères, iso-diplo- ou polystémones. Entre le gynécée et l'androcée on observe un disque annulaire. Le gynécée isomère, rarement méiomère, est tantôt profondément lobé, presque dialycarpellé et alors souvent à styles distincts, basilaires ou ventraux, tantôt formé d'une seule masse surmontée d'un style unique. Ovaire pluriloculaire, à loges généralement biovulées. Ovules anatropes, superposés, ascendants. Fruits charnus lorsque les ovaires sont coalescents ; capsules ou coques lorsqu'il en est autrement. Graines sans albumen ou à albumen charnu. Embryon droit ou courbe.

On distingue les tribus aux caractères suivants :

Ovaire	profondément lobé. Styles basilaires ou médians. Fruit capsulaire ou coques. Fleurs	irrégulières			. . . .	*Galipéées.*
		régulières	polygames dioïques		. . . . .	*Zanthoxylées.*
			hermaphrodites. Albumen	charnu.	Herbes ligneuses à la base	*Rutées.*
					Arbustes ou arbres australiens	*Boroniées.*
				nul.	Arbustes africains à port de bruyère	*Diosmées.*
	entier. Style terminal. Fruit charnu. Fleurs	polygames dioïques. Un albumen . .				*Toddaliées.*
		hermaphrodites. Pas d'albumen. Asie tropicale				*Aurantiées.*

Les Rues et les Dictamnes sont des Rutées. Les Ruta ont des fleurs régulières diplostémones en cymes, dont la fleur terminale est pentamère, les latérales tétramères. Leurs 8-10 étamines, d'abord étalées, se dressent successivement afin de se rapprocher du stigmate. Leurs carpelles sont sessiles. Chez les Dictamnes les fleurs, toutes pentamères, sont en thyrse, à pétales un peu inégaux, à étamines diplostémones et *déclinées* (retombantes en se recourbant en arc) et à ovaire stipité.

Le genre Citrus, de la tribu des Aurantiées, renferme les orangers doux et amer, le limettier, qui produit la bergamotte, le citronnier et le cédratier, arbres ou arbrisseaux, originaires de l'Inde tropicale, mais cultivés en pleine terre en France dans les parties qui jouissent du climat de l'Oranger (la côte d'azur et le sud des Pyrénées Orientales, où la température s'abaisse rarement à 0°). Ces végétaux sont épineux, par dégénérescence de certains rameaux, à feuilles composées-pennées, mais réduites à la foliole impaire articulée au sommet d'un pétiole court et plus ou moins ailé latéralement. Leurs fleurs, blanches et odorantes, sont axillaires, solitaires ou en cymes pauciflores. Le calice urcéolé est composé de 3-5 sépales, la corolle de 4-8 pétales. On compte de 20 à 60 étamines polyadelphes. L'ovaire est multiloculaire et les loges renferment chacune de 4 à 8 ovules anatropes, pendants, attachés à un placenta axile. Le style simple est articulé, décidu. Le fruit, une orange ou *hespéridie*, a été décrit à la page 285. La graine, dépourvue d'albumen, renferme ordinairement plusieurs embryons inégaux, à cotylédons alternes et de taille dissemblable.

OLAÇALES

530. — Végétaux ligneux à feuilles alternes, simples, entières ou non, sans stipules. Fleurs régulières, hermaphrodites ou unisexuées, parfois polygames dioïques (certaines Ilicacées). Calice petit. Corolle valvaire (Olacacées) ou imbriquée (Ilicacées). Androcée plus souvent isostémone que diplostémone. Gynécée entier, à ovaire tantôt uniloculaire ou imparfaitement divisé en loges (Olacacées), tantôt nettement pluriloculaire (Ilicacées). *Ovules pendants à raphé dorsal*, 1-3 par loge. Fruits unispermes (Olacacées) ou à plusieurs noyaux monospermes (Ilicacées). Graines à albumen charnu volumineux et à embryon généralement petit. Deux familles seulement : les *Olacacées*, ne comprenant que des végétaux croissant entre les tropiques et les *Ilicacées*, dont nous allons nous occuper.

Ilicacées

531. — Les Ilicacées ne renferment que trois genres, dont deux (Pyronia et Nemopanthes) peu importants et ne comprenant à eux deux que quatre espèces, tandis que le troisième, Ilex, en compte à lui seul 145, presque toutes indigènes de l'Amérique du Sud. Ce genre n'est représenté dans notre contrée que par le Houx commun, *Ilex Aquifolium*, arbre de petite taille qu'on rencontre dans les bois et dans les haies. Ses feuilles sont coriaces, sans stipules, ovales, aiguës, luisantes à sommet épineux, ordinairement dentées, à limbe ondulé, les dents et les ondulations se terminant par des épines. Les feuilles deviennent planes et entières chez les individus âgés. Les fleurs blanches, hermaphrodites, en grappes courtes axillaires, sont généralement tétramères dans toutes leurs parties, parfois 5-6 mères. Ovaire globuleux présentant autant de loges uniovulées que de carpelles. Ovules anatropes pendants de la partie supérieure de l'angle interne de la loge, à micropyle supérieur et à raphé extérieur. Stigmate sessile, épais, quadrilobé. Le fruit sphérique, rouge, est une baie contenant quatre à six noyaux monospermes. Graines à embryon petit au sommet d'un albumen charnu volumineux. On cultive de nombreuses variétés de cette espèce qui se distinguent entre elles par leurs feuilles plus ou moins entières et épineuses et par leur coloration.

CÉLASTRALES

532. — Végétaux ligneux (exc. : Stackhousiacées) à feuilles ordinairement simples, rarement composées (Vitacées, pars). Fleurs ordinairement hermaphrodites, à disque en coussin, soudé au calice ou entourant la base de l'ovaire. Périanthe 4-5 mère. Androcée généralement isostémone ou méiostémone, rarement diplostémone, inséré autour du disque ou sur sa marge, alternipétale (Célastracées et Stackhousiacées) ou oppositipétale (Rhamnacées et Vitacées). Gynécée entier (exc. : Stackhousiacées, où il est lobé) à 2-5 carpelles, meiogyne le plus souvent. Loges 1-2 ovulées à *ovules dressés et à raphé ventral*. Quatre familles : *Célastracées*, *Stackhousiacées*, *Rhamnacées* et *Vitacées ou Ampélidées*.

Célastracées et Rhamnacées

533. — Comme exemple de **Célastracées**, nous prendrons le **Fusain** d'Europe (*Evonymus europæus*), le seul représentant français de cette famille, avec le fusain à large feuille. C'est un arbuste très rameux de 3 m. de hauteur, fréquent dans les haies, les buissons et les bois, à tige tétragone, à feuilles lancéolées, ovales, finement denticulées, simples, opposées, à stipules caduques. Fleurs hermaphrodites régulières, verdâtres, en cymes axillaires 2-3 flores, tétramères dans toutes leurs parties. Ovaire tétraloculaire, comme immergé dans le disque, à loges le plus souvent uniovulées ; ovules dressés. Style unique surmonté par un stigmate quadrilobé. Fruit anguleux (Bonnet de prêtre) d'un beau rouge carmin, à déhiscence loculicide. La graine, entourée par un arille charnu, de couleur orange, renferme un embryon droit et un albumen charnu oléifère.

534. — Les **Rhamnacées**, qui comptent une quarantaine de genres (autant que les Célastracées) et près de 430 espèces des régions tempérées et chaudes, ne sont représentées en France que par les deux genres Rhamnus et Paliurus, auxquels il convient d'ajouter le **Jujubier** (*Zizyphus vulgaris*) originaire de Syrie et acclimaté en Provence. Ce sont en général des végétaux ligneux, parfois spinescents (par les stipules transformées en aiguillons : Paliurus, Zizyphus ; par l'extrémité de rameaux avortés : certains Rhamnus), à feuilles simples opposées ou isolées, stipulées, fugaces ou manquant totalement chez les Colletia qui ne présentent alors que des tiges vertes, ailées, spinescentes (*Colletia horrida*). Les fleurs sont le plus souvent disposées en cymes. Hermaphrodites, rarement polygames dioïques (Rhamnus), elles sont 4-5 mères avec un calice valvaire, des pétales petits et concaves, enfin des étamines oppositipétales et insérées sur la corolle. Le gynécée est le plus souvent tricarpellé, son ovaire plongé par sa base dans le disque. Autant de loges uniovulées que de carpelles. Ovules anatropes dressés. Le fruit libre ou soudé avec la base persistante du calice est ou une drupe à noyau triloculaire (Jujubier), ou une baie à 2-4 noyaux (Rhamnus), ou un fruit sec, à noyau triloculaire, dilaté supérieurement en un disque orbiculaire (Paliurus). Graine à gros embryon droit dans un albumen charnu. Le disque est toujours très développé chez ces plantes, où il remplit parfois la cavité du calice.

Le *Paliurus aculeatus* et le *Zizyphus vulgaris* appartiennent à la tribu des *Zizyphées*, caractérisée surtout par ses fruits contenant un seul noyau 1-3 loculaire. Le Paliurus se distingue par son ovaire à demi plongé dans le disque et son fruit sec dilaté supérieurement en une aile orbiculaire. Le Zizyphus a son ovaire totalement plongé dans le disque et un fruit rouge, charnu et oblong. Les Rhamnus font partie de la tribu des *Rhamnées* dont les fruits sont des baies à plusieurs noyaux. La plupart des Rhamnus sont polygames ou dioïques, mais le *R. frangula* (Bourdaine) est hermaphrodite ; ce sont des arbrisseaux épineux ou non, à fleurs petites, axillaires, solitaires ou fasciculées, à feuilles alternes ou opposées et à ovaire libre à 2-4 carpelles produisant autant de noyaux. Le Nerprun et l'Alaterne sont des Rhamnus.

Vitacées (*Ampélidées*)

535. — Les botanistes sont loin d'être d'accord sur la division de cette famille en genres. Bentham et Hooker n'en admettent que trois : Vitis, Pterisanthes et Leea. Endlicher, par un démembrement des Vitis, formait un quatrième genre, Cissus. Les Ampelopsis, cinquième genre, doivent leur création à un sectionnement plus profond des Vitis. Des savants modernes trouvent dans les Vitacées les éléments de onze genres. Mais, si nous nous en tenons aux trois premiers, les Pterisanthes étant regardés comme des cas tératologiques fixés, les Leea ayant été placés dans six familles différentes, ce qui démontre leur faible parenté avec les Vitis, tout l'intérêt de la famille réside dans le genre Vitis que nous allons étudier en lui donnant les limites les plus larges.

Les Vitis (vignes) sont des arbrisseaux sarmenteux des régions tropicales et subtropicales de l'Asie et de l'Afrique, qu'on rencontre encore dans l'Amérique du Nord. On en compte 230 espèces et l'une d'elles, le *Vitis vinifera*, est cultivée dans toutes les régions tempérées où la température moyenne de l'été ne s'abaisse pas au-dessous de 20° et dans lesquelles la température de l'hiver ne tombe pas au dessous de — 15° à — 18°. La tige de cette plante, comme celle de la plupart des Vitis, est grimpante et sympodique, les axes déjetés se transformant soit en pédoncules floraux, soit, et le plus souvent, en vrilles rameuses. Les feuilles des Vitis sont alternes, stipulées, simples ou composées, rarement bipennées ; les feuilles simples, cordées, entières, dentées ou lobées ou même profondément partagées. Les fleurs, petites, en cymes ombelliformes, en panicules rameuses (thyrses) ou en épis, dépourvues de bractées, sont hermaphrodites ou polygames dioïques et portées par des pédoncules ordinairement oppositifoliés (dont nous avons donné l'origine), rarement axillaires. Le calice est libre, très court, le plus souvent représenté seulement par quatre ou cinq dents. Les pétales, au nombre de quatre ou de cinq, sont cohérents au sommet chez les Euvitis, mais là, séparés à la base, ils se détachent en coiffe au moment de l'anthèse ; les pétales sont libres chez les Cissus et les Ampelopsis. Le disque présente cinq glandes alternes avec les pétales. L'androcée est formé de quatre ou cinq étamines oppositipétales, insérées à la marge du disque. Le gynécée est bicarpellé et l'ovaire biloculaire, mais les cloisons sont parfois imparfaites. On trouve typiquement deux ovules anatropes dressés dans chaque loge, mais l'on voit souvent avorter une partie de ces organes. Le style manque. Le stigmate sessile est déprimé, presque pelté. Le fruit est une baie contenant de deux à quatre graines fertiles (toutes les graines avortent dans la variété du *Vitis vinifera* qui produit les raisins de Corinthe), à testa osseux. Albumen charnu oléagineux. Embryon très petit et droit.

Les Euvitis ont des fleurs pentamères avec une corolle fugace à pétales concrescents au sommet ; les Ampelopsis, également pentamères, se distinguent des Vitis par leur corolle à pétales libres s'étalant pour mettre en liberté les anthères. La fleur des Cissus est tétramère, avec des pétales libres au sommet, et un ovaire plus ou moins enfoncé dans le disque. Les Pterisanthes sont des végétaux grimpants à l'aide de vrilles, polygames ; leurs fleurs sont portées par des lames aliformes : celles des bords sont pédonculées et mâles, les médianes, sessiles et hermaphrodites. Quant aux Leea qui forment à eux seuls la tribu des *Léées* (les végétaux précédents constituant la tribu des *Vitées*), ce sont des arbustes dressés, sans vrilles, à feuilles opposées et composées pennées, à inflorescences oppositifoliées, à périanthe et androcée pentamères (les étamines étant monadelphes), à ovaire 3-6 loculaire, dont les loges uniovulées produisent une baie renfermant 3 ou 6 graines.

SAPINDALES

536. — Arbres et arbrisseaux à feuilles le plus souvent composées. Fleurs très fréquemment polygames dioïques. Disque rebondi, soudé au calice ou en recouvrant la base. Etamines isomères, ou anisomères, ou en nombre double des pétales, insérées à l'intérieur, au-dessus ou autour du disque. Gynécée entier, lobé ou presqu'apocarpé. Ovaire uni- ou pluriloculaire. Ovules rarement indéfinis et horizontaux, le plus souvent 1-2 par loges, *ascendants à raphé ventral*, ou pendants, parfois suspendus au sommet d'un long funicule qui se dresse du fond de la loge. Trois familles : les *Sapindacées*, caractérisées par un androcée anisostémone par avortement d'une partie des pétales, ou diplostémone, ou encore isostémone et alors alternipétale ; les *Anacardiacées*, à étamines diplostémones ou isostémones alternipétales ; enfin, les *Sabiacées* dont les étamines sont isostémones, généralement en partie imparfaites, et oppositipétales.

Sapindacées

537. — Vaste famille comprenant 75 genres et près de 700 espèces, presque toutes des régions chaudes, n'ayant pas de représentants dans les contrées froides. Arbres et arbustes parfois grimpants (Paullinia, Cardiospermum), à feuilles composées le plus souvent, alternes chez les Sapindées et les Mélianthées, opposées chez les Acérées, Staphyléées et les Marronniers (Æsculus), généralement sans stipules (exc. : Mélianthées). Fleurs régulières ou irrégulières (Sapindées *pars* et Mélianthées), parfois hermaphrodites (Sapindées), mais le plus souvent polygames dioïques. Fleurs à périanthe 4-5 mère, présentant assez fréquemment un avortement partiel ou total de corolle. Androcée le plus souvent diplostémone, parfois méio- ou isostémone (dans ce dernier cas il alterne avec les pétales), inséré autour, à l'intérieur où à l'extérieur du disque. Ovaire le plus souvent biloculaire, parfois 1 ou 4-loculaire. Style unique, stigmate simple. Ovules anatropes ou plus ou moins courbes, ordinairement 1-2 par loge, ascendants à raphé ventral et micropyle infère, ou rarement plusieurs horizontaux (Staphylea). Fruit très variable : capsule, baie ou samare (Acer, Negundo). Semences arillées ou nues, sans albumen (exc. : Mélianthées et Staphyléées). Embryon épais le plus souvent. On les divise en cinq tribus regardées pour la plupart, par certains auteurs, comme de véritables familles :

- Graines
  - sans albumen. Feuilles
    - opposées. Fleurs régulières. Etamines insérées sur le disque. Pas d'arille. . *Acérées.*
    - alternes. Etamines insérées
      - à l'extérieur ou à la base du disque. Fleurs régulières . . . . *Dodonæées.*
      - à l'intérieur du disque ou unilatérales. Fleurs régulières ou non. . . . . *Sapindées.*
  - possédant un albumen. Un arille parfois. Etamines insérées
    - à l'intérieur du disque. Fleurs irrégulières. Feuilles alternes, stipulées. . *Mélianthées.*
    - à l'extérieur du disque. Fleurs régulières. Feuilles opposées. . . . . *Staphyléées.*

Aux *Sapindées* à fleurs irrégulières se rapporte le Marronnier d'Inde (*Æsculus Hippocastanum*, L.), grand arbre, originaire de Perse, fort répandu en France dans les jardins et sur les avenues. Il a des feuilles opposées-composées, digitées à sept folioles ; des inflorescences définies, en thyrse ; des fleurs irrégulières pentamères avec redoublement de l'androcée et réduction du gynécée à trois carpelles biovulés. Les pétales blancs, tachés de jaune et de rouge, sont inégaux et l'androcée ne montre que sept étamines à filets courbes (déclinées), insérées sur un disque annulaire. Le style et le stigmate sont simples. Le fruit est une capsule loculicide en trois valves ne renfermant (par arrêt de développement) qu'une ou deux graines, très grosses, à hile très large, sans albumen, mais à cotylédons volumineux, soudés entre eux, hypogés dans la germination.

Les *Acérées* ne renferment que trois genres, parmi lesquels deux, les genres Acer et Negundo, nous intéressent. En effet plusieurs Acer (Erables) habitent nos bois ou nos montagnes, et le *Negundo fraxinifolium* de l'Amérique du nord, à feuilles vertes ou panachées, se rencontre fréquemment dans nos parcs et nos jardins. Les Erables plane et sycomore sont aussi fort employés comme arbres d'avenues ou pour l'ornementation des vastes propriétés. Les Erables sont des arbres ou des arbustes à sève sucrée (le sucre d'Erable est consommé aux Etats-Unis), à feuilles simples, opposées, plus ou moins profondément palmatilobées, sans stipules. Leurs fleurs, verdâtres, sont régulières et en cymes corymboïdes ou en thyrses terminaux : les premières fleurs apparues ordinairement hermaphrodites, les autres mâles. Le périanthe est 4-5 mère, parfois avec pièces plus nombreuses par dédoublement : les étamines sont au nombre de 4 à 8 et le gynécée est bicarpellé. Le fruit est formé par deux samares opposées : les graines n'ont pas d'albumen et l'embryon présente des cotylédons foliacés, enroulés ou pliés. Les Negundo, parfois confondus avec les érables, s'en distinguent cependant nettement par leurs feuilles composées pennées, leurs fleurs dioïques (les femelles en grappes pendantes, les mâles en fascicules) et l'absence de corolle : celle-ci manque aussi, il est vrai, à quelques érables.

Série III. — CALICIFLORES

538. — Les végétaux de cette série sont des périgynes ou des épigynes. En effet, chez certains d'entre eux les trois verticilles externes sont coalescents par leur partie inférieure, donnant naissance à une coupe, à bords plus ou moins étalés ou rapprochés pour former une sorte de bourse, de la périphérie de laquelle s'échappent les portions libres du périanthe et de l'androcée ; le gynécée indépendant de cette coupe en occupe le centre ; c'est alors qu'il y a périgynie. Ailleurs, les quatre verticilles sont concrescents entre eux, l'ovaire faisant corps avec la coupe ci-dessus décrite : les pièces de l'androcée paraissent s'insérer sur l'ovaire et il y a épigynie. Les sépales et les pétales sont ordinairement en même quantité et les étamines, en nombre variable, définies ou indéfinies, sont insérées en marge ou à la face intérieure d'un disque. Le gynécée est syncarpé, à placentation variable, ou apocarpé. Cette série comprend cinq classes, celles des *Rosales*, des *Myrtales*, des *Passiflorales*, des *Mésembryanthémales* et des *Apiales* (Ombellales, Benth. et Hook.).

ROSALES

539. — Cette classe, une des plus importantes, renferme plusieurs familles considérables soit par le nombre de leurs sujets (Légumineuses), soit par leur utilité (Rosacées). Elle est composée de végétaux de ports très différents, à feuilles simples ou composées, à fleurs régulières ou non, le plus souvent hermaphrodites, ayant des carpelles solitaires ou libres, parfois soudés à la base, mais très rarement sur toute l'étendue de l'ovaire. Les styles presque toujours distincts sont rarement soudés en une colonne dont les membres peuvent alors être facilement dissociés, au moins à la base. Cette classe se divise en neuf familles : les *Connaracées*, les *Fabacées* ou *Légumineuses*, les *Rosacées*, les *Saxifragacées* et les *Crassulacées* qui ont des ovules ascendants ou fixés sur l'angle central des carpelles ; les *Droséracées*, qui présentent la placentation pariétale ; enfin les *Hamamélidacées*, les *Bruniacées* et les *Haloragacées*, qui ont des ovules peu nombreux ou solitaires pendants.

Fabacées ou Légumineuses

540. — Cette famille, qui ne renferme pas moins de 400 genres et de 6.500 espèces, a des représentants sur toute la surface du globe depuis l'équateur jusqu'aux régions glacées et sur le sommet des hautes montagnes ; cependant ils sont rares à la Nouvelle Zélande et manquent dans les îles froides antarctiques. Ses membres ont comme traits d'union essentiels : 1° un gynécée formé d'un seul carpelle excentrique, libre, produisant un ovaire uniloculaire, pauci- ou pluriovulé, à placenta pariétal tourné vers le centre de la fleur, surmonté d'un style unique ; 2° un fruit uniloculaire, capsulaire (*légume* ou *gousse*), bivalve, s'ouvrant à la fois par la suture ventrale et la suture dorsale, autrement dit, présentant à la fois les déhiscences loculide et septicide. Les végétaux, peu nombreux du reste, qui font exception à ces dispositions, ont tant d'autres traits communs avec les autres membres de la famille qu'on ne peut les en séparer. Il y a des exceptions réelles dues à la présence de plusieurs carpelles (2, *Cæsalpinia digyna* ; 5, *Affonsea juglandifolia*, etc.), et d'autres, plus apparentes que réelles, tenant à ce que le fruit unisémіné est indéhiscent, soit qu'il reste sec (Trèfles), soit qu'il devienne charnu (*Dipterix odorata*, Fève tonka), à ce que, plurisémіné, il se remplit d'une pulpe charnue (Tamarin), ou que les graines s'isolent par des cloisons ligneuses fixées aux parois (Casse), encore, à ce que le fruit s'étrangle entre les graines pour devenir lomentacé, se divisant transversalement en articles lors de la déhiscence (*Entada Gigalobium*, Papilionacées-Hédysarées, divers Acacias, Kennedya). Les Légumineuses sont divisées en trois sous-familles, regardées comme de véritables familles par plusieurs botanistes : les *Fabées* ou *Papilionacées*, les *Césalpiniées* et les

Mimosées qui se distinguent surtout par la structure de leur fleur, régulière chez les Mimosées, zygomorphe, grâce surtout à une corolle papilionacée chez les Fabées, à une corolle cochléaire, chez les Cæsalpiniées. L'importance de ces groupes nous oblige à examiner séparément leurs caractères principaux.

Fabées (Papilionacées *auct.*)

541. — Les Papilionacées doivent leur nom à la forme de leur corolle zygomorphe dont la préfloraison est *papilionacée*, c'est-à-dire qu'elle se compose d'une pièce supérieure *externe*, étalée, l'*étendard*, de deux pièces latérales semblables (les *ailes*) recouvertes par la précédente et recouvrant elles-mêmes les deux antérieures ; ces dernières sont le plus souvent soudées en une seule pièce médiane ayant l'apparence de la proue d'un navire et qui, pour cela, est appelée *carène*. Ce sont des herbes annuelles ou vivaces, des arbrisseaux ou des arbres, parfois volubiles ou grimpants, dont les premières feuilles sont souvent opposées, les autres alternes. Ces feuilles sont stipulées, ordinairement composées, le plus souvent pennées avec ou sans impaire (Faba), parfois digitées trifoliolées (Trifoliées) ; elles peuvent perdre une partie ou la totalité de leurs folioles qui, avec le rachis, se transforment en une vrille rameuse (Viciées). On observe parfois des stipelles à la base des folioles. Les fleurs sont le plus souvent hermaphrodites, zygomorphes, disposées en grappes, en ombelles ou en épis, avec bractées à la base des pédoncules et bractéoles sous le calice, pentamères avec redoublement de l'androcée et gynécée réduit à un carpelle. Le calice est gamosépale jusqu'au delà du disque, présentant plus haut cinq dents, ou quatre par confluence en une seule pièce des deux sépales supérieurs ; ou bien il est bilabié, la lèvre supérieure entraînant deux pièces, l'inférieure trois ; il se fend après la fécondation et demeure à l'état flétri. La corolle, avons-nous dit, est typiquement papilionacée, mais elle est parfois presque régulière (Sophorées *pars*) ; elle peut avorter partiellement (Swartziées, Amorpha, où la pièce supérieure existe seule) ou totalement (Cordylia). L'androcée, inséré avec la corolle sur le disque tapissant le fond du calice, est périgyne et généralement diplostémone ; les étamines sont monadelphes (Génistées) ou diadelphes : l'étamine supérieure est libre, les autres soudées en un tube, ouvert par le haut, dans lequel se cache l'ovaire ; elles sont parfois libres (Podalyrées, Sophorées), ou réduites à cinq, accompagnées ou non, d'autant de staminodes. Chez les Swartziées, les étamines deviennent indéfinies par division d'une partie des dix étamines normales. Gynécée et fruit des Légumineuses avec des ovules généralement campylotropes ou amphitropes.

Les semences sont disposées sur deux lignes, de part et d'autre de la suture ventrale ; elles sont plus ou moins ovales ou réniformes, à testa souvent coriace et lisse, à funicule parfois renflé au sommet en une sorte d'arille ou de strophiole. L'embryon est tantôt courbe à radicule accombante, tantôt droit. Les cotylédons, plus ou moins épais, ou bien s'épanouissent en feuilles lors de la germination, ou bien demeurent hypogés. L'albumen, toujours fort réduit lorsqu'il existe, manque bien souvent.

On divise ces plantes en onze tribus, d'après les caractères suivants :

- Corolle
  - ordinairement papilionacée. Étamines définies et périgynes. Cotylédons
    - foliacés (*Phyllolobées*). Gousse
      - continue. Étamines
        - libres. Feuilles
          - composées pennées. Arbres ordinairement. . . . . *Sophorées* (1).
          - 1-3 foliolées, digitées. Arbrisseaux ordinairement. *Podalyriées* (2).
        - soudées. Androcée
          - monadelphe. Feuilles simples ou à 3 folioles . . . *Génistées* (3).
          - diadelphe. Folioles
            - nombreuses. Grappe ou panicule . . . *Galégées* (4).
            - 3
              - Grappes ou épis. *Trifoliées* (5).
              - Capitules ou ombelles . . . . *Lotées* (6).
      - articulée. Fruit lomentacé. Étamines monadelphes ou diadelphes . . . *Hédysarées* (7).
    - charnus (*Sarcolobées*). Gousse
      - polysperme, déhiscente. Feuilles
        - transformées en vrilles ou terminées par une pointe. Cotylédons alternes. . . . . . *Viciées* (8).
        - ordinairement trifoliolées. Tige souvent volubile. Cotylédons opposés . . . . *Phaséolées* (9).
      - 1-2 sperme, indéhiscente, coriace ou drupacée. . . . . *Dalbergiées* (10).
  - presque régulière. Pétales 5, 1 ou 0. Étamines 10 ou indéfinies et alors en partie stériles. . . . . *Swartziées* (11).

(1) Sophora, Myrospermum, Toluifera. (2) Anagyris, Thermopsis, Chorizema. (3) Lupinus, Laburnum, Calycotome, Genista, Spartium, Ulex, Cytisus. (4) Psoralea, Amorpha, Indigofera, Galega, Wistaria, Robinia (l'Acacia de nos promenades est le *Robinia Pseudacacia*), Colutea, Astragalus (cavité du légume divisée en deux longitudinalement par une inflexion de la paroi), Oxytropis, Glycyrrhiza (Réglisse). (5) Ononis, Trigonella, Medicago (Luzerne : fruit contourné ou spirale), Melilotus, Trifolium (corolle staminifère, achaine). (6) Anthyllis, Dorycenium, Lotus. (7) Scorpirus, Ornithopus, Coronilla, Hippocrepis, Hedysarum (Sainfoin), Onobrychis (Esparcette), Arachis (Arachide). (8) Cicer, Vicia, Lens, Lathyrus (Gesse), Pisum, Faba. (9) Kennedya, Glycine, Canavalia, Physostigma, Phaseolus, Dolichos. (10) Dipterix. (11) Swartzia ou Tounatea, Cordyla.

Césalpiniées

542. — Les végétaux de cette tribu sont des arbres et des arbrisseaux, parfois volubiles (Bauhinia), très rarement des herbes, qui préfèrent les climats plus chauds que le nôtre ; on n'en rencontre que peu de représentants en pleine terre dans nos jardins (Chicot du Canada, Féviers à trois pointes et de la Chine, Gainier commun ou arbre de Judée, Casse du Maryland). Leurs feuilles sont pennées ou bipennées, à folioles ordinairement nombreuses et dépourvues de stipelles. Les fleurs sont le plus souvent irrégulières, pentamères, hermaphrodites, en grappes ou en panicules. Le calice ne montre parfois que quatre pièces par coalescence des deux supérieures ; il est tubulaire, au moins jusqu'à la hauteur du disque. La corolle est cochléaire, à pétale supérieur interne, pétales inférieures externes, tout à l'inverse de ce qu'on observe dans la disposition papilionacée ; elle peut devenir presque régulière et les pétales peuvent manquer en partie ou en totalité (Copaifera et *Ceratonia siliqua*, le Caroubier qui est polygame ou dioïque). Les étamines sont le plus souvent au nombre de dix et isolées, périgynes, à filets plus ou moins égaux. On n'en trouve que cinq accompagnées de cinq staminodes chez les Dimorphandra. Le gynécée est celui des Légumineuses avec des ovules anatropes. La graine renferme un embryon droit, souvent accompagné d'un albumen, qui peut être volumineux. On les divise en sept tribus :

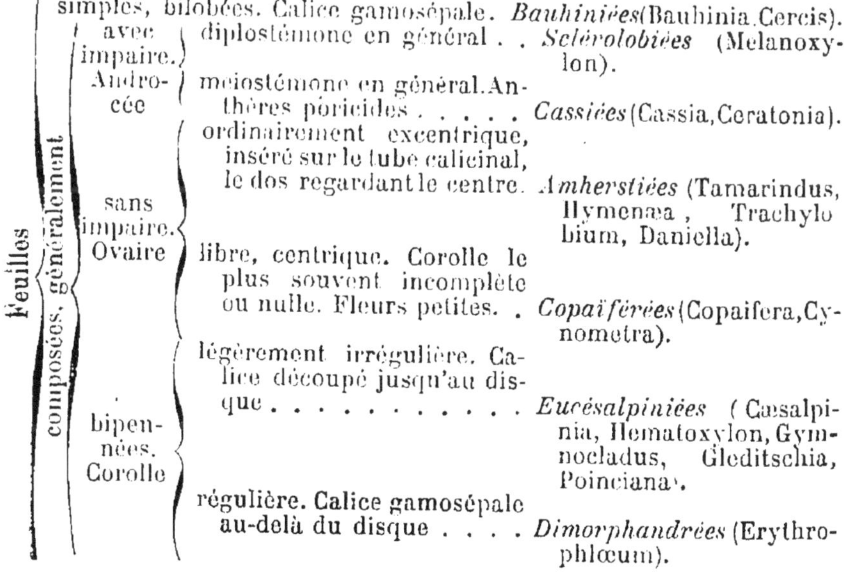

Feuilles
- simples, bilobées. Calice gamosépale. *Bauhiniées* (Bauhinia, Cercis).
- composées, généralement
  - avec impaire. Androcée
    - diplostémone en général . . *Sclérolobiées* (Melanoxylon).
    - méiostémone en général. Anthères poricides . . . . . *Cassiées* (Cassia, Ceratonia).
  - sans impaire. Ovaire
    - ordinairement excentrique, inséré sur le tube calicinal, le dos regardant le centre. *Amherstiées* (Tamarindus, Hymenæa, Trachylobium, Daniella).
    - libre, centrique. Corolle le plus souvent incomplète ou nulle. Fleurs petites. . *Copaïférées* (Copaifera, Cynometra).
  - bipennées. Corolle
    - légèrement irrégulière. Calice découpé jusqu'au disque . . . . *Eucésalpiniées* (Cæsalpinia, Hematoxylon, Gymnocladus, Gleditschia, Poinciana).
    - régulière. Calice gamosépale au-delà du disque . . . . *Dimorphandrées* (Erythrophlœum).

Un certain nombre de Césalpiniées présentent des canaux sécréteurs dont les produits sont utilisés par la médecine ou l'industrie (Copaifera, Daniella, Hymenæa, Trachylobium, etc.).

Mimosées

543. — Les Mimosées sont des arbres ou des arbrisseaux, très rarement des herbes, inermes ou armés d'aiguillons ou d'épines. Leurs feuilles sont bi-tripennées et présentent de l'irritabilité et des mouvements diurnes très apparents ; elles reposent sur un coussinet et sont ordinairement munies de glandes pétiolaires ou rachidiennes ; elles perdent parfois leurs folioles, mais alors le pétiole s'élargit en un phyllode dont le limbe est vertical. Les stipules sont libres, caduques, quelquefois persistantes et spinescentes. Les fleurs sont petites, hermaphrodites ou polygames par avortement, régulières, disposées, soit en épis, soit en tête globuleuse et accompagnées de bractées. Calice gamosépale, 4-5fide, 4-5partit, valvaire, sauf chez les Parkiées où il est imbriqué. Pétales valvaires en même nombre que les sépales et alternant avec eux, libres ou soudés à la base. Etamines hypogynes le plus souvent, exsertes, en même nombre que les pétales, ou en nombre double, devenant souvent indéfinies par division, libres ou monadelphes. Parfois pollinies globuleuses, formées par 4-8-16-32 grains de pollen soudés. L'ovaire contient des ovules anatropes et le légume est parfois remplacé par un fruit charnu ou lomentacé ou encore partagé par des cloisons transversales. Les graines, orbiculaires ou ovales, comprimées, ont un testa dur qui protège un embryon généralement dépourvu d'albumen, ou, si celui-ci existe, il est toujours fort peu développé ; on leur trouve fréquemment une aréole et un arille.

Les Mimosées habitent les régions chaudes comprises entre les tropiques ; elles sont particulièrement nombreuses en Australie. On les divise en cinq tribus :

Calice et corolle
- valvaires. Etamines
  - définies
    - diplostémones, terminées par une glande . *Adénanthérées* (Entada, Prosopis, Neptunia).
    - isostémones, sans glandes *Eumimosées* (Mimosa, Desmanthus).
  - indéfinies
    - libres . . . . *Acaciées* (Acacia).
    - monadelphes . *Ingées* (Inga, Albizzia).
- imbriqués. Etamines 5-10, terminées par une glande . . . . . *Parkiées* (Parkia).

Rosacées

544. — Les Rosacées forment une famille par enchaînement que certains botanistes veulent rapprocher de celle des Renonculacées, dont elles formeraient la suite naturelle parmi les Dicotylédones périgynes, le passage se faisant par les Pivoines qui sont, elles aussi, périgynes. En réalité, la distance est plus grande que ne l'admettent ces botanistes, car, si dans les deux familles les étamines sont indéfinies, elles sont nettement simples, spiralées et hypogynes chez les Renonculacées, tandis qu'elles sont verticillées et dédoublées chez les Rosacées, avec une insertion périgyne. Contrairement à ce que l'on observe chez les Légumineuses, les traits d'union entre les divers membres de cette famille se rencontrent dans le périanthe, ordinairement pentamère, imbriqué, à corolle *rosacée*, et dans l'androcée à étamines indéfinies; les points distinctifs se trouvent dans la constitution du gynécée et, conséquemment, dans celle du fruit.

Les Rosacées présentent des herbes, des arbrisseaux et des arbres, parmi lesquels quelques-uns sont couchés, d'autres sarmenteux. Elles comprennent 70 genres et environ 1000 espèces bien établies que certains botanistes ont démembrées au point d'en doubler le nombre (Rosa, Rubus). A part les Chrysobalanées qui habitent les régions chaudes, les Rosacées préfèrent les régions tempérées et froides ; certaines espèces herbacées sont montagnardes. Leurs feuilles sont simples (Chrysobalanées, Amygdalées, Pyrées *pars*) ou composées pennées (les autres Rosacées), alternes, rarement opposées et habituellement stipulées. L'inflorescence est assez variable : parfois simple et terminale (certains Rosa), elle est le plus souvent indéfinie, revêtant toutes les formes connues du groupement centripète, rarement définie et alors en grappe de cymes bipares (Cratægus, Sorbus). Les fleurs sont actinomorphes (exc. : Chrysobalanées), hermaphrodites, parfois, mais rarement, polygames-dioïques (*Brayera anthelmintica*, Cousso) ou dioïques, pentamères, rarement tétramères, ordinairement bipérianthées. L'androcée est quelquefois isostémone, mais le plus souvent di- ou triplostémone, avec dédoublement d'une partie ou de la totalité des étamines. Le calice est gamosépale, revêtu intérieurement par le disque et quelquefois accompagné par un calicule (Fragariées) formé par les stipules des sépales soudés deux à deux. Les trois verticilles externes sont partiellement concrescents, formant une coupe largement

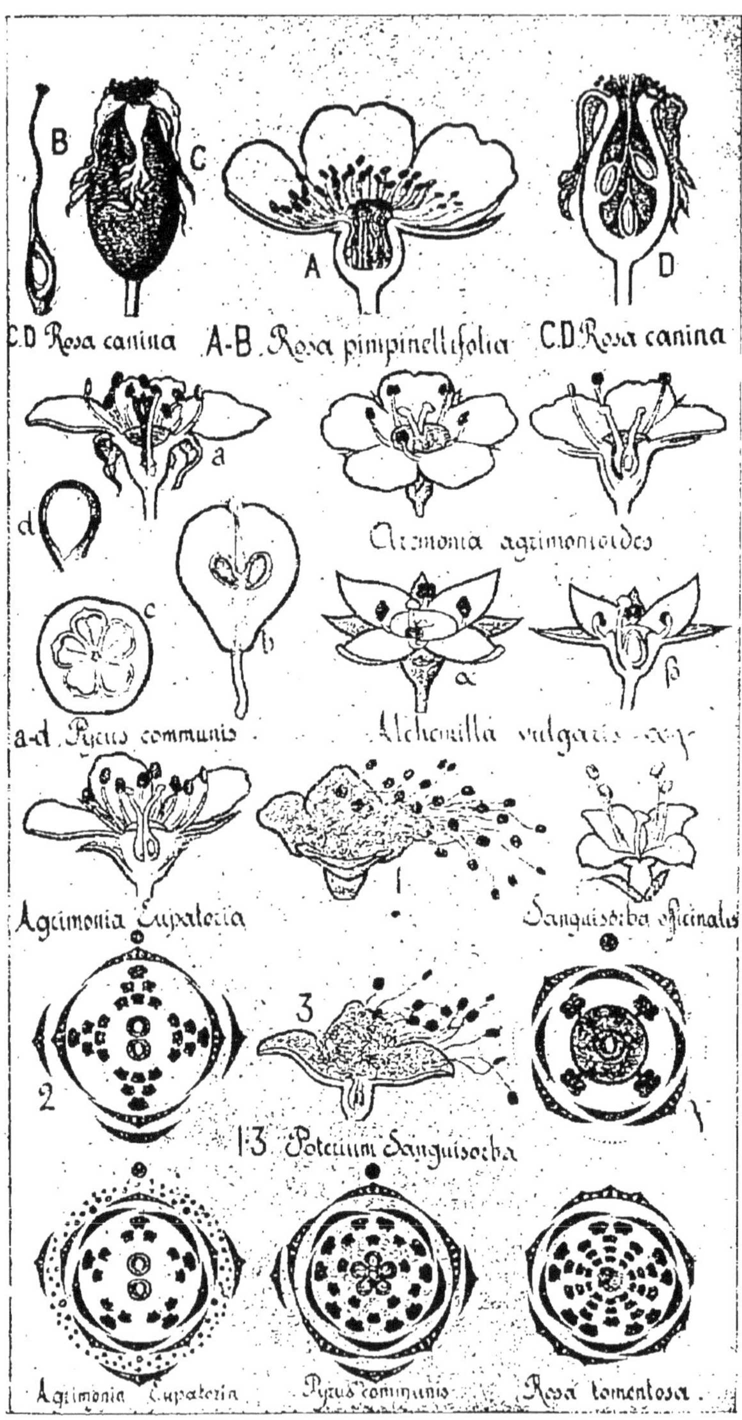

Fig. 326. — Rosacées

ouverte et au centre de laquelle se trouvent les carpelles librement exposés, ou dont les bords se relèvent ou se rapprochent, dissimulant les carpelles, ou même, enfin, se soudent tardivement avec les carpelles (Pyrées), faisant passer la fleur de la périgynie à l'épigynie. La transition de l'une à l'autre disposition peut s'observer en examinant successivement des fleurs de Fragariées, Amygdalées, Spirées, Agrimoniées, Rosées et Pyrées. Le gynécée est ordinairement centrique (exc.: Chrysobalanées), rarement monocarpellé (Amygdalées), plus fréquemment paucicarpellé (2-5 : Pyrées et Spirées) ou pluricarpellé à carpelles indéfinis (Fragariées, Rosées). Les carpelles sont habituellement indépendants, à style basilaire ou latéral, biovulés et à ovules anatropes superposés ou ascendants, parfois en nombre indéfini (certaines Spirées). Les fruits ont des formes très diverses, caractéristiques des tribus comme nous allons le voir. Les graines renferment habituellement un embryon à cotylédons charnus, dépourvu d'albumen (exc. : quelques Spirées). La plupart de ces plantes, par écrasement et à la suite d'une fermentation résultant du mélange du contenu de cellules distinctes, produisent de l'acide cyanhydrique et de l'essence d'amande amère.

On divise les Rosacées en dix tribus.

Fruit nu. Gynécée	monocarpellé. Drupe. Feuilles simples. Style	gynobasique. Carpelle souvent excentrique. Ovules 2 ascendants. Fleur légèrement zygomorphe : *Chrysobalanées* (Chrysobalanus, Hirtella).
		subterminal. 2 ovules collatéraux pendants. Fleur actinomorphe : *Amygdalées* (Prunus, Amygdalus, Cerasus, Armeniaca, Laurocerasus).
	pluricarpellé. Carpelles	de 1 à 8. Ovules 4, 2 ou plusieurs, pendants. Follicules ou fruits indéhiscents : *Spirées* (Spiræa, Neillia, Kerria, Rhodotypus, Neviusa).
		ordinairement 5. Ovules 1, 2 ou plusieurs, ascendants. Follicules ou capsules. Graines ailées : *Quillaiées* (Quillaia).
		4 ou indéfinis, uniovulés. Style ventral. Ovules ascendants. Achaines : *Potentillées* (Dryas, Geum, Fragaria, Potentilla).
		indéfinis. Ovules 2, collatéraux, pendants. Multiple de drupes : *Rubées* (Rubus).
Fruit enveloppé par la base des trois verticilles externes concrescents en une coupe sèche. Carpelles		1-3, uniovulés. Fleurs hermaphrodites, polygames, monoïques ou dioïques. Étamines 1-2-3-5-10 ou indéfinies. Corolle absente le plus souvent. Achaines : *Potériées* (Alchemilla, Brayera, Agrimonia, Poterium).
		5-10, uniovulés. Ovules pendants. Follicules concrescents avec la coupe : *Neuradées*.

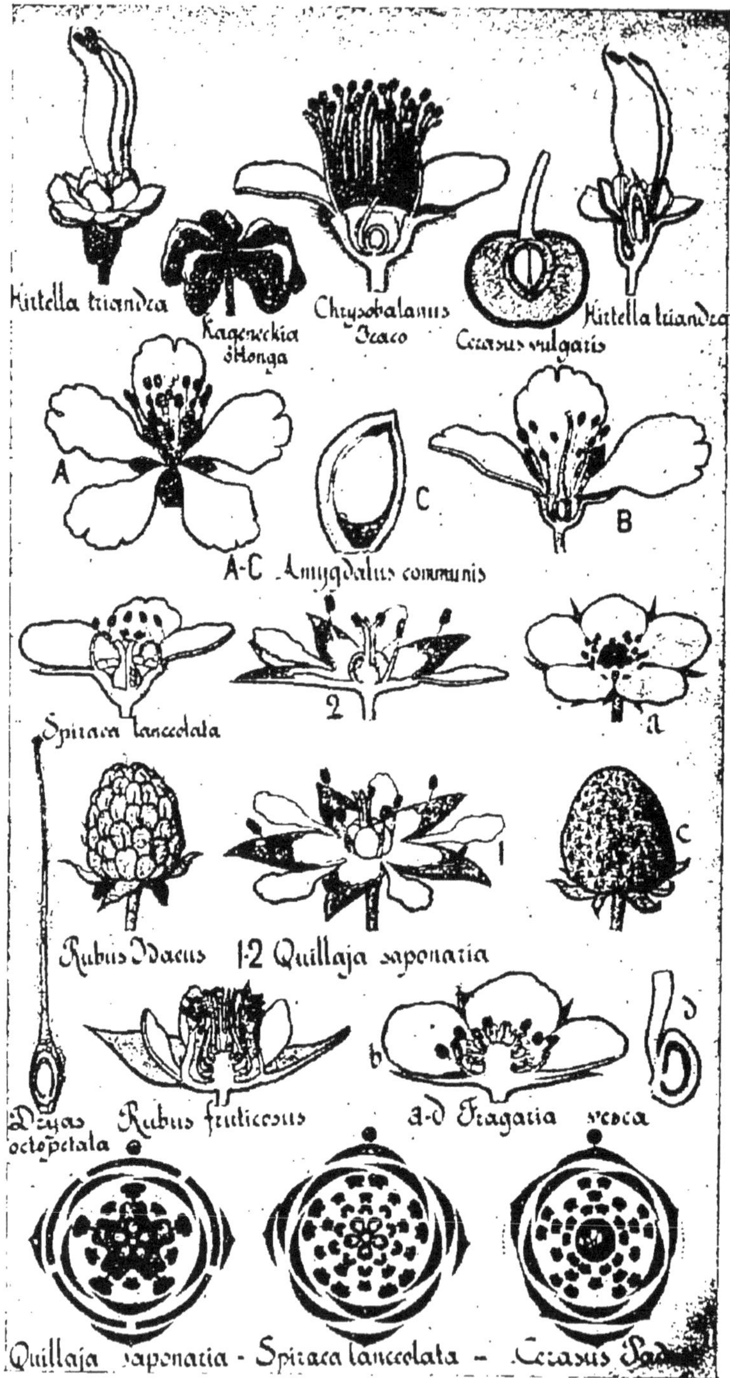

Fig. 327. — Rosacées

Fruit enveloppé par la base des trois verticilles externes concrescents en une coupe charnue. Carpelles
- en nombre indéfini, contenant 1-2 ovules descendants dont un avorte constamment. Achaines formant avec la coupe un *cynorrhodon* : *Rosées* (Rosa).
- 1-5, biovulés, rarement multiovulés (Cydonia). Ovules ascendants ou horizontaux. Le fruit est un mélonide ou pomme (v. p. 285) ou une baie à plusieurs noyaux (Nèfle) : *Pyrées* ou *Pomacées* (Pyrus, Cydonia, Malus, Mespilus, Cratægus, Aronia, Amelanchier).

Saxifragacées

545. — Les limites de la famille des Saxifragacées ont été considérablement étendues par les botanistes modernes qui, à ce que nous appellerons les Eusaxifragacées, ont adjoint, en les faisant descendre au rang de tribus, plusieurs petites familles (Ribésiées, Bréxiées, Philadelphées, Francoées, etc.). Ces plantes constituent donc essentiellement, si on embrasse cette manière de voir, une famille par enchaînement, qui touche d'un côté aux Rosacées-Spirées, de l'autre aux Bruniacées et aux Hamamélidacées. Leurs rapports avec ces dernières familles sont tellement étroits que Baillon, et d'autres botanistes, n'hésitent pas à fondre celles-ci dans la famille déjà si vaste des Saxifragacées. Les caractères communs aux membres d'un tel groupement sont très rares et tous sujets à exception. Nous les résumerons ainsi :

Les Saxifragacées sont des herbes, des arbrisseaux ou des arbres à feuilles sans stipules (exc.: Cunoniées), le plus souvent opposées dans les espèces ligneuses, et alternes, parfois toutes rassemblées en une rosette radicale du milieu de laquelle s'échappe la tige florale (hampe), dans les végétaux herbacés. Les fleurs sont généralement régulières et hermaphrodites avec périanthe 4-5 mère, présentant parfois des verticilles plus riches, avec androcée iso- ou displostémone accompagné, chez les Bréxiées et les Parnassiées, de staminodes. Un disque sépare l'androcée du gynécée qui est plus ou moins syncarpé, méiogyne ou isogyne, à ovaire supère ou infère. Les loges ovariennes renferment ordinairement des ovules anatropes nombreux fixés sur des placentas axiles ou sur des placentas pariétaux proéminents dans la cavité ovarienne. Les styles sont généralement libres ou peu cohérents. Les graines sont ordinairement nombreuses et renfermées dans un fruit sec capsulaire ou parfois charnu (Ribes, Groseillier); l'embryon droit et cylindrique est accompagné ou non, d'un albumen charnu ordinairement volumineux.

Les Saxifragacées comprennent environ 75 genres et 540 espèces, dont 160 Saxifrages et 50 Groseilliers, habitant les régions tempérées et froides du globe, mais rares cependant en Australie et dans l'Afrique du Sud. Nous les diviserons en dix tribus.

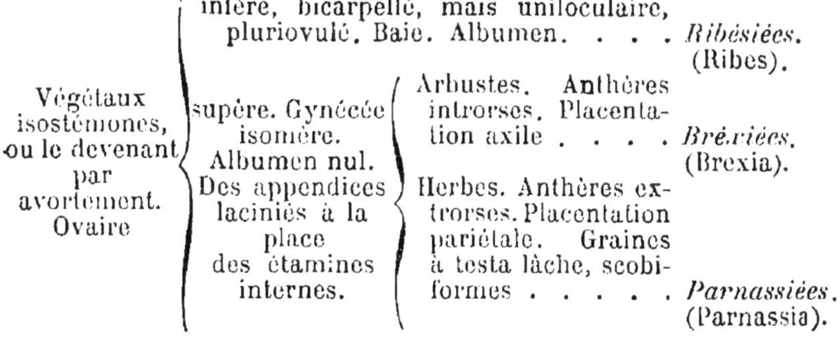

Végétaux isostémones, ou le devenant par avortement. Ovaire
- infère, bicarpellé, mais uniloculaire, pluriovulé. Baie. Albumen. . . . *Ribésiées*. (Ribes).
- supère. Gynécée isomère. Albumen nul. Des appendices laciniés à la place des étamines internes.
  - Arbustes. Anthères introrses. Placentation axile . . . . *Bréxiées*. (Brexia).
  - Herbes. Anthères extrorses. Placentation pariétale. Graines à testa lâche, scobiformes . . . . . *Parnassiées*. (Parnassia).

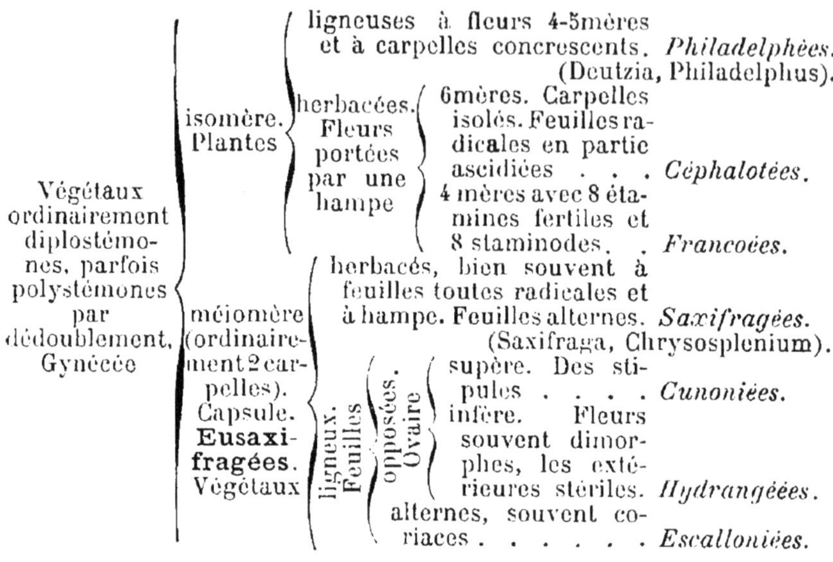

Végétaux ordinairement diplostémones, parfois polystémones par dédoublement. Gynécée

- isomère. Plantes
  - ligneuses à fleurs 4-5mères et à carpelles concrescents. *Philadelphées.* (Deutzia, Philadelphus).
  - herbacées. Fleurs portées par une hampe
    - 6mères. Carpelles isolés. Feuilles radicales en partie ascidiées . . . *Céphalotées.*
    - 4 mères avec 8 étamines fertiles et 8 staminodes. . *Francoées.*
- méiomère (ordinairement 2 carpelles). Capsule. **Eusaxifragées.** Végétaux
  - herbacés, bien souvent à feuilles toutes radicales et à hampe. Feuilles alternes. *Saxifragées.* (Saxifraga, Chrysosplenium).
  - ligneux. Feuilles
    - opposées. Ovaire
      - supère. Des stipules . . . . *Cunoniées.*
      - infère. Fleurs souvent dimorphes, les extérieures stériles. *Hydrangéées.*
    - alternes, souvent coriaces . . . . . . *Escalloniées.*

546. — Les **Bruniacées** sont des arbustes en forme de bruyère, isostémones, ayant un ovaire semi-infère, généralement biloculaire, à loges biovulées, et pour fruit des coques renfermant des graines avec albumen.

547. — Les **Hamamélidacées** sont des végétaux ligneux à feuilles alternes et stipulées, à fleurs diclines ou polygames, parfois dépourvues de corolle (Liquidambar), à ovaire infère ou semi-infère, bicarpellé, pauci- (Hamamelis) ou multiovulé (Liquidambar).

Crassulacées

548.— Les Crassulacées se rapprochent beaucoup des Saxifragacées, mais elles s'en distinguent par leur port et surtout par leurs fleurs régulières dont les verticilles sont isomères et par leurs carpelles distincts. L'union se fait par l'intermédiaire des Francoées qui ont aussi des fleurs à verticilles isomères, mais dont les carpelles sont soudés entre eux. Les Crassulacées sont divisées en 14 genres, souvent subdivisés dans les flores locales, renfermant 400 espèces, dont 120 Crassula et autant de Sedum. Ces plantes habitent les lieux secs des régions tempérées et subtropicales, surtout de l'Europe, de l'Asie occidentale et du Nord de l'Afrique et de l'Amérique. Ce sont des végétaux herbacés ou des sous-arbrisseaux à tige charnue le plus souvent. Les feuilles sont ordinairement simples, sans stipules, entières, spiralées ou opposées en croix, à limbe fort épais et adapté à la réserve de l'eau. Les fleurs sont régulières, à verticilles isomères dont les membres suivent exactement la loi d'alternance, hermaphrodites (exc.: Sedum de la section Rhodiola). L'inflorescence est le plus souvent une cyme unipare hélicoïde, plus rarement une grappe (Umbilicus) ou un épi (Cotyledon). Les verticilles comprennent le plus souvent 5 pièces, mais on en trouve parfois trois (certains Tillæa), ou 4 (*Rhodiola rosea*, etc.) ; chez les Sedum, on en compte de 4 à 7 et de 6 à 20 chez les Sempervivum, même 28 à 32 chez les Greenovia.

On ne trouve qu'un seul verticille d'étamines chez Tillæa, Bulliarda, Crassula, etc.; l'androcée est diplostémone chez Cotyledon, Umbilicus, Sedum, Sempervivum, etc. A la base et sur le milieu des carpelles on observe des squamules qui font parfois corps avec eux. Les carpelles sont ordinairement libres et les ovaires, rarement concrescents à la base (Penthorum, etc.), renferment le plus souvent des ovules anatropes nombreux insérés sur deux rangs et tout le long de la suture ventrale. Les fruits sont des follicules dans les espèces à ovaires indépendants, une capsule loculicide chez les autres. Les graines, petites, renferment un embryon droit et un albumen charnu, souvent peu abondant, manquant parfois.

Genres français. — Tillæa (comprenant Bulliarda), Crassula, Sedum (avec Rhodiola), Sempervivum et Cotyledon (représenté par les Umbilicus).

Droséracées

549. — Les Droséracées constituent une petite famille de 6 genres parmi lesquels les Drosera et Dionæa ont souvent attiré l'attention par la carnivosité, encore discutée, de leurs feuilles. En France, elles sont représentées par les trois *Drosera rotundifolia, longifolia* et *intermedia* qu'on trouve dans les marais tourbeux et l'*Aldrovanda vesiculosa*, herbe annuelle à tige flottante, des eaux stagnantes du midi.

Les Drosera français sont des herbes vivaces à feuilles toutes radicales, en rosette, à préfoliation circinée, du milieu desquelles s'élève la hampe florale. Ces feuilles sont hérissées d'émergences purpurines, irritables, qui laissent suinter de leur partie extrême, légèrement renflée, un suc acide qui dissout les matières albuminoïdes. Les fleurs hermaphrodites, blanches, sont disposées en cymes hélicoïdes. Les trois verticilles externes présentent cinq pièces : le gynécée, supère, n'a que trois carpelles formant un ovaire uniloculaire, à trois placentas pariétaux porteurs de nombreux ovules anatropes, surmonté de trois styles bifurqués. Le fruit est une capsule loculicide accompagnée du calice et, pendant quelque temps, de la corolle. Les graines, à testa lâche, présentent un embryon court et droit à la base d'un albumen charnu abondant.

L'*Aldrovanda vesiculosa* est une plante nageante à tige articulée, portant des feuilles verticillées, dont le limbe est presque vésiculeux et dont la fleur est construite comme celle des Drosera, avec cette différence que le gynécée est pentacarpellé.

Les Droséracées ont des affinités avec les Violacées à fleurs régulières, mais elles s'en distinguent par le port, la préfoliation, l'absence de stipules et des anthères extrorses.

MYRTALES

550. — Les Myrtales sont des herbes, des arbrisseaux ou des arbres à feuilles simples, entières, rarement dentées, à fleurs régulières ou subrégulières, le plus souvent hermaphrodites, présentant la péri- ou l'épigynie. Le gynécée est syncarpé, à ovaire pluriloculaire ou uniloculaire ; le style, indivis. Six familles : *Rhizophoracées*, *Combrétacées*, *Myrtacées*, *Mélastomacées*, *Lythracées* et *Œnothéracées*.

Myrtacées

551. — Les Myrtacées forment un vaste groupe par enchaînement renfermant environ 76 genres et 1.800 espèces presque toutes des régions tropicales, déjà rares dans les régions tempérées. Nous n'en avons qu'un seul représentant en France, le Myrte (*Myrtus communis*) qui est localisé en Provence et dans le midi. Ce sont des arbres ou des arbrisseaux, rarement des sous-arbrisseaux (Myrte), à feuilles le plus souvent opposées, sans stipules, ponctuées de glandes schizogènes chez les Eumyrtées, à fleurs ordinairement régulières et hermaphrodites, 4-5 mères, à calice valvaire et à corolle imbriquée, androcée diplo- ou polystémone. Le gynécée est le plus souvent infère, parfois semi-infère, surmonté du disque, à ovaire le plus souvent 2-pluriloculaire, rarement uniloculaire, à loges 2-multiovulées. Ovules anatropes ou courbes, portés, lorsqu'ils sont nombreux, par des placentas axiles, ou par un placenta basilaire lorsqu'ils sont solitaires. Le fruit une capsule ou une baie (Myrtus), aussi un achaine lorsqu'il ne renferme qu'une graine. La graine montre un embryon droit ou courbe, parfois fort volumineux (*Bertholletia excelsa*), généralement dépourvu d'albumen.

C'est à cette famille qu'appartiennent les Eucalyptus, Metrosideros, Feijoa, Psidium, Myrtus, Pimenta, Eugenia (Girollier), Lecythis et Bertholletia. Le *Myrtus communis* est un petit arbrisseau de 12 à 15 décimètres, à feuilles opposées, coriaces, persistantes, ovales-lancéolées, aiguës ; à fleurs blanches, 5-mères, solitaires, axillaires, longuement pédonculées ; à fruit baccien, noirâtre, à 2-3 loges multiséminées.

Lythracées

552. — Les Lythracées peuvent être considérées comme des Myrtacées ou des Mélastomacées périgynes. Ce sont des herbes, des arbrisseaux ou des arbres à feuilles généralement opposées, entières et sans stipules et dont les trois verticilles externes de la fleur forment, en se soudant par leur base, une coupe au fond de laquelle se trouve un gynécée pluricarpellé et syncarpé. Le calice se répète parfois. Les pétales sont plissés. Les étamines iso- ou diplostémones se détachent fréquemment de la face interne de la coupe. L'ovaire est 2-multiloculaire ; les loges sont multiovulées. L'embryon n'est pas accompagné d'un albumen.

Les deux seuls genres Peplis et Lythrum ont des représentants en France ; les autres espèces habitent l'Amérique tropicale ou les régions tempérées. Les espèces indigènes sont des herbes annuelles (*Lythrum Hyssopifolia* et autres, *Peplis Portula*) ou vivaces (*Lythrum Salicaria*). Les Lythrum ont des feuilles alternes, opposées ou verticillées, des fleurs 4-5-6 mères, avec calice double et étamines diplostémones ou isostémones (6, 8, 10-12). Le gynécée comprend 2 carpelles formant un ovaire biloculaire à ovules anatropes nombreux portés par des placentas axiles. Le fruit est une capsule septicide. Les Peplis, comme les Lythrum du reste, aiment les lieux humides : ce sont des herbes de 5 à 20 cm., couchées, à feuilles opposées, à fleurs solitaires hexamères, axillaires, à calice en cloche et double. Les pétales manquent ou sont petits, caducs. L'androcée est isomère et l'ovaire biloculaire. Le fruit, globuleux, se rompt irrégulièrement.

Bentham et Hooker placent à la suite des Lythracées, dans un groupe de genres anormaux, le genre Punica, qui ne se compose que d'une seule espèce, le *Punica Granatum* (Grenadier), remarquable par la constitution véritablement particulière de son gynécée. Ce végétal a été aussi rapproché des Rosacées et des Myrtacées. Pour beaucoup d'auteurs il forme à lui seul la famille des *Granatées*. Le Grenadier est un arbuste spinescent, à feuilles simples, opposées ou fasciculées, entières, sans stipules. Les fleurs sont hermaphrodites et à ovaire infère. Le calice et la corolle, cette dernière rouge et chiffonnée, présentent de 5 à 7 pièces : les étamines sont indéfinies, incluses. L'ovaire infère, surmonté d'un style unique terminé par un stigmate en tête, présente des loges disposées sur deux étages : l'inférieur triloculaire à placentas axiles, le supérieur à 5-7 loges à placentas pariétaux. Le fruit, la grenade, emblème de la fécondité, est sphérique, à paroi coriace et surmonté du calice également coriace et persistant ; il présente intérieurement la structure de l'ovaire, mais les ovules anatropes y sont remplacés par de nombreuses graines à testa épais, formé d'une pulpe acidule, dont l'embryon, à cotylédons foliacés et enroulés, est sans albumen.

Œnothéracées

553. — Les Œnothéracées sont des végétaux terrestres le plus souvent herbacés, rarement des sous-arbrisseaux (Fuchsia) ; cependant les Trapa se rencontrent dans les étangs où ils sont en partie submergés, en partie flottants. Elles habitent principalement les régions tempérées du globe et comptent une vingtaine de genres se partageant environ trois cents espèces. Elles sont représentées en France par une vingtaine d'espèces appartenant aux genres Œnothera, Epilobium, Isnardia, Circæa et Trapa, mais on cultive dans nos jardins des Clarkia, Fuchsia, Lopezia et Gaura. Les feuilles de ces plantes sont parfois alternes (Œnothera, etc.) mais le plus souvent opposées, entières, non stipulées. Les fleurs sont généralement régulières (exc.: Lopéziées) et hermaphrodites, axillaires et solitaires, ou bien en grappes (Circæa), le plus souvent à ovaire infère et tétramères, mais parfois dimères (Circæa), rarement 3 ou 5mères, avec androcée le plus souvent diplostémone, rarement isostémone (Isnardiées, Trapa) ou méiostémone (Lopéziées). La corolle manque chez certains Isnardia. Le calice est coloré chez les Fuchsia. Le gynécée à ovaire infère est le plus souvent isogyne, mais les Trapa, dont l'ovaire est semi-infère, ne présentent aussi que deux carpelles avec une fleur tétramère dans toutes les autres parties. Autant de loges à l'ovaire que le gynécée compte de carpelles. Ovules anatropes, généralement nombreux, attachés sur des placentas axiles : un seul par loges chez les Gaura, Trapa, Circæa. Style simple. Stigmate globuleux (Fuchsia) ou divisé en autant de lobes qu'il existe de carpelles (Œnothera, Epilobium, etc.). Le fruit est une capsule, tantôt loculicide (Œnothera, Epilobium), tantôt septicide (Isnardia), ou une baie (Fuchsia) ; enfin, il est nucamentacé et devient parfois monosperme à la suite d'avortement chez les Gaura, Circæa et Trapa. Les graines, qui ne renferment pas d'albumen, sont parfois pourvues d'une aigrette (Epilobium) ou d'une aile. Les cotylédons des Trapa sont très inégaux : l'un est fort volumineux, tubéreux, l'autre, petit et squameux.

On les divise en sept tribus, parmi lesquelles celles des Trapées, des Circéées et des Isnardiées ont été parfois élevées à la dignité de familles :

Gynécée isocarpellé et infère. Fleurs régulières. 4mères. Androcée
- isostémone. Capsule septicide . . . . *Isnardiées.*
- diplostémone.
  - Capsule loculicide . . . . . *Œnothérées* (Epilobium, Œnothera).
  - Baie. . . . . *Fuchsiées.*
  - F. nucamentacé, 1-4 séminé. *Gaurées.*
- 2mères. Fruit nucamentacé, 1-2 séminé. . . *Circéées.*

Fleurs irrégulières. 1-2 étamines. Capsule loculicide. . *Lopéziées.*

Gynécée anisocarpellé : 2 carpelles dans fleur tétramère. Ovaire semi-infère. Fruit nucamenteux portant 3-4 épines et monosperme . . . . *Trapées.*

Les **Haloragacées** (Hippuris, Myriophyllum, Callitriche ?, Gunnera) sont, pour une bonne part, des plantes aquatiques que Bentham et Hooker placent parmi les Rosales, tandis que Payer les confond avec les Œnothéracées. Elles se distinguent de celles-ci par leurs feuilles le plus souvent alternes, par leurs fleurs petites, fréquemment incomplètes, apérianthées et diclines, par leurs ovules solitaires pendants, leurs styles distincts et la présence d'un albumen charnu.

PASSIFLORALES

554. — Les Passiflorales sont des végétaux le plus souvent herbacés, parfois des arbrisseaux, rarement des arbres (quelques Samydacées et Datiscacées) : plusieurs sont volubiles (Loasacées, en partie), ou grimpants par le moyen de vrilles résultant de la transformation de feuilles (Cucurbitacées) ou de rameaux (Passifloracées). Feuilles généralement alternes (exc.: quelques Loasacées). Fleurs le plus souvent régulières et hermaphrodites (Samydacées, Loasacées et Turnéracées), hermaphrodites ou unisexuées (Passifloracées), unisexuées régulières (Cucurbitacées) ou irrégulières (Bégoniacées), unisexuées ou polygames (Datiscacées). Gynécée syncarpellé à ovaire le plus souvent infère, plus rarement semi-infère, ou libre au centre d'une coupe formée par la base soudée des trois verticilles externes (Passifloracées, Turnéracées). Ovaire uniloculaire à placentas pariétaux, plus ou moins proéminents dans la cavité ovarienne, rarement pluriloculaire, la cavité étant alors partagée par de véritables cloisons (Bégoniacées). Le style est plus ou moins profondément divisé, ou bien simple (Samydacées et Loasacées en partie), ou bien ses branches sont libres dès la base (Datiscacées et Bégoniacées, en partie).

On les divise en sept familles dont nous avons fait connaître les traits distincts : *Samydacées, Loasacées, Turnéracées, Passifloracées, Cucurbitacées, Bégoniacées, Datiscacées.*

Cucurbitacées

555. — Les Cucurbitacées comprennent environ 70 genres et 470 espèces, habitant surtout les contrées tropicales ou subtropicales. En France, nous ne trouvons à l'état spontané que trois plantes : les *Bryonia dioica*, *B. alba*, et *Ecballium Elaterium* ; encore la première est-elle seule fort répandue. On y cultive aussi, à la façon des végétaux annuels, plusieurs plantes provenant des parties chaudes de l'Asie : le *Citrullus vulgaris* (Pastèque), les *Cucumis Melo* (Melon) et *sativus* (Cornichon ou Concombre), *Lagenaria vulgaris* (Gourde), enfin, les *Cucurbita maxima* (Potiron), *Melopepo* (Turban, Bonnet d'électeur) et *Pepo* (Giraumont).

Les Cucurbitacées sont le plus souvent des herbes annuelles ou vivaces (Bryonia), grimpantes par des vrilles foliaires, ou couchées (*Ecballium Elaterium*), rarement dressées. Leurs feuilles sont alternes, sans stipules, à limbe entier, denté, lobé ou palmatipartite, souvent recouvertes de poils rudes. Les fleurs sont parfois solitaires et axillaires, ou en grappes ou encore en panicules, régulières, unisexuées monoïques (Ecballium Lagenaria, Cucurbita), ou dioïques (*Bryonia dioica*), ou polygames, parfois tantôt polygames, tantôt monoïque (Cucurbita).

Elles sont ordinairement pentamères (raremennt 3-6mères), avec ovaire infère ou semi-infère (*Cucurbita Melopepo*) formé de cinq ou de trois carpelles seulement. La corolle est tantôt gamopétale (Cucurbita, Citrullus), tantôt dialypétale (Ecballium et Bryonia). L'androcée est triadelphe, constitué par deux masses présentant deux loges polliniques extrorses s'ouvrant par une fente sinueuse en S la troisième n'en possédant qu'une de semblable conformation. Chez les Sicyées, les étamines sont monadelphes, mais à anthères divisées en trois masses ; les Cyclanthera ont aussi des étamines monadelphes, mais leurs anthères sont toutes confondues, formant au sommet du filet unique un bourrelet circulaire qui se fend sur tout son pourtour pour laisser échapper le pollen. Le gynécée est formé ordinairement de trois carpelles, parfois de cinq, à placentas pariétaux proéminents, se rencontrant au centre de la cavité et se réfléchissant dans les trois loges qu'ils ont formées par leur accolement et les subdivisant parfois de nouveau ; on n'observe qu'une loge chez les Sicyées et quelques autres plantes. Les ovules sont anatropes et généralement nombreux et horizontaux, ou 1-2 par loge et alors dressés ou ascendants (Abobra, Elaterium, Cyclanthera), ou pendants (Sicyos, Sechium, Schizopepon, Fevillea, etc.) Les styles sont soudés ou divisés au sommet et surmontés des stigmates isolés simples ou bifides. Le fruit est rarement déhiscent en trois valves (Schizopepon, Schizocarpon) ou transversalement (Luffa) ; c'est le plus souvent une baie (Bryonia) ou un péponide (v. p. 285) indéhiscent ou *un fruit charnu spécial* lançant ses graines au dehors en se détachant du pédoncule (*Ecballium Elaterium*). La graine ne renferme qu'un embryon droit à cotylédons épaissis, non accompagné d'un albumen.

Les **Passiflora** ont des fleurs hermaphrodites à ovaire supère, stipité, uniloculaire, à placentas pariétaux, et un périanthe corollin porteur d'un nombre indéfini de fines lanières. On a voulu retrouver dans cette plante les principaux instruments de la Passion (Passiflora — Passionis flos) : la couronne d'épines serait représentée par les filaments surajoutés à la corolle : les clous et le marteau, par les anthères et les stigmates élargis ; les cordes, par les vrilles de la tige.

MÉSEMBRYANTHÉMALES

556. — Herbes ou sous-arbrisseaux à feuilles épaisses (Mésembryanthémacées) ou à tige grasse épineuse dépourvue de feuilles véritables (Echinocactacées), à fleurs généralement régulières, à calice imbriqué et à pétales et à étamines en nombre indéfini. Le gynécée est syncarpellé, l'ovaire le plus souvent infère, uniloculaire et à placentation pariétale (Echinocactacées), ou 4-multiloculaire (Mésembryanthémacées) à placentation pariétale, basilaire ou axile. Styles libres ou soudés chez celles-ci, ou divisés supérieurement en rayons chez celles-là. L'embryon est bien souvent incurvé, parfois même en cercle.

Echinocactacées ou Cactées

557. — Plusieurs botanistes ont regardé cette famille, très naturelle, comme formée par un genre unique, Cactus, mais la plupart des auteurs actuels ne partagent pas cette manière de voir et le nom générique de Cactus n'a pas même été conservé pour désigner un des groupes de la famille, bien qu'on le retrouve comme suffixe dans les noms de divers genres (Echinocactus, Melocactus, Discocactus, Phyllocactus) Peut-être serait-il possible, en raison de cette considération, d'admettre une famille des Cactacées, mais l'application stricte de la règle oblige à remplacer ce nom par celui d'Echinocactacées. Ces végétaux,qui réalisent au plus haut degré le type des plantes à tiges grasses, sont presque tous originaires des lieux secs et pierreux des régions chaudes de l'Amérique, particulièrement du Texas et du Mexique. Ils comprennent un millier d'espèces réparties entre une douzaine de genres bien légitimes, qui ont été souvent démembrés en un plus grand nombre par les fleuristes : ces végétaux sont en effet très recherchés, soit en raison de la singularité de leur port, soit pour leurs fleurs, dont la durée est parfois très courte, réduite même à quelques heures, mais qui peuvent compter, au moins pour certaines espèces, parmi les plus belles que l'on connaisse (*Cereus speciossimus,* Phyllocactus).

Si l'on met à part les Pereskia, qui sont des arbrisseaux à larges feuilles planes, les autres Cactées ont des tiges grasses, tantôt en colonne cannelée, plus ou moins élancée (Cereus), tantôt courtes et très renflées (Mamillaria,Melocactus, Echinocactus),tantôt formées d'articles successifs,en larges raquettes ovales ou arrondies (Opuntia),ou en lames vertes parcourues par une côte médiane (Phyllocactus, Epiphyllum). Les racines sont adaptées à l'absorption rapide de l'eau, dont ces plantes font provision dans leur tige. Chez ces plantes les feuilles sont très petites, squamiformes, fugaces, et elles présentent à leur aisselle, souvent au milieu d'un duvet cotonneux, des épines, droites ou recourbées en hameçon au sommet, disposées en faisceaux le plus souvent, et qui représentent les feuilles des rameaux axillaires. Chez les Epiphyllum et les Phyllocactus, les ailes qui bordent les côtes seraient de nature foliaire, la tige étant là cylindrique et formant la côte. Les fleurs sont hermaphrodites et régulières, le plus souvent solitaires (exc. : Pereskia et Opuntia), les trois verticilles externes formés de nombreuses pièces spiralées, les sépales passant insensiblement à l'état de pétales ; ces trois verticilles, en demeurant soudés chez les Echinocactées, au delà de l'ovaire, qui est toujours infère, y forment un long tube dans lequel se cachent les organes générateurs. Le gynécée est constitué par un nombre variable de carpelles qui produisent un ovaire infère à placentas pariétaux portant de nombreux ovules anatropes et horizontaux. Le style est simple, terminé par des stigmates linéaires et rayonnants. Le fruit est une baie lisse (Rhipsalis, Mamillaria, Melocactus), ou bien recouverte d'épines (Opuntia), ou de duvet (Echinocactus, Cereus). Les graines sont très nombreuses, à testa crustacé, à embryon plus ou moins recourbé, sans albumen ou n'ayant qu'un albumen peu abondant.

On divise ces végétaux en deux tribus : 1° les *Echinocactées*, chez lesquelles le périanthe tubuleux dépasse longuement l'ovaire et dont la tige tuberculeuse, plus ou moins allongée, est d'une seule venue (Melocactus, Mamillaria, Echinocactus, Cereus, etc.) ou articulée (Phyllocactus et Epiphyllum) ; 2° les *Opuntiées*, où les trois verticilles externes sont épigynes dans le sens strict du mot et la tige articulée, aphylle ou à feuilles squamiformes (Rhipsalis, Nopalea, Opuntia), ou cylindrique et foliacée (Pereskia). L'*Opuntia vulgaris* s'est naturalisé dans le midi de la France.

558.— Les **Mésembryanthémacées** se rapprochent beaucoup des Cactées : elles en diffèrent par leur port normal, leur calice ne comprenant qu'un petit nombre (4-5) de sépales, leur ovaire pluriloculaire à placentas pariétaux basilaires ou axiles, leurs styles libres, leur fruit capsulaire et leur albumen volumineux (Mesembryanthemum, Tetragonia, Aizoon, Sesuvium, Telephium, Mollugo). On trouve en Provence et en Corse, dans les sables maritimes, les *Mesembryanthemum nodiflorum* et *crystallinum*.

APIALES ou OMBELLALES

559. — Végétaux herbacés (Apiacées ou Ombellifères) ou ligneux (Araliacées et Cornacées), à fleurs régulières, ordinairement pentamères (Apiacées et Araliacées) ou tétramères (Cornacées), avec androcée isostémone ; ovaire infère surmonté d'un disque, 2-pluriloculaire, rarement uniloculaire ; ovules solitaires dans chaque loge et pendants. Styles distincts (Apiacées, Araliacées) ou soudés (Cornacées). Albumen copieux, charnu ou corné. Embryon minime (Apiacées et Araliacées) ou allongé (Cornacées), à radicule supère.

Trois familles (*Apiacées*, *Araliacées* et *Cornacées*) que beaucoup de botanistes réduisent à deux en fusionnant les deux premières.

Apiacées ou Ombellifères

560. — Si l'on sépare des Apiacées les Ombellifères, dites fausses ou imparfaites, qui sont relativement nombreuses, il reste un groupe très homogène formé de 125 genres environ, constituant une famille monotype au premier chef, dont les membres sont difficiles à distinguer les uns des autres à première vue. En y comprenant les Apiacées sans ombelles vraies, la famille renferme environ 150 genres et 1.300 espèces, qui habitent les régions tempérées (particulièrement de l'Europe et de l'Asie) et froides, gagnant jusqu'au sommet des hautes montagnes, le seul point où on les rencontre dans les contrées chaudes.

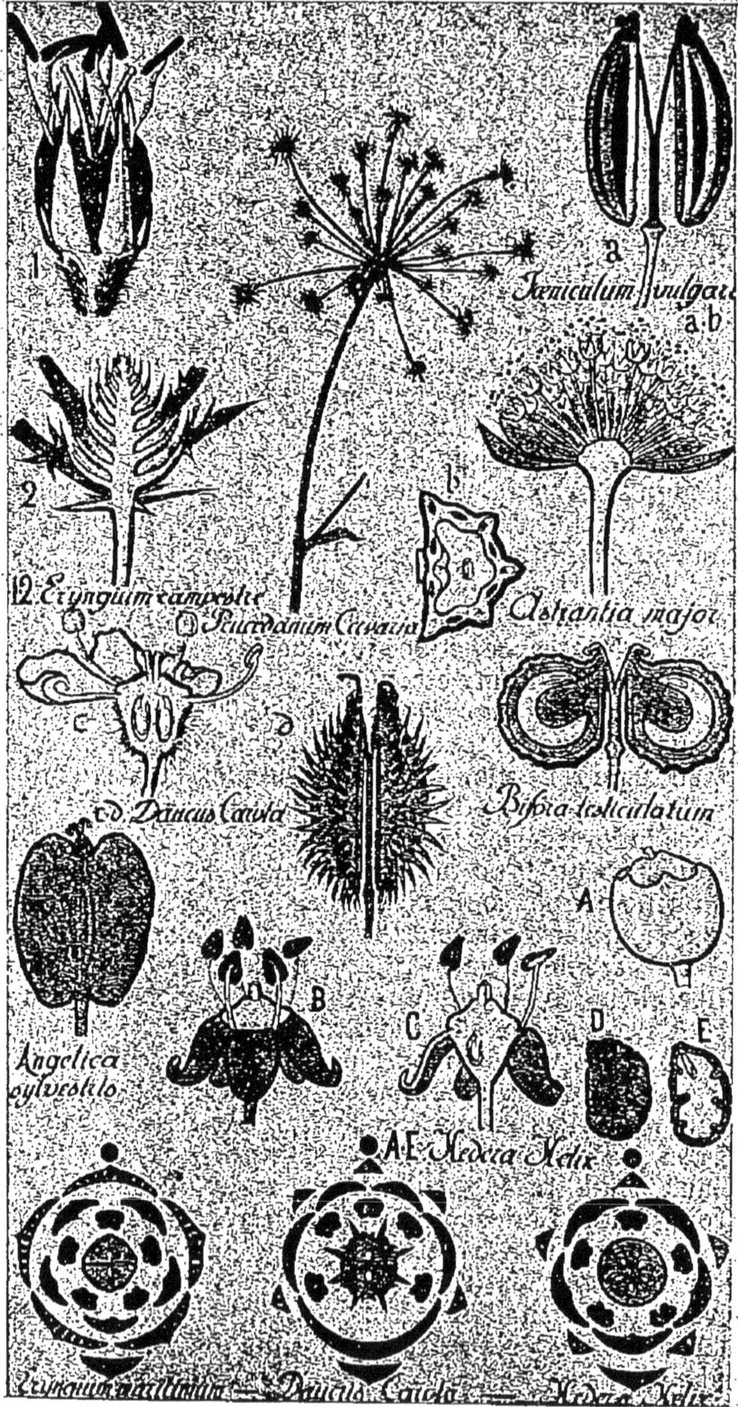

Fig. 328. — Apiacées ou Ombellifères

Ce sont des herbes annuelles, bisannuelles (Carotte) ou vivaces, très rarement des arbrisseaux (quelques Peucedanum, Eryngium et Bupleurum), encore plus rarement des arbres (Myodocarpus, quelques Peucedanum et Eryngium), à tige aérienne cannelée et fistuleuse, avec des diaphragmes, souvent incomplets, à l'insertion des feuilles. Toutes les parties aériennes présentent des canaux excréteurs, producteurs de gommes-résines. Les feuilles sont alternes, simples, souvent à limbe très découpé (exc. : Bupleurum, dont les feuilles sont considérées comme des phyllodes par beaucoup de botanistes), fortement engainantes, sans stipules (cependant la gaine se découpe latéralement en appendices stipulaires chez plusieurs Ombellifères fausses : Hydrocotyle, Bowlesia, Mulinum, etc.). A l'exemple de ce qui se passe chez beaucoup de végétaux herbacés, les feuilles se modifient sur le parcours de la tige, diminuant leur ampleur et perdant parfois leur pétiole en se rapprochant des inflorescences.

Chez les véritables Ombellifères, l'inflorescence est toujours une ombelle composée, présentant un involucre à la base de l'inflorescence, et des involucelles au pied des ombellules (Daucus, Conium, etc.), ou des involucelles seulement (*Cicuta virosa*, *Æthusa cynapium*, *Coriandrum*, etc.); ces bractées peuvent manquer totalement (Fœniculum, Pastinaca, etc.), mais, en règle générale, il n'y a pas d'involucres sans involucelles, l'inverse étant fréquent. Chez les fausses Ombellifères, les inflorescences sont variables, mais elles appartiennent toujours au type indéfini, même lorsqu'elles simulent une ombelle simple comme chez les Astrantia, ou composée telle qu'on en rencontre chez les Sanicles ; chez les Hydrocotyle, on trouve des cymes triflores et des inflorescences capituloïdes chez les Eryngium. On voit parfois (notamment chez la Carotte) l'ombellule centrale avorter en partie et être remplacée par une fleur monstrueuse par la multiplication de toutes ses parties ; ailleurs, les fleurs de cette ombellule demeurent stériles (*Heracleum sphondylium*). Les fleurs sont généralement hermaphrodites, parfois unisexuées et alors les végétaux sont tantôt polygames monoïques (Astrantia, Chærophyllum, Heracleum), tantôt polygames dioïques (*Trinia vulgaris*) ou tout à fait dioïques (Arctopus). Elles sont pentamères dans les trois verticilles externes avec gynécée dimère à ovaire nettement infère ; elles deviennent parfois partiellement irrégulières par suite du développement plus considérable, vers l'extérieur, des fleurs qui occupent la périphérie de l'ombelle (*Scandix Pecten-Veneris*, *Orlaya grandi-*

flora, Coriandrum, Heracleum, etc.). La partie libre du calice est le plus souvent réduite à un bourrelet relevé de cinq dents minuscules ; c'est chez quelques Ombellifères fausses (Eryngium, Sanicula, Astrantia, Mulinum, notamment) qu'il est le plus développé. Les pétales sont imbriqués et souvent recourbés vers l'intérieur. Les étamines sont oppositisépales, biloculaires, introrses, à filets recourbés vers l'axe de la fleur. Le gynécée est formé de deux carpelles, l'un antérieur, l'autre postérieur, coalescents, produisant un ovaire infère, biloculaire et dont les loges ne contiennent chacune qu'un seul ovule anatrope à un seul tégument, pendant et à raphé interne. Le sommet de l'ovaire est coiffé d'un disque épais, bilobé le plus souvent (*stylopode*), du milieu duquel s'échappent deux styles assez courts, terminés par des stigmates obtus ou arrondis.

Le fruit est un diachaine, dont les deux éléments (*méricarpes*), en se séparant à la maturité, demeurent néanmoins attachés pendant quelque temps à la plante, fixés au sommet d'une colonnette, qui se fend supérieurement pour former une sorte d'Y (*carpophore*) et qui représente les faisceaux marginaux (placentaires) des feuilles carpellaires, séparés du reste du gynécée. La face primitivement externe de chaque achaine est hérissée de *côtes* s'étendant du haut en bas du méricarpe. Ces côtes laissent entre elles des dépressions nommées *vallécules*. Parmi ces côtes il en est dix (cinq sur chaque achaine) qui ne manquent jamais et qu'on distingue par le nom de *côtes primaires*. Il y en a une sur le milieu de chaque achaine (*côte dorsale*), deux qui prolongent la *face commissurale* (celle par laquelle les deux méricarpes étaient accolés à l'origine) et qui sont les *côtes marginales* ; les deux dernières, forcément intermédiaires aux précédentes, sont les *côtes latérales, intermédiaires*, ou *petites côtes*, parce qu'on les voit souvent prendre des dimensions bien moins considérables que les côtes dorsales et marginales. Chez un certain nombre d'Ombellifères il s'ajoute quatre côtes nouvelles à chaque méricarpe ; ces côtes, dites *secondaires*, s'étendent entre les précédentes dans le fond des vallécules. Bentham et Hooker distinguent les premières de ces Ombellifères par le nom d'*Haplozygiées* et les secondes, par celui de *Diplozygiées*. Il arrive parfois que certaines côtes primaires ou que les côtes secondaires se développent considérablement en ailes : l'on observe alors des méricarpes ditétra- ou pentaptères. Dans le fruit, des canaux excréteurs courent de bas en haut dans la substance du péricarpe, se localisant en partie sur la face

- **Apiacées**
  - sans ombelles véritables et dépourvues de bandelettes : **Hétérosciadiées.** Fruits
    - comprimés latéralement, donc à face commissurale étroite. Face dorsale du fruit
      - carénée : *Hydrocotylées* (Hydrocotyle, Trachymène, etc.).
      - concave ou plane : *Mulinées* (Mulinum, Bowlesia, etc.).
    - comprimés par le dos, à face commissurale large ou non, et dans ce dernier cas, arrondis : *Saniculées* (Sanicula, Eryngium, Astrantia, etc.).
  - avec ombelles composées et bandelettes : **Eusciadiées.** Face commissurale de l'albumen
    - plane : **Orthospermées.** Des côtes primaires
      - seulement : **Haplozygiées.** Fruits
        - comprimés latéralement, donc à face commissurale étroite : *Amminées* (Cicuta, Apium, Petroselinum, Ammi, Pimpinella, Sium, Helosciadium, Trinia, Carum, Bupleurum, Ægopodium, etc.).
        - comprimés par le dos, à face commissurale large : fruits lentiformes : *Peucédanées* (Pastinaca, Heracleum, Anethum, Peucedanum, Imperatoria, Angelica, Archangelica, Selinum, Levisticum, Tordylium, Ferula, Dorema, Bubon, Opopanax, etc.).
        - non comprimés et à dos arrondi, cylindriques ou prismatiques ; *Sésélinées* (Phellandrium, Œnanthe, Æthusa, Fœniculum, Seseli, Libanotis, Athamanta, Meum, Silaus, Crithmum, etc.).
      - accompagnées de côtes secondaires : **Diplozygiées.** Fruits comprimés
        - latéralement, sans ailes : *Cuminées* (Cumin).
        - par le dos
          - tétraptères par développement des côtes secondaires : *Laserpitiées* (Laserpitium, Thapsia).
          - armés (côtes secondaires relevées d'aiguillons) : *Daucées* (Daucus, Orlaya).
          - lenticulaires (côtes toutes semblables, point d'ailes ni d'épines) : *Silérinées* (Siler, Galbanum).
    - involutée : **Campylospermées.** Des côtes primaires
      - seulement : **Haplozygiées.** Fruits
        - comprimés par le côté, plus longs que larges, souvent rostrés : *Scandicinées* (Scandix, Anthrisus, Chærophyllum, Myrrhis).
        - renflés, aussi larges que longs : *Smyrniées* (Conium, Smyrnium, Cachrys).
        - à un seul méricarpe fertile. Ombelles monoïques composées d'une seule fleur femelle, entourée d'un grand nombre de fleurs mâles : *Echinophorées* (Echinophora, Pycnocycla).
      - accompagnées de côtes secondaires : **Diplozygiées.** Fruits
        - cylindriq., comprimés par le dos, diptères : *Elæosélinées* (Elæoselinum, Margotia).
        - presqu'arrondis ou comprimés par le dos, à côtes secondaires hérissées d'aiguillons (armées) : *Caucalidées* (Caucalis, Turgenia, Torilis).
    - concave : **Cœlospermées** : *Coriandrées* (Bifora, Coriandrum).

commissurale, en partie sur la face externe, et, là, ils occupent, par un ou par deux, le fond des vallécules, où on les distingue sous forme de traînées plus ou moins foncées, appelées *vittæ* ou *bandelettes*. Parfois, ces canaux, plus nombreux, à peine séparés les uns des autres, occupent toute la périphérie du fruit ; par contre, ils avortent de bonne heure dans la grande Ciguë (*Conium maculatum*) et ils manquent en tout temps aux Ombellifères fausses ou *Hétérosciadiées* (de σκιάδιον, ombrelle : l'inflorescence n'a pas la forme d'une ombrelle). Les fruits sont tantôt demi-cylindriques, tantôt déprimés et alors aplatis, ou bien parallèlement à la face commissurale ou bien perpendiculairement à celle-ci. Le bord libre des côtes est continu le plus souvent, mais, chez quelques sujets (Carotte, etc.), il est hérissé de pointes (Ombellifères à fruits armés).

La graine est soudée avec le fruit. Elle présente un tégument écrasé entre le péricarpe et l'albumen, un embryon, très petit, situé tout à fait à l'extrémité supérieure de la graine qui confine au stylopode ; le reste de la masse est constitué par un volumineux albumen corné. La face commissurale de l'albumen est tantôt plane (*Ombellifères orthospermées*), tantôt concave (*Ombellifères cælospermées*), tantôt, enfin, elle présente des bords involutés qui limitent une cavité longitudinale en fer à cheval (*Ombellifères campylospermées*).

Nous allons faire application de ces connaissances à la division des Apiacées en tribus (voir page 588) :

Araliacées

561. — Les Araliacées, avons-nous dit, sont rangées par plusieurs auteurs parmi les Apiacées au titre de tribu : en tout cas, on est d'accord pour considérer les Araliacées comme le type Apiacé adapté aux régions chaudes : par la consistance ligneuse de leurs tiges et leurs fruits charnus, ces végétaux seraient aux Apiacées ce que les Verbénacées sont aux Lamiacées et les Dilléniacées aux Renonculacées. Les paléontologues les regardent comme les ancêtres des Apiacées.

Les Araliacées comprennent une quarantaine de genres et environ 340 espèces, toutes ligneuses à peu d'exceptions près (quelques Aralia et la seule espèce connue de Stilbocarpa), habitant en majeure partie entre les tropiques, rarement dans les régions tempérées. Le lierre (*Hedera Helix*) est le seul membre de cette famille qui croisse spontanément en France, mais les horticulteurs y cultivent, pour leur feuillage, divers Aralia, Panax, Fatsia, Schefflera, Delarbrea, Pseudopanax, Oreopanax, etc. Leurs feuilles sont généralement alternes, simples ou composées, sans stipules. Leurs fleurs régulières, ordinairement hermaphrodites, parfois polygames ou dioïques par avortement, sont disposées en ombelles ou en capitules nus ou involucrés, réunis en grappes ou en épis, à moins qu'elles ne forment elles-mêmes des épis ou des grappes simples. Les fleurs sont le plus souvent pentamères, parfois 3-plurimères ; leurs pétales sont valvaires ; les étamines, dans quelques cas, se dédoublent ou même se divisent plusieurs fois. L'ovaire infère, surmonté d'un disque, présente 1-2 ou plusieurs loges (autant que de carpelles), contenant chacune un seul ovule anatrope, pendant, à raphé ventral. Les styles sont généralement distincts, ou plus ou moins soudés, terminés par un stigmate simple. Le fruit est ordinairement une baie contenant un nombre variable de noyaux dont l'enveloppe est tantôt résistante, tantôt membraneuse (Hedera), ou même charnue. Les semences, solitaires dans les noyaux, présentent un albumen puissant, charnu ou corné, et un embryon petit. Ces plantes présentent des canaux excréteurs comme les Apiacées.

Le lierre possède comme caractères particuliers d'être grimpant au moyen de racines adventives formant crampons, de posséder des feuilles persistantes de deux formes différentes : celles des rameaux stériles tri-pentalobées, celles des rameaux fertiles entières, ovales, acuminées. Les fleurs, disposées en ombelles simples, sont typiquement pentamères dans tous leurs verticilles (mais le nombre des membres des trois verticilles internes peut s'élever à 10) et produisent une baie à 5-10 noyaux dont la paroi est parcheminée. L'albumen est ruminé.

Nous avons fait connaître les noms des principaux genres.

Cornacées

562. — Les Cornacées forment le passage entre les Dicotylédones dialypétales et les Dicotylédones gamopétales ; elles sont en effet fortement apparentées, d'une part aux Araliacées dont elles se distinguent surtout par leurs feuilles le plus souvent opposées, leurs pétales valvaires et leurs ovules à raphé dorsal, d'autre part, aux Caprifoliacées-Sambucées qui sont gamopétales et dont la corolle présente la préfloraison imbriquée. On en connait 75 espèces, réparties entre une douzaine de genres et qu'on rencontre surtout dans les régions tempérées de l'hémisphère boréal. Deux espèces seulement, les *Cornus mas* et *sanguinea*, représentent à l'état spontané cette famille en France ; on y cultive aussi beaucoup, dans les jardins, l'*Aucuba japonica*.

Les Cornacées sont des arbres ou des arbrisseaux, rarement des herbes (quelques Cornus), à feuilles presque toujours opposées et sans stipules, à fleurs tétramères hermaphrodites (Cornus) ou unisexuées (Aucuba), avec gynécée ordinairement bicarpellé, disposées en capitules ou en ombelles involucrés. Les pétales sont ordinairement valvaires. L'ovaire infère, surmonté d'un disque peu développé est biloculaire, rarement tri-quadriloculaire, à loges uniovulées, à ovules pendants ayant un raphé dorsal. Les styles sont soudés. Le fruit est le plus souvent une drupe contenant un seul noyau pluriloculaire et à loges uniséminées. Ces drupes peuvent se souder entre elles. Les graines renferment un embryon cylindrique, de même longueur qu'elles, entouré par un albumen charnu et copieux.

Les Cornus ont des fleurs hermaphrodites, tétramères, avec gynécée bicarpellé. Les Aucuba possèdent des fleurs diclines et dioïques, tétramères, avec gynécée monocarpellé et embryon minime.

XVIII. — DICOTYLÉDONES GAMOPÉTALES

563. — Ce groupe est considéré comme renfermant les Dicotylédones les plus élevées en organisation, en raison de la constitution de leur fleur dont le périanthe, en coupe, enveloppe les organes reproducteurs et, par sa protection, permet une fécondation plus assurée et le développement plus certain des embryons. Aussi n'observe-t-on que rarement chez ces végétaux la répétition en grand nombre des organes générateurs dans la même fleur, comme cela est fréquent chez les Dialypétales.

Négligeant ici les exceptions, on peut dire que les Gamopétales affectent tous les ports connus. Leurs feuilles sont généralement simples et sans stipules. Leurs fleurs hermaphrodites pentamères ou tétramères, actinomorphes ou zygomorphes ont tantôt un ovaire supère, tantôt un ovaire infère. Le calice est dialy- ou gamosépale ; la corolle, toujours gamopétale, est généralement staminifère.

L'androcée est généralement isostémone ou méiostémone par avortement, rarement diplostémone. Le gynécée, parfois unicarpellé, ne comprend généralement qu'un petit nombre de carpelles, 2, 3, 4, 5 ; ses parties sont alors toujours plus ou moins concrescentes, étant unies par les styles lorsqu'elles ne le sont pas par les ovaires. Les ovules n'ont fréquemment qu'un seul tégument.

Ces végétaux se divisent en trois séries : 1° les **Hétéromères**, chez qui, l'ovaire étant supère, l'androcée est iso- ou diplostémone ; là, le gynécée, pluricarpellé, montre plus de deux carpelles ; 2° les **Bicarpellées**, également à ovaire supère, mais à androcée iso- ou méiostémone et à gynécée composé de deux carpelles ; 3° les **Infères**, renfermant les Gamopétales inférovariées ; chez elles l'androcée est ordinairement isostémone.

Série I. — GAMOPÉTALES HÉTÉROMÈRES.

564. — Chez ces végétaux, le gynécée, fréquemment isocarpellé, présente typiquement plus de deux carpelles. Les étamines y sont en nombre double des pétales ou en nombre égal par avortement du rang externe oppositisépale ; contrairement à la règle générale, elles sont souvent indépendantes de la corolle.

On les divise en trois classes : les *Ericales*, les *Primulales* et les *Ebénales*.

ERICALES

565. — Fleurs actinomorphes, hermaphrodites, tétra- ou pentamères. Corolle gamopétale, exceptionnellement dialypétale. Ordinairement deux verticilles d'étamines, plus rarement un seul épipétale.

Ces étamines sont le plus souvent libres d'adhérence avec la corolle. Gynécée isocarpellé, ordinairement supère. Style terminé par plusieurs lobes stigmatiques. Graines peu volumineuses. Principales familles : *Ericacées* et *Epacridacées*.

Ericacées

566. — On peut comprendre parmi les Ericacées les Pyrolées et les Monotropées que divers botanistes élèvent à la dignité de familles. La famille étant ainsi limitée, nous dirons qu'elle se compose surtout de végétaux ligneux sous-frutescents, mais les Pyroles et les Monotropa sont des herbes ; ces dernières sont parasites, donc dépourvues de chlorophylle et ont le port des Orobanches. Les feuilles sont simples, sans stipules, alternes, opposées ou verticillées, plus ou moins étalées et coriaces (Azalea, Rhododendron), ou aciculaires (Erica), parfois écailleuses (Calluna).

Les fleurs, hermaphrodites, sont ordinairement actinomorphes (exc.: Azalea), tétra- ou pentamères, solitaires ou, plus souvent, en grappes.

Le calice est persistant, la corolle gamopétale ou dialypétale (certaines Monotropées et Pyrolées). L'androcée diplostémone, en règle générale, présente des étamines indépendantes de la corolle, appendiculées dans les Ericées. Les anthères biloculaires présentent le plus souvent la déhiscence poricide apicilaire. Le pollen est groupé en tétrades. Le gynécée, ordinairement supère, est cependant infère chez les Vacciniées ; les carpelles sont en même nombre que les pétales et leur sont opposés. L'ovaire est pluriloculaire, à placentation axile et les loges contiennent de nombreux ovules anatropes. Le fruit est parfois charnu (Airelles), mais le plus souvent capsulaire (Pyrolées et Monotropées). Les graines, petites, ordinairement albuminées, présentent un embryon droit et axile, sauf chez les Pyrolées et les Monotropées où les graines minuscules ne renferment qu'un embryon imparfait.

Les Ericacées habitent à peu près toutes les régions ; elles sont cependant rares en Australie, où elles sont remplacées par les **Epacridacées** qui ont le port des bruyères, mais s'en distinguent par un androcée isostémone, porté par la corolle, et dont les étamines uniloculaires s'ouvrent par une fente longitudinale.

Les principaux végétaux de cette famille sont : les Erica (bruyères), Clethra, Azalea, Rhodendron, Kalmia, Vaccinium (Airelles), Arbutus (Arbousiers), Pyrola et Monotropa.

On peut diviser succinctement les Ericacées en quatre tribus, en se fondant sur les caractères suivants :

Ovaire	infère, fruit charnu			*Vacciniées.*
	supère, tige	ligneuse		*Ericées.*
		herbacée	verte et feuillue	*Pyrolées.*
			blanchâtre et squameuse	*Monotropées.*

PRIMULALES

567. — Fleurs hermaphrodites, actinomorphes, pentamères, à corolle gamopétale présentant la préfloraison contournée. Androcée diplostémone avec avortement du verticille externe oppositisépale,qui peut cependant être représenté par des staminodes. Ovaire ordinairement supère, uniloculaire, à placentation centrale libre, multi- (*Primulacées*) ou pauciovulé (*Plumbaginacées*).

Primulacées

568. — Herbes vivaces et terrestres à rhizome parfois tubéreux (Cyclamen), rarement aquatiques (Hottonia). Feuilles souvent toutes radicales (Primula), ou alternes(Samolus), parfois verticillées(Lysimachia),sans stipules.Fleurs solitaires (Anagallis), ou groupées en cymes ombelliformes (*Primula veris*), en grappe ou en épis, hermaphrodites, actinomorphes et pentamères. Corolle gamopétale staminifère, manquant chez les Glaux. Androcée des Primulales. Gynécée à cinq feuilles carpellaires soudées sur toute leur étendue, formant un ovaire supère, plus rarement demi-infère (Samolées), à placenta central, supportant de nombreux ovules campylotropes, plus rarement anatropes. Style simple, stigmate entier. Fruit capsulaire à déhiscence pixidaire ou valvaire, alors denticide ou septicide. Graines à hile ventral ou terminal, renfermant un albumen charnu et un embryon droit.

Les Primulacées habitent pour la plupart les régions tempérées de l'Europe et de l'Asie. Elles sont remplacées dans la zone intertropicale par les *Myrsinacées*, dont la distinction porte principalement sur la présence d'une tige ligneuse et de fruits charnus chez ces derniers végétaux.

On divise les Primulacées en quatre tribus fondées sur les caractères suivants :

Ovaire
- supère, ovules
  - campylotropes. Capsule à déhiscence
    - denticide ou valvaire. *Primulées.*
    - pyxidaire . . . . . . *Anagallidées.*
  - anatropes, capsule à déhiscence valvaire. . . . . *Hottoniées.*
- semi-infère. Ovules anatropes. Capsule à déhiscence valvaire. . . . . *Samolées.*

Les Androsaces, Primevères, Cyclamens, Soldanelles, Lysimaques, Mourons (Anagallis) et Samoles sont des Primulacées qu'on rencontre fréquemment en France, au moins dans certaines localités.

Plumbaginacées

569. — Les Plumbaginacées sont des plantes cosmopolites herbacées, vivaces ou sous-frutescentes, comme les Armeria et les Statice, qui abondent le long des mers, ou bien des arbrisseaux comme les Plumbago. Les feuilles sont tantôt fasciculées au sommet du rhizome, tantôt alternes sur la tige, non stipulées. L'inflorescence est diverse et la fleur hermaphrodite nettement pentamère. Les pétales sont presque libres chez les Statice et Armeria, et staminifères ; longuement concrescents chez les Plumbago, ils ne donnent pas là attache aux étamines. Androcée oppositisépale, alternant sur le réceptacle chez Plumbago avec cinq saillies que l'on a décrites comme des staminodes.

Le gynécée pentacarpellé produit un ovaire uniloculaire surmonté de cinq styles, indépendants ou non sur une partie de leur étendue. Il ne renferme qu'un ovule anatrope, suspendu à un long placenta central, filamenteux, recourbé vers le haut pour reporter sous le canal stylaire le micropyle de l'ovule, au-devant duquel descend un prolongement du tissu conducteur. Fruit sec, déhiscent longitudinalement ou transversalement (Armeria, Statice). Graine à embryon droit dans un albumen farineux, peu abondant.

Série II. — GAMOPÉTALES BICARPELLÉES.

570. — Végétaux à gynécée bicarpellé et à ovaire supère. Leur androcée est iso- ou méiostémone. On les divise en quatre classes : d'une part, les *Gentianales* et les *Polémoniales*, composées de végétaux à fleurs actinomorphes, se distinguant entre elles par l'opposition des feuilles chez les premières, leur alternance chez les secondes ; d'autre part, les *Scrophulariales* et les *Lamiales* aux fleurs zygomorphes, celles-là ayant des loges ovariennes multiovulées, celles-ci deux ovules par carpelle seulement. On place à la suite de cette série la famille des *Plantaginacées* en raison d'affinités lointaines avec les Lamiacées.

GENTIANALES

571. — Feuilles généralement opposées (exc.: Ményanthées et quelques Apocynacées). Fleurs actinomorphes et hermaphrodites, pentamères ou tétramères le plus souvent. Androcée isomère avec des étamines oppositisépales, ou méiostémone et à étamines alternant avec les carpelles.

On les divise en *Oléacées*, *Salvadoracées*, *Apocynacées*, *Asclépiadacées*, *Loganiacées* et *Gentianacées*.

Oléacées

572. — Végétaux des régions chaudes et tempérées du globe, toujours ligneux : arborescents (Olivier, Frênes) ou frutescents (Lilas, Troène), parfois grimpants (certains Jasmins). Feuilles opposées, simples ou composées-pennées, sans stipules. Inflorescence variable. Fleurs actinomorphes bien souvent tétramères, hermaphrodites, rarement polygames dioïques (Fraxinus). Corolle gamopétale, valvaire indupliquée, staminifère, rarement dialypétale (Ornus) ou nulle (Fraxinus). Androcée à deux étamines, qui alternent avec les carpelles, et à anthères extrorses. Gynécée bicarpellé à ovaire supère, biloculaire, les loges généralement biovulées. Ovules anatropes pendants, à raphé extérieur. Style simple ; stigmate terminal entier ou bilobé. Fruit charnu (Olivier, Troène), samare (Frêne) ou capsule (Lilas). Graines à albumen charnu ou corné et à embryon droit. Les *Jasminées* se distinguent des autres Oléacées par leur corolle à 4, 5, 8 pétales contournés, leurs anthères introrses, leurs ovules à raphé interne, enfin, le manque, ou peu s'en faut, d'un albumen.

Genres principaux : Olea, Ligustrum, Fraxinus, Syringa et Jasminum.

Apocynacées

573. — Plantes surtout fréquentes dans les régions intertropicales ; généralement ligneuses, dressées (Laurier rose) ou grimpantes (Landolphia), rarement herbacées (Pervenches), à latex abondant, parfois recueilli pour la récolte du caoutchouc (Landolphia, Hancornia, Vahea, Willoughbeia, etc.). Feuilles ordinairement opposées ou verticillées, parfois, mais rarement, alternes, entières, sans stipules. Inflorescences en cymes bipares ou scorpioïdes, passant parfois d'une disposition à l'autre. Fleurs actinomorphes, hermaphrodites, presque toujours pentamères. Calice gamosépale présentant souvent des glandes ou des squamules à la base. Corolle gamopétale, staminifère, à gorge présentant quelquefois des poils. Etamines biloculaires, à connectif souvent appendiculé. Pollen granuleux. Gynécée bicarpellé, libre ou plus ou moins concrescent avec le réceptacle; carpelles clos, indépendants dans la partie ovarienne, soudés par les styles qui se terminent, au-dessous des stigmates, par un bourrelet, glanduleux en dessous, retenant les grains de pollen. Ovules ordinairement nombreux et anatropes. Fruit variable, composé le plus souvent de deux follicules libres, au moins à l'époque de la maturité, rarement baie ou drupe. Graines ailées ou portant une touffe de poils, ayant un albumen et un embryon droit.

Cent genres, dont les plus connus sont : Allamanda, Willoughbeia, Landolphia, Thevetia, Cerbera, Vinca, Nerium, Strophanthus, Apocynum, Carissa, Plumeria et Echites.

Asclépiadacées

574. — Les Asclépiadacées sont encore des végétaux à latex comme les précédents et habitant de préférence, eux aussi, les régions chaudes du globe. Ce sont surtout des végétaux ligneux de ports différents : des arbrisseaux dressés ou volubles surtout, mais très rarement des arbres. Les Stapelia sont des végétaux cactiformes, rappelant les Cereus. Leurs feuilles sont opposées, rarement verticillées, simples et entières, non stipulées. Leur fleur rappelle celle des Apocynacees, mais elle s'en distingue par plusieurs points importants et tout à fait caractéristiques, notamment par la structure de l'androcée dont les cinq étamines sont à la fois synanthères et monadelphes, par le pollen aggloméré en pollinies en même nombre que les loges ou les logettes (exc.: Périplocées, qui ont un pollen granuleux en tètrades). Les pollinies sont adhérentes, par des sortes de caudicules, à des glandes visqueuses appartenant à l'extrémité renflée du style. Le fruit est un double follicule; les graines se terminent le plus souvent par une touffe de longs poils soyeux. Le reste, comme pour les Apocynacées.

1.300 espèces réparties entre 150 genres, divisés eux-mêmes entre sept tribus : *Périplocées, Sécamonées, Cynanchées* (Asclepias, Vincetoxicum), *Gonolobées, Marsdéniées, Céropégiées et Stapéliées.*

Gentianacées

575. — Les végétaux de ce groupe sont des herbes vivaces (Menyanthes) ou annuelles (Chlora, Cicendia), rarement des arbrisseaux, qui, pour la plupart, habitent les lieux froids et élevés. Menyanthes se trouve dans les marais ; Villarsia, aux feuilles nageantes, dans les étangs.

Feuilles opposées (exc.: Ményanthées), ordinairement simples et sans stipules. Fleurs hermaphrodites, actinomorphes, pentamères en général, parfois 4, 6, 8mères, ordinairement disposées en cymes terminales ou axillaires, rarement en grappes (Menyanthes). Calice persistant à sépales libres ou soudés, Corolle rotacée ou tubuleuse, gamopétale et staminifère. Androcée isostémone. Gynécée bicarpellé, ordinairement entouré par un disque. Carpelles soudés sur toute leur longueur. Ovaire uniloculaire à placentas pariétaux plus ou moins proéminents dans la cavité, pouvant même, par leur rencontre au centre de l'organe, former un ovaire biloculaire (Exacées). Ovules indéfinis, anatropes ou semi-anatropes. Style simple; stigmate entier ou bilobé. Capsule septicide le plus souvent. Graines à embryon droit et à albumen charnu, abondant. Les Gentianacées présentent des faisceaux libéroligneux bicollatéraux.

Cette famille comprend 520 espèces, réparties entre 50 genres et deux sous-familles : 1° les *Gentianées* (Exacum, Cicendia, Gentiana, Chlora, Erythræa, Swertia), dont la corolle présente une préfloraison tordue, et qui ont des feuilles opposées ainsi qu'un albumen puissant; 2° les *Ményanthées* (Menyanthes, Villarsia), qui ont la corolle valvaire, des feuilles toutes radicales ou alternes et un albumen réduit.

A côté des Gentianacées on place les **Loganiacées** (Strychnos, Logania, Spigelia) qui se distinguent surtout des premières par leur port : ce sont des végétaux ligneux, par leurs feuilles stipulées, leur ovaire biloculaire et leurs ovules semi-anatropes. La noix vomique des pharmacies est constituée par la graine du *Strychnos Nux-vomica* ; on en retire deux alcaloïdes des plus vénéneux : la Strychnine et la Brucine.

POLÉMONIALES

576. — Feuilles généralement alternes. Fleurs presque toujours actinomorphes et pentamères. Corolle staminifère. Androcée isostémone à anthères alternipétales. Gynécée supère à deux carpelles (exc. : 3 carpelles chez Polémoniacées et 3-5 chez quelques Convolvulacées). Cette classe comprend cinq familles : les *Polémoniacées, Hydrophyllacées, Boraginacées, Convolvulacées* et *Solanacées*.

Boraginacées (fig. 329).

577. — Famille très naturelle qui tire son nom du genre Borago (de *Cor*, cœur, et *ago*, j'agis), mais elle a été aussi désignée par celui d'*Aspérifoliées*, en raison de la rudesse des parties aériennes, hérissées de poils résistants et de concrétions calcaires cystolithiques plus ou moins saillantes, ces dernières pouvant exister seules (*Cerinthe major*).

On y rencontre surtout des herbes annuelles et vivaces, mais aussi des arbustes (Ehretia, Héliotropium) et des arbres (Cordiées). Plusieurs de ces végétaux renferment un suc épais, mucilagineux, contenant du nitre (Borago) et des substances astringentes (Consoude). Feuilles alternes, entières, sans stipules. Inflorescence variable, le plus souvent indéfinie : les cymes scorpioïdes y sont fréquentes. Fleurs généralement pentamères (exc.: quelques Cordiées), hermaphrodites et actinomorphes (exc.: Echiées, où elles sont zygomorphes). Calice gamosépale, persistant. Corolle imbriquée, staminifère et présentant sur la gorge, dans de nombreux genres, des écailles, replis ou poils (*fornices*). Etamines biloculaires, introrses.

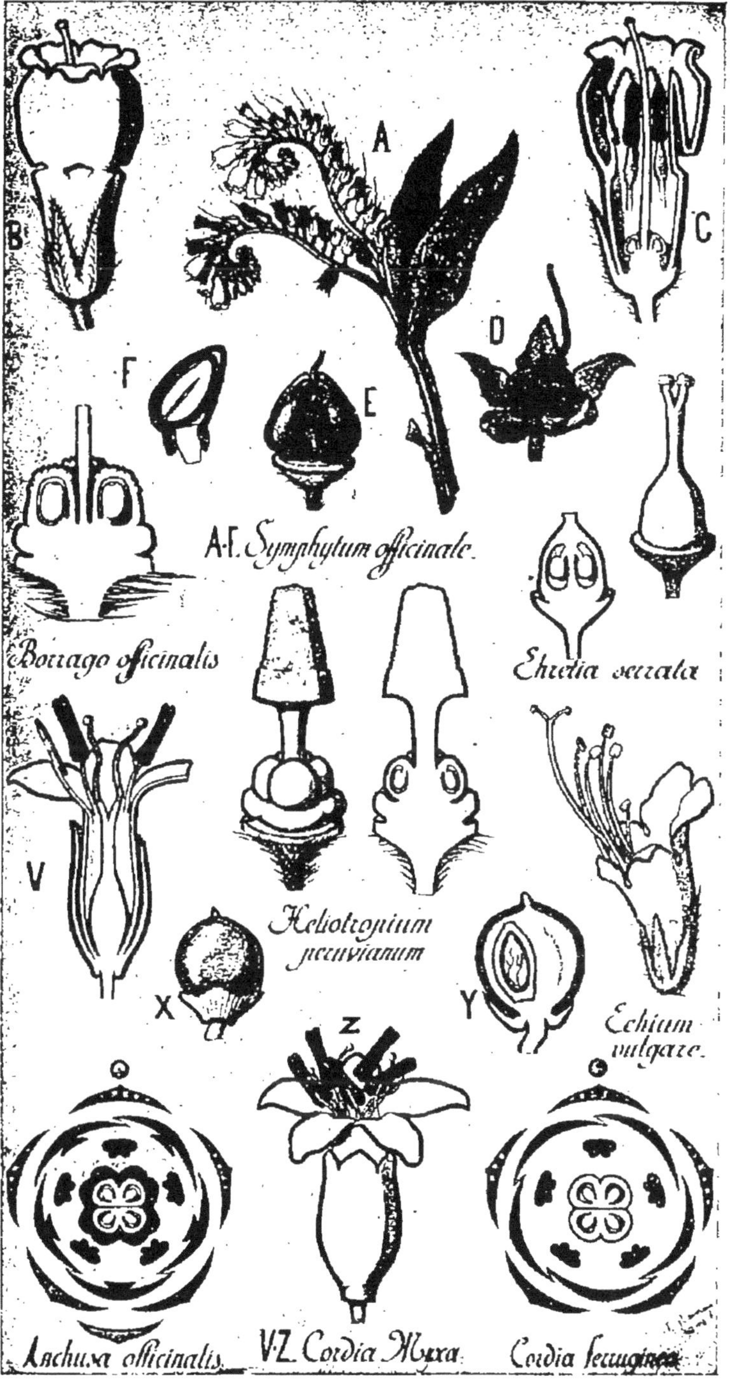

Fig. 329. — Boraginacées.

Gynécée bicarpellé, à ovaire supère, biloculaire à l'origine, devenant quadriloculaire ensuite par développement d'une fausse cloison qui isole les deux ovules anatropes que présentait chaque loge. Pendant le développement du fruit chez les Boragées et les Echiées, chacun des compartiments se gonfle latéralement et le style devient gynobasique ; celui-ci reste terminal chez les autres Boraginacées. Lorsque le style est gynobasique, le fruit devient un tétrachaine ; quand il en est autrement, le fruit devient une drupe à quatre noyaux indivis, ou à 1-2 noyaux pluriloculaires (Tournefortia, Cordiées). Les graines renferment un gros embryon dépourvu d'albumen, ou accompagné d'un albumen réduit (Tournefortiées).

On divise cette famille en trois sous-familles et quatre tribus de la façon suivante :

Style
- gynobasique. Ovules ascendants. Tétrachaine : **Boragées** ; fleurs
  - zygomorphes : *Echiées.*
  - actinomorphes : *Symphytées* (Borago, Symphytum, Myosotis, Anchusa, Pulmonaria, Cynoglossum).
- terminal. Ovules pendants. Drupes. Style
  - simple ou bifide : **Ehrétiées.** Albumen
    - nul : *Héliotropiées* (Heliotropium, Ehretia).
    - existe : *Tournefortiées.*
  - deux fois bifide, pas d'albumen, arbres : **Cordiées.**

Les Boragées habitent surtout les régions tempérées et tempérées chaudes de l'ancien continent ; les Ehrétiées sont particulièrement des plantes intertropicales de l'Amérique du Sud ; enfin, les Cordiées sont des végétaux ligneux des régions tropicales des deux continents.

Par la structure de leur gynécée, les Boraginacées semblent proches parentes des Lamiacées, qui se distinguent facilement des Boraginacées par leurs fleurs zygomorphes. On a même trouvé des termes de transition entre les deux familles, d'une part, dans les genres de Boraginacées à fleurs zygomorphes (Echium, Lycopsis), d'autre part, dans les Lamiacées dont la corolle tend vers l'actinomorphie (Menthées), mais, d'après Kimpflin, l'anatomie ne confirme pas du tout cette façon de voir.

Convolvulacées

578. — Plantes ordinairement herbacées des régions intertropicales, rares dans les régions tempérées, manquant aux pays froids ; parfois dressées, mais le plus souvent volubiles. Les Cuscutées sont des parasites incolores, grimpants, se fixant par des suçoirs. Feuilles alternes sans stipules, réduites à des écailles chez les Cuscutes. Inflorescence axillaire (Convolvulus) ou terminale, simple ou trichotome ; en épis courts chez les Cuscutes. Fleurs hermaphrodites, ordinairement pentamères et actinomorphes. Cinq sépales libres et persistants le plus souvent. Corolle gamopétale staminifère à bords entiers ou découpés. Cinq étamines oppositipétales, généralement introrses, à filets parfois inégaux. Gynécée à 2-5 carpelles, généralement 1-2 ovulé, gamocarpellé chez les Convolvulées, dialycarpellé chez les Dichondrées et les Nolanées. Ovules anatropes ascendants. Style ordinairement simple, gynobasique chez les Dichondrées, double chez les Cuscutées. Fruit capsulaire ou charnu chez les Convolvulées ; pixide chez les Cuscutées ; diachaine chez les Dichondées. Embryon plus ou moins courbe, à cotylédons foliacés, plissés ou chiffonnés, accompagné d'un albumen mucilagineux peu abondant ou nul.

On divise les Convolvulacées en quatre tribus :

Plantes				
parasites, sans chlorophylle. Pixide. Embryon spiralé. Cotylédons non différenciés				*Cuscutées.*
non parasites	Ovaire	bicarpellé. Style	terminal. Capsule ou baie. Du latex.	*Convolvulées.*
			gynobasique. Achaines	*Dichondrées.*
		pentacarpellé. Drupes distincts. Embryon extraire		*Nolanées.*

Nous citerons parmi les Convolvulées : les Convolvulus, Pharbitis, Ipomœa, Batatas. Certaines cuscutes sont parasites de végétaux cultivés dans notre région (trèfles, lins, etc.), auxquels elles causent des dommages sérieux.

Solanacées

579. — Les Solanacées sont des végétaux des pays chauds dont un petit nombre seulement se trouve dans les régions tempérées. On rencontre cependant encore dans les zones froides la douce-amère et la pomme de terre. Cette dernière, originaire des Andes du Chili, fut introduite de la Virginie en Angleterre, en 1586, par Walter Raleigh.

Il est des Solanacées herbacées annuelles (Lycopersicum) ou vivaces (Belladone et pomme de terre) ; d'autres sont ligneuses, formant des arbrisseaux dressés (*Lycium barbarum*) ou grimpants (*Solanum dulcamara*). Quelques-unes sont arborescentes (Dunalia). Elles présentent toutes des faisceaux libéro-ligneux bicollatéraux. Feuilles ordinairement alternes, simples sans stipules, portant fréquemment de nombreux poils glandulifères au sommet (Nicotiana, etc.). Chez plusieurs végétaux (Belladone, Physalis, etc.), il se détache de certaines feuilles un lobe qui s'accole à la tige sur la longueur d'un entre-nœud, pour se libérer sur l'un des côtés de la feuille immédiatement supérieure : il apparaît alors que quelques nœuds portent deux feuilles inégales (*f. géminées*), placées sur un même côté de l'axe. Inflorescence généralement centrifuge, débutant le plus souvent par une cyme bi-multipare, qui se termine par une cyme unipare hélicoïde. Ces inflorescences sont parfois extra-axillaires, par soudure du pédoncule avec la tige sur un parcours plus ou moins long. Fleurs pentamères dans les trois verticilles externes avec gynécée bicarpellé le plus souvent, actinomorphes ou plus ou moins zygomorphes. Le calice est persistant ou accrescent. La corolle gamopétale, staminifère, est régulière bien souvent, zygomorphe chez la Jusquiame et les Salpiglossidées; les végétaux de cette tribu forment le passage entre les Solanacées et les Scrophulariacées, ces dernières étant toutes zygomorphes. Androcée isostémone, sauf chez les Salpiglossidées où il est méiostémone ; les filets sont quelquefois inégaux (Pétunias, Jusquiames, Physalis). Anthères introrses, à déhiscence longitudinale le plus souvent, mais s'ouvrant seulement au sommet par des pores chez les Solanum. Gynécée bicarpellé, entouré d'un disque hypogyne annulaire ou lobé. Carpelles concrescents par les ovaires et le style. Ovaire biloculaire à placentas axiles volumineux, portant ordinairement de nombreux ovules campylotropes ou anatropes. Fruit très variable et servant, comme nous allons le voir, à distinguer les tribus. Graines nombreuses, réniformes et à hile ventral lorsqu'elles proviennent d'ovules campylotropes; renfermant un embryon droit à cotylédons foliacés lorsque l'ovule générateur était anatrope, courbe et à cotylédons demi-cylindriques lorsqu'il était campylotrope. Albumen charnu, copieux.

On compte 70 genres de Solanacées, comprenant 2.500 espèces dont 700 Solanum. On les divise en sept tribus en s'appuyant sur les faits suivants :

Embryon	courbe : **S.F.** des **Curvembryées.** Fruit	sec : capsule	septicide : *Nicotianées* (Petunia, Nicotiana).
			septifrage : *Daturées* (Datura).
			pixidaire : *Hyoscyamées* (Hyoscyamus).
		charnu (baie) : *Solanées* (Solanum, Physalis, Capsicum, Atropa, Lycopersicum, etc.).	
	droit : **S.F.** des **Rectembryées.** Androcée	isostémone. Fruits	baie : *Cestrinées* (Cestrum, Habrothamnus).
			capsule : *Vestiées* (Vestia).
		méiostémone. Fleurs zygomorphes : *Salpiglossidées* (Schizanthus, Salpiglossis).	

Les Scrophulariacées sont, dit-on, proches parentes des Solanacées, mais leurs fleurs sont typiquement zygomorphes, leur androcée méiostémone et leurs ovules anatropes. Les Salpiglossidées, parmi les Solanacées, et les Verbascées, parmi les Scrophulariacées, formeraient la transition entre les deux familles. Les Nolanées se distinguent surtout des

Solanacées par leurs carpelles nombreux et isolés ; les Loganiacées, par leurs feuilles opposées ; les Polémoniacées, par leur gynécée tricarpellé et, les Convolvulées, par leur latex, leurs ovules anatropes, dressés, peu nombreux, et leur albumen peu puissant.

Il est des Solanacées médicinales, constituant des narcotiques extrêmement puissants par les alcaloïdes qu'elles renferment (*Atropa belladona*, *Datura Stramonium*, Hyoscyamus divers, Nicotiana et Solanum divers), ou des diurétiques (*Physalis Alkekengi* et *Nicandra physaloides*), encore des excitants (*Capsicum annuum et frutescens*), ou qui sont dépuratives (Douce-amère). Quelques-unes sont comestibles par quelques-unes de leurs parties (Pomme de terre, Tomate, Aubergine, Melongène). Plusieurs sont ornementales (Tabacs, Pétunias, Daturas, Solanum, Habrothamnus, Cestrum, etc.). Le cadre de cet ouvrage ne nous permet pas de nous étendre davantage sur cette famille aussi intéressante au point de vue des applications de ses produits, qu'au point de vue théorique.

SCROPHULARIALES

580. — Fleurs hermaphrodites, pentamères, zygomorphes. Androcée réduit le plus souvent à quatre étamines fertiles par suppression totale ou partielle de la cinquième. Ovaire ordinairement supère (exc. : Columelliacées et certaines Gesnéracées), bicarpellé uni- ou biloculaire, à loges pauci- ou multiovulées. On les divise en huit familles : les *Scrophulariacées*, *Orobanchacées*, *Utriculariacées*, *Columelliacées*, *Gesnéracées*, *Bignoniacées*, *Pédaliacées et Acanthacées*.

Scrophulariacées (fig. 330).

581. — Cette famille tire son nom du genre Scrophularia dont quelques membres possèdent un rhizome noueux, rappelant la suite des ganglions engorgés des scrofuleux ; on la nomme parfois famille des *Personnées*, en raison de la forme de la corolle chez certains genres (Antirrhinum, en français Muflier, et Linaria) où il simule le masque antique.

Végétaux ordinairement herbacés, annuels, bisannuels ou vivaces, quelquefois ligneux et à l'état d'arbustes (Buddleia). Plusieurs genres sont constitués par des semi-parasites pourvus de feuilles vertes, de racines et de suçoirs (Melampyrum,

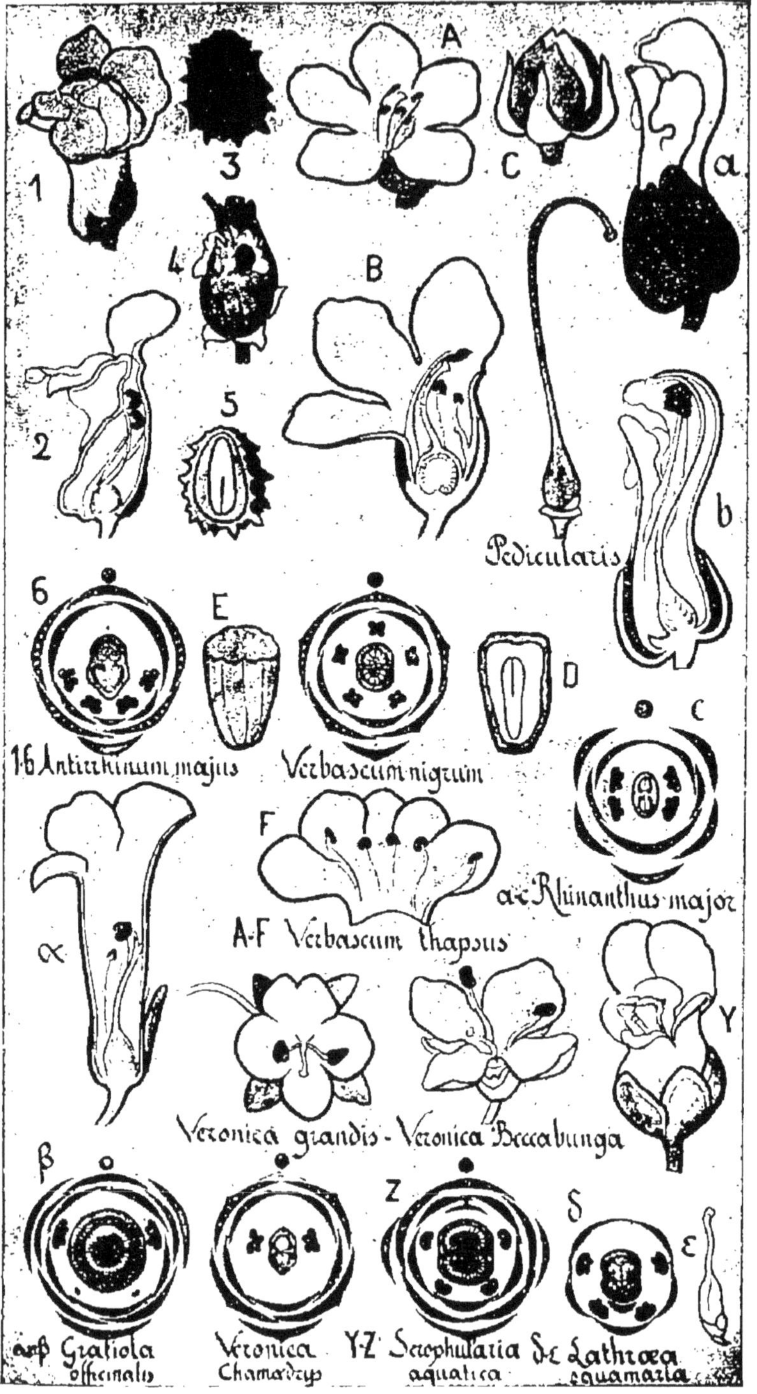

Fig. 330. — Scrophulariacées.

Rhinanthus, Pedicularis, Euphrasia, etc.). Feuilles simples, alternes (Digitalis) ou opposées (Scrophularia), sans stipules. Inflorescence très diverse, définie ou indéfinie. Fleurs hermaphrodites habituellement pentamères, avec réduction dans l'androcée et le gynécée, plus ou moins zygomorphes ; régulières chez les Buddleia, elles le sont presque chez les Verbascum. Chez certaines Véroniques la corolle semble presque régulière, en réalité cette pseudo-actinomorphie résulte de la coalescence de deux pétales. Calice persistant. Corolle gamopétale de forme très variable, généralement zygomorphe. Androcée exceptionnellement isomère (Verbascum), le plus souvent réduit à quatre étamines didynames ; on n'observe même plus que deux étamines chez les Gratiola et les Veronica. Gynécée entouré d'un disque à la base et formé de deux carpelles, l'un antérieur, l'autre postérieur, constituant un ovaire biloculaire à placentation axile. L'ovaire supère est surmonté d'un style unique, terminé par un stigmate bifide. Ovules habituellement anatropes, nombreux (exc.: Veronica qui n'en présentent que deux par loges). Fruit le plus souvent capsulaire, à déhiscence variable. Graines à embryon droit, munies d'un albumen.

Cette famille comprend 150 genres et 950 espèces qui affectionnent particulièrement les régions tempérées. On les distribue entre trois tribus :

Corolle
- presque régulière. Etamines fertiles 5. Feuilles alternes : *Verbascées* (Verbascum).
- nettement zygomorphe. Pétales
  - postérieurs, externes dans le bouton : *Antirrhinées* (Antirrhinum, Linaria, Paulownia, etc.).
  - antérieurs, externes dans le bouton : *Rhinanthées* (Rhinanthus, Melampyrum, Veronica, Digitalis, Euphrasia, etc.).

Les Scrophulariacées sont proches parentes des **Orobanchacées** (Orobanche, Lathræa, Phelipæa), mais celles-ci sont des parasites exclusives, dépourvues de chlorophylle, à rhizome et à tige squameux, dont l'ovaire est uniloculaire et à placentas pariétaux. Les **Acanthacées** ont aussi de grandes affinités avec elles, mais les ovules sont chez elles peu nombreux et campylotropes ; leur fruit est élastique bien souvent, et leur graine dépourvue d'albumen.

Bignoniacées

582. — La famille des Bignoniacées est encore très voisine des familles précédentes, mais elle est composée de plantes des régions tropicales des deux continents, ordinairement ligneuses et grimpantes, à feuilles opposées, souvent composées et sans stipules. Leurs fleurs, fréquemment ornementales, sont hermaphrodites, pentamères et zygomorphes. Elles montrent un calice gamosépale, une corolle gamopétale labiée, quatre ou cinq étamines, mais la cinquième n'est jamais fertile et les autres présentent la didynamie. Le gynécée bicarpellé, supère, produit un ovaire uniloculaire à placentas pariétaux ou un ovaire biloculaire dans lequel les placentas sont portés par les cloisons. Ovules deux ou nombreux par loge. Fruit capsulaire, siliquiforme chez les Bignonia. Les graines sont ailées et dépourvues d'albumen.

Genres principaux : Bignonia, Tecoma, Catalpa, Incarvillea, etc.

LAMIALES

583. — Fleurs hermaphrodites zygomorphes, pentamères avec réduction de l'androcée et du gynécée. Généralement, quatre étamines, didynames, par disparition de la supérieure; parfois deux étamines seulement (certaines Lamiacées). Ovaire supère, bicarpellé, formant un ovaire biloculaire à loges généralement biovulées (exc.: Sélaginacées où elles sont uniovulées). Fruits inclus dans le calice persistant, formé de 2-4 achaines ou d'un seul, ou bien drupacé (Verbénacées). On les divise en quatre familles : 1° les *Myoporaçées* et 2° les *Sélaginacées* qui présentent des ovules pendants, deux par loges chez les premières, un seul chez les secondes ; 3° les *Verbénacées* et 4° les *Lamiacées* dont les ovules sont ascendants. La plupart des Verbénacées sont ligneuses, habitent les tropiques et ont un fruit charnu à plusieurs nucules, tandis que les Lamiacées sont le plus souvent herbacées, se trouvent dans toutes les parties du globe et ont pour fruits quatre achaines.

Lamiacées ou Labiées (fig. 331).

584. — Famille monotype tirant son nom du genre Lamium. On la désigne depuis longtemps par le nom de *Labiées*, en raison de la forme de la corolle, qui est toujours uni- ou bilabiée chez elle.

Les Lamiacées sont des végétaux herbacés ou vivaces, rarement suffrutescents, qu'on trouve dans toutes les parties du globe, mais en plus grande quantité dans les régions méditerranéennes. Tige carrée chez les herbes et, pendant la première année, chez les espèces ligneuses, s'arrondissant ensuite chez celles-ci par la chute des saillies angulaires à la suite de leur isolement par une lame de liège, se produisant à leur base. Feuilles opposées, sans stipules, rarement verticillées (Westringia). Inflorescences formées de petites cymes

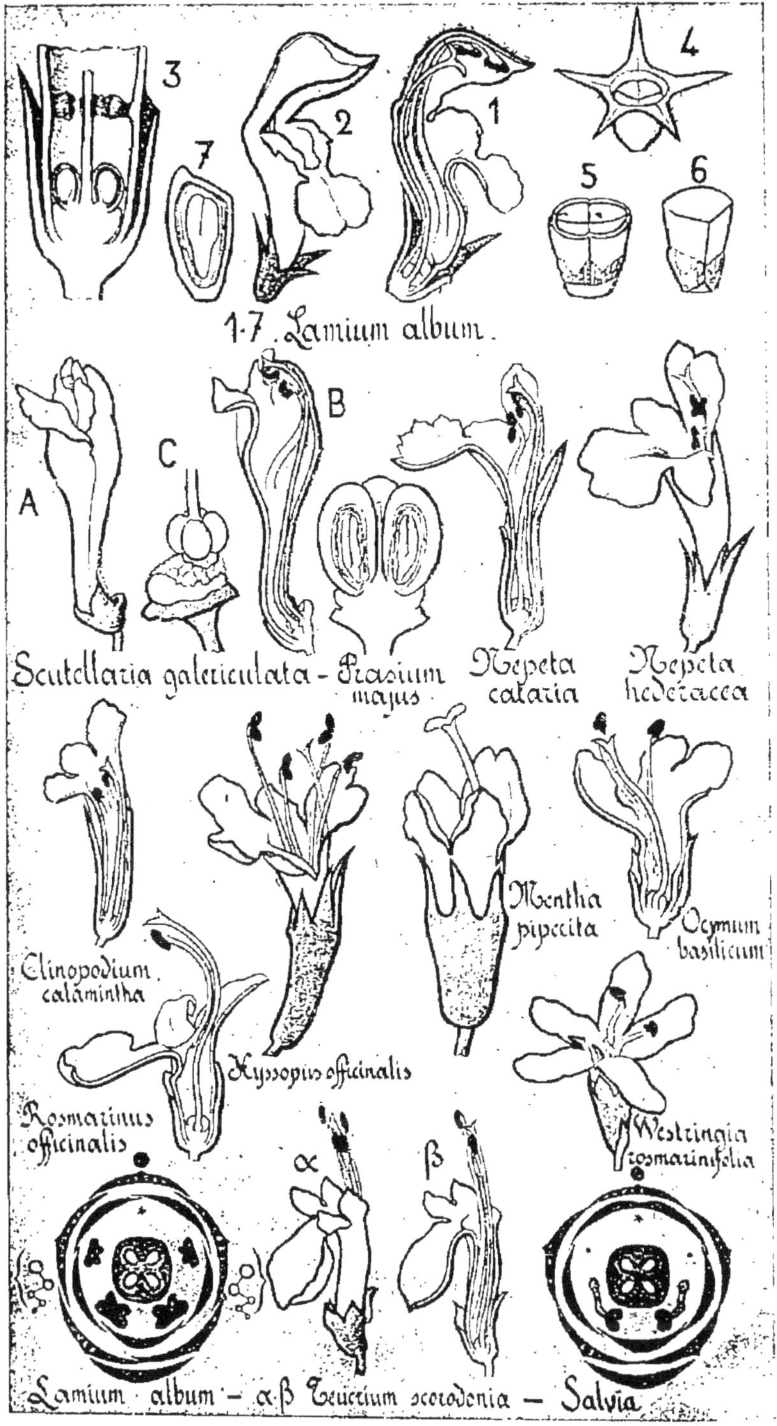

Fig. 331. — Lamiacées.

bipares contractées, à fleurs sessiles, naissant à l'aisselle des feuilles supérieures et apparaissant de bas en haut. Les deux cymes opposées se réunissent et, enveloppant la tige, forment un *verticillastre*. Les feuilles axillaires se colorent quelquefois vivement (*Salvia splendens, fulgens, etc*). Fleurs zygomorphes, hermaphrodites, pentamères avec réduction de l'androcée et du gynécée. Calice gamosépale, persistant, plus ou moins zygomorphe. Corolle gamopétale, cochléaire, staminifère, le plus souvent bilabiée : la lèvre supérieure formée de deux pétales. souvent concrescents en un seul, parfois unilabiée, les cinq pétales déjetés d'un même côté. Chez les Menthées la corolle devient presque régulière. Androcée généralement à quatre étamines didynames, quelquefois divergentes, mais bien souvent rapprochées par paires, les grandes étamines étant tantôt les postérieures (Westringiées, Stachydées), tantôt les antérieures (Népétées). On ne trouve plus que deux étamines chez les Lycopus, Rosmarinus et Salvia ; même, les étamines des Sauges sont uniloculaires. Ordinairement les loges de l'anthère sont transversales et opposées bout à bout. Gynécée bicarpellé, entouré à la base d'un disque mamelonné. L'ovaire est primitivement biloculaire ; chaque loge est biovulée, mais il se produit bientôt une cloison entre les ovules contenus dans la même loge, et l'appareil devient quadriloculaire. Chaque loge, par un accroissement localisé vers l'extérieur, repousse vers le bas l'insertion du style qui devient *gynobasique*. Ce style est toujours simple et terminé par un stigmate bifide. Le fruit, un tétrachaine, se cache au fond du calice persistant. Chez les Prasium, ces achaines sont remplacés par des drupes. Graine à albumen charnu, très mince ou nul ; embryon droit à cotylédons charnus.

Cette famille comprend 136 genres et 2.600 espèces. On la divise en de nombreuses tribus qu'on groupe primitivement en deux sous-familles :

- Corolle
  - unilabiée. Etamines 2-4, ascendantes : **Teucriées** ou **Ajugées.**
  - bilabiée. **Lamiées.** Etamines au nombre de
    - 2 *Salviées* (Salvia, Rosmarinus, Horminum).
    - 4. Corolle
      - à 4-5 lobes presqu'égaux : *Menthées* (Mentha, Pogostemon).
      - nettement bilabiée. Etamines
        - droites ou écartées les unes des autres : *Thymées* (Hyssopus, Origanum).
        - rapprochées de la lèvre supérieure : *Westringiées.*
        - les antérieures fléchies vers la lèvre inférieure : *Ocymoidées.*
        - toutes placées sous la lèvre supérieure de la corolle. Etamines
          - arquées, convergentes, les sup. plus courtes : *Mélissées.*
          - droites, parallèles, les
            - postérieures plus longues : *Népétées.*
            - antérieures plus longues. Fruits
              - secs. Calice
                - presque régulier : *Stachydées.*
                - bilabié : *Scutellariées.*
              - charnus : *Prasiées.*

Les véritables affinités des Lamiacées les rapprochent des **Verbénacées** que certains botanistes définissent les Lamiacées des pays tropicaux à tige ligneuse et à fruits charnus. Nous avons vu, en parlant des Boraginacées, qui sont des Lamiacées actinomorphes pour beaucoup d'autres, ce qu'il faut penser de leur parenté avec ces dernières.

Plantaginacées

585.— Végétaux herbacés, annuels ou vivaces, très rarement ligneux, réprésentés dans notre région par les genres Plantago et Littorella.

Feuilles alternes, souvent toutes radicales, sans stipules. Inflorescences toujours axillaires, en épis plus ou moins allongés ou formées de fleurs solitaires. Fleurs tétramères, hermaphrodites, dichogames et protogynes chez les plantains ; fleurs diclines monoïques chez les Littorella, les mâles tétramères, les femelles trimères. Le gynécée seul ne présente jamais que deux carpelles formant un ovaire biloculaire devenant, chez quelques plantains, quadriloculaire par développement de fausses cloisons, ou tout au contraire, chez le *Littorella lacustris*, uniloculaire par avortement de l'un des carpelles. Loges contenant de 1 à 8 ovules campylotropes, ascendants. Le fruit est une pixide chez les plantains, un achaine chez les Littorella. La graine est peltée et pourvue d'un albumen.

Nous avons dit plus haut qu'on n'osait se prononcer d'une façon certaine sur la parenté des Plantaginacées, qui sont placées par beaucoup de botanistes à la suite des Gamopétales, près des Apétales, car, pour eux, ce que nous avons regardé comme un calice est simplement un groupe de bractées.

Série III. — GAMOPÉTALES INFÈRES.

586. — Chez ces végétaux on observe la concrescence de la paroi ovarienne, dans toute sa hauteur, avec l'ensemble des trois verticilles externes, eux-mêmes concrescents entre eux ; en un mot, l'ovaire y est infère. L'androcée est isostémone, rarement méiostémone (Valérianacées et Dipsacacées). On les divise en trois classes : les *Rubiales*, les *Campanulales* et les *Astérales*.

RUBIALES

587. — Cette classe est constituée par des végétaux à feuilles opposées ou verticillées, à fleurs ordinairement actinomorphes (une partie des Caprifoliacées exceptée). Corolle staminifère. Androcée isomère formé par des étamines libres d'adhérence entre elles. Ovaire infère, 2-multiloculaire, 2-multiovulé. Albumen copieux et charnu.

Elle comprend deux familles : les *Lonicéracées* ou *Caprifoliacées*, à fleurs actinomorphes ou non, et à feuilles sans stipules, et les *Rubiacées*, à fleurs actinomorphes et à feuilles stipulées.

Rubiacées

588. — Cette famille, fort étendue, renferme plus de 4.000 espèces, la plupart des régions chaudes et tempérées, réparties entre 340 genres. Peu nombreuses dans notre pays, où elles ne sont représentées que par des herbes appartenant aux genres Rubia, Galium, Asperula, Crucianella et Sherardia, on les rencontre fréquemment dans les pays chauds à l'état d'arbustes (Caféiers) ou d'arbres, pouvant être fort élevés (Cinchona). Il en est de volubiles (Manettia) ; le *Galium aparine* (Gratteron) grimpe en se soutenant à l'aide d'émergences crochues. Les Myrmecodia sont des épiphytes, dont la tige tuberculeuse est creusée de galeries dans lesquelles se logent les fourmis. Feuilles simples, opposées et stipulées (cas assez rare). Les stipules se développent assez dans la tribu des Rubiées ou Etoilées, à laquelle appartiennent nos Rubiacées indigènes, pour prendre autant d'extension que les feuilles et figurer avec elles de faux verticilles de 6-9 feuilles, ou de 4 seulement, lorsqu'avec des feuilles opposées les stipules voisines se soudent deux à deux. Inflorescence variable, mais généralement définie. Fleurs régulières, hermaphrodites, rarement unisexuées monoïques ou dioïques (Anthospermum), quelquefois polygames et polymorphes (Vaillantia) ; elles sont 5-4 ou 6 mères, avec gynécée dimère Le calice est réduit le plus souvent à 4-5-6 petites dents (Galium), parfois à peine visibles (Asperula), mais il est bien développé dans les Quinquinas (Cinchona) où il est gamosépale. La corolle gamopétale, staminifère, à 2 (Phyllis), 4 ou 5 lobes, est en entonnoir (Sherardia, Coffea, Asperula) ou rotacée (Galium, Rubia) et à préfloraison valvaire ou contournée. Androcée isostémone et alternipétale. Anthères libres, introrses, biloculaires. Gynécée ordinairement bicarpellé, parfois multicarpellé, à ovaire généralement biloculaire, infère, surmonté d'un disque, et dont chaque loge renferme un ovule ordinairement anatrope, ascendant ou descendant, à raphé contigu au placenta (Coffea, Psychotria, Vaillantia, Scherardia, Rubia, Galium) ; on rencontre plus rarement deux ovules géminés et collatéraux par loges, ou même, un grand nombre d'ovules anatropes (Cinchona). Le style est généralement unique, parfois double (Galium). Stigmates globuleux ou subulés, en même nombre que les carpelles. Le fruit est variable : on trouve des diachaines (Galium), des drupes à deux noyaux (Coffea), des baies (Rubia) et des capsules (Cinchona). Les graines renferment un volumineux albumen corné et un embryon droit ou courbé à cotylédons foliacés.

On divise les Rubiacées en deux sous-familles : 1° les *Coffées*, chez lesquelles les loges de l'ovaire sont uni- ou biovulées et les loges du fruit (diachaine ou drupe) ne renferment habituellement qu'une graine ; 2° les *Cinchonées*, qui se distinguent par la multiplicité des ovules et des graines dans les loges de l'ovaire et du fruit. Ces groupes ont été divisés en de nombreuses tribus (jusqu'à vingt-cinq). Sans entrer dans plus de détails, disons que la tribu des *Galiées*, qui renferme, avons-nous dit, nos espèces indigènes, est nettement caractérisée par des stipules fort développées, qui se confondent morphologiquement avec les feuilles mais dont elles se distinguent cependant par l'absence de bourgeons à leur aisselle.

Les Rubiacées très voisines des Caprifoliacées, ont des affinités avec les Loganiacées, Cornacées, Ombellifères et Dipsacacées. Elles fournissent de nombreux produits à la médecine ou à l'industrie, sans compter le café qu'on cultive maintenant dans toutes les parties chaudes du globe. Les Cinchonas ou Quinquinas sont recherchés pour les alcaloïdes (quinine et cinchonine) que renferme leur écorce. Du *Rubia tinctorum* on retirait récemment encore la Garance, que nous fournit maintenant l'art du chimiste. Les racines éminemment utiles et vomitives, dites d'Ipécacuanha, sont fournies par des Cephælis, etc.

589. Lonicéracées ou Caprifoliacées. — Végétaux des régions tempérées de notre hémisphère, renfermant une douzaine de genres et 200 espèces environ.

Les Caprifoliacées sont généralement ligneuses ou sous-ligneuses, rarement herbacées (Hyèble, Adoxa, Linnæa). Quelques-unes sont volubiles à gauche (Chèvrefeuille de la section Lonicera). Feuilles opposées, simples ou composées (Sureaux), ordinairement sans stipules (exc. : Sureaux), mais parfois réunies par une crête saillante (ceinture stipulaire), et quelquefois connées. Inflorescences très diverses : le plus souvent indéfinies. Fleurs ordinairement hermaphrodites et pentamères, ou bien actinomorphes (Sambucus, etc.), ou bien zygomorphes (Lonicera, etc.), parfois dimorphes (*Viburnum Opulus* : les unes petites, fertiles, les autres fort grandes et sans organes sexuels). Calice à 2-6 pièces, le plus souvent 5. Corolle imbriquée, régulière ou plus ou moins bilabiée (Lonicera), staminifère. Androcée isostémone, avec division des filets chez les Adoxa; 4 étamines didynames chez les Linnæa. Anthères introrses, sauf chez les Sureaux. Ovaire infère à 2-6 loges, celles-ci contenant tantôt un seul ovule pendant anatrope (Sureaux), tantôt plusieurs (Lonicera). Chez les Symphoricarpus et les Linnæa on observe à la fois des loges uniovulées fertiles et des loges pluriovulées stériles. Le fruit est une baie (Lonicera, Symphoricarpus, Sambucus), ou un drupe (Viburnum), rarement une capsule (Diervilla) ou un achaine (Linnæa). Chez plusieurs Lonicera on observe la soudure des baies deux à deux sur une étendue plus ou moins longue. Graine à embryon droit et à albumen charnu.

On divise les Lonicéracées en trois tribus : 1° les *Lonicérées*, qui ont la corolle tubuleuse actinomorphe ou non, le style simple et des graines à raphé dorsal (Lonicera, Diervilla, Symphoricarpus, Linnæa); 2° les *Sambucées* : corolle actinomorphe rotacée, stigmates sessiles, graines à raphé ventral (Sambucus, Viburnum) ; 3° les *Adoxées*, herbes vivaces, à feuilles alternes radicales, fleurs 4-5 m. à filets dédoublés (Adoxa).

Les Lonicéracées se rattachent étroitement aux Rubiacées, dont elles ne diffèrent que par l'absence de stipules bien développées, et encore ces organes apparaissent-ils chez quelques Lonicéracées. Les Araliacées et les Cornacées sont proches parentes des végétaux qui nous occupent, mais la corolle est dialypétale chez ces plantes, gamopétale chez les Lonicéracées.

CAMPANULALES

590. — Feuilles ordinairement alternes, sans stipules. Fleurs actinomorphes (une partie des Campanulacées) ou zygomorphes (Lobéliées, Stylidiacées, Goodéniacées). Androcée ou bien isostémone, indépendant de la corolle, à étamines libres d'adhérence entre elles, ou synanthères, ou bien méiostémone (2 étamines soudées au style, chez les Stylidiacées). Ovaire infère, 1-multiloculaire, 1-multiovulé. Trois familles: *Stylidiacées*, *Goodéniacées*, *Campanulacées*.

Campanulacées

591. — Les végétaux de cette famille habitent surtout les régions tempérées australes et boréales de l'ancien continent. Ce sont des herbes annuelles, bisannuelles ou vivaces, parfois volubiles (Codonopsis), rarement des êtres suffrutescents. Feuilles plus ou moins entières, ordinairement alternes et sans stipules, modifiant parfois totalement leur forme dans le parcours de la tige (*Campanula rotundifolia*).

Inflorescence tantôt centripète, tantôt centrifuge ou mixte. Fleurs hermaphrodites, actinomorphes (la plupart des Campanulées) ou zygomorphes (Lobéliées et Cyphiées), le plus souvent 5-mères, parfois à 3, 4, 6, 8, 10 parties. Calice persistant à sépales parfois appendiculés (*Campanula medium*). Corolle valvaire, gamopétale, souvent campanulée et marcescente, à lobes distincts, ou soudés supérieurement (Phyteuma). Étamines isomères, alternipétales, libres d'adhérence avec la corolle, mais dont les anthères restent conniventes bien souvent jusququ'après la dissémination du pollen : monadelphes et synanthères tout à la fois chez les Lobéliées. Ces végétaux sont dichogames et protandres, et leur style est recouvert supérieurement par un anneau de poils disséminateurs du pollen, qui se flétrissent avant que les stigmates, devenus aptes à la réception du pollen, ne s'écartent l'un de l'autre en s'étalant.

Gynécée à 2-5 carpelles, quelquefois plus (6, 8, 10) ; ovaire plus ou moins infère, pluriloculaire, à placentas axiles portant de nombreux ovules anatropes. Style unique ; stigmates en même nombre que les carpelles. Fruit rarement charnu (quelques Lobéliées), le plus souvent sec et capsulaire et à déhiscence ordinairement loculicide, mais souvent incomplète et débutant tantôt par le haut (Campanulées australes), tantôt par le bas (Campanulées boréales) pour s'arrêter bientôt ; pixide dans quelques genres (Prismatocarpus). Graines nombreuses, scobiformes, à embryon droit (les cotylédons n'étant pas foliacées), occupant l'axe d'un albumen charnu-huileux.

Ces végétaux présentent des laticifères en réseau dans l'intérieur du liber primaire de leur tige et aussi dans les masses secondaires libériennes. Chez les Lobéliées, les laticifères s'étendent jusque dans la moelle.

Les Campanulacées renferment une cinquantaine de genres, comprenant 1.000 espèces environ, dont un quart de Campanula et un cinquième de Lobelia. On les divise en trois tribus : 1° les *Lobéliées* et 2° les *Cyphiées*, caractérisées par des fleurs nettement zygomorphes, mais se distinguant les unes des autres par la synanthérie qui ne s'observe que chez les Lobéliées ; 3° les *Campanulées* (Campanula, Jasione, Prismatocarpus, Specularia, Phyteuma, etc.) qui ont des fleurs actinomorphes et des anthères libres ou légèrement cohérentes.

On a rapproché les Campanulacées des Composées-Chicoracées, mais celles-ci ont des fleurs zygomorphes ligulées, un ovaire uniloculaire et uniovulé et pour fruit un achaine, dont la graine est dépourvue d'albumen.

ASTÉRALES

592. — Fleurs zygomorphes plus fréquentes que les fleurs actinomorphes, parfois même sans plan de symétrie (certaines Valérianacées). Calice sans limbe, ou hétéromorphe, ou encore réduit à des soies. Etamines fixées sur la corolle, alternipétales, isomères ou en nombre réduit. Anthères libres ou soudées. Ovaire infère, 1-3 loculaire, mais une seule loge fertile et ne contenant qu'un seul ovule. Les Astérales comprennent quatre familles : 1° les *Valérianacées* et les *Dipsacacées* qui sont pour la plupart méiostémones et qui ont des anthères libres, mais les premières sont manifestement tricarpellées, leur ovaire étant triloculaire ; les secondes sont, selon les interprétations, uni ou bicarpellées mais, quoi qu'il en soit, à ovaire toujours uniloculaire ; 2° les *Calycéracées* et les *Astéracées* ou *Composées* qui sont synanthères ; celles-là se distinguent des secondes par leurs graines pendantes présentant un albumen, celles-ci montrant des graines dressées, n'ayant jamais d'albumen.

Valérianacées

593. — Les Valérianacées sont des végétaux annuels ou vivaces, rarement des arbrisseaux, à feuilles opposées, entières ou découpées selon le mode penné, sans stipules. Inflorescences en cymes, parfois contractées en glomérules, ou grappes de cymes. Fleurs accompagnées de bractées, hermaphrodites ou diclines par avortement et alors dioïques ou monoïques, très rarement actinomorphes, plus souvent irrégulières, ne présentant pas de plan de symétrie, pentamères, blanches ou roses (jaunes, par exception, chez quelques Patrinia). Calice généralement peu développé, incomplet, ne présentant qu'un petit nombre de dents ou réduit à des soies recourbées et caduques. Corolle le plus souvent zygomorphe, sublabiée, à tube souvent muni d'une bosse ou d'un éperon glanduleux : limbe à 3-5 lobes. Androcée isostémone par exception (certains Patrinia), donc ordinairement méiostémone à 4 (*Patrinia rupestris*), 3 (Valeriana et Valerianella), 2 (Fedia), 1 (Centranthus) étamines ; point d'étamines dans les fleurs femelles.

Les anthères sont biloculaires et introrses. Le gynécée est constitué par trois feuilles carpellaires closes, unies pour former un ovaire triloculaire, mais, le plus souvent, une seule des loges renferme un ovule anatrope, pendant : les autres sont vides. Style simple. Stigmate simple ou bi-trifurqué. Le fruit est sec, monosperme, indéhiscent, ce qui lui donne un faux air d'achaine, mais on retrouve toujours chez lui des traces, parfois fort évidentes, des deux loges stériles ; il est surmonté parfois d'une aigrette plumeuse qui prend naissance aux points d'insertion des sépales (Valeriana, Centranthus). Graine sans albumen ou à albumen fort réduit. Embryon droit.

Cette famille est composée d'environ 300 espèces, groupées en neuf genres, habitant les régions tempérées froides de l'hémisphère boréal, de la Californie, du Mexique et des Andes du Chili. Elle se rattacherait aux Composées, aux Dipsacacées et aux Caprifoliacées. Nous avons dit plus haut comment ses membres se distinguent de ceux des deux premières familles ; les Caprifoliacées sont des végétaux ligneux, à baies, à placentas axiles et à loges uni-pluriovulées, ces dernières parfois stériles.

Les parties souterraines des Valérianacéees vivaces contiennent de l'huile essentielle fort odorante, sécrétée par des cellules isolées, localisées surtout dans l'assise subéreuse et l'endoderme de la racine, dans l'exoderme et dans l'endoderme du rhizome.

Genres principaux : Valeriana, Valerianella, Centranthus, Fedia.

Dipsacacées

594. — Les membres de cette famille, assez peu nombreux (5 genres : Dipsacus, Scabiosa, Cephalaria, Morina et Triplostegia, et 120 espèces) habitent les régions tempérées de l'ancien continent, particulièrement les bords de la Méditerranée, l'Afrique boréale et l'Himalaya ; ils n'ont point de représentants en Amérique, Australie et Polynésie.

Végétaux annuels, bisannuels (Dipsacus, en français, Cardères) ou vivaces, rarement suffrutescents ou frutescents. Feuilles caulinaires opposées, simples, non stipulées, parfois connées (certains Dipsacus).

Fleurs toutes entourées d'un involucelle biphylle, mais dont les feuilles soudées forment une sorte de calicule évasé ou tubuleux, diversement denté sur les bords. Inflorescences diverses : le plus souvent, capitule involucré ; chez les Triplostegia on trouve des cymes dichotomes pauciflores et, chez les Morina, des cymes contractées rappelant les *verticillastres* des Lamiacées. Les fleurs sont le plus souvent hermaphrodites, zygomorphes, typiquement pentamères, mais elles présentent habituellement une réduction dans le nombre des pièces des trois verticilles internes : il y a avortement de l'étamine postérieure et concrescence fréquente des deux pétales placés du même côté de la fleur, ce qui porterait à penser, à moins d'un examen attentif, que la fleur est tétramère ; de plus, le calice n'est représenté, dans quelques genres, que par des papilles et les Morina n'ont que deux étamines.

L'ovaire unicarpellé (bicarpellé, pour certains auteurs, mais alors avec un seul carpelle fertile) est toujours uniloculaire et ne renferme jamais qu'un seul ovule anatrope pendant. Style et stigmate simples. Le fruit est un achaine entouré par l'involucelle et couronné par le calice persistant. La graine présente un albumen charnu.

Astéracées ou Composées (fig. 332 et 333).

595. — La famille des Astéracées, dont le nom, dû à Lindley, est peu en usage, bien qu'il soit formé selon les règles de la nomenclature botanique, est plus connue sous le vocable de Composées, allusion au mode de groupement de ses fleurs en capitules. On la voit encore désignée par le nom de *Synanthérées,* qui rappelle l'union constante des anthères entre elles chez les végétaux de ce groupe.

Les Astéracées sont généralement des herbes annuelles, bisannuelles ou vivaces, rarement des arbres (Dendroseris) ou des arbrisseaux (*Baccharis halimifolia*). Certains Mikania sont volubles et quelques Mutisia sont grimpants à l'aide de vrilles. Il est des Composées vivaces qui développent des tubercules souterrains, gorgés d'inuline, soit d'origine caulinaire (Topinambour), soit d'origine radicale (Dahlia).

Les feuilles généralement alternes, très rarement opposées (Dahlia), entières ou plus ou moins découpées, varient parfois considérablement de forme sur le parcours de la tige aérienne ; elles n'ont point de stipules, mais sont fréquemment décurrentes et, chez les Chicoracées, les limbes forment parfois (Sonchus) des sortes d'appendices stipuliformes à leur rencontre avec la tige. Chez les Santolines, les feuilles sont fort réduites à la façon de celles des Sabines ; chez les végétaux (Petasites, Tussilago) qui développent leurs inflorescences avant les feuilles, on ne trouve sur la hampe que des squames incolores et écailleuses, portées par des tiges également sans chlorophylle.

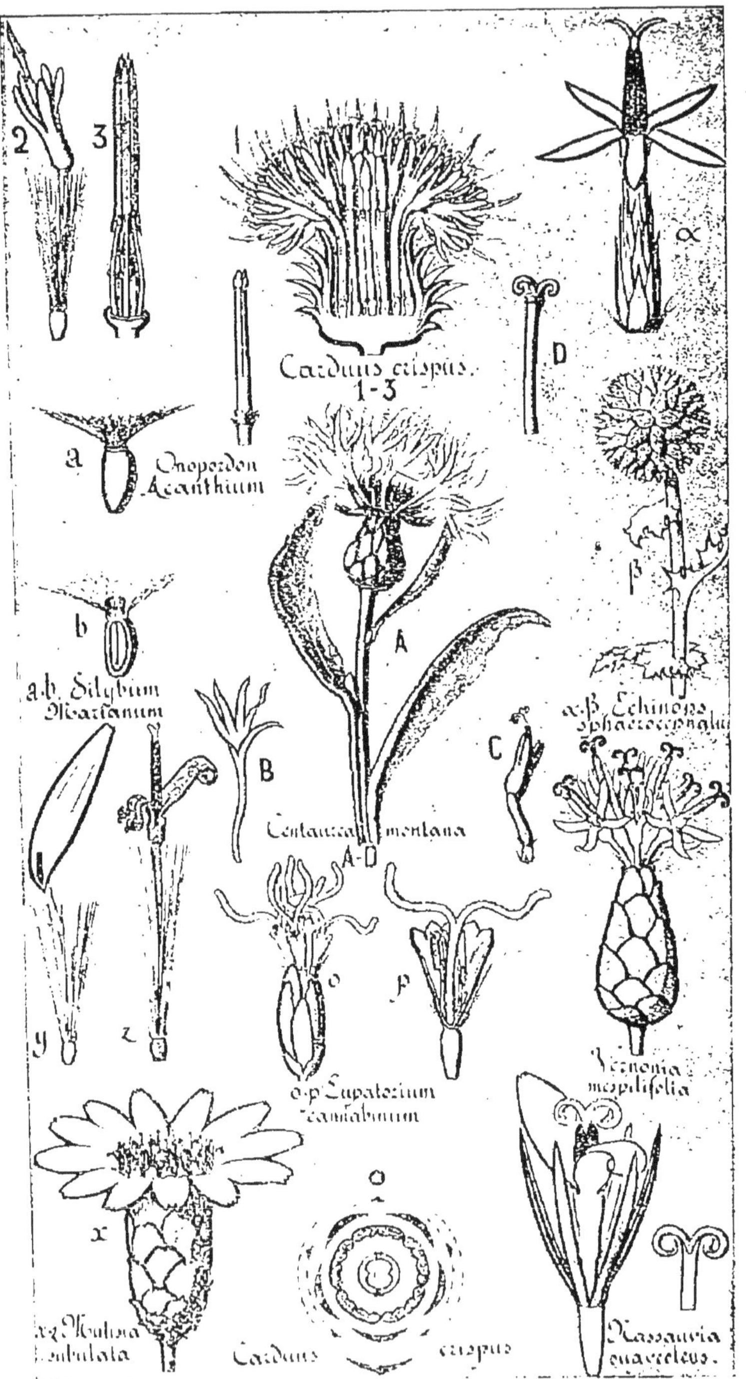

Fig. 332. — Carduacées et Nassauviacées.

Les fleurs sont toujours groupées en capitules multiflores (le maximum est fourni par le grand Soleil) ou pauciflores (*Lampsana communis*, certains Senecio). Ces capitules sont solitaires et terminaux (*Helianthus annuus*) ou diversement groupés : en cymes unipares (Vernonia) ou bipares (Eupatorium), en corymbe (Tanacetum), en épi (Cichorium), en grappe (Artemisia), ou en glomérule (Echinops) ; là, les inflorescences seraient des cymes, capituliformes, de capitules réduits à une seule fleur hermaphrodite, entourée d'un involucre. Habituellement dans chaque capitule, à l'encontre de ce que l'on voit dans les cymes en glomérules des Echinops, la floraison est centripète. La production des capitules, ou des groupes de capitules, est centrifuge, s'opérant de haut en bas.

Le *réceptacle*, lieu d'implantation des fleurs sessiles, est plan (Carduus, Aster) ou concave (Centaurea), ou convexe (Matricaria, Spilanthes) ; sa surface est nue (Pyrethum) ou palléacée (Anthemis), lisse ou fovéolée. L'involucre ou *péricline*, encore appelé par Linné *calice commun*, est constitué par un ensemble de bractées entourant la base des inflorescences. Ces bractées, ordinairement vertes, sont scarieuses chez les Catananche, épineuses chez les Carduus, soudées entre elles chez l'Œillet de l'Inde ; elles sont disposées généralement sur plusieurs rangs et imbriquées (Marguerite), ou sur un seul rang (Pissenlit, Œillet d'Inde) ; elles forment ordinairement un tout continu qui se sépare parfois en deux masses distinctes, l'interne imbriqué, l'externe constituant un *involucre caliculé* (Senecio, *Helminthia echioides*).

Les fleurs sont pentamères, hermaphrodites, unisexuées ou neutres par avortement, actinomorphes ou zygomorphes, tantôt toutes semblables dans le même capitule (Chicoracées, Carduacées), tantôt de plusieurs formes et alors diversement réparties (Calendulacées, Nassauviacées). Sur un même réceptacle, les fleurs peuvent être toutes hermaphrodites (*Polygamie égale* : Carduus, Cichorium), ou hermaphrodites au disque avec, ou bien des fleurs femelles à la périphérie (*Polygamie superflue* : Aster), ou bien des fleurs stériles sur le bord (*Polygamie frustanée :* Centaurea). Ailleurs, on rencontre des fleurs mâles au disque et des fleurs femelles à la périphérie (*Polygamie nécessaire* : Calendula). La *Polygamie est séparée* (Echinops), lorsqu'on trouve autour de toutes les fleurs, qui sont hermaphrodites, un involucelle, sans pour cela que l'involucre général manque. Les capitules peuvent enfin être unisexués et monoïques (Xanthium) ou dioïques (*Antennaria dioica*).

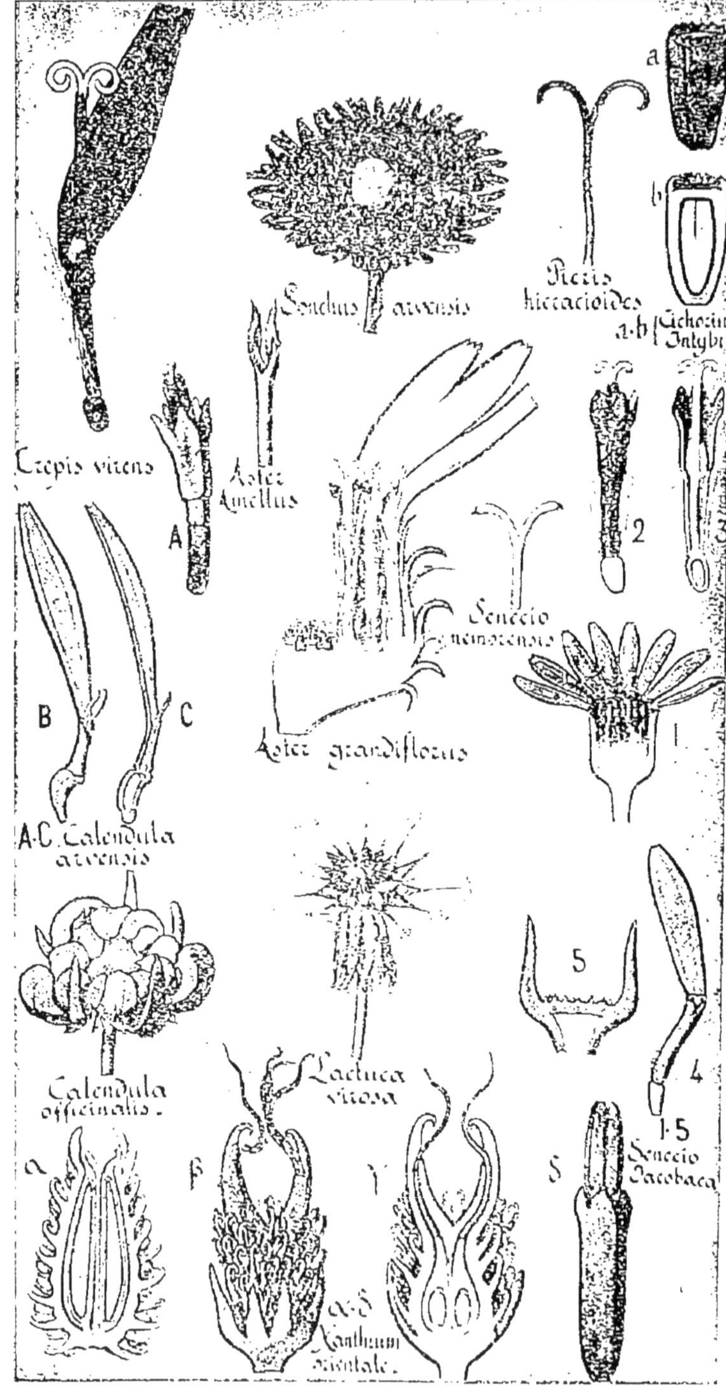

Figure 333. — Chicoracées et Calendulacées.

Le calice est peu développé, parfois nul (Souci), ou constitué par un simple bourrelet annulaire (*Cichorium*, *Anthemis*), souvent représenté par des écailles (Astericus) ou des arêtes simples ou plumeuses ; lorsqu'il fait défaut, on observe souvent (Tragopogon, etc.) la production tardive d'une formation extérieure à la corolle, dite *calicode*.

La corolle pentamère, épigyne, gamopétale, staminifère, à préfloraison valvaire, est tantôt actinomorphe (Carduus, etc.), tantôt zygomorphe (Chicoracées), parfois irrégulière (Centaurea). Les fleurs de la première variété sont tubuleuses, à cinq dents : ce sont des *fleurons* ou des *corolles tubuleuses* ou *flosculeuses* (*Tubuliflores*).

Quand la corolle est zygomorphe, elle est, soit déjetée en avant en une languette, à cinq (Chicoracées) ou à trois dents (fleurs de la périphérie des Radiées), formant une corolle *ligulée* ou *semi-flosculeuse*, ou encore un *demi fleuron*, soit partagée en deux lèvres, la supérieure entraînant deux pétales, l'inférieure le reste : elle est alors *bilabiée* (Nassauviacées). Les Centaurées présentent des fleurs hermaphrodites tubuleuses au disque et des fleurs à cinq dents inégales, en forme d'entonnoir ouvert d'un côté, à la périphérie. Les fleurs tubuleuses et les fleurs ligulées à cinq dents sont hermaphrodites ; les fleurs ligulées à trois dents sont femelles ou stériles. Un même capitule ne renferme jamais que des fleurs d'une même sorte (Carduacées, Chicoracées), ou de deux sortes différentes au plus (Calendulacées, Nassauviacées). Les pétales n'ont habituellement que des nervures périphériques, qui se soudent avec les nervures des pétales voisins jusqu'à la libération des lobes : il en résulte que chaque pétale est encadré d'un faisceau libéro-ligneux ; ce qui fait dire que les Composées sont *névramphipétales*.

Les cinq étamines alternent avec les pétales ; leurs filets sont libres et leurs anthères soudées en un tube (Synanthérées), qui, à l'origine, cache l'extrémité du style et les stigmates incomplètement développés. La terminaison du style est couverte de poils disséminateurs du pollen, diversement disposés selon les tribus, qui brossent l'intérieur du tube staminal et en chassent le pollen, lors de la maturation du gynécée, qui suit toujours celle de l'androcée : les Composées sont donc des dichogames protandres à structure élevée. Le gynécée, ressemblant à celui des Dipsacacées, est, selon les interprétations, uni ou bicarpellé, mais, dans la seconde alternative, avec un seul carpelle fertile ; il est uniloculaire et ne contient qu'un seul ovule anatrope dressé sur le plancher de la loge. Le style simple est terminé par un stigmate dont les deux lobes proéminent au-dessus du tube staminal et ne présentent leur partie papilleuse, apte à recevoir la poussière fécondante, qu'après la dispersion du pollen de la fleur à laquelle ils appartiennent. Le fruit est un achaine, surmonté des restes du calice et parfois d'une aigrette sétacée. La graine renferme un embryon droit sans albumen.

Anatomiquement, les Astéracées sont caractérisées par des stomates entourées de trois annexes, du type Crucifère. Leurs poils toujours pluricellulaires (sauf arrêt dans le développement) sont uni- ou plurisériés, quelquefois terminés par une glande. Les cristaux d'oxalate de chaux sont rares, petits et aciculaires lorsqu'ils existent. Le parenchyme de la feuille est bifacial. L'amidon manque et est remplacé par de l'inuline. L'appareil excréteur, qu'on rencontre dans toutes les parties de la plante, fournit, en se localisant d'une façon très nette, des caractères très sûrs pour distinguer les diverses sous-familles, car il affecte chez chacune d'elles une disposition spéciale. Des laticifères s'observent, à l'exclusion d'autres glandes internes, chez les Chicoracées; les Radiées n'ont que des canaux résineux; les Tubuliflores sont mixtes, présentant des canaux excréteurs et des cellules laticifères; enfin, la plupart des Nassauviacées manquent d'appareil excréteur interne. Les Laticifères caractéristiques se trouvent à la face interne du liber primaire de la racine des Chicoracées, à la face externe de leur péricycle, vis-à-vis des faisceaux libéro-ligneux, dans leur tige et leur feuille. Les canaux excréteurs caractéristiques des Radiées se trouvent toujours dans l'endoderme: en face des faisceaux libériens dans la racine primaire, vis-à-vis des faisceaux libéro-ligneux dans la tige et dans la feuille. Chez les Tubuliflores on trouve dans la tige et dans les feuilles les canaux excréteurs endodermiques des Radiées et des cellules laticifères péricycliques comme chez les Chicoracées ; dans la racine on trouve des canaux excréteurs endodermiques et les laticifères des Liguliflores. Les Labiatiflores sont pauvres en organes excréteurs et semblent en être dépourvues pour la plupart; cependant, on a trouvé chez Stiftia, dans la racine, des canaux excréteurs dans les parties de l'endoderme opposées au liber primaire; ces organismes manquent dans la tige. Les appareils excréteurs s'étendent dans les formations secondaires, particulièrement dans le liber, où ils deviennent parfois fort puissants.

Cette famille est une des plus vastes que l'on connaisse; elle renferme près du dixième des Phanérogames décrites : on y compte 770 genres et près de 12.000 espèces. Ses membres se rencontrent sur toute la surface du globe, depuis l'Equateur jusqu'à la limite des glaces. L'Amérique du Nord en renferme un grand nombre. Les Tubuliflores sont plus nombreuses entre les tropiques, les Liguliflores dans les régions tempérées, les Labiatiflores dans l'Amérique du Sud. On a retrouvé, dans le tertiaire, 27 Composées fossiles.

Ne pouvant entrer dans des détails suffisants pour permettre la distinction des tribus les unes des autres, nous nous contenterons de dire qu'on peut diviser les Astéracées en quatre grandes sous-familles d'après les caractères suivants :

Capitules à fleurs	toutes flosculeuses et hermaphrodites (fleurons). . . .	*Carduacées* ou *Tubuliflores*.
	toutes ligulées à cinq dents (demi-fleurons), hermaphrodites. Latex.	*Chicoracées* ou *Liguliflores*.
	ligulées à trois dents (demi-fleurons) à la périphérie ; flosculeures au disque . .	*Calendulacées* ou *Radiées*.
	toutes bilabiées, ou bilabiées au disque et ligulées à la périphérie.	*Nassauviacées* ou *Labiatiflores*.

Nous citerons parmi les Chicoracées les genres Hieracium, Crepis, Taraxacum, Lactuca, Sonchus, Scorzonera, Leontodon, Cichorium, Lampsana, etc. ; parmi les Carduacées, les genres Lappa, Carduus, Cinara, Cirsium ; parmi les Calendulacées, les genres Calendula, Senecio, Anthemis, Tagetes, Helianthus, Zinnia, Dahlia, Solidago, Bellis, Aster ; parmi les Nassauviacées, les genres Nassauvia et Mutisia.

Les Composées ont surtout des affinités avec les Calycéracées, les Dipsacacées et les Valérianacées ; nous avons dit, en donnant les caractères de la classe des Astérales, comment ces familles se distinguent les unes des autres et par conséquent des Composées. Les Brunoniacées seront décrites en peu de mots en disant qu'on les regarde comme des Composées à ovaire supère. La présence de latex est commune aux Chicoracées et aux Campanulacées, mais celles-ci ont des ovaires pluriloculaires, multiovulés, des fruits déhiscents ou charnus, et cela suffit pour les écarter des végétaux qui nous occupent ici.

Avec les Composées se termine l'étude de la Botanique systématique. Ayant débuté par l'examen des végétaux qui possèdent l'organisation la plus simple, nous avons envisagé le règne végétal en passant en revue ses principaux membres, présentés dans l'ordre de leur perfectionnement. Nous avons dit les raisons qui nous faisaient placer les Composées au sommet des Dicotylédones ; leur histoire étant exposée, notre tâche se trouve donc achevée.

FIN

TABLE DES MATIÈRES

Introduction

Livre I. — BOTANIQUE PHYSIOLOGIQUE

I. — DE LA CELLULE.

II. — DES TISSUS ET DES APPAREILS.

III. — FONCTIONS DES PLANTES.

DÉVELOPPEMENT DE L'ŒUF EN EMBRYON. FORMATION DE LA GRAINE ET DU FRUIT.

LIVRE II. — BOTANIQUE SYSTÉMATIQUE

ERRATA

Page 364, 23e ligne, au lieu de « *et coparasites* », lire *ectoparasites*.
Page 371, 26e ligne, au lieu de « *Chytriadacées* », lire *Chytridiacées*.

LAVAL. — IMPRIMERIE PARISIENNE L. BARNÉOUD ET Cie.

M. A. Joannis, professeur à la Faculté des Sciences de Paris *Chimie organique appliquée*, 1.406 pages en 2 vol. . . . . 35 fr.

M. G. Félde (Médaille d'argent à l'exposition de 1900). *Accidents du travail et assurances contre ces accidents*, 1 vol. de 646 pages. 7 fr 50

M L. Geschwind, ingénieur-chimiste. *Industries du sulfate d'aluminium, des aluns et des sulfates de fer*, 1 vol. avec 195 figures. (Traduit en anglais) . . . . 10 fr.

MM. Geschwind et Sellier (médaille d'argent de la Société nationale d'agriculture et médaille d'or des agriculteurs de France). *La Betterave agricole et industrielle*, 1 vol. avec 129 figures . . . 20 fr.

M. Masoni, *L'Energie hydraulique et les Récepteurs hydrauliques*. 10 fr.

M. Beauverie, *Le Bois*, 1402 pages et 480 figures . . . . . 20 fr.

M. Hubert-Valleroux, avocat. *Les associations ouvrières et les associations patronales*, 1 vol. de 361 pages . . . . 10 fr.

M. P. Guédon *Traité pratique des Chemins de fer* (intérêt local) *et des Tramways*, 1 vol. . . . . 11 fr.

M. Le Verrier, professeur à l'Ecole des Mines et au Conservatoire des Arts et Métiers. *Métallurgie générale. Procédés de chauffage*. 12 fr.

— *Procédés métallurgiques et Etude des métaux* . . . . . 12 fr.

M. Bricka. *Cours de chemins de fer de l'Ecole des ponts et chaussées*. 2 vol., 1343 pages et 464 figures . . . . 40 fr.

MM. Vicaire et Maison. *Cours de Chemins de fer de l'Ecole des Mines*, 1 vol. . . . . 20 fr.

M. Denfer. *Architecture et constructions civiles*. (Cours d'architecture de l'Ecole centrale) :

— *Maçonnerie*, 2 vol. avec 794 figures . . . . 40 fr.

— *Charpente en bois et menuiserie*, 1 vol., avec 680 figures. . 25 fr.

— *Couverture des édifices*, 1 vol., avec 423 figures . . . . 20 fr.

— *Charpenterie métallique, menuiserie en fer et serrurerie*, 2 vol., avec 1.050 figures. . . . . 40 fr.

— *Fumisterie (Chauffage et ventilation)*, 1 vol. de 726 pages, avec 731 figures (numérotées de 1 à 375, l'auteur affectant chaque groupe de figures d'un numéro seulement) . . . . 25 fr.

— *Plomberie : Eau, Assainissement, Gaz* ; 1 vol. de 568 pages avec 391 figures . . . . 20 fr.

M. Aguillon. La *Législation des Mines en France, dans les colonies et protectorats*, 2e édition (très augmentée), 1 très fort volume, 1.011 pages . . . . 25 fr.

— Les *Législations étrangères* . . . . 15 fr.

M. Lorenz, professeur à la faculté de Halle. *Machines frigorifiques* ; traduction de Petit, professeur à la faculté des sciences de Nancy, et Jaquet, 1 vol., 131 figures. . . . . 7 fr.

M. Toldt. *Traité des fours à gaz à chaleur régénérée*, traduit par Dommer, 1 vol. de 392 pages . . . . 11 fr.

M. J. Résal. *Traité des ponts en maçonnerie*, (en collaboration avec M. Degrand), 2 vol., avec 600 figures. . . . . 40 fr.

— *Traité des ponts métalliques*, 2 volumes, dont un en seconde édition ; (chaque volume 20 fr.), 500 figures. . . . . 40 fr.

— *Constructions métalliques, élasticité et résistance des matériaux : Fonte, fer et acier*, 1 vol. de 652 pages avec 203 figures . . . . 20 fr.

— *Cours de ponts*, professé à l'Ecole des ponts et chaussées, 1 vol. de 410 p.), avec 284 fig. (*Etudes générales et ponts en maçonnerie*) 14 fr.

— *Cours de Résistance des matériaux*, (Ecole des ponts et chaussées), 1 vol. avec 120 figures. . . . . 16 fr.

— *Cours de stabilité des constructions*, 1 vol. avec 240 figures. 20 fr.

— *Poussée des terres et stabilité des murs de soutènement*. 1 vol. 10 fr.

Manuels pour l'Enseignement secondaire, les Écoles de Commerce et d'Industrie, et spécialement pour les Candidats au certificat d'études P. C. N.

Physique élémentaire, par CHEVASSUS et THOVERT, 3 fascicules. L'ensemble relié . . . . 8 fr.
Chimie, par JOANNIS, 4 fascicules. L'ensemble relié . . . . . 10 fr.
Botanique, par FAUCHERON. Nombre des figures des 3 fascicules : 77, 130, 101 et 14 planches. . . . . Prix : 2 fr., 3 fr., 3 fr.
Zoologie, par CONTE, un volume, avec 331 figures . . . . . . 5 fr.
Manipulations de Physique générale, par VAILLANT et THOVERT . 3 fr.
Manipulations d'Électricité industrielle, par VAILLANT et THOVERT. 3 fr.

ENCYCLOPÉDIE AGRICOLE

Principes de laiterie, par E. DUCLAUX, membre de l'Institut, directeur de l'Institut Pasteur, 1 vol. . . . . 3 fr. 50
Nutrition et production des animaux, par P. PETIT, professeur à la Faculté des Sciences de Nancy, 1 vol . . . . 2 fr.
La petite culture, par G. HEUZÉ, inspecteur général de l'agriculture, 1 vol. . . . . 2 fr.
Amendements et engrais, par A. RENARD, professeur de chimie agricole à l'École des Sciences de Rouen, 1 vol . . . . 2 fr.
Les légumes usuels, par VILMORIN, 2 vol. (plusieurs centaines de figures). Chaque volume . . . . 3 fr. 50
Éléments de géologie, p. E. NIVOIT, inspecteur général des Mines (conformes aux derniers programmes de l'Université), 1 vol . . . 2 fr.
Les syndicats professionnels agricoles, par G. GAIN, juge d'instruction à Toulon, membre de la Société des Agricult. de France, 1 vol. . 2 fr.
Le commerce de la boucherie, par Ernest PION, vétérinaire, inspecteur au marché de la Villette, avec une *Introduction* par M.-C. LECHALAS, 1 vol. . . . . 2 fr.
Les cours d'eau : Hydrologie, par M.-C. LECHALAS, et Législation, par de LALANDE, avocat au Conseil d'État, 1 vol. . . . . 2 fr.
(Cet ouvrage comprend l'exposé des beaux travaux de M. FARGUE sur les rivières, des considérations importantes relatives aux rivières industrielles, des notions pratiques sur la jurisprudence concernant les rivières et les ruisseaux, etc.).
Petit dictionnaire d'agriculture, de zootechnie et de droit rural, par A. LARBALETRIER, prof. d'agriculture 1 vol. relié. . . . . . . 2 fr.

Le Ministre de l'Instruction publique et celui de l'Agriculture ont souscrit à la plupart de ces ouvrages — *Les cours d'eau* et *Les légumes usuels* ont été approuvés par la Commission des Bibliothèques scolaires. — *La nutrition et production des animaux* et *La petite culture* ont été approuvés par la Commission ministérielle des Bibliothèques populaires, communales et libres.

LAVAL. — IMPRIMERIE PARISIENNE L. BARNÉOUD ET Cie.

www.ingramcontent.com/pod-product-compliance
Ingram Content Group UK Ltd.
Pitfield, Milton Keynes, MK11 3LW, UK
UKHW020254230726
13925UKWH00001B/40